大麦生产、改良与利用

Steven E. Ullrich 著

张国平 邬飞波 等译

ZHEJIANG UNIVERSITY PRESS
浙江大学出版社

图书在版编目（CIP）数据

大麦生产、改良与利用／（美）史戴文·E.扬乌尔里希著；张国平，邬飞波等译．—杭州：浙江大学出版社，2012.4

书名原文：Barley：Production，Improvement，and Uses

ISBN 978-7-308-09788-8

Ⅰ.①大… Ⅱ.①杨…②张…③邬… Ⅲ.①大麦—栽培技术②大麦—品种改良③大麦—粮食加工 Ⅳ.①S512.3

中国版本图书馆 CIP 数据核字（2012）第 052643 号

浙江省版权局著作权合同登记图字：11—2012—80

大麦生产、改良与利用

Steven E. Ullrich 著

张国平 邬飞波 等译

责任编辑 许佳颖
封面设计 俞亚彤
出版发行 浙江大学出版社
（杭州市天目山路 148 号 邮政编码 310007）
（网址：http://www.zjupress.com）
排　　版 杭州中大图文设计有限公司
印　　刷 杭州杭新印务有限公司
开　　本 710mm×1000mm 1/16
印　　张 49.75
字　　数 921 千
版 印 次 2012 年 4 月第 1 版 2012 年 4 月第 1 次印刷
书　　号 ISBN 978-7-308-09788-8
定　　价 150.00 元

译者前言

大麦是全球普遍栽培的第四大禾谷类作物，具有适应性广和用途多样的特点。饲料和啤酒工业的快速发展促进了全球对大麦需求的持续增长，同时也促进了社会和科学家对这一作物的兴趣与重视，全球每四年举行国际大麦遗传学大会以及北美、澳大利亚和欧洲等地定期召开区域性大麦专题学术会议，显示出大麦的相关研究一直是作物学以及现代生物学领域的一大热点。同时，从以上会议的交流报告或出版的论文集上可以看到大麦科学研究取得的令人惊叹的进步。毫无疑问，及时有效地汲取大麦科学的最新成果，是所有大麦科学工作者的企求。

大麦在我国种植历史悠久，种质资源丰富，生产区域广阔，经济意义显著，是一种集食用、饲用和啤用于一体的重要农作物。在各级政府的支持下，通过大麦科学工作者的不懈努力，近二十年来我国的大麦科学研究取得了长足的进步，理论创新使我国在全球大麦科学上产生了积极影响，技术进步推动了我国大麦生产及其产业的发展。特别是2009年启动的国家大麦（青稞）产业体系，汇聚了全国大麦科研和推广力量，针对产业需求和生产上存在的问题，瞄准发展目标，开展协作攻关，激励着体系全体成员为振兴我国的大麦产业而努力。不可否认，我国的大麦科学技术水平与发达国家相比仍有较大的差距，学习先进并迎头赶上是我们的目标。作为在高校工作的产业体系成员，有责任发挥专长，传播大麦科学的相关理论和技术，以拓宽我国大麦科学者的知识视野，提高研发能力与水平。2010年我们编译出版了《食用与保健大麦：科学、技术和产品》一书，得到了大麦（青稞）产业体系全体同仁和国内大麦界的赞许和支持，这对我们是一种莫大的鼓励。

2010年底，我们从网上获悉由史戴文·E.扬乌尔里希主编的《大麦生产、改良与利用》一书将由Wiley-Blackwell出版社出版，该书汇集了几十位全球知名大麦科学家的智慧与成果，内容新颖、涉及面广，犹如一本新版大麦学，顿时萌发了组织翻译的想法。荣幸的是，我们的想法很快得到了扬乌尔里希教授、Wiley-Blackwell出版社以及浙江大学出版社的同意和支持。

参加本书翻译的人员有黄业日（第1章）、韩勇（第2章、附录）、金晓丽（第3

章)、吴德志(第 4 章)、邱龙(第 5 章)、张海涛(第 6 章)、张丙林(第 7 章)、戴飞(第 8 章)、曾凡荣(第 9 章)、裘波音(第 10 章)、戴华鑫(第 11 章)、孙红艳(第 12 章)、林莉(第 13 章)、单武年(第 14 章)、陈明贤(第 15 章)、许露露(第 16 章)、叶玲珍(第 17 章)、蔡圣冠(第 18 章)。全书由张国平和邬飞波(第 11 章至第 14 章)校阅。本书内容涉及专业范围很广,在译、校过程中我们虽全力以赴,但不少地方仍感力不从心,因此,文不达意甚至谬误之处在所难免,敬希读者谅解,并祈求批评指正。

最后,感谢农业部国家大麦(青稞)产业体系对本译著出版的支持。

张国平

2012 年 3 月于浙江大学紫金港校区

作者前言

大麦是当今世界的主要作物，亦是农业上驯化最早的一种作物。在中东地区，它早在农业诞生之前就已收获为食物了。大麦适合在气候寒冷的地区的夏季栽培，在气候温和及亚热带地区，则适合在冬季栽培。大麦适应性广、用途多样的特点使其成为大量农艺及终端利用研究的对象。它的二倍体和自花授粉特性使其一直是众多生理和遗传研究的材料。在拟南芥尚未得到普遍关注之前的漫长岁月中，大麦是一种重要的模式植物。

或许与大麦的全球广泛分布有关，1978 年以来，已有 5 本英文大麦专著问世(分别出版于 1978 年、1985 年、1992 年、1993 年和 2002 年)，其中一些涉及主题宽广，另一些则相对狭小。从出版内容丰富、题材全面角度看，上一本大麦专著出版后已有多年未出版过这样的书。鉴于此，我们撰写了本书，以期全面汇聚最新文献、介绍全球的大麦研究进展，为不同专业的学生和从事大麦研究、生产、贸易及利用等的专业人士提供参考。

诚然，文献是本书的基础，但以往出版的经典专著亦不可或缺，因为它们总结了大麦各领域的最新发现。本书作者从全球文献中选取了大麦研究领域近 3000 篇文章(占 2000 年以来所有大麦文献发表量的 52%，2005 年以来所有大麦文献发表量的 30%)。

《大麦:生产、改良和利用》一书共分 18 章，第一章(引言)介绍大麦的总体情况，其后 17 章涉及大麦植物(3 章)，大麦遗传学、细胞遗传学、种质资源和育种(6 章)，大麦适应性和栽培措施(4 章)以及大麦利用(4 章)。各章内容都阐述了历史回顾、现状与展望。有关育种和栽培的两章则进一步分为 4 和 5 亚章，以反映这一作物的地区风貌。本书展示了除南极以外全球各大陆的相关信息。

共有来自 15 个国家的 51 位知名专家参与了本书的编写，他们分别代表着世界顶尖大学、联邦和州或省研究中心或研究所、国际农业研究中心(国际干旱农业研究中心，ICARDA)以及企业。此外，许多国际和国内知名的大麦科学家对本书阐述的不少主题同样付出了大量努力。毫无疑问，本书的问世亦有其他众多人士的贡献。

编辑本书并与众多来自世界各国的大麦同行共事，本人深感荣幸。对参与本书编写的作者，为他们的热情参与和合作表示真诚的谢意。在此，我还要感谢 Wiley-Blackwell 出版社的几位编辑，J. 杰弗里，S. H. 阿伦，苏珊·恩格尔肯，以及 Best-set Premedia 的编辑和项目主管 S. 沙克松。最后，我还想感谢我的太太，一位教师、作者和艺术家，她的耐心、理解以及对封面页的专业性建议。

史戴文·E. 扬乌尔里希

目　　录

1

大麦的重要性、适应性、生产及贸易

Steven E. Ullrich

1. 大麦的重要性

大麦(*Hordeum vulgare* L.)是最古老的作物之一,它在人类农业、文明、文化、农艺学、生理学、遗传学、育种学、麦芽制造学和酿酒学的发展中发挥着重要的作用。肥沃月亮湾地区是世界上公认的七个农业起源中心之一(Smith,1998)。而大麦是1万年前肥沃月亮湾地区最早驯化的农作物之一,在人类狩猎和采集到农耕生活方式转变的过程中发挥了积极的作用。大麦和小麦(*Triticum* spp.)、豌豆(*Pisum sativum* L.)、扁豆(*Lens culinaris* L.)、山羊(*Capra aegagrus*)、绵羊(*Ovis aries*)和奶牛(*Bos taurus*)奠定了近东地区农业发展的基础,并逐渐传入北非,进而传到亚洲东北部和欧洲(Smith,1998)。Fischbeck(2002)曾简要阐述过大麦种植传播的历史,本书将在第二章介绍大麦起源研究的最新进展。

大麦种名的释义也可以说明大麦的重要性。*Hordeum* 源于罗马角斗士"hordearii"或"barley men",他们认为吃大麦可以增强力量与耐力(Percival,1921)。大麦最初用作人类食物,生吃或烘烤,还用于制作面包、熬粥和煲汤。后来由于小麦和水稻的广泛食用,大麦最终演变为主要用作饲料、麦芽和酿酒。近年来,大麦产量的55%~60%用于饲料,30%~40%用来制造麦芽,2%~3%作为食物,约5%留种。

在当代,大麦主要作为饲料、制麦芽与酿酒。不同大麦品种制作的饲料品质差异很大。大麦、玉米和小麦的饲料品质已有很多研究和讨论。对大麦来说,籽粒的纤维外壳通常是一个劣势,尤其对非反刍动物和禽类等而言;但同时,玉米和小麦的优势也不明显。许多研究指出,大麦做的饲料的品质达到甚至超过玉米和小麦(Bowland,1974;Owens等,1995)。此外,由于裸大麦脱粒过程中会自动脱壳,往往优于皮大麦,其饲喂品质可与玉米和小麦相媲美。

大麦和玉米的适应性不同，可种植在气候寒冷干燥的北美西部、北欧和南美安第斯地区。大麦同时还是优良的草料作物。饲用大麦的使用、特性和价值将在第 16 章介绍。

大多数人提到啤酒的组分时会想到大麦（不一定是麦芽）。然而，非洲很多地区的传统是用高粱（*Sorghum bicolor*）、玉米及小米酿造啤酒。根据考古发现，在中东地区和埃及，用大麦酿啤酒的历史至少可以追溯到 8,000 年前（Arnold，1911）。酿酒历史表明，人们很早就选育大麦以改善麦芽和酿造品质。

欧洲人通过对世界上其他地区的探征与殖民，将酿啤酒的传统传至整个世界。如今，麦芽制造和啤酒酿造技术高度发达，啤用大麦育种也已非常完善，啤酒工业界有许多大麦和麦芽品质标准。尽管目前已有先进的分析技术（如近红外线）和育种技术（分子标记辅助选择），但麦芽品质和湿式化学分析仍然是分析和选育啤用大麦的重要程序。与萌发过程、大麦以及麦芽的理化组成有关的属性有籽粒构造、谷壳、碳水化合物、蛋白质、酶及其活性等。啤用大麦的优势是用于酿造啤酒，很多品种则用于酿造烈酒（如苏格兰威士忌和爱尔兰威士忌）和食用。具体的性状和性状改良见第 8 章和第 15 章。

目前，全球食用大麦的相对量较小，但在亚洲西部和东部、喜马拉雅山地区、北非和东非，大麦仍然是当地人主要的食物来源（Grando 和 Macpherson，2005；Newman 和 Newman，2006；2008；Baike 和 Ullrich，2008）。另外，在发达国家，人们越来越注重于饮食健康，食用大麦的风潮再次兴起。2006 年，大麦由于含有高含量的可溶性纤维（β-葡聚糖），被美国食品和药物监督管理局认可其作为食物的益处。可溶性纤维已被证明有益于心脏健康，并且可以降低血液中胆固醇水平及糖尿病患者的血糖（血糖指数）（Grando 和 Macpherson，2005；Newman 和 Newman，2008）。

大麦在遗传学研究中非常重要，性状遗传、传统遗传图谱以及诱变研究已有很长的历史，最近的研究则侧重于分子、物理图谱和遗传分析（Graner 等，1991；Hayes 等，1993；Kleinhofs 等，1993；Yu 等，2000；Kleinhofs 和 Han，2002；Caldwell 等，2004；Close 等，2004；Druka 等，2006；Varshney 等，2007；Xu 和 Jia，2007；Massman 和 Smith，2008；Potokina 等，2008；Hamblin 等，2010）。本书第 3～8 章着重阐述大麦的基础和应用分子遗传学以及育种进展，代表了大麦在作物以及一般植物物种的科学研究现状。大麦和相关小谷类的起源以及进化史和分类系统的研究详见第 2 章。大麦（尤其是籽粒）作为一个植物生理和解剖学模型的研究详见第 13 和 14 章。

2. 大麦的适应性

大麦已经演化为多种生理形态和商业形式，包括冬大麦、春大麦、二棱大麦、六棱大麦、有芒大麦、无芒大麦、包头大麦、皮大麦、裸大麦、无壳大麦、啤用大麦、饲用大麦（谷物和草料）和食用大麦。大麦是无可争辩的适应范围最广的谷类作物，具有良好的耐旱性、耐寒性和耐盐性，它通常生长在温带（春季或冬季播种）和亚热带半干旱气候（冬季播种），但不能耐受高温潮湿的气候。与其他谷类作物相比，大麦产区能扩展到高纬度和高海拔地区，以及沙漠深处。在挪威、瑞典和芬兰等北欧国家，六棱春大麦生长在比二棱春大麦、冬大麦以及春小麦和燕麦更北的区域（高于北纬 65°）。在秘鲁和玻利维亚等安第斯国家的高原上，大麦种植在比燕麦、小麦和玉米更高海拔的地区（超过 4,500 米）。在阿尔及利亚等北非国家，大麦种植在比最耐旱的硬粒小麦还要更靠近撒哈拉沙漠的地区（据作者本人观察）。另外，在地球上许多农业的边缘地区，大麦仍能茁壮生长，并取得较好的收成。大麦在土壤排水良好、降雨量适中（400～800 毫米）或有良好灌溉条件和适当的温度下（15～30℃），可以很好地生长。大麦产量及其对于生物及非生物胁迫的反应，将在本书的第 9～12 章中详细介绍。以下根据联合国粮农组织的数据库所估计的产量，对大麦适应性做粗略说明。2006 年，全世界大麦平均产量为 2,497 千克/公顷；在适于大麦生长的气候且肥料和杀虫剂投入相对较高的西欧地区，产量达到 5,956 千克/公顷，是世界平均水平的 2.38 倍；在较温暖干燥的南欧地区，大麦平均产量为 2,715 千克/公顷；在寒冷湿润的北欧地区，平均产量为 4,253 千克/公顷；在挪威等北欧国家，产量为 3,550 千克/公顷；在高纬度的玻利维亚和秘鲁地区，平均产量仅为 1,045 千克/公顷；在撒哈拉沙漠边缘的北非国家，平均产量为 1,168 千克/公顷。大麦产量受很多因素的影响，除气候、土壤和生物因素外，还有农民在品种、肥料、杀虫剂和灌溉上的投入，这些对东欧和北欧、南美的安第斯地区以及北非撒哈拉沙漠的农业边缘地区的大麦产量影响很大。由于大麦的广泛适应性以及在全球的普遍种植，人们开始研究大麦对生物和非生物胁迫反应（见第 10～12 章），以及适合大麦生产的最佳管理措施（见第 9 章）。

3. 大麦的全球化生产

近年来，就干重而言，大麦是全球第五大农作物、第四大谷物（见表 1.1）。按三大食用谷物生产量排序依次为玉米、水稻（*Oryza sativa*）和小麦，它们在 2000—2007 年的平均产量超过 6 亿吨，大大多于其他粮食作物，其次是大豆（*Glycine max*）、大麦、甘蔗（*Saccharum* spp.）、马铃薯（*Solanum tuberosum*）和高粱(产量分别为1.96亿吨、1.40亿吨、0.93亿吨、0.61亿吨和0.58亿吨)。20年前,排名依次为小麦、玉米、水稻、大麦、大豆、甘蔗、高粱和马铃薯。与其他作物相比,玉米、水稻和大豆的生产量排名上升很快(FAO, 2009)。20世纪80年代中期,大麦总产量是大豆的两倍(1.6亿吨:0.88亿吨)。表1.2列出了全球前六大粮食作物的种植面积和平均产量。从表1.1和表1.2的数据可以明显看到作物生物学、适应性以及生产条件的差异,尤其是相对产量的差异。比如,与小麦和大麦相比,玉米和水稻大多生长在水分胁迫较轻的地方。这反映在总产量与总种植面积之比(产量)上,玉米、水稻、小麦和大麦的8年平均产量,全球分别为4.7吨/公顷、4.1吨/公顷、2.3吨/公顷和2.5吨/公顷。玉米的产量比水稻和其他许多作物要高,这部分与玉米是C4光合系统有关,比水稻的C3光合系统更有效。这种差距在相同的生产条件下比预期小,因为在全球范围内,玉米比小麦受更多的干旱胁迫。进入21世纪至今,除玉米产量和大豆种植面积有所增加外,大多数农作物种植面积和产量保持相对稳定。大麦生产、种植区域和产量在本世纪基本保持稳定,但在过去的20年里总产却降低了12%。

表1.1　前10大农作物2000—2007年的全球产量

	2000年	2001年	2002年	2003年	2004年	2005年	2006年	2007年	平均值
玉米(百万吨)	593	616	604	641	727	713	695	785	672
水稻(百万吨)	599	598	569	584	607	632	635	650	609
小麦(百万吨)	586	590	575	560	633	629	606	607	598
大豆(百万吨)	161	178	182	188	206	215	222	216	196
大麦(百万吨)	133	144	137	142	154	141	139	136	140
甘蔗(百万吨/干重)	88	88	93	95	93	91	98	102	93
马铃薯(百万吨/干重)	63	59	60	60	63	61	60	61	61
甜菜(百万吨)	56	60	54	59	58	59	56	65	58

数据来源:联合国粮农组织(http://falstat.fao.orgsite567/default.aspx)

表1.2 全球谷物2000—2007年产量

	2000年	2001年	2002年	2003年	2004年	2005年	2006年	2007年	平均值
小麦(吨/百万公顷)	215	215	214	208	217	221	216	217	215
	2.7	2.7	2.7	2.7	2.9	2.8	2.8	2.8	2.8
水稻(吨/公顷)	154	152	148	148	150	154	154	157	152
	3.9	3.9	3.9	3.9	4.0	4.1	4.1	4.2	4.1

续表

	2000年	2001年	2002年	2003年	2004年	2005年	2006年	2007年	平均值
玉米(吨/公顷)	140	139	138	142	146	145	144	158	144
	4.2	4.4	4.4	4.5	5.0	4.9	4.8	5.0	4.7
大豆(吨/公顷)	74	77	79	83	91	93	93	95	85
	2.2	2.3	2.3	2.3	2.3	2.3	2.4	2.3	2.3
大麦(吨/公顷)	55	56	55	58	58	56	56	57	56
	2.4	2.6	2.5	2.5	2.7	2.5	2.5	2.4	2.5
甘蔗(吨/公顷)	41	44	41	45	41	44	42	44	43
	1.4	1.4	1.3	1.3	1.4	1.3	1.4	1.5	1.4

数据来源:联合国粮农组织(http://falstat.fao.orgsite567/default.aspx)

从全球大麦生产的地区分布上可见,大麦具有广泛的适应性(见表1.3)。欧洲的38个国家(包括俄罗斯联邦和乌克兰)2007年的大麦总产量为0.83亿吨,占全球大麦总产量的60%以上。欧盟(UN)的27个国家2003—2007年的平均年产量,超过2007年全球总产量的40%(FAO,2009)。2007年,34个亚洲国家生产了全世界约17%的大麦。北美(加拿大和美国)大麦产量占全球产量的12.5%。

表1.3 2007年全球大麦生产分布

地区	国家的数量	产量(百万吨)
世界	100	136
欧洲	38	83
欧盟	27	59
亚洲	34	22
西亚	16	10
北亚	7	5
东亚	5	4
中亚	5	3
北美	2	17
澳大利亚/新西兰	2	6
非洲	16	5
北非	6	3
东非	6	2
南美	8	3

数据来源:联合国粮农组织(http://falstat.fao.orgsite567/default.aspx)

表 1.4 详细阐述了 27 个国家 2003—2007 年的大麦平均产量。按总产量排列，前 10 位国家依次为俄罗斯联邦、加拿大、德国、法国、西班牙、土耳其、乌克兰、澳大利亚、英国和美国，他们在 2003—2007 年中生产了全世界大约 67%的大麦。其中 7 个在欧洲，包括俄罗斯联邦、土耳其和乌克兰，4 个为欧盟成员。各国的大麦平均单产从 2 吨/公顷（俄罗斯联邦、澳大利亚和伊朗）到大于 7 吨/公顷（德国、法国和英国）。各国的平均单产、种植面积和总产量反映了相对生长条件（主要是降水量）和管理技术水平（主要是土壤肥力和病虫害管理）。低产国家中，澳大利亚受气候的影响最大，而俄罗斯联邦和伊朗则受气候和管理技术的影响最大。在高产国家中，德国、法国和英国都有适宜大麦生长的气候和高水平的管理技术。

表 1.4　大麦产量（2003—2007 年）排名靠前的 27 个国家

国家排名	产量（百万吨）	收获（百万公顷）	产量（吨/公顷）
世界	140.8	57	2.6
1. 俄罗斯联邦	16.7	9.4	2.2
2. 加拿大	12.0	4.0	3.7
3. 德国[a]	11.5	2.0	7.0
4. 法国[a]	10.1	1.7	7.4
5. 西班牙[a]	9.4	3.2	3.2
6. 土耳其	8.5	3.6	3.0
7. 乌克兰	8.3	4.3	2.5
8. 澳大利亚	7.2	4.5	2.1
9. 英国[a]	5.5	1.0	7.1
10. 美国	5.2	1.6	4.2
11. 波兰[a]	3.6	1.1	3.7
12. 丹麦[a]	3.4	0.7	6.2
13. 中国	3.4	0.8	4.7
14. 伊朗	2.9	1.6	2.2
15. 捷克共和国[a]	2.1	0.5	4.1
16. 哈萨克斯坦	2.0		
17. 芬兰[a]	1.9		
18. 白俄罗斯	1.8		
19. 摩洛哥	1.8		
20. 瑞典[a]	1.5		

续表

国家排名	产量(百万吨)	收获(百万公顷)	产量(吨/公顷)
21. 埃塞俄比亚	1.3		
22. 阿尔及利亚	1.3		
23. 印度	1.3		
24. 意大利[a]	1.2		
25. 爱尔兰[a]	1.2		
26. 阿根廷	1.2		
27. 匈牙利[a]	1.1		

注:a 为欧盟国家。

数据来源:联合国粮农组织(http://falstat.fao.orgsite567/default.aspx)

4. 大麦的全球化贸易

全球大麦及大麦制品的贸易量相当可观,表 1.5 基于 FAO 数据整理并比较了 2000 年和 2005 年的进出口数据。进入 21 世纪以来,全球每年有 0.2 亿吨以上的大麦籽粒用于进出口,交易额超过 30 亿美元。在 2000—2005 年,进出口的大麦总量、价值、价格分别增长了 10%、32%和 22%。2000—2005 年大麦麦芽贸易总额稳定增长,估计在 500 万~600 万吨/年(出口:550 万~620 万吨,增长 13%;进口:520 万~570 万吨,增长 10%)。麦芽进出口总值从 2000 年的平均 13.5 亿美元上升到 2005 年的 20 亿美元(48%)。近年来,麦芽交易额的增长大于交易量的增长。2009—2010 年,进出口的啤酒总量和价值增长非常迅速。出口和进口的啤酒总量分别从 620 万吨、630 万吨增长到 980 万吨和 910 万吨,各增加了 49%和 59%。2000—2005 年,出口啤酒的价值从 48 亿美元增加到 82 亿美元(增长 71%),进口啤酒的价值从 54 亿美元增加到 79 亿美元(增长 46%)。2000—2005 年,出口啤酒价值的增加量超过了出口麦芽价值的增加量,但是进口价值增长额基本相同。

表 1.5　大麦和大麦制品的全球贸易量

	2000 年		2005 年	
	出口值	进口值	出口值	进口值
大麦籽粒				
数量(百万吨)	23.8	22.3	25.8	23.4
价值(十亿美元)	2.7	2.8	3.6	3.7
价格(美元/吨)	114	125	139	152
麦芽				
数量(百万吨)	5.5	5.2	6.2	5.7
价值(十亿美元)	1.3	1.4	2.0	2.0
啤酒				
数量(百万吨)	6.2	6.3	9.8	9.1
价值(十亿美元)	4.8	5.4	8.2	7.9
麦芽膏				
数量(千吨)	65	120	192	125
价值(百亿美元)	69	116	192	147
珍珠麦				
数量(千吨)	15	32	69	29
价值(百亿美元)	4.0	13.5	11.6	6.3
大麦粉和粗大麦粉				
数量(千吨)	7	30	11	15
价值(百亿美元)	1.4	5.4	3.7	3.2

数据来源:联合国粮农组织(http://falstat.fao.orgsite535/default.aspx#ancor)

大麦贸易中其他的增值产品包括麦芽膏、珍珠麦、大麦粉和粗大麦粉。与大麦籽粒、麦芽和啤酒的贸易相比,这些商品的贸易量相对较小。除珍珠麦、大麦粉和粗大麦粉的进口量实际上有所下降甚至降幅很明显以外,总体上,这些商品的进出口总量及金额方面有显著增加。鉴于所有由粮农组织提供的数据出处不同,误差率较大,表 1.5 中商品进出口额的总量不同即一个佐证。其中麦芽膏、珍珠麦、大麦粉和粗大麦粉的数值误差更大。

各个国家的大麦麦芽产量的具体数据很难获得,这可能是麦芽生产商因商业目的而对生产信息保密。麦芽生产能力和生产信息散布在许多不同的网站上。根据“世界麦芽统计”(http://www.cereal.com/),世界大麦生产能力大约为2,200万吨/年,近年的实际产量在1,800万～2,200万吨波动。欧洲国家的麦芽产量通常为800～900万吨/年,大约占全球总产量的42%。一般来说,欧洲排名前五的麦芽生产国分别为产量都超过一百万吨的国家,如德国、英国和法国,此后为比利时(约70万吨)、西班牙和捷克(分别为约50万吨)。另外,该网站估计全球每年使用的2,000万吨的麦芽中,约94%用于制啤酒,4%用于酿烈酒,2%用作食物。其他对年均麦芽生产能力的估计,包括2002—2006年的平均产量,美国大约为180万公吨[基于美国农业部外国农业服务中心(http://fas.usda.gov/ustrade/)的麦芽净进出口数据和美国财政部烟酒税收与贸易局(http://www.ttb.govbeerbeer-status.shtml)统计的用于制啤酒的麦芽总量],加拿大为120万吨(http://www.wheat-growers.ca/),澳大利亚大约为70万吨(http://www.barleyaustralia.com/),中国的产量超过400万吨(Bormann,2007)。

中国有能力比世界上其他任何一个国家生产更多的麦芽。在中国,包括农业在内的几乎所有部门都在快速发展,因此中国麦芽生产的潜力巨大。根据Bormann(2007)的研究,啤酒消费大幅上升引起了麦芽需求量的增加。1989年,中国年人均啤酒消费量为5升,1999年达到15升,2009年超过25升。中国酿啤酒所需的麦芽量在1990年是80万吨,2000年达到270万吨。2004年,中国200个麦芽生产商已经具备了430万吨麦芽的生产能力。近年来,中国每年进口约200万吨大麦,大部分是啤用大麦,进口约3000～4000吨高成本的麦芽(FAO,2009)。与美国相比,中国有大致相同的耕地和多4.4倍的人口,已经上升为多种农产品的主要生产国。中国已是全球水稻、小麦、马铃薯、甘薯(*Ipomoea batatas*)、花生(*Arachis hypogaea*)、棉花(*Gossypium* spp.)、油菜(*Brassica* spp.)、南瓜(*Cucurbita* spp.)、桃(*Prunus persica*)、苹果(*Pyrus malus*)、烟草(*Nicotiana tabacum*)、甘蓝(*Brassuca oleracea*/*B. chinensis*)的第一大生产国,是玉米的第二大生产国,是香蕉(*Musa* spp.)的第三大生产国,是大豆的第四大生产国。

表1.6中列出了主要大麦进出口国的大麦和麦芽交易量。2000—2005年的数据显示了欧洲在大麦和麦芽的出口贸易中占主导地位。2000年,大麦和麦芽出口国前五名中有三个是欧盟国家(大麦:德国、法国和英国;麦芽:法国、比利时、德国);2005年,法国和德国属于五大大麦出口国,法国、比利时和德国属于五大麦芽出口国。总体来说,欧盟国家在2000年和2005年的大麦出口量各占全球的66%和50%,麦芽出口量各占全球的67%和69%(FAO,2009)。另外,澳大利亚和加拿大这类地广人稀但大麦总产量高的国家,都位列2000年和2005年大麦和麦芽生产国前五位。

表 1.6　大麦、麦芽和啤酒产量高的进出口国家

大麦(百万吨)		麦芽(百万吨)		啤酒(百万吨)	
2000 年					
出口国					
世界	**23.8**	**世界**	**5.5**	**世界**	**6.24**
德国	6.2	法国	1.1	墨西哥	1.05
法国	4.8	比利时	0.60	荷兰	0.80
澳大利亚	3.0	德国	0.55	德国	0.79
加拿大	1.8	加拿大	0.50	比利时	0.43
英国	1.6	澳大利亚	0.47	加拿大	0.39
进口国					
世界	**22.3**	**世界**	**5.2**	**世界**	**6.32**
沙特阿拉伯	5.4	日本	0.74	美国	2.35
中国	2.1	巴西	0.64	英国	0.44
日本	1.7	俄罗斯联盟	0.56	意大利	0.42
比利时	1.2	德国	0.31	法国	0.37
伊朗	1.0	委内瑞拉	0.26	德国	0.32

大麦(百万吨)		麦芽(百万吨)		啤酒(百万吨)	
2005 年					
出口国					
世界	**25.8**	**世界**	**6.2**	**世界**	**9.84**
法国	5.4	法国	1.2	墨西哥	1.62
澳大利亚	3.9	比利时	1.1	荷兰	1.48
乌克兰	3.5	加拿大	0.55	德国	1.42
德国	2.9	澳大利亚	0.49	比利时	0.87
加拿大	2.0	德国	0.42	爱尔兰	0.40
进口国					
世界	**23.4**	**世界**	**5.7**	**世界**	**9.08**
沙特阿拉伯	6.0	巴西	0.65	美国	2.98
中国	2.3	日本	0.52	英国	0.75
西班牙	1.6	比利时	0.48	意大利	0.53
比利时	1.4	俄罗斯联盟	0.35	法国	0.48
日本	1.4	委内瑞拉	0.29	德国	0.37

数据来源:联合国粮农组织(http://falstat.fao.orgsite535/default.aspx#ancor)

迄今为止，沙特阿拉伯是世界上最大的大麦进口国，占25%的世界大麦贸易量。与畜牧业相比，种植业只占其农业的一小部分，因此沙特阿拉伯比较注重进口诸如大麦之类的饲料。2000年和2005年，中国、日本和比利时位列大麦的世界前五大进口国，日本、智利、俄罗斯联邦和委内瑞拉则是前四大麦芽进口国。虽然欧盟在出口市场上占主要地位，但其同时也是主要进口国，分别占世界大麦和麦芽进口贸易量的25%～30%和25%(FAO,2009)。

在非洲农村，以高粱、玉米和小米酿造的啤酒是当地文化的重要组成部分。除非特别说明，本节所提到的啤酒均系大麦酿造。2005—2007年的全球啤酒年均产量约为1.65亿吨。在这几年内，啤酒产量急剧增长了11.5%，从2005年的1.56亿吨增至2006年的1.65亿吨，2007年达到1.74亿吨(见表1.7)。2007年啤酒产量是2000年的1.28倍。2007年，欧洲的啤酒生产量最大，大约为5,700万吨(欧盟为4,000万吨)，其次为亚洲、北美洲、非洲和澳洲，产量分别为5,300万吨、3,500万吨、1,800万吨、800万吨和200万吨(FAO,2009)。

毫无疑问，拥有14亿人口的中国是当今世界最大的啤酒生产国，2007年中国啤酒产量大约为4,000万吨(表1.7)。美国的产量排名第二，俄罗斯联邦则以较大差距排在第三位。排名前十的还有英国、日本、西班牙和波兰。十大啤酒生产国中，中国的产量增长迅速，俄罗斯联邦、智利、墨西哥和波兰的产量略有增长，而美国、德国、英国、日本和西班牙的产量保持稳定。

表1.7 主要啤酒生产国(百万吨)

	2005年	2006年	2007年
大麦啤酒			
世界	**156**	**165**	**174**
中国	31.7	35.9	40.0
美国	23.1	23.2	23.5
俄罗斯联盟	9.1	10.0	10.5
德国	9.5	9.9	9.7
巴西	9.0	9.4	9.6
墨西哥	7.3	7.8	8.1
英国	5.6	5.4	5.5
日本	3.8	3.8	3.9
西班牙	3.1	3.4	3.4
波兰	3.0	3.3	3.6

续表

	2005 年	2006 年	2007 年
高粱啤酒			
世界		**6.9**	
坦桑尼亚		1.92	
乌干达		0.82	
尼日利亚		0.79	
布基纳法索		0.64	
刚果		0.59	
南非		0.56	
喀麦隆		0.42	
加纳		0.34	
玉米啤酒			
世界		**2.5**	
南非		0.90	
乌干达		0.62	
加拿大		0.52	
刚果		0.14	
赞比亚		0.14	
小米啤酒			
世界		**1.5**	
乌干达		0.34	
坦桑尼亚		0.33	
埃塞俄比亚		0.21	

数据来源：联合国粮农组织（http://falstat.fao.orgsite535/default.aspx＃ancor）

2000—2005 年啤酒进出口贸易总量排在前十位的国家中，有 7 个属于欧盟。欧盟国家作为一个整体，在 2000 年和 2005 年分别占全球啤酒进出口贸易总额的 40％和 60％(FAO,2009)。墨西哥一直是世界上出口啤酒最多的国家。除欧洲国家外，加拿大啤酒出口在 2000 年和 2005 年分别排第五和第六位(FAO,2009)。美国一直世界最大的啤酒进口国。全球啤酒产量在 21 世纪初迅速增长(2007 年产量是 2000 年的 1.28 倍)。大麦的交易量增加速度更快，2006 年的全球啤酒出口和进口量分别为 2000 年的 1.75 倍和 1.65 倍(FAO,2009)。

2006 年，与世界上 1.65 亿吨用大麦麦芽酿造的啤酒相比，原料为高粱芽、玉米芽和小米芽的啤酒产量分别为690万吨、250万吨和150万吨(见表1.7)。几乎所有的非大麦麦芽啤酒都出自非洲。加拿大是玉米啤酒的主要生产国中唯一一个非非洲的国家。这些非大麦麦芽啤酒生产国主要分布在非洲撒哈拉沙漠以南地区。根据作者在南非马拉维地区的亲身经历,玉米啤酒 Msese 在当地农村很流行,通常在55加仑的大油桶中酿造而成。名为 chibuku 的玉米啤酒在很多商店都有销售。这两种啤酒通常不透明,并有很多沉淀,甚至有很多结块。Msese 中的杂质通常被过滤掉,但是 chibuku 不过滤。chibuku 的品牌是"Shake Shake",大概是提醒消费者彻底摇匀以达到最好的饮用效果。非洲农村相当多的啤酒是非商业化生产的,FAO 公布的数据可能是大大低估了其真实产量。

5. 结语

本章为理解大麦这个全球化作物的重要性揭开序幕。以后各章将详细讨论本章所简要阐述的一些主题。从狩猎和采集时代到农业时代,直至现代,大麦都发挥了重要作用。大麦是世界上农业区驯化的第一个植物种,已有1万多年的历史,在全世界的农业、人类与动物食物、饲料和营养、酒精饮料生产和消费以及生物科学的不断进步中,起了至关重要的作用。大麦在植物遗传育种、植物生理、农艺学、谷物化学、人类与动物营养学、植物病理学和昆虫学中也发挥着重要作用。大麦作为一种实验材料,推动了科学知识的发展;科学也改良了作为农作物的大麦。大麦是当今世界的第五大谷物,涉及农业生产中的大量资源和劳力、商品运输和贸易、加工和终端产品的制造、运输、市场和消费,同样也涉及大麦增产和用途方面的研发。

参考文献

Arnold, J. P. 1911. Origin and History of Beer and Brewing. Wahl-Henius Institute, Chicago.

Baik, B.-K. and S. E. Ullrich. 2008. Barley for food: characteristics, improvement, and renewed interest. J. Cereal Sci. 48: 233-242.

Barley Genetics Newsletter, 1971—2010. Vols. 1-40. Barley Genet. Newsl. Vols. 1-40. Available at http://wheat.pw.usda.gov/ggpages/bgn.

Bhatty, R. S., G. I. Christison, and B. G. Rossnagel. 1979. Energy and protein digestibilities of hulled and hulless barley determined by swine-feeding. Can. J. Anim. Sci. 59: 585.

Bormann, N. 2007. An analysis of the competitiveness of Chinese malting barley production and processing. Inst. for Farm Economics, Braunschweig. Available at http://www.agribenchmark.org/.

Bowland, J.P. 1974. Comparison of several wheat cultivars and a barley cultivar in diets for young pigs. Can. J. Anim. Sci. 54：629－638.

Caldwell, D. G., N. McCallum, P. P. Shaw, G. J. Muehlbauer, D. F. Marshall, and R. Waugh. 2004. A structured mutant population for forward and reverse genetics in Barley (*Hordeum vulgare* L.). Plant J. 40：143－150.

Close, T. J., S. I. Wanamaker, R. A. Caldo, S. M. Turner, D. A. Ashlock, J. A. Dickerson, R. A. Wing, G. J. Muehlbauer, A. Kleinhofs, and R. Wise. 2004. A new resource for cereal genomics：22K Barley GeneChip comes of age. Plant Physiol. 134：96－968.

Druka, A., G. J. Muehlbauer, I. Druka, R. Caldo, U. Baumann, N. Rostoks, A. Schreiber, R. Wise, T. Close, A. Kleinhofs, A. Graner, A. Schulman, P. Langridge, K. Sato, P. Hayes, J. McNicol, D. Marshall, and R. Waugh. 2006. An atlas of gene expression from seed to seed through barley development. Funct. Int. Genom. 6：202－211.

Druka, A., I. Druka, A. Centeno, H. Li, Z. Sun, W. Thomas, N. Bonar, B. Steffenson, S. Ullrich, A. Kleinhofs, R. Wise, T. Close, E. Potokina, Z. Luo, C. Wagner, G. Schweizer, D. Marshall, M. Kearsey, R. Williams, and R. Waugh. 2008. Towards systems genetic analysis in barley：integration of phenotype, expression and genotype data into the GeneNetwork. BMC Genet. 9：73. Available at http:// www. biomedcentral. com/ 1471－2156/9/73.

Fischbeck, G. 2002. Contribution of barley to agriculture：a brief overview, pp. 1－14. In：G. A. Slafer, J. L. Molina-Cano, R. Savin, J. L. Araus, and I. Romagosa (eds.). Barley Science：Recent Advances from Molecular Biology to Agronomy of Yield and Quality. The Haworth Press, Binghamton, NY.

Food and Agriculture Organization (FAO) of the United Nations. 2009. FAOSTAT crop production and trade Web sites. Available at http://faostat. fao. orgsite567/; http:// faostat. fao. orgsite535/.

Grando, S. and H. G. Macpherson (eds.). 2005. Food barley：importance, uses and local knowledge. Proc. Int' l. Workshop on Food Barley Improvement, Hammamet, Tunisia, January 14－17, 2002. ICARDA, Aleppo, Syria.

Graner, A., A. Jahoor, J. Schondelmaier, H. Siedler, K. Pillen, G. Fischbeck, G. Wenzel, and R. G. Herrmann. 1991. Construction of an RFLP map of barley. Theor. Appl. Genet. 83：250－256.

Hamblin, M. T., T. J. Close, P. R. Bhat, S. Chao, J. G. Kling, K. J. Abraham, T. Blake, W. S. Brooks, B. Cooper, C. A. Griffey, P. M. Hayes, D. J. Hole, R. D. Horsley, D. E. Obert, K. P. Smith, S. E. Ullrich, G. J. Muehlbauer, and J-L. Jannick. 2010. Population structure and linkage disequilibrium in US barley germplasm：Implications for association mapping. Crop Sci. 50：556－566.

Hayes, P. M. and P. Szucs. 2006. Disequilibrium and association in barley：thinking outside the glass. Proc. Natl. Acad. Sci. U. S. A. 49：18385－18386.

Hayes, P. M., B. H. Liu, S. J. Knapp, F. Chen, B. Jones, T. Blake, J. Franckowiak, D.

Rasmusson, M. Sorrells, S. E. Ullrich, D. Wesenberg, and A. Kleinhofs. 1993. Quantitative trait locus effects and environmental interaction in a sample of North American barley germplasm. Theor. Appl. Genet. 8: 392—401.

Joseph, W. E. 1924. Feeding pigs in drylot. Mont. Agric. Exp. Stn. Bull., Bozeman, MT.

Kleinhofs, A. and F. Han. 2002. Molecular mapping of the barley genome, pp. 31—63. In: G. A. Slafer, J. L. Molina-Cano, R. Savin, J. L. Araus, and I. Romagosa (eds.). Barley Science: Recent Advances from Molecular Biology to Agronomy of Yield and Quality. The Haworth Press, Binghamton, NY.

Kleinhofs, A., A. Kilian, M. A. Saghai Maroof, R. M. Biyashev, P. Hayes, F. Q. Chen, N. Lapitan, A. Fenwick, T. K. Blake, V. Kanazin, E. Ananiev, L. Dahleen, D. Kudrna, J. Bollinger, S. J. Knapp, B. Liu, M. Sorrells, M. Heun, J. D. Franckoiak, D. Hoffman, R. Skadsen, and B. J. Steffenson. 1993. A molecular, isozyme and morphological map of the barley(*Hordeum vulgare*) genome. Theor. Appl. Genet. 86: 705—712.

Kumlehn, J., L. Serazetdinova, G. Hensel, D. Becker, and H. Loerz. 2006. Genetic transformation of barley (*Hordeum vulgare* L.) via infection of androgenetic pollen cultures with *Agrobacterium tumefaciens*. Plant Biotech. J. 4: 251—261.

Massman, J. M. and K. P. Smith. 2008. Locating resistance QTL for *Fusarium* head blight using association mapping in contemporary barley breeding germplasm. Phytopathology 98: S99—S99.

Mitchall, K. G., J. M. Bell, and F. W. Sosulski. 1976. Digestibility and feeding value of hulless barley for pigs. Can. J. Anim. Sci. 56: 505—511.

Newman, C. W. and R. K. Newman. 2006. A brief history of barley foods. Cereal Foods World 51: 4—7.

Newman, R. K. and C. W. Newman. 2008. Barley for Food and Health: Science, Technology, and Products. John Wiley and Sons, Hoboken, NJ.

Nilan, R. A. 1964. The Cytology and Genetics of Barley 1951-1962. Monographic Suppl. No. 3 Research Studies. Washington State University Press, Pullman, WA.

Nilan, R. A. 1981. Induced gene and chromosome mutants. Philos. Trans. R. Soc. Lond., B, Biol. Sci. 292: 557—466.

Owens, F., D. Secrist, and D. Gill. 1995. Impact of grain sources and grain processing on feed intake by and performance of feedlot cattle, pp. 235-256. Proc. Symp. Intake by Feedlot Cattle, Oklahoma Agric. Exp. Stn., Stillwater, OK.

Percival, J. 1921. The Wheat Plant. Duckworth Publishers, London.

Potokina, E., A. Druka, Z. W. Luo, R. Wise, R. Waugh, and M. Kearsey. 2008. Gene expression quantitative trait locus analysis of 16,000 barley genes reveals a complex pattern of genome-wide transcriptional regulation. Plant J. 53: 90—101.

Smith, B. D. 1998. The Emergence of Agriculture. Scientifi c American Library, New York.

Smith, L. 1951. Cytology and genetics of barley. Bot. Rev. 17: 1 — 51, 133 — 202,

285－355.

Varshney, R. K., T. C. Marcel, L. Ramsay, J. Russell, M. S. Roder, N. Stein, R. Waugh, P. Langridge, R. E. Niks, and A. Graner. 2007. A high density barley microsatellite consensus map with 775 SSR loci. Theor. Appl. Genet. 114: 1091－1103.

Xu, S. Z. and Z.. Jia. 2007. Genomewide analysis of epistatic effects for quantitative traits in barley. Genetics 175: 1955－1963.

Yu, Y., J. P. Tomkins, R. Waugh, D. R. Frisch, D. Kudrna, A. Kleinhofs, R. S. Brueggeman, G. J. Muehlbauer, R. P. Wise, and R. A. Wing. 2000. A bacterial artifi cial chromosome library from barley (*Hordeum vulgare* L.) and identification of clones containing putative resistance genes. Theor. Appl. Genet. 101: 1093－1099.

大麦起源与近缘种

Roland von Bothmer, Takao komatsuda

1. 引言

大麦属(*Hordeum*)曾被认为是一个非同源群,它基本上是由许多实际不相关但形态上极为相似的物种所构成的,因此并非是一个自然系统进化群。如今,强大新兴技术的利用,充分地提高了人们对大麦属进化年代、迁移模式以及新种群分化的认识。近代研究已有力地佐证,大麦属确实是一个共同起源的单源群体,1,300 万年前从小麦种分离出来。因此,所有的种甚至是栽培大麦都是相互关联的,尽管某些种间遗传距离较远。

栽培植物的驯化故事包含生物学、农学、考古学和其他科学。近年来,我们对栽培大麦及其近缘种进化历史的认识已经发生了显著改变。摒弃了原先的大麦单驯化过程理论,支持双过程理论,即时间和地域上的分隔。目前,对于驯化过程的研究,主要从分子水平上揭示基因系统连续变化的机制和途径,这些基因系统调控着主要驯化特征的响应性状。

对有关大麦野生种潜能利用的认识已日益提高。野生大麦(*Hordeum vulgare* subsp. *spontaneum*)是大麦的祖先,尽管它隶属于大麦的初级基因库,还曾被认为是外来的种质;同样,它在实际育种计划中作为基因来源的价值也受到限制。但人们对野生大麦的看法已经发生了很大变化。如今,野生大麦在实际利用上的潜力,强调其在基础拓展以及导入调控农艺性状的独特、优异基因等方面的作用。在遗传多样性、群体分化、抗病性和其他重要机理的生物学研究中,野生大麦也发展成为一种模式生物。

出于实用目的,大麦的其他野生种最近也备受关注,如作为次级基因库的球茎大麦(*Hordeum bulbosum*)。30 年前,球茎大麦因用于构建小麦和大麦的双单倍体而受人注目,现在它作为整合抗病性的特异基因来源而备受重视。南美洲的智利大麦(*Hordeum chilense*)与硬粒小麦属间杂交产生了小大麦

(*tritordeum*),创造了全新作物品种。它拥有众多的优良性状,如优良焙烤品质、耐胁迫和抗病性等。其他大麦种也显示出逆境耐性潜力,如海大麦的耐盐性特强。

在南美和中亚,某些野生的多年生大麦属物种是天然牧场的重要组成。人们正在尝试在恶劣地区改良牧场,用于放牧,如将耐干旱、一年生、发育快速的灰毛大麦(*Hordeum murinum*)和野生大麦引入中东。

某些大麦种通过成功和机巧的习性对环境造成了负面影响。它们作为超级杂草出现在世界上众多地区,如松鼠尾大麦(*Hordeum jubatum*,也称芒颖大麦)。一些大麦种是病虫害的寄主,将病菌传播给谷类作物,给栽培带来了严重的问题。姑且不考虑野生种对农业造成的积极或消极影响,以及作为作物改良的实际或潜在的基因来源,更重要的是我们应增加对野生种生物学系统、基因内容以及生态学偏好等方面的了解。

本章综述了大麦属及其各个物种,综合展示当前有关生物多样性和农业潜力的知识,展望了农业潜力;特别阐明了当前有关进化和系统发生的观点,主要基因系统的变化反映了大麦的驯化过程。

2. 小麦族(*Triticeae*)

大麦隶属于世界上最重要的经济植物群体——禾本科(Poaceae)小麦族(Triticeae)。小麦族包含有几种主要的温带谷物,即小麦(*Triticum*)、黑麦(*Secale cereale*)、普通大麦(*Hordeum vulgare*)和"人造作物"小黑麦(*Triticosecale*);某些物种具备饲草价值,如冰草(*Agropyron cristatum* 及其近缘种)和新麦草(*Psathyrostachys juncea*,也称俄罗斯野黑麦);有些物种也引人注目,如欧滨麦(*Leymus arenarius*)在受侵蚀的地区如冰岛被用作固沙植物。小麦族的许多物种是有害杂草,如偃麦草(*Elymus repens*,旧名 *Agropyron* 或 *Elytrigia repens*)、鼠大麦(*H. murinum subsp. leporinum*)和狐尾大麦(*H. jubatum*)。

小麦族所有物种都有穗(无柄小花);基本染色体数为 $x=7$,染色体大,基因组也大。小麦族分布于世界各地,在最寒冷的大陆和温带地区都有分布,甚至在亚热带也有小麦族物种。

小麦族多生长在偏僻的地区,如中亚绵延的山区,能获得的研究材料稀少,新物种仍有待发现。因此,在物种水平上分类学问题尚未得到圆满解决。目前仍无有关小麦族的综合性著作或综述,物种数也很不确定,介于 325(Dewey,1984)和 500(Löve,1984)之间。最近,Barkworth 等(2007)估计物种数为 400～500。

小麦族属间划界也仍存分歧。Löve(1982;1984)根据基因组,应用严格的概念进行属间划分,分为 38 个属;而 Stebbins(1956)认为,所有物种应归并为一个属，因为种间杂交能力很高。这些观点都还未被广泛接受。当今，一定的属数已被接受，但属间划界尚未达成共识（Kellogg，1989；Barkworth，1992；Watson 和 Dallwitz，1992；Yen 等，2005；Barkworth 和 von Bothmer，2009）。

小麦族具有多样性丰富、用途广泛的生物学特性，是成功的、传播广泛的植物种群的优良代表。它的物种形成模式相当复杂，包括多倍体和种间、属间高杂交配合力，后者使之形成网状的进化模式。I 基因组在大麦种的广泛传播便是典型现象（关于基因组命名请见下文）。I 基因组作为组件也见诸于多倍体物种披碱草属（*Elymus*）和红锥（*Hystrix*），它结合了其他不同的基因组，如 Y、St、P 和 W（Mason-Gamer，2008；Zhang 等，2008）。庞大的物种数目、丰富的多样性、亲缘关系的网状模式使小麦全族成为进化、系统发育研究的模式群体，以及谷物和牧草育种的优异基因来源。

尽管小麦族的系统发生和进化模式十分复杂，但禾本科的系统发育学研究已表明，小麦族是单系群，它构成了一个进化上同源的群体（Catalan 等，1997；Seberg 和 Frederiksen，2001；Petersen 和 Seberg，2005）。据估计，小麦族在 2500 万年前从燕麦属（*Avena*）分离出来，小麦和大麦大约在 1300 万年前演变而来（Gaut，2002）。

禾本科物种基本染色体数各不相同，基因组大小也存在巨大差异。小麦族所有成员的基本染色体数为 x=7，在禾本科中基因组最大，其中基因组最大的新麦草（*Psathyrostachys fragilis*）为 17.9 pg（Gaut，2002）。基因组大小主要由重复 DNA 决定。尽管水稻和大麦的低拷贝基因总数相近，但是它们的 DNA 含量有 12 倍之差（Saghai-Maroof 等，1996；Gaut，2002）。尚无证据表明，小麦族中一年生、自花授粉的物种基因组要小于多年生、异花授粉的物种（Eilam 等，2007）。禾本科在 7700 万年的进化过程中，基因组发生了巨大的变化，但染色体主要构造却出人意料地稳定，连锁区域和基因次序也十分保守（Devos 和 Gale，2000；Qi 等，2006；Stein，2007；Stein 等，2007；Cuadrado 等，2008）。

小麦族中与大麦属亲缘关系最近的是原产于亚洲、生长在恶劣且干旱草原环境的多年生草本植物——新麦草属（*Psathyrostachys*），以及起源于地中海的一年生植物带芒草属（*Taeniatherum*）（Frederiksen 和 von Bothmer，1989）。大麦属和新麦草属是从小麦族中分离出来的单源群体（Hsiao 等，1995；Seberg 和 Frederiksen，2001）。大麦属与另一单源属——三柄麦属（现仅含模式种三柄麦）的关系尚未理清（Ellneskog-Staam 等，2006；Petersen 和 Seberg，2008）。值得注意的是，最新的数据已揭示大麦属为单源群体；因此，先前将大麦属划分为两个不同的属（大麦属和芒麦草属），这不具备系统发育方面的证据支持（Kellogg，1989；Petersen 和 Seberg，1997；Seberg 和 Frederiksen，2001）。

3. 大麦属

大麦属物种与小麦族的区分方法如下。大麦属的主要特点是具有典型的三联小穗，由着生于穗轴节点的三个小穗构成，每一小穗包含一朵小花。野生种的侧生小穗通常具柄，普通大麦（包括栽培大麦及其野生祖先）通常无柄。若三联小穗的侧生小穗可育，则种型为六棱大麦；若侧生小穗不可育，则为二棱大麦。尽管大麦属具有这些基本特征，但是种内和种间还存在相当大的形态学和遗传变异。一个突出的特点是，一些形态特性的可塑性很大，特别是某些一年生物种。在干旱、高温、盐害或水渍导致的不良逆境条件下，植株纤细、茎秆矮小无分蘖、穗小、结实率低。在适宜的条件下，同一基因型可能生长繁茂，株高达 1 米，有数个分蘖穗，穗型和颖花较大。灰毛大麦便是可塑性极大的典型例子。

（1）分布

大麦属分布广泛，存在于大部分温带地区。大麦属可能起源于亚洲西南部。据估计，其最早的代表植物起始于 1200 万年前（Blattner，2004；2006；Jakob 和 Blattner，2006；系统发育见下文）。现今在亚洲中部地区仍存在多年生物种群，如小药大麦（*H. roshevitzii*）、布顿大麦（*Hordeum bogdanii*）、短芒大麦（*Hordeum brevisubulatum*）。大麦属约从 400 万年前往北美迁移并且演变出一些多年生物种，如短药大麦（*H. brachyantherum*）和芒颖大麦（*H. jubatum*）。鸟类的迁徙可能促进大麦属从北美向南美传播，并且形成了更多的物种；如今，南美因其含有最多的大麦属物种（18 个，包括二倍体和多倍体）成为多样性中心。一些多年生物种在南美形成了一年生能力，如宽颖大麦（*Hordeum euclaston*）。而且大麦属由南美洲向北美洲发生了二次传播，并衍生出一年生二倍体物种窄小大麦（*Hordeum pusillum*）和圣迭大麦（*Hordeum intercedens*，限在加州西南部）（Blattner，2006）。此后，美国西南地区分化出一年生的异源四倍体物种平展大麦（*H. depressum*）。中美洲诞生了该地唯一的大麦属物种——危地马拉麦（*H. guatemalense*），它可能也是通过鸟类迁徙，源于多年生的北美洲大麦。在地中海地区，灰毛大麦源远流长，它是在 1000 万年前从亚洲西南部的普通大麦（*H. vulgare*）和球茎大麦分化而来的。600 万年前，另一个一年生地中海物种海大麦从 I 基因组群体中分离出来。灰毛大麦和海大麦这两个源起于地中海的一年生物种，在上几个世纪一直作为杂草在地球上温暖适宜的地区广泛传播。分布于欧洲和北非的黑麦状大麦（*H. secalinum*）和原产于南非的南非大麦（*H. capense*）是相互独立的四倍体多年生物种，但其祖先之一皆为二倍体细胞型的灰毛大麦。南非大麦可能由黑麦状大麦或是南非的一个普通祖先分化而来。

(2)生境

大麦属的生境偏好包含各种生态位。多年生物种通常仅长在潮湿的牧场或者干燥的地区。而某些物种，如布顿大麦(*H. bogdanii*)和平展大麦则生长在高盐环境，海大麦为能耐受高盐的盐土植物(物种见下文)。南非的某些物种偏爱干旱的草原、嶙峋的山坡和晒盐池，如巴哥大麦(*H. patagonicum*)、长毛大麦(*H. comosum*)和四倍大麦(*H. tetraploidum*)。巴哥大麦亚种(*H. patagonicum* subsp. *magellanicum*)极端特化，它主要生长在火地岛的砂质海滩，形成了专门适应这种环境的传播机制。大麦属分布的海拔范围极广，从海平面一直延伸到海拔4,000～5,000米的喜马拉雅山脉，如短芒大麦亚种涅夫大麦(*H. brevisubulatum* subsp. *nevskianum*)和糙稃大麦(subsp. *turkestanicum*)，以及安第斯山脉如微芒大麦(*H. muticum*)、长毛大麦(*H. comosum*)和嗜盐大麦(*Hordeum halophilum*)。

(3)生活型、生殖和传播

大麦属在生殖模式和生活型上显示出极大的变异性。大部分物种为长命的或短命的多年生植物。一年生物种适应不同地区的特定生态条件而从多年生物种中独立发展而来，如盐生群体海大麦，一年生夏令或冬令物种灰毛大麦，以及适应了加利福尼亚温暖如春的圣迭大麦。弯曲大麦(*H. flexuosum*，南美)和亚桑大麦(*H. arizonicum*，北美)这两个物种具有多种生活型，它们通常短命多年生(常为两年生)或一年生，在不良的条件下凋亡。欧洲品种黑麦状大麦(*H. secalinum*)生长非常缓慢，根系发育浮浅而瘦弱，它生长在微盐性环境，不时需要漫灌，对更具侵略性物种的竞争非常敏感。大部分多年生物种为丛生禾草，但是某些品种在地下部(根状茎)具有独特的营养生殖模式，如短芒大麦(*H. brevisubulatum*)。球茎大麦显著隆起的腋芽(球茎)看上去像"灯泡"，从而形成了营养生殖方式。

原初的有性生殖体系多样，包括自花授粉和异花授粉两种形式，后者花朵半开放，花粉成熟和柱头接受能力在时间上的差异很小，这是现今的大麦属物种中最为常见的有性生殖系统。各个群体的生殖方式已经形成了各自特色。某些一年生物种，如灰毛大麦和圣迭大麦，或多或少是专一性的近交群体，它们闭花授粉、柱头矮短、花粉囊较小、花粉粒少、雄蕊和柱头同时发育；不管外部条件如何，一般有较多的粒数。栽培大麦的祖先(野生大麦 *H. vulgare* subsp. *spontaneum*)尽管是一年生植物，但拥有较多变的生殖系统，开颖大，使其有异花授粉的能力。驯化过程中异交下降，现代大麦被认为是几乎专一的自交植物。在植物育种过程中，大麦的异交率一般远小于1%。更为原始的大麦，如古老的地方种，与现代品种相比，异交率相对较高。另一个极端则是大麦进化成为完全的异交植物，如黑麦状大麦和帕氏大麦，可自花授粉，但是大部分颖花开放、花粉数量丰足，且柱头伸长突出。最极端的形态是球茎大麦和短芒大麦，它们或多或少是专一的异交植物，对风力传播授粉有良好的适应性都形成了自交不亲和机制。就球茎大麦而言，这受一个双基因座遗传系统控制(Lundqvist，1962)。

大麦种子散播机制差异很大。大部分物种具有易碎的穗轴(穗的主轴)，即穗在成熟时每个轴节点脱落。散播的单位是三联小穗，因此，一个中央小穗和两个侧生小穗在穗上联结成一个节点。仅有两个分类上远缘的种——普通大麦和布顿大麦的穗部坚韧，只有中央成熟有种子的小穗脱落，穗主轴仍保持完整。大麦的野生祖先，一年生野生大麦穗部特别脆而易落粒。栽培大麦强韧的穗轴是驯化的综合表现，有利于大麦进行简单、安全的收获。决定穗轴易碎或强韧的遗传背景非常简单(双基因控制，见下文大麦驯化)。但对布顿大麦穗轴强韧的遗传背景，仍缺乏研究。

大部分大麦物种具有非特化的种子散播机制，但独特之处在于两种特化类型十分明显。灰毛大麦和野生大麦在芒、颖以及穗轴边缘上都具有长而硬的毛刺。这些毛状物单侧附生，这意味着尽管种子相对大而重，三联小穗仍能轻易地黏附，如动物的毛皮。很明显，这是对动物传播机制的一种适应(见下文灰毛大麦)。另一个极端特化是某些物种对风力(由风散布种子)传播的适应性。这些大麦的种子微小、轻质，芒和颖长而纤细，成熟时向外展开(常为90°)。一些三联小穗常常相互黏附，构成一个轻型的"飞行装置"，可以在风中传播，有时达到很长的距离。风力传播的典型代表是弯软颖组(*Critesion*)物种，如南美的李氏大麦和北美的芒颖大麦。

显然，构成灰毛大麦和芒颖大麦杂草习性的先决条件，是保证不良条件下种子能安全结实的自花授粉生殖系统、非特化的生态学需求(偏爱开颖、短时生境)，以及高效的种子散播机制(通过风力或动物)。

(4)染色体和基因组

与小麦族其他物种一样，大麦属的基本染色体数为 x=7，同时存在二倍体(2n=14)和多倍体(2n=4x=28 和 2n=6x=42)。大麦染色体较大，染色体组型均匀对称，含有 2~5 个核仁组织区(NORs)。大麦属 C 带分析、荧光原位杂交(FISH)/基因组原位杂交(GISH)模式截然不同，部分物种具有特异性，因此可用于进化关系和系统发育学分析(Linde-Laursen 等，1986a；1986b；1989；1995；Linde-Laursen 和 ver Bothmer，1989；de Bustos 等，1996；Taketa 等，1999；2000；2001；2005)。短芒大麦(*H. brevisubulatum*)是一个同源多倍复合体，与其他种有巨大的细胞学差异，包括带有微小、插在中间的 C 带群体(短芒大麦亚种)和有巨大的末端组成型异染色质、类似黑麦的群体(紫大麦草亚种 *H. violaceum*)(Linde-Laursen 等，1980)。所有这些形态差异巨大的种，可相互杂交，且杂种后代减数分裂染色体可配对（Landström 等，1984）。

Kihara（1940）在小麦及其近缘种中提出了基因组的概念，这个概念在一些植物群体中已被广泛接受和使用。基因组的最初定义是种间和属间杂种在减数分裂时的染色体配对。杂种的减数配对率越高，表明亲本物种的亲缘关系越近。然而，这一关系的确认可能要受亲本染色体同源配对或减数分裂时配对的影响，后者会上调或者降低交叉频率。Löve（1982；1984）提出了在小麦族内利用基因组关系作为分类学界定的基础，即仅含有相同单倍体基因组（或其组合）的种才能归为同一个属，并被 Dewey（1984）部分采纳，这在小麦族内产生了许多新的单源属。这个系统未被广泛接受，而且基因组概念作为推断系统发育和分类学界定的基础饱受质疑（Kellogg，1989；Seberg 和 Petersen，1998；Petersen 和 Seberg，2003）。然而，基于更广泛的科学数据，而不仅仅是染色体减数配对的基因组概念，已经成为解决实际问题和进化关系的有效工具。

在大麦属中，基因组概念还是基于传统的标准，即种内杂交后代的减数配对程度，这在 20 世纪 70 年代和 80 年代有过大量研究（von Bothmer 等，1989c；1995a 及所引文献）。其后续的研究包括原位杂交和大量的质核分子分析，已经阐明以杂种减数分裂配对行为为基础的配子体基因组内容或划界（见下文大麦属的进化和系统发育）。综合数据表明，大麦属内存在四种基本单倍体基因组，即普通大麦和球茎大麦的 H 单倍体基因组，海大麦的 X_a 单倍体基因组，灰毛大麦群体的 X_u 单倍体基因组和其余大麦属物种的 I 单倍体基因组或变体。单倍体基因组之间存在变异，因此普通大麦和球茎大麦的 H 单倍体基因组并不一致。庞大的 I 单倍体基因组群体在其分布的主要区域（欧亚大陆/南北美）呈现出分化趋势。

目前，大麦属内不同基因组的定义尚不清晰。先前，由于可用的数据较少，大麦属所有的物种（包括普通大麦）都被假定为含有相同的基因组/单倍基因组，命名为 H。当获得更多的数据后，显然大麦属至少存在两个基因组群体，一类为普通大麦和球茎大麦，另一类为大麦属的其余大部分物种。与其他基因组迥然不同的灰毛大麦（X_u）和海大麦（X_a），也在那时区分的。20 世纪 80 年代，将野生大麦单倍基因组命名为"H"，将单倍体基因组命名为"I"。然而，国际大麦遗传学会议（IBGS）所指派的一个工作组，建立了一套栽培大麦染色体和基因组的分类系统。该工作组的一个主要建议是，大麦的染色体编号方式应该遵循部分同源的小麦，这会在一定程度上改变大麦现有的染色体编号。该小组进一步提出，普通大麦单倍基因组应该命名为 H（Linde-Laursen 等，1997），不考虑在数年前已将野生大麦单倍基因组命名为 H。此提议被 IBGS 接受，大麦染色体编号系统和单倍基因组按该工作组的建议进行。但这造成了相当大的问题，因为研究野生物种的科学家仍在继续采用不同的基因组命名方式，即 I 代表普通大麦和球茎大麦、H 代表其他野生物种(除灰毛大麦 X_u 和海大麦 X_a)。这个问题如何解决,迄今仍无定论。本章遵循 IBGS 工作组(Linde-Laursen 等,1997)的建议。

(5)大麦属的进化和系统发生

在过去的 25 年中,人们开发了众多的工具来研究进化途径和系统发生模式。对于大麦属多种多样的物种和种群,新的数据已经改进了我们对它们亲缘关系、系统发生、迁移路径和年代的认识。目前已经绘制出大麦属全面的、相当精细的亲缘关系图。不过,不同的研究由于使用的方法和诠释的数据不同,图谱细节上不尽相同。为了在大麦属总体进化和系统发生模式上得出确信的结论,研究的样本应该包括整套物种或者至少相当数量的群体和物种,但是符合这些要求的研究甚少。一些研究使用数量有限的物种和群体,因此其价值在最大程度上仍局限于某个地域或某一种群。

Terzi 等(2001)利用 200 个快速扩增片段多态性(RAPD)和序列标记位点(STS),发现大麦三个基因库存在显著的隔离;他们的结果表明,相对于灰毛大麦和普通大麦,球茎大麦与前者更近缘。同样,基于 RAPD 标记,Marillia 和 Scoles(1996)研究了 39 个大麦属分类群,他们的树形拓扑与基于形态的系统分类结论一致。然而,直叶大麦(*H. erectifolium*)、芒颖大麦以及较少程度上还有球茎大麦在分类中的位置与先前的分类并不一致。基于大麦六条重复 DNA 序列和 46 个分类群(31 个种),Svitashev 等(1994)发现大麦四个基因组结构存在良好的一致性。据他们报道,球茎大麦存在一个不同于普通大麦的特异位点,而这与先前通过杂交和减数配对所发现的结果明显不同。

*vrs*1(六棱穗型)定位于大麦 2H 染色体上,控制着大麦的棱数;Komatsuda 等(1999)通过比较与 *vrs*1 连锁的核苷酸序列,研究了 26 个二倍体大麦分类群的系统发生。H 基因组(普通大麦和球茎大麦)与 X_u 基因组(灰毛大麦)物种存在显著的隔离。I 与 X_a(海大麦)基因组是单源的;X_a 是 I 基因组的姊妹群体;且 I 基因组群体高度同质。Clark 等(2005)以 29 个大麦属物种(42 个分类群)为材料,分析了种子特异性蔗糖非发酵-1 相关蛋白激酶基因家族的三种不同 PCR 产物。H 基因组(普通大麦和球茎大麦)可区分为变种 A 和 B(有一例外),而 I 基因组物种(除小药大麦外)则被诊断为变种 C。灰毛大麦和海大麦的所有亚种或细胞型都没有显示条带,这与两个物种迥然不同的基因组一致。Vershinin 等(1994)在小麦族种属研究中,分析了 29 个大麦属物种(32 个分类群)的串联组织核 DNA 序列(*dpTa*1 家族),从 H、X_a、X_u 基因组物种中分离出 I 基因组物种。

众多的研究结果,包括质体分子数据与细胞核 DNA 的研究结果并不完全一致。Provan 等(1994)利用 SSR 引物,发现 24 个物种(28 个分类群)中存在叶绿体多态性。普通大麦有别于其余所有大麦属物种(该研究未包括球茎大麦)。

其他的大麦属物种可区分为不同的群体，包括美洲物种和亚洲物种。许多南美二倍体物种都含有单个 cpSSR 单倍型。Doebley 等(1992)通过分析限制性位点变异，研究了 37 个大麦属分类群的叶绿体 DNA，将其分成若干个独立的群体，这些群体大体上与主要的基因组群体对应。他们的数据表明，智利大麦是硕穗大麦(*H. procerum*)的祖先，二倍体短药大麦可能是平展大麦的母本。

Jakob 和 Blattner(2006)选用代表大麦属 31 个种的 249 个群体(875 个个体)，对大麦属叶绿体基因组进行了迄今最为深入的研究。通过 *trnL-trnF* 区域的测序，他们发现了 88 个不同的单倍型以及一个复杂的、网状的多样性模式。单一物种(巴哥大麦)中存在多达 18 种叶绿体单倍型，并且多达 6 个物种享有相同的单倍型。欧洲/地中海分类群中缺失叶绿体单倍型，表明该地区的叶绿体家系已经大量灭绝。亚洲东部和北美古老家系较多地幸存揭示了这一模式，并且与细胞核 DNA 测算的结果不同(Blattner，2004；2006)。显然，古老的单倍基因组伴随其子代发生，这些上古的叶绿体类型至少生存了 400 万年。叶绿体单倍基因组在某些地区系统发生群体内的长期存在，以及在其他群体内灭绝，极大地影响了叶绿体系统发生的推断——即发生在 900 万～1,200 万年前。造成细胞核和细胞质分子 DNA 研究以及质粒 DNA 变异的报道大不相同的可能原因，正是这些无法预见的消亡和幸存，同时也与研究材料受限制有关。

Blattner 及其合作者基于细胞核和质体 DNA 数据，对进化、系统发生、迁移路径等进行了最全面的研究(Blattner，2004；2006；Jakob 和 Blattner，2006；Jakob 等，2004)。他们对众多材料细胞核序列的研究结果与四个大麦属基因组完全一致(I，H，X_a，X_u)。约 1,300 万年前，小麦族分离出两个主要家系，即小麦属种群和大麦属种群(Gaut，2002)。大麦属约在 1,200 万年前分化，最古老的 H 基因组起源于亚洲西南部(普通大麦和球茎大麦)。这与欧亚是小麦族起源中心的理论相符(Hsiao 等，1999)。最早的分离发生在 H 和 X_u 基因组(灰毛大麦)之间，时间上可能与大麦属起源同步。现今已充分证明，海大麦(基因组 X_a)是属内其他物种(基因组 I)的一个姊妹群体，因此，叶绿体基因组与其他许多研究相比，其特别之处在于表明了海大麦是单源系统。普通大麦与球茎大麦的分离、海大麦与 I 基因组其他物种的分离，估计都发生于约 700 万年前。500 万年前，旧世界物种与新世界物种分离。300 万年前，I 基因组群体的进化辐射速率增加，这很好地契合了新世界物种的分化。北美物种短药大麦是所有南美大麦物种的姊妹群体，它通过鸟类迁徙而实现传播。南美的二倍体群体智利大麦似乎起源最早，产生了两个隔离的家系，一个分布于南美的最南部(长毛大麦和巴哥大麦)，另一个分布于北部(微芒大麦和科多大麦 *H. cordobense*)。二倍体南美物种向北美回迁发生于 120 万年前，两个独立的一年生物种是圣迭大麦和窄小大麦。

很明显，大麦属四个主要的进化枝（基因组群体）都含有多倍体；除球茎大麦和短芒大麦是同源多倍体起源外，其他所有物种都是异源多倍体，或者至少部分异源。多数多倍体可追溯为原始二倍体物种的不同组合（物种请见下文）。小药大麦与一些多倍体有明显的亲缘关系（Blattner，2004）。中美洲种（危地马拉大麦，*H. guatemalense*）源于北美；海大麦在大约 40 万年前参与了两个四倍体物种黑麦状大麦和南非大麦的分化（Blattner，2006）。

某些群体正处于非常活跃的分化阶段，南美南部的巴哥大麦群体尤为明显。适应辐射使之产生了复杂的形态和生态分化。短芒大麦复合体在更广的地域（从土耳其西部到中国东部）呈现更大的分化，具有丰富的遗传、细胞遗传学及单倍型多样性（Linde-Laursen 等，1980；Landström 等，1984；Jakob 和 Blattner，2006）。

（6）基因库及栽培大麦基因转化潜力

野生近缘种在大麦改良中的应用潜力，很多年以来一直是研究的重点。一些野生种因含有优异的农艺性状，如抗病性、胁迫耐性和可作为基因来源而引起人们的兴趣。在育种中，杂交模式以及常规杂交的成功率对外来材料和野生种质的利用是十分重要的。几乎所有野生物种均可与普通大麦进行种间杂交和回交，由此可以绘制优良的种内杂交配合力图谱，并从中得到一些概括性的结论（von Bothmer 等，1983；Finch 和 Bennett，1984）。在栽培大麦与所有野生物种多倍体类型的组合中，前者作为母本较差，结实率＜10%，与二倍体组合时最低（0.9%），而与六倍体组合时最高。栽培大麦作为父本要好得多，与各类多倍体组合的结实率高达 37%～45%。一种突出的模式是，二倍体水平的组合尽管结实率相对较高，但是杂种发芽和育性都有缺陷，形成的幼苗弱小且易早衰，兼有合子不育障碍。栽培大麦与二倍体海大麦的杂交组合，是二倍体水平（除球茎大麦和野生大麦外）上杂种可育的唯一报道，但是后代植株为海大麦（2n＝7）单倍体，这是由于大麦染色体的选择性消失造成的。栽培大麦与四倍体和六倍体野生物种杂交结实后，杂种植株长势相当好。弯软颖组的多倍体物种与栽培大麦组合后，结实率较高，植株发育良好。六倍体李氏大麦展现出特别优异的兼容性。然而，初代杂种与栽培大麦回交较为困难，仅有一例成功的例子（von Bothmer 等，1988；von Bothmer 和 Linde-Laursen，1989）。一个复杂因素是杂种在细胞学上通常不稳定，从而导致普通大麦染色体的消失以及更为罕见的复制问题（Linde-Laursen 和 von Bothmer，1988）。与直接回交相比，三亲和多亲种内杂交较易成功，并且有组合产生了推断为单性生殖的后代（von Bothmer 等 1988；1989a）。

栽培大麦及其野生祖先——一年生野生大麦杂交不存在育性障碍。杂交后结实率高，发芽和杂种发育良好，表明这两个二倍体亚种亲缘关系相近（Brown

等,1978;Giles 和 von Bothmer,1985;Asfaw 和 von Bothmer,1990)。杂种与任一亲本回交或培养 F2 代都无育性障碍,因此野生大麦在育种中是良好的外来种质供体来源。虽然野生大麦具有某些优异的农艺性状(尤其是抗病性),但因"野生性状"的遗传拖累,在常规育种计划中的应用范围较窄。

栽培大麦和球茎大麦之间的杂交障碍不强,结实率和植株发育表现良好(Pickering 和 Johnston ,2005)。球茎大麦染色体的选择性消失机制早已被发现,并开发成为创制大麦和小麦双单倍体的方法(Kasha 和 Kao,1970;Forster 等,2007)。近年来,研究的重点是利用球茎大麦作为基因供体,特别是提高它和栽培大麦稳定杂种的抗病性(见下文球茎大麦)。

基于杂交的成功率,基因库的概念已应用至大麦属的各物种(von Bothmer 等,1995a)。栽培大麦的各种形态,如地方种、遗传材料和所有原始或高级的育种材料,以及野生祖先(野生大麦),都隶属于栽培大麦的初级基因库,库内没有育性障碍,并且基因交换简单易行(除非在常规育种计划中使用异源、未驯化材料)。球茎大麦同样带有 H 基因组,它独立构成了一个次级基因库。球茎大麦与栽培大麦杂交和回交可行,但是配合力和杂种育性均有一定程度的下降。其余带有 X_u(灰毛大麦)、X_a(海大麦)和 I 基因组(大麦属其余物种)的所有物种,构成了大麦的三级基因库,也就是说,这些物种间所有的杂交组合都极难实现。

(7)大麦属的系统分类学

尽管大麦属物种总体形态特征一致,如典型的三联小穗,颖片背侧朝外、披刚毛或扁平,但是现有物种分类系统与形态学、细胞遗传学以及分子数据并不相符,而且未被广泛接受。历年来陆续有学者提出了一些分类系统(Petersen 和 Seberg,2003)。俄罗斯分类学家 Nevski(1941)是禾本科系统分类学研究的先驱,尤其是在大麦属和披碱草属。他写了一本关于大麦属的专著,内容覆盖了当时所有已知的物种(见表 2.1)。他区分为五个组,球茎大麦被单独列为一组:球茎大麦(*Bulbohordeum*)组;所有的一年生物种包括普通大麦,归类为普通大麦(*Hordeastrum*)组。多年生南美物种被归类为异颖组(*Anisolepis*),成熟时颖片分叉的南美和北美物种归类为弯软颖组。Nevski 把剩余的物种,包括北美短药大麦,都归入直刺颖组。

基因组概念的提出后,意味着分类应依循基因组成组,并且"属"应为单源,由单独的单倍体基因组或其相同的组合所构成。Löve (1982)和 Dewey(1984)都提议基因组作为分类的基础,Löve 描述了小麦族内众多的新属。大麦被划分为两个属,*Hordeum sensu stricto*,包含栽培大麦及其野生祖先;其余所有种归类为弯软颖属(*Critesion*)。鉴于以后的基因组研究揭示了四个基本的单倍体基因组,而该分类与基因组内容和分子或者形态学数据均不一致,因此不能作为分类学基准使用。Petersen 和 Seberg(2003)结合两套细胞核和两套质体分子数据,

介绍了一个新组 *Sibirica*，包含布顿大麦和小药大麦。而 Blattner(2004)则认为，该分类系统与早先的系统(von Bothmer 等，1995a)相比，有更多的系统发生和地理信息，但与核型分析和基因组数据部分不符。多倍体物种的加入使得分类更为复杂，在某些案例中，多倍体是组内杂交的结果。Blattner(2006)认为，内转录间隔区(ITS)的数据可强有力地支撑四个基因组群体代表单源单位的论点，因而四个单倍体基因组产生了大麦属四个组。根据这些数据，灰毛大麦(X_u)和海大麦(X_a)应为两个独立的组；然而，由于在某些多倍体中(黑麦状大麦、南非大麦、短药大麦、6x)也发现了 X_a 基因组，因此单倍体基因组分类并不能反映出单源群体。Blattner 主张，X_a 这个庞大的组，由三个遗传上和地理上迥然不同的二倍体进化枝组成，即海大麦、旧世界 I 基因组物种和新世界 I 基因组物种。在尚未有更新的数据出现之前，本章仍保留较为保守的属下分类(表 2.1)。

表 2.1　大麦属内 4 组 31 种

种名及命名人		亚种数	染色体数	生活型	分布
禾谷组 Section *vulgare*					
大麦	*H. vulgare* L.	2*	2x	a	栽培大麦；具野生型(subsp. *spontaneum*)；希腊至阿富汗
球茎大麦	*H. bulbosum* L.	—**	2x,4x	p	地中海，东至阿富汗
灰毛大麦	*H. murinum* L.	3	2x,4x,6x	a	作为杂草分布于全球，原产于中欧，地中海，东至阿富汗
异颖组 Section *Anisolepis*					
窄小大麦	*H. pusillum* Nuttal	—	2x	a	美国大部
圣迭大麦	*H. intercedens* Nevski	—	2x	a	美国西南部及墨西哥西北部
宽颖大麦	*H. eucalston* Steudel	—	2x	a	阿根廷中部，巴西南部，乌拉圭
弯曲大麦	*H. flexuosum* Steudel	—	2x	a/p	阿根廷东北部，乌拉圭
微芒大麦	*H. muticum* Presl	—	2x	p	阿根廷西北部，智利东北部，玻利维亚，秘鲁，厄瓜多尔，哥伦比亚
智利大麦	*H. chilense* Roemer & Schultes	—	2x	p	秘鲁中部，阿根廷西部
科多大麦	*H. cordobense* Bothmer 等	—	2x	p	阿根廷中部及北部
毛穗大麦	*H. stenostachys* Godron	—	2x	p	阿根廷中部及北部，乌拉圭，巴西南部

续表

种名及命名人		亚种数	染色体数	生活型	分布
弯软颖组 Section *Critesion*					
毛花大麦	*H. pubiflorum* Hooker f.	2***	2x	p	阿根廷与智利境内安第斯山脉
长毛大麦	*H. comosum* Presl	—	2x	p	阿根廷与智利境内安第斯山脉
芒颖大麦	*H. jubatum* L.	—****	4x	p	原产于北美，作为杂草广泛传播
亚桑大麦	*H. arizonicum* Covas	—	6x	a/p	美国南部及墨西哥北部
硕穗大麦	*H. procerum* Nevski	—	6x	p	阿根廷中部
李氏大麦	*H. lechleri* (Steudel) Schenck	—	6x	p	阿根廷及智利
直刺颖组 Section *Stenostachys*					
海大麦	*H. marinum* Hudson	2*****	2x	a	作为杂草广泛传播，原产于中欧、西欧、地中海，东至阿富汗
黑麦状大麦	*H. secalinum* Schreber	—	4x	p	西欧及地中海部分地区
南非大麦	*H. capense* Thunberg	—	4x	p	南非
布顿大麦	*H. bogdanii* Wilensky	—	2x	p	中亚
小药大麦	*H. roshevitzii* Bowden	—	2x	p	中亚
短芒大麦	*H. brevisubulatum* (Trinius) Link	5	2x,4x,6x	p	土耳其西部至中国东北部
短药大麦	*H. brachyantherum* Nevski	2******	2x,4x,6x	p	美洲西北部，加拿大东部，堪察加半岛
平展大麦	*H. depressum* (Scribn. & Sm.) Rydb.	—	4x	a	美国西南部
危地马拉大麦	*H. guatemalense* Bothmer 等	—	4x	p	危地马拉
直叶大麦	*H. erectifolium* Bothmer 等	—	2x	p	阿根廷东部
帕氏大麦	*H. parodii* Covas	—	6x	p	阿根廷中部及南部，智利南部
——	*H. fuegianum* Bothmer 等	—	4x	p	阿根廷南部及智利南部
四倍大麦	*H. tetraploidum* Covas	—	4x	p	阿根廷南部
巴哥大麦	*H. patagonicum* (Haumann) Covas	5	2x	p	阿根廷南部及智利南部

* 有时将 subsp. *agriocrithon* 划分为第三亚种；** 有时将两个细胞型划分为独立的亚种；*** 有时两个亚种划分为独立的种；**** 在美国有时划分为两个亚种；***** 有时划分为两个独立的种；****** 有时划分为两个独立的种。

注：新拟种名以括号附注，参考《中国大麦学》，卢良恕，1996；染色体数：2x＝14；4x＝28；6x＝42；生活型：a＝一年生；p＝多年生；a/p＝一年生或多年生。

4. 大麦属物种

大麦属总共包含31个迄今已识别的物种以及众多的亚种单位。本文论及所有的分类群，但目的并非是详细阐述形态学和分类学。关于分类学、同义词和形态学变异等详尽介绍，读者可查阅各物种后引用的更专业的分类学论著，以及von Bothmer等(1995a)的专论。本章对野生物种作了较广的综合介绍，如亲缘关系、遗传多样性、农艺学潜力或生态学偏好。不同物种和亚种的英语俗名(若有的话)参照Barkworth等(2007)。

(1)禾谷组

禾谷组包括普通大麦、球茎大麦和灰毛大麦三个物种。

栽培大麦与其野生祖先(在西南亚仍很多)近缘，两者构成了一个种群复合体。学界已经广泛地讨论过系统分类学界定，尤其考虑了应如何看待普通大麦不同形态(栽培或野生大麦)的分类学排列。主要有两种选择：要么将栽培大麦和野生大麦看成两个独立的种——*H. vulgare* 和 *H. spontaneum*(Nevo，2006)；要么看成普通大麦的两个亚种——*Hordeum vulgare* subsp. *vulgare* 和 subsp. *spontaneum*。栽培大麦由于显著适应辐射、驯化、迁移以及长期的育种影响，产生了巨大的变异。在某些地区，栽培大麦与野生大麦相遇且花期重叠，继而自发地发生杂交或回交，这进一步增加了亲缘关系图、基因交换和变异模式的复杂性。普通大麦种群所包括的所有形态相互间可交配，产生完全可育的后代(不育突变体除外)，这充分说明普通大麦的主要形态(栽培及野生大麦)归类为一个亚种最为合适，本文也遵照这一观点(Asfaw和von Bothmer，1990)。

在西藏收集的六棱、脆穗轴材料被认为是一个独立的物种，*Hordeum agriocrithon*，同时它也被认为是六棱栽培大麦的祖先(Åberg，1938；1940)。然而，脆穗轴型的二棱和六棱大麦并非罕见，在许多地区如摩洛哥、中东和西亚都有存在。它们代表着杂草类型和分离产物，并不是真正的野生形态。这种杂草型的六棱脆穗轴形态有时被归类为subsp. *agriocrithon*。

真正的野生形态——subsp. *spontaneum* 全部为二棱大麦，并在一些性状上与栽培大麦表现出差异：脆穗轴，导致成熟或近熟时三联小穗易脱落；穗轴边缘、颖片和小穗轴具有长而坚硬的前向刚毛，这是对动物传播的适应。与栽培大麦相比，野生型种子干瘪，不如栽培大麦饱满；野生大麦通常纤长，茎秆细弱。

由于形态学特征的重叠、基因渐渗以及栽培大麦地方种中脆穗轴类型的出现(见下文大麦的驯化)，评估野生大麦的真正分布区域并不容易。据推断，野生大麦亚种的自然发生地是从爱琴海群岛的东部和(或许)埃及向中东穿过伊朗，向东延伸至阿富汗、巴基斯坦西部和塔吉克斯坦。

禾谷组的生态学偏好使生境范围很大，如湿润的草原到半干旱和干旱地区，有时甚至生长于盐土。Subsp. *spontaneum* 和 subsp. *vulgare* 的一些脆穗轴形态通常为杂草型，伴生于其他作物。

栽培大麦和野生大麦主要为自交繁殖，但野生大麦通常开花要大一些，这样其异交率要略高于栽培大麦。野生大麦一般有闭花授粉的颖花，但在胁迫条件下它开花较为开放（或花药伸出）（Parzies 等，2000；2008）。野生大麦亚种的开花受精受一个单隐性基因控制，位于 1H 染色体上（Kurauchi 和 Makino，1998）。以色列（Brown 等，1978）和约旦（Abdel-Ghani 等，2004；Parzies 等，2008）的一些研究，测得野生大麦正常的异交率最大为 1.7%～1.8%；或然异交率可上升到 10%（Brown 等，1978；Nevo，1992）。尽管野生大麦的自交率高达近 98%，但其仍保持了很高的多样性。显然，这是大麦属快速适应多变环境条件的充分基础。对 25 份野生大麦材料 18 个核基因的一项研究表明，野生大麦存在高水平的杂合体连锁不平衡（LD）。野生大麦位点内重组 LD 衰减与异交物种相似（Lin 等，2002；Morrell 等，2005）。栽培大麦和野生大麦的花粉在温度高达 40℃时，26 小时后仍有很高的育性，表明这两个亚种都保持了足够高的育性以保证成功的杂交受精（Parzies 等，2005）。

种子休眠是区分栽培大麦和野生大麦的生理学性状。与栽培大麦相比，野生大麦具有较强的、发达的休眠机制，并且通常需要“后熟”，以保证在高温（30～35℃）干旱条件下发芽，这也是对炎热夏天的一种生存适应（Gutterman 等，1996；Zhang 等，2002）。后熟对于防止种子成熟后或炎夏之初降雨后直接发芽很重要（Gutterman 和 Gozlan，1998；Gozlan 和 Gutterman，1999）。种子休眠受位于某些 H 染色体上的多基因系统调控（Vanhala 和 Stam，2006）。湿生和旱生生态型的发芽模式有所不同，对较旱生境的适应包括增加后熟多样性、增强干旱耐性和提高根长（Chen 等，2004）。由于年降雨量的变化，群体生长速率也有很大的波动。种子库的重要性也因不同群体而异。种子休眠对于地中海气候地区的群体没有数量型效应，但是在干旱生境则有根本性作用（Volis 等，2004）。

野生大麦对其他植物的发芽和生长有化感效应。Hamidi 等（2006）发现，高浓度的野生大麦幼苗提取物显著降低小麦种子的发芽率。较低浓度的野生大麦提取物能刺激其自身生长。由于野生大麦有时以杂草形式存在，其化感作用可应用于杂草控制。前茬作物为黑芥的土壤，可显著抑制野生大麦的生长（Tawaha 和 Turk，2003）。

（2）遗传多样性

野生大麦的形态学和适应性状、蛋白质以及各种分子标记均证明，中东（主要为以色列和约旦）是野生大麦的多样性中心，但是在更外围的地区则变异减少（Volis 等，2001；Liu 等，2002；Tanyolac，2002；Baek 等，2003；Vanhala 等，2004；

Ozkan 等,2005;Al-Saghir 等,2007)。大量的变异与适应性状相关,如生态学和地理学因素。群体间的遗传多样性比群体内要大,尽管族群内多样性也会很大(Rijn 等,2000;Turpeinen 等,2003;Vanhala 等,2004)。一些基因的核苷酸序列多样性反映了显著的地理分化(Lin 等,2001;2002;Morrell 等,2003)。某些基因座的多样性,西部群体显著高于其他地区的群体。野生大麦在进化过程中产生了镶嵌变异模式,如"选择性消失"表现为高度同源的基因镜像,而其他基因座(如 Adh3 和 G3pdh)尽管迁移程度很高,但仍保持很强的地理模式。多功能的 Isa 基因可能参与植株防御,同时可能对籽粒品质很重要,也表现出相似的模式(Cronin 等,2007)。选择性消失在湿生条件下比旱生条件下似乎更为常见,这样造成于旱气候下的多元化选择(Turpeinen 等,2001;Cronin 等,2007)。来自以色列生态多样化群体的野生大麦显示,气候和基因组大小呈正相关(Turpeinen 等,1999)。

单核苷酸多态性模式(SNPs)揭示了巨大的异质性,并表明低异交率显然不是重组单倍型发生的障碍。通常,野生大麦的异质性/杂合性高得惊人,尽管在理论上其自花授粉程度很高。这可能是由于高迁移率或是野生大麦颖花开放较大,从而使异交高于预期。

(3)生态型分化

从遗传多样性和生理学适应性状、生境偏好及地理分化之间的关系上看,一年生野生大麦已成为模式植物。野生大麦表现出显著的族群内多元化,尤其是在闻名遐迩的以色列"进化谷"。在 Neve Yaar 这一小区域,从四个微小生境处就发现了显著的遗传分歧和多样性(Huang 等,2002),其中,荫蔽和土壤亚群体表现出丰富的遗传多样性,"太阳石"亚群体的多样性最低。多元化自然选择似乎作用于基因组调控区域,并因此造成适应性分歧。大量与胁迫相关的性状,如盐(Pakniyat 等,1997;2003)、旱的耐性和敏感性(Chen 等,2002;Volis 等,2002a;2002b;2004;Elberse 等,2003;Suprunova 等,2004)已有过大量研究。耐旱性与特定的形态学和生理学性状相关,如种子休眠强、籽粒小、幼苗活力低(Volis 等,2002a;2002b;Chen 等,2004)。野生大麦幼苗表现出很强的耐旱性(Zhang 和 Gutterman,2003);双链 DNA 的修复效率与耐热性紧密相关。对于很多群体,修复机制仅在特定温度下运行(Lupu 等,2006)。

(4)抗病性

白粉病在许多地区是一种严重的病害,它由真菌 *Blumeria graminis* f. sp. *hordei* 引起。对各地包括希腊、土耳其的野生大麦的筛选,发现了一些高抗病的植株(Zeybek 等,1999;Zeybek 和 Yigit,2002)。白粉病抗性的遗传背景由单因素的显/隐性基因控制。Mla 抗性基因座的连锁分析结果,特别引人注意。先前已知的等位基因、新等位基因以及双因素遗传广谱抗性都已有报道(Kintzios 和 Fischbeck，1996；Lehmann 等，1998；Backes 等，2003；Repkova 等，2006；Dreiseitl 等，2007)。

在野生大麦抗性基因的来源丰富之地，前育种的两个目标是云纹病(致病病原 *Rhynchosporium secalis*)抗性和发展分子标记。抗性位点至少存在于 7 条 H 染色体中的 5 条，一些新的基因以及具有针对田间抗性的数量性状基因位点(QTL)也已检测到(Abbot 等，1991；Genger 等，2003；2005)。叶锈病由 *Puccinia hordei* 引起，野生大麦染色体 2H 和 3H 上存在相应的抗性基因位点(Feuerstein 等，1990；Kopahnke 等，2004)。Fetch 等(2003)发现了高度多抗的以色列材料，其中两份样本对所研究的 6 种病害都表现有抗性。

大麦芽胍碱是大麦属特有的次生代谢产物，具有很强的抗菌活性。来自以色列不同生境的 50 份野生大麦幼苗的大麦芽胍碱积累有显著差异，这显然和生态地理因子有关(Batchu 等，2006)。

(5)育种/前育种

野生大麦将更广泛地应用于大麦育种程序，尤其是高效标记系统。野生大麦在抗病性上呈高度多样性和杂合性，是大麦改良的特异抗性等位基因的丰富来源。响应光周期的主要基因，已在野生大麦和两个栽培大麦所构建的渐渗群体中研究过(von Korff 等，2004a)。带有 *Ppd-H*1 基因位点的群体，其生育期显著早于亲本；与大麦耐渍和白粉病抗性相关的 QTLs 分别位于染色体 4H 和 6H(Ivandic 等，2003)；与抽穗期相关的发育性状上，野生大麦表现出很大的变异。

喜马拉雅地区的大麦样本没有春化需求，但对短日照极为敏感；而其他地区的大麦样本则表现为冬性、春性或兼性生长习性(Karsai 等，2004)。

野生大麦主要为一年生冬性植物，在某些地区用于建设放牧的永性草原(El-Shatnawi 等，2004)。大麦秸秆在许多发展中国家常用作动物饲料，提高大麦营养水平将会大大地影响畜牧业。营养品质是复杂性状，并且受环境条件的影响很大。Grando 等(2005)通过野生大麦基因渐渗，开发了一套标记系统，以促进大麦秸秆的品质改良。

在野生大麦中，已检测到与产量和产量决定性状相关的 QTLs(von Korff 等，2004b)。Matus 等(2003)和 Hori 等(2005)开发了一套重组染色体替换系(RCSLs)，将野生大麦的染色体片段导入栽培大麦，涉及的性状包括产量、麦芽品质和驯化性状。尽管 RCSLs 总体上表现型不佳，但它们可为农艺性状和麦芽品质提供一些有利的等位基因。在多数情况下，外源等位基因的渐渗容易丢失栽培亲本中理想表现型。Hori 等(2005)研究了 5 个质量性状和 9 个数量性状，发现一些 QTL 等位基因表现为正向农艺学效应。Li 等(2006)在高级回交群体中，发现 10 个 QTLs 有增加穗长、穗数和每穗粒数的效应。利用籽粒产量和耐旱重组染色体替换系，有可能筛选到一些耐旱性或敏感的基因型（Inostroza 等，2007）。

野生大麦可与小麦杂交，已有一整套染色体附加系和5个端粒附加系。评价这些附加系可揭示用于小麦改良的重要农艺学基因（Taketa 和 Takeda，2001）。

基因发现方法的进步、高效标记系统的发展、基因调控的更好理解以及育种方法的改良，极大地促进了外源种质在高级遗传背景中的基因渐渗效率。这也是野生大麦更好、更高效地应用于大麦改良程序的现实情况（Nevo，2006；Feuillet 等，2008）。

• **球茎大麦**

球茎大麦是多年生、株高可达1.3m、直立生长的物种，穗的外观与普通大麦相似。叶片宽大，基部叶耳较大。它是地下茎禾草，茎基部有球状突起（球茎），因此有高效的营养生殖。球茎大麦分裂组织具有内生性休眠系统，夏季生长停滞，并通过球茎休眠在旱夏中存活（Volaire 和 Norton，2006）。其生境偏好的生态学范围很大，包括潮湿的牧场、干燥的山坡、荒田和路边。该物种通常稀疏分散出现，极少密集丛生。

球茎大麦几乎全为异交，并具有异交植物的典型花器特点，如开花时花药巨大且外伸，花粉量丰富（Johansen 和 von Bothmer，1994）；其花粉成熟和柱头受精之间有明显的时间差，通常为数天，而且花粉育性有变异（Parzies 等，2005）。球茎大麦和短芒大麦都有受双基因控制的自交不亲和系统（Lundqvist，1962）。球茎大麦雌蕊高水平表达 Hbc8-2 cDNA 序列，这可能与自交不亲和有关（Gudu 等，2002）。球茎大麦在族群内有很大的变异，这种模式也与异花授粉育种系统有关（de Bustos 等，1998；Albayrak 和 Gözükirmizi，1999；Okumus 和 Uzun，2007）。

球茎大麦通常分布于地中海区域，东至阿富汗和塔吉克斯坦（Jørgensen，1982；Baum 和 Bailey，1985a）。二倍体细胞型分布于地中海西部地区，四倍体种分布于地中海东部。在希腊中部和利比亚昔兰尼加地区，球茎大麦两个种的界限鲜明，数千米就有一个过渡带，而无种间重叠。但有报道，其他地区（如西班牙）有三倍体种（Otiz 等，1985）。两个染色体种曾被认为是不同的亚种（subsp. *bulbosum* 和 subsp. *nodosum*）（Baum 和 Bailey，1985a；1985b），但其形态学特征有很大的重叠，因而该分类未被广泛接受（Jørgensen，1982）。

与普通大麦和小麦相比，球茎大麦作为专性的异交植物，在许多的分子标记研究中，表现出高度的杂合性和多态性（Albayrak 和 Gözükirmizi，1999；Jaffé 等，2000；Salvo-Garrido 等，2001；Gudu 等，2002；Okumus 和 Uzun，2007）。

球茎大麦作为一个单一物种，构成了大麦次级基因库（von Bothmer 等，

1995a)。普通大麦和球茎大麦共享 H 基因组,但是形态不同。据估计,两者的分离发生在约 600 万年前(Blattner,2006)。大部分研究一致认为,球茎大麦和普通大麦相对较为近缘(Doebley 等,1992;Pelger 和 von Bothmer,1992;Komatsuda 等,1999;Terzi 等,2001;Petersen 和 Seberg,2003;Blattner,2004;Clark 等,2005;Jakob 和 Blattner,2006);而另一些研究则认为,两者亲缘关系较远(Svitashev 等,1994;El-Rabey 等,2002)。

普通大麦和球茎大麦杂交产生的后代植株具有普通大麦的外形,且为二倍体。在受精后、成熟胚形成前,球茎大麦的染色体在细胞分裂初期丢失(Gernand 等,2006;Forster 等,2007)。Arabi 和 Nabulsi(2002)研究了染色体选择性消失的现象,并建立了一套大小麦单倍体育种的方法。目前,双单倍体生产中这种染色体消除可以采用更有效的方法,如小孢子和花粉培养,以及与玉米杂交,使玉米染色体发生选择性消失。消失过程依赖基因型和环境,使用其他亲本组合(尤其是球茎大麦)可形成稳定的杂种。

球茎大麦中存在一些优异农艺性状,研究者将其作为基因供体(Pickering 和 Johnston,2005)。类似于早期开发染色体消失系统进行双单倍体生产,近年来人们广泛地探索球茎大麦和普通大麦的种间杂交,以及优异性状向普通大麦的基因渐渗。Pickering 和 Johnston (2005)对高效单倍体生产技术的发展以及稳定的杂种生产进行了综述。作为基因渐渗的基础,稳定的杂种,特别是三倍体甚至四倍体显得十分重要(Gilpin 等,1997;Zhang 等,2001)。球茎大麦重复序列以及普通大麦基因组 DNA 选择性消失,甚至可能出现于假定的稳定杂种中,如 Rrn 基因位点(Kumar 和 Subrahmanyam,1999)。研究者已应用了一些新技术来检测和定位球茎大麦染色质在大麦中的渐渗,如分子细胞遗传学(Zhang 等,1999;Pickering 等,2000)、PCR 检测反向转座子片段(Johnston 和 Pickering,2002),以及限制性片段长度多态性(RFLP)(Gilpin 等,1997)。连锁图谱可提供两个物种之间亲缘关系的详细信息,并为创建标记介导渐渗奠定基础(Jaffé 等,2000;Salvo-Garrido 等,2001)。已有学者大量研究过复杂的细胞遗传学行为,尤其是杂种和单倍体的减数分裂(Zhang 等,2002;Pickering 等,2004;2005;2006a)。

球茎大麦作为抗病育种的基因来源,特别引人关注(Pickering 和 Futrier,1993)。球茎大麦向栽培大麦的抗性基因渐渗已有成功的例证,如抗土传病毒基因 Rym16Hb(Ruge 等,2003;Ruge-Wehling 等,2006)、云纹病(Singh 等,2004;Pickring 等,2006b)、叶锈和花叶病毒(Walther 等,2000)、叶锈和白粉病(Shtaya 等,2007)等。对其他病虫害的抗性也已成功地导入至大麦,如 *Septoria pessrinii*(Toubia-Rahme 等,2003)、稻瘟病真菌(Kim 等,2002)、各种锈病(Sadravi 等,2007)、俄罗斯小麦蚜和麦二叉蚜(Gianoli 和 Niemeyer,1998)。其他特异性状可能影响大麦饲用营养水平(Arzani 等,2006)和醇溶蛋白组分(Yan 等,2003a)。

• **灰毛大麦**

灰毛大麦是冬季或夏季一年生多倍体种,具有明显的自花授粉系统,大部分为闭花受精颖花,花药和柱头较小,花粉成熟期和柱头受精时间一致。在特定条件下,灰毛大麦会趋于开花受精,提高异交率(Savova Bianchi 等,2002)。灰毛大麦群体具有明显的形态学特征:中央和侧生小穗大且膨胀,导致穗粗厚、有些扁平。颖苞——尤其是中央小穗的颖苞明显扁平状,边缘具长而硬的绒毛。穗成熟时极易脱落,穗轴、颖苞和芒边缘的坚硬刚毛是动物传播的有效结构。成熟种子容易黏附到动物的皮毛或者人类的鞋袜和衣服上。Manzano 和 Malo (2006)阐述了灰毛大麦利用有蹄类动物迁徙的长距离传播,可达数千公里,说明具有快速的植物迁移途径,这对野草传播具有特殊的意义。

灰毛大麦群体有各种形态和细胞型,可以分为 3 种(Baum 和 Bailey,1984;1989);也可以分为 2 个独立的种,其中一个包含 2 个亚种(El-Rabey 等,2002);一般视为 1 个单一物种,包括如下 3 个亚种(Jacobsen 和 von Bothmer,1995;Barkworth 等,2007)。①*glaucum*,灰绿大麦,二倍体,春/夏一年生,发育快速。植株纤细,花药短小(<0.6 mm);侧生小花长度接近于中央小花,两者都具柄。Subsp. *glaucum* 最初分布于地中海地区(北非)的温暖南部,东至西南亚的阿富汗和巴基斯坦西部。②*murinum*,冬季一年生,四倍体;中央小穗无柄至近无柄;侧生小穗长于中央小穗;花药长度中等(0.8~1.4 mm)。Subsp. *murinum* 最初分布于地中海和西北欧。③*leporinum*,鼠大麦(兔唇大麦),植株高大茂盛(适宜条件下高达 110 cm);中央小穗具柄,侧生小穗远长于前者;花药较长(长达 3.2 mm)。Subsp. *leporinum* 有两种细胞型,形态学上无法区分。其中四倍体最初分布于地中海地区,东至伊朗西部;六倍体存在于土耳其以东至阿富汗。

灰毛大麦群体的亲缘关系和进化途径已得到较好揭示,总体模式已得到大部分研究者的认同。该群体具有独特的基因组 X_u,与其亲缘关系最近的是 H 基因组物种,即普通大麦和球茎大麦(Doebley 等,1992;Molnar 等,1992;Komatsuda 等,1999;Terzi 等,2001;de Bustos 等,2002;Blattner,2004;Clark 等,2005)。大麦属中分离最远的是 I 和 X_u 物种,约 1200 万年前(Peterson 和 Seberg,2003;Blattner,2006;Pleines 和 Blattner,2008)。多倍体发生问题仍未解决,大部分研究表明,这是异源倍性或部分异源倍性为主的结果(Taketa 等,2000)。

由于主导性自花授粉这一有效生殖模式,灰毛大麦群体有较高的结实率以及高效的种子传播能力,使其各种形态均成为世界上大部分地区的严重杂草。灰毛大麦于 1840 年前引入至澳大利亚,如今已广泛适应各个地区(Cocks 等,

1976)。Subsp. *glaucum* 生长于澳大利亚北部温暖适宜的地区；subsp. *leporinum* 主要存在于南部；*subsp. murinum* 仅分布于塔斯马尼亚(Cocks 等，1976)。南、北美洲的灰毛大麦也有相似的分布模式(Jacobsen 和 von Bothmer，1995;Barkworth 等，2007)。灰毛大麦在不同地区的变异、分布和传播已有过大量研究，如新西兰(Powell，1968)、西班牙(Ruíz-Fernández 和 Soler，2004)、伊朗(Sahebi 等，2001；Sheidai 和 Rashid，2007)、波兰(Mizianty，2006)以及智利的 Juan Fernández 岛(Baeza 等，2002)。在加利福尼亚草原，大更格卢鼠(濒危物种)促进了外来杂草如灰毛大麦的传播(Schiffman，1994)。近期，在希腊和西班牙等，新的亚种被描述和解释为当地低地和山区的特有种(Scholz，1999)。灰毛大麦的变异复杂，在各地分类识别并不恰当。醇溶蛋白变异存在显著的、丰富的多态性，大致上与亚种的分类学界定一致(Pelger 和 von Bothmer，1992；Amirouche 和 Misset，2003)。对地中海和部分北非样本的研究表明，醇溶蛋白变异、倍性水平和生物气候条件是紧密相关的(Amirouche 和 Misset，2003)。

灰毛大麦的杂草天性和有效传播结构，可对动物造成严重的健康问题。芒及其坚硬的刚毛能移动，可能引起严重损伤。对捷克共和国不同狗种的一项研究表明，芒/种子可停留于指缝间、外耳道和结膜囊(Crha 等，2003)。麦芒甚至可能造成人类健康问题(Karagöz 等，2006)。

研究者对灰毛大麦的入侵和杂草特性已有大量研究。引入的杂草相比土著物种一般更有竞争力，如 subsp. *leporinum* 在澳大利亚的麦田和其他生境成为严重的杂草(Groves 等，2003；Florentine 和 Westbrooke，2005)。灰毛大麦偏好生长于永性牧场植被上的开阔空间。在地中海某些地区，藏红花(秋藏红花)田间的杂草管理，可通过增加牧场上的植株空间距离得到改进(Makarian 等，2007)。除草剂的使用已使植株对几种最常见除草剂形成抗性，如百草枯等(Preston 等，1991；2005；Matthews 等，2000；Yu 等，2007)，而且存在花粉介导的除草剂抗性基因漂流的风险(Hidayat 等，2006)。种传真菌病原 *Pyrenophora semeniperda* 感染后，受感染种子或不能发芽，或幼苗活力下降，因此具有作为种传生物防治除草剂的潜力。复合的丁烯羟酸内酯化合物可刺激一些有害杂草的发芽，包括 subsp. *leporinum*，因此具有作为杂草广泛防治药剂的潜力，甚至可修复土地(Stevens 等，2007)。

比对灰毛大麦和海大麦，后者的耐盐性较强，为典型的盐土植物，而前者较为敏感，为典型的淡土植物(Lombardi 等，2000)。灰毛大麦具有重建因垃圾渗滤液而退化地区的植被的价值，它特别耐受高浓度的锌和铁(Adarve 等，1998)。在澳大利亚(Bolger 等，1999)和地中海(Khair 等，1999；El-Shatnawi 等，2003a；2003b)，它也具有用作半干旱牧场上的牧草的潜力。植株年龄和环境条件影响其营养水平(El-Shatnawi 和 Al-Qurran，2003)。播种量影响植株生长、饲草水平和种子产量，对蛋白质含量影响较小(El-Shatnawi 等，2003a；2003b)。Subsp. *leporinum* 的最佳发育对磷和氮有较高需求(Hill 等，2006)。作为典型的冬季一年生植物，灰毛大麦在渡过漫长的炎夏后，很快打破休眠，这无疑促进植株的生长和牧草的建立。

灰毛大麦具有作为优异农艺性状基因来源的潜力。在澳大利亚已有报道，subsp. *glaucum* 和 subsp. *leporinum* 群体内及群体间对大麦云纹病具有丰富的抗性变异，通常前者抗性更强(Jarosz 和 Burdon，1996)。

灰毛大麦不仅是一种入侵性杂草，还有其他的有害效应。由 *Puccinia striiformis* f. sp. *tritici* 引起的条锈病已经成为南非小麦的地方病，锈病真菌也在东开普省的灰毛大麦上分离得到(Boshoff 等，2002)。野生物种中病原抗性的增强对病原越夏有重要作用，因此对谷物栽培造成了危害。在土耳其，已有灰毛大麦叶云纹病和斑枯病(由 *Bipolaris sorokiniana* 引起)的报道(Kavak，2003；2005)。普遍的抗性可能造成致病性较强的病原真菌形成特殊筛选压，使大麦抗性育种更为复杂。在澳大利亚，subsp. *leporinum* 易受两种根腐线虫病 *Pratylenchus neglectus* 和 *Pratylenchus thornei* 的感染，可能导致栽培土壤中线虫数量的增加和持续生存(Vanstone 和 Russ，2001)。治理这两种害虫可能会危害轮作中抗性作物的使用。在土耳其，俄罗斯小麦蚜(*Diuraphis noxia*)造成小麦减产。小麦收获后，蚜虫迁移到 subsp. *glaucum*，可能会造成小麦(和大麦)的连作障碍(Elmali，1998)。

捕食螨(*Neoseiulus californicus*)是全世界分布的植绥螨捕获者，在一些作物生物防治计划中具有巨大的应用潜力。Raworth 等(1994)报道，早春产生花粉的灰毛大麦在果园等园区是捕食螨的早期食源。

灰毛大麦群体与普通大麦杂交的后代表现型较差(von Bothmer 等，1983；Savova Bianchi 等，2002)。普通大麦与灰毛大麦各种多倍体杂交，结实率较高(29%～55%)，与六倍体灰毛大麦杂交得到的两个杂合植株在开花前死亡。灰毛大麦与大麦属其他物种的杂交组合，配合力也较低。种间杂种的成株，主要是从与四倍体 subsp. *murinum* 的杂交组合中获得(von Bothmer 和 Jacobsen，1986)。

(5)异颖组

异颖组由 8 个美洲物种(主要为南美)构成，皆为二倍体，都含有常规 I 基因组；一年生或多年生，后者穗狭窄呈线性，脆穗轴；侧生小穗两颖片不一致，外颖披刚毛，内颖扁平；穗轴有翅。

三个一年生物种窄小大麦(*H. pusillum*)、圣迭大麦(*H. intercedens*)和宽颖大麦(*H. eucalston*)相互近缘(von Bothmer 等，1982；Blattner，2004；2006)。前两个大麦种产于北美，后一个长于阿根廷中部、乌拉圭和巴西南部。鸟类迁徙可能造成物种由南美向北美的长距离迁移，进而隔离形成新物种(Blattner，2006)。这三个生物种矮生(适宜条件下也有生长茂盛的)，穗密集坚硬，小穗轴节间具翅，顶部明显开裂。

圣迭大麦，俗名春大麦或短尾大麦，仅分布于加利福尼亚西南部和相邻的太平洋群岛，以及墨西哥的下加利福尼亚州西北部。生长于碱性水塘、河床，偶见于洪涝地区。近年来，由于城市化和自然群落生境的减少，圣迭大麦在加州大陆的丰度明显下降，但在其原始生境仍很丰富。圣迭大麦具有一定的耐盐性(Garthwaite 等，2005)，可能是异源四倍体物种平展大麦(*H. depressum*)的祖先之一(Baum 和 Bailey，1987；Salomon 和 von Bothmer，1998)。

窄小大麦俗称小大麦，遍布美国大部分地区，也偶见于加拿大南部和墨西哥北部，及欧洲某些地区(但不常见)，常以杂草出现在草地、牧场、路旁和荒地，多生于盐碱土和沼泽地(Todd 等，2004；Ashworth 等，2006)，具有优良的耐盐性(Kindscher 等，2004)。窄小大麦的碳化颖果在北美东部的考古遗址中相当丰富。显然，先民将其作为野生植物收集，尚未证明被驯化的假说，其碳化颖果与现今的野生材料没有任何显著差异(Hunter，1992；Weiss 等，2006)，其变异模式与该群体的地理起源相关(Ottosson 等，2002)。

宽颖大麦分布于阿根廷东北部、乌拉圭和巴西东南部。尽管它是明显的单一物种，但与圣迭大麦和窄小大麦亲缘相近。从醇溶蛋白多肽上看，该种多样性丰富(Echart-Almeida 和 Cavalli-Molina，2000)。

异颖组多年生物种原产于南美，形态迥异，易于识别。微芒大麦(*H. muticum*)分布于阿根廷西北部、智利东北部、玻利维亚、秘鲁、哥伦比亚和厄瓜多尔，主要生长于安第斯山脉的牧场和海拔 3,000 米以上的草原。典型特征是穗呈紫/蓝色，小穗短芒。

科多大麦(*H. cordobense*)、毛穗大麦(*H. stenostachys*)和弯曲大麦(*H. flexuosum*)分布于阿根廷中北部，后两个种也见于乌拉圭和巴西南部。颖片下部为典型扁平状，常稀疏分布，在牧场、河床和路旁等较为干旱的条件下密度较高。尽管它们中的两个或三个物种混生，但未见有种间杂种。弯曲大麦根系非常脆弱，多年生物种，偶然也以一年生存在。短周期冬季禾草——毛穗大麦的粗蛋白含量约为 10%，因此，它在阿根廷潘帕斯地区被认为是优良的牧草(Hidalgo 等，1998；Rodriguez Palma 等，1999；Cerqueira 等，2004)。科多大麦在与栽培大麦的复杂杂交中，表现出根腐病和斑枯病的抗性(Kutcher 等，1994)。

智利大麦最初分布于智利中部和阿根廷的邻近省份。相对于它的一些近缘种，它植株矮壮，叶片宽大；长颖片在结实期经常伸展；生长于内陆湿地生境，如牧场、湖岸和溪流。在智利的沿海地区，它生长在干旱的路旁、碎石间和冲积土上。它有丰富的形态学(von Bothmer 等，1980)和储藏蛋白等性状变异(Atienza

等,2005;Alvarez 等,2006)。智利大麦含有常规 I 基因组,但在南美,它可能构成了最古老的基因组变异体。通过细胞核和质体分子分析,并结合细胞遗传学的数据,表明智利大麦是大部分南美二倍体和多倍体物种分化的起源基因组(Linde-Laursen 等,1989;Doebley 等,1992;Taketa 等,2001;Blattner,2004;Jakob 和 Blattner ,2006)。南美和北美基因组的隔离以及以后的长距离迁移传播,可推测发生在 400 万年前(Blattner,2006)。

智利大麦是大麦属中与小麦杂交具有异常出众配合力的物种。起初,智利大麦 × 普通小麦杂交及其双倍体的生产,可形成部分可育的八倍体,但它们极不稳定。六倍体智利大麦×硬粒小麦(*Truticum turgidum* subsp. *durum*)杂交,产生了较为稳定的六倍体后代。不同小麦和智利大麦的杂种和双倍体已被进一步开发为全新的人造作物小大麦(*Tritordeum*)(Martín 等,1999)。通过增加普通小麦和硬粒小麦胚乳储藏蛋白的变异,小大麦在拓展面包加工品质的遗传基础上具有巨大的潜力。

智利大麦和小大麦除品质性状外,也是众多优异性状的基因来源(Hernández 等,2001;Atienza 等,2007a;2007b),如抗病性和抗虫性(Martín 等,1999;Atienza 等,2005):锈病(Rubiales 和 Niks,1996;Vaz Patto 等,2001;2003)、麦二叉蚜和俄罗斯小麦蚜(Castro 等,1996;1998)、布氏白粉菌 *Blumeria formae*(Prats 等,2006)、蜡质层对叶锈真菌 *P. hordei* 的抗性(Vaz Patto 和 Niks,2001)、光腥黑穗病(Rubiales 和 Martín,1999),以及对 *Septoria triticii* 的抗性(Rubiales 等,2001)。

其他具有农艺价值的性状有面包加工品质(Ballesteros 等,2003)、落粒性(Atienza 等,2007a)、类胡萝卜素含量(Ballesteros 等,2005;Atienza 等,2008)、耐盐和耐旱性(Pinto 等,2002)、籽粒产量组分(Pinto 等,2002)、储藏蛋白(Pistón 等,2007;2008),以及异质雄性不育(Martín 等,2008)。

(6)弯软颖组

弯软颖组由 6 或 7 个物种(根据不同的分类学界定)构成,皆为多年生且原产于美洲。两个南美二倍体物种为长毛大麦(*H. comosum*)和毛花大麦(*H. pubiflorum*),其余物种都为多倍体。弯软颖组物种侧小穗较小,简化且发育不良。颖片和芒长而细,呈鲜艳的深紫色或粉色。在结实期,颖片和芒向外弯曲(常为 90°),构成轻质种子风力传播的有效元件。弯软颖组所有物种为绝对自交,形成了 I 基本基因组(二倍体内)或不同组合(多倍体内)的变异体。

芒颖大麦(*H. jubatum*)俗名狐尾大麦或松鼠尾大麦,原分布于墨西哥中北部、美国和加拿大南部,在西伯利亚最东部也有分布。该种作为有害杂草,已经传播于全世界。它在牧场、大草原、河床周边以及湖畔(季节性的)生长,常生长于盐碱生境。它在路旁和季节性地区作为杂草出现,从海平面到海拔 3,000 米皆有分布。

芒颖大麦部分为异源四倍体。芒颖大麦与短药大麦(*H. brachyantherum*)若混生,则易于杂交,其杂种曾被认为是一个独立的物种(*H. caespitosum*)。杂种半不育,并可能簇生在亲本丰富的地区,特别是美国的部分地区。芒颖大麦与普通大麦杂交后代可育,一些亲本组合使栽培大麦的单染色体或全基因组消失(von Bothmer 等,1991)。

秆锈病原(*Puccinia graminis* f. sp. *tritici*)在加拿大毒性改变,芒颖大麦对该特异种具有抗性,也含有叶斑病(*Phaeosphaeria avenaria* f. sp. *triticea*)的特异交配型基因(Ueng 等,2003;Malkus 等,2005;Reszka 等,2005)。两种病原对谷物栽培都有可能构成威胁。

芒颖大麦在生物质生产上表现出良好的应用前景,同时也是生态学研究的对象。秋季焚烧增加了该种的丰度(McWilliams 等,2007)。处理狐尾大麦这一杂草时,翻耕影响土壤的种子库,少耕的种子密度高,进而增加杂草的传播(Conn,2006;Conn 等,2006)。狐尾大麦种子的存活力相对较短。所有狐尾大麦种子在大约 7 年后都丧失活力,而实际上 80%的活力在 3.7 年后已经失去(Conn,2006;Conn 等,2006)。种子表面曝光以及土壤湿度波动而引起的渗透势下降,会显著地降低种子出苗(Boyd 和 van Acker,2003;2004)。

该种常生长于盐碱环境,对其耐盐性已经有广泛研究,包括探索在盐碱土上种植盐积累盐土植物的可能性(Keiffer 和 Ungar,2001;2002;Cramer,2003;Garthwaite 等,2005)。在加拿大,成串的网状盐沼是稀有的景观,狐尾大麦因其耐盐而成为重要的元素(Wang 和 Redman,1996;Timoney,2001)。在狐尾大麦是主要物种的地方,对将牧地和盐土恢复成湿地植被十分重要(漂流层有益于鸟类迁徙)(Ashworth 等,2006)。

亚桑大麦(*H. arizonicum*)仅分布于亚利桑那州南部、加州东南部和墨西哥北部。沟渠、水道和池塘等自然盐碱生境大部分已被混凝土覆盖或变为耕地,使亚桑大麦的生存受到威胁。其根系浅而脆弱,多为两年生,有时多年生甚至一年生。亚桑大麦含有亲本芒颖大麦(4x)和窄小大麦(2x)的基因组,可能为异源六倍体(Chakrabati 等,1986;Baden 和 von Bothmer,1994;Blattner,2004)。

硕穗大麦(*H. procerum*)生长于阿根廷中部的牧场、盐沼和河床,可在海拔高达 1,200 米的地方生长。该种为异源六倍体,两个亲本为芒颖大麦和南美二倍体——微芒大麦或科多大麦(Blattner,2004)。

亚桑大麦和硕穗大麦与普通大麦杂交容易;杂种可育,染色体数多变(2n=28~35),有时因普通大麦染色体消失而成为二倍体(Subrahmanyam,1977;1980;von Bothmer 等,1983)。

长毛大麦和毛花大麦为二倍体,分布于海拔 4,000 米以下的安第斯山脉。

两者最南分布于火地岛，但长毛大麦局限于智利和阿根廷（上至门多萨省），常单独生长于山坡和草原。毛花大麦向北延伸，散生于玻利维亚和秘鲁，生长于湿润的山地草原，正常和盐碱生境皆有分布。该种下辖两个亚种：subsp. *pubiflorum* 分布于最南部，subsp. *breviaristatum* 分布于其他地区（Baden 和 von Bothmer，1994；Baden 和 Kristensen，1996）。这两种大麦是安第斯草原上常见而重要的成员，对于放牧具有巨大的价值（Defosse 等，1990；Díaz Barradas 等，2001；Utrilla 等，2006）。长毛大麦幼苗生存于安第斯高地，部分依赖于微气候变化，生长在当地附生植物附近（Acuña-Rodríguez 等，2006；Cavieres 等，2007）。长毛大麦含有共生真菌属 *Neotyphodium*，可能是栽培大麦和其他谷物的抗虫性来源（Wilson，2007）。栽培大麦与毛花大麦和长毛大麦杂交目前尚未成功（von Bothmer 等，1983）。

李氏大麦（*H. lechleri*）为南美异源六倍体物种，分布于火地岛至门多萨省以及福克兰群岛的河谷和草原，正常和盐碱环境皆有分布，也见于路旁和其他干扰生境。大麦属的某些物种含有两类具有防御相关功能的吲哚生物碱。控制2，4-二羟-2H-1，4-苯并噁嗪-3(4H)-1（DIBOA）生物合成途径的基因单独进化，与其他大麦属物种相比，它们特异地存在于李氏大麦中（Grün 等，2005）。在所有 I 基因组物种中，李氏大麦因其与普通大麦杂交显示出特别出众的配合力（von Bothmer 等，1983）。利用不同的李氏大麦基因型，与多个大麦品种配置杂交组合。普通大麦作为父本时，杂种容易获得，但是仅当 *Bonus* 作为母本的组合中有后代存活（von Bothmer 等，1995b）。von Bothmer 和 Linde-Laursen（1989）报道了初代杂种和李氏大麦的单次成功回交。芒颖大麦和李氏大麦品种 *Gull* 杂交表现出特别高的配合力。von Bothmer 等（1989a）推测，*Gull* 带有杂交配合基因，而该基因在其他参试品种中不存在。李氏大麦和普通大麦杂交产生的后代植株的染色体数不同。普通大麦染色体选择性消失后，获得真正的李氏大麦三单体（2n＝21），2n＝22～27 的植株代表李氏大麦亲本的全套三组基因组加上各个大麦染色体或染色体组合（单株中稳定），还有带有大麦全部 7 条染色体的杂种（Linde-Laursen 和 von Bothmer，1988；von Bothmer 等，1999）。在非整倍体和整倍体植株中，大麦各条染色体对减数分裂配对的影响已有过分析，其中 4H 对同源配对表现为负效应（von Bothmer 等，1999）。

(7) 直刺颖组

直刺颖组由众多的一年生或多年生、二倍体或多倍体物种构成，主要带有 I 基因组，某些物种也带有 X_a 基因组。该组分布于欧亚大陆、南非、美洲。所有物种植株纤细，短芒，生殖方式和传播模式多样。

- **滨海大麦，海大麦**

海大麦群体由三类实体构成，包括一个四倍体和两个二倍体，常被看成是两个独立的亚种:海大麦(subsp. *marinum*,2x)和地中海大麦或膝状大麦(subsp. *gussoneanum*,2x 和 4x)。有些研究者将其区分为两个物种 *H. marinum* 和 *Hordeum gussoneanum*(Baum 和 Bailey,1984;Baum 和 Johnson,1998;Jakob 等,2007)。海大麦广义上为一年生植物,植株纤细,穗短、卵形、硬直,芒和颖片坚硬。生殖方式几乎全为自交(花药小、闭花)。二倍体海大麦侧小穗宽大、颖片具翅;subsp. *gussoneanum* 颖片披刚毛(von Bothmer 等,1995a)。

该组整个群体自然分布于东欧和中欧、地中海流域、西南亚,东至阿富汗。海大麦亚种原产于地中海西部地区,向东延伸至希腊(分布稀疏,向东可能有更多的次级分布)。二倍体 subsp. *gussoneanum* 分布于地中海东部至西南亚,而四倍体分布于土耳其至阿富汗。尽管它扩张分布至大部分地区,但在某些原生环境中却有所减少。该种以前在欧洲大西洋沿岸极为常见,现在大幅度减少,在荷兰甚至已成为濒危物种(Jager 和 Weeda,2000)。

海大麦原产于盐性的牧场、河床以及海滨或内陆的沼泽,是草原和荒地上的杂草。它在高盐环境下很常见,因此作为逆境耐受基因的潜在供体而令人关注。由于不适宜的引种,海大麦已经成为某些原产地和外环境下的超级杂草,而不仅仅因为其高耐盐性和发达的根系(Browning 等,2006)。在亚洲西南部该种的入侵群体很快建成,进而容易建立可观的种子库,凿式松土结合大麦栽培通常能降低杂草种子库(Ghosheh 和 Al-Hajaj,2005)。海大麦作为非本土的入侵者,在加利福尼亚草原入侵性很强,并且在密集林地抑制本土群落(Hoopes 和 Hall,2002)。有研究员曾提出从入侵种恢复本土群落的很多方法,如在加州圣华金河谷的州际公园,春季焚烧很有效(Solomeshch 和 Barbour,2006)。

早期的细胞遗传学研究表明,subsp. *gussoneanum* 的四倍体细胞型是同源四倍体,以二倍体亚种的基因组为基础。然而,根据叶绿体翻译延伸因子的限制性分析和 DAN 序列,Komatsuda 等(2001)报道了四倍体型的两种不同片段,其中一个显示二倍体是其中一套基因组的直接供体,而另一个片段有过修饰。据推测,该片段源于一个现在已经灭绝的海大麦。另一个二倍体海大麦模式表明,与 subsp. *gussoneanum* 的任一基因组变异体都不相同。利用叶绿体序列,Jakob 等(2007)报道了类似的分化模式,并解释了地中海第四纪种遗区的生态位分化。subsp. *gussoneanum* 两个细胞型的分布区域在土耳其中部重叠。四倍体起源后在地中海东部的某地,发生了明显的生态学变异,从而使其栖生于更多的内陆山地生境,向东延伸至阿富汗。

Komatsuda 等(2001)和 Jakob 等(2007)都发现 subsp. *marinum* 可细分为两种形态:分布于伊伯利亚半岛的变种和分布区内其他的更稳定类型。

尽管海大麦两个亚种在形态学上迥然不同,但它们易于杂交,且后代具有中间形态,减数分裂配对正常,结实完全(von Bothmer 和 Jakobsen,1986;von

Bothmer 等,1989b),但尚未发现亚种间有自然杂交。海大麦群体独特超常的 X_a 基因组,使其可以追踪这一基因组在其他大麦属物种中的存在。南非大麦(*H. capense*)和黑麦状大麦(*H. secalinum*)为异源多倍体,基因组原位杂交表明,它们都带有一套 X_a 基因组(Taketa 等,1999)。六倍体细胞型短药大麦(*H. brachyantherum*)的发现,为该物种的形成提供了例证。在二倍体和四倍体细胞型短药大麦共生的地区,野外调查时应特别注意。在加州的小溪湾,发现六倍体细胞型作为一个独立、稳定的小群体存在。随后其六倍体特性被揭示,进而进行了原位杂交研究(Taketa 等,1999),表明其中一套染色体明显来源于海大麦。种间杂交及染色体加倍导致该新细胞型的形成,严格的定义应为一个新物种,但是先前并未有过研究报道。

海大麦由于在天然生境中表现出突出的耐盐性而广为应用于逆境耐性研究,如耐盐性(Lombardi 等,2000;Garthwaite 等,2005;2006;Colmer 等,2006),耐缺氧(Malik 等,2009)及耐渍害(McDonald 等,2001;Setter 和 Waters,2003)。

海大麦因特别易于与小麦杂交,作为潜在的基因供体而引起了人们的注意。Guadagnuolo 等(2001a;2001b)在调查澳大利亚和英格兰小麦田附近的海大麦野生群体后,发现海大麦中可扩增到许多小麦特异 DNA 标记,表明先前有自然杂交发生。他们认为,在自然条件下,小麦性状向该野生亲属的基因渐渗是可能的。

Subsp. *gussoneanum* 与栽培大麦杂交,能获得一些可育胚和植株。但所有的研究都发现栽培大麦的染色体消失,仅遗留单倍体海大麦植株(von Bothmer 等,1983;Jørgensen 和 von Bothmer,1988;Solntseva 和 Pendinen,1999)。

相对于大麦,小麦与海大麦杂交具有特别的配合力。小麦异质重组系、附加系、异质群体(Troubacheeva 等,2005;2008)以及小麦回交(Pershina 等,2006)均已有报道;Islam 等(2007)研究了黑麦染色体在海大麦×普通小麦组合中形成的多胚效效应,并构建了二倍体以增强小麦的耐盐性。

- **欧洲及南非多年生种**

黑麦状大麦和南非大麦为近缘异源四倍体,带有一套海大麦基因组(X_a)和一套常见的 I 基因组,起源于短芒大麦或常规的二倍体物种(von Bothmer 和 Jacobsen,1980;Linde-Laursen 等,1986b;Baum 和 Johnson,2003;Blattner,2004;2006;Petersen 和 Seberg,2004;Jakob 和 Blattner,2006)。

黑麦状大麦,或称沼泽大麦,从瑞典沿大西洋海岸延伸至地中海地区,群落生长于欧洲和北非(少量)。该种先前在欧洲内陆地区大量存在(von Bothmer 和 Jacobsen,1980),但是由于城市化或耕作拓展,如今已变得稀少(Cronberg 等,1997)。该种稀疏丛生,根系不发达,使其在与更具侵略性的种竞争时处于劣势。叶鞘表皮毛密集。较长的花药以及开放的颖花,使其具有一定的异交率。

该种生长于潮湿的盐碱生境，主要为沿海地区如海滨牧场，它是优良的牧草，有利于牛羊的放牧(Cilev 等,2003;Braghieri 等,2007)。在突尼斯，该种可分布至海拔 2,100 米。它与普通大麦杂交时，结实率相对较高(von Bothmer 等，1983)。

南非大麦是大麦属中唯一的亚撒哈拉种，分布于南非和莱索托的内陆地区。它主要生长于牧场内的沃土和河岸等湿地，海拔可高至 2,700 米。该种植株强壮，密集丛生，叶鞘带纤维质外层，可耐重度放牧。侧小穗外稃扁平，颖片在结实期展开。南非大麦主要依靠自交进行有性生殖，也可通过地下侧生芽进行营养生殖。它和黑麦状大麦杂交可育，与普通大麦的唯一可育杂种有过报道(von Bothmer 等,1983)。大麦属物种与其近缘种存在巨大分歧，对此已有不少理论，甚至认为黑麦状大麦是近代的引种产物。然而，一些研究确切地表明，南非大麦完全是一个独立物种，分化于 40 万年前，与黑麦状大麦可能共同起源于一个祖先(von Bothmer 和 Jacobsen,1980;Linde-Laursen 等,1986b;Blattner,2004;Petersen 和 Seberg,2004)。

- **亚洲多年生种**

亚洲存在三种高度分化的多年生大麦野生种，丰度高，是一些地区自然植被的重要饲草。

二倍体小药大麦，稀疏丛生于潮湿生境，如牧场、湖滨和小溪，鲜见于路旁。该种为纤细禾草，穗呈粉色或深紫色，侧小穗和颖片发育不完全，在结实期展开，分布于亚洲中部、俄罗斯、吉尔吉斯斯坦、中国北部及蒙古(von Bothmer 和 Jacobsen,1980;Baum 和 Johnson,2002)。

布顿大麦(*H. bogdanii*)为二倍体簇生，披表皮毛，芒长。在大麦属中，它是除栽培大麦外唯一具有坚穗的物种，其穗轴坚韧，成熟时小花单独脱落。侧小穗通常可育(故为六棱)。生殖系统多样，主要为自交，也可能发生异交。结实率通常较高。布顿大麦生长于海拔高度 1,000～3,800 米的牧场、溪流、池塘和湖泊内的盐渍生境，少以杂草出现。该种具有丰富的遗传多样性(Guo 等,2002;Zheng 等,2003)，但与栽培大麦杂交时无法形成后代(von Bothmer 等,1983)。布顿大麦对辐射极为敏感。在哈萨克斯坦的塞米巴拉金斯克原子核试验区，布顿大麦的 RAPD 变异性是其他地区材料的五倍(Turuspekov 等,2002)。同时，布顿大麦是核试验区或核事件之后检验放射污染的良好指示物。Clement 等(1997)发现，布顿大麦和短芒大麦亚种(subsp. violaceum)易受内生植物真菌感染，这可能与高的蚜虫抗性相关。

第三个亚洲专有的种是短芒大麦(*H. brevisubulatum*)，它是二倍体和多倍体复合群，形态学、细胞学和遗传变异模式复杂。该群体在土耳其西部到俄罗斯、中国东部都有广泛分布。现已识别出五个亚种，早先都被看成独立的种(von

Bothmer 和 Jacobsen,1980;Baum 和 Johnson,2007),每个亚种都有各自的分布和生境偏好。在亚种相遇和重叠的地区,可发现丰富的种间杂交和过渡形态。异交习性在所有分类群中都常见,花药长而外伸,柱头大、具分枝。该种与球茎大麦相似,具有自交不亲和系统。种子的生活力很短,所有亚种都可利用根状茎进行营养生殖。短芒大麦具有显著的细胞学变异,组成性异染色质变异很大,如黑麦和 subsp. *violaceum* 的末端序列,而另一些几乎无异染色质,如 subsp. *brevisubulatum* (Linde-Laursen 等, 1980; Linde-Laursen 和 von Bothmer, 1984)。所有亚种和染色体小种均可进行种间杂交,形成完全可育(四倍体中有一定下降)的杂种,减数分裂完全配对,表明该种为同源多倍体(Landström 等,1984;von Bothmer 和 Jacobsen,1986)。几乎所有栽培大麦和许多短芒大麦染色体小种的杂交组合,都能形成超小型植株(von Bothmer 等,1983)。

短芒大麦的亚种主要生长于牧场和溪流:①*brevisubulatum*:二倍体或四倍体,分布于西伯利亚东南部、蒙古和中国,海拔 1,400～3,000 米。②*nevskianum*:二倍体或四倍体,分布阿富汗东北部、西伯利亚西部至中国西部,海拔 1,500～5,000 米。③*turkestanicum*:四倍体或六倍体,分布于阿富汗中部和东北部、巴基斯坦北部、塔吉克斯坦和中国新疆,偏好干燥生境如石坡,海拔 2,000～4,600 米。④*violaceum*:二倍体或四倍体,分布于土耳其西部至伊朗西部;海拔可高达 3,500米。⑤*iranicum*:四倍体或六倍体,限于伊朗西部,海拔可高达 3,500 米。

- **南美种**

南美洲南部发现了五个直刺颖组种,二倍体或多倍体,皆为多年生,主要生长于河流沿岸的草原、湖岸和池塘边,都带有 I 基因组或其变异体。

直叶大麦(*H. erectifolium*),新近在阿根廷布宜诺斯艾里斯省西部地区发现,为形态学特异的二倍体物种。生长于盐湖附近的盐生植被(von Bothmer 等,1985)。该种密集丛生,基部叶片直立,穗横向压缩,侧小穗和颖片扁平。整株披蜡质,外观上覆有白粉。

H. tetraploidum(4x)、*H. fuegianum*(4x)和 *H. parodii*(6x,帕氏大麦)相似,原产于阿根廷和智利的安第斯山脉(von Bothmer 等,1986b)。它们均为带有 I 基因组变异体的异源多倍体,且生殖隔离。*H. fuegianum* 仅分布于火地岛及邻近的麦哲伦地区(智利南部),主要生长于海滨。*H. tetraploidum* 广泛分布于阿根廷南部的圣克鲁斯省至中部的门多萨,海拔可高达 1,500 米。*H. parodii* 与 *H. tetraploidum* 分布区部分重叠,散布于阿根廷中部、南至智利和火地岛(与 *H. fuegianum* 有一定重叠)。三个种都是常见的牧草,在自然草原上对放牧很重要。它们作父本与栽培大麦杂交时,结实率都很高,但植株发育较弱(von Bothmer 等,1983)。

最易变和复杂的南美种是巴哥大麦(*H. patagonicum*),为多年生自交二倍体，种群多样性丰富(von Bothmer 等，1986b；Blattner，2006；Jakob 和 Blattner，2006)。该种所有形态都矮小，密集丛生，短穗。最南分布于智利和阿根廷，北至丘布省，占据了巴塔哥尼亚低地地区的许多不同生境。主要生境为盐田，以及湖畔、河岸周边的盐渍环境。

巴哥大麦所有形态之间杂交配合性好，可形成可育后代，且减数配对高。细胞遗传学分化有染色体移位和插入(von Bothmer 等，1986a)。分类群之间有很多重叠，存在许多中间形态说明发生了频繁的基因交换。该组处于物种形成的活跃期，可能是生态学分化引起的(Blattner，2006；Jakob 和 Blattner，2006)。巴哥大麦易与大部分大麦属的其他种形成杂种，但与普通大麦杂交，仅形成超小型植株(von Bothmer 等，1983；von Bothmer 和 Jacobsen，1986)。

巴哥大麦亚种如下：①*patagonicum*，穗和茎秆很短(＜12 厘米)，分布于阿根廷丘布和圣克鲁斯省。②*setifolium*，株高可达 40 厘米，分布于丘布和圣克鲁斯省，生长于盐田、路旁和盐渍草坡。③*santacrucense*，株高仅 20 厘米，分布于阿根廷圣克鲁斯省南部至智利麦哲伦海峡；生长于湖边盐土和旷地。④*mustersii*，株高可达 30 厘米，穗披浓毛，仅在圣克鲁斯省两处有分布，生长于盐田和干草原。⑤*magellanicum*，短枝，穗长、松弛且低垂，分布于火地岛，南至圣克鲁斯省部分地区，除内陆地区外，也生长于海滨沙丘。

- **北美和中美洲物种**

北美和中美洲有三个物种分布。*H. guatemalense* 为多年生四倍体地方种，分布于危地马拉北部的 Cuchumatanes 山区，仅见于少数地点。该种生长于高山草原的沼泽地带，海拔 3,000～3,500 米。穗呈紫色，芒和颖片短。它与北美种可能近缘(von Bothmer 等，1985；Blattner，2006)。

平展大麦(*H. depressum*)为一年生自交四倍体，分布于加州西部，在俄勒冈和华盛顿州也有稀疏分布。植株纤弱矮小。侧小穗颖片基部扁平，结实期颖片向外弯曲。生于盐渍化和温暖的水塘边，可能作为杂草出现。它与栽培大麦杂交时结实率高，杂种成株相对较高(von Bothmer 等，1983)。杂种的细胞遗传学不稳定，主要为非整倍体(Pendinen 和 Chernov，1995)。

平展大麦是生殖隔离的异源四倍体，带有 I 基因组，它是两个原产于加州的二倍体圣迭大麦和短药大麦(subsp. *californicum*)杂交，后者可能为母本，经染色体加倍形成的(Knutsson 和 von Bothmer，1993；Salomon 和 von Bothmer，1998；Blattner，2004)。

草大麦或北大麦(*H. brachyantherum*)是由分布于北美和东亚的二倍体和多倍体所构成的种群。四倍体形态(subsp. *brachyantherum*)广泛分布于美国西部、墨西哥边境、加拿大至阿拉斯加，以及阿留申群岛、勘察加半岛和千岛群岛。该种在几大洲之间有稀疏分离，在纽芬兰岛北部及毗邻的拉布拉多半岛也有零星发现，主要生长于潮湿生境，如牧场、溪边草坡、林地和高山草甸，海拔可达 4,000 米。它在许多地方与芒颖大麦伴生，常见杂种丛生。该种植株强健，宽叶无毛，结实期芒和颖片直立。

加州大麦(subsp. *californicum*)为纤细、披浓密短毛的窄叶二倍体。颖片和芒在结实期外弯。主要分布于加州中部滨海地带，但内陆地区也常见。加州大麦亚种生境宽广，在干/湿草原、溪底卵石间和橡木林都有蜿蜒分布，分布区海拔可高达 2,300 米。在某些地带，加州大麦亚种和短药大麦亚种伴生，但尚未有三倍体发现。短药大麦二倍体和四倍体都带有大麦属 I 基因组变体。两个亚种的杂种分析表明，二倍体中带有四倍体的一套基因组。短药大麦存在单一的六倍体群体，是短药大麦(4x)和海大麦自发杂交的结果。

短药大麦的所有形态是加州本土植物的鲜明代表，但是它们对外来入侵杂草的竞争十分敏感(Kolb 等，2002；Lulow，2006)。生物学和化学复原的多年生草原上，对其特性作过研究，并用于本土分类群的重建，包括短药大麦的两个亚种(Bugg 等，1997；Posthoff 等，2005)。Ingham 和 Wilson(1999)报道，本土湿地种中短药大麦有利于泡囊-丛枝状菌根真菌的植生，这可能有助于本土植被的恢复。所有细胞型为母本，都易于普通大麦杂交(von Bothmer 等，1983)。

5. 大麦的驯化

先民将野生大麦驯化为人类现今大麦品种(Purugganan 和 Fuller，2009)。大麦栽培距今已有 1 万年(Zohary 和 Hopf，2000)。研究与关键驯化步骤相关的基因，可以得到大麦驯化的时间和地域的重要信息。在驯化过程中，大麦逐步积累了某些性状以促进农业生产。自然选择是无意识的，人类的选择是深思熟虑的结果(von Bothmer 等，2003)。

全基因组维度扩增片段长度多态性(AFLP)分析表明，以色列-约旦地区的大麦为单一驯化后的单源起源(Badr 等，2000；Salamini 等，2002)。利用全基因组维度的多位点标记系统的研究表明，多起源的与单起源的作物相比，更有可能产生单源进化枝(Allaby 等，2008)。基于全基因组 AFLP 和坚穗轴连锁基因 AFLP 所构建的两组系统揭示东西方大麦品种存在显著的分歧(Komatsuda 等，2004；Takahashi，1955；Azhaguvel 和 Komatsuda，2007)。肥沃月亮湾和亚洲中部存在遗传断裂(Morrell 和 Clegg，2007)，这表明大麦有多起源中心。野生大麦(Morrell 等，2003；Kilian 等，2006)和栽培大麦(Morrell 和 Clegg，2007；Saisho 和 Purugganan，2007)遗传结构存在地理分叉(Zeder，2008；Brown 等，2009)。

坚穗轴、六棱型穗和裸露颖果的选择是大麦驯化中三个关键性状。突变和重组降低了大麦春花需求和光周期敏感度，从而加速了向起源中心外的迁移

(Salamini 等,2002)。

(1)坚穗轴

野生植物种子落粒是一种自然适应性状(Fuller 等,2009;Purugganan 和 Fuller,2009)。脆穗轴易于种子传播,坚硬的芒能黏附于动物而达到有效传播(Elbaum 等,2007)。坚穗轴是最重要的驯化性状,它利于有效收获,减少籽粒损失。在田间,坚穗突变体的麦穗成熟后仍较长。坚穗大麦最早的考古线索来自叙利亚的阿布胡赖拉丘,距今 9,500 年(Hillman 等,1989)。在野生大麦和大麦属所有的野生种中,穗在每个轴节点的迅速脱落形成了典型的楔形小穗(von Bothmer 等,1995a)。野生大麦的脱落痕迹平滑,有助于种子传播,栽培大麦脱粒后籽粒与轴节点断开处痕迹粗糙(Tanno 和 Willcox,2006)。从解剖学上看,落粒穗的轴节点明显收缩,而坚穗的则相反(Ubisch,1915)。

栽培大麦坚穗轴受隐性单基因遗传控制(Ubisch,1915;Schiemann,1921;Johnson 和 Åberg,1943)。野生大麦 *Btr*1-*Btr*2(双显性)基因型穗节点剧烈收缩,杂合的 *btr*1-*Btr*2 或 *Btr*1-*btr*2 穗节点不收缩。*btr*1 和 *btr*2 紧密连锁,位于染色体 3H 的短臂上(Takahashi 和 Hayashi,1964;Komatsuda 等,2004)。坚穗轴的隐性背景说明 *Btr*1 和 *Btr*2 为功能性缺失变异。*btr*1 基因已被精细定位,遗传图距小于 1 厘米(Azhaguvel 等,2006)。

*Btr*1 和 *Btr*2 存在等位变异。*Btr*1. *a* 和 *Btr*2. *k* 等位基因在显性 D 基因(7H 染色体)存在时,互补产生脆穗轴(Komatsuda 和 Mano,2002;Komatsuda 等,2004);野生大麦 *Btr*1. *h* 和 *Btr*2. *h* 并不需要 D 基因便可形成脆穗轴(Senthil 和 Komatsuda,2005)。除 *Btr*1 和 *Btr*2 之外,脆穗轴的两个 QTLs 已分别定位在染色体 5H 和 7H(D 基因)(Komatsuda 等,2004)。栽培大麦由两个地理型构成,即西部型和东部型(Takahashi,1955;Komatsuda 等,2004)。据 Azhaguvel 和 Komatsuda(2007)推测,大麦二源起源是由先前分离的野生大麦通过独立突变进化而来。落粒是产量损失的另一形式,由不同基因控制的弱穗轴引起(Kandemir 等,2000)。

小麦族物种均有脆穗轴的同源基因,定位于部分同源的第三组染色体上(Watanabe 和 Ikebata,2000)。在小麦中,*Br*-*A*2 和 *Br*-*A*3 造成了楔状粒形,它们被定位于圆锥小麦(*T. turgidum*)的染色体 3A 和 3B 上,比对发现它们与大麦 *Btr*1 和 *Btr*2 同源(Kandemir 等,2004;Nalam 等,2006)。提莫菲维小麦(*T. timopheevii*)的 *Br*-*A*1 基因被定位于染色体 3A 的短臂上(Li 和 Gill,2006),该基因也产生楔状传播体。拟斯卑尔脱山羊草(*Aegilops spehoides*)*Br*-*S*1基因定位于染色体 3S 的短臂。*Br*-*S*1 基因造成意大利型脱落(楔形),对斯卑尔脱型脱落(整穗脱落)呈显性。小麦 *Br*-*A*1、*Br*-*S*1 和大麦 *Btr*1、*Btr*2 基因不同源(Li 和 Gill,2006),但证据不足。

*Br*2 基因定位于粗山羊草(*Aegilops tauschii*)3D 染色体的长臂上,它产生桶状穗,*Br*2 与大麦脆穗轴基因不是同源的。水稻落粒基因 *qSH*1 定位于 1 号染色体(与大麦 3H 染色体共线)长臂上(Devos,2005),编码一个 BEL1-型同源异型框基因(Konishi 等,2006)。*FuBel*2 与大麦 *qSH*1 直系同源(Li 和 Gill,2006),定位于大麦染色体 3H 的长臂上(Castiglioni 等,1998;Muller 等,2001)。*FuBel*2 和 *br*1/br2 定位于大麦染色体 3H 的不同臂上,因此 FuBel2 并不与大麦 br1/*br*2 对应。可见,*br*1 和 *br*2 基因有待于克隆。

(2)六棱型穗

大麦属种在每个穗轴节上有三联小穗,这种穗结构在小麦族中是独一无二的(von Bothmer 和 Jacobsen,1985)。野生大麦棱形均为二棱,表明二棱型穗为原始形态。六棱自发突变体显然不利于其在野外生存,因此它们在野生大麦群体中会快速自然消失(Zohary,1964)。野生和栽培大麦的中央小穗可育,并能发育成籽粒。二棱大麦(野生和栽培大麦)的两个侧小穗不育,在大麦驯化过程中,出现了可育侧小穗发育成籽粒的类型。野生大麦的三联小穗形成一个轻质、箭头状的传播单元,这既利于种子的动物传播,也有助于种子入土。外稃和芒上密布朝上的倒钩,也是传播和自我繁殖机制的一部分。大麦作为饲用时,减少芒上倒钩十分重要(von Bothmer 等,1995a)。

考古学发现,六棱大麦最早出现于新石器时代的阿布胡赖拉丘(Helbaek 1959),现在仍然有 9,000 年前一样的二棱大麦,并有零星六棱大麦(Helbaek,1969)。这说明大麦的六棱特性在驯化中来源于二棱大麦。六棱的外观可能是驯化时自觉选择的结果(Harlan 和 de Wet,1973)。六棱大麦的每小穗粒数是二棱大麦的三倍,是重要的农艺学变化。产量构成因子之间有相互补偿的作用,以此在每穗粒数、千粒重、分蘖数三者之间达到平衡。六棱大麦平均穗数和千粒重都相对较低。因此,六棱大麦与二棱大麦相比,并不能直接达到巨大的增产。过去,人们曾认为六棱栽培大麦起源于*H. agrilcrithon*,于 20 世纪 30 年代在中国西部发现(Åberg,1938)。这些材料的等位基因将被测序。

六棱性状受隐性基因 *vrs*1 控制,位于染色体 2H 的长臂。*Vrs*1 基因编码 I 类同源域亮氨酸拉链转录因子(HD-ZIP)(Komatsuda 等,2007)。该基因仅在侧小穗未成熟期表达,因此它只影响侧小穗发育。二棱大麦中的显性 *Vrs*1 基因显示 *Vrs*1 蛋白是调控侧小穗发育的抑制因子。大部分驯化基因引起转录因子的改变,该理论与上述结果一致(Doebley,2006)。*Vrs*1 基因定位于基因空白区,因此与 *vrs*1 基因的重组抑制很大(Pourkheirandish 等,2007)。比对大麦 *vrs*1 BAC 片段和水稻基因组序列后发现,水稻 *vrs*1 直系同源基因(*Oshox*14)定位于 7 号染色体,而不是 4 号染色体的共线性区域。*Vrs*1 基因起源于初期同源异型框基因 *HvHox*2 的复制,而且可能为大麦属专有,在小麦族其他属种并不存在

(Sakuma 等,2010)。

野生大麦和二棱大麦具有 *Vrs*1 显性等位基因。考古研究推断,六棱大麦起源于二棱大麦(Helbaek,1959);遗传研究从二棱大麦中获得了 90 多份 *vrs*1 基因突变体,结果也支持上述推断(Lundqvist 等,1997)。*Vrs*1 基因的分离表明,基因内的点突变导致了六棱大麦的形成(Komatsuda 等,2007)。六棱品种 *vrs*1 基因序列分析表明,六棱大麦有三种独立起源形式。其中两个(等位基因 *vrs*1.*a*2 和 *vrs*1.*a*3)分别来源于其直接祖先二棱栽培大麦(等位基因 *Vrs*1.*b*2 和 *Vrs*1.*b*3),是由于单碱基突变引起移码和反义替换的。*vrs*1.*a*1 分布最为普遍,也可能是六棱大麦的第一个等位基因,其起源在当代参试的二棱大麦中尚未发现(Komatsuda 等,2007)。*vrs*1.*a*1 究竟是起源于已灭绝的二棱栽培大麦,还是直接来源于野生大麦,仍有待进一步研究(Schlumbaum 等,2008)。

多数六棱品种的侧小穗芒长接近中央小穗。*vrs*1.*c* 等位基因在侧小穗外稃形成拟芒状附属结构。*Lks*1 形成六棱、无芒穗,它与 *vrs*1 非等位、但连锁(Lundqvist 等,1997)。六棱大麦带有 *vrs*1.*c* 和 *Lks*1 基因,未造成 *Vrs*1 基因发生突变(Saisho 等,2009)。棱型等位变异在二棱大麦中也存在;*Vrs*1.*p* 关联尖形侧小穗外稃,*Vrs*1.*b* 关联钝形侧小穗外稃,而 *Vrs*1.*t* 则导致发育极不完全的侧小穗。这些等位基因在 DNA 水平上表现出变异,但是它们是否存在功能多态性仍尚不清楚(Saisho 等,2009)。

I 家族(I,I^h,i)存在自然等位变异,它们位于染色体 4H 的短臂上;很多六棱品种具有显性 *I* 基因,或作用更显著的 I^h 等位基因,两者促进侧小穗花药发育及结实(Leonard,1942;Woodward,1947)。野生大麦是带有 *I* 或 I^h 显性等位基因,还是带有隐性 *i* 基因后发生了显性突变而产生了 *I* 和 I^h,仍有待研究。六棱穗 5(*v*5)和中间型穗 *c*(*int-c*)是诱发的突变系(Fukuyama 等,1982;Lundqvist 和 Lundqvist,1988)。这些等位材料(Lundqvist,1991)的基因已定位于染色体 4H 的短臂上(Lundqvist 等,1997)。隐性 *int-c* 使侧小穗部分可育,并形成中间型穗。该基因已在 20 多份诱发突变系中检测到(Lundqvist 和 Lundqvist,1988)。由于隐性状态的 *int-c* 和 *vrs*1 都能促进侧小穗发育,因此其显性等位基因 *Int-c* 和 *Vrs*1 可能编码侧小穗发育的抑制因子,显性状态的 *I* 和 I^h 基因能促进侧小穗发育。*I* 家族和 *int-c* 推测为等位基因(Lundqvist 等,1997),但其显隐性相反,等位性也不明确。六棱穗 2(*vrs*2)、3(*vrs*3)和 4(*vrs*4)均为隐性基因,分别位于染色体 5H、1H 和 3H 的长臂上(Lundqvist 等,1997)。这些隐性基因仅在诱发突变系中检测到,常规品种中不存在,不同程度地增强穗上不同位置侧小穗的发育。

(3)裸露的颖果(裸粒)

大麦成熟时,稃壳附着在颖果上,这在谷物里并不常见(Taketa 等,2008)。

有些栽培品种无需脱粒，被称为裸大麦。所有野生大麦均为皮大麦，说明籽粒稃壳黏附是普通大麦和大麦属其他物种的原始性状。在阿里·库什山发现的8000年前残留的大麦裸粒，表明裸大麦在其驯化早期就出现了（Helback，1969），大麦裸粒使其易于直接食用。裸大麦分布于世界各地，但主要分布在中国、韩国和日本等国，在尼泊尔、印度和巴基斯坦的北部尤为普遍（von Bothmer等，2003）。大麦是这些地区膳食的主要组成部分，因此，裸大麦更受欢迎。在日本的西南地区，有一种特殊的半矮秆类型"uzu"，它在早期占日本大麦种植总面积的80%，现在主要用作裸大麦（Takahashi，1951）。"uzu"大麦籽粒较小，与稻粒大小相似，因此人们喜欢将其与稻米一起煮食。尽管裸大麦在西方国家种植频率较低，但在古代，安娜托尼亚和北欧都有种植裸大麦（Helbaek，1969）。*nud*是一个单隐性基因，它位于7H染色体的长臂上。*Nud*基因编码一个乙烯响应因子（ERF）家族的转录因子，片段长度为17kb，所有裸大麦中该片段被删除。*Nud*基因控制稃壳与果皮表皮之间脂质层的形成。裸大麦为单起源（Taketa等，2008）。

（4）降低种子休眠

可育种子暂时降低代谢速率，使其在适宜的条件下不能发芽。虽然种子深度休眠在栽培上是一个难题，也会降低制麦的经济效益，但休眠可使种子在更广的区域里生存和传播。因此，大麦种子的适度休眠被认为是一种合理的性状。严格筛选休眠特性弱的种子可能会获得穗发芽敏感基因型（Prada等，2004）。通过对来自世界各地4365份栽培大麦和177份野生大麦的分析，Takeda和Hori（2007）发现，种子休眠存在着显著的地理差异。来自亚洲东部、土耳其和北非的品种表现为深度休眠（低发芽率），这种性状避免种子在成熟期因大雨导致的穗发芽。非常独特的是，70%的埃塞俄比亚品种在种子成熟后就有80%以上的发芽率。

大麦种子休眠的主要原因是稃壳阻碍胚获得氧气。此外，脱落酸（ABA）和赤霉素（GAs）与氧气的相互作用调控种子休眠。休眠种子发芽时，氧气的需求量是离体胚的400倍，表明包裹胚胎的组织显著地限制了氧气的渗透（Bradford等，2008）。非休眠种子的脱落酸氢化酶基因的表达水平远高于休眠种子（Millar等，2006）。这个基因在胚根鞘中表达，表明脱落酸氢化酶的活性仅限于该特定器官。

种子休眠受基因、环境因素以及基因与环境互作的影响。*SD*1基因是Hori等（2007）分析了8个标记群体后检测到的主效QTL，解释了30%～50%的种子休眠变异。*SD*1基因位于5H染色体上的近着丝点区域（Han等，1996；Prada等，2004；Zhang等，2005）。Han等（1999）利用近等基因系，将*SD*1基因定位在4.4厘摩的区域；Sato等（2009）对*SD*1基因进行了精细图位克隆。在大麦成熟早期阶段,*SD*1 基因对 *SD*2 基因具有上位性,但在成熟后期,两者表现出加性效应(Romagosa 等,1999)。*SD*2 基因调控中等水平的种子休眠,这使它在大麦育种中显示出是一个很有前景的候选基因(Gao 等,2003)。*SD*2 基因位于 5H 染色体长臂末端(Han 等,1996;Hori 等,2007)。Gao 等(2003)将 *SD*2 基因精细定位于 0.8 厘摩的区间内。利用大麦-水稻共线性,将一个编码赤霉素氧化酶的基因推论为 *SD*2 的候选基因,但该基因的特征有待进一步验证(Li 等,2004)。

(5)降低春化需求

春化是指将植物暴露于低温以诱导植物从营养阶段向生殖阶段过渡。为保护颖花器官不受冻害,冬性物种的春化需求阻止其在冬季开花。根据气候条件,冬大麦和春大麦都可以在中纬度地区种植,春化需求降低的大麦可以将栽培区域扩大到春播区(Von Bothmer 等,2003)。野生大麦和最早的栽培大麦具有调控春化需求的 *Sgh*1、*Sgh*2、*Sgh*3 的基因。这三个基因分别位于 4H、5H 和 7H 染色体上(Takahashi 和 Yasuda,1956;Yan 等,2006)。三个基因中任一发生突变,都能降低春化需求。*Sgh2* 的多种进化途径和多起源,显示出它的复杂性(Yasuda,1969;Yan 等,2004)。

大麦 *Sgh*1(*VRN-H*2)基因是小麦 *VRN*2 的同源基因,两者都控制着春化需求。小麦 *VRN*2 基因编码锌指和 CCT(CONSTANS,CONSTANS-LIKE,TOC1)功能域(称为 *ZCCT*1)。*ZCCT*1 基因类似 *CONSTANS*,抑制植物从营养阶段向生殖阶段过渡(Yan 等,2004)。*VRN*2 是 *VRN*1 基因的反式作用抑制子;因此,*VRN*1 和 *VRN*2 具有相反的转录谱(Yan 等,2004; 2006)。春化作用渐渐下调 *VRN*2 基因的转录。Yan 等(2004)和 Dubcovsk 等(2005)以小麦 *ZCCT*1 为探针,对 85 个大麦品种的基因组 DNA 进行 Southern 分析,结果表明,该基因存在于 23 个冬大麦品种中,而在 62 个春大麦品种中没有。*VRH-H*2 的物理剔除导致冬性等位基因 *vrn-H*1 抑制子丢失,产生假春型兼性表现型(Zitzewitz 等,2005)。*ZCCT-Ha*、*ZCCT-Hb* 和 *ZCCT-Hc* 三个基因与 *ZCCT* 连锁。所有的兼性和春大麦品种都没有 *ZCCT* 基因,表明大麦中 *ZCCT* 是 *VRN-H*2 的候选基因(Zitzewitz 等,是 2005)。从中国、日本、韩国、尼泊尔、亚洲西南部、土耳其、埃塞俄比亚、欧洲和美国收集的 *vrn-H*2 品种中,发现 *ZCCT* 缺失,表明该基因为单起源,但在一粒小麦中,发现了 *ZCCT* 基因的独立点突变和缺失(Dubcovsky 等,2005)。

大麦 *Sgh2*(*Vrn-H*1)和小麦 *VRN*1 直系同源,显性时春化需求降低(春性)。*VRN*1 是小麦 MADS-box 家族的 *APETALA*1 基因(Murai 等,2003;Yan 等,2003b)。*VRN-A* 和 $VRN\text{-}A^{m}1$ 的启动子突变就会造成显著的春季生长习性(Yan 等,2003b;Fu 等,2005);但是,除特殊情况外,Zitzewit 等(2005)没有找到可能与春性和冬性相关的启动子多态性。大麦 *VRN-H*1 和小麦 *VRN*-1 同源基因的第一个内含子上有大片段缺失(2.8～5.2 kb),与大麦和小麦的春性有关(Fu 等 2005;Zitzewitz 等,2005)。基因前 0.44 kb 的小片段是最重要基序,小麦族中有春化需求的种均有这一片段。第一个内含子可变缺失模式说明了欧洲大麦中 *VRN-H*1 等位基因的进化,先是独立的突变,然后是重组与基因转换(Cockram 等,2007)。

大麦 *Sgh*3(*Vrn-H*3)和小麦 *VRN*3 直系同源,显性时春化需求降低。这些基因与水稻开花基因 *T*(*FT*)和拟南芥花期基因同源(Yan 等,2006)。*Sgh*3 的显性基因高转录水平,则大小麦的花期提前。春化作用下调 *VRN*2 的表达,而 *VRN*2 负向调控着 *VRN*1 和 *VRN*3(Yan 等,2006)。

(6)光周期不敏感

植物响应相对日长的周期性变化(Turner 等,2005)。大麦的花期在光周期响应基因调控下有很大的差异(Laurie,1997)。Ppd-H1 基因是大麦中调控长日照反应的主要基因。*Phd-H*1 位于 2H 染色体的短臂上(Laurie 等,1995;Karsai 等,1997;Decousset 等,2000)。因为 *Ppd-H*1 编码一个假性反应控制子(PPR),它不同于水稻的主要光周期响应基因 *Hd*1 和 *Hd3a*,但很可能与水稻 *Hd*2 基因同源(Yano 等,2000;Murakami 等,2005;Turner 等,2005)。野生大麦开花需要长日照条件,同时在 *Phd-H*1 位置有一个显性等位基因。春大麦缺少野生大麦的等位基因,在长日照(16 小时)条件下,*Phd-H*1 植株要比 *ppd-H*1 植株提前 20 天左右抽穗 (Turner 等,2005)。春大麦需要长日照不敏感突变,以延长其在高纬度地区的长日照环境下的营养生长。这将显著促进大麦产区向高纬度扩展。*Ppd-H*1 基因在长日照条件下对大麦植株高度、产量、分蘖数、穗长和每分蘖粒数均具有显著的一因多效作用(Laurie 等,1994;Sameri 等,2006)。

一项关联分析揭示了一个新的成因 SNP——SNP48(Jones 等,2008),它与表现型之间的关联比早先提出的 SNP79 更为紧密(Turner 等,2005)。在欧洲,大麦的地理分布与纬度有关,光周期不敏感的欧洲地方种起源于伊朗的野生大麦(Jones 等,2008)。

*Phd-H*2 是光周期响应的第二个主基因,已定位于 1H 染色体的长臂上。Laurie 等(1995)和 Szucs 等(2006)观察到,在短日照(10 小时)条件下,开花时间具有明显的差异,但在长日照条件下(13～16 小时),*Ppd-H*2 对开花时间几乎没有影响。由于 *HvFT*3 基因和 *Ppd-H*2 基因在 1H 染色体上紧密连锁,因此被认为是 *Ppd-H*2 基因的候选基因(Faure 等,2007;Kikuchi 等,2009)。大麦中已发现了 5 个 *FT* 族基因:*HvFT*1、*HvFT*2、*HvFT*3、*HvFT*4 分别与水稻 *OsFTL*2(*Hd3a*)、*OsFTL*1、*OsFTL*10 和 *OsFTL*12 高度同源。大麦和水稻基因组的比较作图支持这些对应关系(Faure 等,2007)。水稻中未发现 *HvFT*5 的同源基因。其他有多于 14 个位点的基因或突变与大麦的早熟有关(Lundqvist 等,

1997)。这些基因的多种组合,使育种家培育出适合世界上不同地区大麦生产的品种。

光周期响应和春化反应互作决定大麦开花时间(Trevaskis 等,2006;Karsai 等,2008)。低温及长日照响应途径,通过诱导 *VRN*2 基因激活 *VRN*3 (*HvHT*1)(Hemming 等,2008)。

6. 闭花授粉

虽然闭花授粉不是人为驯化的性状,但它与生殖系统和基因流动的关联是令人感兴趣的。大麦主要为自花授粉,尽管大多数花粉在花药外伸时才被释放;这是因为柱头的受性先于花药外伸,因而能够捕获足够的自花花粉而不需要风传异花花粉受精。花药外伸在一些野生大麦中很明显,因而野生大麦的异交率要高于栽培大麦(Abdel-Ghan 等,2004)。一些大麦栽培品种在整个开花期,内稃和外稃都紧密闭合(Lord,1981)。闭花授粉的习性使该植物几乎都为自花受精。闭花授粉同时使麦穗免受赤霉菌感染,也大大减少了花粉介导的基因流动机会。闭花授粉的颖花中,其浆片要显著小于开花授粉的颖花(Honda 等,2005)。大麦闭花授粉受单隐性基因调控(Ceccarelli,1978),*cleistogamy* 1 基因已定位于 2H 染色体的长臂上(Turuspekov 等,2004;Turuspekov 等,2009)。*Cly*1 基因已经通过定位克隆而分离(Nair 等,2010)。

参考文献

Abbot, D. C., J. J. Burdon, A. M. Jaorsz, A. H. D. Brown, W. J. Muller, and B. J. Read. 1991. The relationship between seedling infection types and field reactions to leaf scald in clipper barley backcross lines. Aust. J. Agric. Res. 42: 801—809.

Abdel-Ghani, A. H., H. K. Parzies, A. Omary, and H. H. Gaiger. 2004. Estimating the outcrossing rate of barley landraces and wild barley populations collected from eco-logically different regions of Jordan. Theor. Appl. Genet. 109: 588—595.

Åberg, E. 1938. *Hordeum agriocrithon* nova sp., a wild six-rowed barley. Ann. Agric. Coll. Swed. 6: 159—216.

Åberg, E. 1940. The taxonomy and phylogeny of *Hordeum* L. sect. *Cerealia* Ands. Symb. Bot. Ups. 4: 1—156.

Acuña-Rodríguez, I. S., L. A. Cavieres, and E. Gianoli. 2006. Nurse effect in seedling establishment: facilitation and tolerance to damage in the Andes of central Chile. Rav. Chil. Hist. Nat. 79: 329—336.

Adarve, M. J., A. J. Hernández, A. Gil, and J. Pastor. 1998. Boron, zinc, iron and manganese content in four grassland species. J. Environ. Qual. 27: 1286—1293.

Albayrak, G. and N. Gözükirmizi. 1999. RAPD analysis of genetic variation in Barley.

Turk. J. Agric. Forest. 23: 627—630.

Allaby, R. G., D. Q. Fuller, and T. A. Brown. 2008. The genetic expectations of a protracted model for the origins of domesticated crops. Proc. Natl. Acad. Sci. U. S. A. 105: 13982—13986.

Al-Saghir, M. G., H. I. Malkawi, and A. El-Oqlah. 2007. Genetic diversity in *Hordeum spontaneum* C. Koch of northern Jordan (Ajloun area) as revealed by RAPD and AFLP markers. Int. J. Bot. 3: 172—178.

Alvarez, J. B., A. Broccoli, and L. M. Martín. 2006. Variability and genetic diversity for gliadins in natural populations of *Hordeum chilense* Roem. et Schult. Genet. Res. Crop Evol. 53: 1419—1425.

Amirouche, R. and M.-T. Misset. 2003. Hordein polymorphism in diploid and tetraploid Mediterranean populations of the *Hordeum murinum* L. complex. Plant Syst. Evol. 242: 83—99.

Arabi, M. I. E. and I. Nabulsi. 2002. Durable resistance to net blotch and agronomic performance in barley doubled haploid lines. J. Genet. Breed. 56: 145—153.

Arzani, H., M. Basiri, F. Khatibi, and G. Ghorbani. 2006. Nutritive value of some Zagros Mountain rangeland species. Small Rumin. Res. 65: 128—135.

Asfaw, Z. and R. von Bothmer. 1990. Hybridization between landrace varieties of Ethiopian barley (*Hordeum vulgare* ssp. *vulgare*) and the progenitor of barley (*H. vulgare* ssp. *spontaneum*). Hereditas 112: 57—64.

Ashworth, S. M., B. L. Foster, and K. Kindscher. 2006. Relative contributions of adjacent species set and environmental conditions to plant community richness and composition in a group of created wetlands. Wetlands 26: 193—204.

Atienza, S. G., Z. Satovic, A. Martín, and L. M. Martín. 2005. Genetic diversity in *Hordeum chilense* Roem. et Schult. germplasm collection as determined by endosperm storage proteins. Genet. Res. Crop Evol. 52: 127—135.

Atienza, S. G., A. C. Martín, M. C. Ramírez, A. Martín, and J. Ballesteros. 2007a. Effects of *Hordeum chilense* cytoplasm on agronomic traits in common wheat. Plant Breed. 126: 5—8.

Atienza, S. G., A. C. Martín, and A. Martín. 2007b. Effects of reciprocal crosses on agronomic performance of *Tritordeum*. Genome 50: 994—1000.

Atienza, S. G., A. Martín, N. Pecchioni, C. Platani, and L. Cattivelli. 2008. The nuclear-cytoplasmic interaction controls carotenoid content in wheat. Euphytica 159: 325—331.

Azhaguvel, P. and T. Komatsuda. 2007. A phylogenetic analysis based on nucleotide sequence of a marker linked to the brittle rachis locus indicates a diphyletic origin of barley. Ann. Bot. (Lond.) 100: 1009—1015.

Azhaguvel, P., D. Vidya-Saraswathi, and T. Komatsuda. 2006. High-resolution linkage mapping for the non-brittle rachis locus *btr*1 in cultivated × wild barley (*Hordeum* vulgare). Plant Sci. 170: 1087—1094.

Backes, G., L. H. Madsen, H. Jaiser, J. Stougaard, M. Herz, V. Mohler, and A. Jahoor. 2003. Localisation of genes for resistance against *Blumeria graminis* f. sp. *hordei* and *Puccinia graminis* in a cross between a barley cultivar and a wild barley (*Hordeum vulgare* ssp. *spontaneumn*) line. Theor. Appl. Genet. 106: 353—362.

Baden, C. and R. von Bothmer. 1994. A taxonomic revision of *Hordeum* sect. *Critesion*. Nord. J. Bot. 14: 117—136.

Baden, C. and H. J. Kristensen. 1996. Meiotic and morphological analysis in *Hordeum pubiflorum* (sect. *Critesion*, Triticeae). Nord. J. Bot. 16: 233—238.

Badr, A., K. Muller, R. Schäfer Pregl, H. E. Rabey, S. Effgon, H. K. Ibrahim, C. Pozzi, W. Rohde, and F. Salamini. 2000. On the origin and domestication history of barley (*Hordeum vulgare*). Mol. Biol. Evol. 17: 499—510.

Baek, H. J., A. Beharav, and E. Nevo. 2003. Ecologicalgenomic diversity of microsatellites in wild barley, *Hordeum spontaneum*, populations in Jordan. Theor. Appl. Genet. 106: 397—410.

Baeza, C. M., T. F. Stuessy, and C. Marticorena. 2002. Notes on the Poaceae of the Robinson Crusoe (Juan Fernández) Islands, Chile. Brittonia 5: 154—163.

Ballesteros, J., M. C. Ramírez, C. Martínez, F. Barro, and A. Martín. 2003. Bread-making quality in hexaploid tritordeum with substitutions involving chromosome ID. Plant Breed. 122: 89—91.

Ballesteros, J., M. C. Ramírez, C. Martínez, S. G. Atienza, and A. Martín. 2005. Registration of HT621, a high carotenoid content tritordeum germplasm line. Crop Sci. 45: 2662.

Barkworth, M. E. 1992. Taxonomy of the Triticeae-a historical perspective. Hereditas 116: 1—14.

Barkworth, M. E. and R. von Bothmer. 2009. Scientific names in the Triticeae, pp. 3-30. *In* C. Feuillet and G. J. Muehlbauer (eds.). Genetics and Genomics of the Triticeae; Plant Genetics and Genomics: Crops and Models 7. Springer, Dordrecht.

Barkworth, M. E. 2007. Triticeae, pp. 238—378. *In* M. E. Barkworth, K. M. Capels, S. Long, L. K. Anderton, and M. B. Piep (eds.). Flora of North America. Vol. 24. Oxford University Press, New York.

Batchu, A. K., D. Zimmermann, P. Schulze-Lefert, and T. Koprek. 2006. Correlation between hordatine accumulation environmental factors and genetic diversity in wild barley (*Hordeum spontaneum* C. Koch) accessions from the Near East Fertile Crescent. Genetica 127: 87—99.

Baum, B. R. and L. G. Bailey. 1984. Taxonomic studies in wall barley (*Hordeum murinum*) and sea barley (*Hordeum marinum*). 2. Multivariate morphometrics. Can. J. Bot. 62: 2754—2764.

Baum, B. R. and L. G. Bailey. 1985a. Relationships between *Hordeum bulbosum* L. subsp. *bulbosum* and *Hordeum butbosum* subsp. *nodosum* comb. et stat. nov. Can. J. Bot. 63:

735—743.

Baum, B. R. and L. G. Bailey. 1985b. Distinctions between *Hordeum bulbosum* and *H. murinum* s. l. in seed and herbarium collections. Plant Syst. Evol. 149: 205—210.

Baum, B. R. and L. G. Bailey. 1987. A taxonomic study of the annual *Hordeum depressum* and related species. Can. J. Bot. 66: 401—408.

Baum, B. R. and L. G. Bailey. 1989. Species relationships in the *Hordeum murinum* aggregate viewed from chloroplast DNA restriction fragment patterns. Theor. Appl. Genet. 78: 311—317.

Baum, B. R. and D. A. Johnson. 1996. The 5S RNA gene units in ancestral two-rowed barley (*Hordeum spontaneum* C. Koch) and bulbous barley (*H. bulbosum* L.): sequence analysis and phylogenetic relationships with the 5S rDNA units of cultivated barley (*H. vulgare* L.). Genome 39: 140—149.

Baum, B. R. and D. A. Johnson. 1998. The 5S rRNA gene in sea barley (*Hordeum marinum* Hudson sensu lato): sequence variation among repeat units and relationship to the X haplome in barley (*Hordeum*). Genome 41: 652—661.

Baum, B. R. and D. A. Johnson. 2002. A comparison of the 5S rDNA diversity in the *Hordeum brachyantherum-californicum* complex with those of the eastern Asiatic *Hordeum roshevizii* and the South American Hordeum *cordobense* (Triticeae: Poaceae). Can. J. Bot. 80: 752—762.

Baum, B. R. and D. A. Johnson. 2003. The South African *Hordeum capense* is more closely related to some American *Hordeum* species than to the European *Hordeum secalinum*: a perspective based on the 5S DNA units (Triticeae: Poaceae). Can. J. Bot. 81: 1—11.

Baum, B. R. and D. A. Johnson. 2007. The 5S DNA sequences in *Hordeum bogdanii* and the *H. brevisubulatum* complex, and the evolution and the geographic dispersal of the diploid *Hordeum* species. Genome 50: 1—14.

Blattner, F. R. 2004. Phylogenetic analysis of *Hordeum* (Poaceae) as inferred by nuclear rDNA ITS sequences. Mol. Phylogenet. Evol. 33: 289—299.

Blattner, F. R. 2006. Multiple intercontinental dispersals shaped the distribution area of *Hordeum* (Poaceae). New Phytol. 169: 603—614.

Bolger, T. P., R. Chapman, and F. le Coultre. 1999. Seed dormancy release in three common pasture grasses from a Mediterranean-type environment under contrasting conditions. Aust. J. Exp. Agric. 39: 143—147.

Boshoff, W. H. P., Z. A. Pretorius, and B. D. van Niekerk. 2002. Establishment, distribution, and pathogenicity of *Puccinia striiformis* f. sp. *tritici* in South Africa. Plant Dis. 86: 485—492.

von Bothmer, R. and N. Jacobsen. 1980. A taxonomic revision of *Hordeum secalinum* and *H. capense*. Bot. Tidsskr. 74: 223—235.

von Bothmer, R. V. and N. Jacobsen. 1985. Origin, taxonomy, and related species, pp. 19-56. *In* D. Rasmusson (ed.). Barley-ASA Agronomy Monograph. American Society of

Agronomy, Crop Science Society of America, Soil Science Society of America, Madison, WI.

von Bothmer, R. and N. Jacobsen. 1986. Interspecific crosses in *Hordeum* (Poaceae). Plant Syst. Evol. 153：49—64.

von Bothmer, R. and I. Linde-Laursen. 1989. Backcrosses to cultivated barley (*Hordeum vulgare* L.) and partial elimination of alien chromosomes. Hereditas 111：145—147.

von Bothmer, R., N. Jacobsen, and E. Nicora. 1980. Revision of *Hordeum* sect. *Anisolepis*. Bot. Notiser. 133：539—554.

von Bothmer, R., N. Jacobsen, R. B. Jørgensen, and E. Nicora. 1982. Revision of the *Hordeum pusillum* group. Nord. J. Bot. 2：307—321.

von Bothmer, R., J. Flink, N. Jacobsen, M. Kotimaki, and T. Landström. 1983. Interspecific hybridization with cultivated barley (*Hordeum vulgare* L.). Hereditas 99：219—244.

von Bothmer, R., N. Jacobsen, and R. B. Jørgensen. 1985. Two new American species of *Hordeum* (Poaceae). Willdenowia 15：85—90.

von Bothmer, R., B. E. Giles, and N. Jacobsen. 1986a. Crosses and genome relationships in the *Hordeum patagonicum* group. Genetica 71：75—80.

von Bothmer, R., N. Jacobsen, and R. B. Jørgensen. 1986b. Taxonomy, variation and relationships in the *Hordeum parodii* group (Poaccac). Nord. J. Bot. 6：399—410.

von Bothmer, R., M. Bengtsson, J. Flink, and I. Linde-Laursen. 1988. Complex interspecific hybridization in barley (*Hordeum vulgare* L.) and the possible occurrence of apomixis. Theor. Appl. Genet. 76：68—690.

von Bothmer, R., L. Claesson, J. Flink, and I. Linde-Laursen. 1989a. Triple hybridization with cultivated barley (*Hordeum vulgare* L.). Theor. Appl. Genet. 78：818—824.

von Bothmer, R., J. Flink, N. Jacobsen, and R. B. Jørgensen. 1989b. Variation and differentiation in *Hordeum marinum*. Nord. J. Bot. 9：1—10.

von Bothmer, R., J. Flink, and T. Landström. 1989c. Meiosis in interspecific *Hordeum* hybrids. VI. Hexaploid hybrids. Evol. Trends Plants 3：53—58.

von Bothmer, R., B. Salomon, and I. Linde-Laursen. 1991. Cytogenetics in hybrids of *Hordeum jubatum* and *H. tetraploidum* with cultivated barley (*H. vulgare* L.). Hereditas 114：41—46.

von Bothmer, R., N. Jacobsen, C. Baden, R. B. Jörgensen, and I. Linde-Laursen. 1995a. *An Ecogeographical Study of the Cenus* Hordeum. *Systematic and Ecogeographic Studies on Crop Cene Pools*, 7, 2nd ed. IPGRI, Rome.

von Bothmer, R., B. Salomon, and I. Linde-Laursen. 1995b. Variation for crossability in a reciprocal, interspecific cross involving *Hordeum vulgare* and H. *lechleri*. Euphytica 84：183—187.

von Bothmer, R., B. Salomon, and I. Linde-Laursen. 1999. Chromosome pairing patterns in interspecific *Hordeum Lechleri* × *H. vulgare* (cultivated barley) hybrids with 2n=21—

29. Hereditas 131：109－120.

von Bothmer，R.，K. Sato，T. Komatsuda，S. Yasuda，and G. Fischbeck. 2003. The domestication of cultivated barley，pp. 9－27. *In* R. von Bothmer，T. van Hintum，H. Knüpffer，and K. Sato（eds.）. Diversity in Barley（*Hordeum vulgare*）. Elsevier，Amsterdam，The Netherlands.

Boyd，N. S. and R. C. van Acker. 2003. The effects of depth and fluctuating soil moisture on the emergence of eight annual and six perennial plant species. Weed Sci. 51：725－730.

Boyd，N. S. and R. C. van Acker. 2004. Seed germination of common weed species as affected by oxygen concentration，light，and osmotic potential. Weed Sci. 52：589－596.

Bradford，K. J.，R. L. Benech-Arnold，D. Come，and F. Corbineau. 2008. Quantifying the sensitivity of barley seed germination to oxygen，abscisic acid，and gibberellin using a population-based threshold model. J. Exp. Bot. 59：335－347.

Braghieri，A.，C. Pacelli，M. Verdone，A. Girolami，and F. Napolitano. 2007. Effect of grazing and homeopathy on milk production and immunity of Merino derived ewes. Small Rumin. Res. 69：95－102.

Brown，A. H. D.，D. Zohary，and E. Nevo. 1978. Outcrossing rates and heterozygosity in natural populations of *Hordeum spontaneum* Koch in Israel. Heredity 41：49－62.

Brown，T. A.，M. K. Jones，W. Powell，and R. G. Allaby. 2009. The complex origins of domesticated crops in the Fertile Crescent. Trends Ecol. Evol. 24：103－109.

Browning，L. S.，J. W. Bauder，and S. D. Phelps. 2006. Effect of irrigation water salinity and sodicity and water table position on water table chemistry beneath *Atriplex lentiformis* and *Hordeum marinum*. Arid Land Res. Manage. 20：101－115.

Bugg，R. L.，C. S. Brown，and J. H. Anderson. 1997. Restoring native perennial grasses to rural roadsides in the Sacramento valley of California：establishment and evaluation. Restor. Ecol. 5：214－228.

de Bustos，A.，A. Cuadrado，C. Soler，and N. Jouve. 1996. Physical mapping of repetitive DNA sequences and 5S and 18S-26S rDNA in five wild species of the genus *Hordeum*. Chrom. Res. 4：491－499.

de Bustos，A.，C. Casanova，C. Soler，and N. Jouve. 1998. RAPD variation in wild populations of four species of the genus *Hordeum* (Poaceae). Theor. Appl. Genet. 96：101－111.

de Bustos，A.，Y. Loarce，and N. Jouve. 2002. Species relationships between antifungal chitinase and nuclear rDNA (internal transcribed spacer) sequences in the genus *Hordeum*. Genome 45：339－347.

Castiglioni，P.，C. Pozzi，M. Heun，V. Terzi，K. Müller，W. Rohde，and F. Salamini. 1998. An aflp-based procedure for the efficient mapping of mutations and DNA probes in barley. Genetics 149：2039－2056.

Castro，A. M.，A. Martín，and L. M. Martín. 1996. Location of genes controlling resistance to greenbug (*Schizaphis graminum* Rond.) in *Hordeum chilense*. Plant Breed. 115：335

—338.

Castro, A. M., A. Vasicek, S. Ramos, A. Martín, L. M. Martín, and A. F. G. Dixon. 1998. Resistance against greenbug, *Schizaphis grarminum* Rond., and Russian wheat aphid, *Diuraphis noxia* Mordvilko, in tritordeum amphiploids. Plant Breed. 117: 515—522.

Catalan, P., E. A. Kellogg, and R. G. Olmstead. 1997. Phylogeny of Poaceae subfamily Pooideae based on chloroplast ndhF gene sequences. mol. Phylogen. Evol. 8: 150—166.

Cavieres, L. A., E. I. Badano, A. Sierra-Almeida, and M. A. Molina-Montenegro. 2007. Microclimatic modifications of cushion plants and their consequences for seedling survival of native and non-native herbaceous species in the high Andes of Central Chile. Arct. Antarct. Alp. Res. 39: 229—236.

Ceccarelli, S. 1978. Single-gene inheritance of anther extrusion in barley. J. Hered. 69: 210—211.

Cerqueira, E. D., A. M. Saenza, and C. M. Rabotnikof. 2004. Seasonal nutritive value of native grasses of Argentine Calden forest range. J. Arid Environ. 59: 645—656.

Chakrabati, T., N. C. Subrahmanyam, and C. H. Doy. 1986. Analysis and *in situ* hybridization of cryptic satellites in *Hordeum arizonicum*. Theor. Appl. Genet. 73: 40—46.

Chen, G.-X., T. Krugman, T. Fahima, A. B. Korol, and E. Nevo. 2002. Comparative study on morphological and physiological traits related to drought resistance between xeric and mesic *Hordeum spontaneum* lines in Israel. Barley Genet. Newsl. 32: 22—33.

Chen, G., T. Suprunova, T. Krugman, T. Fahima, and E. Nevo. 2004. Ecogeographic and genetic determinants of kernel weight and colour of wild barley (*Hordeum spontaneum*) populations in Israel. Seed Sci. Res. 14: 137—146.

Cilev, G., Z. Sinovec, J. Sokarovski, B. Palasevski, and N. Gjorgovska. 2003. Botanical and chemical composition of meadow hay from different grassland regions of Macedonia. Krmiva 45: 265—275.

Clark, J. S. C., M. Dani, N. G. Halford, and A. Karp. 2005. Evidence of diversity within the *SnRKlb* gene family of *Hordeum* species. Genome 48: 661—673.

Clement, S. L., A. D. Wilson, D. G. Lester, and C. M. Davitt. 1997. Fungal endophytes of wild barley and their effects on *Diuraphis noxia* population development. Entomol. Exp. Appl. 82: 275—228.

Cockram, J., E. Chiapparino, S. A. Taylor, K. Stamati, P. Donini, D. A. Laurie, and M. D. O'Sullivan. 2007. Haplotype analysis of vernalization loci in European barley germplasm reveals novel *Vrn-H*1 alleles and a predominant winter *Vrn-H*1/*Vrn-H*2 multilocus haplotype. Theor. Appl. Genet. 115: 993—1001.

Cocks, P. S., K. G. Boyce, and P. M. Kloot. 1976. The *Hordeum murinum* complex in Australia. Aust. J. Bot. 24: 651—662.

Colmer, T. D., T. J. Flowers, and R. Munns. 2006. Use of wild relatives to improve salt tolerance in wheat. J. Exp. Bot. 57: 1059－1078.

Conn, J. S. 2006. Weed seed bank affected by tillage intensity for barley in Alaska. Soil Tillage Res. 90: 156－161.

Conn, J. S., K. L. Beattie, and A. Blanchard. 2006. Seed viability and dormancy of 17 weed species after 19.7 years of burial in Alaska. Weed Sci. 54: 464－470.

Cramer, G. R. 2003. Differential effects of salinity on leaf elongation kinetics of three grass species. Plant Soil 253: 233－244.

Crha, M., J. Konvalinová, T. Fichtel, and Z. Pavlica. 2003. Migration of grass awn in dogs: a retrospective study of 140 cases. Kleintirepraxis 48: 427－433.

Cronberg, N., B. Widén, and R. von Bothmer. 1997. Genetic diversity and phenotypic variation in marginal populations of the locally endangered species *Hordeum secalinum* (Poaceae). Plant Syst. Evol. 206: 285－294.

Cronin, J. K., P. C. Bundock, R. J. Henry, and E. Nevo. 2007. Adaptive climatic molecular evolution in wild barley at the *Isa* defense locus. Proc. Natl. Acad. Sci. U. S. A. 104: 2772－2778.

Cuadrado, A., M. Cardoso, and N; Jouve. 2008. Physical organization of simple sequence repeats (SSRs) in Triticeae: structural, functional and evolutionary implications. Cytogenet. Genome Res. 120: 210－219.

Decousset, L., S. Griffiths, R. Dunford, N. Pratchett, and D. Laurie. 2000. Development of sts markers closely linked to the *Ppd-H*1 photoperiod response gene of barley (*Hordeum vulgare* L.). Theor. Appl. Genet. 101: 1202－1206.

Defosse, G. E., M. B. Bertiller, and J. O. Ares. 1990. Aboveground phytomass dynamics in a grassland steppe of Patagonia, Argentina. J. Range Manage. 43: 157－160.

Devos, K. 2005. Updating the "crop circle." Curr. Opin. Plant Biol. 8: 155－162.

Devos, K. M. and M. D. Gale. 2000. Genome relationships: the grass model in current research. Plant Cell 12: 637－646.

Dewey, D. R. 1984. The genome system of classification as a guide to hybridization with the perennial Triticeae, pp. 209－279. *In* J. P. Gustafson (ed.). Gene Manipulation in Plant Improvement. Plenum Publishing Corporation, New York.

Díaz Barradas, M. C., F. García Novo, M. Collantes, and M. Zunzunegui. 2001. Vertical structure of wet grasslands under grazed and non-grazed conditions in Tierra del Fuego. J. Veg. Sci. 12: 385－390.

Doebley, J. 2006. Unfallen grains: how ancient farmers turned weeds into crops. Science 312: 1318－1319.

Doebley, J., R. von Bothmer, and S. Larson. 1992. Chloroplast DNA variation and the phylogeny of *Hordeum* (Poaceae). Am. J. Bot. 79: 576－584.

Dreiseitl, A., J. Repkova, and P. Lizal. 2007. Genetic analysis of thirteen accessions of *Hordeum vulgare* ssp. *spontaneum* resistant to powdery mildew. Cereal Res. Commun. 35: 1449－1458.

Dubcovsky, J., C. Chen, and L. Yan. 2005. Molecular characterization of the allelic variation at the *vrn-H2* vernalization locus in barley. Mol. Breed. 15: 395—407.

Echart-Almeida, C. and S. Cavalli-Molina. 2000. Hordein variation in Brazilian barley varieties (*Hordeum vulgare* L.) and wild barley (*H. euclaston* Steud. and *H. stenostachys* Godr.). Genet. Mol. Biol. 23: 425—433.

Eilam, T., Y. Anikster, E. Millet, J. Manisterski, O. SagiAssif, and M. Feldman. 2007. Genome size and genome evolution in diploid Triticeae species. Genome 50: 1029—1037.

Elbaum, R., L. Zaltzman, I. Burgert, and P. Fratzl. 2007. The role of wheat awns in the seed dispersal unit. Science 316: 884—886.

Elberse, I. A. M., J. M. M. van Damme, and P. H van Tienderen. 2003. Plasticity of growth characteristics in wild barley (*Hordeum spontaneum*) in response to nutrient limitation. J. Ecol. 91: 371—382.

Ellneskog-Staam, P., S. Taketa, B. Salomon, K. Anamthawat-Jonson, and R. von Bothmer. 2006. Identifying the genome of wood barley *Hordelymus europaeus* (Poaceae: Triticeae). Hereditas 143: 103—112.

Elmali, M. 1998. Russian wheat aphid in Konya province. Euphytica 100: 69—76.

El-Rabey, H. A., A. Badr, R. Schafer-Pregl, W. Martin, and F. Salamini. 2002. Speciation and species separation in *Hordeum* L. (Poaceae) resolved by discontinuous molecular markers. Plant Biol. 4: 567—575.

El-Shatnawi, M. K. J. and L. Z. Al-Qurran. 2003. Seasonal chemical composition of wall barley (*Hordeum murinum* L.) under subhumid Mediterranean climate. Afr. J. Range Forage Sci. 20: 243—246.

El-Shatnawi, M. K. J., Z. L. Z. Al-Qurran, K. I. Ereifej, and M. Turk. 2003a. Defoliation of wall barley under subhumid Mediterranean conditions. Aust. J. Agric. Res. 54: 53—58.

El-Shatnawi, M. K. J., M. Turk, and H. M. Saoub. 2003b. Effects of sowing rate on growth and protein contents of wall barley (*Hordeum murinum* L.) grown under Mediterranean conditions. Afric. J. Range Forage Sci. 20: 53—57.

El-Shatnawi, M. K. J., L. Z. Al-Qurran, K. I. Ereifej, and H. M. Saoub. 2004. Management optimization of dualpurpose barley (*Hordeum spontaneum* C. Koch) for forage and seed yield. J. Range Manage. 57: 197—202.

Faure, S., J. Higgins, A. Turner, and D. A. Laurie. 2007. The *Flowering Locus T*-like gene family in barley (*Hordeum vulgare*). Genetics 176: 599—609.

Fetch, T. G. 2003. Physiologic specialization of *Puccinia graminis* on wheat, barley, and oat in Canada in 2001. Can. J. Plant Pathol. 25: 174—181.

Fetch, T. G., B. J. Steffenson, and E. Nevo. 2003. Diversity and sources of multiple disease resistance in *Hordeum spontaneum*. Plant Dis. 87: 1439—1448.

Feuerstein, U., A. H. D. Brown, and J. J. Burdon. 1990. Linkage of rust resistance genes from wild barley (*Hordeum spontaneum*) with isozyme markers. Plant Breed. 104: 318—

324.

Feuillet, C., P. Langridge, and R. Waugh. 2008. Cereal breeding takes a walk on the wild side. Trends Genet. 24: 24—32.

Finch, R. A. and M. D. Bennett. 1984. Wide crosses in the genus *Hordeum*. Ann. Rep. Plant Breed. Inst. Cambridge 88: 386—393.

Florentine, S. K. and M. E. Westbrooke. 2005. Exotic plant species in invasion in south west New South Wales: influence of a rare flooding event and grazing. Plant Protect. Quart. 20: 42—45.

Forster, B. P., M. S. Phillips, T. E. Miller, E. Baird, and W. Powell. 1990. Chromosome location of genes controlling tolerance to salt (NaCl) and vigour in *Hordeum vulgare* and *H. chilense*. Heredity 65: 99—107.

Forster, B. P., E. Heberle-Bors, K. J. Kasha, and A. Touraev. 2007. The resurgence of haploids in higher plants. Trends Plant Sci. 12: 368—375.

Frederiksen, S. and R. von Bothmer. 1989. Intergeneric hybridization between *Taeniatherum* and different genera of Triticeae, Poaceae. Nord. J. Bot. 9: 229—240.

Fu, D., P. Szucs, L. Yan, M. Helguera, J. S. Skinner, J. von Zitzewitz, P. M. Hayes, and J. Dubcovsky. 2005. Large deletions within the first intron in *Vrn*-1 are associated with spring growth habit in barley and wheat. Mol. Genet. Genomics 273: 54—65.

Fukuyama, T., R. Takahashi, and J. Hayashi. 1982. Genetic studies on the induced six-rowed mutants in barley. Ber. Ohara Inst. Landwirtsch. Biol. Okayama Univ. 18: 99—113.

Fuller, D. Q., L. Qin, Y. Zheng, Z. Zhao, X. Chen, L. A. Hosoya, and G. P. Sun. 2009. The domestication process and domestication rate in rice: spikelet bases from the lower yangtze. Science 323: 1607—1610.

Gao, W., J. Clancy, F. Han, D. Prada, A. Kleinhofs, and S. Ullrich. 2003. Molecular dissection of a dormancy QTL region near the chromosome 7(5H) L telomere in barley. Theor. Appl. Genet. 107: 552—559.

Garthwaite, A. J., R. von Bothmer, and T. D. Colmer. 2005. Salt tolerance in wild *Hordeum* species is associated with restricted entry of Na^+ and Cl^- into the shoots. J. Exp. Bot. 56: 2365—2378.

Garthwaite, A. J., E. Steudle, and T. D. Colmer. 2006. Water uptake by roots of *Hordeum marinum*: formation of a barrier to radial O_2 loss does not affect root hydraulic conductivity. J. Exp. Bot. 57: 655—664.

Gaut, B. S. 2002. Evolutionary dynamics of grass genomes. New Phytol. 154: 15—28.

Genger, R. K., K. J. Williams, H. Raman, B. J. Read, H. Wallwork, J. J. Burdon, and A. H. D. Brown. 2003. Leaf scald resistance genes in *Hordeum vulgare* and *Hordeum vulgar* ssp. *spontaneum*: parallels between cultivated and wild barley. Aust. J. Agric. Res. 54: 1335—1342.

Genger, R. K., K. Nesbitt, A. H. D. Brown, D. C. Abbott, and J. J. Burdon. 2005. A novel barley scald resistance gene: genetic mapping of the Rrs15 scald resistance gene derived from wild barley, *Hordeum vulgar* ssp. *spontaneum*. Plant Breed. 124: 137—141.

Gernand, D., T. Rutten, R. Pickering, and A. Houben. 2006. Elimination of chromosomes in *Hordeum vulgar*×*H. bulbosum* crosses at mitosis and interphase involes micronucleus formation and progressive heterochromatinization. Cytogen. Genome Res. 114: 169—174.

Ghosheh, H. and N. Al-Hajaj. 2005. Weed seed bank response to tillage and crop rotation in a semi-arid environment. Soil Tillage Res. 84: 184—191.

Gianoli, E. and H. M. Niemeyer. 1998. DIBOA in wild Poaceae: sources of resistance to the Russian wheat aphid (*Diuraphis noxia*) and the greenbug (*Schizaphis graminum*). Euphytica 102: 317—321.

Giles, B. E. and R. von Bothmer. 1985. The progenitor of barley (*Hordeum vulgar* ssp. *spontaneum*)-its importance as a gene source. J. Swed. Seed Assoc. 95: 53—61.

Gilpin, M. J., R. A. Pickering, A. G. Fautrier, D. L. McNeil, G. Szigat, A. M. Hill, and R. G. Kynast. 1997. Morphological and molecular analysis of androgenetic, selfed and backcrossed plants produced from a *Hordeum vulgar*×*H. bulbosum* hybrid. Plant Breed. 116: 505—510.

Gozlan, S. and Y. Gutterman. 1999. Dry storage temperatures, duration, and salt concentrations affect germination of local and edaphic ecotypes of *Hordeum spontaneum* (Poaceae) from Israel. Biol. J. Linn. Soc. 67: 163—180.

Grando, S., M. Baum, S. Ceccarelli, A. Goodchild, F. Jaby El-Haramein, A. Jahoor, and G. Backes. 2005. QTLs for straw quality characteristics identified in recombinant inbred lines of a *Hordeum vulgare* × *H. spontaneum* cross in a Mediterranean environment. Theor. Appl. Genet. 110: 688—695.

Groves, R. H., M. P. Austin, and P. E. Kaye. 2003. Competition between Australian native and introduced grasses along a nutrient gradient. Aust. Ecol. 28: 491—498.

Grün, S., M. Frey, and A. Gierl. 2005. Evolution of the indole alkaloid biosynthesis in the genus *Hordeum*: distribution of gramine and DIBOA and isolation of the benzoxazinoid biosynthesis genes from *Hordeum lechleri*. Phytochemistry 66: 1264—1272.

Guadagnuolo, R., D. Savova-Bianchi, and F. Felber. 200la. Specific genetic markers for wheat, spelt, and four wild relatives: comparison of isozymes, RAPDs, and wheat microsatellites. Genome 44: 610—621.

Guadagnuolo, R., D. Savova-Bianchi, J. Keller-Senften, and F. Felber. 200lb. Search for evidence of introgression of wheat (*Triticum aestivum* L.) traits into sea barley (*Hordeum marinum* s. str. Huds.) and bearded wheatgrass (Elymus caninus L.) in central and northern Europe, using isozymes, RAPD and microsatellite markers. Theor. Appl. Genet. 103: 191—196.

Gudu, S., D. A. Laurie, K. J. Kasha, J. J. Xia, and J. W. Snape. 2002. RFLP mapping of a *Hordeum bulbosum* gene highly expressed in pistils and its relationship to homoeologous loci in other Gramineae species. Theor. Appl. Genet. 105: 271—276.

Guo, H., Y.-M. Wei, F. Chen, and Y.-L. Zheng. 2002. Genetic diversity of *Hordeum bogdanii* Wilensky native to Xinjiang, China, based on STS-PCR markers. Acta Bot. Sin. 44: 1327—1332.

Gutterman, Y. and S. Gozlan. 1998. Amounts of winter or summer rain triggering germination and "the point of no Return" of seedling desiccation tolerance, of some *Hordeum spontaneum* local ecotypes in Israel. Plant Soil 204: 223—234.

Gutterman, Y., F. Corbineau, and D. Come. 1996. Dormancy of *Hordeum spontaneum* caryopses from a population on the Negev desert highlands. J. Arid Environ. 33: 337—345.

Hamidi, R., D. Mazaheri, H. Rahimian, H. M. Alizadeh, H. Ghadiri, and H. Zeinaly. 2006. Inhibitory effects of wild barley (*Hordeum spontaneum* Koch) residues on germination and seedling growth of wheat (*Triticum aestivum* L.) and its own plant. Biaban 11: 35—43.

Han, F., S. E. Ullrich, J. A. Clancy, V. Jitkov, A. Kilian, and I. Romagosa. 1996. Verification of barley seed dormancy loci via linked molecular markers. Theor. Appl. Genet. 92: 87—91.

Han, F., S. E. Ullrich, J. A. Clancy, and I. Romagosa. 1999. Inheritance and fine mapping of a major barley seed dormancy QTL. Plant Sci. 143: 113—118.

Harlan, J. R. and J. M. J. de Wet. 1973. On the quality of evidence for origin and dispersal of cultivated plants. Curr. Anthropol. 14: 51—62.

Helbaek, H. 1959. Domestication of food plants in the Old World. Science 130: 365—372.

Helbaek, H. 1969. Plant collecting, day-farming, and irrigation agriculture in prehistoric Deh Luran, pp. 383—426. In F. Hole, K. V. Flannery, and J. A. Neely (eds.). Prehistory and Human Ecology of the Deh Luran Plain, Memoirs Mus. Anthrop. No. 1. University of Michigan, Ann Arbor, MI.

Hemming, M. N., W. J. Peacock, E. S. Dennis, and B. Trevaskis. 2008. Low-temperature and daylength cues are integrated to regulate *Flowering Locus T* in barley. Plant Physiol. 147: 355—366.

Hernández, P., G. Dorado, P. Prieto, M. J. Giménez, M. C. Ramírez, D. A. Laurie, J. W. Snape, and A. Martín. 2001. A core genetic map of *Hordeum chilense* and comparisons with maps of barley (*Hordeum vulgare*) and wheat (*Triticum aestivum*). Theor. Appl. Genet. 102: 1259—1264.

Hidalgo, L. G., M. A. Cauhepe, and A. N. Erni. 1998. Dry matter digestibility and crude protein contents of native species of the Flooding Pampa, Argentina. Invest. Agr. Prod. Sanidad Anim. 13: 165—177.

Hidayat, I., J. Baker, and C. Preston. 2006. Pollenmediated gene flow between paraquat-resistant and susceptible hare barley (*Hordeum leporzinum*). Weed Sci. 54: 685—689.

Hill, J. O., R. J. Simpson, A. D. Moore, and D. F. Chapman. 2006. Morphology and response of roots of pasture species to phosphorus and nitrogen nutrition. Plant Soil 286: 7—19.

Hillman, G., S. Colledge, and D. Harris. 1989. Plant-food economy during the epipalaeolithic period at Tell Abu Hureyra, Syria: dietary diversity, seasonality, and modes of exploitation, pp. 240—268. *In* D. R. Harris and G. C. Hillman (eds.). Foraging and Farming: The Evolution of Plant Exploitation. Unwin & Hyman, London.

Honda, I., Y. Turuspekov, T. Komatsuda, and Y. Watanabe. 2005. Morphological and physiological analysis of cleistogamy in barley (*Hordeum vulgare*). Physiologia Plantarum. 124: 524—531.

Hoopes, M. F. and L. M. Hall. 2002. Edaphic factors and competition affect pattern formation and invasion in a California grassland. Ecol. Appl. 12: 24—39.

Hori, K., K. Sato, N. Nankaku, and K. Takeda. 2005. QTL analysis in recombinant chromosome substitution lines and doubled haploid lines derived from a cross between *Hordeum vulgare* ssp. vulgare and *Hordeum vulgare* ssp. *spontaneum*. Mol. Breed. 16: 295—311.

Hori, K., K. Sato, and K. Takeda. 2007. Detection of seed dormancy QTL in multiple mapping populations derived from crosses involving novel barley germplasm. Theor. Appl. Genet. 115: 869—876.

Hsiao, C., N. J. Chatterton, K. H. Asay, and K. B. Jensen. 1995. Molecular phylogeny of the Pooideae (Poaceae) based on nuclear rDNA (ITS) sequences. Theor. Appl. Genet. 90: 389—398.

Hsiao, C., N. J. Chatterton, K. H. Asay, and K. B. Jensen. 1999. Phylogenetic-relationships of the monogenomic species of the wheat tribe, Triticeae (Poaceae), inferred from nuclear rDNA (internal transcribed spacer) sequences. Genome 38: 211—223.

Huang, Q., A. Beharav, Y. Li, V. Kirzhner, and E. Nevo. 2002. Mosaic microecological differential stress causes adaptive microsatellite divergence in wild barley, *Hordeum spontaneum*, at Neve Yaar, Israel. Genome 45: 1216—1229.

Hunter, A. A. 1992. Utilization of *Hordeum pusillum* (little barley) in the midwest United States: applying Rindos' co-evolutionary model of domestication. PhD thesis, University of Missouri-Columbia.

Ingham, E. R. and M. V. Wilson. 1999. The mycorrhizal colonization of six wetland plant species at sites differing in land use history. Mycorrhiza 9: 233—235.

Inostroza, L., A. Pozo, I. Matus, and P. Hayes. 2007. Drought tolerance in recombinant chromosome substitution lines (rcsls) derived from the cross *Hordeum vulgare* subsp. *spontaneum* (caesarea 26-24) × *Hordeum vulgare* subsp. *vulgare* cv. Harrington. Agric Téc. (Chile) 67: 253—261.

Islam, S., A. I. Malik, A. K. M. R. Islam, and T. D. Colmer. 2007. Salt tolerance in a *Hordeum marinum-Triticum aestivum* amphiploid, and its parents. J. Exp. Bot. 58: 1219—1229.

Ivandic, V., W. T. B. Thomas, E. Nevo, Z. Zhang, and B. P. Forster. 2003. Associations of simple sequence repeats with quantitative trait variation including biotic and abiotic stress tolerance in *Hordeum spontaneum*. Plant Breed. 122: 300—304.

Jacobsen, N. and R. von Bothmer. 1995. Taxonomy in the *Hordeum murinum* complex (Poaceae). Nord. J. Bot. 15: 449—58.

Jaffé, B., P. D. S. Caligari, and J. W. Snape. 2000. A skeletal linkage map of *Hordeum bulbosum* L. and comparative mapping with barley (*H. vulgare* L.). Euphytica 115: 115—120.

Jager, H. J. and E. J. Weeda. 2000. *Hordeum murinum* Huds. in mainland saltmarshes in the North of The Netherlands. Gorteria 26: 237—244.

Jakob, S. S. and F. R. Blattner. 2006. A chloroplast genealogy of *Hordeum* (Poaceae): long-term persisting haplotypes, incomplete lineage sorting, regional extinction, and the consequences for phylogenetic inference. Mol. Biol. Evol. 23: 1602—1612.

Jakob, S. S., A. Meister, and F. R. Blattner. 2004. The considerable genome size variation of *Hordeum* species (Poaceae) is linked to phylogeny, life form, ecology, and speciation rates. Mol. Biol. Evol. 211: 860—869.

Jakob, S. S., A. Ihlow, and F. R. Blattner. 2007. Combined ecological niche modelling and molecular phylogeography revealed the evolutionary history of *Hordeum marinum* (Poaceae)-niche differentiation, loss of genetic diversity, and speciation in Mediterranean Quaternary refugia. Mol. Ecol. 16: 1713—1727.

Jarosz, A. M. and J. J. Burdon. 1996. Resistance to barley scald (*Rhynchosporium secalis*) in wild barley grass (*Hordeum glaucum* and *Hordeum leporinum*) populations in southeastern Australia. Aust. J. Agric. Res. 47: 413—425.

Johansen, B. and R. von Bothmer. 1994. Pollen size in *Hordeum* L.: correlation between size, ploidy level, and breeding system. Sex. Plant Reprod. 7: 259—263.

Johnson, I. and E. Åberg. 1943. The inheritance of brittle rachis in barley. J. Am. Soc. Agron. 35: 101—106.

Johnston, P. A. and R. A. Pickering. 2002. PCR detection of *Hordeum bulbosum* introgressions in an *H. vulgare* background using a retrotransposon-like sequence. Theor. Appl. Genet. 104: 720—726.

Jones, H., F. J. Leigh, I. Mackay, M. A. Bower, L. M. J. Smith, M. P. Charles, G. Jones, M. K. Jones, T. A. Brown, and P. Wayne. 2008. Population-based resequencing reveals that the flowering time adaptation of cultivated barley originated east of the Fertile Crescent. Mol. Biol. Evol. 25: 2211—2219.

Jørgensen, R. B. 1982. Biosystematics in *Hordeum bulbosum* L. Nord. J. Bot. 2: 421—434.

Jørgensen, R. B. and R. von Bothmer. 1988. Haploids of *Hordeum vulgare* and *H. marinum* from crosses between the two species. Hereditas 108: 207—212.

Kandemir, N., D. Kudrna, S. Ullrich, and A. Kleinhofs. 2000. Molecular marker assisted genetic analysis of head shattering in six-rowed barley. Theor. Appl. Genet. 101: 203

—210.

Kandemir, N., A. Yildirim, D. A. Kudrna, P. M. Hayes, and A. Kleinhofs. 2004. Marker assisted genetic analysis of non-brittle rachis trait in barley. Hereditas 141: 272—277.

Karagöz, B., Y. Köksal, A. Varan, M. Haliloglu, S. Ekinci, and M. Büyükpamukcu. 2006. An unusual case of grass inflorescence aspiration presenting as a chest wall tumour. Pediatr. Radiol. 36: 434—436.

Karsai, I., K. Mészáros, P. Hayes, and Z. Bedö. 1997. Effects of loci on chromosomes 2 (2H) and 7 (5H) on developmental patterns in barley (*Hordeum vulgare* L.) under different photoperiod regimes. Theor. Appl. Genet. 94: 612—618.

Karsai, I., P. M. Hayes, J. Kling, I. A. Matus, K. Mészáros, L. Láng, Z. Bedo, and K. Sato. 2004. Genetic variation in component traits of heading date in *Hordeum vulgare* subsp. *spontaneum* accessions characterized in controlled environments. Crop Sci. 44: 1622—1632.

Karsai, I., P. Szucs, B. Koszegi, P. M. Hayes, A. Casas, Z. Bedo, and O. Veisz. 2008. Effects of photo and thermo cycles on flowering time in barley: a genetical phenomics approach. J. Exp. Bot. 59: 2707—2715.

Kasha, K. J. and K. N. Kao. 1970. High frequency haploid production in barley (*Hordeum vulgare* L.). Nature 225: 874—876.

Kavak, H. 2003. First record of leaf scald caused by *Rhynchosporium secalis* in a natural population of *Hordeum vulgare* ssp. *spontaneum* in Turkey. Plant Pathol. 52: 805.

Kavak, H. 2005. First record of spot blotch caused by *Bipolaris sorokiniana* on *Hordeum murinum* in Turkey. Can. J. Plant Pathol. 26: 205—206.

Keiffer, C. H. and I. A. Ungar. 2001. The effect of competition and edaphic conditions on the establishment of halophytes on brine effected soils. Wetlands Ecol. Manage. 9: 469—481.

Keiffer, C. H. and I. A. Ungar. 2002. Germination and establishment of halophytes on brine-affected soils. J. Appl. Ecol. 39: 402—415.

Kellogg, E. A. 1989. Comments on genomic genera in the Triticeae (Poaceae). Am. J. Bot. 76: 796—805.

Khair, M., J. H. Z. Ghosheh, H. K. Shannag, and K. I. Ereifej. 1999. Defoliation time and intensity of wall barley in the Mediterranean rangeland. J. Range Mange. 52: 258—262.

Kihara, H. 1940. Verwandschaft der *Aegilops*-Arten im Lichte der Genomanalüse. Ein Überblick. Der Züchter. 12: 49—62.

Kikuchi, R., H. Kawahigashi, T. Ando, T. Tonooka, and H. Handa. 2009. Molecular and functional characterization of pebp genes in barley reveal the diversification of their roles in flowering. Plant Physiol. 149: 1341—1353.

Kilian, B., H. Özkan, J. Kohl, A. von Haeseler, F. Barale, O. Deusch, A. Brandolini, C. Yucel, W. Martin, and F. Salamini. 2006. Haplotype structure at seven barley genes: relevance to gene pool bottlenecks, phylogeny of ear type and site of barley domestication.

Mol. Gen. Genet. 276: 230—241.

Kim, N.-S., K.C. Armstrong, G. Fedak, K. Ho, and N.-I. Park. 2002. A microsatellite sequence from the rice blast fungus (*Magnaporthe grisea*) distinguishes between the centromeres of *Hordeum vulgare* and *H. bulbosum* in hybrid plants. Genome 45: 165—174.

Kindscher, K., T. Aschenbach, and S.M. Ashworth. 2004. Wetland vegetation response to the restoration of sheet flow at Cheyenne Bottoms, Kansas. Restor. Ecol. 12: 368—375.

Kintzios, S. and G. Fischbeck. 1996. Genetic studies on the powdery mildew resistance of winter barley lines derived from *Hordeum spontaneum* accessions collected in Israel. Genet. Res. Crop Evol. 43: 471—479.

Knutsson, T. and R. von Bothmer. 1993. Interspecific hybridization with *Hordeum depressum* (Poaceae). Nord. J. Bot. 13: 389—394.

Kolb, A., P. Alpert, D. Enters, and C. Holzapfelt. 2002. Patterns of invasion within a grassland community. J. Ecol. 90: 871—881.

Komatsuda, T. and Y. Mano. 2002. Molecular mapping of the intermedium spike-c (*int*-c) and non-brittle rachis 1 (*btrl*) loci in barley (*Hordeum vulgare* L.). Theor. Appl. Genet. 105: 85—90.

Komatsuda, T., K.-I. Tanno, B. Salomon, T. Bryngelsson, and R. von Bothmer. 1999. Phylogeny in the genus *Hordeum* based on nucleotide sequences closely linked to the *vrs*1 locus (row number of spikelets). Genome 42: 973—981.

Komatsuda, T., B. Salomon, T. Bryngelsson, and R. von Bothmer. 2001. Phylogenetic analysis of *Hordeum marinum* Huds. Based on nucleotide sequences linked to the *vrs*1 locus. Plant Syst. Evol. 227: 137—144.

Komatsuda, T., P. Maxim, N. Senthil, and Y. Mano. 2004. High-density aflp map of nonbrittle rachis I (*btr*1) and 2 (*btr*2) genes in barley (*Hordeum vulgare* L.). Theor. Appl. Genet. 109: 986—995.

Komatsuda, T., M. Pourkheirandish, C. He, P. Azhaguvel, H. Kanamori, D. Perovic, N. Stein, A. Graner, T. Wicker, and A. Tagiri 2007. Six-rowed barley originated from a mutation in a homeodomain-leucine zipper i-class homeobox gene. Proc. Natl. Acad. Sci. U.S.A. 104: 1424—1429.

Konishi, S., T. Izawa, S. Lin, K. Ebana, Y. Fukuta, T. Sasaki, and M. Yano. 2006. An SNP caused loss of seed shattering during rice domestication. Science 312: 1392—1996.

Kopahnke, D., M. Nachtigall, F. Ordon, and B.J. Steffenson. 2004. Evaluation and mapping of a leaf rust resistance gene derived from *Hordeum vulgare* subsp. *spontaneum*. Czech J. Plant Breed. 40: 86—90.

von Korff, M., H. Wang, J. Leon, and K. Pillen. 2004a. Development of candidate introgression lines using an exotic barley accessions (*Hordeum vulgare* subsp. *spontaneum*) as donor. Theor. Appl. Genet. 109: 1736—1745.

von Korff, M., H. Wang, J. Leon, and K. Pillen. 2004b. Detection of QTL for agronomic traits in an advanced backcross population with introgressions from wild barley (*Hordeum vulgare subsp. spontaneum*), pp. 207－211. Proc. 17th EUCARPIA Gen. Cong., Tulln, Austria, September 8－11, 2004.

Kumar, P. K. and N. C. Subrahmanyam. 1999. Molecular changes at Rrn loci in barley (*Hordeum vulgare* L.) hybrids with *H. bulbosum* (L.). Genome 42: 1127－1133.

Kurauchi, N. and T. Makino. 1998. Genetic analysis of a chasmogamy gene in wild barley (*Hordeum spontaneum* C. Koch). Jpn. J. Trop. Agric. 42: 242－247.

Kutcher, H. R., K. L. Bailey, B. G. Rossnagel, and W. G. Legge. 1994. Heritability of common root rot and spot blotch resistance in barley. Can. J. Plant Pathol. 16: 287－294.

Landström, T., R. von Bothmer, and D. R. Dewey. 1984. Genomic relationships in the *Hordeum brevisubulatum* complex. Can. J. Genet. Cytol. 26: 569－577.

Laurie, D. 1997. Comparative genetics of flowering time. Plant Mol. Biol. 35: 167－177.

Laurie, D., N. Pratchett, J. Bezant, and J. Snape. 1994. Genetic analysis of a photoperiod response gene on the short arm of chromosome 2(2H) of *Hordeum vulgare* (barley). Heredity 72: 619－627.

Laurie, D., N. Pratchett, J. Bezant, and J. Snape. 1995. Rflp mapping of five major genes and eight quantitative trait loci controlling time in a winter × spring barley (*Hordeum vulgare* L.) cross. Genome 38: 575－585.

Lehmann, L. C., R. Jönsson, and M. Gustafsson. 1998. Identification of resistance genes to powdery mildew isolated from *Hordeum vulgare* subsp. *spontaneum* and land races of barley. J. Swed. Seed Assoc. 108: 94－101.

Leonard, W. H. 1942. Inheritance of fertility in the lateral spikelets of barley. Genetics 27: 299－316.

Li, W. and B. Gill. 2006. Multiple genetic pathways for seed shattering in the grasses. Funct. Integr. Genomics. 6: 300－309.

Li, C., P. Ni, M. Francki, A. Hunter, Y. Zhang, D. Schibeci, H. Li, A. Tarr, J. Wang, M. Cakir et al. 2004. Genes controlling seed dormancy and pre-harvest sprouting in a rice-wheat-barley comparison. Fact. Int. Genomics 2004: 84－93.

Li, J. Z., X. Q. Huang, . F. Heinrichs, M. W. Ganal, and M. S. Röder. 2006. Analysis of QTLs for yield components, agronomic traits, and disease resistance in an advanced backcross population of spring barley. Genome 49: 454－466.

Lin, J.-Z., A. H. D. Brown, and M. T. Clegg. 2001. Heterogeneous geographic patterns of nucleotide sequence diversity between two alcohol dehydrogenase genes in wild barley Hordeum vulgare subsp. spontaneum). Proc. Natl. Acad. Sci. U. S. A. 98: 531－536.

Lin, J.-Z., P. L. Morrell, and M. T. Clegg. 2002. The influence of linkage and inbreeding on patterns of nucleotide sequence diversity at duplicate alcohol dehydrogenase loci in wild barley (*Hordeum vulgare* subsp. *spontaneum*). Genetics 162: 2007－2015.

Linde-Laursen, I. and R. von Bothmer. 1984. Giemsa C-banded karyotypes of two subspecies of *Hordeum brevisubulatum* from China. Plant Syst. Evol. 145: 259－267.

Linde-Laursen, I. and R. von Bothmer. 1988. Elimination and duplication of particular *Hordeum vulgare* chromo somes in aneuploid interspecific *Hordeum* hybrids. Theor. Appl. Genet. 76: 897—908.

Linde-Laursen, I. and R. von Bothmer. 1989. Giemsa C-banded karyotypes of *Hordeum marinum* and *H. murinum*. Genome 32: 629—639.

Linde-Laursen, I., R. von Bothmer, and N. Jacobsen. 1980. Giemsa C-banding Asiatic taxa of *Hordeum* section *Stenostachys* with notes on chromsome morphology. Hereditas 93: 235—254.

Linde-Laursen, I., R. von Bothmer, and N. Jacobsen. 1986a. Giemsa C-banded karyotypes of *Hordeum* taxa from North America. Can. J. Genet. Cytol. 28: 42—62.

Linde-Laursen, I., R. von Bothmer, and N. Jacobsen. 1986b. Giemsa C-banded karyotypes of *Hordeum secalinum*, *H. capense* and their interspecific hybrids with *H. vulgare*. Hereditas 105: 179—185.

Linde-Laursen, I., R. von Bothmer, and N. Jacobsen. 1989. Giemsa C-banded karyotypes of South American *Hordeum* (Poaceae). I. 14 diploid taxa. Hereditas 110: 289—305.

Linde-Laursen, I., R. von Bothmer, and N. Jacobsen. 1995. Karyotype differentiation and evolution in the genus *Hordeum* (Poaceae), pp. 233-247. *In* P. E. Brandham and M. D. Bennett (eds.). Kew Chromosome Conference IV. Kew Publishing, Surrey, UK.

Linde-Laursen, I., J. S. Heslop-Harrison, K. W. Shepherd, and S. Taketa. 1997. The barley genome and its relationship with the wheat genomes. A survey with an internationally agreed recommendation for barley chromosome nomenclature. Hereditas 126: 1—16.

Liu, F., G.-L. Sun, B. Salomon, and R. von Bothmer. 2002. Characterization of genetic diversity in core collection accessions of wild barley, *Hordeum vulgare* subsp. *spontaneum*. Hereditas 136: 67—73.

Lombardi, T., T. Fochetti, and A. Onnis. 2000. Comparative salt tolerance of two wild *Hordeum* species (*H. maritimum* With. and *H. murinum* L.) from the coast of Tuscany (Italy). Plant Biosyst. 134: 333—339.

Lord, E. 1981. Cleistogamy: a tool for the study of floral morphogenesis, function and evolution. Bot. Rev. 47: 421—449.

Löve, Á. 1982. Generic evolution of the wheatgrass. Biol. Zentralbl. 101: 199—212.

Löve, Á. 1984. Conspectus of the Triticeae. Feddes Repert. 95: 425—521.

Lulow, M. S. 2006. Invasion by non-native annual grasses: the importance of species biomass, composition, and time among California native grasses of the Central Valley. Restor. Ecol. 14: 616—626.

Lundqvist, A. 1962. Self-incompatibility in diploid *Hordeum bulbosum* L. Hereditas 48: 138—152.

Lundqvist, U. 1991. Coordinator's report: ear morphology genes. Barley Genet. Newsl. 20: 85—86.

Lundqvist, U. and A. Lundqvist. 1988. Induced intermedium mutant in barley: origin, morphology and inheritance. Hereditas 108: 13—26.

Lundqvist, U., J. D. Franckowiak, and T. Konishi. 1997. New and revised descriptions of barley genes. Barley Genet. Newsl. 26: 22—516.

Lupu, A., E. Nevo, I. Zamorzaeva, and A. Korol. 2006. Ecological-genetic feedback in DNA repair in wild barley, *Hordeum spontaneum*. Genetica 127: 121—132.

McDonald, M. P., N. W. Galwey, and T. D. Colmer. 2001. Waterlogging tolerance in the tribe Triticeae: the adventitious roots of *Critesion marinum* have a relatively high porosity and a barrier to radial oxygen loss. Plant Cell Env. 24: 585—596.

McWilliams, S. R., T. Sloat, C. A. Toft, and D. Hatch. 2007. Effects of prescribed fall burning on a wetland plant community, with implications for management of plants and herbivores. West. N. Am. Nat. 67: 299—317.

Makarian, H., M. H. Rashed Mohassel, M. Bannayan, and M. Nassiri. 2007. Soil seed bank and seedling populations of *Hordeum murinum* and *Cardaria draba* in saffron fields. Agric. Ecosyst. Env. 120: 307—312.

Malik, A. I., J. P. English, and T. D. Colmer. 2009. Tolerance of *Hordeum marinum* accessions O_2 deficiency, salinity and these stresses combined. Ann. Bot. 103: 237—248.

Malkus, A., E. Reszka, C.-J. Chang, E. Arseniuk, P.-F. L. Chang, and P. P. Ueng. 2005. Sequence diversity of b-tubulin (tubA) gene in *Phaeosphaeria nodorum* and *P. avenaria*. FEMS Microbiol. Lett. 249: 49—56.

Manzano, P. and J. E. Malo. 2006. Extreme long-distance seed dispersal via sheep. Front. Ecol. Env. 4: 244—248.

Marillia, E. F. and G. J. Scoles. 1996. The use of RAPD markers in *Hordeum* phylogeny. Genome 39: 646—654.

Martín, A., J. B. Alvarez, and L. M. Martín. 1999. The development of tritordeum: a novel cereal for food processing. J. Cereal Sci. 30: 89—95.

Martín, A. C., S. G. Atienza, M. C. Ramirez, F. Barro, and A. Martín. 2008. Male fertility restoration of wheat in *Hordeum chilense* cytoplasm is associated with 6H(ch)S chromosome addition. Aust. J. Agric. 59: 206—213.

Mason-Gamer, R. J. 2008. Allohexaploidy, introgression, and the complex phylogenetic history of *Elymus repens* (Poaceae). Mol. Phylogenet. Evol. 47: 598—611.

Matthews, N., S. B. Powles, and C. Preston. 2000. Mechanisms of resistance to acetyl-coenzyme A carboxylase-inhibiting herbicides in a *Hordeum leporinum* population. Pest Manag. Sci. 56: 441—447.

Matus, I., A. Corey, T. Filichkin, P. M. Hayes, M. I. Vales, J. Kling, O. Riera-Lizarazu, K. Sato, W. Powell, and R. Waugh. 2003. Development and characterization of recombinant chromosome substitution lines (RCSLs) using *Hordeum vulgare* subsp. *spontaneum* as a source of donor alleles in a *Hordeum vulgare* subsp. *vulgare* back ground. Genome 46: 1010—1023.

Millar, A. A., J. V. Jacobsen, J. J. Ross, C. A. Helliwell, A. T. Poole, G. Scofield, J. B. Reid, and F. Gubler. 2006. Seed dormancy and aba metabolism in *Arabidopsis* and barley: the role of aba 8'-hydroxylase. Plant J. 45: 942—954.

Mizianty, M. 2006. Variability and structure of natural populations of *Hordeum murinum* L. based on morphology. Plant Syst. Evol. 261: 139—150.

Molnar, S. J., R. Wheatcroft, and G. Fedak. 1992. RFLP analysis of *Hordeum* species relationships. Hereditas 116: 87—91.

Morrell, P. L. and M. T. Clegg. 2007. Genetic evidence for a second domestication of barley (*Hordeum vulgare*) east of the Fertile Crescent. Proc. Natl. Acad. Sci. U. S. A. 104: 3289—3294.

Morrell, P. L., K. E. Lundy, and M. T. Clegg. 2003. Distinct geographic patterns of genetic diversity are maintained in wild barley (*Hordeum vulgare* subsp. *spontaneum*) despite migration. Proc. Natl. Acad. Sci. U. S. A. 100: 10812—10817.

Morrell, P. L., D. M. Toleno, K. E. Lundy, and M. T. Clegg. 2005. Low levels of linkage disequilibrium in wild barley (*Hordeum vulgare* subsp. *spontaneum*) despite high rates of self-fertilization. Proc. Natl. Acad. Sci. U. S. A. 102: 2442—2447.

Muller, J., Y. Wang, R. Franzen, L. Santi, F. Salamini, and W. Rohde. 2001. In vitro interactions between barley tale homeodomain proteins suggest a role for protein-protein associations in the regulation of knox gene function. Plant J. 27: 13—23.

Murai, K., M. Miyamae, H. Kato, S. Takumi, and Y. Ogihara. 2003. *WAP1*, a wheat apetalal homolog, plays a central role in the phase transition from vegetative to reproductive growth. Plant Cell Physiol. 44: 1255—1265.

Murakami, M., A. Matsushika, M. Ashikari, T. Yamashino, and T. Mizuno. 2005. Circadian-associated rice pseudc response regulators (OsPRRs): insight into the contro of flowering time. Biosci. Biotechnol. Biochem. 69: 410—414.

Nair, S. K., N. Wang, Y. Turuspekov, M. Pourkheirandish, S. Sinsuwongwat, G. Chen, M. Sameri, A. Tagiri, I. Honda, Y. Watanabe, H. Kanamori, T. Wicker, N. Stein, Y. Nagamura, T. Matsumoto, and T. Komatsuda. 2010. Cleistogamous flowering in barley arises from the suppression of microRNA-guided *HvAP2* mRNA cleavage. Proc. Natl. Acad. Sci. USA 107: 490—495.

Nalam, V., M. Vales, C. Watson, S. Kianian, and O. Riera Lizarazu. 2006. Map-based analysis of genes affecting the brittle rachis character in tetraploid wheat (*Triticum turgi dum* L.). Theor. Appl. Genet. 112: 373—381.

Nevo, E. 1992. Origin, evolution, population genetics and resources for breeding of wild barley *Hordeum spontaneum* in the Fertile Crescent, pp. 19-43. *In* P. R. Shewry (ed.). Barley: Genetics, Biochemistry, Molecular Biology and Biotechnology. CAB International, Wallingford, UK.

Nevo, E. 2006. Genome evolution of wild cereal diversity and prospects for crop improvement. Plant Genet. Res. 4: 36—46.

Nevski, S. A. 1941. Beiträge zur Kenntnis der wildwach senden Gersten in Zusammenhang mit der Frage über der Ursprung von *Hordeum vulgare* L. und *Hordeum distichon* L. (Versuch einer Monographie der Gattung Hordeum). Trudy Bot. Inst. Akad. Nauk. SSSR, Ser 1 5: 64—255.

Okumus, A. and F. Uzun. 2007. Genetic and geographic variation of bulbous Barley (*Hordeum bulbosum* L.) assessed by RAPD markers. Russ. J. Genet. 43: 294—298.

Otiz, L., A. Gonzalez, and M. C. Chueca. 1985. On the presence of diploid and tetraploid forms of *Hordeum bulbosum* L. in Spain. An. Jard. Bot. Madrid 14: 361—365.

Ottosson, F., R. von Bothmer, and O. Díaz. 2002. Genetic variation in three species of *Hordeum*, and the selection of accessions for the Barley Core Collection. Hereditas 137: 7—15.

Ozkan, H., S. Kafkas, M. S. Ozer, and A. Brandolini. 2005. Genetic relationships among South-East Turkey wild barley populations and sampling strategies of *Hordeum spontaneum*. Theor. Appl. Genet. 112: 12—20.

Pakniyat, H., W. Powell, E. Baird, L. L. Handley, D. Robinson, C. M. Scrimgeour, E. Nevo, C. A. Hackett, P. D. S. Caligari, and B. P. Forster. 1997. AFLP variation in wild barley (*Hordeum spontaneum* C. Koch) with references to salt tolerance and associated ecogeography. Genome 40: 332—341.

Pakniyat, H., A. Kazemipour, and G. A. Mohammadi. 2003. Variation in salt tolerance of cultivated (*Hordeum vulgare* L.) and wild (*H. spontaneum* C. Koch) barley genotypes from Iran. Iran Agric. Res. 22: 45—62.

Parzies, H. K., W. Spoor, and R. A. Ennos. 2000. Outcrossing rates of barley landraces from Syria. Plant Breed. 119: 520—522.

Parzies, H. K., F. Schnaithmann, and H. H. Geiger. 2005. Pollen viability of *Hordeum* spp. genotypes with different flowering characteristics. Euphytica 145: 229—235.

Parzies, H. K., C. Fosung Nke, A. H. Abdel-Ghani, and H. H. Geiger. 2008. Outcrossing rate of barley genotypes with different floral characteristics in droughtstressed environments in Jordan. Plant Breed. 127: 536—538.

Pelger, S. and R. von Bothmer. 1992. Hordein variation in the genus *Hordeum* as recognized by monoclonal antibodies. Genome 35: 200—207.

Pendinen, G. I. and V. E. Chernov. 1995. Characteristics of interaction of barley *Hordeum depressum* (Scribn. and Sm.) Ribd. (4x) with genomes of rye *Secale cereale* L. (2x) and barley *Hordeum vulgare* L. (2x) in meiosis of F1 hybrids. Genetika 31: 374—381.

Pershina, L. A., N. V. Trubacheeva, T. S. Rakovtseva, L. I. Belova, E. P. Devyatkina, and L. A. Kravtsova. 2006. Features of the formation of self-fertile euploid lines (2n=42) by self-pollination of the 46-chromosome barleywheat BC_1 hybrid *Hordeum marinum* subsp. *gussoneanum* Hudson (=*H. geniculatum* All.) (2n=28)×*Triticum aestivum* L. (2n=42). Russ. J. Genet. 42: 1422—1427.

Petersen, G. and O. Seberg. 1997. Phylogenetic analysis of the Triticeae (Poaceae) based on *rpoA* sequence data. Mol. Phylogenet. Evol. 7: 217—230.

Petersen, G. and O. Seberg. 2003. Phylogenetic analyses of the diploid species of *Hordeum* (Poaceae) and a revised classification of the genus. Syst. Bot. 28: 293—306.

Petersen, G. and O. Seberg. 2004. On the origin of the tetraploid species *Hordeum capense* and *H. secalinum* (Poaceae). Syst. Bot. 29: 862—873.

Petersen, G. and O. Seberg. 2005. Phylogenetic analysis of allopolyploid species. Czech J. Genet. Plant Breed. 41: 28—37.

Petersen, G. and O. Seberg. 2008. Phylogenetic relationships of allotetraploid *Hordelymus europaeus* (L.) Harz (Poaceae: Triticeae). Plant Syst. Evol. 273: 87—95.

Pickering, R. A. and A. G. Futrier. 1993. Anther culturederived regenerants from *Hordeum vulgare*×*H. bulbosum* crossess. Plant Breed. 110: 41—47.

Pickering, R. and P. A. Johnston. 2005. Recent progress in barley improvement using wild species of *Hordeum*. Cytogenet. Genome Res. 109: 344—349.

Pickering, R. A., S. Hudakova, A.. Houben, P. A. Johnston, and R. C. Butler. 2004. Reduced metaphase I associations between the short arms of homoeologous chromosomes in a *Hordeum vulgare* L. × *H. bulbosum* L. diploid hybrid influences the frequency of recombinant progeny. Theor. Appl. Genet. 109: 911—916.

Pickering, R. A., S. Malyshev, G. Künzel, P. A. Johnston, V. Korzun, M. Menke, and I. Schubert. 2000. Locating introgressions of *Hordeum bulbosum* chromatin within the *H. vulgare* genome. Theor. Appl. Genet. 100: 27—31.

Pickering, R., S. Klatte, and R. C. Butler. 2005. Reduced chromosome association between the short arms of 5H homologues in *Hordeum vulgare* L. at metaphase I. Plant Breed. 124: 416—418.

Pickering, R., S. Klatte, and R. C. Butler. 2006a. Identification of all chromosome arms and their involvement in meiotic homoeologous associations at metaphase I in 2 *Hordeum vulgare* L. ×*Hordeum bulbosum* L. hybrids. Genome 49: 73—78.

Pickering, R., B. Ruge-Wehling, P. A. Johnston, G. Schweizer, P. Ackermann, and P. Wehling. 2006b. The transfer of a gene conferring resistance to scald (*Rhynchosporium secalis*) from *Hordeum bulbosum* into *H. vulgare* chromosome 4HS. Plant Breed. 125: 576—579.

Pinto, R. J. B., J. B. Alvárez, and L. M. Martín. 2002. Preliminary evaluation of grain yield components in hexaploid Tritordeum. Crop Breed. Appl. Biotech. 2: 213—218.

Pistón, F., P. R. Shewry, and F. Barro. 2007. D hordeins of *Hordeum chilense*: a novel source of variation for improvement of wheat. Theor. Appl. Genet. 115: 77—86.

Pistón, F., E. León, P. A. Lazzeri, and F. Barro. 2008. Isolation of two storage protein promoters from *Hordeum chilense* and characterization of their expression patterns in transgenic wheat. Euphytica 162: 371—379.

Pleines, T. and F. R. Blattner. 2008. Phyloghenetic implications of an AFLP phylogeny of the American diploid *Hordeum* species (Poaceae: Triticeae). Taxon 57: 875—881.

Posthoff, M. , L. E. Jackson, K. L. Steenwerth, I. Ramirez, M. R. Stromberg, and D. E. Rolston. 2005. Soil biological and chemical properties in restored perennial grassland in California. Restor. Ecol. 13: 61—73.

Pourkheirandish, M. , T. Wicker, N. Stein, T. Fujimura, and T. Komatsuda. 2007. Analysis of the barley chromosome 2 region containing the six-rowed spike gene *vrs*1 reveals a breakdown of rice-barley micro collinearity by a transpo sition. Theor. Appl. Genet. 114: 1357—1365.

Powell, R. H. 1968. Harmful plant species entering New Zealand 1963—1967. N. Z. J. Bot. 6: 395—401.

Prada, D. , S. Ullrich, J. Molina-Cano, L. Cistue, J. Clancy, and I. Romagosa. 2004. Genetic control of dormancy in a Triumph/Morex cross in barley. Theor. Appl. Genet. 109: 62—70.

Prats, E. , T. L. W. Carver, S. Fondevilla, and D. Rubiales. 2006. Cellular basis of resistance to different formae speciales of *Blumeria gramzinis* in *Hordeum chilense*, wheat and tritordeum and agroticum amphiploids. Can. J. Plant Pathol. 28: 577—587.

Preston, C. , J. A. M. Holtum, and S. B. Powles. 1991. Resistance to the herbicide paraquat and increased tolerance to photoinhibition are not correlated in several weed species. Plant Physiol. 963: 314—318.

Preston, C. , C. J. Soar, I. Hidayat, K. M. Greenfield, and S. B. Powles. 2005. Differential translocation of paraquat in paraquatresistant populations of *Hordeum leporinum*. Weed Res. 45: 289—295.

Provan, J. , J. R. Russell, A. Booth, and W. Powell. 1999. Polymorphic chloroplast simple sequence repeat primers for systematic and population studies in the genus *Hordeum*. Mol. Ecol. 8: 505—511.

Purugganan, M. D. and D. Q. Fuller. 2009. The nature of selection during plant domestication. Nature 457: 843—848.

Qi, L. , B. Friebe, and B. S. Gill. 2006. Complex genome rearrangements reveal evolutionary dynamics of pericentromeric regions in the Triticeae. Genome 49: 1628—1639.

Raworth, D. A. , G. Fauvel, and E. Auger. 1994. Location, reproduction and movement of *Neoseiulus californicus* (Acari: Phytoseiidae) during the autumn, winter and spring in orchards in the south of France. Exp. Appl. Acarol. 18: 593—602.

Rijn, C. P. E. , I. Heersche, Y. E. M. van Berkel, E. Nevo, H. Lambers, and H. Poorter. 2000. Growth characteristics in *Hordeum spontaneum* populations from different habitats. New Phytol. 146: 471—481.

Rodriguez Palma, R. M. , A. Mazzanti, M. Agnusdei, and R. Fernandez Grecco. 1999. Nitrogen fertilization and animal productivity in a continuously grazed rangeland. Rev. Arg. Prod. Anim. 19: 301—310.

Romagosa, I. , F. Han, J. A. Clancy, and S. E. Ullrich. 1999. Individual locus effects on dormancy during seed development and after ripening in barley. Crop Sci. 39: 74—79.

Rubiales, D. and T. L. W. Carver. 2000. Defence reactions of *Hordeum chilense* accessions to three formae speciales of cereal powdery mildew fungi. Can. J. Bot. 78: 1561—1570.

Rubiales, D. and A. Martín. 1999. Chromosomal location in *H. chilense* and expression of common bunt resistance in wheat addition lines. Euphytica 109: 157—159.

Rubiales, D. and R. E. Niks. 1996. Avoidance of rust infection by some genotypes of *Hordeum chilense* due to their relative inability to induce the formation of appressoria. Physiol, Mol. Plant Pathol. 49: 89—101.

Rubiales, D. , A. Moral, and A. Martín. 2001. Chromosome location of resistance to septoria leaf blotch and common bunt in wheat-barley addition lines. Euphytica 122: 369—372.

Ruge, B. , A. Linz, R. Pickering, G. Proeseler, P. Greif, and P. Wehling. 2003. Mapping of $Rym14^{Hb}$, a gene introgressed from *Hordeum bulbosum* and conferring resistance to BaMMV and BaYMV in barley. Theor. Appl. Genet. 107: 965—971.

Ruge-Wehling, B. , A. Linz, A. HabekuB, and P. Wehling. 2006. Mapping of $Rym16^{Hb}$, the second soil-borne virusresistance gene introgressed from *Hordeum bulbosum*. Theor. Appl. Genet. 113: 867—873.

Ruíz-Fernández, J. and C. Soler. 2004. Distribution and habitat of Spanish populations of the subtribe Hordeineae; improved views following germplasm collecting activities. Genet. Res. Crop Evol. 44: 33—41.

Sadravi, M. , Y. Ono, M. Pei, and K. Rahnama. 2007. Fourteen rusts from northeast Iran. J. Plant Pathol. 89: 191—202.

Saghai-Maroof, M. A. , G. P. Yang, R. M. Biyashev, P. J. Maughan, and Q: Zhang. 1996. Analysis of the barley and rice genomes by comparative RFLP linkage mapping. Theor. Appl. Genet. 92: 541—551.

Sahebi, J. , A. Ghahreman, and M. R. Rahiminejad. 2001. A morphological and taxonomic study of *Hordeum murinum* sensu lato (Poaceae: Triticeae) in Iran. Pak. J. Bot. 33: 133—141.

Saisho, D. and M. D. Purugganan. 2007. Molecular phylogeography of domesticated barley traces expansion of agriculture in the Old World. Genetics 177: 1765—1776.

Saisho, D. , M. Pourkheirandish, H. Kanamori, T. Matsumoto, and T. Komatsuda. 2009. Allelic variation of row type gene *Vrs*1 in barley and implication of the functional divergence. Breed. Sci. 59: 621—628.

Sakuma, S. , M. Pourkheirandish, T. Matsumoto, T. Koba, and T. Komatsuda. 2010. Duplication of a well-conserved homeodomain-leucine zipper transcription factor gene in barley generates a copy with more specific functions. Funct. Integr. enomics 10: 123—133.

Salamini, F. , H. Özkan, A. Brandolini, R. Schäfer-Pregl, and W. Martin. 2002. Genetics and geography of wild cereal domestication in the near east. Nat. Rev. Genet. 3: 429—441.

Salomon, B. and R. von Bothmer. 1998. The ancestry of *Hordeum depressum* (Poaceae, Triticeae). Nord. J. Bot. 18: 257—265.

Salvo-Garrido, H., D. A. Laurie, B. Jaffé, and J. W. Snape. 2001. An RFLP map of diploid *Hordeum bulbosum* L. and comparison with maps of barley (*H. vulgare* L.) and wheat (*Triticum aestivum* L.). Theor. Appl. Genet. 103: 869—880.

Sameri, M., K. Takeda, and T. Komatsuda. 2006. Quantitative trait loci controlling agronomic traits in recombinant inbred lines from a cross of oriental-and occidental-type barley cultivars. Breed. Sci. 56: 243—252.

Sato, K., T. Matsumoto, N. Ooe, and K. Takeda. 2009. Genetic analysis of seed dormancy QTL in barley. Breed. Sci. 59: 645—650.

Savova Bianchi, D., J. Keller Senften, and F. Felber. 2002. Isozyme variation of Hordeum rnurznurn in Switzerland and test of hybridization with cultivated barley. Weed Res. 42: 325—333.

Schiemann, E. 1921. Genetische Studien an Gerste. I. Zur Frage der Brüchigkeit der Gerste. Zeits. Indukt. Abstammungs Vererbungsl. 26: 109—143.

Schiffman, P. M. 1994. Promotion of exotic weed establishment by endangered giant kangaroo rats (*Dipodomys ingens*) in a California grassland. Biodiv. Conserv. 3: 524—537.

Schlumbaum, A., M. Tensen, and V. Jaenicke-Despres. 2008. Ancient plant DNA in archaeobotany. Veg. Hist. Archaeobot. 17: 233—244.

Scholz, H. 1999. Zwei neue Unterarten des *Hordeum murinum* (Gramineae) aus Griechenland und Spanien. Feddes Repert. 110: 527—531.

Seberg, O. and G. Petersen. 1998. A critical review of concepts and methods used in classical genome analysis. Bot. Rev. 64: 373—417.

Seberg, O. and G. Frederiksen. 2001. A phylogenetic analysis of the monogenomic Triticeae (Poaceae) based on mor phology. Bot. J. Linn. Soc. 136: 75—97.

Senthil, N. and T. Komatsuda. 2005. Inter-subspecific maps of non-brittle rachis genes *btr*1/*btr*2 using occidental, oriental and wild barley lines. Euphytica 145: 215—220.

Setter, T. L. and I. Waters. 2003. Review of prospects for germplasm improvement for waterlogging tolerance in wheat, barley and oats. Plant Soil 253: 1—34.

Sheidai, M. and S. Rashid. 2007. Cytogenetic study of some *Hordeum* L. species in Iran. Acta Biol. Szeged. 51: 107—112.

Shtaya, M. J. Y., J. C. Sillero, K. Flath, R. Pickering, and D. Rubiales. 2007. The leaf rust and powdery mildew of recombinant lines of barley (*Hordeum vulgare* L.) derived from *H. vulgare*×*H. bulbosum* crosses. Plant Breed. 126: 259—267.

Singh, A. K., B. G. Rossnagel, G. J. Scoles, and R. A. Pickering. 2004. Identification of a quantitatively inherited source of *Hordeum bulbosum* derived scald resistance from barley line 926K2/11/1/5/1. Can. J. Plant Sci. 84: 935—938.

Solntseva, M. P. and G. I. Pendinen. 1999. Postgamic incompatibility in the crosses between

Hordeum marinum Huds. (4x) and *H. vulgare* L. (2x). Doklady. Biol Sci. 368：519—522.

Solomeshch, A. and M. Barbour. 2006. Defining restoration targets for the Great Valley Grassland State Park (San Joaquin Valley). Grasslands 16：12—17.

Stebbins, G. L. 1956. Taxonomy and evolution of genera, with special reference to the family Gramineae. Evolution 10：235—245.

Stein, N. 2007. Triticeae genomics: advances in sequence analysis of large genome cereal crops. Chrom. Res. 15：21—31.

Stein, N., M. Prasad, U. Scholz, T. Thiel, H. Zhang, M. Wolf, R. Kota, R. K. Varshney, D. Perovic, I. Grosse, and A. Graner. 2007. A IOOO loci transcript map of the barley genome: new anchoring points for integrative grass genomics. Theor. Appl. Genet. 114：823—839.

Stevens, J. C., D. J. Merritt, G. R. Flematti, E. L. Ghisalberti, and K. W. Dixon. 2007. Seed germination of agricultural weeds is promoted by the butenolide 3-methyl-2*H*-furo[2, 3-c]pyran-2-one under laborator3r and field conditions. Plant Soil 298：113—124.

Subrahmanyam, N. C. 1977. Haploidy from *Hordeum* interspecific crosses-l. Polyhaploids of *H. parodii* and *H. procerum*. Theor. Appl. Genet. 49：209—217.

Subrahmanyam, N. C. 1980. Haploidy from *Hordeum* interspecific crosses. Part 3: trihaploids of *H. arizonicum* and *H. lechleri*. Theor. Appl. Genet. 56：257—263.

Suprunova, T., T. Krugman, T. Fahima, G. Chen, I. Shams, A. Korol, and E. Nevo. 2004. Differential expression of dehydrin genes in wild barley, *Hordeum spontaneum*, associated with resistance to water deficit. Plant Cell Env. 7：1297—1308.

Svitashev, S., T. Bryngelsson, A. Vershinin, C. Pedersen, T. Säll, and R. von Bothmer. 1994. Phylogenetic analysis of the genus *Hordeum* using repetitive DNA sequences. Theor. Appl. Genet. 89：801—810.

Szucs, P., I. Karsai, J. von Zitzewitz, K. Meszaros, L. L. Cooper, Y. Q, Gu, T. H. Chen, P. M. Hayes, and J. S. Skinner. 2006. Positional relationships between photoperiod response QTL and photoreceptor and vernalization genes in barley. Theor. Appl. Genet. 112：1277—1285.

Takahashi, R. 1951. Studies on the classification and the geographical distribution of the japanese barley varieties. Ii. Correlative inheritance of some quantitative characters with the ear types. Ber. Ohara Inst. Landw. Forsch. 9：383—98.

Takahashi, R. 1955. The origin and evolution of cultivated barley, pp. 227—266. *In* M. Demerec (ed.). Advances in Genetics. Academic Press, New York.

Takahashi, R. and J. Hayashi. 1964. Linkage study of two complementary genes for brittle rachis in barley. Ber. Ohara Inst. Landwirtsch. Biol, Okayama Univ. 12：99—105.

Takahashi, R. and S. Yasuda. 1956. Genetic studies of spring and winter habit of growth in barley. Ber. Ohara Inst. Landw. Biol., Okayama Univ. 10：245—308.

Takeda, K. and K. Hori. 2007. Geographical differentiation and diallel analysis of seed dormancy in barley. Euphytica 153: 249—256.

Taketa, S. and K. Takeda. 2001. Production and characterization of a complete set of Wheat-wild barley (*Hordeum vulgare* ssp. *spontaneum*) chromosome addition lines. Breed. Sci. 51: 199—206.

Taketa, S., G. E. Harrison, and J. S. Heslop-Harrison. 1999. Comparative physical mapping of the 5S and 18S-25S rDNA in nine wild *Hordeum* species and cytotypes. Theor. Appl. Genet. 98: 1—9.

Taketa, S., H. Ando, K. Takeda, G. E. Harrison, and J. S. Heslop-Harrison. 2000. The distribution, organization and evolution of two abundant and widespread repetitive DNA sequences in the genus *Hordeum*. Theor. Appl. Genet. 100: 169—176.

Taketa, S., H. Ando, K. Takeda, and R. von Bothmer. 2001. Physical locations of 5S and 18S-25S rDNA in Asian and American diploid *Hordeum* species with the *I* genome. Heredity 86: 522—530.

Taketa, S., H. Ando, K. Takeda, M. Ichii, and R. von Bothmer. 2005. Ancestry of American polyploid *Hordeum species* with the *I* genome inferred from 5S and 18S-25S rDNA. Ann. Bot. 96: 23—33.

Taketa, S., S. Amano, Y. Tsujino, T. Sato, D. Saisho, K. Kakeda, M. Nomura, T. Suzuki, T. Matsumoto, K. Sato, H. Kanamori, S. Kawasaki, and K. Takeda. 2008. Barley grain with adhering hulls is controlled by an *erf* family transcription factor gene regulating a lipid biosynthesis pathway. Proc. Natl. Acad. Sci. U. S. A. 105: 4062—4067.

Tanno, K. and G. Willcox. 2006. How fast was wild wheat domesticated? Science 311: 1886.

Tanyolac, B. 2002. Inter-simple sequence repeat (ISSR) and RAPD variation among wild barley (*Hordeum vulgare* subsp. *spontaneum*) populations from west Turkey. Genet. Res. Crop Evol. 50: 611—614.

Tawaha, A. M. and M. A. Turk. 2003. Allelopathic effects of black mustard (*Brassica nigra*) on germination and growth of wild barley (*Hordeum spontaneum*). J. Agron. Crop Sci. 189: 298—303.

Terzi, V., N. Pecchioni, P. Faccioli, L. Kucera, and A. M. Stanca. 2001. Phyletic relationships within the genus *Hordeum* using PCR-based markers. Genet. Resour. Crop Evol. 48: 447—458.

Timoney, K. P. 2001. String and net-patterned salt marshes: rare landscape elements of boreal Canada. Can. Field-Nat. 115: 406—412.

Todd, R. W., W. Guo, B. A. Stewart, and C. Robinson. 2004. Vegetation, phosphorus, and dust gradients downwind from a cattle feedyard. J. Range Manage. 57: 291—299.

Toubia-Rahme, H., P. A. Johnston, R. A. Pickering, and B. J. Steffenson. 2003. Inheritance and chromosomal location of *Septoria passerinii* resistance introgressed from *Hordeum bulbosum* into *Hordeum vulgare*. Plant Breed. 122: 405—409.

Trevaskis, B. , M. N. Hemming, W. J. Peacock, and E. S. Dennis. 2006. *HvVrn2* responds to daylength, whereas *Hvrnl* is regulated by vernalization and developmental status. Plant Physiol. 140: 1397—1405.

Troubacheeva, N. V. , E. A. Salina, and L. A. Pershina. 2005. Study of mitochondrial genomes of alloplasmic recombinant wheat lines constructed on the basis of barley-wheat hybrids *Hordeum geniculatum* All. (= *H. marinum* subsp. *gussoneanum*) (2n=28)× *Triticum aestivum* L. (2n=42) with using of RFLP and PCR analyses. Genetika 41: 349—355.

Troubacheeva, N. V. , E. D. Badaeva, I. G. Adonina, L. I. Belova, E. P. Devyatkina, and L. A. Pershina. 2008. Production and molecular and cytogenetic analyses of euploid (2n=42) and telocentric addition (2n=42+2t) alloplasmic lines (*Hordeum marinum* subsp. *gussoneanum*)-*Triticum aestivum*. Russ. J. Genet. 44: 67—73.

Turner, A. , J. Beales, S. Faure, R. Dunford, and D. Laurie. 2005. The pseudo-response regulator *Ppd-Hl* provides adaptation to photoperiod in barley. Science 310: 1031—1034.

Turpeinen, T. , J. Kulmala, and E. Nevo. 1999. Genome size variation in *Hordeum. spontaneum* populations. Genome 42: 1094—1099.

Turpeinen, T. , T. Tenhola, O. Manninen, E. Nevo, and E. Nissilä. 2001. Microsatellite diversity associated with ecological factors in *Hordeum. spontaneum* populations in Israel. Mol. Ecol. 10: 1577—1591.

Turpeinen, T. , T. Vanhala, E. Nevo, and E. Nissilä. 2003. AFLP genetic polymorphism in wild barley (*Hordeum. spontaneum*) populations in Israel. Theor. Appl. Genet. 106: 1333—1339.

Turuspekov, Y. , R. P. Adams, and C. M. Kearney. 2002. Genetic diversity in three perennial grasses from the Semipalatinsk nuclear testing region of Kazakhstan after long-term radiation exposure. Biochem. Syst. Ecol. 30: 809—817.

Turuspekov, Y. , Y. Mano, I. Honda, N. Kawada, Y. Watanabe, and T. Komatsuda. 2004. Identification and mapping of cleistogamy genes in barley. Theor. Appl. Genet. 109: 480—487.

Turuspekov Y. , I. Honda, Y. Watanabe, N. Stein, and T. Komatsuda. 2009. An inverted and micro-colinear genomic regions of rice and barley carrying the *ctyl* gene for cleistogamy. Breed. Sci. 59: 657—663.

Ubisch, G. 1915. Analyse Eines Falles von Bastardatavismus und Faktorenkoppelung bei Gerste. Zeits. Indukt. Abstammungs. Vererbungsl. 14: 226—237.

Ueng, P. P. , Q. Dai, K-R. Cui, P. C. Czembor, B. M. Cunfer, H. Tsang, E. Arseniuk, and G. C. Bergstrom. 2003. Sequence diversity of mating-type genes in *Phaeosphaeria avenaria*. Curr. Genet. 43: 121—130.

Utrilla, V. R. , M. A. Brizuela, and A. F. Cibils. 2006. Structural and nutritional heterogeneity of riparian vegetation in Patagonia (Argentina) in relation to seasonal grazing by sheep. J. Arid Environ. 67: 661—670.

Vanhala，T. K. and P. Stam. 2006. Quantitative trait loci for seed dormancy in wild barley (*Hordeum spontaneum* C. Koch). Genet. Res. Crop Evol. 53：1013—1019.

Vanhala，T. K.，C. P. E. van Rijn，J. Buntjer，P. Stam，E. Nevo，H. Poorter，and F. A. van Eeuwijk. 2004. Environmental，phenotypic and genetic variation of wild barley (*Hordeum spontaneum*) from Israel. Euphytica 137：297—309.

Vanstone，V. A. and M. H. Russ. 2001. Ability of weeds to host the root lesion nematodes *Pratylenchus neglectus* and *P. thornei*-Ⅰ. Grass weeds. Aust. Plant Pathol. 30：251—258.

Vaz Patto，M. C. and R. E. Niks. 2001. Leaf wax layer may prevent appressorium differentiation but does not influence orientation of the leaf rust fungus *Puccinia hordei* on *Hordeum chilense* leaves. Eur. J. Plant Pathol. 107：795—803.

Vaz Patto，M. C.，A. Aardse，J. Buntjer，D. Rubiales，A. Martín，and R. E. Niks. 2001. Morphology and AFLP markers suggest three *Hordeum chilense* ecotypes that differ in avoidance to rust fungi. Can. J. Bot. 79：20—213.

Vaz Patto，M. C.，D. Rubiales，A. Martín，P. Hernández，P. Lindhout，R. E. Niks，and P. Stam. 2003. QTL mapping provides evidence for lack of association of the avoidance of leaf rust in *Hordeum chilense* with stomata density. Theor. Appl. Genet. 106：1283—1292.

Vershinin，A.，S. Svitashev，P.-O. Gummesson，B. Salomon，R. von Bothmer，and T. Bryngelsson. 1994. Characterization of a family of tandemly repeated DNA sequences in Triticeae. Theor. Appl. Genet. 89：217—225.

Volaire，F. and M. Norton. 2006. Summer dormancy in perennial temperate grasses. Ann. Botany. 98：927—933.

Volis，S.，S. Mendlinger，Y. Turuspekov，U. Esnazarov，S. Abugalieva，and N. Orlovsky. 2001. Allozyme variation in Turkmenian populations of wild barley，*Hordeum spontaneum* Koch. Ann. Bot. 87：435—446.

Volis，S.，S. Mendlinger，and D. Ward. 2002a. Differentiation in populations of *Hordeum spontaneum* Koch along a gradient of environmental productivity and predictability：plasticity in response to water and nutrient stress. Biol. J. Linn. Soc. 75：301—312.

Volis，S.，S. Mendlinger，Y. Turuspekov，and U. Esnazarov. 2002b. Phenotypic and allozyme variationin Mediterranean and desert populations of wild barley，*Hordeum spontaneum* Koch. Evolution 56：1403—1415.

Volis，S.，S. Mendlinger，and D. Ward. 2004. Demography and role of the seed bank in Mediterranean and desert populations of wild barley. Basic Appl. Ecol. 5：53—64.

Walther，U.，H. Rapke，G. Proeseler，and G. Szigat. 2000. *Hordeum bulbosum*-a new source of disease resistancetransfer of resistance to leaf rust and mosaic viruses from *H. bulbosum* into winter barley. Plant Breed. 119：213—218.

Wang，X. Y. and R. E. Redman. 1996. Adaptation to salinity in *Hordeum jubatum* L. populations studied using reciprocal transplants. Vegetatio 123：65—71.

Watanabe, N. and N. Ikebata. 2000. The effects of homoeologous group 3 chromosomes on grain colour dependent seed dormancy and brittle rachis in tetraploid wheat. Euphytica 115: 215—220.

Watson, L. and M. J. Dallwitz. 1992. The Grass Genera of the World. C. A. B. International, Oxfordshire; UK.

Weiss, E., M. E. Kislev, and A. Hartmann. 2006. Autonomous cultivation before domestication. Science 312: 1608—1610.

Wilson, A. D. 2007. Clavicipitaceous anamorphic endophytes in *Hordeum* germplasm. Plant Pathol. J. 6: 1—13.

Woodward, R. W. 1947. The I^h, I, i allels in hordeum deficiens genotypes of barley. J. Am. Soc. Agron. 39: 474—482.

Yan, Y., Y. Jiang, J. Yu, M. Cai, Y. Hu, and D. Perovic. 2003a. Characterization of seed hordeins and varietal identification in three barley species by high-performance capillary electrophoresis. Cereal Res. Commun. 31: 323—330.

Yan, L., A. Loukoianov, G. Tranquilli, lVL. Helguera, T. Fahima, and J. Dubcovsky. 2003b. Positional cloning of the wheat wernalization gene *Vrn*1. Proc. Natl. Acad. Sci. U. S. A. 100: 6263—6268.

Yan, L., A. Loukoianov, A. Blechl, G. Tranquilli, W. Ramakrishna, P. SanMiguel, J. Bennetzen, V. Eckenique, and J. Dubcovsky. 2004. The wheat *Vrn*2 gene is a flowering repressor down-regulated by vernalization. Science 303: 1640—1644.

Yan, L., D. Fu, C. Li, A. Blechl, G. Tranquilli, M. Bonafede, A. Sanchez, M. Valarik, S. Yasuda, and J. Dubcovsky. 2006. The wheat and barley vernalization gene *vrn*3 is an orthologue of ft. Proc. Natl. Acad. Sci. U. S. A. 103: 19581—19586.

Yano, M., Y. Katayose, M. Ashikari, U. Yamanouchi, L. Monna, T. Fuse, T. Baba, K. Yamamoto, Y. Umehara, Y. Nagamura et al. 2000. Hdl, a major photoperiod sensitivity quantitative trait locus in rice, is closely related to the *Arabidopsis* flowering time gene constans. Plant Cell 12: 2473—2483.

Yasuda, S. 1969. Linkage and pleiotropic effects on agronomic characters of the genes for spring growth habit. Barley Newsl. 12: 57—58.

Yen, C., J.-L. Yang, and Y. Yen. 2005. Hitoshi Kihara, Äskell Löve and the modern genetic concept of the genera in the tribe Triticeae (Poaceae). Acta Phytotax. Sinica 43: 82—93.

Yu, Q., J. K. Nelson, M. Q. Zheng, M. Jackson, and S. B. Powles. 2007. Molecular characterisation of resistance to ALS-inhibiting herbicides in *Hordeum leporinum* biotypes. Pest Manag. Sci. 63: 918—927.

Zeder, M. A. 2008. Domestication and early agriculture in the Mediterranean basin: origins, diffusion, and impact. Proc. Natl. Acad. Sci. U. S. A. 105: 11597—11604.

Zeybek, A. and F. Yigit. 2002. Assessment of powdery mildew resistance in wild barley (*Hordeum spontaneum* L.) populations in the Aegean region of Turkey. Phytoprot 83:

125—130.

Zeybek, A., P. Braun, C. Konak, C.. Lower, I. Turgut, W. Kohler, and M. Akca. 1999. Powdery mildew (*Erysiphe graminis* f. sp. *hordei*) in the natural populations of wild barley (*Hordeum spontaneum*) in the Aegean region. Turk. J. Field Crops 4: 35—41.

Zhang, L., R. Pickering, and B. Murray. 1999. Direct measurement of recombination frequency in interspecific hybrids between *Hordeum vulgare* and *H. bulbosum* using genomic *in situ* hybridization. Heredity 83: 304—309.

Zhang, L., R. A. Pickering, and B. G. Murray. 2001. *Hordeum vulgare* × *H. bulbosum* tetraploid hybrid provides useful agronomic introgression lines for breeders. N. Z. J. Crop Hortic. Sci. 29: 239—246.

Zhang, F. C. and Y. Gutterman. 2003. The trade-off between breaking of dormancy of caryopses and revival ability of young seedlings of wild barley (*Hordeum spontaneum*). Can. J. Bot. 81: 375—382.

Zhang, F. C., Y. Gutterman, T. Krugman, T. Fahima, and E. Nevo. 2002. Differences in primary dormancy and seedling revival ability for some *Hordeum spontaneum* genotypes of Israel. Isr. J. Plant Sci. 50: 271—276.

Zhang, F. G., G. Chen, Q. Huang, O. Orion, T. Krugman, T. Fahima, A. B. Korol, E. Nevo, and Y. Gutterman. 2005. Genetic basis of barley caryopsis dormancy and seedling desiccation tolerance at the germination stage. Theor. Appl. Genet. 110: 445—453.

Zhang, H.-Q., X. Fan, L.-N. Sha, C. Chang, R.-W. Yang, and Y.-H. Zhou. 2008. Phylogeny of *Hystrix* and related genera (Poaceae: Triticeae) based on nuclear rDNA ITS sequences. Plant Biol. 10: 635—642.

Zheng, Y.-L., Y.-M. Wei, H. Guo, W. Wu, Z.-H. Yan, Z.-Q-. Zhang, D.-C. Liu, and Y.-H. Zhou. 2003. Genetic diversity of *Hordeum bogdanii* native to Xinjiang, China, based on RAPD markers. J. Genet. Breed. 57: 319—323.

Zitzewitz, J. V., P. Szucs, J. Dubcovsky, L. Yan, E. Francia, N. Pecchioni, A. Casas, T. H. H. Chen, P. M. Hayes, and J. S. Skinner. 2005. Molecular and structural characterization of barley vernalization genes. Plant Mol. Biol. 59: 449—467.

Zohary, D. 1964. Spontaneous brittle six-row barleys, their nature and origin. pp 27—31. Barley Genetics I. Proc. lst Internat Barley Genet Symp., Wageningen, The Netherlands, August 26—31, 1963.

Zohary, D. and M. Hopf. 2000. Domestication of Plants in the Old World. Oxford University Press, Oxford, New York.

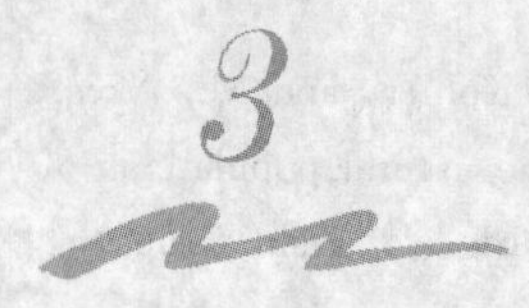

大麦基因组，图谱和共线性

Andreas Graner，Andrzej Kilian，Andris Kleinhofs

1. 前言和历史

大麦(*ordeum* subsp. *vulgare* 或 *spontaneum*)的表型多态性、真正的二倍型、易杂交和易栽培特性，使其成为孟德尔规律发现以来用于遗传分析的适宜物种。此后，又发现大麦易于突变，进一步丰富了表型多态性，从而可用于遗传研究以及染色体分析和作图研究。大麦是真正的二倍体(2n=2x=14)，自花授粉，基因组大(6～8 微米)。大麦有 7 对清楚可分的染色体，他们分别用阿拉伯数字 1～7 命名(Nilan，1964；Ramage，1985)，大麦研究组织已同意依据大麦与小麦族其他物种的同源性关系重新命名这些染色体(Linde-Laursen，1997)。这样，目前大麦 1、2、3、4、5、6、7 号染色体已分别被重新命名为 7H、2H、3H、4H、1H、6H 和 5H。形态学、生化、分子生物学方面的研究以及置换系中大麦染色体可替代同类小麦染色体的能力等，都证实了以上有关同源性的结论(Shepherd 和 Islan，1992)。本章中，我们在括号中注出早期的大麦命名，以避免与以往有关遗传学和细胞学的文章相混淆。

没有卫星片段的 5 条染色体命名为 1H(5)、2H、3H、4H 和 7H(1)，两条有卫星片段的染色体命名为 5H(7)和 6H。6H 染色体的卫星片段较大，但短于 5H(7)染色体，而 5H(7)染色体的卫星片段相对较小。

各具特色的吉耶姆萨 C 端和 N 端分带可区分这 7 条大麦染色体(Ramage，1985；Linde-Laursen 和 Jensen，1992)。据大麦粗线期染色体分析的一些报道(Sarvella 等，1958；Singh 和 Tsuchiya，1975)，相对长度和臂比与有丝分裂中期染色体的分析结果十分一致。

Smith(1951)总结 20 世纪上半叶所做的大麦遗传图谱，鉴定了命名为Ⅰ～Ⅶ的 7 个大麦连锁群，并列出了相关联的基因。那时，已鉴定到大量染色体置换体，并对此作了总结(Burnham 和 Hagberg，1956)。置换体对于明确 7 个连锁群与特定染色体的关系是非常有用的(Burnham 和 Hagberg,1956)。Nilan(1964)曾作过相应的文献综述。简单地说,7H(1)染色体包含连锁群Ⅲ和Ⅶ,2H、3H、1H(5)、5H 分别包含连锁群Ⅰ、Ⅵ、Ⅱ和Ⅴ,而 6H 尚未确定。除置换体外,三体也用于染色体的关联基因分析(Tsuchiya,1960),并确认了置换点。20 世纪中叶,当时的众多细胞遗传学家发现并研究了其他染色体突变(Nilan,1964)。

1963 年 8 月 26—31 日在荷兰瓦格宁根召开的第一届国际大麦遗传学会议上,代表们讨论了《大麦遗传通讯》(BGN)出版事宜,并于 1971 年正式发行了第一卷。近期和以往的所有 BGN 卷期在 http://wheat.pw.usda.gov/ggpages/bgn 上均可阅读。首期 BGN 报道了 113 个肉眼可见的(形态、抗病性)多态性(NEP)位点的大麦连锁图。这与 Smith(1951)报道的含 32 个位点的图谱相比较,有了很大的进步。2002 年出版的第 32 期封面,展现了由 Jerry Franckowiak 整合所有 NEP 位点而成的一张连锁图。这张图谱包含 280 个位点,但是这些位点的实际位置均不是十分确切,因为不同的 NEP 标记出现在不同的品系,并定位在不同的分离群体。

Kleinhofs 等(1988)利用限制性内切酶长度多态性(RFLP)绘制 NADH-特异的硝酸还原酶基因,发表了一张尚不完整的 6 号染色体图,这宣告了分子时代的到来。随着部分大麦基因组图谱的发表,很快引入了多聚链式反应(PCR)来源的标记(Shin 等,1990),完整的大麦分子基因组图谱相继问世(Graner 等,1991;Heun 等,1991;Kleinhofs 等,1993)。这些最初的 RFLP 标记图谱来自同一杂交后代。基础图谱建立后,着丝点和端粒的位置即被确定(Kleinhofs 等,1993;Kunzel 等,2000)。通过克隆端粒相关序列或通过 RFLP 和 PCR 相结合的方式作图,可锚定大部分染色体臂(Kilian 和 Kleinhofs,1992;Kilian 等,1999)。整合多个图谱的资料可构建核心图谱(Langridge 等,1995;Qi 等,1996),由此形成的“节点”图谱使图谱整合更为方便(Kleinhofs 和 Graner,2001)。

RFLP 技术可信度高,以 RFLP 为基础的标记组成了大麦基因组图谱的骨架结构,但是 RFLP 技术耗时且昂贵。因此,随机扩增片段多态性(RAPD)和扩增长度片段多态性(AFLP)等快捷廉价技术迅速发展起来。RAPD 技术可信度并不高,除了少数标记曾用于图谱构建外,这一技术对大麦基因组作图并无大的贡献。不过,正是这一技术,被用于鉴定与特定基因紧密连锁的标记,因此它对特定目的的研究还是有用的。AFLP 技术的可信度相对高些,几个全基因组图谱都是利用该技术构建的(Waugh 等,1997b;Qi 等,1998)。AFLP 技术的问题是,标记大多为显性,不容易与不同亲本杂交。不过,该技术因作图快速、可为同位克隆找到紧密连锁的标记而有实用意义(Hinze 等,1991;Mano 等,2001)。另一个相似的 PCR 技术,即序列特异扩增多态性(S-SAP),在反向转座子保守序列上锚定引物,可扩充已有图谱(Waugh 等,1997a;Rodriguez 等,2006)。然而,

S-SAP 技术同样也有 AFLP 技术存在的一些问题。

一种基于简单序列重复(SSRs)的 PCR 技术的快速出现,可为植物育种家提供分子辅助选择(MMAS)及为遗传学家提供图谱构建而备受青睐,具有标记具共线性、易于应用、信息量大、在大麦基因组中极为丰富、有自动化潜力以及不同杂交中易转移等特点(Saghai Maroof 等,1994;Becker 和 Heun,1995;Liu 和 Sommerville,1996;Struss 和 Plieske,1998;Varshney 等,2004)。已经开发出综合 SSR 图谱(Ramsay 等,2000;Li 等,2003)和整合有 SSR、RFLP、AFLP 的核心图谱(Karakousis 等,2003)。曾报道过整合有 6 个广泛使用的作图群体和 7,775 个SSR 位点的核心图谱(Varshney 等,2007)。这一高度整合的图谱结合了来自 Steptoe×Morex、Igri×Franka、Oregon Wolf 大麦(OWB)隐性×OWE 显性、Lina×Canada Park、L94×Vada 和 Susptrit×Vada 等群体的数据。这一图谱密度高,且整合了早期图谱应用的 RFLP 标记,对于科学家在特定的基因组区域寻找特殊的 SSR 标记非常有帮助。

利用多个作图群体和组合 RFLP、SSR 和单核苷酸多态性(SNP)技术的多种标记,开发出核心图谱,创建了整合有 1,032 表达序列标签(EST)的大麦基因组转录图谱(Stein 等,2007)。此图谱的遗传精度约为 1 厘摩,可为靶标标记饱和、候选基因确定、图位克隆以及结构基因组学提供极佳的工具。

利用来自品种 Barque-72×野生大麦 CPI71284-48 杂交组合的双单倍群体,整合 SSR 和多态性阵列技术(DArT),构建了一个图谱(Hearnden 等,2007)。由于栽培大麦和野生大麦染色体间有大量杂交,因而可以观测到丰富的多态性,这样可对基因组位点尚未明确的 SSR 标记进行作图。

2. DArT 和 SNP,高通量的基因型研究体系

DArT 是一种基于 DNA 或 DNA 杂交(主要是微阵列平台)的全基因组分析技术,它可降低基因组的复杂性(Jaccoud 等,2001)。DArT 可以对分布于整个基因组上的几千个限制性酶切位点(一般为 10,000～50,000 个)、大量 SNP(单核苷酸多态性)和 InDel(插入缺失)多态性进行分析。在限制性内切酶消化后先加上接头,分析整个基因组上的各片段的表型,从而获得多态性(Kilian 等,2005)。另外,其他最普遍的 DArT 形式是利用 *Pst* I 限制性内切酶的甲基化效应,增加低甲基化和低拷贝基因组区域的表达,这些部位往往载有活跃表达的基因(Wenzl 等,2004;Kilian 等,2005)。在这一形式下,DArT 微阵列探针和 RFLP 的基因组探针非常相似,因而它被视为高度相似但反向的 RFLP。但是,标记的确定并不严格按限制性片段的长度,而是按基因组表达中是否出现(丰度)。DArT 标记通常为显性标记,基因组表现型(靶标)的高信号强度,可利用统计学方法确定杂合子(Diversity Arrays Technology Pty Ltd, Yarralumla,

ACT，澳大利亚，未发表数据）。

尽管DArT的概念最初建立在水稻(*Oryza Sativa*)基因组，但DArT微阵列的首次报道则为大麦(Jaccoud等，2004)。该文章报道了该技术的发展、优化及其在遗传图谱上的应用和多态性分析，这也是第一次报道作物上用同一张芯片制作有成千上万标记的中密度遗传图。在Steptoe×Morex群体中，曾报道过有近1,000标记的图谱，这些标记相对均衡分布于连锁群体和各条染色体(Wenzl等，2004)。

继大麦上最早应用DArT后，Tritricarte提出了一种可评估的应用技术。最近的DArT芯片有从45,312个非冗余的基因组克隆中筛选得到的3,000个多态性标记。大部分标记利用*Pst* I和*BstN* I甲基化过筛，以降低复杂性。在过去的四年中，DArT微阵列已用于两万多个大麦样品，以明确整个基因组的特征。大部分样品为已经作图的群体。通过构建大麦核心图谱，进一步扩大了DArT阵列的应用(Wenzl等，2006)。此图谱利用Barque-73×CPI71284-48，Clipper×Sahara，Dayton×Zhepi2，Igri×Atlas68a，Steptoe×Morex，TX9425×Franklin和Patty×Tallon等7个双单倍体群体构建而成，它包含2,935个标记(2,085个DArT标记和850个其他类型的标记)，全长1,161厘摩。以上2,935个位点分布于平均节点间距离为0.71±1.01厘摩的1,629个节点(非冗余位点)，图谱的精度略高于DArT位点(1.03±1.59厘摩；中值为0.40厘摩)。DArT标记在一些染色体上的末梢(端粒)有一定的偏好性(1H、2H、6H和7H)。与其他染色体相比，5号染色体连续分布的位点较多。

为了进一步提高DArT基因组分析的精度，许多源于野生大麦的新标记被定位于四个附加群体，建立了具有3,542个标记(包括600新的DArT标记)的大麦核心图谱(Alsop等，2010)。在这四个群体中(两个是栽培大麦和野生大麦的杂交群体，另两个是栽培大麦间的杂交群体)，550多个DArT标记(每张图谱平均含573.3个标记)定位在该图谱。早期的芯片只能在栽培大麦和野生大麦图谱中定位442个标记，显然，这张图覆盖面较广(Hearnden等，2007)。

DArT的基因组覆盖度大，加之包括野生大麦在内的种质资源分布广，从而使DArT在很多关联分析中颇受关注。对来自肥沃月亮湾、中亚、北非和高加索地区的318份野生大麦多样性种质材料(WBDC)，进行了叶锈、条锈及秆锈抗性的DArT标记分析(Steffenson等，2007)。在WBDC中进行条锈抗性的关联作图时，分析了DArT标记的关联有效性。检测到对小麦条锈病小种MCCF有抗性的两个显著关联的分子标记，这两个标记和7(5H)染色体上的*rpg*4/*Rpg*5复合体在同一个节点内。双亲群体(WBDC种质Damon×CV. Harrington)和DArT标记在7(5H)染色体的一个节点上，确定了主效条锈病抗性基因(Steffenson等，2007)。

另一研究报道了192个代表来自地中海及欧洲主要地区的地方品种和近代现代栽培品种的群体，用1,130个DArT分子标记进行全基因组扫描的结果（Comadran等，2008）。对干旱胁迫下的产量和大麦基因组区域进行关联分析，整合DArT标记和产量数据进行复合模型分析。数量性状位点（QTL）在不同环境下表现一致，在大麦的3H、4H、5H和7H染色体上都检测到QTL位点。这些研究标志已进入全基因组关联分析时代（Waugh等，2009）。

对来自*Pst* I的2,500条DArT分子标记进行序列分析发现，大约50%的标记来自活跃的表达序列（未报道）。这与提供有效的过滤系统去除了DArT标记中的重复序列，使复杂度降低的方法和标记发现的过程是一致的。近来，对1,400个DArT标记（大部分来自*H. vulgare* subsp. *spontaneum*）测序后，发现蛋白质的编码序列和最近的微阵列（2008年）在频率上十分相近，它包含有2,000个非冗余的序列（未发表数据）。

利用DArT平台，通过对Steptoe×Morex作图群体进行集团分离分析（BSA），验证了DArT阵列的数量特性（Wenzl等，2007）。在一重组实验中，基于叶片茸毛表型构建的组团中，等位基因频率差异与测定的杂交差异密切相关（Wenzel等，2007）。因此，杂交信号的强度与DNA池中的等位基因呈一定比例。这种阵列信号与等位基因频率间有线性关系，不但使关联的标记检测具有可靠性，而且可以大致估计标记和基因间的距离。基于DArT标记的数量BSA方法，已迅速应用于分子标记和表型的关联分析，尤其应用于抗病基因方面的研究（未发表数据）。此外，DArT阵列的数量特征，使其在种子纯度的检测上比凝胶技术有更高的精度。

至今，SNP标记是所有基因组研究中最丰富的分子标记，这在大麦的研究也不例外（Brookes，1999）。SNP的发现依赖于测序数据，及优质、低廉的测序技术。若测序结果不易得，SNP的发现可通过包括单链构型多态性技术（SSCP）（Andersen等，2003）和EcoTILLING技术（Comai等，2004）等多态性技术。在大麦中，可通过搜索EST（Kota等，2003）、对多个大麦材料的非冗余基因测序（Rostoks等，2005b）、Affymetrix Barley基因芯片（Close等，2004）等方法获得SNP标记，确定单体多态性（Rostoks等，2005a）。有研究者对8个大麦基因型的1,338个非冗余基因进行测序，开发了可用于非生物胁迫关联分析的大麦连锁图谱（Rostoks等，2005b）。在该研究中，SNP的频率是1/200bp，这和利用不同种质和在不同位点上观察到的频率相似（Kota等，2001；Bundock和Henry，2004）。整合有SSR、RFLP和SNP位点的图谱共有1,237个位点，覆盖1,211厘摩距离。据以往的研究报道，大麦的基因组长度为1,173～1,387厘摩（Kleinhofs等，1993；Ramsay等，2000；Costa等，2001）。利用来自EST的216个附加SNP标记构建的核心图谱，对上述图谱进行了相应的补充（Kota等，

2008）。组合转录水平上的标记和SNP标记，已在Stetoe×Morex图谱上增加了1,596个基因位点（Potokina等，2008）。

Illumina GoldenGate SNP阵列的开发揭开了SNP作图的新时代。在大麦上，共有4,596个SNP排列在3通道的阵列上。其中两个是大麦寡核苷酸阵列1和2（BOPA1和BOPA2）。利用这两个阵列，建立了来自Steptoe×Morex、OWB、Haruna Nijo×OHU602和Morex×Barke等双单倍体群体，包含2,943个SNP的核心图谱（Close等，2009）。这些SNP来源的遗传图谱可在互联网（http://www. harvest-web. org）或可以通过HarvEST：大麦的开放窗口（http://harvest. ucr. edu/或http://www. harvest-web. org）上获得。

通过Illumina GoldenGate SNP作图工具，并结合其他分子标记，尤其是EST标记，分子标记的其他图谱也陆续发表或即将问世，见表3.1（Aghnoum等，2010；Close等，2009；Sato和Takeda，2009；Sato等，2009；Szucs等，2009；Stein，个人通讯）。

3. 分子图谱和传统图谱的融合

虽然大麦基因组分子作图经历了巨大变化，越来越多的复杂图谱正在开发，但是分子图谱与传统NEP图谱相结合的研究近来进展较小（Kudrana等，1996；Castiglioni等，1998；Costa等，2001；Pozzi等，2003）。

Kudrna等（1996）使用BSA方法，在Stepote/Morex节点图谱上定位了33个多态性基因。自从1997以来，整合有表型性状和分子标记的图谱每年定期更新（http://wheat. pw. usda. gov/ggpages/bgn/）。通过OWB显性和隐性群体作图，在已开发的图谱上定位了以下14个形态学基因：*wax*、*nud*、*lks2*、*Vrs1*、*Zeo*、*wst*、*alm*、*Pub*、*Kap*、*Hsh*、*Blp*、*rob*、*raw1*和*srh*（Costa等，2001）。这些图谱与增加的分子标记一起更新（http://barleyworld. org/oregonwolfe. php）。这些标记提供了很好的框架，将形态性状和分子标记整合在一起。*Wax*、*Nud*、*Vrs1*、*Zeo*和*Kap*基因已被克隆，说明这些基因特异的标记是有效的（http://wheat. pw. usda. gov/ggpages/bgn/）。

表3.1 最近及扩展的大麦分子标记遗传图谱汇总[a]

参考文献[b]	标记类型[c]	位点	厘摩	群体
Rostoks等（2005b）	SNP	1,237	1,211	LH,OWB,SM
Wenzl等（2006）	DArT	2,935	1,161	多个群体
Varshney等（2007）	SSR	775	1,068	多个群体
Marcel等（2007）	Multiple	3,258	1,081	多个群体

续表

参考文献[b]	标记类型[c]	位点	厘摩	群体
Stein 等(2007)	EST	1,255	1,118	SM,OWB,IF
Hearnden 等(2008)	SSR 和 DArT	1,000	1,100	Barque-73×CPi71284-48
Potokina 等(2008)	TDM	1,596	1,010	SM
Szucs 等(2009)	Multiple	2,383	?	OWB
Sato 等(2009)	EST	2,890	?	HNH602
Sato 和 Takeda(2009)	SNP	2,890	1,187	HNH602
Close 等(2009)	SNP	2,943	1,099	多个群体
Aghnoum 等(2010)	M	6,990	1,093	多个群体
N. Stein(个人通讯)	M	1,794	1,068	MB

注:[a] 仅包含最近的有多个标记的图谱;[b] 除 N. Stein(个人通讯)以外,其他所有参考文献均已在章节中列出;[c]标记类型为超显性。M 指多个不同类型的标记被整合至一个图谱中;TDM 指转录来源的标记;[d] 群体简写:LH-Lina/HS92(加拿大 Park);OWB-Orgeon wolf 大麦隐性型/显性型;SM-Stepto/Morex;IF-Igri/Franka;HNH602-Haruna Nijo/H602;MB-Morex/Barke;M,多于 3 个群体。

Castiglioni 等(1998)开发了一种很有意义的基于 AFLP 技术的有效作图方法,大量突变基因的创建为作图提供了潜在的资源。但是,只有一个突变基因 *brachched*-5(*brc*-5)按这一原理进行作图定位,为该理论提供了佐证。突变体 brc-5 定位于 2H 染色体,靠近第六个节点上的 RFLP 标记 CDO665 和 BCD351B,与邻近的 AFLP 标记 E3636-2 和 E4338-2 紧密关联。利用类似方法分别定位了 *calcaroides* 基因 *cal. a*、*b*、*c*、*d* 和 23 以及叶状外稃 *lell*、*lel2* 至 2H、5H(7)、5H(7)、3H、5H(7)、1H(5)和 5H(7)(Pozzi 等,2000)。这些尽可能整合至形态/分子图谱,但受 AFLP 的特点限制,难以与其他图谱整合在一起。通过增加额外的 AFLP 标记,Castiglioni(1998)改善了 RFLP-AFLP 图谱,并利用该图谱定位了大量但不十分精确的基因,这些基因包括 *adp*、*als*、*aur-al*(*lig*)、*aur-a*2(*lig*)、*br*1(*brh*1)、*br*2(*brh*2)、*bra-d*7(*trd*)、*cul*3(*cul*4)、*cul*5(*cul*4)、*cul*15(*cul*4)、*cul*16(*cul*4)、*den*6(*mnd*6)、*den*8(*mnd*6)、*dub*-1、*hex-v*3(*vrs*1)、*hex-v*4(*vrs*1)、*int-c*5(*int-c*)、*K*(*Kap*)、*li*(*lig*)、*lk*2(*lks*2)、*ls*5(*lks*5)、*sld*1、*sld*4、*tr*(*trp*)、*trd*、*unc*[k]、*uc*2(*cul*2)和 *uz*(*uzu*)(Pozzi 等,2000)。其中一些是某个基因的等位基因。由于它们是通过不同的方法在不同的群体中作图定位的,因此整合是可行的。

Hansson 等(1998)分析了编码大麦镁离子螯合酶亚基基因及其突变体。在镁离子螯合酶 42,000 的亚基上，已有半显性的氯突变体 *clo*-125、-157 和-161，且这些突变体和隐性突变体 *xantha-h*（与 *xanh* 及现有的 *xnt*8 不同）互为等位基因。该基因在突变体 *xantha-h* 上已定位到 7H(1)染色体的长臂上。从图谱定位和表型分析上看，该基因是 *Xnt*1 的等位基因。*Xantha-f* 编码 140,000 亚基，已定位至 2H 染色体的短臂上，*Xantha-g* 编码一个 70,000 的镁离子螯合酶亚基，但尚未定位。

已克隆到一些 NEP 基因，精确定位一些 NEP 基因（http://wheat.pw.usda.gov/ggpages/bgn/）。对其他基因，已用分子标记的方法进行精确定位，不过这与传统图谱上的 NEP 基因无关。参考其他 NEP 基因后，可对这些基因进行比较精确的定位。以上分析促进了整合 NEP/分子标记图谱研究的发展，参考包括大多数 RFLP 和 SSR 标记在内的已明确的分子标记图谱，可实现比较精确的对 NEP 基因的定位（http://wheat.pw.usda.gov/ggpages/bgn/）。就已建立的分子标记和其他 NEP 基因而言，因为定位的 NEP 基因并不充足，这种整体的 NEP/分子标记图谱可能仍然不那么精确。

近期，参照 SNP 标记定位 480NEP 基因计划将极大地改变 NEP/分子标记图谱（Druka 等，2010）。该计划试图在一个由 Jerry Franckowiak 构建的和品种 Bowman 回交的突变群体中定位 NEP 基因。在多次回交后，可以预测这些材料除与目标突变性状紧密连锁的性状以外，其他遗传特性均已与 Bowman 一致。因而，与诱导突变体的亲本相同、但在同一位点与 Bowman 不同的标记，应该与该性状紧密连锁，这样可以估计近等基因系中供体片段大小。与突变性状紧密连锁的分子标记作图，可以基本了解突变体的正确位置。苏格兰作物研究所已启动这一规模巨大的计划，大量 NEP 基因将会定位到分子图谱上，这将促进更多的标记在图谱上的定位（Druka 等，2010）。

4. 和其他物种的共线性

(1)水稻

像 AFLP 这些可在物种间转移的分子标记的发展，使动植物间建立了共线性关系。物种间共线性程度差异很大，但在植物中，如在小麦族的不同种中，发现标记间的顺序有一定的保守性（Devos 等，1993）。已在水稻和玉米（*Zea mays*）、小麦（*Triticum* spp.）及大麦之间发现有整体的共线性（Ahn 和 Tankisley，1993；Kurata 等，1994；Saghai Maroof 等，1996）。大麦和小麦密切相关且呈现高度共线性，小麦和水稻间的共线性同样与大麦相关（Devos 等，1993；Dubcovsky 等，1996；Van Deynze 等，1995）。早期那些精度有限的分析确定了水稻基因组区域和大麦基因组有共线性关系。因此，可用小基因组的水稻（约

400 Mb)预测大基因组如大麦(约 4,900 Mb)的探针和基因组区域(Arumuganathan 和 Earle, 1991),进而最终克隆到基因(Kilian 等,1995)。比较高密度的大麦 EST 图谱和水稻基因组序列发现,约有 50%的大麦基因与水稻的位置相同(Stein 等,2007)。利用水稻信息加密大麦图谱的研究已有不少报道。但是,高精度谱图上经常检测到基因组内存在基因顺序的共线性被打断的区域(Dunford 等,1995;Kilian 等,1995;1997;Han 等,1998;1999;Smilde 等,2001;Brunner 等,2003;Collins 等,2003;Yan 等,2003a;Caldwell 等,2004;Stein 等,2007)。根据水稻的直线同源性及其在基因组上的位置,已直接克隆到不少大麦基因,如 *ror*5(Collins 等,2003)、*rym*4/5(Kanyuka 等,2005;Stein 等,2005)、*Ppd-H*1(Turner 等,2005)和小麦 *Vrn*1 基因(Yan 等,2003b),小麦的这一基因克隆与大麦同源基因的克隆相关(von Zitzewitz 等,2005)。另一些研究表明,直系同源性不在共线性位置或缺失,抑或直系同源性至少不能被完全识别。如大麦的条锈病基因 *Rpg*1、*Rpg*5 和 *Rpg*4 未能在水稻的共线性位置找到(Bureggeman 等,2002;2008);*Vrs*1 基因(Pourkheirandish 等,2007)、*Sh*2 基因(Li 和 Gill,2002)和 *Ph*1 基因(Griffiths 等,2006)均未在水稻的共线性位置发现。虽然在共线性染色体上发现了 *Nud* 基因同源体,但在大麦基因克隆前,这一基因一直没有得到证实(Taketa 等,2008)。总体而言,大麦-水稻共线性在鉴定紧密连锁的标记上具有很大的作用,有助于开发高精度的谱图以及最终克隆基因。

(2)二穗短柄草

尽管水稻一直是小麦族的优良模式植物,但因其为热带草本植物,且早在 50 万年前就与大麦和小麦分道进化了(Paterson 等,2004),故有其局限性。近来出现了一种更好的模式草本植物,即二穗短柄草。短柄草有两个种:一年生二穗短柄草(*Brachypodium distachyon*)和多年生短柄草(*Brachypodium sylvaticum*)。短柄草是一种温带禾本科植物,属禾本科早熟禾亚科短柄草族短柄草属,具有株型小、自花授粉、一年生、生命周期短、有二倍体和各种多倍体、易培植以及 350 厘摩小基因组等诸多优点(Huo 等,2008;Draper 等, 2001)。短柄草的另外一个突出优点是容易进行转化(Vogel 等,2006a;Vogel 和 Hill,2008;Garvin 等, 2008)。

基于已测序的 EST 和细菌人工染色体(BAC)末端序列分析,证实二穗短柄草与大麦、小麦的亲缘关系较近,而与水稻、玉米和高粱的关系较远(Vogel 等,2006b;Huo 等,2008)。Bossolini 等(2007)、Faris 等(2008)、Huo 等(2008)进一步确定了二穗短柄草和麦属间的微共线性关系。在小麦详细分析 *Lr*34/*Yr*18 叶锈病抗性,并比较研究了与二穗短柄草和水稻的关系,发现二穗短柄草的基因序列保守,但在水稻中并不保守(Spielmeyer 等,2008)。载有 *Lr*34/*Yr*18 位点的区域在水稻和二穗短柄草中没有发现。比较大麦和小麦的抗病基因，也得到类似的结论(Brueggeman 等，2002；2008；Scherrer 等，2005)，这与 Leister 等(1998)提出的假设，即抗性基因进行快速重排是相符的。我们曾观测到大麦基因组的某些区域和二穗短柄草有高度共线性，但另一些区域，特别是抗病性位点附近的一些区域，共线性要少一些(Drader 和 Kleinhofs，2010)。总之，二穗短柄草及水稻序列可为大麦等大基因组植物提供极佳的模式。

分子标记图谱、共线性研究和测序有助于深入了解大麦基因组的进化(Rostoks 等，2002；Wei 等，2002)。基于禾本科植物保守序列的共线性，比较相应的分子标记图谱和序列佐证了早期的假设，祖先谷物基因组仅含 5 条染色体(Bolot 等，2009)。最近有报道称，通过展示与水稻中片段基因组重复的 7 条重复染色体片段，发现目前仍可检测到约 5 千万年前在大麦和小麦中发生的基因组重复(Salese 等，2008；Thiel 等，2009)。

5. 大麦基因组的物理图谱

在尚未有任何物种的完整基因组前，需要用物理图谱来关联表型特性的遗传图谱和实际的基因。一般而言，物理图谱是一组有序的 DNA 标记或 DNA 片段，并在物理图谱上标注相互之间的距离，如染色体上的“基因组等价物”(GE)或长度片段(LF)。尽管这些评价相对粗糙，取决于细胞遗传的分辨力和精度水平，但对特定染色体片段的最小无偏测定可达到碱基对水平。以下各段介绍大麦基因组物理图谱分析的主要技术及其潜力、局限性。

(1)原位杂交

随着基于杂交的 DNA 标记技术的发展，原位杂交技术应运而生，它可直接确定特定标记在染色体上的位置。由于受探针检测系统灵敏度的限制，利用原位杂交检测单拷贝序列是一个严峻的问题。大部分研究围绕编码核糖体 DNA 或贮藏蛋白等多拷贝基因(Lehfer 等，1993；Leitch 和 Heslop-Harrison，1993；Pedersen 和 Linde-Laursen，1995；Pedersen 等，1995)。定位单拷贝序列的成功案例很少，这样单拷贝或低拷贝基因定位到染色体的少于 10 个(Pedersen 和 Linde-Laursen，1995；Butnaru 等，1998)。利用酪胺酰胺信号放大系统(TSA)的超敏荧光原位杂交技术(FISH)，已将 14 条 cDNA 探针定位在一条或多条染色体上(Stephens 等，2004)。由于植物细胞含有内源生物素，可以和信号扩增过程相互反应，从而使 TSA 有很强的荧光背景。但是，直接标记的原位杂交探针可提高大麦小分子 DNA 靶标的直观检测，这在玉米上也得到了验证(Kato 等，2006)。

利用完整的 BAC 插入文库可将大量标签整合到杂交探针。通过屏蔽存在于BAC中的重复序列，其余的单拷贝和低拷贝序列产生很强的荧光信号可原位锚定相应的序列。利用这一方法，并结合粗线期染色体分析，Cheng 等(2001)构建了水稻第10号染色体的物理图谱，将FISH技术应用于18个BAC克隆，每一个克隆至少锚定一个遗传图谱标记，并与遗传图谱整合，结果证明染色体长、短臂的端粒位于遗传图谱上，并且精确估计了物理图谱和遗传图谱的距离比例。在同一研究中，对人工解链的中期染色体(fiber-FISH)进行原位杂交，分析距离接近的标记，获得了高达40±2 kb的分辨力。Lapitan 等(1997)用相似的方式成功建立了大麦BAC克隆的FISH分析方法。粗线期染色体的长度延伸与细胞分裂初期染色体并无显著差异，因而大麦原位作图仍限于染色体中期制备的样品。基于这些因素，最大精度在10 Mb范围(Pedersen 和 Linde-Lauren，1995)。利用超解链流式类大麦染色体为靶标，可人为增加原位杂交物理图谱的分辨率。当FISH用于有丝分裂的染色体，相邻位点的空间分辨率从5～10Mbp提高到70kbp(Valarik 等，2004)。

Fiber-FISH已经应用于大麦着丝粒特异的组蛋白(CENH3)结合位点的拓扑结构和GC含量丰富的着丝粒卫星序列(Houben 等，2007)。若大麦染色体平均臂长为380 Mb，则至少需要用3条探针估计其物理距离以确定在染色体上的位置，Fiber-FISH技术的分辨率对于构建全基因组物理图谱太高。因此，这种技术仍局限用于大小为几百个kb的靶标的特定问题。总之，原位杂交技术不如物理图谱系统构建的通量和精度。但是，从个例上看，这一技术可以提供富有价值的信息，佐证其他方法构建的物理图谱的一致性，明确有限染色体区段的遗传组成和确定BAC重叠图谱上的缺口大小，见图3.1。

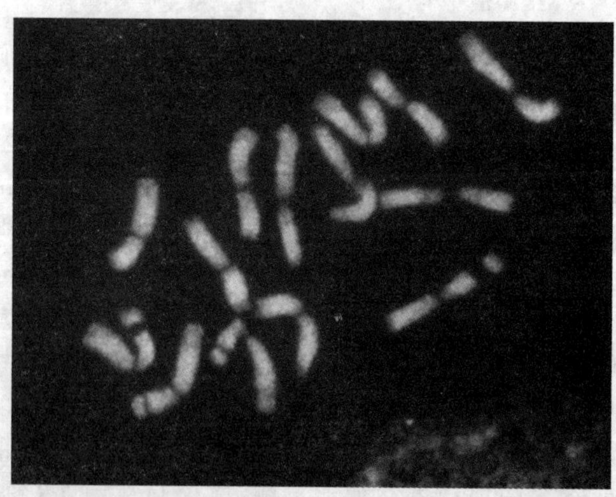

图3.1　用*Gypsy*型转移因子*GAGY2*作为探针进行荧光原位杂交后的大麦cv. Morex中期细胞。除了亚端粒区和近着丝粒区，杂交信号(见圈出部分)分布于整个染色体上(Wicker 等，2009)。

(2)利用遗传库建立物理图谱

作为多倍体种，小麦可耐受细胞核内有附加染色体。当其以二倍型状态存在时，有丝分裂稳定。人们充分利用这一特点，成功地开发了小麦-大麦附加系。这一资源包括了除一条大麦染色体以外的所有二体附加系(1H 染色体的添加导致不育)及除 1HL 以外的所有染色体臂(Islam 等，1981)。已经证明，这些二体和双端体附加对于确定调控蛋白质和酶的基因以及分子标记在特定染色体和染色体臂上的位置十分有用(Islam 和 Shepherd，2000)。虽然一个分子标记定位至整个染色体或染色体臂，对于物理图谱的构建不够充分，但是可以快速地定位大量标记。利用这种方法，Nasuda 等(2005)将 701 条 EST 定位到相应的染色体上。

在另一种方法中，利用含有大约 23,000 个基因的大麦 1 号基因芯片，快速地将 1,250 多个基因定位到相应的染色体臂上。这种定位方法是比较来自小麦及小麦-大麦附加系的杂交信号，并推断一个特定附加系所完全表达或优势表达的基因应该位于相应的大麦染色体上(Cho 等，2006；Bilgic 等，2007)。同样，通过流式分类分离大麦单条染色体或染色体臂，可确定标记在多个染色体上的位置。Simkova 等(2008)利用已分离的大麦 1H 染色体作为探针，对含有 1,536 个基因的 Illimina bead 阵列进行杂交，将 40 个尚未定位的基因定位至该染色体上。这个方法延伸应用至小麦—大麦附加系中分离的大麦染色体臂，以目前最高的精度在高密度的转录图谱上定位了大麦着丝粒(Close，个人通讯)。

(3)置换图谱

获得 DNA 标记位置有关信息的另一种方法是发掘置换点或染色体缺失物理大小等相关信息。特定染色体上相应位置以相对片段(RF)长度(RF)(完整染色体与缺失或置换片段的长度之比)或毫基因组单位(mGN)(1mGN＝1/1000减数分裂中期基因组长度)来表示(Jensen 和 Linde-Lau，1992；Kunzel 等，2000)。

置换库的系统分析只有在具备基于 PCR 标记时才能进行，这些分析需要详细的 DNA 模板。通过微分离减数分裂细胞的染色体获得带有独特置换的染色体，和这些置换位点连锁的标记可通过 PCR 进行定位(Sorokin 等，1994)。基于一套大麦染色体的 PCR 分析，它覆盖有 240 个物理图谱置换点，Kunzel 等(2000)构建了遗传图谱已确定的含有 301 个 PCR 标记的物理图谱。这一结果证明，虽然其精度在当时不甚明确，重组率在大麦染色体上并不是均匀分布的，只有 4.9％的基因组有较高的重复率(≤1 Mb/cM)；18％的基因组有中等重复率(1～4.4 Mb/cM)，接近预期的平均重复率 4.4 Mb/cM(基因组总长(—5.500 Mb)除以遗传图谱长度(1.200 Mb))。其余大部分为低重组率基因组(77.1％)

(4.5～298 Mb/cM)。有趣的是,高重组率部分的基因组包含 47.3%的作图标记。由于所用的大部分标记源于基因,故这些研究证明:①基因在染色体上并非均匀分布;②染色体臂末端部分的基因分布位置重组率较高。虽然迄今获得的数据显示,植物基因组着丝粒及近着丝粒部分重组率较低,但在小麦和大麦中观察到很大程度的抑制且是独一无二的,这反映了小麦族基因组进化的一个普遍特点。

小麦族基因组的重复序列十分丰富。80%以上的大麦基因组含有重复DNA,多为逆转录因子(Schulman 和 Kalendar,2005)。日益增多的测序数据显示,大量转录因子的插入,如通过逆转录子的拷贝和粘贴,会造成基因组变化,而这种变化会由于不等同交换、基因转换或序列丢失等引起的 DNA 序列缺失而得到平衡。

除了多倍化以外,重复因子获得和丢失的精细平衡也是影响基因组大小的主要进化力。从拟南芥、水稻和小麦族拷贝因子的比较序列分析发现,它们的半衰期,即一半长度从基因组中丢失的时间跨度,拟南芥小于水稻,水稻小于小麦族(Wicker 和 Keller, 2007)。这样,小麦族物种有较大的基因组与逆转录因子衰减较慢有关。含有 1kb 末端重复(LTRs)的三个完整 *cereba* 因子(Hudakova 等, 2001)。这些序列并不含有内在的逆转录因子或单独的 LTRs,从而证明了这样的假设:重组受抑制的区域有积累重复因子的趋向。

(4)缺失图谱

除了完整的大麦染色体或染色体臂以外,异倍小麦基因组也能容纳染色体的缺失。第一次基因渗入发生在山羊草至普通小麦(*Triticum aestivum*),称为GC2C,从而开发了相应的遗传库。载有这一染色体的二体附加系小麦,可进行稳定的减数分裂。一旦 GC 仅仅出现在半合子状态(如与野生型面包小麦回交后),这些在减数分裂时丢失 GC 的配子体含有缺失或和移位染色体(Endo, 1988;Endo 和 Gill, 1996)。虽然这一过程的分子机制尚不完全清楚,但Hohmann 等(1995)已经成功地开发了一套包含所有三个小麦基因组的缺失系,并已用于 RFLP 标记的物理作图,7,104 条 EST 已定位到 119 个染色体区域(染色体节点)(Qi 等,2004)。最近,另有 154 个标记被定位至 159 个节点上,且物理分辨率增加。在这一过程中,有分子标记顺序与已有报道不一致的情况,这可能是由于在作图品系存在少量次级和三级缺失(Ishikawa 等,2009)。

GC 系统同样适用于大麦。载有 GC 二体的六倍体小麦附加系与小麦—大麦二体系杂交,其杂种对于 GC 和大麦染色体来说都是杂合的。当这个杂合子和原初的小麦—大麦附加系进行回交时,那些缺少相应 CG 的祖先品系可以容纳大麦染色体的置换和缺失,可以稳定遗传下去(Shi 和 Endo, 1997)。目前已建成大麦染色体 7H(1)和 5H(7)的缺失文库(Shi 和 Endo, 2000;Serizawa 等,

2001；Ashida 等，2007）。本文作者完成了来自 7H(1)染色体上的 22 个缺失/置换系的 17 个 AFLP 和 28 个 STS 标记的物理作图。利用类似的方法已将 97 条 EST 定位至 5H(7)染色体的 20 个节点上(Ashida 等，2007)。

上述缺失系形成了一种稳定且易得到的资源，它可以用于定位大量遗传标记，不必依赖亲本间多态性的检测。在减数分裂作图中，交换发生的数量决定了遗传精度，类似地，物理作图的精度主要决定于所研究对象的缺失/置换的发生频率。就 5H(7)染色体而言，利用现有缺失系已确定了 20 个节点(Ashida 等，2007)。若其物理大小为 899Mb，则 5H(7)染色体上平均节点跨度为 800/20＝40Mb。虽然这一精度对于绘制基因分布和共线性的草图是足够的，但它不能确定紧密相邻的基因或标记的物理顺序。因此，正在努力通过增加群体大小以提高物理精度，曾以上述 7H(1)染色体图谱的精度分析了 90 个缺失/移位系。置换点分布的细胞学分析表明，在着丝粒区域有高的发生频率(28％)，这一研究首次启示，很少发生减数分裂重组的异染色质区域，可通过物理作图加以阐明(Masoudi-Nejad 等，2005)。目前，每条染色体上约有 800 个均匀分布的节点需要将精度提高至 1Mb/节点。要达到这一水平，需要足够的锚定点以及确定非重叠 BAC 在物理图谱上的顺序。

(5)辐射杂种(RH)图谱

分析辐射杂种群体可以用更高的分辨率确定标记位置，通过对一细胞供体进行致死辐射，诱导随机染色体断裂而产生的。接着，这些受损片段与来自不同物种(如小鼠、大鼠)的适宜受体细胞融合进行修复。已利用 90 个这样的品系，构建了含有大约 4.2 万条 STS 标记的人类基因组高精度(100kb)物理图谱(Riera-Lizarazu 等，2008)。相应的核仍拥有 10％～50％的人类基因组，大多置换成啮齿动物染色体的片段。基于以下事实：①各杂交细胞不再含有人类供体细胞的整个基因组；②供体基因组已被辐射打成片段；这样，可根据标记对的共同频率定位标记。位点间位置越近，则面板上共保留的频率越高(Barrett，1992)。

RH 作图在植物的基因组作图方面作用不大。RH 品系的繁育需要以可靠的方法产生有活力的原生质体，还需要相应的再生方法获得愈伤组织或悬浮组织以维持 RH 品系。在大麦上，通过 X 射线处理品种 *Golden Promise* 的原生质体以及烟草原生质体受体，获得了 RH 品系。大麦原生质体含有双丙氨膦抗性选择标记的 *bar* 基因(Wardrop 等，2002)。这一 RH 品系保持了 25％的大麦 DNA。由于来自这一细胞系的 DNA 数量有限，只能对 40 个 RH 品系的 35 个 SSR 标记进行分析。利用全基因扩增方式，DNA 量可以扩增 20 倍(Wardrop 等，2004)。与板上 RH 的数量增加相结合，这或许可将成千个标记定位到物理图谱上，从而提高物理图谱的精度。

玉米上已开发了一个更为稳定的 RH 品系。燕麦(*Avena sativa*)上载有 γ

射线辐射过的9条玉米染色体。经自交后,其后代中筛选到含有1～10条(平均3条)重组过的玉米染色体(基因组间缺失和置换以及两者均有)。理论上说,由100个RH植物组成的面板,其遗传精度为600kb (Riera-Lizarazu 等,2000)。同时,已构建了一套完整的燕麦—玉米附加系,它可用于开发稳定的RH面板,后者可稳定地繁育(Kynast 等,2004)。类似的方法也用于小麦种(Hossain 等,2004)。人们用γ射线辐射处于杂合状态的含有1D染色体异质的硬粒小麦(*Triticum durum*),由此创建了RH组,并定位了调控*T. durum*和*Ae. longissiman*细胞核耐性的*scs*[ae]基因(定位于1D染色体上)。该RH组的平均物理图谱精度达200kb/节点,为今后的深入研究提供了极好的材料。以上事例说明,小麦、燕麦等这些遗传上缓冲性很好的异源多倍体植物,可为开发稳定、种子繁殖的RH面板提供极佳的材料。因而,小麦—大麦附加系库适合用于大麦相应资源的开发研究。

表3.2 图位克隆实验产生的大麦BAC重叠＞200kb
(GenBank国家生物技术中心,db核苷酸状态4/2009)

染色体	重叠群长度(kb)	基因	GenBank登录号	库	参考文献
5H	200	rpg4,Rpg5	Eu812563	Morex	Brueggeman 等(2008)
7H	244	nud	AP009567	Morex	Taketa 等(2008)
7H	232	Rh2	AY853252	Morex	Hanemann 等(2009)
3H	212	Rph7	AF521177	Morex	Brunner 等(2003)
3H	440	rym4	AY661558	Morex	Stein 等(2005)
3H	300[a]	Rph7	AY642926	Cebada Capa	Scherrer 等(2004)
5H	300	Ha	AY643842-AY643844	Morex	Caldwell 等(2004)
1H	261	Mla	AF427791	Morex	Wei 等(2002)
7H	330	Rpg1	AF509748-AF509765	Morex	Brueggeman 等(2002)
2H	518	Vrs1	EF067844	Morex	Komatsude 等(2007)

[a]300kb重叠中测序了184kb

(6)BAC重叠群图谱的发展

构建全基因组物理图谱需要大量DNA标记,而且检测这些标记需要耗费大量财力与物力,对物理图谱的构建造成限制。作为标记分析排序的另一种方法,大片段插入克隆的序列分析旨在重组染色体或者其中的部分染色体。覆盖全部基因组区域(最小梯麟途径)的最小一套重叠克隆,为关联遗传图及其表型信息与DNA序列提供了一种介面,DNA序列易从各个克隆中获得。显然,最好的物理图谱是DNA序列本身。但是,尽管DNA测序技术发展快速

(Shengdure 和 Ji,2008),目前尚不清楚这些序列若并未关联至由克隆至 BAC 的重叠 DNA 片段组成的庞大物理图谱,全基因测序技术可否提供充分的信息以获得复杂作物基因组中的线性序列(Shizuya 等,1992)。

通过图位克隆,已经构建了范围约为 500kb 的小区域 BAC 重叠(见表 3.2)。这些繁冗的基因分离方法依赖所谓的“染色体步移”策略,虽然它应用于小的真核基因组上非常有效(Bender 等,1983),但是由于抑制染色体重组的大量重复 DNA 及染色体区域的存在,这一策略在复杂基因组物种中应用受到限制。

近年来,自动测序基因已用于属间物理作图,这种作图方法依赖:①限制性酶(REs)对 BAC DNA 的消化程度;②带有荧光的双脱氧核苷酸 DNA 片段末端的酶标;③利用自动 DNA 测序对标记片段进行电泳分离。这个方法在技术层面上呈现多样性,主要受使用的酶的类型和数量、DNA 标记方法和电泳分析方式等影响(Meyers 等,2004)。通过图像分析捕获片段,任何两个 BAC 克隆的指纹可用“印迹重叠(FPC)”软件进行比较(Soderlund 等,1997)(http://www.agcol.arizona.edu/software/fpc/),并根据共享条带数分析单体和重叠子。

人们利用普通小麦染色体 3B 证明小麦族物理图谱构建的可行性,该条染色体是小麦族物种中最大的染色体(995Mb)。用一个染色体特异的 BAC 文库,印迹了是其 7 倍大小的 1,036 个重叠子,其平均长度为 783kb,覆盖有 82%的染色体(Safar 等,2004)。Paux 等(2008)利用 184 个 3B 染色体的 RH 品系,把每个重叠子锚定到遗传图谱上,其精度高达 260kb/节点。

大麦全基因组物理图谱的发展促使了国际大麦测序联盟的成立(IBSC;http://www.barleygenome.org)。此联盟由澳大利亚、芬兰、德国、日本、英国、美国等国家八个研究机构的研究者于 2006 成立(中国于 1999 年加入,译者注),目的是建立高精度有应用价值的标准基因组序列(Schulte 等, 2009)。在此背景下,从原初 Morex BAC 文库中鉴定到含有约 7 万个基因的 BAC 克隆子样本,构建了物理 BAC 重叠图谱(Yu 等,2000;Madishetty 等,2007)。Luo 等(2003)利用高信息含量指纹(HCIF)阐述了相应的克隆。此后,有人开始利用 HCIF 技术构建属间全基因组物理图谱,目标是印迹 14 个 GE(Schulte 等,2009)。

为了提高原初 Morex BAC 文库的基因组取样效果,构建了这一品种的另外四个 BAC 文库。目前已有 5 个 BAC 文库的整套文库,它们是用 3 种不同的内切酶(2*XHindIII*、*BamHI* 和 *MboI*)和一个随机酶切的 DNA 克隆而成的,每个插入片段大小范围在 92～147kb,总共为 26.9GE。印迹 BAC 克隆平均插入长度、文库基因组大小的主要影响以及排列参数(L)对 BAC 重叠期望数的影响列于表 3.3。一项模拟实验显示,平均插入片段长度为 125kb 具有 15 倍覆盖度的印迹需要整合两个具有 70%重叠的克隆,才能成为一个完整的重叠子(即 70%

的印迹带是相同)，一个文库只要需要平均插入片段长度为800kb的7,000个重叠子。因此，即使是大麦基因组作了深度印迹，也难以保证每条染色体有一个一致的重叠子。

最近，出现一种34万个克隆的高质量印迹，即有8倍的丰度。其中，28.7万个克隆落在2.5万个重叠子上，每个重叠子平均有11.5个克隆。2009年年底可以完成12倍基因组的区域测序(Stein和Schulte，个人通讯)。将这些重叠子按一定顺序定位在染色体上，并把它们连成一个遗传图谱，将是一项富有挑战性的工作。把BAC重叠子锚定到遗传图谱上，需要系统地将遗传标记定位至BAC重叠子以及该群体的相应图谱上，从而为最大量的重叠子区分为不同的节点提供足够高的遗传分辨率(如大于7,000节点)。

IBSC大麦物理作图计划正在开发基于DArT和SNP标记的高密度遗传图谱。其对策是利用小麦上曾介绍过的方法将标记锚定至印迹的BAC克隆上(Paux等，2008)。这一方法使用荧光标记信号杂交，把BAC克隆的三维池转换成分子标记阵列。最初的DArT标记是在含有7个含有384个BAC克隆超级池中进行的。在这么复杂的超级池中(大约是0.07个大麦GE)，需要杂交几百张DArT标记的阵列，才能锚定大约2,000个DArT标记至大于1GE的来自Morex的BAC克隆中(Stein，个人通讯)。现有的作图群体分辨率不高，因此，重叠子的锚定和排序需要开发诸如高精度的RH或缺失、置换系等资源。已有报道，连锁不平衡(LD)作图可以用于标记在图谱上的正确定位(Rostoks等，2006)。因此，具有低水平LD的自然大麦群体，将来可用于高遗传分辨率确定重叠子位置的材料。此外，增多对大麦、水稻、二穗短柄草和其他草本植物之间共线性的信息将会大大帮助图谱的整合。

表3.3 几个关键参数

(基因组范围、BAC插入平均大小以及代表BAC克隆之间的覆盖度，T)影响大麦全基因组BAC印迹结果的模型。结果根据Lander和Waterman(1988)、Waterman(2002)的模型模拟所得。整个模拟实验在5Gbp的基因组长度上进行(J. Keilwagen和I. Grosse，未发表)。

		10倍覆盖度			15倍覆盖度		
		T=0.6	T=0.8	T=0.8	T=0.8	T=0.6	T=0.8
平均插入片段	重叠子数目	9160	24800	67700	1860	8330	37340
长度=100kb	平均重叠子长度(Mb)	0.6	0.26	0.14	2.7	0.66	0.21
平均插入片段	重叠子数目	7630	20700	56400	1550	6940	31120
长度=120kb	平均重叠子长度(Mb)	0.72	0.31	0.17	3.3	0.79	0.25
平均插入片段	重叠子数目	6100	16590	45110	1240	5550	24890
长度=150kb	平均重叠子长度(Mb)	0.89	0.39	0.22	4.1	0.99	0.31

6. 结论

尽管大麦基因组庞大而且复杂，但是在分子作图上依旧取得了巨大的进步。推动这种发展的主要因素有：①大量 EST 资源的产生使基于基因的标记开发成为可能；②开发了含有 23,000 个大麦基因的芯片；③开发了大量 DArT 标记。核心图谱为特殊的染色体区域选择标记以及利用比较作图发掘其他禾本科植物提供了基础性资源。与第一代的 RFLP 标记相比，SNP 和 DArT 这些高通量的基因型分析方法的应用，大幅度加快了数据产生的速度。因而，大量分子标记数据的合理处理便成了一个大问题。

与遗传作图相似，大麦还有悠久的物理作图的历史，并开发了大量资源。与下一代测序技术结合，物理 BAC 重叠图谱的构建将走向大麦全基因组序列时代。尽管 BAC 重叠图谱尚处于初生阶段，但 BAC 重叠群数量的稳定增加将有助于数量性状和质量性状基因的图位克隆。尽管存在着基因组庞大、重复 DNA 多以及近染色体区缺少重组等障碍，需要在构建一致的 BAC 重叠图谱上加以克服，但基因序列的前景将继续激励遗传学家、育种家和进化生物学家接受这一挑战，开发这种基础资源。

参考文献

Aghnoum, R., T. C. Marcel, A. Johrde, N. Pecchioni, P. Schweizer, and R. E. Niks. 2010. Basal resistance of barley to barley powdery mildew: connecting QTLs and candidate genes. Mol. Plant Microbe Interact. 23: 91—102.

Ahn, S. and S. D. Tanksley. 1993. Comparative linkage maps of the rice and maize genomes. Proc. Natl. Acad. Sci. U. S. A. 90: 7980—7984.

Alsop, B. P., A. Farre, P. Wenzl, J. M. Wang, M. X. Zhou, I. Romagosa, A. Kilian, and B. J. Steffenson. 2010. Development of wild barley-derived DArT markers and their integration into a barley consensus map. Mol. Breeding. Available at http://DOI10.1007/s11032-010-9415-3.

Andersen, P. S., C. Jespersgaard, J. Vuust, M. Christiansen, and L. A. Larsen. 2003. Capillary electrophoresis-based single strand DNA conformation analysis in high-throughput mutation screening. Hum. Mutat. 21: 455—465.

Arumuganathan, K. and E. D. Earle. 1991. Nuclear DNA content of some important plant species. Plant Mol. Biol. Rep. 9: 208-218.

Ashida, T., S. Nasuda, K. Sato, and T. R. Endo. 2007. Dissection of barley chromosome 5H in common wheat. Genes Genet. Syst. 82: 123—133.

Barrett, J. H. 1992. Genetic-mapping based on radiation hybrid data. Genomics 13: 95—103.

Becker, J. and M. Heun. 1995. Barley microsatellites: allele variation and mapping. Plant

Mol. Biol. 27: 835—845.

Bender, W., P. Spierer, and D. S. Hogness. 1983. Chromosome walking and jumping to isolate DNA from the *Ace* and *Rosy* loci and Bithorax complex in *Drosophila melanogaster*. J. Mol. Biol. 168: 17—33.

Bilgic, H., S.-Y. Cho, D. F. Garvin, and G. J. Muehlbauer. 2007. Mapping barley genes to chromosome arms by transcript profiling of wheat-barley ditelosomic chromosome addition lines. Genome 50: 898—906.

Bolot, S., M. Abrouk, U. Masood-Quraishi, N. Stein, J. Messing, C. Feuillet, and J. Salse. 2009. The "inner circle" of the cereal genomes. Curr. Opin. Plant Biol. 12: 119—125.

Bossolini, E., T. Wicker, P. A. Knobel, and B. Keller. 2007. Comparison of orthologous loci from small grass genomes *Brachypodium* and rice: implications for wheat genomics and grass genome annotation. Plant J. 49: 704—717.

Brookes, A. J. 1999. The essence of SNPs. Genes Dev. 234: 177—186.

Brueggeman, R., N. Rostoks, D. Kudrna, A. Kilian, F. Han, J. Chen, A. Druka, B. Steffenson, and A. Kleinhofs. 2002. The barley stem rust-resistance gene *Rpg*1 is a novel disease-resistance gene with homology to receptor kinases. Proc. Natl. Acad. Sci. U. S. A. 99: 9328—9333.

Brueggeman, R., A. Druka, J. Nirmala, T. Cavileer, T. Drader, N. Rostoks, A. Mirlohi, H. Bennypaul, U. Gill, D. Kudrna, C. Whitelaw, A. Kilian, F. Han, Y. Sun, K. Gill, B. Steffenson, and A. Kleinhofs. 2008. The stem rust resistance gene *Rpg*5 encodes a novel protein with nucleotide binding site, leucine-rich and protein kinase domains. Proc. Natl. Acad. Sci. U. S. A. 105: 14790—14975.

Brunner, S., B. Keller, and C. Feuiller. 2003. A large rearrangement involving genes and low copy DNA interrupts the microlinearity between rice and barley at the *Rph*7 locus. Genetics 164: 673—683.

Bundock, P. C., and R. J. Henry. 2004. Single nucleotide polymorphism, haplotype diversity and recombination in the *Isa* gene of barley. Theor. Appl. Genet. 109: 543—551.

Bundock, P. C., T. Christopher, P. Eggler, G. Ablett, J. Henry, and A. Holton. 2003. Single nucleotide polymorphisms in cytochrome *P*450 genes from barley. Theor. Appl. Genet. 106: 676—682.

Burnham, C. R. and A. Hagberg. 1956. Cytogenetic notes on chromosomal interchanges in barley. Hereditas 42: 467—482.

Butnaru, G., J. Chen, P. Goicoechea, and J. P. Gustafson. 1998. *In situ* hybridization mapping of genes in *Hordeum vulgare* L. J. Hered. 89: 366—370.

Caldwell, K. S., P. Langridge, and W. Powell. 2004. Comparative sequence analysis of the region harboring the hardness locus in barley and its colinear region in rice. Plant Physiol. 136: 3177—3190.

Castiglioni, P., C. Pozzi, M. Heun, V. Terzi, K. J. Muller, W. Rohde, and F. Salamini. 1998. An AFLP-based procedure for the efficient mapping of mutations and DNA probes in barley. Genetics 149：2039—2056.

Cheng，Z.，G. G. Presting，C. R. Buell，R. A. Wing，and J. Jiang. 2001. High resolution pachytene chromosome mapping of bacterial artificial chromosomes anchored by genetic markers reveals the centromere location and the distribution of genetic recombination along chromosome 10 of rice. Genetics 157：1749—1757.

Cho，S.，D. F. Garvin，and G. J. Muehlbauer. 2006. Transcriptome analysis and physical mapping of barley genes in wheat-barley chromosome addition lines. Genetics 172：1277—1285.

Close，T. J.，S. Wanamaker，R. A. Caldo，S. M. Turner，D. A. Ashlock，J. A. Dickerson，R. A. Wing，G. J. Muehlbauer，A. Kleinhofs，and R. P. Wise. 2004. A new resource for cereal genomics：22K Barley GeneChip comes of age. Plant Pysiol. 134：960—968.

Close，T. J.，P. R. Bhat，S. Lonardi，Y. Wu，N. Rostoks，L. Ramsay，A. Druka，N. Stein，J. T. Svensson，S. Wanamaker，S. Bozdag，M. L. Roose，M. J. Moscou，S. Chao，R. Varshney，P. Szucs，K. Sato，P. M. Hayes，D. E. Matthews，A. Kleinhofs，G. J. Muehlbauer，J. DeYoung，D. F. Marshall，K. Madishetty，R. D. Fenton，P. Condamine，A. Graner，and R. Waugh. 2009. Development and implementation of high-throughput SNP genotyping in barley. BMC Genomics. 10：582.

Collins，N. C.，H. Thordal-Christensen，V. Lipka，S. Bau，E. Kombrink，J.-L. Olu，R. Huckelhoven，M. Stein，A. Frelaldenhoven，S. C. Sommerville，and P. Schulze-Lefert. 2003. SNARE-protein-mediated disease resistance at the plant cell wall. Nature 425：973—977.

Comadran，J.，J. R. Russell，F. A. van Eeuwijk，S. Ceccarelli，S. Grando，M. Baum，A. M. Stanca，N. Pecchioni，A. M. Mastrangelo，T. Akar，A. Al-Yassin，A. Benbelkacem，W. Choumane，H. Ouabbou，R. Dahan，J. Bort，J.-L. Araus，A. Pswarayi，I. Romagosa，C. A. Hackett，and W. T. B. Thomas. 2008. Mapping adaptation of barley to droughted environments. Euphytica 161：35—45.

Comai，L.，K. Young，B. J. Till，S. H. Reynolds，E. A. Greene，C. A. Codomo，L. C. Enns，J. E. Johnson，C. Burtner，A. R. Odden，and S. Henikoff. 2004. Efficient discovery of DNA polymorphisms in natural populations by EcoTILLING. Plant J. 37：778—786.

Costa，J. M. A. Corey，P. M. Hayes，C. Jobet，A. Kleinhofs，A. Kopisch，S. F. Kramer，D. Kudrna，M. Li，O. Riera-Lizarazu，K. Sato，P. Szucs，T. Toojinda，M. I. Vales，and R. I. Wolfe. 2001. Molecular mapping of the Oregon wolf barleys：a phenotypically polymorphic doubled-haploid population. Theor. Appl. Genet. 103：415—424.

Devos，K. M.，T. Millan，and M. D. Gale. 1993. Comparative RFLP maps of homoeologous group-2 chromosomes of wheat，rye and barley. Theor. Appl. Genet. 85：784—792.

Drader，T. and A. Kleinhofs. 2010. A synteny map and disease resistance gene comparison between barley and model monocot *Brachypodium distachyon*. Genome 53：406—417.

Draper，J.，L. A. J. Mur，G. Jenkins，G. C. Ghosh-Biswas，P. Bablak，R. Hasterok，and A.

P. M. Routledge. 2001. A new model system for functional genomics in grasses. Plant Phys. 127: 1539−1555.

Druka, A., J. Franckowiak, U. Lundqvist, N. Bonar, J. Alexander, J. Guzy-Wrobelska, L. Ramsay., I. Druka, I. Grant, M. Macaulay, V. Vendramin, F. Shahinnia, S. Radovic, K. Houston, D. Harrap, L. Cardle. D. Marshall, M. Morgante, N. Stein, and R. Waugh. 2010. Exploiting induced variation to dissect quantitative traits in barley. Biochem. Soc. Trans. 38(2): 683−688.

Dubcovsky, J., M.-C. Luo, G.-Y. Zhong, A. Kilian, A. Kleinhofs, and J. Dvorak. 1996. Genetic map of diploid wheat, *Triticum monococcum* L., and its comparison with maps of *Hordeum vulgare* L. Genetics 143: 983−999.

Dunford, R. P., N. Kurata, D. A. Laurie, T. A. Money, Y. Minobe, and G. Moore. 1995. Conservation of fine-scale DNA marker order in the genomes of rice and the Triticeae. Nucleic Acids Res. 23: 2724−2728.

Endo, T. R. 1988. Induction of chromosomal structural-changes by A chromosome of *Aegilops cylindrica* in common wheat. J. Hered. 79: 366−370.

Endo, T. R. and B. S. Gill. 1996. The deletion stocks of common wheat. J. Hered. 87: 295−307.

Faris, J. M., Z. Zhang, J. P. Fellers, and B. S. Gill. 2008. Micro-colinearity between rice, *Brachypodium*, and *Triticum monoccum* at the wheat domestications locus Q. Funct. Integr. Genomics 8: 149−164.

Garvin, D. F., Y.-Q. Gu, R. Hasterok, S. P. Hazen, G. Jenkins, T. C. Mockler, L. A. J. Mur, and J. P. Vogel. 2008. Development of genetic and genomic research for *Brachypodium distachyon*, a new model system for grass crop research. Plant Genome 1: S69−S84.

Graner, A., A. Jahoor, J. Schondelmaier, H. Siedler, K. Pillen, G. Fischbeck, G. Wenzel, and R. G. Herrmann. 1991. Construction of an RFLP map of barley. Theor. Appl. Genet. 83: 250−256.

Griffiths, S., R. Sharp, T. N. Foote, I. Bertin, M. Wanous, S. Reader, I. Colas, and G. Moore. 2006. Molecular characterization of *Ph1* as a major chromosome pairing locus in polyploid wheat. Nature 439: 749−752.

Han, F., A. Kleinhofs, S. E. Ullrich, A. Kilian, M. Yano, and T. Sasaki. 1998. Synteny with rice: analysis of barley malting quality QTL and *rpg4* chromosome regions. Genome 41: 373−380.

Han, F., A. Kilian, J. P. Chen, D. Kudrna, B. Steffenson, K. Yamamoto, T. Matsumoto, T. Sasaki, and A. Kleinhofs. 1999. Sequence analysis of a rice BAC covering the syntenous barley *Rpg1* rigion. Genome 42: 1071−1076.

Hanemann, A., G. F. Schweizer, R. Cossu, T. Wicker, and M. S. Röder. 2009. Fine mapping, physical mapping and development of diagnostic markers for the Rrs2 scald resistance gene in barley. Theor. Appl. Genet. 119: 1507−1522.

Hansson, M. , S. P. Gough, C. G. Kannangara, and D. von Wettstein. 1998. Chromosomal locations of six barley genes encoding enzymes of chlorophyll and heme biosynthesis and the sequence of the ferrochelatase gene identify two regulatory genes. Plant Physiol. Biochem. 36: 545—554.

Hearnden, P. R. , P. J. Eckermann, G. L. McMichael, M. J. Hayden, J. K. Eglinton, and K. J. Chalmers. 2007. A genetic map of 1000 SSR and DArT markers in a wide barley cross. Theor. Appl. Genet. 115: 383—391.

Heun, M. , A. E. Kennedy, J. A. Anderson, N. L. V. Lapitan, M. E. Sorrells, and S. D. Tanksley. 1991. Construction of a restriction fragment length polymorphism map for barley (*Hordeum vulgare*). Genome 34: 437—447.

Hinze, K. , R. D. Thompson, E. Ritter, F. Salamini, and P. Schulze-Lefert. 1991. Restriction fragment length polymorphism-mediated targeting of the *ml-o* resistance locus in barley (*Hordeum vulgare*). Proc. Natl. Acad. Sci. U. S. A. 88: 3691—3695.

Hohmann, U. , A. Graner, T. R. Endo, B. S. Gill, and R. G. Herrmann. 1995. Comparison of wheat physical maps with barley linkage maps of group 7 chromosomes. Theor. Appl. Genet. 91: 618—626.

Hossain, K. G. , O. Riera-Lizarazu, V. Kalavacharla, M. I. Vales, S. S. Maan, and S. F. Kianian. 2004. Radiation hybrid mapping of the species cytoplasm-specific (*scs*(*ae*)) gene in wheat. Genetics 168: 415—423.

Houben, A. , E. Schoreder-Rciter, K. Nagaki, S. Nasuda, G. Wanner, M. Murata, and T. R. Endo. 2007. CENH3 interacts with the centromeric retrotransposon cercba and GC-rich satellites and locates to centromeric substructures in barley. Chromosoma 116: 275—283.

Hudakova, S. , W. Michalek. G. G. Presting, H. R. Ten, S. K. Dos, Z. Jasencakova, and I. Schubert. 2001. Sequence organization of barley centromeres. Nucleic Acids Res. 29: 5029—5035.

Huo, N. , G. R. Lazó, J. P. Vogel, F. M. You, Y. Ma, D. M. Hayden, D. Coleman-Derr, T. A. Hill, J. Dvorak, O. D. Anderson, M. -C. Luo, and Y. Q. Gu. 2008. The nuclear genome of *Brachypodium distachyon*: analysis of BAC end sequences. Funct. Integr. Genomics 8: 135—147.

Ishikawa, G. , T. Nakamura, T. Ashida, M. Saito, S. Nasuda, T. R. Endo, J. Z. Wu, and T. Matsumoto. 2009. Localization of anchor loci representing five hundred annotated rice genes to wheat chromosomes using PLUG markers. Theor. Appl. Genet. 118: 499—514.

Islam, A. K. M. R. and K. W. Shepherd. 2000. Isolation of a fertile wheat-barley addition line carrying the entire barley chromosome 1H. Euphytica 111: 145—149.

Islam, A. K. M. R. , K. W. Shepherd, and D. H. B. Sparrow. 1981. Isolation and characterization of euplasmic wheat-barley chromosome addition lines. Heredity 46: 161—174.

Jaccoud, D. , K. Peng, D. Feinstein, and A. Kilian. 2001. Diversity Arrays: a solid state technology for sequence information independent genotyping. Nucleic Acids Res. 29: e25.

Jensen, J. and I. Linde-Laursen. 1992. Statistical evaluation of length measurements of barley chromosomes with a proposal for a new nomenclature for symbols and positions of cytological markers. Hereditas 117: 51—59.

Kanazin, V., H. Talbert, D. See, P. DeCamp, E. Nevo, and T. Blake. 2002. Discovery and assay of single-nucleotide polymorphisms in barley (*Hordeum vulgare*). Plant Mol. Biol. 48: 529—537.

Kanyuka, K., A. Druka, D. G. Caldwell, A. Tymon, N. McCallum, R. Waugh, and M. J. Adams. 2005. Evidence that the recessive bymovirus resistance locus *rym*4 in barley corresponds to the eukaryotic translation initiation factor 4*E* gene. Mol. Plant Pathol. 6: 449—458.

Karakousis, A., J. P. Gustafson, K. J. Chalmers, A. R. Barr, and P. Langridge. 2003. A consensus map of barley integrating SSR, RFLP, and AFLP markers. Aust. J. Agric. Res. 54: 1173—1185.

Kato, A., P. S. Albert, J. M. Vega, and J. A. Birchler. 2006. Sensitive fluorescence in situ hybridization signal detected in maize using directly labeled probe produced by high concentration DNA polymerase nick translation. Biotech. Histochem. 81: 71—78.

Kilian, A. and A. Kleinhofs. 1992. Cloning and mapping of telomere-associated sequences from *Hordeum vulgare* L. Mol. Gen. Genet. 235: 153—156.

Kilian, A., D. A. Kudrna, A. Kleinhofs, M. Yano, N. Kurata, B. Steffenson, and T. Sasaki. 1995. Rice-barley synteny and its application to saturation mapping of the barley *Rpg*1 region. Nucleic Acids Res. 23: 2729—2733.

Kilian, A., J. Chen, F. Han, B. Steffenson, and A. Kleinhofs. 1997. Towards map-based cloning of the barley stem rust resistance genes *Rpg*1 and *rpg*4 using rice as an intergenomic cloning vehicle. Plant Mol. Biol. 35: 187—195.

Kilian, A., D. Kudrna, A. Kleinhofs. 1999. Genetic and molecular characterization of barley chromosome telomeres. Genome 42: 412—419.

Kilian, A., E. Huttner, P. Wenzl, D. Jaccoud, J. Carling, V. Caig, M. Evers, K. Heller-Uszynska, C. Cayla, S. Patarapuwadol, L. Xia, S. Yang, and B. Thomson. 2005. The fast and the cheap: SNP and DArT-based whole genome profilling for crop improvement, pp. 443—461. *In* R. Tuberosa, R. L. Phillips, and M. D. Gale (eds.). In the Wake of the Double Helix: from the Green Revolution to the Gene Revolution. Avenue Media, Bologna, Italy.

Kleinhofs, A. and A. Graner. 2001. An integrated map of the barley genome, pp. 187—199. *In* R. L. Phillips and I. K. Vasil (eds.) DNA-Based Markers in Plants, 2nd ed. Kluwer Academic Publishers, Boston.

Kleinhofs, A., S. Chao, and P. J. Sharp. 1998. Mapping of nitrate reductase genes in barley and wheat, pp. 541-546. *In* T. E. Miller and R. M. D. Koebner (eds.). Proc. 7th Int. Wheat Genet. Symp. Bath Press, Cambridge, UK.

Kleinhofs, A., A. Kilian, M. A. Saghai Maroof, R. M. Biyashev, P. Hayes, F. Q. Chen,

N. Lapitan, A. Fenwick, T. K. Blake, V. Kanazin, E. Ananiev, L. Dahleen, D. Kudrna, J. Bollinger, S. J. Knapp, B. Liu, M. Sorrells, M. Heun, J. D. Franckowiak, D. Hoffman, R. Skadsen, and B. J. Steffenson. 1993. A molecular, isozyme and morphological map of the barley (*Hordeum vulgare*) genome. Theor. Appl. Genet. 86: 705—712.

Komatsuda, T., M. Pourkheirandish, C. He, P. Azhaguvel, H. Kanamori, D. Perovic, N. Stein, A. Graner, T. Wicker, A. Tagiri, U. Lundqvist, T. Fujimura, M. Matsuoka, T. Matsumoto, and M. Yano. 2007. Six-rowed barley originated from a mutation in a homeodomain-leucine zipper I class homeobox gene. Proc. Natl. Acad. Sci. U. S. A. 104: 1424—1429.

Kota, R., P. K. Varshney, T. Thiel, K. J. Dehmer, and A. Graner. 2001. Generation and comparison of EST-derived SSRs and SNPs in barley (*Hordeum vulgare* L.). Hereditas 135: 145—151.

Kota, R., S. Rudd, A. Facius, G. Kolesov, T. Thiel, H. Zhang, N. Stein, K. Mayer, and A. Graner. 2003. Snipping polymorphisms from large EST collections in barley (*Hordeum vulgare* L.). Mol. Gen. Genomics 270: 24—33.

Kota, R., P. K. Varshney, M. Prasad, H. Zhang, N. Stein, and A. Graner. 2008. EST-derived single nucleotide polymorphism markers for assembling genetic and physical maps of the barley genome. Funct. Integr. Genomics 8: 223—233.

Kudrna, D., A. Kleinhofs, A. Kilian, and J. Soule. 1996. Integrating visual markers with the Steptoe×Morex RFLP map. In A. Slinkard, G. Scoles, and B. Rossnagel (eds.). 5th International Oat Conference & 7th International Barley Genetics Symposium, Vol. 1. University Extension Press, University of Saskatchewan, Saskatoon, SK, Canada.

Kunzel, G., L. Korzun, and A. Meister. 2000. Cytologically integrated physical restriction fragment length polymorphism map for the barley genome based on translocation breakpoints. Genetics 154: 397—412.

Kurata, N., G. Moore, Y. Nagamura, T. Foote, M. Yano, Y. Minobe, and M. Gale. 1994. Conservation of genome structure between rice and wheat. Biotechnology 12: 276—278.

Kynast, R. G., R. J. Okagaki, M. W. Galatowitsch, S. R. Granath, M. S. Jacobs, A. O. Stec, H. W. Rines, and R. L. Phillips. 2004. Dissecting the maize genome by using chromosome addition and radiation hybrid lines. Proc. Natl. Acad. Sci. U. S. A. 101: 9921—9926.

Lander, E. S. and M. S. Waterman. 1998. Genome mapping by fingerprinting random clones: a mathematical analysis. Genomics 2: 231.

Langridge, P., A. Karakousis, N. Collins, J. Kretschmer, and S. Manning. 1995. A consensus linkage map of barley. Mol. Breed. 1: 389—395.

Lapitan, N. L. V., S. E. Brown, W. Kennard, J. L. Stephens, and D. L. Knudson. 1997. FISH physical mapping with barley BAC clones. Plant J. 11: 149—156.

Lehfer, H., W. Busch, R. Martin, and R. G. Herrmann. 1993. Localization of the B-hordein locus on barley chromosomes using fluorescence in situ hybridization. Chromosoma 102: 428—432.

Leister, D., J. Kurth, D. A. Laurie, M. Yano, T. Sasaki, K. Devos, A. Graner, and P. Schulze-Lefert. 1998. Rapid reorganization of resistance gene homologues in cereal genomes. Proc. Natl. Acad. Sci. U. S. A. 95: 370—375.

Leitch, I. J. and J. S. Heslop-Harrison. 1993. Physical mapping of four sites of 5S rDNA sequences and one site of the *α-amylase-2* gene in barley (*Hordeum vulgare*). Genome 36: 517—523.

Li, J. Z., T. G. Sjakste, M. S. Roder, and M. W. Ganal. 2003. Development and genetic mapping of 127 new microsatellite markers in barley. Theor. Appl. Genet. 107: 1021—1027.

Li, W. and B. S. Gill. 2002. The colinearity of the *Sh2/A1* orthologous region in rice, sorghum and maize is interrupted and accompanied by genome expansion in the Triticeae. Genetics 160: 1153—1162.

Linde-Laursen, I. 1997. Recommendations for the designation of the barley chromosomes and their arms. Barley Genet. Newsl. 26: 1—3.

Linde-Laursen, I. and J. Jensen. 1992. Proposal for new designations of chromosome arms and positions of chromosomal markers. *In* L. Munck (ed.). Barley Genetics VI. Munksgaard International Publishers, Copenhagen.

Liu, K. and S. Sommerville. 1996. Cloning and characterization of a highly repeated DNA sequence in *Hordeum vulgare* L. Genome 39: 1159—1168.

Luo, M. C., C. M. Thomas, F. M. You, J. Hsiao, O. Y. Shu, C. R. Buell, M. Malandro, P. E. McGuire, O. D. Anderson, and J. Dvorak. 2003. High-throughput fingprinting of bacterial artificial chromosomes using the SNaPshot labeling kit and sizing restriction fragments by capillary electrophoresis. Genomics 82: 378—389.

Madishetty, K., P. Condamine, J. T. Svensson, E. M. Rodriguez, and T. J. Close. 2007. An improved method to identify BAC clones using pooled overgos. Nucleic Acid Res. 35: 45.

Mano, Y., S. Kawasaki, F. Takaiwa, and T. Komatsuda. 2001. Construction of a genetic map of barley (*Hordeum vulgare* L.) cross "Azumamugi"×"Kanto Nakate Gold" using a simple and efficient amplified fragment-length polymorphism system. Genome 44: 284—292.

Marcel, T. C., R. K. Varshney, M. Barbieri, H. Afary, M. J. D. de Kock, A. Graner, and R. E. Niks. 2007. A high-density consensus map of barley to compare the distribution of QTLs for partial resistance to *Puccinia hordei* and of defence gene homologies. Theor. Appl. Genet. 114: 487—500.

Masoudi-Nejad, A., S. Nasuda, M. T. Bihoreau, R. Waugh, and T. R. Endo. 2005. An alternative to radiation mapping for large-scale genome analysis in barley. Mol. Gen.

Genet. 274：589—594.

Meyers，B. C.，S. Scalabrin，and M. Morgante. 2004. Mapping and sequencing complex genomes：let's get physical! Nat. Rev. Genet. 5：578—588.

Nasuda，S.，Y. Kikkawa，T. Ashida，A. K. M. Islam，K. Sato，and T. R. Endo. 2005. Chromosome assignment and deletion mapping barley EST markers. Genes Genet. Syst. 80：357—366.

Nilan，R. A. 1964. The Cytology and Genetics of Barley，1951—1962. Washington State University Press，Pullman，WA.

Paterson，A. H.，J. E. Bowers，and B. A. Chapman. 2004. Ancient polyploidization predating divergance of cereals and consequences for comparative genomics. Proc. Natl. Acad. Sci. U. S. A. 101：9903—9908.

Paux，E.，F. Legeai，N. Guilhot，A. F. Adam-Blondon，M. Alaux，J. Salse，P. Sourdille，P. Leroy，and C. Feuillet. 2008. Physical mapping in large genomes：accelerated anchoring of BAC contigs to genetic maps through in silico analysis. Funct. Integr. Genomics 8：29—32.

Pedersen，C. and I. Linde-Laursen. 1995. The relationship between physical and genetic distances at the *Hor*1 and *Hor*2 loci of barley estimated by 2-color fluorescent *in situ* hybridization. Theor. Appl. Genet. 91：941—946.

Pedersen，C.，H. Giese，and I. Linde-Laursen. 1995. Towards an integration of the physical and the genetic chromosome maps of barley by *in situ* hybridization. Hereditas 123：77—88.

Potokina，E.，A. Druka，Z. Luo，R. Wise，R. Waugh，and M. Kearsey. 2008. Gene expression quantitative trait locus analysis of 16,000 barley genes reveals a complex pattern of genome-wide transcriptional regulation. Plant J. 53：90—101.

Pourkheirandish，M.，T. Wicker，N. Stein，T. Fujimura，and T. Komatsuda. 2007. Analysis of the barley chromosome 2 region containing the six-rowed spike gene vrs1 reveals a breakdown of rice-barley micro collinearity by a transposition，Theor. Appl. Genet. 114：1357—1365.

Pozzi，C.，P. Faccioli，V. Terzi，A. M. Stanza，S. Cerioli，P. Castiglioni，R. Fink，R. Capone，K. J. Muller，G. Bossinger，W. Rohde，and F. Salamini. 2000. Genetics of mutations affecting the development of barley floral bract. Genetics 154：1335—1346.

Pozzi，C.，D. di Pietro，G. Halas，C. Roig，and F. Salamini. 2003. Integration of a barley (*Hordeum vulgare*) molecular linkage map with the position of genetic loci hosting 29 developmental mutants. Heredity 90：390—396.

Qi，L. L.，B. Echalier，S. Chao，G. R. Lazo，G. E. Butler，O. D. Anderson，E. D. Akhunov，J. Dvorak，A. M. Linkiewiez，A. Ratnasiri，J. Dubcovsky，C. E. Bermudez-Kandianis，R. A. Greene，R. Kantety，C. M. La Rota，J. D. Munkvold，S. F. Sorrells，M. E. Sorrells，M. Dilbirligi，D. DSidhu，M. Erayman，H. S. Randhawa，D. Sandhu，S. N. Bondareva，K. S. Gill，A. A. Mahmoud，X. F. Ma，Miftahudin，J. P. Gustafson，E. J.

Conley, V. Nduati, J. L. Gonzales-Hernandez, J. A. Anderson, J. H. Peng, N. L. V. Lapitan, K. G. Hossain, V. Kalavacharla, S. F. Kianian, M. S. Pathan, D. S. Zhang, H. T. Nguyen, D. W. Choi, R. D. Fenton, T. J. Close, P. E. McGuire, C. O. Qualset, and B. S. Gill. 2004. A chromosome bin map of 16,000 expressed sequence tag loci and distribution of genes among the three genomes of polyploid wheat. Genetics 168: 701—712.

Qi, X., P. Stam, and P. Lindhout. 1996. Comparison and integration of four barley genetic maps. Genome 39: 379—394.

Qi, X., P. Stam, and P. Lindhout. 1998. Use of locus-specific AFLP markers to construct a high-density molecular map in barley. Theor. Appl. Genet. 96: 376—384.

Ramage, R. T. 1985. Cytogenetics. 127-154. In D. C. Rasmusson(ed.). Barley. American Society of Agronomy, Madison, WI.

Ramsay, L., M. Macaulay, S. degli Ivanissevich, K. MacLean, L. Cardle, J. Fuller, K. J. Edwards, S. Tuvesson, M. Morgante, A. Massari, E. Maestri, N. Marmiroli, T. Sjakste, M. Ganal, W. Powell, and R. Waugh. 2000. A simple sequence repeat-based linkage map of barley. Genetics 156: 1997—2005.

Riera-Lizarazu, O., M. I. Vales, E. V. Ananiev, H. W. Rines, and R. L. Phillips. 2000. Production and characterization of maize chromosome 9 radiation hybrids derived from an oat-maize addition line. Genetics 156: 327—339.

Riera-Lizarazu, O., M. I. Vales, and S. F. Kianian. 2008. Radiation hybrid (HR) and HAPPY mapping in plants. Cytogenet. Genome Res. 120: 233—240.

Rodriguez, M., D. O'Sullivan, P. Donini, R. Papa, E. Chiapparino, F. Leigh, and G. Attene. 2006. Integration of retrotransposons-based markers in a linkage map of barley. Mol. Breed. 17: 173—184.

Rostoks, N., Y.-J. Park, W. Ramakrishna, J. Ma, A. Druka, B. A. Shiloff, P. J. SanMiguel, Z. Jiang, R. Brueggeman, D. Sandhu, K. Gill, J. L. Bennetzen, and A. Kleinhofs. 2002. Genomic sequencing reveals gene content, genomic organization, and recombination relationships in barley. Funct. Integr. Genomics 2: 51—59.

Rostoks, N., J. Borevitz, P. E. Hedley, J. Russell, S. Mudie, J. Morris, L. Cardle, D. Marshall, and R. Waugh. 2005a. Single-feature polymorphism discovery in the barley transcriptome. Genome Biol. 6: R54.

Rostoks, N., S. Mudie, L. Cardle, J. Russell, L. Ramsay, A. Boooth, J. T. Svensson, S. I. Wanamaker, H. Walia, M. Rodriguez, P. E. Hedley, H. Liu, J. Morris, T. J. Close, D. F. Marshall, and R. Waugh. 2005b. Genome-wide SNP discovery and linkage analysis in barley based on genes responsive to abiotic stress. Mol. Gen. Genomics 274: 515—527.

Rostoks, N., L. Ramsay, K. MacKenzie, L. Cardle, P. R. Bhat, M. L. Roose, J. T. Svensson, N. Stein, R. K. Varshney, D. F. Marshall, A. Graner, T. J. Close, and R. Waugh. 2006. Recent history of artificial outcrossing facilitates whole-genome association mapping in elite inbred crop varieties. Proc. Natl. Acad. Sci. U. S. A. 103: 18656

—18661.

Safar, J., J. Bartos, J. Janda, A. Bellec, M. Kubalakova, M. Valarik, S. Pateyron, J. Weiserova, R. Tuskova, J. Cihalikova, J. Vrana, H. Simkova, P. Faivre-Rampant, P. Sourdille, M. Caboche, M. Bernard, J. Dolezel, and B. Chalhoub. 2004. Dissecting large and complex genomes: flow sorting and BAC cloning of individual chromosomes from bread wheat. Plant J. 39: 960—968.

Saghai Maroof, M. A., R. M. Biyashev, G. P. Yang, and Q. Zhang. 1994. Extraordinary polymorphic microsatellite DNA in barley: species diversity, chromosomal locations, and population dynamics. Proc. Natl. Acad. Sci. U. S. A. 91: 5466—5470.

Saghai Maroof, M. A., G. P. Yang, R. M. Biyashev, P. J. Maughan, and Q. Zhang. 1996. Analysis of the barley and rice genomes by comparative RFLP linkage mapping. Theor. Appl. Genet. 92: 541—551.

Salse, J., S. Bolot, M. Throude, V. Jouffe, B. Piegu, U. M. Quraishi, T. Calcagno, R. Cooke, M. Delseny, and C. Feuillet. 2008. Identification and characterization of shared duplications between rice and wheat provide new insight into grass genome evolution. Plant Cell 20: 11—24.

Sarvella, P., B. J. Holmgren, and R. A. Nilan. 1958. Analysis of barley pachytene chromosome. Nucleus 1: 183—204.

Sato, K. and K. Takeda. 2009. An application of high-throughput SNP genotyping for barley genome mapping and characterization of recombinant chromosome substitution lines. Theor. Appl. Genet. 119: 613—619.

Sato, K., N. Nankaku, and K. Takeda. 2009. A high density transcript linkage map of barley derived from a single population. Heredity 103: 110—117.

Scherrer, B., E. Isidore, P. Klein, J.-S. Kim, A. Bellec, B. Chahoub, B. Keller, and C. Feuillet. 2005. Large intraspecific haplotype variability at the Rph7 locus results from rapid and recent divergence in the barley genome. Plant Cell 17: 361—374.

Schulman, A. H. and R. Kalendar. 2005. A movable feast: diverse retrotransposons and their contribution to barley genome dynamics. Cytogenet. Genome Res. 110: 598—605.

Schulte, D., T. J. Close, A. Graner, P. Langridge, T. Matsumoto, G. Muehlbauer, K. Sato, A. H. Schulman, R. Waugh, R. P. Wise, and N. Stein. 2009. The International Barley Sequencing Consortium-at the threshold of efficient access to the barley genome. Plant Phys. 149: 142—147.

Serizawa, N., S. Nasuda, F. Shi, T. R. Endo, S. Prodanovic, I. Schubert, and G. Kunzel. 2001. Deletion-based physical mapping of barley chromosome 7H. Theor. Appl. Genet. 103: 827—834.

Shendure, J. and H. L. Ji. 2008. Next-generation DNA sequencing. Nat. Biotechnol. 26: 1135—1145.

Shepherd, K. W. and A. K. M. R. Islam. 1992. Progress in the production of wheat-barley addition and recombination lines and their use in mapping the barley genome, pp. 99—114.

In P. R. Shewry (ed.). Barley: Genetics, Biochemistry, Molecular Biology and Biotechnology. CAB International, Wallingford, UK.

Shi, F. and T. R. Endo. 1997. Production of wheat-barley disomic addition lines possessing an *Agelops cylindrica* gametocidal chromosome. Genes Genet. Syst. 72: 243—248.

Shi, F. and T. R. Endo. 1999. Genetic induction of structural changes in barley chromosomes added to common wheat by a gametocidal chromosome derived from *Aegilops cylindrica*. Genes Genet. Syst. 74: 49—54.

Shi, F. and T. R. Endo. 2000. Genetic induction of chromosomal rearrangements in barley chromosome 7H added to common wheat. Chromosoma 109: 358—363.

Shin, J. S., L. Corpuz, S. Chao, and T. K. Blake. 1990. A partial map of the barley genome. Genome 33: 803—808.

Shizuya, H., B. Birren, U.-J. Kim, V. Mancino, T. Slepak, Y. Tachiiri, and M. Simon. 1992. Cloning and stable maintenance of 300-kilobase fragments of human DNA in *Eschericia coli* using an F-factor-based vector. Proc. Natl. Acad. Sci. U. S. A. 89: 8794—8797.

Simkova, H., J. T. Svensson, P. Condamine, E. Hribova, P. Suchankova, P. R. Bartos, J. Safar, T. J. Close, and J. Dolezel. 2008. Coupling amplified DNA flow-sorted chromosomes to high-density SNP mapping in barley. BMC Genomics 9: 294.

Singh, R. J. and T. Tsuchiya. 1975. Pachytene chromosomes in barley. J. Hered. 66: 165—167.

Smilde, W. D., J. Haluskova, T. Sasaki, and A. Graner. 2001. New evidence for the synteny of rice chromosome 1 and barley chromosome 3H from rice expressed sequence tags. Genome 44: 361—367.

Smith, L. 1951. Cytology and genetics of barley. Bot. Rev. 17: 1—51. 133—202; 285—355.

Soderlund, C., I. Longden, and R. Mott. 1997. FPC: a system for building contigs from restriction fingerprinted clones. Comput. Appl. Biosci. 13: 523—535.

Sorokin, A., F. Marthe, A. Houben, U. Pich, A. Graner, and G. Kunzel. 1994. Polymerase chainreaction mediated localization of RFLP clones to microisolated translocation chromosomes in barley. Genome 37: 550—555.

Spielmeyer, W., R. P. Singh, H. McFadden, C. R. Wellings, J. Huerta-Espino, X. Kong, R. Appels, and E. S. Lagudah. 2008. Fine scale genetic and physical mapping using interstitial deletion mutants of *Lr*34/*Yr*18: a disease resistance locus effective against multiple pathogens in wheat. Theor. Appl. Genet. 116: 481—490.

Steffenson, B. J., P. Olivera, J. A. Roy, Y. Jin, K. P. Smith, and G. J. Muehlbauer. 2007. A walk on the wild side: mining wild wheat and barley collections for rust resistance genes. Aust. J. Agric. Res. 58: 532—544.

Stein, N., D. Perovic, J. Kumlehn, B. Pellio, S. Stracke, S. Streng, F. Ordon, and A. Graner. 2005. The eukaryotic translation initiation factor 4*E* confers multiallelic recessive

Bymovirus resistance in *Hordeum vulgare*(L.). Plant J. 42：912－922.

Stein，N.，M. Prasad，U. Scholz，T. Thiel，H. Zhang，M. Wolf，R. Kota，R. K. Varshney，D. Perovic，I. Grosse，and A. Graner. 2007. A 1000-loci transcript map of the barley genome：new anchoring points for integrative grass genomics. Theor. Appl. Genet. 114：823－839.

Stephens，J. L.，S. E. Brown，N. L. V. Lapitan，and D. L. Khudson. 2004. Physical mapping of barley genes using an ultrasensitive fluorescence in situ hybridization technique. Genome 47：179－189.

Struss，D. and J. Plieske. 1998. The use of microsatellite markers for detection of genetic diversity in barley populations. Theor. Appl. Genet. 97：929－936.

Szucs P.，V. C. Blake，P. R. Bhat，T. J. Close，A. Cuesta-Marcos，G. J. Muehlbauer，L. V. Ramsay，R. Waugh，and P. M. Hayes. 2009. An integrated resource for barley linkage map and malting quality QTL alignment. Plant Genome 2：134－140.

Taketa，S.，S. Amano，Y. Tsujino，T. Sato，D. Saisho，K. Kakeda，M. Nomura，T. Suzuki，T. Matsumoto，K. Sato，H. Kanamori，S. Kawasaki，and K. Takeda. 2008. Barley grain with adhering hulls is controlled by an *ERF* family transcription factor gene regulating a lipid biosynthesis pathway. Proc. Natl. Acad. Sci. U. S. A. 105：4062－4067.

Thiel，T.，A. Graner，R. Waugh，I. Grosse，T. J. Close，and N. Stein. 2009. Evidence and evolutionary analysis of ancient whole-genome duplication in barley predating the divergence from rice. BMC Evol. Biol. 9：209.

Tsuchiya，T. 1960. Cytogenetic studies of trisomics in barley. Jap. J. Bot. 17：177－213.

Turner，A.，J. Beales，S. Faure，R. P. Dunford，and D. A. Laurie. 2005. The pseudo-response regulator *Ppd-H*1 provides adaptation to photoperiod in barley. Science 310：1031－1034.

Valarik，M.，J. Bartos，P. Kovarova，M. Kubalakova，J. H. De，and J. Dolezel. 2004. High-resolution FISH on super-streched flow-sorted plant chromosomes. Plant J. 37：940－950.

Van Deynze，A. E.，J. C. Nelson，E. S. Yglesias，S. E. Harrington，D. P. Braga，S. R. McCouch，and M. E. Sorrells. 1995. Comparative mapping in grasses. Wheat Relat 248：744－754.

Varshney，R. K.，H. Zhang，E. Potokina，N. Stein，P. Langridge，and A. Graner. 2004. A simple hybridization-based strategy for the generation of non-redundant EST collections—a case study in barley (*Hordeum vulgare* L.). Plant Sci. 167：629－634.

Varshney，R. K.，T. C. Marcel，L. Ramsay，J. Russell，M. S. Roder，N. Stein，R. Waugh，P. Langridge，R. E. Niks，and A. Graner. 2007. A high density barley microsatellite consensus map with 775 SSR loci. Theor. Appl. Genet. 114：1091－1103.

Vogel，J. and T. Hill. 2008. High-efficiency *Agrobacterium*-mediated transformation of *Brachypodium distachyon* inbred line Bd21-3. Plant Cell Rep. 27：471－478.

Vogel，J. P.，D. F. Garvin，O. M. Leong，and D. M.，Hayden 2006a. *Agrobacterium*-mediated transformation and inbred line development in the model grass *Brachypodium*

distachyon Plant Cell Tissue Organ Cult. 84: 199—211.

Vogel, J. P., Y. Q. Gu, P. Twigg, G. R. Lazo, D. Laudencia-Chingcuanco, D. M. Hayden, T. J. Donze, L. A. Vivian, B. Stamova, and D. Coleman-Derr. 2006b. EST sequencing and phylogenetic analysis of the model grass *Brachypodium distachyon*. Theor. Appl. Genet. 113: 186—195.

Wardrop, J., J. W. Snape, W. Powel, and G. C. Machray. 2002. Constructing plant radiation hybrid panels. Plant J. 31: 223—228.

Wardrop, J., J. Fuller, W. Powell, G. C. Machray. 2004. Exploiting plant somatic radiation hybrids for physical mapping of expressed sequence tags. Theor. Appl. Genet. 108: 343—348.

Waugh, R., K. McLean, A. J. Flavell, S. R. Pearce, A. Kumar, B. B. T. Thomas, and W. Powell. 1997a. Genetic distribution of Bare-1-like retrotransposable elements in the barley genome revealed by sequence-specific amplification polymorphisms. Mol. Gen. Genet. 253: 687—694.

Waugh, R., N. Bonar, E. Baird, B. Thomas, A. Graner, P. Hayes, and W. Powell. 1997b. Homology of AFLP products in three mapping populations of barley. Mol. Gen. Genet. 255: 311—321.

Waugh, R., J.-L. Jannink, G. J. Muehlbauer, L. Ramsay. 2009. The emergence of whole genome association scans in barley. Curr. Opin. Plant Biol. 12: 218—222.

Wei, F., R. A. Wing, and R. P. Wise. 2002. Genome dynamics and evolution of the Mla (powdery mildew) resistance locus in barley. Plant Cell 14: 1903—1917.

Wendl, M. C. and R. H. Waterston. 2002. Generalized gap model for bacterial artificial chromosome clone fingerprint mapping and shotgun sequencing. Genome Res. 12: 1943—1949.

Wenzl, P., J. Carling, D. Kudrna, D. Jaccoud, E. Huttner, A. Kleinhofs, and A. Kilian. 2004. Diversity arrays technology (DArT) for whole-genome profiling of barley. Proc. Natl. Acad. Sci. U. S. A. 101: 9915—9920.

Wenzl, P., H. Li, J. Carling, M. Zhou, H. Raman, E. Paul, P. Hearnden, C. Maier, L. Xia, V. Caig, J. Ovesna, M. Cakir, D. Poulsen, J. Wang, R. Raman, K. Smith, G. J. Muehlbauer, K. J. Chalmers, A. Kleinhofs, E. Huttner, A. Kilian. 2006. A high-density consensus map of barley linking DArT markers to SSR, RFLP and STS loci and agricultural traits. BMC Genomics 7: 26.

Wenzl, P., H. Raman, J. Wang, M. Zhou, E. Huttner, and A. Kilian. 2007. A DArT platform for quantitative bulked segregant analysis. BMC Genomics 8: 196.

Wicker, T. and B. Keller. 2007. Genomewide comparative analysis of copia retrotransposons in Triticeae, rice, and *Arabidopsis* reveals conserved ancient evolutionary lineages and distinct dynamics of individual copia families. Genome Res. 17: 1072—1081.

Wicker, T., S. Taudien, A. Houben, B. Keller, A. Graner, M. Platzer, and N. Stein. 2009. A whole-genome snapshot of 454 sequences exposes the composition of the barley genome and provides evidence for parallel evolution of genome size in wheat and barley. Plant J. 59：712—722.

Yan，G. P.，X. M. Chen，R. F. Line，and C. R. Wellings. 2003a. Resistance gene-analog polymorphism markers cosegregating with the *Yr*5 gene for resistance to wheat stripe rust. Theor. Appl. Genet. 106：636—643.

Yan，L.，A. Loukoianov，G. Tranquilli，M. Helguera，T. Fahima，and J. Dubcovsky. 2003b. Positional cloning of the wheat vernalization gene *VRV*1. Proc. Natl. Acad. Sci. U. S. A. 100：6263—6268.

Yu，Y.，J. P. Tomkins，R. Waugh，D. R. Frisch，D. Kudrna，A. Kleinhofs，R. S. Brueggeman，G. J. Muehlbauer，R. P. Wise，and R. A. Wing. 2000. A bacterial artificial chromosome library form barley（*Hordeum vulgare* L.）and identification of clones containing putative resistance genes. Theor. Appl. Genet. 101：1093—1099.

von Zitzewitz，J.，P. Szucs.，J. Dubcovsky，L. Yan，E. Francia，N. Pecchioni，A. Casas，T. H. H. Chen，P. M. Hayes，and J. S. Skinner. 2005. Molecular and structural characterization of barley vernalization genes. Plant Mol. Biol. 59：449—467.

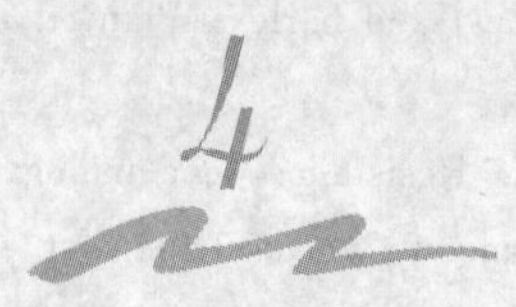

基因组分析：了解大麦基因的现状

Arnis Druka, Kazuhiro Sato, Gray J. Muehlbauer

1. 前　言

大麦(*Hordeum vulgare* L.)对短生长周期和许多非生物胁迫(如冷害、干旱、碱化和盐害)具有很强的适应性和耐性。因此,全球气候范围内均适合大麦的种植,且大麦是全球第四大谷类作物。大麦谷粒主要用于动物饲料和酿酒工业,分别约占大麦年生产总量的 2/3 和 1/3。近年来,由于发现大麦对人类健康有潜在功能,它亦用作食物(Baik 和 Ullrich, 2008)。这些功能成分包括高含量的 β-葡聚糖、维生素 E、生育三烯酚、总膳食纤维和可溶性膳食纤维(Fastnaught, 2001)。由于这些成分对人类健康的作用已得到普遍认同,全球的大麦种植将会有所增加。

鉴于大麦在全球农业中的重要性,遗传学家很早就开展了大麦基因的作用和功能的研究。这些研究的主要目标是揭示农艺性状(如产量、抽穗期和株高)、抗虫性、非生物胁迫耐性以及酿酒品质性状等遗传机制。大麦是禾本科中的自花授粉作物,其基因组是由七对染色体组成的二倍体(2n=2x=14)。大麦基因组的大小约为 53 亿碱基(Arumuganathan 和 Earle, 1991),其中 80%以上由重复序列组成。数十年来,大麦遗传学家收集和鉴定突变体表型,并研发出了遗传图谱。大麦庞大的基因组限制了基因关联至性状的研究进展。随着基因组学方法和技术的发展,控制重要农艺、品质和发育性状的基因可被分离,并能大规模、有效地加以研究。在本章中,我们将综述已开发的结构和功能基因组资源和数据库,以及已分离和表征的控制重要性状的基因。

2. 结构基因组学方法

纵观发展历程,大麦基因克隆的难点在于其基因组的庞大和缺乏有效的基因组学方法。自20世纪90年代以来，大麦基因组学方法的研发突飞猛进，促进了许多控制重要性状的基因的分离。本节我们将简要阐述当前的一些基因组学方法。

(1)表达序列标签(ESTs)

ESTs是从cDNA克隆库中获取的长度通常为300～600 bp的cDNA片段。ESTs提供了从表达的基因中获取大量基因序列的方法。cDNA文库由mRNA组成，而这些mRNA代表了在组织中表达和被分离的基因。自2000年以来，多个大麦EST重大项目从表达的基因中获取了大量的基因序列(Zhang等，2004)。截至2009年1月，大麦ESTs在GenBank(http://www.ncbi.nlm.nih.gov/)中的总数是539,689条。这些EST数据主要由以下五个国家的研究小组所贡献：美国、德国(IPK Gaterslaben)、日本(冈山大学)、英国(苏格兰作物研究所)和芬兰(赫尔辛基大学)。这些EST项目的cDNA文库是在生物和非生物胁迫条件下从多个不同发育时期和组织类型中获得的。此外，八个不同基因型的大麦用于cDNA文库的构建。因此，大麦研究团体收集的基因序列代表了不同组织、处理条件以及基因型中表达的基因。

(2)全长cDNAs (FLcDNAs)

FLcDNAs是获得的全长mRNA序列，包括编码区、5'非编码区和3'非编码区(UTRs)。开发富含FLcDNAs的cDNA文库需要多个操作步骤。生物素标签帽捕获(biotinylated cap trapper)法已广泛用于获得高比例的全长cDNAs(Carninci等，1996；1997)。FLcDNAs对基因组序列的定位、基因预测以及评估开放阅读框是非常有用的，同时它可提供基因编码蛋白的初级结构，并用于开发多肽集合指纹数据库以鉴定由基因驱动的翻译蛋白。大麦第一套综合的FLcDNA序列由Sato等(2009b)所开发。从15种不同的组织和处理条件下分离到mRNA，然后采用CAP捕获的方法，利用mRNA混合池开发了FLcDNA文库(Carninci等，1998)。在25,000个目标标签中，已有5,006个被克隆，并经测序和存入GenBank，同样也存储至另外一个独立的数据库http://www.shigen.nig.ac.jp/barley/。与水稻氨基酸和Uniprot数据库进行比对，证实了60%的克隆包含完整的编码序列。FLcDNAs与大麦EST图谱上27%的EST序列具有高同源性，从而在大麦每条染色体上锚定了151～233条FLcDNAs。今后，这些FLcDNAs将是大麦基因组注释上非常有用的资源。

(3)细菌人工染色体(BAC)文库

大片段插入的基因组文库是物理图谱构建、图位克隆和基因组测序的重要资源。BAC载体系统(Shizuya等，1992)因其具有稳定携带DNA长片段的能力和易于操作的特点而成为非常重要的遗传工具。目前已成功构建了7个

BAC 文库,其中 6 个文库是利用北美啤用大麦品种 Morex(Lapitan 等, 1997; Yu 等, 2000; Schulte 等, 2009),另外一个 BAC 文库使用了日本啤用大麦品种 Haruna Nijo (Saisho 等, 2007)。Morex 的 5 个 BAC 文库覆盖大麦基因组大小的 25 倍以上(Schulte 等, 2009)。Haruna Nijo 的 BAC 文库由 294,912 个克隆组成,每个克隆插入片段的平均长度为 115.2kb,整个文库覆盖了大麦基因组大小的 6.6 倍 (Saisho 等, 2007)。多个基因组资源中心已经建立了存储和分类这些大片段插入的基因组文库。克莱姆森大学基因所(CUGI; https://www.genome.clemson.edu/)负责分配 Yu 及其同事开发的 Morex 的 BAC 文库(代码为 HV_MBa)。Haruna Nijo 的 BAC 文库(代码为 HNB)可从国际生物资源计划(http://www.nbrp.jp)获取。

(4)遗传图谱

大麦遗传学家用了数十年的时间,利用经典的三点测验法连锁分析突变体开发了高质量的遗传图谱(Franchowiak 等, 1997)。然而,随着分子标记的发展,有数百甚至数千个标记的遗传图谱已被构建。人们首先利用限制性片段长度多态性(RFLP)标记,构建了多个大麦群体的遗传图谱 (Graner 等, 1991; Heun 等, 1991; Kleinhofs 等, 1993)。由于 RFLP 标记在物种之间的通用性,这种标记对早期进化的同线性研究以及谷类作物之间基因组的共线性研究,是十分有用的(Moore 等, 1995; Devos 和 Gale, 1997; Devos, 2005)。此后,扩增片段长度多态性(AFLP)标记广泛用于高密度图谱构建(Waugh 等, 1997; Hori 等, 2003; Takahashi 等, 2006)。但是,AFLP 标记的弊端在于难以克服实验的通用性和重复性。基于序列聚合链式反应为基础的标记,即序列标签位点(STS)标记(Mano 等, 1999)和简单序列重复(SSR)标记 (Ramsay 等, 2000; Varshney 等, 2006),可以提供更多、更可靠的信息。Stein 等(2007)采用结合标记检测的方法,构建了一张包含 1,032 条 EST 序列代表基因座的遗传图谱。Sato 等(2009a)采用单个作图群体,构建了一张包含 2,890 个基因座的大麦 EST 高通量遗传图谱。因而,RFLP、STS 和 SSR 标记作为遗传图谱上重要的锚点将会继续使用。

近年来,单核苷酸多态性(SNPs)作为一类分子标记系统,在大麦及很多物种上被广泛应用。EST-SNPs 从基因序列中获取,它有助于开展高通量的基因型分析。Rostoks 等(2005b)描述了基于 SNP 连锁图谱的构建方法。然而近些年来,在大麦分子标记系统和遗传连锁图谱构建上实现了一个重大突破,就是采用基于 GoldenGate 芯片技术(Illumina 公司,美国圣地亚哥)的低费用、高通量和高质量的基因型分析。GoldenGate 技术是利用 SNP 芯片检测特定的等位基因。大麦 SNP 分析的发展主要归因于美国国家科学基金会资助 Timothy Close (美国加州大学河滨分校)和两个大的大麦关联作图计划:美国大麦农业协作

(CAP)计划(http://barleycap. cfans. umn. edu/)和英国优异大麦遗传关联(AGOUEB)计划(http://www. agoueb. org/)。目前已构建了一张含有超过2,943个基因的SNP标记综合的连锁图谱(Close等，2009;http://harvest. ucr. edu/)。

另外两个相似的高通量标记系统是多态性芯片技术(DArT)和寡聚核苷酸多态性(SFP)技术。已开发并在大麦基因组上定位的DArT标记超过2,000个(Wenzl等，2004；2006)。在大麦基因组上定位的SFP标记超过4,000个(Luo等，2007)。综上所述，大麦基因组已具有理想的分子标记密度，有利于分子育种、图位克隆、整合遗传图谱和BAC文库物理图谱。有关遗传图谱的详细介绍见本书第三章。

(5)物理图谱和基因组测序

物理图谱上将基因锚定到基因组需要采用各种方法。Künzel等(2000)通过显微镜观察了大麦染色体的易位，并利用图谱上的RFLP标记结合PCR确定了240个易位断裂点的位置。该项工作为整合物理距离和遗传距离提供了机会，也可以鉴定出重组频率高和重组频率低的区域。小麦—大麦染色体异附加系同样可以用于基因在染色体上的定位。这些异附加系含有完整的小麦基因组和一条大麦的染色体(Islam等，1981)。Nasuda等(2005)利用一套小麦—大麦染色体和染色体臂异附加系，通过PCR分析将大麦非冗余的3' EST组配到大麦基因组的7条染色体上(Islam等，1981；Islam等，1983；Islam和Shepherd，1990；2000)。这些研究者使用整倍体小麦(*Triticum aestivum*，中国春)和大麦(*H. vulgare* Betzes)的DNA作为模板，根据EST序列设计引物进行PCR，鉴定了仅在大麦DNA模板中能扩增的EST序列。他们将701条EST序列分配到单个大麦基因组和染色体臂：1H(75条)，2H(127条)，3H(119条)，4H(93条)，5H(108条)，6H(82条)，7H(97条)。

开发有助于基因组最终测序的BAC文库的物理图谱是一项国际合作研究。美国国家自然基金资助Timothy Close(美国加州大学河滨分校)发起了这一合作。Madishetty等(2007)开发了一项利用overgo探针鉴定包含基因的BAC克隆的高通量方法。从EST序列中获得的10,000多个overgo探针，在Morex的BAC文库中鉴定到83,381个包含基因的克隆。这些由指纹识别的克隆所构成的重叠群大概涵盖大麦全部基因的2/3(http://phymap. ucdavis. edu/barley/)。近年来，Morex的4个新BAC文库已构建，大约覆盖相当于20倍大麦单倍体基因组(Schulte等，2009)。在这些实验室，大约550,000个克隆(大约覆盖14倍大麦基因组)将被指纹识别和聚集在重叠群(Schulte等，2009)。为了补充这些结果，将利用BAC末端测序对350,000个BAC进行测序(http://www. public. iastate. edu/imagefpc/ IBSC% 20Webpage/IBSC%

20Template-home.html)。此外,这些研究努力将 BAC 重叠群的结果与 SNP 以及基于 DArT 标记的遗传图谱进行整合。因此,在不久的将来,将会产生一张强大的、与遗传图谱整合的 BAC 物理图谱。

国际大麦测序联盟(IBSC; http://www.public.iastate.edu/imagefpc/IBSC%20Webpage/IBSC%20Template-home.html)发布了有关大麦基因组测序的白皮书,为大麦基因组物理图谱构建和测序工作提供了合作和沟通的渠道。国际大麦测序联盟的总体目标是建立一套"黄金标准"的大麦基因组序列。目前有两种方法用于基因组测序:确定一个重叠最少具有图谱的 BAC 克隆库,并对其进行测序(BAC-by-BAC 策略),以及利用全基因组鸟枪法测序。大麦庞大的基因组和高比例的重复序列可能会妨碍全基因组鸟枪法测序。然而,新一代测序技术(Shendure 和 Ji, 2008)最终有可能克服这些障碍。当前这些技术的应用已表明,基因可以在 BAC 克隆和基因组序列中得到鉴定(Wicker 等, 2006; 2008)。在大麦基因组的测序中,将可能采用新一代测序技术,即将 BAC-by-BAC 策略与全基因组鸟枪法结合起来。

(6)基因表达谱

国际合作开发大麦 EST 序列的里程碑是 Affymetrix 公司(http://www.affymetrix.com/)公开发布了 22K 大麦第一代基因芯片。这张芯片以从不同组织和基因型品种中获得的约 350,000 条 EST 序列为基础,包含了大麦的 21,439 个基因(Close 等, 2004)。自第一代基因芯片发布以来,该芯片已经成为大多数大规模进行 mRNA 表达谱研究的平台。本章此后将介绍 Affymetrix 芯片技术和大麦基因芯片应用的一些研究结果,也阐述 Affymetrix 基因芯片的一种替代技术:Agilent 点矩阵芯片技术。

(7)Affymetrix 基因芯片

Affymetrix 微阵列基因芯片的基本组成板块是通过影印石版技术将 25 个碱基长度的寡脱氧核苷酸(探针)合成在石英表面的特定位置(特征点)(http://www.affymetrix.com/; Barone 等, 2001)。一张微阵列基因芯片通常有多于百万个点,用于探针的合成,允许一个基因有多个探针(通常是 22 个)。其中,11 个探针与代表基因的 mRNA 序列完全吻合(PM)(通常称之为"标本")。在剩余的 11 个非吻合的探针(MM)中,含有非互补的碱基用于检测和消除可能的错误以及基因表达检测时的污染信号。这一方法的假设是,MM 探针将与非特异的序列(背景)杂交,杂交效率与 PM 探针相同,因此可定量和扣除假阳性信号。逻辑上是结合了统计算法,利用探针组的 22 个探针检测各自的表达量。其他一些统计算法已被发展和应用,这些方法中,MM 信号并不用于相对表达量的计算(Hochreiter 等, 2006; Millennaar 等, 2006)。对于 Affymetrix 基因芯片,标记的过程和信号的产生涉及生物素合成和标记 cRNA，接着是两步法信号增强。基因芯片杂交通常是单个样品一张芯片，而两种染料 mRNA 表达谱实验设计适用于两个样本，每个样本标记不同的颜色，然后在单个基因芯片上进行杂交。

• **微阵列基因芯片——应用事例**

mRNA 表达谱的概念是，在不同条件或者处理下测得的基因 mRNA 丰度，可为基因功能研究提供线索，或是 mRNA 表达谱为已知目标基因提供生物学解释。基因芯片可以同时检测数千个基因的 mRNA 丰度。

(8)对照研究

大麦第一代基因芯片最早的应用之一是为大麦研究者提供一套基因表达的参照数据。Druka 等(2006)测定了从大麦品种 Morex 15 个组织所获取的 21，439 个基因的 mRNA 丰度。该研究的设计、实施和经费资助涉及世界各地的大麦研究者，包括英国、美国、德国、芬兰、日本和澳大利亚的研究小组。这套数据已被广泛应用，推动了许多研究项目。

(9)非生物和生物胁迫响应

大麦是耐盐作物，对世界盐渍化的干旱和半干旱地区十分重要。对 mRNA 表达谱的研究，已表明在盐害、干旱和低温胁迫下转录组发生重排。Walia 等(2007)以盐胁迫和非胁迫的大麦幼苗为材料，鉴定出与茉莉酸信号有关的基因。另一项类似的研究鉴定到大麦参与响应低温和干旱胁迫的基因(Tommasini 等，2008)。在这些研究中，80%以上的响应基因与拟南芥的基因相似，表明响应这些胁迫的分子机制具有保守性。

一些 mRNA 表达谱实验检测了大麦与茎锈病(*Puccinia graminis* f. sp. *tritici*)、白粉病(*Blumeria graminis* f. sp. *hordei*)和赤霉病(*Fusarium graminearum*)病原真菌的相互作用(Caldo 等，2004；2006；Boddu 等，2006；2007；Zhang 等，2008)。Zhang 等(2008)利用携带茎锈病抗性基因 *Rpg*1 的大麦转基因株系，研究发现大麦茎锈病显性抗病基因 *Rpg*1 对多数但并非全部的茎锈病真菌 *Puccinia graminis* f. sp. *tritici*(*Pgt*)具有抗性。将 *Rpg*1 基因转入敏感型品种黄金希望(Golden Promise)，导致转基因植株抗 *Pgt* 病原菌 MCC 类型而不抗 QCC 类型。该研究的目的是为了鉴定病原菌侵染早期过程中受诱导或者抑制的基因，以阐明 *Rpg*1 防御的分子机制。黄金希望(Golden Promise)和 *Rpg*1 转基因株系 G02-448F-3R 与两种 *Pgt* 病原菌(MCC 和 QCC)类型之间的所有组合，均已用于 mRNA 表达谱分析。此后的分析鉴定到在早期侵染、过敏反应前或病原菌生长受抑制过程中差异表达的基因。这些研究结果为分析 *Rpg*1 调控病害抗性功能提供了候选信号。

(10)基于芯片的克隆

通过比较大麦突变体和野生型的 mRNA 丰度差异，可以在有变异的突变体中鉴定被敲除的基因。这些基因是与表型变化相关的候选基因,或者至少有助于鉴定发生突变(缺失)的物理位置。此外,mRNA 表达谱可用于鉴定受突变影响了 mRNA 表达水平的其他基因,因此有利于推断基因调控网络。利用大麦—茎锈病植物病害系统已证明这一方法的应用价值(Zhang 等, 2006;Druka 等, 2008b)。快中子诱变通常产生染色体内片段的缺失。携带茎锈病抗性基因 *Rpg*1 的大麦品种 Morex,通过快中子诱变的一个突变,经鉴定它对茎锈病病原菌类型 MCC 敏感。遗传分析、*Rpg*1 基因的 mRNA 和蛋白表达水平表明,该突变是一个 *Rpg*1 基因的抑制子,命名为 *Rpr*1(required for *p. graminis* resistance)。mRNA 表达谱分析发现,与野生型相比,许多基因在突变体中发生下调。遗传分析鉴定到三个基因在 *rpr* 突变体中发生缺失,三个基因均与 *rpr* 调控的敏感表型共分离。由此推测,抗性的丢失是由于突变体缺失区域一个或多个这类基因或者其他基因的缺失之故,而这些基因可能在第一代大麦基因芯片中不存在(Zhang 等, 2006)。从这套基因芯片表达谱数据中获得了其他两个差异表达基因,并被定位到不同染色体上,与一个茎锈病抗性 QTL 位点的位置一致(Druka 等, 2008b)。这些基因是大麦—茎锈病互作调控通路中的主要候选基因。

(11)物理图谱

基因芯片也可以用于基因在染色体和染色体臂上的物理定位。小麦—大麦二倍体和双末端的染色体异附加系自 20 世纪 80 年代创制以后,一直作为遗传工具而广泛应用(Islam 等, 1981; Islam, 1983; Islam 和 Shepherd, 1990)。大麦第一代基因芯片用于大麦品种 Betzes、小麦品种中国春和中国春—Betzes 染色体和双端体异附加系的比较转录组分析,物理定位大麦基因到它们各自的染色体和染色体臂位置(Cho 等, 2006; Bilgic 等, 2007)。如在 Betzes 和双端体异附加系中转录但在中国春中不转录的基因,被定位到携带双端体的异附加系的相应染色体臂上。1,257 个大麦基因已定位到染色体臂 1HS, 2HS, 2HL, 3HS, 3HL, 4HS, 4HL, 5HS, 5HL, 7HS 和 7HL (Bilgic 等, 2007)。

(12)SFP 图谱

SNP 和碱基的插入会影响 25 个碱基长度的寡聚合脱氧核糖核甘酸(基因芯片的基本构件)在其靶序列上的结合。这类微小的差异代表了一部分自然产生的序列多态性的形式,为应用基因芯片进行基因型分析和定位创造了可能性(Borevitz 等, 2003; Rostoks 等, 2005a; Luo 等, 2007)。在大麦研究中已报道过,利用 4,000 多个单独的 SFPs,在 Steptoe×Morex 的 150 个 DH 株系中精确预测了 98%以上的 SNP 基因型。这些结果极大地丰富了序列的多态性信息,但是大多数 SFPs(大约 64%)没有显示出序列的多态性(Luo 等, 2007)。这些发现反映在大麦第一代基因芯片的设计上，探针的筛选是依据多个大麦基因型的EST序列的比对结果。多数情况下，探针是根据序列比对的保守区域进行设计的。这解释了基于SFP预测SNP相对较弱的原因，但数千个SFPs在探针结合的区域不存在DNA多态性的原因，仍然不甚清楚。最为显而易见的解释是，选择性剪切或者可变聚腺苷酸化均会直接影响探针的结合。与基因3'末端的距离、碱基组成、序列相近位置的多态性均会间接地影响与探针的结合。

(13)遗传基因组学

1994年，Damerval及其同事介绍了一种"同时分析大量基因产物数量变异的遗传构造"方法。他们认为，"这种方法可能有助于理解调控网络的遗传构造和相关基因的多态性的适应或表型意义"(Damerval等，1994)。大约20年后，这种方法命名为"遗传基因组学"(Jansen和Nap，2001)。最初，Damerval的实验以蛋白丰度作为分子表型阐明变异。当前，随着大规模mRNA表达谱平台的发展，以基因表达为基础的方法已广泛应用。高通量测序和基因组测序的发展是开发这种方法最关键的因素(Schadt等，2005；Rockman和Kruglyak，2006；Druka等，2010)。

遗传基因组学方法的基础是比较相同物种不同基因型之间的mRNA丰度。这种比较可揭示数百甚至数千个基因因基因型而异的差异表达。经典的遗传基因组学实验是检测由两个不同基因型(亲本)杂交获得的实验作图群体中个体的表达谱。作为每个后代个体检测的结果，mRNA丰度被视为"表现型"或"替代的表现型"。这类表型可以用现有的数量遗传分析统计工具进行分析。因此，mRNA丰度(通常也当作基因表达水平)可以作为性状用于分析，与在QTL检测上的任何其他传统(高阶的)性状(如谷物产量)没有差别(图4.1)。与经典的高阶性状的最大不同是，现有的基因组工具可以高度平行的方式获得上万个基因的mRNA丰度值。然而，解释mRNA丰度QTL和高阶性状QTL是截然不同的。对于高阶性状QTLs，调控基因或是未知的，或是检验这样的假设：基因来自其他实验。对于mRNA丰度性状，基因的序列是已知的。因此，首要的问题是，在检测转录丰度的QTL(通常当作表达数量性状[eQTL])时，基因的位置是否与其转录丰度QTL位置一致。肯定的回答则意味着调控mRNA丰度或者基因表达的因子与基因相邻(称顺式调控)。另一方面，如果eQTL位置与基因物理位置不同，则可推测是由于基因的反式调控。大麦这类尚未测序的物种，其大多数基因还没有定位，数千个基因的顺式作用eQTLs的鉴定对构建高密度遗传图谱有十分重要的价值。图4.1展示了eQTL定位如何补充传统的遗传方法以推论基因型与表现型的连锁。一旦连锁建立，推论的路线可以采用顺式和反式调控的概念进行详细阐述。与传统性状类似，采用传统的剂量-效应或时程实验的高通量mRNA表达谱的目的通常在于鉴定响应的基因。响应的基因对于确定与生物学过程相关的代谢或发育通路是非常重要的。但是，这类实验通常产生的大量基因给基因验证提供了过多的选择。候选基因的数目可以通过筛选与高阶性状 QTLs 一致的 mRNA 丰度 QTLs 而得以减少。如果出现 QTLs 不一致的情况，研究者应该考虑重新设计 mRNA 表达谱或者高阶性状 QTL 作图试验。mRNA 表达谱的使用受限于由 mRNA 丰度的变异决定或导致的性状。然而，许多性状可以与 mRNA 丰度的变异没有关联。例如，蛋白的丰度或者酶的活性也被当作高阶性状一种供选择的“替代”表型。

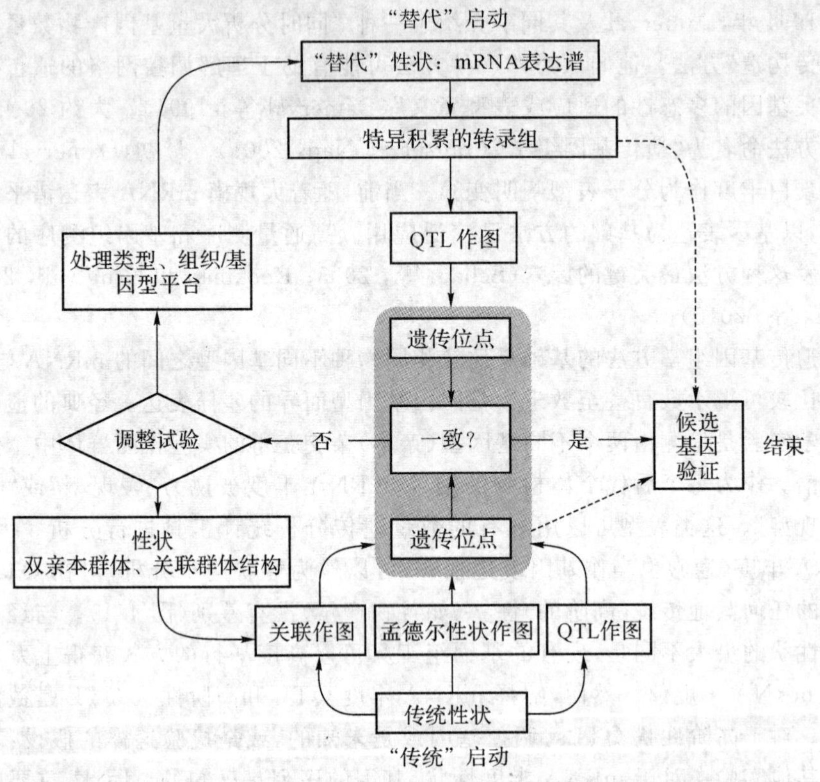

图 4.1　开发用“替代”表型的理念推断高阶性状候选基因的流程

大麦研究中已报道过以 150 份重组 DH 株系和大麦第一代基因芯片为材料的遗传基因组学研究(Potokina 等，2008)。该群体是由一个高产饲用大麦 Steptoe 与一个麦芽品质大麦 Morex 杂交构建的。首先利用 RFLP 标记对该群体进行基因型分析，随后开发了第一批大麦基因分子图谱(Kleinhofs 等，1993)。同时，对该群体也进行了大量表型鉴定，主要为麦芽和产量相关性状，已鉴定到调控这些性状的 QTLs(Hay 等，1993；Han 等，1995；Kandemir 等，2000；Clancy 等，2003；Ullrich 等，2008)。因此，从遗传基因组学研究获取的 mRNA 丰度数据，也可以在 legacy 数据中进行分析。以下几点总结了遗传基因组学研究的结果：

(1)在大约16,000大麦基因中已鉴定到影响12,987个基因表达的23,738个eQTLs。在具有表达变异的基因之中，1/3以上仅鉴定到一个eQTLs。与其他剩余基因表达连锁的QTL数量范围在2～6个。在很大比例的数量控制转录子中，均发现有顺式和反式作用。在这个群体中，一半以上转录子主要表现为受顺式eQTLs调控(Potokina等，2008)。

(2)这些mRNA丰度QTL性状的应用潜力，可以作为替代性状以鉴定控制高阶性状的候选基因，已在有深入研究的大麦与小麦茎锈病原菌*Pgt*.互作上得到佐证。在这个例子中，转录丰度QTL补充或者代替了许多传统的基因分离方法(Druka等，2008b)。

(3)比对现有SNP遗传连锁图谱和转录丰度QTL以及水稻物理图谱，构建了一张含6,000多个标记的综合性大麦基因图谱(Druka和Waugh，未发表)。

- **Agilent微矩阵芯片：Affymetrix基因芯片的替代**

大麦第一代基因芯片已证明是一个高效的研究平台。然而，该技术的费用相对较高，并且目前更多新的、可利用的ESTs并未出现在第一代基因芯片中。因此，定制的微矩阵芯片可以提供一个花费相对较低、更加灵活的基因芯片替代平台。Agilent(http://www.chem.agilent.com/)推出了几种不同形式的即时、现成的客户芯片，适用于多种常见物种。Agilent专利的喷墨原位合成法(IJISS)，在改进的玻璃板表面直接合成代表目标基因的寡核苷酸序列(60 mers)或者探针。高质量的芯片产品可根据待研究的基因数目非常灵活地确定规格，可以在一张板上容纳达240,000个基因的序列。当前，已有两种44K大麦Agilent定制的微矩阵芯片(Druka等，2010)。44K微矩阵芯片至少可以容纳2倍于大麦第一代基因芯片的基因。

3. 功能基因组学

将基因功能分配到序列需要功能测试，验证特定的基因所响应的表型。由于多种原因，大麦功能基因组学操作工具的开发进展缓慢，其原因有：缺乏内在活跃的转座系统，庞大的基因组大小以及低通量的转化效率。在过去的几年中，已开发出多种研究基因功能的功能基因组学方法。目前有两种常用的检验基因功能的方法。显然，它们分别是采用正向遗传学或者反向遗传学的方法。

(1)反向遗传学

反向遗传学是从基因序列出发，利用遗传工具鉴定基因功能。正如上文所述，国际大麦测序联盟已经构建了一个很大的EST序列收集库，并利用大麦第一代基因芯片在多个发育时期、组织类型和非生物或生物胁迫条件下测试基因的转录积累量。EST 序列和大麦第一代基因芯片的试验结果，对于检验基因功能假设或鉴定某个突变体表型的基因都是十分有用的资源。为了验证这些假设，功能验证是必需的。目前已开发出多种研究基因功能的反向遗传学工具。

• 转基因植株的基因抑制和过量表达

在转基因植株中验证基因是功能遗传学的常用方法。大麦遗传转化技术于 20 世纪 90 年代开发出来（Wan 和 Lemaux，1994；Tingay 等，1997）。有关大麦遗传转化现状的详细介绍见第六章。尽管大麦转化是可能的，但通量低，仅有少数基因在转化植株中被鉴定。如同上文所述，一个例子是敏感型大麦（*rpg*1）中导入 *Rpg*1（茎锈病抗性）基因，导致转化植株对茎锈病有抗性（Horvath 等，2003）。另一个例子是下文将要介绍的 *Hv-elF*4*E* 基因，该基因对大麦黄花叶病毒（BYMV）复合体有抗性，将敏感型的 *Hv-elF*4*E* 基因转化到抗性的基因型中，导致转化的植株对大麦花叶病毒敏感（Stein 等，2005）。这些例子表明，在转基因植株中验证基因是非常有效的功能基因组学方法。

在植物中通过 RNA 干扰（RNAi）技术对基因下调表达已取得了显著的改善。该方法在许多植物中常用于基因的下调（Chuang 和 Meyerowitz，2000）。双链 RNA 干扰（dsRNAi）通过同源依赖的后转录基因沉默途径而起作用。因此，RNAi 是下调家族成员基因的非常理想的方法，可克服基因的冗余。RNAi 技术本应在大麦上有很好的应用，但大麦低效的转化体系阻碍了该技术在稳定的转基因大麦中应用。至今，有关在稳定的转化大麦中利用 RNAi 下调大麦基因的研究尚未有过报道。

• 定向诱导基因组局部突变技术（TILLING）

TILLING 首先是在拟南芥上发展起来的（McCallum 等，2000a；2000b）。TILLING 的目的是鉴定序列已知而功能未知基因的等位基因。一旦鉴定到该基因的等位基因，则携带这一基因的植株可用于具体的表型鉴定，以此推断基因的功能。TILLING 依赖单个基因型诱变的大规模群体的种子，从植株混合的组织中分离 DNA，从 DNA 混合样品中扩增目标基因，并对目标基因突变体进行检测。此后的操作是发展和鉴定 TILLING 群体的通用方法。诱变剂处理某一基因型获得 M_0 种子，种植产生 M_1 植株。为确保每个突变体是由独立的诱变事件所产生，各 M_1 植株的成熟种子单粒收获，此为 M_2 代。M_2 代植株取样，提取 DNA，混合，并收获 M_3 种子。M_2 代植株的混合 DNA 作为突变体筛选的模板。目标基因突变检测包括异源核酸分子双链 DNA 结构的剪切及其产物的识别。已有多种方法用于检测异源核酸分子双链结构；大多数是利用 CelI 酶降解异源核酸分子双链 DNA 结构和电泳检测消化的片段。M_3 种子作为正向遗传学的资源，并用于验证 M_2 代检测到的突变体。以上步骤旨在获得许多目标基因的等位突变体，突变在功能完全和部分功能失去的各种表型之间。突变表型和目标基因等位差异的最终关联需要有各种等位基因。

已经构建了利用两种诱变剂诱变的两个大麦TILLING群体。Caldwell等(2004)利用甲基磺酸乙酯(EMS)构建了品种为Optic的诱变群体，并通过鉴定大麦朊(*hordoindoline-a*)和花器官调控子(*floral organ regulator*-1)基因，表明这一群体的实用性。Talame等(2008)利用叠氮化钠(NaN_3)构建了品种为Morex的诱变群体，并鉴定了包括*HvCO*1、*Rpg*1、*eIf*4*E*和*NR* 4个基因的新的等位基因。Optic和Morex群体均已用于筛选目标基因的突变体和鉴定新的突变表型。

TILLING具有多种优势。当群体已构建和混合DNA已分离时，筛选特定基因的突变体是高通量的。许多扩增子可以快速检测，且成本相对较低。此外，与插入突变通常导致产生功能失去的突变体相比，TILLING产生的等位基因表型较广，变异在功能完全失去与有部分功能之间。广泛的表型有可能直接应用于育种程序，或用于基因的功能研究。另外，TILLING不需要转化，因此不需要特殊的保存设施。

- **病毒诱导基因沉默(VIGS)**

VIGS的开发实现了基因功能的快速和瞬时检验。在稳定的转基因植株建立前，VIGS为快速检验基因功能提供了可能性。当植株受一种载有与宿主基因同源的基因的病毒侵染时，VIGS系统就起作用了。病毒性感染和复制诱导任何与病毒携带基因具有同源性的基因，在转录后发生沉默。所有的同源RNA，包括病毒的RNA被降解(Ruiz等，1998)。在大麦上，VIGS系统的建立利用了大麦条纹花叶病毒(BSMV)(Holzberg等，2002)。BSMV是大麦病毒属家族的一种三重正义RNA病毒。Holzberg等(2002)表明，VIGS可用于下调茄红素去色(PDS)基因。PDS需要类胡萝卜素合成，保护叶绿素防止降解。植株接种了携带PDS基因的VIGS载体后，则表现为漂白色，表明在大麦中可能瞬时下调了基因的表达。

BSMV-VIGS已用于检验*Mla*13调控的白粉病抗性中的*Rar*、*Sgt*1和热激蛋白90(*Hsp*90)的功能(Hein等，2005)。正如下文所述，*Rar*、*Sgt*1和*Hsp*90对于*Mla*调控的白粉病抗性是必需的。研究者发现，在*Avr*13白粉病分离小种侵染过程中，*Rar*、*Sgt*1或*Hsp*90基因被沉默，导致形成敏感的表型。这些结果验证了*Rar*和*Sgt*1基因对于*Mla*13调控白粉病抗性是必需的结论，并阐明了*Hsp*90基因也是必需的。此外，研究者验证了BSMV-VIGS体系可用于大麦基因功能的检验。

- **瞬时诱导基因沉默(TIGS)**

一种快速、特异的TIGS分析方法已被开发，用于研究大麦—白粉病的互作机制(Douchkov等，2005)。白粉病的致病菌是*B. graminis* f. sp. *hordei*

(Bgh),该病菌是活体病菌在细胞自动发生模式下侵染表皮细胞。TIGS 的基本思路是,在表皮细胞中检验 RNAi 发夹结构携带的基因的表达,然后在这些细胞中研究 Bgh 的侵染过程。因此,RNAi 构造使目标基因在表皮细胞中转录后因沉默而表达下调,并可以研究基因对白粉病菌侵染的影响(Douchkov 等,2005)。结合 Gateway™技术快速产生构造的能力,以及随着图像分析技术的提高,每月可以分析大约 300 个基因(Wise 等, 2009)。至今,利用这一系统已测定出了许多的基因(Wise 等, 2009)。

(2)正向遗传学

正向遗传学的主要工具是突变体。大麦遗传学家在搜集和鉴定突变体上已用了几十年时间。因而,大麦研究团体拥有大量突变体资源,已开展正向遗传学研究。此外,最近发展的基因学方法完善了大规模突变体和正向遗传学的研究。

• **突变体**

大麦长期来广泛用于突变体研究以及此后的突变体收集和鉴定。大麦二倍体的属性使其能进行突变筛选和检验。在发展进程中,大麦遗传学家收集了自发的或人工诱变的突变体。这些突变体有组织地保存在阿伯丁国家小谷物收集库和瑞典北欧遗传资源中心的遗传学家和育种家的收集库中(Lundqvist 和 Franckowiak, 2003)。为了加强突变体的利用和便于获得,400 多个突变体的等位基因已导入至品种 Bowman(Franckowiak 等, 1997)。有关 Bowman 导入系的信息见《大麦遗传通讯》第 26 期(http://wheat.pw.usda.gov/ggpages/bgn/26/bgn26tc.html)。这些突变体为功能研究和基因克隆提供了丰富的资源。

多种诱变剂用于诱变产生大麦突变体。X 射线是最早用在诱变处理大麦产生突变体(Stadler 等, 1928)。中子和化学诱变剂也已用于产生大麦突变体。中子诱变常常导致大量基因组缺失,伴随雄性或者雌性不育。化学诱变剂如 EMS 和叠氮化钠已广泛应用,它们有高频率的点突变。有关诱变剂用于诱导大麦突变体的综述请参见 Lundqvist 和 Franckowiak(2003)。

多种基因符号的命名方法已报道过,并已被采用(Smith, 1951; Nilan, 1964; Lundqvist 等, 1996)。大麦基因座命名和基因符号最初在《大麦遗传通讯》上提出,并得到国际大麦遗传联盟的支持(Franckowiak 等, 1997)。目前的命名体系采用三个描述性的字母命名每个基因座。隐性突变体用所有小写字母;否则,首字母大写。基因座的指定遵循一个数字表述一个特定的基因座,并且一个小写字母定义一个特定的等位基因。例如:*Lnt*1 是 *Low number of tillers* 1 基因座的缩写,*lnt*1.*a* 是一个特异等位基因。一些代表大麦生殖和营养发育性状的表型见图 4.2 和图 4.3。

(a) 棱型

(b) 花序分枝

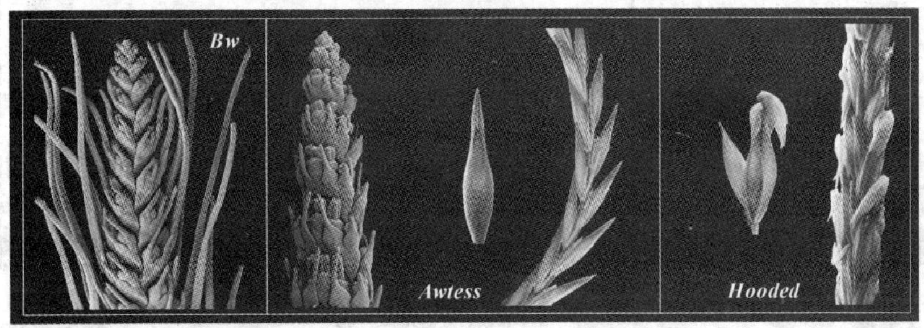

(c) 芒的发育

(d) 穗轴节间长度

图 4.2 大麦花序棱型、花序分枝、芒和穗轴发育性状的突变体类型

图 4.2 中，*vrs*1 和 *Vrs*1 等位基因分别代表六棱和二棱花序类型。*Aberrent spike morphology* 2 和 3 突变体是花序分枝突变体的代表实例。*Awnless* 和 *Hooded* 突变体代表芒发育异常的突变体。*Laxatum* 和 *Dense spike* 突变体代

表不同穗轴节间长度的突变体。突变体剥除小穗的穗轴如图 4.2 所展示。大麦品种 Morex (Mx)、Bowman (Bw)和突变体发育过程的花序解剖电子显微镜扫描图也如图 4.2 中所展示。

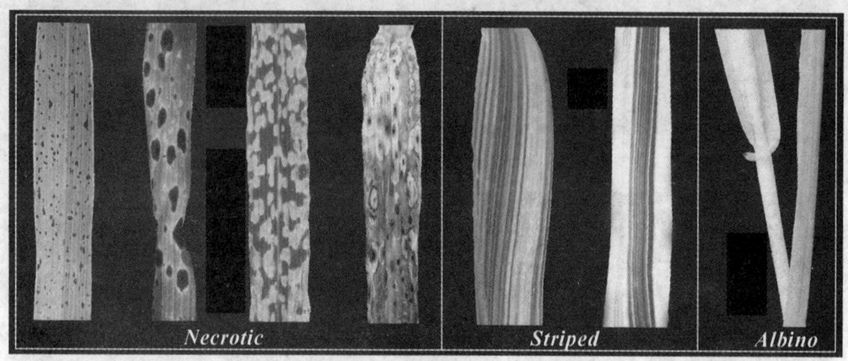

(a) 叶色

(b) 分蘖

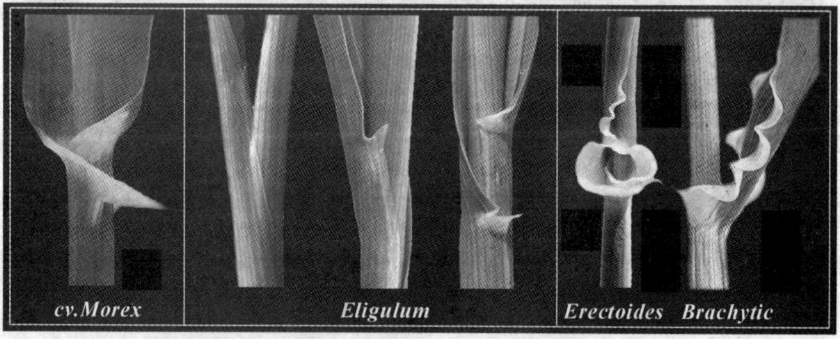

(c) 叶舌区

图 4.3 大麦叶色、分蘖和叶舌区营养发育相关性状的突变体类型。

- **激活子(*Ac*)和 *DS* 转座子标签**

玉米激活子转座酶(*Ac*TPase)基因是一个自主的转座子,指导自身和非自发元件 *Ds* 的转座。在玉米和异源植物中,如西红柿(Jones 等, 1994)、拟南芥

(Springer 等，1995)、烟草(Whitham 等，1994)和矮牵牛(Chuck 等，1993)中，*Ac*/*Ds* 转座子作为转座标签基因。Koprek 等(2000)率先开发了携带玉米 *Ac*/*Ds* 转座子可用于转座标签基因的转基因大麦。携带玉米 *Ac* 元件和单独携带玉米 *Ds* 元件的大麦转基因株系也已培育而成。含 *Ac* 元件的株系与含 *Ds* 元件的株系杂交，可产生 *Ds* 元件转座。在 F_2 群体中，大约 47%的 *Ds* 元件发生转座。检测 F_3 代发现，75%的 *Ds* 元件转座事件与原来的 *Ds* 基因组位置连锁，而 25%的 *Ds* 元件转座事件与其最初的基因组位置不连锁。目前已开发了携带 *Ds* 元件覆盖大麦全基因组的各种株系。在两个实验室中，19 和 100 个独立的 *Ds* 插入位点已被定位(Coorper 等，2004；Zhao 等，2006)。这些插入位点可用于今后突变的切入点。Singh 等(2006)发现通过多代 *Ds* 元件的转座，*Ds* 元件主要转座在编码基因的区域。该研究证实了 *Ac*/*Ds* 转座系统可构建高饱和度突变体。当突变体被鉴定后，*Ds* 元件可以通过分离，经植株筛选，可获得不含 *Ac* 元件的稳定植株。分离突变表型调控基因的序列，可以直接将 *Ds* 序列作为探针从携带 *Ds* 元件的植株基因库中获得基因序列。或者是，利用各种基于 PCR 方法(如热不对称交错 PCR [TAIL]-PCR)扩增 *Ds* 插入位点的侧翼序列。尽管 *Ac*/*Ds* 转座体系对于激活 *Ds* 元件非常有效，但是携带独立 *Ds* 元件的株系数目目前仍然很少，因此，*Ac*/*Ds* 转座体系主要作为一种正向遗传学的工具。

- **激活标签**

把开发的转基因植株具有的强启动子构造称作激活标签。其原理是，携带转基因启动子的植株，由于异源转基因启动子引起插入位点附近位置的随机基因的表达，可表现为特定的表型。Ayliffe 等(2007)创制了携带由两个玉米泛素基因启动子驱动的 *Ds* 转座元件的转基因大麦。其原理是通过 *Ac* 激活，*Ds* 将转座到附近的基因，并且强激活的泛素启动子将驱动基因的表达。转座的 *Ds* 元件主要驱动 *Ds* 元件侧翼基因的表达。这些大麦转基因株系在鉴定显性过量表达突变体和消除功能基因冗余对功能缺失突变体的恢复的影响上，是十分有用的。

4. 基因组信息和数据库

大麦领域拥有存储着大麦遗传和基因组信息的各种数据库，它们很容易从网上获取。这里，我们列举一些网站的数据库和相关信息(表 4.1)。

表 4.1 大麦基因组相关信息的公共数据库和获取网站

数据库	网址	文献来源
NCBI	http://www.ncbi.nlm.nih.gov/	美国政府维护网站
ArrayExpress	http://www.ebi.ac.uk/microarray-as/ae/	Parkinson 等(2007)
BarleyBase	http:// barleybase.org/	Shen 等(2005) Wise 等(2007)
GrainGenes	http://www. graingenes.org/	O'sullivan 等(2007)
HarvEST	http://www. Harvest-web.org/	S. wanamaker 和 T. J. Close 等(未发表)
GeneNetwork	http://www. genenetwork.org/	Druka 等(2008a) Wang 等(2003)
CR-EST	http://pgrc.ipk-gatersleben.de/cr-est/	Not available
MapMan	http://mapman.gabipd.org/web/guest/	Thimm 等(2004)
Barley Datebase	http://www.shigen.nig.ac.jp/barley/	无法使用
The Gene Index Project	http://compbio.dfci.harvard.edu/tgi/	无法使用
Barley SNP Datebase	http://bioinf.scri.ac.uk/barley_snpdb/	Rostoks 等(2005b)
Barley Genetic Stocks AceDB Datebase	http://ace.untamo.net/	无法使用
Barley Mutant Datebase	http://germinate.scri.ac.uk/barley/mutants/index.php? option=com_wrapper<emid=35	Caldwell 等(2004)
TILLMore	http://www.distagenomics.unibo.it/TILLMore/	Talame 等(2008)
The Hordeum Toolbox	http://hordeumtoolbox.org/	无法使用
List of germplasm datebases	http://www. bioversityinternational. org/index.php? id=168	无法使用

美国国家生物技术信息中心(NCBI; http://www.ncbi.nlm.nih.gov/)成立于 1988 年,是美国国立卫生研究院(NIH)下属的美国国立医学图书馆(NLM)的组成部分。这是公认的分子生物信息的来源之一,NCBI 的目标是建立新的信息技术,通过自动系统存储和分析分子生物学、生物化学和遗传学相关的数据集合,为理解分子和遗传基础提供帮助。NCBI 同时致力于开发和提高数据库、数据存放和交换以及生物学命名法的标准。存储序列数据和 mRNA 表达数据集合分别是 GenBank (GB) 和基因表达集(GEO)。两个数据库均链接到专业文献库 PubMed。PubMed 是美国的一个搜索服务器。NLM 包含溯源至 20 世纪 50 年代的生物医学文献,来源于美国联机医学文献分析和检索系统 MEDLINE 以及其他生命科学期刊,拥有 17,000,000 多条引文。PubMed 可以

链接到全文文献和其他相关资源。如 2009 年 1 月，“大麦”在 NCBI 数据库中相关的文献引文和文献摘要 9,957 条（PubMed），EST 记录 539,689 条以及 23,106个 UniGene 条目（来源于表达序列簇的基因）。UniGene（http://www.ncbi.nlm.nih.gov/sites/entrez? db=unigene）是 NCBI 中收集和提供的物种转录组的综合结果。各个 UniGene 条目都是从相同转录位点（基因或表达的假基因）获取的一致的碱基序列，并具有蛋白相似性、基因的表达、cDNA 克隆反应物和基因组位置的信息。NCBI 在网站（http://www.ncbi.nlm.nih.gov/projects/mapview/map_search.cgi? taxid=4513）也提供了一些大麦遗传连锁图谱。

GEO（http://www.ncbi.nlm.nih.gov/geo）在 NCBI 中是作为主导和公共存储基因表达的数据。该数据库有网站式的用户界面、应用、可以有效利用的图像、可视化的特点，以及数百个芯片研究结果的释条。数据可以通过用户友好工具从实验中心和基因中心的透视图中进行检验，不需要芯片分析专家或花费大量时间下载大量的数据集合。目前，已有 25 个大麦实验数据存储在 GEO。

ArrayExpress（http://www.ebi.ac.uk/microarray-as/ae/）是另一个芯片数据的公共数据库（Parkinson 等，2007）。ArrayExpress 以档案的形式服务，提供获取芯片数据、相关文献和一些基于基因表达谱的知识。ArrayExpress 数据库中的数据可通过各种参数进行搜索，如物种、作者或者试验中描述所使用的词。ArrayExpress 数据库也包括芯片数据挖掘、分析和可视化所配套的表达分析工具，以及 MIAMExpress——在线数据递交工具。至 2008 年，ArrayExpress 数据库中已有 20 个大麦研究结果，它们代表着 754 个实验。

Microarray Retriever（http://www.lgtc.nl/MaRe）是致力于开发能进行交换分析的研究工具，将 GEO 和 ArrayExpress 获取的表达数据结合起来。这一工具允许同时进入两个数据库。复杂的搜索可用于检索数据库，可从发表的文章中检索芯片数据，以及将数据下载到一定的结构档案中。

BarleyBase（http:// barleybase.org/）（Shen 等，2005）及其后续数据库 PLEXdb（http://plexdb.org/），是植物和植物病理大规模基因表达分析的公共资源库。BarleyBase 存储了大量物种的芯片数据，它们包括拟南芥、大麦、柑橘、棉花、镰胞菌、葡萄、玉米、苜蓿、杨树、水稻、大豆、甘蔗、西红柿和小麦。

选择 legacy 和经典遗传学数据的数据库是 GrainGenes（http://www.graingenes.org/）（O'sullivan 等，2007）。它存储的信息有：遗传图谱、基因、等位基因、遗传标记、表型数据、QTL 分析、试验方案和有关小麦族（小麦[*T. aestivum*]、大麦[*H. vulgare*]、黑麦[*Secale cereale*]和其近源野生种，以及燕麦[*Avena sativa*]和其近源野生种）的文献。这个数据库可以用文本检索、浏览、逻辑检索以及 MySQL 命令或者通过管理者产生的参数进行初步查询。

GrainGenes 也可作为研究者的信息点以及项目目标和结果交流的一种工具，亦可作为讨论的论坛。

大麦属工具盒 THT(http://hordeumtoolbox.org/)，由大麦 CAP(http://www.barleycap.org/)开发，包含系谱、SNP 基因型和 10 个美国大麦育种项目的高代育种系的表型数据。THT 收藏在 GrainGenes 数据库结构中。用户可以筛选任何数据类型和育种系的组合进行下载。此外，THT 也存储 SNP 图谱和提供大麦第一代基因芯片探针组和 SNP 标记的连锁图(通过访问 BarleyBase)。

HarvEST(http://www.Harvest-web.org/)，已成为最受大麦分子遗传学家欢迎的工具之一。HarvEST 是强调基因功能的主要 EST 数据浏览软件，它以比较基因组学和设计寡聚核苷酸为方向，为芯片设计、功能注释以及物理和遗传定位等研究提供服务。“HarvEST：Barley”是 HarvEST 的组成部分，为比较基因组定位提供附加的功能。HarvEST 由美国加州大学河滨分校 Timothy Close，Steve Wanamaker，Mikeal Roose 和 Matthew Lyon 所开发。HarvEST 包含一个 ACE 文件浏览器，允许用户检验序列比对结果，易于发现与保守序列有差异的位置。这些序列由 CAP3 软件(Huang 和 Madan，1999)拼接，并被 Affymetrix 公司开发成大麦第一代基因芯片(Close 等，2004)，为基因富含区域的 BAC 克隆筛选开发了覆盖探针(Zheng 等，2006)，也是 Illumina 寡核苷酸池分析 SNP 的来源之一(Rostoks 等，2006b)。来自 4 个大麦作图群体的约有 3,000个 SNP 标记的整合图谱以及水稻共线性浏览器，可在位点上显示出来。这些已定位的部分 SNP 以最小路径的方式与 BAC 克隆相整合。HarvEST 也与其他序列数据库超链接和附属链与 NCBI 相连，成为在线 BLAST 搜索公共 dbEST 数据库。

GeneNetwork(http://www.genenetwork.org/)是最近开发的分析大麦遗传数据的工具(Druka 等，2008a)。GeneNetwork 是在线分析环境下，帮助用户检验有关组成性状的遗传假设，如 mRNA 丰度，可能与环境互作情况下复杂的生物表型(高阶性状)有关。转录的丰度、表型性状和基因型之间的关联可以通过相关性或者遗传连锁作图建立。

Barley DB Datebase(http://www.shigen.nig.ac.jp/barley/)包含了日本冈山大学大麦种质资源和大麦基因组资源信息。这个数据库包含了 5,006 条完全长度 cDNA 序列和 134,928 条 EST 序列。冈山大学收集的大麦种质资源及其信息也可以在线获取。

作物 EST 数据库(CR-EST)是一个公共的在线资源，提供获取 IPK 植物遗传学和作物研究院 Gatersleben (http://pgrc.ipk-gatersleben.de/cr-est)作物 EST 项目的序列、分类、聚类和注释数据。数据库的主要部分是大麦 EST 数据。该数据库网站的应用可对 CR-EST 进行 BLAST 搜索，从基因本体和代谢途径上注释查询和检索，如同序列相似性基于 BLASTX 检索的蛋白数据库的结果。CR-EST 也对基于 JAVA 的工具起作用，如开放阅读框的可视化和基因本体定位到 EST 的分析。

MapMan(http://mapman.gabipd.org/web/guest/)是一个用户驱动工具，可以显示基因在代谢途径或者其他过程的表达数据图解。MapMan 是由德国联邦教育和研究部资助的 GABI 计划所开发的一个基因组分析工具(Thimm 等，2004)。在大麦上，MapMan 已被用于研究转录组和种子成熟与发芽之间的联系(Sreenivasulu 等，2008b)。

基因索引项目(http://compbio.dfci.harvard.edu/tgi/)根据可利用的 EST 序列和基因序列，连同任何可用的参考基因组，提供一个包括可能的基因和基因多态性的详细目录，以及基因和基因产物作用的注释信息。至 2008 年 6 月 3 日，HvGI 最新版 10.0 包含 41,206 个当时所有的序列。

目前已有多个描述大麦突变遗传库的数据库。最经典的数据库是大麦遗传库 AceDB 数据库(http://ace.untamo.net/)。它存储在《大麦遗传通讯》(http://wheat.pw.usda.gov/ggpages/bgn/)，介绍大部分遗传库的信息。其他两个数据库存放两个 TILLING 项目：大麦突变体数据库(http://germinate.scri.ac.uk/cgi-bin/mutantsdatebase/index.pl)(Caldwell 等，2004)和 TILLMore(http://www.distagenomics.unibo.it/TILLMore/)(Talame 等，2008)的正向遗传学的部分突变体表型。

此外，还有大量其他网站提供各种大麦相关的信息，可用于浏览和下载。有关这些资源的综述见 Sreenivasulu 等的报道(2008a)。

5. 基因克隆与鉴定

在过去的几年，上文所介绍的许多工具和信息已用于分离控制大麦农艺性状、抗虫性和一些有意义的突变体的基因。尽管开发了不少基因组学工具，但大麦庞大的基因组和缺乏基因组序列仍阻碍着大麦重要基因的大规模图位克隆。在此，我们将列举一些控制重要或者有意义表型的基因的分离和鉴定。

(1)控制发育表型的基因

大麦第一个被分离的基因是控制发育表型，命名为 *Hooded*(MÜller 等，1995)(图 4.2)。大麦的小花由远轴的(背部)外稃和近轴的(腹部)内稃包围的浆片、三个雄蕊以及雌蕊组成。芒是由外稃发育所形成。大麦突变体 *Hooded* 的显性基因导致在芒上形成反向小花。利用玉米同源基因 *Knotted*1(*Kn*1)的同源序列作为探针，从一个大麦 cDNA 库中克隆到 *Hooded* 基因(MÜller 等，1995)。突变体 *Hooded* 的表型是由于基因的第四个内含子存在一个 305 bp 片段的重复，使该基因在外稃芒表面异位表达，从而导致异常小花原基形成。玉米 *Kn*1 基因的显性突变使 *Kn*1 基因在叶片异位表达，导致叶片转变为叶鞘组织，破坏了叶舌结构(Smith 等，1992)。有意思的是，将玉米 *Kn*1 基因转入大麦，其异位表达呈现大麦突变体 *Hooded* 的表型(Williams-Carrier 等，1997)。这些研究结果表明，同源基因在大麦和玉米中的异位表达产生不同的表型。

大麦的穗是由三个小穗一组(一个在中间和两个在侧面)在每个穗轴点上交替排列。栽培大麦的中间小穗可育，而两侧的小穗或可育(六棱)、或不育(二棱)。两侧的小穗不育主要由 *vrs*1 基因座所控制。*vrs*1 基因座的显性基因 *Vrs*1 控制形成二棱穗型，而功能丧失的隐性等位基因 *vrs*1 产生六棱穗型(图 4.2)。野生大麦表现为二棱穗型，而 *vrs*1 基因座的突变体形成六棱穗型。六棱穗型极可能与产量增加有关。*Vrs*1 基因已通过图位克隆的方法被分离，并显示为编码一个同源异型结构域—亮氨酸链 I 转录因子(Komatsuda 等，2007)。通过对六棱和二棱的栽培和野生大麦种质材料的序列分析，认为二棱大麦是六棱大麦的起源祖先，六棱大麦极有可能存在基因多次重复。此外，RNA 在二棱大麦的原位杂交表明，*vrs*1 基因在两侧小穗特异表达，而不在中央小穗和小穗原基表达，因此进一步证实了 *vrs*1 基因有抑制两侧小穗发育功能的假设(Komatsuda 等，2007)。

大麦是闭花授粉，故是典型的自花授粉作物。闭花授粉是由于外稃和内稃在花粉释放期间保持关闭所致。大浆片和小浆片分别与非闭花授粉(如开花受精)和闭花授粉相关(Honda 等，2005)。闭花授粉对非闭花授粉为隐性，受 *Cly*1 基因控制。Nair 及其同事(2010)通过图位克隆的方法，分离到 *Cly*1 基因。*Cly*1 基因编码一个与拟南芥 *AP*2 转录因子同源的基因，包含两个 *AP*2 结构域和一个推测的 microRNA172 靶位点。在 microRNA172 靶位点上，鉴定到两个独立的同义突变碱基和闭花授粉之间相关联。在非闭花授粉的背景下，microRNA172 指导剪切 *Cly*1 基因。因此，Nair 及合作者(2010)推测，microRNA172 指导 *Cly*1 基因的下调表达，结果使浆片发育，导致非闭花授粉。在 *cly*1 基因 microRNA172 靶位点上，碱基的变化阻碍了 *cly*1 基因的下调，使浆片不能发育，导致闭花受粉。

大麦一般有冬性和春性两种生长习性之分。冬性类型大麦的开花需要春化处理，而春大麦的开花不需要春化处理。通过同源克隆的方法，已鉴定到控制春/冬生长习性的三个基因(*VRN-H*1,*VRN-H*2 和 *VRN-H*3)。*VRN-H*1 位于 5H 染色体上，编码 MADS 盒的一个转录因子(Trevaskis 等，2003)，并在这类转录因子家族中发现了一个保守的序列 motif，它对植物的正确开花时间非常重要。这种序列通常并不命名。*VRN-H*1 是标准的基因术语的形式。*VRN-H*2 位于 4H 染色体上，编码一个锌指蛋白 CCT(CONSTANS,CONSTANS 类似和

TOC)结构域转录因子(ZCCT)(Yan 等，2004)。VRN-H3 编码的基因产物与拟南芥开花基因座(FT)的编码产物相似(Yan 等，2006)。开花基因在不同春化和日长处理下的互作模式为：*VRN-H*2 负向控制 *VRN-H*1 和 *VRN-H*3 基因，从而抑制开花。春化处理和短日照条件均会抑制 *VRN-H*2 基因的表达，导致 *VRN-H*1 和 *VRN-H*3 基因的表达，结果为开花。另外，*VRN-H*3 基因受长日照(LDs)条件表达上调，并诱导 *VRN-H*1 基因的表达，也导致开花。当 *VRN-H*1 基因上调表达，会下调 *VRN-H*2 基因的表达，这样形成一个循环圈。进一步研究需要明确这些蛋白产物的互作是直接的、还是间接的，以及鉴定在这个通路上起作用的其他基因。

光周期或者日照长度调控着植物的开花。在大麦中，*Ppd-H*1 基因座是主要响应日照长度和控制开花的因子。*ppd-H*1 隐性基因的表达抑制响应长日照(LDs)，而 *Ppd-H*1 显性基因响应长日照。大麦 *Ppd-H*1 基因已通过图位克隆的方法得到分离，该基因在大麦、水稻和短柄草具有同线性(Turner 等，2005)。研究表明 *Ppd-H*1 基因编码一个假响应调控子，调控光周期途径基因的生理周期的表达。研究也表明光周期和春化作用途径内部相关，通过对光周期下游基因 *VRN-H*3 的调控而起作用(Cockram 等，2007)。栽培大麦和野生大麦 *Ppd-H*1 基因的序列表现出基因型与地理区域存在一定的关系(Cockram 等，2007)。表现无响应表型的等位基因主要存在于生长周期长的欧洲中部和北部。表现有响应的表型的等位基因主要存在于欧洲南部、亚洲西南部和地中海流域的野生大麦，这与野生大麦表现长日照的开花特性一致。这些结果表明，*Ppd-H*1 基因在特定的地理区域对大麦的产量有影响。

有壳/裸的颖果受一个单基因座 *Nud* 调控，位于第七染色体的长臂上。*Nud* 基因已通过图位克隆被克隆，它编码一个乙烯响应因子(ERF)家族转录因子蛋白(Taketa 等，2008)。基因验证表明，100 份测试的裸大麦均有 ERF 基因，含有一个 17kb 片段的缺失。另外，X 射线诱变的两个 *nud* 等位基因在 ERF 转录因子基因中存在 DNA 损伤。研究检测到所有被测试的裸大麦均存在一个 17kb 片段的缺失，证实了裸大麦为单一起源的假设。*Nud* 基因的表达是特异的，在外种皮的部位表达，推测其功能是调控果皮表皮的脂类组成成分(Taketa 等，2008)。

两个控制 *uzu* 和 *slender* 突变表型的基因已被鉴定和分离。*uzu* 隐性突变体为矮小的表型，积累高含量的油菜素内酯，与野生型相比，对外施油菜素内酯的响应显著降低。*Uzu* 基因已被分离，它编码一个油菜素内酯受体(Chono 等，2003)。*Slender*1(*Sln*1)基因座的显性突变体对赤霉素(GA)不敏感，结果导致矮小的表型。相反，*Slender*1(*Sln*1)基因座的隐性突变表现对 GA 有响应，导致植株细长。*Sln*1 基因已被分离，它与拟南芥 *GAI*/*RGA*、小麦 *Rht* 和玉米 D8 基因相关(Peng 等, 1999; Chandler 等, 2002)。研究结果表明,*Sln*1 基因是一个 GA 响应的调节子。

植物类病斑或者坏死突变体是形态突变的一大类,在没有病原菌存在的条件下,表现出各种不同的病害损伤表型。这些突变体对于鉴定细胞程序化死亡(PCD)途径的相关基因是很有意义的。细胞程序化死亡(PCD)与衰老相关联,并且在植物—病原菌互作上有重要作用。以 *nec*1 和 *necS*1 突变体为代表的两个基因已被克隆,这两个基因导致似病害损伤或坏死的表型(图 4.3)。*Nec*1 编码环式碱基入口离子通道 4,与拟南芥 *HLM*1 基因同源(Rostoks 等, 2006a); *NecS*1 编码一个阳离子/质子交换蛋白(Zhang 等, 2009)。

(2)控制生理表型的基因

硼毒害对大麦是一个重要的农业问题,在世界范围内制约着大麦生产(Sutton 等, 2007)。在一个耐硼强的阿尔及利亚栽培大麦 Sahara 3771 和硼敏感基因型大麦 Clipper 的杂交后代群体中,检测到一个主效 QTL,位于 4H 染色体上,以及其他多个微效 QTL,它们控制着大麦对硼的耐性(Jefferies 等, 1999)。在染色体 4H 的主效 QTL 的基础上,通过图位克隆法已分离到硼耐性基因(*Bot*1),利用 6,720 个减数分裂过程和水稻—大麦同线性开发了分子标记,明确了该区域包含硼耐性基因(*Bot*1)。大麦一条 EST 序列与拟南芥 BOR1 外流转运子具有同源性,研究发现其与 *Bot*1 基因共分离。与硼敏感的基因型大麦品种 Clipper 相比,硼耐性强的基因型品种 Sahara 3771 携带 4 个以上重复的 *Bot*1 基因,表达水平增加。在酵母中,Sahara 的 *Bot*1 等位基因比 Clipper 的 *Bot*1 等位基因更能提高酵母硼的耐性。可以推测,*Bot*1 基因产物的作用是限制根部硼吸收的量和增加硼在叶片中的流动。

酸性土壤中,铝毒害对大麦生产是一个严重的问题(Minella 和 Sorrells, 1992)。对铝毒害表现高水平耐性的大麦基因型具有从根系分泌柠檬酸到土壤中的能力,从而有效地缓解铝的毒害作用。在耐性亲本"Murasakimochi"和敏感亲本 Morex 的杂交后代群体中,鉴定到一个铝毒害抗性的 QTL,位于 4H 染色体上(Ma 等, 2004)。该 QTL 与根系分泌铝激活柠檬酸至土壤相关。采用图位克隆的方法,并结合基因芯片分析,分离了该 QTL 区域的相关基因(Furukawa 等, 2007)。该基因命名为 *HvAACT*1,它编码一个多药和有毒化合物外排(MATE)家族成员。在非洲爪蟾蜍卵母细胞中的功能验证,表明这个转运子转运柠檬酸(Furukawa 等, 2007)。

影响生理性状的其他两个基因也已被鉴定和分离,包括硝酸还原酶基因(Cheng 等, 1986)和内根—贝壳杉烯酸氧化酶基因(Helliwell 等, 2001)。硝酸还原酶基因编码在氮还原途径中硝酸还原为亚硝酸的一种催化酶。大量硝酸还原酶缺失突变体已被发现和鉴定(如 Warner 等, 1977)。*Grd*5 基因编码内根—

贝壳杉烯酸氧化酶，并催化赤霉素生物合成途径中的三个步骤。赤霉素响应基因 *grd*5 突变体已被鉴定，每个突变体均导致谷粒内根－贝壳杉烯酸的累积和矮小的表型(Helliwell 等，2001)。

(3)控制病原菌抗性的基因

大麦茎锈病是茎锈真菌 *Pgt*. 所致。已证明多个基因与茎锈病抗性相关，包括 *Rpg*1 和 *Rpg*5 基因座的显性基因以及 *Rpg*4 基因座的隐性基因。三个基因均已通过图位克隆的方法被克隆(Brueggeman 等，2002；2008)。*Rpg*1 基因编码一个激酶类似蛋白受体，具有 2 个串联的蛋白激酶区域(Brueggeman 等，2002)。Nirmala 等(2006)已证实，RPG1 蛋白主要位于细胞质、质膜和细胞内膜。在无毒性的病菌侵染过程中，RPG1 蛋白水平通过蛋白酶降解途径而降低到难以检测的水平(Nirmala 等，2007)。然而，在毒性病菌侵染的过程中，RPG1 蛋白的总量并不改变。这些结果表明，RPG1 蛋白降解在大麦—*Pgt*. 抗性互作中有重要的信号作用。最近，*Rpg*5 基因被分离，它编码一个新的由一个碱基结合位点、一个亮氨酸高度重复和一个丝氨酸苏氨酸蛋白激酶组成的三个结构域的蛋白(Brueggeman 等，2008)。初步的证据表明，*Rpg*4 基因编码一个肌动蛋白解聚因子(Brueggeman 等，2008)。还需要进一步研究以验证 *Rpg*4 基因的特性。

Jørgensen(1992)报道，*Mlo* 基因座的隐性突变体对所有已分离到的白粉病(*B. graminis f. sp. hordei*)有非小种专一性抗性。*Mlo* 基因是大麦第一个通过图位克隆方法分离到的基因(Buschges 等，1997)。*Mlo* 编码一个 60,000 六次跨膜螺旋蛋白。已鉴定到许多自然产生的或人工诱变的等位基因，并用于研究 *Mlo* 基因的精确结构。自然产生的 *mlo*-11 抗性基因包含野生型的编码区和一个串联重复的 5’ 调控区和部分编码区序列。这样的基因结构导致转录异常，降低野生型和突变体的转录和蛋白的积累(Piffanelli 等，2004)。因此认为，*mlo*-11启动的抗性机制是由于在启动子区域顺式作用调节的变化，从而破坏了正常的转录。

已鉴定到表现 *mlo* 抗性机制的不少基因。在隐性 *mlo* 遗传背景下，*Ror*1 和 *Ror*2 基因功能丢失突变体导致植株对白粉病表现敏感，表明 *Ror*1 和 *Ror*2 基因对 *mlo* 专一抗性是必需的(Freialdenhoven 等，1996)。*Ror*2 基因已被克隆，它编码一个突触融合蛋白(Collins 等，2003)；然而，*Ror*1 基因的功能仍不清楚。

Mla 基因座对白粉病小种的抗性符合基因对基因抗性学说，该抗性基因座区域包含 30 多个等位基因。Wei 等(1999)定位克隆了 *Mla* 基因座，并测序了 240kb 的部分区域。三个基因家族编码碱基结合位点—亮氨酸—高度重复蛋白(NBS-LRR)。*Mla*1 和 *Mla*6 等位基因编码卷曲螺旋 NBS-LRR 蛋白，已证实对白粉病菌株 *AvrMla*1 和 *AvrMla*6 具有抗性(Halterman 等，2001；Zhou 等，

2001)。至今,每个 *Mla* 基因与抗性之间的关系尚未阐明(Caldo 等, 2004)。

其他一些基因,包括 *Rar*1、*Sgt*1 和 *Hsp*90,对由 *Mla* 基因座调控的白粉病抗性也是必要的(Hein 等, 2005)。通过定位克隆的策略,分离到 *Rar*1 基因,表明它编码一个锌结合蛋白(Shirasu 等, 1999)。*Rar*1 基因对于一类 *Mla* 基因座对白粉病专一小种抗性是必需的,尤其是对 *Mla*6,*Mla*12 和 *Mla*13(Halterman 等, 2001; Hein 等, 2005)的抗性。*Rar*1 基因可能与调控 MLA 蛋白的稳定状态水平有关。在携带 *rar*1 突变基因的植株中,*Mla*1 和 *Mla*6 的稳定状态水平均发生明显降低(Bieri 等, 2004)。*Sgt*1 位点编码一种蛋白质,它以泛素依赖细胞周期调控中起作用(Shen 等, 2003)。*Mla*6 显著地影响瞬时 *Sgt*1 单细胞沉默(Shen 等, 2003)。细胞质 *Hsp*90 基因编码一个三角形四肽重复基序和一个与共乐章(cochaperone) P23 相似的结构域,并与 RAR1 和 SGT1 蛋白互作。免疫球蛋白 VIGS 试验表明,*Hsp*90 对 *Mla*13 的抗性是必需的(Hein 等, 2005)。

已经证明,隐性基因 *Rym*4/5 对大麦黄花叶病毒复合体 BYMV 有抗性。隐性基因 *Rym*4 对大麦轻型花叶病毒和 BYMV 具有抗性。同时,隐性基因 *Rym*5 对黄花叶病毒复合体 BYMV2 具有抗性。*Rym*4/5 抗性基因已精确定位到大麦 3HL 染色体上(Pellio 等, 2005)。图位克隆和同源克隆了 *Rym*4/5 基因,表明它编码一个真核生物翻译起始因子 *Hv-elF*4*E*(Kanyuka 等, 2005; Stein 等, 2005)。携带 *Rym*4 和 *Rym*5 基因的植株经 *Hv-elF*4*E* 基因序列分析,发现携带不同 SNP 的等位基因响应不同的抗性专一性。源于敏感型的 *Hv-elF*4*E* 基因转化至抗性表型植株,使该植株对大麦轻型花叶病毒敏感。序列分析表明,*Hv-elF*4*E*隐性等位基因的变异体响应不同的抗性专一性。

6. 未来的方向

从发展历程上看,由于大麦基因组庞大,缺乏有效的基因组学工具以及大麦转化十分困难,大麦基因功能鉴定的进展比较缓慢。近年来,随着结构基因组学和功能基因组学方法的开发,数据库的发展和大麦转化体系效率的提高,方便了分离基因和鉴定基因功能的操作。这些方法最近才应用于大麦领域,今后遗传学家分离基因和验证基因功能的脚步将会大大加快。尽管大麦基因组尚未完成测序,但国际大麦测序联盟启动的这一测序计划仍在努力(http://barleygenome.org/)。基因组测序将为加速已知表型的基因克隆提供新的工具,也为 QTL 定位和分子标记辅助选择开发大量的标记。

参考文献

Arumuganathan, K. and E. D. Earle. 1991. Nuclear DNA content of some important plant species. Plant Mol. Biol. Rep. 9: 208-218.

Ayliffe, M. A., M. Pallotta, P. Langridge, and A. J. Pryor. 2007. A barley activation tagging system. Plant Mol. Biol. 64: 329—347.

Baik, B. K. and S. Ullrich. 2008. Barley for food: characteristics, improvement and renewed interest. J. Cereal Sci. 48: 233—242.

Barone, A. D., J. E. Beecher, P. A. Bury, C. Chen, T. Doede, J. A. Fidanza, and G. H. McGall. 2001. Photolithographic synthesis of high-density oligonucleotide probe arrays. Nucleosides Nucleotides Nucleic Acids 20: 525—531.

Bieri, S., S. Mauch, Q. H. Shen, J. Peart, A. Devoto, C. Casais, F. Ceron, S. Schulze, H. H. Steinbiss, K. Shirasu, and P. Schulze-Lefert. 2004. *RAR1* positively controls steady state levels of barley MLA resistance proteins and enables sufficient MLA6 accumulation for effective resistance. Plant Cell 16: 3480—3495.

Bilgic, H., S. Cho, D. F. Garvin, and G. J. Muehlbauer. 2007. Mapping barley genes to chromosome arms by transcript profiling of wheat-barley ditelosomic chromosome addition lines. Genome 50: 898—906.

Boddu, J., S. Cho, W. M. Kruger, and G. J. Muehlbauer. 2006. Transcriptome analysis of the barley-*Fusarium graminearum* interaction. Mol. Plant Microbe Interact. 19: 407—417.

Bodclu, J., S. Cho, and G. J. Muehlbauer. 2007. Transcriptome analysis of trichothecene-inducced gene expression in barley. Mol. Plant Microbe Interact. 20: 1364—1375.

Borevitz, J. O., D. Liang, D. Plouffe, H. S. Chang, T. Zhu, D. Weigel, C. C. Berry, E. Winzeler, and J. Chory. 2003. Large-scale identification of single-feature polymorphisms in complex genomes. Genome Res. 13: 513—523.

Brueggeman, R., N. Rostoks, D. Kudrna, A. Kilian, F. Han, J. Chen, A. Druka, B. Steffenson, and A. Kleinhofls. 2002. The barley stem rust-resistance gene *Rpg*1 is a novel disease-resistance gene with homology to receptor kinases. Proc. Natl. Acad. Sci. U. S. A. 99: 9328—9333.

Brueggeman, R., A. Druka, J. Nirmala, T. Cax-ilcer, T. Drader, N. Rostoks, A. Mirlohi, H. Bennypaul, LT. Gill, D. Kudrna, A. Kilian, F. Han, K. Gill, B. Steffenson, and A. Kleinhofs. 2008. The barley stem rust resistance gene *Rpg*5 encodes a novel protein containing nucleotide binding site-leucine rich repeat-protein kinase domains. Proc. Natl. Acad. Sci. U. S. A. 105: 14970—14975.

Buschges, R., K. Hollrichcr, R. Panstruga, G. Simoris, M. Wolter, A. Frijters, R. van Daelen, T. van der Lee, P. Diergaarde, J. Groenendijk, S. Topsch, P. Vos, F. Salamini, and P. Schulze-Lefert. 1997. The bailey *Mlo* gene: a novel control element of plant pathogen resistance. Cell 88: 695—705.

Caldo, R. A., D. Nettleton, and R. P. Wise. 2004. Interaction-dependent gene expression in *Mla*-specified response to barley powdery mildew. Plant Cell 16: 2514—2528.

Caldo, R. A, D. Nettleton, J. Peng, and R. P. Mrise. 2006. Stage-specific suppression of barley defense discriminates barley plants containing fast- and delayed-acting *Mla*-powdery mildew resistance alleles. Mol. Plant Microbe Interact. 19: 939—947.

Caldwell, D. G., N. McCallum, P. Shaw, G. J. Muchlbauer, D. F. Marshall, and R. Waugh. 2004. A structured mutant population for forward and reverse genetics in barley (*Hordeum vulgare* L.). Plant J. 40: 143—150.

Carninci, P., C. Kvam, A. Kitamura, T. Ohsumi, Y. Okazaki, M. Itoh, M. Kamiya, K. Shibata, N. Sasaki, M. Izavva, M. Muramatsu, Y. Hayashizaki, and C. Schneider. 1996. High efficiency full-length cDNA cloning by biotinylated CAP trapper. Genomics 37: 327—336.

Carninci, P., A. Westover, Y. Nishiyama, T. Ohsumi, M. Itoh, S. Nagaoka, N. Sasaki, Y. Okazaki, M. Muramatsu, C. Schneider, and Y. Hayashizaki. 1997. High efficiency selection of full-length cDNA by improved biotinylated cap trapper. DNA Res. 4: 61—66.

Carninci, P., Y. Nishiyama, A. Westover, M. Itoh, S. Nagaoka, N. Sasaki, Y. Okazaki, M. Muramzitsu, and Y. Hayashizaki. 1998. Thermostabilization and thermoactivation of thermolabile enzymes by trehalose and its application for the synthesis of full length cDNA. Proc. Natl. Acad. Sci. U. S. A. 95: 520—524.

Chandler, P. M., A. Marion-Poll, M. Ellis, and F. Gruber. 2002. Mutants at the *Slender* 1 locus of barley cv. Himalaya. Molecular and physiological characterization. Plant Physiol. 129: 181—190.

Cheng, C. L., J. Dewdney, A. Kleinhofs, and H. M. Goodman. 1986. Cloning and nitrate induction of nitrate reductase mRNA. Proc. Natl. Acad. Sci. U. S. A. 83: 6825—6828.

Cho, S., D. F. Garvin, and G. J. Muehlbauer. 2006. Transcriptome analysis and physical mapping of barley genes in wheat-barley chromosome addition lines. Genetics 172: 1277—1285.

Chono, M., I. Honda, H. Zeniya, K. Yoneyama, D. Saisho, K. Takeda, S. Takatsuto, T. Hoshino, and Y. Watanabe. 2003. A semidwarf phenotype of barley *uzu* results from a nucleotide substitution in the gene encoding a putative brassinosteroid receptor. Plant Physiol. 133: 1209—1219.

Chuang, C. F. and E. M. Meyerowitz. 2000. Specific and heritable genetic interference by double-stranded RNA in *Arabidopsis thaliana*. Proc. Natl. Acad. Sci. U. S. A. 97: 4985—4990.

Chuck, G., T. Robbins, C. Nijjar, E. Ralston, N. Courtney-Gutterson, and H. K. Dooner. 1993. Tagging and cloning of a petunia flower color gene with the maize transposable element activator. Plant Cell 5: 371—378.

Clancy, J. A., F. Han, and S. E. Ullrich. 2003. Comparative mapping of amylase activity QTLs among three barley crosses. Crop Sci. 43: 1043—1052.

Close, T. J., S. I. Wanamaker, R. A. Caldo, S. M. Turner, D. A. Ashlock, J. A. Dickerson, R. A. Wing, G. J. Muehlbauer, A. Kleinhofs, and R. P. Wise. 2004. A new resource for cereal genomics: 22K barley GeneChip comes of age. Plant Physiol. 134: 960—968.

Close, T. J., P. R. Bhat, S. Lonardi, Y. Wu, N. Rostoks, L. Ram. say, A. Druka, N. Stein, J. T. Svensson, S. Wanamaker, S. Bozdag, M. L. Roose, M. J. Moscou, S. Chao, R. Varshney, P. Szucs, K. Sato, P. M. Hayes, D. E. Matthews, A. Kleinhofs, G. J. Muehlbauer, J. DeYoung, D. F. Mai shall, K. Madishetty, R. D. Fenton, P. Condamine, A. Graner, and R. Waugh. 2009. Development and implementation of high-throughput SNP genotyping in barley. BMC Genomics 10:582.

Cockram, J., H. Jones, F. J. Leigh, D. O'Sullivan, W. Powell, D. A. Laurie, and A. J. Greenland. 2007. Control of flowering time in temperate cereals: genes, domestication, and sustainable productivity. J. Exp. Bot. 58: 1231—1244.

Collins, N. C., H. Thordal-Christensen, V. Lipka, S. Bau, E. Kombrink, J. L. Qiu, R. Huckelhoven, M. Stein, A. Freialdenhoven, S. C. Somerville, and P. Schulze-Lefert. 2003. SNARE-protein-mediated disease resistance at the plant cell wall. Nature 425: 973—977.

Cooper, J. D., L. Marquez-Cedillo, J. Singh, A. K. Sturbaum, S. Zhang, V. Edwards, K. Johnson, A. Kleinhofs, S. Rangcl, V. Carollo, P. Bregitzer, P. G. Lemaux, and P. M. Hayes. 2004. Mapping *Ds* insertions in barley using a sequence-based approach. Mol. Genet. Genomics 272: 181—193.

Damerval, C., A. Maurice, J. M. Josse, and D. de Vienne. 1994. Quantitative trait loci underlying gene product variation: a novel perspective for analyzing regulation of genome expression. Genetics 137: 289—301.

Devos, K. M. 2005. Updating the "crop circle." Curr. Opin. Plant Biol. 8: 155—162.

Devos, K. M. and M. D. Gale. 1997. Comparative genetics in the grasses. Plant Mol. Biol. 35: 3—15.

Douchkov, D., D. Nowara, U. Zierold, and P. Schweizer. 2005. A high-throughput gene-silencing system for the functional assessment of defense-related genes in barley epidermal cells. Mol. Plant Microbe Interact. 18: 755—761.

Druka, A., G. Muehlbauer, I. Druka, R. Caldo, U. Baumann, N. Rostoks, A. Schreiber, R. Wise, T. Close, A. Kleinhofs, A Graner, A. Schulman, P. Langridge, K. Sato, P. Hayes, J. McNicol, D. Marshall, and R. Waugh. 2006. An atlas of gene expression from seed to seed through barley development. Funct. Integr. Genomics 6: 202—211.

Druka, A., I. Druka, A. Centeno, H. Li, Z. Sun, W. Thomas, N. Bonar, B. Steffenson, S. Ullrich, A. Kleinhofs, R. Mrise, T. Close, E. Potokina, Z. Luo, C. Wagner., G. Schweizer, D. Marshall, M. Kearsey, R. Williams, and R. Waugh. 2008a. Towards systems genetic analyses in barley: integration of phenotypic, expression and genotype data into GeneNetwork. BMC Genet. 9: 73.

Druka, A., E. Potokina, Z. Luo, N. Bonar, I. Druka, JJ. Zhang, D. F. Marshall, B. J. Stcffenson, T. J. Closc, R. P. Wise, A. Kleinhofs, R. W. Williams, M. J. Kearsey, and R. Waugh. 2008b. Exploiting regulatory variation to identify genes underlying quantitative resistance to the wheat stem rust pathogen *Puccinia gramins* f. sp. *tritici* in barley. Theor.

Appl. Genet. 117：261—272.

Druka，A.，E. Potokina，Z. Luo，N. Jiang，C. Xinwei，M. Kearsey，and R. Waugh. 2010. Expression quantitative trait loci analysis in plants. Plant Biotechnol. J. 8：10—27.

Fastnaught，C. E. 2001. Barley fibre，pp. 519-542. In S. Cho and M. Dreher（eds.）. Handbook of Dietary Fibre. Marcel Dekker，New York.

Franckowiak，J. D.，U. Lundqvist，and T. Konishi. 1997. New and revised names for barley genes. Barley Genet. Newsl. 26：4—8.

Freialdenhoven，A.，C. Peterhansel，J. Kurth，F. Kreuzaler，and P. Schulze-Lefert. 1996. Identification of genes required for the function of non-race-specific *mlo* resistance to powdery mildew. Plant Cell 8：5—14.

Furukawa，J.，N. Yamaji，H. Wang，N. Mitani，Y. Murata，K. Sato，M. Katsuhara，K. Takeda，and J. F. Ma. 2007. An aluminum-activated citrate transporter in barley. Plant Cell Physiol. 48：1081—1091.

Graner，A.，A. Jahoor，J. Schondelmaier，H. Siedler，K. Pillen，G. Fischbeck，G. Wenzel，and R. G. Herrmann. 1991. Construction of an RFLP map of barley. Theor. Appl. Genet. 83：250—256.

Halterman，D.，F. Zhou，F. Wei，R. P. Wise，and P. Schulze-Lefert. 2001. The *MLA*6 coiled-coil NBS-LRR protein confers *AvMla*6-dependent resistance specificity to *Blumeria grarminis* f. sp. *hordei* in barley and wheat. Plant J. 25：335—348.

Halterman，D. A.，F. Wei，and R. P. Wise. 2003. Powdery mildew-induced *Mla* mRNAs are alternatively spliced and contain multiple upstream open reading frames. Plant Physiol. 131：558—567.

Han，F.，S. E. Ullrich，S. Chirat，S. Menteur，L. Jestin，A. Sarrafi，P. M. Hayes，B. L. Jones，T. K. Blake，D. M. Wesenberg，A. Kleinhofs，and A. Kilian. 1995. Mapping of β-glucan content and β-glucanase activity loci in barley grain and malt. Theor. Appl. Genet. 91：921—927.

Hayes，P. M.，B. H. Liu，B. Jones，T. Blake，J. Franckowiak，D. Rasmusson，M. Sorrells，S. E. Ullrich，D. Wesenberg，and A. Kleinhofs. 1993. Quantitative trait locus effects and environmental interaction in a sample of North American barley germplasm. Theor. Appl. Genet. 87：392—401.

Hein，I.，M. Barciszewska-Pacak，K. Hrubikova，S. Williamson，M. Dinesen，I. E. Soenderby，S. Sundar，A. Jarmolowski，K. Shirasu，and C. Lacomme. 2005. Virus-induced gene silencing-based functional characterization of genes associated with powdery mildew resistance in barley. Plant Physiol. 138：2155—2164.

Helliwell，C. A.，P. M. Chandler，A. Poole，E. S. Dennis，and. W. J. Peacock. 2001. The CYP88A cytochrome P450，entkaurenoic acid oxidase，catalyzes three steps of the gibberellin biosynthesis pathway. Proc. Natl. Acad. Sci. U. S. A. 98：2065—2070.

Heun，M.，A. Kennedy，J. Anderson，N. Lapitan，M. Sorrels，and S. Tanksley. 1991. Construction of restriction fragment length polymorphism map of barley（*Hordeum* vulgare). Genome 34: 437—447.

Hochreiter, S., D. A. Clevert, and K. Obermayer. 2006. A new summarization method for Affymetrix probe level data. Bioinformatics 22: 943—949.

Holzberg, S., P. Brosio, C. Gross, and G. P. Pogue. 2002. Barley stripe mosaic virus-induced gene silencing in a monocot plant. Plant J. 30: 315—327.

Honda, I., Y. Turuspekov, T. Komatsuda, and Y. Watanabe. 2005. Morphological and physiological analysis of cleistogamy in barley (*Hordeum vulgare*). Physiol. Plant 124: 524—531.

Hori, K., T. Kobayashi, A. Shimizu, K. Sato, K. Takeda, and S. Kawasaki. 2003. Efficient construction of high-density linkage map and its application to QTL analysis in barley. Theor. Appl. Genet. 107: 806—813.

Horvath, H., N. Rostoks, R. Brueggeman, B. Steffenson, D. von Wettstein, and A. Kleinhofs. 2003. Genetically engineered stem rust resistance in barley using the *Rpg*1 gene. Proc. Natl. Acad. Sci. U. S. A. 100: 364—369.

Huang, X. and A. Madan. 1999. CAP3: a DNA sequence assembly program. Genome Res. 9: 868—877.

Islam, A. K. M. R. 1983. Ditelosomic additions of barley chromosomes to wheat, pp. 233-238. *In* S. Sakamoto (ed.). Proc. 6th Int. Wheat Genet. Symp., Kyoto, Japan.

Islam, A. K. M. R. and K. W. Shepherd. 1990. Incorporation of barley chromosomes in wheat, pp. 128-151. In Y. P. S. Bajaj (ed.). Biotechnology in Agriculture and Forestry, Vol. 13. Springer-Verlag Publishers, Berlin, Germany.

Islam, A. K. M. R. and K. W. Shepherd. 2000. Isolation of a fertile wheat-barley addition line carrying the entire barley chromosome 1H. Euphytica 111: 145—149.

Islam, A. K. M. R., K. W. Shepherd, and H. B. Sparrow. 1981. Isolation and characterization of euplasmic wheat-barley chromosome addition lines. Heredity 46: 161—174.

Jansen, R. C. and J. P. Nap. 2001. Genetical genomics: the added value from segregation. Trends Genet. 17: 388—391.

Jefferies, S. P., A. R. Barr, A. Karakousis, J. M. Kretschmer, S. Manning, K. J. Chalmers, J. C. Nelson, A. K. M. R. Islam, and P. Langridge. 1999. Mapping of chromosome regions conferring boron toxicity tolerance in barley (*Hordeum vulgare* L.). Theor. Appl. Genet. 98: 1293—1303.

Jones, D. A., C. M. Thomas, K. E. Hammond-Kosack, P. J. Balint-Kurti, and J. D. G. Jones. 1994. Isolation of the tomato *Cf*-9 gene for resistance to *Cladosporium fulvum* by transposon tagging. Science 266: 789—793.

Jørgensen, J. H. 1992. Discovery, characterization and exploitation of *Mlo* powdery mildew resistance in barley. Euphytica 63: 141—152.

Kandemir, N., D. A. Kudrna, S. E. Ullrich, and A. Kleinhofs. 2000. Molecular marker assisted genetic analysis of head shattering in six rowed barley. Theor. Appl. Genet. 101:

203—210.

Kanyuka, K., A. Druka, D. Caldwell, D. Tymon, N. McCallum, R. Waugh, and M. J. Adams. 2005. Evidence that the recessive bymovirus resistance locus *rym4* in barley corresponds to the eukaryotic translation initiation factor 4E gene. Mol. Plant Path. 6: 449—458.

Kleinhofs, A., A. Kilian, M. Saghai-Maroof, R. Biyashev, P. Hayes, F. Chen, N. Lapitan, A. Fenwick, T. Blake, V. Kanazin, E. Ananiev, L. Dahleen, D. Kudrna, J. Bollinger, S. Knapp, B. Liu, M. Sorrells, M. Heun, J. Franckowiak, D. Hoffman, R. Skadsen, and B. Steffenson. 1993. A molecular, isozyme and morphological map of the barley (*Hordeum vulgare*) genome. Theor. Appl. Genet. 86: 705—713.

Komatsuda, T., M. Pourkheirandish, C. He, P. Azhaguvel, H. Kanamori, D. Perovic, N. Stein, A. Graner, T. Wicker, A. Tagiri, U. Lundqvist, T. Fujimura, M. Matsuoka, T. Matsumoto, and M. Yano. 2007. Six-rowed barley originated from a mutation in a homeodomain-leucine zipper I-class homeobox gene. Proc. Natl. Acad. Sci. U. S. A. 104: 1424—1429.

Koprek, T., D. McElroy, J. Louwerse, R. Williams-Carrier, and P. G. Lemaux. 2000. An efficient method for dispersing *Ds* elements in the barley genome as a tool for determining gene function. Plant J. 24: 253—263.

Künzel, G., L. Korzun, and A. Meister. 2000. Cytologically integrated physical restriction fragment length polymorphism maps for the barley genome based on translocation breakpoints. Genetics 154: 397—412.

Lapitan, N. L. V., S. E. Brown, W. Kennard, J. L. Stephens, and D. L. Knudson. 1997. FISH physical mapping with barley BAC clones. Plant J. 11: 149—156.

Lundqvist, U. and J. D. Franckowiak. 2003. Diversity of barley mutants, pp. 75-94. *In* R. von Bothmer, T. J. L. van Hintum, H. Knupffer and K. Sato (eds.). *Diversity in Barley* (*Hordeum vulgare*). Elsevier Science B. V, Amsterdam, The Netherlands.

Lundqvist, U., J. Franckowiak, and T. Konishi. 1996. New and revised descriptions of barley genes. Barley Genet. Newsl. 26: 22—43.

Luo, Z. W., E. Potokina, A. Druka, R. Wise, R. Waugh, and M. J. Kearsey. 2007. SFP genotyping from affymetrix arrays is robust but largely detects *cis*-acting expression regulators. Genetics 176: 789—800.

Ma, J. F., S. Nagao, K. Sato, H. Ito, J. Furukawa, and K. Takeda. 2004. Molecular mapping of a gene responsible for Al-activated secretion of citrate in barley. J. Exp. Bot. 55: 1335—1341.

McCallum, C. M., L. Comai, E. A. Greene, and S. Henikoff. 2000a. Targeted screening for induced mutations. Nat. Biotechnol. 18: 455—457.

McCallum, C. M., L. Comai, E. A. Greene, and S. Henikoff. 2000b. Targeting induced local lesions in genomes (TILLING) for plant functional genomics. Plant Physiol. 123: 439—442.

Madishetty, K. , P. Condamine, J. T. Svensson, E. Rodriquez, and T. J. Close. 2007. An improved method to identify BAC clones using pooled overgos. Nucleic Acids Res. 35: e5.

Mano, Y. , B. E. Sayed-Tabatabaei, A. Graner, T. Blake, F. T akaiwa, S. Oka, and T. Komatsuda. 1999. Map construction of sequence-tagged sites (STSs) in barley (*Hordeum vulgare* L.). Theor. Appl. Genet. 98: 937—946.

Millenaar, F. F. , J. Okyere, S. T. May, M. van Zanten, L. A. C. J. Voesenek, arid A. J. M. Pecters. 2006. How to decide? Different methods of calculating gene expression from short oligonucleotide array data will give different results. BMC Bioinformatics 7: 137.

Minella, E. and M. E. Sorrells. 1992. Aluminum tolerance in barley: genetic relationships among genotypes of diverse origin. Crop Sci. 32: 598—593.

Moore, G. , K. M. Devos, Z. Wang, and M. D. Gale. 1995. Cereal genome evolution. Grasses, line up and for macircle. Curr. Biol. 5: 737—739.

Müller, KJ. , N. Romano, O. Gerstner, F. Garcia-Maroto, C. Pozzi, F. Salamini, and W. Rohde. 1995. The barley *Hooded* mutation caused by a duplication in a homeobox gene intron. Nature 374: 727—730.

Nair, S. K. , N. Wang, Y. Turuspekov, M. Pourkheirandish, S. Sinsuwongwat, G. Chen, M. Sameri, A. Tagiri, I. Honda, Y. Watanabe, H. Kanamori, T. Wicker, N. Stein, Y. Nagainura, T. Matsumoto, and T. Komatsuda. 2010. Cleistogamous flowering in barley arises from the suppression of microRNA-guided HvAP2 mRNA cleavage. Proc. Natl. Acad. Sci. U. S. A. 107: 490—495.

Nasuda, S. , Y. Kikkawa, T. Ashida, A. K. Islam, K. Sato, and T . R. Endo. 2005. Chromosomal assignment and deletion mapping of barley EST markers. Genes Genet. Syst. 80: 357-366.

Nilan, R. A. 1964. The Cytology and Genetics of Barley, 1951—1962. Monogr. Suppl. 3, Res. Stud. Vol. 32, No. 1. Washington State University Press, Pullman, WA.

Nirmala, J. , R. Brueggeman, C. Maier, C. Clay, N. Rostoks, C. G. Kannangara, D. von Wettstein, B. J. Steffenson, and A. Kleinhofs. 2006. Subcellular localization and functions of the barley stem rust resistance receptor-like serine/threonine-specific protein kinase *Rpg*1. Proc. Natl. Acad. Sci. U. S. A. 103: 7518—7523.

Nirmala, J. , S. Dahl, BJ. Steffenson, C. G. Kannangara, D. von Wettstein, X. Chen, and A. Kleinhofs. 2007. Proteolysis of the barley receptor-like protein kinase *RPG*1 by a proteasome pathway is correlated with *Rpg*1-mediated stem rust resistance. Proc. Natl. Acad. Sci. U. S. A. 104: 10276—10281.

O'Sullivan, H. 2007. GrainGenes: a genomic database for Triticeae and Avena. Methods Mol. Biol. 406: 301—314.

Parkinson, H. , M. Kapushesky, M. Shojatalab, N. Abeygunawardena, R. Coulson, A. Fame, E. Holloway, N. Kolesnykov, P. Lilja, M. Lukk, R. Mani, T. Rayner, A. Sharma, FJ. William, U. Sarkans, and A. Brazma. 2007. ArrayExpress-a public database of microarray experiments and gene expression profiles. Nucleic Acids Res. 35: D747

—D750.

Pellio, B., S. Streng, N. Stein, D. Perovic, A. Schiemann, W. Friedt, F. Ordon, and A. Graner. 2005. High-resolution mapping of the *Rym*4/5 locus conferring resistance to the barley yellow mosaic virus complex (BaMMV, BaYMV, BaYMV-2) in barley (*Hordeum vulgare* ssp. *vulgare* L.). Theor. Appl. Genet. 110: 283—293.

Peng, J., D. E. Richards, N. M. Hartley, G. P. Murphy, K. M. Devos, J. E. Flintham, J. Beales, L. J. Fish, A. J. Worland, F. Pelica, D. Sudhakar, P. Christou, J. W. Snape, M. D. Gale, and N. P. Harberd. 1999. "Green revolution" genes encode mutant gibberillin response modulators. Nature 400: 256—261.

Piffanelli, P., L. Ramsay, R. Waugh, A. Benabdelmouna, A. D'Hont, K. Hollricher, J. H. Jorgensen, P. Schulze-Lefert, and R. Panstruga. 2004. A barley cultivation associated polymorphism conveys resistance to powdery mildew. Nature 430: 887—891.

Potokina, E., A. Druka, Z. Luo, R. Wise, R. Waugh, and M. Kearsey. 2008. Gene expression quantitative trait locus analysis of 16,000 barley genes reveals a complex pattern of genome-wide transcriptional regulation. Plant J. 53: 90—101.

Ramsay, L., M. Macaulay, S. degli Ivanissevich, K. MacLean, L. Cardle, J. Fuller, K. J. Edwards, S. Tuvesson, M. Morgante, A. Massari, E. M. aestri, N. Marmiroli, T. Sjakste, M. Ganal, W. Powell, and R. Waugh. 2000. A simple sequence repeat-based linkage map of barley. Genetics 156: 1997—2005.

Rockman, M. V. and L. Kruglyak. 2006. Genetics of global gene expression. Nat. Rev. Genet. 7: 862—872.

Rostoks, N., J. O. Borevitz, P. E. Hedley, J. Russell, S. Mudie, J. Morris, L. Cardle, D. F. Marshall, and R. Waugh. 2005a. Single-feature polymorphism discovery in the barley transcriptome. Genome Biol. 6: R54.

Rostoks, N., S. Mudie, L. Cardle, J. Russell, L. Ramsay, A. Booth, J. T. Svensson, S. I. Wanamaker, H. Walia, E. M. Rodriguez, P. F. Hedley, H. Liu, J. Morris, T. J. Close, D. F. Marshall, and R. Waugh. 2005b. Genome-wide SNP discovery and linkage analysis in barley based on genes responsive to abiotic stress. Mol. Genet. Genomics 274: 515—527.

Rostoks, N., D. Schmierer, S. Mudie, T. Drader, R. Brueggeman, D. G. Caldwell, R. Waugh, and A. Kleinhofs. 2006a. Barley necrotic locus *nec*1 encodes the cyclic nucleotide-gated ion channel 4 homologous to the *Arabidopsis HLM*1. Mol. Genet. Genomics 275: 159—168.

Rostoks, N., L. Ramsay, K. MacKenzie, L. Cardle, P. R. Bhat, M. L. Roose, J. T. Svensson, N. Stein, R. K. Varshney, D. F. Marshall, A. Graner, T. J. Close, and R. Waugh. 2006b. Recent history of artificial outcrossing facilitates whole-genome association mapping in elite inbred crop varieties. Proc. Natl. Acad. Sci. U. S. A. 103: 18656—18661.

Ruiz, M. T., O. Voinnet, and D. C. Baulcombe. 1998. Initiation and maintenance of virus-induced gene silencing. Plant Cell 10: 937—946.

Saisho, D., E. Myoraku, S. Kawasaki, and K. Takeda. 2007. Construction and characterization of a bacterial artificial chromosome (BAC) library for Japanese malting barley "Haruna Nijo." Breed Sci. 57: 29—38.

Sato, K., N. Nankaku, and K. Takeda. 2009a. A high density transcript linkage map of barley derived from a single population. Heredity 103: 110—117.

Sato, K., T. Shin-I, M. Seki, K. Shinozaki, H. Yoshida, K. Takeda, Y. Yamazaki, M. Conte, and Y. Kohara. 2009b. Development of 5006 full-length cDNAs in barley: a tool for accessing cereal genomics resources. DNA Res. doi: 10.1093/dnares/dsn034.

Schadt, E. E., J. Lamb, X. Y'ang, J. Zhu, S. Edwards, D. Guhathakurta, S. K. Sieberts, S. Monks, M. Reitman, C. Zhang, P. Y. Lum, A. Leonardson, R. Thieringer, J. M. Metzger, L. Yang, J. Castle, H. Zhu, S. F. Kash, T. A. Drake, A. Sachs, and A. J. Lusis. 2005. An integrative genomics approach to infer causal associations between gene expression and disease. Nat. Genet. 37: 710—717.

Schulte, D., T. J. Close, A. Graner, P. Langridge, T. Matsumoto, G. Muehlbauer, K. Sato, A. H. Schulman, R. Waugh, R. P. Wise, and N. Stein. 2009. The international barley sequencing consortium at the threshold of efficient access to the barley genome. Plant Physiol. 149: 142—147.

Shen, Q. H., F. Zhou, S. Bieri, T. Haizel, K. Shirasu, and P. Schulze-Lefert. 2003. Recognition specificity and RAR1/SGT1 dependence in barley Mla disease resistance genes to the powdery mildew fungus. Plant Cell 15: 732—744.

Shen, L., J. Gong, R. A. Caldo, D. Nettleton, D. Cook, R. P. Wise, and J. A. Dickerson. 2005. BarleyBase-an expression profiling database for plant genomics. Nucleic Acids Res. 33: D614—D618.

Shendure, J. and H. Ji. 2008. Next-generation DNA sequencing. Nat. Biotechnol. 26: 1135-1145.

Shirasu, K., T. Lahayc, M. W. Tan, F. Zhou, C. Azevedo, and P. Schulze-Lefert. 1999. A novel class of eukaryotic zinc-binding proteins is required for disease resistance signaling in barley and development in *C. elegans*. Cell 99: 355—366.

Shizuya, H., B. Birren, U. J. Kim, V. Mancino, T. Slepak, Y. Tachiiri, and M. Simon. 1992. Cloning and stable maintenance of 300-kilobase-pair fragments of human DNA in *Escherichia coli* using an F-factor-based vector. Proc. Natl. Acad. Sci. U. S. A. 89: 8794—8797.

Singh, J., S. Zhang, C. Chen, L. Cooper, P. Bregitzer, A. Sturbaum, P. M. Hayes, and P. G. Lemaux. 2006. High frequency Ds remobilization over multiple generations in barley facilitates gene tagging in large genome cereals. Plant Mol. Biol. 62: 937—950.

Smith, L. 1951. Cytology and genetics of barley. Bot. Rev. 17: 1-51.

Smith, L. G., B. Greene, B. Veit, and S. Hake. 1992. A dominant mutation in the maize homeobox gene, Knotted-1, causes its ectopic expression in leaf cells with altered fates.

Development 116：21—30.

Springer，P. S.，W. R. McCombie，V. Sundaresan，and R. A. Martienssen. 1995. Gene trap tagging of *PROLIFERA*，an essential MCM2-3-5-like gene in *Arabidopsis*. Science 268：877—880.

Sreenivasulu，N.，A. Graner，and U. Wobus. 2008a. Barley genomics：an overview. Intl. J. Plant Genomics. doi：10.1155/2008/486258.

Sreenivasulu，N.，B. Usadel，A. Winter，V. R. adchuk，U. Scholz，N. Stein，W. Mreschke，M. Strickert，T. J. Close，M. Stitt，A. Graner，and U. Wobus. 2008b. Barley grain maturation and germination：metabolic pathway and regulatory network commonalities and differences highlighted by new MapMan/PageMan profiling tools. Plant Physiol. 146：1738—1758.

Stadler，L. J. 1928. The rate of induced mutation in relation to dormancy，temperature，and dosage. Anat. Rec. 41：97.

Stein，N.，D. Perovic，J. Kumlehn，B. Pellio，S. Stracke，S. Streng，F. Ordon，and A. Graner. 2005. The eukaryotic translation initiation factor 4E confers multiallelic recessive *Bymovirus* resistance in *Hordeum vulgare*（L.）. Plant J. 42：912—922.

Stein，N.，M. Prasad，U. Scholz，T. Thiel，H. Zhang，M. Wolf，R. Kota，R. K. Varshney，D. Perovic，I. Grosse，and A. Graner. 2007. A 1000-loci transcript map of the barley genome：new anchoring points for integrative grass genomics. Theor. Appl. Genet. 114：823—839.

Sutton，T.，U. Baumann，J. Hayes，N. C. Collins，B. J. Shi. T. Schnurbusch，A. Hay，G. Mayo，M. Pallotta，M. Tester，and P. Langridge. 2007. Boron-toxicity tolerance in barley arising from efflux transporter amplification. Science 318：1446—1449.

Takahashi，H.，H. Akagi，K. Mori，K. Sato，and K. Takeda. 2006. Genomic distribution of MIFEs in barley determined by MITE-AFLP mapping. Genome 49：1616—1620.

Taketa，S.，S. Amano，Y. Tsujino，T. Sato，D. Saisho，K. Kakeda，M. Nomura，T. Suzuki，T. Matsumoto，K. Sato，H. Kanamori，S. Kawasaki，and K. Takeda. 2008. Barley grain with adhering hulls is controlled by an ERF family transcription factor gene regulating a lipid biosynthesis pathway. Proc. Natl. Acad. Sci. U. S. A. 105：4062—4067.

Talame，V.，R. Bovina，M. C. Sanguineti，R. Tuberosa，U. Lundqvist，and S. Salvi. 2008. TILLMore，a resource for the discovery of chemically induced mutants in barley. Plant Biotechnol. J. 6：477—485.

Thimm，O.，O. Blaesing，Y. Gibon，A. Nagel，S. Meyer，P. Krüger，J. Selbig，L. A. Muller，S. Y. Rhee，and M. Stitt. 2004. MAPMAN：a user-driven tool to display genomics data sets onto diagrams of metabolic pathways and other biological processes. Plant J. 37：914—939.

Tingay，S.，D. McElroy，R. Kalla，S. Fieg，M. Wang，S. Thornton，and R. Brettell. 1997. *Agrobacterium tumefaciens*-mediated barley transformation. Plant J. 11：1369

—1376.

Tommasini, L., J. T. Svensson, E. M. Rodriguez, A. Wahid, M. Malatrasi, K. Kato, S. Wanamaker, J. Resnik, and T. J. Close. 2008. Dehydrin gene expression provides an indicator of low temperature and drought stress: transcriptome-based analysis of barley (*Hordeum vulgare* L.). Funct. Integr. Genomics 8: 387—405.

Trevaskis, B., D. J. Bagnall, M. H. Ellis, W. J. Peacock, and E. S. Dennis. 2003. MADS box genes control verbalization induced flowering in cereals. Proc. Natl. Acad. Sci. U. S. A. 100: 13099—13104.

Turner, A., J. Beales, S. Faure, R. P. Dunford, and D. A. Laurie. 2005. The *pseudo-response regulator Ppd-H*1 provides adaptation to photoperiod in barley. Science 310: 1031—1034.

Ullrich, S. E., J. A. Clancy, I. A. del Blanco, H. Lee, V. A. Jitkov, F. Han, A. Kleinhofs, and K. Matsui. 2008. Genetic analysis of preharvest sprouting in a six-row barley cross. Mol. Breed. 21: 249—259.

Varshney, R. K., I. Grosse, U. Hahnel, R. Siefken, M. Prasad, N. Stein, P. Langridge, L. Altschmied, and A. Graner. 2006. Genetic mapping and BAC assignment of EST-derived SSR markers shows non-uniform distribution of genes in the barley genome. Theor. Appl. Genet. 113: 239—250.

Walia, H., C. Wilson, P. Condamine, X. Liu, A. M. Ismail, and T. J. Close. 2007. Large-scale expression profiling and physiological characterization of jasmonic acid-mediated adaptation of barley to salinity stress. Plant Cell Environ. 30: 410—421.

Wan, Y. and P. G. Lemaux. 1994. Generation of large numbers of independently transformed fertile barley plants. Plant Physiol. 104: 37—48:

Wang, J., R. W. Williams. and K. F. Manly. 2003. WebQTL: web-based complex trait analysis. Neuroinformatics 1: 299—308.

Warner. R. L., C. J. Lin, and A. Kleinhofs. 1977. Nitrate reductase-deficient mutants in barley. Nature 269: 406—407.

Waugh, R., N. Bonar, E. Baird, B. Thomas, A. Graner, P. Hayes, and W. Powell. 1997. Homology of AFLP products in three mapping populations of barley. Mol. Gen. Genct. 255: 311—321.

Wei, F., K. Gobelman-Werner, S. M. Moroll, J. Kurth, L. Mao, R. Wing, D. Leister, P. Schulze-Lefert, and R. P. Wise. 1999. The *Mla*(powdery mildew) resistance cluster is associated with three NBS-LRR gene families and suppressed recombination within a 240-kb DNA interval on chromosome 5S (1HS) of barley. Genetics 153: 1929—1948.

Wenzl, P., J. Carling, D. Kudrna, D. Jaccoud, E. Huttner, A. Keinhofs, and A. Kilian. 2004. Diversity arrays technology (DArT) for whole-genome profiling of barley. Prco. Natl. Acad. Sci. U. S. A. 103: 9915—9920.

Wenzl, P., H. Li, J. Carling, M.. Zhou, H. Raman, E. Paul, P. Hearnden, C. Maier, L. Xia, V. Caig, J. Ovesna, M. Cakir, D. Poulsen, J. Wang, R. Raman, K. P. Smith,

GJ, Muehlbauer, K. J. Chalmers, A. Kleinhofs, E. Huttner, and A. Kilian. 2006. A high-density consensus map of barley linking DArT markers to SSR, RFLP and STS loci and agricultural traits. BMC Genomics 7: 206.

Whitham, S., S. P. Dinesh-Kumar, D. Choi, C. C. R. Hehl, and B. Baker. 1994. The product of the tobacco mosaic virus resistance gene N: similarity to toll and the interleukin-1 receptor. Cell 78: 1101－1115. Erratum in: Cell 199581: 466.

Wicker, T., E. Schlagenhauf, A. Grancr, T. J. Close, B. Keller, and N. Stein. 2006. 454 sequencing put to the test using the complex genome of barley. BMC Genomics 7: 275.

Wicker, T., A. Narechania, F. Sabot, J. Stein, G. T. H. Vu, A. Graner, D. Ware, and N. Stein. 2008. Low-pass shotgun sequencing of the barley genome facilitates identification of genes, conserved non-coding sequences and novel repeats. BMC Genomics 9: 518.

Williams-Carrier, R. E., Y. S. Lie, S. Hake, and P. G. Lemaux. 1997. Ectopic expression of the maize *kn*1 gene phnenocopies the *Hooded*, mutant of barley. Development 124: 3737－3745.

Wise, R. P., R. A. Caldo, L. Hong, L. Shen, E. Cannon, and J. A. Dickerson. 2007. BarleyBase/PLEXdb: a unified expression profiling database for plants and plant pathogens. Methods Mol. Biol. 406: 347－364.

Wise, R. P., N. Lauter, L. Szabo, and P. Schweizer. 2009. Genomics of biotic interactions in the Triticeae. In C. Feuillct and G. J. Muehlbauer (eds.). Genetics and Genomics of the Triticeae. Springer, Heidelberg.

Yan, L., A. Loukoiariov, A. Blechl, G. Tranquilli, W. Ramakrishna, P. SanMiguel, J. L Bennetzen, V. Echenique, and J. Dubcovsky. 2004. The wheat *VRN*2 gene is a flowering repressor down-regulated by vernalization. Sciencc 303: 1640－1644.

Yan, L., D. Fu, C. Li, A. Bleclil, G. Tranquilli, M. Bonafede, A. Sanchez, M. Valarik, S. Yasuda, and J. Dubcovsky. 2006. The wheat and barley vernalization gene *VRN*3 is an orthologue of *FT*. Proc. Natl. Acad. Sci. U. S. A. 103: 19581－19586.

Yu, Y., J. P. Tomkins, R. Waugh, D. A. Frisch, D. Kudrna, A. Kleinhofs, R. S. Brueggeman, G. J. Muehlbauer, R. P. Wise. and R. A. Wing. 2000. A. bacterial artificial chromosome library for barley (*Hordeum vulgare* L.) and the identification of clones containing putative resistance genes. Theor. Appl. Genet. 101: 1093－1099.

Zhang, H., N. Sreenivasulu, W. Weschke, N. Stein, S. Rudd, V. Radchuk, E. Potokina, U. Scholz, P. Schweizer, U. Zierold, P. Langridge, R. K. Varshney, U. Wobus, and A. Graner. 2004. Large-scale analysis of the barley transcriptome based on expressed sequence tags. Plant J. 40: 276－290.

Zhang, L., T. Fetch, J. Nirmala, D. Schmierer, R. Brueggeman, B. Steffenson, and A. Kleinhofs. 2006. *Rpr*1, a gene required for *Rpg*1-dependent resistance to stem rust in barley. Theor. Appl. Genet. 113: 847－855.

Zhang, L., C. Castell-Miller, S. Dahl, B. Steffenson, and A. Kleinhofs. 2008. Parallel expression profiling of barley-stem rust interactions. Funct. Integr. Genomics 8:

187—198.

Zhang, L., L. Lavery, U. Gill, K. Gill, B. Steffenson, G. Yan, X. Chen, and . A. Kleinhofs. 2009. A cation/proton-exchanging protein is a candidate for the barley NecS1 gene controlling necrosis and enhanced defense response to stem rust. Theor. Appl. Genet. 118: 385—397.

Zhao, T., M. Palotta, P. Langridge, M. Prasad, A. Graner, P. Schulze-Lefert, and T. Koprek. 2006. Mapped *Ds*/T-DNA launch pads for functional genomics in barley. Plant J. 47: 811—826.

Zhong, J., J. T. Svensson, K. Madishetty, T. J. Close, T. Jiang, and S. Lonardi. 2006. Olispawn: a software tool for the design of overgo probes from large unigene datasets. BMC Bioinformatics 7: 7.

Zhou, F., J. Kurth, F. Wei, C. Elliott, G. Vale, N. Yahiaoui, B. Keller, S. Somerville, R. Mrise, and P. Schulze-Lefert. 2001. Cell-autonomous expression of barley *Mla*1 confers race-specific resistance to the powdery mildew fungus via a *Rar*1-dependent signaling pathway. Plant Cell 13: 337—350.

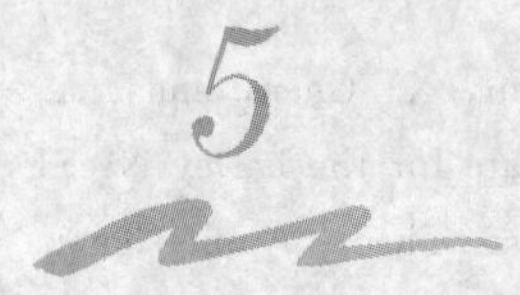

大麦细胞遗传学与分子细胞遗传学：大基因组的谷物模式作物

William T. B. Thomas, Patrick M. Hayes, Lunn S. Dahleen

1. 前　言

大麦(*Hordeum vulgare* L. ssp. *vulgare*)是重要的谷类作物之一，其全球总产仅次于玉米(*Zea mays*)、小麦(*Triticum* spp.)和水稻(*Oryza sativa*)，位列第四。大麦的用途非常广泛，主要用于饲料、酿啤酒与食用。大麦品种 Betzes 被推荐为研究小麦族基因组的参照品种(Linde-Laursen 等，1997)。大麦的二倍体特性，细胞学、遗传学和基因组学知识背景比较清楚以及遗传资源丰富，是其作为参照作物的主要优势。与小麦(2n＝42)、水稻(2n＝24)和玉米(2n＝20)相比，大麦具有最少的染色体数目(2n＝14)。大麦基因组(1C)的大小(4,873～5,096Mbp)，小于小麦(15,996Mbp)，而大于玉米(2,292～3,313Mbp)和水稻(401～466Mbp)(Arumuganathan 和 Earle，1991；Bennett 和 Leitch，2005)。与其他大多数植物一样，大麦基因组 DNA 中也有多于 75％的重复序列。大麦基因组测序计划正在进行中(http://barleygenome.org/)，但许多表型数据及分子标记均已标注在其 7 条染色体的遗传图谱上(Kleinhofs 等，1993；Stein 等，2007；Varshney 等，2007；Sreemovasulu 等，2008)。含有不同大麦染色体或染色体臂的小麦—大麦二倍体和双末端体附加系的构建，为遗传作图提供了丰富的材料(Islam 和 Shepherd，1990)。选择大麦作为模式作物的另一个原因是，它具有大量的遗传和染色体结构突变系，而且已明确了很多控制重要性状的功能基因，同时大麦基因组与小麦、黑麦和水稻的基因组具有共线性和同线性(Lundqvist 等，1996；Cho 等，2006；Varshney 等，2006；Sreenivasulu 等，2008)。总之，以上种种特性使基因组相对较大的大麦成为分子作图、分子细胞遗传学研究以及发展整合细胞遗传作图的模式作物(Harper，2000)。

本章简要综述早期有关大麦细胞遗传学以及借助分子细胞遗传学和显微技术在分子生物学相关领域的最新研究成果。显然，分子遗传学、细胞学技术以及显微分析技术远远落后于分子细胞遗传学的发展。该领域最新的进展也许可以指导我们未来的研究。

2. 细胞遗传学

(1) 染色体组型

乙酸苔红素或乙酸洋红染色、福尔根反应以及压片技术的应用，可使有丝分裂中的染色体能完全分散，从而适于染色体组型分析。染色体组型和染色体模式图主要基于染色体大小、着丝点位置、副缢痕以及三级缢痕的有无。有丝分裂前中期或后期与减数分裂粗线期的染色体一样，其收缩程度较弱，便于形态的详细描述，因为此时染色质的凝集程度存在差异，而且染色体附近会出现不同形式的染色线。随着染色体带型分析技术的应用，形态、结构和功能特性的可视化进一步提高了染色体鉴定和表征的精确性。如结构性异染色质的不同染色方法所形成的C-带型，N-带型，和Q-带型(图 5.1)，以及运用 $AgNO_3$ 染色检测活性核糖体 DNA(rDNA)位点(Linde-Laursen 等，1997)。DNA 合成以及此后的 DNA 复制研究，也发现一些带型特征与异染色质的分布形式相符(Uozu 等，1997)。通过 4,6-二胺基-2-苯基吲哚染色(DAPI)，并借助三维成像进行重建和去卷积

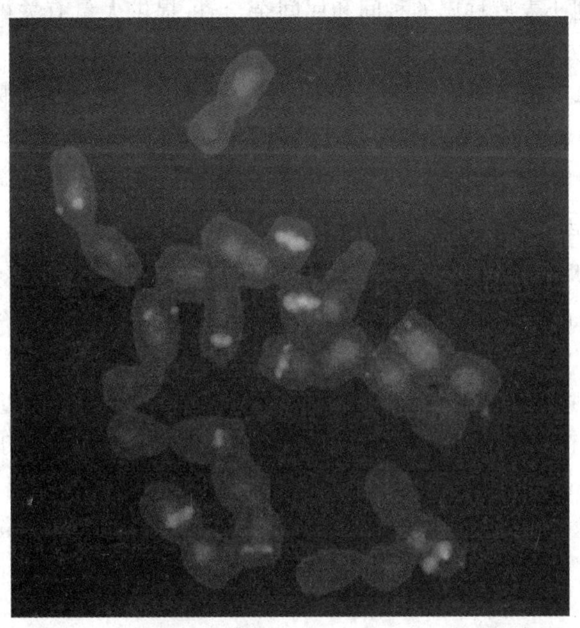

图 5.1 大麦体细胞中期染色体 Giemsa 染料染色的 C-带型，标尺=10 微米

的一种新型荧光染色体带型技术，已应用于大麦染色体组型分析，得到的带型与G-带型相似(Liu 等,2004)。另外一项荧光染色体带型技术可以观察富含尿嘧啶和胞嘧啶(GC)的 DNA 区域，用碘化丙啶和 DAPI 对大麦染色体进行染色，发现其带型与色霉素 A3 诱导的带型相似(She 等,2006)。根据世界同行的建议，大麦染色体 1H-7H 是基于大麦同小麦和小麦族的同源性而设定的(Linde-Laursen 等,1997)。大麦品种 Betzes 被列为小麦族基因组研究的参照品种(Linde-Laursen 等,1997)。

(2)基因突变和染色体组型重建

通过突变剂诱导基因突变和染色体结构发生变化，已产生了大量突变系(Hagberg,1986；Marthe 和 Künzel,1994；Gecheff,1996；Lundqvist 等,1996；Sreenivasulu 等,2008)。这些突变系是遗传资源，可以用于作物育种和遗传图谱的构建。这些由于染色体移位、置换和加倍而形成的染色体组型突变系，从细胞学角度上看，有着特殊的意义。C-带型的应用对确定许多重建核型的相关染色体以及断点具有重要作用。有研究发现，断点的非随机分布在第一次有丝分裂后处理和基因富集的常染色质区域，后代能存活的频率较高(Künzel 等,2001)。这些染色体结构变异对于突变系基因表达、细胞的有丝分裂和减数分裂以及育性和表型的影响，是这些材料进行深入研究的主要内容。

(3)种间和属间杂交以及附加系

大麦与其他小麦族种属的种间和属间杂交，可提供大量有关染色体的同源转化、消失和体域方面的信息，也能获得单倍体(Linder-Laursen 等,1997)与核仁优势(见下文)的信息。携带不同大麦染色体或染色体臂的小麦—大麦附加系(Islam 和 Shenperd,1990)技术的发展，不仅有利于将基因定位至特殊的染色体或染色体臂上，而且便于成对染色体的同源性研究以及检测基因的渗入、表达和调节。

(4)核糖体基因与核仁优势

大麦二倍体、三倍体以及置换系和复制系中核糖体基因的大小和重复数目已经明确(Subrahmanyam 和 Azad,1978；Subrahmanyam 等,1994)。在二倍体大麦中，染色体 5H 上 rDNA 顺反子的数目要高于 6H。rDNA 重复基因的数目、中期染色体指示位点核仁组织区(NORs)$AgNO_3$ 带的大小以及活跃重复区的相对数量，与正常的及重建的染色体组型中的核仁大小及数目之间的关系已有很多报道(Linde-Laursen 等,1997)。从染色体间和染色体内水平上研究杂种与重组体的核仁优势或抑制现象也已有不少报道(Linder-Laursen 等,1997；Pikaard,2000)。

3. 分子遗传学

现有基于表型性状和各种分子标记的遗传图谱，弥补了大麦全基因组测序(http://barleygenome.org/)尚未完成的不足(见 Sreenivasulu 等，2008)。由于小麦族植物的染色体中存在大量重复 DNA 序列，故借助已获得的 cDNA 序列，进行表达序列标签(ESTs)测序是 DNA 水平上鉴定基因的最有效方法。简单序列重复(SSRs)是基于 ESTs 技术发展起来的最常用的分子标记。EST-SSRs 为大麦提供了大量分子连锁图谱(Stein 等，2007；Varshney 等，2007；Sreenivasulu 等，2008)。基于 EST 的单核苷酸多态性(SNP)分子标记，由于其多态性丰富而被公认为极有价值的分子标记(Stein 等，2007)。有关研究人员已为大麦建立了含有 20～270 kbp 的覆盖了相当于整个大麦染色体组 6.3 倍的多个细菌人工染色体(BAC)库(Lapitan 等，1997；Yu 等，2000；Isidore 等，2005)。借助性别 BAC 克隆的重叠群，检测到 *Rhp7* 位点在大麦 3H 染色体短臂 230 kbp 区间，证实了重叠群检测基因的可行性(Isidore 等，2005)。关联分子标记与细胞学标记或遗传距离与物理距离的一种方法是，利用基于限制性长度多态性(RFLP)的分子探针，确定显微分离的移位染色体的移位点(Sorokin 等，1994；Künzel 等，2000)。包含 22,792 个探针，代表至少 21,439 大麦基因的 Affymetrix Barley1 GeneChip 用于 RNA 和转录组分析探针系列，是第一个基于大基因组植物的基因芯片(Close 等，2004)。借助小麦—大麦双体和双末端体的染色体附加系，该芯片已应用于特定染色体臂上的大麦基因定位(Cho 等，2006；Bilgic 等 2007)。大麦基因芯片还可应用于监测大麦对生物和非生物胁迫响应中，其调控或防御基因的产物(Collinge 等，2008)。与含有很多已定位基因的遗传连锁图相似，有研究发现很多基因在基因的富集区和缺乏区存在不均匀分布的情况。通过 RFLP 分析发现，简单和低拷贝序列在染色体末端区域的分布亦有类似之处(Laurie 等，1993)。

4. 分子细胞遗传学

(1)荧光原位杂交(FISH)和基因组原位杂交(GISH)

FISH 和 GISH 技术广泛应用于细胞生物学研究，并开创了染色体染色时代(Schubert 等，2001)。FISH 技术对于揭示染色体特性和特定 DNA 序列的物理作图具有里程碑的意义。将遗传作图得到的序列与染色体进行杂交，是整合遗传学和细胞学图谱的最直接的方法。含有较短 DNA 序列的细菌质粒，相对较大 DNA 序列的 BAC 和酵母人工染色体(YAC)均可作为探针。探针有特定的简单或低拷贝基因，串联或分散的重复序列，也有相对较大的染色体区段。利用产生不同颜色的各种检测系统在荧光显微镜下观察标记模式。对于 GISH 而言，整个基因组被标记为探针，与代表不同基因组背景的基因组、染色体或染色体区段进行杂交。这种差异是基于 DNA 重复序列分布的不同。利用质粒探针，FISH 技术已广泛应用于大麦相关的细胞遗传学研究，这些质粒探针的插入序列是已定位的串联重复序列，如 18S-5.8S-25S 和 5S rDNA 基因（图 5.2），二核苷酸和三核苷酸的 EST-SSRs，pHcKB6 序列和 Afa 家族序列；分散的重复序列，转座元件，或是逆转录因子如 BIS-1 序列；以及单一或低拷贝序列，如转基因和编码 β-醇溶蛋白的基因 *Hor*1，*Hor*2，α-淀粉酶 2 和过氧化物酶基因（Linder-Laursen 等，1997；Pedersen 等，1997；Tsujimoto 等，1997；Brown 等，1999，Nasuda 等，2005a；Cuadrado 和 Jouve，2007；Cuadrado 等，2008）。EST-SSRs 标记能产生具有非随机的染色体带型的 FISH 荧光信号，促进了大麦染色体特征的研究（Pedersen 等，1996；Cuadrado 和 Jouve，2007；Cuadrado 等，2008）。为了检测 RFLP 克隆产生的信号，超灵敏的 FISH 技术的应用将遗传图谱和物理图谱整合起来（Stephens 等，2004）。FISH 技术在研究染色体畸变所导致的微核形成上大有裨益（Juchimiuk 等，2007）。含有大麦 DNA 序列的 BAC 探针已应

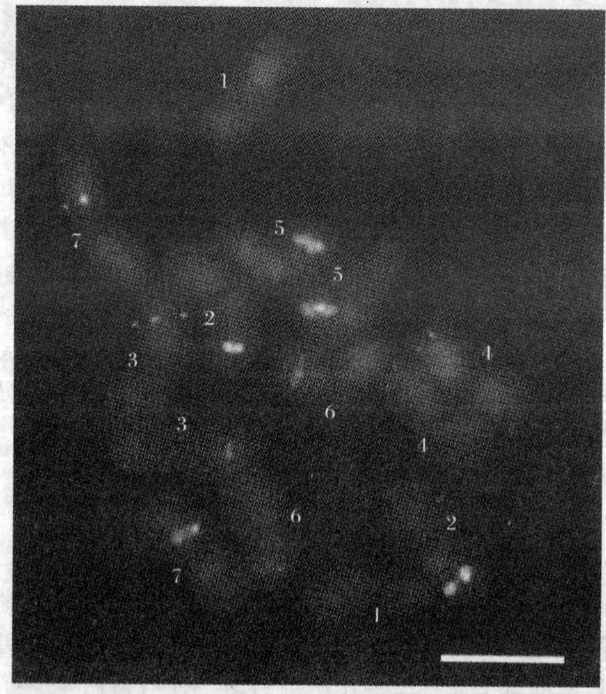

图 5.2 大麦品种 Bonus 体细胞中期染色体 DAPI-染色。数字表示染色体 1H-7H（Linde-Laursen 等，1997；Brown 等，1999）。标尺＝10 微米（Silesia 大学植物解剖与细胞学系 Łukasz Kubica 和 Robert Hasterok 许可）

用于C-醇溶蛋白基因的定位研究(Lapitan 等,1997)。与 FISH 技术联合应用,或独立使用大麦染色体流式分选技术,在不远的将来可标记和分离正常或者重组的染色体,以及代表染色体臂的具端着丝粒(Lysák 等,1999;Ma 等,2005;Suchánková 等,2006;Doležel 等,2007)。此外,FISH 技术还可应用于大麦染色体结构变化过程中中心体的分子组成和功能的研究(Nauda 等,2005b)。值得一提的是,能够将 DNA 序列定位于染色体的待发原位标记(PRINS)和循环的待发原位标记(C-PRINS)方法,也已成功应用于大麦(Kubaláková 等,2001)。GISH 技术能在小麦背景下检测大麦的染色体片段或全部染色体(Mukai 和 Gill,1991;Schwarzacher 等,1992)。

(2)核仁优势、DNA 甲基化、组蛋白修饰和表观遗传

FISH 技术有利于补充C-/N-带型分析和 $AgNO_3$ 染色在双倍体大麦以及染色体倒位或易位系中的 rDNA、NOR 和核仁等方面研究(Gerrgiev 等,2001;Kitanova 和 Georgiev,2005)。核仁优势发生于大麦染色体组型重建以及杂交和附加系形成过程,相关文献已有充分论述,试图合理地诠释其机制(Pikaard,2000;Viegas 等,2002)。据研究推断,DNA 甲基化和组蛋白乙酰化与基因活性的调节有关(Chen 和 Pikaard,1997)。大麦正常和重建染色体上的DNA 甲基化特征已被定位,对组成型异染色质和基因富集区的分布也有过比较(Ruffini Castiglione 等,2008)。抑制的 rRNA 基因可以用胞嘧啶甲基化和组蛋白的去甲基化的抑制剂实现基因的去阻遏,从而表明上述基因沉默是在染色质水平上得到控制的(Pikaard,2000)。因此,这种现象属于表观遗传学范畴。DNA 甲基化、组蛋白修饰(乙酰化、甲基化和磷酸化等)和非编码小 RNA 干涉(RNAi)之间的相互作用是决定染色质拓扑学的因素之一,相应的这些作用称为“染色质密码”、“组蛋白密码”或者“表观遗传密码”(Lusser,2002;Turner,2002;Pontes 等,2003;Loidl,2004;Tariq 和 Paszkowski,2004)。

(3)种间和属间杂交及附加系

合适的探针和 FISH 技术的应用能够区分所有的染色体臂、确定同源性关系、成对模式的差异以及栽培大麦×球茎大麦杂种和它们的后代中的基因渗入情况(Pickering 等,2004;2005)。这些杂交种的染色体消失过程曾有过重点关注(Gernand 等,2006)。

(4)减数分裂

丝球期是研究染色体同源性和同源配对最佳的减数分裂期。如未得到可以用于分析的粗线期时,丝球期也适于研究与染色体相关的核仁的数目、大小和位置(图 5.3a)。以 25S 和 5S rDNA 为探针,运用 FISH 技术对丝球期染色体进行标记可以鉴别染色体(图 5.3b)。

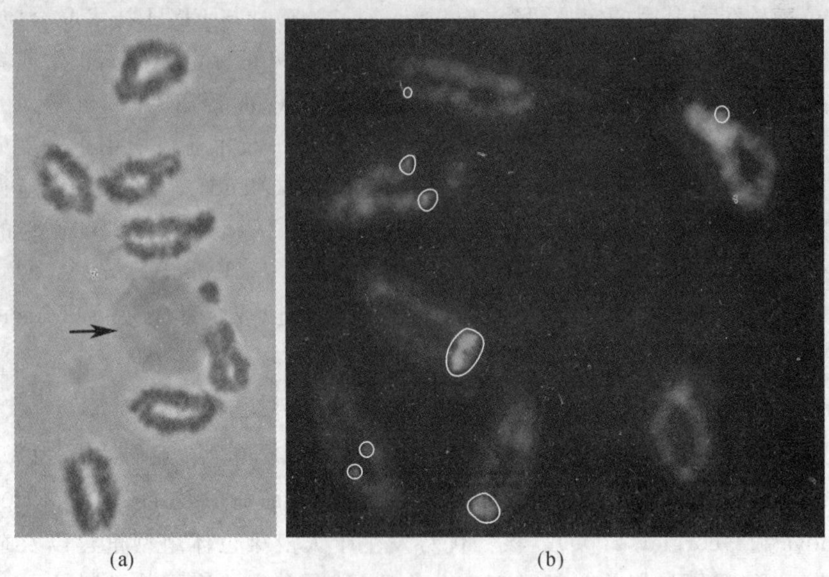

(a) (b)

图 5.3 大麦品种 Bonus 处于丝球期的二价染色体。(a)Snow 洋红染色。一个同 6H 染色体的次级缢痕相关的大核仁(箭头所指)。(b)FISH 和染色体编号与图 5.2 中相同。标尺＝10 微米。(Silesia 大学植物解剖与细胞学系 Łukasz Kubica 和 RobertHasterok 许可)

5. 显微技术

较少的染色体数目和较大的染色体使大麦成为植物染色体结构研究的首选作物。同时,已尝试利用扫描电子显微镜(SEM)、原子力显微镜(AFM)和扫描近场光学显微镜/原子力显微镜(SNOM/AFM)技术,同时对 YOYO-1 染色的高密度富含 GC 的 DNA 进行拓扑学和荧光图形分析,以阐明大麦染色体的内在结构(Yoshino 等,2002,及其引用的参考文献)。结合免疫细胞化学和 SEM 技术对组蛋白 H3 第 10 号位色氨酸磷酸化位点的定位及着丝粒及其周围特征的观察,有助于进一步明确染色体结构与功能之间的关系(Schroeder-Reiter 等,2003)。

6. 展望

(1)FISH 作图与染色体表征

随着大麦基因组测序计划的推进,在获得所有基因组序列的同时,为物理作图、基因组结构分析、图位克隆以及染色体表征提供完全、准确、系统的含有大片段的基因文库方面,尚需做大量工作。现有的 BAC 文库是该领域取得的可喜成就。在含有大片段简单拷贝和重复序列的黏粒或 BAC 文库应用过程中,发现竞争性原位抑制(CISS)杂交能够抑制重复DNA产生的信号，进而检测到单拷贝的基因(Sadder等，2000)。该方法与多色FISH技术一样，可应用于大麦细胞遗传学研究。染色体特异重叠群已成功地实现了拟南芥染色体的表征，即不同的染色体显示不同的颜色(Lysák和Lexer，2006)。SSRs和BAC重叠群的比较FISH分析和比较染色体表征在大麦及其近缘种的应用，可为这些序列在染色体结构、功能和进化中的作用提供有效信息。在现有的水稻全基因组序列的基础上(IRGSP，2005)，我们应该优先研究大麦和水稻之间DNA序列的共线性以及比较染色体表征(Pourkheirandish等，2007)。我们还可以发挥FISH技术联合染色体流式分选技术的潜力。特别值得一提的是，大麦品种Betzes是小麦族基因组研究所推荐的参照品种(Linde-Laursen等，1997)。

(2)核仁优势

通过改变染色质拓扑结构进而控制基因转录的机制，包括DNA胞嘧啶甲基化，组蛋白的共价修饰(甲基化、乙酰化、磷酸化和泛素化等)以及RNAi途径，后者参与靶标转录产物的降解以及启动DNA和组蛋白甲基化的小干涉RNAs(siRNA)。总之，这些机制属于表观遗传现象，而且是近年来研究的热点(Neves等，2005；Henderson和Jacobsen，2007；Matzke等，2007；Zhang，2008)。我们要不懈地努力，去揭示这些机制之间的相互作用，并进一步在细胞生物学水平观察染色质结构修饰的细节(Harper，2000；Bowler等，2004)。DNA转甲基酶抑制剂5-氮杂胞苷结合$AgNO_3$染色和以rDNA为探针的FISH技术，将为我们研究核仁优势提供丰富的信息(Caperta等，2007)。

(3)减数分裂

比较研究在粗线期—丝球期之间的核仁数目、大小和染色体的相关位点以及减数分裂其他时期的特征，可以得到一些很有意义的结果。另外，在正常和重建的染色体中粗线期—丝球期的rDNAs FISH定位，也能提供丰富的信息。此外，大麦粗线期的细胞生物学技术还需要优化。借助FISH技术进行的DNA和基因定位，还需要浓缩度相对较弱并且长而分散的粗线期染色体作基质，以提高作图分辨率。为此，单倍体的应用(Sadasivaiah和Kasha，1971)进一步简化了染色体和表征。在玉米中，科学家已设计出能够保持有丝分裂和减数分裂的自发性迷你(小型)染色体(Carlson等，2007)，在大麦中设计这种迷你染色体在遗传转化中具有十分重要的意义。

(4)显微技术

优化SEM和细胞化学联合技术(Yoshino等，2002；Schroeder-Reiter等，2003；2006)有助于更好地保持染色体的结构，提高标记效率及定位信号。这将进一步阐明染色体结构与功能之间的关系，便于单拷贝、低拷贝和重复DNA序列在高分辨率染色体亚结构层次的定位研究。运用显微技术分析正常和重建核仁染色体中活性和非活性的 rDNA 在 NORs 的优势及抑制现象，同样值得高度关注。新型的显微分析技术以及诸如三维结构照明的显微技术(Carlton, 2008)，对进一步揭示有丝分裂和减数分裂时期染色体的结构与功能十分重要。

参考文献

Arumuganathan, K. and E. D. Earle. 1991. Nuclear DNA content of some important plant species. Plant M01. Biol. Rep. 9: 28－218.

Bennett, M. D. and I. J. Leitch. 2005. Nuclear DNA amounts in angiosperms: progress, problems and prospects. Ann. Bot. 95: 45－90.

Bilgic, H., S. Cho, D. F. Garvin, and G. J. Muehlbauer. 2007. Mapping barley genes to chromosome arms by transcript profiling of wheat-barley ditelosomic chromosome addition lines. Genome 50: 898－906.

Bowler, C., G. Benvenuto, P. Laflamme, D. Molino, A. V. Probst, M. Tariq, and J. Paszkowski. 2004. Chromatin techniques for plant cells. Plant J. 39: 776－789.

Brown, S. E., J. L. Stephens, N. L. V. Lapitan, and D. L. Knudson. 1999. FISH landmarks for barley chromosomes (*Hordeurn vulgare* L.). Genome 42: 274－281.

Caperta, A. D., N. Neves, W. Viegas, C. S. Pikaard, and S. Preuss. 2007. Relationships between transcription, silver staining, and chromatin organization of nucleolar organizers in *Secale cereale*. Protoplasma 232: 55－59.

Carlson, S. R., G. W. Rudgers, H. Zeieler, J. M. Mach, S. Luo, E. Grunden, C. Krol, G. P. Copenhaver, and D. Preuss. 2007. Meiotic transmission of an in vitro-assembled autonomous maize minichromosome. PLoS Genetics 3: 1965－1974.

Carlton, P. M. 2008. Three-dimensional structured illumination microscopy and its application to chromosome structure. Chromosome Res. 16: 351－365.

Chen, Z. J. and C. S. Pikaard. 1997. Epigenetic silencing of RNA polymerase I transcription: a role for DNA methylation and histone modification in nucleolar dominance. Genes Dev. 11: 2124－2136.

Cho, S., D. F. Garvin, and G. J. Muehlbauer. 2006. Transcriptome analysis and physical mapping of barley genes in wheat-barley chromosome addition lines. Genetics 172: 1277－1285.

Close, T. J., S. I. Wanamaker, R. A. Caldo, S. M. Turner, D. A. Ashlock, J. A. Dickerson, R. A. Wing, G. J. Muehlbauer, A. Kleinhofs, and R. P. Wise. 2004. A new resource for cereal genomics: 22k Barley GeneChip comes of age. Plant Physiol. 134: 960－968.

Collinge, D. B., M. K. Jensen, M. F. Lyngkjaer, and J. Rung. 2008. How can we exploit functional genomic approaches for understanding the nature of plant defences? Barley as a case study. Eur. J. Plant Pathol. 121: 257－266.

Cuadrado, A. and N. Jouve. 2007. The non-random distribution of long clusters of all possible classes of trinucleotide repeats in barley chromosomes. Chromosome Res. 15: 711—720.

Cuadrado, A., M. Cardoso, and N. Jouve. 2008. Physical organisation of simple sequence repeats (SSRs) in Triticeae: structural, functional and evolutionary implications. Cytogenet. Genome Res. 120: 210—219.

Doležel, J., M. Kubaláková, E. Paux, J. Bartoš, and C. Feuillet. 2007. Chromosome-based genomics in the cereals. Chromosome Res. 15: 51—66.

Gecheff, K. I. 1996. Production and identification of new structural chromosome mutations in barley (*Horateurn vutgare* L.). Theor. Appl. Genet. 92: 777—781.

Georgiev, S., N. Papazova, and K. Gecheff. 2001. Transcriptional activity of an inversion split NOR in barley (*Hordeum vulgare* L.). Chromosome Res. 9: 507—514.

Gernand, D, T. Rutten, R. Pickering, and A. Houben. 2006. Elimination of chromosomes in *Hordeum vulgare* × *H. bulbosum* crosses at mitosis and interphase involves micronucleus formation and progressive heterochromatinization. Cytogenet. Genome Res. 114: 169—174.

Hagberg, A. 1986. Induced structural rearrangements. *In* W. Horn, C. J. Jensen, W. Odenbach, and O. Schieder (eds.). Genetic manipulation in plant breeding, pp. 17—36. W. de Gruyter, Berlin.

Harper, L. C. 2000. Mapping a new frontier: development of integrated cytogenetic maps in plants. Funct. Integr. Genomics 1: 89—98.

Henderson, I. R. and S. E. Jacobsen. 2007. Epigenetic inheritance in plants. Nature 447: 418—424.

International Rice Genome Sequencing Project (IRGSP). 2005. The map-based sequence of the rice genome. Nature 436: 793—800.

Isidore, E., B. Scherrer, A. Bellec, K. Budin, P. FaivreRampant, R. Waugh, B. Keller, M. Caboche, C. Feuillet, and B. Chalhoub. 2005. Direct targeting and rapid isolation of BAC clones spanning a defined chromosome region. Funct. Integr. Genomics 5: 97—103.

Islam, A. K. M. R. and K. W. Shepherd. 1990. Incorporation of barley chromosomes in wheat, pp. 128—151. *In* Y. P. S. Bajaj (ed.). Biotechnology in Agriculture and Forestry, Vol. 13. Springer-Verlag, Berlin.

Juchimiuk, J., B. Hering, and J. Maluszynska. 2007. Multicolour FISH in an analysis of chromosome aberrations induced by N-nitroso-N-methylurea and maleic hydrazide in barley cells. J. Appl. Genet. 48: 99—106.

Kitanova, M-. and S. Georgiev. 2005. Gene expression of rDNA in translocation lines of barley (*Hordeurn vulgare* L.). Biotechnol. Biotechnol. Equip. 19 : 52-59.

Kleinhofs, A., A. Kilian, M. A. Saghai Maroof, R. M. Biyashev, P. Hayes, F. Q. Chen, N. Lapitan, A. Fenwick, T. K. Blake, V. Kanazin, E. Ananiev, L. Dahleen, D. Kudrna, J. Bollinger, S. J. Knapp, B. Liu, M. Sorrells, M. Heun, J. D. Franckowiak, D. Hoffman, R. Skadsen, and B. J. Steffenson. 1993. A molecular, isozyme and

morphological map of the barley (*Hordeum vulgare*) genome. Theor. Appl. Genet. 86: 705—712.

Kubaláková, M., J. Vrána, J. Číhalíková, M. A. Lysák, and J. Doležel. 2001. Localisation of DNA sequences on plant chromosomes using PRINS and C-PRINS. Methods Cell Sci. 23: 71—82.

Künzel, G., L. Korzun, and A. Meister. 2000. Cytologically integrated physical restriction fragment length polymorphism maps for the barley genome based on translocation breakpoints. Genetics 154: 397—412.

Kunzel, G., K. I. Gecheff, and I. Schubert. 2001. Different chromosomal distribution patterns of radiation-induced interchange breakpoints in barley: first post-treatment mitosis versus viable offspring. Genome 44: 128—132.

Lapitan, N. L. V., S. E. Brown, W. Kennard, J. L. Stephens, and D. L. Knudson. 1997. FISH physical mapping with barley BAC clones. Plant J. 11: 149—156.

Laurie, D. A, N. Pratchett, K. M. Devos, I. J. Leitch, and M. D. Gale. 1993. The distribution of RFLP markers on chromosome 2 (2H) of barley in relation to the physical and genetic location of 5s rDNA. Theor. Appl. Genet. 87: 177—183.

Linde-Laursen, I., J. S. Heslop-Harrison, K. W. Shepherd, and S. Taketa. 1997. The barley genome and its relationship with the wheat genomes: a survey with an internationally agreed recommendation for barley chromosome nomenclature. Hereditas 126: 1—16.

Liu, J. Y., C. W. She, Z. L. Hu, Z. Y. Xiong, L. H. Liu, and Y. C. Song. 2004. A new chromosome fluorescence banding technique combining DAPI staining with image analysis in plants. Chromosoma 113: 16—21.

Loidl, P. 2004. A plant dialect of the histone language. Trends Plant Sci. 9: 84—90.

Lundqvist, U., J. Franckowiak, and T. Konishi. 1996. New and revised descriptions of barley genes. Barley Genet. Newsl. 26: 22—44.

Lusser, A. 2002. Acylated, methylated, remolded: chromatin states for gene regulation. Curr. Opin. Plant Biol. 5:437—443.

Lysák, M. A. and C. Lexer. 2006. Towards the era of comparative evolutionary genomics in Brassicaceae. Plant Syst. Evol. 259: 175—198.

Lysák, M. A., J. Číhalíková, M. Kubaláková, H. Šimková, G. Künzel, and J. Doležel. 1999. Flow karyotyping and sorting of mitotic chromosomes of barley (*Hordeurn vulgare* L.). Chromosome Res. 7: 431—444.

Ma, Y., J.-H. Lee, L. C. Li, S. Uchiyama, N. Omido and K. Fukui. 2005. Fluorescent labeling of plant chromosomes in suspension by FISH. Genes Genet. Syst. 80: 35—39.

Marthe, F. and G. Künzel. 1994. Localization of translocation breakpoints in somatic metaphase chromosomes of barley. Theor. Appl. Genet. 89: 240—248.

Matzke, M., T. Kanno, B. Huettel, L. Daxinger, and J. M. Matzke. 2007. Targets of RNA-directed DNA-methylation. Curr. Opin. Plant Biol. 10: 512—519.

Mukai, Y. and B. S. Gill. 1991. Detection of barley chromatin added to wheat by genomic in *situ* hybridization. Genome 34: 448—452.

Nasuda, S., Y. Kikkawa, T. Ashida, A. K. M. R. Islam, K. Sato, and T. R. Endo. 2005a. Chromosomal assignment and deletion mapping of barley EST markers. Genome Genet. Syst. 80: 357—366.

Nasuda, S., S. Hudakova, I. Schubert, A. Houben, and T. R. Endo. 2005b. Stable barley chromosomes without centromeric repeats. Proc. Natl. Acad. Sci. U. S. A. 102: 9842—9847.

Neves, N., M. Delgado, M. Silva, A. Caperta, L. Morais Cecilio, and W. Viegas. 2005. Ribosomal DNA heterochromatin in plants. Cytogenet. Genome Res. 109: 104—111.

Pedersen, C., S. K. Rasmussen, and I. Linde-Laursen 1996. Genome and chromosome identification in cultivated barley and related species of the Triticeae (Poaceae) by in *situ* hybridization with the GAA-satellite sequence. Genome 39: 93—104.

Pedersen, C., J. Zimny, D. Becker, A. Jähne-Gärtner, and H. Lörz. 1997. Localization of introduced genes on the chromosomes of transgenic barley, wheat and triticale by fluorescence in situ hybridization. Theor. Appl. Genet. 94: 749—757.

Pickering, R. A., S. Hudakova, A. Houben, P. A. Johnston, and R. C. Butler. 2004. Reduced metaphase I associations between the short arms of homoeologous chromosomes in a *Hordeum vulgare L.* × *H. bulbosum* L. diploid hybrid influences the frequency of recombinant progeny. Theor. Appl. Genet. 109: 911—916.

Pickering, R., S. Klatte, and R. C. Butler. 2005. Reduced chromosome association between the short arms of 5H homologues in *Hordeurn vulgare* L. at metaphase I. Plant Breed. 124: 416—418.

Pikaard, C. S. 2000. Nucleolar dominance: uniparental gene silencing on a multi-mega-base scale in genetic hybrids. Plant Mol. Biol. 43: 163—177.

Pontes, O., R. J. Lawrence, N. Neves, M. Silva, J.-H. Lee, Z. J. Chen, W. Viegas, and C. S. Pikaard. 2003. Natural variation in nucleolar dominance reveals the relationship between nucleolus organizer chromatin topology and rRNA transcription in *Arabidopsis*. Proc. Natl. Acad. Sci. U. S. A. 100: 11418—11423.

Pourkheirandish, M., T. Wicker, N. Stein, T. Fujimura, and T. Komatsuda. 2007. Analysis of the barley chromosome 2 region containing the six-rowed spike gene *vrs*1 reveals a breakdown of rice-barley micro collinearity by a transposition. Theor. Appl. Genet. 114: 1357—1365.

Ruffini Castiglione, M., G. Venora, C. Ravalli, L. Stoilov, K. Gecheff, and R. Cremonini. 2008. DNA methylation and chromosomal rearrangements in reconstructed karyotypes of *Hordeum vulgare* L. Protoplasma 232: 215—222.

Sadasivaiah, R. S. and K. J. Kasha. 1971. Meiosis in haploid barley-an interpretation of non-homologous chromosome associations. Chromosoma 35: 247—263.

Sadder, M. T., N. Ponelies, U. Born, and G. Weber. 2000. Physical localization of single-copy sequences on pachytene chromosomes in maize (*Zea mays* L.) by chromosome in situ suppression hybridization. Genome 43: 1081—1083.

Schroeder-Reiter, E., A. Houben, and G. Wanner. 2003. Immunogold labelling of chromosomes for scanning electron microscopy: a closer look at phosphorylated histone H3 in mitotic metaphase chromosomes of *Hordeum vulgare*. Chromosome Res. 11: 585—596.

Schroeder-Reiter, E., A. Houben, J. Grau, and G. Wanner. 2006. Characterization of a peg-like terminal NOR structure with light microscopy and high-resolution scanning electron microscopy. Chromosoma 115: 50—59.

Schubert, I., P. F. Fransz, J. Fuchs, and J. H. de Jong. 2001. Chromosome painting in plants. Methods Cell Sci. 23: 57—69.

Schwarzacher, T., K. Anamthawat-Jónsson, G. E. Harrison, A. K. M. R. Islam, J. Z. Jia, I. P. King, A. R. Leitch, T. E. Miller, S. M. Reader, W. J. Rogers, M. Shi, and J. S. Heslop-Harrison. 1992. Genomic in situ hybridization to identify alien chromosomes and chromosome segments in wheat. Theor. Appl. Genet. 84: 778—786.

She, C., J. Liu, and Y. Song. 2006. CPD staining: an effective technique for detection of NORs and other GC-rich chromosomal regions in plants. Biotechnic Histochem. 81: 13—21.

Sorokin, A. F., F. Marthe, A. Houben, U. Pich, A. Graner, and G. Künzel. 1994. Polymerase chain reaction mediated localization of RFLP clones to microisolated translocation chromosomes of barley. Genome 37: 550—555.

Sreenivasulu, N., A. Graner, and U. Wobus. 2008. Barley genomics: an overview. Int. J. Plant Genomics. doi: 10.1155/2008/486258.

Stein, N., M. Prasad, U. Scholz, T. Thiel, H. Zhang, M. Wolf, R. Kota, R. K. Varshney, D. Perovic, I. Grosse, and A. Graner. 2007. A 1000-loci transcript map of the barley genome: new anchoring points for integrative grass genomics-Theor. Appl. Genet. 114: 823—839.

Stephens, J. L., S. E. Brown, N. L. V. Lapitan, and D. L. Knudson. 2004. Physical mapping of barley genes using an ultrasensitive fluorescence in situ hybridization technique. Genome 47: 179—189.

Subrahmanyam, N. C. and A. A. Azad. 1978. Trisomic analysis of ribosomal RNA cistron multiplicity in barley (*Hordeum vulgare* L.). Chromosoma 69: 255—264.

Subrahmanyam, N. C., T. Bryngelsson, P. Hagberg, and A. Hagberg. 1994. Differential amplification of rDNA repeats in barley translocation and duplication lines: role of a specific segment. Hereditas 121: 157—170.

Suchánková, P., M. Jubaláková, P. Kovárová, J. Bartoš, J. Čihalíková, M. Molnár-Láng, T. R. Endo, and J. Doležel. 2006. Dissection of the nuclear genome of barley by chromosome flow sorting. Theor. Appl. Genet. 113: 651—659.

Tariq, M. and J. Paszkowski. 2004. DNA and histone methylation in plants. Trends Genet. 20: 244—251.

Tsujimoto, H., Y. Mukai, K. Akagawa, K. Nagaki, J. Fujigaki, M. Yamamoto, and T. Sasakuma. 1997. Identification of individual barley chromosomes based on repetitive sequences: conservative distribution of Afa-family sequences on the chromosomes of barley and wheat. Genes Genet. Syst. 72: 303—309.

Turner, B. M. 2002. Cellular memory and the histone code. Cell 111: 285—291.

Uozu, S., T. Nakazaki, and T. Tanisaka. 1997. Characterization of the late replication banding patterns in barley chromosomes. Genes Genet. Syst 72: 125—130.

Varshney, R. K., D. A. Hoisington, and A. K. Tyagi. 2006. Advances in cereal genomics and applications in crop breeding. Trends Biotechnol. 24: 490—499.

Varshney, R. K., T. C. Marcel, L. Ramsay, J. Russell, M. S. Röder, N. Stein, R. Waugh, P. Langridge, R. E. Niks, and A. Graner. 2007. A high density barley microsatellite consensus map with 775 SSR loci. Theor. Appl. Genet. 114: 1091—1103.

Viegas, W., N. Neves, M. Silva, A. Caperta, and L. Morais Cecilio. 2002. Nucleolar dominance: a "David and Goliath" chromatin imprinting process. Curr. Genomics 3: 563—576.

Yoshino, T., S. Sugiyama, S. Hagiwara, T. Ushiki, and T. Ohtani. 2002. Simultaneous collection of topographic and fluorescent images of barley chromosomes by scanning near-field optical/atomic force microscopy. J. Electron Microsc. 51: 199—203.

Yu, Y., J. R. Tomkins, R. Waugh, D. A. Frisch, D. Kudrna, A. Kleinhofs, R. S. Brueggeman, G. J. Muehlbauer, R. P. Wise, and R. A. Wing. 2000. A bacterial artificial chromosome library for barley (*Hordeum vulgare* L.) and the identification of clones containing putative resistance genes. Theor. Appl. Genet. 101: 1093—1099.

Zhang, X. 2008. The epigenetic landscape of plants. Science 320: 489—492.

6

分子遗传学和转基因在大麦改良上的应用

William T. B. Thomas, Patrick M. Hayes, Lynn S. Dahleen

1. 大麦改良现状

大麦是二倍体自花授粉作物,其改良工作一般是利用系谱法选择及其由此获得的变异。20 世纪大麦育种得到了发展,所有将大麦作为重要作物的国家都在不同程度地开展育种工作。据估计,育种改良使大麦每年大约以 1%的速度增产(Thomas,2003;Ordon 等,2005)。除产量外,对于其他性状变化的研究相对较少。但在世界的某些地区,矮秆品种的培育,特别是使用了 *sdw*1 矮化基因,降低了株高,提高了抗倒伏能力。在以麦芽品质为主要目标的地区,麦芽浸出率和一般加工特性也得到了显著的遗传改良(Grausgruber 等,2002;Macaulay 等,2004)。这种改良在英国官方试验(http://www.hgca.com/)和欧洲啤用大麦新品种的比较试验(http://www.europeanbreweryconvention.org/PDF/2009/EBC-B&MC-2 Year Repot 2007-2008.pdf)中得到佐证。

尽管很少有证据显示这种育种进程在减慢,但育种规模迅速扩增,一些大的育种计划每年有 100 万个 F2 群体。一些育种程序中双单倍体的使用增多以及试验成本的增加,迫使育种家去探索更好的杂交组合与筛选策略,以提高成本利用效率。分子生物学提供的一系列技术,可以直接或间接地应用于育种程序,从而节约成本。本章我们将提供一些标记辅助筛选(MAS)/标记辅助育种(MAB)和遗传转化的实例。两种技术都可以直接应用,都具有改良作物的潜力,遗传转化目前仅用于验证一些假设,尤其是用于寻找候补基因上。

2. 大麦分子标记

国际大麦研究协会的成员是分子标记技术的早期应用者,构建了第一张综合全基因组连锁图谱的部分内容(Graner 等,1991;Heun 等,1991;Kleinhofs

等,1993),也分析了小粒谷类作物上的数量性状位点(QTL)(Hayes 等,1993; Thomas 等,1995)。这些进步的源动力,大部分来自植物育种家对提高数量性状筛选效率的兴趣。在标记应用的近 15 年期间,图谱精度和基因型分析速度取得了极大的进步(参阅第 3 章),图谱数据的产生与整合不再受到制约。有关 QTL 的报道很多(参阅第 4 章),MAS 已成为一些重要综述的主题(Xu 和 Grouch,2008,及其引用的参考文献)。这里,作者介绍 4 种植物育种家感兴趣的 MAS:①当表现型具有复杂的遗传特点;②当表现型为生长发育或环境特异性;③为了加快特定等位基因组合的进程;④为了聚合目标等位基因。

由于育种成本增加,亟需更有效的育种方法,MAS 令人激动的前景从整合欧洲和美国关联遗传计划的核心上可见一斑,这将促使更多的植物育种家参与 MAS。英国优异育种大麦关联遗传计划(AGOUEB; http://www. agoueb. org/)利用的是扩展表现型数据库,该数据库关联在英国官方测试系统,而这一系统的数据是经 15 年以上对 500 多个春大麦和冬大麦品种涉及 80 多个性状观察的集合。通过整合这些表现型数据,并与使用 Illumina 的寡核苷酸池阵列(OPAs)的 3,000 个单核酸多态性(SNP)得到的基因型数据关联,应该可以鉴定到育种家有用的标记。在美国,大麦协同农业计划(CAP; http://www. barleycap. org/)是由美国农业部/协同州研究、教育和扩展服务部门资助的,其成员包括 19 个研究机构的 29 名科学家。未来的 4 年,AGOUEB 所使用的相同的 SNPs 将被用于 10 个育种计划提交的约 4,000 个栽培品系和实验材料。同时,将在这些种质中鉴定约 40 个性状。这些大量的数据将会贮存在 GERMINATE 数据库中,它可通过 The Hordeum Toolbox web portal 进入,并使用专门为此设计的 QTL Miner 软件进行分析。在德国,GABIGENOBAR 也使用相同的 Illumina OPAs。作者也注意到,世界范围内其他基因型确定计划也将使用 Illumina 的 OPAs,这样将便于整合和解释世界各地的其他数据。

3. 分子标记的应用

(1)基因库变异的研究

不少研究考察了优异但适应性差的基因库的比较多样性。野生大麦(*Hordeum vulgare* ssp. *Spontaneum*)作为栽培大麦的祖先,其基因库较栽培大麦更具多样性,突显了栽培大麦的瓶颈(Russell 等,2000)。虽然这意味着适应基因库相对缺乏多样性,但有证据指出,早期的和当代的育种种质在多样性水平上极其相似(Malysheva Otto 等,2007);即育种尚未在很大的程度上侵蚀到遗传基础。对 2007 年英国推荐表上的 5 个春大麦栽培品种的调查结果表明,在适应基因库中还有相当数量的变异,可以加以利用。Rae 等(2007)仅用了 35 个序列重复标记(SSR),就发现 5 个栽培品种中存在超过 1×10^{11} 种不同等位基因组合的可能性。目前的挑战是鉴定出有多少差异代表着功能多态性以及遗传改良的潜力。

大麦作物根据主要发育过程的差异进行划分。在某些地区,作物开花前需要一段冷(冬季)刺激;这一效应主要受控于 *Vrn-H*1、*Vrn-H*2 和 *Vrn-H*3 位点上的等位基因变化(Takahashi 和 Yasuda,1971)。栽培大麦春化响应主要受控于 *Vrn-H*1 和 *Vrn-H*2 间的上位性互作,该模型是通过对这两个位点的分子变化的研究而确立的(Szucs 等,2007)。冬大麦需要春化而春大麦不需要该过程。可以通过改变影响开花时间的各个主要基因位点的等位基因,如影响光周期的 *Ppd-H*1,达到早开花。此外,在同源异形域亮氨酸拉链序列 I(Homeodomain-leucine zipper I)分类中的一个同源盒(Homeobox)基因上,*vrs*1 位点的一个突变使侧小花发育,形成六棱大麦(Komatsuda 等,2007)。育种家一般喜欢利用已经明确的基因库;虽然在做杂交时,亲本源于不同的基因库,但他们还是喜欢利用同一基因库开展其他工作。这样,已经在二棱和六棱大麦上发现了多样性上的一些差异(Russell 等,1997)。Yahiaoui 等(2008)使用相对较少的 SSR 标记,揭示了西班牙六棱品种的亚群体大部分与生态地理特性有关。随着分子图谱饱和度的增加,有望在一些主要基因库内探测到更多的差异。

随着高精度遗传图谱的开发以及基因定位技术的发展,大麦育种家能够对他们的目标种质群体做出正确的杂交选择。另外,这类知识也将使育种家能够更多、更准确地使用那些他们尚未利用的基因库,提供外源种质以促进育种进程。

(2)QTL 探测

- **“双亲”群体**

大麦 QTL 鉴定的现状已在第 4 章详细作过介绍。本章的目的,是强调当前大量的 QTL 文献是基于特别构建的分离群体,抑或是基于各种类型的后代,主要为双单倍体(DHLs)和重组自交系(RILs),抑或是源于回交程序的后代,主要为高代回交 QTL 研究或者片段代换系。虽然这些大量研究增加了大麦知识库,但它们很少能产生用于关键性状的重要标记,不过也有明显例外,如 Collins 等(2003)发现的与麦芽品质特性相关的 QTLs 已用于育种程序(Langridge,2005)。

休眠研究已揭示,原初在 Steptoe×Morex 群体鉴定到的位点(Romagosa 等,1999a),在其他群体中也经常发现。5H 着丝粒的 SD1 位点可充分说明这一点,它在很多群体中也被鉴定到,包括一些相对未适应的种质(Hori 等,2007)。尽管如此,目前开展的大多数 QTL 研究所存在的主要问题,是研究结果仅仅与检测到 QTLs 的特定杂交相关。在一个遗传背景下检测到的 QTLs,在另一个验证研究中呈现不同的效应(Meyer 等,2004)。此外,即使在同一种质中,检测到的效应亦因不同样品而异。染色体 5H 的 rDNA 位点与籽粒硬度有关,对该位点变异的关联研究发现,籽粒硬度的遗传变异在 Blenheim×E224/3 杂交组合中与其反交组合的差异达 4 倍(Powell 等,1992)。然而,对于这样的变异有各种解释。在以上事例中,用于正反交的样本较少,这样使效应的大小对正反交重组数量的随机差异十分敏感。在对 Steptoe×Morex 群体的再次取样中,也观察到类似的现象,第二次所取的样品,在产量(Romagosa 等,1999b)和麦芽品质(Han 等,1997)QTLs 的显著性上,与第一次的有所不同。

• **关联遗传方法**

基于产生具体分离群体鉴定 QTLs 的方法,其局限性在于它仅仅适用于双亲间差别很大的性状。关联遗传方法提供了另一种极具吸引力的方法,原因如下:①能在同一时间里考察大量适宜的种质资源,因此检测到的平均效应可以适用于许多遗传背景。②研究基于当代种质,这些种质的扩展表现型数据已经存在,如 AGOUEB 计划(http://www.agoueb.org/)。如不能基于 AGOUEB 进行研究,可以通过当前育种计划,如 U. S. Barley CAP (http://www.barleycap.org/),产生新的表现型信息。③种质的代表性样品包含大量品系,它们与现有的表型不同。④在一个包含 QTL 的遗传区间中有更高的分辨率。

这种方法的缺点是需要涉及整个基因组,这是因为 QTL 检测依赖待检测的效应大小和区域连锁不平衡程度,而连锁不平衡又依赖于 QTL 与标记位点的遗传距离及相互间的重组次数(Machay 和 Powell,2007),即连锁等位基因不关联的机会。如果连锁不平衡衰减迅速,那么检测到与效应小的 QTL 连锁的机会,将随着标记和 QTL 之间距离的增加而快速减弱。如果 QTL 效应相对较大,那么这个效应将在很大一段距离上保持。尽管有这些限制,中等密度的扩增片段长度多态性(AFLP)标记能够在每 10 cm 距离上出现一次,该标记已经成功地应用于产量和其他性状 QTL 的鉴定(Kraakman 等,2006)。最近,多态阵列技术(DArT)标记(Wenzl 等,2004;2006),也已用于在地中海地区不同环境下生长的大量种质中鉴定与产量相关的 QTL(Comadran 等,2008)。大麦高密度 SNP 基因型鉴定平台的发展,能够保证仅仅用一个 Illumina OPA 就能提供 1,536 个 SNP 标记。如果所有这些标记分布于关联面板,那么将使基因组上每小于 1 cm 范围内就有一个标记。大麦的一些研究结果已经展示连锁不平衡平均维持在 1~3 cm,因此现有的标记密度水平可充分保证连锁遗传研究。

假设标记覆盖充分,就能发现显著的标记性状关联,这也可能是由于群体亚结构差异引起的,而非一个关联基因的差异造成。很多方法已用于阐明群体亚结构,请参阅 Mackay 和 Powell 的综述(2007)。使用 STRUCTURE 软件(Pritchard 等,2000)进行的结构关联方法,经常用于迄今报道的作物关联遗传研究。STRUCTURE 可以将基因型分类成一个 k 群体，然后将群体因素作为一种手段校正结构效应。对各种水平多态性的种质研究表明，经常有相当数量的不同分类群体间的种质混杂，所以更好的校正方法也许是使用属于某个 k 群体之一的或然率，作为矩阵进行关联检测。Yu 等(2006)对利用分组或亲缘的估计值说明群体结构效应进行了讨论。他们指出，在检测玉米标记性状关联的混合模型中，引入一个亲缘的估计值，可显著减少假阳性的检测水平。这一方法由 TASSEL 软件运行。概况地说，在大麦全染色体组研究中，解释群体亚结构的合适方法不多，但至少可以利用亲缘关系来解释。

与双单倍体(DHLs)或代换系等方法相比，关联遗传方法在鉴定 QTLs 上是否更为有效尚有待研究。关联遗传方法的一个主要缺点是，它对低频率的等位基因不太有效。如栽培品种 Optic 是英国过去 10 年中广泛种植的春大麦，其亲缘中包含许多优异育种种质。至少有 2 年的英国官方试验，完成了对所有品系基因型的确定。结果表明，在某些位点不少等位基因的频率低于 5%，且当前英国推荐表中的大部分栽培品种至少含有一个稀少等位基因，而 Optic 含有 5 个这样的稀少等位基因。这也许并不影响一个种质库的一般特征，但等位基因稀少的原因，可能是由于它们最近才被导入到优异基因库中。虽然稀少等位基因具有选择优势，但仍需提高它们在优异基因库的出现频率。在等位基因稀少的情况下，这些新的等位基因在分析中会归类至小群体或者被忽略。植物育种家应该快速发现这样有益的新等位基因，并据此确定新的选择途径。在这样的情况下，可以利用新等位基因构建几个小群体，并利用多群体图谱方法判断等位基因是否与一些有益表现型关联。更简单地，可以在新位点进行逆混合分组分析，即新的等位基因和其他等位基因杂交，对其随机后代按等位基因分组，然后检测表现型的差异。

(3)大麦 MAS/MAB

• **估测全球育种和使用 MAS 的数量**

为了估算国际大麦研究组织应用 MAS 的情况，我们通过电子邮箱做了一次国际性调查。调查问卷见表 6.1。我们发送了 50 多封，共收到 37 个组织的回复，其中 17 份来自欧洲，12 份来自北美，5 份来自南美，北非、澳大利亚和东亚各收到 1 份。

表 6.1 大麦育种中应用标记的调查问卷

1	组织:	
2	联系方式:	
3	育种的目标国家/地区:	
4	您利用标记开发大麦品种么?	是/否
5	您利用标记导入“外缘”种质么?	是/否
对于问题4和/或5,您的回答是“是”,请回答问题6—10		
6	您利用标记比较杂交的可能亲本么?	是/否
7	您利用标记筛选病/虫害抗性么?	是/否
8	您利用标记筛选品系性状么?	是/否
9	您利用标记筛选产量性状么?	是/否
10	您利用标记筛选农艺性状么?	是/否
什么阻碍或限制您在育种中标记的应用?		
11	缺乏运行的资源?	是/否
12	在正确的背景下没有检测到QTLs?	是/否
13	检测到的QTL效应太小?	是/否
14	缺乏可以应用标记的目标性状?	是/否
15	表现型筛选足以保证成功?	是/否
16	其他建议?	

在图6.1～6.3中,我们总结了人们对三类问题的反应,并且归纳了关键趋势。为达到这一调查目标,我们将北非划入“欧洲”地区群体,将澳大利亚、东亚和南美归入“其他”群体。从图6.1中显而易见,北美育种家使用MAS的频率很低。在欧洲用得最多,他们高频率地使用MAS,进行品种培育与基因渗入。被划分为“其他”地区的育种计划,也富有动力,进展较快,他们也以同样的频率应用MAS进行育种与等位基因渗入。在三个群体中使用MAS最高的是一些病害相关性状。在欧洲和北美,品质与亲本构建也是MAS的重要用途。图6.3可以解释北美为何使用MAS较低频率的原因:许多研究者指出,资源限制着他们使用MAS,并且不依赖MAS的表现型选择非常有效。欧洲的MAS使用者也报道称,资源限制了他们使用MAS。然而,他们认为生物因素——遗传背景和QTL效应大小,是同等重要的限制因素。

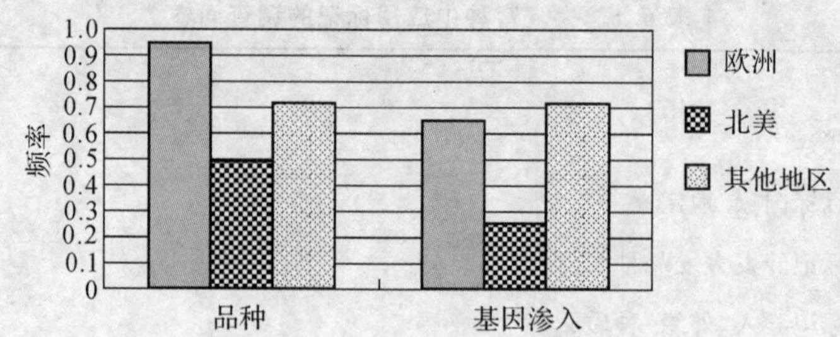

图 6.1　纯优异种质育种和基因渗入育种中应用大麦标记的频率

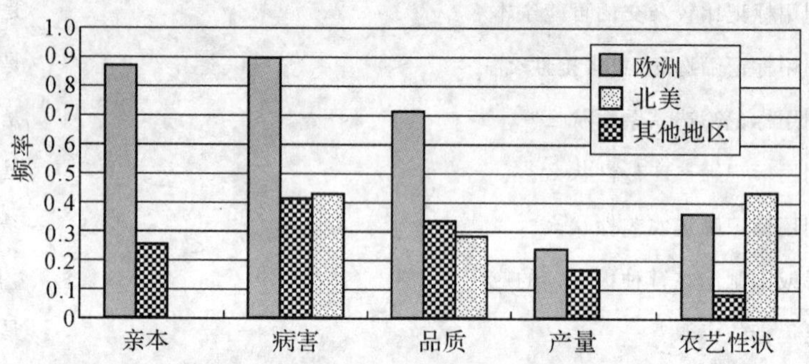

图 6.2　不同育种目标中应用大麦标记的频率

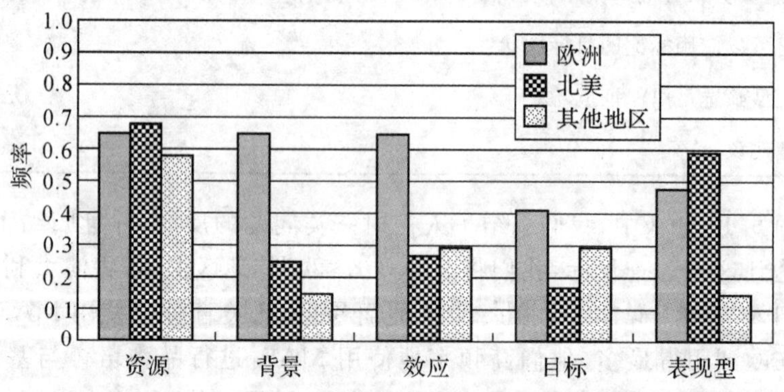

图 6.3　限制大麦育种中应用标记的原因频率

对这一非正式的调查，评论过多并不合适。欧洲高频率地使用 MAS 的原因，部分与该地区盛行私营机构的大麦育种有关，也与大麦黄花病毒(BaYMV)抗性的重要性有关(见以下的转基因部分)。私营机构的大麦育种一般由公司执行，而它们主要集中在其他利润更好的作物，这样 MAS 资源上的投资能够得到回报。这份非正式调查，可能过高地估计了 MAS 在各地的应用，因为在问卷中没有三个重要但需要回答的问题：①在育种计划中，通过 MAS 培育的种质比例有多大？②利用 MAS 已育成了多少栽培品种？③在应用 MAS 实践中，产生了什么新知识和/或假说？

然而，对于经 MAS 获得的、近期英国推荐的载有抗 BaYMV 的 *rym*4 和 *rym*5 等位基因的冬大麦品种而言，仍存有争议。几乎所有研究该病害的欧洲育种家，均利用 MAS 帮助选择。然而，必须强调的是，标记一般用于选择杂交亲本或高代育种材料的决选，以此验证抗性，或为提交正式品种比较试验选择抗性材料。

● 单基因标记的用途

迄今，大麦分子标记的应用已经对很多单基因性状产生了很大的影响，其中多数与抗病因子有关。可靠且低廉的表现型筛选技术，对于评估这些性状是必要的；尽管对很多普通真菌病原菌存在着抗性，但在虫害和其他病害的抗性表现型筛选，也许并不那么经济有效或可靠。在这种情况下，利用标记筛选代替抗性表现型筛选，将是一种很有吸引力的方法。BaYMV 和大麦轻花叶病毒(BaMMV)抗性，是小粒谷物上使用标记技术取得顺利进展的实例。初期工作发现了一个同工酶标记(Konishi 等，1989)，它被用于 3H 染色体上 *rmm*/*rym*4/*rym*5 位点抗性基因的筛选。接着，发现了限制性片段长度多态性标记(RFLP)(Graner 和 Bauer，1993)、随机扩增多态性 DNA(RAPD)(Weyen 等，1996)和 SSR(Graner 等，1999)标记等，可用于筛选抗性。事实上，Bmac29 SSR 标记已被欧洲大部分谷物育种家使用，这些育种家的目标是德国和法国的冬大麦市场。该 SSR 标记是一个距离抗性基因大约 1 cm 的连锁标记(Graner 等，1999)，与抗性表现型关联，两者很紧密，可能由于该区域中的连锁阻力包围着抗性基因。最近该抗性基因(Stein 等，2005)与功能多态性(Kanyuka 等，2005)一起被发现，开启了“完美”标记的可能性。

使用标记筛选抗性表现型的另一个主要益处，是容易构建抗性基因金字塔，即整合几个不同抗性基因到一个基因型，以缓冲其中任何一个病害的侵袭。以经济有效的方式积累不同抗性基因位点，BaYMV 和 BaMMV 抗性筛选再次提供了范例。

在大麦麦芽品质方面，美国俄立冈(Oregon)大麦项目实施的 *Bmy*1(β 淀粉酶 1)和糖化力的实验，是利用 MAS 进行品质研究的实例，也是与上述调查问卷有关的一个有用个案。糖化力是制啤期间所有淀粉降解酶总活力的一种测定值，它是基于一定遗传控制的关键麦芽品质参数。许多研究表明，β 淀粉酶的活性与糖化力显著相关(Sun 和 Henson，1991；Evans 等，2005)。β 淀粉酶基因位于 4H 染色体，编码一个胚乳内表达的基因，据研究是制麦过程中最为重要的酶(Kreis 等，1987)。β 淀粉酶的活性和热稳定性变化对于品种改良非常重要，这些变化在 DNA 和蛋白质水平上都有相关介绍。Chiapparino 等(2006)曾对此及专业术语汇总上作过极好的综述，这些是在 DNA 和同功蛋白水平上与等位基因变异有关的专业术语。在 DNA 水平上，*Bmy*1 内含子(Erkkila 等，1999；Coventry 等，2003)和外显子(Clark 等，2003；Chiapparino 等，2006)序列的变化，与不同基因型中 β 淀粉酶活性的差异相关。根据种质库中特定序列多态性与制麦以及饲料关联的分析结果，(Chiapparino 等，2006；Malysheva-Otto 和 Roderick，2006；Ovesna 等，2006)，俄立冈育种种质中糖化力和 β 淀粉酶活性表型变异大，假设为与基因 *Bmy*1 等位基因变异有关(图 6.4 和 6.5)。持乐观态度的学者认为，特定序列的变异可解释糖化力和 β 淀粉酶活性的变异，它们可用作完美的标记，今后在这一种质中进行 MAS 育种。

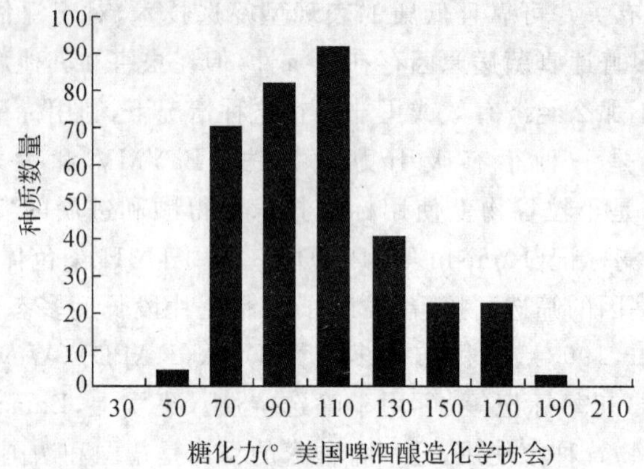

图 6.4　表 6.2 介绍的实验中使用的大麦种质材料糖化力值的分布(n=334)

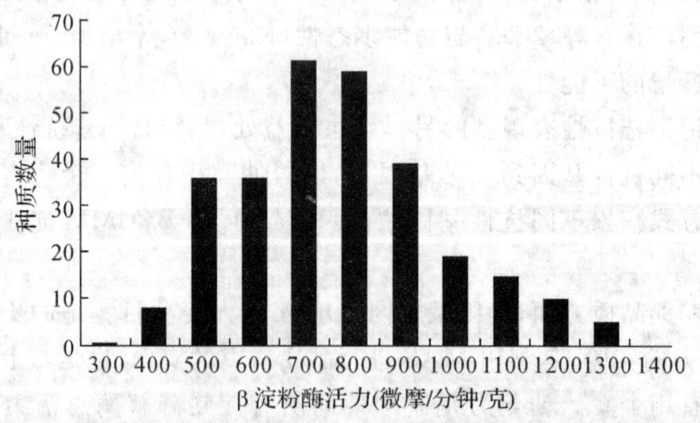

图 6.5　实验中使用的大麦种质材料的 β 淀粉酶活力值的分布(n=287)

这一试验的测试种质材料有 151 个品系(都是 F_5 或更高的后代)，代表冬性、中间型和春大麦，它们在多种环境下评估(表 6.2)。由于这 151 个品系仅仅来自 9 个不同亲本的杂交，这样可以获得这 9 个亲本材料的 *Bmy*1 全基因序列(约 3840～3850bp)，并可推断这 151 个后代的等位基因序列。从表 6.3 和 6.4

中可见，其中8个亲本在第Ⅲ内含子以及文献上曾报道为糖化力和/或酶活性决定因子的编码区上是单型的。就第Ⅲ内含子和编码区变异体而言，Strider是唯一的单体型。有趣的是，尽管Strider是种质材料中所有冬性/中间型后代的一个亲本，但只有3/54的后代保持着Strider的*Bmy*1等位基因序列。低频率归因于(间接地)在种质进程中基于麦芽品质评估对Strider进行了表现型选择。这个相同的表现型选择，在整合Strider高产潜力与合适的糖化力上非常有效，意味着Strider不再是培育冬性/中间型啤用品种的必要亲本。因此，在这种情况下，此时没有必要开发和应用MAS对Strider的β淀粉酶等位基因进行分析。如果在最初开发种质时有这种信息，本可以在早代的冬性和中间型材料中有效地选择Strider的β淀粉酶等位基因，也许在最终抛弃的种质表型评价中节约精力和成本。然而，目前的状况是，虽然Strider的β淀粉酶等位基因，在冬性和中间型的后代中出现频率很低，但在春大麦中无该等位基因，在糖化力和β淀粉酶活性上仍然存在着巨大的表现型变异。

表 6.2 用于糖化力和β淀粉酶活性测定的育种试验和种质汇总

育种实验和品系数量	生长习性	亲本基因型	地点/年	测定的性状
ORELT—54	冬性和中间型	Strider,Kold,88Ab536,Orca	COR/2004	DP,BAA
			ABID/2004	DP,BAA
			COR/2004	DP
			ABID/2004	DP
			PID/2004	DP,BAA
			FID/2004	DP,BAA
			FOR/2004	
SOTE—37	春性	Stander,Orca,Tango,Excel	TCA/2004	DP
STUC—60	春性	Stander,UC960,UC958	TCA/2004	DP,BAA

ABID，Aberdeen(阿伯丁)，Idaho(爱达荷)；COR，Corvallis(康瓦利斯城)，Oregon(俄立冈)；FID，Filer(密歇根州一城市)，Idaho(爱达荷州)；PID，Parma(帕尔马)，Idaho(爱达荷州)；POR，Pendleton(彭德尔顿)，Oregon(俄立冈)；TCA，Tulelake(托克拉克)，California(加利福尼亚)；BAA，β淀粉酶活性；DP，糖化力

表 6.3　与代表性单体型 *Bmy*1 相比,8 个大麦基因型(粗体) *Bmy*1 第三内含子多态性。9 个基因型是种质材料的亲本,见表 6.2,已评估其糖化力和 β 淀粉酶活性表现型(图 6.4 和 6.5)

基因型	基因库编号	A1310/T1311	G1883/A1904
		127 碱基对	21 碱基对
Strider	EU589327	—	—
Excel	EF175466	+	+
Kold	EF175466	+	+
Orca	EF175466	+	+
Stander	EF175466	+	+
Tango	EF175466	+	+
UC958	EF175466	+	+
UC960	EF175466	+	+
88Ab536	AB306504	+	+

表 6.4　大麦亲本基因型 *Bmy*1 编码区多态性,见表 6.2,已评估其糖化力和 β 淀粉酶活性表现型(图 6.4 和 6.5)。核酸代换位置依据 Chiapparino 等(2006)

基因型	343	495	1357	1462	1552
	(R115C)	(D165E)	(A453T)	(V488I)	(G518R)
Strider	T(C)	G(E)	A(T)	A(I)	A(R)
Excel	C(R)	C(D)	G(A)	G(V)	G(G)
Kold	C(R)	C(D)	G(A)	G(V)	G(G)
Orca	C(R)	C(D)	G(A)	G(V)	G(G)
Stander	C(R)	C(D)	G(A)	G(V)	G(G)
Tango	C(R)	C(D)	G(A)	G(V)	G(G)
UC958	C(R)	C(D)	G(A)	G(V)	G(G)
UC960	C(R)	C(D)	G(A)	G(V)	G(G)
88Ab536	C(R)	C(D)	G(A)	G(V)	G(G)

这些发现使种质材料的糖化力 MAS,从简单的 β 淀粉酶已知功能区的完美标记向多个未知的遗传因素复合体转变。这些可以是简单的功能多态性,存在于还不明确的上游和/或下游调控序列,也可以是复杂的其他基因或其他基因家族编码的转录因子。根据美国大麦 CAP 项目系谱,以 54 个冬性和中间型种质中筛选的后代为材料,通过对这些后代进行关联作图,为发掘糖化力和 β 淀粉酶的丰富变异提供了机会。

此项试验突出了本章前面介绍的 MAS 调查问卷中所强调的一些关键问题:①此项试验设计为品质性状的 MAS 提供了基础;②如果有 *Bmy*1 的标记,则它们对等位基因渗入与品种培育应该是有价值的;③文献中报道的 *Bmy*1 多态性并不是该种质 MAS 的目标。

此项研究的一个重要并具挑战性的成果，与上述在调查中忽视的第三个问题有关："在 MAS 实践中，产生了哪些新知识和/或假说?"这些数据为全面了解 *Bmy*1 的调控提供了动力。最后，无法解释这些数据并不意味着特定的 *Bmy*1 等位基因 MAS 无效。在其他种质里，这样的选择是有效的（Coventry 等，2003）。如借助 MAS 将 Haruna Nijo 的 *Bmy*1 等位基因导入至 Strider，会导致冬性/中间型种质的糖化力和酶活性保持或或高于原有水平。然而，这样一个几乎所有性状都相反（如生长习性、耐冷性、抗病性和花序类型）的"宽"杂交，需要极大的努力和合理配置 MAS 资源。

• **多基因表现型**

关于 MAS 的使用，引用最多的是聚合多个影响同一性状的基因（Xu 和 Crouch，2008）。在研究病害抗性的数量性状基因时，挑战与机遇并存。由 *Puccinia striiformis* Westend. f. sp. *hordei* 引起的大麦条锈病（BSR），在世界很多地区都是严重的病害。多个 MSR 抗性 QTLs 已被定位（Chen 等，1994；Hayes 等，1996；Toojinda 等，2000；Castro 等，2003a；Rossi 等，2006），它们的效应通过 MAS 将 QTLs 转移到敏感品种进行了验证（Toojinda 等，1998；Castro 等，2002；2003a；2003b；Richardson 等，2006）。7H 染色体上的一个抗性基因也已被定位（Castro 等，2003a）。这将为结束墨西哥和美国 20 多年受 BSR 病菌小种的侵害提供质量和数量抗性资源（Rossi 等，2006）。

最近进行的一个 BSR 抗性 QTL 等位基因转育试验，利用栽培品种 Kurtford 作为感病的轮回亲本，以 iBISON95-2 作为抗性供体亲本。iBISON95-2 是通过对 1H、4H 和 5H 的抗性 QTL 进行 MAS 分析，由近等基因系培育而成（Richardson 等，2006）。iBISON95-2 是春性、二棱、有芒的基因型，而 Kurtford 是春性、六棱、钩芒品种，系 Westbred（http://www.westbred.com/）培育而成。Kurtford 在加利福尼亚用作饲料，而该地区条锈病常发。易感条锈病是该品种的主要缺陷。

为成功地将 3 个抗性 QTL 等位基因导入至 Kurtford，MAS 的回交设计如图 6.6。该计划的实践目标是培育具有商用潜质的六棱、钩芒、抗条锈种质。为实现这一目标，本章作者在 4 个形态性状位点和 3 个 QTLs 上使用了表现型和基因型混合筛选。在培育种质过程中，对六棱和钩芒品种进行表现性选择。六棱受隐性等位基因 *Vrs*1（2H）和显性性状 *Int-c*（4H）决定。钩芒受显性性状等位基因 *Kap*（4H）和 *Lks*2（7H）控制。*Vrs*1 和 *Kap* 两个基因已被克隆：*Vrs*1＝*HvHox*1（Komatsuda 等，2007）和 *Kap* = *HvKnox*3（Williams-Carrier 等，1997）。因此对于这两个基因，依据其功能多态性可以得到完美标记，紧密连锁的 *Int-c* 和 *Lks*2 标记也可以得到（http://barleyworld.org/oregonwolfe.php）。

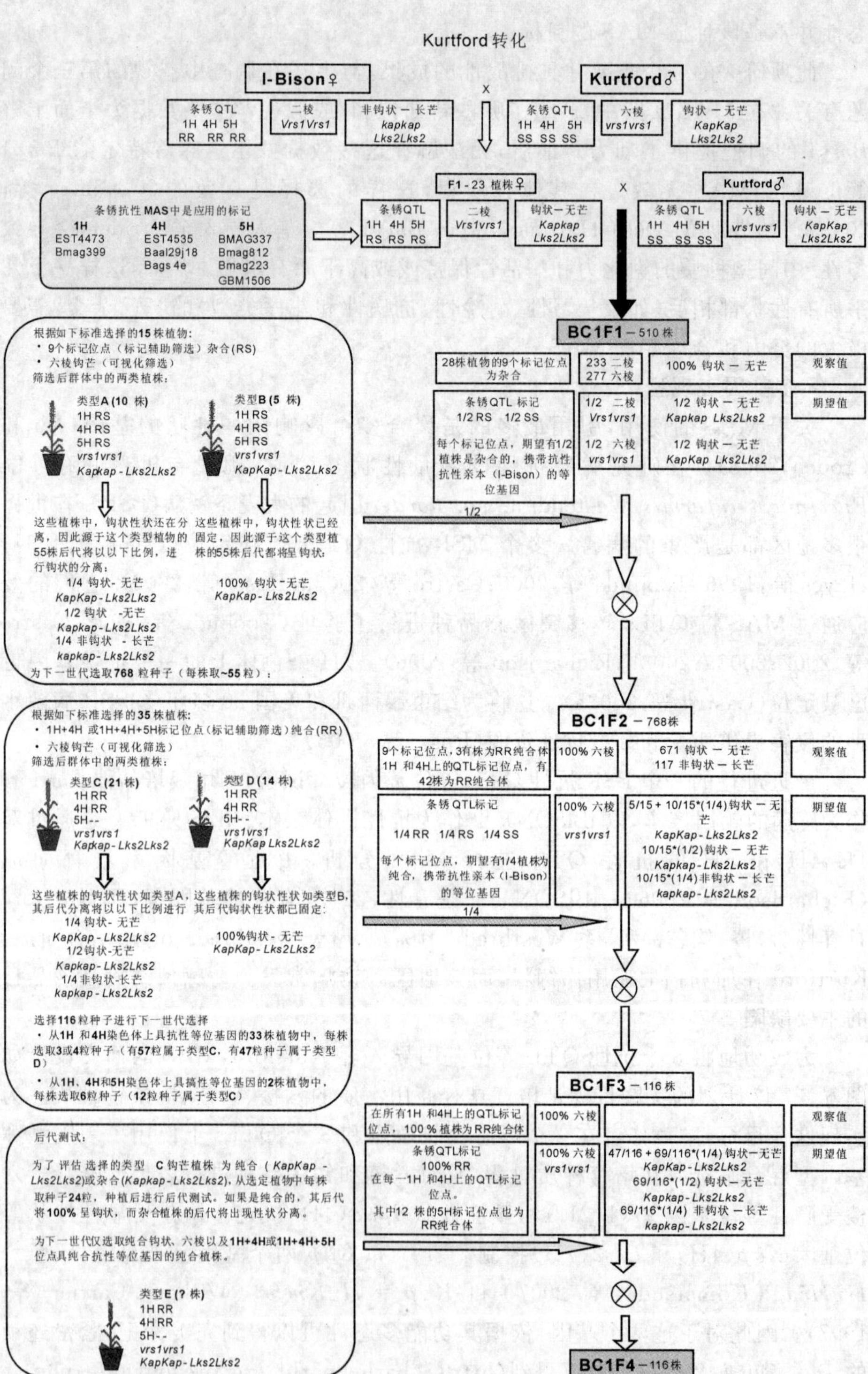

图 6.6 MAS 的回交设计

然而，对于六棱和钩芒表现型的选择，出于成本考虑，根据表现型进行形态学性状评价是绝对可靠的。对 1H、4H 和 5H 上的 BSR 抗性 QTL 等位基因，使用 MAS 是对数量性状评估的挑战（Vales 等，2005）。开发的 BSR-MAS 工具可以通过网站 http://barleyworld.org/osubreeding/striperustmapping.php 得到。

从温室里种植 BC1 世代到田间种植 BC1F4 大概需要 15 个月、200 平方米的温室空间以及 13000 个基因型数据点。需要的表现型检验和选择的田间测试正在进行，包括 106 个 MAS 目标种质和 16 个对照。56 个 MAS 目标种质在 4 个形态学性状位点和两个 QTLs（1H 和 4H）位点都是纯合的，9 个种质在 1H、4H 和 5H 的 BSR 抗性 QTL 位点以及 *vrs*1 与 *Int-c* 等位基因表现纯合。这些种质都为钩芒型，但一些仍然在 *Kap* 和/或 *Lks*2 上有分离。41 个种质在 1H 和 4H 的 BSR 抗性 QTL 等位基因以及 *vrs*1 和 *Int-c* 等位基因也已纯合。同样，这些种质也都为钩芒，但一些仍然在 *Kap* 和/或 *Lks*2 上存在分离。在本项计划中，没有利用背景筛选，主要是出于成本上的考虑。由于尚无饲料品质与产量相关的 QTLs 报道，所以这方面的成本不甚清楚。因此，对于 Kurtford 而言，合适的目标性状就是前述的形态学特征：六棱和钩芒。

这一试验强调了本章前已述及的 MAS 调查中突出的关键点：①这是 MAS 用于同时导入外源基因和品种培育的实例；②利用 MAS 改良病害抗性；③现有资源限制了更大群体以及 MAS 在选择控制花序类型的 4 个位点的目标等位基因上的应用；④缺少适合的目标位点，限制了饲料品质和产量上使用 MAS。

(4)杂种大麦

大麦一些性状的杂种优势虽已有不少报道（Thomas 和 Powell，1990；Gupta 和 Singh，1999），但杂种大麦对世界大麦产量的影响极其微小。平衡三级三体（Ramage，1965）和细胞质雄性不育（Ahokas，1980）等体系曾被建议用于 F_1 杂种大麦的生产，但直到近期，商用 F_1 杂种大麦仍未取得进展。最近育种公司先正达种子有限公司已经生产了一些 F_1 冬大麦品种，如 Colossus、Boost 和 Bronx，自 2004 年起，已被列入英国推荐表（http://www.hgca.com/）。杂交种子已经通过雄性不育体系进行生产。在这样的体系中，操纵与雄性不育细胞质和含有恢复基因的花粉供体相关联的遗传背景的能力，极大地有助于新杂种种质的培育。一个雄性恢复主基因，已定位于 6H 染色体上（Matsui 等，2001），因此相关标记可以用于培育不同的恢复系。分子标记也已用于产生细胞质雄性不育系，以保证与一个或多个恢复系产生最大程度的杂合性，以获得最佳的杂合种子。

4. 转化

最早的关于大麦成功转化的报道是在 20 世纪 90 年代早期，通过 DNA 吸收、基因枪转化和电激法获得成功。90年代后期，首次报道了农杆菌介导的大麦转化。此后，在改善方法和插入不同目标基因等方面的努力推动了转基因的持续发展（Dahleen 等，2001；Dahleen 和 Manoharan，2007；Goedeke 等，2007；Ganeshan 等，2008；Lemaux 等，2008；Harwood 和 Smedley，2009；Harwood 等，2009）。目前，由于政府、工业政策以及社会舆论，如转基因污染和潜在健康风险等原因，转基因品种还未商业化应用。不过在确定基因效应和互作上，转基因是一个非常有价值的研究工具。

(1)技术

育种和遗传研究上进行常规大麦转化，需要有几个特点。转化的方法必须有效，以保证在一定的时间内产生目的基因插入位点相互独立的转基因材料。要限制组织培养时间，以消除体细胞无性系变异。该方法应该不依赖基因型，以保证基因可以插入的品种是可以选择的，而不是固定于某个品种。也要有一个简便的方法以消除筛选标记基因，使转基因大麦中只有目标 DNA。实现以上目标的主要操作步骤如下：

• **基因枪**

1994年报道了最早的可育转基因大麦，是用基因枪将新基因转入幼胚、衍生的愈伤组织和小孢子（Jahne 等，1994；Ritala 等，1994；Wan 和 Lemaux，1994）。这些以及其他的早期研究，插入了筛选标记基因，优化了基因枪转化过程，包括大载体与大麦样品的距离、粒子大小和气压等。使用 PDS1000/He 基因枪（Bio-Rad，Hercules，CA）优化的大麦转基因方法（Lemaux 等，1996），目前在许多实验室仍在应用，只是在基因枪技术上有少许改动。很多基因枪法的转基因效率低于3%。早期大都使用高转化率的品种，如 Golden Promise 和 Igri，主要原因是具有育种价值的其他品种上很少获得成功。因此，有必要对表现高再生能力的品种进行研究，调查影响转化效率的因素，改善转化方法。随着转化成功率的提高，应着力进行高转化率、地区适应性好的现代品种的转化，这将更有助于育种。Dahleen 和 Bregitzer (2002)发现，改变培养基成分，可使北美当地品种的再生能力提高15倍，Golden Promise 提高10倍。这些进步促进了基因枪转化在二棱啤用大麦品种 Conlon 上取得成功（Manoharan 和 Dahleen，2002）。随着组织培养及外植体筛选（Chang 等，2003）等其他技术的进步，可转化的栽培品种数量将会进一步增加。

• **农杆菌**

农杆菌介导的大麦转化最初由 Tingay 等(1997)报道，他们利用一种具有超毒性的农杆菌菌株获得了成功。组织培养的方法与基因枪法培育幼胚相似。以 Golden Promise 为转化对象，获得了4.2%的转化效率，高于其他许多试验，每株 T_0 植株含有1～10个转基因拷贝。一些研究此后探索哪些变化决定着

Goldern Promise 的幼胚转化效率（Matthews 等，2001；Trifonova 等，2001；Murray 等，2004；Shrawat 等，2007；Hensel 等，2008）。超声波或基因枪所致的损伤、改变培养基成分和添加乙酰丁香酮对转基因效率有多种影响。一些农杆菌菌株（AGL0、AGL1 和 LBA4404）在大麦的 DNA 转化中效果显著。Bartlett 等（2008）最近发表了一种简化的转化方法，该方法使用改进的组织培育方法和培养基。6 个试验的的转化效率为 25%，而且在 260 个独立转化的植株，一半以上为单一基因拷贝插入。

Wang 等（2001）使用农杆菌，通过改变培养基和转化过程，成功地转化澳大利亚优异品种 Schooner。Murray 等（2004）对表达绿色荧光蛋白的基因进行直观选择，虽然转化效率低于 Golden Promise，但也成功地转化至 3 个澳大利亚品种内。Hensel 等（2008）使用改进的方法，测试了 3 个冬大麦和 6 个春大麦基因型。结果因基因型而异，2 个冬性和 1 个春性基因型未产生转化植株，其他基因型的转化效率也比 Golden Promise 的低，但几个基因型均有一定的转化植株水平，可用于常规试验。Southern 印迹分析显示，一半以上的转基因植株为单拷贝，且大部分的后代表现为孟德尔分离规律和基因表达。以上工作促进了育种程序中从应用模式品种 Golden Promise 向应用高品质商用大麦品种的转变。

利用农杆菌介导法转化大麦花粉，可以产生大量纯合转基因大麦，因此得到重视。Kumlehn 等（2006）调查了许多变量对冬大麦“Igri”花粉转化的影响。最佳的因子组合，使每个花序产生 2.2 个植株，可与幼胚转化效率相媲美。因选用的农杆菌菌株不同而异，分别有 31.4% 和 68.6% 的 T_0 转基因植株含有单一拷贝的外源基因。

农杆菌介导上另一个富有潜力的外植体转化对象是离体培养的胚珠。Holme 等（2006）使用 Golden Promise，开发了刚刚授粉的胚珠与农杆菌进行培养的方法。经选择，每 100 个胚珠有 3.1 个转化植株，并且其中 37% 为单一拷贝插入。随后，他们使用这一方法，测试了在愈伤组织培养系统中未再生的另外 4 个品种（Holme 等，2008）。4 个栽培品种均获得了含有 1 个或 2 个转基因拷贝的转化植株，这意味着与再生前需要愈伤组织形成的其他方法相比，这一方法可能并不依赖基因型。该方法引人注目的特点是所需时间较短，产生的植株很少有或没有体细胞无性系变异，即使未经选择也有 0.8% 的转化效率。

Travella 等（2005）以 Golden Promise 幼胚为材料，比较了农杆菌介导和基因枪的转化结果。对 Tingay 等（1997）的农杆菌介导法进行修订，在共培养前对幼胚进行渗透处理，将愈伤组织生存选择转至含有苄基腺嘌呤（BAP）的中间培养基上进行，再生前增加铜的浓度。这一改进的方法的转化效率为 2%，是基因枪法（1%）的两倍，整合到基因组的拷贝数较少，且基因沉默少甚至没有。基因枪法转化的某些植株有 8 个拷贝，后代中基因沉默频率较高。显然，比较两种方法的最新改进之处是很有意义的。

(2)应用

最初的转基因工作，注重提高转化方法效率、使用抗生素或除草剂抗性基因或GUS、绿色荧光蛋白或荧光素酶标记，此后即很快开展了具有实践意义的基因转化。要改变的目标性状，包括营养和麦芽品质、抗病、各种土壤矿物质的耐性和药物化合物的生产。RNA干扰沉默的基因以及候选基因的转化，已经用于更好地理解基因的功能。下面将简要介绍有关增加抗病性和麦芽品质的转基因研究。

• **抗病**

最初的试验是将大麦黄矮病毒(BYDV)致病小种P-PAV的外壳蛋白(CP)转入大麦。从6株转化大麦得到的植株中，有8株表现出中度到高水平的P-PAV抗性，这与CP基因的存在是一致的(McGrath等，1997)。此后，Wang等(2000)使用农杆菌介导方法，将表达含有BYDV-PAV序列的发夹(hp)RNA的基因转入Golden Promise。他们测试了25个独立转化的植株对BYDV-PAV的反应，发现9株对该病毒表现高抗。调查两个独立转化株的后代进一步表明，转入的单一拷贝基因的遗传与抗BYDV-PAV一致。

已经证明，植物生产的许多化合物与抗病相关，包括均二苯乙烯类型的植物抗毒素白藜芦醇。使用小孢子基因枪转化法，成功地转化了包括自身的启动子和增强子在内的葡萄(*Vitis vinifera* L.)均二苯乙烯合成酶基因至Igri中(Leckband和Lorz，1998)。该基因转化烟草、水稻和其他物种后，转基因植株也表现出抗病性。均二苯乙烯合成酶基因在T_1和T_2代能稳定地遗传并表达。通过沙子摩擦叶片引起的伤害也能诱导该基因表达，通过测定RNA水平，表明最大的表达量发生在伤害后约8小时。病原菌接种也能诱导转化基因。接种*Botrytis cinerea*后，均二苯乙烯合成酶基因增强大麦的抗病性。

真菌基因也已用于提高大麦抗病性的转化实验。从*Fusarium sporotrichioides*中得到的单端孢霉烯毒枝菌素乙酰化基因Tri101，通过基因枪转化法，导入到Conlon品种。转化该基因的目的是为了减少干扰蛋白质合成的毒素，减轻镰刀菌引起的赤霉病(Manoharan等，2006)。近期从*F. sporotrichioides*和*F. graminearum*中得到Tri101蛋白，经研究表明，FsTri101对脱氧萎镰菌醇的专一性低，而FgTri101对这个单端孢霉烯毒素具有很高的专一性(Garvey等，2008)。利用FsTri101可解释田间缺少脱氧萎镰菌醇和赤霉病抗性的原因。

另一个参与抗病的化合物是脂氧合酶(LOX)，Weber(2002)发现，它参与极度敏感反应有关的细胞死亡和发病期间的基因调控。为明确这种相关性，Sharma等(2006)通过基因枪转化法将*LOX2*导入Salome品种，使之过量表达。

构建的启动子使该基因高水平表达，影响了植物生长，促进了老化。经组织培养成功再生的植株发生死亡和该转基因极少传递至后代，间接支持了 *LOX* 在程序细胞死亡中的作用。

在阐明大麦与白粉病菌 *Blumeria graminis* 的互作机理上，转化的价值也得以体现。Schultheiss 等(2005)将编码小的单体 GTPase 基因 *RACB* 导入大麦，结果表明，该基因参与对 B. graminis 的敏感性。Bieri 等(2004)利用转基因植株，研究了 *MLA*1 和 *MLA*6 抗性基因与 *RAR*1 的互作。转化产生特定的基因组合，以此观察白粉病抗性相关的各种基因网络中的蛋白丰度和相互作用。BAX 抑制子-1 合成基因(Huckelhoven 等，2003；Eichmann 等，2004)的转化，为探明程序细胞死亡在 *mlo*-参与的白粉病菌渗透抗性中的作用提供了材料。

大麦转化的另一个用途是检验候选抗性基因。利用农杆菌介导，将抗秆锈真菌(*Puccinia graminis* f. sp. *tritici*)的 *Rpg*1 基因转化感病的 Golden Promise，以证实分离的 DNA 序列就是抗性基因(Horvath 等，2003)。与 Morex 的转基因植株相比，单一拷贝在 Golden Promise 中表达使其抗性增强。相反，大麦中导入玉米的普通叶锈(*Puccinia sorghi*)抗性基因 Rp1-D，并不表现秆锈或叶锈的抗性(Ayliffe 等，2004)，原因是大麦中 RNA 加工异常，使转录产物只有核酸结合部位，缺少玉米基因的富亮氨酸重复区。

利用大麦转化佐证了 BaYMV 和 BaMMV 的抗性候选基因(Stein 等，2005)。研究认为，一个真核翻译起始因子(Hv-eIF4E)是大麦隐性 *rym*4 BaYMV 和 BaMMV 候选抗性基因。从感病品种中得到的 Hv-eIF4E 导入具有 *rym*4 的抗性材料后，转基因植株对 BaMMV 表现显性感病的特征。这些结果表明，单子叶植物对 BaMMV 侵染的反应，是由 Hv-eIF4E 的变化调控的。

- **麦芽品质参数**

转基因的主要目标是改良制麦过程中的淀粉分解酶。这些酶活跃于萌发的种子中，水解淀粉为可发酵的糖。随着糖化和烘烤过程中温度的升高，这些酶失活。提高酶的活性或耐热性可以增加发酵的底物量。

改良淀粉酶主要集中在两个方面的研究。Kihara 等(2000)替换了 β 淀粉酶的 7 个氨基酸，使该酶的热稳定性提高了 11.6 ℃。用聚乙二醇(PEG)处理的原生质体所得到的 Igri 转基因植株，能稳定地表达 β 淀粉酶基因，65℃下比野生型 Igri 有更高的酶活性。Tull 等(2003)从一种芽孢杆菌中发现了嗜碱 α 淀粉酶，并通过基因枪法转至 Golden Promise 中。转基因植株表达的 α 淀粉酶活性比原先增加了 30%～100%。增加控制糊粉层细胞酶分泌的一段信号序列，可使糖化期间仍保持高的活性。

葡聚糖酶也是转基因的对象，因为 β 葡聚糖干扰麦芽过滤。Horvath 等(2001)测试了用基因枪法转化并经蛋白质工程修饰的(1,3-1,4)β 葡聚糖酶基因的 Golden Promise 转基因植株(Jensen 等,1996)。结果表明,从发芽到烘干和糖化过程中,一些转基因植株表现为中度到高水平的β葡聚糖酶热稳定性。从 *Trichoderma reesei* 中得到的1,4-β葡聚糖酶(纤维素酶),用基因枪法导入至 Golden Promise 和 Kymppi 品种(Nuutila 等,1999)。该酶在65℃下2小时后仍保持活性。Xue 等(2003)利用农杆菌介导的方法,将一个含有纤维素酶和葡聚糖酶活性的杂合纤维素酶,导入到 Golden Promise。其转基因植株的后代仍然保持高水平的基因表达,即使在收获后的贮藏阶段也是如此。大麦中导入这些淀粉和葡聚糖修饰酶后,由于提高了效率,增加了麦芽和啤酒厂的产量,进而降低了生产成本。

5. 分子技术和转基因的前景

由上可知,除了一些特定的内容外,分子技术还没有真正影响大麦产量和麦芽品质等复杂性状的改良。从我们的调查结果和其他众多育种家的意见,不少人会感觉到,在优异种质中检测到的产量和麦芽品质效应很小,不能说明更多的表现型变异。假如产量和麦芽品质性状的遗传力低,检测到的效应小并不令人惊讶。目前面临的问题是,利用 MAS 从后代中选择小的效应是否经济有效。最佳的 MAS 应用方法也许是利用标记选择携带优异等位基因的亲本后,再通过常规方式,根据表现型选择后代。开发的低廉全染色体组标记分析技术,也可以有效地应用于原种生产。一般的大麦育种程序,从杂交至提交参加官方区试,在一些育种项目中仅需要4年时间,这意味着原种在相对早代的单株上生产。在原初的植株上,由于残留杂合会引起种子生产问题,这一问题可以通过种植更多的姐妹系加以部分解决,但这将使繁殖阶段需要更多的资源。另一可供选择的策略是,在基因组范围内通过使用标记鉴定到与母本相同或相似的纯合体基因型,借此进行种子生产。官方区试的部分职能是检测种子的特异性、一致性和稳定性,而测试这些特性的染色体相关区域逐渐清楚,因此可以在特定区域建立分子标记。

关于在筛选复杂性状时,仅有 QTL 信息不足以用于鉴定有价值的标记,这一点尚存争议。例如杂交两个麦芽品质好的亲本,并不意味着它们的后代也一定具有好的麦芽品质。现有结果常常表明,随机自交群体的平均值显著低于亲本的平均值,这是上位性互作的结果,这种互作源于相互依赖的不同组分的复杂性。杂交和分离都能轻易打破已建立的表达个体组分的精细平衡。不了解目标基因的上、下游关系,将 MAS 应用于任何一个未知的组分(性状),其获得的遗传进度不会大于普通的表现型选择。由于当前的标记技术,如 DArT 和 Illumina OPAs,提供了更具体的全基因组信息,它与表达谱(第4章)的信息整合,可用于鉴定影响复杂性状具体表现的不连续基因组区域,明确这些区域如何互作产生“好”的表现型。

Dart 和 Illumina OPAs 等技术可获得全基因组信息，这有助于更清楚地了解优异基因库中拟操纵优异的变异。通过 OPA1，应用 1,536 个 SNPs 检测当前英国推荐的春大麦，结果显示，由同一种子公司（先正达种业）生产的两个品种，Doyen 和 Waggon，有 350 多个位点存在差异。因此，即使只有这两个品种，也很难在世界范围内通过杂交育种，评估各种不同位点组合的潜力。即使假设利用大麦 OPA1 的 SNP 标记，在检测到的两个亲本间的多态性中，仅有 10％的位点具有功能，尚有 3×10^{10} 多个不同表现的潜在自交系。虽然大麦染色体末端交叉的位置很早就知道了（Linder Laursen，1982），但详细的全染色体组信息显示，在优异大麦种质中，着丝粒区域很少有重组发生。很多的染色体仅仅只有两种主要的着丝粒单体。

DArT 和大麦 OPAs 提供的标记，充分覆盖整个基因组，与表现型性状紧密连锁，这些性状可利用 MAS 揭示。与目标性状基因/QTL 相距 2 cm 以内的连锁标记，效果显著，但育种家必须接受的事实是，有一定频率的假阳性存在。另外，为保证 MAS 的有效执行，这样的策略需要了解亲本基因型和表现型。“完美”标记是这样一种标记，其多态性与基因的因果关系明确，这是期望得到的。但是，首先需要鉴定候选基因，可以通过染色体步查法，或者通过生物信息学手段，或者以上两者结合，然后通过遗传转化对候选基因进行验证。显而易见，这需要大量资源，虽然 eQTLs 可以帮助鉴定到一些候选基因，但对很多目标性状仍无能为力。

对于适应大麦基因库内功能基因变异的调查，类似如 OPA 提供的标记非常有用，但对于非适应材料，特别是野生大麦 *Hordeum vulgare* ssp. *spontaneum*，这些标记在鉴定差异的效果上，仍有待观察，野生大麦与栽培大麦相比，每个基因存在较多的单体（Caldwell 等，2004）。因此在种质库中选择影响目标性状的等位基因，仅仅依赖 1 个 SNP，即使是完美标记，也将影响其利用价值。

商业化转基因大麦的选育仍需努力，在增强适应性、通过生物和非生物抗性提高产量、通过操纵酶和籽粒组分改善品质等方面，转化具有很大的潜力。同时，转基因技术作为一个有用的工具，可以帮助了解代谢途径中的基因功能和基因互作。转化方法的不断改善，一方面将提高更多品种的转化效率，另一方面人们可以利用这些技术促进大麦改良。

综上所述，分子生物学，确切的说是分子标记在 MAS 和 MAB 上的使用，为大麦改良提供了关键的工具。这个工具，对于精细定位方法也非常有价值，它能发现影响性状的潜在候选基因，然后通过遗传转化来验证候选基因。分子标记也已显示了存在于优异大麦基因库中的变异量，这从二倍体育种家进行了如此漫长的杂交和选择而言，这种基因库是巨大的。未来大麦分子生物学的挑战是了解染色体交叉形成的调控，并借此制订对策，使着丝粒连锁大片段产生更多的重组，同时促进更多的变异发生。

参考文献

Ahokas, H. 1980. Cytoplasmic Male Sterility in Barley 7. Nuclear Genes for Restoration. Theor. Appl. Genet. 57: 193－202.

Ayliffe, M. A., M. Steinau, R. F. Park, L. Rooke, M. G. Pacheco, S. H. Hulbert, H. N. Trick, and A. J. Pryor. 2004. Aberrant mRNA processing of the maize Rp1-D rust resistance gene in wheat and barley. Mol. Plant Microbe Interact. 17: 853－864.

Bartlett, J., S. Alves, M. Smedley, J. Snape, and W. Harwood. 2008. High-throughput *Agrobacterium*-mediated barley transformation. Plant Methods 4: 22.

Bieri, S., S. Mauch, Q. H. Shen, J. Peart, A. Devoto, C. Casais, F. Ceron, S. Schulze, H. H. Steinbiss, K. Shirasu, and P. Schulze-Lefert. 2004. RAR1 Positively Controls Steady State Levels of Barley MLA resistance proteins and enables sufficient MLA6 accumulation for effective resistance. Plant Cell 16: 3480－3495.

Caldwell, K. S., P. Langridge, and W. Powell. 2004. Comparative Sequence Analysis of the region harboring the hardness locus in barley and its colinear region in rice. Plant Physiol. 136: 3177－3190.

Castro, A., P. Hayes, T. Fillichkin, and C. Rossi. 2002. Update of barley stripe rust resistance QTL in the Calicuchima-sib × Bowman mapping population. Barley Genet. Newsl. 32: 1－12.

Castro, A. J., F. Capettini, A. E. Corey, T. Filichkina, P. M. Hayes, A. Kleinhofs, D. Kudrna, K. Richardson, S. Sandoval-Islas, C. Rossi, and H. Vivar. 2003a. Mapping and pyramiding of qualitative and quantitative resistance to stripe rust in barley. Theor. Appl. Genet. 107: 922－930.

Castro, A. J., X. M. Chen, P. M. Hayes, and M. Johnston. 2003b. Pyramiding quantitative trait locus (QTL) alleles determining resistance to barley stripe rust: effects on resistance at the seedling stage. Crop Sci. 43: 651－659.

Chang, Y., J. Von Zitzewitz, P. M. Hayes, and T. H. H. Chen. 2003. High frequency plant regeneration from immature embryos of an elite barley cultivar (*Hordeum vulgare* L. cv. Morex). Plant Cell Rep. 21: 733－738.

Chen, F. Q., D. Prehn, P. M. Hayes, D. Mulrooney, A. Corey, and H. Vivar. 1994. Mapping genes for resistance to barley stripe rust (*Puccinia striiformis* f. sp. *hordei*). Theor. Appl. Genet. 88: 215－219.

Chiapparino, E., P. Donini, J. Reeves, R. Tuberosa, and D. M. O'Sullivan. 2006. Distribution of β-amylase I haplotypes among European cultivated barleys. Mol. Breed. 18: 341－354.

Clark, S. E., P. M. Hayes, and C. A. Henson. 2003. Effects of single nucleotide polymorphisms in β-amylase1 alleles from barley on functional properties of the enzymes. Plant Physiol. Biochem. 41：798—804.

Collins，H. M. ，J. F. Panozzo，S. J. Logue，S. P. Jefferies，and A. R. Barr. 2003. Mapping and validation of chromosome regions associated with high malt extract in barley（*Hordeum vulgare* L. ）. Aust . J. Agric. Res. 54：1223—1240.

Comadran，J. ，J. R. Russell，F. A. van Eeuwijk，S. Ceccarelli，S. Grando，M. Baum，A. M. Stanca，N. Pecchioni，A. M. Mastrangelo，T. Akar，A. Al-Yassin，A. Benbelkacem，W. Choumane，H. Ouabbou，R. Dahan，J. Bort，J. L. Araus，A. Pswarayi，I. Romagosa，C. A. Hackett and W. T. B. Thomas. 2008 Mapping adaptation of barley to droughted environments. Euphytica. 161：35—45.

Coventry，S. J. ，H. M. Collins，A. R. Barr，S. P. Jefferies，K. J. Chalmers，S. J. Logue，and P. Langridge. 2003. Use of putative QTLs and structural genes in marker assisted selection for diastatic power in malting barley（*Hordeum vulgare* L. ）. Aust. J . Agric. Res. 54：1241—1250.

Dahleen，L. S. and P. Bregitzer. 2002. An improved media system for high regeneration rates from barley immature embryo-derived callus cultures of commercial cultivars. Crop Sci. 42：934—938.

Dahleen，L. S. ，and M. Manoharan. 2007. Recent advances in barley transformation. In Vitro Cell. Dev. Biol. Plant 43：493—506.

Dahleen，L. S. ，P. A. Okubara，and A. E. Blechl. 2001. Transgenic approaches to combat fusarium head blight in wheat and barley. Crop Sci. 41：628—637.

Eichmann，R. ，H. Schultheiss，K. H. Kogel，and R. Huckelhoven. 2004. The barley apoptosis suppressor homologue bax inhibitor-1 compromises non host penetration resistance of barley to the inappropriate pathogen *Blumeria graminis* f. sp *tritici*. Mol. Plant Microbe Interac. 17：484—490.

Erkkila，M. J. 1999. Intron Ⅲ-specific markers for screening of β-amylase alleles in barley cultivars. Plant Mol. Biol. Rep. 17：139—147.

Evans，D. E. ，H. Collins，J. Eglinton，and A. Wilhelmson. 2005. Assessing the impact of the level of diastatic power enzymes and their thermostability on the hydrolysis of starch during wort production to predict malt fermentability. J. Am. Soc. Brew. Chem. 63：185—198.

Ganeshan，S. ，L. S. Dahleen，J. Tranberg，P. G. Lemaux，and R. N. Chibbar. 2008. Barley，pp. 101-138. *In* C. Kole and T. C. Hall（eds. ）. Compendium of Transgenic Crop Plant：Vol. 1，Transgenic Cereals and Forage Grasses. Blackwell Publishing，Oxford，UK.

Garvey，G. S. ，S. P. McCormick and I. Rayment. 2008. Structural and functional Characterization of the TRI101 trichothecene 3-O-acetyltransferase from *Fusarium sporotrichioides* and *Fusarium graminearum*—kinetic insights to combating fusarium head blight. J. Biol. Chem. 283：1660—1669.

Goedeke, S. , G. Hensel, E. Kapusi, M. Gahrtz, and J. Kumlehn. 2007. Transgenic barley in fundamental research and biotechnology. Transgenic Plant J. 1: 104—117.

Graner, A. , and E. Bauer. 1993. RFLP mapping of the Ym4 virus resistance gene in barley. Theor. Appl. Genet. 86: 689—693.

Graner A. , A. Jahoor, J. Schondelmaier, H. Siedler, K. Pillen, G. Fischbeck, and G. Wenzel, 1991. Construction of an RFLP map in barley. Theor. Appl. Genet. 83: 250—256.

Graner, A. , S. Streng, A. Kellermann, A. Schiemann, E. Bauer, R. Waugh, B. Pellio and F. Ordon. 1999. Molecular mapping and genetic fine-structure of the *rym*5 locus encoding resistance to different strains of the barley yellow mosaic virus complex. Theor. Appl. Genet. 98: 285—290.

Grausgruber, H. , H. Bointner, R. Tumpold, and P. Ruckenbauer. 2002. Genetic improvement of agronomic and qualitative traits of spring barley. Plant Breed. 121: 411—416.

Gupta, S. K. , and D. Singh. 1999. Hybrid performance for yield and malt quality in barley using cytoplasmic male sterile lines. Cereal Res. Commun. 27: 389—394.

Han, F. , I. Romagosa, S. E. Ullrich, B. L. Jones, P. M. Hayes, and D. M. Wesenberg. 1997. Molecular marker-assisted selection for malting quality traits in barley. Mol. Breed. 3: 427—437.

Harwood, W. A. and M. A. Smedley. 2009. Barley transformation using biolistic techniques, pp. 125-136. *In*. D. Jones and P. R. Shewry (eds.). Methods in Molecular Biology, Transgenic Wheat, Barley and Oats, Vol. 478, Springer, New York.

Harwood, W. A. , J. A. Bartlett, S. A. Alves, M. Perry, M. A. Smedley, N. Leyland, and J. W. Snape. 2009. Barley transformation using *Agrobacterium* mediated techniques, pp. 137—147. *In* H. D. Jones and P. R. Shewry (eds.). Methods in Molecular Biology, Transgenic Wheat, Barley and Oats, Vol. 478, Springer, New York.

Hayes, P. M. , B. H. Liu, S. J. Knapp, F. Chen, B. Jones, T. Blake, J. Franckowiak, D. Rasmusson, M. Sorrells, S. E. Ullrich, D. Wesenberg, and A. Kleinhofs. 1993. Quantitative trait locus effects and environmental interaction in a sample of North American barley germ plasm. Theor. Appl. Genet. 87: 392—401.

Hayes, P. , D. Prehn, H. Vivar, T. Blake, A. Comeau, I. Henry, M. Johnston, B. Jones, B. Steffenson, P. St. , and F. Chen. 1996. Multiple disease resistance loci and their relationship to agronomic and quality loci in a spring barley population J. Agri. Genomics 2: 1—9.

Hensel, G. , V. Valkov, J. Middlefell-Williams, and J. Kumlehn. 2008. Efficient generation of transgenic barley: the way forward to modulate plant-microbe interactions. J. Plant Physiol. 165: 71—82.

Heun, M. , A. E. Kennedy, J. A. Anderson, N. L. V. Lapitan, M. E. Sorrells, and S. D. Tanksley. 1991. Construction of a restriction fragment length polymorphism map for barley (*Hordeum vulgare*). Genome 34: 437—447.

Holme, I. B., H. Brinch-Pedersen, M. Lange, and P. B. Holm. 2006. Transformation of barley (*Hordeum vulgare* L.) by *Agrobacterium tumefaciens* infection of *in vitro* cultured ovules. Plant Cell Rep. 25: 1325—1335.

Holme, I. B., H. Brinch-Pedersen, M. Lange, and P. B. Holm. 2008. Transformation of different barley (*Hordeum vulgare* L.) cultivars by *Agrobacterium tumefaciens* infection of *in vitro* cultured ovules. Plant Cell Rep. 27: 1833—1840.

Hori, K., K. Sato, and K. Takeda. 2007. Detection of seed dormancy QTL in multiple mapping populations derived from crosses involving novel barley germplasm. Theor. Appl. Genet. 115: 869—876.

Horvath, H., L. G. Jensen, O. T. Wong, E. Kohl, S. E. Ullrich, J. Cochran, C. G. Kannangara, and D. von Wettstein. 2001. Stability of transgene expression, field performance and recombination breeding of transformed barley lines. Theor. Appl. Genet. 102: 1—11.

Horvath, H., N. Rostoks, R. Brueggeman, B. Steffenson, D. von Wettstein, and A. Kleinhofs. 2003. Genetically engineered stem rust resistance in barley using the Rpg1 gene. Proc. Natl. Acad. Sci. U. S. A. 100: 364—369.

Hückelhoven, R., C. Dechert, and K. H. Kogel. 2003. Overexpression of barley BAX inhibitor 1 induces breakdown of mlo-mediated penetration resistance to *Blumeria graminis*. Proc. Natl. Acad. Sci. U. S. A. 100: 5555—5560.

Jahne, A., D. Becker, R. Brettschneider, and H. Lorz. 1994. Regeneration of transgenic, microspore-derived, fertile barley. Theor Appl Genet. 89: 525—533.

Jensen, L. G, O. Olsen, O. Kops, N. Wolf, K. K. Thomsen. and D. von wettstein. 1996. Transgenic barley expressing a protein-engineered, thermostable (1, 3—1, 4)-beta glucanase during germination. Proc. Natl. Acad. Sci. U. S. A. 93: 3487—3491.

Kanyuka, K., A. Druka, D. G. Caldwell, A. Tymon, N. McCallum, R. Waugh, and M. J. Adams. 2005. Evidence that the recessive bymovirus resistance locus *rym4* in barley corresponds to the eukaryotic translation initiation factor 4E gene. Mol. Plant Pathol. 6: 449—458.

Kihara, M., Y. Okada, H. Kuroda, K. Saeki, N. Yoshigi, and K. Ito. 2000. Improvement of β-amylase thermostability in transgenic barley seeds and transgene stability in progeny. Mol. Breed. 6: 511—517.

Kleinhofs, A., A. Kilian, M. A. S. Maroof, R. M. Biyashev, P. Hayes, F. Q. Chen, N. Lapitan, A. Fenwick, T. K. Blake, V. Kanazin, E. Ananiev, L. Dahleen, D. Kudrna, J. Bollinger, S. J. Knapp, B. Liu, M. Sorrells, M. Heun, J. D. Franckowiak, D. Hoffman, R. Skadsen and B. J. Steffenson. 1993. A molecular, isozyme and morphological map of the barley (*Hordeum vulgare*) genome. Theor. Appl. Genet. 86: 705—712.

Komatsuda, T., M. Pourkheirandish, C. F. He, P. Azhaguvel, H. Kanamori, D. Perovic,

N. Stein, A. Graner, T. Wicker, A. Tagiri, U. Lundqvist, T. Fujimura, M. Matsuoka, T. Matsumoto, and M. Yano. 2007. Six-rowed barley originated from a mutation in a homeodomain-leucine zipper I-class homeobox gene. Proc. Natl. Acad. Sci. U. S. A. 104: 1424—1429.

Konishi, T., N. Kawada, H. Yoshida, and K. Sohtome. 1989. Linkage relationship between 2 loci for the barley yellow mosiac resistance of Mokusekko-3 and esterase isozymes in barley (*Hordeum vulgare* L.). Jpn. J. Breed. 39: 423—430.

Kraakman, A. T. W., R. E. Niks, P. M. M. M. Van den Berg, P. Stam, and F. A. van Eeuwijk. 2004. Linkage disequilibrium mapping of yield and yield stability in modern spring barley cultivars. Genetics 168: 435—446.

Kraakman, A. T. W., F. Martinez, B. Mussiraliev, F. A. van Eeuwijk and R. E. Niks. 2006. Linkage disequilibrium mapping of morphological, resistance, and other agronomically relevant traits in modern spring barley cultivars. Mol. Breed. 17: 41—58.

Kreis, M., M. S. Williamson, B. Buxton, J. Pywell, J. Hejgaard and I. Svendson. 1987. Primary structure and differential expression of beta-amylase in normal and mutant barleys. Eur. J. Biochem. 169: 517—525.

Kumlehn, J., L. Serazetdinova, G. Hensel, D. Becker and H. Loerz. 2006. Genetic transformation of barley (*Hordeum vulgare* L.) via infection of androgenetic pollen cultures with *Agrobacterium tumefaciens*. Plant Biotechnol. J. 4: 251—261.

Langridge, P. 2005. Molecular breeding of wheat and barley, pp. 279 — 286. *In* R. Tuberosa, R. L. Phillips and M. Gale (eds.). In the Wake of the Double Helix: from the Green Revolution to the Gene Revolution. Avenue Media, Bologna, Italy.

Leckband, G., and H. Lorz. 1998. Transformation and expression of a stilbene synthase gene of *Vitis vinifera* L. in barley and wheat for increased fungal resistance. Theor. Appl. Genet. 96: 1004—1012.

Lemaux, P. G., M.-J. Cho, J. Louwerse, R. Williams, and Y. Wan. 1996. Bombardment-mediated transformation methods for barley. Bio-Rad US/KG Bulletin. 2007: 1—6.

Lemaux, P. G., M.-J. Cho, S. Zhang, and P. Bregitzer. 2008. Transgenic cereals: *Hordeum vulgare* L. (barley), pp. 215 — 316. *In* I. K. Vasil (ed.). Molecular Improvement of Cereal Crops. Kluwer Academic Publishers, Dordrecht, The Netherlands.

Linde-Laursen, I. 1982. Linkage map of the long arm of barley chromosome-3 using C-bands and marker genes. Heredity 49: 27—35.

Macaulay, M., L. Ramsay, J. Russell, D. Marshall, R. Waugh, and W. Thomas. 2004. Molecular markers to analyse breeding progress in barley. Asp. Appl. Biol. 72: 139—146.

Mackay, I. and W. Powell. 2007. Methods for linkage disequibrium mapping in crops. Trends plant Sci. 12: 57—63.

Malysheva-Otto, L. V. and M. S. Roder. 2006. Haplotype diversity in the endosperm specific β-amylase gene Bmy1 of cultivated barley (*Hordeum vulgare* L.). Mol. Breed.

18：143－156.

Malysheva-Otto L.，M. W. Ganal，J. R. Law，J. C. Reeves，and M. S. Roder. 2007. Temporal trends of genetic diversity in European barley cultivars（*Hordeum vulgare* L.）. Mol. Breed. 20：309－322.

Manoharan，M. and L. S. Dahleen. 2002. Genetic transformation of the commercial barley（*Hordeum vulgare* L.）cultivar Conlon by particle bombardment of callus. Plant Cell Rep. 21：76－80.

Manoharan，M.，L. S. Dahleen，T. M. Hohn，S. M. Neate，X. H. Yu，N. J. Alexander，S. P. McCormick，P. Bregitzer，P. B. Schwarz，and R. D. Horsley. 2006. Expression of 3-OH trichothecene acetyltransferase in barley（*Hordeum vulgare* L.）and effects on deoxynivalenol. Plant Sci. 171：699－706.

Matsui，K.，Y. Mano，S. Taketa，N. Kawada and T. Komatsuda. 2001. Molecular mapping of a fertility restoration locus（*Rfm*1）for cytoplasmic male sterility in barley（*Hordeum vulgare* L.）. Theor. Appl. Genet. 102：477－482.

Matthews，P. R.，M. B. Wang，P. M. Waterhouse，S. Thornton，S. J. Fieg，F. Gubler，and J. V. Jacobsen. 2001. Marker gene elimination from transgenic barley，using co-transformation with adjacent "twin T-DNAs" on a standard *Agrobacterium* transformation vector. Mol. Breed. 7：195－202.

McGrath，P. F.，J. R. Vincent，C. H. Lei，W. P. Pawlowski，K. A. Torbert，W. Gu，H. F. Kaeppler，Y. Wan，P. G. Lemaux，H. R. Rines，D. A. Somers，B. A. Larkins，and R. M. Lister. 1997. Coat protein-mediated resistance to isolates of barley yellow dwarf in oats and barley. Eur. J. Plant Path. 103：695－710.

Meyer，R. C.，J. S. Swanston，J. Brosnan，M. Field，R. Waugh，W. Powell，and W. T. B. Thomas. 2004. Can anonymous QTLs be introgressed successfully into another genetic background? Results from a barley malting quality parameter，pp. 461－467. *In* J. Spunar and J. Janikova (eds.). Barley Genetics IX，Proceedings of the Ninth International Barley Genetics Symposium. II. Agricultual Research Institute，Kromeriz，Czech Republic.

Murray，F.，R. Brettell，P. Matthews，D. Bishop，and J. Jacobsen. 2004. Comparison of *Agrobacterium*-mediated transformation of four barley cultivars using the GFP and GUS reporter genes. Plant Cell Rep. 22：397－402.

Nuutila，A. M.，A. Ritala，R. W. Skadsen，L. Mannonen，and V. Kauppinen. 1999. Expression of fungal thermotolerant endo-1，4-β-glucanase in transgenic barley seeds during germination. Plant Mol. Biol. 41：777－783.

Ordon，F.，J. Ahlemeyer，K. Werner，W. Kohler，and W. Friedt. 2005. Molecular assessment of genetic diversity in winter barley and its use in breeding. Euphytica 146：21－28.

Ovesna，J.，K. M. Polakova，L. Kucera，K. Vaculova，and J. Milotova. 2006. Evaluation of Czech spring malting barleys with respect to the β-amylase allele incidence. Plant Breed. 125：236－242.

Powell, W. , W. T. B. Thomas, D. M. Thompson, J. S. Swanston, and R. Waugh. 1992. Association Between rDNA Alleles and quantitative traits in doubled haploid populations of barley. Genetics 130: 187—194.

Pritcharda, J. K. , M. Stephensa, and P. Donnelly. 2000. Inference of population structure using multilocus genotype data. Genetics 155: 945—959.

Rae, S. J. , M. Macaulay, L. Ramsay, F. Leigh, D. Matthews, D. M. O'Sullivan, P. Donini, P. C. Morris, W. Powell, D. F. Marshall, R. Waugh and W. T. B. Thomas. 2007. Molecular barley breeding. Euphytica 158: 295—303.

Ramage, R. T. 1965. Balanced tertiary trisomics for use in hybrid seed production. Crop Sci. 5: 177—178.

Richardson, K. L. , M. I. Vales, J. G. Kling, C. C. Mundt, and P. M. Hayes. 2006. Pyramiding and dissecting disease resistance QTL to barley stripe rust. Theor. Appl. Gen. 113: 485—495.

Ritala, A, K. Aspegren, U. Kurten, M. Salmenkalliomarttila, L. Mannonen, R. Hannus, V. Kauppinen, T. H. Terri, and T. M. Enari. 1994. Fertile transgenic barley by particle bombardment of immature embryos. Plant Mol. Biol. 24: 317—325.

Romagosa, I. , F. Han, J. A. Clancy, and S. E. Ullrich. 1999a. Individual locus effects on dormancy during seed development and after ripening in barley. Crop Sci. 39: 74—79.

Romagosa, I. , F. Han, S. E. Ullrich, P. M. Hayes, and D. M. Wesemberg. 1999b. Verification of yield QTL through realized molecular marker-assisted selection responses in a barley cross. Mol. Breed. 5: 143—152.

Rossi, C. , A. Cuesta-Marcos, I. Vales, L. Gomez-Pando, G. Orjeda, R. Wise, K. Sato, K. Hori, F. Capettini, H. Vivar, X. Chen, and P. Hayes. 2006. Mapping multiple disease resistance genes using a barley mapping population evaluated in Peru, Mexico, and the USA. Mol. Breed. 18: 355—366.

Russell, J. R. , J. D. Fuller, M. Macaulay, B. G. Hatz, A. Jahoor, W. Powell, and R. Waugh. 1997. Direct comparison of levels of genetic variation among barley accessions detected by RFLPs, AFLPs, SSRs and RAPDs. Theor. Appl. Genet. 95, 714—722.

Russell, J. R. , R. P. Ellis, W. T. B. Thomas, R. Waugh. J. Provan, A. Booth, J. Fuller, P. Lawrence, G. Young and W. Powell. 2000. A retrospective analysis of spring barley germplasm development from "foundation genotypes" to currently successful cultivars. Mol. Breed. 6: 553—568

Schultheiss, H. , G. Hensel, J. Imani, S. Broeders, U. Sonnewald, K. H. Kogel, J. Kumlehn, and R. Huckelhoven. 2005. Ectopic expression of constitutively activated RACB in barley enhances susceptibility to powdery mildew and abiotic stress. Plant Physiol. 139: 353—362.

Sharma, V. K. , T. Monostori, C. Gobel, R. Hansch, F. Bittner, C. Wasternack, I. Feussner, R. R. Mendel, B. Hause, and J. Schulze. 2006. Transgenic barley plants overexpressing a 1-3-lipoxygenase to modify oxylipin signature. Phytochemistry 67: 264—

276.

Shrawat, A. K., D. Becker, and H. Lorz. 2007. *Agrobacterium tumefaciens*-mediated genetic transformation of barley (*Hordeum vulgare* L.). Plant Sci. 172: 281—290.

Stein, N., D. Perovic, J. Kumlehn, B. Pellio, S. Stracke, S. Streng, F. Ordon, and A. Graner. 2005. The eukaryotic translation initiation factor 4E confers multiallelic recessive bymovirus resistance in *Hordeum vulgare* (L.). Plant J. 42: 912—922.

Sun, Z. T. and C. A. Henson. 1991. A quantitative assessment of the importance of barley seed α-amylase, β-amylase, debranching enzyme, and α-glucosidase in starch degradation. Arch. Biochem. Biophys. 284: 298—305.

Szucs. P., J. S. Skinner, I. Karsai, A. Cuesta-Marcos, K. G. Haggard, A. E. Corey, T. H. H. Chen, and P. M. Hayes. 2007. Validation of the VRN-H2/VRN-H1 epistatic model in barley reveals that intron length variation in VRN-H1 may account for a continuum of vernalization sensitivity. Mol. Genet. Genomics 277: 249—261.

Takahashi, R. and S. Yasuda. 1971. Genetics of earliness and growth habit in barley, pp. 388—408. *In* R. A. Nilan (ed.). Barley Genetics II. Proceedings of the Second International Barley Genetics Symposium. Washington State University Press, Pullman, WA.

Thomas, W. T. B. 2003. Prospects for molecular breeding of barley. Ann. Appl. Biol. 142: 1—12.

Thomas, W. T. B. and W. Powell. 1990. The genetical basis of heterosis in a spring barley cross. J. Genet. Breed. 44: 297—302.

Thomas, W. T. B. W. Powell, R. Wangh, K. J. Chalmers, U. M. Barua, P. Jack, V. Lea B. P. Forster, J. S. Swanston, R. P. Ebus. P. R. Hamson, and R. C. M. Larce. 1995. betection of quantitative trait loci for agronomic, yield, grain and disease characters in spring barley(*Hordeum vulgare* L.). Theor. Appl. Genet. 91: 1037—1047.

Tingay, S., D. Mcelroy, R. Kalla, S. Fieg, M. B. Wang, S. Thornton, and R. Brettell. 1997. *Agrobacterium tumefaciens*-mediated barley transformation. Plant J. 11: 1369—1376.

Toojinda, T., E. Baird, A. Booth, L. Broers, P. Hayes, W. Powell, W. Thomas, H. Vivar, and G. Young. 1998. Introgression of quantitative trait loci (QTLs) determining stripe rust resistance in barley: an example of marker-assisted line development. Appl. Genet. 96: 123—131.

Toojinda, T., L. H. Broers, X. M. Chen, P. M. Hayes, A. Kleinhofs, J., Korte, D. Kudrna, H. Leung, R. F. Line, W. Powell, L. Ramsay, H. Vivar, and R. Waugh. 2000. Mapping quantitative and qualitative disease resistance genes in a doubled haploid population of barley (*Hordeum vulgare*). Theor. Appl. Genet. 101: 580—589.

Travella, S., S. M. Ross, J. Harden, C. Everett, J. W. Snape, and W. A. Harwood. 2005. A comparison of transgenic barley lines produced by particle bombardment and *Agrobacterium*-mediated techniques. Plant Cell Rep. 23: 780—789.

Trifonova, A., S. Madsen, and A. Olesen. 2001. *Agrobacterium*-mediated transgene delivery and integration into barley under a range of *in vitro* culture conditions. Plant Sci. 161: 871－880.

Tull, D., B. A. Phillipson, B. Kramhoft, S. Knudsen, O. Olsen, and B. Svensson. 2003. Enhanced amylolytic activity in germinating barley through synthesis of a bacterial alpha-amylase. J. Cereal Sci. 37: 71－80.

Turner, A., J. Beales, S. Faure, R. P. Dunford, and D. A. Laurie. 2005. The pseudo-response regulator Ppd-H1 provides adaptation to photoperiod in barley. Science 310: 1031－1034.

Vales, M. I., C. C. Schon, F. Capettini, X. M. Chen, A. E. Corey, D. E. Mather, C. C. Mundt, K. L. Richardson, J. S. Sandoval-Islas, H. F. Utz, and P. M. Hayes. 2005. Effect of population size on the estimation of QTL: A test using resistance to barley stripe rust. Theor. Appl. Genet. 111: 1260－1270.

Wan, Y. C. and P. G. Lemaux. 1994. Generation of large numbers of independently transformed fertile barley plants. Plant Physiol. 104: 37－48.

Wang, M. B., D. C. Abbott, N. M. Upadhyaya, J. V. Jacobsen, and P. M. Waterhouse. 2000. A single copy of a virus-derived transgene encoding hairpin RNA gives immunity to barley yellow dwarf virus. Mol. Plant Path. 1: 347－356.

Wang, M. B., D. C. Abbott, N. M. Upadhyaya, J. V. Jacobsen, and P. M. Waterhouse. 2001. *Agrobacterium tumefaciens*-mediated transformation of an elite Australian barley cultivar with virus resistance and reporter genes. Aust. J. Plant Physiol. 28: 149－156.

Weber, H. 2002. Fatty acid-derived signals in plants. Trends Plant Sci. 7: 217－224.

Wenzl, P., J. Carling, D. Kudrna, D. Jaccoud, E. Huttner, A. Kleinhofs, and A. Kilian. 2004. Diversity arrays technology (DArT) for whole-genome profiling of barley. Proc. Natl. Acad. Sci. U. S. A. 101: 9915－9920.

Wenzl, P., H. Li, J. Carling, M. Zhou, H. Raman, E. Paul, P. Hearnden, C. Maier, L. Xia, V. Caig, J. Ovesna, M. Cakir, D. Poulsen, J. Wang, R. Raman, K. Smith, G. Muehlbauer, K. Chalmers, A. Kleinhofs, E. Huttner, and A. Kilian. 2006. A high-density consensus map of barley linking DArT markers to SSR, RFLP and STS loci and agricultural traits. BMC Genomics. 7: 12.

Werner, K., W. Friedt, and F. Ordon. 2005. Strategies for pyramiding resistance genes against the barley yellow mosaic virus complex (BaMMV, BaYMV, BaYMV-2). Mol. Breed. 16: 45－55.

Weyen, J., E. Bauer, A. Graner, W. Friedt and F. Ordon. 1996. RAPD-mapping of the distal portion of chromosome 3 of barley, including the BaMMV/BaYMV resistance gene ym4. Plant Breed. 115: 285－287.

Williams-Carrier, R. E. Y. S. Lie, S. Hake, and P. G. Lemaux. 1997. Ectopic expression of the maize knl gene phenocopies the Hooded mutant of barley. Development 124: 3737－3745.

Xu, Y. B. and J. H. Crouch. 2008. Marker-assisted selection in plant breeding: from publications to practice. Crop Sci. 48: 391—407.

Xue, G. P., M. Patel, J. S. Johnson, D. J. Smyth, and C. E. Vickers. 2003. Selectable marker-free transgenic barley producing a high level of cellulose (1, 4-β-glucanase) in developing grains. Plant Cell Rep. 21: 1088—1094.

Yahiaoui, S., E. Igartua, M. Moralejo, L. Ramsay, J. L. Molina-Cano, F. J. Ciudad, J. M. Lasa, M. P. Gracia, and A. M. Casas. 2008. Patterns of genetic and eco-geographical diversity in Spanish barleys. Theor. Appl. Genet. 116: 271—282.

Yu, J. M., G. Pressoir, W. H. Briggs, I. V. Bi, M. Yamasaki, J. F. Doebley, M. D. Mcmullen, B. S. Gaut, D. M. Nielsen, J. B. Holland, S. Kresovich, and E. S. Buckler. 2006. A unified mixed-model method for association mapping that accounts for multiple levels of relatedness. Nat. Genet. 38: 203—208.

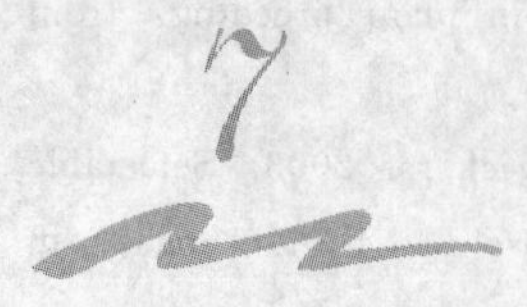

大麦种质资源与保护

Harold E. Bockelman, Jan Valkoun

1. 引言

种质资源计划的一个基本目标是确保能持续供应基因型多样性的种质资源,以满足培育稳产、高产、优质新品种的需要。为了达到这一目的,种质资源计划除了保存种质资源这一基本功能外,种质的收集与评估也很重要。本章讨论创制大麦种质资源、鉴定用于品种培育的新种质,以及引进和维持种质多样性等问题。

保持作物种质所代表的重要遗传特性的多样性,是种质资源收集的基本因素。保存、获取、归档、分类以及评估是所有作物种质资源收集的基本功能。人类始终应有基因多样性保护的意识。对大麦而言,体现为世界范围内的大麦种子,亦即种质资源的储存。

2. 世界大麦种质资源

1961 年,联合国粮食与农业组织(FAO)召开了有关植物开发与引进的技术性会议。此后,国际组织对遗传资源的关注日益活跃(Harlan,1975)。1968 年,联合国粮农组织(FAO)的作物生态与遗传资源小组开始收集和分类遗传资源。1972 年在斯德哥摩尔(Stockholm)举行的人类环境大会上,美国国会呼吁启动一个项目,鉴定重要的遗传资源,如大麦、高粱和黍的主要祖先基因(Harlan,1975)。国际农业磋商小组(CGIAR)在 1974 年成立了国际植物遗传资源咨询委员会(IBPGR),作为一个非政府的国际科学组织,其着力推动遗传研究团队之间的国际性合作,以进一步收集、保护、驯化、评估和利用种质资源。1981 年 7 月,IBPGR 召开了有关大麦种质资源的特别工作小组会议,总结了当时的种质资源情况,确立了种质资源的优先级,并讨论了大麦种质资源全球基地中心的分布。

在1983年，随着美国发展计划/BBPGR欧洲植物遗传资源合作项目(ECPGR)大麦课题组的成立，遗传资源的合作研究活动在欧洲展开。欧洲国家间的合作促成了欧洲人麦核心种质(BCC)和欧洲大麦数据库(EBDB)的成立(Knüpffer,1988)。随着国际大麦遗传资源合作组织和国际BCC委员会的成立，合作活动从区域扩展到了全球(Knüpffer和van Hintum,1995)。从此，国际BCC委员会组织召开商业性会议和开放工作室，调控和协调与国际大麦遗传学大会(IBGS)之间联系的进程和合作活动。

经过7年协商，2001年11月，FAO大会通过了粮食和植物遗传资源国际条约(ITPGRFA)。这个受法律约束的条约与生物多样性协议保持一致，为包括大麦在内的作物的遗传资源的利用和利益分配提供了法律约束框架。在FAO和代表CGIAR的国际农业研究中心(通常为IPGRI)的联合倡议下，联合国全球农作物多样性信托基金(GCDT或Trust)在2004年成立，作为一个捐赠基金支持长期的作物多样性保护和利用。这个信托基金被认为是与粮农植物遗传资源非原位保存和供应有关的基金战略的必要组成。

该信托基金建立一系列保护性策略，这些策略将指导资源分配到最重要和最急需的作物多样性征集。作物策略计划以每一种作物为基础，鉴定全球范围内十分重要的种质。这些策略计划被用于指导信托基金的决策。这些策略应该在专家和作物遗传资源拥有者之间经广泛讨论而形成。整个程序开始的初级阶段是对某种作物种质的多样性进行调研。

在建立大麦种质非天然状态下进行保存和利用的全球策略的初始阶段，位于叙利亚共和国阿勒颇的国际干旱地区农业研究中心(ICARDA)受到信托委托，以德国圭德林堡市莱布尼茨德植物遗传和作物植物研究所为主要来源地，对全球大麦基因资源非天然状态种质目录进行分类，以便评估这些种质的内容和保存状况。在CGIAR和FAO的帮助下，大麦策略计划得以实施，由国家、国际大麦专家和种质管理人组成的小组提供了重要的种质资源。

这份种质清单主要以大麦种质的公共性机构直接提供主要大麦种质资源为基础。额外的信息来自不同的国家、地区或国际信息库，如大麦遗传资源全球清单(GIBGR,ICARDA所有)、EBDB(IPK所有)、世界信息和预警系统(WIEWS关于粮食与农业植物基因资源，FAO所有)、EURISCO(国际生物多样性中心所有)和GCDT的地区策略报告。

GCDT清单显示，总的大麦资源涵盖了47个主要大麦种质资源收集库(每个库超过500个材料)，含有402,000份材料。如果把28个微种质资源包含在内，那么全球总共拥有405,000份种质资源。这个数量低于FAO估算的16%，而高于van Hintum和Menting (2003)最近报道的8%。总的来说，GCDT报道的已被鉴定的基因库种质资源与Hintun和menting报道的数据差异不大。

全球20个主要大麦种质资源列于表7.1。大麦资源最大的种质资源保存在加拿大植物遗传资源所(PGRC)，它占世界总量的10%。在1989年，美国农业部(USDA)的种质资源加入后，该种质资源库从13,000份增加到了36,000份。这样，在种质资源上PGRC和USDA之间形成了巨大的差异。据van Hintum和Meeting(2003)报道，相当多的重复样本存在于4个最大的种质资源库，即PGRC、USDA、巴西农牧研究院(EMBRAPA，巴西)和ICARDA。

表7.1　2007年9月全球作物多样性条约(2008)清单中主要的大麦材料

国家	基因库/研究所	种源份数
加拿大	萨斯卡通加拿大植物基因资源	39,852
美国	阿达荷州阿伯丁USDA-ARS国家小粒作物收集	29,870
巴西	巴西农牧研究所生物基因技术领域	29,227
CGIAR	叙利亚阿勒颇ICARDA	26,117
英联邦	诺维奇约翰英纳斯中心	23,603
德国	德国圭德林堡莱布尼茨植物遗传和作物研究所(IPK)	22,106
中国	北京中国农业科学院作物品种资源研究所	18,818
韩国	水原国家农业生物技术研究所	18,764
俄罗斯	圣彼得堡瓦维洛夫植物栽培研究所	17,850
埃塞俄比亚	亚的斯亚贝巴生物多样性保护研究所	15,360
日本	和歌山大学生物资源研究所	14,106
瑞典	阿尔纳普北欧基因资源中心	13,435
澳大利亚	新南威尔市卡拉拉澳大利亚冬季谷物收集	12,600
CGIAR	国际玉米小麦研究改良中心	11,202
日本	筑波国家农业生物科学研究所	8,806
印度	新德里国际植物遗传资源局,(NBPGR)	8,384
伊朗	卡拉季伊朗国家基因库,基因资源部	7,600
以色列	特拉维夫大学谷物作物改良研究所	6,662
波兰	Radzikow植物育种驯化研究所(IHAR)	5,942
法国	克莱蒙特费朗法国农业科学研究院INRA	5,517

GCDT清单也提供了全球大麦中原有结构的信息。在已知的全部290,820份种质中，15%是近缘野生种，44%是地方品种，17%为育种材料，9%是遗传材料，15%是主栽品种。所以，在全球拥有的大麦种质资源中，相当大的比例(59%)是在长期受当地环境与人类耕作的互作下进化形成的(地方品种和近缘野生种)，而另外三种类型(41%)则是现代植物育种和研究的产物(育种材料、主栽品种和遗传材料)。

图 7.1　位于爱达荷州阿伯丁的 USDA-ARS 国际小粒作物收集的中期储存。房间保持 5～6℃和 25%的相对湿度(RH)。来源:Bockelman

(1)近缘野生种

近缘野生种的主要代表是大麦的祖先 *Hordeum vulgare* subsp. *Spontaneum*。在主要种类中,共同拥有的有 20,700 份。以色列、加拿大、ICARDA 和美国保存着的种类最多。1900 份材料来自 20 个国家的 730 个收集地。按照生态和地理上的差异,ICAEDA 的类型最多。其中 5900 份属于二级和末级基因库的野生大麦,大部分保存在加拿大和瑞典。

(2)地方品种

在全世界的大麦基因库中,栽培大麦的地方品种构成了所保存的大麦种质资源的主体。在已知类型的种质中,130,000 份(44%)为地方品种。最多的地方品种保存在以下 7 个基因库:ICARDA(叙利亚)、中国农业科学院(CAAS)、生物多样性保护所(IBC,埃塞俄比亚)、PGRC(加拿大)、USDA(美国)、IPK(德国)、生物资源研究所(RIB,日本)。各处保存均超过 10,000 份。ICARDA 拥有 15,000 份地方品种,居各处之首。

(3)育种材料

在世界大麦种质资源中,49,000 份为育种材料,是第二大大麦种质类型。位于墨西哥的国际玉米小麦育种中心保存着 11,000 份大麦育种材料,以下依次为 PGRC(加拿大)、ICARDA(叙利亚)、USDA(美国)、综合研究开发机构(NIAR,日本)和国家农业研究所(INRA,法国),都保存有超过 3,000 份的大麦材料。

(4)遗传材料

在瑞典阿尔纳普的北欧遗传资源中心或 NordGen(通称为北欧基因库),保存着大约10,000份来自斯堪的纳维亚突变体研究材料与685个置换系、58个复制系。在PGRC(加拿大)、USDA(美国)、和NIAR(日本)也保存着大量的遗传材料。

(5)栽培品种

这一类型包含已完成的植物育种项目的成果(包括优良品种和淘汰品种)。在全世界的基因库中有很多主栽品种的大麦种质拷贝,同样一个基因库内也有相互间的拷贝。在俄罗斯的瓦维洛夫植物栽培研究所(VIR,俄罗斯),有9,600份种子,其他依次为IPK(德国)、PGRC(加拿大)、和USDA(美国)。

(6)种质分配

USDA、ICARDA和圭德林堡的IPK,每年分别向科学家和其他用户提供8,000,5,400和4,000份大麦种子,是全球大麦种子的主要提供者。其总量中的很大一部分分配至世界各地,分别为上述数量的38%、48%和57%。

(7)种质归档

对于大部分种质,通行证信息由计算机处理。然而,性状特征和评估的电子化可利用性很低。一定数量的种质或许可以通过网络得到,但只有少数用于研究。另外,除个体基因库数据管理系统以外,也已开发了许多全球性、地区性以及特殊的系统,与具有地方特色的资源相连接。这些系统包括用于遗传资源的CGIAR系统性信息网、GIBGR和国际大麦信息系统(IBIS),IPK的ECPGR开发的EURISO和EBDB,NordGen维持的大麦基因数据库和大麦遗传资源。

(8)国际BCC

为了促进大量作物种质利用和加快植物遗传资源评估,有学者提出了核心种质的概念(Frankel和Brown,1984)。在1989年,一个国际财团作为参与共享机构,自发地组建了国际BCC(Knűpffer和van Hintum,1995)。它试图为主要用于研究而创造普通的大麦品种,这样可以对大麦的遗传多样性进行相关数据的编辑。

BCC发展成为一个国际性的网络机构,包含协调委员会、子集团协调员,只要负责BCC子集团的选择,通过单粒后代培育BCC品种,BCC种子的创新增殖,以及分配样品到BCC中心。这些活跃的BCC中心大多是研究机构,负责把BCC的样品分配到在各自领域的真正用户手中:①德国圭德林堡的IPK,负责欧洲;②叙利亚阿勒颇的ICARDA,负责中部、西部和北部非洲地区(CWANA);③日本仓敷大麦种质中心的RIB,负责东南亚;④爱达荷州阿伯丁郡国家小谷物收集机构的USDA,负责美国;⑤澳大利亚塔姆沃斯冬季谷物收集机构(AWCC),负责澳大利亚和新西兰。

在2007年,BCC的规模为1,500份种质,若最大的存储容量为2,000份,这样为进一步增加留出了一定的空间。

(9)大麦基因库保护的全球策略

作物基因库拥有所有非自然状态下基因的单一特有种遗传多样性。总体上说，这些遗传材料已具备在育种和研究中应用的可行性。另外一部分基因库是一些存在于田间或野生的天然状态下的材料，有待进一步发掘。对于已在非天然状态下保存的大麦材料，有一些可代表大部分遗传变异的品种(一些主要的收集列表于表7.1)，已经实现了在食品农业植物基因资源的国际条约(ITPGRFA)框架下的种质保存。这些关键的收集可能成为改良作物的国际组织提供遗传多样性的全球网络的基础。

保存大麦基因库的一种比较合理的方式是通过GCDT或核心种质的国际网络，并为国际组织提供持续支持，以确保这些国际组织能满足和维持国际保存水准，以及能及时向全世界用户分配高品质种子。还有很多其他重要且大量拥有的特材料，在很多情况下为地方种质多样性的大麦种质。这些种质可以通过国际支持，对其进行改良以达到核心种质的标准。总之，那些量少但特异的种质应当整合至核心种质中。

3. 美国大麦的种源

(1)历史

美国是一个本地作物种很少的国家。在早期，殖民者需要随身携带种子。在殖民时期，美国土著居民只有少量的水果、坚果、向日葵以及引进的玉米、大豆、烟草、棉花和南瓜。随着美国土著居民从墨西哥和中部美洲向北迁移，他们带去了大量种子(White 等，1989)。

美国北部的第一个大麦品种很可能是哥伦布在1492的航海旅行中带去的。后来，从各大洲来的移民带来了各种类型的大麦品种。在美国北部东海岸，很可能是英格兰人带来了迟熟的二棱大麦，而荷兰人则从欧洲大陆带来了六棱大麦。在墨西哥和北美西海岸的大麦，则是由西班牙人带来的，他们从西班牙和北非带来了六棱大麦(Moseman 和 Smith，1985)。

美国政府早就意识到需要收集和保存这些植物材料。托马斯捷夫森博学多才，兴趣广泛，成就卓著。在17世纪末期，他到欧洲各地旅行，在那里收集了很多能在美国种植的植物种类，包括有农艺和园艺特性的作物种子(Jewett，2005)。有一次他曾这样说：“对各国都有意义的最大贡献是增加农作物，增加一些有益的植物……。”在1827年，美国总统Adams成立了美国海外服务办公室，其任务是“收集和引进种子和植物至美国”。在1866年和1867年，位于华盛顿特区市中心的美国农业部(USDA)，开始检测大麦、燕麦和小麦品种。在1898

年，美国政府成立了负责收集和管理种质资源的特别小组。从此，USDA 的一些部门开始负责收集和分配种质。

USDA 的大麦收集始于华盛顿 USDA 的谷类作物调查部，1894 年引进 4 个品种，1895 年又引进了 11 个品种。USDA 的作物学家 M. A. 卡尔顿在 1898 年去俄国进行植物勘探旅行，1900 年去巴黎博览会，收集到很多品种，迅速扩增了他的作物收集库。

1946 年，研究和市场行动组织在一项专项经费的资助下，各个小作物组成了 USDA 农业研究服务（USDA-ARS）管理下的收集材料。1946 年的经费主要用于：①在特定检疫圃下种植；②确保种子活力；③积累昆虫适应性及相关数据；④作物改良中应用的其他信息分类；⑤负责其他研究者的种子需求。1948 年，NSGA 作为 USDA 的一个组织项目，在位于马里兰州的拜特苏威尔成立了拜特苏威尔农业研究中心（Moseman 和 Smith，1985）。1988 年，一个新的机构在爱荷华的阿伯丁成立，种质收集转移至现在的场所。H. V. 哈兰在 1912—1945 年任大麦调查组的领导，与助手玛丽哈提尼、M. N. 波派和 G. A. 维比等一起，对 USDA 的收集材料进行了大量研究。在 1923 年和 1924 年，哈兰进行了广泛的植物调研旅行。在旅行中，他在俄国、埃塞俄比亚、北非和其他地区收集了大量大麦种子。G. A. 维比在 1945—1969 年，与 D. A. 雷德和 J. G. 摩斯曼一起，负责管理和研究这些收集库，开发和评估这些材料。J. G. 摩斯曼在 1969—1972 年成为 USDA 大麦调查组的领导，在此期间他负责管理这些收集材料。在 1972 年，USDA 的大麦材料整合至国家植物种质系统（NPGS）。

(2) NPGS

直到 20 世纪 40 年代，只有少数几个机构能提供种子长期保存的微环境设施。当时，很少有科学家会想到冷冻和除湿所需的未知条件，而现在这些条件被认为是保存种子活力的关键因子。1943 年，美国研究委员会进行了一项研究，于 1946 年通过研究和市场行动、区域植物引种状况和国家马铃薯引种状况的立法，确定了组织更多的植物保存的区域性活动。NSGC 由此成立（Shands，1995）。

1972 年，国家科学研究院报告了国家作物遗传的脆弱性，内部审查建议要建立植物种质资源的国家平台，以便向农业部提出关于种质资源问题的建议和相应的政策评议（Anonymous，1972）。

1976 年，新作物合作协调委员会改进为由联邦、州和企业代表组成的 NPGS 委员会。

现在，NPGS 受 USDA-ARS 的调控，参与一些联邦、州和私人组织的合作。NPGS 的 27 个活动涵盖 27 个领域，涉及种子、克隆和遗传资源收集的获取、维持、更新、分布、归档、表征、评估和研究。种质资源保护国家中心（NCGRP，2002

年重新命名为国家种子库实验室），不仅为NPGS，同时也为一些非NPGS及其他国家的保存方法学研究提供长期的备份保存（Shands，1995）。所有NPGS场所经中心种质资源信息网络（GRIN）数据库进行连接。这个数据库包括通行证、分类、描述、观察、评估以及对负责序列的管理者和领导者来说重要的清单数据。位于马里兰州贝尔茨维尔的国家种质资源实验室（NGRL），管理着GRIN数据库。利用植物种质的科学家们可以登录GRIN网站 http://www. arg-grin. govnpgsindex. html，去了解NPGS及其组成的活动，也可以通过通行证，评估数据，发送请求，以及索取种质材料。NGRL由那些对某一作物研究有专长、可提供种质行为方面建议的科研人员组成，这有助于推进40个作物种质委员会（CGCs）的活动。同时，NGRL也管理植物资源开发计划（Williams，2005）。

NPGS是世界上最大的种质发布机构之一。USDA坚持为研究、育种和教育提供免费的、无限制的种质。从1995年到2003年，平均每年超过126,000份种质样品被发送至153个国家（Smale和Day-Rubenstein，2002）。

(3)NSGC的大麦收集现状

现在，NSGS有来自100多个国家、代表20种麦类作物和近29,900份种质。这些材料包括古老、新的品种以及育种系、地方种和基因原材料（详见表7.2～7.4）。

表7.2　美国农业部ARS收集的小粒作物中按分类学归类的大麦种质数

分类	数量
Hordeum bogdanii	16
Hordeum brachyantherum subsp. *brachyantherum*	9
Hordeum brachyantherum subsp. *californicum*	2
Hordeum brevisubulatum	10
Hordeum brevisubulatum subsp. *iranicum*	6
Hordeum brevisublatum subsp. *nevskianum*	1
Hordeum brevisubulatum subsp. *turkestanicum*	1
Hordeum brevisubulatum subsp. *violaceum*	21
Hordeum bulbosum	183
Hordeum capense	1
Hordeum chilense	10
Hordeum comosum	4
Hordeum hybrid	7
Hordeum jubatum	26

续表

分类	数量
Hordeum lechleri	2
Hordeum marinum	8
Hordeum marinum subsp. *gussoneanum*	14
Hordeum marinum subsp. *marinum*	1
Hordeum murinum	21
Hordeum murinum subsp. *glaucum*	29
Hordeum murinum subsp. *leporinum*	16
Hordeum muticum	3
Hordeum parodii	2
Hordeum procerum	3
Hordeum pusillum	9
Hordeum roshevitzii	2
Hordeum secalinum	4
Hordeum sp.	22
Hordeum setenostachys	13
Hordeum vulgare subsp. *spontaneum*	1,507
Hordeum vulgare subsp. *vulgare*	27,917
合计	29,870

表 7.3 美国农业部 ARS 收集的小粒作物中大麦属种质改良系材料数量

改良材料	数量
育种材料	3,733
品种	4,395
基因原材料	3,208
地方种	13,138
野生近缘种	1,948
未明[a]	3,448
合计	29,870

[a] 由于种质基本资料中驯化差

表 7.4 美国农业部 ARS 收集的小粒作物中不同国别起源的大麦属种质数量(2008.6)

国别	数量	国别	数量
阿富汗	442	朝鲜	27
阿尔巴尼亚	15	韩国	324
阿尔及利亚	68	吉尔吉斯斯坦	18
巴勒斯坦	7	拉脱维亚共和国	6
阿根廷	106	黎巴嫩	20
亚美尼亚	38	利比亚	14
亚洲	1	立陶宛共和国	7
澳大利亚	153	马其顿共和国	289
奥地利	183	马里共和国	2
阿塞拜疆	110	墨西哥	49
白俄罗斯	9	摩尔多瓦	3
比利时	40	蒙古	177
不丹王国	5	摩洛哥	168
玻利维亚国	34	缅甸	2
波斯尼亚和黑塞哥维那	39	尼泊尔	620
巴西	13	荷兰	102
保加利亚	115	新西兰	14
喀麦隆	1	挪威	47
加拿大	527	阿曼	16
智利	54	巴基斯坦	291
中国	2,186	巴拉圭	2
哥伦比亚	681	秘鲁	275
克罗地亚共和国	46	波兰	162
古巴	20	葡萄牙	35
捷克共和国	88	罗马尼亚	122
捷克斯洛伐克	83	俄罗斯联邦	504
丹麦王国	186	沙特阿拉伯	17
厄瓜多尔	4	斯洛伐克 i	28
埃及	373	斯洛文尼亚	36
厄立特里亚省	27	南非	157

续表

国别	数量	国别	数量
爱沙尼亚共和国	5	南美	6
埃塞俄比亚	4,217	西班牙	318
欧洲	4	苏丹	8
芬兰	129	瑞典	895
前苏联	51	瑞士	714
前南斯拉夫	33	叙利亚	305
法国	328	台湾	3
格鲁吉亚	111	塔吉克斯坦	65
德国	925	突尼斯	126
希腊	231	土耳其	1,911
危地马拉	9	土耳其斯坦	3
洪都拉斯	1	土库曼斯坦	62
匈牙利	263	乌克兰	242
印度	747	英国	768
印度尼西亚	3	美国	5,322
伊朗	480	未知	212
伊拉克	74	乌拉圭	12
爱尔兰	12	乌兹别克斯坦	30
以色列	1,161	委内瑞拉玻利瓦尔	11
意大利	58	西亚	8
日本	509	也门	27
约旦	45	南斯拉夫	179
卡扎科斯坦	24	津巴布韦	6
肯尼亚	2	合计	29,870

- **获取**

新的大麦种质主要通过以下几种方式整合到 NSGC：①对一些重要的大麦多样性中心进行考察和收集；②与其他基因库、研究所和科学家进行种质交换；③新品种，或是美国、加拿大和其他国家在育种程序中选育到的优良育种材料。获取优先对象为栽培大麦和大麦属种，以填补材料上物种和生态地理间的空白。特别有兴趣的自然地理区域是高加索和中东地区。

• **保存**

NSGC 的一个中心任务是精心保存种质。中期储存的种子都保存于 6℃ 和相对湿度 25%的仓库。同时，种子也提供给克林斯堡、科罗拉多，作为安全备份（图 7.2 和 7.3）。

图 7.2　位于科罗拉多州克林斯堡的 USDA-ARS 基因资源保存国际中心(大麦种质活力测试)：来源 Ellis, NCGRP

图 7.3　位于科罗拉多州克林斯堡的 USDA-ARS 基因资源保存国际中心中进行的超低温储藏，通过 NPGS 保存着 NPGC 大麦种质和其他种质的安全备份。来源 Ellis，NCGRP

• **更新**

需要更新的品种种植在爱达荷大学研究发展中心的农场、USDA-ARS 位于爱达荷阿伯丁、加利福尼亚帕林的大棚，以及 USDA-ARS 国家旱地植物种质遗传中心等单位。品种按种子活力和清单数量的优先排列，进行有计划的更新。每 5 年要对各份材料种子进行活力检测。

• **分配**

NSGC 的种子样品免费提供给那些守信誉的国家以及国际上发出请求的科学家。在过去的 10 年间，麦类种质分配从每年 1800 份扩增到 13000 份（表 7.5），超过 30％分配至其他国别的科学家。

表 7.5 美国农业部 ARS 收集的小粒作物中不同年份的大麦种质数

年份	分配数量
1996	5,029
1997	13,136
1998	5,729
1999	13,137
2000	5,630
2001	2,810
2002	1,825
2003	5,612
2004	2,280
2005	3,174
2006	7,419
2007	8,867

• **评估**

USDA-ARS 的 NSGC 对大麦种质的系统评估在阿伯丁进行。NSGC 评估获得的数据输入至 GRIN。有关 GRIN 可提供的数据总结在表 7.6。现在，GRIN 有 452,000 多个有关大麦的记录。图 7.4 是有关埃塞俄比亚地方种的颖壳、果皮颜色和外壳形状多样性的说明性范例。

图 7.4　来自埃塞俄比亚的 20 份大麦地方种种子：美国农业部 ARS 国家小粒作物收集多样性的举例说明。来源：Bockelman

表 7.6　种植遗产资源信息网络数据库(GRIN)中使用的 USDA-ARS 小粒作物中有关大麦的描述词

描述词	
糊粉层颜色	穗茎脆性
芒脱落性	大麦网斑病菌[b]
芒硬度	株高
芒形状	倍性
β-葡聚糖[a]	蛋白质含量[a]
大麦条纹花叶病毒(BSMV)	枝梗长度
大麦黄色侏儒病毒(BYDV)[b]	俄罗斯麦双尾蚜[b]
北美谷叶甲虫[b]	大麦云纹病[b]
抽穗期	落粒性
生长习性	小穗角度
谷壳有无	小穗密度
籽粒结实	棱数
粒重	小麦根腐病原菌[b]
每穗粒数	秸秆断裂
大麦叶锈菌[b]	大麦条锈菌[b]
外稃颜色	容重
脂肪含量	产量

[a] 谷粒中含量

[b] 对虫害(病原)的抗性/敏感性

- **自然地理信息系统**

很多形态特征,特别是病虫害抗性,会频繁出现在某一特定的自然地理区域。现在已展开大麦种质对各种病虫害抗性的地理起源的研究(Bonman 等,2005)。取得新的种质有助于自然地理数据分析,对今后的收集工作也有帮助。有关收集的详尽分析可帮助科学家为特定研究选择少量的种质资源。NSGC 大麦种质的有关国家、州或省、地区以及和纬、经度等数据保存在 GRIN。使用 GIS 软件和相应的统计技术,可对有意义的特征进行图谱构建和分析(参见图 7.5～7.7)。

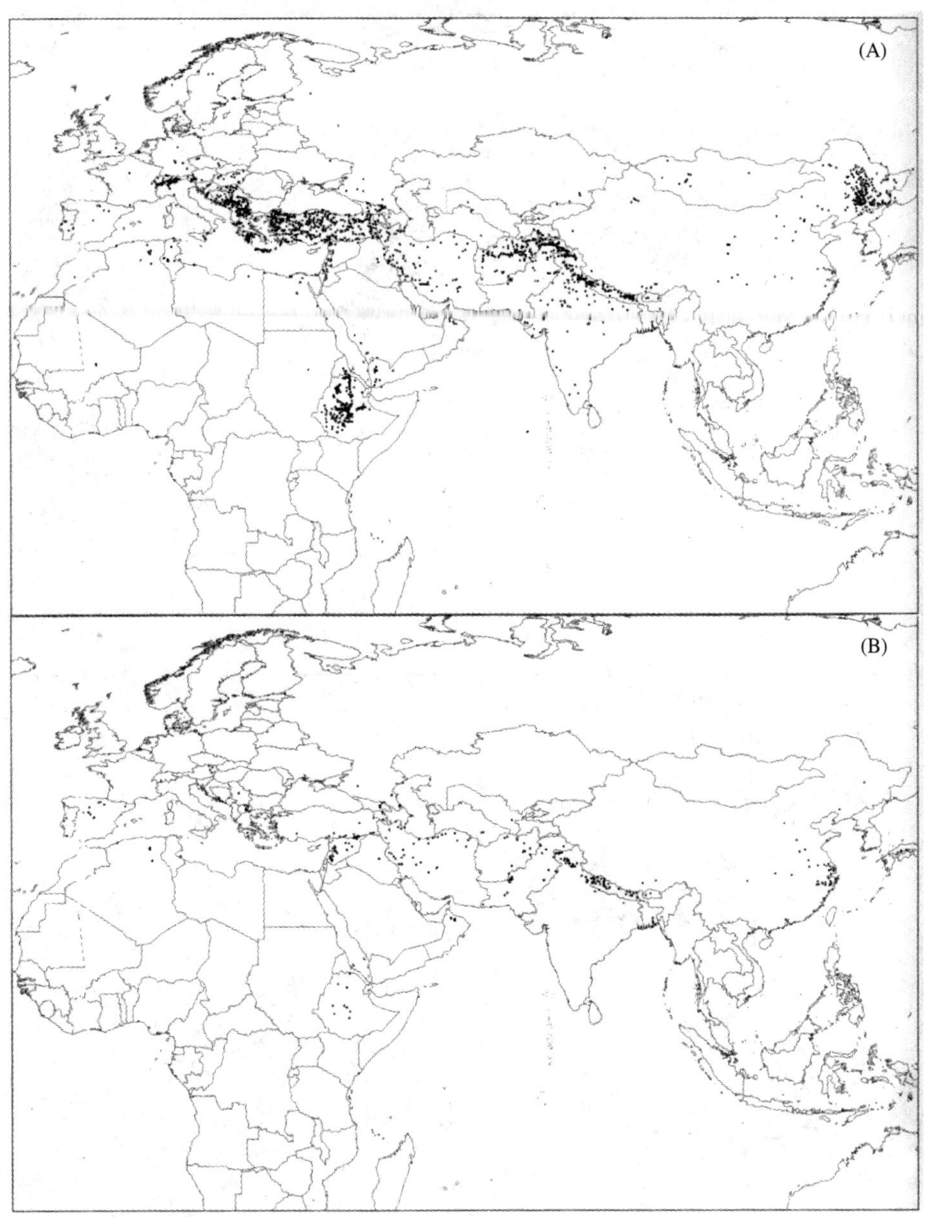

图 7.5　美国农业部 ARS 收集的小粒作物中不同生长习性大麦地方种的起源地示意图。(A)春；(B)冬。来源：Bockelman

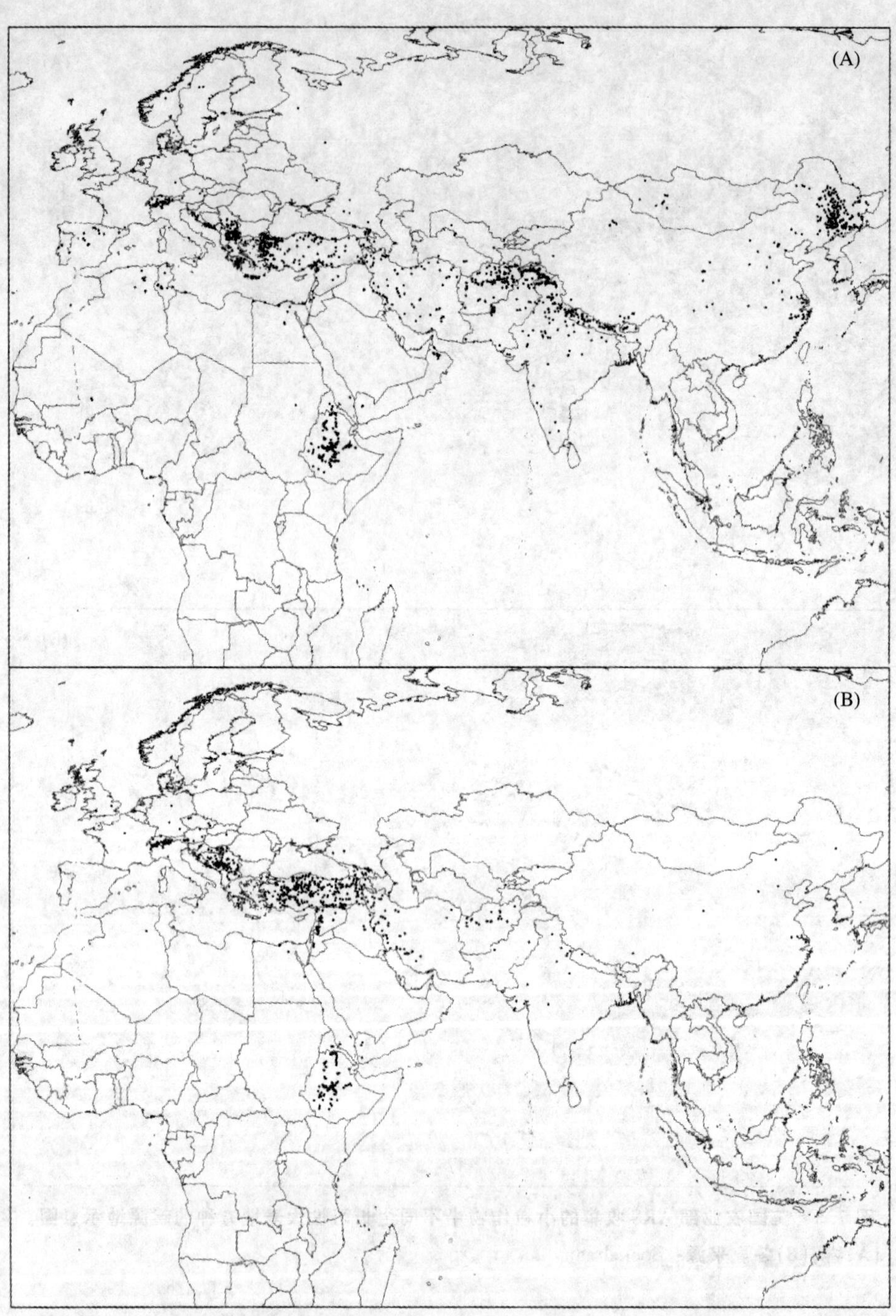

图 7.6 美国农业部 ARS 收集的小粒作物中不同棱大麦地方种的起源地示意图。(A)六棱；(B)二棱。来源：Bockelman

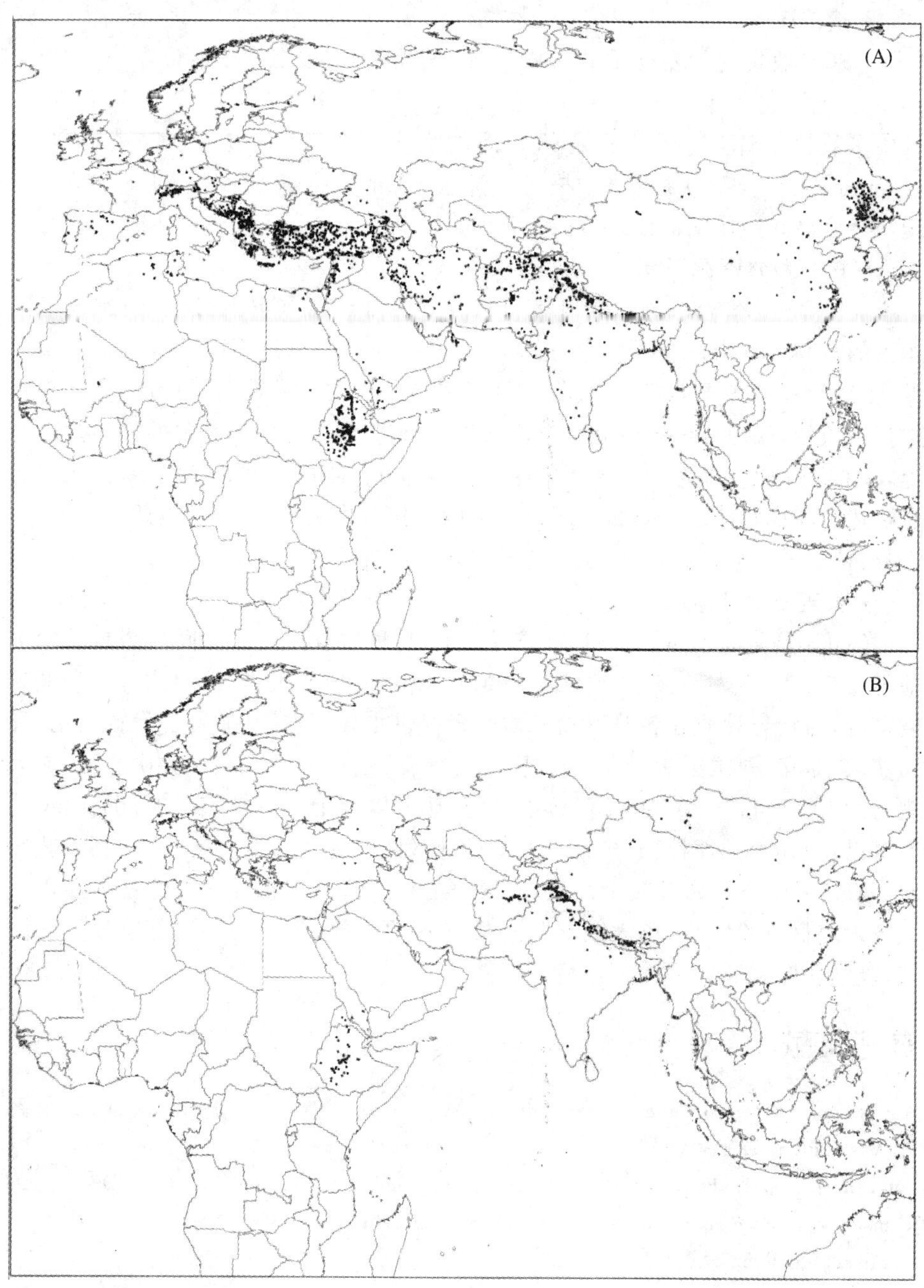

图 7.7　美国农业部 ARS 收集的小粒作物中按谷壳有无分类的大麦地方种起源地示意图。(A)有壳；(B)无壳。来源：Bockelman

• **遗传库**

NSGC收集的大麦种质中，10%以上的材料含有多个性状遗传库，其中包括形态突变体、遗传雄性不育材料和各种细胞遗传材料，如三体、倒位和置换库。其中多数遗传库，包括已鉴定的基因的大麦遗传库，均已在大麦基因新书(Lundqvist 等，1997)中有详细描述。新近增加的一些遗传库是一些连接分子标记与经济性状的作图群体。

• **核心种质资源子库**

NSGC的栽培大麦的核心子库已经建立，且标记在GRIN中，共有来自不同国家的2764份材料(接近总量的10%)。核心子库是通过下面的步骤筛选出来的：①统计来自各国的样品数量；②计算来自各国的样品数量的标记；③基于相对标记数量，保证各国至少有一个能随机选取到；④去掉明显重复的样品。理论上，核心子库应代表各种大麦收集库的主体部分。现已证明，这对于新性状的初步描述和高成本的分子分析是很有帮助的。随着将来评估数据(包括基因型)的汇集，核心子库会进一步细化，其遗传多样性会具特色。

• **大麦 CGC**

CGCs是美国种质使用团体(或者股东)与种质收集工作之间一个重要的沟通枢纽。1981年的一份关于NPGS(Murphy，1981)的报告，号召建立一个顾问委员会，为特异种质在各阶段的种质管理提供指导，包括种质资源发掘活动、种质获取、储存、种质更新、分配和种质评估标准等。这一委员会经多次变更，成为现行的CGC机构。大麦CGC包括政府、地方以及个人科学家。现行的组织关系可以在GRIN的网站上找到。大麦CGC列出了一份完整的描述，包括农艺性状、病原菌、形态学以及质量性状，对大麦的评估程序提供参考。这些描述用于表征大麦材料的性状，可大大提高种质材料的价值。大麦CGC也通过开发协议，吸纳获取需求的用户。

参考文献

Anonymous. 1972. Genetic Vulnerability of Major Crops. National Academy of Sciences, Washington, DC.

Bonman, J. M., H. E. Bockelman, L. F. Jackson, and B. J. Steffenson. 2005. Disease and insect resistance in cultivated barley accessions from the USDA National Small Grains Collection. Crop Sci. 45: 1271－1280.

FAO. 1996. State of the World's Plant Genetic Resources for Food and Agriculture. FAO, Rome.

Frankel, O. H. and A. H. D. Brown. 1984. Plant genetic resources today: a critical appraisal, pp. 249－257. *In* J. H. W. Holden and J. T Williams (eds.). Crop Genetic Resources: Conservation and Evaluation, Allen & Unwin, London.

Global Crop Diversity Trust. 2008. Priority Crops-barley. Available at http://www.croptrust.org/main/priority.php? itemid=81.

Harlan, J. R. 1975. Our vanishing genetic resources. Science 188: 618—621.

Van Hintum, T. and F. Menting. 2003. Diversity in *ex situ* gene bank collections of barley, pp. 247-257. *In* R. von Bethmer, T. Van Hintum, H. Knüpffer, and K. Sato (eds.). Diversity in Barley (*Hordeum vulgare*). Elsevier Science B. V., Amsterdam, The Netherlands.

Jewett, T. 2005. Thomas Jefferson: agronomist. Early Am. Rev. 6 (2). Available at http://www.earlyamerica.com/review/2005_summer_fall/agronomist.htm.

Knüpffer, H. 1988. The European barley database of the ECP/GR: an introduction. Kulturpflanze 36: 135—162.

Knüpffer, H. and T. J. L. van Hintum. 1995. The Barely Core Collection -an international effort, pp. 171—178. *In* T. Hodgin, A. H. D. Brown, T. J. L. van Hintum, and E. A. V. Morales (eds.). Core collections of Plant Genetic Resources. Wiley & Sons, Chichester.

Lundqvist, U., J. D. Franckowiak, and T., Konishi. 1997. New and revised descriptions of barley gens. Barley Genet. Newsl. 26: 4—533. Available at http://wheat.pw.Usda.Gov/ggpapes/bgn/.

Moseman, J. G. and D. H. Smith, Jr. 1985. Germplasm resources, pp. 57—72. *In* D. C. Rasmusson (ed.). Barely. ASA-CSSA-SSSA, Madison, WI.

Murphy, C. F. 1981. The National Plant Germplasm System. Special Unnumbered SEA-USDA Report. U. S. Department of Agriculture, Washington, DC.

Shands, H. L. 1995. The U. S. National Plant Germplasm System. Can. J. Plant Sci. 75: 9—15.

Smale, M. and K. Day-Rubenstein. 2002. The demand for crop genetic resources: international use of the US National Plant Germplasm System. Word Dev. 30: 1639—1655.

White, G. A., H. L. Shands, and G. R. Lovell. 1989. History and operation of the National Plant Germplasm System. Plant Breed. Rev. 7: 5—56.

Williams, K. A. 2005. An overview of the U. S. National Plant Germplasm System's exploration program. Hort. Sci. 40: 297—301.

大麦育种历史、进展、目标和技术

欧洲

Wolfgang Friedt

1. 大麦生产和育种的地位

大麦是世界主要谷类作物之一，在欧洲是仅次于小麦的第二大作物。在德国，春大麦和冬大麦的播种面积大约有 190 万公顷，而冬小麦约有 300 万公顷。其余大约 100 万公顷主要种植燕麦、黑麦和黑小麦等小作物。

在世界范围内，大麦生产面积已经从 20 世纪 70 年代最高值的 8,000 多万公顷下降到现在的不足 6,000 万公顷（表 8.1）。在同一时期，欧洲大麦的种植面积在 2008 年已经从 5,300 万公顷下降到 2,900 万公顷（表 8.2），这占了世界

表 8.1　全球和欧洲（全欧和西欧）大麦生产比较（1966—2008）（FAO，2009）

时期[a]	全球		全欧洲		西欧	
	面积 (M ha)[b]	单产 (t/ ha)[c]	面积 (M ha)[b]	单产 (t/ ha)[c]	面积 (M ha)[b]	单产 (t/ha)[c]
1966—1968 年	61.6	1.7	34.3	2.0	5.1	3.3
1976—1978 年	81.1	2.1	53.4	2.3	6.3	3.8
1986—1988 年	77.6	2.2	48.7	2.4	5.3	4.9
1996—1998 年	62.0	2.4	30.9	2.9	4.3	5.9
2006—2008 年	56.2	2.6	28.7	3.2	4.0	5.9
变化(%)[d]	91	153	84	160	78	179

[a]连续三年的平均值；[b]百万公顷；[c]吨/公顷；[d] 1966—1968 年与 2006—2008 年的相对值。

大麦生产面积(5,680 万公顷)的 51%。欧洲的主要大麦生产国是法国、德国、俄罗斯、西班牙、乌克兰和英国,这些国家的总产量约为 1.05 亿吨,占欧洲大麦年产量的 3/4,约占世界大麦年产量的 67%(2008 年为 157,644,721 吨)。欧洲几乎 2/3(62%)的大麦产量来自欧盟成员国(EU 27),其 27 个欧盟成员国占了欧洲 50% 的耕地。27 个欧盟成员国的大麦单位面积产量高出欧洲总平均 25%(4.54 对 3.62 吨/公顷;引自 FAO,2009)。这些数据说明大麦在欧洲占有极其重要的地位,以及欧洲大麦在全球大麦生产中的重要意义。

表 8.2 2008 年欧洲国家大麦生产的主要数据(FAO,2009)

国家	面积(公顷)	单产(0.1 吨/公顷)	总产量(吨)
阿尔巴尼亚	1,400	25.0	3,500
奥地利	185,857	52.1	967,921
白俄罗斯	612,639	36.1	2,212,480
比利时	55,016	77.0	423,800
波黑	22,723	33.4	75,841
保加利亚	222,659	39.4	878,000
克罗地亚	61,200	44.5	272,100
捷克共和国	482,395	46.5	2,243,865
丹麦	717,300	47.3	3,396,000
爱沙尼亚	141,200	24.7	349,100
芬兰	585,500	36.4	2,128,600
法国	1,799,300	67.6	12,171,300
德国	1,961,700	61.0	11,967,100
希腊	150,000	25.3	380,000
匈牙利	332,000	44.5	1,478,200
爱尔兰	181,200	69.0	1,249,700
意大利	330,067	37.5	1,236,697
拉脱维亚	131,200	23.4	307,100
立陶宛	332,500	29.2	970,400
卢森堡	9,739	54.2	52,816
马耳他	400	40.0	1,600
摩尔多瓦	130,179	27.1	353,124
门的内哥罗	790	15.2	12,000

续表

国家	面积(公顷)	单产(0.1吨/公顷)	总产量(吨)
荷兰	50,200	61.8	310,200
挪威	128,240	41.3	530,000
波兰	1,206,560	30.0	3,619,460
葡萄牙	43,100	23.2	99,800
罗马尼亚	386,706	31.3	1,209,410
俄罗斯联邦	9,420,800	24.6	23,148,450
塞尔维亚	92,417	37.3	344,141
斯洛伐克	213,050	41.8	891,317
斯洛文尼亚	19,229	39.9	76,788
西班牙	3,462,400	32.5	11,261,100
瑞典	407,700	44.2	1,801,000
瑞士	33,112	61.2	202,700
马其顿[a]	47,351	34.4	162,779
乌克兰	4,167,200	30.3	12,611,500
英国	1,032,000	59.5	6,144,000
总和或平均	29,157,029	36.2	105,533,089
欧盟(EU)(EU 27)	14,473,752	45.4	65,662,080

来源:http://faostat.fao.org/,[a]前南斯拉夫马其顿共和国

现代大麦栽培品种的高产潜力以及不断改进的栽培措施从根本上推动了世界范围内大麦产量的持续增加。如德国,春大麦的平均产量已从19世纪早期的不足2.0吨/公顷增加到如今的6.1吨/公顷。在过去40多年中,欧洲大麦的单产增加了60%,西欧甚至增加了80%。在这一相应时期,世界平均单产总计增加53%(见表8.1,FAO,2009)。

刚刚过去的10年中,大麦生产力年均增长大约1%～2%,主要原因为:①遗传育种的进步培育出了更多的高产品种;②更有效的病虫害防治;③施肥措施的改进;④农业生产技术的进步(如收获和贮藏等)。在产量增加的同时伴随着麦芽品质的提高;而且,如抗倒伏和抗病虫害等农艺性状的显著改善增加了产量的稳定性。目前欧洲推广和种植的大麦品种对各种病害都具有广谱抗性,尤其是土壤传播的黄花叶病以及各种真菌病害,如白粉病(*Blumeria graminis*)、叶锈病(*Puccinia hordei*)或云纹病(*Rhynchosporium secalis*)。在过去几十年

中，抗病品种的数量显著增加(表 8.3)。

表 8.3 德国抗主要病虫害的冬大麦品种数

年份	总数	白粉病[a]	云纹病[a]	叶锈病[a]	黄花叶病[a]
1980	35	3	3	0	n. d.
1986	46	3	1	0	n. d.
1994	69	14	5	3	19
2002	84	32	28	18	49 [c]
2009	67 [b]	33	18	19	52 [c]

来源：Beschreibende Sortenliste，Bundessortenamt，德国汉诺威(德国植物品种办公室)

[a] 低敏感性：对白粉病(*B. graminis*)，云纹病(*R. secalis*)，叶锈病(*P. hordei*)和黄花叶病(BaMMV 和 BaYMV) 都是 1～3 分(1～9 分类：1 为最不敏感，9 为最敏感)；

[b] 34 个六棱大麦和 33 个二棱大麦的比较；

[c] 四个品种，均抗 BaYMV-2；

n. d. ，未检测

举例来说，当今和二三十年前德国冬大麦受白粉病侵袭和产量的比较研究，清楚地表明品种特性发生了显著变化：一些现代冬大麦品种甚至兼具巨大的高产潜能和明显的白粉病抗性，这在过去从未有过(Friedt 等，2000；Beschreibende Sortenliste，2009)。特别是在春大麦中，白粉病抗性的显著提高主要归因于高效抗性基因的广泛使用。在过去几十年中开发了以 *Mla* 复合位点为重点的多个抗性基因。近年来，育种家的研究重点开始转向 *mlo* 基因。目前，欧洲有 1/3 以上的春大麦可能都带有该基因，从而使这些大麦具有几乎完整的白粉病田间抗性。

其他病害抗性也有类似的情况，如云纹病(*R. secalis*)，叶锈病或褐锈病(*P. hordei*)和大麦黄花叶病(大麦慢性黄花叶病[BaMMV]和 BaYMV)，以及欧洲冬大麦的一些重要病害。在 20 世纪 80 年代，只有少数品种表现出令人满意的抗性，而现在许多品种表现高水平抗性，即低感染率(按照德国植物品种办公室 1～9 级评分标准下只有 1～3 级)的品种已得到推广(表 8.3)。人们利用了很多基因试图提高锈病和云纹病的抗性。例如，*Rph* 7 可以提供比较持久的叶锈病抗性，并且已转移到多个品种。鉴定到的云纹病新基因源，在不同地域均表现出较低的发病率(Friedt 和 Rasmussen，2004)。另外，有关广泛发生的真菌病害，应该提到网斑病(*Pyrenophore*)和叶斑病(*Ramularia*)，它们也会偶尔或区域性感染欧洲大麦，造成较大损失。

当前，一个普遍的趋势是作物的抗病性越来越强。因为环保压力等原因，农民趋于少施化肥和杀虫剂，这样使育种工作者更多地关注作物品种的抗病性。

在全世界范围内，因病虫害导致的大麦减产超过30%，因此培育抗性大麦是一项非常重要的工作。为了减少为确保产量而必须施用的化学物质用量，未来大麦抗病虫害育种日趋迫切。

2. 当今高产和抗病兼具的春大麦品种

现代欧洲春大麦栽培品种可以追溯到巴伐利亚（德国南部）、摩拉维亚（今捷克共和国）、瑞典和英国等地区的欧洲地方种。杂交育种界首先利用地方品种间的杂交，育成了早期的品种，如“Isaria”(1924)和“Kenia”(1931)。后来，更多地方引入远源的或外来的大麦材料，如 *Hordeum laevigatum* 和“arabische”这两个主要抗病源，育成了一些著名的品种，如“Aramir”（德国，1974年推广）以及带有 *mlo*-11基因的品种“Apex”(1983)。第三个杂交育种体系包括捷克斯洛伐克的矮秆、多分蘖突变体“Diamant”（见图8.1），同时，因该突变体蛋白水解酶活性高，具有较好的麦芽品质(Fischbeck，1992；Friedt 等，2000)。由此，育成了欧洲广泛种植的著名品种“Trumpf”(1973)，也叫“Triumph”。大量以 Trumpf 为亲本的杂交后代，代表“Aramir 群”，成为广受欢迎的品种。主要成员有“Blenheim”（英国，1985）、“Carmen”（奥地利，1985）、“Prisma”（荷兰，1985）、“Natasha”（法国，1986）和“Cheri”（丹麦，1987）。最著名的代表是大量推广的“Alexis”（丹麦，1986），该品种带有白粉病抗性基因，如来自于 Diament 突变体“Helena”的 *mlo* 基因（见图8.1）。另一方面，与 Trumpf 相比，Alexis 的品质提高可能来源于它的亲本，如“Proctor”或 Isaria (Fischbeck，1992；Friedt 等，2000)。近来著名的春大麦品种是“Scarlett”(1995)和“Barke”(1996)，都是极佳的啤用大麦（9分），比 Alexis（8分）有进一步的改进。一个较迟熟的啤用春大麦品种“Marnie”，兼具高产（超过 Barke10%）和优质的麦芽品质（优异的水解指标）以及白粉病、叶锈病、云纹病和网斑病等病害抗性。Marnie 突出的抗病性，来源于杂交亲本之一的以色列野生二棱大麦(J. Breun，私人通讯)。

麦芽品质是一个重要的经济性状，也是一个复杂数量性状，由许多不同的品质参数构成。为了可靠地明确品质性状的稳定性，必须进行多点试验检测，这样需要多年栽培试验。47个德国春大麦中有多达29个(62%)品种被归为高麦芽品质材料（浸出物含量），达到8～9分(Beschreibende Sortenliste，2009)。麦芽品质有如下的关键特性（期望表现）：库尔巴哈值、酶活（高）、浸出差异（低）、浸出率（高）以及蛋白质含量（低）。过去几十年欧洲选育的大麦品种，经 EBC 试验清楚地表明，现代高产品种的库尔巴哈值和浸出物含量显著提高，同时浸出物差异和蛋白质含量显著降低(R. S. Schildbach，私人通讯)。这就是把浸出物含量作为检测整体品质性状主要指标的原因。

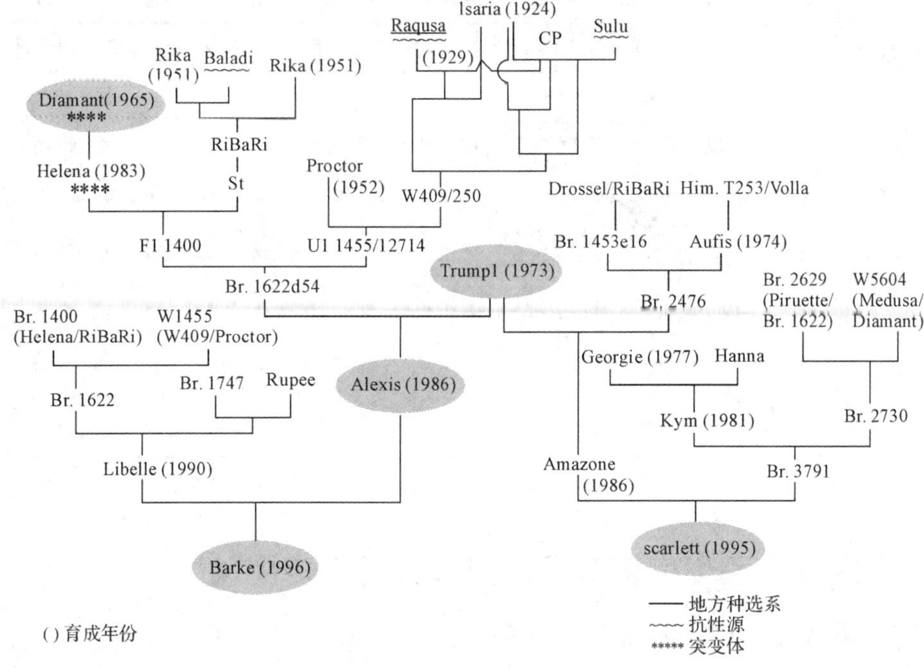

图 8.1　德国主要春大麦的系谱以及现代高麦芽品质品种的亲本

大麦籽粒不仅用于饲料和啤酒工业，也用于威士忌酿造。相应地，已培育出性状表现受威士忌酿造行业欢迎的育种品系，如酒精产量、酶促水解潜力(糖化力)和低糖基氮含量。品种"Optic"，来源于 ChadX(Corniche×Force)的杂交后代，是英格兰和苏格兰春大麦的主导品种。其后代，"Publican"和"Forensic"被认为更适合不列颠(苏格兰)环境，高产兼具优良酿造表现(http://fwifirstlightera.com/EN/Microsites/1/Syngent + Seeds + Cereals/Spring-barley)。

现代大麦育种希望获得适应性更广的品种，以便能在更广的环境下种植，如在德国大部分地区这种大陆性气候条件下培育的品种也可以在其他欧洲国家或其他相似地区种植。这样的一个品种必须具有高产和稳产相关基因的最优组合。表 8.4 中所列的德国春大麦品种就具有这些优良性状，如对生物和非生物胁迫的广谱抗性、高产潜力和优良麦芽品质。

表 8.4 2009 年德国春大麦品种的主要抗性情况

品种(推广年份)	抗病性	收获稳定性	产量	麦芽浸出率
Annabell (1999)	BR 中抗,NB 抗		平均	高
Braemar (2002)	PM 高抗,BR 中抗	轻度穗、茎脱落	平均	高,极高
Grace (2008)	广谱,部分抗性	倒伏少,轻度穗、茎脱落	高,极高	高
Marthe (2005)	广谱抗性,尤其抗 PM 和 NB	倒伏少,轻度穗、茎脱落	平均,高	极高
Quench (2006)	PM 高抗,云纹病中抗	倒伏少,轻度穗、茎脱落	高	高,极高
Streif (2007)	广谱抗性,尤其抗 PM 和 NB	倒伏少,轻度穗、茎脱落	平均,高	极高
Tocada (2008)	NB 中抗,BR 抗	倒伏少,轻度穗、茎脱落	平均,高	高,极高

注:BR,叶锈病(*P. hordei*);NB,网斑病(*Pyrenophore teres*);PM,白粉病(*B. graminis*)

3. 当今高产和优良麦芽品质兼具的冬大麦品种

现代欧洲冬大麦栽培品种主要追溯到两个六棱大麦地方种,一个来自荷兰,另一个是来自加拿大的“Mammut”。大麦品种“Friedrichswerther Berg”(1904),就是这两个品种杂交的后代,在欧洲中部冬大麦育种中具有核心地位。基于六棱冬大麦和二棱或六棱春大麦相结合的育种体系,利用达尔马提亚的抗白粉病地方种“Ragusa”育成了“Dea”(1953)和“Dura”(1961)等一系列重要的品种。后来,Ragusa 也成为德国冬大麦抗 BaMMV 的基因源。通过与抗白粉病春大麦杂交和不断回交,获得的“Vogelsanger Gold”是另一个主要品种,与大麦品种“Dura”一起作为主要的杂交亲本,育成了如“Corona”(1980)等多个广泛种植的六棱冬大麦品种(Fischbeck,1992;Friedt 等,2000)。Dea 等品种也作为亲本与二棱春大麦杂交,育成了“Ingrid”等品种,并最终利用该材料于 1968 年育成了大麦品种“Malta”(图 8.2)。随后,利用该材料作为主要亲本,育成了众多广泛推广种植的啤用二棱冬大麦品种,如“Sonja”(1974)、“Igri”(1976)、“Marinka”(1985)和“Trixi”(1987)及其他们的后代。

如图 8.2 所示,最近利用两个二棱冬大麦“Laber”(1992)和 Marinka,育成了大麦品种“Jura”(1995)和“Tiffany”(1996)(Friedt 等,2000)。尤其是后面两个姊妹品种因兼具优良麦芽品质(浸出物 7 分,与春大麦品种 Apex 相当)和高产潜力,在 20 世纪 90 年代迅速占据了德国大麦种植的重要位置(Friedt 和 Rasmussen,2004)。西欧冬大麦种植一直在以减少春大麦为前提而不断扩张。现在主要的二棱冬大麦品种是“Campanile”、“Finesse”、“Finita”、“Malwinta”、“Passion”和“Reni”。主要的六棱冬大麦品种为“Fridericus”、“Highlight”、

“Lomerit”和“Naomie”。这里不得不提到杂交育种在欧洲冬大麦育种中的重要作用。如最近德国刚刚育成的高产六棱杂种“Zzoom”(2008)，就是最好的例子(Beschreibende Sortenliste，2009)。

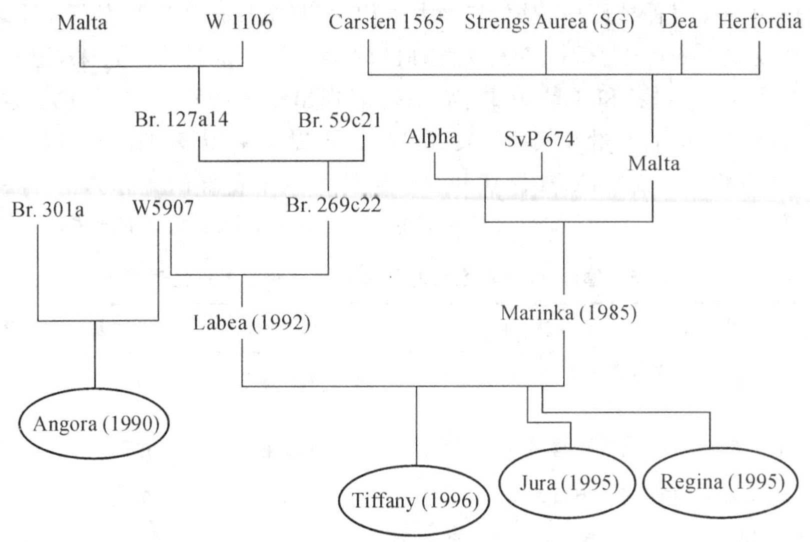

图 8.2　德国重要二棱冬大麦的系谱以及现代、高品质二棱冬大麦品种的亲本

4. 广谱抗病冬大麦培育

欧洲大麦抗病育种已经取得了长足的进步。除了大麦黄矮病(BYDV)外，由于谷类种植面积增加和感染种子的扩散作用，使黄花叶病等病害的发生范围持续扩大。这导致许多欧洲大麦种植区植株的死亡。在蚜虫作为传播媒介的虫媒病毒中，BYDV 与大麦的耕作栽培关系最为密切，并受到全球变暖的显著影响。毫无疑问，培育抗病大麦品种是防止病毒感染的最经济有效和环保的手段。在过去几十年中，已经鉴定了大量的大麦主要病毒病抗性(耐性)资源，并已经应用于传统育种和分子育种程序中(Ordon 等，2009)。

从 20 世纪 70 年代鉴定到这些病毒以来，通过从外源或非驯化种质中鉴定抗病源，并与具有优良农艺和品质性状的其他亲本杂交，促进了大麦高产抗病育种的快速发展(Werner 等，2000)。20 世纪 90 年代，一些重要的栽培品种如“Jana”已经具有 BaMMV 和 BaYMV 抗性。另外，在欧洲发现生理小种 BaYMV-2 后不久，通过进一步筛选和遗传分析促使了品种“Tokyo”的推广([(Fallon×13060)×87-5381B]×Swift；R. Hemker，私人通讯)。抗性品种“Tokyo”从拥有 *rym5* 抗性基因供体“Mokusekko 3”血统的育种材料 13060 选育而来。由于该品种在农艺性状存在缺陷，且对云纹病敏感以及生理小种

BaYMV-2 分布有限,没有得到种植者的广泛接受。然而,从 Tokyo 繁衍而来的抗性品系因具有更好的农艺性状而得到广泛推广。

与春大麦相比,冬大麦因具有更大的高产潜力而得到种植者的青睐。另一方面,因为冬大麦种植历史较短,与春大麦相比,其抗病性变异和麦芽品质略差。然而,从表 8.5 中可以看到,冬大麦育种已取得了长足的进步。近来,德国冬大麦品种 "Jade"(二棱)和"Christelle"(六棱)表现出超级的农艺性状,它们聚集了多种抗病性、突出的产量和较好的麦芽品质。可以预见,未来的品种将具有最大的产量潜力和高产稳定性(如倒伏和胁迫抗性),以及良好的麦芽品质。在此趋势下,最终可以预见,未来欧洲大麦种植区的春大麦将被冬大麦所代替。

表 8.5 德国 2009 年推广的冬大麦新品种主要抗性表现

品种	抗病性	收获稳定性	产量	麦芽品质
Christell(六棱)	白粉病,网斑病,叶锈病,BaYMV	轻度茎脱落	极高	中等
Kathleen(六棱)	白粉病,叶锈病,BaYMV	轻度穗脱落	极高	低,中等
Semper(六棱)	白粉病,BaYMV		极高	中等,高
Souleyka(六棱)	白粉病,网斑病,云纹病,叶锈病,BaYMV		极高	低,中等
Anisette(二棱)	白粉病	轻度穗、茎脱落	高,极高	中等
Canberra(二棱)	白粉病,BaYMV	抗倒伏	高	高
Jade(二棱)	白粉病,网斑病,云纹病,BaYMV	抗倒伏,轻度茎脱落	高	中等,高
Lucie(二棱)	白粉病,云纹病,叶锈病,BaYMV	轻度穗脱落	平均,高	中等,高
Zephyr(二棱)	云纹病,BaYMV	轻度茎脱落	高	中等

BaYMV:抗大麦黄花叶病

5. 生物技术和分子标记辅助育种:育种方法的进化

(1)利用单倍体技术加速大麦育种

聚合不同的抗性基因或者从野生种质中将新抗性基因导入栽培品种的遗传背景中,经典的方法是通过有性重组完成,即通过经选择的亲本杂交,再从分离后代中进行表现型筛选而获得理想性状的材料。在这种技术下,育种成功与否完全依赖于对目标病害抗性进行大量的大田和温室检验。然而,因为大麦受到多种病原体的侵害,而这些病原体也会很快适应寄主的抗性,因此,选育抗性品种是一项非常复杂的工作。并且,系谱法筛选鉴定理想的重组表现型在操作上已经到了极限。因此,植物生物技术方法如花药和小孢子培养技术等,可以快速获得加倍单倍体(DH)群体或品种,已经受到广泛欢迎并应用于大麦育种程序。通过花药培养已育成了春大麦品种"Henni"(D,1995),二棱大麦品种"Anthere"(D,1995)和六棱大麦品种"Uschi"(D,1997)、"Sarah"(D,1997)、"Carola"(F,1997)、"Nelly"(D,1998),它们的推广要早于预期,已广泛种植于欧洲(E. Laubach,私人通讯)。显然,大麦育种过程中生物技术的应用可以有效缩短育种进程(见表 8.6)。这样,从不断增长的 DH 品种育成上,"单倍体育种方法"已经得到了广泛的使用,并取得了巨大的成功(E. Laubach,私人通讯)。

表 8.6 应用"加倍单倍体方法"培育春大麦和冬大麦的通用方法

年份	育种进程	育种工作
1	杂交(5—6 月)	离体培育:加倍单倍体(DH)群体生产
2	在田间对 DH 群体品系进行繁殖和观察(每个杂交组合 100～200 植株)	不同地点(3 个)的抗病性评价,种子增加(4～5 千克)
	种子扩繁	在冬季育种场内进行繁殖(南半球)
3	第一次产量评价	不同地点的大田试验(如德国是 5 个地点)
4	第二次产量评价	多点试验(8 个地点)
	种植扩繁	注册申请:品种表现的官方试验和 DUS

DUS:清晰,一致和稳定

(2)分子标记和分子标记辅助选择

分子标记的发展使筛选工作在一定程度上从田间表现型选择转移到实验室的基因型水平,使抗性、高产和高品质大麦育种更为高效(Friedt 等,2002)。

为了增强 BYDV 抗性,Habekuss 等(2009)利用 DH 群体和分子标记技术,聚合了抗性基因 *Ryd*2 和 *Ryd*3 以及从"Post"获得的 2H 染色体上的抗性 QTL 位点。这种聚合了上述目标基因位点的 DH 品系,病毒密度低于亲本,发病较轻。

另一个例子是黄花叶病。大麦品种 Taihoku A 在德国已被鉴定为黄花叶病抗性材料(如:BaMMV、BaYMV、BaYMV-2 和 BaMMV-Teik)。该品种在 4H 染色体上带有一个 BaMMV 抗性基因 *rym*13,也可能对所有黄花叶病病毒的生理小种具有抗性。Humbroich 等(2010)利用 SSR 和 AFLP 分子标记进行大规模分离分析,构建了一个图谱并将 BaMMV/ BaMMV-Teik 抗性基因定位到

1cm距离内的分子标记上。该标记有助于将BaMMV-Teik抗性基因导入到具有其他抗性基因的合适品系中，使育成的材料对所有欧洲已知的BaMMV/BaYMV菌株都具有抗性（Werner等，2005；2007）。

长期以来，白粉病在所有大麦种植区都是一个重要的病害，所以抗白粉病特别重要，Korell等（2008）利用cDNA-AFLP技术，研究了近等基因系大麦的分离情况，将抗性基因*Mlg*定位在4H染色体上。利用鉴定到的差异片段（37bp），开发了一个与*Mlg*共分离的酶切扩增多态性序列（CAPS）。因为具有共显性、清晰带型和高度连锁等特性，该标记非常适合分子标记辅助育种。

虽然DNA分子标记分析在植物育种中显得日趋重要，并被广泛使用，但在高通量分析时，由于成本高而限制了该技术的应用。自动化分析是实现这种需求的方法之一。为此，瑞典的Svalöf Weibull AB公司已经开发出全自动PCR系统。据估计，对于大麦品系分子标记辅助选择和转基因作物的鉴定和控制来说，该系统一天可以分析2200个样品，每个样品的成本仅为0.24欧元（Dayteg等，2007）。

(3)基因组分析和转基因大麦

如今，大麦全基因组测序已成为可能。通过国际合作，必要的工作已经启动（Schulte等，2009）。一个可靠的标准基因组序列对于"分子标记筛选和高级的重组技术"（SMART）或分子标记辅助育种，都是极好的基础，也必将引导未来基于基因组的大麦研究的发展。

在可以预见的未来，高度依赖经验的育种技术，在选择大量基因变异（见图8.3）的材料上，已是未来大麦育种进步的主要限制因子。因此，为构建合理的植物育种、作物改良和农业整体成功的基础，保存、保护和评价植物基因资源已经成为一个迫切的社会工作。随着全球变暖趋势的加剧，耐干旱和高温新品种的需求将会更加迫切。在基因银行的国际合作框架内，德国Gatersleben的植物基因和作物研究所（IPK）不仅在大麦资源保存方面，而且在大麦基因组研究方面，都起到了重要的作用（Stein等，2007；Schulte等，2009；Sato等，2009）。

转基因技术对培育具有抗病性、胁迫耐性和高品质大麦新品种意义重大。稳定的转基因表现也是详细阐明植物基因功能的最佳途径。对广泛使用的模式作物大麦来说就尤为重要。因此，Hensel等（2008）提出并建立了详细的大麦幼胚农杆菌介导法转基因技术方案，确保转基因大麦幼苗的高效再生。通过比较不同处理和共培养条件的影响，促进了该体系的巨大进步，获得了低T-DNA插入拷贝数的转基因材料。尤其是新建立的方法，除了高效的"Gold Promise"外，对其他许多春大麦和冬大麦也都非常有效。因此，可以说现在已经有了功能基因分析和基因工程手段进行大麦育种的有效工具。

然而，短期内欧洲不可能大量种植转基因大麦。目前为止，一些消费者和农民反对种植转基因作物以及转基因产品在食品生产中的应用，这已经影响了欧洲官方的政治决策，对转基因技术的应用是不利的。

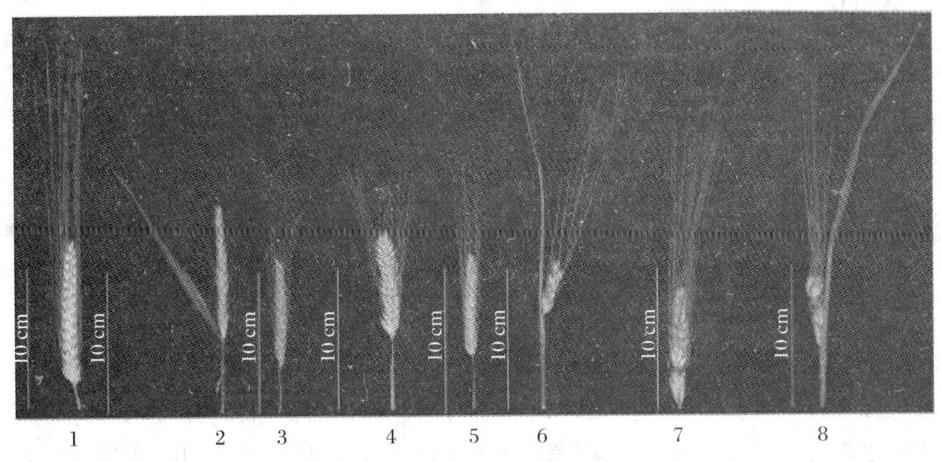

图 8.3 大麦棱形。

1，二棱，品种“Baker”（野生型）；2～8，突变型；2，无芒；3，中间型；5，密穗型；6～8，不规则穗型。图片来源：Gottwald S. 博士

6. 结论和展望

过去一个世纪以来，大麦育种在欧洲非常成功。杂交育种工作起初采用的是欧洲的地方种，后来扩展到一些具有有效抗病性的远源种质材料，最后结合兼具高产和高品质的品种育成了包括春大麦和冬大麦在内的现代高产品种。大多数情况下，育种技术包括人工杂交、仔细观测、准确测试和主观选择。近来，育种工作获得了诸如“加倍单倍体方法”等现代生物学技术的有力支持。现在，分子标记辅助选择技术，尤其是基于 PCR 技术结合快速、高通量分析手段的 SMART 育种，必将进一步加速培育优良农艺表现的抗性品种的进程。因此，现有的育种方案，包括“快速追踪”程序将更加快速、高效。

除方法学进步以外，一些新性状包括特殊品质（功能大麦），如高直链淀粉和糯大麦，将使大麦栽培和利用的范围进一步扩展。而且，如裸大麦等可以改善消化特性和营养含量等饲用品质，并可能结合高植酸酶活性和低植酸含量育种促进磷素的高效利用。在这一点上，更好地明确基因和基因组功能，将会更直接地促进育种技术的发展，如可以直接将一个供体基因转入合适的受体品种中。

这里，有必要提到甲基磺酸乙酯（EMS）这一诱变剂，它已诱导产生了 10,279个 M2 个体的突变群体，其野生型材料为二棱春大麦品种 Barke（Gottwald 等，2009）。这些新的单碱基突变材料（TILLING），对于基础研究具有潜在的价值，亦可直接应用于育种。

7. 致谢

感谢德国 Herzogenaurach 的 Josef Breun 和 Nordsaat 的 Eberhard Laubach 博士提供的有关品种和系谱方面的专业信息。同时感谢 Frank Ordon 教授在抗病性和分子标记辅助筛选方面提供的详细信息。

北美

Richard D. Horsley, Bryan L. Harvey

北美的加拿大、墨西哥和美国都有大量的大麦育种项目。本章主要讨论加拿大和美国的育种项目。墨西哥最大的两个育种计划是国家育种项目，即墨西哥国立森林和农业研究所(INIFAP)和国际旱区农业研究中心(ICARDA)监督下的育种项目。很多年来，ICARDA 的大麦育种项目一直位于墨西哥 EI Batan 市的国际玉米和小麦改良中心(CIMMYT)总部内。国家大麦育种计划为墨西哥成功培育了许多啤用大麦品种，如 Esmerelda。ICARDA 的育种项目成功地培育了具有多重抗病性的种质材料，已经在全世界范围内广泛使用。2007 年，ICARDA 的大麦育种家代表墨西哥和南美洲整体搬到 ICARDA 在叙利亚 Aleppo 的总部，然而，这些科学家负责这一地区的责任没有改变。

1. 加拿大的大麦生产

加拿大的大麦由新法兰西首任总督塞缪尔·德·尚普兰(Samuel de Champlain)于 1606 年引入。加拿大的首座啤酒酿造厂于 1668 年建立于魁北克市(Metcalfe，1995)。后来，英国人将二棱酿造大麦带到了上加拿大。加拿大和美国发达的贸易使安大略省的二棱啤用大麦种植者受益匪浅。这一贸易于 1890 年被美国的"McKinley Tariff Act"贸易保护法案所终结。因此，安大略省的大麦种植者被迫转向饲用大麦市场。二棱大麦品种适合用于制麦和酿造，但其产量低，因此需要相应的改良，以适应当地变化的大麦需求市场。

17 世纪，Hudson Bay 公司引进包括大麦在内的谷物到整个加拿大西北部，试图实现粮食的自给自足。然而，直到 1982 年塞尔寇克(Selkirk)抵达南马尼托巴，才促使加拿大西北部的贸易生产迅猛发展。也是从那个时候开始，大麦成为加拿大西北部的主要谷物。

加拿大超过 90％的大麦种植面积在加拿大西北部(见表 8.7)。然而，大麦仍然是加拿大东部的重要作物，因为当地农业生态状况十分复杂，种植条件差异很大。

表 8.7　2004—2008 年加拿大大麦生产量(千吨)

面积	年份					平均	%
	2004	2005	2006	2007	2008		
加拿大	12,567	11,678	9,573	10,984	11,781	11,314	100
滨海地区	171	170	113	146	123	146	1
魁北克	368	340	302	308	258	315	3
安大略	339	292	291	218	192	266	2
马尼托巴	1,278	603	1,035	1,195	1,121	1,122	10
萨斯喀彻温	4,681	4,969	3,397	3,945	4,594	4,317	38
阿尔伯塔	5,628	5,232	4,405	5,114	5,448	5,165	46
不列颠-哥伦比亚	90	72	31	58	47	60	<1

数据由加拿大统计部门提供;http://www.statcan.gc.ca/; 2009 年 7 月 22 日更新

目前,加拿大划分为几个特殊的大麦生产区域(见图 8.4)。下面将详细介绍各个地区的特点和育种重点。

图 8.4　加拿大的大麦生产区域

1,滨海区;2,魁北克;3,安大略;4,东南大草原区;5,南部草原中心区;6,北方山区

(1)滨海地区

这一地区的特点是水分充足,空气湿度大,温度适宜。这些地区一般是酸性土壤。叶病较普遍,且易倒伏。这些地区已经没有专门的大麦育种计划,因此这些地区的种植者利用其他地区培育的种质材料。渥太华的加拿大农业和农业食品规划处(AAFC)负责这些地区。

(2)魁北克地区

该地区的东部与滨海地区相似,而西部地区与安大略省相同。两地都以叶病抗性和麦秆强度作为重要的选择标准。自从公共的育种项目停止以后,这一地区的育种由私人机构执行。渥太华规划处对这一地区负责。

(3)安大略地区

这一地区也得益于充足的水分,但温度略高且在仲夏经常会遇干旱。因此,在抗病和麦秆强度之外,还要考虑早熟性以避开7—8月的高温干旱时期。该省西南部的部分地区也种植少量的冬大麦。这一地区的育种计划由AAFC在渥太华的工作站和一些私人机构完成,在圭尔夫大学也有少量育种项目。

(4)加拿大西部地区

加拿大广袤的西部地区面积与欧洲大陆相近。显然,这么大的面积必定有很多相互接壤的经济带。它可以分为三个大区:温暖湿润的东南大草原区,干旱的南部草原中心区和寒冷的北方山区。

• **东南大草原区**

这一地区的特点是水分充足、大部分年份在仲夏高温高湿。秆锈(由 *Puccina Graminis* f. sp. *tritici* 引起[Eriks. 和 E. Henn.] D. M. Henderson)、赤霉病(FHB,由 *Fusarium graminearum* 引起,Schwabe)和斑枯病(由 *Cochilobolus sativus* 引起,[Ito 和 Kuribayashi] Drechs. ex Dastur)等病害在这一地区时常发生。AAFC在布兰登的育种项目在这一地区起主导作用。萨斯喀彻温大学的作物改良中心也为该地区提供一些品种。在美国明尼苏达和北达科塔洲的一些品种也可在当地很好生长。

• **南部草原中心区**

南部草原中心区的特点是雨水较少,蒸腾率高,干旱频繁。叶片病害少见,但网斑病(由 *Drechslera teres* 引起,[Sacc.] Shoemaker f. *teres* 和 *D. teres* f. *maculate* Smedeg.)常见。这一地区不适合种植六棱大麦和矮秆品种,因为该地区的种植者喜欢对作物进行联合收割。这是主要的二棱啤用大麦产区。这一地区的主要育种机构是萨斯卡通的谷物改良中心,在布兰登和拉孔贝(Lacombe)的育种项目作为辅助。

• **北方山区**

北方山区水分充足，但温度较低，生长季节较短。云纹病（由 *Rhynchosporium secalis* 引起，[Oudem.] J. J. Davis)是这一地区主要的叶片病害。低温一般不利于网斑病和赤霉病的发生。在拉孔贝(Lacombe)的阿尔伯塔大田作物改良中心是该地区的主要服务机构，在布兰登和拉孔贝(Lacombe)的育种项目作为辅助。

加拿大每年生产约 1100～1200 万吨大麦，其中 90%来自加拿大东部。大约 80%饲用，大部分直接在当地消费。加拿大每年大麦出口大约 200～300 万吨，绝大部分是啤用大麦。主要的啤用大麦消费地是美国、中国、哥伦比亚和和南非。美国和日本是加拿大麦芽的主要进口国，每年大概有几十万吨。饲用大麦的市场波动较大，沙特阿拉伯、日本和中东的一些国家是主要的稳定买家。大麦食品消费较小，但也有一定的种植量，并构成了一些种植者的重要收入来源。更加详细的统计数据可参见加拿大谷物委员会的报告(http://www.grainscanada.gc.ca/；2009 年 7 月 22 日更新)。

2. 美国的大麦生产

17 世纪殖民者抵达东海岸时把大麦引入了美国，并随着人口的迁移不断向西部扩展(Poehlman，1985)。限制大麦向西扩展的主要因素是赤霉病。这一病害不仅侵害大麦，也危害小麦(*Triticum* ssp.)和玉米(*Zea mays* L.)。在玉米的种植地，当地的大麦赤霉病发病加重。因此大麦首先在无玉米种植的地区得到发展。这种迁移运动直至今天也在不断发生。从 20 世纪 40 年代至 70 年代，北达科塔和明尼苏达州的红河河谷地区是美国六棱大麦的生产中心。至 20 世纪 90 年代，降雨量的增加和玉米种植的扩大，使该地区大麦赤霉病爆发。因此，许多大麦种植者因为赤霉病高发和市场因素而放弃了大麦种植。现在六棱大麦的种植中心在美国北达科塔州的中北部地区，并且已经育成了适应北达科塔州西部和蒙大拿州东部干旱地区的新品种。

美国的大麦生产可以分为四个区域：东部、上中西部、西部和西南部。中西部和西部地区的播种面积超过总播种面积的 80%(美国农业部统计服务处[USDA-NASS]，见 http://www.nass.usda.gov/index.asp；2009 年 5 月 23 日更新)。美国整体及各州大麦生产和品种的详细信息可参见美国农业部的网站(http://www.nass.usda.gov/index.asp；2009 年 5 月 23 日更新)。

北达科塔州是美国大麦生产的最大州，其次是爱达荷州和蒙大拿州(USDA-NASS)。在上中西部地区的明尼苏达、北达科塔和南达科塔州，种植的大麦 90%以上是六棱啤用品种。这一地区的生产主要在旱地进行，主要种植六棱大麦的原因可追溯到 20 世纪早期大麦初期改良。在当地，对该环境适应并同时具有较好麦芽品质的大麦品种，可能源于中国东北地区（Rasmusson，1985）。

在西部地区，主要种植二棱大麦，且啤用大麦一般在灌溉条件下种植。在早期引入该地的大麦中，来自欧洲中部地区的二棱大麦对当地环境适应良好，构成了主要种质库，以此培育出许多啤用大麦新品种。啤用大麦和非啤用大麦的播种面积因州而异。爱达荷和蒙大拿是该地区最大的两个大麦种植州，怀俄明州种植的大麦65％～80％为啤用品种。该地区其他州的啤用大麦面积均不到大麦总面积的一成。

在东部地区，主要种植非啤用冬大麦品种。其中马里兰、宾夕法尼亚和弗吉尼亚是该地区大麦种植面积最大的州，但它们的总和仅占全美大麦播种面积的3.6％（2004—2008年，五年平均）。在西南部地区主要种植非啤用的二棱大麦，主要种植在亚利桑那和南加利福尼亚州的沙漠灌溉地区。估计播种面积约占全美总面积的1％左右。

与加拿大不同，美国大麦主要在国内消费。从2004年至2007年，美国大麦年产量4800万吨中，出口比例不到15％，且出口的主要为饲用大麦（http://usda. mannlib. cornell. eduusdafas/grain-smarket//2000s/2008/grain-market-12-11-2008. pdf 和 http://www. nass. usda. gov/Quickstats/；2009年7月22日更新）。

3. 加拿大的大麦育种项目

早期的大麦改良是通过引种实现的，起初从欧洲引进，后来也有从中国东北引进。从中国东北的六棱地方种进行筛选，首先是由圭尔夫的安大略农学院完成的，后来魁北克麦克唐纳学院也进行这一工作，利用这些材料育成了很多重要的品种。最著名的当属OAC 21，该品种在加拿大东部和西部广泛种植。在几十年里它一直是六棱啤用大麦的对照品种。直到20世纪20年代，杂交育种才获得成功。麦克唐纳学院首先通过杂交育种育成了Montcalm，是加拿大第一个通过杂交育成的品种。从当时看，该品种适应性广、产量高且麦芽品质好。该品种迅速成为啤用大麦的主导品种，并保持到20世纪60年代中期。

在加拿大西部，三个大草原省份在1918年都建立起了各自的农学院。在东部，最初主要是从其他地区引进品种。如OAC 21就是在当时被这些学院广泛推广的。杂交育种计划也很快建立，主要目标是选育适应大草原环境的品种。AAFC研究站在当时最为活跃。在布兰登和马尼托巴的实验站最为著名，这些育种计划直到今天也非常重要。

因为对大麦这种自花授粉的作物而言，一般只有不到10％的面积种植来源明确的品种，特许权费征收利润微薄。这对于私人育种机构来说无利可图，所以加拿大的大麦育种大部分由公立机构完成。这些公立的研究项目之间及其与美国的研究项目都有长期的合作关系。大量加拿大年度和定期的会议为加拿大大麦科学家提供了交流的平台。三年一次的北美大麦科研工作者研讨会为两国的大麦科学家提供了一个交流观点和信息、设定阶段性共享目标以及合作的平台。加拿大的公立育种项目将在下文详述。

(1)AAFC,渥太华

该育种项目最初服务东安大略和西魁北克省,但后来扩展到了滨海省份,其在魁北克和安大略省的研究项目被消减或终止。虽然该地区的大麦产量只占加拿大的0%左右,但它在地理上看作用巨大。魁北克的大麦主要用于饲料,只有极少量用于酿造啤酒。因此,该项目一个令人沮丧的工作是要满足不同种植环境的需要。在饲用大麦市场中,高品质并不会有高价,因此育种工作的主要目标是高产和稳产,包括抗病性和麦秆强度以及营养利用效率。当地的主要病害有白粉病(由 *Erysiphe graminis* DC. F. sp. *hordei* 引起,Em. Marchal)、云纹病、赤霉病、秆锈病、网斑病、Septotia 叶斑病(由 *Septotia passerinii* Sacc 和 *Stagonospora avenae* f. sp. *triticea* 引起,T. Johnson)和大麦黄花叶病。该项目及其早期的育种计划主要提供优异六棱大麦品种,以满足当地的生产需求。

(2)圭尔夫大学

前已述及,该育种项目是加拿大最早的大麦改良计划之一,并育成了如 OAC 21 这样重要的品种。该育种项目结合品种改良,开发了球茎大麦法生产大麦双单倍体,已被广泛应用于大麦遗传研究(Kasha 和 Kao,1970)。现在该项目只由一个非全时的育种家负责,其主要关注饲用六棱春大麦,目标是高产、抗病和早熟。尽管资源减少,但该项目仍然对安大略省西南部的大麦生产者起到重要作用。

(3)AAFC 布兰登

在布兰登和马尼托巴的 AAFC 育种项目,是另一个对加拿大西部大麦生产有历史性作用的项目。该项目育成的适应性广的饲用和啤用六棱大麦数量显赫。Conquest 和 Bonanza 是两个最著名的品种,占六棱啤用大麦品种的主导地位多年。该研究站同时也将多种病害抗原导入适应品种,为育种提供了非常有价值的原始材料。近来,该工作也扩展到了二棱大麦品系,最广泛种植的 AC Metcalfe 就是布兰登项目育成并推广的重要品种。

(4)萨斯喀彻温大学

从 20 世纪早期该育种项目建立初期开始,它就是萨斯喀彻温唯一的大麦育种项目。该校主要关注大草原的干旱部分。这一育种项目在 1971 年有力地促进了谷物改良中心的建立。这进一步佐证了大麦在该省的重要地位,即加拿大的第一大大麦种植区和第二大产区。该育种项目以优质二棱啤用大麦著称,代表作是 Harrington 及其多个后续品种。Harrington 树立了高酶活品质和快速改良大麦品种的标准。它同样也适合在干旱大草原的恶劣环境下种植。该育种项目的食用和饲用部门开创了加拿大大麦利用的许多新领域,包括二棱和六棱饲用裸大麦、食用糯性裸大麦、二棱牧草大麦、半矮秆六棱饲用大麦、纯支链糯性裸大麦、适合有机生产的抗散黑穗病(由 *Ustilago tritici* 引起,[Pers.] Rostr.)裸大麦、啤用裸大麦以及低植酸大麦。该育种项目如今是少数几个采用分子标记技术育种的单位之一,分子标记主要应用在抗病和育种家种子纯化。

(5)阿尔伯塔大田作物改良中心,拉孔贝,AB

该育种项目是 AAFC 在莱斯布里奇、比弗洛支、拉孔贝和阿尔伯塔大学的拓展,所有项目现已终止(除拉孔贝外)。该中心成立后不久就签署了联邦和省的合作协议,共同为该中心提供经费支持。该中心的主要工作是为阿尔伯塔省的养猪和养牛业培育具有高产潜力的大麦新品种。已经推广了适应高肥力和水分充足环境下的高抗病大麦品种。

(6)支撑设施

除了上述的育种项目外,还有许多单位对育种计划非常重要。病害支持由 AAFC 的科学家提供,由位于温尼伯的试验站领导,并由位于拉孔贝、夏洛特敦和渥太华的机构支持。这些科学家开发了一套鉴定加拿大所有大麦重要病害的方案,并指导和协助各机构的抗病筛选工作。这当然是育种家的一个必要资源。总部设在萨斯卡通的加拿大植物遗传资源库,包含了加拿大的基因银行。代表加拿大负责全球大麦和燕麦资源,因此,该资源库收集了大量的栽培和野生大麦材料。基因银行的科学家和大麦育种家在性状收集和大麦种质利用方面合作紧密。

啤用大麦是加拿大的一个重要经济作物,因此啤用大麦种植面积远远超过国内需求的面积。为了确保加拿大在国际啤用大麦和麦芽出口市场上的重要地位,必须培育出高品质潜力的大麦新品种。啤用大麦育种家拥有它们自己的选择实验室,但依赖其他科学家选择高代材料。这一工作由很多机构完成。加拿大谷物委员会的谷物研究实验室开发了鉴定方案,筛选来自所有育种计划的高代材料,并核对品种注册机构的检测数据。酿造工业的成员单位通过他们自己的实验室提供检测服务。酿造和啤用大麦研究所(BMBRI)是一个基于工业的组织,协调合作单位进行候选品系的麦芽品质检测,以便在加拿大进行品种注册。他们也协助安排进行工厂范围内的快速注册。加拿大啤用大麦技术中心是一个独立的会员制机构,以收费的方式提供中试规模麦芽和酿造检测服务。加拿大小麦理事会是加拿大啤用大麦市场的代理机构,推动新注册品种在国内外市场最终接受前的大规模检测。

所有这些组织都位于温尼伯的合作机构内，通过 BMBRI 的网站给育种家提供品质目标(http://www.bmbri.ca；2009 年 5 月 23 日更新)。这些信息同时在美国啤用大麦协会(AMBA)上发布，本章在各处都有列出。

遗憾的是，饲用和食用大麦研究没有类似的合作框架，育种家被动地根据材料特点进行必要的检测。

4. 美国的大麦育种项目

美国的大麦育种项目主要由北部几个州的公共机构完成。单独拥有大麦育种工作的机构有蒙大拿州立大学、北达科塔州立大学(NDSU)、俄勒冈州立大学、加利福尼亚大学戴维斯分校、明尼苏达大学、华盛顿州立大学和位于爱达荷州阿伯丁的美国农业部农业研究服务处(USDA-ARS)等。和其他小谷物一样，佐治亚大学、马里兰大学、内布拉斯加大学、犹他州立大学、弗吉尼亚州立大学和弗吉尼亚工业研究院(VPI)也有一些公共大麦育种项目。所有这些育种项目都以小麦育种为重点，在大麦育种中投入较少。加利福尼亚、明尼苏达、蒙大拿、北达科塔和华盛顿等州的育种项目主要以春大麦品种为主；佐治亚、马里兰、内布拉斯加、俄勒冈和弗吉尼亚等州的育种项目几乎均以培育冬大麦品种为主；爱达荷州 USDA-ARS 的育种项目则培育春大麦和冬大麦。另外，在明尼苏达、北达科塔和爱达荷州的 USDA-ARS 育种项目，则主要以培育啤用大麦为主。与世界上其他地区只用二棱大麦的麦芽酿造啤酒不同，美国的啤酒厂用大量的六棱大麦麦芽酿造啤酒。明尼苏达大学的育种项目主要是培育六棱大麦，而在 NDSU 和 USDA-ARS，育种项目则为二棱和六棱大麦兼顾。在加利福尼亚、佐治亚、马里兰、内布拉斯加、犹他、弗吉尼亚各州，育种项目主要培育非啤用大麦，而在蒙大拿、俄勒冈和华盛顿，育种项目则是啤用和非啤用大麦兼顾。在 VPI、爱达荷的 USDA-ARS、俄勒冈和华盛顿，育种项目还培育食用、饲用和工业用的裸大麦。在 VPI 的育种机构，还与 USDA-ARS 位于宾夕法尼亚州 Wyndmoor 市的东部区域研究中心合作，研发制乙醇专用裸大麦。

美国的大麦私人育种机构主要有三家，他们培育的品种一般适用于多个种植区。最主要的公司是 Busch 农业资源有限公司(BAR，Anheuser-Busch 的子公司)，位于科罗拉多州的 Fort Collins 市；MillerCoors 公司，位于爱达荷州的 Burley 市；以及 Westbred 有限公司，位于蒙大纳州博兹曼市。BAR 和 MillerCoors 公司主要培育啤用大麦；而 Westbred 主要培育饲用大麦、食用裸大麦和牧草类大麦品种。MillerCoors 公司培育的大麦品种仅限于本公司使用；而 BAR 公司培育的大麦品种可以供应除了 Anheuser-Busch 公司以外的企业使用。

(1)美国大麦育种的重点

• **酿造**

用于杂交的亲本材料对大麦品种培育至关重要,因为大麦亲本品种的选择一般因区域适应性和用途而不同。以啤用类型为目的育种一般由特定的公司分配,如位于威斯康辛州密尔沃基市的 AMBA。AMBA 是一个由麦芽厂和啤酒公司组成的非盈利性机构。该机构的根本目的是确保美国麦芽厂和酿造工业有充足的优质啤用二棱和六棱大麦供应(http://www.ambainc.org/about/bh.htm;2009 年 5 月 23 日更新)。部分职责则是为公共育种项目提供巨额经费,以支持他们的育种工作。AMBA 也参与高代材料或品种的小区试验及大区评价工作,以确定相关材料是否适合成员公司。这两方面的工作将在本章稍后作详细讨论。育种品系在进入 AMBA 的评测程序前,要进行麦芽品质评价,该工作由位于威斯康辛州麦迪逊市的 USDA-ARS 谷物研究部门(CCRU)完成,少量工作也会在工业实验室中进行。USDA-ARS 对公共育种项目在单个地点培育的高代品系在相同条件下进行统一评价,以供 AMBA 成员和其他风险承担者参考。

美国的啤用大麦与其他作物不同,它高度市场化,并保存在特定的仓库内。啤用大麦按照品种分类,有时相同品种的产品会按产地或蛋白质含量等特定品质指标进行分类。分类管理是因为特定品种要用于制麦和啤酒酿造,必须满足许多特殊的标准。而且,制麦会按照不同的品种进行,有时也会按照不同的种植区域进行,因为许多啤酒品牌需要使用不同的大麦品种按照一定比例进行混合生产。北美啤用大麦一个独有的特征是,品种的使用寿命可以轻松地超过 10 年甚至更久,如 Larker、Morex、Robust 等六棱大麦和 Klages、Harrington 等二棱大麦品种。Larker、Morex、Robust 和 Klages 由美国育成,而 Harrington 由加拿大的萨斯喀彻温大学育成。大麦籽粒和麦芽特殊品种性状准则由 AMBA 向公共育种项目发布(见表 8.8)。啤用大麦最受关注的指标是:籽粒蛋白质含量和饱满度、麦芽浸出率、酶活(α-淀粉酶和糖化力)、麦芽汁蛋白含量、碳水化合物组分(β-葡聚糖含量和麦芽汁黏度)、蛋白质组成(库尔巴哈值)。详细的麦芽参数和其他指标可以参阅 Kunze(2004)的文章。

因为涉及很多指标,培育啤用大麦品种一般采用麦芽品质好的亲本进行杂交。任何一个亲本麦芽品质略有不足均会在后代中表现。因为不同区域适应性的问题以及品质需求,使品质优良的亲本材料能用于杂交的非常有限。例如,Horsley 等(1995)声称,在 20 世纪 90 年代,美国上中西部地区和加拿大东部大草原省份育成的所有六棱大麦品种,都可以追溯到 19 世纪 90 年代早期的 15 个材料。然而,即使在如此狭窄的种质基础下,啤用大麦的育种工作也取得了巨大的成就。Rasmusson 和 Phillips(1997)推测,在如此狭窄的种质基础下取得的成

表 8.8 美国啤用大麦协会(密尔沃基和威斯康辛州)提供给育种家的大麦籽粒和麦芽品质说明(2008 年 5 月)。

	二棱大麦	六棱大麦
大麦因子		
饱满籽粒	＞90%	＞80%
干瘪籽粒	＜3%	＜3%
发芽率	＞98%	＞98%
蛋白质	≤13%	≤13.5%
脱皮或破损籽粒	＜5%	＜5%
麦芽因子		
总蛋白	≤12.8%	≤13.3%
7/64 英寸过筛	＞70%	＞60%
麦芽糖化测定		
β-葡聚糖	＜100	＜120
粗细粉差	＜1.2	＜1.2
库尔巴哈值	40%～47%	42%～47%
浑浊度(NTU)	＜10	＜10
黏度(绝对 cP)	＜1.5	1.5
麦子汁		
可溶性蛋白	4.4%～5.6%	5.2%～5.7%
浸出率(细磨 db)	＞81.0%	＞79.0%
颜色(度 ASBC)	1.6～2.5	1.8～2.5
自由态氨基氮	＞190	＞200
麦芽酶类		
糖化力(度 ASBC)	＞120	＞140
α-淀粉酶(20 度 DU)	＞50	＞50

http://www.ambainc.org/feed/item/quality-guidelines-for-malting-barley-breeder/92；2009 年 7 月 22 日更新

果可归因于新的变异和较高的上位性效应。另外，为了很好地了解育种获得的大麦的遗传改良和变异，读者可以阅读 Fischbeck(2003)的文章。

- **饲用和食用**

在培育饲用大麦时，亲本的选择就不那么重要了，因为种植者对品质指标的要求不如啤用大麦那么严格。不同牲畜需要培育不同品质指标的品种。已利用分子标记辅助选择技术，培育出优异农艺性状的肉牛专用大麦品种 Valier (Blake 等，2002)。结合抗病基因十分重要，因为就饲用大麦而言，农药使用将增加成本。

培育人类食用的裸大麦因其具有高可溶性纤维，有助于减少心血管病的发生(Behall 等，2004)。最受关注的性状是β-葡聚糖含量。育种家已经培育出低β-葡聚糖含量的家禽专用裸大麦(Newman 等，1987)。与 USDA-ARS-CCRU 中心实验室可专门分析麦芽品质不同，还没有一个核心实验室可进行食用和饲用品质分析。每一个育种单位都自行测定他们获得的品系的品质指标。而且，没有像 AMBA 一样的独立组织发布饲用和食用大麦品质需求指标。

• **抗病性**

很多育种项目的最高目标是培育具有一种或多种抗病性的大麦品种。因为大麦是一种低投入作物，最简单和低成本的病害控制方法是种植抗病品种。导致大麦发生病害的细菌、真菌和病毒种类很多(Mathre，1997)。许多非栽培品系或野生大麦(*Hordeum vulgare* subsp. *spontaneum*)是抗病虫害基因的很好来源。在爱达荷州阿伯丁市的 USDA-ARS 国家小作物收集库(NSGC)，是 USDA-ARS 国家植物种质资源系统的组成部分，它从全世界收集了许多大麦栽培品种、野生品系、近源种以及其他小谷类作物。到 2009 年 6 月为止，USDA-ARS-NSGC 拥有 27,925 个栽培大麦品系(*H. vulgare* subsp. *vulgare*)、1,507 个野生大麦品系(*H. vulgare* subsp. *spontaneum*)和 440 多个大麦附加系(http://www.arsgrin.gov/cgi-binnpgshtml/site_holding.pl? NSGC；2009 年 7 月 22 日更新)。

美国和各大麦种植区病害不同，育种的优先目标亦不同。在美国上中西部，最主要的病害是小麦秆锈、赤霉病、叶斑病和网斑病(由 *Pyrenophora teres* 引起，Drechs)。该地区培育的品种都要抗小麦秆锈这一最主要的病害，因为该病害是毁灭性的。1993 年以来，该地区进行了大量的育种工作，培育了抗赤霉病和耐真菌毒素(mycotoxin deoxynivalenol)(DON)的大麦品种。在美国中西部育种项目中，抗赤霉病和耐 DON 的材料来源于中国、日本和瑞士(Prom 等，1996；Urrea 等，2005)。

美国西部和西南部较为干旱，因此由叶片病害造成的损失要比其他地区少很多。从 20 世纪 80 年代后期开始，条锈病(由 *Puccinia striiformis* f. sp. *tritici* 引起)越来越受到关注。在 1975 年，一场席卷欧洲到哥伦比亚的病害本来有可能侵袭美国的主要作物品种，但直到 1991 年冬天该病害才在美国田纳西州出现(Roelfs 等，1992)。从田纳西州开始，该病害迅速传播至加利福尼亚、爱达荷、蒙大拿、俄勒冈和华盛顿各州(Chen，2004)。因为育种家和植物病理学家担心该病害迟早会传播到美国，他们提前行动，鉴定并引入了抗性种质材料

(Roelfs 和 Huerta-Espino，1994；Chen，2004)。在美国西部，许多根腐病和颈腐病(如 rhizoctonia、pythium 和 fusarium)等混杂发生，使这一问题变得更为复杂。因为该病害导致根系吸水困难，在干旱年份或干旱的山顶等地，这些病害组合的主要影响是减少分蘖，并直接影响种子系统(Cook 和 Veseth，1991)。

在美国东部，主要的大麦病害是叶锈病(由 *Puccinia hordei* 引起，Otth.)、白粉病和大麦黄花叶病。因为存在多个生理小种及抗性基因，增加了大麦抗叶锈病育种的难度。

- **抗虫和线虫病**

在美国，禾缢管蚜(*Rhopalosiphum padi*［L.］)、麦二叉蚜(*Schizaphis graminum*［Rondani］)和俄罗斯麦蚜(RWA)(*Diuraphis noxia*［Kurdjumov］)是主要的大麦害虫(Porter 等，1999)。由于在科罗拉多、爱达荷、蒙大拿和怀俄明州等山区之间受 RWA 影响最大，因此育种上最关心的是抗 RWA。在俄克拉荷马州 Stillwater 市的 USDA-ARS 科学家，在温室对 USDA-ARS-NSGC 的种质资源进行了大规模筛选(Webster 等，1991)。鉴定到 100 多份 RWA 抗性的种质材料，并快速应用于育种(Mornhinweg 等，1995；1999)。俄克拉荷马州 Stillwater 市和爱达荷州阿伯丁市的 USDA-ARS 研究者，合作培育出了抗 RWA 的品系或品种。大麦品种 Burton(Bregitzer 等，2005)就是 ARS 科学家和大学试验站研究者之间合作的成功典范。

影响大麦经济效益的线虫有三个属(*Heterodera*、*Meloidogyne* 和 *Pratylenchus*)(Mathre，1997)。然而，抗线虫大麦育种在美国并不是重点。

- **非生物抗性**

前面已经提到过，大麦是一个低投入作物。因此，培育非生物胁迫抗性的大麦品种是许多育种家的重要目标。非生物胁迫包括干旱和渍害、高温和低温、矿质元素缺乏和毒害、土壤板结和穗发芽(PHS)。非生物抗性育种上面临的一个问题是，植物通常同时受多重胁迫，简单的反应并不是由单个特定的胁迫引起的(Langridge 等，2006)。因此，非生物胁迫抗性育种通常比抗病虫害育种更加困难。国际上，功能基因组学技术正试图更好地明确植物对非生物胁迫的响应机制(Langridge 等，2006)。然而，建立以此为基础的高效育种技术将面临诸多挑战。

5. 加拿大和美国生物、非生物胁迫抗性大麦的选择资源

经过许多耗费巨大的搜寻，找到了许多具有经济价值的耐(抗)生物和非生物胁迫的基因型，包括栽培品种、未驯化的品种、地方种和野生大麦(Ullrich 等，1995)。然而，具有抗性基因的材料通常对目标区域的适应性较差，且理想基因总是与非目标性状连锁。当一种新的病虫害暴发或者栽培品种的抗性被打破

后，如果可以提前做好准备，育种家可以在很短的时间内培育出改良型品种。从20世纪80年代后期开始，USDA-ARS研究站对俄罗斯麦蚜和大麦条锈病的筛选工作就是一个很好的例子。如果可以在驯化的种质中找到抗源材料，培育改良型新品种所需的时间就可以大大缩短。抗性消失的时间是无法预料的，将一个抗性基因导入可接受的品种一般至少要花费10年时间。如啤用大麦，因为要保持严格的麦芽品质参数，这个时间可能会更长。培育抗赤霉病和DON大麦的工作就是一个现实的案例。从1993年开始，美国中西部地区就开始着手解决这一问题，但是直到2008年才有一个兼具理想农艺性状、抗病性和麦芽品质的品系进入麦芽和酿造工业的高级测试。

不仅是大麦生产者认为大麦是低投入的作物，许多大麦育种者也都希望利用最少的经费和物质进行大麦品种改良。美国NDSU的二棱大麦育种项目就是这样的一个典型例子。在20世纪70年代早期该项目实施时，拥有的大麦资源对产区的环境适应性较差(Horsley等，2009)。通过对适应美国中西部的六棱大麦和非适应的二棱大麦进行杂交，培育出改良的二棱大麦品系。在早期世代，筛选的关键指标是低蛋白质含量(Foster等，1967)和高籽粒饱满度。该育种项目育成的第一个品种是Bowman(Franckowiak等，1985)。后来该项目又育成了Stark、Logan、Conlon、Rawson和Pinnacle。Conlon在2000年被AMBA推荐为适宜啤用大麦品种。

6. 加拿大和美国的育种方法和技术

没有两个育种项目会采用完全相同的育种方案。美国NDSU啤用大麦育种的详细方案可见Horsley等的报道(2009)。该方案采用改进系谱法和反季节培育的方法，可以缩短新品种培育时间3年以上。对该方案稍作改变即可用于其他材料和育种目标。例如，加倍单倍体技术和基于DNA标记的分子标记辅助育种技术，可以缩短新品种培育时间数年。这些方法和大麦转基因技术在其他章节中会详细讨论。反季节或温室选育，因为一年可以种植两季甚至更多季，因此也可以减少新品种培育时间。加拿大和美国用于反季节选育的地点包括美国西南部的亚利桑那州和加利福尼亚州、阿根廷和新西兰。因为不需要进行严格的品质测试，所以非啤用大麦或者饲用大麦品种的培育要比啤用大麦品种快3～4年。

如今，分子标记辅助育种(MAS)正被更广泛地使用，各种研究也在不断增加与这一可靠方法相结合的机会。前已述及，分子标记辅助育种技术在萨斯喀彻温大学已用于抗病育种和育种家种子的纯化。在美国，MAS已用于鉴定大麦条锈病、赤霉病和叶斑病等的抗性品系。美国一个4年的各州合作计划，称之为大麦合作农业计划(CAP)，由美国农业部州际合作、发展和教育服务处

(CSREES)提供资助，其主要目标之一是利用遗传相关性原理，鉴定到与重要经济性状相关的 SNP 标记。该计划得到的数据将提供给位于北达科塔州 Fargo 市和华盛顿州 Pullman 市 USDA ARS 的高通量分子标记实验室，以设计用于 MAS 的 PCR 引物。该实验室正在应用分子标记筛选赤霉病和大麦叶锈病抗性的育种品系。

7. 美国和 AMBA 培育啤用大麦的育种项目合作

在加拿大和美国育种项目以及麦芽和酿造工业的啤用大麦育种家之间，拥有长久的合作关系。培育优质的啤用大麦品种与育种者了解麦芽和酿造业者对大量麦芽品质性状的要求有关。通过网络和定期会议，将麦芽和酿造业者的需求传递给育种家。前面已经提到过，AMBA 给美国的育种家发布可被其成员接受的啤用大麦新品种必须达到的最低要求。这种协作通过由 AMBA 组织的高代品系和新品种麦芽和酿造品质的工业检测得以实现。这种评价最少需要 4 年，一般分为中试评价和工业规模评价。在一个品种被列入“AMBA 推荐啤用大麦品种目录”前，它必须在两年中试和两年工业规模评价中达到良好标准。爱达荷、明尼苏达、蒙大拿、北达科塔、俄勒冈和华盛顿各州以及 BAR 的公共育种项目都参与 AMBA 的评价体系。

(1)AMBA 的中试评价

基于良好的农艺和麦芽品质性状，育种家可以向 AMBA 提交 8 个品系(4 个六棱和 4 个二棱品系)进行中试评价。中试的种子来自 6 个最佳扩繁地点中的 2 个，这些扩繁地点的种子是合作育种家专门为 AMBA 而种植的。评价时，每个入选品种的 17kg 种子被送至 AMBA 的制麦和酿造成员单位进行检测，并与对照品种比较麦芽品质。AMBA 中试时不进行酿造评价。只有经过 2～3 年中试并达到良好标准后，才能进入 AMBA 工业规模评价程序。

(2)AMBA 工业测试评价

通常，每个育种项目每次最多可递交 1 个六棱大麦和 1 个二棱大麦品系进行工业规模评价。工业评价方案包括评价麦芽和酿造品质。工业评价的候选材料要在目标种植区的大约 250 公顷土地上种植。由当地生产者种植，目标是生产总量 435～655 吨的籽粒。工业评价的麦芽一般由 AMBA 的制麦成员生产。在连续两年的 AMBA 工业评价系统中，不同的制麦厂负责麦芽生产。这一程序确保 AMBA 工业评价过程中有多个制麦厂参与。

评价工业规模时，对候选材料的酿造评价方法与酿造厂不同。一些酿造厂可能将多个候选品系进行小份混合再进行酿造，而其他公司则使用 50%甚至更多的候选品系进行酿造。最后，每一个成员啤酒厂都要鉴定候选品系在制麦和酿造过程中制麦和啤酒终产物中是否有缺陷。因为有严格的品质要求，既使只有一个 AMBA 成员单位支持，就可以将某一品种增加到“AMBA 推荐啤用大麦品种目录”，也只有极少数的品种取得成功。例如，美国中西部在 20 世纪 80 年代（Azure、B1601 和 Robust）和 90 年代（Excel、Forster 和 Stander），分别只有三个品种添加成功。美国中西部在新世纪已有 7 个品种添加成功（Conlon、Drummond、Lacey、Legacy、Rasmusson、Stellar-ND 和 Tradition）。Conlon 是唯一 1 个二棱大麦品种。另外，基于 AMBA 制麦成员进口的需要，德国品种 Scarlett 在 2007 年也被添加到该目录。

8. 加拿大的品种推广

在加拿大，包括大麦在内的许多大田作物都需要强制进行品种注册。品种注册由加拿大食品监管局的品种注册办公室管理（CFIA；http://www.inspection.gc.ca/；2009 年 7 月 22 日更新）。该办公室认可并依靠注册推荐委员会开发检查程序、评价数据、完成候选品种的注册推荐意见。在加拿大西部，该项工作由大草原大麦和燕麦注册推荐委员会执行。详细的测试程序已经在网站上公布（http://www.pgdc.ca/；2009 年 7 月 22 日更新）。该委员会的成员包括政府、大学和私人机构的科学家、工业专家、省政府专家和农业组织的代表。该委员会制定测试标准，且测试在其资助下开展。经过 CFIA 的批准，该组织也确定执行程序。该委员会分为三个评价小组：农艺小组评价田间表现，病害小组评价抗病性，品质小组评价适宜的用途；该委员会每年批准一次包括复查在内的大田产量鉴定，测试由测试协调人组织。有三个产量试验点：西部六棱大麦合作社、西部二棱大麦合作社和裸大麦合作社。进入该测试程序需要六个站年的数据并辅以相关准则的复查结果。合作社预注册试验由育种家和其他合作者在多个地点实施，且候选材料在考虑注册前需要有两年以上的评估。收集农艺表现的数据，包括产量、倒伏情况、成熟情况和种子重量等。以啤用大麦为例，必须经过其他年份的合作麦芽品质测试。品质评价用种子在不同产量试验点收集。由谷物研究实验室进行微量制麦和湿法化学分析。与此同时，由 BMBRI 组织进行合作制麦试验。在加拿大西部的几个试验点，第一年合作检测的优良材料以及上一年合作检测成功的材料种植在不同的小区，进行商业特性核查。由谷物研究实验室和工厂实验室将所选地点的种子进行制麦和分析。在材料试验时，多个地点不同育苗圃适度感染，收集抗病性数据。例如，在 AAFC 温尼伯试验站的秆锈病检测圃鉴定秆锈抗性；在拉孔贝检测云纹病抗性；在 AAFC 布兰登试验站检测赤霉病抗性。协调人指派每种病害的检测并负责协调和数据收集。

只有当候选品种通过每一个评价小组专家在他们的专业领域作出的评价后，它才有资格申请注册。委员会全体成员根据所有数据，作出最后的评判。因为不同领域的数据会有冲突,因此,这些专家需要考虑全部数据,权衡优缺点并最终作出是否支持其注册申请的推荐。这些信息传到注册办公室,并在那里作出最后决定,通常都会接受委员会的建议。

(1)加拿大品种推广前的适应性和经济效益测试

适应性检验可以获得拟推广品种的很多适应性信息,它比育种家以推广品种或注册为目的的适应性评价更有必要。而且,这些信息对于大麦种植者来说也是非常有用的,由此可决定是否采用该新品种。这类测试的大田实验与高代材料的大田测试类似,但参与的试验站更多,记录的数据较少。这类测试一般由代理商而不是育种机构完成。

经济效益检测对于啤用大麦品种和特殊食用品种或饲用品种来说是必需的。制麦和酿造厂在没有类似的检测前是不会接受该新品种的。通常,他们可以得到一个新品种的多年微量制麦数据,但没有工业生产的信息。因此,经济效益测试都在麦芽和酿造的工厂化条件下实施。大部分制麦和酿造厂都要看到至少 2 年的成功制麦和酿造的数据后,才会愿意采用新品种进行生产。这些检测决定着一个品种的成功与否,并超出了育种家和种植者的需求范围。

(2)加拿大的种子生产

北美地区的种子系谱生产是世界上最好的。专业种子生产是任何一个新品种成功与否的关键。在扩繁时,农民采用纯种并保持遗传隔离以保持品种的纯度。加拿大种子生产协会(CSGA)和 CFIA 是纯种认证体系的共同管理者。CSGA 制定标准,CFIA 监督生产以确保标准的执行。对于大麦来说,有一系列种子:①育种家种子,该种子的生产由认证的育种家指导;②筛选种子,由育种家种子获得,由合格的生产者种植;③原种,由注册的种子生产者生产;④注册种子⑤认证的种子。

读者可以登入 CSGA 的网站了解更多的信息(http://www.seedgrowers.ca/; 2009 年 7 月 22 日更新)。

9. 美国的品种推广和品种的知识产权

与世界上其他地区不同,美国没有得到联邦政府认可的、负责决定具名品种推广并用于经济生产的正式程序。每一个大学和私人育种项目都有推广品种的标准和程序。一个实验品种通常都要经过一个或多个由美国 USDA-ARS 协调的合作区域产量实验站的评价,但这种评价在一个品种具名推广前并不是必需的。前面已经介绍过,确定一个品种是否可以被添加到"AMBA 推荐啤用大麦品种目录"。通常,来自公共育种项目的许多品种被各州的种植者合作组织推广(如作物改良协会)。育种家种子和原种通过州作物改良协会和大学或州农业试验站推广。注册或认证种子的生产一般由与公司签订合同的种植者完成，但大田和种子都要由州作物改良协会和州农业机构监督和认证。私人公司生产用于品种推广的原种没有统一的规定。一些公司自己与当地种植者签订原种生产协议或者与大学签订协议，由大学负责原种生产事宜。

公司和私人育种家的品种产权保护，可由 USDA 农业市场服务处的植物品种保护办公室进行植物品种保护(PVP)证书认证获得(http://www.ams.usda.gov/AMSv1.0/；2009 年 7 月 28 日更新)。很少用到专利保护，专利保护可以通过美国商业部美国专利和商标办公室获得(http://www.uspto.gov/patents.htm/；2009 年 7 月 28 日更新)。尤其是公共机构，决定是获得 PVP 认证还是新品种专利使用，在大学、代理商和育种项目间不尽一致，甚至受保护的品种，使用税的征收机构也是不同的。

澳大利亚

David M. Z. Posu lsen，Reg C. M. Lance

1. 澳大利亚大麦生产史

大麦在澳大利亚是仅次于小麦的第二大谷类作物。当 1788 年第一个舰队抵达后(Sparrow 和 Doolette，1975)，大麦生产即从 Cove 农场开始了，当时种植面积为 3.24 公顷，现在已成为年产 450 万～550 万吨的大产业(Levett，1997；Powell，1997；Stuart，1997；Healy，2001)。Levett(1997)报道，每年澳大利亚的大麦净产值超过 10 亿澳元。

澳大利亚的大麦种植区限于年降水量在 250～600mm 的南温带谷物种植带(见第九章，图 9.8；Paynter 和 Fettell，2008)。图中表示的每平方公里吨数的区域产量来自澳大利亚统计局的 2006 年农业普查数据。大麦最好的生产区域是西澳南部，南澳的艾尔半岛南部、约克半岛以及该州的中北部和上东南部，维多利亚州的 Mallee 和 Wimmera 地区，新南威尔士和昆士兰南部。其他大麦生产区包括新南威尔士北部和塔斯马尼亚州。

澳大利亚种植的大部分大麦，是具有白色糊粉层的二棱春大麦。大多数地方在深秋或者冬季播种，在春季开花并在初夏收获。

澳大利亚在 2002 年至 2006 年，大麦的平均年产量为 700 万吨，其中 261.9 万吨在国内消费，459 万吨用于出口(见表 8.9)。内销部分只有 16.9 万吨用于酿造和食用，大部分用于饲料(225.7 万吨)。出口部分有 246.1 万吨为饲用大麦，148.5 万吨为啤用大麦，62.7 万吨是麦芽(籽粒当量)。这些麦芽主要出口到亚洲国家，如越南、日本、韩国、菲律宾和泰国(E-malt.com，2008)。因此，总计麦芽产量为79.6万吨。虽然澳大利亚不是啤用大麦的主产国，但其出口量约占到全球啤用大麦贸易量的1/4。

表8.9 澳人利亚大麦生产和处置(2002—2006，五年平均)

澳大利亚大麦生产和使用	五年平均值(2002—2006)(百万吨)
生产	7.115
内销	2.619
制麦和其他人类消费	0.169
饲用	2.257
留种	0.196
出口	4.590
饲用大麦	2.461
啤用大麦	1.485
麦芽(籽粒当量)	0.627

数据来源：澳大利亚农业和资源经济局(ABARE)和澳大利亚联邦统计局(ABS)

最大的大麦生产地是南澳(SA)，以下依次是西澳(WA)、维多利亚(Vic)、新南威尔士(NSW)、昆士兰(Qld)和塔斯马尼亚(Tas)。南部地区的产量最高，新南威尔士和昆士兰的产量最低(见表8.10)。

表8.10 澳大利亚各州的大麦生产(2001—2005，五年平均)

州名	单位	昆士兰	新南威尔士	维多利亚	塔斯马尼亚	南澳大利亚	西澳大利亚	澳大利亚
面积	公顷	113	778	793	8	1,176	1,160	4,030
总产量	吨	175	1,356	1,477	26	2,242	2,126	7,402
单产	吨/公顷	1.55	1.74	1.86	3.06	1.91	1.83	1.84

数据来源：澳大利亚农业和资源经济局(ABARE)和澳大利亚联邦统计局(ABS)

从研究管理的可行性出发，澳洲谷物研究和发展协会将澳大利亚作物环境分为三个区域，分别为北区、南区和西区(Davies，1993)。北区包括昆士兰和新南威尔士北部。新南威尔士南部、维多利亚、南澳和塔斯马尼亚则为南区。南区和北区的分界线在Dubbo(南纬33度)。西区只有西澳种植区。

在20世纪90年代，澳大利亚大约63%的大麦产自南区(Healy，2001)。西区贡献23%产量，而北区大约生产14%。由于季节的原因，这些数据经常变化，澳大利亚大麦种植区的变化很大(Powell，1997)。在大部分年份，澳大利亚生产的大麦40%～50%可用作啤用大麦(Levett，1997；Stuart，1997；MacLeod，

2001)。然而,只有 70 万吨或 35%的啤用大麦在澳洲国内制麦(MacLeod,2001)。每年约 2/3 的澳大利亚麦芽产品用于出口(Powell,1997)。因此,大约 88%的澳大利亚啤用大麦用于出口,成为仅次于欧洲和北美的第三大啤用大麦出口地(MacLeod,2001)。因此,澳大利亚大麦产业高度依赖其在国际市场的份额(Stuart,1997)。

澳大利亚啤用大麦的主要出口市场在亚太地区。中国每年大约购买一半左右的澳大利亚啤用大麦(Stuart,1997)。而且,据 Sewell(1997)预测,到 2010 年,中国的啤用大麦进口需求将达到每年 136 万吨。这是中国国内啤酒市场的巨大需求和国外投资者对中国啤酒行业的投资增长所决定的(MacLeod,2001)。由于酿造厂的技术得到改造,中国市场对麦芽的品质要求日益提高(Spiel,1999)。

日本也是澳大利亚啤用大麦的主要市场,并掌控着溢价。在 20 世纪 80 年代早期,澳大利亚占据日本约 33%的啤用大麦市场(Powell,1997)。然而到 1997 年,随着加拿大和欧洲大麦品种品质的显著提高,导致出口到日本的澳麦减少到 124,226 吨,只占日本进口份额的 15.5%(Fukuda 等,1999)。其他澳麦重要的出口市场是中国台湾地区、菲律宾、韩国和其他一些亚洲和南美的国家和地区(Stuart,1997)。

澳大利亚的麦芽主要出口到日本、泰国、菲律宾和韩国(MacLeod,2001)。当日本麦芽市场需求如啤用大麦一般减少时,出口至泰国、菲律宾和韩国的麦芽却显著增加(E-malt. com,2008)。这三个国家占到澳大利亚麦芽出口量的 47%。泰国、菲律宾和韩国酿造能力的提高,必将增加对澳大利亚啤用大麦和麦芽的市场需求,但也需要稳定产品供应和改进品质表现。

为响应以上的市场信号,澳大利亚工业已经采取了许多提高大麦品质和稳定大麦及麦芽出口供应的措施。澳大利亚大麦品种认定由麦芽和酿造工业大麦技术委员会(MBIBTC)执行(Hawthorne,1999)。该委员会制定面向所有育种项目的技术指南。这些技术指南包括详细的实验方案以及内销和出口啤用大麦认定前潜在品种需要达到的技术标准(MBIBTC 1998)。

在澳大利亚,啤用大麦价格每吨一般比饲用大麦高 30~50 澳元。为了达到啤用大麦级别,必须由认定的啤用大麦品种生产。交货地点评估必须满足一定的标准,一般为低小籽粒率(低筛出率),蛋白质含量在 8.5%~12.0%,籽粒颜色明亮,无黑穗病种子、菌核、杂草种子和土块等杂质(ABB Grain,2008;CBH Group,2008;Grainco,2008)。

2. 澳大利亚大麦改良史

Sparrow 和 Doolette(1975,1987)曾详细介绍过澳大利亚大麦改良的早期历史。大部分澳大利亚的早期品种来自欧洲。在澳洲南部地区，这种晚熟品种在成熟前经常会遭遇季节性干旱或干热而造成减产。南澳的一个农场主 Samuel Prior，在 1903 年从进口的大麦品系 Chevalier（又名 Spratt Archer）中筛选并培育了澳大利亚第一个大麦品种。Prior 的 Chevalier 选系具有优异麦芽品质，后来也被证明对南澳干旱环境具有很好的适应性。该品种被命名为 Prior，并在澳洲大面积种植。该品种直到 20 世纪 60 年代末期还是澳洲种植的骨干大麦品种。

从 20 世纪 20 年代—50 年代，维多利亚、新南威尔士和南澳州的大麦育种在业余状态下进行。早期的育种项目中，Albert Pugsley 育成了 Prior A，维多利亚 Werribee 育种项目的 A. R. Raw 于 1942 年育成了 Research。在 1956 年，由制麦厂、酿造厂、种植者及联邦政府的匹配基金共同资助下，建立了一个大麦改良计划。该计划在南澳和维多利亚州成立了专职育种项目，育成的许多品种最终替代了 Prior。其中最著名的是啤用大麦 Clipper，于 1968 年由 Waite 农业研究所育成。Finlay 和 Wilkinson（1963）对基因型和环境互作的研究，很大程度上影响了南澳大利亚的大麦育种项目。从北非引进了一个在多种环境下均表现高产的材料，具有早熟、耐酸碱土和抗病（尤其是小麦禾谷包囊线虫病[CCN]、白粉病和其他叶片病害），以及抗完熟期的干热等特性。从美国也引入了一个类似的具有广适应性的材料，不过最终证明该品种也起源于北非。

1962 年在西澳大利亚州以及 20 世纪 60 年代后期和 70 年代早期在昆士兰、新南威尔士和塔斯马尼亚州分别建立了新的育种项目。当 1967 年第一工业部的 R. P. 约翰逊博士开始系统评估 Waite 农业研究所的育种品系时，标示着昆士兰州大麦改良项目卓有成效的启动（Poulsen，2001）。以昆士兰大麦生产区为目标，建立了一个大麦育种项目，以培育高产啤用和饲用大麦品种。

从 20 世纪 70 年代后期迄今，大麦研究和改良的基金管理机构发生了许多变化（Joppich，1985；Purse 和 McNee，1985；Smith，1987；Davies，1993）。起初，不同作物的研究基金由一系研究理事会管理。在 20 世纪 90 年代，4 个联邦研究理事会和 10 个州小麦和大麦委员会合并成立了 GRDC，其主要职责是推动整个澳大利亚谷物业的研究和品种改良（Davies，1993）。该工作促进了大麦研究和品种改良项目的发展，包括分别增强了南、西、北三个区域的大麦改良项目（Lovett，2001）。French 和 Schultz（1984a 和 b）的深入研究，引起了人们对环境缺水地区水分利用效率重要性以及揭示生物和非生物胁迫限制重要性的注意，这些因素限制着大麦生产力和品质的进一步提高。

在国家层面上，也建立了一些大的工程项目。如国家大麦分子标记项目（NBMMP），后来与类似的小麦项目合并成为澳大利亚冬季谷物分子标记项目（AWCMMP），该项目在全国范围内开发并完善了分子标记技术（Langridge，1997；Barr 等，2001）。

在 20 世纪 80 年代，随着具有特殊地区适应性的啤用大麦新品种的推广，开展大麦育种项目的作用显现(Sparrow，1984)。1983 年 Waite 研究所推广了新品种 Schooner，并迅速成为南部各州的主导品种。在西澳，本土育成的品种 Stirling 以相同的方式代替了 Clipper。第三个品种 Grimmett 也在昆士兰和新南威尔士南部替代了 Clipper。

在 20 世纪 90 年代和 21 世纪早期，来自 GRDC、麦芽与酿造工业以及市场和谷物加工组织与政府的投入，进一步促进了多个啤用和饲用大麦品种的育成，包括高产饲用大麦品种在内的其他品种也在 GRDC 的各个区域培育成功。

代表性啤用大麦品系如图 8.5 所示，部分品种按照年代顺序排列。在确定每个杂交组合时应谨慎，有时为了方便，可能将母本放在前面，这就需要进一步调查研究。早期的育种项目分散且基于少数几个欧洲亲本，并利用有限的回交聚合抗病性状。周期一般是 12 年或者更久。20 世纪 70 和 80 年代，北非大麦地方种的使用，不仅提供了合适的形态适应型，也改进了抗性(如 CCN、白粉病和耐盐碱土)。新的基因渗入来自欧洲、北美和日本。更多的品种在更短的周期内育成。遗传标记的使用确保更复杂的杂交选择变得更加易于操控和更有效率(如 Flagship、Sloop-SA 和 Sloop-Vic)。

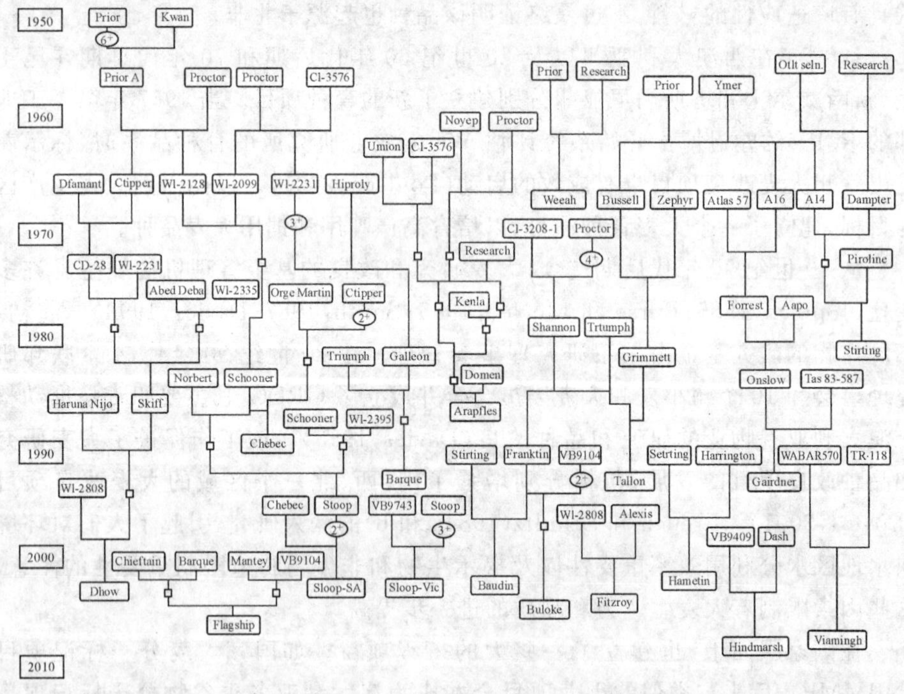

图 8.5 澳大利亚大麦品种的系谱树

新的啤用大麦品种有：西澳的 Gairdner、Baudin、Hamelin 和 Vlamingh，南

澳的 Sloop 及其回交系 Sloop-SA，塔斯马尼亚的 Shannon、Franklin 和 Vertess，昆士兰的 Tallon 和 Lindwall，维多利亚的 Arapilies、Sloop-Vic、Buloke 和 Hindmarsh，以及新南威尔士的 Cowabbie。

饲用大麦品种和一些啤用品系见表 8.11。按育成（或引进）年份和名字索引。

表 8.11 澳大利亚饲用大麦和其他重要的品种

品种名	年份	系谱	培育者
Trabut	1916	阿尔及利亚引种	DANSW
Abyssinian	1920	阿比西尼亚引种	NSWDA
Commander	1930	Coast 选	DANSW
Maltworthy	1938	Prior×Beaven's 特殊材料	RAC
Deputy	1939	Hero 选	DANSW
Ablyn	1952	Abyssinian×Flyn	NSWDA
Noyep	1959	Prior 的 Chevalier 选	RAC
Anabee	1962	Research 选	VicDA
Resibee	1962	Research 选	VicDA
A14	1968	Prior×Ymer	DAWA
A16	1968	Prior×Ymer	DAWA
Bussell	1968	Prior×Ymer	DAWA
Ketch	1969	Lenta× Noyep	WARI
Lara	1971	Research×Lenta	VicDA
Cutter	1975	Prior A×Proctor	WARI
Corvette	1975	Bonus×CI-3576	WARI
Parwan	1979	((((Plumage Archer × Prior) × Lenta)) × (Research×Lenta))	VicDA
Bandulla	1981	((Prior×Lenta)×(Lenta× Noyep))	VicDA
Beecher	1981	Atlas×Vaughn	
Cantala	1981	Kenia×Erectoides 16	VicDA
Malebo	1981	Pallidum 选(CPI-110803)	NSWDA
Waranga	1981	((Plumage Archer ×(Prior×Lenta))×(Research ×Lenta)) ×Clipper	Qld-DPI

续表

品种名	年份	系谱	培育者
O'Connor	1984	WI-2231×(Atlas57×A14)	DAWA
Moondyne	1987	((Dampier × A14) × Kristina)) × (Clipper × Tenn65-117	DAWA
AB6	1988	CPI-71283×4 * Clipper	CSIRO-PI
Windich	1989	(Atlas57×A16) ×Parwan	DAWA
Yerong	1990	M22×Malebo	NSWDPI
Gilbert	1992	(Armelle×Lud) ×Luke	Qld-DPI
Brindabella	1993	((((Weeah × CI-17115) × HCB27) × Jadar II) ×Cantalla	NSWDPI
Kaputar	1993	(5604×1025) ×((Emir×Shabet)×CM67)	CIMMYT
Namoi	1993	(Sultan×Nackta)×(RM1508×Godiva	NSWDPI
Dash	1995	(Chad×Joline) ×Cask	NFC
Mundah	1995	O'Connor×Yagan	DAWA
Molloy	1996	(Gold Promise×WI-2395)×72S：267	DAWA
Picola	1996	VB75031×Elgina	Vic-DPI
Fitzgerald	1997	Onslow×Tas85-466	DAWA
Tilga	1997	Forrest×Cantala	NSWDPI
Unicorn	1997	54C25×51C38	澳大利亚麒麟
Doolup	1998	75S：323×74S：314	DAWA
Lindwall	1998	Triumph×Grimmett	Qld-DPI
Tantangara	1998	AB6×Skiff	NSWDPI
Wyalong	1998	Schooner×Stirling	NSWDPI
Yambla	1998	Skiff×FM437	NSWDPI
Keel	1999	(CPI-18197×Clipper)×WI-2645	WARI
Binalong	2001	Blenheim×(Skiff×O'Connor)	NSWDPI
Mackay	2001	Cameo×Koru	Qld-DPI
Cowabbie	2002	(((AB6×Franklin)×Franklin))×(Rubin×Skiff)	NSWDPI
Milby	2002	(((AB6×Franklin)×Franklin))×(Rubin×Skiff)	NSWDPI
Tulla	2002	Skiff×FM437	NSWDPI

续表

品种名	年份	系谱	培育者
Capstan	2004	(Waveney×WI-2875)×(Chariot×Chebec)	阿德莱德大学
Maritime	2004	74S：314×74S：309	阿德莱德大学
Grout	2005	Cameo×Arupo“S”	Qld-DPI
Urambie	2005	(Yagan×Ulandra)×Ulandra	NSWDPI
Vertess	2005	Franklin×Cooper	UTaS 和 TASDPIWE
Yarra	2005	(VB9108×Alexis) ×VB9104	MBQIP
Fleet	2006	Mundah×Kell×Barque	阿德莱德大学
Hannan	2007	B28719×(Windich×Morex)	DAFWA
Lochyer	2007	Tantangara×VB9104	DAFWA
Roe	2007	Doolup×(Windich×Morex)	DAFWA

3. 澳大利亚大麦改良计划的近期进步

(1)大麦育种澳大利亚(BBA)：一种新的范例

作为澳大利亚国家大麦育种项目，BBA 于 2006 年 7 月 1 日开始运作，它为整个澳大利亚大麦产业设立大麦品种改良计划。BBA 是一个无法人资格的联合组织，成员包括 GRDC、昆士兰第一工业和渔业部，新南威尔士第一工业部、维多利亚第一工业部、阿德莱德大学、西澳农业和食品部以及塔斯马尼亚农业研究所。BBA 由各成员单位组成的咨询委员会管理并由经理委员会负责协调。BBA 的成立使以往 6 个州的大麦育种项目更为合理，并整合为具有三个区域点的国家大麦育种项目，三个区域点分别为：BBA-North(位于昆士兰州 Warwich 的昆士兰第一工业部)、BBA-South(位于南澳 Urrbrae 的阿德莱德大学)和 BBA-West(位于西澳 Kensington 的西澳农业和食品部)。该重构计划目标是为了使大麦育种的资源利用更加清晰和高效，为应对未来大麦产业的波动奠定坚实的基础(Lance 等，2007；Reading，2007)。以前在维多利亚、新南威尔士和塔斯马尼亚的育种项目将主要从事大麦种质培育和预育种。这些育种项目点主要进行培育、推广和利用不同品种，以满足市场和目标地区的需求。因此，他们必须采用“最佳育种实践”框架，以促使育种工作更加高效。

BBA-North 将逐步使育种目标从啤用大麦转移到饲用大麦，以满足澳大利亚东北部饲用谷物的需求。

BBA-South 将进一步扩展试验网络，以覆盖处于空白的新南威尔士和维多利亚的盐碱地和西澳南部的盐碱地。最合适的大麦是仲冬播种的早熟品种。

BBA-West 除了继续执行西澳的试验外，还将管理产量试验以及新南威尔士、维多利亚和塔斯马尼亚等地处于空白状态的酸土育种工作。因此，关注的重点是中、迟熟品种适应中、高降雨量区域。

来自 NSWDPI、维多利亚和塔斯马尼亚育种项目的种质材料，合并到 BBA-West 和 BBA-South 进行管理。

澳大利亚大麦育种将继续取得进步。至 2011 年 7 月，BBA 协议将到期，并很有可能被一个更具经济驱动力和自给自足的机构所取代。该机构需要在 BBA 的独立核查下执行更加经济的育种方案，以保证澳大利亚大麦育种的持续发展。虽然大麦商业育种可能会更加高效和经济，但在可以预见的未来，对大麦遗传改良来说，可能更需要一种公共和私人共同投资的模式。最终，澳大利亚大麦育种的成功和持续能力，依赖于大麦产业生产力的提高和获取终端税收以支持育种工作的能力。

(2)大麦澳大利亚——啤用大麦认证

大麦澳大利亚成立于 2005 年，是澳大利亚大麦产业的最高端组织。它的成立是澳大利亚大麦市场成为真正的自由市场的催化剂。同样，制麦业者和市场法人(从澳大利亚农民手中购买大麦的从业者)也认为需要一个机构来行使“产业导向”功能。之前，该功能由早已存在于新市场环境下的市场公司负责。大麦澳大利亚所肩负的职责有：共同制定品质标准和确定啤用大麦的适宜品种，协调整个产业范围内的研究方案。

大麦澳大利亚的运作完全由澳洲大麦行业的制麦厂和市场企业提供经费支持。即使在市场中是竞争者，为了整个大麦产业的利益，各个成员在大麦澳大利亚这一组织中也要精诚合作。至 2009 年它已经到了第四个年头，大麦澳大利亚作为产业的“窗口”，坚定地向产业合伙人和国际市场发布信息。大麦澳大利亚负责建立和管理国家品种认证体系，与澳大利亚大麦品质保障商标风险分析临界控制点(HACCP)一起，负责出口大麦和麦芽的认证工作。更多信息可参见大麦澳大利亚的网站(http://www.barleyaustralia.com.au)。

(3)MBIBTC

MBIBTC 拥有制麦和酿造技术专家，代表澳大利亚主要制麦和酿造公司。提交到大麦澳大利亚的品种，第一年都要由 MBIBTC 的成员对其经济指标进行评价。只有被认为合适的麦芽才能进入澳大利亚酿造中试体系(PBA)。

(4)PBA

PBA 对内销和出口的啤用大麦进行最后一步的评价。PBA 得到制麦和酿造工业以及 GRDC 的共同资助。中试的样品来自商业麦芽评价试验地。

新品种获得认证前，必须通过两年的商业制麦评价和酿造中试或商业酿造评价，所有过程必须在 MBIBTC 的监督下完成。

北部大麦种植区的产品大部分在国内作为饲料消费。因为北部拥有澳大利亚最高密度的饲养场，因此该地生产的大麦大部分用于饲料(Barr 和 Kneipp, 1995)。单胃动物饲养行业也是饲用大麦的主要市场，有大约 30%的谷物用于猪和家禽养殖(M. Covaveveutch，私人通讯)。

4. 澳大利亚大麦育种目标

在过去的一个世纪中，澳大利亚的大麦育种目标发生了实质性的变化。虽然基本农艺性状如产量、抗倒性和适宜的成熟期等目标变化相对较小，但耕作的演变导致病虫害数量显著增加。随着啤用和饲用大麦品质相关知识的积累，品质相关的育种目标大大增加且进一步细化。完整的育种目标/性状列于表 8.12。

表 8.12 GRDC 育种项目在北部、南部和西部地区不同谷物生产环境下的主要选择目标和性状

南部	西部	北部
纬度:南纬 33°～43°	纬度:南纬 28°～35°	纬度:南纬 22°～33°
冬季降雨为主	冬季降雨为主	夏季降雨为主
西澳轻质,浅层沙土	西澳轻质,浅层沙土	高比例的重黏土类型
只有冬作	只有冬作	冬夏轮作,双作
农艺性状		
产量,籽粒重量,饱满度,容重,幼苗早发特性,生态适应性(*bvp*,*ppd*,*vrn*)		
麦芽品质		
浸出率,糖化力(DP),表观发酵极限(AAL),低黏度,自由态 α 氨基氮增加(FAAN)		
饲用品质		
消化能(DE),代谢能(ME),动物适口性,低胃气胀,低植酸		
生物抗/耐性		
网型网斑病	网型网斑病	网型网斑病
点型网斑病	点型网斑病	点型网斑病
云纹病	云纹病	云纹病
白粉病	白粉病	白粉病
叶锈病[1]	叶锈病	叶锈病

续表

南部	西部	北部
大麦黄花叶病	大麦黄花叶病	秆锈
大麦条锈病		常见根腐病
丝核菌病		冠腐病
主要害虫		
谷物包囊线虫(南澳和维多利亚)	根腐线虫-落选短体线虫(*Pratylenchus neglectus*)和短体线虫(*Pratylenchus* sp.)	根腐线虫-落选短体线虫(*Pratylenchus neglectus*)和短体线虫(*Pratylenchus* sp.)
非生物胁迫抗/耐性		
干旱/成熟期干旱	干旱/成熟期干旱	干旱/成熟期干旱
盐碱土/硼毒害抗性(南澳,维多利亚南部)	盐碱土/硼毒害抗性(西澳南部)	霜冻胁迫
酸土/铝毒害(新南威尔士南部,NE 和维多利亚西南部)	酸土/铝毒害	
霜冻胁迫	霜冻胁迫	
盐害抗性	盐害抗性	
缺锰耐性	耐渍	
耐渍		
抗穗发芽	抗穗发芽	抗穗发芽
黑点/籽粒变色耐性	黑点/籽粒变色耐性	黑点/籽粒变色耐性
耐荫性	耐荫性	耐荫性

[1]南澳,新南威尔士南部,NE,维多利亚西南部,塔斯马尼亚

(1)农艺性状

澳大利亚大麦育种所关注的最基本的农艺性状是产量、抗倒性、麦秆强度、株高(矮秆,中高秆)、生态气候型(迟熟,长生长季的矮秆;早熟,干旱短季的高秆)、穗落性和茎断裂。

从 19 世纪开始,提高产量就是澳大利亚大麦育种的最基本目标(Sparrow 和 Doolette,1975)。从一开始,澳大利亚的大麦育种就明确产量是最基本的选择指标(Ellis,1983;Johnston,1983;Portman,1983;Read,1983;Sparrow,1983;Vertigan,1983)。然而,目前把改善谷物品质和提高产量提到同等重要的位置,以确保澳大利亚大麦在世界大麦市场中的份额(GRDC,2001)。Johnston

(1974)总结认为,结合啤用和饲用大麦育种项目,提高产量的同时改善品质就可以服务于两个市场。

与谷物产量一样,澳大利亚大麦育种家选择了一整套农艺性状优良的材料。所有育种项目都选择抗倒和高麦秆强度作为关键的农艺育种目标(Portman,1983;Read,1983;Vertigan,1983)。Johnston(1983)将抗倒伏列为重要的优先考虑性状,因为在昆士兰,大麦倒伏成为其进一步扩大面积的主要限制因子。株高也是澳大利亚大麦育种的另一个目标。如在西澳中高降水区,矮秆品种就非常受欢迎,而高秆品种适宜在低降水区种植(Portman,1983)。控制因茎断裂引起的穗损失是另一个重要的农艺性状,尤其在西澳、新南威尔士和塔斯马尼亚。

澳大利亚不同育种项目的作物生态气候型有所不同,一般由降水量和最佳生长条件的持续时间所决定。对于新南威尔士的部分早播地区来说,Read(1983)阐述过应培育什么样的矮秆品种。这些类型也适合塔斯马尼亚和维多利亚东部。在西澳,长季节品种更加适合中高降水区,而部分低降水量的种植区需要成熟快的大麦品种(Portman,1983)。南澳的大部分和维多利亚的部分地区需要中等快熟品种。来自昆士兰和新南威尔士北部地区的数据显示,中等或者中等偏迟熟的欧洲类型种质材料,在该地东部环境下产量更高,品质也更好;但在该地西部地区需要成熟早的品种(D. M. E. Poulsen,未发表数据)。

(2)啤用和饲用品质

品种指标包括物理和化学性状。Sparrow 和 Doolette(1975)认为,啤用品质的早期鉴定目标是籽粒饱满度和一致性,高麦芽浸出率和制麦时的萌发速率。该定义到今天仍很适用,许多单个指标被认为与以上各个特征有关。

1983 年,MBIBTC 成立,并对大麦育种项目提出了产业指导方针(Armitt 和 Way,1990)。它为澳大利亚大麦育种家培育新啤用大麦提供了指导方针(MBIBTC 1998),并建立了啤用大麦的分级系统,该分级标准综合了麦芽浸出率、蛋白质含量、糖化力(DP)、黏度和甲硫醚含量(Armitt 和 Way,1990)。α-淀粉酶、β-淀粉酶和 β-葡聚糖酶等特定酶类的相对酶活以及如 β-葡聚糖和淀粉等细胞组分,也已用于改良啤用大麦品质的目标参数。籽粒休眠是抵抗夏季风暴引起的穗发芽的根本(Poulsen 等,1995b)。穗发芽妨碍制麦和酿造过程,引起淀粉和细胞壁水解不稳定。南部和西部地区休眠的问题较少,因为这些地区降水主要分布在冬季;但西澳的南部沿海,易于发生穗发芽,因此需要一定程度的休眠。

由于酿造过程中碳水化合物的添加量不同,国内外市场对麦芽品质的要求存在一定的差异,所有啤用大麦都需要说明品质指标(MBIBTC 1998)。国内酿造厂需要中等水平的糖化力(DP),但许多亚洲酿造厂需要高水平的 DP。

已经逐渐达成了共识,即一些特殊的品质指标可以增强饲用大麦的表现。

Johnston(1974)认为，对于饲料工业来说，无论是反刍动物还是非反刍动物，大麦均是很好的能量和蛋白质来源。他认为，饲料工业对高蛋白的需求，通过栽培措施比育种更易实现。近期的一些研究已开始确定影响大麦饲用表现的品质性状。Bowman 和 Blake(1996)鉴定到大麦对反刍动物的饲用品质存在显著的基因型变异。干物质消化率、淀粉消化率、籽粒大小和籽粒硬度是影响肉牛养分利用的关键性状。

(3)生物胁迫抗性

澳大利亚早期大麦抗病性育种主要关注云纹病(*Rhynchosporium secalis*)、坚黑穗病(*Ustilago segetum* var. *hordei*)和白粉病(*Blumeria graminis* f. sp. *hordei*)(Sparrow 和 Doolette，1975)。20 世纪 40 年代，新南威尔士农业从 Commander×Prior 的杂交后代中选育到抗云纹病的品系，但没有推广具名的品种。同一时期，Waite 研究所从 Prior 和 Research 的回交后代中育成了抗坚黑穗病(抗源来自印度品种 Kwan)和白粉病(*Mlk*，现已不抗)的品系(Pugsley 和 Vines，1946；Pugsley，1951)，并育成了 Prior A(＝Kwan×6* Prior；Kwan 被认为具有至少 3 个抗坚黑穗病的基因)。该品种是南澳品种驯化和改良的基础。而且，Prior 是最早一个从欧洲引入的品种，它带有普遍存在于澳洲大麦种质中的 *Eam*1 基因(J. D. Franchowiak，私人通讯)，同时也是 Erbet(＝Prior×7* Betzes)早熟基因的来源。该早熟基因确保在春季干热情况下顺利灌浆。

20 世纪 70 年代和 80 年代早期，育种工作重点关注的是产量及籽粒与麦芽品质，抗病性次之。大量育种项目使用抗病亲本，但对于新品种来说抗病性是一种可选但非必需的性状(Johnston，1985；Gilmour，1993)。抗病性育种是新南威尔士育种项目的最优先目标。叶片病害抗性是该州南部早播品种所必需的(Read，1983)。西澳(Sparrow，1983)和维多利亚(Ellis，1983)也进行抗云纹病育种。

直到 1985 年，病害才被认为是整个澳洲大麦生产的限制因素。Hirsch(1985)估计南澳在 1973—1983 年由于病害而造成的减产超过谷物总产量的 16%，直接经济损失在 2000～2500 万澳元。Rees(1985)报道，在昆士兰许多病害已非常严重，包括秆锈病(*Puccina Graminis*)、叶锈病(*Puccina Hordei*)、云纹病、网型网斑病(*Pyrenophora teres* f. sp. *teres*)、点型网斑病(*P. teres* f. sp. *maculata*)，冠腐病(*Fusarium pseudograminearum*)和根腐病(*Cochliobolus sativus*)。与前文所述形成鲜明对比的是，在北部大麦种植区只有白粉病危害(Rees，1981)。季节条件的变化、病原菌的遗传多样性以及品种和农业耕作的变化，是病害加重的主要原因。

1982—1984 年，由于高感秆锈病的品种 Galleon 在昆士兰州 Darling Downs 推广，使该州遭受了严重的秆锈病为害(Dill-Macky，1992)。该病害在 1982 和

1984 年，只是区域流行，但在 1983 年，Darling Downs 和 Burnett 地区大规模爆发。Rees(1985)认为，随着新的病原微生物或生理小种的出现，由于昆士兰大麦品种单一化(Grimmett 占主导地位)，使该州大麦普遍感病。这种威胁在 1988 年现实发生了，新的叶锈生理小种导致 Grimmett 植株病害大流行。品种感病加上天气条件适宜，1998 年该州叶斑病毁灭性爆发(Poulsen 等，1999；Rees 等，1999)。随着北部种植区病害压力的变化，育种目标也随之改变。一个秆锈病研究项目在 1982—1984 年大流行后立题(Johnston，1985)，在 1988 年叶锈病和 1998 年网斑病大爆发后，这两种病害纳入至该项目(Poulsen，2001)。对于每一种病害，都建立了相应的项目以评估病害的影响，并鉴定有用的遗传抗性来源(Cotterill 等，1992；Dill-Macky，1992；Platz，2001)。

澳大利亚最严重的大麦线虫病是小麦禾谷孢囊线虫(CCN，*Heterodera avenae*)，在南澳和维多利亚普遍发生。很多年前，南部育种项目已经培育出抗 CCN 的品种(Ellis，1983；Sparrow，1983)。澳洲第一个具有 CCN 抗性的大麦品种是南澳的饲用大麦 Galleon，具有抗性基因 *Ha*4(Karakousis 等，2003c)，它来自北非的地方种 CIho-3576(Galleon＝[Clipper × Hiproly] × 3* WI-2231，其中 WI-2231＝Proctor × CIho-3576)。第二个抗性品种是 Chebec，该品种具有来自 Orge Martin 的 CCN 抗性基因 *Ha*2(Barr 等 1998)(Chebec＝[Orge Martin × 2* Clipper] × Schooner)。大麦一般抗 CCN，但抗性品种可以减少土壤中的 CCN 数量，这对后茬易感 CCN 的小麦，在生产上十分有益。

目前澳大利亚大麦还没有主要的害虫。一些昆虫如俄罗斯麦蚜等被归为“检疫威胁”，并已经建立了预育种项目以应对潜在的入侵危害。

(4)非生物胁迫抗性

非生物胁迫育种通常与土壤特性有关。在 20 世纪 80 年代，Waite 研究所育种项目筛选到锰高效吸收材料，以应对南澳部分土地的缺锰问题(Sparrow，1983)。相反，新南威尔士的育种项目(现已并入 BBA-West)已经培育出适合酸土种植的耐铝和锰毒害品种(Read，1985)。维多利亚、南澳和西澳的部分沿海地区存在盐碱土，并与硼毒害相关。这些州的育种项目已经开发出常规和分子生物学筛选方法，并已经将耐硼基因导入优异种质材料中(Jefferies 等，1997；Barr 等，2000)。

5. 澳大利亚的技术整合

(1)澳大利亚大麦育种技术

很多大麦育种家采用系谱法育种。采用特定的亲本杂交，然后从 F_2 代开始进行分离株系的筛选(Anderson 和 Reinbergs，1985)。这种筛选通常从单个性状入手,并在多个试验点进行。系谱法育种是澳大利亚大麦改良计划的核心,但不是全部。对系谱法也有各种改订。Riggs 等(1982)对系谱法的 F_4 全部材料进行田间试验,并将产量测试提前一年,这样提高了该项目的资源利用效率。NBIP 将改订的方法应用于杂交—评价策略(Johnston,1983;Poulsen 等,1995b)。

西澳的育种项目适宜地采用了多种育种策略(见图 8.6)。

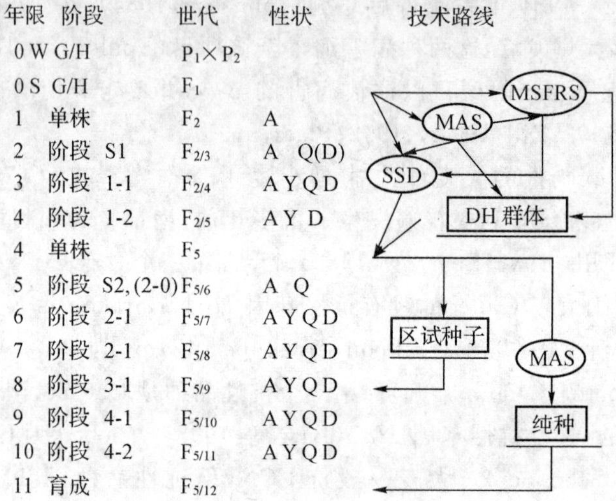

图 8.6 西澳大麦育种项目的培育流程和选择技术

A,农艺;Y,产量;Q,品质;D,抗病

传统的方法是 F_2 系谱法辅以 F_5 再选择。第二阶段的育种项目几乎有一半材料来自加倍单倍体(DHs)。分子标记辅助筛选(MAS)结合 DH 技术、一粒传(改进型,SSDm)和雄性不育促进轮回选择(MSFRS)等,似乎是提高育种效率的有效手段,它们能增加遗传获得,并减少新品种育成的时间(Anderson 和 Reinbergs,1985)。

回交育种的目的在于尽可能多地保留原有基因型,同时导入适应性较差亲本的新基因(Harlan 等,1922;Anderson 和 Reinbergs,1985)。在南澳和维多利亚,已经成功地利用回交和分子标记技术将抗病和耐硼基因导入 Sloop 和 Gairdner,但并没有显著改变这两个材料的品质表现(Barr 等,2000;2001)。

分子标记辅助筛选技术对于早代选择来说相对较便宜(Anderson 和 Reinbergs,1985)。澳大利亚大麦育种项目中新南威尔士(B. Read,私人通讯)和昆士兰(Poulsen 等,1997)都采用这一方法。

轮回选择对于自花授粉作物来说,是一种高效的育种策略,可提高如产量、品质和部分抗病性等复杂性状的选择效率(Stuthman 等,1996)。它包括一个重复的自交体系，并在限定的基因池中选择。在一篇 Carve 和 Bruns(1993)的综述中，他们在文首写道“综合 1985 年迄今报道的产量和相关指标的遗传获得(△G)，可以认为，轮回选择的效率至少与传统的育种方法相当，甚至更高”。其中，传统育种的△G 估计为每年 1%，两个完整周期的轮回选择至少可以实现△G 每年 3.4%。在大麦中，一个结合雄性不育的改良型轮回选择技术已经显著提高了北美饲用大麦的产量(Falk，1996；2004)。

澳大利亚采用花药培养(Clapham，1973；Kasha 和 Reinbergs，1982)和离体小孢子培养技术(Kasha 等，1992)生产 DH 群体。然而，小孢子培养法制造 DH 群体的技术更为常用，因为该方法 DH 品系的再生率更高(Broughton 和 Poulsen，1997)。

利用 DH 群体进行育种的最主要原因是节省时间(Logue 等，1993)。因为 DH 品系是自然纯合的，这样需要多年自交以获得纯合后代的过程可以省略；利用 DH 技术，在澳大利亚春大麦育种中可节省 2～4 年。例如新南威尔士农业大麦育种项目的 DH 品种 Tantangara 的育成只用 8 年，而传统育种轮回需要 10～12 年(B. J. Read，私人通讯)。

在一些特殊的情况下，种间或亚种间杂交可以将新基因导入栽培大麦。野生二棱大麦(*Hordeum vulgare* subsp. *spontaneum*)在多个育种项目中都作为抗病基因的来源(Feuerstein 等，1990；Abbott 等，1991；1992；Chicaiza 等，1996)。球茎大麦和栽培大麦的基因替换也是大麦育种中新基因导入的有效方式(Xu 和 Kasha，1992；Pichering 等，1995；1998；2000)。位于 Wagga Wagga 地区 NSW-DPI 的大麦育种家 Barbara Read 育成了抗云纹病的品种 Tantangara，它的一个抗病基因就来源于野生二棱大麦(*H. vulgare* subsp. *spontaneum*)(CPI-71283)，该材料由 Tony Brown 博士培育(Brown 等，1993；2000)。

(2)澳大利亚大麦抗病研究和育种

澳大利亚拥有多样性的大麦耕作环境，因此也具有多样性的大麦病害(Boyd 和 Dube，1989；Murray 和 Brennan，2001)。土传病害如冠腐病和普通根腐病，在澳大利亚广泛分布，近些年已经成为全国性的问题(Murray 和 Brennan，2001)。多年来，云纹病和 CCN 都是南澳大麦生产的主要病虫害，因此这些病虫害的抗性是该地区新品种培育的强制指标。然而，近年来网斑病和其他麦茬传播的病害在全国都呈现逐步增重的态势(Murray 和 Brennan，2001)。

影响栽培大麦的锈病有 5 种，其中叶锈病(*P. hordei*)、秆锈病(*P. graminis* f. spp)、麦草黄锈病(BGYR)(*Puccina striiformis*)是澳大利亚大麦的主要锈病。大麦条锈病(*P. striiformis* f. sp *hordei*)和冠锈病(*Puccina coronate* Corda)在澳洲从未出现过。条锈病作为澳洲的检疫威胁，已经建立了相应的优先育种策略。

在南澳 Yorke 半岛生长的"虎眼万年青",已经报道它存在 *P. hordei* 的有性世代(Wallwork 等,1992)。对该地收集的单个叶片锈病斑点进行分离和分化测试发现,该病毒基因存在明显的有性重组。这种潜在的致病因子间的基因重组可能会发展出复杂的新病害类型,也很可能会影响到抗性育种和抗性基因的调整。

澳大利亚国家谷物锈病控制计划(NCRCP)每年都进行小麦、大麦、燕麦和其他谷物锈病的调查(McIntosh 等,1995)。这些信息有助于监测新病害类型的发展情况,建议感病品种的退出以及为了更有效地控制病害采取配置抗性基因的对策。

已报道过澳大利亚大麦叶片锈病的严重流行区域和主要的敏感品种(Dill-Macky 等,1989)。在澳大利亚昆士兰南部、新南威尔士北部、南澳的部分地区、西澳和塔斯马尼亚,叶锈病是大麦的一个主要病害(Murry 和 Brennan,2001)。

由于气候变化,澳大利亚一些地方也会零星爆发叶锈病,而且敏感品种的种植区也会有一些波动。在昆士兰和新南威尔士南部,最近的叶锈病流行发生在1978、1983、1984 和 1988 年(R. G. Rees,私人通讯)。1988 年的爆发由两个新的生理小种引起($210P^{+}$ 和 $253P^{-}$),主导品种 Grimmett 的抗性基因对这两个生理小种无效,导致产量损失达三成以上(Dill-Macky 等,1989)。1991 年在塔斯马尼亚(Cotterill 等,1992)和 1997 年在西澳分别首次发现了两个潜在的破坏性叶锈病生理小种($4610P^{+}$ 和 $5610P^{+}$),这两个生理小种为害与 Triumph 和 Franklin 相关的大部分主要品种(Loughman,1998)。Park 和 Williams(2000)报道,1999 年在北部地区也发现了这两个生理小种,且在当年全国锈病监测收集到的数据显示,超过 60%的锈病由这两个生理小种引起。这两个生理小种侵害澳大利亚大部分的栽培大麦品种,并已经造成南澳和西澳大麦产业的经济损失。

直到 1999 年,在昆士兰和新南威尔士地区,*Rph*12 基因还一直对所有叶锈病生理小种有效。1991 年,在塔斯马尼亚种植的大麦品种 Franklin 上,首次发现了为害 *Rph*12 的生理小种(Cotterill 等,1992)。这个新的变种在 1993 年传播到南澳(H. Wallwork,私人通讯)。1998 年,在西澳也报道了一个同样为害 *Rph*12 的不同的生理小种(Loughman,1998)。1999 年,在昆士兰南部鉴定到了这两个用八进制计数法命名的生理小种($4610P^{+}$ 和 $5610P^{+}$)(G. Platz,私人通讯)。来自欧洲大麦品种 Triumph 的 *Rph*12 基因存在于大麦品种 Tallon (Cotterill 等,1994)和 Lindwall(R. G. Rees,私人通讯)。这两个品种都是昆士兰和新南威尔士北部冬大麦种植区种植的主要品种,因此北部地区的大麦受这两个变种侵害的危险性更大。Gairdner 和后来推广的 Baudin 都衍生自 Franklin 或与其有亲缘关系,且都带有 *Rph*12 基因,这样,进一步恶化了长生长季、高降水量大麦种植区的高感病问题。

回交是大麦抗病育种中应用最广泛的策略。这是因为该方法简单，并且很可能育成具有良好适应性的品种。20世纪40年代，Waite研究所育种项目培育的Prior和Research的回交系被用作亲本材料（Pugsley和Vines，1946；Pugsley，1951）。后来，西澳的育种家采用回交技术，将来自埃塞俄比亚、中国东北和土耳其的非驯化材料的网斑病抗性基因导入当地的适应品种（Boyd等，1981）。CCN抗性基因是一个显性性状，南澳和维多利亚的育种项目采用有限的回交程序就已经培育出了具有CCN抗性的品种，如Galleon、Chebec、Sloop-SA和Sloop-Vic。

轮回选择是另一个可应用于大麦抗病种质培育的策略（Sharp，1985）。然而，与回交法相反，循环选择通过多个重组轮回增加综合抗性，并且对相关基因的微小效应积累进行选择。为了提高工作效率，主效基因最好不出现在轮回选择中，因为主效基因会掩盖微效基因的效应，从而干扰选择进程。在大麦中，轮回选择已经成功地增强了叶锈和白粉病抗性（Parlevliet和Van Ommeren，1988）。

由Falk（1996）开发的MSFRS体系，现已在BBA-West育种项目得到应用，该方法利用基因型和表现型两种方法进行选择。雄性不育首先用于复合杂交（CC XIV），以促进杂种混合（Ramage，1987）。

由于叶锈病病原微生物的多样性以及潜在的致病基因在病原物中会发生有性重组，因此为了长期控制大麦叶锈病的危害，最好的育种策略是综合运用前面几段所述的大部分育种体系。澳大利亚大麦病理学家和育种家必须应对大麦叶锈病寄主的转换问题，主要的转换寄主是南澳Yorke半岛南端的得虎眼万年青（*O. umbellatum*）（Wallwork等，1992），这一植物与该地区大麦叶锈病的爆发有关。

(3)NBMMP和AWCMMP

澳大利亚参与澳洲NBMMP计划的研究人员（Langridge，1997；Langridge和Barr，1993，“又快又好培育大麦：标记辅助选择的作用”），构建了10个主要群体的遗传图谱，并实施了44个小群体的标记开发（Barr等，2001）。

主要群体的亲本代表了澳大利亚的基因型和关键品系。它们是：Alexis×Sloop（DH或重组自交系[RIL]）（Barr等，2003a）；Amagi Nijo×WI-2585（Pallotta等，2003）；Barque* 2×二棱野生大麦71284-45（高代回交数量性状位点[ABQTL]）（J. Eglinton，私人通讯）；Chebec×Harrington（DH）（Langridge等，1995；Barr等，2003b），Clipper×Sahara（Karakousis等，2003b）；Galleon×Haruna Nijo（DH）（Langridge等，1995；Karakousis等，2003c）；Mundah×Keel（Long等，2003）；Sloop×Halcyon（DH）（Read等，2003）；Tallon×Kaputar

(DH)(Cakir 等,2003b);Tallon×Scarlett(DH)(D. Poulsen,未发表数据);VB9104×Dash(DH)(D. Moody,未发表数据);VB9524×ND11231(DH)(Emebiri 等,2003);和 Baudin×AC-Metcalfe(DH)(R. Lance,私人通讯)。Chebec×Harrington、Galleon×Haruna Nijo 以及 Clipper×Sahara 群体的图谱数据已经发布在 Graingenes 数据库网站上(http://wheat. pw. usda. gov/ggpages/maps. shtml)。

NBMMP 的一个目标是为澳大利亚大麦分子遗传学家利用和改进新技术。简单序列重复(SSR)标记已被澳洲大麦研究小组(Ablett 等,2003;Karakousis 等,2003a)应用,提高了大麦育种工作中的分子标记应用和效率。

单个大麦图谱中大量分子标记的使用,促进了不同群体图谱间的校准和大麦基因组综合图谱的建立。对 6 个图谱的数据进行整合,产生了第一张拥有 587 个标记的综合图谱(Langridge 等,1995)。主要的标记来自 Steptoe×Morex,Igri×Franka 和 Proctor×Nudinka 群体,但也结合了以下 3 个澳大利亚群体的通用标记:Clipper × Sahara,Galleon × Haruna Nijo,Chebec × Harrington。整体上说,6 个原始图谱间标记的一致性较高。差异只出现在标记间紧密连锁的情况,这也是作图试验的随机误差。第二张综合图谱由 Qi 等(1996)构建,图谱来自 Proctor×Nudinka、Igri×Franka、Steptoe×Morex 和 Harrington×TR306 群体。最新的综合图谱由 Karakousis 等(2001;2003d)利用 RFLP、AFLP 和 SSR 标记构建。

NBMMP 早期的成功案例是对南部种植区主要土传害虫 CCN 抗性基因的定位和分子标记开发。Kretschmer 等(1997)利用 RFLP 标记,关联到单个 CCN 抗性的显性基因 *Ha*2。该基因定位在 2H 染色体上。分子分析表明,澳大利亚大麦 CCN 抗性材料都具有 *Ha*2 基因。第二个 CCN 抗性基因是 *Ha*4,在澳洲大麦品种 Galleon 中定位在 5H 染色体上(Barr 等,1998)。南澳大麦育种项目利用这两个基因的 RFLP 标记选择抗性材料(Barr 等,2001)。

已经鉴定到高麦芽浸出率相关基因的 QTL 位点,并已在澳洲和其他国家的大麦中进行了比较确认(Collins 等,2003)。Li 等(2003a)报道了控制籽粒变色相关的 QTL 位点。这些信息对于选择籽粒成熟至收获前损伤这一难以测定的性状来说意义重大。类似地,控制穗发芽的 QTL 位点也已鉴定到,并应用于育种程序(Li 等,2003b)。

Box 等(1997)在 7H 染色体上找到了裸粒(*nud*)相关基因的连锁标记,并开发了相应的标记分析方法(Box,私人通讯)。这一裸粒性状的分子标记使多重杂交条件下选择杂合体更加高效。深入研究后,利用 Proctor×Nudinka 和 Galleon×Haruna Nijo 群体,分别在 7H 和 5H 染色体上鉴定到影响胚芽鞘长度的 QTL 位点(Box 和 Barr,2000)。

在 Clipper×Sahara 群体中，已鉴定到 4 个响应硼毒害的 QTL 位点(Jefferies 等，1999)。在南澳低降雨量地区，硼毒是大麦生产的一个主要问题。在 4H 和 6H 染色体上，两个 QTL 位点与减少硼吸收有关。在 4H 染色体的 QTL 位点，也可能影响根长、干物质积累和症状表现。叶片症状受另一个在 2H 染色体上的 QTL 控制，控制高硼水平下抑制根系生长的 QTL 位点在 3H 染色体上。

还有其他一些植物营养相关的分子标记研究，在 4H 染色体长臂上鉴定到一个耐酸铝相关的位点(Raman 等，2001；2002；2003)。澳洲的数据与其他地方的作图位点一致(Tang 等，2000)。为了开发不同于生物学的选择鉴定方法，Raman 等(2001)鉴定到一个与该性状紧密连锁的 SSR 标记。

定位在 4H 染色体短臂远端的 *Mel*1 基因影响着大麦锰吸收效率(Pallotta 等，2000；2003)。从 Amagi Nijo×WI-2585 杂交后代 F_2 植株中，进行大量分离选择(BSA)，鉴定到几个与该性状紧密连锁的 RFLP 标记，这些标记都来自 Amagi Nijo。分析南澳育种项目中所用的 95 个亲本材料，表明利用 2 个 RFLP 标记就可以区分是否存在 Amagi Nijo 中的相应位点。

利用综合图谱对澳大利亚大麦育种项目中关心的 14 个性状进行分析，鉴定到 62 个与这些性状连锁距离在 10cm 以内的 SSR 标记(Karakousis 等，2000)。这些性状包括白粉病(*mlo*)、网斑病(*Rpt*4)、大麦黄花叶病(BYDV)(*Yd*2)和 CCN(*Ha*4)。这些分子标记经过 NBMMP 多个群体的验证，已经成功地预测了表现型。进一步分析南澳大麦改良项目的育种品系，表明大多数分子标记可用于常规选择。

Coventry 等(2001；2003a)利用澳洲群体 Alexis×Sloop、Chebec×Harrington 和 Mundah×Keel，检测了产量和产量构成因子的 QTL 位点。许多产量和产量构成因子的 QTL 位点恰好位于已知的形态和发育相关染色体位点上，包括 2H 染色体上光周期响应基因 *Pph-H*1 和该染色体上的其他一些位点。在 Alexis×Sloop 群体中发现了 *denso* 基因，该基因主要与籽粒大小、产量和株高相关。适应澳大利亚地中海气候和东部沿海环境的生态型，也是育种工作所关注的重点。Boyd 等(2003)研究了调控基本营养生长期或早熟特性和光周期响应等适应澳洲环境的分子遗传机制，扩展了传统的认识。

除了以上讨论的位点外，NBMMP 定位和开发了大量农艺、品质和抗病的分子标记。生物统计学家为了改进 QTL 分析手段，利用多重环境实验研究了混合模型(Verbyla 等，2003)。Fox 等(2003)曾详细介绍过品质研究的分子生物学方法。还有，Collis 等(2003)从战略高度研究了育种和品质实验室有关品质分析的生物统计学。小群体研究的其他目标性状有籽粒颜色、酸土抗性、穗发芽、硼毒害抗性、籽粒大小和渍害抗性等。NBMMP 的部分工作是确认这些标记并用于澳洲大麦育种。例如，Collis 等(2001)报道，在南澳育种项目的 6 个代表性育种群体中，与麦芽品质、糖化力、α-淀粉酶和 β-淀粉酶相关的 QTL 位点已经得到确认。该研究清楚地表明，通过应用 MAS，有助于利用 1H、2H、5H 染色体上的 QTL 位点进行麦芽品质改良。

(4)澳大利亚大麦抗病基因作图

作为 NBMMP 职责范围的一个事例，Williams(2003)论述了主要群体的抗病基因位点以及与其他已知基因的比较。现阶段的澳大利亚大麦改良，主要目标是培育具有多重抗病组合的优异啤用和饲用大麦新品种。

NBMMP 也构建了小作图群体，并经 BSA 分析鉴定到抗病连锁标记，如云纹病(Genger 等，2003)、白粉病(Pairs 等，2003)、点型网斑病(Williams 等，2003)、网型网斑病(Cakir 等，2003a；2003b；Gupta 等，2003；Raman 等，2003)、普通根腐病、秆锈病和叶锈病(Park 等，2003)、冠腐病、坚黑穗病、斑枯病以及检疫病害，如条锈病和黄锈病(Cakir 等，2003c)。

由于病原结构和遗传抗性非常复杂，云纹病(*R. secalis*)抗性的常规选择十分困难，因此开发该病害的检测标记意义重大。采用一个近等基因系，并利用随机扩增多态性 DNA(RAPD)标记，经 BSA 分析将一个已经确认的云纹病抗性基因 *Rh* 定位在 3H 染色体的长臂上(Barua 等，1993)。有研究认为，3H 染色体长臂上云纹病抗性基因 *Rrs*1 的所在区域具有多重等位基因位点，在其他无亲缘关系的基因型中，在该区域也定位到云纹病抗性基因位点(Williams 等，2001)。其中一个等位基因对澳大利亚发现的 23 个云纹病病毒生理小种中的 22 个具有抗性。*Rrs*1 多重等位基因的特性表明，在战略上可通过杂交手段整合云纹病抗性基因。

利用澳大利亚的一个 DH 群体 Tallon×Kaputar，已将网型网斑病的病原专一性苗期抗性基因定位在 6H 染色体上(Cakir 等，2001；2003a)。该抗性来源于 Kaputar。已经对该群体开展进一步研究，以定位来源于 Tallon 的成株期网型网斑病抗性的遗传位点。

目前，已利用 RFLP 标记定位到一个位于 7H 染色体上的点型网斑病显性抗性基因 *Rpt*4，该基因来源于澳大利亚大麦品种 Galleon(Williams 等，1999)。验证表明，该基因对点型网斑病的抗性预测准确率超过 90%。Karakousis 等(2000)后来又在 *Rpt*4 附近鉴定到一些 SSR 标记，这些标记至少已在 3 个澳洲大麦育种项目中得到应用。

同时，也开发了其他一些大麦抗病基因的分子标记，包括鉴定抗 BYDV 的 QTL 和分子标记(Collins 等，1996；Paltridge 等，1998)。以开发分子标记为目的，对条锈、叶锈和秆锈病抗性基因进行了遗传学研究。总体上，这些分子标记的开发有助于实施更佳的育种策略，以达到病害长期控制的目标。这些研究所获得的信息，可以使我们可更深入地了解锈病抗性的遗传机制。

南美条锈病的抗性基因已定位在2H和5H染色体上，它来自澳洲品种Tallon(Cakir等，2001；2003c)。这些数据来自CIMMYT的大田鉴定试验，材料为NBMMP的Tallon×Kaputar DH群体。在NBMMP的Arapiles×Franklin DH群体中，也定位到来自Franklin的条锈病抗性位点(Cakir等，2003c)。Franklin中的条锈病抗性基因，也位于2H和5H染色体上，表明两个品种的这两个位点相同。有理由认为，Tallon和Franklin位于5H染色体上的抗性基因都来源于Triumph。但是这两个QTL位点与Chen等(1994)报道的5H染色体上的抗性位点不完全吻合，因此需要进一步研究以确定这些位点间的关系。Tallon和Franklin位于2H染色体上的抗性基因，似乎与植株成熟相关的基因位点相近(Cakir等，2003c)。因此，成熟期的差异可能会影响观察时作图群体的抗性表现。

已经定位了一系列*Rph*的叶锈抗性基因，并开发了相应的分子标记，如*Rph2*、*Rp9*/12和*Rph16*(Borovkova等，1997a；1997b；Graner等，2000)。Poulsen等(1995a)鉴定了一个抗性基因*RphQ*的RAPD连锁标记，该基因来自大麦品系Q21861。Borovkova等(1997a；1997b)相继采用RFLP和序列标签位点(STS)标记，将*RphQ*基因定位于5H染色体的着丝点附近，该位点与*Rph2*基因位点相同，根据分子标记和表型数据推测，*RphQ*和*Rph2*基因是等位基因。已经鉴定到与*RphQ*基因紧密连锁的9个RAPD标记、2个RFLP标记(CDO749和Rrn2)和一个STS标记(ITS1)(Borovkova等，1997b)。

(5)澳大利亚大麦育种项目中分子标记的应用

澳大利亚大麦分子标记辅助育种的主要障碍是合适的分子标记有限。虽然20世纪90年代，Waite研究所的育种项目利用RFLP标记开发了合适的CCN和硼抗性分子标记(A. Barr，私人通讯)，其他澳洲育种项目用了很长时间才开始应用该技术。这部分归因于开发和确认合适PCR分子标记的时间较长。大部分澳洲育种项目没有大规模开展RFLP检测的设备。随着NBMMP的成熟，这种现状正在改变，所有的育种项目正在逐步应用常规分子标记。

已有两篇综述，详细介绍过澳大利亚大麦育种项目分子标记的应用情况(Barr等，2000；2001)。这些分子标记大部分由NBMMP开发和确认。

目前，已运用1H、2H和3H染色体上的麦芽浸出率的QTL位点进行分子标记辅助育种(Barr等，2001)。作为这一工作的典范，南澳育种项目利用这些位点选择，并结合“缺点去除”的回交育种策略，培育出了Sloop(Barr等，2000)和Gairdner的改良版(Barr等，2001)。分子标记用于帮助复原轮回亲本的基因组，同时跟踪BYDV(*yd2*)、网型网斑病(*Ppt4*)和CCN(*Ha2*)抗性基因。当这些独立基因导入后，选择系与具有所有目标基因的品种进行杂交以培育改良品种。

南澳育种项目强调多重杂交，因此是澳大利亚 MAS 使用率最高的育种项目（Barr 等，2000）。通过对 F_1 植株进行大量专一性连锁分子标记的选择，该项目大大提高了 3-和 4-重杂交材料的选择效率。只有对具有目标位点的后代品系才进行大田鉴定。多重杂交获得的 F_1 植株，需要附加杂交才能进行鉴定。2006 年认证的啤用大麦新品种 Flagship，就是该方案高效便利的最好例证，该品种由阿德莱德大学培育。

澳大利亚大麦育种项目应用分子标记选择 QTL 位点也取得了长足的进步。Collins 等（2000；2001）确认了麦芽浸出率、糖化力、α-淀粉酶、β-淀粉酶相关的 QTL 位点，并推荐南部地区育种项目日常应用的分子标记。南部和西部地区的育种项目中，分子标记的确认工作也已开始。

可以预期，尤其是各个育种项目关心的性状，在基于 PCR 技术的分子标记得到大量鉴定和开发的前提下，未来几年澳大利亚运用分子标记技术的大麦育种项目将快速增加。

近东、北非、东非和拉丁美洲

Salvatore Ceccarelli，Stefania Grando，Flavio Capattini

1. 近东

大麦在近东 16 个国家的播种面积大约为 800 万公顷。然而，土耳其、伊朗、叙利亚、伊拉克、阿富汗和巴基斯坦六国占了总面积的 98％（http://faostat.fao.org/,2008）。这些地方的大麦种植类型差异巨大。叙利亚、土耳其、伊拉克南部和伊朗的旱作区以二棱大麦为主，但在巴基斯坦、阿富汗、伊朗和伊拉克的灌区以六棱大麦为主。在叙利亚和伊拉克的大部分干旱地区，以及伊朗北部的一些旱作区，农民偏好种植黑色籽粒类型。这些地区种植的大麦都是冬性或者兼性材料，对光周期非常敏感。除了灌溉区外，在干旱或半干旱地区，由于雨水太少或不稳定，主要以种植大麦为主。在近东，大麦的主要用途是饲料。但在伊拉克和伊朗也有食用。

(1)叙利亚

叙利亚正式的农业研究始于 20 世纪 40 年代，标志是大马士革附近 Deir Elhajar 和 Kharabo 实验农场的建立。1946 年独立后，农业和耕地改革部（MAAR）各司（如园艺、林业、动物资源和植物保护）开始开展了一些有限的农业研究。

1946 年，农业和科学研究司（DASR）成立，在 MAAR 的领导下负责开展农业研究工作。1982年,DASR成立了一个谷物、豆类和牧草新品种培育技术委员会,负责协调DASR、国际旱地农业研究中心(ICARDA)以及干旱地区和旱地研究阿拉伯中心(ACSAD)的研究工作。这些杂交和育种方法培训项目被认为是大麦育种项目的开端。

2002年,MAAR下属9个农业研究实体合并成立国家科学和农业研究委员会(GCSAR),现在负责所有的育种项目(小麦、大麦、鹰嘴豆、小扁豆、蚕豆和棉花等)。

叙利亚的育种方法各式各样,有的从国际育种圃、ICARDAD等国际中心和其他国家引进,或者直接推广成熟品种(如ICARDA的国际育种圃就直接推广了两个大麦品种"Furat1"和"Furat2");也有从ICARDA引进分离群体;还有的进行传统的杂交育种或突变体引进(小麦、大麦、鹰嘴豆和大豆)。这些植物育种项目重点关注抗干旱、早熟、抗病和高产等性状。叙利亚的大麦育种只在GVSAR的试验站和研究中心进行,外国公司和私人机构不能进行植物育种工作。

育种工作的最后一步是农场试验,这将最终决定品种的推广前景。从20世纪70年代早期开始到现在,叙利亚的育种工作已经推广了7个大麦品种,但这些品种的种子应用非常少。部分原因是这些种子不能适应农场的实际环境,部分原因是国家种子繁育机构(GOSM)的能力比较薄弱。该组织生产的大麦种子只能供应市场的10%,小麦也只有60%的供应能力(Al-Ahmad等,1999)。

(2)约旦

约旦正式的农业研究始于20世纪50年代,标志是约旦河谷第一个农业研究站的建立。在那个年代,全国范围内建立了各种各样的研究站。研究从农业部的技术部门开始,后来转移到于1958年成立的科学农业研究部,再后来该部门与农业部的各延伸部门合并成立科学研究农业扩展部。在20世纪80年代中期,农业部重新建立,并成立了国家农业研究和技术转移中心(NCARTT)。2007年,NCARTT更名为国家农业研究和推广中心(NCARE)。该中心近年来发展是通过国家农业改良工程(NADP)实现的,该工程由约旦政府和美国国际发展局共同资助。

高等教育机构中的农业研究始于20世纪70年代早期,标志是约旦大学(UoJ)农学院(1972)和海产科学研究站(1974)的建立。虽然在大学中也偶尔开展一些大麦育种工作,但NCARE仍是大麦育种和推广的主要单位(Taimeh和Sunna,1999)。

约旦的大麦育种项目完全依靠种质材料的引进,主要来自ICARDA和ACSAD。这些材料在两个试验站中测试4年,然后在农场生产试验中检验,之后才确定是否建议推广。除了地方种(二棱)外,最受欢迎的改良种是Rum(六棱)。近来,这些育种项目推广了 3 个品种,分别是 Athroh(六棱)、Yarmouk(Esp/1808-4L//Harmal,二棱)和 Muta'a(Roho/A. Abiad/6250,二棱)。

过去 4 年中,约旦的大麦育种项目逐渐参照 Ceccarelli 和 Grando(2007)介绍的方法,转向参与式育种方案。

(3)伊朗

伊朗的农业研究可以追溯到 1925 年 Razi 学院的成立,该学院是现在的 Razi 血清、疫苗研究和生产学院(RSVRI)的前身,他们的研究活动始于德黑兰西北部的卡拉季市。1926 年,农业部下属的伊朗第一个农学院在卡拉季市成立。在 20 世纪五六十年代发生了重要的改变。在联合国粮农组织(FAO)等国际机构的技术支持下,成立了新的农业学院和研究所。在这些机构中,1959 年在卡拉季建立的种子和植物改良研究所(SPII)负责主要农作物的研究和种子扩繁工作(包括谷类、油料作物、棉花、水稻、园艺作物和牧草等)。1991 年,在阿塞拜疆省 Maragheh 市成立了旱地农业研究所(DARI),从而使 SPII 从繁多的职责中解脱出来,并在主要农产品和具有经济价值的非主要农产品方面进行扩展研究。尤其是,DARI 从植物生理、遗传学和农艺学方面,开展了非生物胁迫(低温和热害)耐性机制的基础研究,并正在开发克服这些胁迫的策略以提高产量。

伊朗的大麦育种始于 1930 年前后,主要进行地方种质材料的发掘。到 20 世纪 50 年代,开始进行地方种和外源种之间的杂交,并广泛使用系谱法育种,大量 F_6 材料在全国 22 个试验站进行多点测试。最后的检测由联合区域产量实验完成,主要在温暖、寒冷和旱作区进行。

DARI 建立后,SPII 继续负责灌溉区的大麦育种工作,而 DARI 主要关注旱作区(Roozitalab,1996)。

两个育种项目(DARI 和 SPII)都与 ICARDA 进行合作研究,它们接受、测试和使用国际育种圃及伊朗特殊种植环境的育种圃。伊朗大约有 80%的大麦种质材料或者直接来自 ICARDA,或者来自 ICARDA 种质材料的杂交后代。

(4)伊拉克

20 世纪 20 年代,经济和运输部下属的综合农业处开始了伊拉克的农业研究活动,并分别在巴格达附近的 Abu Ghraib 和摩苏尔附近的 Neinevah 建立了第一个农业试验站。

20 世纪 40 年代,农业研究工作由综合农业研究和推广处(DGARE)负责实施,直到 1958 年综合农业研究和工程处(DGAREJ)成立为止。在 20 世纪 70 年代,随着伊拉克原子能委员会(IAEC)在内的许多特殊试验站和研究中心的建立,农业研究活动得到了扩展。1980 年,国家应用农业研究委员会(SBAAR)建立,在 1987 年更名为国家农业研究和水资源委员会(SBARWS)。1990 年,

SBARWS撤销,代之为国家农业研究委员会(SBAR)和水与土壤资源中心(CWSR)。

伊拉克的大麦育种通常可以分为两个亚项目:一个关注巴格达附近的灌溉区,基地在 Abu Ghraib,另一个关注北部旱区,从农业生态学上看,与叙利亚东北部非常相似。

第一个亚项目基于六棱大麦,主要培育双重用途的品种,如牛饲料等。全部使用来自 ICARDA 的分离群体,成功地育成了 IPA1、IPA9 和 IPA265 等品种。第二个亚项目试图引进六棱大麦,虽然所关注的地区农民更愿意种植二棱黑籽粒大麦。该项目最大的贡献是成功地育成了大麦品种 Rihane-03,该品种直接引自 ICARDA,在 20 世纪 90 年代种植面积约 25 万公顷。

如今,由于 2003 年开始的战争的原因,伊拉克仅进行极少量的品种鉴定试验,当然材料全部引自 ICARDA。

(5)也门

也门的农业研究始于 20 世纪 40 年代英国殖民政府的控制时期。离亚丁 50 公里的 El-Kod 研究站建立于 1955 年,Wadi Hadramout 的 Seiyun 研究中心建立于 1972 年,两个试验站覆盖了也门南部中纬度地区。后来在联合国发展计划(UNDP/FAO)和国际发展协会(IDA)的大力支持下,农业研究活动在该国的大部分地区得到了发展。1970 年,这些项目引入也门,后来在 1978 年发展成总部在 Taiz 的中心研究站。1980 年,南也门农业和土地改革部在亚丁创立了研究和推广处(DRE),并在 1986 年改名为研究和发展局(农业和渔业部 1989)。与此同时,北也门也在 Dhamar 成立了农业研究管理局(ARA),负责研究工作,并应用这些成果促进农业生产。1990 年,随着南北也门的合并,DRE 和 ABA 以及它们各自的研究中心和试验站合并成立了农业研究和推广管理局(AREA)。

与该地区的其他国家一样,也门的大麦育种项目也主要是从国际中心引种,尤其是从 ICARDA 和 ACSAD,最近也从国际原子能机构(IAEA)引种。也门的主要育种工作在首都萨那城外 Al Erra 的研究站进行。从 ICARDA 引入的两个品种 Beecher 和 Arivat,在 1986 年得到推广。在 1999 年,ICARDA 和 AREA 合作在也门进行了两年的引种计划,最后农民驯化了两个大麦品种,AREA 利用参与式育种法,对 IAEA 诱变育种获得的种质材料进行分析评价。

2. 北非

北非的作物栽培历史可以追溯到远古时代。可能早于公元前 12 世纪的腓尼基人殖民时期。Médjerda 河谷三角洲的尤蒂卡古城非常适合小麦栽培,唯一的目的是为 Tyrus 到 Guadalquivir 的长途海上旅行提供食物。靠近现在突尼斯的迦太基城最后代替了尤蒂卡成为出口港。

当罗马帝国摧毁迦太基城并控制整个北非时，谷物种植早已在 Setif 高原(阿尔及利亚)和努米底亚扎根。因为该地肥沃的土壤和充足的谷物供应，后来被罗马帝国占领。公元初期的先知 Pliny 在“非洲土壤”中写道“受谷类女神的恩赐，油和美酒都可以拒绝，土地的收成是这个国家的最大骄傲”。

今天，在北非五国，大麦是仅次于小麦的第二大作物，总播种面积约为 350 万公顷(2002—2006 年平均)，其中 60% 种植在摩洛哥(http://faostat.fao.org/)。在降水太少或不均匀而不宜种植小麦的干旱或半干旱地区，以种植大麦为主。这些地区包括埃及西北部沿海(年降雨量大约 100mm)和阿尔及利亚西部的一些省份。在阿尔及利亚西部，因为家畜饲料的需求旺盛，大麦成为一种主要作物。

与近东不同，北非地方种和改良品种主要以六棱大麦为主，很少有二棱大麦。由于宗教原因，优良二棱大麦的推广从未获得成功(二棱大麦与啤酒生产有关)。

与近东一样，大麦的主要用途是饲料。然而，大麦用作粮食比近东更为广泛，事实上，摩洛哥的人均大麦食用量在世界上是最多的。近来，阿尔及利亚和埃及的大麦食用消费也在不断增加(Grando 和 Gomez Macpherson，2005)。

北非大麦育种在各个国家有很大的不同，如同前述的近东地区，所有国家的大麦育种都比小麦育种要晚。因此，很多年来，大麦和小麦育种由同一批科学家，在相同的研究站中进行，并采用相同的原理和育种方法完成。这种情况并不能认为两种作物种植在不同的农业生态环境，只是因为农场规模大小不同，或者由于农民的富裕程度不同而使获取的信息不同。

(1)突尼斯

突尼斯大麦育种是大多数北非和近东国家的典型。在突尼斯，谷物育种始于 20 世纪初期植物和农业服务处的成立，并从小麦开始。小麦育种发端于对当地存在的硬粒小麦的广泛变异的利用，直到 1930 年进行第一次杂交后才进行集中选育。大约也在那个时候，普通小麦从法国和阿尔及利亚引入。20 世纪 70 年代，从 CIMMYT 引入了一批种质材料，并推广了一些品种，但所有品种都是直接引入或者从分离群体中筛选得到。引进这些材料的同时，也开始广泛施用肥料和化学除草剂。

大麦育种项目开展较晚，在 1950 年该国引入大麦品种“Martin”和“Cérès”前还一直大量种植地方品种。因为种子生产的问题，这两个品种未能在该国中部和南部替代当地品种。

第一次有意义的大麦育种工作发生在 1973 年(M. Harrabi，私人通讯)，主要是杂交并选育适合半干旱环境下的早熟材料。获得的材料在突尼斯中部地区和西北部高原地区进行测试。随着1976年ICARDA的建立(在突尼斯设有区域办公室),突尼斯作为ICARDA大麦育种项目的一个测试点,因此获得了比其他国家更多的遗传材料。早在1984年,就筛选了大量的品系,并鉴定到第一批有希望的品系,如ER/Apm,Roho和WI2198(来自阿德莱德的Waite研究所,澳大利亚)。最后在1985年分别以Faiz、Roho和Taj命名进行推广。与ICARDA的合作持续了很多年,主要是进行种质交换(包括最终的品系和分离群体)和基于这些育种圃的品种推广。

(2)阿尔及利亚

小麦(普通或硬粒)和大麦是阿尔及利亚的主要冬季作物。小麦中,可以在地方种中找到少量的圆锥小麦(*Triticum turgidum*)、野生二粒小麦(*Triticum dicoccoides*)和波兰小麦(*Triticum polonicum*),在绿洲地区可找到斯卑尔脱小麦(*Triticum spelta*)。

和突尼斯一样,农民一开始都种植地方种。谷物育种始于1905年,由创造了第一个纯系硬粒小麦的L. Ducellier教授发起。在他过早离世后,他的工作由他的学生继续。

育种历史可以划分为两个阶段:

①第一阶段(1900—1962年),主要是通过收集和鉴定硬粒小麦,利用现存的地方种。Ducellier在1930年进行了第一次杂交,并通过大量筛选培育品种,这些杂交工作主要关注高产和品质。

②第二阶段(1962—1990年),主要是通过欧洲计划、FAO、CIMMYT和ICARDA等计划或组织,从西班牙、意大利、希腊、叙利亚、俄罗斯和美国引种。通过直接引种或者对引进的分离群体进行选择,培育了许多品种。这些品种的投入(肥料和除草)要高于地方种。在第二个阶段也进行了一些有限的杂交育种。

第一个阶段的工作首先是引进硬粒小麦,而后进行地方种之间的杂交和引进品种。在那个时候,Maison-Carrée研究中心可以依靠与主要谷物种植区相对应的大量阿尔及利亚区域性实验站。

1930年,阿尔及利亚才开始普通小麦的改良,与硬粒小麦的轨迹相同。

同样地,对大麦来说,起初的工作都是从近东进行混合引种,紧接着进行系谱法选择,该方法培育了Saida183和Tichedrette等地方适应性品种,后者也适合山区种植。主要的栽培品种为白色籽粒;然而,农民认为黑色籽粒类型的品种更耐干旱。啤用大麦在阿尔及利亚并不重要,因为这些品种易落粒,且地方工业对此不感兴趣。

作为与ICARDA的合作成果,培育了许多品种,但这两个地方适应性品种依然在广泛种植。

现在，阿尔及利亚大麦育种几乎完全依赖于ICARDA的种质，过去3年中，该国开始了有组织的参与式育种（Ceccarelli和Grando，2007）。

（3）摩洛哥

摩洛哥的大麦育种可以追溯到1920年，当时以改良地方种和引进国外二棱大麦品种为主。在大量来自欧洲、美国和澳大利亚的大麦品种中，最后筛选到12个材料，包括Chevalier、Hannchen、Combesse、Guldkoen、Princesse和Prior（Grillot，1939）。对当地群体的筛选最初获得了两个品系077和071，后来分别命名为Rabat 77和Merzaga 71（Saidi等，2005）。

直到1970年才开始引进二棱和六棱大麦，并成功推广了Arig 8、Tamelalt、Asni和Azilal等一批品种。从1980年开始，从美国收集和引进的大麦品种开启了摩洛哥大麦育种的新阶段，目标是改善早熟特性和提高收获指数。对这一时期产生的种质进行了多点试验，以筛选具有广适应性的品系（Amri，1993）。这些筛选试验在抗病和产量研究试验站进行。育成了12个品种，但不管它们的表现如何，只有不到5%的大麦种植区采用这些品种。不加选择追求广适应性被认为是这些品种不适应种植区农场环境的主要原因（Saade，1994）。这也促使了育种策略的改变，即对优良的种植环境培育广适应性品种，对边缘环境培育特定适应性的品种。后来，摩洛哥的大麦育种也采用了参与式育种的方式。

（4）利比亚

利比亚的农业研究可以追溯到20世纪初意大利殖民时期，当时为了服务意大利农业殖民者，而在的黎波里附近的Sidi El Masri建立了“利比亚农业和畜牧业研究中心”。

在20世纪50年代早期，农业部成立，农业研究的目标和组织都发生了巨大的变化。农业研究隶属于植物和动物生产管理局。1981年，全国人民委员会（部长内阁）成立了国家科学研究管理局（NASR），职责是规划和负责国家的科学研究政策，填补了现有研究机构和研究中心没有执行的研究空白，并在技术上协调各研究中心开展工作。在NASR的庇护下，成立了几个新的研究中心，包括农业研究中心（ARC），大部分的植物育种都在该中心进行。该中心下辖4个“地区农业研究中心”（RARC），并有13个试验站支撑。

①西部RARC（拥有绝大部分的农业及人口），位于的黎波里以东20公里的Tajura。它有6个研究站和3个实验点，主要关注全灌溉和部分灌溉的作物，如蔬菜、谷物、水果和牧草，也进行一些干旱农业研究。

②东部RARC，位于的黎波里以东1100公里的Al-Marj，覆盖从Sirte到埃及边界的区域（4个研究站），主要关注旱区农业（谷物、豆类和水果）、森林和牧场。

③中部 RARC,位于的黎波里以东 200 公里的 Musrata,覆盖从 Khomes 到 Sirte 的区域(2 个研究站),有 10 个研究人员主要从事耐盐性研究。

④Sebha RARC,位于的黎波里以南 700 公里,覆盖该国的南部地区,主要关注干/热气候地区和全灌溉作物(谷物、豆类、牧草和棕榈树)。

育种项目主要测试从国际组织引进的材料:以大麦为例,种质材料主要来自 ICARDA。在过去 10 年中,该组织分发极早熟的种质,尤其适用于利比亚,因其大部分大麦种植区都是短生长季地区。在 1992—2005 年已经推广了 8 个品种。

(5)埃及

埃及的第一所农业学校建于 1869 年,第一个农业管理机构建于 1875 年。在 19 世纪,埃及的农业研究工作由埃及皇家协会开展,早在 1897 年就已经在不同地点建立了大量的实验农场。1910 年,农业管理局成立,主要职责是进行种子研究和生产,向农民传授耕作方法,尤其是土壤分析和施肥、害虫控制和发表科学与技术论文。1913 年农业部成立。1957 年研究局建立,其中第一个就是植物育种局(Rivera 和 Elkalla,1997)。

在过去几十年中,埃及农业部进行了很多改革。从 1913 年的 7 个部门发展到 1950 年的 28 个部门,到 1963 年已经拥有 194 个部门,现在有 92 个部门,负责处理各种农业生产活动。早期的主要部门是农业、园艺、植物保护、土壤、动物生产、兽医实验室和种子生产等。这些部门在 1971 年进行了重组,成为了农业和土地开垦部的一个研究实体,叫做国家农业研究管理局,在 1983 年重新命名为 ARC。直到今天,它仍是埃及农业研究和推广的主要机构,是作物育种的主要负责机构。

埃及的大麦育种历史悠长,已经超过了一个世纪。这已经引起了国际组织对埃及遗传资源的关注,尤其是非生物胁迫的适应性材料,如干旱、盐胁迫和耐贫瘠。很多地方种和当地品种采自西北海岸、Siwa 和西奈的沙漠地区。这些材料保存在基因库中,为不同的大麦育种项目所利用。

直到 20 世纪初期,农民还依赖于从地方种中的优良选株而培育的当地品种。每个部落都有他们自己的当地品种(即贝多因人品种),这些品种由部落成员选择并保存。

1898 年,作为苏丹农业机构(皇家农业协会)的一部分, Bahteem 农业研究站建立了一个植物育种部门,正是从那时起开始了有组织的大麦育种工作。直到 20 世纪 40 年代,大麦育种工作还主要是收集和筛选当地品种或地方种,统称为“巴拉迪品种”。这些工作选择到许多高产和抗病的品种,如 Baladi 16、Bahteen 52 和 Giza 24。从 20 世纪 40 年代开始,大麦育种者开始从其他国家引进一些种质材料,如 Abyssinia 12、Hungaria 1 和 Palestine。通过对这些引进材料的筛选,在 1948 年育成了两个新品种 Giza 68 和 Giza73。1956 年,培育了一个极早熟的大麦品种(Hybrid 100),也称为 Saharawi 100。直到现在,该品种还在广泛应用于早熟大麦育种。该品种也是通过 Baladi 16 和 Atsel 杂交获得的第一个品种。另一个著名的品种是 California Mariout,与 Saharawi 100 一起在埃及干旱地区广泛种植。

大麦育种家不断将当地品种和引进材料进行杂交,以培育更适应低降水量地区的新品种。例如,1959 年育成的 Giza 117 就是从 Baladi 16 和 Palestine 10 杂交后代中筛选到的;分别在 1973 和 1980 年育成的 Giza119 和 Giza121 均源于 Baladi 16×Gen。

另一波大麦品种培育始于 20 世纪 80 年代,如 Giza121、CC-89、Giza123 和 Giza124。最后两个品种替代了前面所有的品种,因为它们具有高产潜力,尤其是在盐碱地和热害胁迫下表现优异。

埃及的大麦育种工作主要关注耐干旱和盐害、抗病、抗蚜虫以及耐热的基因型。种质材料主要来源于 ICARDA 以及从地方材料间杂交获得的本地育种材料。

埃及的大麦育种计划主要关注 3 个主要环境,分别是西北部沿海和西奈的干旱地区、新开垦的地区(人工灌溉)、盐碱土以及老的灌溉区。这些育种项目采用传统的系谱法,其产量测试在试验站采用多点、小面积和大面积两种实验方式进行。种质繁育在 Sakha 研究站的浇灌条件下进行。

在与沙漠研究中心(DRC)的合作中,ICARDA 在过去 8 年中参与了西北部沿海地区的大麦育种项目:它涉及 8 个村落,至今至少已培育了 5 个品种,这些品种已经被农民繁育(按照法律,官方不能繁育种子),这也是这些品种不能广泛应用的主要限制因子。

3. 东非

东非最重要的两个大麦种植国家是埃塞俄比亚和厄立特里亚,也是两个世界上最穷的国家。农业几乎是这两个国家绝大部分人口(85%)仅有的生活来源。在 1991 年厄立特里亚从埃塞俄比亚独立前,这两个国家的大麦育种是公共的。

大麦是这两个国家最重要的食物来源之一,在上千万人的饮食中具有重要的地位。在它们的高地上,种植的大麦面积超过 100 公顷。这两个国家的农民都种植大麦,是因为大麦与其他谷物相比具有许多优点:①大麦可以在其他作物不宜种植的边缘地带种植;②大麦收获较其他作物早,可以在频繁出现的漫长雨季缓解食物短缺;③大麦产量较其他谷物稳定;④大麦是可靠的粮食作物,因为它可以在不同的季节和生产系统下种植;⑤大麦是制作传统饮料和啤酒的理想作物;⑥大麦秆是很好的动物饲料和床垫原料,也可以搭建屋顶。

有理由认为，埃塞俄比亚和厄立特里亚在公元前3000年就已有大麦种植(Gamst，1969)。这两个国家，尤其是埃塞俄比亚，气候、土壤、地形、社会环境、植被和家畜类型存在着很大的差异。悠久的大麦栽培史和形形色色的农业生态环境以及耕作方式，造就了大量的地方种和传统农艺措施。所以不同的大麦类型都有种植：皮大麦、裸大麦、六棱和二棱大麦、非常规类型、密穗型、疏穗型、冠芒型、长芒和短芒型、光芒和刺芒型等(Asfaw，1988)。另外，大麦地方种特异多样，如成熟期、种子颜色和大小、幼苗早发特性、麦秆强度和病虫害抗性等。地方种通常与其他作物混合种植，最著名的混合种植模式是大、小麦混合种植，称为*hanfets*，在埃塞俄比亚北部的Tigray地区和厄立特里亚的高地上非常普遍(Woldeamlak等，2002；2008)。

埃塞俄比亚和厄立特里亚是大麦、硬粒小麦等作物的变异中心。如果算上农民上千年的品质选择，那么这两个国家具有很长的大麦育种历史。

(1)埃塞俄比亚

埃塞俄比亚的大麦研究工作始于20世纪50年代早期，标志是Alemaya农业和机械学院在Debre Zeit的试验站的成立，它的工作主要是评价地方种和引进育种圃。1966年农业研究所成立后，大麦研究从Debre Zeit转移到了Holetta研究中心。

对农业研究机构进行重组并成立联邦中心(埃塞俄比亚农业研究组织[EARO])和地区农业中心后，大麦研究工作开始在Holetta研究中心和地区研究中心(在Kulumsa、Ambo、Shemo、Adet、Sirnka、Mekele和Sinana)以及其他埃塞俄比亚研究机构间协调进行。国际合作者包括FAO、美国农业部(USDA)和瑞士研究和教育协作机构(SAREC)。从20世纪70年代中期开始，与ICARDA的合作，对交换信息和种质材料以及提升育种能力有重要意义。

在1970—1990年，对近14000个地方种进行了评价，大部分对云纹病(由*Rhynchosporium secalis* Oud. 引起)、网斑病(由*Helminthosporium teres* Sacc. 引起，Drechs)、斑枯病(由*Helminthosporium sativus* Pum. 引起)和叶锈病(由*Puccinia hordei* Otth. 引起)敏感，且易倒伏。但通过这些工作，在20世纪90年代育成了几个著名的品种，如Shege、Misrath和Abay等(Lakew等，1997；Yitbarek等，1998)。

在1966—2001年，评估了将近30000个外来种质材料。绝大部分对云纹病、网斑病、斑枯病和大麦潜芽蝇(*Delia Flavibasis*)敏感，而且植株活力差、籽粒小。只有6%的材料用于进一步研究。在20世纪70年代早期，种质主要来自FAO近东地区项目组、USDA和旱地农业发展中心(ALAD)。到20世纪70年代中期，ICARDA的种质库也获得了来自巴西、哥伦比亚、前捷克斯洛伐克、埃及、印度、肯尼亚、秘鲁、瑞典和前南斯拉夫共和国的材料(Gebre等，1996)。

通过这些努力，育成了一个皮大麦品种 AHOR880/61，其他一些优异品系正作为理想农艺性状的基因库而用于国家大麦杂交项目，如品质、坚硬茎秆和病虫害抗性。

1974—2001 年，在外源和本地种质以及本地种质之间配置了 1,600 多个杂交组合（单交、双交和三重交），以提高抗倒伏和抗病性，如云纹病、网斑病、斑枯病和叶锈病。F_2 材料在全国多个地点进行评价。在该项目中，只鉴定到一个表现突出的皮大麦品种 HB42。

现在，一些地区中心正开展参与式大麦育种项目。

(2)厄立特里亚

厄立特里亚的大麦育种始于 1997 年（独立后不久），主要工作是农业研究和人力资源发展部（DARHRD）的研究人员进行种质材料的收集，以及将埃塞俄比亚基因库中的当地种质送回本国。大部分工作由丹麦政府提供资助。

大麦育种项目在 1998 年正式开始，标志是对 1997 年收集的地方种进行评价和在 ICARDA 进行有目标的杂交筛选。1999 年在 3 个村庄进行了第一次田间试验，并鉴定到潜在的品种。大麦育种工作因与埃塞俄比亚的战争而中断，后来在 2004 年重新开始，由国际农业研究咨询小组（CGIAR）的水和食品问题项目提供经费支持。

在第二个阶段，随着对基因库中的地方种和大量试验材料系统评价工作的完成，国家农业研究所（NARI）和新单位 DARHRD 对新育种材料进行了田间试验，这些品系来源于 ICARDA 的地方种和外源种质的杂交后代。

4. 拉丁美洲

大陆大麦在 1493 年首先由西班牙人种植于波多黎各的 Isabela，后来由此地慢慢传入墨西哥和美国。南美大麦和小麦的栽培时间尚不清楚，很有可能是 1527 年在 Sancti Spiritus 要塞，也就是今天阿根廷的圣达菲市（Arias，1995）。从那里，大麦开始传播到安第斯山脉及其周边国家。南美洲有关大麦和小麦的第一个科研工作是由 Alberto Boerger 和 Enrique Klein 博士于 1912 年在乌拉圭开展的，他们的工作是从农民种植的群体中筛选抗叶锈病（*Pa7* 基因）的纯系。

根据生态区域和用途，大麦在拉丁美洲的种植区可以分为两个主要类群：①安第斯山区，有玻利维亚、厄瓜多尔、哥伦比亚和秘鲁等国，当地大麦的主要用途是食用、饲用和牧草；②南美洲最南部的国家，包括阿根廷、巴西、智利和乌拉圭等国，再加上墨西哥，这些地区的大麦几乎全部用于制麦以生产啤酒。第一个类群的大麦生产较为稳定，但第二个类群的大麦生产由于麦芽需求的快速增而不断增加，因为美洲和世界啤酒以及麦芽产品的消费持续增加。

随着第一个大麦研究项目在次大陆乌拉圭 La Estanzuela 的建立，该地区大麦研究工作在不同时期和地点持续开展。公共研究机构的大麦育种总是作为小麦育种的附属，并且总是依靠较少的经费和人力资源。尽管这样，拉丁美洲国家也进行了大量的研究和筛选工作，并且大麦在该地广泛种植(Arias，1995)。如今，在阿根廷、巴西、智利、厄瓜多尔、墨西哥、秘鲁和乌拉圭等国，较好地建立了一些公共或私立的大麦长期育种项目，并取得了一定的成功。因为推广的主要是啤用大麦品种，所以很少采用本地的牧草或饲用大麦基因资源进行杂交育种。除了智利育成了一些冬性或兼性的大麦品种外，几乎全部都是春大麦。除了在厄瓜多尔和秘鲁有少量的裸大麦品种种植外，几乎所有的栽培品种都是皮大麦。

安第斯山脉国家在 20 世纪 70 年代后期从欧洲传入了条锈病(由 *Puccinia striiformis* f. sp. *hordei* 引起)，并感染了所有的品种，在当时对全部的高地国家都造成了严重的减产(Dubin 和 Stubbs，1985)。所有本地品种对该病都高度敏感，因此当地的育种项目不得不在相对较短的时间内培育出抗性品种。如今，所有在安第斯山脉国家和墨西哥推广的品种，都必须具有条锈病抗性。

参考文献

ABB Grain. 2008. Available at http://www. abb. com. au/ or http://ezigrain. abb. com. auhomehome. asp.

Abbott, D. C., A. H. D. Brown, and J. J. Burdon. 1992. Genes for scald resistance from wild barley (*Hordeum vulgare* ssp. *spontaneum*) and their linkage to isozyme markers. Euphytica 61: 225－231.

Abbott, D. C., J. J. Burdon, A. M. Jarosz, A. H. D. Brown, W. J. Muller, and B. J. Read. 1991. The relationship between seedling infection types to leaf scald in Clipper barley backcross lines. Aust. J. Agric. Res. 42: 801－809.

Ablett, G. A., A. Karakousis, L. Banbury, M. Cakir, T. A. Holton, P. Langridge, and R. J. Henry. 2003. Application of SSR markers in the construction of Australian barley genetic maps. Aust. J. Agric. Res. 54: 1187－1195.

Al-Ahmad, H., W. El Taweel, and G. Some. 1999. The national agricultural research system of Syria. *In* J. Casas, M. Solh, and H. Hafez (eds.). The National Agricultural Research Systems in the West Asia and North Africa Region. ICARDA, FAO, AARINENA, and CIHEAM, Aleppo, Syria.

Amri, A. 1993. Comparison of performances of barley, wheat and critical varieties, pp. 62－70. Project report IFAD/ ICARDA/Maghreb, Settat, January 1993.

Anderson, M. K. and E. Reinbergs. 1985. Barley breeding, pp. 231－268. *In* D. C. Rasmusson (ed.). Barley. Agronomy Monograph No. 26. American Society of Agronomy, Madison, WI.

Arias, G. 1995. Mejoramiento Genetico Y Produccion De Cebada Cervecera En America Del

Sur. Technical Cooperation Network for Food Crop Production. Plant Production and Protection Division, Regional Office of the FAO for Latin America and the Caribbean, Food and Agriculture Organization-FAO, Rome.

Armitt, J. and H. Way. 1990. Breeding and assessment of new malting barleys in Australia, pp. 57－64. Proceedings of the 21st Convention of the Institute of Brewing, Australia and New Zealand Section, Auckland, New Zealand, 1990.

Asfaw, Z. 1988. Variation in the morphology of the spike within Ethiopian barley, *Hordeum vulgare* L. (*Poaceae*). Acta Agric. Scand. 38: 277－288.

Barr, A., J. Eglinton, P. Langridge, P. Warner, and K. Chalmers. 2001. Marker assisted selection-where to now? *In* Proceedings of the 10th Australian Barley Technical Symposium, Canberra, Australia, Sept. 16－20. Available at http://www.regional.org.au/auabts2001/m2/barr.htm#TopOfPage.

Barr, A. R. and J. Kneipp. 1995. Review of the current and forecast demand, quality requirements and research priorities for feed barley in Australia, pp. 164－171. *In* Proceedings of the 7th Australian Barley Technical Symposium, Perth.

Barr, A. R., A. Karakousis, R. C. M. Lance, S. J. Logue, S. Manning, K. J. Chalmers, J. M. Kretschmer, W. J. R. Boyd, H. M. Collins, S. Roumeliotis, S. J. Coventry, D. B. Moody, B. J. Read, D. Poulsen, C. D. Li, G. J. Platz, P. A. Inkerman, J. F. Panozzo, B. R. Cullis, A. B. Smith, P. Lim, and P. Langridge. 2003b. Mapping and QTL analysis of the barley population Chebec×Harrington. Aust. J. Agric. Res. 54: 1125－1130.

Barr, A. R., K. J. Chalmers, A. Karakousis, J. M. Kretschmer, S. Manning, R. C. M. Lance, J. Lewis, S. P. Jeffries, and P. Langridge. 1998. RFLP mapping of a new cereal cyst nematode resistance locus in barley. Plant Breed. 117: 185－187.

Barr, A. R., S. P. Jefferies, P. Warner, D. B. Moody, K. J. Chalmers, and P. Langridge. 2000. Marker assisted selection in theory and practice, pp. 167-178. Proceedings of the 8th International Barley Genetics Symposium, Adelaide Australia, 2000.

Barr, A. R., S. P. Jefferies, S. Broughton, K. J. Chalmers, J. M. Kretschmer, W. J. R. Boyd, H. M. Collins, S. Roumeliotis, S. J. Logue, S. J. Coventry, D. B. Moody, B. J. Read, D. Poulsen, R. C. M. Lance, G. J. Platz, R. F. Park, J. F. Panozzo, A. Karakousis, P. Lim, A. P. Verbyla, and P. J. Eckermann. 2003a. Mapping and QTL analysis of the barley population Alexis×Sloop. Aust. J. Agric. Res. 54: 1117－1123.

Barua, U. M., K. J. Chalmers, C. A. Hackett, W. T. B. Thomas, W. Powell, and R. Waugh. 1993. Identification of RAPD markers linked to a *Rhynchosporium* secalis resistance locus in barley using near-isogenic lines and bulked segregant analysis. Heredity 71: 177－184.

Behall, K. M., D. J. Scholfield, and J. G. Hallfrisch. 2004. Lipids significantly reduced by diet containing barley compared to whole wheat and brown rice in moderately hypercholesterolemic men. JAMA 23: 55－62.

Beschreibende Sortenliste 2009. Bundessortenamt. Landbuch-Verlag, Hannover, Germany.

Blake, T., J. G. P. Bowman, P. Hensleigh, G. Kushna, G. Carlson, L. Welty, J. Eckhoff, K. Kephart, D. Wichman, and P. M. Hayes. 2002. Registration of 'Valier' barley. Crop Sci. 42: 1748—1749.

Borovkova, I. G., Y. Jin, and B. J. Steffenson. 1997a. Mapping of the leaf rust resistance genes *Rph*9 and *Rph*12 in barley. Plant and Animal Genome V, poster abstract P152. Available at http://www.intl-pag.org/pag/5/abstracts/p-5c-152.html.

Borovkova, I. G., Y. Jin, and B. J. Steffenson. 1998. Chromosomallocation and genetic relationship of leaf rust resistance genes *Rph*9 and *Rph*12 in barley. Phytopathology 88: 76—80

Borovkova, I. G., Y. Jin, B. J. Steffenson, A. Kilian, K. T. Blake, and A. Kleinhofs. 1997b. Identification and mapping of a leaf rust resistance gene in barley line Q21861. Genome 40: 236—241.

Bowman, J. and T. Blake. 1996. Barley feed quality for beef cattle, pp. 82—90. *In* G. Scoles and B. Rossnagel (eds.). Proceedings of the 5th International Oat Conference and 7th International Barley Genetics Symposium, Invited Papers, University Extension Press, University of Saskatchewan, Saskatoon, Saskatchewan, Canada.

Box, A. J. and A. R. Barr. 2000. Identification of molecular markers associated with improved coleoptile length in hulless barley, pp. 11—13. *In* S. Logue (ed.). Barley Genetics VIII: Proceedings of the 8th International Barley Genetics Symposium, Oct. 22—27, 2000. Vol. 3. University of Adelaide, Waite Campus, Adelaide, Australia.

Box, A. J., A. R. Barr, and P. Langridge. 1997. The application of molecular markers to facilitate the rapid selection of hulless barley progeny, pp: 356—359. Proceedings of the 8th Australian Barley Technical Symposium, Sept. 7—12, Gold Coast, Australia.

Boyd, W. J. R. and A. Dube (eds.). 1989. Barley diseases survey: importance, research status and support. A survey carried out in conjunction with the Second Barley Diseases Workshop, Adelaide, South Australia, October 26 and 27, 1989.

Boyd, W. J. R., C.-D. Li, C. R. Grime, M. Cakir, S. Potipibool, L. Kaveeta, S. Men, M. R. Jalal Kamali, A. R. Barr, D. B. Moody, R. C. M. Lance, S. J. Logue, H. Raman, and B. J. Read. 2003. Conventional and molecular genetic analysis of factors contributing to variation in the timing of heading among spring barley (*Hordeum*, *vulgare* L.) genotypes grown over a mild winter growing season. Aust. J. Agric. Res. 54: 1277—1301.

Boyd, W. J. R., D. Janakiram, T. N. Khan, and P. A. Portman. 1981. Breeding for resistance to scald in barley. Barley diseases in Australasia: Proceedings of a Workshop held at Adelaide, October 17—19, 1979. University of Adelaide, Waite Campus, Adelaide, Australia, pp. 118—133.

Bregitzer, P., D. W. Mornhinweg, R. Hammon, M. Stack, D. D. Baltensperger, G. L. Hein, M. K. O'Neill, J. C. Whitmore, and D. J. Fielder. 2005. Registration of Burton barley. Crop Sci. 45: 1166—1167.

Broughton, S. and D. M. E. Poulsen. 1997. An overview of the *Hordeurn bulbosurn* method and its potential for Australian barley breeding programs, pp. 2: 9.11 — 2: 9.19. Proceedings of the 8th Australian Barley Technical Symposium, Gold Coast, Queensland, Australia, 1997.

Brown, A. H. D. , D. C. Abbott, J. J. Burdon, B. J. Read, and D. B. Moody. 1993. Use of gene tags in developing barley with multiple scald resistances, pp. 83-84. Proceedings of the 6th Australian Barley Technical Symposium, Launceston, Tasmania, 1993.

Brown, A. H. D. , J. Munday, and R. N. Oram. 1988. Use of isozyme-marked segments from wilcl barley (*Hordeum spontaneum*) in barley breeding. Plant Breed. 100 : 280-288.

Brown, A. H. D. , J. J. Burdon, R. K. Genger, D. C. Abbott, J. S. Brown, G. B. Wildermuth, and P. M. Banks. 2000. Wild barley (*Hordeum vulgare* ssp. *spontaneum*) as a source of disease resistance for barley breeding, pp. 56-58. In S. Logue (ed.). Barley Genetics VIII: Proceedings of the 8th International Barley Genetics Symposium, Adelaide, South Australia, October 22-27, 2000, Vol. 1. University of Adelaide, Waite Campus, Adelaide, South Australia.

Cakir, M. , D. Poulsen, N. W. Galwey, G. A. Ablett, K. J. Chalmers, G. J. Platz, R. F. Park, R. C. M. Lance, J. F. Panozzo, B. J. Read, D. B. Moody, A. R. Barr, P. Johnston, C. D. Li, W. J. R. Boyd, C. R. Grime, R. Appels, M. G. K. Jones, and P. Langridge. 2003b. Mapping and QTL analysis of the barley population Tallon×Kaputar. Aust. J. Agric. Res. 54: 1155—1162.

Cakir, M. , M. Spackman, C. R. Wellings, N. W. Galwey, D. B. Moody, D. Poulsen, F. C. Ogbonnaya, and H. Vivar. 2003c. Molecular mapping as a tool for pre-emptive breeding for resistance to the exotic barley pathogen, *Puccinia striiformis* f. sp. *hordei*. Aust. J. Agric. Res. 54: 1351—1357.

Cakir, M. , N. Galwey, D. Poulsen, G. Platz, R. Johnston, G. Ablett, C. Wellings, and H. Vivar. 2001. Mapping genes for resistance to net form net blotch and stripe rust in barley (*Hordeum vulgare* L.). Proceedings of the l0th Australian Barley Technical Symposium, Canberra, Australia, Sept. 16 — 20, 2001. Available at http://www. regional. org. au/auabts2001/t3/cakir. htm#TopOfPage.

Cakir, M. , S. Gupta, G. J. Platz, G. A. Ablett, R. Loughman, L. C. Emebiri, D. Poulsen, C. -D. Li, R. C. M. Lance, N. W. Galwey, M. G. K. Jones, and R. Appels. 2003a. Mapping and validation of the genes for resistance to *Pyrenophora teres* f. *teres* in barley (*Hordeum vulgare* L.). Aust. J. Agric. Res. 54: 1369—1377.

Carver, B. F. and R. F. Bruns. 1993. Emergence of alternative breeding methods for autogamous crops, pp. 43—56. Proc. of the 10th Australian Plant Breeding Conference, Gold Coast, Queensland, Australia, 1993.

CBH Group. 2008. Harvest Handbook-An Important Information Guide to Assist Growers and Carters before, during and after Delivering Grain to CBH Group Receival Points-2007-08 Season. CBH Group, Perth, West Australia.

Ceccarelli, S. and S. Grando. 2007. Decentralized-participatory plant breeding: an example of demand driven research. Euphytica 155: 349—360.

Chen, F. Q, D. Prehn, P. M. Hayes, D. Mulrooney, A. Corey, and H. Vivar. 1994. Mapping genes for resistance to barley stripe rust (*Puccinia striiforrnis* f. sp. *hordei.*). Theor. Appl. Genet. 88: 215—219.

Chen, X. 2004. Epidemiology of barley stripe rust and races of *Pucciniza striiforrnis* f. sp. *hordei*: the first decade in the United States. Cereal Rusts Powdery Mildews Bulletin. Available at http://www.crpmb.org/2004/1029chen/(accessed August 17, 2008).

Chicaiza, O., J. D. Franckowiak, and B. J. Steffenson. 1996. New sources of resistance to leaf rust in barley, pp. 706—708. *In* G. Scoles and B. Rossnagel (eds.). Proceedings of the 5th International Oat Conference and 7th International Barley Genetics Symposium. Poster Sessions, Vol. 2. A. Slinkard, G. Scoles (eds.). University Extension Press, University of Saskatchewan, Saskatoon, Saskatchewan, Canada.

Clapham, D. 1973. Haploid *Hordeum* plants from anthers *in vitro*. Pflanzenzuchtg 69 : 142-145. Cited by Kasha, K. J. and E. Reinbergs. 1982.

Collins, H., S. Logue, S. Jefferies, and A. Barr. 2001. Validation of markers for malt extract, DP, alpha-amylase and beta-amylase. Proceedings of the 10th Australian Barley Technical Symposium, Canberra, Australia. Available at http://www.regional.org.au/auabts2001/w2/collins.htm#TopOfPage.

Collins, H. M., J. F. Panozzo, S. J. Logue, S. P. Jefferies, and A. R. Barr. 2003. Mapping and validation of chromosome regions associated with high malt extract in barley (*Hordeum vulgare* L.). Aust. J. Agric. Res. 54: 1223—1240.

Collins, H. M., S. J. Logue, S. P. Jefferies, and A. R. Barr. 2000. Using QTL mapping to improve our understanding of malt extract, pp. 225 — 227. Proceedings of the 8th International Barley Genetics Symposium, Adelaide, 2000.

Collins, N. C., N. G. Paltridge, C. M. Ford, and R. H. Symons. 1996. The *Yd2* gene for barley yellow dwarf virus resistance maps close to the centromere on the long arm of barley chromosome 3. Theor. Appl. Genet. 92: 858—864.

Cook, R. J. and R. J. Veseth. 1991. Wheat Health Management. APS Press, St. Paul, MN.

Cotterill, P. J., R. G. Rees, and G. J. Platz. 1994. Response of Australian cultivars of barley to leaf rust (*Puccinia hordei*). Australas. J. Exp. Agric. 34: 783—788.

Cotterill, P. J., R. G. Rees, and W. A. Vertigan. 1992. Detection of *Puccinia hordei*. virulent on the *Pa9* and Triumph resistance genes in barley in Australia. Australas. Plant Pathol. 21;32—34.

Coventry, S., A. Barr, J. Eglinton, and G. McDonald. 2001. Characterisation of mapping parents and identification of the genes involved in the yield and grain weight of barley (*Hordeurn vulgare* L.) grown under Mediterranian environments. Proceedings of the 10th Australian Barley Technical Symposium, Canberra, Australia. Available at http://www.

regional. org. au/auabts2001/t3/coventry. htm # TopOfPage.

Coventry, S. J. , A. R. Barr, J. K. Eglinton, and G. K. McDonald. 2003a. The determinants and genome locations influencing grain weight and size in barley (*Hordeum vulgare* L.). Aust. J. Agric. Res. 54: 1103—1115.

Coventry, S. J. , H. M. Collins, A. R. Barr, S. P. Jefferies, K. J. Chalmers, S. J. Logue, and P. Langridge. 2003b. Use of putative QTLs and structural genes in marker assisted selection for diastatic power in malting barley (*Hordeum vulgare* L.). Aust. J. Agric. Res. 54: 1241—1250.

Cullis, B. R. , A. B. Smith, J. F. Panozzo, and P. Lim. 2003. Barley malting quality: are we selecting the best? Aust. J. Agric. Res. 54: 1261—1275.

Davies, R. A. H. 1993. GRDC grains research initiatives, particularly in malting barley, pp. 168-172. Proceedings of the 6th Australian Barley Technical Symposium, Launceston, Tasmania, 1993.

Dayteg, C. , S. Tuvesson, Kolodinska-Brantestam. A. Merker, A. Jahoor, and A. 2007. Automation of DNA marker analysis for molecular breeding in crops: practical experience of a plant breeding company. Plant Breed. 126: 410—415.

Dill-Macky, R. 1992. The epidemiology and management of stem rust in barley in north-eastern Australia. PhD thesis, University of (Queensland, Brisbane, Australia.

Dill-Macky, R. , R. G. Rees, R. P. Johnston, G. J. Platz, and A. Mayne. 1989. Stem and leaf rusts of barley, pp. 38—40. (Queensland Wheat Research Institute Biennial Report 1984—1986, Queensland Department of Primary Industries, Toowoomba, Australia.

Dubin, H. J. and R. W. Stubbs. 1985. Epidemic spread of barley stripe rust in South America. Plant Dis. 70: 141—144.

Ellis, S. E. 1983. Review of the Australian barley breeding programs-Victoria, pp. 12—15. Australian Barley Technical Symposium Report, Perth, Western Australia, 1983. E-malt. com. 2008. Available at http://e-malt. com/index. htm.

Emebiri, L. C. , D. B. Moody, J. F. Panozzo, K. J. Chalmers, J. M. Kretschmer, and G. A. Ablett. 2003. Identification of QTLs associated with variations in grain protein concentration in two-row barley. Aust. J. Agric. Res. 54: 1211—1221.

Falk, D. E. 1996. Use of recurrent introgressive population enrichment (RIPE) for utilisation of plant genetic resources in a barley breeding program, pp. 167—169. *In* A. Slinkard, G. Scoles, and B. Rossnagel (eds.). Proceedings of the 5th International Oat Conference and 7th International Barley Genetics Symposium. Poster Sessions, Invited Papers, University Extension Press, University of Saskatchewan, Saskatoon, Saskatchewan, Canada.

Falk, D. E. 2001. Recurrent introgression as a population enrichment (RIPE) method in barley. Proceedings of the l0th Australian Barley Technical Symposium, Canberra, Australia. Available at http://www. regional. org. au/auabts2001/t3/falk. htm # TopOfPage.

Feuerstein, U. , A. H. D. Brown, and J. J. Burdon. 1990. Linkage ofrust resistance genes from wild barley (*Hordeum spontaneum*) with isozyme markers. Plant Breed. 104: 318—324.

Finlay, K. W. and G. N. Wilkinson. 1963. The analysis of adaptation in a plant-breeding program. Aust. J. Agric. Res. 14: 742—754.

Fischbeck, G. 1992. Barley cultivar development in Europe: success in the past and possible changes in the future, pp. 885—901. *In* L. Munck (ed.). Barley Genetics VI, Vol. II. Munksgaard Int. Publ. Ltd. , Copenhagen, Denmark.

Fischbeck, G. 2003. Diversification through breeding, pp. 29—52 *In* R. von Bothmer, T. van Hintum, H. Knüpffer, and K. Sato (eds.). Diversity in barley (*Hordeum vulgare*). Elsevier Science B. V. , Amsterdam, The Netherlands.

Food and Agriculture Organization (FAO) of the United Nations. 2009. Agricultural Statistics Web site, available at http://faostat. fao. org/.

Foster, A. E. , G. A. Peterson, and U. J. Banasick. 1967. Heritability of factors affecting malting quality of barley, *Hordeum vulgare* L. Emend. Lam. Crop Sci. 7: 611—613.

Fox, G. P. , J. F. Panozzo, C. D. Li, R. C. M. Lance, P. A. Inkerman, and R. J. Henry. 2003. Molecular basis of barley quality. Aust. J. Agric. Res. 54: 1081—1101.

Franckowiak, J. D. , A. E. Foster, V. D. Pederson, and R. E. Pyler. 1985. Registration of Bowman barley. Crop Sci. 25: 883.

French, R. J. and J. E. Schultz. 1984a. Water use efficiency of wheat in a Mediterranean-type environment. I. The relationship between yield, water use and climate. Aust. J. Agric. Res. 35: 743—764.

French, R. J. and J. E. Schultz. 1984b. Water use efficiency of wheat in a Mediterranean-type environment. II. Some limitations to efficiency. Aust. J. Agric. Res. 35: 765—775.

Friedt, W. , 2003. Modern European barley cultivars: genetic progress in resistance, quality and yield, pp. 73—82. *In* C. Marè, P. Faccioli, A. M. Stanca (eds.). Proc. EUCARPIA Cereal Section Meeting, Salsomaggiore, Nov. 21—25, 2002. Fiorenzuola d'Arda, Italy.

Friedt, W. , K. Werner, and F. Ordon. 2000. Genetic progress as reflected in highly successful and productive modern barley cultivars, pp. 271—279. In S. Logue (ed.). Proc. 8th Int. Barley Genet. Symp. , Adelaide, Vol. 1. Adelaide, Oct. 22—27, Adelaide University, Glen Osmond, Australia.

Friedt, W-, K. Werner, B. Pellio, C. Weiskorn, M. Kramer, and F. Ordon. 2002. Strategies of breeding for durable disease resistance in cereals. Prog. Bot. 64: 138—167.

Fukuda, K. , S. Takahashi, and Y. Aida. 1999. Working together: a Japanese brewing company's barley breeding strategy, pp. 2. 14. 1 — 2. 14. 8. Proceedings of the 9th Australian Barley Technical Symposium, Melbourne, Victoria, Australia, 1999.

Gamst, C. F. 1969. Qemant: a Pagan-Hebraic Peasantry of Ethiopia. Holt, Rinehart and Winston, New York.

Gebre, H., B. Lakew, F. Fufa, B. Bekele, A. Assefa, and T. Getachew. 1996. Food barley breeding, pp. 9-23. *In* H. Gebre and J. van Leur (eds.). Barley Research in Ethiopia: Past Works and Future Prospects: Proceedings, First Barley Research Review Workshop, IAR/ICARDA, October 16—19, 1993, Addis Ababa, Ethiopia. IAR, Addis Ababa, Ethiopia.

Genger, R.K., K.J. Williams, H. Raman, B.J. Read, H. Wallwork, J.J. Burdon, and A. H.D. Brown. 2003. Leaf scald resistance genes in *Hordeum vulgare* and *Hordeum vulgare* ssp. *spontaneum*: parallels between cultivated and wild barley. Aust. J. Agric. Res. 54: 1335—1342.

Gilmour, R.F. 1993. The Western Region barley industry development program, pp. 173—183. Proceedings of the 6th Australian Barley Technical Symposium, Launceston, Tasmania, 1993.

Gottwald, S., P. Bauer, T. Komatsuda, U. Lundqvist, and N. Stein. 2009. TILLING in the two-rowed barley cultivar "Barke" reveals preferred sites of functional diversity in the gene *HvHoxl*. BMC Res. Notes 2: 258. doi: 10.1186/1756-0500-2-258.

Grainco. 2008. Specifications for Acceptance of Malting Barley. Grainco, Toowoomba, Queensland, Australia.

Grains Research and Development Corporation (GRDC). 2001. Annual Report 2000—01. Available at http://www.grdc.com.au/.

Grando, S. and H. Gomez Macpherson (eds.). 2005. Food barley: importance, uses and local knowledge. *In* S. Grando and H. Gomez Macpherson (ed.), Proceedings: International Workshop on Food Barley Improvement, Hammamet, Tunisia, January 14—17, 2002. ICARDA, Aleppo, Syria.

Graner, A., W. Michalek, and S. Streng. 2000. Molecular mapping of genes conferring resistance to viral and fungal pathogens, pp. 45—52. In S. Logue (ed.). Barley Genetics VIII: Proceedings of the 8th International Barley Genetics Symposium, Adelaide, South Australia, October 22—27, 2000, Vol. 1. University of Adelaide, Waite Campus, Adelaide, South Australia.

Grillot, G. 1939. Les meilleures variétés d'orge. Extrait de la Terre Marocaine N°116.

Gupta, S., R. Loughman, G.J. Platz, and R.C.M. Lance. 2003. Resistance in cultivated barleys to Pyrenophora teres f. teres and prospects of its utilisation in marker identification and breeding. Aust. J. Agric. Res. 54: 1379—1386.

Habekuss, A., C. Riedel, E. Schliephake, and F. Ordon. 2009. Breeding for resistance to insect-transmitted viruses in barley-an emerging challenge due to global warming. J. f. Kulturpflanzen 61: 53—61.

Harlan, H.V., M.L. Martini, and M.N. Pope. 1922. The use and value of back-crosses in small grain breeding. J. Heredity. 7: 319—322.

Hawthorne, D. 1999. Role of the malting and brewing industry barley technical committee, pp. 2.33.1—2.33.5. Proceedings of the 9th Australian Barley Technical Symposium,

Melbourne, Victoria, Australia, 1999.

Healy, P. 2001. Malting and brewing industry barley technical committee-future directions. Proceedings of the 10th Australian Barley Technical Symposium, Canberra, Australia. Available at http://www. regional. org. au/auabts2001/m2/healy. htm# TopOfPage.

Hensel, G., V. Valkov, J. Middlefell-Williams, and J. Kumlehn. 2008. Efficient generation of transgenic barley: the way forward to modulate plant-microbe interactions. J. Plant Physiol. 165: 71—82.

Hirsch, M. 1985. The southern Australian disease situation, pp. 91—95. Proceedings of the 2nd Australian BarleyTechnical Symposium, Toowoomba, Queensland, 1985.

Horsley, R. D., J. D. Franckowiak, and P. B. Schwarz. 2009. Barley breeding, pp. 227—250. *In* M. J. Carena (ed.). Cereals: Handbook of Plant Breeding, Vol. 3. Springer, Berlin.

Horsley, R. D., P. B. Schwarz, and J. J. Hammond. 1995. Genetic diversity in malt quality of North American six-row spring barley. Crop Sci, 35: 113—118.

Humbroich, K., H. Jaiser, A. Schiemann, P. Devaux, A. Jacobi, L. Cselenyi, A. Habekuss, W. Friedt, and F. Ordon. 2010. Mapping of resistance against barley mild mosaic virus-Teik (BaMMV)-an *rym*5 resistance breaking strain of BaMMV-in the Taiwanese barley (*Hordeurn vulgare*) cultivar Taihoku A. Plant Breed. 129: 346—348.

Jefferies, S. P., A. R. Barr, A. Karakousis, J. M. Kretschmer, S. Manning, K. J. Chalmers, J. C. Nelson, A. K. M. R. Islam, and P. Langridge. 1999. Mapping of chromosome regions conferring boron toxicity tolerance in barley (*Hordeum vulgare* L.). Theor. Appl. Genet. 98: 1293—1303.

Jefferies, S. P., A. R. Barr, A. K. M,. Islam, A. B. Frensham, A. Karakousis, J. M. Kretschmer, S. Manning, K. J. Chalmers, and P. Langridge. 1997. Molecular markers for boron tolerance in barley, pp. 363—365. *In* Proceedings of the 8th Australian Barley Technical Symposium, Gold Coast, Australia.

Johnston, R. P. 1974. Quality: the plant breeders dilemma, pp. 175—176. Proceedings of the 13th Convention of the Institute of Brewing (Australia and New Zealand Section), Surfers Paradise, Queensland, 1974.

Johnston, R. P. 1983. Review of the Australian barley breeding programs-Queensland, pp. 3—5. Australian Barley Technical Symposium Report, Canning-Vale, Perth, WA, 1983.

Johnston, R. P. 1985. Barley improvement in Queensland, pp. 27—28. Proceedings ofthe 2nd Australian Barley Technican Symposium, Toowoomba, Queensland, 1985.

Joppich, G. 1985. Review of current barley research projects, pp. 6—11. Proceedings of the 2nd Australian Barley Technical Symposium, Toowoomba, 1985.

Karakousis, A., A. R. Barr, J. M. Kretschmer, S. Manning, S. P. Jefferies, K. J. Chalmers, A. K. M. Islam, and P. Langridge. 2003b. Mapping and QTL analysis of the barley population Clipper×Sahara. Aust. J. Agric. Res. 54: 1137—1140.

Karakousis, A., A. R. Barr, K. J. Chalmers, G. A. Ablett, T. A. Holton, R. J. Henry, P.

Lim, and P. Langridge. 2003a. Potential of SSR markers for plant breeding and variety identification in Australian barley germplasm. Aust. J. Agric. Res. 54: 1197-1210.

Karakousis, A., A. R. Barr, J. M. Kretschmer, S. Manning, S. J. Logue, S. Roumeliotis, H. M. Collins, K. J. Chalmers, C.-D. Li, R. C. M. Lance, and P. Langridge. 2003c. Mapping and QTL analysis ofthebarley population Galleon×Haruna Nijo. Aust. J. Agric. Res. 54: 1131-1135.

Karakousis, A., J. P. Gustafson, and K. J. Chalmers. 2001. The integration of SSR markers into consensus maps of Australian Barley Mapping Populations. Plant and Animal Genome IX Conference. Available at http://www.intl-pag.org/pag/9/abstracts/P3b_02.html.

Karakousis, A., J. P. Gustafson, K. J. Chalmers, A. R. Barr, and P. Langridge. 2003d. A consensus map of barley integrating SSR, RFLP and AFLP markers. Aust. J. Agric. Res. 54: 1173-1185.

Karakousis, A., K. Chalmers, A. Barr, and P. Langridge. 2000. Identification of SSR markers for use in the Australian barley breeding programs, pp. 64-66. *In* S. Logue (ed.). Barley Genetics VIII: Proceedings of the 8th International Barley Genetics Symposium, Adelaide, Australia, Vol. 3. University of Adelaide, Waite Campus, Adelaide, Australia.

Kasha, K. J. and E. Reinbergs. 1982. Recent developments in the production and utilization of haploids in barley, pp. 655-665. *In* R. N. H. Whitehouse (ed.). Barley Genetics IV: Proceedings of the 4th International Barley Genetics Symposium, Edinburgh, Scotland, 1981. Edinburgh University Press, Edinburgh, Scotland.

Kasha, K. J. and K. N. Kao. 1970. High frequency haploid production in barley (*Hordeurn, vulgare* L.). Nature 225: 874-876.

Kasha, K. J., U.-H. Cho, and A. Ziauddin. 1992. Application of microspore cultures, pp. 793-806. *In* L. Munck (ed.). Barley Genetics VI: Proceedings of the 6th International Barley Genetics Symposium, Helsingborg, Sweden, 1991. Volume II: Barley Research Reviews 1981-1991. Munksgard Int. Pub., Copenhagen, Denmark.

Korell, M., T. W. Eschholz, C. Eckey, D. Biedenkopf, K. H. Kogel, W. Friedt, and F. Ordon. 2008. Development of a cDNA-AFLP derived CAPS marker co-segregating with the powdery mildew resistance gene *Mlg* in barley. Plant Breed. 127: 102-104.

Kretschmer, J. M., K. J. Chalmers, S. Manning, A. Karakousis, A. R. Barr, A. K. M. R. Islam, S. J. Logue, Y. W. Choe, S. J. Barker, R. C. M. Lance, and P. Langridge. 1997. RFLP mapping of the *Ha2* cereal cyst nematode resistance gene in barley. Theor. Appl. Genet. 94: 1060-1064.

Kunze, W. 2004. Technology Brewing and Malting, 3rd international ed.-in English. VLB, Berlin.

Lakew, B., S. Yitbarek, F. Alemayehu, H. Gebre, S. Grando, J. A. G. van Leur, and S. Ceccarelli. 1997. Exploiting the diversity of barley landraces in Ethiopia. Genet. Resour. Crop Evol. 44(2): 109-116.

Lance, R. C. M. , J. Eglinton, J. Frankowiak, G. Platz, and M. VanGinkel. 2007. Barley breeding Australia-a new paradigm-working together for a new future. Proceedings of the 13th Australian Barley Technical Symposium, Fremantle, Western Australia, 2007. Available at http://proceedings. com. au/abts2007/pdf/24_ABTS-07_Lance. pdf.

Langridge, P. 1997. A strategic initiative of the GRDC, pp. 2: 10. 1—2: 10. 4. Proceedings of the 8th Australian Barley Technical Symposium, Gold Coast, Queensland, September 7—12, 1997.

Langridge, P. and A. R. Barr. 2003. Preface to "Better Barley Faster: the Role of Marker Assisted Selection," coordinated by T. J. Higgins, G. R. Steed, J. C. Fegent, S. Banerjee. Aust. J. Agric. Res. 54: i—iv.

Langridge, P. , A. Karakousis, N. Collins, J. Kretschmer, and S. Manning. 1995. A consensus linkage map of barley. Mol. Breed. 1: 389—395.

Langridge, P. , N. Paltridge, and G. Fincher. 2006. Functional genomics of abiotic stress tolerance in cereals. Brief Funct. Genom. Proteom. 4: 343—354.

Li, C. -D. , A. Tarr, R. C. M. Lance, S. Harasymow, J. Uhlmann, S. Westcot, K. J. Young, C. R. Grime, M. Cakir, S. Broughton, and R. Appels. 2003b. A major QTL controlling seed dormancy and pre-harvest sprouting/grain α-amylase in two-rowed barley (*Hordeum vulgare* L.). Aust. J. Agric. Res. 54: 1303—1313.

Li, C. -D. , R. C. M. Lance, H. M. Collins, A. Tarr, S. Roumeliotis, S. Harasymow, M. Cakir, G. P. Fox, C. R. Grime, S. Broughton, K. J. Young, H. Raman, A. R. Barr, D. B. Moody, and B. J. Read. 2003a. Quantitative trait loci controlling kernel discoloration in barley (Hordeum vulgare L.). Aust. J. Agric. Res. 54: 1251—1259.

Logue, S. J. ,L. C. Giles, R. C. M. Lance, and D. H. B. Sparrow. 1993. The application of anther culture technology to barley improvement, pp. 61-64. Proc. 6th Austr. Barley Tech. Symp. , Launceston, Tasmania, 1993.

Long, N. R. , S. P. Jefferies, P. Warner, A. Karakousis, J. M. Kretschmer, C. Hunt, P. Lim, P. J. Eckermann, and A. R. Barr. 2003. Mapping and QTL analysis of the barley population Mundah×Keel. Aust. J. Agric. Res. 54: 1163—1171.

Loughman, R. 1998. Western Region report. Australian Barley Diseases Newsletter, Issue No. 2, ISSN 1440 6519, p. 1.

Lovett, J. 1997. Balancing the investment, pp. 2: 1. 3—2: 1. 9. Proceedings of the 8th Australian Barley Technical Symposium, Gold Coast, Queensland, Australia, 1997.

Lovett, J. V. 2001. Barley research and development 21st century opportunities. Proceedings of the 10th Australian Barley Technical Symposium, Canberra, Australia. Available at http://www. regional. org. au/auabts2001/ml/lovett. htm# TopOfPage.

MacLeod, L. 2001. Servicing the Asian brewing market-an exporters perspective. Proceedings of the 10th Australian Barley Technical Symposium, Canberra, Australia. Available at http://www. regional. org. au/auabts2001/w3/macleod. htm# TopOfPage.

Malting and Brewing Industry Barley Technical Committee (MBIBTC). 1998. Industry

Guidelines for Australian Malting Barley, Vol. 4. The Malting and Brewing Industry Barley Technical Committee, Australia.

Mathre, D. E. (ed.). 1997. Compendium of Barley Diseases, 2nd ed. American Phytopathological Society, St. Paul, MN.

Mclntosh, R. A., C. R. Wellings, and R. F. Park. 1995. Wheat Rusts: an Atlas of Resistance Genes. CSIRO Publications, East Melbourne, Victoria, Australia.

Metcalfe, D. R. 1995. Barley, pp. 82－87. *In* A. E. Slinkard and D. R. Knott (eds.). Harvest of Gold: the History of Field Crop Breeding in Canada. University of Saskatchewan Press, Saskatchewan, Canada.

Ministry of Agriculture and Fisheries. 1989. Agricultural research in the Yemen Arab Republic, Vol. 1: Problems, research activities, and evaluation of future programmes. Proposals for the third five year plan 1987-1991. Taiz, 1989.

Mornhinweg, D. W., D. R. Porter, and J. A. Webster. 1995. Registration of STARS-9301B barley germplasm resistant to Russian wheat aphid. Crop Sci. 35: 603.

Mornhinweg, D. W., D. R. Porter, and J. A. Webster. 1999. Registration of STARS-9577B Russian wheat aphid resistant barley germplasm. Crop Sci. 39: 882－883.

Murray, G. M. and J. P. Brennan. 2001. Prioritising threats to the Australian grains industry. Technical Report on GRDC Project: DAN438. NSW Agriculture and the Grains Research and Development Corporation, 2001.

Newman, R. K., C. W. Newman, and H. Graham. 1987. Nutritional implication of β-glucans in barley, pp. 773－780. *In* S. Yasuda and T. Konishi (eds.). Barley Genetics V. Proc. 5th Int. Barley Genet. Symp., Okayama, Japan, October 6－11, 1986.

of the 8th International Barley Genetics Symposium, Adelaide, Australia, 2000.

Ordon, F., U. Kastirr, F. Rabenstein, and T. Kuhne. 2009. Virus resistance in cereals: sources of resistance, genetics and breeding. J. Phytopathol. 157: 535－545.

Pallotta, M. A., R. D. Graham, P. Langridge, D. H. B. Sparrow, and S. J. Barker. 2000. RFLP mapping of manganese efficiency in barley. Theor. Appl. Genet. 101: 1100－1108.

Pallotta, M. A., S. Asayama, J. M. Reinheimer, P. A. Davies, A. R. Barr, S. P. Jefferies, K. J. Chalmers, J. Lewis, H. M. Collins, S. Roumeliotis, S. J. Logue, S. J. Coventry, R. C. M. Lance, A. Karakousis, P. Lim, A. P. Verbyla, and P. J. Eckermann. 2003. Mapping and QTL analysis of the barley population Amagi Nijo × WI2585. Aust. J. Agric. Res. 54: 1141－1144.

Pallotta, M. A., S-. Asayama, J. M. Reinheimer, P. A. Davies, A. R. Barr, S. P. Jefferies, K. J. Chalmers, J. Lewis, H. M. Collins, S. Roumeliotis, S. J. Logue, S. J. Coventry, R. C. M. Lance, A. Karakousis, P. Lim, A. P. Verbyla, and P. J. Eckermann. 2003. Mapping and QTL analysis of the barley population Amagi Nijo × WI2585. Aust. J. Agric. Res. 54: 1141－1144.

Paltridge, N. G., N. C. Collins, A. Bendahmane, and R. H. SymFons. 1998. Development of YLM, a codominant PCR marker closely linked to the *Yd2* gene for resistance to barley yellow dwarf virus. Theor. Appl. Genet. 96: 1170—1177.

Paris, M., R. H. Potter, R. C. M. Lance, C. D. Li, and M. G. K. Jones. 2003. Typing rnto alleles for powdery mildew resistance in barley by single nucleotide polymorphism analysis using MALDI-ToF mass spectrometry. Aust. J. Agric. Res. 54: 1343—1349.

Park, R. and K. Williams. 2000. 1999-2000 Cereal Rust Survey Annual Report. Cereal Rust Laboratory, Plant Breeding Institute, The University of Sydney, Cobbity, New South Wales, Australia.

Park, R. F., D. Poulsen, A. R. Barr, M. Cakir, D. B. Moody, H. Raman, and B. J. Read. 2003. Mapping genes for resistance to *Puccinia hordei*, in barley. Aust. J. Agric. Res. 54: 1323—1333.

Parlevliet, J. E. and A. van Ommeren. 1988. Accumulation of partial resistance in barley to barley leaf rust and powdery mildew through recurrant selection against susceptibility. Euphytica 37: 261—274.

Paynter, B. H. and N. A. Fettell. 2008. Cultural practices: focus on major barley producing regions-Australia. *In* S. E. Ullrich (ed.). Barley Subtitle: Production, Improvement, and Use. Washington State University, Pullman, WA.

Pickering, R. A., A. M. Hill, M. Michel, and G. M. Timmerman-Vaughan. 1995. The transfer of a powdery mildew resistance gene from Hordeurn butbosurn L. to barley (*H. vulgare* L.) chromosome 2 (21). Theor. Appl. Genet. 91: 1288—1292.

Pickering, R. A., B. J. Steffenson, A. M. Hill, and I. Borovkova. 1998. Association of leaf rust and powdery mildew resistance in a recombinant derived from a *Hordeum vulgare* × *Hordeum bulbosum* hybrid. Plant Breed. 117: 83—84.

Pickering, R. A., S. Malyshev, G. Kunzel, P. A. Johnston, V. Korzun, M. Menke, and I. Schubert. 2000. Locating introgressions of *Hordeum bulbosum* chromatin within the *H. vulgare* genome. Theor. Appl. Genet. 100: 27—31.

Platz, G. 2001. The onset and effectivness of adult plant resistance (APR) in Tallon barley. Proceedings of the 10th Australian Barley Technical Symposium, Canberra, ACT, 2001. Available at http://www.regional.org.au/auabts2001/tl/platz.htm#TopOfPage.

Poehlman, J. M. 1985. Adaptation and distribution, pp. 1—17. *In* D. C. Rasmusson (ed.). Barley. Agronomy Monograph 26. American Society of Agronomy, Madison, WI.

Porter, D. R., D. W. Mornhinweg, and J. A. Webster. 1999. Insect resistance in barley germplasm, pp. 51—61. *In* S. L. Clement and S. S. Quisenberry (eds.). Global Genetic Resources for Insect-Resistant Crops. CRC Press, Boca Raton, FL.

Portman, P. 1983. Review of the Australian barley breeding programs-Western Australia, pp. 15—16. Australian Barley Technical Symposium Report, Perth, Western Australia, 1983.

Portman, P. 1985. Barley in Western Australia, pp. 12-13. Proceedings of the 2nd Australian Barley Technical Symposium, Toowoomba, 1985.

Poulsen, D. /VI. E., R. J. Henry, R. P. Johnston, J. A. G. Irwin, and R. G. Rees. 1995a.

The use of bulk segregant analysis to identify an RAPD marker linked to leaf rust resistance in barley. Theor. Appl. Genet. 91：270－273.

Poulsen, D. M. E. 2001. A tremendous innings：Paul Johnston's legacy to the barley industry. Proceedings of the 10th Australian Barley Technical Symposium, Canberra, ACT, 2001. Available at http://www.regional.org.au/auabts2001/w2/poulsen.htm#TopOfPage.

Poulsen, D. M. E., D. Butler, J. M. Sturgess, R. L. Fromm, M. J. Laufer, and R. Mole. 1997. Improving grain size distribution in segregating breeding material, pp. 3：78－3：79. Proceedings of the 8th Australian Barley Technical Symposium, Gold Coast, Australia.

Poulsen, D. M. E., P. A. Inkerman, and R. P. Johnston. 1995b. Breeding better barley varieties for northern Australia, pp. 246－250. *In* Y. A. Williams and C. W. Wrigley (eds.). Proceedings of the 45th Australian Cereal Chemistry Conference, Adelaide, South Australia, 1995. Royal Australian Chemical Institute, Parkville, Australia.

Poulsen, D. M. E., R. P. Johnston, G. J. Platz, G. Fox, A. Kelly, J. M. Sturgess, R. L. Fromm, M. J. Laufer, P. A. Inkerman, and D. Butler. 1999. Effects of foliar diseases on Northern Region grain production in the 1998 winter cropping season, pp. 2.20.1—2.20.5. Proceedings of the 9th Australian Barley Technical Symposium, Melbourne, Victoria, Australia, 1999.

Powell, G. 1997. Quality requirements for Australian malting barley, pp. 2：2.2(a)—2：2.2(h). Proceedings of the 8th Australian Barley Technical Symposium, Gold Coast, Queensland, Australia, 1997.

Prom, L. K., B. J. Steffenson, B. Salas, J. Moss, T. G. Fetch, and H. H. Casper. 1996. Evaluation of selected barley accessions for resistance to fusarium head blight and deoxynivalenol concentration, pp. 764－766. *In* G. J. Scoles and B. G. Rossnagel (eds.). Proc. of the V International Oat Conference and VII International Barley Symposium, University of Saskatchewan, Saskatoon, Canada. July 30-August 6, 1996. University Extension Press, Saskatoon, Canada.

Pugsley, A. T. 1951. Genetics and plant breeding, p. 14. Report of the Waite Agricultural Research Institute 1950－51.

Pugsley, A. T. and A. Vines. 1946. Breeding Australian barleys resistant to covered smut. J. Austr. Inst. Agric. Sci. 12：44.

Purse, G. S. and D. McNee. 1985. National barley research, pp. 2－5. Proceedings of the 2nd Australian Barley Technical Symposium, Toowoomba, 1985.

Qi, X., P. Stam, and P. Lindhout. 1996. Comparison and integration of four barley genetic maps. Genome 39：379－394.

Ramage, R. T. 1975. Techniques for producing hybrid barley. Barley Newsl. 18：62－65.

Ramage, R. T. 1987. A history of barley breeding methods. Plant Breed. Rev. 5：95－138.

Raman, H., G. J. Platz, K. J. Chalmers, R. Raman, B. J. Read, A. R. Barr, and D. B.

Moody. 2003. Mapping of genomic regions associated with net form of net blotch resistance in barley. Aust. J. Agric. Res. 54: 1359—1367.

Raman, H., J. S. Moroni, K. Sato, B. J. Read, and B. J. Scott. 2002. Identification of AFLP and microsatellite markers linked with an aluminium tolerance gene in barley (*Hordeum vulgare* L.). Theor. Appl. Genet. 105: 458—464.

Raman, H., S. Moroni, R. Raman, A. Karakousis, B. Read, K. Sato, and B. J. Scott. 2001. A genomic region associated with aluminium tolerance in barley. Proceedings of the 10th Australian Barley Technical Symposium, Canberra, Australia. Available at http://www.regional.org.au/auabts2001/t3/raman.htm#TopOfPage

Rasmusson, D. C. (ed.). 1985. Barley. Agronomy Monograph 26. ASA and CSSA, Madison, WI.

Rasmusson, D. C. and R. L. Phillips. 1997. Plant breeding progress and genetic diversity from de novo variation and elevated epistasis. Crop Sci. 37: 303—310.

Read, B. 1983. Review of the Australian barley breeding programs-New South Wales, pp. 2—3. Australian Barley Technical Symposium Report, Perth, Western Australia, 1983.

Read, B. J. 1985. Review of barley breeding in New South Wales, pp. 16—17. Proceedings of the 2nd Australian Barley Technical Symposium, Toowoomba, Queensland, 1985.

Read, B. J., H. Raman, G. McMichael, K. J. Chalmers, G. A. Ablett, G. J. Platz, R. Raman, R. K. Genger, W. J. R. Boyd, C. D. Li, C. R. Grime, R. F. Park, H. Wallwork, R. Prangnell, and R. C. M. Lance. 2003. Mapping and QTL analysis of the barley population Sloop×Halcyon. Aust. J. Agric. Res. 54: 1145—1153.

Reading, P. 2007. Varieties for a vibrant future: maximizing impact ofinvestment in barley breeing. Proceedings of the 13th Australian Barley Technical Symposium, Fremantle, Western Australia, 2007. Available at http://proceedings.com.au/abts2007/pdf/24_ABTS-07_Reading.pdf.

Rees, R. G. 1985. Northern Australian disease situation, pp. 96-98. Proceedings of the 2nd Australian Barley Technical Symposium, Toowoomba, Queensland, 1985.

Rees, R. G., R. P. Johnston, and T. J. Moore. 1981. Foliar and head diseases of barley in Queensland, pp. 58—61. Barley diseases in Australasia: Proceedings of a Workshop held at Adelaide, October 17—19, 1979.

Rees, R. G., W. M. Strong, and T. J. Neale. 1999. The effects of foliar diseases on the production of wheat and barley in the Northern Region in 1998. Report to the Northern Panel of the Grains Research and Development Corporation.

Riggs, T. J., P. R. Hanson, and N. D. Start. 1982. Modification of the pedigree method in spring barley breeding by incorporating bulk selection in F_4, pp. 138—141. In R. N. H. Whitehouse (ed.). Proceedings of the 4th International Barley Genetics Symposium, Edinburgh, Scotland, 1981. Edinburgh University Press, Edinburgh, Scotland.

Rivera, W. M. and M. A. Elkalla. 1997. Restructuring agricultural extension in the Arab Republic of Egypt. Eur. J. Agr. Educ. Ext. 3(4): 251—260.

Roelfs, A. P. and J. Huerta-Espino. 1994. Seedling resistance in *Hordeum* t barley stripe rust from Texas. Plant Dis. 78: 1046—1049.

Roelfs, A. P., J. Huerta-Espino, and D. Marshall. 1992. Barley stripe rust in Texas. Plant Dis. 76: 538.

Roozitalab, M. H. 1996. Operational Partnership Framework for WANA-NARS Collaboration in Global Agricultural Research System. AREEO, Ministry of Agriculture, Tehran.

Saade, E. M. 1994. Constraints to the adoption of new barley varieties in Morocco, p. 88. Report Project INRA/DPV-MARA/ICARDA, Rabat.

Saidi, S., A. Jilal, A. Amri, S. Grando, and S. Ceccarelli. 2005. Amelioration Genetique de l'Orge au Maroc, pp. 97-138. *In* F. A. Andaloussi and A. Chahbar (eds.). La Création Variétale A L'INRA: Methodologie, Acquis et Perspectives. Edition INRA, Rabat, Maroc.

Sato, K., N. Nankaku, and K. Takeda. 2009. A high-density transcript linkage map of barley derived from a single population. Heredity 103: 110—117.

Schulte, D., T. J. Close, A. Graner, P. Langridge, T. Matsumoto, G. Muehlbauer, K. Sato, A. H. Schulman, R. Waugh, R. P. Wise, and N. Stein. 2009. The International Barley Sequencing Consortium-at the threshold of efficient access to the barley genome. Plant Physiol. 149: 142—147.

Sewell, R. 1997. Barley Quality Objectives Group Report to "The Australian Barley Technical Symposium," pp. 2: 3.1—2: 3.3. Proceedings of the 8th Australian Barley Technical Symposium, Gold Coast, Queensland, Australia, 1997.

Sharp, E. L. 1985. Breeding for pest resistance, pp. 313—333. In D. C. Rasmusson (ed.). Barley. American Society of Agronomy, Series: Agronomy Monograph No. 26. American Society of Agronomy, Madison, WI.

Smith, A. N. 1987. Barley Research Council: priorities for research and development, pp. 1—6. Proceedings of the 3rd Australian Barley Technical Symposium, Wagga Wagga, NSW, 1987.

Sparrow, D. H. B. 1983. Review of the Australian barley breeding programs-South Australia, pp. 5 — 10. Australian Barley Technical Symposium Report, Perth, Western Australia, 1983.

Sparrow, D. H. B. 1984. Recent and projected advances in the improvement of malting barleys for Australian conditions, pp. 59—66. Proceedings of the 18th Convention of the Institute of Brewing (Australia and New Zealand Section), Adelaide, South Australia, 1984.

Sparrow, D. H. B. and J. B. Doolette. 1975. Barley, pp. 431—480. In A. Lazenby and E. M. Matheson (eds.). Australian Field Crops: Wheat and Other Temperate Cereals, Vol. 1, 2nd ed. Angus and Robertson Publishers, Australia.

Spiel, G. 1999. Current and future trends in barley quality requirements, pp. 2.13.1—2.13.6. Proceedings of the 9th Australian Barley Technical Symposium, Melbourne,

Victoria, Australia, September 12—16, 1999.

Stein, N., M. Prasad, U. Scholz, T. Thiel, H. Zhang, M. Wolf, R. Kota, K. R. Varshney, D. Perovic, I. Grosse, and A. Graner. 2007. A 1000-loci transcript map of the barley genome: new anchoring points for integrative grass genomics. Theor. Appl. Genet. 114: 823—839.

Stuart, J. 1997. Advancements in malting barley marketing, pp. 2: 12.1—2: 12.6. Proceedings of the 8th Australian Barley Technical Symposium, Gold Coast, Queensland, Australia, 1997

Stuthman, D. D., G. Sosa-Dominguez, and D. L. De Koeyer. 1996. Recurrent selection in autogamous crops Past, current and future, pp. 240—246. *In* G. Scoles and B. Rossnagel (eds.). Proceedings of the 5th International Oat Conference and 7th International Barley Genetics Symposium, Saskatoon, Saskatchewan, Canada. Invited Papers, Vol. 1, Saskatoon, Saskatchewan, Canada.

Taimeh, A. and S. Sunna. 1999. The national agricultural research system ofjordan. *In* J. Casas, M. Solh, and H. Hafez (eds.). The National Agricultural Research Systems in the West Asia and North Africa Regions. ICARDA, FAO, AARINENA, and CIHEAM, Aleppo, Syria.

Tang, Y., M. E. Sorrells, L. V. Kochian, and D. F. Garvin. 2000. Identification of RFLP markers linked to the barley aluminium tolerance gene Atp. Crop Sci. 40: 778—782.

Ullrich, S. E., D. M. Wesenberg, H. E. Blockelman, and J. D. Franckowiak. 1995. International cooperation in barley germplasm activities, pp. 157—170. *In* R. R. Duncan (ed.). International Germplasm Transfer: Past and Present. CSSA and ASA, Madison, WI.

Urrea, C. A., R. D. Horsley, B. J. Steffenson, and P. B. Schwarz. 2005. Agronomic characteristics, malt quality, and disease resistance of barley germplasm lines with partial fusarium head blight resistance. Crop Sci. 45: 1235—1240.

Verbyla, A. P., P. J. Eckermann, R. Thompson, and B. R. Cullis. 2003. The analysis ofquantitative trait lociin multi-environment trials using a multiplicative mixed model. Aust. J. Agric. Res. 54: 1395—1408.

Vertigan, W. 1983. Review of the Australian barley breeding programs-Tasmania, pp. 10—11. Australian Barley Technical Symposium Report, Perth, Western Australia, 1983.

Wallwork, H., P. Preece, and P. J. Cotterill. 1992. Puccinia hordei on barley and *Ornithogalum umbellatum* in South Australia. Australas. Plant Pathol. 21: 95-97.

Webster, J. A., C. A. Baker, and D. R. Porter. 1991. Detection and mechanisms of Russian wheat aphid (Homoptera: Aphidadae) resistance in barley. J. Econ. Entomol. 842(2): 669—673.

Werner, K., B. Pellio, F. Ordon, and W. Friedt. 2000. Development of an STS marker and SSRs suitable for marker-assisted selection for the BaMMV resistance gene *rym*9 in barley. Plant Breed. 119: 517—519.

Werner, K., W. Friedt, and F. Ordon. 2005. Strategies for pyramiding resistance genes against the barley yellow mosaic virus complex (BaMMV, BaYMV, BaYMV-2). Mol. Breed. 16: 45—55.

Werner, K., W. Friedt, and F. Ordon. 2007. Localisation and combination of resistance genes against soil-borne viruses of barley (BaMMV, BaYMV) using doubled haploids and molecular markers. Euphytica 158: 323—329.

Williams, K., P. Bogacki, L. Scott, A. Karakousis, and H. Wallwork. 2001. Mapping of a gene for scald resistance in barley line "B87/14" and validation of microsatellite and RFLP markers for marker-assisted selection. Plant Breed. 120: 301—304.

Williams, K. J. 2003. The molecular genetics of disease resistance in barley. Aust. J. Agric. Res. 54: 1065—1079.

Williams, K. J., A. Lichon, P. Gianquitto, J. M. Kretschmer, A. Karakousis, S. Manning, P. Langridge, and H. Wallwork. 1999. Identification and mapping of a gene conferring resistance to the spot form ofnet blotch (*Pyrenophora teres* f. *maculata*) in barley. Theor. Appl. Genet. 99: 323—327.

Williams, K. J., G. J. Platz, A. R. Barr, J. Cheong, K. Willsmore, M. Cakir, and H. Wallwork. 2003. A comparison of the genetics of seedling and adult plant resistance to the spot form ofnet blotch (*Pyrenophora teres* f. *maculata*). Aust. J. Agric. Res. 54: 1387—1394.

Woldeamlak, A., L. Bastiaans, and P. C. Struik. 2001. Competition and niche differentiation in barley (*Hordeum vulgare*) and wheat (*Triticum aestivum*) mixtures under rainfed conditions in the Central Highlands of Eritrea. Neth. J. Agric. Res. 49: 95—112.

Woldeamlak, A., S. Grando, M. Maatougui, and S. Ceccarelli. 2008. Hanfets, a barley and wheat mixture in Eritrea: yield, stability and farmer preferences. Field Crops Res. doi: 10.1016/j.fcr.2008.06.007.

Xu, J. and K. j. Kasha. 1992. Transfer ofa dominant gene for powdery mildew resistance and DNA from *Hordeum bulbosum* into cultivated barley (*H. vulgare*). Theor. Appl. Genet. 84: 771—777.

Yitbarek, S., B. Lakew, F. Alemayehu, S. Grando, J. A. G. van Leur, and S. Ceccarelli. 1998. Variation in Ethiopian barley landrace populations for resistance to barley leaf scald and net blotch. Plant Breed. 117: 419—423.

9

栽培实践:大麦主产区栽培实践解析

欧洲

John R. Garstang, John H. Spink

1. 欧洲大麦种植现状与产量趋势

2002—2005 年,欧盟 27 个成员国的 5670 万公顷大麦产量占世界总产量的比例由 25% 上升至 41%(FAO,2008)。其中有 139 万公顷大麦共生产大麦 5,840万吨,平均产量达 4.2 吨/公顷。世界麦芽产量(1800 万吨)的一半由欧洲的麦芽制造商生产,且大多数产自欧洲的春大麦(Euromalt,2008)。

欧盟 27 国覆盖着从西海岸的爱尔兰和英国,到欧洲大陆中央的匈牙利、罗马尼亚和保加利亚,以及从干热的地中海沿岸国家到清凉的波罗的海北部斯堪的纳维亚等国家。一般来说,大麦主要生长在温带地区,这些地区一般气温较低,春秋播种期和初夏雨水充足,可有效地保证大麦幼苗的生长和籽粒的充分成熟。过去的 45 年间,大麦每公顷的产量每年平均增加约 37 kg。(图 9.1)

1992 年,席卷整个欧洲大陆的恶劣天气造成大麦产量大幅下降,只有英国和荷兰的产量比上年有所增加。如果不是算上 2004 年的高产,近 10 年中则没有一年产量是增加的。这种缓慢的产量增速,20 世纪 90 年代中期在其他谷物的生产上也有所表现(Legg,2005)。

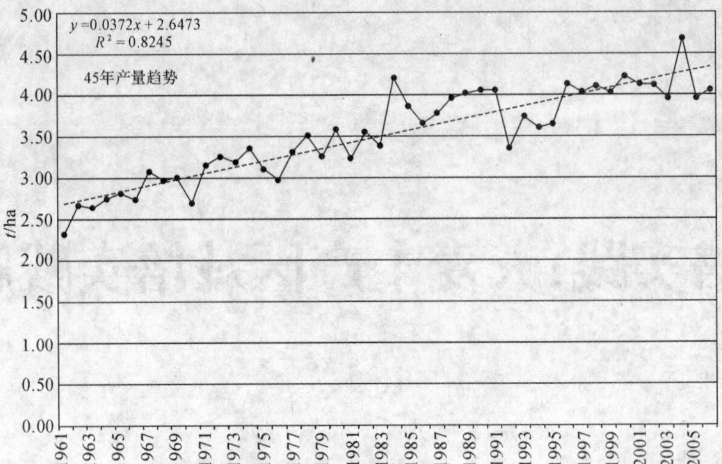

图 9.1 1961—2006 年间欧盟 27 国大麦产量(吨/公顷,所有大麦类型平均值)(FAO,2008)

表 9.1 2002—2005 年欧洲各国大麦种植面积、总产和单产

	冬大麦面积（千公顷）	春大麦面积（千公顷）	总面积（千公顷）	春大麦百分比	冬大麦总产（千吨）	春大麦总产（千吨）	大麦总产量（千吨）	冬大麦单产（千吨）	春大麦单产（千吨）	平均单产（千吨）
德国	1349	644	1993	32	8425	3108	11533	6.24	4.82	5.79
法国	1082	576	1658	35	7109	3436	10545	6.56	5.98	6.36
西班牙	777	2356	3134	75	1965	6073	8038	2.51	2.58	2.57
英国	452	581	1033	56	2880	3107	5988	6.38	5.33	5.79
丹麦	127	607	734	83	749	3072	3821	5.87	5.07	5.2
波兰	140	908	1048	87	497	2842	3338	3.52	3.13	3.18
捷克共和国	121	387	507	76	490	1607	2097	4.05	4.17	4.13
芬兰	0	553	553	100	0	1816	1816	0	3.28	3.28
瑞典	6	378	384	100	29	1623	1652	5.35	4.29	4.3
爱尔兰	20	157	177	89	150	978	1128	7.48	6.23	6.38
匈牙利	183	157	340	46	634	481	1115	3.47	3.11	3.28
罗马尼亚	266	189	454	41	691	356	1047	2.6	1.9	2.3
奥地利	76	123	199	62	391	516	908	5.15	4.22	4.56
立陶宛	8	321	329	98	25	870	895	3.17	2.73	2.72
保加利亚	281	32	313	10	822	72	894	2.82	2.44	2.85
斯洛伐克	22	201	224	90	68	721	789	3.12	3.62	3.52
挪威	0	164	164	100	599	0	599	3.69	0	3.65
意大利*	0	0	320	-	0	0	1145	0	0	3.58
荷兰	3	49	52	94	19	295	315	6.5	6	6.02
比利时	33	8	41	19	260	45	305	7.82	5.53	7.4
爱沙尼亚	0	133	133	100	0	290	291	1.3	2.18	2.18
拉脱维亚	4	133	136	97	8	281	290	2.32	2.11	2.12
希腊	95	0	95	0	207	0	207	2.2	0	2.12
塞浦路斯	0	0	57	-	0	0	109	0	0	1.92
卢森堡	5	5	10	47	31	22	53	6	4.92	5.48
斯洛文尼亚	6	1	7	14	22	3	25	1.75	1.47	3.45
葡萄牙	18	0	18	0	21	0	21	1.34	0	1.17
总和/平均	5075	8663	14115	62	26093	31615	59962	3.75	3.15	3.9

引自：Eurostat，2008；*，FAO 数据

2. 作物生长管理

与其他地区不同，欧盟的农民在一项基本农业政策下进行生产，其补贴符合欧洲理事会 2003 年第 1782 款(European Commission，2003)，即所谓的交叉达标政策。该政策要求农民的生产必须符合包括环境安全、植物卫生等 18 项指导性管理规定。此外，农民还必须遵守"优化农业、保护环境"的标准，包括避免水土流失和保护土壤有机质等。这项立法对欧洲的大麦生产农户产生了很大影响，它对大麦生产农户在决策上的冲击将在下文中谈及。

(1)大麦生长类型

根据欧盟植物品种局的分类，有 295 个大麦栽培品种划分为广义上的大麦种(CPVO，2008)。这一分组包括所有二棱和六棱的冬、春大麦栽培品种，可见这些大麦栽培种在遗传背景上的均一性、稳定性以及在种植和利用上的价值。

在欧洲，一些地区冬、春大麦的种植面积是由品种冬季的抗寒能力和早熟性决定的，这些地区的干旱也影响大麦的产量和品质。通过比较爱尔兰和西班牙的大麦产量可以看出地理位置的影响。西班牙拥有欧盟最大的大麦种植面积(春、冬大麦比为 3∶1)，大麦种植面积大约占耕地面积的 80%，主要分布在北部的 Aragon 和 Castillay Leon 以及马德里南面的 La Mancha，收获季节为六月和七月。从 2002 年到 2005 年，春大麦平均产量为 2.58 吨/公顷。而在爱尔兰(春、冬大麦比为 8∶1)，因其不断受到来自大西洋潮湿空气的影响，大麦产量为 6.23 吨/公顷，居欧盟春大麦产量之首(表 9.1)。将不同气候类型对产量变化的影响以年每公顷产量的变异系数表示(CV%)，1996—2006 年间，爱尔兰和西班牙每年冬、春大麦产量的变异系数分别是 4%和 10.48%，20.77%和 22.53%。作物生长管理措施旨在减少这种年度间的差异，以达到高产。

在温暖的欧洲南部和中西部地区，由于没有严酷的寒冬，冬大麦和春大麦的区分显得并不那么重要。但春旱对产量有严重影响，故春大麦往往在秋季播种。这可增加产量潜力，但这一时期也容易遭受害虫和疾病的危害。虽然春大麦播种期提前，其生长管理将与冬大麦相似，但并没有完全改变春大麦的表现型。

整个欧洲的麦芽市场倾向于使用春大麦生产麦芽，只有少数例外。Malteurs de France 通过对 2006 年大麦供应的分析后发现，在法国中部和北部八个地区中，Esterel 一六棱冬性品种是其中五个地区的最流行大麦品种。为了使春季大麦籽粒充实和成熟以获得高产除保持充足的水分外，同时还应避免氮含量过高。在英国，大约 50%的春大麦品种在苏格兰种植，当地的长日照、凉爽的气候以及充足的水分可以有效保证较高的产量和相对较低的氮含量。

春大麦的种植的另一目的是为避免冬季对作物产量造成的损失。大麦的耐寒能力低于小麦。大麦也更适合生长轻质土壤中，受到冰冻时其表层土上升，使大麦植株的上部可与根部分隔。大多数波罗的海的北方国家几乎只种植春大麦。

丹麦和波罗的海国家处在同一纬度，但因受墨西哥湾暖流的显著影响，丹麦大面积种植冬大麦。

严重的晚霜对冬大麦的生产有严重危害。一旦拔节开始且幼穗长度达到或超过 20 厘米时，如果霜冻低于－6℃就会破坏甚至杀死幼穗。相反暖冬并伴随气候变化可以促进其早期生长，三月底和四月是主要的敏感时期。

农艺和经济因素影响着每个国家的春、冬大麦的种植比例。在丹麦，因对春大麦的低氮含量需求和其在轻质土壤中的表现，使春大麦更“适合”这个国家的环境和奶牛场。畜牧业对饲料的需求，使产量更高的冬大麦在德国和法国受到青睐。荷兰，尽管集约化的畜牧业青睐春大麦，但 43% 却用于啤酒生产(Eurostat，2008)，这是欧盟国家中用于酿造最多的国家。

冬大麦组还可以分为两棱和六棱两种类型，六棱大麦又可以分为常规和杂交品种。在正常生产条件下，六棱大麦品种产量较高，但谷粒较小比重较低(Beschreibende Sortenliste，2007)。杂交似乎解决了后一个问题，但是其谷粒尺寸仍未达到二棱大麦的大小(HGCA，2007)。

随着各国市场的变化，啤用和饲用品种在各个国家的比例也有所不同。正如早些时候所评估的，六棱啤用冬大麦品种大量栽培于法国的部分地区。在该国的大麦品种目录中，通过比较不同大麦品种的制麦特性，显示大麦各品种的制麦价值。优良的啤用春大麦类型在德国和英国的市场早就出现过。在德国，37 个六棱冬大麦品种中，只有 1 个具有麦芽生产数据，而 39 个二棱品种中有 10 个具有麦芽生产数据。与此相反，53 个春性品种中有 41 个具有麦芽生产评级。在英国，22 个冬性品种中只有 3 个(均是二棱品种)具有麦芽生产评级信息，而 21 个春性品种中有 17 个具有热水提取数据，12 个被列为麦芽用品种。近几年发现，在潮湿环境下收割严重影响啤用大麦供应问题。随后，不可避免地，供给问题将会改变市场的偏好和购买标准。

(2)耕作实践

以前的大麦耕作技术(Briggs，1978)，主要强调整地在苗床准备中的作用。近年来出现了最小化栽培技术(即少耕)，仅需准备只有几厘米耕层深表土的地块，并播一粒或几粒种子(图 9.2)。

少耕技术在欧洲已广泛采用，农业已做出反应，通过减少农场工人，耕种更多的土地以降低固定成本，从而降低价格。表层松散土壤种植大麦往往能产生良好的土壤种子土界面，而且不易破坏高粘性的土层。此外，在干燥的秋季，应避免土壤翻耕造成水分散失。然而，少耕不利于杂草控制和种子播后覆土。这

图 9.2　现代条播机可以一次完成从残茬翻耕到播种的全部工作(照片由 Vaderstad Verken AB 公司提供)

一影响将在本节的杂草控制中进行讨论。

由于土壤氮素供应较低，轻质土壤在一些地区历来用于种植啤用大麦。酿造技术和市场喜好的变化，使氮素含量较高的大麦种子也成为购买对象，而此前重质土壤的首选作物是小麦，在重质土壤上生产的大麦籽粒也被证明可用于生产麦芽(Garstang 与 Giltrap，1999)。与种植在重质土壤上的小麦一样，高产优质是确保啤用大麦经济价值的基础。啤用大麦的优质土壤则是结合了轻质土壤低氮含量与高湿度两个特性，高湿度对夏季干旱地区的谷物尤为重要。

大多数作物都是通过条播机播种的，包括从简单的带齿条播机到复杂的组合式条播机。组合式条播机可以将种子播种到各种苗床中，如少耕土壤或者充分准备的苗床。大麦撒播只是偶尔用于冬大麦，当种植延误时就意味着必须尽快种植。冬大麦撒播能达到与条播同等的产量和品质。但北方春大麦只有在翻耕和条播条件下，才能取得令人满意的产量和品质(Ball，1985)。

对欧洲西部地区如英国的生产条件下进行大麦生产优化研究显示，群体密度为 305 株/m^2 的标准春大麦群体需要相对较高的播种量(HGCA，2006)。每个大麦小穗只有一朵小花，因此大麦的播种量必须高于小麦以弥补其较低的结实率，尤其是迟播的条播春大麦。作物生产监测表明，当积温达到 150℃时，约有 50%的种子即可出苗。根据季节和地理位置的不同，达到 150℃的积温需要 10 天到 7 周左右的时间。干燥的土壤会延缓初始吸水和发芽的开始。从移栽到形成最终群体数量的幼苗成活率以及种子的千粒重决定了高成活率(＞90%)的轻种子(＜35 g/1000 粒)和低存活率(60%)的重种子(＞49 g/1000 粒)的播种量有所不同,约在 100～250 kg/公顷。

当然,当苗数充足且健康的作物群体到达春季快速增长期时,它必须能够快速响应任何施肥措施。这部分内容将在阐述杂草控制措施后进行讨论。

(3)杂草及杂草防治

Hanf(1983)报道称在欧洲发现的阔叶杂草中,33%的种类存在于整个欧洲;15%只有在欧洲大陆地区(约到达荷兰的南部和德国的北部)发现;23%仅存在于从法国西海岸的 La Rochelle 到 Budapest 一线以南地区;12%仅分布于从威尼斯到 Friesland 一线以西,6%局限于伊比利亚半岛,而其余 11%在东欧和意大利各地区都有发现。欧洲的杂草种类繁多,但只有其中三分之一是整个大陆常见的。

在欧洲,使用除草剂是大麦杂草控制的主要方法。如果在苗期控制有效的话,铲除谷类作物中的阔叶杂草应该没有什么问题,但禾本科杂草难以控制。60 多年前,第一个具有选择性的化学除草剂就是从谷物中除去阔叶草。现代大麦栽培中,像吡氟草胺和二甲戊乐灵等活性物质,对于一年生双子叶植物具有非常广的防治范围,而二甲戊灵和其他物质也用于防治苗期杂草。通常很多活性物质的最佳防治期是在杂草苗出土前或苗后早期。某些药剂在用于冬大麦和春大麦杂草防治时存在着一定的差异。二甲戊乐灵用于杂草防治至冬大麦分蘖结束,但只能在春大麦出土前使用。磺脲类药剂是目前最大的一类除草剂,其作用途径是抑制乙酰合酶(ALS)。它们可用于控制很多阔叶杂草,一些也可以专一性地控制禾本科杂草。然而,它们在大麦上的使用并不简单,如有些只适用于小麦,而有些适用于冬小麦与春大麦。对各种除草剂而言,要发挥它们的最大效果,一定的使用技术十分重要。

与用于小麦的除草剂相比,用于大麦的禾本科杂草除草剂的研发程度较低,因此增加了大麦禾本科杂草的控制难度。例如,2008 年在英国禾本科杂草除草剂市场,有 36 种活性物质和化合物被批准用于小麦,但只有 22 种被批准用于大麦。在欧盟的很多国家,由于杂草的除草剂抗性不断增加以及农药安全性的评价等问题,将来会更依靠综合防治措施,如轮作、栽培技术等,以有效地控制杂草。

防治禾谷类作物中的禾本科杂草是杂草防治的主要难题。在欧洲的禾谷类作物中,野燕麦(*Avena fatua*)是与作物竞争最激烈的杂草。它遍布整个欧洲,其中冬野燕麦(*Avena sterilis* subsp. *ludoviciana*)更是南方和高原上的主要杂草。硬直毒麦草(*Lolium rigidum*)、黑麦草(*multiflorum*),以及虉草属(*Phalaris minor*)和金丝雀草(*paradoxa*),是南部一些国家主要的非禾谷类作物的禾本科杂草。在北方，对大穗看麦娘(*Alopecurus myosuroides*)的防治是个问题，特别是小麦/大麦轮作的粘重土壤；而在粗耕地区，早熟禾属(*Poa* spp.)和黑麦草属(*Lolium* spp.)是主要杂草。然而，短轮牧草的耕种与畜牧轮作提供了更大范围利用放牧和耕种的综合防治措施。小种子杂草，如大穗看麦娘和早熟禾属杂草，在严重的情况下会达到1000株/m^{2}以上，这种密度将会造成作物产量降低、倒伏增加、以及因绿色部分增加而造成收获时水分含量提高。

大麦杂草的除草剂类型有限，尤其在抗除草剂的杂草出现时，这更是一个问题。迄今为止，抗除草剂的大穗看麦娘已经在英国到德国和西班牙的整个北欧地区(Weed Science,2008)被发现，抗除草剂的野燕麦在法国、比利时和英国等地区被发现。抗除草剂的硬直毒麦草也已在希腊、法国和西班牙等国被发现。这些耐性杂草对除草剂的抗性包括对草甘膦的抗性。而一些抗ALS抑制剂的阔叶杂草在一些欧洲国家也已被发现。

休耕，无论是作为闲置还是保存水分，均可进行耕作或利用非选择性除草剂防治杂草。土壤耕作可有效地深埋杂草种子，是抗除草剂杂草出没地区广为推荐的苗床准备工作。在休眠种子仍然具有活力的情况下，土壤耕作亦可将以前深埋的种子翻耕于土壤表面。这种情况在前文提及的具有超高植物群体的地区尤为可能发生。少耕技术可为杂草种子的发芽提供理想的条件，如相对较浅的土层覆盖以及未扰动土层的良好导湿性等。重复使用该技术可导致大穗看麦娘(*A. myosuroides*)等禾本科杂草群体爆发。

腐熟苗床是另一种常用的杂草防治方法。这种防治技术需要湿润的土壤，以促进杂草萌发，从而可利用非选择性除草剂或耕作措施将杂草在下季作物种植前进行铲除。相对于小麦而言，冬大麦播期较早，这样限制了这一技术的作用，特别是在干燥的夏末期，对杂草生长的促进不大。虽然苗床加固可提高种子发芽时土壤水分的迁移，但作物播种前苗床必须腐熟时间足够长，以保证杂草生长。而像硬直毒麦草这类耐草甘膦的杂草，则可能需要改用草铵膦类除草剂或翻耕深埋等措施进行防治。在小麦一大麦轮作区，小麦前茬玉米提早萌发是压制大麦前茬小麦生长的有效途径之一。夏末和秋季的干燥土壤往往会抑制前茬作物的种子萌发，从而造成越冬时残留小麦大量生长。与此相反，春大麦一般在潮湿的冬季后种植，因此大麦播前的杂草生长在温暖地区更强。再往北，凉爽的气候和提前播种会导致杂草生长推迟，使其与春季作物同时进入发育阶段。晚播春大麦比早播春大麦或冬大麦分蘖少，所以对杂草的竞争力较弱。

大麦成苗和和生长前期，需要一个杂草较少的生长环境，这样成苗数量充足，苗体大。一旦植株的生存得以保证，在其快速生长期和籽粒灌浆期，则可避免杂草的竞争。一些证据表明，在欧洲西北部的生长条件下，冬大麦对除草剂的反应要比小麦强，而小麦要比春大麦强(Davies,1997)。除草剂的及时应用是保证作物健康生长和提高对杂草的竞争力的关键。

(4)施肥措施

高效的养分管理要求总养分投入与预期大麦植株所固定的总养分相匹配，同时还应考虑生长季节初期土壤的养分供给。养分管理制度中的相关规定以及植物养分需求已有报道(MAFF，2000；De Clercq 等，2001)。与其他主要粮食作物一样，氮、磷、钾肥是大麦的主要营养元素，在欧洲大气沉降率下降且土壤硫素供应不足的地区，硫的需求也非常广泛。从英格兰东部到整个荷兰，德国、波兰、捷克、斯洛伐克共和国等国的轻质土壤中，由于燃煤重工业数量的减少，在硫的可利用率上已显示出显著的变化。

土壤氮素供应必须考虑土壤中可利用的氮素和生长期间土壤有机氮供应变化这两个因素。氮素供应充足可促进早期营养生长和籽粒形成期氮素从茎和叶向穗的转移，从而提高饲用大麦的蛋白质含量。如果不根据土壤供氮率调整施肥率，那么蛋白质含量增加，将会降低啤用大麦的品质。在欧洲南部，相对温暖的土壤可提供较多的氮素，与干旱因素相结合，使该地区所生产的大麦籽粒具有相对较高的氮含量。

有机肥，无论是浆状或干物质肥料，施入土壤的养分库时，需要考虑其与土壤氮素供应的一致性，随着季节变化而增加有效态氮的施用量。浆状肥料不适用于径流或易发生淋洗的环境条件(European Commission，2003)。土壤液相中的可溶性矿质营养，如无机肥料等易被植物吸收。

一旦土壤的养分供应能力得以确定，就可以确定无机肥料的使用量，以促进作物朝向预期的群体和产量形成。大麦的绿色面积指数(GAI)为 28 kg N/公顷，也就是说，生产 1 公顷的叶片(单面)，每公顷需要 28 公斤的氮素(HGCA，2006)。作为一个典型的农作物，大麦的 GDI 可接近 6，作物群体需从肥料和土壤中吸氮约 168 kg /公顷，冬大麦植株可吸收的土壤氮量为 132 kg/公顷。春大麦生育期较短，一般总生物量较低，因此它的氮素吸收量要比冬大麦少 25%～30%。在大麦的整个生育期，超过一半的氮素在剑叶生长完全后吸收(Zadoks 39；Zadoks 等，1974)。因此，不管是冬大麦还是春大麦，氮素的施用最迟必须在植株拔节开始之前(Zadoks S31)。这既可以确保在大麦主要生育时期内有足够氮素供应，也可避免后期氮素供应的猛增及籽粒氮含量的激增。在天气干燥的地区，干旱会延缓氮素的吸收，生长季节中期降雨可以增加作物后期氮吸收量和籽粒氮含量。这种季节性降雨意味着这类氮素吸收途径可能发生在任何地方，如在阴凉潮湿的产区(例如，爱尔兰，苏格兰，荷兰和斯堪的纳维亚)。另外，有研究发现，在降雨量非常低的地区，施磷肥可以提高大麦在磷缺乏土壤中的水分利用效率(WUE)。氮素的施用亦可有效提高水分利用效率，但同时也增加绝对用水量。

(5)作物发育

英国冬大麦和春大麦的产量在欧洲排在第 5 位，是农业集约化生产国家的典型代表。HGCA 2006 年出版的《大麦种植指南》详细概括了大麦的生长、发育以及农业投资效应等方面内容(HGCA，2006)。该书指出，英国的作物产量主要受作物库容的限制，也就是说，作物产量受籽粒数量和籽粒大小的限制，而不是受同化物向籽粒转运的能力的限制。本节中，我们将会关注这一结论在欧洲各地区间的差异以及农业生产管理实践对它的影响。对于大多数旱作物而言，生产上的不可控因素大多源于温度和水分供应的不同。

一旦作物完全出苗成苗后，作物的叶片数增加。若每片叶子完全伸展所需的时间(出叶速度)用热时间计算，英国冬大麦的平均出叶积温为 108℃ · d。在欧洲北部的凉爽气候条件下，植株往往具有较少的叶片(约 13 叶)，而在南方的温暖条件下有 15 叶。在某一特定的纬度下，晚播作物热时间积累较低，且叶片生长较少，但晚播种作物可以通过降低出叶积温和增加出叶率，弥补热时间的不足。但这种措施只能部分抵消迟播的影响，而不能完全消除这一影响。有关出叶速度遗传变异的另一个研究表明，作物出叶积温的遗传差异一般在 50～97℃ · 天之间(Frank 与 Bauer，1995)。

春大麦的出叶积温比冬大麦约低 10%，且一般生长 8～10 片叶而不是 13～15 片。分蘖同样受温度的影响，但水分和养分供应也影响其最终产量，因此农民有较多的措施控制分蘖数。秋天，分蘖的发生非常迅速。在欧洲的冬大麦种植区，冬天的低温显著限制大麦生长，但在秋季大麦能得到充分生长，这可确保在冬季不会产生过多的损失。

在植株快速拔节来临前，植株的分蘖数达到顶峰。早播作物的潜在分蘖较多，因此可以适当降低播种量。当然，那些额外的潜在分蘖必须生存，所以在分蘖数自然减少的拔节期，应注意避免干旱和营养胁迫。拔节前，作物群体的最大苗数可达 1,000～1,300 株/平方米。在养分和水分供应充足的条件下，一旦植株快速拔节开始，冠层生长的需求对植株造成压力，分蘖数将下降到 750～800 个/平方米或者每株约 3 个分蘖。冬大麦和春大麦最终的穗数接近，但后者因为单株分蘖较少，需要较大的植株群体进行弥补。

随着季节进程，分蘖高度增加，旗叶出现时其高度可达到最终高度的一半(Zadoks GS 39)，并在抽穗时多数分蘖已达其最终高度(Zadoks GS 59)。受干旱影响的作物往往较矮，成熟时株高可降低 30 厘米之多，茎蘖数较少，而且籽粒不饱满。大多数受严重旱灾的作物主要分布于地中海沿岸国家。

株高是影响倒伏的因素之一。植株越高，受风和穗重的影响越大。根系裸露或者茎秆弯曲时亦很容易发生倒伏。黏土含量较低的轻质土壤较难支撑植株。这类土壤广泛分布于欧洲北部、南部的斯堪的纳维亚半岛。最轻质的沙地其 pH 值往往较低，通常用于种植黑麦而不是大麦。

生产上，植物生长调节剂常被用于大麦和其他禾谷类作物茎秆的缩短和增粗，从而减少倒伏风险。植物生长调节剂主要有两个方面的应用。赤霉素抑制剂可以减少顶端优势，如果在作物开始分蘖时施用，可以产生较为整齐的植株，并在随后的生长条件允许下增加分蘖存活率。如果在分蘖结束拔节开始时施用(Zadoks GS 30—31)，可缩短生长茎蘖的下部节间。这种效应在小麦中比大麦中更加明显。但是，整个欧洲地区，赤霉素生长调节剂主要广泛用于大麦生产。乙烯产品对细胞扩增的抑制作用是第二种应用方式的基础。通常在拔节后期、抽穗前施用乙烯产品，用来缩短植株上部的茎节间。最有效的大麦茎缩短方式是连续施用赤霉素抑制剂和乙烯释放剂，其中最常见的分别是矮壮素和 2-氯代乙基磷酸酸(乙烯利)。另一种赤霉素抑制剂——助壮素水剂，是一种矮壮素和乙烯利的配比产品。最近推出的赤霉素抑制剂，抗倒酯和调环酸钙，在施用时间方面比矮壮素更具灵活性。某些证据显示，两种应用模式连续运用时，具有一定的协同作用。对受到干旱胁迫的植株，施用乙烯释放剂可能会增加晚期二次分蘖的发生。这对成熟的一致性和麦芽品质可能会产生不利的影响。另外，在植株正常生长后期，发生干旱胁迫时应停止使用生长调节剂。严重干旱胁迫下，植株不需要进行人为地茎缩短。

(6)水分管理

随着农业和非农业产业对水资源需求的增加，灌溉用水日益转向高价值的园艺作物以及玉米、向日葵等大田作物，这些作物的主要生长期正值夏季水分胁迫的增强期。欧洲大部分的大麦为旱作，而且与其他禾谷类作物相比，其水分利用效率较好，故可适应干旱条件。大麦比较早熟，而且收获也较早，这样可以减少遭遇夏至以后的酷暑天气。无论是在秋季或春季的干燥苗床，阵雨可以提供足够的水分促进发芽，但是再次干旱会因失水造成严重的出苗损失。此时，额外的灌溉措施非常有用。然而，在大麦的整个生长季节中，西班牙半干旱地区冬大麦产量形成所需的水分，主要由拔节到收获期间的有效降雨提供(Moret 等，2007)。纵观整个欧洲地区，不仅仅在主要的灌溉国家如法国、西班牙和意大利等，大麦生长季节的灌溉用水经常与高经济价值作物的用水相冲突，因此对其进行灌溉时，往往需要定期调整灌溉策略，以预防水资源的严重短缺和农作物总产的损失甚至重大损失。产量高的国家在大麦出苗定植、拔节和籽粒灌浆这些主要生长阶段的降雨量普遍比较充足。

(7)收获

随着收获季节的临近，过多的水分不仅不需要，甚至会成为一个麻烦。与所有禾谷类作物一样，大麦籽粒安全储存的水分含量不能高于 14%。这是种子储藏应对环境温度和某些特殊风险因子时一个比较合适的指标。在低于5℃温度条件下贮存种子，可避免含水量达19%～20%的种子储藏时堆内发热；如果预期温度超过30℃，则种子的含水量要求达到12%左右。幸运的是，炎热的南部一些国家能生产比此更干燥的种子。发芽能力的保持是啤用大麦生产的关键，因此干燥措施可能由买方完成，并将成本分摊在销售合同中。如果大麦保存在仓库中，含水量约为15%的大麦籽粒需要在低于15℃的温度条件下保存。大麦储藏中的虫害取决于温度而不是取决于湿度，因此储藏温度低于15℃非常有必要。在欧洲的许多地区，大麦籽粒往往在一天最热的时候收获，因此需要在夜晚凉爽的空气下通风，从而可在低于储藏临界温度条件下储存更多的大麦籽粒。抑制螨类的活动比抑制其他虫害需要更低的温度和含水量，籽粒含水量要求低于12%或保存于在2℃以下。

在降雨量最多和高产的地区，杂草尤其是根系发达的多年生植物，在收获期仍为绿色。为了降低过多潮湿绿色材料掺杂入干燥籽粒的风险，在籽粒的含水量低于30%时，应施用非选择性除草剂（草甘膦），促使杂草脱水变干。在苏格兰地区，没有杂草的情况下，这种脱水方法也已证明能生产较低含水量的春大麦。然而，大麦种植户并不推荐使用这项技术生产，而且在对任何用于麦芽和蒸馏的作物或依据合同种植的作物，采取农艺措施前都必须咨询相应的粮食组织。掺入种子中的绿色材料不仅使籽粒水分分布不均，也干扰散装谷物中的气体流通。在干燥过程中，含水量24%以上的啤用大麦贮存温度不应超过43℃，或者含水量低于24%时贮存温度不应超过49℃。另外，绿色材料以碎片形式分布于谷堆中，会影响水分评估和温度调节。如果种子干燥不充分，这种水分的不均匀分布将会导致籽粒变质。

3. 专业技术与投资

与其他大陆一样，欧洲的气候和农业具有多样化的特点。大部分耕地的大麦产量存在着差异。直到最近，一些国家和地区之间在农业和基础设施的投资上仍存在相当大的差距。本节重点讨论的资源和技术，长期为原欧盟15国使用，不过因经济条件允许，现在所有27个成员国都可以使用。因此，我们应对表9.1提及的许多低产成员国的大麦产量的增加有所期待，因为这些地区没有气候和土壤等限制因素。

俄罗斯联邦，乌克兰和哈萨克斯坦

Mekhis Suleimenov

1.大麦种植类型和生态分布

大麦在俄罗斯、乌克兰和哈萨克斯坦的所有地区都有种植(图 9.3)。苏联(FSU)的亚洲西北地区(NWA)位于北纬 48°～56°,东经 52°～110°,包括北哈萨克斯坦的草原和森林草原及西西伯利亚地区,以及俄罗斯南乌拉尔的东部地区。苏联东北欧(NEE)地区位于北纬 48°～55°和东经 32°～52°,包括伏尔加河下游的干草原、伏尔加地区的半干旱草原、北高加索、乌克兰南部和中部,中央黑土地区,俄罗斯和乌克兰的森林草原区和非黑土地带。

(1)哈萨克斯坦和西西伯利亚

北哈萨克斯坦和西西伯利亚地区春大麦的种植面积占小杂粮种植面积的10%～15%。从干燥草原到森林草原、从低地到丘陵地区,大麦的种植比例依次增加。在生长季节较短的地区,大麦种植面积可达小杂粮种植面积的40%～50%。

直至最近,在西西伯利亚并不种植啤用大麦,因为在苏联,还有其他更多的适宜啤用大麦种植的农业生态区(Sharkov 等,2003)。

(2)俄罗斯联邦东北欧和乌克兰

在北高加索罗斯托夫(Sokol 与 Beltyukov,1988)和克拉斯诺达尔(Vasyukn 与 Kuznetsova,1988)地区,以及乌克兰东南部的顿涅茨克(Logvinenko 等 1998)地区,春大麦主要作为饲料种植。大麦播种面积往往比冬小麦和玉米加在一起还要大。一般来说,每公顷冬小麦有 1/3 会被冻死,主要原因是冬季气温低,冰冻的土壤覆盖,以及在播种时土壤干燥。另外,春大麦是与多年生牧草豌豆混种的最佳覆盖作物。

在中央的黑土区和沃罗涅日草原,大麦的主要类型是啤用大麦,约占15%～18%,但在一些年份,由于小麦的冻死率太高,大麦种植面积可增至到粮食总面积的 50%(Gorshkova 等,1988;Cherkasov 等,2006)。

在鞑靼斯坦,伏尔加中部的森林草原中,"喀山"春大麦是主要的饲料粮,但自 1999 年以来,也开始种植啤用大麦(Blokhin,2006)。大麦占粮食总面积的 26%。

在克拉斯诺达尔地区的山麓,第一个冬大麦品种"Novator"注册于 1992 年(Shevtsov 与 Naidenov,1988)。在乌克兰中部的大草原第聂伯罗彼得罗夫斯克

1－北哈萨克 2－西西伯利亚 3－伏尔加地区 4－北高加索 5－中央黑土区 6－非黑土区

图 9.3 亚洲西北地区大麦种植分布

地区，冬大麦也一直有种植，该地区年降水量在500 mm左右(Saiko,1993)。伏尔加中部的森林草原由于气候变化，使种植冬大麦成为可能，因为冬季气温变得非常温暖了(Tupitsyn和Valyaikin,2005)。

在伏尔加河上游的非黑土地带，“Ivanovo”大麦作为啤用大麦和饲用大麦种植于褐色草地和灰色森林土壤，其种植面积要大于小麦(Meltsayev与Shramko, 2006)。在奥廖尔地区的深灰色土壤地区，大麦是一种重要的粮食作物，但在苏联解体后的过渡期，其种植面积逐渐减少，且单产从2.68下降至1.01吨/公顷(Lopachev等,2001)。

2. 大麦轮作

(1)哈萨克斯坦和西西伯利亚地区

在北哈萨克斯坦地区，饲用大麦通常为一年五熟的轮作，即“夏季休耕—小麦—小麦—大麦—小麦”。大麦—小麦轮作时，春小麦产量往往比小麦连作的要高，因为大麦的播种日期要迟一周，这有利于更好地防治杂草(Suleimenov, 1991)。生长季节短的地区，大麦拥有较大的种植面积，大麦连作的产量与小麦—大麦轮作的产量并无显著差异。

在西西伯利亚森林草原的新西伯利亚，啤用大麦最好的前茬作物是作为青贮饲料的冬黑麦与荞麦(Sharkov等,2003)。

(2)东北欧

在伏尔加河下游的伏尔加格勒干草原，大麦进行一年三熟的轮作：“夏季休耕—冬小麦—大麦”(Belenkov,2006)。

在罗斯托夫地区，青贮玉米被认为是春大麦最好的前茬作物(Sokol与Beltyukov, 1988)。1984—1986年间，大麦与青贮玉米、小麦、粮食玉米以及向日葵轮作的平均产量分别为4.67、4.52、4.43与4.30吨/公顷，而大麦连作的产量仅为3.9吨/公顷。玉米也被认为是乌克兰东南部草原春大麦最好的前茬作物(Logvinenko等,1998)。

在克拉斯诺达尔地区北部草原，春大麦最好的前茬作物是绿肥。1985—1986年间，在绿肥、豌豆以及豌豆与燕麦混种后，轮作的春大麦平均产量分别可达5.36、4.91与4.99吨/公顷，而冬小麦后轮作的大麦产量仅为4.66吨/公顷(Vasyukov与Kuznetsova,1988)。

在中央黑土区的沃罗涅日，玉米之后轮作的大麦常被作为青贮饲料种植，而在甜菜之后轮作的大麦则用作粮食(Gorshkova等,1988;Gulidova,2001)。在库尔斯克，春大麦套种绿肥的产量，连续5年都比轮作的产量要高(Kartanlyshev等,2006)

在克拉斯诺达尔地区的丘陵地带，冬大麦之前最普遍的前茬作物是冬小麦。在冬小麦后播种的冬大麦，产量要比在中耕作物后的产量高0.3～0.9吨/公顷(Shevtsov与Naidenov,1988)。在乌克兰中部的草原，冬大麦主要在食品豆类、瓜类、马铃薯以及玉米之后种植(Tsikov,1981)。而在乌里扬诺夫斯克森林草原，最好是在夏季休耕后播种冬大麦(Tupitsyn和Valyaikin,2005)。

在鞑靼斯坦，一般推荐在冬小麦、黑麦及中耕作物之后播种春性啤用大麦，同时，建议在豆类作物之后种植饲用大麦(Blokhin,2006)。而在奥廖尔，大麦通常安排在玉米之后种植。另外，大麦也被用作苜蓿的覆盖作物(Lopachev等,2001)。

3. 播种期

(1)哈萨克斯坦和西西伯利亚

北哈萨克斯坦地区主要为大陆性气候，具有夏季炎热、冬季寒冷的特点。七月份是一年中降雨量最高且最热的时间。

1986—1989年间，位于阿斯塔纳西400公里的ESIL实验站对含有3.2%的有机物质的暗栗钙重粘壤土进行了研究(Kaskarbayev,1994)。该地区年平均降水量为280 mm。从5月12日至6月9日之间共测试了5个播种期。研究发现，推迟播种可以更好地控制野燕麦的发生，并可提高幼苗出苗率、植株成活率、植株密度以及千粒重。六月初播种，春大麦的产量可大幅增加(表9.2)。在黑土上的研究也得到同样的结论。因此，可以认为，5月30日是该地区春大麦最合适的播种日期(Suleimenov,1991)。

在西西伯利亚南部的森林草原，春大麦最佳播期约为5月10日(Alimov,1998)。而在北方的森林草原，啤用大麦应从四月底开始播种(Sharkov等,2003)。

表9.2 播种期对哈萨克斯坦北部ESIL地区春大麦产量的影响(吨/公顷)

播种日期	1986年	1987年	1988年	1989年	4年平均值
5月12日	1.74	1.68	1.20	1.15	1.44
5月19日	1.74	2.13	1.51	1.07	1.67
5月26日	1.96	2.4	2.02	1.11	1.87
6月2日	2.07	2.52	2.08	1.13	1.95
6月9日	1.9	2.03	1.35	1.17	1.61
LSD_{05}	0.07	0.19	0.14	0.10	

LSD_{05}，最小显著差异性 $p=0.05$。

引自：Kaskarbayev,1994

(2)东北欧

在东北欧地区,冬季和春季降水比例较高,而夏季(7月)的降水量较少。当地的年平均气温比阿斯塔纳高,比萨拉托夫高4.9℃,比罗斯托夫高8.6℃。春大麦最早适合播种的日期分别为:乌克兰东南部(Logvinenko等,1998)和克拉斯诺达尔草原区(Vasyukov和Kuznctsova,1988)为2月底至3月;罗斯托夫地区、中部黑土区(Gorshkova等,1988)以及鞑靼斯坦(Blokhin 2006年)为3月至4月初。1977—1982年间,罗斯托夫地区推迟一周后播种大麦,其平均产量减少0.29~0.38吨/公顷(Sokol和Beltyukov,1988)。

在克拉斯诺达尔山麓地带,年降水量约500~600 mm,且冬季气候比较温和。冬大麦在冬季来临前应发生3~4个分蘖,因此建议在9月5日—10月5日之间播种,而在该地区少雨的北部应在9月10—20日播种(Shevtsov与Naidenov,1988)。

由于气候的变化,乌里扬诺夫斯克森林草原的冬大麦播种时间被推迟到八月底甚至九月初,其最佳播种时间为9月3日—8日(Tupitsyn与Valyaikin,2005)。

4. 播种量

(1)北哈萨克斯坦和西西伯利亚

在北哈萨克斯坦,1985—1989年间,ESIL试验站在干旱草原带(Kaskarbayev,1994)以及阿斯塔纳北60公里的Shortandy半干旱草原区(Kupanova,1988)对春大麦播种量进行了4年的研究。干旱草原的播种量为250~350万粒/公顷,半干旱草原播的种量为200~400万粒/公顷,最终产量无显著差异。较低的播种量大麦产量减少主要是由于杂草侵扰严重。

在南部森林草原地带,大麦的播种量往往较高,约500~550万粒/公顷(Alimov,1998)。而在北部森林草原,啤用大麦播种量更高,通常为6650万粒/公顷左右(Sharkov等,2003)。

(2)东北欧

在伏尔加河下游干草原,春大麦播种量为300~350万粒/公顷(Belenkov,2006)。

罗斯托夫地区的半干旱草原,春大麦提前和推迟播种时推荐的播种量分别为400和500万粒/公顷(Sokol与Beltyukov,1988)。乌克兰东南部,春大麦推荐播种量是400~450万粒/公顷(Logvinenko等,1998)。克拉斯诺达尔草原地带,在有利的天气条件下,200~600万粒/公顷的播种量通常不会影响春大麦产量。但在干旱的1983年，由于苗数稀疏，播种量为200万粒/公顷时，大麦产量降低至2.70吨/公顷；而播种量达600万粒/公顷时的产量为3.57吨/公顷。1985年，由于播种延迟，也发生了同样的情况（Vasyukov和Kuznetsova，1988）。

在中央黑土区，农作物产量不会受到播种量的显著影响（Gorshkova等，1988）。推荐的播种量为每公顷500～600万粒。而在不利的土壤水分条件下，由于种子出苗少和缺肥，播种量往往需要增加。

在鞑靼斯坦，普通品种的推荐密度为350～380株/m²，而具有较强的分蘖能力的品种则为300～320株/m²，相当于每公顷300万粒种子的播种量。

在克拉斯诺达尔山麓地区，300～600万粒/公顷的播种量一般都不会影响冬大麦的产量。然而，在冬季较寒冷的北部地区，建议每公顷的播种量为500～600万粒（Shevtsov和Naidenov，1988）。

在乌里扬诺夫斯克，冬大麦的播种量都在300～500万粒/公顷。而在发芽率可靠的低风险地区，播种量也相对较低（Tupitsyn和Valyaikin，2005）。

在伏尔加河上的草生灰化土地区，建议使用的播种量要确保达到每平方米350～400株（约400万粒种子/公顷）（Meltsayev和Shramko，2006）。在奥廖尔，在深灰色土壤上，建议播种量为500万粒种子/公顷。当大麦作为饲用的覆盖作物时，其播种量则可减少到100万粒种子/公顷（Lopachev等，2001年）。

5. 播种深度

（1）哈萨克斯坦北部和西西伯利亚

在Shortandy半干旱草原区，进行过一项有关哈萨克斯坦北部播种深度的研究（Kupauova，1988）。研究发现，在4年以上的时间中，4～8 cm的播种深度对大麦产量无明显的影响，但当播种深度达10 cm时，大麦产量显著降低，尤其是在低播种量时（表9.3）。一般，播种深度为4～6 cm时，种子出苗率较高（73%～71%）。

在西西伯利亚南部森林草原地带，春大麦的建议播种深度为5～6 cm（Alimov，1998），而在北方森林草原地带，啤用大麦播种深度则不应大于5 cm（Sharkov等，2003）。

表 9.3 播种深度和播种量对哈萨克斯坦北部的 Shortandy 半干旱草原春大麦产量(吨/公顷)的影响(1985—1989 年平均值)

播种深度(cm)	播种量(百万粒种子/公顷)		
	2	3	4
4	2.46	2.60	2.46
6	2.40	2.49	2.51
8	2.35	2.49	2.53
10	1.67	1.87	2.19
LSD_{05}(t/ha)	播种深度—0.18,播种量—0.17		

引自:Kupanova,1988

(2)东北欧

乌克兰东南部草原地区的播种深度通常约为 6 厘米(Logvinenko 等,1998)。而在克拉斯诺达尔,冬大麦播种深度随土壤湿度而定,从 2~6 厘米不等。平均而言,大麦最好的越冬播种深度为 4 厘米(Shevtsov 和 Naidenov,1988)。另外,伏尔加河中游夏季休耕后的冬大麦,建议播种深度为 5~8 厘米(Tupitsyn 和 Valyaikin,2005)。

6. 耕作方式

(1)哈萨克斯坦北部和西西伯利亚

据 Akhmetov 和 Zinchenko(1976)报道,哈萨克斯坦北部半干旱草原秋季有效耕作深度取决于其土壤湿度。当土壤湿润时,春季用箭形耕耘铲深耕 25~27 cm,可使雪融水更好地渗入。在干燥条件下进行土壤耕作,耕作深度对水分积累并不会发挥重要的作用。

在库斯塔奈省,最近的研究显示,免耕与收获时留 30 厘米的残茬相结合对降雪的保持非常有利(Dvurechenskiy,2008)。与传统的 15 厘米残茬和秋季犁片耕作相比,这种做法可在春大麦播种期提高土壤水分积累约 30 厘米。

在西西伯利亚库尔干南部的淋溶黑土森林草原地带,研究者对春大麦播种前的秋季耕作方式进行过系列研究(Isayenko,2006),发现杂草危害是该地大麦产量的决定性因素。相对于刀片式犁保护性耕作,铧式犁耕作方式可获得较高的大麦产量。

1986—1994 年间进行的另一项有关新西伯利亚地区的森林草原带淋溶黑土的研究(Alimov,1998)表明,轮作中铧式犁与保护性耕作相结合,能有效地提高作物产量和节约能源。

(2) 东北欧

在乌克兰东南部(Logvinenko 等,1998)和中央黑土区(Gorshkova 等,1988),一般在前茬作物收割后马上用圆盘耙耙地两到三次。主要耕作操作为,在九月底至十月初,用铧式犁进行 20～22 cm 深的深耕。在利佩茨克地区,大麦保护性耕作的产量与翻耕后的相同,但是可以大大节约能源(Gulidova,2001)。在库尔斯克地区,绿肥与大麦连作,当耙犁或圆盘耙翻耕绿肥后可显著增加大麦产量(Kartamyshe 等,2006)。在鞑靼斯坦,深耕已被圆盘耙或鸭掌铲式中耕机的少耕操作所取代,这可节约燃料 20%～50%(Blokhin,2006)。

伏尔加河中游地区,一般在夏季休耕时播种冬大麦。该种植方式的要点是播种前有坚硬的苗床,且翻耕不超过 5～8 cm(Tupitsyn 和 Valyaikin,2005)。而在乌克兰中部的大草原,玉米之后为冬大麦播种准备苗床之前,则一般建议进行两次早期的圆盘耙耙地(Tsikov,1981)。然而,由于能大大节省能源和劳动力,免耕技术正在迅速普及(Medvedev,2006)。

在伏尔加河上游地区的生草灰化土上,建议轮流使用不同的耕作方法。在干旱年份,采取少耕即可,而在气候适宜的年份,铧式犁深耕与化肥、农药结合使用可确保粮食产量最高(Meltsayev 和 Shramko,2006)。在奥廖尔暗灰土壤上,在杂草为害较轻的中耕作物后播种大麦,可以采用少耕代替铧式犁深耕(Lopachev 等,2001)。

7. 杂草和杂草防治

杂草一般可分根茎类、多年生宿根类和一年生杂草三大类。这些杂草随处可见,而杂草防治是耕作制度中非常重要的环节。在苏联的传统耕作制度中,翻耕是各地区控制根茎类和多年生宿根杂草的的主要手段。2,4-D 是在苏联唯一广泛使用的除草剂。

(1) 北哈萨克斯坦和西西伯利亚

在北哈萨克斯坦南部的森林草原地带,最普遍的杂草有:加拿大田蓟(*Cirsium arvense*)、田旋花(*Convolvulus arvensis*)、野燕麦(*Avena fatua*)、苦荞麦(*Fagopyrum tataricum*)、狗尾草(*Setaria viridis*)、反枝苋(*Amaranthus retrolexus*)。在半干旱草原区比较常见的杂草有加拿大田蓟、田旋花、野燕麦、藜(*Chenopodium album*)、反枝苋、狗尾草、败酱草(*Thlaspi arvense*)以及荠菜(*Capsella bursa-pastoris*)。在干草原地带,最麻烦的杂草是茅草(*Agropyrum repens*)、莎草(*Carex caespitosa*)、加拿大田蓟、田旋花、顶羽菊(*Acroptilon picris*)、野生生菜(*Lactuca seriola*)、狗尾草和反枝苋(Suleimenov,2006)。

对于某些杂草,推迟播种始终被认为是最有力的防治手段,特别是对野燕麦的防治(Suleimenov, 1991)。因为杂草与作物竞争,所以播种量也有重要意义。毫无疑问,从 15cm 行距的圆盘播种机转为 23cm 行距的残茬(免耕)播种机,可为杂草提供更多的生存空间。另一个影响杂草防治的因素是播种深度。推迟播种时,通常将种子播种于比正常发芽和出苗所需深度要深的位置。有时候,这种作法可发挥作用,但延迟出苗和出苗稀疏则有利于杂草发生。

近年来,随着免耕种植的广泛推广,杂草防治方法发生了巨大变化(Dvureehenskiy,2008)。夏季休耕期,常建议采用两次草甘膦型除草剂喷洒防治杂草:第一种在 5 月中旬防治荠菜、败酱草、野燕麦和田蓟;第二种在 7 月中旬防治田旋花、田蓟、生菜、野燕麦、反枝苋。

防治春大麦多年生杂草最有效的除草剂有 Sekator-turbo(50～75 mL/公顷),Musket(40～50 g/公顷)以及 Granstar(12 g/公顷)(Dvurechenskiy,2008)。骠马(Puma Super,0.6～0.9 L/公顷)和 Bars Super(0.6～0.7 L/公顷)是控制春大麦中野燕麦和绿狗尾草最好的除草剂。

(2)东北欧

在北高加索和乌克兰南部,最麻烦的杂草有以下几种:多年生杂草如加拿大田蓟、田旋花、苦苣菜(*Sonchus arvensis*)和苦蒿(*Centaurea picris*);砧木杂草如茅草;一年生杂草如反枝苋和蓼科杂草等(*Poligonum aviculare*)(Suleimeuov,2006)。

为有效防治宿根杂草,一般建议采用作物收获后密集耕作的方法,如:双圆盘耙深耕。早熟作物收获后,建议将圆盘耙与除草剂结合使用。虽然东北欧地区采用密集耕作防治杂草的措施相当普遍,但是少耕和免耕技术正为各地所采纳。位于乌克兰中部的第聂伯罗彼得罗夫斯克是少耕作技术促进和传播的重要中心(Medvedev,2006)。

8. 土壤肥力管理

(1)北哈萨克斯坦和西西伯利亚

20 世纪 50 年代,北哈萨克斯坦和西西伯利亚干草原被开发用以进行粮食生产。在最初的 30～35 年里,土壤中富含丰富的有效氮,因此农业生产时只施用磷肥。期间应用最广泛的施肥措施是在夏季休闲期,每 4 年施用磷 60 kg/公顷(Lichtenberg,1995)。而从 20 世纪 60—80 年代,0～100cm 土层中的硝态氮含量在夏季休耕期从 433 kg/公顷降至 200 kg/公顷,而且在留茬期又从 301 kg/公顷降至 125 kg/公顷。目前,普遍建议根据土壤养分分析的结果,对留茬田进行合理的氮肥施用。1988 年,在黑土成分的留茬田,施用 50 kg/公顷氮素可使大麦产量增加一倍(Fikmuv,2005)。

(2)东北欧

东北欧的半干旱地带主要是普通黑土。在罗斯托夫地区，春季苗床准备前施肥时配合使用鸭掌铲式中耕机的效果最好。1980—1984 年间进行的一项研究显示，在秋季中耕、秋季翻耕以及春季中耕时配合施 40∶60∶40 kg/公顷的氮磷钾(NPK)，粮食产量分别可达 4.08、4.11 和 4.27 吨/公顷，而不施肥的对照区，产量仅为 3.41 吨/公顷(Sokol 和 Beltyukov，1988)。肥料用量的增加可有效提高粮食产量，但单位肥料的产量回报减少。

在乌克兰的东南亚地区，大麦能够很好地利用前茬作物遗留下来的肥料。当前茬玉米施用 30 吨/公顷的肥料，大麦产量可增加 0.22 吨/公顷。肥料可以在秋天深耕前施用。氮磷钾比例为 40∶80∶40 千克/公顷时，粮食产量可达 0.87 吨/公顷，且每 1 kg 肥料有 5.4 千克粮食的回报(Logvincnko 等，1998)。

在克拉斯诺达尔的草原地区，有一项 2 年的研究显示，春大麦在豌豆和燕麦混作收获后播种，并按最常见的氮磷钾比例 60∶60∶45 千克/公顷施肥，产量可达 5.72 吨/公顷；而不施肥的产量仅为 4.99 吨/公顷(Vasyukov 和 Kuznetsova，1988)。

在中央的黑土区，啤用大麦所需足够氮磷钾肥料的配比为 60∶60∶60 kg/公顷(Gorshkova 等，1988)。加大肥料配比能提高作物产量，但回报较低。库尔斯克地区的典型黑土含 5.2%～5.4%的有机质，施用 60∶60∶60 kg/公顷氮磷钾肥料可使连作大麦的产量增加 56.1%，这相当于大麦种植一轮的产量。另外，3～5 年的连作大麦与绿肥(油菜和苜蓿)双作时，大麦产量可比轮作增加 5.8%～7.4%(Kartamyshev 等，2006)。而且，连作大麦与绿肥双作 3 年，可增加土壤有机质含量 0.1%。

此外，在库尔斯克的坡地，当大麦在甜菜收获后播种，前茬甜菜栽培施用 48 吨/公顷肥料时，后茬大麦可获得 3.46 吨/公顷的高产；而前茬不施肥时，后茬大麦产量仅为 2.42 吨/公顷(Deriglazova 和 Boyeva，2006)。粪肥作基肥时，施用矿质肥料甚至会降低大麦产量。

在鞑靼斯坦共和国的森林草原，推荐的氮磷钾配比为 60∶40∶60 千克/公顷。这种配比的肥料可使蛋白质含量从 9.3%增加到 10.7%，而不施肥的蛋白质含量可高达 13.4%～14.5%(Blokhin，2006)。在奔萨省，推荐的 NP 肥配比为45∶50 千克/公顷。三年中，NP 肥配比施用后，四个大麦品种的平均产量与不施肥相比增加了 20%。因此分批施用氮肥不增加产量(Koshelyayev，2006)。

克拉斯诺达尔省的南部坐落在黑土丰富和降雨量较多的丘陵地带。当氮磷钾肥按 140∶250∶140 千克/公顷配比施用时，可使冬大麦获得最高产量(6 吨/公顷)。其中，氮肥分次施用，其中秋季施 70 kg/公顷，春季和分蘖期分别施 35 千克/公顷(Shevtsov 和 Naidenov，1988)。在伏尔加河中游，氮肥的施用对冬大麦的产量形成具有关键性的作用。一般建议早秋以硝酸铵侧施氮肥 40 千克/公顷，到拔节期再施氮肥 60～80 千克/公顷(Tupitsyn 和 Valyaikin,2005)。在暗灰色森林土上，一般在用鸭掌式中耕机整理苗床时施氮肥 30 千克/公顷，然后在播种时施用矿质磷肥 10～15 千克/公顷(Lopachev 等,2001)。2002—2004 年，在有机质平均含量 4.9%的灰色土壤上，大麦不施肥时产量为 1.82 吨/公顷；5 吨/公顷秸秆还田时产量为 2.19 吨/公顷；氮磷钾以 33∶30∶22 千克/公顷配比施用时，产量为 2.74 吨/公顷；秸秆和矿质肥料结合使用时，产量可达 3.22 吨/公顷(Melnik 等,2006)

9. 复合栽培措施

(1)北哈萨克斯坦和西西伯利亚

在北哈萨克斯坦半干旱草原，1988—2006 年的 19 年间，在"休耕—小麦—小麦—大麦—小麦"轮作中一直沿用了三种层次的栽培技术：低投入、普通和高投入。这三个层次的栽培技术采用不同水平的水分、营养和杂草管理措施，尤其是通过改进的雪水收集技术加强水分管理的措施。过去 19 年间，一年潮湿，三年异常干旱，九年干旱，还有六年气候适宜，不断提高的综合栽培技术水平显著增加了各种气候类型下的大麦产量(表 9.4)。

表 9.4 栽培措施的投入水平和天气条件对北哈萨克斯坦半干旱草原 Shortandy 春大麦产量(吨/公顷)的影响(K. Akshaiov 和 M. Suleimenov 的数据)

栽培措施	气候条件			
	非常干旱	干旱	适合	潮湿
低	0.66	1.43	1.89	1.05
一般	1.19	2.22	2.64	1.18
高	1.85	2.98	3.50	1.94
LSD_{05}	0.20	0.25	0.32	0.16

在丰水年，从低投入(1.05 吨/公顷)转变为高投入(1.94 吨/公顷)的栽培措施，使粮食产量几乎翻了一番，但由于病害的发生率很高，其增产潜力并未完全发挥。在 3 个异常干旱年份，栽培措施从低投入转变为高投入(0.66～1.85 吨/公顷)，粮食产量翻了三番。在 9 个干旱年份，高投入的栽培措施使粮食产量比交叉管理制度下增加一倍多，平均产量达到 2.98 吨/公顷。在 6 年适宜的天气条件下，即使采用低投入的栽培措施，粮食产量也相当高。有利的天气条件下，高投入栽培措施使大麦产量几乎翻了一番，达到了 3.5 吨/公顷的平均水平。

在西西伯利亚南部的森林草原，2001—2005 年的 5 年间，化肥、除草剂以及杀菌剂对大麦均产增加的贡献率分别达到 60%、59%和 7%。这三个因素的结合应用，使大麦产量增加了 109%，达到 3.23 吨/公顷(Kholmov 和 Shulyakov, 2006)。

(2)东北欧

在中央黑土区，对肥料、品种以及播种量对大麦产量的影响进行研究后发现，这三个因素对大麦平均产量形成的贡献分别为：肥料 37.7%、品种 13.6%、播种量 1.5%。对于高产品种 Olimpiyets，上述因素所占的比例分别为 35.0%，24.3%和 4.6%。另外，在干旱年份，施肥对大麦产量的贡献可高达 40.9%～43.2%，品种对大麦产量的贡献也可达 33%～34%(Gorshkova 等，1988)。

在奔萨森林草原，对影响大麦产量的三个因素：品种、肥料和气候进行了相关研究(Koshelyayev, 2006)。对大麦产量影响最大的因素是肥料，可占 25.9%的比例。而在某些年份，品种发挥了重要的作用，其平均效益可占 12.6%。气候条件对大麦产量的平均影响一般在 23.7%左右。气候条件与肥料的相互作用也很重要，对大麦产量的影响可达 18.9%。

在暗灰土壤上，对四种类型的栽培措施进行了研究：(1)规模化生产，不使用化肥和农药；(2)密集型生产，使用商业合成肥料、农药以及前茬作物 50 吨粪肥的残余肥料；(3)无机—有机过渡型生产，减少人工合成化学物质，但施用粪肥、5～6 吨的前茬作物秸秆以及 6～8 吨的绿肥；(4)有机型生产，无人工合成的化学物质，但施用粪肥，秸秆和绿肥。其中，密集型和无机—有机过渡型两种栽培模式可获得较高的大麦产量，分别为 3.7 和 4.0 吨/公顷(Lopachev 等，2001)。

10. 小结

确保增产的栽培措施主要是土壤水分、杂草和土壤肥力管理。上述三个耕作措施中，最薄弱的环节是：小麦生产时肥料施用率偏低，而大麦几乎不施肥。免耕等水土保持措施仅在哈萨克斯坦被大规模采用。另外，所有地区的杂草管理都需要大加改进。

大麦栽培措施的研究数据显示，在俄罗斯联邦，乌克兰和哈萨克斯坦的所有生态区，大麦籽粒产量的增产潜力巨大。在最佳的栽培措施下，预期产量分别为：北哈萨克斯坦和西西伯利亚的草原，3.0～3.5 吨/公顷；伏尔加河流域，3.5～4.0 吨/公顷；北高加索地区和南乌克兰 4.5～5.0 吨/公顷；中央黑土区和乌克兰中部，5.0～5.5 吨/公顷；俄罗斯和乌克兰的森林草原，5.5～6.0 吨/公顷；克拉斯诺达尔山麓地区，春大麦 6.5～7.0 吨/公顷、冬大麦 6.5～7.0 吨/公顷。

北美洲

William F. Schillinger, Ross H. Mckenzie, Donald L. Tanaka

1. 引言

在北美洲，大麦(*Hordeum vulgare* L.)大多数分布在加拿大阿尔伯塔省大草原，萨斯喀彻温省和马尼托巴省的大草原以及在北部一线的美国北达科他州、蒙大拿州、爱达荷州、华盛顿州和明尼苏达州。墨西哥大麦生产非常有限，而伯利兹、哥斯达黎加、萨尔瓦多、危地马拉、洪都拉斯和巴拿马基本上没有大麦生产。而加拿大大多数省份和美国27个州(表9.5)都有大麦种植，本节重点介绍加拿大、美国北部大平原(NGP)和美国太平洋西北岸(PNW)的主要大麦种植区的耕作制度和栽培措施。虽然冬大麦品种在北美某些温和的气候条件下也有种植，但是能承受美国北部大平原和美国太平洋西北岸大部分地区的寒冷冬季气温的栽培品种尚未选育出来。在美国北部大平原和美国太平洋西北岸春大麦占大麦生产的绝大多数，因此本节中，“大麦”一词即指春大麦，除非另有提及。

表 9.5 2007年加拿大各省和美国各州大麦的种植面积和平均产量(加拿大统计局,2008)和(美国农业部农业统计局,2008)

	生产面积(1000公顷)	平均产量(kg/公顷)
加拿大		
亚伯达	1729	3700
萨斯喀彻温省	1660	3000
马尼托巴省	380	3900
魁北克	95	4100
安大略省	67	4100
爱德华王子县岛屿	33	3600
不列颠哥伦比亚	20	3600
新不伦瑞克省	13	4300
新斯科舍	3	3300
	总计:4000	平均:3733.3

续表

	生产面积(1000 公顷)	平均产量(kg/公顷)
美国		
北达科他州	563	3800
蒙大纳	292	3000
爱达荷	223	5400
华盛顿	91	4000
明尼苏达川	44	3800
科罗拉多	23	8400
俄勒冈州	21	3200
怀俄明州	21	6000
宾夕法尼亚州	17	4900
加利福尼亚	16	4000
马里兰	14	5600
亚利桑那州	13	7700
弗吉尼亚州	12	4800
南达科塔	12	2700
威斯康星州	9	3800
犹他州	9	5200
特拉华州	7	5200
缅因州	7	4700
北卡罗来纳州	6	3600
堪萨斯州	5	3200
密歇根州	5	3800
纽约	4	3100
其他州	51	3600
	总计:1465	平均:4500

1998—2007 年,加拿大、美国和墨西哥的大麦年平均种植面积分别为 3.92 万、1.73 万和 0.36 万公顷(USDA NASS,2008)(图 9.4a)。加拿大(Statistics Canada,2008)和墨西哥的大麦种植面积一直保持相对稳定,但在美国大麦的种植面积自 20 世纪 80 年代中期达到最高峰期后锐减了五倍(图 9.4a)。美国大麦

种植面积下降的原因主要有：①根据联邦保护储备计划，耕地被转化为多年生杂草和灌木生长地；②多雨的年份啤用大麦种植困难；③最近小麦（*Trilicum aestivum* L.）和玉米（*Zen mays* L.）的价格一般高于饲用大麦；④小麦生产中使用的一些除草剂对其后大麦及其他作物的生产造成严重伤害。

加拿大大麦的平均产量总体上略高于美国，过去50年里，这两个国家的大麦产量均以呈直线增加(图9.4b)。从历史上看，墨西哥的大麦产量远远低于加拿大和美国，但在过去10年里墨西哥大麦产量增加非常明显(图9.4b)。

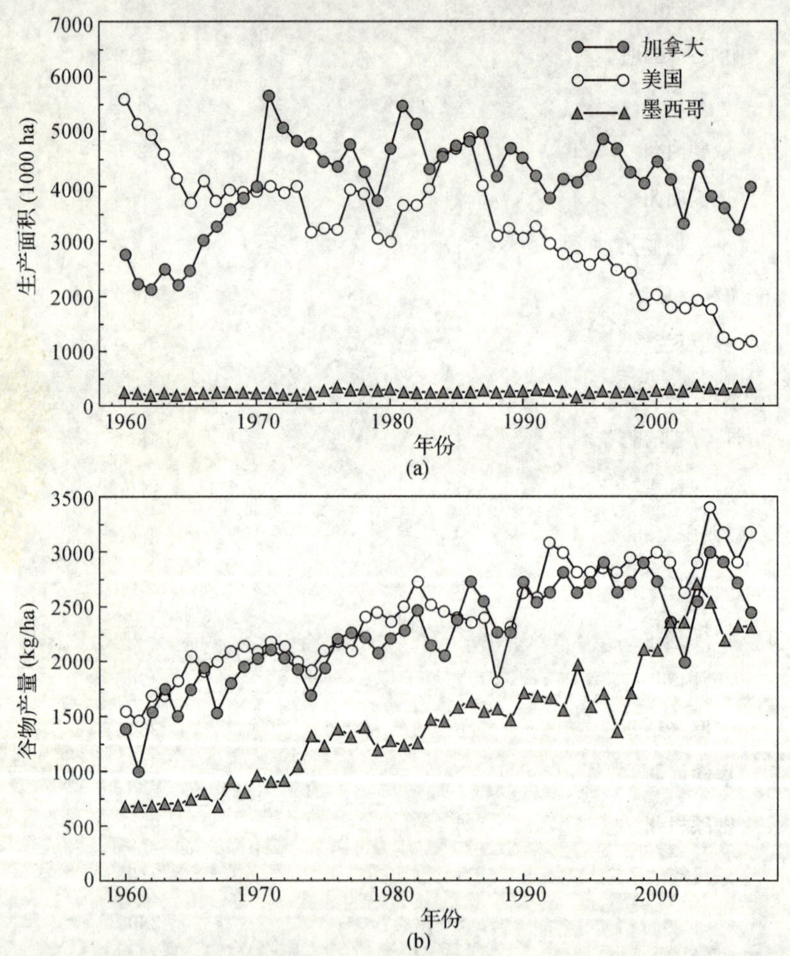

图9.4 1960—2007年间加拿大、美国和墨西哥大麦的年播种面积(a)和平均粮食产量(b)。(美国农业部国家农业统计服务部，2008)和(加拿大统计局，2008年)

在加拿大北部大平原，大麦是继小麦和油菜（*Brassica napus* 和 *Brassica campestris*）之后的第三重要的作物。在美国北部大平原，大麦是继小麦、大豆

(*Glycine max* L.)和玉米之后的第四大作物。在美国北部大平原，麦芽用大麦栽培品种约占大麦种植面积的75%，但大麦麦芽品质仅有25%～30%符合啤用大麦的生产标准。该地区剩余的土地主要用于专门生产饲用大麦。在美国太平洋西北岸，旱作条件下生产的大麦大部分用于饲料，而灌溉条件下生产的大麦大部分用于麦芽。少量的大麦作为青贮饲料用于肥育产业。在所有地区，大部分大麦都是旱作。但爱达荷州是一个例外，该州60%的大麦在灌溉条件下种植(NASS,2008)。由于气候条件的变化，麦芽大麦在旱作条件下往往难以生产。

从历史上看，加拿大约80%～90%的麦芽品种是二棱大麦。麦芽大麦可获得超过饲用大麦几乎每公顷125加元的溢价。对农民来说，种植啤用大麦的最大挑战就是确保麦芽质量标准的相关农艺措施，包括轮作的病害管理、播种期、种植密度以及水肥管理。

2. 大麦生产的气候条件

在美国，北部大平原和太平洋西北岸的降水模式有很大差异。北部大平原属于大陆性气候，冬季漫长，寒冷且较干燥；夏季短暂，温暖潮湿。北部大平原农田年平均降水量为300～800 mm(Cochran 等,2006)。降水量最大的时期主要发生在“大麦生长季节”，即五月、六月和七月(图9.5)。

太平洋西北岸的气候类似于地中海式气候，年降水大部分发生在冬季(图9.5)。冬季冷凉，但比北部大平原温暖。太平洋西北岸干旱农田的年平均降水量的范围为150(华盛顿中南部)～1000毫米(俄勒冈州西部威拉米特山谷)。作物生产严重依赖储存在土壤中的冬季降水。夏季高压系统占优势，导致气候温暖干燥且湿度较低。这种气候是寒季作物，如小麦、大麦和豆类的理想之选。

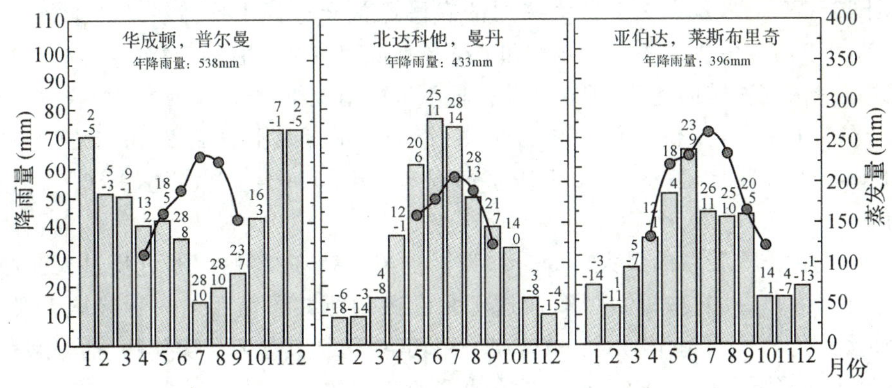

图9.5 北美三个代表性大麦产区的月平均降水量(柱状)和蒸发量(点线)

注：每个条上的数字是每月平均最高和最低气温(℃)。数据由华盛顿州立大学、加拿大农业和农产品部和美国农业部农业研究服务所提供

3. 耕作制度

大麦是一种寒季早熟作物，具有一定的耐旱和耐盐碱能力。大麦是整个北部大平原和太平洋西北岸的一种很好的轮作作物，并且非常适合保护性耕作和免耕种植制度。

免耕动态耕作制度目前已用于北部大平原的主要大麦产区(Tanaka 等，2002)。这些耕作制度以休耕系统为基础，且经过几年的发展，可有效提高降水利用效率和保护自然资源。大麦非常适合动态耕作制度(Tanaka 等，2005)。大麦残茬上再次种植大麦时，通常会导致大麦产量严重降低。这种产量降低的原因并不清楚，可能与植物病害相关(Krupinsky 等，2006)。最好的大麦播种顺序是种植在豆科植物的残茬上。春小麦的残茬上种植大麦可以增加产量，减少病害压力，反之亦然(Schillinger 和 Paulitz，2006)；然而，大麦或小麦种植在各自的残茬上时，没有这一效果，虽然两者都是寒季作物，但它们都有许多共同的病虫害问题。在北部大平原，作物种植在大麦残茬上产量往往等于或高于种植在春小麦的残茬上(Krupinsky 等 2006)。例如，根深、需水量大的向日葵(*Helianthus annuus* L.)和红花(*Carthamus tinctorius* L.)，在大麦后种植要比在春小麦后种植表现好。

1990 年之前，北部大平原的大麦几乎完全是在以耕作为基础的系统下种植的，且硬红春小麦是在其后种植的最常见的和谷类作物。在干旱地区(年均降水量<400 毫米)，大部分大麦在 21 个月的夏季休耕期后种植，而在年降水量>400 毫米的地区一般复种(即没有休耕期)。在更为干旱的地区，复种与否主要由冬季土壤中所保持的水量决定，如果土壤湿润层不超过 45 cm 的深度(土壤可用含水范围 50～75 毫米)，那么北部大平原的农民通常会选择土地休耕。20 世纪 90 年代，由于高效免耕条播机的开发和非选择性除草剂如草甘膦价格的下降，耕作方式逐步由翻耕转向免耕，即在前茬秸秆不倒的情况下，将种子和化肥一次性撒下。在艾伯塔省，免耕耕地面积由 1991 年的 3% 直线上升到 2006 年的 47% (Statistics Canada，2008)。在萨斯喀彻温省，至 2006 年，总耕地的 60% 是免耕的。

向免耕方式转变的最大好处是加强了土壤保持和水源保护，这反过来又减少了北部大草原的夏季休耕期，而这正是农民们所共同使用的一种栽培手段。更加多元化的作物轮作制度已被普遍采用，其中包括其他禾谷类作物、油籽和豆类，这不仅降低了病害压力，而且具有更好的杂草防治效果。

在太平洋西北岸的帕卢斯地区，年降水量为 450～600 毫米，大麦通常采用“冬小麦—春大麦—春大豆”三年一个周期的轮作方式生产。在这种轮作方式中，大麦处于比较不利的条件(与豆类相比)，因为它在冬小麦之后播种，而小麦是高需水作物。帕卢斯的农民喜欢在春大豆之后种植冬小麦，因为大豆需水量比大麦少，这创造了旱作冬小麦产量的世界纪录——6.5 吨/公顷。春大麦平均产量为 4.5 吨/公顷。在太平洋西北岸内陆中等降水量（每年 300～450 毫米）地区，大麦种植也非常普遍，“冬小麦—春大麦—夏季休耕”的三年轮作制度下，大麦的平均产量为 2.8 吨/公顷。大麦出苗快，叶较宽，因此对杂草的竞争力要比春小麦强。只有少部分大麦（或任何春季作物）种植在太平洋西北岸降水量低（<300 毫米/年）的地区，该地区 95%的农田进行“冬小麦—夏季休耕”两年的轮作。然而，当土壤中储存 125 毫米以上的冬季降水时，许多农民会复种春大麦或者春小麦，且效果良好（Schillinger 等，2007）。春大麦的籽粒和秸秆产量与春小麦相当（Schillinger，2005），但是大麦秸秆的分解速度快于春小麦。秸秆分解速率主要由几个因素与化合物之间的相互作用所决定，包括纤维素、半纤维素、木质素、单宁酸、氮以及碳氮比（Stubbs 等，2009）。

北美和世界各地的大麦产量均受到水份可利用率的影响。McKenzie 等人（2004）在阿尔伯塔省的 20 个地点，对饲用大麦所进行的研究显示，大麦的水分利用效率平均为 15 kg 籽粒/公顷·毫米，这与 Hoyt 和 Rice（1977）在阿尔伯塔省获得的 16 kg 籽粒/公顷·毫米的平均值接近，但比 Bole 和 Pittman（1980）报道的 10 kg 籽粒/公顷·毫米的平均值要高。比此前在北部大平原观察到的水分利用效率要高，可以归结为品种和农艺措施的改良，包括免耕和秸秆留田，这些保持土壤水分的措施确保了植物蒸腾作用所需要的水分。大麦产量与水分利用率的关系受到很多因素的影响，如潜在蒸腾量、缺水期的发生时间、持续时间和强度等（Heapy 等，1976；Baldridge 等，1985）。

大麦等须根作物的地下部生物量相对较高。在包含大麦的轮作系统中，土壤有机质水平和土壤质量可以得到保持甚至提高。在收获时，沿整个联合收割机收割台的宽度撒下大麦碎秸秆，可以使后茬作物的种植更加简单，大麦碎秸秆在微生物的分解过程中可固定土壤中的养分，提高除草剂的效率，并减少病害。

4. 栽培技术

在北部大平原，大部分大麦以割晒的方式收获或者在种子达到生理成熟后使用收前干燥剂加速籽粒干燥（<35%的种子含水量）。然而，在南部的大草原，大麦收获往往将割晒与干燥剂不直接结合运用。如果籽粒的含水量<20%，那么两种方式直接结合运用通常是最好的。由于受干燥的夏季气候影响，当籽粒含水量<12%时，太平洋西北岸所有的大麦收获都是两种方式直接结合运用。

大麦对土壤水分和生长季节里降水的消耗量要比豌豆稍高（*Piaum sativum* L.）。在北达科他州，对 10 个农作物的水分消耗进行了评估，其中豌豆的土壤水分消耗最低（4.1 cm），其次是大麦（4.3 cm）（Merrill 等，2004）。休耕期土壤水分的补充极大地影响着第二年作物的生产。大麦碎秸秆对土壤水分的补充能力与春小麦碎秸秆相当(Merrill 等,2004)。下列作物种植后在春季种植时土壤水分含量从大到小依次为干豌豆、大麦、干豆(*Phaseohis* spp.)、海甘蓝(*Czlmbe cordifolia*)、春小麦和大豆。

(1)播种日期

在北美所有地区,只有在晚冬或早春尽可能早地播种大麦时,产量才有可能达到最高。在阿尔伯塔省,McKenzie 等人 (2005)发现,将播种从 4 月下旬推迟到 5 月中旬,大麦产量减少了 20%。这与北美其他大麦播种研究所得数据一致(Beard,196l;McFadden,1970; Ciha,1983;Lauer 和 Partridge,1990;Juskiw 和 Hehm,2003)。McKenzic 等人(2005)的研究显示,从第一次播种到最迟一次播种,平均产量损失为 20%,低于在明尼苏达州(35%,Beard,1961)和中央艾伯塔省(47%,Juskiw 与 Helm,2003)所观察的结果,其原因可能是这一试验的第一个和最后一个播种日期(约 3 周)之间间隔时间较短,而后面所提到研究中,时间间隔为 5~6 周。在所有地区,早播大麦都具有较高的产量优势,因为作物可以利用早春水分、更长的春季日长和夏季高温开始前凉爽的气温充分生长。

(2)行距

大麦获得最高产量时,行距一般为 250 毫米或者更小。低穗密度通常发生在行距>250 毫米的条件,虽然植株会增加穗粒数和粒重,但是产量还是会减少(Schillinger 等,1999)。旱地条件下,影响大麦产量构成的最重要因素是单位面积的穗数,而不是严重的水分胁迫(Arnon,1972)。大于 250 毫米的行距比窄行距往往更有利于杂草的发生。

大麦割倒后,随着行距宽度的增加,植株的支撑将成为一个问题。开沟器并不把种子播成明显的一行,而是将种子分散成 5、7 或 10 cm 的条带。通常,这一措施具有良好的增产潜力,并且可使更多的具有高盐指数的肥料与种子安全共存。

(3)种植密度

最适种植密度受许多环境和经济因素的影响。假设粮食产量必须增加 4 倍,则种植密度增加所需的最佳种子量,按 McKenzie 等(2005)的建议,旱作条件下最适种植密度为 200 株/平方米,而在阿尔伯塔省的灌溉条件下,最适种植密度则为 250 株/平方米。在阿尔伯塔省和马尼托巴省的一些地方,种植密度为 400 株/平方米时,要比 200 株/平方米的产量高。此外,大麦在高种植密度下,对杂草更具竞争力。

Schillinger(2005)在华盛顿东部进行的为时 4 年的一项研究显示,在 120、200 和 280 株/平方米的种植密度下,大麦产量无明显差异。尽管在低种植密度下单位面积的穗数略有减少，但是每穗粒数的增加大大弥补了植株密度的降低。种植密度对粒重或秸秆产量没有影响。这些结果表明，由于精确播种，太平洋西北岸的农民可以降低种植密度50%甚至以上。这些结果(Schillingcr,2005)似乎与Lafond(1994)的观点有点矛盾，后者观察到增加种植密度会降低粒重。总体而言，文献建议在干燥条件下，低于正常种植密度实际上可能会减少植物对水分的竞争，从而增加大麦产量；而当水分并不十分缺乏时，较高的种植密度可增加作物的竞争力和产量。

5.肥料管理

要实现大麦的最高产量，需要非常注意大麦在所有的农业生态、土壤和气候条件下的营养需求，从而为实现大麦高产制定一个平衡的施肥方案。

(1)氮(N)

氮(N)是迄今为止确保大麦最佳产量和品质的最重要营养元素，而且在低有效N的土壤上，几乎均可增加大麦籽粒产量。充足的N素供应可促进植株的生长、叶面积的增加以及叶色的加深。老叶中的N素可重新分配到幼叶，以保持叶片生长。因此，植株N缺乏时，老叶首先表现出特异性地由淡绿色转黄色，继而枯萎。

氮肥的需求量，取决于土壤中硝态氮(NO_3^-)的水平、土壤的矿化潜力、土壤储存的水分，以及预计降水量。这些条件在不同区域的差别很大。随着土壤存储的水分和生长季节中降雨量的增加，可以满足对氮肥的需求。一般来说，饲用大麦每千公斤籽粒产量大约需要38千克有效N。Franzen和Goos(2007)建议在北部大平原种植啤用大麦应比饲用大麦减少约30%的施氮量。

(2)磷(P)

北部大平原的原生土壤总含磷水平往往在1,100～1,350千克/公顷范围内(McKenzie等,2003)。然而，原生土壤中可利用或可被植物吸收的有效P含量是非常低的；因此，北部大平原的多数土壤被认为P缺乏。基本上，北部大平原所有的农业生产土壤中的有效P都比较低。

大麦对施用的磷肥的响应，很大程度上取决于施肥的位置和土壤中存在的植物可利用的有效磷含量。磷的应用可以提高分蘖保持力，并可以加速成熟。多年来，一些土壤中磷含量的增加是每年重复施磷肥的结果。

条施P肥后，大麦对种肥中的P肥最为敏感(McKenzie和Middleton,1997)。种肥和条施磷肥并用，可使大麦幼苗根部非常容易获得充足的P肥，而混入土壤的P会被稀释，并且在钙或铁存在情况下会固定P，导致P可利用率降低。为了获得最大的磷肥利用率，氮和其他营养物质也必须充分供应。磷肥施用10～20年后，增加了残积土壤中的磷含量，其后每年施用较少的P肥即可满足作物的需求，也就是说，即可补充被上季作物所吸收的土壤磷元素。

(3)钾(K)

大麦吸收的钾几乎和氮一样多，因此具有较高的钾元素需求。然而，只有20%的K被籽粒带走，其余均留在叶和茎中而回归土壤。北部大平原和太平洋西北岸的大部分农田土壤含有大麦生产所足够的K，其土壤可提取K含量的范围为450～1,200千克/公顷。

一般，当土壤K含量大于250千克/公顷时，大麦对钾肥几乎没有反应。在一些K含量小于250千克/公顷的土壤上或者沙质土壤上及密集耕作的土壤上，钾肥也是需要的。

(4)硫(S)

在太平洋西北岸，硫(S)是第二缺乏的营养元素(N之后)(Rasnmssen和Douglas,1992)，而在北部大平原，大麦S不足倒不是太常见(Cochran等,2006)。S缺乏是最易发生在北部大平原北部地区的黑色和灰色的森林土壤。对大麦而言，每吸收16千克N约需要1千克S,一般每公顷耕地施用12～20千克S。每公顷4,300公斤的大麦(籽粒和秸秆)约含有每公顷12～14千克的S,其中50%是在籽粒中。

在太平洋西北岸，液态硫代硫酸铵或多硫化铵是最常用的作为S与N结合应用的肥料。颗粒硫酸铵(21-0-0-24)是最常用的缓解北部大平原S缺乏的肥料。硫酸中的S易溶于水，并可在土壤中移动，因此，通常播种时在种子附近条施硫是首选的施肥方法。

(5)微量元素

20世纪60年代以来，对微量元素的研究发现，锌(Zn)、铜(Cu)、锰(Mn)、硼(B)是大麦潜在缺乏的微量元素。有机(草炭)土壤也被确定为主要的微量元素缺乏对象。在加拿大大草原上进行的大量研究已明确，铜是最有可能对大麦产量产生重大影响的微量元素(Karamanus等,1983)。阿尔伯塔省和萨斯喀彻温省约160万公顷的农田可能存在铜缺乏(Kruger等,1985)，且主要集中在黑色和灰黑色的过渡型土壤。粗粒土壤最易发生铜缺乏，小麦和大麦是两种对铜缺乏最敏感的作物。铜肥是这些铜缺乏地区常用的肥料。然而，迄今为止，大多数农民很少为旱作大麦施用其他微量元素。

6. 杂草与病虫害

(1)杂草防治

许多小麦的虫害问题在大麦上也非常常见(Ransom,2005)，而且许多用于防治小麦杂草的除草剂也被用于大麦。大麦的杂草主要包括禾本科杂草野燕麦（*Arena fatua*）、具节山羊草（*Aegilops cylindrica*）、金狗尾草（*Setaria glauca*）、青狗尾草（*Setaria viridis*）以及意大利黑麦草（*Lolium multiflorum*）。作为春季种植的作物，大麦能有效控制旱雀麦（*Bromus tectorum*），而旱雀麦是目前太平洋西北岸以及其他冬小麦种植区最棘手的禾本科杂草。旱雀麦是一年生冬季杂草，生长周期与冬小麦类似。在太平洋西北岸，春大麦—春小麦—豆类—油菜/夏季休耕的轮作制度，是基于冬小麦的耕作系统中防治旱雀麦的一个先决条件（Thorne 等，2007）。麻烦的阔叶杂草包括俄罗斯蓟（*Salsosa kah*）、藜（*Chenopodium album*）、加拿大飞篷（*Conyza canadensis*）、地肤（*Kochia scoparia*）、多刺莴苣（*Lactuca serriola*）、反枝苋（*Amarantbhus retroflexus*）、臭春黄菊（*Anthemis cotula*）、田旋花（*Convolvulus arvensis*），野荞麦（*Polygonum convolvulus*）和野芥菜（*Sinapis arvensis*）。

大麦苗期的杂草防治问题通常比小麦少，这是由于大麦幼苗往往更具活力，早期匍匐生长的习性以及更宽的叶片能与杂草进行竞争。杂草可引起大麦籽粒产量严重损失，因此杂草防治对于达到最佳的产量和质量是至关重要的。籽粒产量和质量的下降一般与作物中杂草的生物量成正比。大麦籽粒中出现杂草会造成较大品质下降。青贮饲用大麦中混入过多的杂草，会降低饲料品质，影响口感。啤用大麦中混入过量的某些杂草，将无法达到制麦级标准。

在当前及未来的几年中，杂草防治的成本必须与由增产带来的经济效益相平衡。物种竞争和除草剂是大麦杂草防治的主要手段。除草剂是唯一不同于作物竞争而普遍适用的手段。杂草防治措施多种多样，包括播种前喷施灭生性除草剂草甘膦、使用合格种子以及彻底清洗在长满杂草的地里收割过的联合收割机。物理防治措施，如免耕可使杂草种子暴露于地表而不利于发芽，相反，翻耕可将种子翻入土壤中。杂草防治的栽培措施包括与饲料作物或秋季种植的禾本科作物轮作，从而破坏现有杂草的生长周期。增加种植密度和提早播种时间是增加作物与杂草竞争力的另外一些有效的手段。切割大麦秸秆用作青饲料或青贮饲料，也是控制杂草的有效方式。

小麦和其他作物在土壤中残留的除草剂，对大麦的反馈性障碍可持续几个月至 2 年。此类除草剂包括一些被开发用以防治小麦旱雀麦和具节山羊草的选择性除草剂。在过去的 5 年里，土壤中残留的除草剂甲氧咪草烟除草剂已经可以控制小麦田的杂草（Ball 等，2003）。小麦品种 Clearfield 是通过诱变育种育成的，对甲氧咪草烟除草除具有耐受性。甲氧咪草烟选择性地控制几种禾本杂草和阔叶杂草，但是因其在土壤中的持久性，大麦在其喷施 12～18 个月后（或更长）才能种植。小麦上使用的其他土壤残留除草剂，对大麦都有植物反馈性障碍，包括磺胺磺隆、咪草烟以及丙苯磺隆。土壤质地、降水量、土壤有机质、土壤微生物的活性以及土壤 pH 值是除草剂在土壤中持久性的影响因素。农民需要知道他们所使用的除草剂的任何残留问题和种植障碍问题。

(2)病害

许多真菌和病毒病害都会影响大麦。由于降水模式(图 9.5)的差异,北部大平原主要的大麦病害与太平洋西北岸有所不同。北部大平原最严重的大麦病害有根腐病(又称幼苗枯萎病,由禾旋孢腔菌引起)、网斑病(由大麦网斑病菌引起)、云纹病(由大麦云纹病菌引起)、以及赤霉病(由镰刀菌引起)。这些病害的概况可见 Bailey 等(2003)的介绍。

几种根腐菌的孢子在北部大平原和太平洋西北岸的农业土壤中普遍存在,并可存活多年。根腐病可以通过大量的茎节间和根冠的褐变确定,该病可堵塞维管组织而损害大麦植株。根腐病是北部大平原唯一有持续破坏性的大麦土传病害。大麦与其非寄主作物,如油菜、苜蓿草(*Medicago sativa* L.)、亚麻(*Linum usitarissimum* L.)或者豆类的几年轮作,对减少病害的发病率十分有用。

网斑病是北部大平原一种常见的叶片病害,它可减少 40%的大麦产量,影响程度取决于叶片和穗部受侵染的组织的数量。此真菌一般在作物残茬上越冬,孢子在春季经风雨传播而侵染作物。可以通过作物轮作、叶面喷施杀菌剂以及种植对网斑病有一定抗性的大麦品种等措施来防治网斑病。

云纹病是北部大平原的多雨地区,特别是在加拿大的黑色和灰色的土壤地区的一个主要大麦叶片病害。云纹病主要是一种叶片病害,但也发生在叶鞘和颖片上。叶片干燥后,富水的灰绿色斑点可变成具棕色边缘的白点。斑点往往连在一起并杀死整张叶片。云纹病菌在大麦残茬上越冬,并在春季产生孢子。此种病害喜欢 12～20℃的空气温度、高湿度以及密集的作物冠层,这样叶片可以长时间保持潮湿。

赤霉病侵染可使大麦不能用于麦芽生产,而且在一些情况下也不能用作饲料。作物的种植顺序影响赤霉病的侵染程度。前茬作物是小麦、大麦和玉米的种植制度下,最容易受赤霉病侵染。赤霉病是北部大平原最具破坏性的大麦叶片真菌病害。该病发生最严重的地区主要是美国达科他州的北部和南部和明尼苏达州,以及加拿大西部的马尼托巴省和萨斯喀彻温省东部,而阿尔伯塔省发生的程度最低。由于降低麦芽和饲料的销售品质,赤霉病会造成重大经济损失。

在太平洋西北岸,真菌会侵染根、叶和茎,是影响大麦产量的主要病原体。丝核菌根腐病由立枯丝核菌 AG8 引起,是大麦、小麦和其他作物免耕地中一个重要的真菌病。这些病害会导致直径几米范围内的植株出现坏死斑点或者发育不良。丝核菌斑只出现在免耕地上;当耕作破坏土壤表层的真菌菌丝网络,它就不会发生。目前,只有很少的一些管理策略是针对丝核菌根腐病(除耕作外)的,但育种界正在努力将遗传抗性引入大麦和小麦品种中。Paulitz 等(2002)曾对太平洋西北岸土壤传播的籽粒病原菌作过详细的概述。

(3)虫害

虫害在大麦生产上偶尔会被关注，但通常不是主要问题。最受关注的虫害有线虫(*Agriotes lieatus*)和地老虎(鳞翅目)。在干旱年份，蝗虫(直翅目)偶尔会受到高度关注。通常会产生小问题的昆虫有蚜虫(半翅目)和大麦蓟马(缨翅目)。近年来，一种新的害虫黑角负泥虫(*Oulema melanoqus*)已被确定为大麦害虫，但一般认为该害虫只在北部大平原和太平洋西北岸产生小问题，已引入寄生昆虫来控制这种害虫(Glogoza，2002)。

7. 展望

鉴于目前全球谷物生产状况，大麦的未来非常有前途。随着更耐寒的品种育成，可能发生的转变之一是更多地利用冬大麦，包括饲用型和啤用型。在不被冻死的情况下，冬大麦品种可表现出比春大麦更高的增产潜力。虽然迄今为止开发的冬大麦品种都不具备良好的耐低温能力(Fowler，2008)，但这个性状具有遗传改良的潜力(Thomashow，2001)。耐寒冬大麦品种的发展很可能会导致大麦的种植面积在典型的冬小麦种植地区迅速扩大。

2007 年以来，美国市场上的大麦价格已经与小麦处于同等水平，而之前一直低于小麦。加拿大的大麦产量预计将保持稳定。总体而言，农民仍对大麦具有浓厚的兴趣，大麦是一种有许多可取农艺性状的作物，还带来有价值的作物轮作效益。为了持续达到麦芽级的品质，农民需要继续调整化肥应用，使之与现有的土壤水分和气候因素相一致，并采取有效的作物轮作以控制病害。

从更广的角度上看，大麦可能在生物燃料的生产和人类营养与健康中发挥的重要作用。例如，目前美国 20%的玉米用于乙醇生产。由于可溶性纤维含量高，大麦是一种有效的健康饮食添加剂，可以降低胆固醇和血糖指数。科学家们才刚刚开始了解大麦对人类营养和健康维护的重要性。

西亚、北非和东非

Salvatore Ceccarelli, Stefania Grando

1. 引言

北非和西亚国家(图 9.6)不仅是最古老的大麦种植地区，而且在罗马帝国时期，农艺科学就已非常发达，这点在 Lucius lunius Moderatus Columella 所写

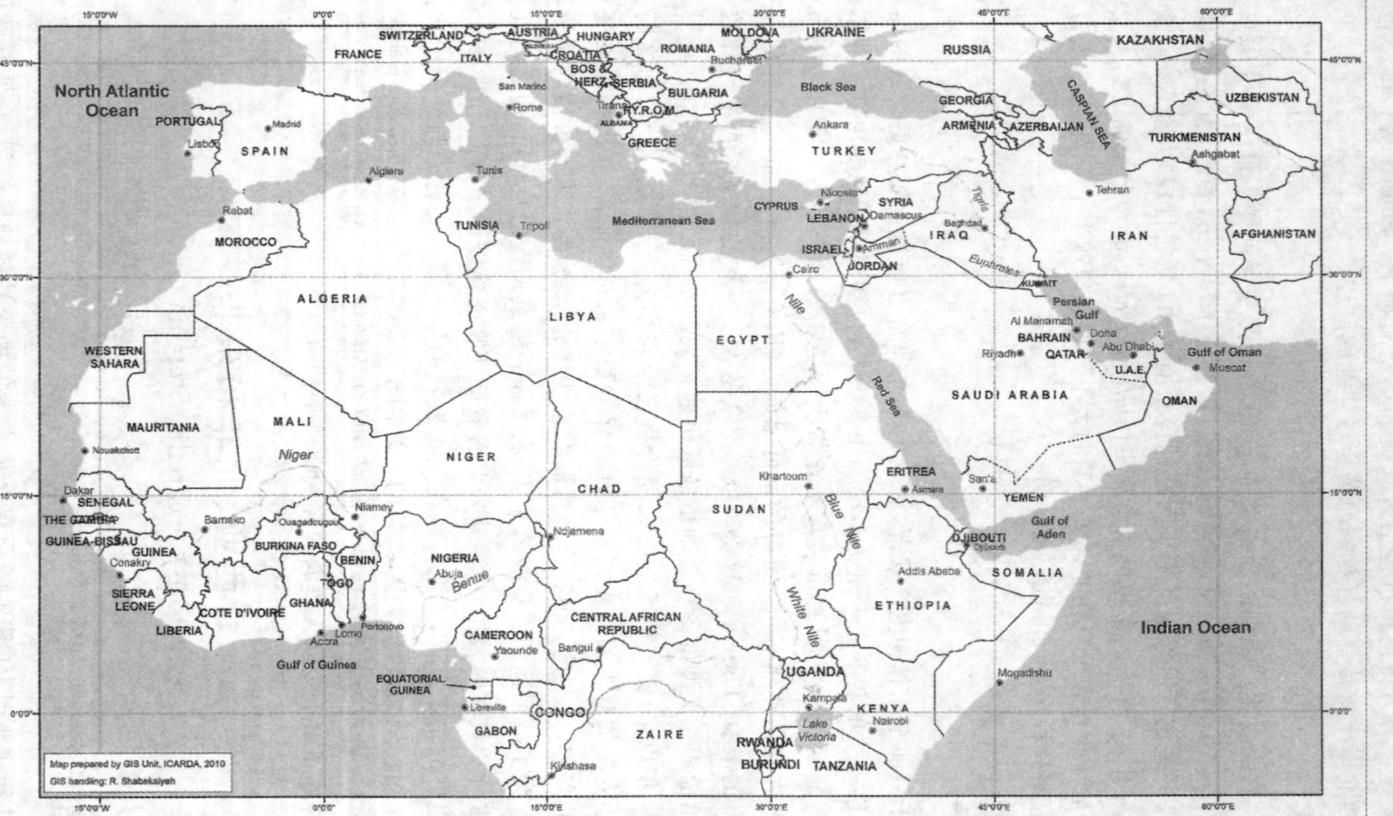

图 9.6 非洲北部（摩洛哥、阿尔及利亚、突尼斯、利比亚和埃及）与西亚（约旦、黎巴嫩、以色列、土尔其、叙利亚、伊拉克、伊朗、沙特阿拉伯和也门）。引自 ICRDA GIS Unlt.

的12卷条约 De Re Rustica（农业）尤可得到体现。Columella 介绍了当时不为人知的农艺实践，最有名的就是休耕。

与育种相反，大麦的农艺性状在西亚和北非国家之间的变化相对较小。这可能主要是因为：①大麦大部分种植在边远地区，那里只有较少的轮作选择，大麦的谷物和秸秆主要作为动物饲料；②大麦在干燥的夏季休耕之后冬季种植（秋季种植并在晚春初夏收获）。

在基于大麦的耕作系统中，西亚和北非之间，特别是在旱作区，主要区别之一是西亚休耕制度几乎已完全消失，而在北非，大麦一休耕这样的轮作仍然常见，尤其是在阿尔及利亚。

在东非，以埃塞俄比亚和厄立特里亚为主（图9.7），一年种植两季大麦。最重要的种植季节，当地称为 meher，主要依赖6—9月降雨；而次要的种植季节，当地称为 belg，处于短暂的雨季，即3—4月。由于干旱频繁发生，次要种植季在厄立特里亚和埃塞俄比亚北部（提格雷）几乎已经绝迹。大麦是次要种植季最合适种植的作物，且分别约占主要禾谷类作物总面积和总产量的30%和28%。埃塞俄比亚在 Arsi 和 Bale 高地种植了超过50,000公顷的啤用大麦。

2. 肥料利用

作为一个典型的边缘环境作物，且增产潜力低、歉收风险高，大麦传统上总是得到较少的肥料，尽管国际干旱地区农业研究中心（ICARDA）已经证明，肥料如氮肥，尤其是磷肥，在提高水分利用效率方面有很好的效果（Cooper 等，1987）。在半干旱地区，农民尤其不愿施用磷肥，因为它最大的好处是在播种前或在播种时，而此时没有任何迹象表明这一种植季节的情况将会怎样。很高可能性的低产或者颗粒无收可以解释这种规避风险的策略，即投资保持在最低额度。这样，使肥料的施用仅限于一定量的氮肥。由于这种肥料可以在分蘖结束时施用，故在丰水年经常可以看到农民在大麦田里人工撒施氮肥，通常是尿素或硝酸铵。

在高降雨量的地区或在灌溉条件下（如伊朗、伊拉克或土耳其），一般农民会定期给大麦施肥，因为预期的产量要高得多，而且歉收的风险也要小很多。因此在这些地区，农民定期施肥相当普遍，虽然施肥量要比小麦低。

埃塞俄比亚和厄立特里亚，养分消耗和土地退化是公认的两个影响大麦产量的主要因素。但是由于土地归政府所有，农民不能出售自己的土地，因此也就没有使用改良土壤的农艺措施的动机。然而，在埃塞俄比亚的一些潜在大麦种植区，农民在越来越多的大麦田（主要是啤用大麦）施用60∶60 kg/公顷的尿素和磷酸氢二铵（DAP）。尿素施用量很大程度取决于前茬作物，当轮作的前茬作物是豆科时，尿素施用量可以减少。

(a)

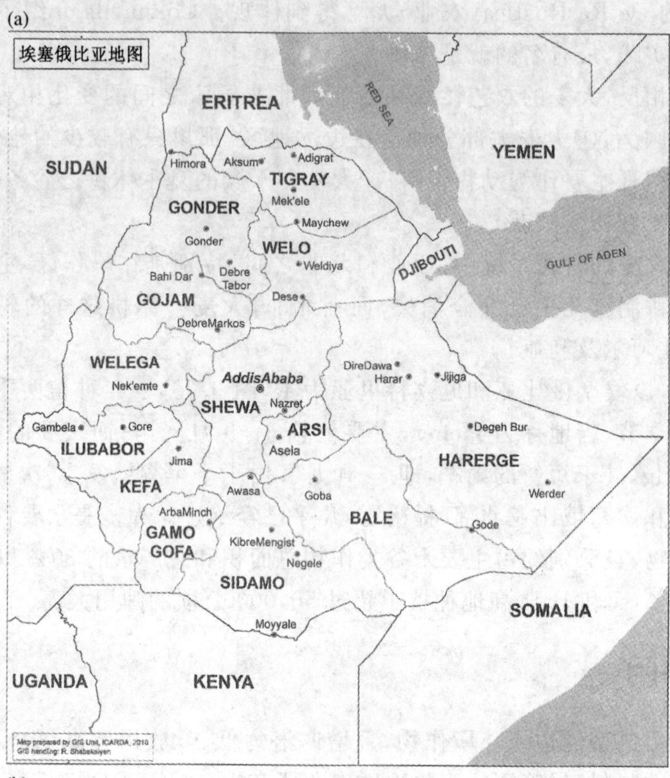

(b)

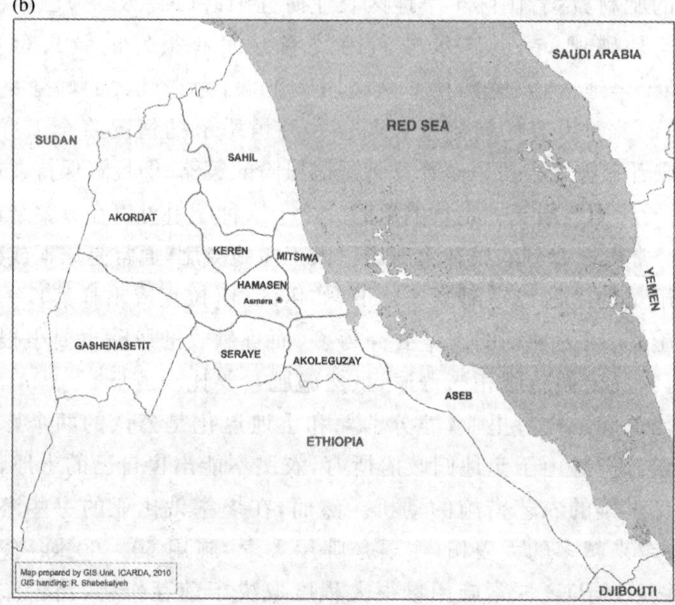

图 9.7　(a)埃塞俄比亚；(b)厄立特里亚及其行政区域。引自 ICARDA GIS Unit

3. 轮作

在西亚和北非，大麦一般采用多种轮作模式种植，这主要取决于降雨模式。过去占主导地位的轮作模式是大麦一休耕，有几项研究显示，这是干旱地区的最佳轮作模式。然而，在北非一些地区则是例外，大麦一休耕的轮作方式已几乎完全被连续种植大麦所取代。这主要是由于两个原因。首先是人口的增加，导致对动物产品的需求也随之增加，如肉、蛋、奶及其制成品、以及小型反刍动物数量的增加。这造成了对动物饲料需求的不断增加，而且正如前面提到的，在北非和西亚的大部分国家，大麦被认为是最理想和最可靠的动物饲料。二是寻找适合地中海冬季寒冷达几个月的生长且能抵抗作物生长后期干旱的豆科植物作为动物饲料的研究未能取得成功。

除了连续种植大麦(非轮作)，在北非和西亚最常见的与大麦轮作的作物是扁豆，小茴香(特别是在叙利亚，但取决于小茴香的市场价格)，紫云英并不常见。在多雨地区，有时可以发现在小麦或鹰嘴豆之后种植大麦，但这被认为是最差的一种轮作方式。

在东非高地，农民实行大麦—休耕种植制度，但现在和其他地区一样，由于人口和牲畜的压力，这种轮作方式正在消失。在中海拔地区，农民将大麦和豌豆、蚕豆、油料作物(主要是甘蓝和亚麻)以及小麦进行轮作。

4. 翻耕

由于大麦作为动物饲料的重要性，在大多数年份里，大部分大麦种植区的大麦茬在夏季几个月被用于放牧，直到土壤贫瘠。因此，在连续种植大麦的地区，通常用圆盘犁进行土壤耕作，但往往推迟到深秋。

即使采用轮作方式，在大多数的旱作区，耕作通常在第一个雨季之后杂草发芽后进行，以确保苗床清洁。

国际干旱地区农业研究中心的主要研究站曾进行过保护性耕作试验，初步结果表明，保护性耕作在一些作物上具有积极作用。

在某些国家，特别是阿尔及利亚，一些先进的农民对保护性耕作试验有兴趣。

在 Shewa 北部和西北高地的 meher 季节里，内涝是一个严重的问题，农民一般采用当地人称为土烧的整地措施，即对土地进行 3～5 年的耕作后休耕至少 5 年。这种做法非常单调。Demoye 和 Magie 这些早熟农家品种在这些措施中应用。大麦籽粒的产量在第一年较高(约 2.0 吨/公顷)，但在随后的几年中急剧下降。其他栽培技术都与晚熟大麦种植模式相似(Yirga 等，1998a)。在 Bale 的一些地方，农民平均翻耕土地达 5 次之多。

5. 播种

北非和西亚大多数国家的大部分大麦种植区，播种通常在秋季干燥的土壤上进行，使用春性或者兼性品种，第二年夏天无降雨且高温。

因此，这些地区的旱作农业与世界其他旱作和干燥地区不同，因为播种时农民不能依靠任何储存的水分。如下所述，这恰恰解释了许多农民依据农艺措施所作的选择。

在北非和西亚，过去30～50年中一个引人注目的转变，是从手工播种向利用进口或本土生产的旋耕机播种转变(土耳其是旋耕机及其他农业机械的主要生产商之一)。

在山区，贫困农民仍采用撒播播种，然后用圆盘犁开沟覆盖种子。这会导致大麦植株不整齐，种子深度不匀。种子深度不均一，在雨季初期雨水异常和不可预知的情况下，具有自身优势。然而，在秋季早期降雨后长期干旱的情况下，如果种子处于不同深度，则只有其中的一小部分可以吸收到此前的水分。这些种子会发芽，但最终可能因缺乏水分而干死。不过，大部分种子将继续留在土壤中，待真正的雨季到时才发芽。在这种情况下，播下的种子只有一部分实际上有产量形成，这可能便是为何在干旱地区，特别是西亚，农民播种量很高(高达250 kg/公顷)的一个原因；但在该区域的其他干旱地区，如约旦，农民从来没有使用超过100 kg/公顷的种子。

在埃塞俄比亚和厄立特里亚的高地区域，每年只在两个季节中种植作物。当地人称主要种植季节为meher，利用6月至9月的雨季生长，并在12月至1月收获。3月至4月降雨为第二个种植季节提供水分，作物在6月至8月收获，当地称为belg。在一些地区，如在埃塞俄比亚的Gojam，大麦被当地人称为Belga，利用残余的水分在9月至次年1月期间种植。在belg季节里，大麦是种植最广泛的禾谷类作物，种植面积约占耕地面积的40%，产量占谷物总产量的46%(Central Statistical Authority，1992)

6. 播种量

在埃塞俄比亚和厄立特里亚，大麦通常采用撒播，最适播种量为85～100千克/公顷，旋耕机播种的最佳播种量为100～125千克/公顷。埃塞俄比亚啤用大麦的播种量为100千克/公顷。

在近东地区，播种量的问题是农民之间的主要话题之一。各个国家中，播种量在60千克/公顷至100千克/公顷甚至250千克/公顷之间不等。ICARDA的研究表明，超过70千克/公顷的播种量对增产无影响；然而，那些习惯用高播种量的农民非常不愿意去改变。这可能是过去思想的遗留，如前所述，缺乏合理的种子深度控制和种子质量较差，不能证明高播种量的不足。

7. 播种日期

在北非的大部分国家和近东地区，大麦播种时间一般在10月下旬至12月中旬之间，这在很大程度上取决于第一场雨的日期，种植日期在埃塞俄比亚更为多变，而在厄立特里亚也存在一定程度的变化，在那里不同的播种日期形成了以下不同的生产系统。

(1)晚熟大麦生产系统。这是最主要的系统，是高海拔的埃塞俄比亚和厄立特里亚这两国重要的系统，主要在六月至十月的雨季进行。本系统的两个变种(Genbote 和 Sene gebs)就以其播种日期而出名。在 Gonder 南部、Welo 北部、Shewa 西北部以及 Genbote，五月种植大麦；而 Sene gebs 在六月中旬至七月上旬种植大麦。Sene gebs 是厄立特里亚最常见的系统。在这两个亚系统下，可种植不同的常规品种(Yirga 等，1998a，b)。这些品种需要5～6个月才能成熟，大麦籽粒产量为0.6～2.0吨/公顷(Yirga 等，1998a)。

(2)早熟大麦生产系统。这也是一个主要的雨季生产系统，对中高海拔地区 Gojan 和 Gonder(埃塞俄比亚西北部)以及 Shewa 的一些地区来说很重要。早熟常规品种，如 Shewa 和 Gojam 的 Semereta、北 Gonder 的 Belga 以及南 Gonder 的 TelSele 需要3.5～4.0个月成熟。这些品种在五月中旬至六月种植，并在九月初到十月初收获。重要的早熟大麦品种有 Arsi 的 Aruso 和 Tigray 的 Bale 和 Saesa(Negusse，1998)。在 Welo，常规二棱品种如 Ehilzer 和 Tebele 对于早熟产区来说非常重要(Yallew 等，1998)。早熟大麦在正常年份产量为0.7～1.5吨/公顷(Yirga 等，1998a)。

(3)Belg 大麦生产系统。该系统主要在 Shewa 的北部和西北部、Welo 的北部、Bale 和 Arsi 的少数地区采行。Belg 大麦在二月及/或三月上旬种植，七月初收获。通常早熟常规品种需要3～4个月才能成熟。在这个系统下，农民不施肥。水分胁迫和俄罗斯小麦蚜虫(Diuraphis noxius)是这个系统中大麦受到的主要威胁。Belg 大麦在正常年份的产量为0.8～1.2吨/公顷(Yirga 等，1998a)。

(4)残留水分大麦生产系统。在 Gojam 的一些地区，Gonder 的北部和南部和 Shewa 的西部，这一系统非常重要。早熟常规品种，如北 Gonder 的 Belga 和 Gojam 的 Semereta，在这个系统中占有重要的地位。九月至十月间主季大麦作物收获完成后立即种植。一般在与主季作物相同的地块上或者在任何其他主季作物歉收的地块上再次播种。本系统中一般不使用化肥。十二月至次年二月收获。这一系统的谷物产量较低，一般少于1.0吨/公顷(Yirga 等，1998a)，主要用作下季生产的种子。

8. 杂草防治

在杂草防治方面，与许多其他农艺措施一样，多雨地区和干旱地区存在着相当大的差异。

在湿润地区，野燕麦是最常见的杂草之一。由于预期产量较高，往往使用化学方法防治杂草，特别是在杂草危害发生严重时，常使用一切可用而且便宜的除草剂。在北非，除草剂 2,4-D 被广泛地用于防治阔叶杂草。

在干旱地区，最常见的杂草之一是野生油菜。在这些地区预期产量较低，动物饲料的需求量较高，某些杂草，尤其是适口性符合小反刍动物的杂草，如野生油菜，不再是一种杂草，而是考虑作为其他的饲料来源。因此，在那些劳动力价格便宜的国家，或者是有可用劳动力的家庭，大部分杂草治理都通过手工完成。

在埃塞俄比亚，一项正在进行的研究表明，最适宜的大麦除草方式是单条除草（一般在定植 20 天后或出苗 25 天后）。最近，另有研究结果表明，如果杂草群体由野燕麦和奇藺草组成，那么 1.5 升/公顷的禾草灵是首选除草剂（EARO，2000）。1 升/公顷的 2,4-D 仍能有效地治理阔叶杂草。

9. 致谢

本节作者衷心感谢 M. Maatougui 先生（阿尔及利亚）和 Said Kamal 博士（埃塞俄比亚）提供了有关大麦栽培的技术信息。

澳大利亚

Blakely H. Paynter, Neil A. Fettell

1975 年，Sparrow 与 Doolette 在他们的论文中，对 1860 年到 1975 年之间澳大利亚大麦的生产史进行了详细的阐述，包括澳大利亚大麦种植、农艺学以及育种等历史。本节主要讨论目前大麦生长的环境，以及 Sparrow 和 Doolette 论文（1975）发表 36 年以来发生的一些变化。

1. 澳大利亚大麦的种植环境

在澳大利亚，大麦（*Hordeum vulgare* L.）生长在除北方领土以外的所有地区。包括在新南威尔士州北部和昆士兰州的夏季主降雨区以及南澳和西澳的冬季主降雨区。半干旱种植区还包括维多利亚州部分地区和新南威尔士州南部夏季与冬季降雨量大致相等的一个过渡区（Foster，2000；McKenzie 等，2004）。澳大利亚超过 80%的地区年降水量小于 600 mm，大多数大麦种植在 300～600 mm 的年降雨量的等雨量线之间(图 9.8)。

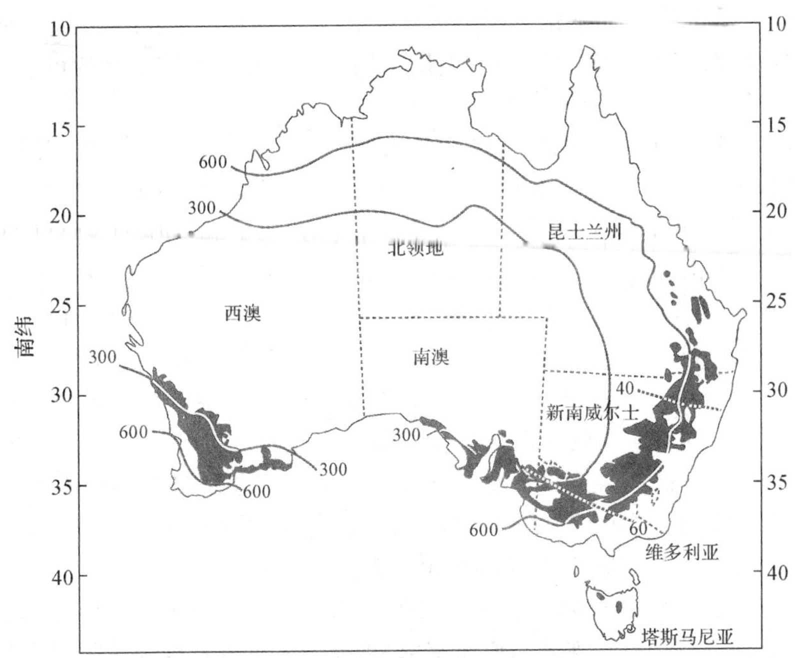

图 9.8　澳大利亚主要的大麦种植区(阴影部分)和年降水量(mm)等雨量线图示(实线)。由 WK. Anderson 与 J. E Angus 改编自 Foster，2000(未发表数据)

在澳大利亚的大部分地区，大麦在旱地农业系统下种植，并依赖于存储在土壤中的水分或作物生育期中的降雨。在新南威尔士州和昆士兰州，也有小面积的灌溉大麦种植。大麦的生长季节主要在冬季和春季(五月至十月)，这段时期的降雨量在 170～550 毫米。大部分地区年度间差异非常大，可达 20%的变异。这导致冬大麦的产量变化无常(Singh 和 Byerlee，1990)。

澳大利亚南部，西风气流占主导地位(Hobbs，1988；Foster，2000)。印度洋和南部海洋的亚热带高压带的位置是大部分降雨的原因。高降雨量通常发生在西风带与潮湿的热带空气相结合时。澳大利亚东部地区的气候更为复杂，西风带的降雨是从太平洋的潮湿气团形成的夏季降水(Foster，2000)，太平洋中部和东部周期性的冷暖变化，可能对澳大利亚东部夏季降水模式有很大的影响。这种效应被称为厄尔尼诺—南方振荡现象(ENSO)。ENSO 的状态由达尔文和塔希提岛海平面气压的差异所决定，学术上称之为南方涛动指数(SOI)。发生厄尔尼诺的年份(海洋变暖，负 SOI)，通常意味着可能降雨较少。发生拉尼娜的年份(海洋降温，正 SOI)，通常为降雨等于或高于平均水平。SOI 负值越大，沿着澳大利亚东海岸，越往南干旱范围越大。

ENSO的影响非常重要，但在西澳并不很显著。西澳的降雨模式更多地与印度洋海面温度偶极模式相关，被称为印度洋偶极(IOD)作用。正的IOD对应于西印度洋地区的海表面温度高于平均水平，印度洋东部水温降低，南澳降雨量减少的可能性大大增加。负IOD带来相反的情形，可提高降雨量的可能性至平均或以上。

对ENSO和IOD系统的认识正在进一步深入，已有许多气候模型用于预测ENSO的状态，并可对当季的降雨期进行预测(Fairbanks，2006)。目前，在澳大利亚使用的模型，包括气象局(http://www. bom. gov. au)和昆士兰州环境与资源管理部(http://www. lungpaddock. qld. gov)的操作模型以及来自国际气候与社会研究所(www. portal. iri. colmnbia. edu/ portal / server. pt)和欧洲中期天气预报中心(http://www. ecmwf. int)的实验模型，以及西澳农业和食品部(http://www. agric. wa. gov. au)的实验性ENSO序列系统。虽然季节性预测的可靠性与及时性并不足以指导农民根据季节预期而作出重要的管理决策，但是各种模型的预测技术正在改善。例如，西澳农业和食品部的实验性ENSO序列，已系统成功地预测了1988—2003年期间16次ENSO现象中的13次(Tennant和Fairbanks，2004；Fairbanks，2006)。

大麦种植的农业气候，一般认为西澳、南澳以及维多利亚州是西北部的地中海式气候，塔斯马尼亚、维多利亚州南部、新南威尔士以及昆士兰州东南部属温暖气候(Stokes与 Howden，2008)。

2. 大麦生产——种植面积与产量

在澳大利亚，小麦(*Triticum aestivum* L.)是继大麦之后种植的最重要的一年生作物(图9.9)。大麦与小麦的种植比例通常与它们相对的产品价格差异有关。通常前一年大麦价格较高，则后一年大麦种植量会稍有增加；相反，若前一年价格较低，则后一年的种植量会相对小幅降低。

尽管产品的相对价格一直在波动，自20世纪40年代以来，大麦的播种面积较小麦而言一直保持持续上升的趋势(图9.9)。20世纪60年代以前，澳大利亚大麦播种总面积不到100万公顷，而在过去40年中其播种面积翻了两番，达到400万公顷(表9.6)。受季节变化的影响，大麦年产量平均超过700万吨。2003—2004年，澳大利亚的大麦种植面积达到顶峰。在这一年中，450万公顷的面积生产了超过1,000万吨的大麦。

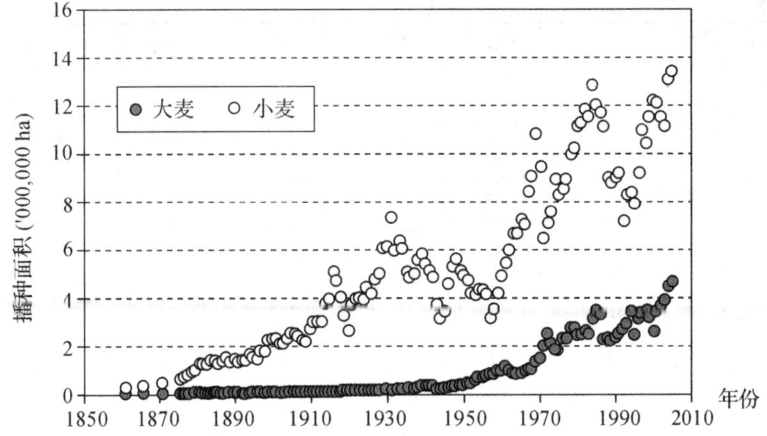

图 9.9　1861 年以来澳大利亚小麦与大麦的产量澳大利亚统计局(ABS,2006)

表 9.6　从 1906 年至 2005 年每 5 年的州平均产量和全澳大利亚的平均产量

时期	Qld	NSW	Vic	Tas	SA	WA	Aus
(a)播种面积(千 ha)							
1906—1910	3	4	23	2	14	2	50
1911—1915	3	5	26	3	24	3	63
1916—1920	2	3	34	2	46	4	91
1921—1925	3	2	34	2	76	4	121
1926—1930	2	3	36	2	103	6	152
1931—1935	3	4	36	3	116	8	169
1936—1940	4	6	60	3	168	22	262
1941—1945	4	8	55	2	151	26	247
1946—1950	8	9	70	3	235	27	351
1951—1955	22	9	105	3	378	56	572
1956—1960	78	32	133	4	494	140	880
1961—1965	77	86	90	7	494	164	916
1966—1970	154	163	131	10	498	215	1172
1971—1975	125	345	261	12	699	637	2079
1976—1980	216	460	364	11	967	525	2544
1981—1985	225	508	357	12	1050	691	2843
1986—1990	212	449	352	9	947	512	2481
1991—1995	164	515	536	13	993	608	2828
1996—2000	155	615	597	12	962	810	3152
2001—2005	113	778	793	8	1176	1160	4030

续表

时期	Qld	NSW	Vic	Tas	SA	WA	Aus
(b)谷物产量(吨/公顷)							
1906—1910	0.84	0.81	1.18	1.33	0.97	0.68	1.05
1911—1915	0.79	0.80	1.13	1.41	0.81	0.63	0.96
1916—1920	0.96	0.74	1.20	1.10	0.97	0.64	1.04
1921—1925	1.05	0.98	1.37	1.36	1.03	0.67	1.12
1926—1930	0.96	0.85	1.14	1.32	0.93	0.63	0.97
1931—1935	1.04	0.97	1.11	1.29	1.00	0.61	1.01
1936—1940	0.87	0.97	0.96	1.55	1.00	0.69	0.97
1941—1945	1.08	0.66	0.71	1.43	0.92	0.67	0.85
1946—1950	1.24	0.86	1.04	1.43	1.09	0.66	1.05
1951—1955	1.41	0.96	1.12	1.66	1.28	0.72	1.19
1956—1960	1.46	1.16	1.16	1.80	1.16	0.79	1.13
1961—1965	1.44	1.39	1.17	1.70	1.22	0.82	1.18
1966—1970	1.52	1.22	1.09	2.01	1.04	0.88	1.11
1971—1975	1.46	1.10	1.17	2.07	1.21	1.06	1.16
1976—1980	1.82	1.34	1.22	1.87	1.14	1.23	1.27
1981—1985	1.85	1.27	1.32	2.05	1.28	1.17	1.30
1986—1990	1.91	1.58	1.53	2.50	1.55	1.34	1.54
1991—1995	1.28	1.66	1.68	2.57	1.74	1.64	1.67
1996—2000	1.81	2.02	1.85	2.53	1.74	1.84	1.90
2001—2005	1.55	1.74	1.86	3.06	1.93	1.83	1.84
(c)小麦相对大麦的播种面积(公顷)							
1906—1910	12	159	35	6	49	51	48
1911—1915	16	211	37	5	37	142	52
1916—1920	20	485	32	4	21	156	43
1921—1925	19	607	30	4	13	160	33
1926—1930	31	562	36	4	12	189	34
1931—1935	36	471	38	3	13	170	36
1936—1940	35	290	18	2	7	53	20
1941—1945	31	165	17	1	5	32	16

续表

时期	Qld	NSW	Vic	Tas	SA	WA	Aus
1946—1950	23	192	18	1	4	39	15
1951—1955	11	142	9	1	2	22	8
1956—1960	3	36	6	1	1	9	5
1961—1965	5	23	14	1	2	11	7
1966—1970	4	19	10	1	3	13	8
1971—1975	4	7	4	<1	3	4	4
1976—1980	3	7	3	<1	1	7	4
1981—1985	4	7	4	<1	1	7	4
1986—1990	4	6	3	<1	2	7	4
1991—1995	4	3	1	<1	1	6	3
1996—2000	6	5	2	<1	2	5	3
2001—2005	6	5	2	1	2	4	3

引自：ABS，2006。Qld，昆士兰州；NSW，新南威尔士；Vic，维多利亚；Tas，塔斯马尼亚；SA，南澳大利亚；WA，西澳大利亚；Aus，澳大利亚。

对各州而言，澳大利亚最大的大麦生产区在南澳和西澳，其次是维多利亚州和新南威尔士（表 9.6、图 9.10）。这四个州的大麦产量占澳大利亚大麦总产的97%，南澳和西澳各占 30%。昆士兰州和塔斯马尼亚大麦种植面积较小。这与1906—1910 年间各州的大麦生产情况相比，变化十分显著，当时维多利亚州占澳大利亚大麦播种面积的 50%，南澳 30%，而西澳仅占 4%（表 9.6）。自 1914年以来，南澳一直是主要的大麦生产州，但在 2001—2002 年发生了变化，此后，西澳大麦播种面积上超过了南澳。据估计，这两个州在未来的大麦生产季节将继续占主导地位。

西澳大麦主产区为中央产麦区和南部海岸（图 9.11）。南澳的主产区是Yorker 半岛、Eyre 半岛南部以及 Murray Mallee；而维多利亚州的主产区则在Mallee 和 Wimmera 北部。在新南威尔士州，大麦生产主要集中在西部坡地，另有部分在大分水岭平原。昆士兰州大麦主要种植在 Darling Downs 和Goondiwindi 的边境地区，也有种植到西部丘陵和昆士兰中部地区，以满足高涨的畜牧产业需求。

塔斯马尼亚是澳大利亚大麦产量最高的地区，2001—2005 年间平均产量为3.06 吨/公顷（表 9.6）。南澳、西澳、维多利亚州和新南威尔士这四个主要大麦种植区，同期大麦的平均产量介于 1.7～2.11 吨/公顷之间。

过去 40 年里，澳洲大陆四个主要大麦种植区的平均增产幅度已超过每年每

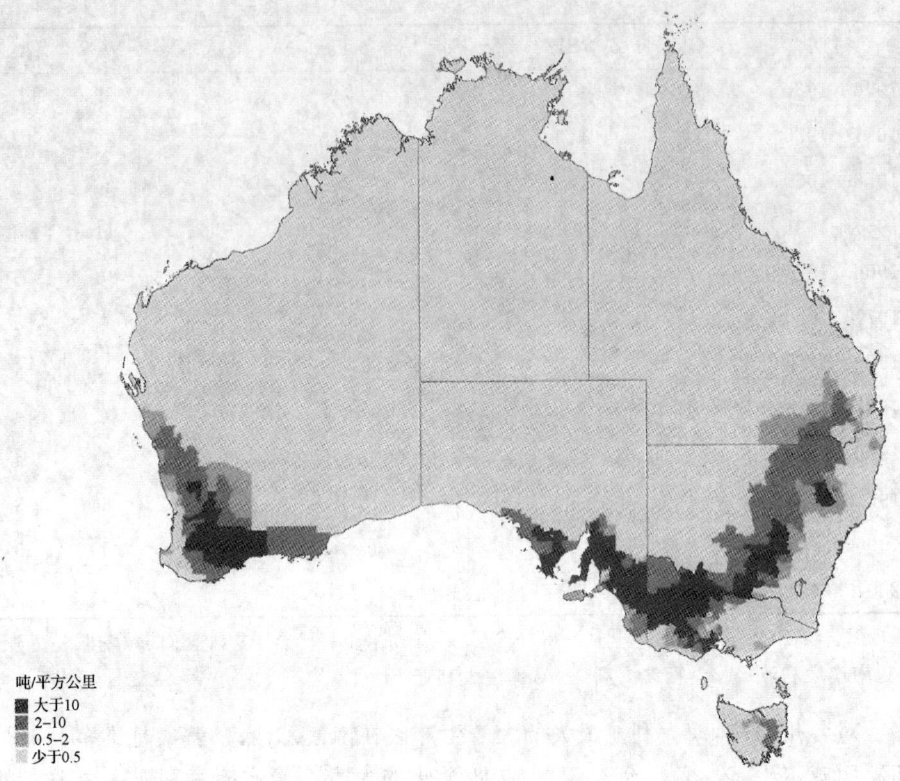

图 9.10　2005/2006 年生长季节澳大利亚大麦的种植密度(吨/平方公里)。(ABS,2008)

公顷 20 公斤(表 9.6)。这与 40 多个新品种的推广(见第 8 章)以及相关的品种管理技术改进紧密相关(如 Paynter,1996;Paynter 等,1999a;1999b;Smith 和 Paynter,2005;Russell 等,2008a;2008b;2009)。尽管在此期间,澳大利亚各地的年总降雨量减少了,但并未影响产量的增加(Foster,2000;CSIRO,2007;Stokes 与 Howden,2008)。Andcrson 等(2005)指出,1985—2005 年间,澳大利亚小麦产量的增加约三分之二的贡献来源于作物生产管理的深入研究,而三分之一来源于遗传改良。同样,两者对大麦的增产也具有类似的贡献。

虽然各州大麦籽粒出口的比例各不相同,但是澳大利亚的大麦市场主要集中在出口。2001—2005 年期间,大麦平均出口量为 510 万吨。其中,270 万吨销往饲用大麦市场;180 万吨以籽粒形式销往麦芽市场;另有 60 万吨以麦芽形式出口。与此同时,另外还有 130 万吨用于国内牲畜饲料工业,20 万吨用于国内酿造业。因另有部分被农场消耗或当地销售,国内饲料行业的大麦消耗量可能被低估。

西澳与南澳的大麦产业主要集中在出口方面,超过 95%的产量以籽粒或麦芽形式进入国际市场。这些籽粒和麦芽的酿造市场主要分布于中国、东南亚、日本、南非和南美。作为饲料出口的籽粒多被送往日本与一些中东国家，如沙特阿拉伯。

在维多利亚，新南威尔士和昆士兰州，只有很小的一部分用于出口，绝大部分用于国内市场。这三个州饲用大麦总产量的 20%～30%被用于国内饲料行业。其终端用户主要包括维多利亚州的奶制品业，新南威尔士的养牛业以及昆士兰州的养牛和养猪业。澳大利亚酿酒行业对新南威尔士州和昆士兰州生产的啤用大麦的需求正日益增长，以应对人口增长的需求。

3. 大麦种植类型

澳大利亚栽培的主要大麦品种为二棱型，具有白色糊粉层和颖壳。也种植两用牧草、饲料和裸大麦品种包括一些六棱品种，但每年通常只有小面积种植。在降雨量较多的新南威尔士州和昆士兰州，用于牧草、干草以及青贮饲料的大麦栽培品种的需求日益增长。而该地区以外的种植区，对两用牧草和饲用大麦的种植非常有限。未来裸大麦种植面积的增长主要依赖于食用大麦市场和非反刍动物饲用大麦市场需求的增长。

作为粮食生产的六棱大麦栽培品种，直到 20 世纪 80 年代在西澳仍被推荐种植(Shier 与 Reeves，1957；Fisher，1982)。20 世纪 80 年代初，Beecher 占西澳大麦种植面积的 12%，但现在其播种面积只占 0.1%或少于 2,000 公顷。历史上，西澳六棱栽培品种种植面积一般比澳大利亚东部地区大(Sparrow 与 Doolette，1975)。西澳最常见的两个六棱品种是 Atlas 和 Beecher。Beecher 一般建议在东部产麦带的盐碱地播种 (Fisher，1982)，但后来被二棱栽培品种所取代，如 Mundah(1995 年推出)。由于收获时糊粉层为蓝色，所以像 Beecher 这样的六棱栽培品种已不再被接受。

为了达到优质啤用大麦的溢价要求，澳大利亚大面积的大麦种植区用于播种适合在酿造工业中使用的大麦品种。在西澳，约 80%的大麦种植面积用于种植麦芽级大麦而非饲料级品种(表 9.7)。自 1985 年以来，西澳麦芽与饲料品种比例相对稳定，介于 75%～90%。南澳的啤用大麦品种占 60%左右的大麦种植面积，昆士兰州占 60%左右，维多利亚州和新南威尔士占 70%左右。

表 9.7 1982 年以来西澳各啤用大麦品种和饲用大麦 3 年平均种植面积的百分比(%)

品种	1982—1984[b]	1985—1987	1988—1990	1991—1993	1994—1996	1997—1999	2000—2002	2003—2005	2006—2008
Baudin							0.0	11.7	23.2
Clipper	25.4	5.3	0.8	0.9	0.0				
Dampier	11.3	0.9	0.2	0.0					
Franklin			0.0	0.5	6.2	3.7	0.1	0.0	0.0
Gairdner					0.0	4.6	18.2	26.4	21.2
Hamelin							0.0	3.9	10.5
Schooner	0.0	0.8	0.3	0.0	0.0	4.0	6.3	3.7	0.8
Stirling	22.2	69.2	82.8	78.5	72.8	66.1	61.3	35.0	15.8
Vlamingh								0.0	3.6
其他啤用大麦[a]	0.0	0.0	0.0	0.0	0.4	2.5	3.0	1.5	1.0
饲料	41.1	23.6	16.1	20.1	20.7	19.1	11.1	17.8	23.9

引自:Cooperative Bulk Handling Pry 有限责任公司,Perth,西澳大利亚。

[a]其他啤用大麦品种包括 Unicorn、Harrington、Buloke 和 Flagship。然而在西澳,Clipper、Dampier、Unicorn 和 Harrington 不再用作为啤用大麦品种。

[b]无 1982 年的数据

决定种植啤用大麦还是饲用大麦主要取决于以下五个因素:①单独作为啤用大麦品种的溢价;②啤用大麦和饲用大麦品种的相对产量;③农艺和抗病性造成的成本差异;④麦芽品种达到啤用大麦接受规范的可能性;⑤啤用大麦品种分级接收地点。

澳大利亚大麦育种者利用欧洲半矮杆种质资源,对本土大麦品种的籽粒产量和麦芽品质性状进行改良,具有半矮生习性的品种播种面积比例日益增加(见第 8 章)。

这种效应在西澳最明显,20 世纪 80 年代初,当地半矮秆品种只占大麦播种面积的 10%(约 68,000 公顷)。而在 2006—2008 年期间,半矮秆品种占了将近 50%的播种面积(约 500,000 公顷)。这种变化的发生伴随着一系列啤用大麦品种在大麦生产上的推广应用,首先是 Franklin(1989 年推出),其次是 Gairdner(1997 年推出),然后是 Baudin(2002 年推出)(见表 9.7)。这些品种的籽粒产量潜力高于 Stifling(1980 年推出),后者为过去 20 年里西澳最常见的品种。然而,它们达到啤用大麦规格的可能性却较低(Paynter 等,2004;2008a;Paynter,2005a;2005b)。

Gairdner 在澳大利亚东部地区同样也有广泛种植。据估计,Gairdner 占南澳啤用大麦面积的约10%，维多利亚州和新南威尔士州南部的30%，并占新南威尔士州北部和昆士兰州的近40%。在过去十年里，在南澳大利亚州、维多利亚州和新南威尔士州南部，占主导地位的啤用大麦品种为高秆品种，Schooner(1983年推出)和Sloop(1997年推出)。它们和Grimmett(1982年推出)在新南威尔士州北部和昆士兰州仍有种植。Schooner作为一个长寿的麦芽品种，是因为其达到麦芽规格的可能性较高，特别是在干燥的环境下(Fettell，2007)。然而，半矮秆饲用大麦，如Skill、Kaputar、Tantangara、Mackay、Grout以及Hindmarsh(分别于1988年、1993年、1998年、2001年、2005年和2006年推出)在澳大利亚东部地区表现都不错。在该地区，Baudin的推广应用受到限制，主要因为它对叶病敏感，尤其是大麦叶锈病(由*Puccinia hordei*引起)。

最近，新批准了四个非矮秆啤用大麦品种——Buloke(2006年推出)、Commander(2008年推出)、Flagship(2005年推出)以及Vlamingh(2006年推出)，预计这些品种的种植面积会增加，而矮秆习性品种则会相应减少。Grimmett、Schooner和Stirling(20世纪80年代初以来澳大利亚主要的大麦栽培品种)的淘汰会明显发生。

Buloke与Flagship的推广期望能够弥补Baudin在中国、日本、南非和南美市场上高浸提率、高淀粉酶标准上的不足。Commander和Vlamingh更适合用于在酿造过程中使用较低水平淀粉添加剂的市场。

通过农艺研究试验以及随后推广的具体品种管理程序包，以促进啤用大麦新品种的推广应用。这些指导详细描述了如何、何时、何地种植这些品种，其中包括病害管理、营养、播种量、播种日期、适宜的土壤类型、除草剂耐性、相对籽粒产量、质量，以及这些品种的主要农艺性状的细节信息。

例如，在西澳，下列啤用大麦品种种植管理指南已广为普及：Harrington (Paynter，1996)、Gairdner (Paynter等，1999a)、Hamelin (Smith与Paynter，2005)、Baudin (Russell等，2008a)、Vlamingh (Russell等，2008b)以及Buloke (Russell等，2009)。

4. 大麦在农业系统中的地位

虽然产品价格驱动决定着种植大麦还是小麦，但也有很多因素促使种植大麦而忽略产品价格的差异。这些因素包括对叶病、根病和渍水的耐性。此外，大麦具有许多优势，包括综合的杂草管理(大麦对杂草更具竞争力，且除草剂选择范围大)和收获管理方面(一般大麦比小麦较早收获)。例如，Cousens(1996)和Walker等人(2001年)指出，大麦对杂草的抑制强于小麦，其好处是用于有效控制禾本科杂草除草剂的用量会比较低。

在双禾谷类作物的轮作中，大麦往往是第二作物的更好选择，因为大麦可以降低杀菌剂的投入成本以及提供不同的杂草管理选择。这种情况的原因之一是，侵染小麦叶片的病原体通常不侵染大麦(Mathre，1997)。例如，小麦白粉病(由 *Blumeria graminis* f. sp. *Tritici* 引起)与大麦白粉病(由 B. *graminis* f. sp. *hordei* 引起)是相似的，但不会感染大麦。虽然颖枯壳针孢(*Phaeosphaeria nodorum*)和小麦壳针孢(*Mycoshaerella graminicola*)可能会感染大麦，但这在澳大利亚通常不引起任何的产量损失。同样，黄斑病(*Pyrenophera Tritici-repensis*)很少在大麦上发生。

在澳大利亚南部的双相土壤上经常发生涝害(Moore，1998；McKenzie 等，2004)。容易发生涝害的地区最好不要种植大麦，除非有干燥的季节预期。不管是在盐碱还是在非盐碱条件下，大麦的耐涝性都比小麦差。大麦在发芽至出苗期间以及抽穗前的拔节伸长期对涝害非常敏感(Belford 与 Thomson，1981；Stepniewski 与 Labuda，1989a；1989b)。滞水的深度、渍水面在 30cm 以内的持续时间，以及涝害发生时植株所处的生育期等，对大麦在淹水条件下的产量损失程度具有重要的影响。高产还是有可能实现，但条件是涝害不能超过几个星期。

相对于小麦，大麦在农业系统的重要性在各州不尽相同。这与不同土壤类型和肥力、国内市场需求、以及其他根线虫病原体的存在相关。在南澳和维多利亚州，2001—2005 年期间大麦播种面积与小麦之比为 1∶2(表 9.8)。在西澳、新南威尔士州和昆士兰州，小麦更占优势，同一时期只有 1 公顷大麦播种时，相对应地仍有 4、5 或 6 公顷的小麦播种。在塔斯马尼亚岛，大麦和小麦的种植面积都非常小，但大麦种植更广一些。

表 9.8　2006 和 2007 年，澳大利亚西部三个酸性土壤地点，Baudin×Hamelin 回交系(BC_4)相对于亲本的籽粒产量

品种	2006			2007			合计
	Boscabel	Kalannie	HoltRock	Chittinup	Kalannie	Newdgegate	
Baudin(吨/公顷)	1.43	0.39	1.08	2.55	0.15	1.23	1.14
WABAR2473(%)	139	116	124	102	147	133	121
WABAR2476(%)	122	115	137	99	163	144	120
WABAR2478(%)	139	133	136	86	157	134	114
Hamelin(吨/公顷)	1.92	0.32	1.16	2.82	0.17	1.37	1.30
WABAR2480(%)	97	110	122	117	179	134	122
WABAR2481(%)	99	139	127	122	142	130	111
WABAR2482(%)	106	134	124	122	167	135	122

引自：C. Li，未发表

过去40年中，新南威尔士州、维多利亚和西澳的大麦，相对于小麦而言，其在农业系统的重要性发生了转变。与小麦相比，这三个州大麦播种面积持续增长，而南澳大麦种植面积的增长则很少或根本没有变化。过去5年中较高的大麦产品价格、高产的品种以及农艺管理改进，是澳大利亚恢复对大麦的兴趣的主要原因。

虽然大麦在以小麦为主的耕作系统中种植，但它也与其他作物进行轮作。在南澳大利亚，其他的轮作作物包括燕麦（作为粮食和干草）(*Arena sativa*)、油菜(*Brassica napus*)、窄叶羽扇豆(*Lupinus angustifolius*)、豌豆(*Pisum sativum*)，一年生豆科牧草（主要是苜蓿菌属，料豆属和三叶草属）和紫花苜蓿(*Medicago sativa*)，且取决于降雨区和土壤类型。在东北部，高粱(*Sorghum bicolor*)和鹰嘴豆(*Cicer arietinum*)也是很重要的轮作作物。

在西澳，通常采用的轮作方式中，大麦抑可作为羽扇豆或红豌豆等豆类作物之后的第二种谷物，抑或作为油菜后的第一种谷物。在澳大利亚东部，大麦通常在小麦和小范围油菜之后。通常小麦和菜籽油在豆类作物或豆科牧草之后种植，以更好地利用较高的土壤氮供应。

在所有大麦种植区，种植者正在抛弃传统的固定轮作模式，并越来越多地根据当前和预期的大麦较其他商品的价格、季节性前景造成的不符合目标质量标准的风险、投入成本、麦田的养分状况、可能的成本投入、根际病害风险、杂草种子库以及除草剂抗性问题等因素，来决定大麦播种时间。轮作中啤用大麦最好在非豆科作物如小麦、油菜或燕麦之后播种，以协助氮素投入管理，并获得10.5%的蛋白质含量(Paynter，1995；Paynter与Young，1996；Smith和Paynter，2005)。

澳大利亚的禾谷类作物农业系统中，转基因作物(GM)仍处于起步阶段，尽管在新南威尔士州和昆士兰州的棉花种植区，已有转基因棉花种植。维多利亚州和新南威尔士州已批准从2008年开始种植转基因油菜，西澳则从2009年开始。由于种植者和政府都欢迎这项技术，预计在随后的几年中转基因油菜种植面积会显著增加。而在其他各州，也有政府暂停转基因作物的商业化生产，目前停止的商业化转基因作物有油菜、羽扇豆、大麦和小麦，预计到2013年这些以谷物为基础的农业系统中，转基因禁令将逐步解除。这主要取决于政府和消费者对种植这些作物的好处和风险以及发展风险管理战略形成更好的理解。一些州政府目前也保持着谨慎态度，以至于不会对澳大利亚的国际市场份额造成损害。

5. 种植大麦的土壤类型

澳大利亚各州耕地的土壤类型相差很大(Leeper，1964；Moore，1998；Bolland，2000；Schoknecht，2002；McKenzie等，2004)。西澳、南澳、维多利亚州和新南威尔士州南部部分地区的许多土壤中含有高比例的高岭石，具有较低的阳离子交换能力和 pH 值缓冲能力。因经受严重风化，其保水能力差，一般肥力较低。而新南威尔士州和昆士兰州北部的土壤中含有伊利石和蒙脱石，具有更好的交换能力、更强的保水力，并有较高的土壤肥力。每个区域的土壤类型显著影响着小麦与大麦的相对表现，以及种植者种植麦芽级品质大麦的能力。

在西澳西南部，共有 21 个主要土壤群体，可归并为九个大类（Moore，1998；Schoknecht，2002）。其中，占主导地位的三种土壤是双工土壤（表层 80 厘米以内的质地对比）、厚沙质土壤（砂层至少 80 厘米）和砾质土壤（铁质砾石为主）。在澳大利亚南部的干旱地区，沙质表面黏土底土的双工土壤也很常见。很多时候整个剖面含有大量的钙质并为强碱性，特别是在深层，硼浓度和盐度往往很高。更适宜的土壤主要由中性的酸壤土表面和适度碱性的粘底土组成，广泛分布在这一地区的温暖地区。最后，在北部新南威尔士州，昆士兰州有大面积开裂黏土用于种植，维多利亚州中部也有少量。

黏土含量低的沙质表土意味着其保持大量元素如氮、硫和钾的能力较低（Bolland，2000；Foster，2000；McKenzie 等，2004）。这些营养元素非常容易流失，需要定期施肥。许多澳大利亚土壤中存在氧化铁，导致施用的磷被固定，这意味着需要经常磷肥。

虽然大麦可以在澳大利亚的各种土壤上广泛种植，但是当大麦种植在土壤 pH 值（氯化钙）低于 4.5 时，会产生铝毒性（Dolling 等，1991a；1991b；2001），而当 pH 值大于 7.5 时，则会发生硼毒害（Cartwright 等，1984；Rile 和 Robson，1994；Riley 等，1994），使大麦产量受到严重的限制。

酸度过高是许多土壤都存在的问题，或自然发生或由农业实践诱发。农业生产过程中，氮肥的施用、一年生豆科牧草的种植以及植物材料（干草、谷物）的清除都会增加土壤溶液中的氢离子含量（Helyar 与 Porter，1989；Dolling 等，2001；Bolland 等，2004）。澳大利亚土壤的缓冲能力较低，因此对氢离子含量的增加异常敏感。在大多数的耕作制度中，仅依靠每年施用 100～200 千克/公顷的石灰保持可接受的 pH 值（Dolling 等，2001）。在整个澳大利亚，约 12～24 万公顷的农业用地表面为酸性的（pH 值≤4.8，30～40 厘米），其中 380 万公顷的底土也是酸性的（pH 值≤4.8，30～40 厘米）（Dolling 等，2001）。pH≤4.8 的酸性土壤主要分布在新南威尔士、西澳和维多利亚，其他州也有少量分布。

施石灰是有效提高酸性土壤大麦生产力的解决方法，但是如果酸性土壤在深层，这将是非常困难和昂贵的（Bolland 等，2004）。每公顷施用石灰 1～2 吨可以提高土壤 pH 值 0.3～0.7 个单位（Dolling 等，1991a；1991b；2001）。随之而来的籽粒产量的增加和生产率的提高，主要是因铝害对大麦根系伸长的抑制作用得到改善（Reid 等，1971；Foy，1988）。虽然育种不是解决之道，但是改进种质资源可以最大限度地减少问题，并可以降低施用石灰的成本。由于土壤 pH 值偏低问题（和铝害）在整个田块中并不是持久发生的，而且许多田块仅仅具有边际酸害，因此改进种质资源还可以改善大麦产量和质量的稳定性。在澳大利亚，第一个改良的酸耐性品种（Brihdabella）于 1993 年推出（Read 与 Oram，1995）。最近，西澳农业和食品部的大麦育种计划，确定了一个铝耐性基因的分子标记，称为 ALT（C. Li，pers. comm.）。包含 ALT 基因的种质资源在高酸性土壤的小区试验中，可取得比野生型高 20%的产量（表 9.8）。不施用石灰，即使采用更耐酸的种质资源，将最终导致下层土的酸化，这比表面土酸化的修复更为困难（Dolling 等，2001）。

许多含有黏土的土壤，其表土或底土是碱性的。在这些土壤中，土壤 pH 值（氯化钙）可能超过 7.5，同时硼的毒害可能也是一个问题（Cartwright 等，1986；Riley，1988；Rengasamy，2002）。碱性底土（pH 值≥7.0，30～40 厘米）的农业用地大约有 74 万公顷（Dolling 等，2001）。这些土壤主要位于南澳和维多利亚州以及西澳的东部和东南地区。与酸性土壤不同，碱性底土的土壤不太可能加以改良。因此，通过育种提高大麦硼耐性是解决土壤硼毒害的唯一办法。植物具有硼毒害的遗传抗性，最近 Bot1 基因（Sutton 等，2007）已被鉴定，该基因可通过阻止硼进入植株和积累而使商业品种具有硼耐性。通过传统育种，许多商业品种对硼毒害土壤的适应性已经提高了很多。其中有些品种也不会由于硼在叶片组织中积累而表现出相应的症状。然而，迄今为止，叶片症状的出现与否与高产表现并无关联（Riley 与 Robson，1994；Riley 等，1994；Bolland，2000；J. Eglinton，pers. comm.）。Riley 等（1994）发现，敏感品种可通过增加主分蘖的叶面积，在一定程度上弥补因硼毒害而损失的有效叶光合面积。降雨量低的地区由硼毒害造成的产量损失最大，那些地区敏感品种无法从有毒底土中吸收水分。在多雨年份，减少根系深度的影响不太明显，易感品种可以获得和耐性品种相当的产量。

除了铝或硼的毒害问题外，土壤类型的选择对种植麦芽大麦的成功与否具有至关重要的影响。麦田的土壤类型多样化（及保水能力），即可保证一个品种达到啤用大麦接收规格的可能性。表 9.9 列举了在土壤类型差异很大的的大田上采用两个时期播种，不同品种间在籽粒充实度或筛分级别的差异。筛分级别存在差异的主要原因与颗粒形状的差异有关，而不是平均粒重上的差异。Baudin、Gairdner 和 Vlamingh 的开花时间相似，但 Vlamingh 的种子比 Baudin 以及 Gairdner 都要饱满。因此，将田块（和土壤类型）与所种植的品种配对，对于澳大利亚大麦种植者来说非常重要。

表 9.9 2002 年某田块两种土壤类型上三个种植地点两个播种时间下的 5 个啤用大麦品种进行筛选分级(% <2.5 毫米)

土壤类型[a]	壤土		沙土	
地点	**Calingiri**	**(235 mm)**		
播种日期	**2002—5—22**	**2002—6—11**	**2002—5—22**	**2002—6—11**
Baudin	27	23	7	10
Gairdner	30	37	20	16
Hamelin	10	23	9	7
Stirling	6	11	2	4
Vlamingh	12	13	3	6
地点	**Brookton**	**(277 mm)**		
播种日期	**2002—6—5**	**2002—6—27**	**2002—6—5**	**37434**
Baudin	13	13	16	25
Gairdner	12	30	18	36
Hamelin	8	17	20	18
Stirling	5	15	9	20
Vlamingh	4	7	12	13
地点	**Katanning**	**(263 mm)**		
播种日期	**2002—5—16**	**2002—6—11**	**2002—5—16**	**2002—6—11**
Baudin	39	49	18	18
Gairdner	43	48	27	23
Hamelin	17	30	12	11
Stirling	11	30	5	12
Vlamingh	20	27	15	9

引自:Paynter 等,2008a;

[a]根据 Schoknecht(2002)对土壤类型的划分

6. 播种日期

在澳大利亚,冬季气温比较温暖(7 月平均温度在 7℃～15℃),营养生长期大麦的低温冷害是罕见的。因此,春大麦在秋季(五、六月,南半球的季节与我国正好相反,译者注)播种的目的是为了能在早春开花(八月中旬至九月下旬),十月至十二月期间收获。最佳的开花期是抽穗和开花期避免冻害与高温和频繁干燥的春末前完成灌浆这两者之间复杂且矛盾的需求所共同决定的(Shackley,2000)。推迟播种时,高光周期反应的品种营养生长期缩短，因此在西澳的大部分地区，以及在降雨量中等或较少的维多利亚州，南澳和新南威尔士（Young 与 Elliott，1994；Flood 等，2000；Paynter 等，2001；Paynter，2005b）比较受青睐。

基于历史降雨量纪录的模拟实验结果显示，南澳大麦种子的播种期一般在5月15日至30日中间，比目前生产实践上提前约一周（Yunusa 等，2004）。而 Sadras 等（2002）进行的模拟研究显示，南澳的 Mallee 地区、维多利亚州和新南威尔士的小麦播种日期中间值为5月24日（Abrecht 与 Balston1996；Abrecht，2007）。西澳进行的模拟实验显示当地的播种日期为5月23日。

对小麦的研究表明，与20世纪80年代初相比，目前的播种日期提前了约3周。这种转变在西澳和昆士兰州较明显（Stephens 与 Lyon，1998）。由于干燥剂、除草剂和少耕播种技术（直播或免耕）的引入，大麦也存在相同的趋势。20世纪60年代和70年代，在南澳高降雨地区，播种往往被推迟至七月，以阻止其他同属作物的生长（Sparrow 与 Doolette，1975）。而晚熟品种的推广以及与改进的耕作方式相结合，亦可允许在高降雨量、长生育期地区提早播种。

在澳大利亚的农场，大麦和小麦往往在相近的时间中播种，特别是在播种降雨推迟的年份。推迟播种早已被确定对谷物产量和高品质有害，3～4周的推迟播种造成的产量损失可高达30%（800千克/公顷）（Ridge 与 Mock，1975；Paynter 与 Hills，2007；Paynter 等，2008a；2008b）。在西澳，由于推迟播种造成的产量损失，估计低于每天每公顷20千克（由 Paynter 与 Hills，2007 以及 Paynter 等，2008b 计算所得）。

在20世纪80年代，大麦通常迟于小麦播种。近年来研究显示，早播对大麦的产量和质量有益，因此目前情况大有改变。现在西澳大麦更普遍倾向于在小麦之前播种，而在澳大利亚东部，很大程度上取决于播种的品种。Gairdner 这样的长生育期大麦品种，会在主季小麦前播种，但较早成熟的品种如 Schooner 通常会在小麦后播种。

提早播种最显著的好处是增加籽粒符合麦芽级大麦规格的机会（Paynter，1995；2005a；2005b；Paynter 等，2008a）。这主要是因为籽粒饱满度有所增加而筛分后的残渣相应减少。这可能也与籽粒中9.5%～12.5%的蛋白质积累有关。推迟播种往往会增加籽粒蛋白质含量，并可能导致籽粒不能满足当前啤用大麦的蛋白质标准。然而，提早播种可降低籽粒充实度，这并不是一个普遍现象（表9.9）。在澳大利亚东部的三个比较实验中（平均10个品种之间），Fettell 等人（1999）发现，推迟播种粒重更大，这是高灌浆率的结果。播种时间会影响结实，因此，源库比例可能是导致这些相应差异的主要原因，另外还有因雨量分布而造成的强烈的跨季节相互作用。

7. 种植群体与播种量

20 世纪 90 年代前，大麦的目标种植群体大小一般建议为 100 株/平方米(Sparrnw 与 Doolette，1975；Young，1995；Paynter，1996)。最近有研究表明，最佳的播种量可提高产量，并对籽粒质量没有大的不利影响。最新品种的具体管理指南，反映了这一目标种植群体大小的变化。

当前啤酒和饲用大麦品种的目标种植群体大小相似，但在澳大利亚各地有所不同：

• 西澳——120～150 株/平方米(Paynter 等，1999a；1999b；Smith 与 Paynter，2005；Russell 等，2008a；2008b；2009)。

• 南澳和维多利亚——年降雨量低于 350 毫米的地区，120～140 株/平方米；年降雨量 350～450 毫米的地区，140～160 株/平方米；高于 450 毫米的地区，160～180 株/平方米。

• 南新南威尔士南部——80～130 株/平方米，干旱地区密度更低(Fettell，2008；McRae 等，2008)。昆士兰州和新南威尔士州北部——100～120 株/平方米(Mclntyre，2008)。

平均粒重为 40～45 毫克，假设出苗率为 80%，那么达到 120 株/平方米种植密度的播种量为 60～70 千克/公顷。在南澳，这是 20 世纪 60 年代后期和 20 世纪 70 年代初建议播种量的近一倍(Sparrow 和 Donlette，1975)。

在西澳，300 千克/公顷的产量增幅，通过种植群体由 100 株/平方米提高到 150 株/平方米得以实现(Paynter 和 Hills，2009；B. Paynter，未发表)。在新南威尔士州北部，Doyle 与 Kingston(1992)推测，60 千克/公顷的播种量可获得最佳的产量或相当于 130 株/平方米的种群数量。在澳大利亚南部，Fettell 等(1999)报道，160 株/平方米的群体密度下，产量要比 80 株/平方米的高，在新南威尔士州，以 120 株/平方米的群体密度为最佳(Fettell，2007)。较高的种植密度往往导致较低的籽粒重量(Doyle 与 Kingston 1992；Young，1995)，并降低籽粒充实度；而对籽粒容积较大的品种来说，在有利的生长条件下这种影响可能会减少(Fettell 等，1999；Paytnter 等，1999b；2008a；Fettell，2007)。

大麦高的目标种群密度的其他好处还包括，提高与杂草的竞争力、降低生长季节中期水涝的影响以及改善植株在虫害和土壤湿度过大情况下的生根能力(Young，1995；Paynter 和 Hills，2009；B. Paynter，未发表)。

8. 养分管理(以氮素为例)

由于澳大利亚许多土壤固有肥力较低(特别是西澳)，营养物质的施用对优化生产是必需的，例如每年施用的营养物质如氮、磷等或者每3～5年施用的微量营养元素如铜和锌(Bolland，2000)。

对于啤用大麦的生产，氮是非常重要的营养元素之一。对优质啤用大麦的关注度，从麦芽和酿造业对已交付的籽粒蛋白质含量的要求可见一斑。因此，在交货付款时存在蛋白质含量的上下限。在澳大利亚西部，许多大麦种植者的问题是交付的大麦蛋白含量太低，而在昆士兰州和新南威尔士，过高的蛋白质含量则是降级的一个主要原因。春季降水稀少时，籽粒蛋白质含量太高是大多数种植者所遇到的问题。在许多环境条件下，最高产量的施氮量可能会导致籽粒蛋白质含量超过麦芽标准，尤其是本身蛋白浓度较高的品种(Fathi 等，1997)。

影响籽粒蛋白质管理的四个关键因素包括土壤类型、轮作(豆科对非豆科)、施肥和增产潜力(品种、季节性的前景、土壤墒情和播种日期)。

在过去20年里，澳大利亚的施氮策略已经改变。这是为了满足行业的需求，以及应对日益增加的氮肥投入成本和新的啤用大麦品种籽粒饱满度的差异。

品种是对氮素使用最具成本效益影响的主要驱动力之一。虽然氮素是保证籽粒产量和蛋白质目标含量所必需的，但由于具有较高的筛分残留，这也可能推动澳大利亚大麦种植偏离啤用大麦生产。氮肥施用通常会降低平均粒重，这可能导致按品种粒形的筛分残留增加。窄粒形啤用大麦品种(如：Baudin、Buloke、Flagship 和 Gairdner)比宽粒形品种(如：Hamelin、Stifling、Schooner 和 Vlamingh)对氮肥更为敏感(Paynter，2005c；2005d；Fettell，2007；Hills 与 Paynter，2008；Paynter 等，2008a；B. Paynter，未发表)。在灌浆期水分不足的季节里，谷粒形状的影响最为显著。谷粒形状可能是决定达到标准或是降级的关键因子。

传统上，大多数氮肥一般在播种前分为两个阶段，即播种和播种后4～6周后施用。液态氮的有效性意味着氮肥的施用可持续至大部分生长季节。随着产量更高的啤用大麦品种的引进，氮肥的施用时间需要更加仔细地检查。目的是找到如何最大限度地减少氮肥施用对筛分残留量的影响，同时不影响谷物产量或籽粒蛋白质含量。

冠层管理实践——提早限制作物氮肥施用从而限制分蘖，在拔节期、旗叶出现甚至开花时，施用氮肥的目的是增加粒重(Poole，2005)。该理论是通过避免在拔节前施用过多的氮肥而降低高筛选残留量风险。这种方法的优点是能更好地评估大麦作物的增产潜力。这是因为它可以帮助种植者考虑春季降水的季节性预报，以及审查当前的病害压力和生长条件。当然，只有等季节性预测工具的可靠性提高后，才有可能通过确定最佳的氮肥施用时间来优化籽粒蛋白质含量和尽量减少筛选残留量。现已有研究证明，大麦冠层管理的概念是合理的(Paynter，2005d；Poole，2005；Hills 与 Paynter，2008)。然而，在主要为夏季降雨的地区，延迟施肥的效果较差，因为在这些地区作物生长期内雨水少，无法将肥料带到根吸收区(Doyle 与 Shapland,1991;Kingston 等,2001)。

澳大利亚的大麦种植者正在使用几种决策支持工具,在既定的轮作、土壤类型和预计谷物产量条件下,辅助确定氮肥的需求量。这些工具包括 Select Your Nitrogen 与 Yield Prophet® 等。

Select Your Nitrogen (SYN)由西澳农业和食品部开发,是基于电子数据表量化氮肥有效性和作物响应的决策支持工具。SYN 以周为时间步长,仿真模型设计为用户提供一个定量感觉,即不同组分的农业系统是如何影响有效氮、谷物产量和质量,以及经济收益的。SYN 的主要目的不是推荐肥料量,相反它是为了显示任何可能的氮肥管理策略在任何种植情况下的结果。

Prophet 是一个基于 Web 界面的作物生产模型 APSIM(http://www.apsim.info),由 CSIRO 开发。基于输入的田块详细的土壤类型、播种前土壤水分和氮含量、降雨、灌溉、氮肥施用和气候数据等,以模拟作物生长。Yield Prophet 和 SYN 一样,是澳大利亚旱地农业系统的风险管理工具,重点是氮肥投入的决策支持。

适用于在澳大利亚南部啤用大麦生产的经验法则是,通常用于生产蛋白质含量在 7%～10% 的小麦的田块、轮作和施氮量,亦适宜用于生产啤用大麦(Paynter 与 Young 1996)。在高蛋白小麦种植地区,无论是土壤类型、低降雨量或者轮作都不可能适合啤用大麦生产。

在维多利亚州,有一个经验法则是以测试深层土壤(0～60 厘米)氮含量为基础(McLellan 等,2001)。在播种期,田块土壤矿质氮含量高于每公顷 100 千克时,不太适合种植啤用大麦。相似地,基于深层土壤(0～90 厘米)氮含量的经验法则,在新南威尔士也有采用,Kingston 等(2001)建议,对于成功的啤用大麦生产来说,深层土壤中氮含量不应超过每公顷 120 千克。

在新南威尔士州北部和昆士兰州,氮肥施用的经验值是不超过优质硬小麦生长所需氮的 40%(McIntyre,2008)。对于啤用大麦而言,这相当于在 0～120 毫米深度之间,每毫米可利用土壤水分范围内于播种时施用 0.5 千克氮(Dalal 等,1997)。因此,如果土壤可利用水分为 180 毫米,那么生产蛋白质含量为 10.5%的大麦需要每公顷 60 千克的氮素。

9. 病虫害管理

根际病害,如全蚀病(*Gaeumannomyces graminis* var. tritici)和丝核菌(*Rhizoctonia* solani Kühn AG-8)在澳大利亚的大部分耕作制度均有发生,而冠腐病(*Fusarium pseudograminearum*)是新南威尔士州北部和昆士兰州的主要病害。全蚀病和冠腐病可以通过轮作加以防治(MacNish 与 Nicholas,1987;MacNish,1995;Wallwork,1996;Macleod 等,2008),丝核菌则可以由耕作加以

控制(MacNish,1985、1995;Jarvis 与 Brennan,1986;Wallwork,1996;Macleod 等,2008)。大麦与小麦一样,对丝核菌敏感,但大麦对全蚀病的耐性要比小麦强。MacNish(1998 年)证实,当小麦根系全蚀病严重度每增加 1%,大麦产量相对于小麦增加 1%。因此,在轮作中大麦可以代替小麦以降低全蚀病的发生水平。在全蚀病严重的轮作中,往往播种燕麦、豆类作物或者一年生牧场豆类。杀菌剂喷在种子上或者犁沟中(进行施肥),也可以抑制全蚀病和叶面病害。

线虫也存在于大多数澳大利亚耕作系统中。最常见的线虫是谷物孢囊线虫(*Heterodera arenae*)和根腐线虫(*Pratylenchus* spp.)。谷物孢囊线虫主要分布在维多利亚州、南澳和西澳,在新南威尔士州也有一定范围的分布(Vanstone 等,2008)。由于大麦品种对谷物孢囊线虫具有耐性,即使被感染,大麦产量损失也是有限的。但是大麦各品种对谷物孢囊线虫的抗性差别较大。抗病品种可以抑制线虫的生长,从而减少根囊肿,并使后季作物的土壤线虫水平较低。Barque、Capstan、Commander、Doolup、Flagship、Hindmarsh、Keel、Maritime 以及 Yarra 等品种对谷物孢囊线虫都有抗性。因此,在谷物孢囊线虫发生较多的地区,种植者被建议在其轮作引入非豆类作物和抗性品种。在谷物孢囊线虫严重的地区,必须休耕至少 2 年,以降低线虫数量至产量限制水平以下。

已知有好几种根腐线虫发生在澳大利亚南部的耕作土壤中(Riley 与 Kelly,2002;Thompson 等,2008;Vanstone 等,2008)。*Pratylechus neglectus* 是昆士兰州、新南威尔士、维多利亚、南澳和西澳耕作环境中分布最广的种类。*Pratylechus thornei* 也是比较普遍的种类。也有单独报告的其他种类,包括 *Pratylenchus penetrans*、*Pratylenchus brachyurus*、*Pratylenchus teres*、*Pratylenchus zeae* 和 *Pratylenchus crenatus* (Riley 与 Kelly,2002;Vanstone 等,2003;2005)。*Pratylenchus teres* 还未在西澳之外的地区发现(Vanstone,2008)。

在旱地耕作系统下,完全消除线虫不太可能,但其数量是可以控制的。大麦抗性品种可用在一个或几个季节中降低线虫数量。感病作物或品种再次播种时,线虫数量又会迅速增加。大麦品种和其他作物,可能对桑尼短体线虫和落选短体线虫的寄生耐性能力有所不同。这意味着,如果混合线虫发生时,一种作物或品种可能会增加一个种类的数量,也可能会降低另一种类的数量。因此,轮作选择和播种的品种需要进行调整,以适应当前的线虫种类。

不同大麦品种对不同根腐线虫的抗性存在差异。一些大麦品种如 Barque 和 Flagship 对桑尼短体线虫和落选短体线虫具有抗性。Capstan、Doolup、Maritime 和 Gairdner 只对落选短体线虫具有抗性,而 Hindmarsh、Keel、Schooner、SloopSA 和 SloopVic 只对桑尼短体线虫具有抗性。

目前比较受欢迎的与啤用大麦轮作的作物有油菜和小麦。这两个作物普遍易受根腐线虫感染,因此这一轮作顺序对根腐线虫的管理不太理想。当线虫混合种群出现时，豌豆、窄叶羽扇豆和黑麦(*Secale cereale*)可以作为很好的间隔作物，因为它们是抗性物种(Vanstone 等，2008)。在有落选短体线虫的轮作中，蚕豆(*Vicia faba*)、扁豆(*Lens culinaris*)和小黑麦(*Triticosecale*)也是不错的选择。在桑尼短体线虫存在时，燕麦是很好的轮作作物。然而，应当指出的是，轮作中个别品种仍然可能对根腐线虫存在不同的反应。轮作中能减少线虫数量的作物，可能不适合种植啤用大麦。例如，在豌豆、羽扇豆、扁豆和蚕豆之后应该考虑氮素的增加状况。在酸性土壤中通常种植小黑麦，但由于大麦对低土壤 pH 值和铝毒敏感，因此不适合种植大麦。

在澳大利亚不同的大麦种植区，影响大麦生产的主要叶片病害发生了显著的变化(见表 9.10)。这些变化在很大程度上与环境(降雨模式和温度廓线)和栽培措施相关。叶病的抗性品种在不同环境中其对不同病害的不同致病型的抗性，也存在着差异。例如，一个品种在某一环境中表现对一种病害有中度耐性，但在另一个环境中表现感病。

表 9.10 澳大利亚各州(地区)种植的易感大麦品种叶病的严重度评估[a]

病害(病原生物)	澳大利亚各州(地区)						
	WA	SA	Vic	NSW-S	NSW-N	Qld	Tas
云纹病 (*Rhynchosporium secalis*)	中	中	高	高	低	非常低	高
网状网斑病 (*Pyenophora teres* f. *teres*)	高	高	高	高	高	高	低
点状网斑病 (*Pyrenophora teres* f. *maculata*)	中	中	中	中	高	高	低
白粉病 (*Erysiphe graminis* f. sp. *hordei*)	高	中	中	中	中	中	中
叶锈病 (*Puccinia hordei*)	高	高	高	中	中	中	中
秆锈病 (*Puccinia graminis*)	零	非常低	非常低	低	低	低	非常低
麦草条锈病 (*Puccinia striiformis* f. sp. *unknown*)	零	低	低	低	非常低	非常低	非常低
斑枯病 (*Bipolaris sorokiniana*)	零	零	零	零	低	低	低
威勒加叶斑病 (*Drechslera wirreganensis*)	低	非常低	非常低	零	非常低	零	零

引自：G. Platz、H. Wallwork、M. McLean、M. Zhou 和 S. Gupta，未发表的数据。

[a]病害严重度评价：高：可能造成易感品种中度至严重损失；中等：可能造成在易感品种低度至中度损失；低：不太可能造成重大损失；非常低：偶尔检测到，且没有商业意义；无：检测不到

现已有针对病害的栽培(即轮作、耕作、杀菌剂、播种日期和干净种子)和遗传(抗性)的策略,以减少发病率和发病严重程度(表9.11)。

表9.11 管理和栽培措施对大麦叶病的控制效果,其中1=非常有效、2=中度有效、3=无效、—=未知或无注册产品

	品种抗病性	作物轮作	消灭寄主	残茬清理	未感染的种子	化学种子	化学叶片
云纹病	2	1	3	1	2	2	1
网状网斑病	1	2	3	1	2	2	2
点状网斑病	2	2	3	1	2	3	2
白粉病	1	3	3	3	3	2	1
叶锈病	1	3	1	3	3	2	1
秆锈病	2	3	2	3	3	2	1
麦草条锈病	1	3	2	3	3	2	1
斑枯病	2	2	3	2	2	2	—
威勒加叶斑病	2	2	3	2	—	—	—

引自:G. Platz和K. Jayasena,未发表的数据

秸秆传播的叶片病害如云纹病和网斑病,不在前季大麦残茬(6月龄)上播种大麦或种植抗病品种是最好的管理方法。即使18个月前的大麦残茬仍然会传播网斑病(Jayascna与Loughman,2001)。在网斑病发生的情况下,通常建议种植者也不要在残茬的下风侧种植感病品种。此外,因为云纹病和网斑病都可以通过种子传播,所以在未受感染的场地收获的种子可降低早期感染的可能性。如果要使用受感染作物的种子,那么有必要利用注册的杀菌剂进行种子包衣。

由于注册药剂的活性成分范围增加和一些杀菌剂的成本减少,控制大麦叶片病害更趋容易。约10年之前,种植者不愿意对大麦喷施叶面杀菌剂,因为经济效益不明显。随着这一时间内生产力提高和杀真菌剂成本相对降低,现在杀菌剂的使用规模扩大。最佳的病害管理措施包括对种子或者肥料进行杀菌剂处理,以及在拔节或旗叶出现时,或某些情况下在抽穗期对叶面喷施杀菌剂。

在产品范围方面,现在澳大利亚已有8种以上的杀菌剂注册,可用于大麦(标签登记)叶面喷施。这些产品包括三唑酮、丙环唑、丙环唑+环唑醇、嘧菌酯+环唑醇、戊唑醇、粉醇和氟环唑。

此外,还有八个杀菌剂产品可用于控制散黑穗病(*Ustilago tritici*)和坚黑穗病(*Ustilago segetum* var. *hordei*)。注册的拌种杀菌剂产品包括:萎锈灵、萎锈灵+福美双、苯醚甲环唑+甲霜灵-M、氟喹唑、粉唑醇、戊唑醇、三唑醇和灭菌

唑。这些产品中一部分对种传净斑病(萎锈灵+福美双和苯醚甲环唑+甲霜灵-M)或者叶片枯萎病和白粉病(氟喹唑、粉唑醇、三唑醇、和灭菌唑)具有抑菌活性。两个用于肥料的杀菌剂注册产品,粉唑醇对枯萎病具有抑菌活性,而粉锈宁对白粉病具有抑菌活性。针对各州不同病害的注册杀菌剂产品,都可以在澳大利亚农药和兽药网站(http://www.apvma.gov.au)查询到。

澳大利亚田间虫害一般不是大麦产量损失的主要因素,但是如果条件有利于昆虫种群的增长,则重大的损害也可能发生。季节因素、轮作、田间管理和播种日期都可能会影响特定昆虫造成损失的风险。大麦苗期的主要害虫包括:美国白蛾(*Hednota* SPP.)、地老虎(*Agrotis* SPP.)、象甲虫(*Desiantha diversipes*),红腿地球螨(*Halotydeus destructor*)和绿圆跳虫(*Sminthurus viridis*)。种植者可以通过适当的田间管理降低苗期虫害发生的风险。影响损失程度的因素包括:轮作、前茬作物的杂草防治、土壤类型、播种日期和播种前休耕长度(*Grimm*,1995)。分蘖期的主要害虫是蚜虫,水稻根蚜(*Rhopalosiphum rufiabdominalis*)和籽粒蚜虫(*Sitbion miscanthi*)也可能是重要的病毒载体。随着增产潜力的增加,季节性蚜虫越来越受到重视。蚜虫通过直接食用或传输大麦黄矮病毒而影响大麦。拌种或50%的分蘖至少每个有10~15只蚜虫时叶片喷施杀虫剂(即吡虫啉),可以减少蚜虫对大麦产量的影响。有些品种有良好的大麦黄矮病毒抗性,如Baudin和Gairdner,但仍易受蚜虫危害。在开花和麦粒成熟期,主要的大麦害虫包括蚜虫、黏虫(*Mythimna convecta*, *Mythimna loreyimima*, *Persectania ewingii* 和 *Perectnia dyscrita*)和澳大利亚疫蝗(*Chortoicetes terminifera*)。本地寄生虫可以较好控制粘虫,因此不需要每年喷施杀虫剂。通常当蝗虫成灾时喷施杀虫剂,在西澳,蝗灾很少像东部各州那么严重。蝗虫的暴发具有季节性,通常发生在在澳大利亚内陆(非农业)强降雨季节之后。

因为没有外来昆虫和病害,澳大利亚许多大麦种植区在世界具有显著的优势。因此,大麦(和其他植物材料)进入澳大利亚或在各州以及农场之间运输,要遵守很多生物安全协议。例如,Shea等人(2003)介绍了实用的农业生物安全进程。一些外来的威胁已被确定为澳大利亚大麦产业的潜在威胁。因此,澳大利亚严格的检疫和生物安全的主要目的之一,是保护澳大利亚有利的虫害和病害现状,并提高澳大利亚进入国际市场的能力。

已确定的对大麦威胁最大的多为籽粒污染和市场准入,其中一些也可能会导致重大的产量损失。澳大利亚耕作方式的变化,甚至气候变化可能会增加或减少特定威胁发生的可能性或概率。例如,夏季倾向于种植玉米(*Zea mays*)、法国小米(*Panicum miliaceum*)、日本小米(Echinochloa esculenta)或者高粱,免耕的采用、大麦抗性品种的缺乏和开花期间长期潮湿的天气会增加镰刀菌的风险。

这些真菌产生的毒素，可能会对籽粒造成污染，使其不适合于销售和消费。

澳大利亚各州主要的外来威胁包括复杂镰刀菌、欧洲蜗牛(*Helix pisana*)和corynetoxin污染。但是，目前澳大利亚没有的外来威胁范围包括谷斑皮蠹(*Trogoderma granarium*)、俄罗斯小麦蚜虫(*Diuraphis noxia*)、麦茎蜂(*Cephus cinctus*)、欧洲麦茎蜂(*Cephus pygmeus*)、大麦条锈病(*Puccinia striiformis* f sp. *hordei*)和大麦茎瘿蚊(*Mayetiola hoydei*)，我们的目标是防止这些威胁进入澳大利亚。

10. 耕作

直到20世纪70年代，种植业一直是澳大利亚农业系统的一个必要组成部分。新型除草剂的引入，例如非选择性无残留除草剂Spray Seed®和选择性残留除草剂氟乐灵，以及尖端播种机的使用，带来了直接旋耕或少耕革命的开始(Reithmuller，2000)。然而，在20世纪90年代初，已开始使用窄尖碳化钨播种机，实现了对土壤干扰最小的一次性播种技术，可称之为免耕。这个系统允许农民在降水量少时提早播种，而且随着播种机的工程改良，免耕技术的采用非常迅速。最近免耕系统的变化包括更大的秸秆保留量(残茬)和更大行距(即从18mm扩大至22～36mm)。

D'Emden和Llewellyn(2006)的研究表明，在澳大利亚采用免耕法的主要理由是水土保持而不是杂草防治。大多数种植者认为，尽管在免耕条件下杂草的出苗可能会较低，但这也将增加对除草剂的依赖。然而，免耕系统中这种对除草剂依赖性的增加，主要是由栽培措施对杂草控制的降低造成的。为了使免耕系统能成功，种植者不得不采取综合的杂草管理系统，尤其是一年生黑麦草(*Lolium rigidum* Gaud.)对选择性除草剂postemergent抗药性和草甘膦抗药性增加的风险(Llewellyn和Powles，2001；Neve等，2003)。现采用的一些杂草综合防治技术包括有，施肥(绿色或褐色)、播种前双爆震技术以及播种前百草枯和草甘膦的轮流使用，以尽量减少杂草的竞争和杂草种子库(Walsh和Powles，2007)。

许多表层结构由沙质向砂壤土过渡的土壤(一般在西澳大利亚州)，机械化机具会造成地表以下10～20cm的土层板结(Hamza和Anderson，2003)。这是因为这些土壤颗粒的尺寸在湿润时可以被压缩。大麦根系往往能穿透这个板结层，但不会一直向下生长，这将导致粮食产量下降和较高的筛选残留。因为大部分免耕操作并不穿透这一层，所以深耕达到40cm时，可以通过增加根深和在一定情况下减少纹枯病而提高生产力(产量和籽粒质量)(Ellington，1986；Jarvis和Brennan，1986；Reithmuller，2000)。深耕的影响经常可以在随后的季节中看到。在某些情况下(尤其是土壤中含有黏土)，使用石膏可以使这一效果延长或者可提高深耕的效果(Hamza 和 Anderson,2003)。因此,对大麦种植者来说,在板结敏感的土壤上种植,深耕是推荐的做法。在澳大利亚东部地区,车轮压实黏土会限制水分运输和根系生长,受控制交通系统,即所有拖拉机和收割机的车轮都被限制在永久的轨迹上,使用量正在增加。

免耕和保留秸秆技术采用的后果之一是残茬传播的病害如净网斑病(*P. tcres* f. *teres*),和澳大利亚东北部常见的根腐病(*Bipolaris sorokiniana*)的风险增加。为了减少这种风险,建议澳大利亚大麦种植者确保在相同的田块,大麦作物之间至少有 2 年的休耕期,并避免在受感染的残茬下风侧播种感病品种。

免耕系统也可导致纹枯病斑块状裸地问题(MacNish,1985;Macleod 等,2008)。免耕条件下,植株在发芽后很快就会受到病原菌的感染。用含有苯醚甲环唑和甲霜灵- M 活性成分的材料进行种子包衣,可以抑制根受丝核菌和腐霉根腐病(*pythium* spp.)的感染。存在感染问题的地方,建议种植者优先种植燕麦而非小麦或大麦。翻耕土壤至少 10 cm 仍是唯一有效降低由水稻纹枯病成斑菌株造成损害的方法。栽培并不破坏菌类,但减少了它对大麦的影响。

过去 20 年中,盐渍免耕系统的广泛采用,以及行距的相应增加,对减少谷孢囊线虫造成的损失可能起到了关键的作用(Vanstone 等,2008)。

参考文献

Abrecht, D. G. 2007. Seasonal variability and cereal management, pp. 431 — 438. Proceedings of the 13th Australian Barley Technical Symposium, Australian Barley Technical Symposium Inc, Fremantle, Western Australia, August 26—30, 2007.

Abrecht, D. G. and J. M. Balston. 1996. Rules for managing the break of the season in Mediterranean environments, pp. 111—115. Proceedings of the 2nd Australian Conference on Agricultural Meteorology, University of Queensland, Brisbane, Queensland, October 1—4, 1996.

ABS. 2006. Historical Selected Agriculture Commodities, by State (1861 to Present), 2005. Catalogue number 7124. 0. Australian Bureau of Statistics, Canberra, Australian Capital Territory.

ABS. 2008. Agricultural Commodities: Small Area Data(Barley Estimates), Australia, 2005—06. Catalogue number 7125. 0. Australian Bureau of Statistics, Canberra, Australian Capital Territory.

Akhmetov, K. and I. Zinchenko. 1976. System of fall conservation tillage for feed grains, pp. 159—164. Cultural practices of grain crops in North Kazakhstan. Proceedings of All Union Institute of Grain Farming. Tselinograd, Kazakhstan.

Alimov, K. G. 1998. Highly productive cultural practices of grain crops in forest-steppe of West Siberia. Brochure, TSERIS, Novosibirsk, Russia.

Anderson, W. K., M. A. Hamza, D. L. Sharma, M. F. D'Antuono, F. C. Hoyle, N. Hill,

B. J. Shachlcy, M . Amjad, and C. Zaicou-Kunesch. 2005. The role of management in yield improvement of the wheat crop—a review with special emphasis on Western Australia Aust. J. Agric. Res. 56: 1137—1149.

Arnon, I. 1972. Crop Production in Dry Regions. Leonard Hill, London.

Bailey, K. B. , B. D. Gossen, R. K. Gugel, and R. A. A. MorralI. 2003. Diseases of Field Crops in Canada. The Canadian Phytopathological Society, Saskatoon, Saskatchewan, Canada.

Baldridge, D. E. , D. E. Brann, A. H. Ferguson, J. L. Henry, and R. K. Thompson. 1985. Cultural practices, pp. 457 — 482. *In* D. C. Rasmussen (ed.). Barley. Agronomy Monograph No. 26. ASA-CSSA-SSSA, Madison, WI.

Ball, B. C. 1985. Broadcasting Cereal Seed. Research Summary No 2. Scottish Institute of Agricultural Engineering.

Ball, D. A. , J. P. Yenish, and T. Alby. 2003. Effect of imazamox soil persistence on dryland rotational crops. Weed Tech. 17: 161—165.

Beard, B. H. 1961. Effect of date of seeding on agronomic and malting quality characteristics of barley. Crop Sci. 1: 300—303.

Belenkov, A. I. 2006. Assessment of crop rotations and main tillage in Volgograd province. J. Zemledeliye 4: 22—23.

Belford, R. K. and R. J. Thomson. 198I. Effects of waterlogging on the growth and yield of winter barley. J. Sci. Food Agric. 32: 403—411.

Beschreibende Sortenliste. 2007. Getreide, Mais, Ölfrücte, Leguminosen, Hackfrücte. Bundessortenamt, Hannover.

Blokhin, V. I. 2006. Peculiarities of cultural practices of barley in Tatarstan. J. Zemledeliye 3: 15—17.

Bole, J. B. and U. J. Pittman. 1980. Spring soil water, precipitation, and nitrogen fertilizer: effect on barley yield. Can. J. Soil Sci. 60: 461—469.

Bolland, M. D. A. 2000. Nutrifon, pp. 69 — 108. *In* W. K. Anderson and J. R. Garling (eds.). The Wheat Book — Principles and Practices — Bulletin 4443. Agricuture Western Australia, Perth, Western Australia.

Bolland, M. D. A. , C. Gazcy, A. Miller, D. Gartner, and J. Roche. 2004. Subsurface Acidity—Bulletin 4602. Agricuture Western Australia, south Perth, Western Australia.

Briggs, D. E. 1978. Barley. Chapman and Hall, London.

Cartwright, B. , B. A. Zarcinas, and A. H. Mayfield. 1984. Toxic concentrations of boron in a red-brown earth at Gladstone, South Australia. Aust. J. Soil Res. 22: 261—272.

Cartwright, B. , B. A. Zarcinas, arid L. R. Spouncer. 1986. Boron toxicity in South Australian barley crops. Aust. J. Agric. Res. 37: 351—359.

Central Statistical Authority. 1992. Agricultural Sample Survey 1999/92, Volume 1: Report on Area and Production for Major Crops (Meher Season). Statistical Bulletin No. 104. Addis Ababa, Ethiopia.

Cherkasov, G. N., V. I. Sviridov, and A. N. Likhachov. 2006. Improvement of cropping structure of croplands in Kurk province. J. Zemledeliye 3: 27—29.

Ciha, A. J. 1983. Seeding rate and seeding date effects on spring planted small grain cultlvars. Agron. J. 75: 795—799.

Cochran, V., J. Danielson, R. Kolberg, and P. Miller. 2006. Dryland cropping in the Canadian Prairies and U. S. Northern Great Plains, pp. 293—339. *In* G. A. Peterson, P. W. Unger, and W. A. Payne (eds.). Dryland Agriculture, 2nd ed. Agronomy Monograph no 23. ASA, CSSA, and SSSA, Madison, WI.

Community Plant Variety Office (CPVO), Angers. 2008. Available at http://www. cpvo. europa. eu/.

Cooper, P. J. M., P. J. Gregory, D. Tully, and H. C. Harris. 1987. Improving water use efficiency of annual crops in the rainfed farming systems of West Asia and North Affrica. Exp. Agric. 23: 113—158.

Cousens, R. D. 1996. Comparative growth of wheat, barley, and annual ryegrass (*Lolium rigidum*) in monoculture and mixture. Aust. J. Agric. Res. 47: 449—464.

CSIRO. 2007. Climate change in Australia. Technical Report. CSIRO and Bureau of Meteorology. Available at http: / / www. climatechangeinaustralia. gov. au/.

Dalal, R. C., W. M. Strong, J. E. Cooper, E. J. Weston, and G. A. Thomas. 1997. Prediction of grain protein in wheat and barley in a subtropical environment from available water and nitrogen in Vertisols at sowing. Aust. J. Exp. Agric. 37: 351—357.

Davies, K. 1997. Optimising Broad-Leaved Weed Control in Cereals. HGCA Topic Sheet No. 2.

De Clercq, P., G. Hofman, S. C. Jarvis, J. J. Neeteson, F. Sinabel, and F. Gertsis (eds.). 2001. Nutrient Management Legislation in European Countries. Wageningen Press, Wageningen, Netherlands.

Deriglazova, G. M. and N. N. Boyeva. 2006. Enhancement of yield and quality of barley on slopes. J. Zemledeliye 3: 32—33.

Dolling, P. J., P. Moody, A. Noble, K. Helyar, B. Hughes, D. Reuter, and L. Sparrow. 2001. Soil acidity and acidification. National Land & Water Resources Audit—PROJECT 5. 4C. Final Report to National Land and Water Resources.

Dolling, P. J., W. M. Porter, and A. D Robson. 1991b. Effects of soil acidity on barley production in the south-west of Western Australia II. Cereal genotypes and their response to lime. Aust. J. Exp. Agric. 31: 811—818.

Dolling, P. J., W. M. Porter, and A. D. Robson. 1991a. Effects of soil acidity on barley production in the south-west of Western Australia I. The interaction between lime and nutrient application. Aust. J. Exp. Agric. 31: 803—810.

Doyle, A. D. and R. A. Shapland. 1991. Effect of split nitrogen applications on the yield and protein content of dryland wheat in northern New South Wales. Aust. J. Exp. Agric. 31: 85—92.

Doyle, A. D. and R. W. Kingston. 1992. Effect of sowing rate on grain yield, kernel weight, and grain protein percentage of barley (*Hordeum vulgare* L.) in northern New South Wales. Aust. J. Exp. Agric. 32: 468—471.

Dvurechenskiy, V. 2008. Main agronomic rules of cultural practices of grain crops in no-till farming. Brochure, Izdatelskiy, Kostanai, Kazakhstan.

D'Emden, F. H. and R. S. Llewellyn. 2006. No-tillage adoption decisions in southern Australian cropping and the role of weed management. Aust. J. Exp. Agric. 46: 563—569.

Ellington, A. 1986. Effects of deep ripping, direct drilling, gypsum and lime on soils, wheat growth and yield. Soil Till. Res. 8: 29—49.

Ethiopian Agricultural Research Organization (EARO). 2000. EARO Annual Report, 1998/99. Addis Ababa, Ethiopia.

Euromalt. 2008. Available at hnp://www.coceral.com/cms/beitrag/10010250/230022.

European Commission. 2003. Directive 1792/2003. Establishing common rules for direct support schemes under the common agricultural policy and establishing certain support schemes for farmers.

Eurostat, L. 2008. New Cronos database available under Agriculture and fisheries. Available at http://epp.eurostat.ec.europa.eu.

Fairbanks, M. 2006. Reliability of climate model summaries reported in Department of Agriculture's season outlooks, pp. 29—31. *In* B. Porter (ed.). Crop updates—2006 Farming System Updates. Department of Agriculture Western Australia, South Perth, Western Australia.

Fathi, G., G. K. McDonald, and R. C. M. Lance. 1997. Responsiveness of barley cultivars to nitrogen fertiliser. Aust. J. Exp. Agric. 37: 199—211.

Fettell, N. A. 2007. Replacing schooner in New South Wales, pp. 169—174. Proceedings of the 13th Australian Barley Technical Symposium, Australian Barley Technical Symposium Inc., Fremantle, Western Australia, August 26—30, 2007.

Fettell, N. A. 2008. Barley varieties and agronomy update—central NSW. GRDC grains research update, Dubbo 2008, pp. 28—34. Grains Research and Development Corporation, Canberra, Australian Capital Territory.

Fettell, N. A., D. B. Moody, N. Long, and R. G. Flood. 1999. Determinants of grain size in malting barley, pp. 2.16.1—2.16.12. Proceedings of the 9th Australian Barley Technical Symposium, Australian Barley Technical Symposium Inc, Melbourne, Victoria, Sept. 16—20, 2001.

Filonov, V. 2005. Role of fertilizers in intensification of farming practices, pp. 257—264. *In* Z. Kaskarbayev (ed.). Challenges of Conservation Agriculture and Ways to Increase Sustainability of Grain Production in Steppe Regions. Proc. Intl. Conf. Dedicated to 50 Year Anniversary of SPC of Grain Farming, Shortandy, Kazakhstan, July 27—29, 2005. ICARDA, Aleppo, Syria.

Fisher, H. M. 1982. Crop variety recommendations for 1983. J. Dep. Agric. West. Aust. 23: 115－122.

Flood, R. G., D. B. Moody, and R. J. Cawood. 2000. The influence of photoperiod on barley development. Cereal Res. Commun. 28: 371－378.

Food and Agriculture Organization (FAO). 2008. Available at http://faostat.fao.org.

Foster, I. 2000. Environment, pp. 3－21. *In* W. K. Anderson and J. R. Garlinge (eds.). The Wheat Book—Principles and Practices—Bulletin 4443. Agriculture Western Australia. South Perth, Western Australia.

Fowler, D. B. 2008. Cold acclimation threshold induction temperatures in cereals. Crop Sci. 48: 1147－1154.

Foy, C. D. 1988. Plant adaptation to acid, aluminium toxic soils. Commun. Soil Sci. Plant Anal. 19: 959－987.

Frank, A. B. and A. Bauer. 1995. Phyllochron differences in wheat, barley and forage grasses. Crop Sci. 35: 19－23.

Franzen, D. W. and R. J. Goos. 2007. Fertilizing malting and feed barley. North Dakota State Univ. Ext. Bull. SF-723, Fargo.

Garstang, J. R. and N. J. Giltrap. 1999. Winter malting barley production on heavy "non-malting" sites. HGCA Project Report 180. HGCA, London.

Glogoza, P. 2002. Cereal leat beetle. North Dakota State University Ext. Bull. E-1230, Fargo, ND.

Gorshkova, V. A., A. M. Zhabin, Y. I Kudashov, and I. F. Verbitskiy. 1988. Realization of yield potential of barley variety Olimpiets in on-farm conditions, pp. 152－159. *In* Cultural Practices of Grain Crops: Intensive Technologies. Agropromizdat, Moscow.

Grimm, M. 1995. Insect pests of barley, pp. 63－70. *In* K. J. Young and M. Howes (eds.). The Barley Book—Bulletin 4300. Department of Agriculture Western Australia. South Perth, Western Australia.

Gulidova, V. A. 2001. Optimization of soil tillage for spring barley. J. Zemledeliye 6: 18－19.

Hamza, M,A, and W. K. Anderson. 2003. Response of soil properties and grain yield to deep ripping and gypsum application in a compacted loamy sand soil contrasted with a sandy clay loam in Western Australia. Aust. J. Agric. Res. 54: 273－282.

Hanf, M. 1983. The Arable Weeds of Europe. BASF Aktiengesellschaft, Ludwigsfafen.

Heapy, L. A., G. R. Webster, H. C. Love, D. K. McBeath, U. M. von Maydell, and J. A. Robertson. 1976. Development of a barley yield equation for central Alberta. 2. Effects of soil moisture stress. Can. J. Soil Sci. 56: 249－256.

Helyar, K. R. and W. M. Porter. 1989. Soil acidification, its measurement and the processes involved, pp. 61－100. *In* A. D. Robson (ed.). Soil Acidity and Plant Growth. Acadmnic Press, Sydney, New South Wales.

HGCA. 2007. Recommended Lists for Cereals and Oilseeds, 2007/08. HGCA, London.

Hills, A. L. and B. H. Paynter. 2008. Managing nitrogen inputs in malting barley, pp. 51—59. *In* S. Penny (ed.). Crop Updates—2008 Cereal Updates. Department of Agriculture and Food Western Australia, South Perth, Western Ausnalia.

Hobbs, J. E. 1988. Recent climatic change in Australia, pp. 285—297. *In* S. Gregory (ed.) Recent Climate Change: a Regional Approach. Belhaven House, London.

Hodges, A. and T. Goesch. 2006. Australian Farms: Natural Resource Management in 2004—05—ABARE Research Report 06.12. Australian Government Department of Agriculture, Fisheries and Forestry. Canberra, Australian Capital Territory.

Home Grown Cereals Authority (HGCA). 2006. The Barley Growth Guide. Home-Grown Cereals Authority, London

Hoyt, P. B and W. A. Rice. 1977. Effects of high rate of chemical fertilizers and FYM on yield and moisture use of six successive barley crops grown on three gray luvisolic soils. Can. J. Soil Sci. 57: 425—435.

Isayenko, V. A. 2006. Productivity of various tillage technologies in long-term trials in south Zauralye, pp. 137—145. Proceedings of the Science Conference Dedicated to the 110 Year Anniversary of T. S. Maltsev, Kurgan, Russia.

Jarvis, R. J. and R. F. Brennan. 1986. Timing and intensity of surface cultivation and depth of cultivation affect rhizoctonia path and wheat yield. Aust. J. Exp. Agric. 26: 703—708.

Jayasena, K. W. and R. Loughman. 2001. Integrated management of spot type of net blotch in barley, p. 159. Proceedings of the 13th Biennial Confernce of the Australasian Plant Pathology Society, Australasian Plant Pathology Society, Cairns, Queensland, Sept. 24—27, 2001.

Juskiw, P. E. and J. H. Helm. 2003. Barley response to seeding date in central Alberta. Can. J. Plant Sci. 83: 275—281.

Karamanos, R. E., J. J. Germida, D. J. Tomasiewicz, and E. H. Halstead. 1983. Yield responses to micronutrient fertilization in Saskatchewan, pp. 1—20. Proc. 1983 Soils and Crops Workshop, Extension Division, University of Saskatchewan, Saskatoon, SK, February 21—22, 1983.

Kartamyshev, N. N., N. V. Besedin, C. V. Shelaikin, N. M. Chernysheva, and N. V. Dolgopolova. 2006. Efficiency of continuous barley growing. J. Zemledeliye 4: 30.

Kaskarbayev, Z. 1994. Development of elements of cultural practices of spring barley in dry steppe of North Kazakhstan. Avtoreferat of candidate of agricultural sciences thesis, Ag. University, Novosibirsk, Russia.

Kholmov, V. and M. I. Shulyakov. 2006. Enhancement of cultural practices of grains on black soils of forest-steppe of West Siberia, pp. 102—106. *In* Z. Kaskarbayev (ed.). Challenges of Conservation Agriculture and Ways to Increase Sustainability of Grain Production in Steppe Regions. Proc. Intl. Conf. Dedicated to 50 Year Anniversary of SPCGF, Shortandy, Kazakhstan, July 27—29, 2006.

Kingston, R., M. Prazak, T. Dale, and J. Miller. 200I. Effcct of post-emergent applied nitrogen on grain yield and its components and malting quality of malting barley. Proceedings of the 10th Auslralian Barley Technical Symposium, Australian Barley Technical Symposium Inc., Canberra. Australian Capital Territory, Sept. 16—20, 2001.

Knopke, P., V. O'Donnell, and A. Shepherd. 2000. Productivity growth in the Australian grains industry—ABARE Research Report 2000.1. Australian Bureau of Agricultural and Resource Economics, Canberra, Australian Capital Territory.

Koshelyayev, V. V. 2006. Yield and quality of malting barley as affected by mineral fertilizers. J. Zemledeliye 2: 24—25.

Kruger, G. A., R. E. Karamanos, and J. P. Singh. 1985. The Copper fertility of Saskalchewan soils. Can. J. Soil Sci. 64: 89—99.

Krupinsky, J. M., D. L. Tanaka, S. D. Merrill, M. A. Liebig, and J. D. Hanson. 2006. Crop sequence effects of 10 crops in tile Northern Great Plains. Agric. Syst. 88: 227—254.

Kupanova, L. 1988. Seeding depth and seed rate of barley under various weed infestation levels. Enhancement of regional cultural practices of grain and fodder crops. Sci.-Tech. Bul., Tselinograd, Kazakhstan 72: 10—15.

Lafond, G. P. 1994. Effects of row spacing, seeding rate and nitrogen on yield of barley and wheat under zero-till management. Can. J. Plant Sci. 74: 703—711.

Lauer, J. G. and J. R. Partridge, 1990. Planting date and nitrogen rate effects on spring malting barley. Agron. J. 82: 1083—1088.

Leeper, G. W. 1964. Introduction to Soil Science. Melbourne University Press, Melbourne, Victoria.

Legg, B. J. 2005. Crop improvement technologies for the 21st century, pp. 31-50. *In* R. Sylvester-Bradley and J. Wiseman (eds.). Yields of Farmed Species, Constraints and Opportunities in the 21st Century. University Press, Nottingham, UK.

Lichtenberg, A. 1995. Optimization of mineral nutrition of grain crops under conservation agriculture in black soi zone of North Kazakhstan. Avtoreferat of thesis for doctor of science degree, Ag. U-ty, Almaty, Kazakbstan.

Llewellyn, R. S. and S. B. Powles. 2001. High levels of herbicide resistance in rigid ryegrass (*Lolium rigidum*) in the Wheatbelt of Western Australia. Weed Tech. 15: 242—248.

Logvinenko, V. A., I. D. Prokhozhai, R. N. Lokhonya, V. M. Yarosevitch, and A. S. Risovanniy. 1998. Intensive cultural practices of spring barley in southeast of Ukraine, pp. 142—152. *In* Cultural Practices of Grain Crops: Intensive Technologies. Agropromizdat, Moscow.

Lopachev, N. A., E. M. Titova, N. V, Yatsina, and A. V. Naumkin. 2001. New cultural practices of barley. J. Zemledeliye 4: 10—11.

Macleod, B., V. A. Vansrone, R. Khangura, and C. Beard. 2008. Root Disease under Intensive Cereal Production Systems—Bulletin 4732. Department of Agriculture and Food Western Australia, South Perth, Western Australia.

MacNish, G. C. 1985. Methods of reducing rhizoctonia bare patch of cereals in Western Australia. Plant Pathol. 34: 175—181.

MacNish, G. C. 1995. Root diseases of barley, pp. 79—84. *In* K. J. Young and M. Howes (eds.). The Barley Book—Bulletin 4300. Department of Agriculture Western Australia. South Perth, Western Australia.

MacNish, G. C. and D. A. Nicholas. 1987. Some effects of field history on the relationship between grasses production in subterranean clover pasture, grain yield and take-all (*Gaeumannomyces graminis* var. *triticii*) in a subsequent crop of wheat at Banister, Western Australia. Aust. J. Exp. Agric. 38: 1011—1018.

Mathre, D. E. 1997. Compendium of Barley Diseases, 2nd ed. APS Press, St. Paul, MN.

McFadden, A. D. 1970. Influence of seeding dates, seeding rates, and fertilizers on two cultivars of barley. Can. J. Plant Sci. 50: 693—699.

McIntyre, K. 2008. Growing Barley in Queensland and Northern New South Wales—Note PR-3639. Queensland Department of Primary Industries and Fisheries, Brisbane, Queensland.

McKenzie, N., D. Jacquier, R. F. Isbell, and K. Brown. 2004. Australian Soils and Landscapes—an Illustrated Compendium. CSIRO Publishing, Collingwood, Victoria.

McKenzie, R. H. and A. B. Middleton. 1997. Phosphorus fertilizer application in crop production. Alberta Agriculture and Food. Agdex 542-3. Available at http://wwwl.agric.gov.ab.ca/$department/deptdocs.nsf/all/agdex920.

McKenzie, R. H., A. B. Middleton, and E. Bremer. 2005. Fertilization, seeding date, and seeding rate for malting barley yield and quality in southern Alberta. Can. J. Plant Sci. 85: 603—614.

McKenzie, R. H., A. B. Middleton, L. Hall, J. DeMulder, and E. Bremer. 2004. Fertilizer response of barley grain in southern and central Alberta. Can. J. Soil Sci. 84: 513—523.

McKenzie, R. H., L. Kryzanowski, A. B. Middleton, E. Solberg, G. Coy, D. Heaney, J. Harapiak, and E. Bremer. 2003. Relationship of extractable soil phosphorus using five different methods to the fertilizer response of barley, wheat and canola. Can. J. Soil Sci. 83: 431—441.

McLellan, D., A. Jhonson, and R. Christie. 2001. Deep soil nitrogen testing—a tool for malting barley management. Proceedings of the 10th Australian Berley Technical Symposium, Australian Barley Technical Symposium Inc, Canberra, Australian Capital Territory, Sept. 16—20, 2001.

McRae, F., D. McCaffery, and P. Matthews. 2008. Winter Crop Variety Sowing Guide 2008. NSW Department of Primary Industries, Orange, New South Wales.

Medvedev, V. V. 2006. Perspectlves of tillage minimization in Ukraine, pp. 145—157. Proc. NT-CA Conf., Dnipropetrovsk, Ukraine, Sept. 27—30, 2006.

Melnik, A. F., B. S. Kondrashin, and A. A. Yushin. 2006. Biological cultural practice—base for high yield of barley. J. Zemledeliye 5: 22.

Meltsayev, I. G. and N. V. Shramko. 2006. Ecological farming in the Upper Volga. *In* V. F. Maltsev (ed.). Ivanovskiy NIISKH, Ivanovo, Russia.

Merrill, S. D., D. L. Tanaka, J. M. Krupinsky, and R. E. Reis. 2004. Water use and depletion by diverse crop species on Haplustoll soil in the Northern Great Plains. J. Soil Water Conserv. 59: 176-183.

Ministry of Agriculture Fisheries and Food (MAFF). 2000. Fertiliser Recommendations for Agricuhural and Horticultural Crops (RB209). MAFF, London.

Moore, G. 1998. Soil Guide. A Handbook for Understanding and Managing Agricultural Soils—Bullelin 4343. Agriculture Western Australia, South Perth, Western Australia.

Moret, D., J. L. Arrue, M. V. Lopez, and R. Gracia. 2007. Winter barley performance under different cropping and tillage systems in semi-arid Aragon (NE Spain). Eur. J. Agron. 26(1): 54-63.

NASS. 2008. National Agricultural Statistics Service. U. S. Department of Agriculture, Washington, DC.

Negusse, G. M. 1998. Barley production in Wofla and Atsbi, Weredas, Tigray, pp. 97-100. *In* C. Yirga, F. Alemayehu, and W. Sinebo (eds.). Barley-Based Farming Systems in the Highlands of Ethiopia, Ethiopian Agricultural Research Organization, Addis Ababa, Ethiopia.

Neve, P., A. J. Diggle, F. P. Smith, and S. B. Powles. 2003. Simulating evolution of glyphosate resistance in *Lolium rigidum* II: past, present and future glyphosate use in Australian cropping. Weed Res. 43: 418-427.

Paulitz, T. C., R. W. Smiley, and R. J. Cook. 2002. Insights into the prevalence and management of soilborne cereal pathogens under direct seeding in the Pacific Northwest, USA. Can. J. Plant Path. 24: 416-428.

Paymer, B. H. and A. L. Hills. 2009. Barley and rigid ryegrass (*Lolium rigidum*) competition is influenced by crop cultivar and density. Weed Tech. 23: 40-48.

Paynter, B. H. 1995. Crop management affecting malting quality, pp. 90-96. *In* K. J. Young and M. Howes (eds.). The Barley Book—Bulletin 4300. Department of Agriculture Western Australia, South Perth, Western Australia.

Paynter, B. H. 2005a. Net returns from growing Hamelin or Baudin barley versus Stirling or Gairdner. Proceedings of the 12th Australian Barley Technical Symposium, Australian Barley Technical Symposium Inc, Hobart, Tasmania, Sept. 11-14, 2005.

Paynter, B. H. 2005b. Flowering date response of barley to location and date of seeding in Western Australia. Proceedings of the 12th Australian Barley Technical Symposium, Australian Barley Technical Symposium Inc, Hobart, Tasmania, Sept. 11-14, 2005.

Paynter, B. H. 2005c. Which malt barley cultivar for Western Australia after Hamelin and Baudin? Proceedings of the 12th Australian Barley Technical Symposium, Australian Barley Technical Symposium Inc, Hobart, Tasmania, Sept. 11-14, 2005.

Paynter, B. H. 2005d. Low protein management in Gairdner and Baudin barley. Proceedings of the 12th Australian Barley Technical Symposium, Australian Barley Technical Symposium Inc, Hobart, Tasmania, Sept. 11—14, 2005.

Paynter, B. H. and A. L. Hills. 2007. Barley agronomy highlights: time of sowing×variety, pp. 39—42. *In* S. Penny (ed.). Crop Updates—2007 Cereal Updates. Department of Agriculture and Food Western Australia, South Perth, Western Australia.

Paynter, B. H. and K. J. Young. 1996. Managing Grain Protein in Malting Barley—Farmnote 37/1996. Agriculture Western Australia, South Perth, Western Australia.

Paynter, B. H., A. L. Hills, and J. J. Russell. 2008a. Characterising the new malting barley cultivar—Vlamingh—from Western Australia, pp. 8—14. Proceedings of the 10th International Barley Genetics Symposium, Alexandria, Egypt, April 5—10, 2008.

Paynter, B. H., A. L. Hills, and J. J. Russell. 2008b. Barley variety options for Western Australia, pp. 22—28. *In* S. Penny (ed.). Crop Updates—2008 Cereal Updates. Department of Agriculture and Food Western Australia, South Perth, Western Australia.

Paynter, B. H., K. J. Young, R. J. Jettner, and B. J. Shackley. 1999b. Growing Gairdner barley for malting in Western Australia, pp. 2.23.1—2.23.4. Proceedings of the 9th Austialian Barley Technical Symposium, Australian Barley Technical Symposium Inc, Melbourne, Victoria, Sept. 12—16, 1999.

Paynter, B. H., P. E. Juskiw, and J. H. Helm. 2001. Phenological development in two-row, spring barley when grown in a long-day (Alberta, Canada) and short-day (Western Australia, Australia) environment. Can. J. Plant Sci. 81: 621—629.

Paynter, B. H., R. J. Jettner, R. C. M. Lance, C. D, Li, A. W. Tarr, and L. Schulz. 2004. Characterising new malting barley cultivars—Hamelin and Baudin—from Western Australia, pp. 1047—1154. Proceedings of the 9th International Barley Genetics Symposium, Brno, Czech Republic, June 20—26, 2004.

Paynter, B. H. 1996. Harrington Barley in Western Australia—Farmnote 36/1996, Western Australian Department of Agriculture, South Perth, Western Australia.

Pnynter, B. H., K. J. Young, and R. J. Jettner. 1999a. Growing Gairdner Barley—Farmnote 19/1999. Agriculture Western Australia, South Perth, Western Australia.

Poole, N. 2005. Cereal Growth Stages—the Link to Crop Management. Grains Research and Development Corporation, Canberra, Australian Capital Territory.

Ransom, J. 2005. Barley production pocket guide. North Dakota State Univ. Ext. Bull. A-1186. Fargo.

Rasmussen, P. E. and C. L. Douglas. 1992. The influence of tillage and cropping intensity on cereal response to nitrogen, sulfur, and phosphorus. Fert. Res. 31: 15—19.

Read, B. J. and R. N. Oram. 1995. *Hordeum vulgare* (barley) cv. Brindabella. Aust. J. Exp. Agric. 35: 425.

Reid, D. A., G. D. Fleming, and C. D. Foy. 1971. A method for determining aluminium response of barley in nutrient solution in comparison to response in Al-toxic soil. Agron. J. 63: 600—603.

Reithmuller, G. P. 2001. Tillage, pp. 177—200. *In* W. K. Anderson and J. R. Garlinge (eds.). The Wheat Book Principles and Practices—Bulletin 4443. Agriculture Western Australia, South Perth, Western Australia.

Rengasamy, P. 2002. Transient salinity and subsoil constraints to dryland farming in Australian sodic soils: an overview. Aust. J. Exp. Agric. 42: 351—361.

Ridge, P. E. and I. T. Mock. 1975. Time of sowing for barley in the Victoria Mallee Aust. J. Exp. Agric. Anim. Husb. 15: 830—832.

Riley, I. T. and S. J. Kelly. 2002. Endoparasitic nematodes in cropping soils of Western Australia. Aust. J. Exp. Agric. 42: 49—56.

Riley, M. M and A. D. Robson. 1994. Pattern of supply affects boron toxicity in barley. J. Plant Nutr. 17: 1721—1738.

Riley, M. M. 1988. Boron toxicity in barley in Western Australia. Thesis for degree of Master of Science in Agriculture, University of Western Australia, Nedlands, Western Australia.

Riley, M. M., A. D. Robson, G. A. Dellar, and J. W. Gartrell. 1994. Critical toxic concentrations of boron are variable in barley. J. Plant Nutr. 17: 1701—1719.

Russell, J. J., B. H. Paynter, and A. I. Hills. 2008b. Vlamingh: a High Yielding Malting Barley Adapted to Medium and High Rainfall Areas of Western Australia—Farmnote 289/2008. Department of Agriculture and Food Western Australia, South Perth, Western Australia.

Russell, J. J., B. H. Paynter, and A. I. Hills. 2009. Ggrowing Buloke Barley in Western Australia—Farmnote 345/2009. Department of Agriculture and Food Western Australia, South Perth, Western Australia.

Russell, J. J., B. H. Paynter, and A. L. Hills. 2008a. Management Update for Baudin Barley—Farmnote 290/2008. Department of Agriculture and Food Western Australia, South Perth, Western Australia.

Sadras, V., D. Roget, and G. O'Leary. 2002. On—farm assessment of environmental and management constraints to wheat yield and efficiency in the use of rainfall in the Mallee. Aust. J. Agric. Res. 53: 587—598.

Saiko, V. F. 1993. Farming Practices on the Way to Market. Ukrainian Academy of Agricultural Sciences, Kyiv, Ukraine.

Schillinger, W. F, A. C. Kennedy, and D. L. Young. 2007. Eight years of annual no-till cropping in Washington's winter wheat-summer fallow region. Agric. Ecosys. Environ. 120: 345—358.

Schillinger, W. F. 2005. Tillage method and sowing rate relations for dryland spring wheat, barley, and oat. Crop Sci. 45: 2636—2643.

Schillinger, W. F. and T. C. Paulitz. 2006. Reduction of rhizoctonia bare patch in wheat with barley rotations. Plant Dis. 90: 302—306.

Schillinger, W. F., R. J. Cook, and R. I. Papendick. 1999. Increased dryland cropping intensity with no-till barley. Agron. J. 91: 744—752.

Schoknecht, N. 2002. Soil groups of Western Australia: a simple guide to the main soils of Western Australia. Resource Management Technical Report No. 246. Department of Agriculture Western Australia, South Perth, Western Australia.

Shackley, B. J. 2111. Crop management, pp. 131—164. *In* W. K. Anderson and J. R. Garlinge (eds.). The Wheat Book—Principles and Practices Bulletin 4443. Agriculture Western Australia, South Perth, Western Australia.

Sharkov, I. N., N. G. Vlasenko, and V. M. Novikov. 2003. Malting barley in West Siberia. J. Zemledefive 3: 4—6. (Rus.).

Shea, G., G. Power, N. Monzu, F. Casella, A. Reeves, and N. Willson. 2003. Practical Farm Biosecurity Advice for Keeping the Plant Industries Safe from Biological Threats—Farmnote 41/2003. Department of Agriculture, South Perth, Western Australia.

Shevtsov, V. M. and A. S. Naidenov. 1988. Intensified production of winter barley on Kuban, pp. 171—181. *In* Cultural Practices of Grain Crops: Intensive Technologies. Agropromizdat, Moscow.

Shier. F. L., and J. T. Reeves. 1957. Wheat and barley trials 1956-57. J. Agric. West. Aust. 6: 537—541.

Singh, A. J. and D. Byerlee. 1990. Relative variability in wheat yields across countries and over time. J. Agric. Econ. 41: 23—32.

Smith, A. and B. H. Paynter. 2005. Hamelin: a New Barley Variety with Superior Malting Quality for Medium to Low Rainfall Zones—Farmnote 62/2005. Department of Agriculture Western Australia, South Perth, Western Australia.

Sokol, A. A. and L. P. Beltyukov. 1988. Intensified cultural practices of spring barley in Rostov province, pp. 137—142. *In* Cultural Practices of Grain Crops: Intensive Technologies. Agropromizdat, Moscow.

Sparrow, D. H. B. and J. B. Doolette. 1975. Barley, pp. 431—480. *In* A. Lazenby and E. M. Matheson (eds.). Australian Field Crops: Wheat and Other Temperate Cereals, Vol. 1. Angus and Robertson, Sydney, New South Wales.

Statistics Canada. 2008. Ottawa, Ontario. Available at http://www.statcan.ca/menu-en.htm.

Stephens, D. J. and T. J. Lyons. 1998. Variability and trends in sowing dates across the Australian Wheatbelt. Aust. J. Agric. Res. 49: 1111—1118.

Stepniewski, W. and S. Labuda. 1989a. The influence of 10 days of flooding in seven development stages of spring barley on its growth, yield and N, P, K content and uptake I. Pol. J. Soil Sci. 22: 93—99.

Stepniewski, W. and S. Labuda. 1989a. The influence of 10 days of flooding in seven development stages of spring barley on its growth, yield and N, P, K content and uptake II. Pol. J. Soil Sci. 22: 101—109.

Stokes, C. J. and S. M. Howden. 2008. An overview of climate change adaptation in the

Australian agricultural sector—impacts, options and priorities. Technical Report, prepared for Land and Water Australia by the CSIRO Climate Adaptation National Research Flagship. CSIRO, Canberra, Australian Capital Territory.

Stubbs, T. L. , A. C. Kennedy, P. E. Reisenauer, and J. W. Burns. 2009. Chemical composition of residue from cereal crops and cultivars in dryland ecosystems. Agron. J. 101: 538—545.

Suleimenov, M. 1991. How the Fidd Should Look Like. Kainar, Almaty, Kazakhstan.

Suleimenov, M. 2006. Dryland agriculture in Northeastern Europe and Northwestern Asia, pp. 625—669. *In* G. A. Peterson, P. W. Unger and W. Payne (eds.). Dryland Agriculture, 2nd ed. Agronomy Monograph No. 23. ASA,CSA, SSSA, Madison, WI.

Sutton, T. , U. Baumann, J. Hayers, N. C. Collins. B. Shi, T. Schnurbusch, A. Hay, G. Mayo, M. Pallotta, M. Tester, and P. Langridge. 2007. Boron-toxicity tolerance in barley arising from efflux transporter amplification. Science 318: 1446—1449.

Tanaka, D. L, J. M. Krupinsky, M. A. Liebig, S. D. Merrill, R. E. Reis, J. R. Hendrickson, H. A. Johnson, and J. D. Hanson 2002. Dynamic cropping systems: an adaptable approach to crop production in the Great Plains. Agron. J. 94: 957—961.

Tanaka, D. L. , R. L. Anderson, and S. C. Rao. 2005. Crop sequencing to improve use of precipitation and synergize crop growth. Agron. J. 97: 385—390.

Tennant, D. and M. Fairbanks. 2004. Better seasonal forecasting for southern Australia: early results encouraging, pp. 9—10. *In* N. Morgan (ed.). Crop Updates—2004 Farming Systems Updates. Department of Agriculture Western Australia, South Perth, Western Australia.

Thomashow, M. F. 2001. So what's new in the field of plant cold acclimation? Lots! Plant Physiol. 125: 89—93.

Thompson, J. P. , K. J. Owen, G. R. Stirling, and M. J. Bell. 2008. Root-lesion nematodes (*Pratylenchus thornet* and *P. neglectus*): a review of recent progress in managing a significant pest of grain crops in northern Australia. Aust. Plant Pathol 37: 235—242.

Thorne, M. E. , F. L. Young, and J. P. Yenish. 2007. Cropping systems alter weed seed banks in Pacific Northwest semiarid wheat region. Crop Prot. 28: 1121—1134.

Tsikov, V. C. (ed.). 1981. Cultural Practices for High Yields of Winter Crops in Steppe Zone of Ukraine. Miska Drukarnya, Dniprepetrovsk, Ukraine.

Tupitsyn, N. V. and S. V. Valyaikin. 2005. Peculiarities of cultural practices of winter wheat and barley in the Middle Volga. J. Grain Farm 5: 5—7.

Vanstone, V. A. 2008. Root Lesion and Burrowing Nematodes in Western Australian Cropping Systems—Bulletin 4689. Department of Agriculture and Food Western Australia, South Perth, Western Australia.

Vanstone, V. A. , G. J. Hollaway, and G. R. Stirling 2008. Managing nematode pests in the southern and western regions of the Australian cereal industry: continuing progress in a challenging environment. Aust. Plant Pathol. 37: 220—234.

Vanstone, V. A., I. T. Riley. S. J. Kelly, H. F. Hunter, and S. Sharma. 2003. Diversity of migratory endoparasitic nematodes in cropping soils of Western Australia, p. 250. Proceedings of the 8th International Congrees of Plant Pathology, Australasian Plant Pathology Society, Christchurch, New Zealand, Feb. 2—7, 2003.

Vanstone, V. A., S. J. Kelly, H. F. Hunter, and M. C. Gilchrist. 2005. *Pratylenchus penetrans* in Western Australian field crops, p. 102. Proceedings of the 15th Biennial Conference of the Australasian Plant Pathology Society, Australasian Plant Pathology Society, Geelong, Victoria, Sept. 26—29, 2005.

Vasyukov, P. P. and T. E. Kuznetsova. 1988. Intensive varieties of spring barley in Krasnodar area, pp. 177 — 181. *In* Cultural Practices of Grain Crops: Intensive Technologies. Agropromizdat, Moscow.

Walker, S. R., G. R. Robinson, and R. W. Medd. 2001. Management of *Avena ludoviciana* and *Phalaris paradoxa* with barley and less herbicide in subtropical Australia. Aust. J. Exp. Agric. 41: 1179—1185.

Wallwork, H. 1996. Cereal Root and Crown Disease. Grains Research and Development Corporadon, Canberra, Australian Capital Territory.

Walsh, M. J. and S. B. Powles. 2007. Managemeat strategies for herbicide-resistant weed populations in Australian dryland crop production systems. Weed Tech. 21: 332—338.

Weed Science. 2008. International Survey of Herbicide Resistant Weeds. Available at http://www. weedscience. -org.

Yallew, A., A. Hailye, and H. Hassen. 1998. Farmers' food habits and barley utilization in northwest Ethiopia, pp. 107—112. *In* C. Yirga, F. Alemayehu, and W. Sinebo (eds.), Barley-Based Farming Systems in the Highlands of Ethiopia, Ethiopian Agricultural Research Organization, Addis Ababa, Ethiopia.

Yirga, C., A. Tesfaye, and E. Zerfu. 1998b. Barley-oat farming systems of Grar Jarso and Degem Weredas, Northwest Shewa, pp. 41—65. *In* C. Yirga, F, Alemayehu, and W. Sinebo (eds.). Barley-Based Farming Systems in the Highlands of Ethiopia. Ethiopian Agricultural Research Organization, Addis Ababa, Ethiopia.

Yirga, C., F. Alemayeh, and W. Sinebo. 1998a. Barley-livestock production systems in Ethiopia: an overview, pp. 1—10. *In* C. Yirga, F. Alemayehu, and W. Sinebo(eds.). Barley-Based Farming Systems in the Highlands of Ethiopia. Ethiopian Agricultural Research Organization, Addis Abaha, Ethiopia.

Young, K. J. and G. A. Elliott. 1994. An Evaluation of barley accessions for adaptation to the cereal growing regions of Western Australia, based on time to ear emergence. Aust. J. Agric. Res. 45: 75—92.

Young. K. J. 1995. Crop establishment—sowing rate and depth, pp. 27 — 30. *In* K. J. Young and M. Howes (eds.). The Barley Book—Bulletin 4300. Department of Agriculture Western Australia, South Perth, Western Australia.

Yunusa, I. A. M., W. D. Bellotti, A. D. Moore, M. E. Probert, J. A. Baldock, and S. M.

Miyan. 2004. An exploratory evaluation of APSIM to simulate growth and yield processes for winter cereals in rotation systems in South Australia. Aust. J. Exp. Agric. 44：787—800.

Zadoks，J. C.，T. T. Chang，and C. F. Konzak. 1974. A decimal code for the growth stages of cereals. Weed Res. 14：413—421.

10

大麦非生物胁迫:问题和对策

Luigi Gattivelli, Salvatore Ceccarelli, lgnacio Romagosa, Michele stanca

1. 前 言

在大麦(*Hordeum vulgare* subsp. *vulgare* L.)整个生命周期中,大量环境非生物胁迫因子,影响植株的生长发育,并阻碍植株表达其最大的遗传潜力。高温或低温、干旱、缺氧以及土壤异常如高盐分常常造成谷物的重大损失。如果这些胁迫是非致死性的,植物通过建立遗传控制的适应性防护机制,对它们作出反应,其中包括蒸腾作用、光合作用和呼吸作用的变化以及及激素调控。胁迫的持续时间以及胁迫发生的植株生长时期,反之会影响产量。从敏感性至耐性、抗性上可以明确不同胁迫的反应及其机制。因此,遗传变异在决定植株对环境非生物胁迫的正向适应,以及推动各种大麦基因型向极端气候区扩展上,发挥着重要的作用。

植物会经受必需资源缺乏、有毒物质过量或是极端气候引起的各种胁迫。各地区或是同一地区的不同年份间,胁迫发生的几率、严重性、发生时间以及持续长短均有差异。而且,胁迫很少单独发生,植物通常要面对由各种物理胁迫共同组成的特殊生长环境(Cattivelli 等, 2002b)。

干旱,即有效水量低于作物最大产量形成所需的水量,是限制全球作物生产力的主要因素。干旱虽也会造成发达国家的产量严重受损,但在许多发展中国家,它是农业生产的一个永久性限制因子。干旱通常与高温相关,从而导致植株额外的胁迫。最近,据联合国气候变迁政府间专家委员会第四次气候变化评估报告(Parry 等,2007)称,气候变暖是确实存在的,目前全球平均气温升高、冰川和积雪大面积融化以及全球海平面上升即是其表现。因此,有预测称,高温及干旱的发生频率与严重性将会增加,到 2050 年,干旱将有可能导致全球三分之二的人口水资源缺乏(Ceddarelli 等,2004)。灌溉通常被认为是一种缓解干旱的措施，但它会加剧土壤盐碱化。过量的可溶性盐（以氯化钠为主）的存在会抑制或影响植物的正常生长，并且这在全球范围内呈现加剧的趋势。据报道，气候变化也会改变年温结构（冬季冰冻减少，夏季高温加剧）（Tubiello 等，2000；McCarthy 等，2001）。这从长远来看，可能意味着播种时间、生长习性或者抽穗时间会随之发生变化。

水及能源的限制和竞争，避免未来环境恶化（如土壤盐碱化）的需要以及改变环境因子（如温度和土壤毒性）的不可能性，均说明与改变环境使之适应作物相比，使作物适应环境是一种相对可持续的战略。因此，主要的问题是，作物，或是作物品种，在胁迫下是否存在产量上的遗传差异，以及我们能否利用这些差异中的有利部分。

2. 基因型对逆境的适应性评估

逆境抗性/耐性品种的选育首先需要对相关基因型的敏感性差异进行评估。这只能在某种基因型对特定胁迫的响应已知的条件下才能实现，即需要更详细分析胁迫适应的生理和遗传机理。然而，非生物胁迫的响应通常是数量型而非质量型的，因此，这一任务非常艰巨。胁迫特性总是存在着基因型和环境的互作（GE）。GE 是一种广泛用于植物育种上的统计学概念（Cooper 和 Hammer 1996；Annicchiarico 2002；Voltas 等，2002；van Eeuwijk 等，2005；Romagosa 等，2009）。

传统上，鉴定不同基因型对胁迫响应的方法都以经验为主，并没有从生理上揭示响应的本质。利用基因型在不同自然或人为设置的胁迫环境下的表现平均值双向表，进行基于表现型的统计分析，可以明确不同基因型在各种与胁迫相关的环境条件下的表现情况。为了鉴定关键环境因子以解释不同的表型响应或估计基因型对这些因子的敏感性，近期的统计方法旨在将外部的环境信息与内部的遗传信息整合成为一系列模型。

（1）基于表型的适应性统计分析

育种程序中最广泛运用的统计方法是 Finlay 和 Wilkinson（1963）（FW）建立的均值线性回归分析。对单个表现型响应与全部环境下平均表现值进行回归，从不同基因型的斜率上可明确不同的响应。FW 的基本原理是，在无任何直接胁迫的条件下，从该环境下所有基因型的平均表现值上得出可以接受的胁迫程度。然而，这种方法只在少数例子，如环境变异仅由单个主要胁迫引起的情况下才是合理可用的。

FW 从属于一个更大的线性—双线性模型范畴，即将基因型敏感性视为一种或多种环境特性，而其中的这些表现型数据本身具有线性功能（van Eeuwijk，

1995；van Eeuwijk 等，1995；Denis 和 Gower，1996；Gabril，1998）。较为典型的线性-双线性模型例子为加性主效和互作可乘模型（AMMI）（Gauch，1988）及基因型加基因型环境互作模型（GGE）（Yan 等，2000；Yan 和 Kang，2003）。AMMI 和 GGE 模型的基因型及环境评估可以通过叠图法显示（Fox 等，1997；Yan 和 Kang，2003；Romagosa 等，2009）。叠图中相邻的基因型在特定环境中表现出相似的胁迫耐性模式。同样地，相邻的环境间也表现出相似的互作模式。

这些环境和遗传数据，只是一些简单的统计阈值并没有直接的生理意义。但是，经验评定的敏感性，可通过对环境分值与明确环境值的回归，推断与生理过程的关联（Vargas 等，1999；Voltas 等，1999a；1999b；2002；Romagosa 等，2009）。

（2）整合环境与基因型信息的综合模型

耐性和敏感基因型的鉴定也可基于对胁迫响应直接相关的生理性状测定。许多指标已用于描述胁迫或非胁迫下某一基因型的产量表现，或是用于与平均产量或某一优良品种产量进行比较（Fischer 和 Maurer，1978；Lin 和 Binn，1988；Yadav 和 Bhatnagar，2001）。在普通小麦（*Triticum aestivum*）和蚕豆（*Vicia faba*）的研究中，水势指数（WPI）是某一作物在特定环境及特定时间段中的总需水量的一个考察指标（Karamanos 和 Papatheohari，1999）。其他旨在量化干旱程度的方法都是基于一些特殊的环境因子（如气候和土壤有效水）。Araus 等（2003）发现，在不同的水分胁迫条件下，产量与水分投入紧密相关。Motzo 等（2001）提出一个基于土壤—植物—大气互作的季节性水分胁迫指标（WSI）概念，即将水分胁迫量化为 1－（可蒸腾土壤水部分）。Rizza 等（2004）根据简单的土壤—水分平衡以及植物水分蒸腾量与潜在蒸腾量之比的综合水分降低量，提出了一个综合的 WSI 概念。他们依据产量和 WSI 的线性回归截距与斜率，认为产量潜力以及栽培作物的适应性与水分胁迫相关。根据环境指标进行的作物产量分析，可以比较不同水分限制程度下的基因型表现，从而有可能筛选到兼具高产（最大截距）与低水分胁迫敏感性（最小斜率）的基因型。

阶乘回归，如 FW，AMMI 及 GGE，也属于线性—双线性模型，这是非常适合将明确的环境信息并入一个单一模型的统计方法（Denis，1988；van Eeuwijk 等，1996）。它不是像 FW 那样将表型变量与不同环境下谷物平均产量进行回归，而是将各环境中明确的农业生态学变量都用于均值 GE 表中的独立变量。例如，明确由土壤 pH 线性驱动的互作时，可估计斜率，后者可直接评估基因型对土壤 pH 变化的敏感性（Royo 等，1993）。扩展到多环境协变量和复杂的响应曲线，从概念上说都很简单，利用标准统计包亦容易计算。

随着环境变异量的不断增加，建立多元回归模型的挑战在于协变量的选择，以此明确与胁迫环境最相关的特性。另外，产量是作物一生生长过程的综合结果,因此,环境变量的发生顺序可能反映出不同的生长阶段。在本文中,从生态生理上了解所研究的基因型与胁迫环境,比单纯的统计标准更为重要。Voltas 等(1999a, b) 和 Romagosa 等(2009)报道过利用生理学信息方面的多元回归揭示大麦基因型对环境适应性的事例。

多元回归模型可将区分基因型和 GE 的遗传协变量,如分子标记并入至数量性状位点(QTL)的主效应和 QTL×E 互作效应。此外,QTL 和 QTL×E 估计值也可对任何环境协变量进行回归分析,鉴定可能与胁迫相关的不同 QTL 的表达(Malosetti 等,2004; van Eeuwijk 等,2005; Boer 等,2007; Romagosa 等,2009)。Malosetti 等(2004)研究了来自北美大麦基因组计划(现称美国大麦基因组计划)的"Steptoe×Morex"双单倍体群体的产量数据以及 10 个不同地方的环境协变量。研究发现,温度每升高 1℃,染色体 2H 上某一 QTL 等位基因可增加/减少 0.11 吨/公顷的谷物产量。Romagosa 等(2009) 在来自 12 个不同环境的 60 份现代大麦品种中,鉴定到一个位于 1H 短臂、与拔节期温度范围密切相关的分子标记。这个标记在温度每升高 1℃的情况下可增加 0.25 吨/公顷的产量。

3. 大麦对环境适应的多样性

环境因子推动了大麦属(*Hordeum*)的进化、分布和生态变化;它的种类遍布热带、亚热带及亚北极地区,以及从海平面到 4500 米以上的安第斯山脉和喜马拉雅山脉(von Bothmer 等,1995)。总体上,大麦属包括一年生和多年生种,通过形态学、生理学以及生殖的变异,实现了对不同胁迫环境的较高适应性。栽培大麦既种植于近北极圈的北方国家,也种植在平均降水量低于 200 毫米/年的沙漠边缘。尽管气候条件不同,但是如此大范围的推广传播说明大麦基因库应该包含了广泛的环境适应性及优良的胁迫抗性(Stanca 等,2003)。

(1)花期控制及耐寒性

遗传适应性意味着响应由气候和土壤引起的非生物环境胁迫的群体基因库的形成。遗传变异在决定正向的环境胁迫适应性和支撑各种大麦基因型在极端气候区推广上发挥着重要作用。植物生长习性和抽穗期是与大麦环境适应性相关的基本特性,因为这些特性使植物的生活周期与季节变化同步。许多已知的明确的位点控制着开花时间,它们与环境信号有互作效应。已知有三种不同的遗传组分:春化反应(依赖温度)、光周期反应(依赖日照时间)以及主要依赖日照时间和低温的自身早熟性。

从农学上区分,栽培大麦可以分成三大类:冬大麦、春大麦和中间型大麦。冬性品种对短日照敏感并且需要春化(1~8 周低温处理),以诱导其在一年生育期中正常的生殖生长。因此，冬大麦需在秋天播种并且需越冬。春性品种本身具有生殖组分，不需要春化处理。中间型分无需春化但能越冬的春性品种（von Zitzewitz 等，2005）和需短期春化的冬性品种两组（Brau 和 Saulescu 2002）。冬性主要决定于位点 *Vrn-H2* 中的显性等位基因及 *Vrn-H1* 和 *Vrn-H3* 中的隐性等位基因。所有其他的等位基因重组形式在春性及中间型品种中已有发现。位点 *Vrn-H2*、*Vrn-H1* 和 *Vrn-H3* 分别位于染色体 4H、5H 和 1H 的长臂上（Laurie 等，1995）。近来克隆到小麦和大麦中的所有 *VRN* 基因（Yan 等，2003，2004b，2006；von Zitzewitz 等，2005），这促使了解春化过程的分子机理成为可能。由于栽培种中没有发现 *Vrn-H3* 的变异，因此，大麦春化的遗传基础用双位点 *Vrn-H1 Vrn-H2* 模型进行解释（von Zitzewitz 等，2005）。*Vrn-H2* 通过抑制 *Vrn-H1* 的表达，成为开花时间的主要抑制因子。在冬性品种中，春化抑制 *Vrn-H2* 而使 *Vrn-H1* 得以表达，同样也促进开花。在春性品种中，*Vrn-H2* 位点的功能缺失以及 *Vrn-H1* 因子的大量缺失，使 *Vrn-H1* 的表达与 *Vrn-H2* 独立，这样导致无需春化加强 *Vrn-H1* 的表达和促进开花（Fu 等，2005；von Zitzewitz 等，2005）。

由于冬性品种能越冬，故其抗寒性就常与冬季生长习性相关联。抗寒性遗传分析已经鉴定到两个主要位点，抗冻-1（*Fr-H1*）和抗冻-2（*Fr-H2*）（Hayes 等，1993；Vágújfalvi 等，2000；Francia 等，2004）。*Fr-H1* 和 *Fr-H2* 位于染色体 5H 上，在定位群体中相距 20～50 厘米（Francia 等，2004；Stockinger 等，2007；图 10.1）。最初显示，*Fr-H2* 位点与耐寒性的自然等位基因差异和许多冷害调控基因（*Cor*）的转录累积相关。由于这些基因定位在不同染色体而非 *Fr-H2* 位点上，因此认为，*Fr-H2* 能控制 *Cor* 基因的表达调控（Vágújfalvi 等，2003；Francia 等，2004）。在小麦族中，*Cor* mRNAs 的量与耐冷性相关，耐寒基因型的 *Cor* 转录子积累量要多于敏感性基因型（Crosatti 等，1996；Baldi 等，1999；Giorni 等，1999）。一组编码 C-重复结合因子（*CBFs*）的基因与 *Fr-H2* 共分离（Vágújfalvi 等，2003；Francia 等，2004；Miller 等，2006）。拟南芥（*Arabidopsis thaliana*）的同源 *CBFs* 在冷冻适应性和耐寒性上具有关键的调控作用（Jaglo-ottosen 等，1998；Gilmour 等，2004）。据报道，直接作用于 C-重复区（CRT）、干旱响应元件（DRE）或低温顺式作用调节元件的转录因子 *CBFs*，可在拟南芥和谷类作物 *Cor* 基因的多拷贝中发现（Vazquez-Tello 等，1998；Dal Bosco 等，2003；Skinner 等，2005）。体内 DNA 绑定分析证实，单子叶植物 *CBFs* 与单子叶 *Cor* 基因启动子中的 CRT/DRE 相结合（Xue 2003；Skinner 等，2005）。总体上，这些数据说明，*CBF* 位点中的不同等位基因是大麦或小麦中 *Cor* 基因表达及耐寒性差异的主要原因。

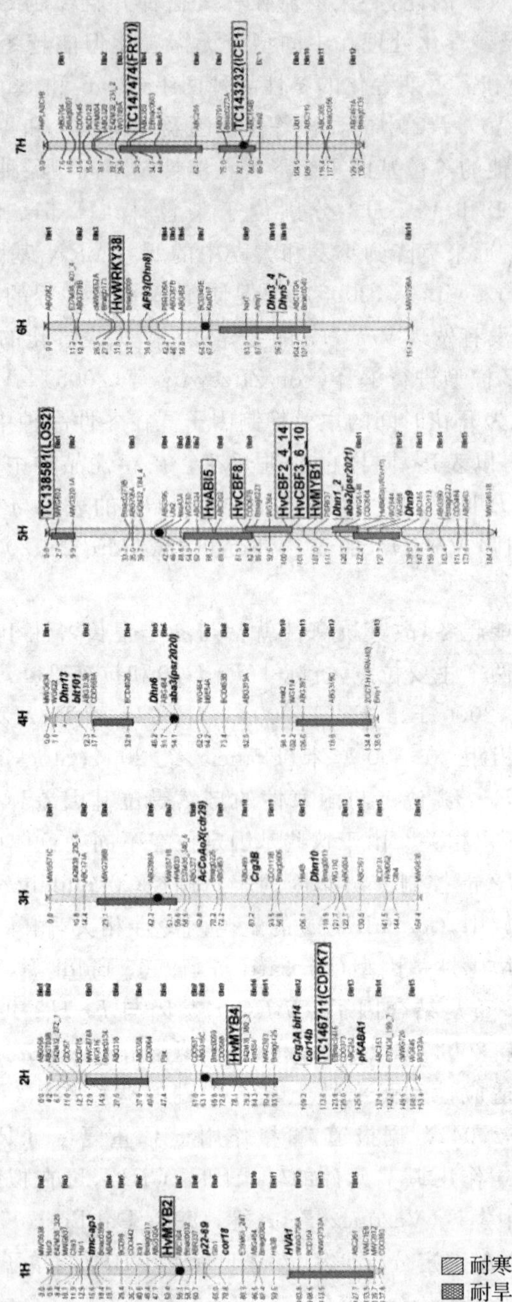

图 10.1 大麦营养生长期耐寒(Francia et al.，2004)和耐旱(Teulat et al.，2001a；2002；2003；Diab et al.，2004)的主效 QTL 定位。右边为已报道的胁迫相关基因和控制胁迫相关基因表达的转录因子(Tondelli et al.，2006)

*Fr-H*1 与 *Vrn-H*1 共分离(Francia 等,2004),表明春化与耐冷性之间存在直接互作。有趣的是,*Vrn-H*1 转录水平与 *Cor* 基因的累积量和耐旱性呈负相关(Kobayashi 等,2005;Limin 和 Fowler 2006;Stockinger 等,2007)。在大麦/小麦幼苗营养生长期的寒冷适应期间,耐寒性增强(Crosatti 等,2008),但是,在营养生长期过渡到生殖生长期后,即当 *Vrn-H*1 转录水平上升时,耐寒性会减弱。

在一个大麦双单倍体群体的 *Vrn-H*1 分离中,携带隐性 *Vrn-H*1 等位基因的株系与携带显性 *Vrn-H*1 等位基因的株系相比,前者的 *CBF* 转录水平高(Stockinger 等,2007)。另外,短日照下生长的株系(*Vrn-H*1 水平降低),*CBF* 转录水平高于长日照下生长的株系。这些数据显示,叶片中 *Vrn-H*1 的存在作为一个信号因子,可下调整个耐寒性调控网络水平。

耐寒性和开花时间之间的进一步互作水平,与位于染色体 2H 和 5H 上控制生殖生长期耐寒性的位点有关(Reinheimer 等,2004)。

自身性早熟的遗传机理,在无需春化就能开花的春大麦上已有过研究。传统的遗传连锁分析鉴定到许多在大麦中称为 *Ea* 或 *Eam*(早熟)(例如,Gallagher 等,1991)而在小麦中称为 *Eps*(自身性早熟)(Worland 1996)的主效基因。连锁分析已将 5 个 *Eam* 位点定位在染色体 1H、2H、3H、4H 和 6H 上(Franckowiak,1997)。Laurie 等(1995)发现 13 个(5 个主效基因和 8 个 QTLs)在冬×春性杂交大麦中调控开花时间的基因,而其中 9 个(3H 染色体上的 *denso* 矮杆基因和 8 个 QTLs)对光周期或春化作用的依赖并无专一性。大麦和小麦中的光周期响应位点已确定为 *Ppd*。大麦中,*Ppd-H*1 位于染色体 2H 的短臂上(Laurie 等,1994),且很有可能和 *Eam*1 位点一起与自身性早熟有关(Laurie,1997)。另一个光周期响应基因,Ppd-H2 定位在大麦染色体 1H 上(Laurie 等,1995)。在灌浆期不同水分条件下,抽穗时间的变化是引起产量差异的基本原因(Passioura,1996; Richards,1996)。因此,最早的栽培品种总是种植在雨养低产的环境(van Oosterom 等,1993;Abay 和 Cahalan,1995)中,从而避开生长末期最严酷的生长条件使之生长良好。

(2)耐旱性

耐旱性是典型的数量性状;但是,单基因,如控制开花时间、株高、穗型和渗透调节(OA,通过调节细胞渗透压维持细胞膨压的一种适应性机制)的基因,可能在干旱环境适应性上起着重要作用。如影响小麦 OA 的一个基因已定位在染色体 7A 的短臂上(*or* 基因——Morgan 和 Tan ,1996),而且,有关 *or* 基因的育种程序显示,在供水减少的条件下该基因可以增加产量(Morgan,2000)。在过去 10 年中,QTL 分析的应用为鉴定缺水条件下控制植物生长期间发生的所有生理、形态和发育变化的染色体区段,提供了前所未有的机会。特别值得关注的是:①OA 遗传变异(Teulat 等,1998;2001a; Robin 等,2003);②根发掘深层土壤湿度以满足蒸腾需要的能力(Johnson 等,2000; Nguyen 等,2004);③叶面积减少及生长周期缩短使之水分利用减少(Anyia 和 Herzog,2004);④作为水分利用效率估计量的碳同位素鉴定(Teulat 等,2002;Saranga 等,2004;Juenger 等,2005);⑤非气孔水分流失的限制,如通过表皮流失(Lafitte 和 Courtois,2002);⑥叶伸长速率对土壤湿度和蒸腾需要的响应(Reymond 等,2003)。在大麦的有限研究中,几十个与耐旱组分相关的 QTLs 已被定位(Teulat 等,2001a;2002;2003;Diab 等,2004;Tondelli 等,2006;谷物基因数据库 http://wheat.pw.usda.gov)。控制大麦耐旱性的主要 QTLs 见图 10.1。

(3)土壤毒害和缺素的耐性

土壤盐害和碱害是干旱和半干旱地区常见的问题。生长在这些边缘地区的大麦品种必须对土壤盐害具有耐性。植物中没有特定的钠离子吸收载体,所以,钠离子通过与其他阳离子尤其是钾离子的竞争而进入植物体内。在跨膜电化学质子梯度的驱动下,胞间钠离子浓度的调节通过钠/氢反向运输排出钠离子而得以实现。由于跨液泡膜电化学质子梯度推动下液泡内 Na^+/H^+ 反向运输的作用,可以形成细胞内的区室化(Schachtman 和 Liu,1999)。禾谷类植物的耐盐性与地上部钠离子浓度相关;耐性株系的细胞排盐系统较为有效(Dubcovsky 等,1996)。耐盐性相关位点已定位在普通大麦(*H. vulgare*)4H 及 5H 染色体和智利大麦(*Hordeum chilense*)$1H^{ch}$、$4H^{ch}$ 和 $5H^{ch}$ 染色体上(Forster 等,1990)。普通大麦(*H. vulgare*)亚种野生大麦(*spontaneum*)也是耐盐新位点的一个重要来源,很多 QTLs 已被定位在染色体 7H、4H、1H 和 6H 上(Ellis 等,1997)。

与其他植物种一样,大麦在非中性 pH 条件下生长表现差强人意。碱性和酸性土壤都会形成不良的生长条件。在某些情况下,有纯的 pH 效应,与氢浓度有关,但大多数情况下,其影响是间接的,与土壤中其他离子的有效性有关。当植物生长在碱性土壤时,可能会发生锰元素缺乏。锰尽管存在于这些土壤中,但通常以复合态的形式出现,并不能被植物利用。大麦缺锰的耐性遗传分析,发现了一个存在于染色体 4HS 上的锰—有效性位点(*Mell*)(Pallota 等,2000)。Tong 等(1997)利用缺锰耐性不同的大麦品种,在高氮肥和低锰肥水平下研究锰和有效氮之间的互作,锰—有效基因型"Weeah"(缺锰耐性型)的地上部和地下部长势要好于锰—无效基因型"Galleon"(缺锰敏感型)。

酸土在世界上很多地区都很常见。低土壤 pH 值会影响土壤结构、微生物群落以及矿质营养元素的有效性。在 pH 值小于 5.5 的酸性土壤中,活性铝(Al)的存在可能是最重要的生长限制因子。在冬季谷类作物中,大麦对过量可溶性和可交换性铝最为敏感,但已经发现有一定的铝耐性遗传多样性(Minella 和 Sorrells,1992;Gallardo 等,1999)。据报道,大麦耐铝性的遗传受染色体 4H 上的单个主效位点控制(Raman 等,2003)。

高浓度的硼也会导致植物毒害，这是澳大利亚许多耕作土壤上常见的问题。最近，一个位于染色体4H上控制大麦耐硼性的主效基因已被克隆(Sutton等，2007)，但其加性位点定位在染色体2H、3H和6H上(Jefferies等，1999)。

4. 胁迫下保持产量的生理学基础：以干旱为例

由于涉及复杂的生理分子机制，所以在干旱环境下提高产量成为迄今为止非生物胁迫耐性研究领域的最大挑战。干旱效应的相关生理学综合因素主要是水分含量和植物组织的水势(Jones，2007)。它们反过来又与土壤—植物—大气这一连续统一体中植物的水分相对流动有关。因此，除了植物抗性和储水能力之外，正是从叶片到空气的水汽压梯度以及土壤水含量和水势，对植物造成了可能的干旱胁迫。一旦水势下降，即会发生一系列的生理反应。有些是由组织中水分水平的变化直接引起的，另一些则是由作为水分变化信号的植物激素(最主要的是脱落酸[ABA])引起的(Chaves等，2003)。与水分亏缺或受缺水调节的响应相关的生理特性，涉及很广的生理过程(表10.1)。因此可以预测，在所有干旱环境中，不存在与产量高度相关的单一响应模式。

表10.1　干旱应答相关的生理特性(转自Cattivelli等，2008，略有改动)

植物性状	产量相关影响	参考文献
气孔导度/叶温	水分消耗变快/慢；叶温反映蒸腾，为气孔导度的功能之一；胁迫下气孔阻力增大	Jones，1999；Lawlor and Cornic，2002
光合能力	卡尔文循环酶和光反应因子浓度的调整，胁迫减弱光合能力	Lawlor 和 Cornic，2002
物候期	开花早/迟，成熟和生长持续期，花丝露出和开花同步，粒数减少；大小麦提前开花，水稻推迟，玉米雌雄花不同步	Slafer 等，2005；Richards，2006
茎储备物的分配和利用	茎中用于灌浆的储备物活化转移能力变高/低，影响粒重；通过增强活化转移补偿现时弱化的叶片光合作用	Blum，1988；Slafer 等，2005
单株叶面积	植物大小和相应生产力；胁迫条件下(萎蔫，衰老，脱落)降低	Walter 和 Shurr，2005
根系深度	干旱下土壤水源排量变高/低，增大根/茎比	Hoad 等，2001；Sharp 等，2004
角质层抗性和表皮粗糙度	水分流失量变高/低，边缘层和反射比调整	Kerstiens，1996
光合途径	C3/C4/CAM，WUE增大，C4及CAM的耐热性增强	Cushman，2001
渗透调节	溶质累积：离子，糖，多糖，氨基酸及甜菜碱	Serraj 和 Sinclair，2002
膜组分	膜稳定性增强，水通道蛋白功能改变，对水势变化响应的调整	Tyerman 等，2002
抗氧化防护	抵抗活性氧类物质的保护措施	Reddy 等，2004

不同的作物发育阶段对干旱的敏感性不同。在小麦中，绝大多数小花原基能长成可育小花，并在开花后最终成为籽粒。每平方米的可育小花或是籽粒的数量，是保证干旱条件下高产的最相关组分(Slafer 和 Whitechurch，2001)，这在开花前几周的拔节期就已决定了。Slafer 等(2005)认为，在开花时间不变的情况下，拔节期延长是不改变作物水分利用量而增加每平方米粒数的一个生理学决定因子。

叶水分损失引起 ABA 产生，这反过来促进气孔关闭，叶内可用 CO_2 量和植物同化量的下降。虽然光合系统具有宽广的光防护机制可驱散多余的光，但是叶片连续处于过量激发能下，也会导致氧的光还原作用和高毒性活性氧(ROS)如超氧化物和过氧化物(Niyogi，1999；Reddy 等，2004)的产生。细胞膨压的保持受细胞渗透压的调节。渗透因子，如甜菜碱、甘露醇、果聚糖和海藻糖的产生，能重新调整细胞渗透势(Serriaj 和 Sinclair，2002)。这些渗透因子在清除 ROS，尤其是以叶绿体为标靶时具有一定的作用(Shen 等，1997)。其他特定的一些有机分子，也能保护细胞膜免受机械损伤和保护蛋白质防止折叠(Hoekstra 等，2001)。

OA 是植物在干旱下保持水分吸收及细胞膨压的一个重要机制，因此对高效光合速率的保持和扩大生长有作用。分析不同干旱条件下的小麦 OA，表明渗透调节可能是耐旱性的一个有效选择标准，而且它在缓解干旱导致的减产尤其是生殖生长期水分缺乏引起的减产上具有重要作用(Moinuddin 等，2005)。然而，已有不少 OA 在作用上与此相反的报道。如 Turner 等(2007)最近发现，在鹰嘴豆(*Cicer arietinum*)两栽培品种(高渗透调节和低渗透调节)的杂交高代株系中，OA 差异与产量潜力无关。比较有关 OA 研究的结果显示，OA 在不同作物以及干旱条件下，作用并不一致，但是在水分缺乏而有可能导致产量下降的情况下，产量与 OA 间总体上呈正相关(Serraj 和 Sinclair，2002)。

除了 OA 外，也报道过干旱条件下产量作为单一生理特性的作用研究。Fischer 等(1998)研究了几个代表性半矮生春小麦品种在选择进程中气孔导率的变化。他们发现，气孔导度、光合最大速率与优良品种的产量增加呈正相关，但是与叶片温度呈负相关。Siddique 等(1990)观察了导度与现代小麦品种叶片水势之间的关系，提出了小麦品种与有效水之间存在着“投机取巧”的关系，即土壤湿度适宜时，叶导度较高，而土壤湿度较小时，叶导度急剧下降。老品种，从另一方面上说，具有某种“保守策略”，即在高土壤湿度下其导度也较低。现代品种开花前期用水较少，而开花后期用水较多，这说明干旱下生育可塑性会影响产量应答(Siddique 等，1990)。

Rebetzke 等(2002)报道了一个更引人入胜的例子：在冬季暖和有贮藏水的干旱环境下，根据生理特性取得育种成功。他们利用碳同位素分辨率(Δ)作为水分利用效率的一种指标，筛选干旱下具有高水分利用效率的小麦株系。在光合作用过程中，植物能分辨重同位素碳（^{13}C），因此，在许多 C_3 种类中，Δ 和叶内 CO_2 含量与外界 CO_2 含量的比例（C_i/C_a）呈正相关，而与蒸腾效率呈负相关（Farquhar 和 Richards，1984）。在小麦中，应用歧化选择得到的低 Δ 株系，地上部生物量与粒重均表现增加。产量在轻度胁迫下增加了约 2%，而在最干旱条件下增加了 10%（Rebetzke 等，2002）。

在三个季节性降雨量不同地区（从英国到叙利亚），测定了大麦产量区试中谷物碳同位素分辨率，结果表明，降雨量最少的地区分辨率最低（水分利用效率最高）（Craufurd 等，1991）。总的结果表明，在水分有限的地中海环境中生长的大麦，大的 ^{13}C 分辨率可能对产量有利。这种正相关在极其贫瘠的环境中并不一致（Araus 等，2002）。

5. 胁迫环境中的育种计划

20 世纪通过植物育种提高了产量潜力，这已经在大量作物上得到了佐证。通常，遗传增量通过在同一大田试验中比较不同年份间育成的品种的产量进行研究。对大多数作物而言，产量与育成年份之间的线性关系很明显，其斜率即是遗传改进的估计值。比较不同品种，可以鉴定到产量提高的相关筛选中主要的形态生理学特性。如研究 20 世纪普遍种植的大麦和小麦基因型显示，产量增加与收获指数从 30%提高到 55%有直接关系（Cattivelli 等综述，1994；Slafer 等，1994），总生物量积累在年间且因株高的降低而几乎保持不变，这一过程与优良种质中掺入了影响株高的一些关键基因有关。大体上说，20 世纪大麦的遗传增量是 10～50kg/公顷/年，这在很多国家已有记录，其中也包括大量易干旱的地区。

比较不同年份育成的品种所获得的有关遗传增量的信息，绝对不是由于环境（主要是水分利用率）对品种表现的影响。谷物产量如以环境中不同的水分有效性进行估计时，如以绝对值计算，遗传改良引起的产量提高在水分胁迫较弱的环境中较大（Slafer 等，1994）。但产量增加以百分比的形式表示时，不同程度水分胁迫环境中并未发现任何差异（Araus 等，2002）。这表明，筛选的用于提高产量潜力的一些性状也能增加干旱环境中的产量。

许多生理学研究已鉴定到这样的一些性状，它们的存在或表达与植物对干旱环境的适应能力有关。其中，某些性状，如植物个体小、叶面积减小、早熟、气孔关闭时间延长等，均会减少季节性蒸腾总量和产量潜力（Fischer 和 Wood，1979；Karamanos 和 Papatheohari，1999）。与特定环境中的胁迫条件（时间和强度）有关，有些适应性性状，如果能使植物应对几乎每年都在同一生长阶段发生的胁迫，则这些性状可以用于干旱下提高产量的因素。如良好的早熟性，是提高地中海环境下几乎每年都受极端干旱胁迫的大麦和小麦的产量稳定性的一个有效育种策略。在这种条件下，缩短种植时间，作为一种避免策略，在与理想环境中的作物周期保持同步，是非常有用的。然而，即使早熟与地中海环境或是肥沃条件下的谷物产量不相关，极端早熟也会引起产量损失。在后期干旱的环境中，灌浆能力的改良，可通过加速储备养分从茎到穗的转运加以实现(Blum,1988)。

在极端严酷的环境下，可采用比较普遍的"旱生植物"育种对策，通过限制蒸腾作用而改善植物的生存能力。然而，易旱环境下的各种育种对策也必须考虑，胁迫发生的时间和强度在年度间存在着显著差异，培育应对特定干旱类型的作物是否会在不同胁迫条件或是无胁迫情况下有不良表现。

在中度干旱条件下谷物产量为 2～5 千克/公顷，选择具有高产潜力的品种经常使一些干旱下产量提高(Araus 等,2002)。在这些例子中，育种家会选择具有高产潜力特性和高产稳定性的材料，而后者常具有较小的 GE 互作。这意味着，生产力达到最大值且常在无胁迫下表达的性状，在轻度或中度干旱下仍能保持较高的产量(Slafer 等,2005；Tambussi 等,2005)。其原因是因为，选择的主要目标(高收获指数，抗病抗虫性和氮利用率)，在干旱或湿润条件下是同样有利的，且这些性状的最佳表现常与干旱适应性无关。国际玉米小麦改良中心(CIMMYT)和国际水稻所(IRRI)育成的小麦与水稻(*Oryza sativa*)品种，就是这样的一些成功例子，即无胁迫环境下筛选鉴定到各种条件包括低产量区域下的高产品种(Trethowan 等,2002)。这一育种策略的合理性，也被早期的许多研究，即在大规模品种区试中评估不同水分管理机制下的产量所佐证。因此，直接比较同一品种在干旱和非干旱下的表现也是可能的(Rizza 等,2004)。老品种通常在雨养条件下产量低，且在水分充足时产量提高不明显。另一方面，现代品种在雨养条件下产量较高，且在灌溉后产量提高较大。这说明，在一个典型的地中海环境中，根据基因型在不同环境下的绝对表现进行选择，要比根据特定胁迫与正常条件下产量降低最小进行选择，育种易于成功(Rizza 等,2004)。

已经开发了另一种育种方法，专门用于提高更严酷环境下的产量。在沙漠化地区，即降雨量低于 300mm/年和谷物产量常低于 2.5 吨/公顷的地区，大麦是主要作物。有假设称，种植于严酷环境下的改良品种在增产潜力上有"结转效应"，但是在这些环境下这一假设尚无证据。在一个涉及 188 个大麦地方种的大型多环境试验中，老品种和现代品种均种植在 28 个湿度不同的地中海环境中，平均谷物产量变动在几乎绝收至 6 吨/公顷之间(Pswarayi 等,2008a)。现代品种的产量要比地方种和老品种高 3 吨/公顷，而当地地方品种适应环境，平均产量低于 2 吨/公顷。

另外，也采用目标环境内干旱条件对谷物产量进行直接选择，虽然第一轮选择的响应较慢(Ceccarelli 1989,1994)。这种育种策略有以下两个主要限制因子:选择的精度和存在多种目标环境。在试验设计和统计分析上以取得很大的进展,改进了对实验误差的估计(Kempton 和 Fox, 1997),使胁迫环境下获得的实验结果更为可靠。

以不同类型干旱为特点的众多目标环境的存在,产生了一个选择广适应性还是选择特定适应性的问题。在有利环境中产量潜力的选择旨在筛选具有广泛适应性的基因型,即跨时间(某一品种在特定地区的多年表现)和空间(某一品种在多地区的表现)。反之,干旱环境中选择需要考虑对特定胁迫环境的特殊适应的作用,因此需要有针对每一种不同干旱环境的育种计划。

在 20 世纪,大麦的籽粒产量,无论在贫瘠还是良好的环境中均得到了提高,这主要是在传统育种过程中对高产潜力选择的结果。进一步发展将依靠高产基因型的引进,它们具有某些性状能改良耐旱性而不影响产量潜力,从而缩小产量潜力与干旱环境下实际产量之间的差距。这一目的可以通过利用分子标记辅助选择(MAS)和转基因技术,鉴定耐旱相关性状并在以后的高世代中累加优良基因得以实现。

6. 分子标记解析耐性相关性状

虽然对冻害的遗传解析已经得到了包含两个位点的简单遗传系统,用以解释大多数的遗传多样性(Francia 等,2004),但促使 MAS 成为一种可行的策略,检察干旱下的产量表现,是极其复杂的。产量本身是一个数量性状,而且植物对耐旱性表现出多种多样的复杂遗传机制,包括避旱、御旱和耐旱机制。QTL 比较分析清楚地表明,决定农艺和生理干旱相关性状变异的染色体区段要占整个基因组的很大比例(图 10.1)。

已有过很大的努力,试图明确与干旱环境下表现良好有关的生理性状的遗传基础,但是对于旱或湿环境下的高产稳定性,尚缺乏必要的研究。最初的一个总体结论是,发育基因尤其是与开花时间和植物形态有关的基因,对非生物胁迫耐性往往有多效影响,以至最终决定着产量潜力(Teulat 等,2001a;2001b;Baum 等,2003;Forster 等,2004;von Korff 等,2008)。

为了减少复杂性,Teulat 等(1997;1998;2001a)在大田种植条件下研究了影响干旱下产量表现的生理性状(Teulat 等,2002),包括 OA、相对水分含量和碳同位素分辨率。干旱相关数量性状的变异和最终这些性状对干旱与优良环境下产量的影响的关系,是当前及未来研究中需明确的主要目的。寻找干旱胁迫和无胁迫环境中特定性状相关位点与产量相关位点的一致性,可能需要对特定性状在提高耐旱性和产量潜力上进行更精确的检验。如在水稻中,干旱下植物产量相关 QTLs 与根性状相关 QTLs 以及 OA 的相关 QTLs 一致(Babu 等,2003)。冬小麦中,不同环境下定位的主要产量相关位点与旗叶后期衰老相关

QTLs 保持一致(Verma 等,2004)。类似地,Lanceras 等(2004)发现,产量组分的相关有利等位基因位于水稻 1 号染色体区段上,而这一区段早期已经发现有许多干旱相关性状(根干重、相对水分含量和叶卷曲与干枯)的 QTLs(Zhang 等,2001)。这些结果意味着,由于存在着与胁迫有关位点紧密连锁的侧翼标记,选择耐旱性变得更为有效。各个 QTLs 的标记诊断是生理性状测定的一种替代方式,而且通过 MAS 可以最终提高育种效率。

QTL 研究所建立的特定 DNA 标记和目标位点等位基因的遗传连锁,可被遗传重组所打破,虽然一个 QTL 或基因可用两个侧翼标记所跟踪,以降低重组风险。而且,精确的 QTL 定位,使 QTL 间距减小,对于提高 MAS-QTL 的效率是必不可少的。这些内在的难度,以及耐旱性和耐旱与环境互作的多基因特性,使耐旱 QTLs 的 MAS 因所涉基因数多和基因间(上位性)和基因与环境间的互作,而成为一个挑战。多基因性状的表达涉及很多基因,这一事实意味着,单个基因可能对植物表型的影响较小。这表明,为了获得显著的效应,应该同时处理许多区段(如 QTLs),而这些单个区段的影响尚未鉴定。为了精确了解 QTLs 的效应以及评估它们在不同环境下的稳定性,大田试验必需重复进行。尽管显著的 QTL 效应能在各种环境下检测到,但是对 QTL×E 互作的评估仍然是 MAS 效率的一个主要限制因素(Collins 等,2008)。质量上,QTL×E 互作特别与胁迫条件有关。Pswarayi 等(2008b)利用大麦地方种、老品种和现代品种,种在六个代表地中海不同湿度的环境下,研究了产量 QTL 相关的标记位点。QTLs 的数量和效应大小,在低和高投入条件下是可以比较的。然而,大多数 QTLs 是高产或低产环境下特异性的。在高产环境(67%,8/12)中,地方种、老品种及现代品种中发现的 QTLs 相关标记等位基因的频率变化要比低产环境中(19%:3/16)显著要大。因此,这些结果表明,现代育种可能已经提高了有利于高产环境下生长的 QTLs 附近的标记等位基因频率。地方种对低产环境的适应相对较好,而响应这种适应模式的一些关键遗传区域在现代育种过程中可能已被无意识地丢失了。

基因组辅助育种迄今仍很少用于选育抗旱品种,而且有关耐旱相关性状的 MAS 的报道亦很少。Ribaut 和 Ragot(2007)利用标记辅助回交玉米,在 5 个 QTLs 上渗入有利等位基因,并解释了花药与花丝伸长的间距(开花期—花丝伸长间距[ASI],Bolanos 和 Edmeades,1996)中 38%的表型变异,而这一性状与干旱条件下的产量呈负相关。在严重的水分胁迫条件下,用分子标记筛选四代后获得的最佳杂交玉米,其籽粒产量要比对照杂交玉米高 50%。但这并不意味着,水分充足条件下不会出现产量下降。在水稻中,MAS 已用于将适合雨养条件的粳型(*japonica*)陆稻品种 Azucena 的根深相关 QTLs 导入至籼型 indica 水稻品种 IR64 中。在干旱胁迫试验中,MAS 筛选的株系有较高的根生物量和产量(Courtois 等,2003)。

耐旱分子标记育种中,一个重要的步骤是基于 QTLs 克隆 DNA 序列(Tuberosa 和 Salvi,2006)。迄今为止,大多数植物 QTLs 已经通过位置克隆的方法被克隆,尽管基于候选基因和连锁不平衡的另一种策略可能与 QTL 克隆相比是一种捷径(Salvi 和 Tuberosa,2005)。耐旱相关的候选基因常涉及某段序列,而这一序列的表达属性及蛋白功能可能与胁迫响应/适应过程相关,而且候选基因在基因组上的位置与耐旱相关 QTL 共定位。可以根据已知胁迫响应基因的文献报道进行候选基因的选择,也可以利用生物信息学分析研究以 QTL 为特点的基因组区域中的所有基因。

到目前为止,作物品种中尚无有耐旱相关 QTL 的克隆,尽管在 *Arabidopsis* 中已克隆到 *ERECTA* 基因,这个基因是蒸腾效率相关 QTL 上的一段序列(Masle 等,2005)。在基因组较大的植物中,基于候选基因的分子连锁作图进行精确定位虽然耗时,但它仍不失为是一种鉴定 QTLs 遗传决定因子即功能标记的方法(Chen 等,2001;Causse 等,2004)。这种候选基因策略可以填补复杂性状数量遗传研究和分子遗传学方法之间的缺失。如它已用于寻找大麦和水稻耐旱性相关的基因(Zheng 等,2003;Diab 等,2004;Nguyen 等,2004;Tondelli 等,2006)。QTL 相关基因的鉴定也可为 MAS 提供最好的标记,这些标记可直接指示 QTL 干旱相关基因的不同等位基因(数量性状核苷酸[QTN])。

在大多数 QTL 研究中,这一工作尚未超越干旱下对特定性状进行 QTL 检测。源于大量杂交的合理 QTL 图的构建,是鉴定耐旱性关联的遗传区域的一个重要步骤。它的主要挑战依然是,在特定定位群体中发现的 QTLs 在导入至高产的优异基因型后,它们能否提高其耐旱性。当性状由"环境特定性"基因效应(如与其他基因或环境互作)控制时,这显得特别困难。在这些例子中,QTL 等位基因的价值,会因育种计划中现有种质遗传结构的不同而有所差异(Wade,2002)。在这些条件下,一个特定 QTL 等位基因的价值,在育种程序中由于特定时间下背景效应的变化而发生变化。因此,当背景效应非常显著时,利用 MAS 叠加有用等位基因并不合适,因为等位基因重组的最初目标不再是最佳目标,或是由于在此后的育种周期中性状表现改进,而成为一个相关目标。(Podlich 等,2004)提出的"现定位现育种"的对策,涉及到贯穿整个育种过程的 QTL 效应反复再评估和确认,以确保它们始终保持相关。与育种程序初仅基于 QTL 效应评估的方法相比,这一方法大大提高了 MAS 效率,尤其是上位性和/或 GE 互作起重要作用的时候。

7. 耐性相关的基因和代谢物

植物对低温、渗透及干旱胁迫的适应诱导主动的植物分子响应。越来越清晰的是，植物能有效地感知胁迫并通过分子机制调动适当的防御响应，分成三个步骤（图 10.2）：①对外部变化的感知；②信号向细胞核传导；③基因表达和防护分子的累积。这一响应能显著提高对不利因素的耐性，并且在很大程度上是受转录控制的。

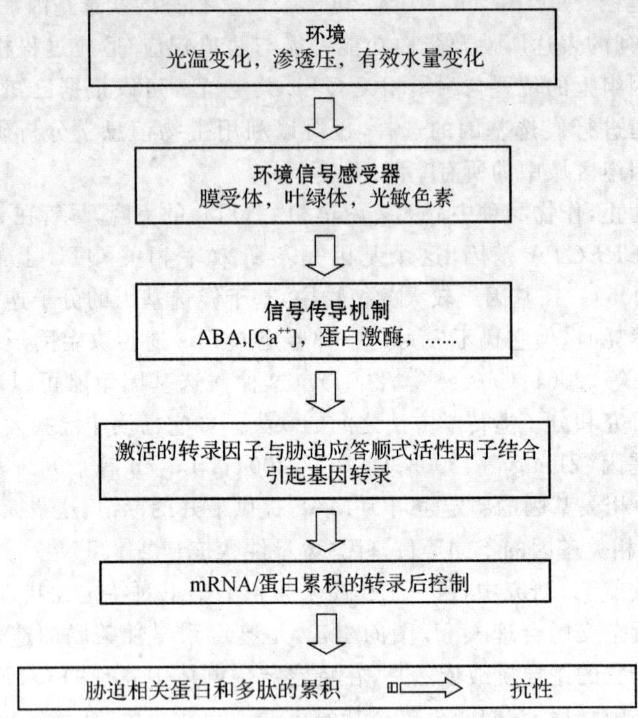

图 10.2 植物非生物胁迫的应答机制图解

在过去二十年中，许多胁迫相关基因已经在很多作物品种中得到分离和表征（Cattovelli 等，2002a；Ramanjulu 和 Bartels，2002）；然而，对冷害和干旱的整个分子响应复杂性只是在最近通过转录分析才得以揭示（Kolllipara 等，2002；Buchanan 等，2005；Hazen 等，2005；Svensson 等，2006）。对 *Arabidopsis* 进行分子分析，已经构建了冷害/渗透/干旱响应的所有细胞通讯的复杂网络（Yamaguchi-Shinozaki 和 Shinozaki，2006；Mazzucotelli 等，2008）。利用保守分子途径的便利，包括控制胁迫耐性，正将遗传信息从模式植物推向开拓基因组共线性的作物。根据这一方法，已研究并鉴定到作物中的干旱响应调控组分。

人们已研发了转基因植物，用于上调一般的胁迫响应或重演早期经典生理学研究发现与耐旱性相关的特殊代谢或生理过程（Vinocur 和 Altman，2005）。转录因子以及协调下游调节子表达的信号传导途径组分，被认为是设计复杂性状如耐旱性的理想目标。其成功的事例如用编码 DREBs/CBFs 转录子的基因构建了转基因作物，如水稻（Dubouzet 等，2003；Ito 等，2006）和小麦（Pellegrineschi 等，2004）。转基因植物表现为胁迫耐性加强，下游胁迫相关基因过量诱导，以及可溶性糖和脯氨酸水平提高。最近有报道称，过量表达胁迫反应 NAC1 转录因子（SNAC1）的水稻植株在田间条件下耐旱强、产量潜力高。SNAC1 过表达的植物叶片失水较慢，表明其气孔关闭时间延长和 ABA 敏感性提高（Hu 等，2006）。编码钙依赖性蛋白激酶（*OsCDPK7*）的胁迫诱导水稻基因，其异位表达提高胁迫响应基因的表达水平，改善耐盐和耐旱性（Saijo 等，2000）。

许多作为蛋白或膜的渗透溶质或是保护因子的代谢物（果聚糖、甘露醇和山梨醇）或氨基酸（脯氨酸、γ-丁氨酸（GABA）），甜菜碱（Serraj 和 Sinclair，2002；Mazzucotelli 等，2006）等积累常与胁迫耐性相关。增加渗透溶质含量的代谢工程在许多受胁迫的植物中均取得成功（Wang 等，2003），尽管这一策略的真实优势通常还有争议（Serraj 和 Sinclair，2002）。考虑到目标化合物没有达到维持 OA 的足量水平，伴侣蛋白活性和 ROS 清除曾认为是胁迫下植物防护的另一种功能。耐旱代谢工程的经典例子是，水稻中脯氨酸的过度产生（Zhu 等，1998）使胁迫下生物量增加。Garg 等（2002）开发了一种耐旱转基因水稻株系，它们表现为无论是胁迫还是正常条件下海藻糖在组织或受胁迫诱导累积，从而解释了可溶性碳水化合物水平高，光合能力大，光氧化损伤所致的副产物减少，矿质平衡好以及无副作用。Abebe 等（2003）报道，由于甘露醇-1-磷酸脱氢酶（*mtlD*）基因的异位表达使甘露醇水平少量增加，结果显著提高小麦的耐缺水性。

自从认为气孔关闭早于正常是一个提高干旱环境中水分利用效率的有利性状以来（Sinclair 和 Muchow，2001），开发具有避旱表型的转基因植物一直是作物改良的一种策略。当 *Arabidopsis* 中编码 14-3-3 蛋白的 *GF*14λ 基因导入棉花（*Gossypium* sp.）后，发现它呈“保绿状”表型。在缺水条件下，转基因植物因气孔导度改变而表现出较高的水分胁迫耐性和光合速率（Yan 等，2004a）。作为干旱激活途径和气孔关闭中的分子信号，脱落酸激素的应用使 ABA 合成，并成为增强耐旱应答可能的目标。在油菜（*Brassica napus*）中，作为 ABA 传感负调控因子的法尼基转移酶，在干旱诱导模式中下调时，转基因植物在干旱胁迫下表现为 ABA 敏感性增强，且气孔导度和转录水平显著下降。在开花期，转基因植物对水分缺乏诱导的种子败育有较强的抗性（Wang 等，2005）。

强盛的根系可使植物在水分不足的条件下吸收较多的水分，从而使水分状况较好，损伤较小。尽管多年来这种原因似乎都很清楚，但只有最近利用单基因转化研究后，才发现增大根系规模的方法。编码液泡 H^+-焦磷酸酶（H^+-PPase）的基因 *AVP1*，可促进生长素的分泌，在根系发育中有重要作用。*Arabidopsis* 和番茄（*Solanum lycopersicum*）中 *AVP1* 的过量表达，可增强焦磷酸驱动的阳离子向液泡转运，增加根生物量，并促进植物在土壤水分胁迫下的恢复(Gaxiola等，2001；Park 等，2005)。

在过去十年间，已经提出并检验了不少利用不同遗传工程的方法以提高耐旱性。另外，在许多报道中，干旱和盐胁迫通常进行刺激性处理，但对大多数作物来说，干旱是随土壤变干而缓慢发生的。转基因植物中耐旱性评估一般基于生存能力，很少有过产量潜力的转基因效应研究。尽管已经有过不少试验，但有关耐旱转基因的植物测试仍鲜有报道。Bahieldin 等(2005)在涉及六个生长季度的灌溉和雨养条件下，检测了六个转基因植株彼此独立获得的、过表达 *HVA*1 基因的转基因小麦植株。虽然转基因效应不同年份间有所变化，但是田间实验表明，*HVA*1 基因具有干旱胁迫防御潜力。在过表达歧化酶基因的苜蓿(*Medicago sativa*)(McKersie 等，1996)和过表达 *SNAC*1 转录子(Hu 等，2006)及胁迫响应性 *OsLEA*3 基因(Xiao 等，2007)的水稻上，也取得令人鼓舞的结果。据报道，在干旱胁迫下 *OsLEA*3 转基因水稻高产的实现是结实率增加所致。这些表型数据和 *OsLEA*3 位于控制干旱结实率的 QTL 上的事实，均证明子房育性在耐旱性上有关键作用。

8. 今后的方向

分子遗传学和生理学的结合正引导对控制非生物胁迫耐性和非生物胁迫显著相关性状 QTL/基因的鉴定。控制 QTL 的基因常规克隆尚需待日，但最终将为有效的 MAS 提供简单的标记。此外，胁迫耐性 MAS，尤其是干旱，将会因已有大量胁迫相关性状 QTLs 的存在而成为一个艰巨的任务。根据 MAS 选择相应的 QTLs/性状，是目前最具决定性的工作。耐旱性改良并不能与产量潜力改进同时实现。因此，在采用 MAS 进行育种之前，必须同时对胁迫和非胁迫环境中的耐性性状进行检测。与产量潜力相关 QTLs 一致的胁迫相关 QTLs，应是MAS 中首选目标。

由于非生物胁迫耐性是多基因控制的性状，优良种质中单基因或 QTL 的导入只能产生细微的表型变化或产量增加。在可靠的条件下，精确的表型分析能力是基因组研究计划中最主要的限制因子，尤其是耐旱性研究。通常，用于估计耐旱遗传差异的大田试验会面临不同的要求。这是精确性的必要条件，因为差异有可能很小甚至很微弱，这样在利用大量基因型进行精细的生理实验(光合能力评估)会变得十分困难。如 QTL 研究，每次都要利用成百上千个后代的分离群体。

任何选择过程的成功，都依赖于目标性状优良等位基因的有效性。大多数胁迫耐性的 QTLs，不是根据它们的总体农艺价值选择，而是从目标性状有最大差异的两个亲本杂交的分离群体中鉴定得到的。典型地，从一个现代品种和老品种杂交的分离群体中鉴定到许多 QTLs，而且，主要大部分正向 QTL 等位基因可能源自现代品种，因此已经存在于表现最佳的栽培品种中。开拓野生种可以为找到新的有用等位基因提供机会（Pswarayi 等，2008b；Comadran 等，2009）。驯化过程中，携带理想性状的野生植物被人工栽培，成为适应当地的地方种。它们丢失了许多不良等位基因，而优良等位基因聚集在栽培品种中（Tanksley 和 McCouch，1997）。许多研究已表明了源自非栽培种质的等位基因的价值，显示跨世纪的选择性育种已经丢失众多有用的和无用的等位基因。特定 QTL/基因效应也受育种过程中基因型遗传背景的影响；如 QTLs 间上位性互作可能影响有效 MAS 程序的发展。

转基因育种在未来也将发挥作用。而且，胁迫相关 QTLs 克隆的可能性将使控制数量性状的多基因进行同步构建成为可能。然而，耐胁迫转基因植物大田试验的缺乏，使下这样的结论为时尚早。优良基因型中导入异源基因所产生的新转基因植物，必须在理想和干旱条件下同时检测，以评估转入的基因对产量潜力和胁迫耐性的影响。

育种家在植物改良上已有不少新的观点。所谓设计策略（Peleman 和 Van der Voort 2003）的育种，通过累加随机分布的 QTLs 和在优良基因型中导入胁迫耐性相关基因，这将产生新的、高产的品种，它们在高产和低产环境下的表现均得到改进。在研究蒸腾效率上，已有成功事例展示了胁迫生理学和基因组学综合研究应用于植物育种的综合观点。在干旱胁迫中，植物一般会协调光合和蒸腾的关系，尽管在种间或种内蒸腾效率存在着显著的遗传变异（Rebetzke 等，2002）。碳同位素分辨率被用作与蒸腾速率呈负相关的可靠敏感的标记后，已经进行许多基于这一参数的选择工作（Rebetzke 等，2002；Juenger 等，2005）。而且，提高水分利用效率的新型小麦品种在澳大利亚已培育成功。基因 *ERECTA*（调控 *Arabidopsis* 蒸腾速率）的分离以及不同蒸腾速率的小麦基因型转录分析（Xue 等，2006）等，为同位素分辨率的应用提供了分子基础。因此，在不久的将来，有关蒸腾速率的一个综合性方法，将包括生理实验、控制碳同位素分辨率的 QTLs 标记、*ERECTA* 基因以及用于研究种质等位基因变异和植物转化工具的其他基因。目前这样的事实日益明确，即只有当传统育种与生理学和基因组学真正结合时，非生物胁迫下稳定高产的成功育种才会成为可能。

9. 致谢

本研究受意大利教育部大学和研究项目（MIUR）ERA-PG EXBARDIV 支持。

参考文献

Abay，F. and C. Cahalan. 1995. Evaluation of response of some barley landraces in drought prone sites of Tigray (Northern Ethiopia). Crop Improv. 22：125－132.

Abebe，T.，A. C. Guenzi，B. Martin，and J. C. Cushman. 2003. Tolerance of mannitol-accumulating transgenic wheat to water stress and salinity. Plant Physiol. 131：1748－1755.

Annicchiarico，P. 2002. Genotype × Environment Interactions-Challenges and Opportunities for Plant Breeding and Cultivar Recommendations. FAO Plant Production and Protection Papers，No. 174. Food and Agriculture Organization of the United Nations，Rome. Available at http://www.fao.org/docr-ep/005/y439le/y439le00.htm (accessed March 5，2009).

Anyia，A. O. and H. Herzog. 2004. Water-use efficiency，leaf area and leaf gas exchange of cowpeas under mid-season drought. Eur. J. Agron. 20：327－339.

Araus，J. L.，G. A. Slafer，M. P. Reynolds，and C. Royo. 2002. Plant breeding and drought in C_3 cereals：what should we breed for? Ann. Bot. 89：925－940.

Araus，J. L.，D. Villegas，N. Aparicio，L. F. Garcìa del Moral，Y. El Hani Rharrabti，J. P. Ferrio，and C. Royo. 2003. Environmental factors determining carbon isotope discrimination and yield in durum wheat under Mediterranean conditions. Crop Sci. 43：170－180.

Babu，C. R.，B. D. Nguyen，V. Chamarerk，P. Shanniugasundaram，P. Chezhian，P. Juyaprakash，S. K. Ganesh，A. Palchamy，S. Sadasivam，S. Sarkarung，L. J. Wade，and T. H. Nguyen. 2003. Genetic analysis of drought resistance in rice by molecular markers：association between secondary traits and field performance. Crop Sci. 43：1457－1469.

Bahieldin，A.，H. T. Hesham，H. F. Eissa，O. M. Saleh，A. M. Ramadan，I. A. Ahmed，W. E. Dyer，H. A. El-Itriby，and M. A. Madkour. 2005. Field evaluation of transgenic wheat plants stably expressing the HVA1 gene for drought tolerance. Physiol. Plant 123：421－427.

Baldi，P.，M. Grossi，N. Pecchioni，G. Valè，and L. Cattivelli. 1999. High expression level of a gene coding for a chloroplastic amino acid selective channel protein is correlated to cold acclimation in cereals. Plant Mol. Biol. 41：233－243.

Baum，M.，S. Grando，G. Backes，A. Jahoor，A. Sabbagh，and S. Ceccarelli. 2003. QTLs for agronomic traits in the Mediterranean environment identified in recombinant inbred lines of the cross "Arta" × *H. spontaneum*. 411. Theor. Appl. Genet. 107：1215－1225.

Blum，A. 1988. Improving wheat grain filling under stress by stem reserve mobilisation. Euphytica 100：77－83.

Boer，M.，D. Wright，L. Feng，D. Podlich，L. Luo，M. Cooper，and F. A. van Eeuwijk. 2007. A mixed-model quantitative trait loci (QTL) analysis for multiple-environment trial data using environmental covariables for QTL-by-environment interactions, with an example in maize. Genetics 177: 1801—1813.

Bolanos, J. and G. O. Edmeades. 1996. The importance of the anthesis-silking interval in breeding for drought tolerance in tropical maize. Field Crop Res. 48: 65—80.

von Bothmer, R., N. Jacobsen, C. Baden, R. B. Jørgensen, and I. Linde-Laursen (eds.). 1995. An Ecogeographical Study of the Genus *Hordeum*. Systematic and Ecogeographic Studies on Crop Genepools; 2nd ed. IPGR Institute, Rome.

Braun, H. J. and N. N. Saulescu. 2002. Breeding winter and facultative wheat, pp. 217—226. *In* B. C. Curtis, S. Rajaram and H. Gomez Macpherson (eds.). Bread Wheat: Improvement and Production. Food and Agriculture Organization of the United Nations, Rome.

Buchanan, C. D., S. Lim, R. A. Salzman, I. Kagiampakis, D. T. Morishige, B. D. Weers, R. R. Klein, L. H. Pratt, M. M. Cordonnier-Pratt, P. E. Klein, and J. E. Mullet. 2005. Sorghum bicolor's transcriptome response to dehydration, high salinity and ABA. Plant Mol. Biol. 58: 699—720.

Cattivelli, L., G. Delogu, V. Terzi, and A. M. Stanca. 1994. Progress in barley breeding, pp. 95—181. *In* G. A. Slafer (ed.). Genetic Improvement of Field Crops. Marcel Dekker, New York.

Cattivelli, L., P. Baldi, C. Crosatti, N. D. Fonzo, P. Faccioli, M. Grossi, A. M. Mastrangelo, N. Pecchioni, and A. M. Stanca. 2002a. Chromosome regions and stress-related sequences involved in resistance to abiotic stress in Triticeae. Plant Mol. Biol. 48: 649—665.

Cattivelli, L., P. Baldi, C. Crosatti, M. Grossi, G. Valè, and A. M. Stanca. 2002b. Genetic bases of barley physiological response to stressful conditions, pp. 307—360. *In* G. A. Slafer, J. L. Molina-Cano, R. Savin, J. L. Araus, and I. Romagosa (eds.). Barley Science: Recent Advances from Molecular Biology to Agronomy of Yield and Qualità. Food Product Press, New York.

Cattivelli, L., F. Rizza, F. Badeck, E. Mazzucotelli, A. M. Mastrangelo, E. Francia, C. Marè, A. Tondelli, and A. M. Stanca. 2008. Drought tolerance improvement in crop plants: an integrated view from breeding to genomics. Field Crop Res. 105: 1—14.

Causse, M., P. Duffe, M. C. Gomez, M. Buret, R. Damidaux, D. Zamir, A. Gur, C. Chealier, M. Lemaire-Chamley, and C. Rothan. 2004. A genetic map of candidate genes and QTLs involved in tomato fruit size and composition. J. Exp. Bot. 55: 1671—1685.

Ceccarelli, S. 1989. Wide adaptation: how wide? Euphytica 40: 197—205.

Ceccarelli, S. 1994. Specific adaptation and breeding for marginal conditions. Euphytica 77: 205—219.

Ceccarelli, S., S. Grando, M. Baum, and S. M. Udupa. 2004. Breeding for drought resistance in a changing climate, pp. 167—190. *In* S. C. Rao and J. Ryan (eds.). Challenges and Strategies for Dryland Agriculture. ASA and CSSA. Madison, WI.

Chaves, M. M. , J. P. Maroco, and J. S. Pereira. 2003. Understanding plant responses to drought-from genes to the whole plant. Funct. Plant Biol. 30: 239—264.

Chen, X. , F. Salamini, and C. Gebhardt. 2001. A potato molecular-function map for carbohydrate metabolism and transport. Theor. Appl. Genet. 102: 284—295.

Collins, N. C. , F. Tardieu, and R. Tubcrosa. 2008. Quantitative trait loci and crop performance underabiotic stress: where do we stand? Plant Physiol. 147: 469—486.

Comadran, J. , W. T. B. Thomas, F. A. van Eeuwijk, S. Ceccarelli, S. Grando, A. M. Stanca, N. Pecchioni, T. Akar, A. Al-Yassin, A. Bcnbelkacem, H. Ouabbou, J. Bort, I. Romagosa, C. A. Hackett, and J. R. Russell. 2009. Pattern of genetic diversity and linkage disequilibrium in a highly structured *Hordeum vulgare* association mapping population for Mediterranean basin. Theor. Appl. Genet. 119: 175—187.

Cooper, M. and G. L. Hammer (eds.). 1996. Plant Adaptation and Crop Improvement. CAB International, Wallingford, UK.

Courtois, B. , L. Shen, W. Petalcorin, S. Carandang, R. Mauleon, and Z. Li. 2003. Locating QTLs controlling constitutive root traits in the rice population IAC 165 × Co39. Euphytica 134: 335—345.

Craufurd, P. Q. , R. B. Austin, E. Acevedo, and M. A. Hall. 1991. Carbon isotope discrimination and grain-yield in barley. Field Crop Res. 27: 301—313.

Crosatti, C. , E. Nevo, A. M. Stanca, and L. Cattivelli. 1996. Genetic analysis of the COR14 proteins accumulation in wild (*Hordeum spontaneum*) and cultivated (*Hordeum vulgare*) barley. Theor. Appl. Genet. 93: 975—981.

Crosatti, C. , D. Pagani, L. Cattivelli, A. M. Stanca, and F. Rizza. 2008. Effects of growth stage and gardening conditions on the association between frost resistance and the expression of the cold-induced protein COR14b in barley. Environ. Exp. Bot. 62: 93—100.

Cushman, J. C. 2001. Crasulacean acid metabolism: a plastic photosynthetic adaptation to arid environments. Plant Physiol. 127: 1439—1448.

Dal Bosco, C. , M. Busconi, C. Covoni, P. Baldi, A. M. Stanca, C. Crosatti, R. Bassi, and L. Cattivelli. 2003. Cor gene expression in barley mutants affected in chloroplast development and photosynthetic electron transport. Plant Physiol. 131: 793—802.

Denis, J. B. 1988. Two-way analysis using covariates. Statistics 19: 123—132.

Denis, J. B. and J. C. Gower. 1996. Asymptotic confidence regions for biadditive models: interpreting genotype-environment interactions. Appl. Stat. 45: 479—492.

Diab, A. A. , B. Teulat, D. This, N. Z. Ozturk, D. Benscher, and M. E. Sorrells. 2004. Identification of drought-inducible genes and differentially expressed sequence tags in barley. Theor. Appl. Genet. 109: 1417—1425.

Dubcovsky, J. , G. S. Maria, E. Epstein, M. C. Luo, and J. Dvorak. 1996. Mapping of the K^+/Na^+ discrimination locus in wheat. Theor. Appl. Genet. 92: 448—454.

Dubouzet, J. G. , Y. Sakuma, Y. Ito, M. Kasuga, E. G. Dubouzet, S. Miura, M. Seki, K.

Shinozaki, and K. Yamaguchi-Shinozaki. 2003. OsDREB genes in rice, *Oryza sativa* L., encode transcription activators that function in drought-, high-salt-and cold-responsive gene expression. Plant J. 33: 751—763.

van Eeuwijk, F. A. 1995. Linear and bilinear models for the analysis of multi-environment trials: I An inventory of models. Euphytica 84: 1—7.

van Eeuwijk, F. A., L. C. P. Keizer, and J. J. Bakker. 1995. Iinear and bilinear models for the analysis of multi-environment trials. II. An application to data from the Dutch Maize Variety Trials. Euphytica 84: 9—22.

van Eeuwijk, F. A., J. B. Denis, and M. S. Kang. 1996. Incorporating additional information on genotypes and environments in models for two-way genotype by environment tables, pp. 15—50. *In*. M. S. Kang and H. G. Gauch (eds.). Genotype-by-Environment Interaction. CRC Press, Boca Raton, FL.

van Eeuwijk, F. A., M. Malosetti, X. Yin, P. C. Struik, and P. Stam 2005. Statistical models for genotype by environment data: from conventional ANOVA models to ecophysiological QTL models. Aust. J. Agric. Res. 56: 883—894.

Ellis, R., B. P. Forster, R. Waugh, N. Bonar, L. L. Handley, D. Robinson, D. C. Gordon, and W. Powell. 1997. Mapping physiological traits in barley. New Phytol. 137: 149—157.

Farquhar, G. D. and R. A. Richards. 1984. Isotopic composition of plants correlates with water use efficiency of wheat genotypes. Aust. J. Plant Physiol. 11: 539—552.

Finlay, K. W. and G. N. Wilkinson. 1963. The analysis of adaptation in a plant breeding programme. Aust. J. Agric. Res. 14: 742—754.

Fischer, R. A. and R. Maurer. 1978. Drought resistance in spring wheat cultivars. Part I: grain yield response. Aust. J. Agric. Res. 29: 897—912.

Fischer, R. A. and J. T. Wood. 1979. Drought resistance in spring wheat cultivars. III. Yield association with morphophysiological traits. Aust. J. Agric. Res. 30: 1001—1020.

Fischer, R., D. Rees, K. D. Sayre, Z. M. Lu, A. G. Condon, and A. Larque Saavedra. 1998. Wheat yield progress associated with higher stomatal conductance and photosynthetic rate and cooler canopies. Crop Sci. 38: 1467—1475.

Forster, B. P., M. S. Phillips, T. E. Miller, E. Baird, and W. Powell. 1990. Chromosome location of genes controlling tolerance to salt (NaCl) and vigour in *Hordeum vulgare* and *H. chilense*. Heredity 65: 99—107.

Forster, B. P., R. P. Ellis, J. Moir, V. Talamè, M. C. Sanguineti, R. Tuberosa, D. This, B. Teulat-Merah, I. Ahmed, S. A. E. Mariy, H. Bahri, M. E. Ouahabi, N. Zoumarou-Wallis, M. El-Fellah, and M. Ben Salem. 2004. Genotype and phenotype associations with drought tolerance in barley tested in North Africa. Ann. Appl. Biol. 144: 157—168.

Fox, P. N., J. Crossa, and I. Romagosa. 1997. Multi-environment testing and genotype × environment interaction, pp. 117—137. *In* R. A. Kempton and P. N. Fox (eds.). Statistical Methods for Plant Variety Evaluation. Chapman and Hall, London.

Francia, E., F. Rizza, L. Cattivelli, A. M. Stanca, G. Galiba, B. Toth, P. M. Hayes, J. S. Skinner, and N. Pecchioni. 2004. Two loci on chromosome 5H determine low-temperature tolerance in a "Nure" (winter) × "Tremois" (spring) barley map. Theor. Appl. Genet. 108: 670—680.

Franckowiak, J. 1997. Revised linkage maps for morphological markers in barley, *Hordeum vulgare*. Barley Genet. Newsl. 26: 9-21.

Fu, D., P. Szucs, L. Yan, M. Helguera, J. Skinner, P. Hayes, and J. Dubcovsky. 2005. Large deletions in the first intron of the *VRN*-1 vernalization gene are associated with spring growth habit in barley and polyploid wheat. Mol. Genet. Genomics 273: 54—65.

Gabriel, K. R. 1998. Generalised bilinear regression. Biometrika 85: 689—700.

Gallagher, L. W., K. M. Solimann, and H. Vivar. 1991. Interactions among loci conferring photoperiod insensitivity for heading time in spring barley. Crop Sci. 31: 256—261.

Gallardo, F., F. Borie, M. Alvear, and E. von Baer. 1999. Evaluation of aluminium tolerance of three barley cultivars by two short-term screening methods and field experiments. Soil Sci. Plant Nutr. 45: 713—719.

Garg, A., J. Kim, T. Owens, A. Ranwala, Y. Choi, L. Kochian, and R. Wu. 2002. Trehalose accumulation in rice plants confers high tolerance levels to different abiotic stresses. Proc. Natl. Acad. Sci. U. S. A. 99: 15898—15903.

Gauch, H. G. 1988. Model selection and validation for yield rials with interaction. Biometrics 44: 705—715.

Gaxiola, R. A., J. Li, S. Undurraga, L. M. Dang, G. J. Allen, S. L. Alper, and G. R. Fink. 2001. Drought-and salt-tolerant plants result from overexpression of the AVPI H^+-pump. Proc. Natl. Acad. Sci. U. S. A. 98: 11444—11449.

Gilmour, S. J., S. G. Fowler, and M. F. Thomashow. 2004. *Arabidopsis* transcriptional activators CBF1, CBF2, and CBF3 have matching functional activities. Plant Mol. Biol. 54: 767—781.

Giorni, E., C. Crosatti, P. Baldi, M. Grossi, C. Marè, A. M. Stanca, and L. Cattivelli. 1999. Cold-regulated gene expression during winter in frost tolerant and frost susceptible barley cultivars grown under field conditions. Euphytica 106: 149—157.

Hayes, P. M., T. Blake, T. H. H. Chen, S. Tragoonrung, F. Chen, A. Pan, and B. Liu. 1993. Quantitative trait loci on barley (*Hordeum vulgare* L.) chromosome-7 associated with components of winterhardiness. Genome 36: 66—71.

Hazen, S. P., M. S. Pathan, A. Sanchez, I. Baxter, M. Dunn, B. Estes, H. S. Chang, T. Zhu, J. A. Kreps, and H. T. Nguyen. 2005. Expression profiling of rice segregatin g for drought tolerance QTLs using a rice genome array. Funct. Integ. Genom. 5: 104—116.

Hoad, S. P., G. Russell, M. E. Lucas, and I. J. Bingham. 2001. The management of wheat, barley and oat root systems. Adv. Agron. 74: 193—246.

Hoekstra, F. A., E. A. Golovina, and J. Buitink. 2001. Mechanisms of plant desiccation tolerance. Trends Plant Sci. 6: 431—438.

Hu，H.，M. Dai，J. Yao，B. Xiao，X. Li，Q. Zhang，and L. Xiong. 2006. Overexpressing a NAM，ATAF，and CUC（NAC）transcription factor enhances drought resistance and salt tolerance in rice. Proc. Natl. Acad. Sci. U. S. A. 103：12987—12992.

Ito，Y.，K. Katsura，K. Maruyama，T. Taji，M. Kobayashi，M. Seki，K. Shinozaki，and K. Yamaguchi-Shinozaki. 2006. Functional analysis of rice DREBl/CBF-type transcription factors involved in cold-responsive gene expression in transgenic rice. Plant Cell Physiol. 47：141—153.

Jaglo-Ottosen，K. R.，S. J. Gilmour，D. G. Zarka，O. Schabenbger，and M. F. Thomashow. 1998. *Arabidopsis* CBFl overexpression induces COR genes and enhances freezing tolerance. Science 280：104—106.

Jefferies，S. P.，A. R. Barr，A. Karakousis，J. M. Kretschmer，S. Manning，K. J. Chalmers，J. C. Nelson，A. Islam，and P. Langridge. 1999. Mapping of chromosome regions conferring boron toxicity tolerance in barley，（*Hordeum vulgare* L.）. Theor. Appl. Genet. 98：1293—1303.

Johnson，W. C.，J . E. Jackson，O. Ochoa，R. van Wijk，J. Peleman，D. A. St. Clair，and R. W. Michclmore. 2000. A shallow-rooted crop and its wild progenitor differ at loci determining root architecture and deep soil water extraction. Theor. Appl. Genet. 101：1066—1073.

Jones，H. G. 1999. Use of thermography for quantitative studies of spatial and temporal variation of stomatal conductance over leaf surfaces. Plant Cell Environ. 22：1043—1055.

Jones，H. G. 2007. Monitoring plant and soil water status：established and novel methods revisited and their relevance to studies of drought tolerance. J. Exp. Bot. 58：119—130.

Juenger，T. E.，J. K. Mckay，N. Hausmann，J. J. B. Keurentjes，S. Sen，K. A. Stowe，T. E. Dawson，E. L. Simms，and J. H. Richards. 2005. Identification and characterization of QTL underlying whole plant physiology in *Arabidopsis thaliana*：d13C，stomatal conductance and transpiration efficiency. Plant Cell Environ. 28：697—708.

Karamanos，A. J. and A. Y. Papatheohari. 1999. Assessment of drought resistance of crop genotypes by means of the water potential index. Crop Sci. 39：1792—1797.

Kempton，R. A. and P. N. Fox（eds.）. 1997. Statistical Methods for Plant Variety Evaluation. Chapman and Hall，London.

Kerstiens，G. 1996. Cuticular water permeability and its physiological significance. J. Exp. Bot. 47：1813—1832.

Kobayashi，F.，S. Takumi，S. Kume，M. Ishibashi，R. Ohno，K. Murai，and C. Nakamura. 2005. Regulation by Vrn-1/Fr-1 chromosomal intervals of CBF-mediated Cor/Lea gene expression and freezing tolerance in common wheat. J. Exp. Bot. 56：887—895.

Kollipara，K. P.，I. N. Saab，R. D. Wych，M. J. Lauer，and G. W. Singletary. 2002. Expression profiling of reciprocal maize hybrids divergent for cold germination and desiccation tolerance. Plant Physiol. 129：974—992.

von Korff，M.，S. Grando，D. This，M. Baum，and S. Ceccarelli. 2008. Quantitative trait loci (QTL) associated with agronomic performance of barley under drought. Theor. Appl. Genet. 117: 653—669.

Lafitte, H. R. and B. Courtois. 2002. Interpreting cultivar × environment interactions for yield in upland rice assigning value to drought-adaptive traits. Crop Sci. 42: 1409—1420.

Lanceras, J. C., G. Pantuwan, B. Jongdee, and T. Toojinda. 2004. Quantitative trait loci associated with drought tolerance at reproductive stage in rice. Plant Physiol. 135: 384—399.

Laurie, D. A. 1997. Comparative genetics of flowering time. Plant Mol. Biol. 35: 167—177.

Laurie, D. A., N. Pratchett, J. H. Bezant, and J. W. Snape. 1994. Genetic analysis of a photoperiod response gene on the short arm of chromosome 2(2H) of *Hordeum vulgare* (barley). Heredity 72: 619—627.

Laurie, D. A., N. Pratchett, J. H. Bezant, and J. W. Snape. 1995. RFLP mapping of five major genes and eight quantitative trait loci controlling flowering time in a winter × spring barley (*Hordeum vulgare* L.) cross. Genome 38: 575—585.

Lawlor, D. W. and G. Cornic. 2002. Photosynthetic carbon assimilation and associated metabolism in relation to water deficits in higher plants. Plant Cell Environ. 25: 275—294.

Limin, A. E. and D. B. Fowler. 2006. Low-temperature tolerance and genetic potential in wheat (*Triticum aestivum* L.): response to photoperiod, vernalization, and plant development. Planta 224: 360—366.

Lin, C. S. and M. R. Binn. 1988. A superiority measure of cultivar performance for cultivar × location data. Can. J. Plant Sci. 68: 193—198.

Malosetti, M., J. Voltas, I. Romagosa, S. E. Ullrich, and F. A. van Eeuwijk. 2004. Mixed models including environmental variables for studying QTL by environment interaction. Euphytica 137: 139—145.

Masle, J., S. R. Gilmore, and G. D. Farquhar. 2005. The *ERECTA* gene regulates plant transpiration efficiency in *Arabidopsis*. Nature 436: 866—870.

Mazzucotelli, E., A. Tartari, L. Cattivelli, and G. Forlani. 2006. Metabolism of γ-aminobutyric acid during cold acclimation and freezing and its relationship to frost tolerance in barley and wheat. J. Exp. Bot. 57: 3755—3766.

Mazzucotelli, E., A. M. Mastrangelo, C. Crosatti, D. Guerra, A. M. Stanca, and L. Cattivelli. 2008. Abiotic stress response in plants: when post-transcriptional and post-translational regulations control transcription. Plant Sci. 174: 420—431.

McCarthy, J. J., O. F. Canziani, N. A. Leary, D. J. Dokken, and K. S. White (eds.). 2001. Climate Change 2001: Impacts, Adaptation, and Vulnerability. Cambridge University Press, Cambridge, UK.

McKersie, B. D., S. R. Bowley, E. Harjanto, and O. Leprice. 1996. Water-deficit tolerance and field performance of transgenic alfalfa overexpressing superoxide dismutase. Plant Physiol. 111: 1177—1181.

Miller, A. K., G. Galiba, and J. Dubcovsky. 2006. A cluster of 11 CBF transcription factors is located at the frost tolerance locus Fr-Am2 in Triticum monococcum. Mol. Genet. Genomics 275: 193—203.

Minella, E. and M. E. Sorrells. 1992. Aluminium tolerance in barley: genetic relationships among genotypes of diverse origin. Crop Sci. 32: 593—598.

Moinuddin, A., R. A. Fischer, K. D. Sayre, and M. P. Reynolds. 2005. Osmotic adjustment in wheat in relation to grain yield under water deficit environments. Agron. J. 97: 1062—1071.

Morgan, J. M. 2000. Increases in grain yield of wheat by breeding for an osmoregulation gene: relationship to water supplies and evaporative demand. Aust. J. Agric. Res. 51: 971—978.

Morgan, J. M. and M. K. Tan. 1996. Chromosomal location of a wheat osmoregulation gene using RFLP analysis. Aust. J. Plant Physiol. 23: 803—806.

Motzo, R., F. Giunta, and M. Deidda. 2001. Factors affecting the genotype × environment interaction in spring triticale grown in a Mediterranean environment. Euphytica 121: 317—324.

Nguyen, T. T., N. Klueva, V. Chamareck, A. Aarti, G. Magpantay, A. C. Millena, M. S. Pathan, and H. T. Nguyen. 2004. Saturation mapping of QTL regions and identification of putative candidate genes for drought tolerance in rice. Mol. Genet. Genomics 272: 35—46.

Niyogi, K. K. 1999. Photoprotection revisited: genetic and molecular approaches. Ann. Rev. Plant Physiol. Plant Mol. Biol. 50: 333—359.

van Oosterom, E. J., D. Kleijn, S. Ceccarelli, and M. M. Nachit. 1993. Genotype-by-environment interactions of barley in the Mediterranean region. Crop Sci. 33: 669—674.

Pallotta, M. A., R. D. Graham, P. P. Langridge, D. H. B. Sparrow, and S. J. Barker. 2000. RFLP mapping of manganese efficiency in barley. Theor. Appl. Genet. 101: 1100—1108.

Park, S., J. Li, J. K. Pittman, G. A. Berkowitz, H. Yang, S. Undurraga, J. Morris, K. D. Hirschi, and R. A. Gaxiola. 2005. Up-regulation of a H^+-pyrophosphatase (H^+-PPase) as a strategy to engineer drought-resistant crop plants. Proc. Natl. Acad. Sci. U. S. A. 102: 18830—18835.

Parry, M. L., OF Canziani, J. P., Palutikof, P. J., van der Linden, and C. E. Hanson (eds.). 2007. Climate Change 2007: Impacts, Adaptation and Vulnerability. Contribution of Working Group II to the Fourth Assessment Report of the Intergovernmental Panel on Climate Change. Cambridge University Press, Cambridge, UK.

Passioura, J. B. 1996. Drought and drought tolerance. Plant Growth Reg. 20: 79—83.

Peleman, J. D. and J. R. Van der Voort. 2003. Breeding by design. Trends Plant Sci. 8: 330—334.

Pellegrineschi, A., M. Reynolds, M. Pacheco, R. M. Brito, R. Almeraya, K. Yamaguchi-

Shinozaki, and D. Hoisington. 2004. Stress-induced expression in wheat of the *Arabidopsis thaliana* DREBIA gene delays water stress symptoms under greenhouse conditions. Genome 47：493－500.

Podlich, D. W. , C. R. Winkler, and M. Cooper. 2004. Mapping as you go: an effective approach for marker-assisted selection of complex traits. Crop Sci. 44：1560－1571.

Pswarayi, A. , F. A. van Eeuwijk, S. Ceccarelli, S. Grando, J. Comadran, J. R. Russell, E. Francia, N. Pecchioni, O. L. Destri, T. Akar, A. Al-Yassin, A. Benbelkacem, W. Choumane, M. Karrou, H. Ouabbou, J. Bort, J. L. Araus, J. L. Molina-Cano, W. T. B. , Thomas, and l. Romagosa. 2008a. Barley adaptation and improvement in the Mediterranean basin Plant Breed. 127：554－560.

Pswarayi, A. , F. A. van Eeuwijk, S. Ceccarelli, S. Grando, J. Comadran, J. R. Russell, N. Pecchioni, A. Tondelli, T. Akar, A. Al-Yassin, A. Benbelkacem, H. Ouabbou, Mr. T. B. Thomas, and I. Romagosa. 2008b. Differential expression of yield QTL under low and high yield potential Mediterranean environments in barley. Euphytica 163：435－447.

Raman, H. , A. Karakousis, J. S. Moroni, R. Raman, B. J. Read, D. F. Garvin, L. V. Kochian, and M. E. Sorrels. 2003. Development and allele diversity of microsatellite markers linked to the aluminium tolerance gene, Alp in barley. Aust. J. Agric. Res. 54：1315－1321.

Ramanjulu, S. and D. Bartels. 2002. Drought-and desiccation-induced modulation of gene expression in plants. Plant Cell Environ. 25：141－151.

Rebetzke, G. J. , A. G. Condon, R. A. Richards, and G. D. Farquhar. 2002. Selection for reduced carbon isotope discrimination increases aerial biomass and grain yield of rainfed bread wheat. Crop Sci. 42：739－745.

Reddy, A. R. , K. V. Chaitanya, and M. Vivekanandan. 2004. Drought-induced responses of photo synthesis and antioxidant metabolism in higher plants. J. Plant Physiol. 161：1189－1202.

Reinheimer, J. L. , A. R. Barr, and J. K. Eglinton. 2004. QTL mapping of chromosomal regions conferring reproductive frost tolerance in barley (*Hordeum vulgare* L.) Theor. Appl. Genet. 109：1267－1274.

Reymond, M. , B. Muller, A. Leopardi, A. Charcosset, and F. Taidieu. 2003. Combining quantitative trait loci analysis and an ecophysiological model to analyze the genetic variability of the responses of maize leaf growth to temperature and water deficit. Plant Physiol. 131：664－675.

Ribaut, J. M. and M. Ragot. 2007. Marker-assisted selection to improve drought adaptation in maize: the backcross approach, perspectives, limitations, and alternatives. J. Exp. Bot. 58：351－360.

Richards, R. A. 1996. Defining selection criteria to improve yield under drought. Plant Growth Reg. 20：157－166.

Richards, R. A. 2006. Physiological traits used in the breeding of new cultivars for water-scarce environments. Agric. Water Manag. 80: 197—211.

Rizza, F., F. W. Badeck, L. Cattivelli, O. Lidestri, N. D. Fonzo, and A. M. Stanca. 2004. Use of a water stress index to identify barley genotypes adapted to rainfed and irrigated conditions. Crop Sci. 44: 2127—2137.

Robin, S., M. S. Pathan, B. Courtois, R. Lafitte, S. Carandang, S. Lanceras, M. Amante, H. T. Nguyen, and Z. Li. 2003. Mapping osmotic adjustment in an advanced back-cross inbred population of rice. Theor. Appl. Genet. 107: 1288—1296.

Romagosa, I., F. van Eeuwijk, and W. T. B. Thomas. 2009. Statistical analyses of genotype by environment data, pp. 291—331. *In* M. Carena (ed.). Cereals. Handbook of Plant Breeding, Vol. 3. Springer, Secaucus, NJ.

Royo, C., A. Rodríguez, and I. Romagosa. 1993. Differential adaptation of complete and substituted triticale. Plant Breed. 111: 113—119.

Saijo, Y., S. Hata, J. Kyozuka, K. SFiimamoto, and K. Izui. 2000. Over-expression of a single Ca^{2+}-depcndent protein kinase confers both cold and salt/drought tolerance on rice plants. Plant J. 23: 319—327.

Salvi, S. and R. Tuberosa. 2005. To clone or not to clone plant QTLs: present and future challenges. Trends Plant Sci. 10: 297—304.

Saranga, Y., C. X. Jiang, R. J. Wright, D. Yakir, and A. H. Paterson. 2004. Genetic dissection of cotton physiological responses to arid conditions and their inter-relationships with productivity. Plant Cell Fnviron. 27: 263—277.

Schachtman, D. and W. Liu. 1999. Molecular pieces to the puzzle of the interaction between potassium and sodium uptake in plants. Trends Plant Sci. 4: 281—287.

Serraj, R. and T. R. Sinclair. 2002. Osmolyte accumulation: can it really increase crop yield under drought conditions? Plant Cell Environ. 25: 333—341.

Sharp, R. E., V. Poroyko, L. G. Hejlek, W. G. Spollen, G. K. Springer, H. J. Bohnert and T. Nguyen. 2004. Root growth maintenance during water deficits: physiology to functional genomics. J. Exp. Bot. 55: 2343—2351.

Shen, B., R. G. Jen. sen, and H. J. Bohnert. 1997. Increased resistance to oxidative stress in transgenic plants by targeting mannitol biosynthesis to chloroplasts. Plant Physiol. 113: 1177—1183.

Siddique, K. H. M., D. Tennant, M. W. Perry, and R. K. Belford. 1990. Water use and water use efficiency of old and modern wheat cultivars in a Mediterranean-type environment. Aust. J. Agric. Res. 41: 431—447.

Sinclair, T. R. and R. C. Muchow. 2001. System analysis of plant traits to increase grain yield on limited water supplies. Agron. J. 93: 263—270.

Skinner, J. S., P. Szucs, J. von Zitzewitz, L. Marquez-Cedillo, T. Filichkin, K. Amundsen, E. J. Stockinger, M. F. Thomashow, T. H. Chen, and P. M. Hayes. 2005. Structural, functional, and phylogenetic characterization of a large *CBF* gene family in barley. Plant Mol. Biol. 59: 533—551.

Slafer, G. A. and E. M. Whitechurch. 2001. Manipulating wheat development to improve adaptation and to search for alternative opportunities to increase yield potential, pp. 160—170. *In* M. P. Reynolds, J. I. Ortiz-Monasterio, and A. McNab (eds.). Application of Physiology on Plant Breeding. CYMMIT, Mexico, DF, Mexico.

Slafer, G. A., E. H. Satorre, and H. Andrade. 1994. Increases in grain yield in bread wheat from breeding and associated physiological changes, pp. 1—67. *In* G. A. Slafer (ed.). Genetic Improvement of Field Crops. Marcel Dekker, New York.

Slafer, G. A., J. L. Araus, C. Royo, and L. F. G. Del Moral. 2005. Promising eco-physiological traits for genetic improvement of cereal yields in Mediterranean environments. Ann. Appl. Biol. 146: 61—70.

Stanca, A. M., I. Romagosa, K. Takeda, T. Lundborg, V. Terzi, and L. Carttivelli, 2003. Diversity in abiotic stresses, pp. 179—199. *In.* R. von Bothmer, H. Knüpffer, T. van Hintum, and K. Sato (eds.). Diversity in Barley (*Hordeum vulgare* L.). Elsevier, Amsterdam.

Stockinger, E. J., J. S. Skinner, K. G. Gardner, F. Francia, and N. Pecchioni. 2007. Expression levels of barley *Cbf* genes at the *Frost resistance-H2* locus are dependent upon alleles at *Fr-H1* and *Fr-H2*. Plant J. 51: 308—321.

Sutton, T., U. Baumann, J. Hayes, N. C. Collins, B. J. Shi, T. Schnurbusch, A. Hay, G. Mayo, M. Pallotta, M. Tester, and P. Langridge. 2007. Boron toxicity tolerance in barley arising from efflux transporter amplification. Science 318: 1446—1449.

Svensson, J. T., C. Crosatti, C. Campoli, R. Bassi, A. M. Stanca, T. J. Close, and L. Cattivelli. 2006. Transcriptome analysis of cold acclimation in barley *albina.* and *xantha* mutants. Plant Physiol. 141: 257—270.

Tambussi, E. A., S. Nogues, P. Ferrio, J. Voltas, and J. L. Araus. 2005. Does higher yield potential improve barley performance in Mediterranean conditions? A case study. Field Crop Res. 91: 149—160.

Tanksley, S. and J. Nelson. 1996. Advanced backcross QTL analysis: a method for the simultaneous discovery, and transfer of valuable QTLs from unadapted germplasm into elite breeding lines. Theor. Appl. Genet. 92: 191—203.

Tanksley, S. D. and S. R. McCouch. 1997. Seed banks and molecular maps: unlocking genetic potential from the wild. Science 277: 1063—1066.

Teulat, B., P. Monneveux, J. Wery, C. Borrics, I. Souyris, A. Charrier, and D. This. 1997. Relationship between relative water content and growth parameters under water stress in barley: a QTL study. New Phytol. 137: 99—107.

Teulat, B., D. This, M. Khairallah, C. Borries, C. Ragot, P. Sourdille, P. Leroy, P. Monneveux, and A. Charrier. 1998. Several QTIs involved in osmotic adjustment trait variation in barley (*Hordeum. vulgare* L.). Theor. Appl. Genet. 96: 688—698.

Teulat, B., C. Borries, and D. This. 200la. New, QTLs identified for plant water status, water-soluble carbohydrate and osmotic adjustment in a barley population grown in a growth-chamber under two water regimes. Theor. Appl. Genet. 103：161—170.

Teulat，B.，O. Merah，I. Souyris，and D. This. 2001b. QTLs for agronomic traits from Mediterranean barley progeny grown in several environments. Theor. Appl. Genet. 103：774—787.

Teulat，B.，O. Merah，X. Sirault，C. Borries，R. Waugh，and D. This. 2002. QTLs for grain carbon isotope discrimination in field-grown barley. Theor. Appl. Genet. 106：118—126.

Teulat，B.，N. Zoumarou-Wallis，B. Rotter，M. Ben Salerem，H. Bahri，and D. This. 2003. QTL for relative water content in field-grown barley and their stability across Mediterranean environments. Theor. Appl. Genet. 108：181—188.

Tondelli，A.，E. Francia，D. Barabaschi，A. Aprile，J. S. Skinner，E. J. Stockinger，A. M. Stanca，and N. Pecchioni. 2006. Mapping regulatory genes as candidates for cold and drought stress tolerance in barley. Theor. Appl. Genet. 112：445—454.

Tong，Y. P.，Z. Rengel，and R. D. Graham. 1997. Interactions between nitrogen and manganese nutrition of barley genotypes differing in manganese efficiency. Ann. Bot. 79：53—58.

Trethowan，R. M.，M. van Ginkel，and S. Rajaram. 2002. Progress in breeding wheat for yield and adaptation in global drought affected environments. Crop Sci. 42：1441—1446.

Tuberosa，R. and S. Salvi. 2006. Genomics-based approaches to improve drought tolerance of crops. Trends Plant Sci. 11：405—412.

Tubiello，F. N.，M. Donatelli，C. Rosenzweig，and C. O. Stockle. 2000. Effects of climate change and elevated CO_2 on cropping systems：model predictions at two Italian locations. Eur. J. Agric. 13：179—189.

Turner，N. C.，S. Abbo，J. D. Berger，S. K. Chaturvedi，R. J. French，C. Ludwig，D. M. Mannur，S. J. Singh，and H. S. Yadava. 2007. Osmotic adjustment in chickpea (*Cicer arietinum* L.) results in no yield benefit under terminal drought. J. Exp. Bot. 58：187—194.

Tyerman，S. D.，C. M. Niemietz，and H. Bramley. 2002. Plant aquaporins：multifunctional water and solute channels with expanding roles. Plant Cell Environ. 25：173—194.

Vágújfalvi，A.，C. Crosatti，G. Galiba，J. Dubcovsky，and L. Cattivelli. 2000. Two loci on wheat chromosome 5A regulate the differential cold-dependent expression of the *cor14b* gene in frost tolerant and sensitive genotypes. Mol. Gen. Genet. 263：194—200.

Vágújfalvi，A.，G. Galiba，L. Cattivelli，and J. Dubcovsky. 2003. The cold-regulated transcriptional activator Cbf3 is linked to the frost-tolerance locus Fr-A2 on wheat chromosome 5A. Mol. Genet. Genomics 269：60—67.

Vargas，M.，J. Crossa，F. A. van Eeuwijk，M. F. Ramirez，and K. Sayre. 1999. Using AMMI，factorial regression，and partial least squares regression models for interpreting genotype × environment interaction. Crop Sci. 39：955—967.

Vazquez-Tello, A., F. Ouellet, and F. Sarhan. 1998. Low temperature-stimulated phosphorylation regulates the binding of nuclear factors to the promoter of Wcs120, a cold-specific gene in wheat. Mol. Gen. Genet. 257: 157—166.

Verma, V., M. J. Foulkes, A. J. Worland, R. Sylvester-Bradley, P. D. S. Caligari, and J. W. Snape. 2004. Mapping quantitative trait loci for flag leaf senescence as a yield determinant in winter wheat under optimal and drought-stressed environments. Euphytica 135: 255—263.

Vinocur, B. and A. Altman. 2005. Recent advances in engineering plant tolerance to abiotic stress: achievements and limitations. Curr. Opin. Biotech. 16: 23—132.

Voltas, J., F. A. van Eeuwijk, J. L. Araus, and I. Romagosa. 1999a. Integrating statistical and ecophysiological analysis of genotype by environment interaction for grain filling of barley in Mediterranean areas II. Grain growth. Field Crop Rcs. 62: 75—84.

Voltas, J., F. A. van Eeuwijk, A. Sombrero, A. Lafarga, E. Igartua, and I. Romagosa. 1999b. Integrating statistical and ecophysiological analysis of genotype by environment interaction for grain filling of barley in Mediterranean areas I. Individual grain weight. Field Crop Res. 62: 63—74.

Voltas, J., F. van Eeuwijk, E. Igartua, L. F. Garcia del Moral, J. L. Molina-Cano, and I. Romagosa. 2002. Genotype by environment interaction and adaptation in barley breeding: basic concepts and methods of analysis, pp. 205—241. *In* G. A. Slafer, J. L. Molina-Cano, R. Savin, J. L. Araus, and I. Romagosa (eds.). Barley Science: Recent Advances from Molecular Biology to Agronomy of Yield and Quality. Haworth Press, Binghamton, NY.

Wade, M. J. 2002. A gene's eye view of epistasis, selection and speciation. J. Evol. Biol. 15: 337—346.

Walter, A. and U. Shurr. 2005. Dynamics of leaf and root growth: endogenous control versus environmental impact. Ann. Bot. 95: 891—900.

Wang, W., B. Vinocur, and A. Altman. 2003. Plant response to drought, salinity and extreme temperatures: toward genetic engineering for stress tolerance. Planta 218: 1—14.

Wang, Y., J. Ying, M. Kuzma, M. Chalifoux, A. Sample, C. McArthur, T. Uchacz, C. Sarvas, J. Wan, D. T. Tennis, P. McCourt, and Y. Huang. 2005. Molecular tailoring of farnesylation for plant drought tolerance and yield protection. Plant J. 43: 413—424.

Worland, A. J. 1996. The influence off lowering time genes on environmental adaptability in European wheats. Euphytica 89: 49—57.

Xiao, B., Y. Huang, N. Tang, and L. Xiong. 2007. Over-expression of a *LEA* gene in rice improves drought resistance under the field conditions. Theor. Appl. Genet. 115: 5—46.

Xue, G. P. 2003. The DNA-binding activity of an AP2 transcriptional activator HvCBF2 involved in regulation of low-temperature responsive genes in barley is modulated by temperature. Plant J. 33: 373—383.

Xue, G. P., C. L. McIntyre, S. Chapman, N. I. Bower, H. Way, A. Reverter, B. Clarke, and R. Shorter. 2006. Differential gene expression of wheat progeny with contrasting levels of transpiration efficiency. Plant Mol. Biol. 61：863—881.

Yadav，O. P. and S. K. Bhatnagar. 2001. Evaluation of indices for identification of pearl millet cultivars adapted to stress and non-stress conditions. Field Crop Res. 70：201—208.

Yamaguchi-Shinozaki，K. and K. Shinozaki. 2006. Transcriptional regulatory networks in cellular responses and tolerance to dehydration and cold stresses. Ann. Rev. Plant Biol. 57：781—803.

Yan，W. and M. S. Kang（eds.）. 2003. GGE Biplot Analysis：a Graphical Tool for Breeders，Geneticists，and Agronomists. CRC Press，Boca Raton，FL.

Yan，W.，L. A. Hunt，Q. Sheng，and Z. Szlavnics. 2000. Cultivar evaluation and mega-environment investigation based on the GGE biplot. Crop Sci. 40：597—605.

Yan，L.，A. Loukoianov，G. Tranquilli，M. Helguera，T. Fahima，and J. Dubcovsky. 2003. Positional cloning of the wheat vernalization gene *VRN*1. Proc. Natl. Acad. Sci. U. S. A. 100：6263—6268.

Yan，J.，C. He，J. Wang，Z. Mao，S. A. Holaday，R. D. Allen，and H. Zhang. 2004a. Overexpression of the *Arabidopsis* 14-3-3 protein GF14 lambda in cotton leads to a "staygreen" phenotype and improves stress tolerance under moderate drought conditions. Plant Cell Physiol. 45：1007—1014.

Yan，L.，A. Loukoianov，A. Blechl，G. Tranquilli，W. Ramakrishna，P. SanMiguel，J. L. Bennetzen，V. Echenique，and J. Dubcovsky. 2004b. The wheat *VRN*2 gene is a flowering repressor down-regulated by vernalization. Science 303：1640—1644.

Yan，L.，D. Fu，C. Li，A. Blechl，G. Tranquilli，M. Bonafede，A. Sanchez，M. Valarik，and J. Dubcovsky. 2006. The wheat and barley vernalization gene *VRN*3 is an orthologue of FT. Proc. Natl. Acad. Sci. U. S. A. 103：19581—19586.

Zhang，J.，H. G. Zheng，A. Aarti，G. Pantuwan，T. T. Nguyen，J. N. Tripathy，A. K. Sarial，S. Robin，R. C. Babu，B. D. Nguyen，S. Sarkarung，A. Blum，and H. T. Nguyen. 2001. Locating genomic regions associated with components of drought resistance in rice：comparative mapping within and across species. Theor. Appl. Genet. 103：19—29.

Zheng B. S.，L. Yang，W. P. Zhang，C. Z. Mao，Y. R. Wu，K. K. Yi，F. Y. Liu，and P. Wu. 2003. Mapping QTLs and candidate genes for rice root traits under different water-supply conditions and comparative analysis across three populations. Theor. Appl. Genet. 107：1505—1515.

Zhu，B. C.，J. Su，M. C. Chan，D. P. S. Verma，Y. L. Fan，and R. Wu. 1998. Overexpression of a δ-pyrroline-5-carboxylate synthetase gene and analysis of tolerance to water-stress ans salt-stress in transgenic rice. Plant Sci. 25：41—48.

von Zitzewitz，J.，P. Szucs，J. Dubcovsky，L. Yan，E. Francia，N. Pecchioni，A. Casas，T. H. H. Chen，P. M. Hayes，and J. S. Skinner. 2005. Molecular and structural characterization of barley vernalization genes. Plant Mol. Biol. 59：449—467.

11

大麦生物胁迫:疾病问题与防治对策

Timothy C. Paulitz, Brian J. Steffenson

1. 前言

大麦(*Hordeum vulgare* L.)是分布最广泛的主要栽培作物之一,从热带到高纬度地区、从沿海海拔到 4750 米的广阔地带都有大麦种植;在盐碱地及易发生干旱或冷害的地区,大麦产量常远高于其他谷类作物(Mathre,1997)。宽泛的生长环境决定了大麦可能遭受不同的植物病原菌和疾病的威胁。自然界存在数以万计的潜在的植物病原微生物,对其具有抗性就意味着能够存活,敏感则会被植物界淘汰。美国记载的大麦病源菌有 125 多种(Farr 等,1989)。Mathre(1997)在《大麦疾病汇编》(*Compendium of Barley Diseases*)一书中列举了由传染性病原体导致的 80 种疾病,但是只有其中的少量疾病会常年发生并导致大范围经济损失。

植物病原菌主要分为四类:真菌、病毒、线虫和细菌。真菌和真菌类生物(卵菌类)是目前最为普遍的植物病原菌,它们属异养生物,需要从植物或有机体中获得营养。一些真菌,比如锈菌和白粉病菌是专性寄生物或活体营养真菌(*Biotrophs*),只能寄生在活的植物上生长和繁殖。其他大部分真菌是兼性寄生菌(*Facultative parasitic fungus*),具有腐生性(*Saprotrophic fungus*,生活在死的有机体上,从已死亡的有机残体获得营养),当遇到植物时即转变为寄生模式。一旦进入到植物体内,真菌即分泌降解酶和毒素,破坏细胞壁和其他复杂的植物细胞组织,从而吸收利用降解的小分子物质。真菌形成丝状菌丝和菌丝体,通过生成孢子繁殖,病菌孢子主要借风雨传播。它们可以直接入侵,或通过一些天然的开口(如气孔)进入植物体内。大麦上大多数的真菌类病原体都侵染叶片。然而,一些病原菌主要生活在土壤中,它们侵染的部分包括植物根系、种子和植株稍基部的茎或花冠。

很多根系和叶片病原菌是杀生性真菌(*Necrotrophs*),首先靠自身能力杀死寄主的局部组织然后在死组织上生长发育。一些叶片病原菌，如网斑病病菌(*Pyrenophora teres*)是半活体真菌，开始生活于活的寄主细胞或组织中，之后扩散到死体组织。在没有寄主或不利环境条件下，土传的真菌通过形成厚壁黑化的抗性孢子比如厚壁孢子或菌核存活下来，在随后的生长季，这些休眠的组织将会萌发，感染根系。当植物根系或种子与这些土壤中休眠的孢子距离较近时，植物的分泌物会刺激孢子的萌发并使它趋化性地向着根系方向生长。卵菌和一些原始真菌也能形成会移动的游动型孢子(称为游走孢子)，表现为趋化作用，沿着营养梯度向着根系运动。

叶片病原菌的菌丝体存活在作物残茬和子实体中，比如子囊壳或闭囊壳；或者有耐性的孢子被冲到土壤中，如冬孢子或分生孢子。病菌孢子借风雨传播到叶片表面后再侵染。这些孢子包括分生孢子、夏孢子(如锈病)或者有性孢子如囊孢子。

病毒是大麦上最简单的病原菌，由核酸和蛋白质组成。它们是亚微观的，只能在电子显微镜下才可看到。病毒是专性寄生物，通过破坏活体寄主细胞的新陈代谢机制进行繁殖产生更多的病毒体。大多数病毒呈球状或杆状，通过昆虫媒介、花粉、种子和机械接触传播。它们在昆虫或植物寄主中连续存活下来。

线虫是细微的无脊椎蠕虫状生物。它们有一个复杂的神经、消化和繁殖系统。线虫通过水膜和水浸的小孔进入土壤，在根系表层(体外寄生虫)或内部(体内寄生虫)取食。一些线虫在进入到根系后就不再迁徙，而是通过改变植物细胞建立一个取食部位从而吸取营养。线虫的嘴部有一个口针装置，它是中空的针状食用构造，可以刺入根系细胞内部，将分泌物注入细胞内，并吸食植物的营养。大多数线虫的整个生命周期主要在土壤中，但也有一些线虫可以迁移到植物叶片组织甚至包括种子。

细菌是原核生物，单细胞微生物，用肉眼无法看见，需要用显微镜来观察，且大多数呈杆状。细菌以非常快速的分裂生殖进行繁殖。细菌主要通过昆虫媒介、雨水和机械方式(如机器)作为传播途径。它们通过植物本身的的自然开口/缝隙或伤口进入其体内。细菌通过寄生在感染后的植物残茬、种子和草类寄主上过冬。

迄今有关大麦疾病的文献专著，最著名的是1997年Mathre著的《大麦疾病汇编》和1985年美国农学会系列丛书《大麦》中Kiesling编写的相关章节。另外，许多大麦疾病的详细资料可以参见有关大田作物疾病的出版物，如Bailey(2003)编著的《加拿大大田作物疾病》(*Diseases of Field Crops in Canada*)和Wallwork(1992)编著的《禾谷类作物叶和茎疾病》(*Cereal Leaf and Stem Diseases*)。另外，还有专门关于谷类疾病的专著，如D'Arcy和Burnett(1995)的《大麦黄矮病:40年进展》(*Barley Yellow Dwarf: 40 Years of Progress*)与Leonard和Bushnell(2003)的《大小麦赤霉病》(*Fusarium Head Blight of Wheat and Barley*)。本章的主要目的是简述世界范围内大麦的主要病害，并着重于北美地区的状况。主要基于栽培方式和基因技术控制疾病的管理方式，本综述突出了疾病、症状学、流行病学以及病原生物学的普遍重要性。全文分大麦叶片、根系和穗部疾病三部分(节)，每节包括不同病原体种群造成的疾病。在叶部病原菌章节，讨论了每种病害的控制技术。但是对于根系和穗部病原菌，很多疾病的控制技术类似，将在本章的最后部分阐述。

2. 大麦叶部病害

(1) 赤霉病(Fusarium head blight，FHB)

大麦赤霉病是世界温暖潮湿和半潮湿地区麦田广泛发生的一种毁灭性病害。在亚洲东部地区流行，20 世纪 90 年代在北美甚至南美和欧洲地区暴发，对大麦造成严重影响(Steffenson 2003)。曾发生在美国与加拿大的红河峡谷地区的赤霉病，其所造成的空前经济损失超过了这个地区的历史水平(Steffenson, 1998；Windels,2000)，导致该地区大麦种植面积急剧减少，至今仍未得到恢复。赤霉病导致超过 40％的减少(Perkowski 等，1995)，同时影响籽粒饱满度、麦芽浸出率和发芽力等麦芽品质参数(Schwarz,2003)。而且镰刀菌感染的麦芽可能造成啤酒的酸败与泡沫过多。多种镰刀菌可引起赤霉病，最严重的后果之一是赤霉病为害后还可产生多种霉菌毒素(植物砒类)，并残留在感病籽粒，这些毒素对人和动物，尤其是猪类有害。人在消化含有毒性物质即霉菌毒素污染的谷物时(如脱氧瓜蒌镰菌醇)会造成急性中毒症状(Steffenson,2003)，猪的中毒症状是呕吐与高雌性素症(Joffe,1986)。由于霉菌毒素对终端利用者带来了许多问题，因此，谷类交易中严格规定对霉菌毒素的检测及标准规范，霉菌毒素的检测和控制在食品安全体系尤其对于谷物饲料安全具有重要的地位。外表丰满健康的谷粒即使毒素含量很低(如 1 mg/kg)，也会因此价格大跌。由于赤霉病为害带来的严重经济损失和生产者与最终消费者关注加工以及食物/饲料安全问题，与其他生物胁迫相比，使得其发病为害区的很多大麦生产者和病理学家将更多的研究精力集中在缓解这种病害的不良影响上(Steffenson,1998)。

自大麦穗从旗叶叶鞘伸出开始，就会受到镰刀菌种的侵染。一般来说，感染谷粒是局部的并分散在整个穗部(Tekauz 等，2000)(见图 11.1)，这与小麦的为害情况不同，小麦穗部四分之一甚至更多的相连区域可能出现症状感染。镰刀菌可以通过外稃与内稃间重叠的缝隙甚至小花的顶点开口处进入小花(Skadsen 和 Hohn,2004；Lewandowski 等，2006)。此后，颖果会受到侵染。首先出现的症状通常是谷粒下部有黄褐色变成深褐色的损伤(图 11.2)。在温暖湿润环境下，这些感染能在几天之内散布到整个谷粒。早期感染可造成小花完全不育，穗部变细小，常造成严重的产量损失。

图 11.1　遭受严重赤霉病感染的二棱大麦

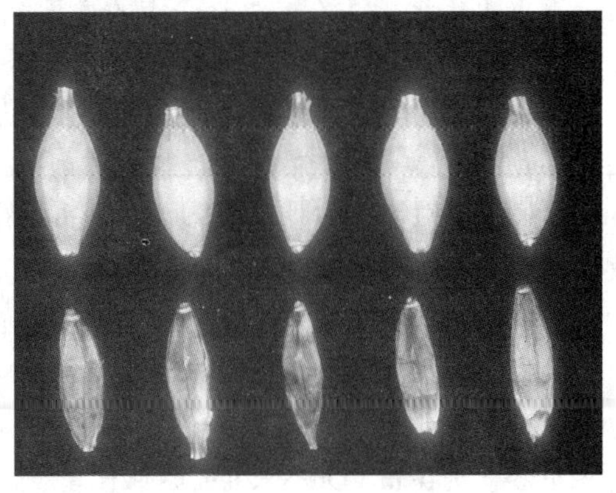

图 11.2　温室 *F. graminearum* 接种实验中感染赤霉病大麦籽粒(下排)与健康无病籽粒(上排)的比较

相反，后期感染可能对产量造成的损失不是太大，但是如果谷粒感染了毒素，损失也会很高。除这些症状外，这种病菌的症状也易于诊断。粉红色至鲜红色块状的镰刀菌丝体和分生孢子往往在谷粒上可以看到，就像玉米赤霉菌有性时期的微黑色子囊(图 11.3)。在高湿环境下，镰刀菌丝体具有扩散性，能从谷粒的外面侵入并扩散到整个穗部(图 11.4)。

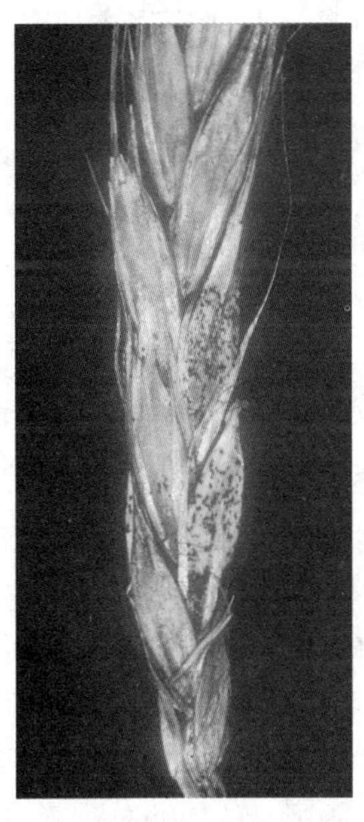

图 11.3　遭受严重赤霉病感染的大麦穗部

图 11.4　遭受严重赤霉属菌丝体感染的大麦穗部

在世界很多地方，导致赤霉病的主要病原体包括禾谷镰刀菌（telomorph：*G. zeae*）、黄色镰刀菌（*Fusarium culmorum*）、燕麦镰刀菌（telomorph：*Gibberella avenacea*）、假分枝镰刀菌（*Fusarium sporotrichioides*）、梨孢镰刀菌（*Fusarium poae*）和克鲁克威尔镰刀菌（*Fusarium crookwellense*）（Koizumi 等，1991；Parry 等，1995；Salas 等，1999；Tekauz 等，2000；Xue 等，2006）。对大麦来说，这些镰刀菌种具有不同程度的致病性，但在温室接种条件下，其中禾谷镰刀菌、黄色镰刀菌和克鲁克威尔镰刀菌诱发的病害最严重（Salas 等，1999；Xue 等，2006）。在玉米产区，禾谷镰刀菌是最常见的赤霉病病原菌。在自然及人工接种条件下很容易培养禾谷镰刀菌。赤霉病病原体产生多种霉菌毒素，包括从脱氧瓜蒌镰刀菌醇（DON）和瓜蒌镰菌醇到 HT-2 和 T-2 毒素等（Joffe，1986）。与禾谷镰刀菌相关的最常见的毒素是脱氧瓜蒌镰刀菌醇，因此，生产者出售谷物前，谷物检验者必须检测脱氧瓜蒌镰刀菌醇。已有研究表明，分离得到的禾谷镰刀菌包括不同的化学型（产生各种毒素）（Goswami 和 Kistler，2004）。尽管对有些赤霉病病原体的毒性差异有过报道，但是像锈菌专一性的寄生物，不同种类的病原体分离小种与寄主品种之间的互作现象还未有报道（Takeda 和 Kanatani，1991）。除小粒谷类作物和玉米外，禾谷镰刀菌还能侵染许多草类植物。

禾谷镰刀菌和其他镰刀菌类以腐生菌形式存活在作物残茬中。由于玉米茎杆粗大，较耐腐烂，成为最大的有机培养基并因此成为赤霉病侵染的菌源。所以古谚语中讲到玉米之后要避免种植小粒谷类作物。尽管在寄主残茬上过冬的菌丝体上产生的分生孢子可能会造成早期侵染，在北纬度地区，子囊壳中产生的囊孢子是最主要的病菌来源。穗部受侵染后，分生孢子会形成二次扩散，但它对整个病害的形成影响甚微（Shanner，2003）。

造成近期北美地区赤霉病流行的主要原因是易染病品种的大面积推广、强致病病原菌的扩散以及适宜病害发生的气候条件（Tekauz 等，2000；Steffenson，2003）。赤霉病在过去的很多年中没有造成严重问题，因此选育大麦品种时未被考虑，导致其易感染。其次，广泛采用的保护性耕作使得田间有充足的寄主供赤霉病病原体成活和繁殖（Dill-Macky 和 Jones，2000）。最后一个造成赤霉病流行的关键因素是气候，早期潮湿天气可能是赤霉病流行能否发生的最关键因素。在美国西部半干旱地区，赤霉病病原菌虽很常见，敏感的大麦品种也广泛分布，然而流行病却很少；这个地区仅有的关于几次赤霉病流行的报道，发生在穗期灌溉且伴随着抽穗期多雨天气的大麦与小麦田；而仅有穗前河水灌溉的农田中却没有受到感染。因此，可见穗期灌溉加上频繁的自然降雨为赤霉病的传染提供了足够的湿度（Mihuata-Grimm 和 Forster，1989）。

尽管较低温度天气条件下赤霉病也会流行，但较高的温度（>25℃）能够加快赤霉病的传染速度。赤霉病是一种非常难以控制的疾病，即使在病害较轻情况下，也会因为霉菌毒素的出现使得粮食质量大打折扣，造成严重的经济损失(Steffenson,2003)。因此综合治理方法要求减少赤霉病和霉菌毒素对谷类的污染。这包括栽培措施、杀菌剂应用和寄主抗性。栽培措施能够减少病原体残留，因此减少赤霉病措施包括作物残茬翻耕和不敏感作物的轮作(Dill-Macky 和 Jones,2000)。鉴于潮湿天气环境对于赤霉病传染非常重要，在较干旱的地区种植大麦是另一个栽培措施，这样可以降低病害发生概率。事实上，自 20 世纪 90 年代美国中北部地区发生赤霉病流行后，大部分大麦生产转移到了更加干旱的西部地区。倒伏会加剧赤霉病的传染(Steffenson,2003；Nakajima 等,2008)，因此任何能够减少作物倒伏的措施，如减少氮肥施用，也有利于减少赤霉病感染。杀菌剂能够减少赤霉病的危害程度和谷粒上霉菌毒素的数量，然而效果不是很稳定(Jones,2000；Horsley 等,2006a)；但它仍然是综合治理方法的一个重要部分。减少赤霉病为害的最经济有效方法是培育抗性品种，但遗憾的是迄今尚未鉴定到高抗性的大麦种质。在小麦中，报道过的主要有两种抗赤霉病的类型。对早期感染的抗性可通过用菌种喷洒接种穗，再测定感染状况来评估(抗性 I)，或者可用针注射将菌源注入一个小花，从初步感染开始测定扩散程度(抗性 II)。小麦缺少后一种抗性，一个接种小花就可以毁掉整个穗部。对于菌源扩散，大麦本身具有一定程度的抗性，一个接种体小花不会纵向地扩散至毁掉整个穗部。六棱大麦中常发生穗轴节籽粒间的横向扩散，而纵向扩散非常少见(Tekauz 等,2000；Steffenson 和 Dahl,2004)。然而已经有关于大麦纵向扩散的品种间差异的报道(Zhu 等,1999)。很多大规模的大麦赤霉病抗性鉴定已经完成(Steffenson,2003)，抗性几率和水平在大麦中都较低。但是，找到了一些对赤霉病具有部分抗性的不同大麦品系及野生大麦种质(*H. vulgure subsp. spontaneum*)。一般来说，六棱大麦相对于二棱大麦对赤霉病更为敏感，但还不确定是否因为遗传性的敏感，还是因为其穗部结构特性使得其更易横向扩散。在中国和日本的一些地区，生产者更喜欢种植二棱大麦，因为六棱大麦更易受赤霉病侵害(Steffenson,2003；Choo,2009)。

现有研究显示，赤霉病抗性受复杂的数量性状控制。分子标记与传统遗传学研究表明，赤霉病抗性和 DON 积累是一个数量性状，在大多数情况下，由很多具有相对微效作用，并分布在整个大麦基因组的基因控制(de la Pena 等,1999；Zhu 等,1999；Ma 等,2000；Horsley 等,2006b)。研究表明赤霉病抗性具有很大范围的遗传值(0.31～0.81)。农艺(如抽穗期和株高)和穗部结构(如棱型、籽粒密度和穗角)性状可能影响大麦赤霉病感染的程度(Steffenson,2003；Yoshida 等,2005)。这就使得与抗赤霉病相关的数量性状位点(QTL)的鉴定比较复杂。

筛选抗赤霉病和低DON浓度的几乎每一方面都是费时、费力又费钱。因此,分子标记辅助选择正在被用来将抗性QTL转移至育种品系中。为了实现最大程度的赤霉病抗性,多抗QTLs正在被转到栽培品种中。具有部分赤霉病抗性的几个大麦品种已经允许在中国、日本、厄瓜多尔还有最近许可的美国和加拿大种植(Steffenson,1998;2003;Tekauz等,2000)。但是,只有结合采用其他防治措施,才能充分体现这些抗性品种的优点。

正在研究采用转基因技术(如用抗真菌蛋白转入大麦)改良大麦的赤霉病抗性(Daheen等,2001; Muehlbauer和Bushnell,2003)。如果一个特殊的转基因能够持久稳定的减少赤霉病和DON,在合理的转基因监管条例和消除市场障碍条件下,它最终就能在大田中推广应用。

(2)杆锈病(Stem rust)

杆锈病是小粒谷类作物中最严重的病害之一,其对作物造成的损害早在罗马时代就已有记录(Peterson,2001; Leonard和Szabo,2005)。由于小麦作为世界性主要粮食的重要性以及较易受侵染,大量文献描述了小麦杆锈病。相比而言,很少有关于大麦杆锈病的记载,尽管有时它也能造成严重的损失。在美国和加拿大的大平原地区、南美洲的部分地区、非洲东北部、俄国和澳大利亚,大麦杆锈病是一个非常重要的问题。通过推广具有持久抗性基因*Rpg*1的品种,大麦杆锈病在北美已得到控制,早在20世纪90年代,就有抗性基因具有毒性的生理小种(如QCCJ)报道,它们对晚播大麦造成了一些损失(Steffenson,1992)。在澳大利亚东北部,20世纪80年代初期发生了严重的杆锈病,是因为小麦和小黑麦形成的菌源量以及敏感大麦品种的大面积种植(Dill-Macky等,1991)。尽管在世界其他地区也有大麦杆锈病发生,但它常在生长后期侵染作物,因此造成的损失不大。一个对世界范围内的大麦造成威胁的新的杆锈病是TTKSK小种(又叫Ug99)。最早是1999年在乌干达发现这个小麦杆锈病病原菌(*Puccinia graminis* f. sp. *tritici*),它能够侵染世界上超过70%的小麦和大麦品种(Singh等,2008; Steffenson等,2009; Steffenson,未发表数据)。自从首次发现后,TTKSK小种已经扩散到非洲东部和南部的其他国家,现在又在中东地区发现(Nazari等,2009);不久的将来很可能扩散到其他主要谷类生产区。杆锈病能造成作物绝收。在澳大利亚和加拿大,杆锈病敏感的品种的损失超过50%(Dill-Macky等,1991; Harder和Legge,2000)。产量损失取决于籽粒大小和重量的减少以及与之相关的杆锈病侵染的严重性。

杆锈病主要危害植株的茎杆、叶鞘和穗梗。另外也可能在叶片、颖和芒部位发病感染。与大部分的锈病病菌一样,它只通过气孔侵染。因为带有明显破坏整个叶缘的砖红色夏孢子(脓包)病菌,杆锈病是大麦上最易认出的疾病之一

(图 11.5)。脓包周围可以看到白色受损的表皮边缘。杆锈病又叫"黑锈病"，因为感染后的大麦植株开始衰老，夏孢子逐渐变成黑色的冬孢子。

图 11.5　大麦上的杆锈病

大麦杆锈病由两种不同的病原菌造成：小麦叶锈菌(*P. graminis* f. sp. *tritici*)和黑麦杆锈菌(*P. graminis* f. sp. *secalis*)。尽管这些禾柄锈菌(*formae speciales of P. graminis*)的转化型分别在小麦和黑麦上发现，它们同样能感染大麦和很多其他禾本科物种。从历史角度来看，小麦杆锈病比黑麦杆锈病对大麦造成的影响更大(Roelfs，1985)。在澳大利亚，可能发现了一种小麦杆锈病与黑麦杆锈病的杂交种，它只感染大麦和一些非禾谷类草类(Luig，1985)。禾柄锈菌是一种转主寄生的长生活史型锈菌，具有 5 个孢子形成期。夏孢子堆和冬孢子堆的时期是在草类寄主上，而精子期和锈孢子期主要是在交替寄主—小檗属植物(*Berberis*)和十大功劳属植物(*Mahonia*)上转主寄生(Roelfs，1985)。在北美，近些年许多取自小檗属植物的杆锈菌是 *P. graminis* f. sp. *secalis*。在交替寄主上 *P. graminis* 能够进行有性杂交，在病原体群中产生新的毒性结合体。像其他锈菌和白粉菌一样，*P. graminis* 在机能上是活体营养的真菌，因此它需要一个活体寄主来生长和繁殖。然而，*P. graminis* 在严格控制的条件下已被培植于人工培养基上(Leonard 和 Szabo，2005)。

尽管这种孢子通常传播很短的距离，但小檗属和十大功劳属植物两种交替寄主可以在锈孢子状态时提供主要的菌源(Roelfs 等，1992b)。在大多数地区，夏孢子是杆锈病流行的最主要的菌源。杆锈真菌可以以夏孢子菌丝体或夏孢子堆在各种禾本科寄主上越季。从这些寄主上产生的夏孢子可以轻易的通过风传播几百英里或甚至几千英里的距离。在北美大平原，夏孢子从美国南部的越冬区域迁移，在北部地区沿着"柄锈菌属路径"侵染作物(Roelf 等 1992b)。持续到早上的大粒露水是夏孢子侵染的理想条件，但是干燥和有风的条件最有利于孢子散布。发芽和 *P. graminis* 夏孢子感染在宽范围温度条件下都可以进行，但最适温度是 15℃～20℃(Roelfs，1985；Roelfs 等，1992b)。一旦大麦开始被感染，在作物成熟前可以产生连续的几代夏孢子。

如果转主的寄主生长在大麦作物附近，大麦有被越冬麦秆上发芽冬孢子堆发育而来的冬孢子感染的危险，那么交替寄主应当被根除。这项举措可以消除早期和本地的菌源，并且可以减少病原体种群中新的有毒杂交种产生的机会。尽管这些交替寄主植物可能会在一些谷类作物种植地区再次出现，但是20世纪在美国中北部地区以消除小檗属植物为目标的国家计划是非常成功的。夏孢子有时能传播很远的距离，是秆锈病菌源最重要的来源。在温暖的气候条件下，*P. graminis* 夏孢子能够在大麦、小麦、黑麦和许多不同的禾本科植物上越季(Leonard 和 Szabo 2005)。这些有生命的"绿色"寄主植物的消除和抗秆锈谷类作物的种植可以减少菌源量(Roelfs 1985)。可以用来控制条锈病的栽培策略不多，但其中一项有效的措施是早播。因为秆锈病通常出现在生长周期后期，早播对于避免多个夏孢子代的损害是很重要的。化学控制是减少大麦秆锈病影响的另一个选择。有几种药剂在控制秆锈病上很有效，因此，如果没有抗性品种，他们可以在如发生 TTKSK 小种的情况下使用。

培育抗秆锈病的谷类作物已经超过一个世纪。在北美，在一个或几个抗性基因的品种推广应用后，小麦发生了几次惊人的秆锈流行。抗性育种"繁荣与萧条"的交替循环抗性育种最终采用将几个基因结合到单一品种中的策略。在大麦上有一特殊案例，一个单一基因(*Rpg*1)有效防止秆锈病损失的时间超过60年(Steffenson 1992)。尽管不时有抗该基因的病原体小种的出现，但是栽培品种中包含 *Rpg*1 基因仍然非常重要，因为它对很多常见的病原体小种广泛有效。TTKSK 小种威胁全世界的大麦和小麦，并且它传播很快(Singh 等，2008；Nazari 等，2009；Steffenson 等，2009)。除此之外，具有 TTKSK 小种血统的变种对小麦和大麦的抗性基因显现出其他毒性(Singh 等，2008；Jin 等，2009；Steffenson 等，2009)。显而易见的是，更多广泛来源的抗性需要导入到大麦中以保护其免受这种新秆锈病的威胁。在大麦中，虽然已经描述了至少8种主要秆锈抵抗性基因(Steffenson 等，2009)，但是还不清楚它们在抵抗不同病原体小种上的有效性是否广泛，尤其是在大田成株阶段。作为一个二倍体植物种，大麦在遗传学上容易受到许多病害的攻击，秆锈病也不例外。对大麦种质广泛的评估，只发现有少量品种对 QCCJ 小种具有抗性(Jin 等，1994)。幸运的是，近期对大麦种质抗 TTKSK 小种的评估中，已经在很多栽培品种、地方品种和野生大麦中鉴别出几个抗性基因型(Steffenson 等，2009)。一个联合的标记方法正被用于野生大麦和栽培大麦抗秆锈基因的鉴别和定位(Steffenson 等，2007；Steffenson 等，未发表数据)。已分离克隆了大麦抗秆锈基因 *Rpg*1、*rpg*4 和 *Rpg*5，并且已经进行了大量的分子研究以弄清楚它们抗性的来源(Kleinhofs 等，2009)。在不久的将来，也许可以策略性地给种植的栽培种导入一套嵌合的抗性基因。这些基因通过在离体下序列交换生成，具有更广的表达秆锈病抗性的潜能。有案例表明，合成两个亚麻抗锈基因并将其导入寄主中，发现其对锈病病原体具有不同的抗性(Dodds 等，2001；Howles 等，2005)。

(3)叶锈病(Leaf rust)

叶锈病是一种常见的大麦病害，世界大多数大麦生产区均有发现。这个病原体每年在大范围地区很少引起严重的流行病。取而代之，这个流行病常常在作物生长后期接近成熟的时候不定期的发生(Clifford,1985)。对于易感染的品种，如果菌源产生较早且量多，就很容易造成严重减产。易感大麦品种，实验条件下有减产超过60%的记录；但大田生产条件下减产30%的情况更加普遍(Clifford,1985; Cotterill 等,1992;Das 等,2007;Ochoa 和 Parlevliet,2007)。在大麦密植的栽培条件下叶锈病常常是较严重的问题。

夏孢子主要通过气孔侵染植物。最初的感染表现为叶片或叶鞘上有较小的枯黄斑点。病原体接下来穿过表皮，形成介于橙色和黄褐色间的夏孢子堆(图 11.6)，随着时间推移颜色可能变暗。有时颖和芒也会被感染，尤其是在生长后期(Clifford,1985)。叶锈病夏孢子堆与茎锈病夏孢子堆相比可被辨别，它呈淡黄色，更小且更接近于椭圆形。禾冠锈病是大麦另外一种锈病，可以通过其明显的淡橙色和线状的夏孢子堆以及枯萎的叶边与叶锈病辨别出来(Mathre,1997;Jin 和 Steffenson,1999)。随着感病大麦的逐渐成熟，叶锈病夏孢子堆逐渐转变为黑褐色的冬孢子堆。这是叶锈病又常被称为“褐锈病”的原因。

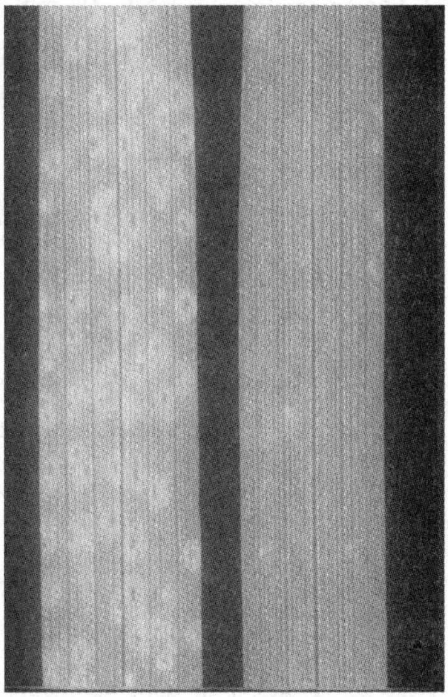

图 11.6 温室接种试验敏感(左)和抗性(右)大麦品种幼苗叶片上的叶

大麦叶锈病是由大麦柄锈菌(*Puccinia hordei*)引起的真菌病害，它是一种转主寄生的大环状锈菌。锈菌夏孢子和冬孢子的孢子阶段是在大麦和多种野生大麦属上进行的，但是锈菌性孢子和锈孢子阶段发生在百合科的几个属的转主寄主上，包括虎眼万年青属(*Ornithogalum*)、蓝蓬花属(*Leopolidia*)和迪卡迪属(*Dipcadi*)(Clifford,1985)。分离感染转主寄主的叶锈菌可以进行有性杂交，会产生新的生理小种。实际上从虎眼万年青属产生的有性繁殖群体(Manisterski,1989)比只有几个主要致病型的无性生殖群体表现出更高程度的致病生理小种多样性(Cromey 和 Viljanen Rollinson,1995;van Niekerk,2001;Woldeab 等,2006)。然而，生长于厄瓜多尔的 *P. hordei* 无性繁殖群体与来自以色列的有性繁殖群体表现出相同的多样性(Brodny 和 Rivadeneira,1996)。在世界不同地区已经报道过 *P. hordei* 的很多致病型(Clifford,1985;Park,2003;Woldeab 等,2006)。有报道显示无性繁殖群体的突变频率常常足以克服大麦中重要的抗性基因(Dreiseitl,1990;Steffenson 等,1993;Cromey 和 Viljanen Rollinson,1995)。

百合花(*Ornithogalum umbellatum*)是 *P. hordei* 最重要的转主寄主之一,它分布于世界很多地方。在地中海盆地和澳大利亚南部,在病原体存活和锈病的传播流行过程中百合花起着重要作用。因为它通常是侵染大麦的锈菌的转主寄主(Manisterski,1989;Wallwork 等,1992)。在没有转主寄主或者转主寄主在病原体生命周期中起不到作用的地区,夏孢子在寄主大麦植株和秋播大麦或野生大麦属植物上存活,使锈病得以持续存在(Clifford,1985)。大的露珠和介于10℃～20℃的气温最有利于叶锈病感染。与其他谷物锈菌类似,*P. hordei* 能够通过长距离的传播侵染大麦。

百合在 *P. hordei* 的存活、新病原体毒性组合的进化和世界一些地区大麦的早期感染上起着重要作用(Clifford,1985),但根除百合又是不现实的。在大多数生产区,夏孢子为流行病发生提供了主要的菌源。除了种植大麦抗性品种,还可以通过消除感染的寄主植物和野生大麦属物种种群来减少菌源。寄主抗性是控制叶锈病的主要途径。大量研究证明在栽培大麦和野生大麦中有超过 20 种主要的抗性基因(Jin 和 Steffenson,1994;Franckowiak 等,1996;Pickering 等,1998;Park 和 Karakousis,2002)。遗憾的是,这些抗性基因中很多基因对世界范围内的 *P. hordei* 病原菌是无效的。为了培育抗性更持久的抗叶锈品种,研究者正在利用部分抗性或慢锈性性状。早期,他们全面研究了谷物中锈菌的数量抗性以及大麦叶锈病和慢锈病 cv. Vada 的数量抗性(Parlevliet,1976)。后来采用分子标记作多重 QTLs 的研究中证实了这种抗性在遗传学上的多基因复杂性,发现其与部分抗性有关(Qi 等,1998)。关于部分叶锈病抗性的一个关键问题是它是否能够对所有的致病型表现出相同的抗性,因此提供持久抗性。对 Vada 的个体 QTLs 的分析表明一些 QTLs 是病源专一性的(Marcel 等,2008)。因此这些部分抗性的来源是否在广泛种植的品种中表现得更持久还有待证明。考虑到 *P. hordei* 具有多种类型,最好使用多个主效抗性基因和(或)部分抗性基因培育出具有广谱抗性的品种。两到三个大麦品种混合种植与单一品种的种植相比能减少叶锈病发生的严重性。除此之外,混合品种通常具有更高和更稳定的产量(Gacek 和 Nadziak,2000)。杀菌剂是另一种控制大麦叶锈病的有效途径。很多不同的抗真菌化合物在抑制这种病害上表现出高活性。它们不仅被普遍运用于叶锈病的控制,还被应用于其他叶面真菌病原体。现在研究者已经建立了叶锈病预测模型,以帮助大麦种植者能准确有效的施用杀真菌剂控制病害(Clifford,1985)。唯一可以用来控制叶锈病的实用栽培措施是早播。叶锈病常常在生长后期发生;因此,早播可使叶锈病对作物的伤害减至最低程度。

(4)条锈病(Stripe rust)

在南亚、非洲东部、西欧和中东，条锈病或黄锈病是一种持久性的大麦病害。1975年在西半球靠近哥伦比亚首都波哥大的大麦上首次发现感染大麦的这种病害的专化型(Dubin 和 Stubbs,1986)。从那以后，这种病原体已经传染到很多南美洲国家，并于1987年在墨西哥被发现。它继续向西传播，并于1991年在美国检测到(Roelfs 等，1992a)。现在，发现这种病害波及美国西部和加拿大(Brown 等，2001；Line，2002；McCallum 等，2007)。在美国西部的一些州，条锈病是大麦最严重的病害(Line，2002)。这种病害有可能导致一些国家比如尼泊尔的作物绝收(Stubbs，1985)。据报道在实验条件下，减产幅度为20%～70%，主要取决于栽培品种易感染的程度(Marshall 和 Sutton，1995)。条锈病易在凉爽的天气条件下发生，且病原体侵染需要较长的露水时期。最近的研究表明这种病原体能够适应更暖和和更干燥的环境，因为这种病害已经成为北美大平原中部地区小麦的常发性问题，这个地区之前被认为不适宜条锈病病发(Milus 等，2009)。

图11.7 大田中感染条锈病的大麦植株

因为条锈病是一种凉季型锈病，其症状比其他锈病病害出现得更早(Mathre，1997)。夜间11℃～15℃的低温和湿润条件(以雨水和露珠为媒介)是侵染的最佳条件(Stubbs，1985；Roelf 等，1992b)。最初的症状包括受感染的植株组织有退绿萎黄的斑点，之后的症状不同于大麦其他锈病，因为它的夏孢子是黄色的并且在沿着叶脉突起的条纹上生成(图11.7)。条锈病在谷物锈病中比较独特，因为单个夏孢子会从最初感染的地方沿着一条线传染(Roelfs 等，1992b)。随着大麦植株接近成熟，夏孢子逐渐发育成黑色的冬孢子堆。

尽管小麦条锈病菌(*P. striiformis* f. sp. *Tritici*；担子菌门柄锈菌属条形柄锈菌小麦专化型)偶尔会感染大麦，大麦条锈病菌条形柄锈菌大麦专化型 *Puccinia striiformis* f. sp. *Hordei* 却是大麦条锈病的病原菌。在欧洲可明显看到专化的大麦条锈病菌侵染大麦，但只侵袭少数极易感染的小麦品种(Stubbs，1985；Roelfs 等，1992b)。条锈菌大麦专化型 *P. striiformis* f. sp. *Hordei* 的夏孢子堆和冬孢子堆的孢子阶段发生在大麦和各种大麦属物种上(Marshall 和 Sutton，1995)。最近发现条锈菌大麦专化型的交替寄主是 *Berberis*(Jin 等，2010)，因此，条锈菌大麦专化型很可能也在这个寄主上循环。采用随机扩增多态 DNA 标记，陈等(1995)将 *P. striiformis f. sp. Hordei* 和 *P. striiformis* f. sp. *Tritici* 两种致病型区分开来。然而，由于前者的一些菌株能够侵袭小麦而后者的一些菌株能够侵袭大麦，还没有找到一个准确的通用水平的方法来区分寄主范围。在美国南部采集到 *P. striiformis* f. sp. *Hordei* 的原始菌株被分划为 24 种，在欧洲找到了相同的常见致病型(Dubin 和 Stubbs ,1986)。对来自美国条形柄锈菌大麦专化型的毒性表型的后续研究表明大麦条锈病通过多种生理小种和遗传系的混合体侵染植物。到 1998 年，在美国从 11 个大麦品种上鉴别到 52 个条形柄锈菌大麦专化型生理小种(Line,2002)。因此，这种病原体能够轻易的改变并产生新的生理小种。1998 年在澳大利亚发现了 *P. striiformis* 的一个变种，它能够侵袭大麦和野生大麦属(Wellings 等,2000)。它不同于在小麦和大麦上的毒性类型，可能是 *P. striiformis* f. sp. *Hordei* 的一种新类型。

条锈病的流行病特征取决于特定的生产区域:种植的是冬季还是春季作物，也包括环境因素。比如在靠近赤道的地区，春季谷物在宽泛的海拔高度下可全年种植，形成生命周期不断循环的条锈病寄主。在高纬度地区，条锈病可能需要经过更长时间的循环周期，从低海拔平原的春季谷物到生长在山丘和高山上的草坪上去，然后再回到谷物(Roelfs 等,1992b)。在冬大麦地区或在秋季播种春大麦的地区，条锈病能够在秋季或冬季侵染作物。条锈病菌能够以夏孢子菌丝体的形式存活于作物体上，这取决于冬季的严寒程度，在一些地区取决于积雪量。随着春季逐渐回暖，夏孢子菌丝体将形成孢子引发流行疾病。寄主植物、秋播大麦作物和野生大麦可以成为大麦条锈病的菌源储备库(Dubin 和 Stubbs,1986;Marshall 和 Sutton,1995;Line,2002)。条锈病夏孢子可以通过风长距离传播并开始新的侵染。然而，由于 *P. striiformis* 的夏孢子对紫外线辐射非常敏感，普遍认为这个过程的效率比其他谷物锈菌低(Stubbs,1985)。

Brown 等(2001)提出一种包括抗病性、栽培策略和病害监控三者综合的方法以控制大麦条锈病。和大多数叶片真菌病一样，寄主抗性是控制大麦条锈病最受青睐的方式。当年在美国报道了大麦条锈病后，Brown 等为鉴定抗性资源做了大量的筛选工作。在成株阶段，他们评估了来自美国农业部(USDA)国家小谷物种质资源中心的超过 4 万份的大麦资源对条锈病的反应状况，鉴定出大量有前景的抗性资源(Brown 等,2001)。这些数据的一项分析揭示了一个在埃塞俄比亚高海拔地区条锈病抗性的集中点(Bonman 等,2005)。大麦中很多条锈病抗性基因存在于幼苗(Chen 和 Line,1999;Brown 等,2001;Line,2002)。Chen 和 Line(2003)在一项对 18 个大麦品系的研究中，鉴别出至少 26 个不同的抗性基因。令人惊讶的是，很多条锈病抗性基因是隐性的(Chen 和 Line,1999;2003)，考虑到谷物中大多数抗锈基因具有显性基因的表现，这种情况比较罕见。

关于提到的病原体毒性菌株具有很高的差异性，很可能是这些幼苗抗性基因只能对条锈病提供短暂的保护。成株抗性为获得更持久抗性提供更大的前景，它受到主效基因（Yan 和 Chen，2008）和多个 QTLs 的控制（Castro 等，2003）。Richardson 等（2006）通过基因渗入将敏感大麦品系与一个、二个和三个 QTLs 结合，以侵染效率、损伤大小和脓包密度来衡量抗性，发现携带多重抗性 QTLs 的家系具有更高水平的抗性。因此，结合多个遗传抗性资源作为他们主效基因或 QTLs 的策略，是获得更稳定持久抗性的一个合理方法，可以通过分子标记辅助选择的途径实现（Brown 等，2001）。

可以用来抑制锈菌的发生的栽培控制策略很少。在美国西部，条锈病通常在晚播作物上最为严重，因此早播可以减少条锈病的危害程度（Brown 等，2001）。对于灌溉的大麦，建议制定灌溉计划以便减少植物冠层处于湿润状态的时间，因为这可以限制条锈菌大麦专化型的感染。消除寄主大麦在冬季与春季作物物候学的“绿桥”短暂中断，可以减少条锈病菌源和病害的为害。

叶面喷施杀真菌剂对控制大麦条锈病很有效，但在病害比较严重的地区，可能需要使用多次，这对于大多数种植者来说是极其昂贵的过程（增加投入）。在田地里观察病害对化学控制条锈病非常重要，早发现可以及时使用杀真菌剂，从而避免损失和减少病菌源。Brown 等（2001）指出，种子处理内吸杀菌剂，使用简单且成本低廉，可能会对生产者有用。为了尽可能的控制病害，当病害严重到一定程度需要使用杀菌剂时，种子处理应当和叶面喷施结合使用。在美国西北太平洋地区（PNW），为种植者研制了一个针对包括条锈病的大麦病害防治专家系统（Line，2002），称为 MoreCrop（http://pnw-ag. wsu. edu/MoreCrop/），它把有关病原体生理、病害流行病学和作物耕作制整合为一体，以帮助种植者在控制病害上做出明智的管理决定。

(5) 白粉病（Powdery mildew）

白粉病是一种在全世界分布很广的大麦病害，尤其是北欧、日本以及某些年份在美国东部和南部生产区域最为常见且极具破坏性病害（Kiesling，1985；Mathre，1997）。冬大麦和春大麦都可能受白粉病的危害，通常会导致减产 1% 至 14%（Mathre，1997）。当病害开始较早且菌源量较多时，减产可能超过 14%。除减产外，白粉病感染还会减少谷粒重量、分蘖数和穗的数量以及抑制根的生长（Mathre，1997）。

白粉菌是一种活体营养真菌。源于分生孢子和囊孢子的芽管可以直接穿透寄主的表皮。随后在表皮细胞内部形成具有明显指状附属物的吸器，导致表面形成孢子群体。尽管植株所有地上部分都可能被感染，但病原体主要侵袭叶片近轴的部分（图 11.8）。白粉病最易诊断的特征是病原体的体征：它们最初表现为毛绒绒的发白的真菌菌丝丛。之后，由菌丝体发育为粉状或似绒毛的分生孢子链白色脓疱(图 11.9)。菌丝体和分生孢子随着时间推移可能会变成灰色或甚至浅褐色(Kiesling,1985)。由于病原体只侵染表皮细胞,分生孢子和菌丝体可以轻易的从叶片表面清除。生长后期,在大量球状的菌丝体和分生孢子内部将会形成真菌黑色球状的闭囊壳(例如容纳有性孢子的结构)。观察到的白粉病症状包括从近轴白粉菌感染的点到在远离轴的叶片位置上淡绿色到黄色的斑点。随着在近轴边上的脓疱逐渐成熟,一个黄色到棕色乃至红棕色的坏死组织的环将会出现。严重情况下,整个植株茎杆包括叶片和叶鞘都会被白粉病感染。大麦耐白粉病的植株会在叶片上出现浅色至暗棕色的坏疽斑,有时也呈现同心环状。

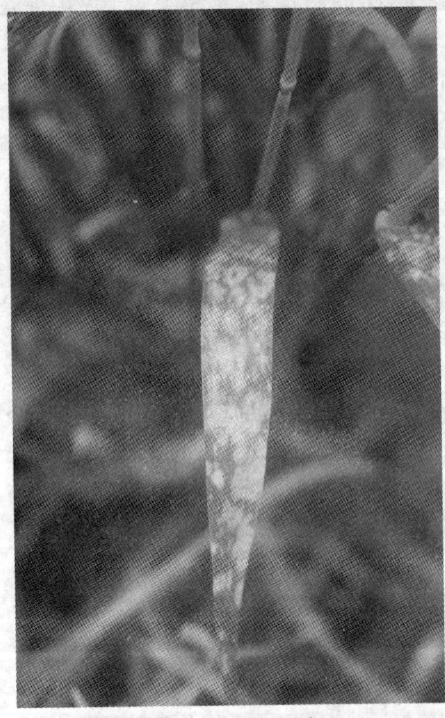

图 11.8　大麦上的白粉病

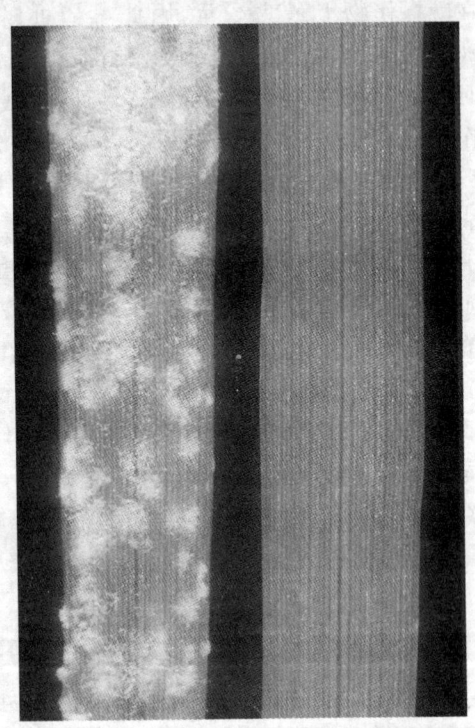

图 11.9　温室中敏感(左)和高抗性(右)大麦品种幼苗叶片上的白粉病

白粉病是由具有小麦白粉病(*Oidium monilioides*)无性时期(Mathre,1997; Braun 等,2002)的子囊菌大麦白粉病菌引起的(*Blumeria graminis* f. sp. *hordei*,也称 *Erysiphe graminis* f. sp. *Hordei*,禾谷类白粉菌大麦专化型)。这个病原菌具有在无自由水的情况下侵染大麦的特性。所以对种植者来说,它对温室中生长的大麦是个危害。根据其寄主的不同,将大麦白粉病菌(*B. graminis*)分为几个特殊变型(*formae speciales*)。大麦白粉病主要侵染野生与栽培大麦(Mathre 1997),也可能侵染其他不同属类的草类植物。形态特征、传播途径和发病条件参见小麦白粉病相关内容。因此,严格根据其寄主的不同来划分特殊变型可能不太实用。大麦白粉病菌由很多种群构成,且种群动态会依据寄主的抗性基因做出较快改变(Brown,1994; Wolfe 和 McDermott,1994)。新的生理小种主要来自基因突变和性阶段的基因重组。

在大麦生产比较密集的北欧地区,春季和冬季都有种植,大麦白粉病的菌丝体和分生孢子可以全年寄生在活体大麦上(Wolfe 和 McDermott,1994)。这些寄主上的分生孢子能通过风媒传播的方式侵染新播下的作物或寄主大麦。在半干旱或严冬季节的地区,耐干旱与严寒的闭囊壳对于白粉病至关重要。闭囊壳作为病菌的一个生长时期,来自于有性的子囊孢子,而子囊孢子来自扩散的子囊并侵染寄主大麦。一旦大麦叶片受感染,分生孢子就会导致第二轮的侵染。在受感染较重的植株上可能产生大量的分生孢子。尽管它们比子囊孢子对外界环境更加敏感,分生孢子可以扩散到几百公里外侵染作物,是流行病学中最重要的繁殖体(Wolfe 和 McDermott,1994)。

多年来,杀菌剂已经在北欧和其他地区被用来控制白粉病。已经发现几种高效的化学药剂,但是有时大麦白粉病会分离出相应抗杀菌剂的生理小种,抵消了这种方法的有效性(Brown,2002)。栽培控制措施有作物轮作、销毁藏有闭囊壳的作物残茬以及清除作为绿色中介作用的寄主如寄主作物或者淡季作物,能够减少白粉病的发病几率和为害程度。然而,如果有明显的外源种菌侵染,这些栽培控制措施将无法阻止白粉病的扩散。

培育抗病品种是防治大麦白粉病的根本途径,研究大麦白粉病的抗性遗传,是抗病育种的基础。已经在栽培(Jørgensen,1994)及野生大麦(Dreiseitl 和 Dinoor,2004)中鉴定出很多抗白粉病不同基因位点。然而由于新的抗性种群的出现,农业应用中很多抗性位点只具有短期的抗性效性。一个明显的例外是隐性位点 mlo,它已经融入到很多大麦品种中并且在欧洲地区已经保持对大麦白粉病的抗性超过 20 年(Collins 等,2002)。混合群体的使用是另外一个措施,通过部署带有一个或者几个主效抗性基因的纯系品种。在欧洲某些地区,这种多样化分布已经证明能够有效地减少白粉病的流行(Wolfe 和 McDermott,1994)。

(6)网斑病(Net blotch)

大麦网斑病几乎在所有大麦生产区普遍发生。大麦从幼苗至成熟均会受到其为害。主要为害叶片。病斑初为淡褐色,以后逐渐变为深褐色,因病斑内颜色深浅不一,略呈网状,故称网斑病(Shipton 等,1973)。20 世纪 60 年代后期,一种有较多椭圆形病斑而没有网状病症的疾病曾在丹麦蔓延,这种疾病的病因从形态学上看与网斑病菌 *Pyrenophora teres* 一致,但是症状不同。因此 Smedegard-Petersen(1976)根据症状将 *P. teres* 分成两种类型:*P. teres* f.

teres，呈网状(或线状)结构的带有典型网状病斑的网斑病的病原菌，*P. teres* f. *maculate*，呈斑状的带有椭圆形的网斑病。由于普遍采用少耕或免耕法，很多种菌残留在作物残茬中，为疾病流行造成隐患，导致这两种疾病已经在很多地区蔓延。一般来说，一个地区只会有一种优势网斑病，这与种植的作物和耕作措施及环境有关。在澳大利亚、加拿大、法国和南美地区，优势网斑病是网状网斑病(McLean 等，2009)。在澳大利亚，网状网斑病不仅导致 44%的减产，同时造成粒饱满度和重量大幅度下降(McLean 等，2009)。有报道显示，网状网斑病为害可减产 40%，严重时敏感品种甚至颗粒无收(Mathre，1997)。网斑病为害甚至严重影响麦芽品质中的两个重要指标即籽粒饱满度和麦芽浸出率。

Pyrenophora teres 是半活体营养真菌，刚开始时生活在活细胞中，之后扩散到死的组织中。成功侵染后，表皮细胞内会长出初始小疱，菌丝在表皮细胞打开缺口后会扩散到叶肉细胞的内部(Keon 和 Hargreaves，1983)。网斑病主要发生在大麦植株叶片上，也会侵染叶鞘、茎和籽粒(Mathre，1997；McLean 等，2009)。发生在成株上的网状网斑病从小的点状疱体开始至椭圆的棕色小点，其再扩散至狭长的棕褐色至浅棕色的病斑，常常按叶脉划分。这些病斑内出现深褐色纵向和横向条纹，并呈网状(图 11.10)。敏感品种上的坏死斑周围可能会出现缺绿病的症状。在感染后的幼苗初始症状可能会出现灰绿色的水浸区域，这种症状偶尔也出现在成株上。因此，这些病斑会变成棕色，出现网状条纹(Mathre，1997)。

图 11.10　大田中大麦上的网状网斑病

点状网斑病与网状网斑病的初期症状非常相似(McLean 等，2009)。在敏感品种上，点状网斑病出现之前会有暗棕色圆环状至椭圆状病斑出现，且这些病斑周围出现缺绿症。相似的症状可能会出现在温室人工接种后的幼苗植株上(图 11.11)。这些点状病斑容易和典型的带有网状病斑区分开来，但也可能与点斑病病源菌 *Cochliobolus sativus* 症状相似(图 11.12)。

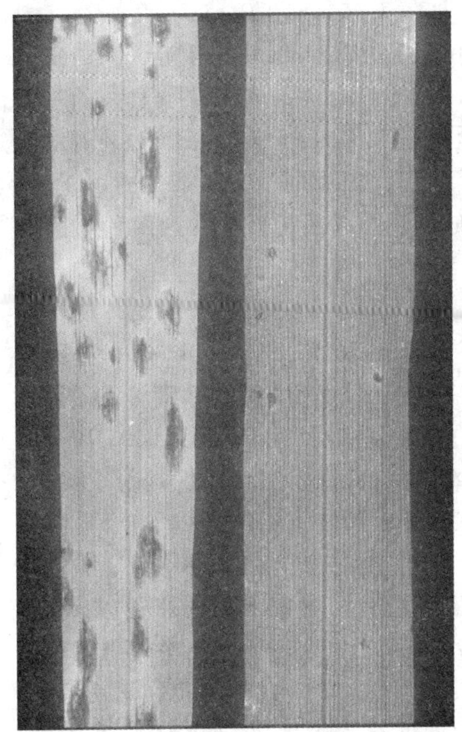

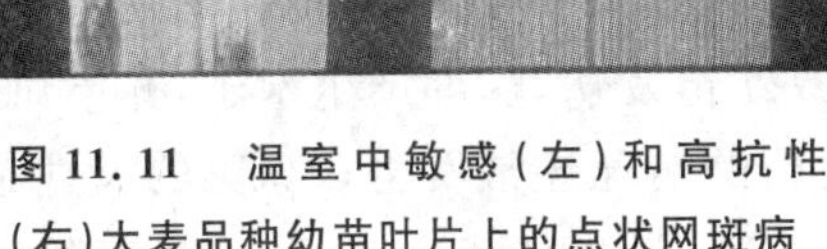
图 11.11 温室中敏感(左)和高抗性(右)大麦品种幼苗叶片上的点状网斑病

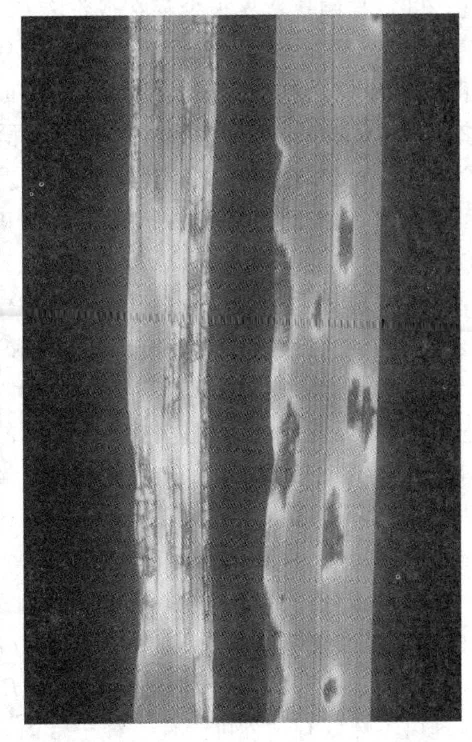
图 11.12 对比温室大麦幼苗叶片上的网状网斑病(左)和点状网斑病(右)

两种 *P. teres* 病原菌产生的症状受病原菌的分离和基因型及寄主的生长期和环境条件的影响(Kiesling,1985; McLean 等,2009)。有时 *P. teres* f. *teres* 侵染并不产生网状病斑;相反的是病斑都呈现棕色的不带交叉的条纹。另外,抗性大麦品种受 *P. teres* 感染后可能生成更小的有限的带有较少甚至没有缺绿症状的病斑。当感染程度较深时,网斑病菌 *P. teres* 病斑会连在一起并毁坏整个叶片。在籽粒上,*P. teres* f. *teres* 产生黑色至扩散的苍白色病斑(Shipton 等,1973),偶尔也会出现典型的圆形病斑(Mathre,1997)。

网斑病由子囊菌类 *P. teres* 引起,其无性阶段为 *Drechslera teres*。如前文所述网斑病病菌的两个类型(Smedegard-Petersen,1976):*P. teres* f. *teres* 是引起网状网斑病的病菌;*P. teres* f. *maculate* 是引起点状网斑病的病菌。通过设计特定引物的 PCR 技术能够区分这些病菌(Williams 等,2001)及它们在大麦上表现的症状。实验室分析 *P. teres* 带有互补配对型的杂交群体的分离,发现是两个独立的基因控制症状的表达(Smedegård-Petersen,1976)。对撒丁岛(Sardinia)的 *P. teres* f. *teres* 和 *P. teres* f. *maculate* 带有互补配对型的群体进行序列分析,表明这两个病菌类型存在显著差异及较长的基因隔离。由此,Rau

等(2007)推测自然界很少存在或没有*P. teres* f. *teres* 和*P. teres* f. *maculate* 的自然杂合体。与之相反,基于RAPD分子标记方法,Campbell等(2002)研究了南非及实验室内的*P. teres* f. *teres* 和*P. teres* f. *maculate* 杂交群体的基因多态性,从*P. teres* f. *teres* 群体中分离检测到*P. teres* f. *maculate* 中才有的一个DNA条带,它与杂交后代紧密聚类表明了大田中两种病菌杂交的可能性。尽管如此,仍需要进一步深入研究以明确在不同地区是否存在这两种病菌的杂交。

研究者研究了*P. teres* f. *teres* 和*P. teres* f. *maculate* 的不同群体的毒性及对杀菌剂耐性的差异(Steffenson和Webster,1992;Campbell和Crous,2002;Arabi等,2003;Wu等,2003)。某些情况下,病菌的毒性由简单的孟德尔遗传控制,可能由基因对基因调控大麦的抗性基因(Weiland等,1999;Beattie等,2007;Lai等,2007)。在很多植物的致病菌中,毒素对其毒性是很重要的。两个*P. teres* 病菌导致的坏死和褪绿症状分别由蛋白质复合物和低分子的植物毒素物质造成的(Sarpeleh等,2007)。

种子带菌*P. teres* f. *teres* 传播病菌可造成网状网斑病的流行(Jordan,1981)。至今仍不清楚*P. teres* f. *maculate* 是否能在种子上成活并侵染下一季作物(McLean等,2009),但是鉴于它与*P. teres* f. *teres* 的紧密生物学关系,没有理由不怀疑有这种可能性。种子带菌引致幼苗发病,病部产生孢子,并借风、雨传播进行再侵染,种子传播的病菌侵染幼苗的情况经常发生在凉爽的天气条件下,同时也是病菌传播到其他地方的途径(Mathre,1997)。但是网斑病的病菌主要还是来源于感染后的寄主残茬。病菌能以菌丝体或子囊壳在种子及病残组织上越冬或越夏,在寄主残茬上形成子囊体,之后生成能够侵染下季作物的分生孢子和/或子囊孢子。在一些不适合有性期*Pyrenophora* 生成的环境下,分生孢子是导致流行的主要菌源。另外,感染后的寄主大麦或野生大麦植株,可能是下一季新播种作物的菌源。网状网斑病病菌能够侵染很多不同种类的杂草(Shipton等,1973;Brown等,1993),但是野生大麦最易被其感染,因此可能对该病的流行起了关键作用(Brown等,1993;Khasanov等,1993)。人们关于点状网斑病的寄主范围以及哪个寄主对该病的流行可能起了关键作用的信息知之甚少。一旦感染一种作物,分生孢子借风雨传播再侵染。潮湿环境有利于*P. teres* 分生孢子侵染,一般侵染时间持续10小时或超过10小时,分生孢子萌发适宜温度范围在10℃～25℃。

P. teres 病菌能在种子中存活并侵染下一季的幼苗,并多发生在凉爽潮湿的环境下(Jordan,1981)。为了清除可能的菌源,采用无病菌或者杀菌剂处理后的种子非常重要。这些措施也能有效防止非网斑病区由感染种子引来*P. teres* 病菌。*P. teres* 病菌是非土传的,因此,多寄生在收获后的作物残茬中有时候甚

至长达两个季节(Duczek 等,1999)。传统的耕作措施,烧掉作物残茬或采用非寄主的作物轮作能有效减少寄主残茬的菌源数量(Jodan 和 Allen,1984)。然而,这种方法在不同地区和不同环境条件下效果不一(Turkington 等,2006)。不同的杀菌剂能有效控制网斑病,并在一些地方被经常使用(Jayasena 等,2002)。但是,一定要注意杀菌剂的过度使用,因为已经发现了对几种杀菌剂产生抗性的病菌(Campbell 和 Crous,2002)。

使用抗性品种是控制网斑病最经济的和环境友好的方法。栽培品种和野生种质中已经报道了很多抗源(Bockelman 等,1988;Pickering,1992;Fetch 等,2003;Bonman 等,2005)。遗传分析表明大麦中的抗性由数量和质量性状控制(Mathre,1997)。已定位到 *P. teres* f. *Teres* 和 *P. teres* f. *maculate* 抗性相关的主效基因和 QTLs,鉴定到了紧密连锁的分子标记并应用于分子标记辅助育种(Steffenson 等,2005;Manninen 等,2006;Lehmensiek 等,2007;Grewal 等,2008)。大麦育种应具有多源抗性,因为病菌具有很高的进化潜力。混合品种被实验性的用来控制叶片疾病。中性抗性与敏感品系的混合使用显著降低了几种叶片疾病包括网斑病的危害(Mundt 等,1994;Gacek 和 Nadziak,2000)。这意味着在采用单一品种不能有效控制病害的地区可以考虑进行品种多样化种植。

(7)斑点病(Spot blotch)

大麦斑点病是一种严重的叶部病害,在世界上大多数大麦生产区都有发生。有记载表明已在以下国家和地区发生流行:北美(美国和加拿大)、澳大利亚(昆士兰)、南美(乌拉圭和巴西)、非洲(坦桑尼亚)、亚洲(印度和泰国)、中东(叙利亚)和欧洲(波兰、苏格兰和瑞典)。特别在亚热带种植大麦的温暖潮湿的地区,这种病尤其严重。敏感品种减产 10%～30%(Fetch 和 Steffenson,1994),而在环境条件适于病害发生时,病害流行减产可超过 30%。此外,病害还影响麦粒大小和重量(Mathre,1997)。

Cochliobolus sativus 是一种半活体营养真菌。当菌丝渗入植物外皮和细胞并且在活的表皮细胞里生长的时候,它处于活养寄生阶段。随后,当菌丝在死的表皮细胞和叶肉细胞里产生分枝时,它处于腐生阶段(Kumar 等,2002)。斑点病最初发生在大麦的叶及叶鞘上。就像许多疾病一样,症状取决于病原体分离情况、寄主的基因型和生长期及环境条件等因素。Fetch 和 Steffenson(1999)曾经详细描述过发生在幼苗和成熟植物上不同等级的斑点病的症状,为这种疾病等级评价机制的创建作出了贡献。在成熟易感病的植物寄主上,斑点病典型的早期症状是淡萎黄色圆环包围的褐色点状病变。后期会形成黄色或深黄色椭圆形或者菱形包围的病变(图 11.13)。斑点病病斑的宽度往往因为其叶脉而有所限制,但是这些病斑可以通过与其他病斑合并而在叶子中形成更大的病斑。当叶子被严重感染时,它们将快速的变干并且死亡。在长期病害侵染的叶片上,有

时肉眼可见分生孢子和分生孢子梗这些病菌的标志，它们看起来就像很小的“飞扬的斑点”一样。在感染病菌的幼苗上看到的症状与成熟植株上看到的症状非常相似，但是长期病变处的病斑通常更圆而且颜色更深(图 11.12 右)。有时坏死的病斑呈黄褐色而非一个深棕色回散的中心，或者它会被一个散开的萎黄色环状圈包围(Fetch 和 Steffenson, 1999)。如果潮湿的环境持续时间长，那么大麦的麦粒也会感染病菌。这一发病的阶段被称作黑心或坏心(Mathre, 1997)。典型的黑心主要发生在麦粒基部，会形成黑色或黄色的病斑。

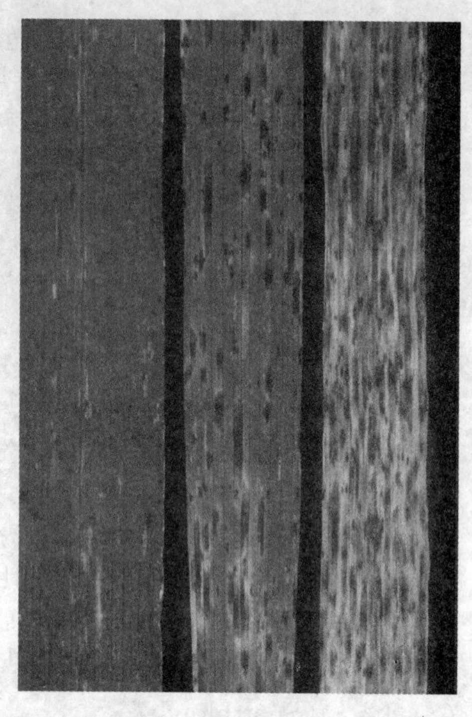

图 11.13 抗性(左)、中等抗性(中)和敏感(右)大麦品种上的网斑病

斑点病是由 *C. sativus* 子囊菌引起的，它是无性态小麦根腐病菌(*Bipolaris sorokiniana*)的最佳状态(有性态)。大麦斑点病是四种由 *C. sativus* 子囊菌引起的大麦病害中的一种，另三种分别是普通根腐病或称冠腐病(详见土壤传播病原体和根病章节)、苗期枯萎病和黑点病或坏心病(Tinline, 1998; Mathre, 1998)。*C. sativus* 不仅能在种子和寄主残茬中存活下来，还能在土壤中生存。它在土壤中以厚壁分生孢子的形式存活下来，这与其他几种大麦叶部病原体不同。*C. sativus* 所产生倍半萜毒素已经和大麦上所发生的疾病联系了起来(Kumar 等 2002)。不同的 *C. sativus* 会产生截然不同的病症(Tinline, 1998)。关于 *C. sativus* 的毒性，一些大麦上的实验有不同的反应结果(Fetch 和 Steffenson, 1994)，并且通过基因—基因为基础调控某些抗性基因(Valjavec-gratian 和 Steffenson, 1997)。但是 Valjavec-gratian 和 Tekauz(2007; 2008)证明了病原体的个体与寄主基因型的互作可以用数量性状来更好的鉴定，因为病菌个体可以产生不同的并且持续的致病能力或者侵染性。

斑点病的病原菌可以在种子、寄主的残茬和土壤中以孢子、厚垣孢子或者是以菌丝体(Kiesling 1985)的形式存活。病菌以菌丝体潜伏在种子内或病残组织内越冬或越夏，也可以分生孢子黏附在以上部位越冬。种子成为主要初侵染源。种子带菌率很高，其内菌丝能直接为害幼苗。种子带有的菌源对于一般根腐病和冠腐病的感染起着非常重要的作用。如果受感染的根冠部分出现在土壤表面以上，这种真菌会生成孢子，为初期感染斑点病提供所需的种菌。因为*C. sativus*可以在土壤中生存，所以这个生命周期很长的菌源不仅能够侵染根和根冠，还可以侵染叶面。*C. sativus*能活下去的分生孢子可能在土壤中保持休眠状态，直至受到来自植物的外源物质的刺激后开始生长(Tinline，1998)。在寄主残茬中的菌体的存在也对斑点病初期流行起着十分重要的作用。寄主残茬上形成的病原菌孢子可以轻易的借风传播，侵染大麦和其他寄主。斑点病有非常宽泛的寄主范围，甚至包括双子叶植物寄主(Tinline，1988)。这种转主寄主也提供了初期菌源。一旦在大麦叶子上感染了这种疾病，那么就会通过分生孢子发生成倍循环的再次感染。

如果要有效地控制斑点病，就必须减少或消除种子带菌，同时减少或清除转主寄主、土壤和感病植物残茬。可以通过净化种子生产过程或使用杀菌剂的方法消除种子带菌。由于存在许多栽培或类似杂草的转主寄主，如果在大麦田边上有这种病菌可寄生的植物，应该尽量的铲除掉。在土壤中的*C. sativus*菌体很难消除，但是它对斑点病传播作用也许没有感病植物残茬大。另外，采用不易感病的作物进行轮作可以减少后续的菌源，翻耕和掩埋或消除残茬中的细菌也能达到相似的作用。

使用杀菌剂可以有效地控制斑点病，但是在某些情况下需要两种杀菌剂结合使用。这对于种植者来说将是一笔很大的成本开销，所以不太实际。寄主抗性是控制大麦斑点病最好的方法，已经在栽培和野生大麦中发现了很多抗斑点病的资源(Fetch 等，2003；2008；Arabi，2005；Bilgic 等，2006)，但只有一种商业化的栽培六棱啤大麦 NDB112，很多年来具有广泛有效的抗性(Steffenson 等，1996)。从 19 世纪 60 年代起，NDB112 抗性就已在美国和加拿大的六棱啤大麦发挥抗斑点病的作用。NDB112 的持久抗性主要来源于 1H 染色体上的一个主效 QTL(Steffenson 等，1996)。由于分离群体的基因背景不同，这个基因和其他 QTLs 的表达差别较大(Bilgic 等，2005)。最近，在加拿大发现了一个对带有 NDB112 栽培大麦有毒性的*C. sativus*分离种(Ghazvini 和 Tekauz，2007)。另外，发现带有 NDB112 抗性基因的栽培大麦在一些副热带环境下对病原菌并没有显著效果(Gilchrist 等，1995)。因此，需要使用新的抗性来源来保护大麦，使其能抵抗这些和其他新的病原菌。已有科学家研究评估大麦斑点病和普通根腐病的关系。在一些研究中，发现这两种病之间有很紧密的关系，而在其他的案例中，却没有发现这种联系(Gustafsson，1993；Almgren 等，1999；Arabi 等，2006)。

(8)柱隔孢叶斑病(Ramularia leaf spot，RLS)

自 20 世纪 80 年代以来，RLS 已经成为中欧和北欧最为重要的一种大麦病害。最初在一个多世纪前只被认为是一般大麦疾病，但 20 世纪 80 年代早期在奥地利 RLS 的为害对农业生产造成了严重影响(Walters 等，2008)。在欧洲

RLS在苏格兰、英国、丹麦和立陶宛北部、瑞典、奥地利和匈牙利南部都有被发现(Frei 和 Gindrat,2000;Leistrumaite 和 Liatukas,2006;Manninger 等,2008;Walters 等,2008)。RLS 在新西兰(Harvey,2002)、乌拉圭和阿根廷(Huss,2004)也有被发现。有报道称,RLS 所造成的损失可达 20% ~ 35%(Pinnschmidt 和 Jorgensen,2009)。Walters(2008)报道即使是轻微的感染也会造成很严重的减产。RLS 的病症既像受到非生物胁迫,又像其他几种病害的症状(Sachs 等,1998;Pinnschmidt 和 Hovmoller,2004;Walters 等,2008)很难诊断,并且,这种真菌很难被分离(Walters 等,2008),因此,RLS 很有可能在其他生产区里存在,却仍未被发现。

尽管茎和芒也有可能被感染但 RLS 侵染最多的是叶及叶鞘。就像其他真菌传染病一样,RLS(*Ramularia collo-cygni*)的分生孢子需要在潮湿的环境下发芽和感染植物,它只需一天就能快速地通过气孔侵入寄主(Stabentheiner 等 2009)。此后,真菌在细胞间生长并在叶肉组织内繁殖(Sutton 和 Waller 1988)。在感染真菌 1~2 周后,最初的症状是出现被叶脉分隔的棕黄色或者深黄色的小点(图 11.14)。这种病的病变通常是中心为深黄色四周为灰黄色的,而在感染的周围常有萎黄色环。随着时间推移且在严重的感染情况下,这些病变将会合在一块,产生更大的变色区域,有时会覆盖整个叶片。斑点病和网斑病可以通过其纺锤型至椭圆形的感染与 RLS 区分开来(Pinnschmidt 和 Hovmoller,2004)。RLS 造成的感染很有可能会与叶子上正常的生理上的小点相混淆,RLS 通常被认为是一种发生在晚季的疾病,虽然它的症状会在季节早期就有被发现。抽穗后典型的晚期症状可能由大麦的生殖阶段转变或者是光强度引起的(Walters 等,2008)。最近,Schützendübel 等(2008)研究了大麦不同生长阶段感染 RLS 后的生理变化。他们发现不论病源体还是环境因素都不是 RLS 病发病的限制因素,相反,他们认为典型晚期发生的 RLS 是因为大麦叶片中抗氧化酶保护系统的降解所造成的,这种现象发生于大麦成熟阶段。

图 11.14　大麦柱隔孢叶斑病(Hans Pinnschmidt 免费提供)

RLS 的病原菌是 *R. collo-cygni*,这是一种非常特别的柱隔孢真菌,因为它有一个卷曲分生孢子梗,其形状非常像天鹅的脖子(Walters 等 2008)。基于分

子系统发生树和与 *R. collo-cygni* 相关联的大麦叶部类似 *Asteromella* 真菌结构的研究，*R. collo-cygni* 性成熟的时期被认为是小球壳（*Mycosphaerella*）属中的一种（Salamati 和 Reitan，2006）。这种菌只在坏死的组织中且大多是在远离轴心的叶面上生成孢子。*R. collo-cygni* 能产生几种称为 rubellins 蒽醌类毒素（Heiser 等，2003）。Miethbauer 等（2003）报道蒽醌类毒素没有寄主特异性，Heiser 等（2004）研究认为，这些成分也许会是致病的关键因素。

R. collo-cygni 是一种生存在较低树冠层中死叶子上的腐生菌，也可能是一个系统性侵入病菌（Salamati 和 Reitan，2006）。基于 PCR 的检测系统证实这种病菌属系统性生长（Havis 等，2006），可以在种子中传播（Havis 等，2006；Walters 等，2008）。RLS 通过种子被引入很多大麦的主产区。在瑞典，Frei 等（2007）证实冬大麦和寄主植物可能是春大麦感染这种疾病的主要菌源。此外，*R. collo-cygni* 主要菌源也有可能来自于其他谷类作物（如燕麦、小麦和黑麦）和长椅草或庸医草（*Elytrigia repens*）以及大麦属植物（*Hordeum murinum*）（Frei 和 Gindrat，2000；Huss，2004；Salamati 和 Reitan，2006）。

采用综合措施是控制 RLS 的最好选择，但是要防治这种疾病最重要的步骤是最初准确的诊断。这对看上去像其他非生物和生物胁迫症状的 RLS 尤为重要，且分离 *R. collo-cygni* 病原菌是非常困难。我们可以采取很多措施来减少侵染大麦的主要菌源。首先，如果菌源对于疾病流行非常关键的话，选择出不含这种病菌的种子非常重要（Walters 等，2008）。其次，因为 *R. collo-cygni* 可以作为一种腐生菌存活，所以我们必须采取一切手段来除去受感染的大麦残茬以及其他的谷类作物和草类。这种措施可以通过轮作或对感染的残茬翻耕来实现。这种措施也包括去掉转主寄主所产生的绿桥，如，冬大麦与或者偃麦草这类多年生草类，以减少菌源，从而减少其对春大麦的感染。与 RLS 反应不一的基因多态性已经在冬大麦和春大麦栽培种得到证实（Pinnschmidt 和 Hovmoller，2004；Leistrumaite 和 Liatukas，2006；Manninger 等，2008；Pinnschmidt 和 Sindberg，2009）。在 RLS 的易发地区栽培者需要抗病的栽培品种。此外，研究者正在加快对 RLS 更高抗的栽培品种的培育。

(9) 变色病（Scald）

大麦变色病是一种普通大麦病害，在世界上大部分大麦生产区都有发生，在低温潮湿的北美、大洋洲、北非、远东、中东和南美等地区尤其严重。对于冬大麦和秋季播种的春大麦来说，变色病是一种非常严重的疾病。对产量的影响取决于寄主的敏感性、疾病开始的时间和菌源量的多少（Shipton 等，1974），大麦减产10%以下的情况非常普遍，严重感染时产量损失可高达 40%。产量因素中受褐变病影响最大的是粒重，但是单株粒数和单穗粒数也会因感染而下降。

与其他的叶部病害一样，变色病主要影响大麦叶和叶鞘的生长。分生孢子落在叶表面发芽并形成芽管而后形成附着胞，此后病菌会通过一个穿透针刺入被感染细胞的外皮层。*Rhynchosporium secali* 可以在没有任何可见症状的情况下感染寄主，产生分支并在叶中产生孢子（Zhan 等，2008）。最先产生的症状是浸水的区域从青灰色转变成赤灰色；然后，中心的病变部位逐渐坏死，从青灰色变为铁灰色并且最后变成了浅黑色或白色（图 11.15）。损伤的形状是椭圆形、长方形或纺锭形，有特有的深棕色边纹。在一些情况下，坏死病变部位的边缘可能出现褪色区域。在严重感染的情况下，症状会扩大至整个叶脉并合在一块。在叶耳附近的感染可能造成营养物质运输的停止，导致整片叶的快速死亡。当天气条件非常适宜病菌生长繁殖时，变色病的病原菌可以感染花的苞片、芒和颖壳。

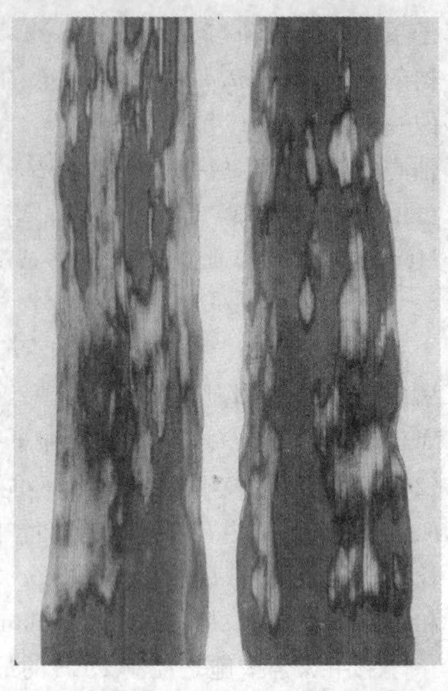

图 11.15　大田大麦叶片上的变色病

变色病主要是由真菌 *R. secalis* 引起的。迄今未发现其有性阶段，但是研究认为可能存在有性阶段，因为在 *R. secalis* 群体的许多等位基因位点中存在许多配子平衡（Linde 等，2003；Zaffarano 等，2006；Zhan 等，2008）。感染叶片时，*R. secalis* 的菌丝体在叶片的角质层下方形成一种基质层；然后，在基质层上形成由两个细胞组成的“逗号型”透明分生孢子。*R. secalis* 是一种半活体营养真菌（Zhan 等，2008）。这种真菌只有在雨后或者露水所造成的潮湿环境下才会产生孢子（Mathre，1997）。雨水是传播孢子的必要条件。*R. secalis* 是一种动态的病菌，菌源量可以随着寄主抗性基因和不同的杀菌剂而迅速改变（Zhan 等，2008）。根据毒力或致病力的分化，在世界各地的生产区分离鉴定到许多 *R. secalis*生理小种（Jackson 和 Webster，1976；Xit 等，2003；Bouajila 等，2007）。

变色病的病原菌可以在感染的寄主残茬、种子、寄主大麦和转主杂草上存活。从寄主残茬表面基质产生的孢子是疾病开始流行最重要的菌源（Shipton 等，1974）。最理想的孢子产生与存活条件是具有自由水、气温在 10℃～20℃的环境（Shipton 等，1974）。许多大麦真菌病原菌（如 *C. sativus*，*P. teres* 和 *Puccinia* species）能借风传播，但如果没有适宜的湿度，风不会传播 *R. secalis* 孢子。相反，孢子最初的传播需要飞溅的雨水和风一起帮助其从疫源地向外传播（Steffenson，1998）。由于孢子短暂的传播距离，变色病开始初期通常可以从地里观察到小的分散的感染疫源。当感病植株上潮湿的孢子与健康的植物相邻近时，变色病也能传播。

菌源通过分生孢子再次传播。只有在 27℃ 以上温度条件下，能有效抑制 *R. secalis* 产孢及随后的疾病传播。如果栽植后是凉爽潮湿的天气条件，受感染的种子也可以作为一个初期菌源。菌丝寄生在果皮或种子中，胚芽萌动时病菌能感染胚芽鞘。种传 *R. secalis* 的传播速率相当高，因此，在没有寄主残茬的情况下，种传菌源相当重要（Mathre，1997）。感染和症状的发展受到寄主类型、病原菌种和不同环境的影响。因此，各种各样的转主寄主在变色病流行中的重要性显而易见。研究发现许多草类易感染 *R. secalis*，但通过接种研究，也有证据表明侵染寄主的病原菌具有寄主专一性（Shipton 等，1974）。尽管如此，各种大麦属可能是自然大田环境下 *R. secalis* 最重要的寄主之一。

清除感染的寄主残茬是降低菌源和危害程度的最重要因素。要消除寄主残茬可以通过大麦与非寄主作物轮作、深埋寄主残茬和把残茬烧掉来实现。在有寄主大麦植物或交替寄主栽种的地方，特别是在附近的种植区，考虑到 *R. secalis* 有限的传播距离，我们应该努力除掉它们。在菌源量大并且环境有利于传播的地方，应采用没有病菌或杀菌剂处理过的种子。生产上通过对叶面喷施杀菌剂能有效防治变色病，但 *R. secalis* 分离的增加对一些药剂产生抗性，由此可能影响杀菌剂施用的有效性（Locke 和 Phillips，1995；Zhan 等，2008）。使用不同作用模式的混合杀菌剂可能会降低 *R. secalis* 对药剂的选择抗性。对变色病来说培养寄主抗性是最常用的控制策略。据报道，在栽培和野生大麦中已经发现了许多主效基因和抗变色病的 QTLs（Shipton 等，1974；Abbott 等，1992；Garvin 等，1997；Jensen 等，2002；Cheong 等，2006；Zhan 等，2008）。带有两个或者两个以上抗性基因的品种可能具有更高效更持久的抗性（Brown 等，1996）。在许多但并不是所有的研究中，这种具多个抗性的品种可以减少变色病的为害，增加大麦产量（Zhan 等，2008）。从所有的汇总结果来看，采用综合措施控制大麦变色病效果最好。

(10)壳针孢斑点叶枯病（Septoria speckled leaf blotch，SSLB）

SSLB 由壳针孢菌 *Septoria passerinii* 产生，在北美、北非、欧洲和澳大利亚等世界许多大麦种植区都要有发生（Mathre，1997）。由于病菌传播及侵染要求雨水和长时间潮湿环境，SSLB 的流行病是偶发性的（Green 和 Dickson，1957；Toubia Rahme 和 Steffenson，2004）。在 20 世纪 50 年代，严重的 SSLB 流行在美国中北部地区和加拿草原省份暴发（Mathre，1997），估计导致减产 20%（Green 和 Bendelow，1961）。之后 SSLB 病害影响甚微，直到 1993 年，当时由于凉爽潮湿的天气条件和菌源的累积，SSLB 再次流行（Toubia Rahme 和 Steffenson，2004）。Toubia Rahme 和 Steffenson（1999）报道，在北达科他州由于壳针孢（*S. passerinii*）感染造成的产量损失高达 38%。SSLB 危害影响麦芽品质中的籽粒饱满度和麦芽浸出物(Green 和 Bendelow,1961)。此外,除壳针孢(*S. passerinii*)之外,麦类壳多胞斑点病菌(*Stagonospora avenae* f. sp. *triticea*)也能导致大麦 SSLB 的发生(Cunfer,2000)。

SSLB 病菌主要侵染叶片和叶鞘。苗期壳针孢(*S. passerinii*)造成的早期症状包括叶片退绿、发黄,渐变为灰绿色,与附近健康的绿色组织形成鲜明的分界。病原菌产生黑色的分生孢子器往往在内部形成成熟的病变。两种 SSLB 病原体在大田成熟植株上产生不同的病症。*S. passerinii* 感染一般会产生长方形状被叶脉分隔的病变,这些病变初呈灰色,之后变棕褐色或淡黄色(图 11.16);严重感染时叶鞘变灰色。相比之下,*S.* f. sp. *triticea* 产生贯穿叶脉的呈盾状或透镜状的黄棕色病变。在严重感染的情况下,由两种病原体产生的病变可能接合到一块并杀死整个叶片或叶鞘。许多分生孢子器会在衰老叶片和叶鞘组织里发育(Cunfer,2000)(图 11.17)。SSLB 严重感染的常见症状是植物生长抑制、秸秆脆断。两个 SSLB 病原体往往能在锈病夏孢子堆包围的坏死组织上造成更严重的感染。大麦 SSLB 的病原体是 *S. passerinii* 和 *S. avenae* f. sp. *triticea*(有性阶段:*Phaeosphaeria avenaria* f. sp. *triticea*)。依据 DNA 转录间隔区序列相似性,*S. passerinii* 成熟阶段像是球腔菌属(*Mycosphaerella*)(Goodwin

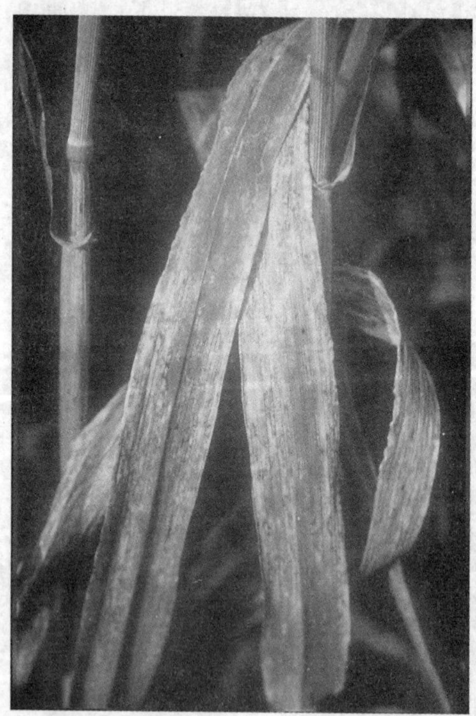

图 11.16 大田大麦上由壳针孢造成的严重的壳针孢斑点叶枯病

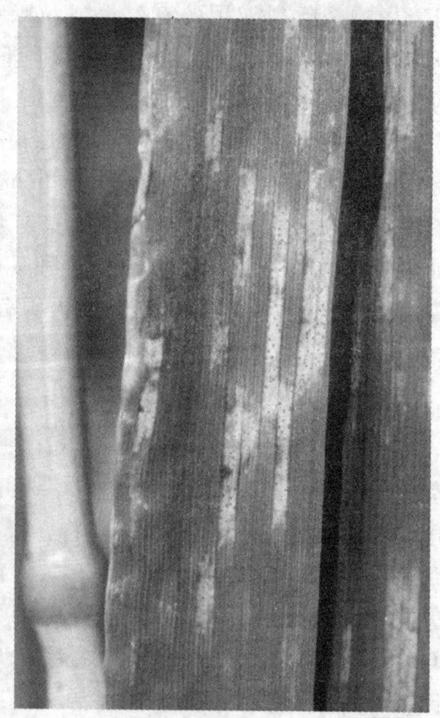

图 11.17 大田中一个受感染叶片病变上的壳针孢形成的分生孢子器

和 Zismann,2001）。Ware 等（2007）在分子标记分析的基础上，证明子囊孢子是推测性的杂交菌株，且对大麦具有致病性。此外子囊孢子与 *Mycosphaerella* 相似。研究表明 *Mycosphaerella* 是 *S. passerinii* 真菌的有性阶段。Li 和 Neate（2007b）在北达科他州和明尼苏达州利用 AFLP 标记分析 *S. passerinii* 的遗传结构，发现其的遗传结构与有性繁殖的真菌相一致。但是有关该地区的 SSLB 真菌有性阶段仍有待进一步的研究。两种 SSLB 病原菌在北达科他州都被发现，但是与 *S. avenae* f. sp. *triticea* 相比，从大麦上分离出来更多的是 *S. passerinii*（Krupinsky 和 Steffenson,1999）。

S. passerinii 可存活在土壤表面或略低于地表的受感染寄主残茬，并存活一个或多个季节。雨水溅出的性孢子提供了菌源（Mathre 1997），因此，孢子大多是在局部的传播（Cunfer,2000）。*S. passerinii* 感染和潜伏期比其他常见叶部大麦病害的时间更长（Green 和 Dickson,1957）；不过理想的天气条件下，SSLB 可以更早的发生，并成为侵染大麦的主要病害。*S. passerinii* 的寄主范围有限，主要是大麦和一些野生大麦品种，如芒颖大麦草（*Hordeum jubatum*），但有证据表明后者可能不是前者的感染源（Cunfer,2000）。*S. avenae* f. sp. *triticea* 比 *S. passerinii* 拥有更广泛的寄主范围，它可以侵染大麦、小麦、芒颖大麦草和其他草类。芒颖大麦草被认为是一个重要的菌源，并在美国中北部及加拿大相邻地区很常见。此外，除性孢子外，子囊孢子也是 *S. avenae* f. sp. *triticea* 初次侵染的主要菌源（Cunfer,2000）。

在 20 世纪 90 年代，美国北部地区爆发了 SSLB，这是因为广泛采用休耕及阴雨天气影响造成作物残茬中菌源的累积。因此，减少受感染的作物残茬的栽培措施（如翻耕和轮作）能够减轻 SSLB 为害。Krupinsky 等（2004）发现大麦后轮作种植小麦、海甘蓝、油菜籽和豌豆，与大麦和大麦轮作相比，发生包括 SSLB 的叶斑病的风险要低很多。几种杀菌剂在控制 SSLB 中表现出很好的效果，但寄主抗性仍然是控制疾病的最佳手段。许多栽培和野生大麦种质资源都具有 *S. passerinii* 的抗性（Legge 等,1996；Fetch 等,2003；Toubia-Rahme 等,2003；Toubia Rahme 和 Steffenson,2004；Yun 等,2005）。用分子标记辅助选择的方法，这些抗性资源的很多抗性主效基因已经被鉴定、作图，并已经或正在导入到育种品系中（Rasmusson 和 Rogers,1963；Steffenson 和 Smith,2006；Zheong 等,2006；Li 和 Neate,2007a；St. pierre 等,2010）。但必须考虑到 *S. passerinii* 可能有有性阶段，由此能够生成新的致病种（Li 和 Neate,2007b）。此外，没有有效的数据可以证明对 *S. passerinii* 具有有效的抗性基因也对 *S. avenae* f. sp. *triticea* 具有抗性。因为 *S. passerinii* 和 *S. avenae* f. sp. *triticea* 在一些生产地区非常流行（Krupinsky 和 Steffenson,1999），所以培育对两种病原菌都有抗性的品种非常重要（Toubia Rahme 和 Steffenson,1999）。美国中北部和临近大西洋的中部地区以及加拿大已经有抗 *S. passerinii* 的大麦品种。

(11)大麦黄矮病(Barley yellow dwarf,BYD)

大麦黄矮病是世界上侵染大麦和其他小粒谷类作物最广泛的重要的病毒病。它在全世界大麦生产区普遍存在,并在其中大部分地区都已造成流行病。如果作物在季节早期感染 BYDV,产量损失将高达 100%(Mathre,1997)。据报道,在美国中北部大麦生产区,人工接种大麦黄矮病毒(BYDV)的三个啤用大麦品种产量损失达 8%至 38%(Edwards 等,2001)。除产量之外,该病也能降低粒重、籽粒饱满度和麦芽浸出率。

BYDV 是一种蚜传病毒。蚜虫首次获得这些病毒是因为食用了受感染的植物。只要短短 15 分接触蚜虫就能携带这种病毒,然而,传播有效性可以持续 1～2 天。在蚜虫获得 BYDV 后,需要几小时到几天时间才能把病毒传染给其他植物。之后 BYDV 可以通过蚜虫媒介传播给其他的植物(Powe 和 Gray,1995;Mathre,1997)。蚜虫通过刺破植物的韧皮部取食时注入 BYDV 病毒。大麦 BYDV 的危害症状常因寄主(如基因型、生育期和生理状态)、病原体(生理小种和病源量)及环境(光照和温度)条件的不同而有不同(D'Arcy,1995)。其共同特征是叶片黄化植株矮化,症状开始表现为在老叶的顶部和边缘呈黄色不均匀斑点。然后这种变黄的现象逐渐向基部发展,在一到两个星期内覆盖整片叶子(图 11.18)。由于感染后节间伸长减少,病株严重矮化或发育不良。当大麦幼苗期严重感染后,可能导致不能抽穗。有时,严重感染的植株的穗部由于腐生菌繁殖将会在生理成熟期时变成黑色。

图 11.18 大麦上的大麦黄矮病

BYDV 属于黄症病毒科 Luteoviridae 的黄症病毒属 Luteovirus,至少有 5 个不同株系。这些株系在基因组组成和生物学特性方面存在显著差异。最初,BYDV 株系是根据其特异的昆虫媒介来区别命名的,例如,MAV 株系由麦长管蚜传播,RPV 株系由禾谷缢管蚜传播(*Rhopalosiphum padi*),SGV 株系由麦二叉蚜(*Schizaphis graminum*)传播,RMV 株系由玉米缢管蚜(*R. maidis*)传播,以及 PAV 株系由禾谷缢管蚜和麦长管蚜(*Sitobion avenae* F.)传播(Lister 和 Ranieri,1995)。应该指出的是,并不是所有的大麦 BYDV 都遵循这些严格的病毒—蚜虫媒介特异性。基于核酸序列、血清学反应和病理学特征，最近将 BYDV 病毒划分为两个亚群：亚群 I，包括 MAV、SGV 和 PAV 株系；亚群 II 包括 RPV 和 RMV 株系（Mathre，1997）。BYDV 由蚜虫传播，但不在其媒介中繁殖。蚜虫媒介中储存病菌的时间可能会持续长达 3 个星期或更长，也能度过随后的蚜虫蜕皮。然而，带病毒的蚜虫不能把 BYDV 传给它们的后代（Mathre，1997）。BYDV 只局限于韧皮部和通过这些传导的因素系统性的侵染寄主植物。

BYDV 有非常广泛的宿主范围，包括超过 150 种禾本科植物。它们包括所有的主要谷类作物（如大麦、小麦、燕麦、黑麦、小黑麦、玉米和大米），以及许多牧草和杂草（D'Arcy，1995）。根据不同地区、环境和种植措施，许多不同的寄主可以作为病原体的储备库。BYDV 不能被机械地传播，因此，它们完全依靠蚜虫媒介传播。在冬季温暖的地区，成虫能在冬季谷物和很多其他寄主上成活。如果这些蚜虫带病毒，它们能很快将这些病毒传播到健康植株上。携带病毒的蚜虫可以通过自己的飞行，引起局部流行或通过气流传播到遥远的数百英里之外。凉爽湿润的天气对大麦生长有利，也有利于蚜虫的繁殖和迁移。在一块田里一旦开始感染，蚜虫可以使 BYDV 在整个季节里持续蔓延（Mathre，1997）。

与大麦的其他大多数疾病一样，通过一个综合的管理策略，可以将大麦黄矮病造成的损失降到最低。BYDV 具有广泛的宿主范围，因此，要降低这种病的传播，必须清除作为病毒储备库的杂草寄主。播种的日期对疾病的为害有显著的影响。例如，在英国秋播作物不应太早播种，否则在一个较长的时期内都会接触病毒媒介，冬季来临前大麦会承受 BYDV 更大的破坏。在美国北部和在其他国家种植春季大麦的地区，建议在春季早播种，这样使作物可以在带病毒的蚜虫产生并造成很大的大麦黄矮损害之前生长。用系统性的杀虫剂来控制蚜虫媒介已在一些地区成功的应用，这些农药最好是在作物生长的早期（即分蘖期前）病毒感染后但未严重降低产量前应用。大麦对黄矮病具有抗性和耐性（Burnett 等，1995），遗传研究鉴定到几个抗性和耐性的相关基因，但在育种中最常用的是 *Ryd2* 或叫 *YD2*，这个基因对不同的大麦 BYDV 株系表现不同的抗性。将 BYDV 外壳蛋白基因转入大麦，是另一种很有前途的控制大麦 BYDV 策略（McGrat 等，1997），然而，迄今还没有使用本文描述的这种技术开发的商业品种。

(12) 白叶枯病（Baterial blight）

从有不同温度和降雨模式的温带到温度更高降雨更多的亚热带，在世界许多种植大麦的地区都能发现白叶枯病。白叶枯病在多雨或灌溉的大麦种植地区尤为严重。最近在美国中北部地区暴发流行，一些大田发病率高达 80%（B. Steffenson，未发表数据）。白叶枯病造成的损失还没有得到完善的评估记录，但是，通过对旗叶感染的严重性估计，可能会造成大约 13% 或更严重的减产（Shane 等，1987）。

病菌可以通过自然开口如气孔和表皮水孔进入植物组织，但也可以通过植物伤口进入植物。在敏感大麦植株的叶子上白叶枯病初期症状包括小的浅绿色斑点的生成，之后扩大成线状条纹。这些线性条纹常常会扩展到整个叶片，使叶片失去绿色并呈现半透明状。随后，感染的叶子会变黄，最终细胞死亡并呈棕黄色(图 11.19)。在湿润或高湿度的条件下，感染叶片上可看到细菌的迹象。他们表现为粘稠的黄色至奶油色的颗粒，扩散和干燥后，会在病叶表面形成亮的树脂状的分泌物(图 11.20)。白叶枯病大多发生在叶片，但颖和芒也可能被感染。

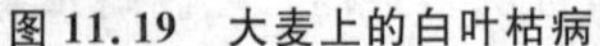

图 11.19 大麦上的白叶枯病

图 11.20 感染白叶枯病的大麦上的细菌分泌物

随着分子生物学与生化的发展，近几十年来导致小粒谷物产生白叶枯病的病原菌命名法已经有了很大发展。早期引起这种疾病的五种病原菌(如 pv. *cerealis*、*hordei*、*secalis*、*translucens* 和 *undulosa*)现已经被归类到内野油菜黄单胞菌(*Xanthomonas campestris*)的“translucens 家族”，被视为一个简单的致病种 *Xanthomonas translucens* 或被视为一个简单的致病变种 *X. translucens* pv. *translucens*(Bragard 等 1997)。Vauterin 等(1995)提出了 *X. translucens* 名称，包括在这一类群中有致病变种 translucens 以及其可以感染禾本科的病毒成员。研究分析来自各种禾本科的病毒成员的 68 个 *X. translucens* 广义的分离种，Bragard 等(1997)根据其对大麦和小麦的致病力确定了四个致病群。在这些病原菌中，把对小麦和大麦都有感染能力的列为 A 型，把只对大麦有感染力的归为 B 型。两种类型分别对应 *X. translucens* pv. *undulosa* 和 *X. translucens* pv. *translucens*。其他致病变种家族的分离种也能侵染大麦。因此，对于许多研究类型来说，重要的是鉴定出侵染大麦特异的白叶枯病病原菌。

白叶枯病病原菌可存活在种子、植物残茬、冬季谷物(如存在)以及在禾本科的转主作物上。然而，他们无法在土壤中长期生存。在许多地区，种子传播的菌源可能是初期感染的最重要病毒来源，通过实验性的种子或谷物交易，可能导致疾病的广泛传播(Duveiller 等，1997)。感染后的残茬也是一个重要的初期菌源，因为白叶枯病病原菌可以在残茬上存活一个或多个季节。大麦白叶枯病的致病变型导致其有一个广泛的寄主范围，因此许多寄主可以作为病原菌的储备库。在任何染病症状不明显之前，白叶枯病病原菌最多可能分布在谷类和其他寄主的叶子上。这可能是为什么流行病突然在一片广阔区域出现的原因。在育种或其他试验小区的大麦上的白叶枯病往往比在大田更严重(Duveiller 等，1997)。大雨和大风天气对白叶枯病病原菌传播的影响最快最有效。植物与植物之间的传播也可能通过机械设备、人与动物等媒介发生，特别是当寄主组织是湿润或者是饱水的时候(Mathre，1997)。喷灌使植物表面的留有水珠和湿度升高，因此喷灌条件下的大麦特别容易感染白叶枯病。

消除种传的菌源是减少大麦白叶枯病的关键，通常可以通过在病原菌不存在或环境条件不利于感染的干旱地区生产播种用的种子得以实现。种子处理(包括化学和干热)，可以减少种子的菌源，但它们并非总是完全有效(Mathre，1997)。作物残茬是菌源的另一病源，可以通过与非寄主作物轮作以及深耕或烧掉残茬方法来减少。各种禾本科杂草寄生 *X. translucens* 致病变种，应尽可能清除大麦作物栽种区周边的杂草。冬季谷物也可作为菌源的储备库，因此，春季播种的作物应该从空间或时间上与被感染的冬季谷物分开。寄主抗性是另一种可能控制大麦白叶枯病的策略，已经发现大麦对白叶枯病反应存在品种间差异，一些品种显示出高水平的部分抗性(Alizadeh 等，1994)。双列杂交分析已经鉴定到具有广谱性和特异性及两者相结合的抗白叶枯病的大麦品系；此外，也定位到抗白叶枯病的 QTLs(El Attari 等，1998)。今后将有可能育成对抗白叶枯病具有很好抗性的大麦品种。

3. 大麦根茎部病害

(1)丝核菌根腐病(Rhizoctonia root rot and bare patch)

丝核菌(Rhizoctonia)是寄主极为广泛的真菌，在土壤中大量存在。大麦很容易受到丝核菌根腐病的感染，在相似接种水平下生长受阻和为害的程度均大于小麦。地上部分叶片变黄、变紫和生长迟缓的特征经常在大田里成片发生，故名纹枯病、紫块、秃块或大麦生长迟缓(图 11.21)。这种病害已经在美国(Weller 等，1986)、澳大利亚(MacNish 和 Neate，1996)和加拿大被报道过。丝核菌根腐病为害后在根部产生不同与典型的为害症状，因此，与其他相似的根腐病如由腐酶（*Pythium*）相区别。根尖褐化，根冠有一定程度的腐烂，故名“spear tipping”（图 11.22）；根的皮层部分腐烂，并且在根部会出现一个收缩凹陷。当低温抑制幼苗生长等极端环境下，丝核菌还能引发猝倒病。

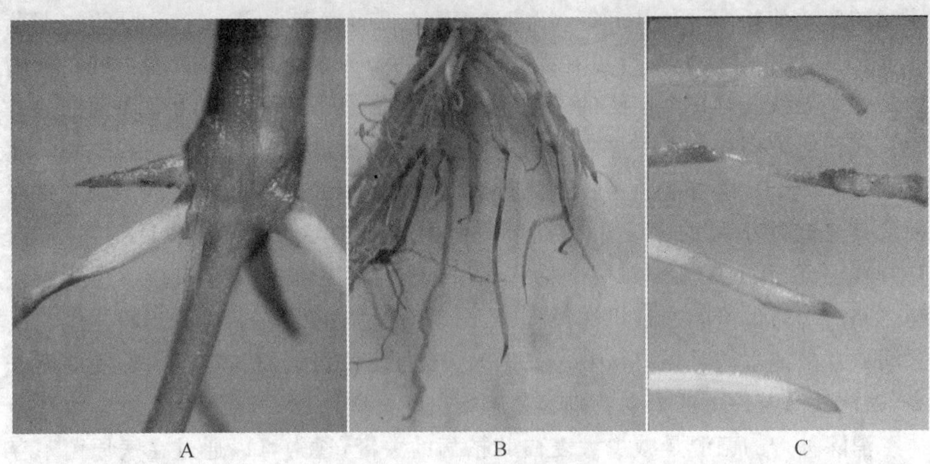

图 11.21　典型的丝核菌根腐病症状，包括根尖褐化腐烂、根系病变（A，B）和根系皮层的收缩（C）（A 和 B，由 R. J. Cook 和 D. Weller 免费提供；C，由 R. Smiley 免费提供）

图 11.22　春大麦上的丝核菌根腐病症状，直接播种，注意不平坦的点上高低不一的大麦植株

不同 *Rhizoctonia* 丝核菌种和群体的菌株融合群可引发根腐病，立枯丝核菌（*Rhizoctonia solani*）是一种担子菌，它的有性型（性阶段）是烟草靶斑病菌（*Thanatephorus cucumerinum*）。立枯丝核菌 *R. solani* 是一个复杂的物种，根据它们融合菌丝的能力，或者与相同群体吻合并交换细胞核的能力，被分为不同融合群(AGs)。*R. solani* AG-8 与秃块的形成有密切关系，20 世纪 80 年代发现于美国，不过 20 世纪初期在澳大利亚已经被描述过。据报道 AG-4 和 AG-5 都可以引起根腐病。*R. solani* AG-8 有一个很广的宿主范围，包括谷类植物，例如小麦和大麦，但是也可以侵染阔叶(双子叶)轮作作物，如豌豆(*Pisum sativum*)、扁豆(*Lens culinaris*)和鹰嘴豆(*Cicer arietinum*)。*R. solani* 能够形成相当宽的、具有桶孔隔膜的多核典型菌丝(>7μm)，菌丝形成独特的直角分支，并且在接近分叉点的位置有分隔间隔。*R. solani* 不易形成微菌核，但是它能以黑化的念珠状菌丝在死的根部存活。*R. solani* 能够在远离食物基础的土壤中腐生，因此具有在大田里产生成片效应的能力。这种病害的另一个特征就是其为害在免耕或保护性耕作的系统中更加严重。耕作可能通过打破菌丝网络或者生成限制 *Rhizoctonia* 生长的微生物环境来抑制成片效应的形成。*Rhizoctonia* 能够通过由禾本科杂草或者寄主作物之间的绿色桥梁(转主植物)在活的植物上存活(Smiley 等，1992)，如果这些杂草或转主植物在寄主作物种植前被除草剂杀死；由于植物防御系统的破坏，污生型病原体可以在很大程度上侵染已死杂草的根系，这就形成了一个大的初侵染菌源储备库，可以对后续作物造成严重威胁。通常春大麦比冬大麦受 *Rhizoctonia* 病害为害更严重，这可能是春天湿冷的环境引起的，事实 *R. solani* 在 12℃时就能导致危害(Mazzola 等，1996)。

最近在 PNW 的工作也证明了水稻纹枯病菌 Rhizo*ctonia oryzae* 分布很广，并且对大麦有高致病性(Ogoshi 等，1990；Mazzola 等，1996；Paulitz 等，2002b)，这种病原体已经在阿拉斯加州和英国有所报道(Burton 等，1988；Leiner 和 Carling，1994)。它的有性型是 *Waitea circinata*，并且可能存在不同的菌种，包括*Var. zeae*、*oryzae*、*circinatahe* 和 *agrostis*，这种群体的分类方法还在不断变化。这种真菌易形成直径 1～3 毫米的橙红色微菌核，并在菌丝存活中起作用。*R. oryzae* 的菌丝在 30℃～50℃ 分支，并且在培养中形成人字形的模式，*R. zeae*是与其很相近的菌种，可以通过麦角菌硬粒的不同大小和颜色区分。

除了 *R. solani* 和 *R. oryzae*，最近在 PNW 的研究中还鉴定了双核丝核菌种(有性型，Ceratobasidium)对大麦有致病性(T. C. Paulitz，未发表数据)：分离到 1 个融合群，分子序列分析结果显示，该群体与 AG-I 相近，且分布很广，在秃块中也能被发现。很多这些双核丝核菌种对阔叶轮作作物也有高致病性。

丝核菌融合群在土壤中难于量化。但是，开发了一种牙签式引诱技术，应用该技术可以量化分析土壤中 *R. solani* 和 *R. oryzae* 的菌丝活性(Paulitz 和 Schroeder，2005)。最近，通过利用实时 PCR 从土壤中量化丝核菌特殊群体的 DNA，如 *R. solani* AG-8 和其他 8 种谷类病原体(真菌和线虫)都可以被量化。Okubara 等(2008)发展量化了 *R. solani* AG-8，2-1(一种甘蓝病原体)和 AG-

10，以及 *Ceratobasidium* AG-I 和两个 *R. oryzae* 群体的引物。基于核糖体内转录间隔区(ITS)DNA 序列分子鉴定技术灵敏度和分辨率的提高，可能发现其他一些对大麦有致病性的丝核菌群。

(2)腐霉根腐病(Pythium root rot)

在以往的文献中，腐霉根腐病被称为褐变根腐病。植株地上部的 *Pythium* 为害症状特征不明显不易区别。在美国西北岸(PNW)，腐霉根腐病对小麦的影响直到 20 世纪 80 年代通过 Cook 和其同事对腐霉特异除草剂-甲霜灵的研究才被人们所知(Cook 等，1980)，与未处理的小麦相比，处理过的小麦表现出生长受阻，发育迟缓，减产 13% ～ 36%(Cook 等，1987)。与丝核菌根腐病(*Rhizoctonia*)相比，腐霉根腐病根部的危害特征不是很明显，总的来说，根尖、吸收根和根毛会腐烂，根系生物量和根长度降低。但是这些特征只有与正常生长的植株比较时才会明显。*Pythium* 能够侵染萌发的种子、幼苗和早期胚。腐霉的孢子囊通过感应根部的分泌物能够在几小时内生成，在 12～24h 内就可以侵染胚(Fukui 等，1994)。多数情况下谷类的幼苗还是会长出来的，除非是在高菌源浓度和湿冷的环境条件下。但是第一片叶片的长度会变短，在以后的生长季节中植株都会表现出生长迟缓的现象。*Pythium* 能首先侵染植柱根部，并且在其他二级病原体进入根部之前使根产生腐烂。一旦根部发生腐烂，*Pythium* 就可以在根部产生一个厚壁的有性孢子，称为卵孢子，这是由雄器和卵原细胞两个配子囊融合产生的、卵孢子可以在根部或土壤中生存若干季节，并且具有休眠因子。腐霉根腐病在湿冷的土壤中更严重。很多腐霉品种可以形成游动孢子，游动孢子在孢子囊的顶端形成一个囊状物。这些双鞭毛的孢子感应根部渗透梯度，径直游向根部，它们首先吸附在根部，通过形成一个细胞壁样的囊将自身包在其中，然后利用牙管侵染根细胞。有些腐霉品种并不形成游动孢子，但可以直接形成孢子囊(菌丝膨胀体)侵染根部。

腐霉 *Pythium* 被归为卵菌纲 Oomycetes 或原生藻菌 stramenopile，不同与真正的真菌，但形态与真正的真菌相似。卵菌不像真菌，更像褐藻，在其细胞壁中不含几丁质，而是含有纤维素。不像大多数的真菌，腐霉能形成移动孢子(游动孢子)。像 *Rhizoctonia* 一样，*Pythium* 的宿主范围也很广，能够侵染谷类和阔叶作物。以宿主为主要参数，美国(Farr 等，1989)和加拿大植物疾病研究协会在 1950—1970 年之间的研究结果表明，大概有 15 个大麦腐霉种。经常被引用的种有 *Pythium ultimum*，*Pythium debaryanum*，*Pythium graminicola* 和 *Pythium arrhenomanes*，后两种经常在英国和美国中西部被报道。其他被报道的种包括 *Pythium aristosporum*，*Pythium irregulare*，*Pythium spleendens* 和 *Pythium rostratum*。*Pythium iwayami* 和 *okanoganense* 是耐冷雪腐病种。21 世纪以来，随着 DNA 测序技术、ITS 序列数据库的发展(Levesque 和 de Cock，

2004)，种间精确的区分成为可能，但 *Pythium* 的分类仍在不断变化。运用经典的和现代分子相结合的技术，深入研究了以小麦为基础的东部华盛顿耕作制度，在这一地区春大麦经常被当成轮作作物；Paulitz 和 Adams(2003)在这一地区的土壤以及小麦和大麦的根中采集样品中鉴定到 13 个 *Pythium* 种。分布最广的是 *P. irregulare* 家族 IV(sensu Matsumoto)，以及一个最近被提到的种 *Pythium abappressorium*(Paulitz 等，2003)。其他一些在小麦上发现的种包括 *P. ultimum*，*P. rostratum*(后来重新被归为 *Pythium rostratifingens*)，*Pythium intermedium*(后来重新被归为 *Pythium attrantheridium*)，*Pythium heterothallicum*，*P. irregulare* 家族 I，*Pythium sylvaticum*，*Pythium paroecandrum* 和 *Pythium torulosum*，致病性最强的种是 *P. ultimum*、*P. irregulare* 家族 I 和 *P. irregulare* 家族 IV(Higginbotham 等，2004a)。在过去几年里，利用从 ITS 序列和实时定量 PCR 获得的种特异性引物(Schroeder 等，2006)，广泛研究了东部华盛顿地区采集样品，发现生物地理分布的倾向。奇怪的是 *P. graminicola* 和 *P. arrhenomanes* 常见于美国中西部，也可以侵染玉米，但是在 PNW 的夏天干旱地带并不常见。*P. ultimum* 虽然有剧毒，但在干旱地区不常见，常见于灌溉地区。*P. irregulare* 家族 I 在与豆科植物轮作的种植体系中常见，特别是在小麦—扁豆轮作体系中。*Pythium* 的多样性在降雨少的地区比较少，在小麦种植后的休耕地里少于每年的耕作地区。但是其他种，例如 *P. abappressorium* 和 *P. irregulare* 家族 IV 在所有不同降雨量的地区都有分布。这项研究也表明有些腐酶种会以轮作作物为宿主，总的来说，很多 *Pythium* spp. 有广泛的宿主范围，至少在可控环境的实验室接种试验下是这样的。

(3)普通根腐病和茎腐病(Common root rot and crown root)

普通的根腐病由麦根腐蠕孢菌(*C. sativus*)引起，发生在美国大平原、加拿大草原诸省和欧洲地区。在一些干旱的地中海气候地区，例如澳大利亚和 *PNW*，冠腐病由麦根腐蠕孢菌(*B. sorokiniana*)和镰刀菌属的 *Fusarium pseudograminearum*(以前为 *F. graminearum* 家族 I)和 *F. culmorum* 引起。由镰刀菌属引起的病害在干旱胁迫下会加剧，该菌能使小麦减产高达 35%，平均为 9.5%(Smiley 等，2005a)。本部分将主要讨论由麦根腐蠕孢菌引起的普通根腐病。该病原菌导致幼苗的白叶枯病和根腐烂。在极端环境下，导致幼苗倒伏和死亡。这个病原菌能使根部褐变，特别是在根茎部位。在极端环境下，这种褐变几乎演变为黑色，褐色蔓延到冠部和叶鞘。同时，还能使叶片形成斑枯和籽粒枯萎或形成黑点(参照籽粒疾病部分)。受侵染的植株发育迟缓，分蘖减少，产量降低，形成白色突起，其中含有少量细小干瘪的籽粒。

麦根腐蠕孢菌最初归类到小麦长蠕孢菌(*Helminthosporium sativum*)。这种病原菌同时也侵染小麦、燕麦(*Avena sativa*)、黑麦(*Secale cereale*)、水稻和其他草类，尽管燕麦和黑麦不像小麦及大麦一样对该菌敏感。这种病原体能形成3～10个典型的有隔膜的分生孢子，其颜色介于棕色和橄榄棕之间，大小在6～10×111～120微米。真菌能在自然底物上例如稻草、种子上形成孢子，根据这一特点，把感染的植物组织放在湿润的培养箱中1～2天，通过检查孢子，对判断是否由真菌引起是很有效的。麦根腐蠕孢菌主要通过在土壤中维持几年的厚壁分生孢子在土壤中存活下来。在大部分地区，来自分生孢子的土传菌源是初感染源。感染最早起始于土壤中的孢子（分生孢子），分生孢子在宿主中产生，能侵染正在形成的胚芽鞘或主根。真菌能产生植物毒素，帮助其在根系中发病和繁殖。对于比较潮湿的地区，通过种子传播的菌源是很重要的。这种病原菌能在禾本科杂草根系和一些双子叶植物或病残体中存活。

(4)全蚀病(Take-all)

全蚀病或许是世界范围内发生在小麦上最重要的土传病害。它最初在雨量充沛的澳大利亚、北美、日本、欧洲和美国南部地区的秋播小麦上发现。致病病原是 *Gaeumannomyces giaminis* var. *tritici*(*Ggt*)。大麦对该病较敏感，但受该病危害程度较小麦轻。黑麦的敏感性更低，燕麦表现对该真菌具有抗性（虽然 *G. giaminis var. avenae* 能侵染燕麦）。虽然 *Ggt* 表现对小麦的特异性，但它同样能侵染禾本科杂草，例如雀麦草(*Bromus tectorum*)和偃麦草(*E. repens*)。

植物地上部表现的主要为害症状为植株在灌浆期死亡，只剩下没有或者包含很少干瘪种子的白色穗子，严重影响产量。植物分蘖少，生长发育迟缓。植株感染严重，靠近植株基部的根被一层暗黑色的根外菌丝覆盖，这种黑色能延伸到较低的茎部和叶鞘。这种疾病在高湿和碱性土壤中较为严重。*Ggt* 在病残体或禾本科杂草上腐生，并不形成一种长期生存的结构。子囊壳可在腐烂的茎部形成，但子囊孢子并未在该病中发挥重要作用。微分生孢子由无性型的 *Phialophora* 产生，但在感染过程中不起主要作用。植株被黑色匍匐菌丝侵染，它能形成附着枝，菌丝可穿过根系。如果感染发生在幼苗时期，匍匐菌丝沿着根的外表面延伸，还可渗透到冠部。匍匐菌丝也可以在植株间延伸。当年复一年地单一种植大麦和小麦时，全蚀病发病的几率会增加。尽管如此，单一栽培一段时间后，由于拮抗细菌和假单孢菌的形成产生抗真菌复合物抑制了病菌，全蚀病发病率会降低。这种现象称为全蚀病自然衰退，世界上很多地方已有记载(Weller 等，2002)。

Ggt 的鉴定主要是基于简单菌丝和孢子大小，在没有经过致病性实验和分子鉴别基础上很难区别不同类别。此外，还可以从土壤中分离到与 *Ggt* 生长条件类似的腐生 *Phialophora* 种（无性型 *Gaeumannomyces*）。

(5)禾谷孢囊线虫病(Cereal cyst nematode)

禾谷孢囊线虫(*Heterodera avenae*)是危害禾谷类作物包括小麦、燕麦、大麦、黑麦和小黑麦等的病原线虫，是世界上最重要的胞囊线虫种类之一。禾谷孢囊线虫导致小麦幼苗根部的分支短和膨胀（结点），但除使大麦除根系丛生外未造成典型的根部症状。植株地上部分生长严重受阻，并常伴有斑点分布，呈缺素症状。禾谷孢囊线虫的幼虫进入根部，雌虫在根部微管系统建立繁殖点；之后雌性个体体积变大，开始产卵，并转移到孢囊中，孢囊通过根部形成突起。这些孢囊开始时为白色，慢慢变为褐色。卵子在孢囊中形成，孢囊可以存活很长一段时间和越冬。卵子在随后的季节孵化。线虫包括不同的致病型或种类，抗性基因已经被鉴定（参照相关部分）。禾谷孢囊线虫在世界上广泛分布，包括澳大利亚、地中海盆地、欧洲、美国的俄勒冈州。尽管如此，近来的调查发现这种线虫已经从美国的落基山区和 PNW 蔓延到科罗拉多州、犹他、蒙大拿、爱达荷州（Smiley，未发表）。此外，2008 年于俄勒冈州发现了新的禾谷孢囊线虫 *Heterodera filipgevi*（Smiley 等，2008）。孢囊可以借风传播，移栽、鞋（人）、块茎、机械收获等引起的土壤移动也能传播。这种疾病可以通过包含控制禾本科杂草的 1～2 年非寄主轮作来减少。总的来说，大麦相比小麦或燕麦而言对该病更具耐性。

(6)根腐线虫病（Root lesion nematodes）

根腐线虫（*Pratylenchus* spp.）是迁徙性的体内寄生虫，能危害多种寄主。在旱地谷类生产中，被研究最多的是发现在澳大利亚和美国 PNW 的 *Pratylenchus neglectus* 和 *Pratylenchus thornei*。在灌溉农业系统中，*Pratylenchus penetrans* 相对比较重要。根腐线虫和根腐病病菌如 *Rhizoctonia* 和 *Pythium* 所导致的症状相似，包括根尖变形、皮层腐烂、生长迟缓、分蘖减少和叶片发黄。根腐线虫侵染根部，在侵染点附近，形成小的枯斑，许多根腐线虫结集时，病斑联合形成一个较大复合病斑，长而窄，呈黑色。但病斑变色不能作为判断危害的唯一特征，因有的寄主酚含量少，受侵后变色反应很轻，可呈褐色或无色。根腐线虫可能与根系的病菌之间具有协同效应，通过造成伤口为侵染根系的病菌提供入口。最新在美国 PNW 的调查表明根腐线虫已经广泛存在于旱地谷类生产区。Smiley 等（2005b；c）报道，通过使用耐性/抗性的澳大利亚品种和杀线虫剂 alidcarb，结果显示 *P. neglectus* 和 *P. thornei* 能造成春小麦的严重减产，但对大麦影响较小。大麦比小麦更具抗性，因此其根系线虫病再繁殖数量也较少（Vanstone 等，2008）。R. W. Smiley 等（未发表数据）的试验证明在大量线虫病危害下，大麦品种比小麦品种更具抗性（比如较少的产量下降）。尽管根腐线虫的寄主范围很广，但 *P. neglectus* 和 *P. thornei* 在不同作物上成活能力不同。黑麦和红花（*Carthamus tinctorius*）抗性较强，鹰嘴豆非常敏感。燕麦和大麦，对 *P. neglectus* 表现为敏感到中等抗性，但对 *P. thornei* 它们是在中等抗性到抗性范围（Hollaway 等，2000；Taylor 等，2000；Vanstone 等，2008）。

因为寄主范围广泛，轮作并不是减少其数量的有效方法，复种指数能够影响线虫病的数量，夏季休耕制比正常耕作制更能减少它的数量(Smiley 等，2004)。

(7)大麦土传病害的防治

• **基因水平的耐性或抗性**(Genetic resistance or tolerance)

现有的栽培品种对大部分土传禾谷类病原体的抗性或耐性较低。在温室和大田试验人工接种 *R. solani* AG-8，评价春小麦、春大麦和人工育成的六倍体小麦对其抗/耐性，结果没有发现它们具有抗性或耐性(Smith 等，2002a；b)。然而，地中海沿岸广泛分布的一种能与小麦杂交的野草 *Dasypyrum villosum*，具有其抗性。温室内比较不同春小麦品种对 *P. ultimum* 和 *P. irregulare* 家族Ⅳ(这章定义为 *P. debaryanum*)抗/耐性，结果表明，敏感性存在显著的品种间差异，但没有筛选到真正的耐性或抗性品种(Higginbotham 等，2004b)。尝试采用转基因或突变体技术获得对 *Rhizoctonia* 的抗性。将 *Trichoderma harzianum* 的几丁质内切酶基因在大麦中表达(Wu 等，2006)，但该技术在大田环境下尚未取得成功(T. Paulitz，未发表数据)。用 EMS 对春小麦进行诱变后筛选对*R. solani* AG-8 抗性品种，鉴定后的抗性突变体与其他春小麦品种回交(Okubara 等，2009)；温室内这些杂交种表现出较少的根系损伤和抑制作用，但还需要在大田中进行鉴定。大麦中也在实施相似的方案(Ullrich，未发表数据)。

麦类根腐病、头孢霉菌条纹病和雪腐病(白霉病)的抗性基因已经成功导入到冬小麦中(Bruehl 等，1986；Allan 和 Roberts，1991；Gaudet，1994)，但这些抗性基因还没有被导入到冬大麦中。

对谷类胞囊线虫抗性已在小麦野生亲缘种中发现。在大麦中已鉴定到超过11 个不同的抗性单基因，它们可能证实了对某些生理小种的特异抗性。例如，“Ortolan”耐 Ha1 家族但却对 Ha2 和 Ha3 家族敏感。“Siri”对几乎所有的 Ha1 和 Ha2 生物型具有抗性，但却对 Ha3 敏感，而“Marocco”对这三种生物型都具有抗性。Ha2 抗性基因位于大麦 2H 染色体上，对澳大利亚的病菌类型比较有效(Kretschmer 等 1997)。已经在小麦中找到对根腐线虫 *P. neglectus* 和 *P. thornei*的 QTLs 标记和主效抗性基因(Zwart 等，2006；Thompson，2008)，但在大麦中还没有发现。已经发现小麦基因对具既有耐性(病菌能再生但不影响产量)又有抗性(减少线虫再生数量)基因。

• **化学控制**(Chemical control)

遗憾的是，化学控制对于大多数土传病菌既无效也不经济，而且至今在美国没有一种应用于土壤的注册登记的产品。土壤中使用的杀菌剂能够与土壤颗粒结合，被其他微生物失活或者代谢掉，或者不能通过土壤剖面。即使杀菌剂具有移动性，也需要大批量使用来处理土壤剖面，如果流入到地表水中就可能造成环境问题。然而，农民可使用保护性的系统性的大麦种子处理方法，特别是防止黑粉菌和黑穗病(Smiley 等，1990a；b)。最常用的是脱甲基化抑制剂如戊唑醇(RaxiTM)、灭菌唑(Charter™)和苯醚甲环唑(Dividend™)。甲霜灵和灭达乐(Ridomil™，Subdue™，和 Allegience™)对卵菌纲如 *Pythium* spp. *Fludioxonil*(Maxim™)具有特异性的抑制能力，抑霉唑能抑制 *Rhizoctonia*。大多数杀菌剂能有效保护种子免受种传病菌的侵染。内吸性杀菌剂进入到正在生长的茎叶中保护幼苗，但随着植株的生长这些杀菌剂浓度降低(稀释)。然而，没有一个杀菌剂能在韧皮部中移动，不能转移至正在生长的根尖部位用来保护不断扩展的根系系统，因此，它们对生长后期的根腐病没有效果；种子处理也不能显著增加小麦的产量(Smiley 等，1990a；b)，或许可以稍微增加一些产量(Cook 等，2002b)。然而，我们经常可以观察到，在丝核菌 *Rhizoctonia* 侵染土壤的农田，播种经种子处理的种子能显著提高小麦幼苗的健康度(Paulitz 和 Scott，2006)。

• **作物轮作(Crop rotation)**

作物轮作对抑制一些寄主范围较窄的大麦病原体比如全蚀病(*G. graminis* var. *tritici*)非常有效。用阔叶类作物比如一个凉爽季节的豆类粮食作物、苜蓿(*Medicago sativa*)或大豆轮作 1～2 年，能够将病原体降低到经济效益的临界点以下，但并不能完全铲除病原体。同时轮作过程中必须采取措施抑制禾本科杂草的生长。很多土传病原体的寄主范围很广，它们能侵染禾本科作物(比如小麦，小麦常常和大麦轮作)和双子叶植物。例如，*R. solani* AG-8 的寄主范围很广，包括小麦、大麦、豌豆、扁豆和芸薹属。*R. oryzae* 能侵染禾谷类(Paulitz 等，2002)和双子叶植物(Paulitz，2002)。又如 *Pythium* spp. 能侵染禾谷类和双子叶植物，营污生型，腐蚀大部分植物的种子和根系。然而，最近在美国 PNW 采用 real-time PCR 技术的研究显示，*Pythium* spp. 可能更适合一定的寄主轮作(Schroeder，未发表结果)，例如，*P. irregulare* 家族 I 与包括扁豆的轮作有关。

轮作对于普通根腐病的影响比较复杂。与连续两年大麦生长相比，采用油菜、燕麦和雀麦草轮作能降低此病为害。Bailey 等 (2001)研究表明亚麻(*Linum usitatissimum*)对降低根腐病没有作用，但 Conner 等 (1996)研究显示有效果。在小麦、亚麻或者燕麦种植之后两年内换成大麦，病情比原来更加严重，也丧失了轮作的作用。作物种类的增加能够减少土壤中 *B. sorokiniana* 的数量(Bailey 等，2001)。

作物轮作能减少谷类胞囊线虫(*H. avenae*)侵染禾本科植物包括小麦、大麦、燕麦和禾本科草类。当非寄生植物生长时，病菌数量急剧下降，因为孵化的幼虫死亡。但是并不是说每年内所有的胞囊都孵化，因此如果一年中只有一种非寄生植物的轮作不能消除掉所有的线虫。在澳大利亚比较研究了不同作物对根腐线虫的繁殖潜力和敏感性(Vanstone 等,2008),结果表明,小麦和大麦品种对 *P. neglecus* 表现从敏感到中等抗性不等,但是大麦对 *P. thornei* 比小麦更具抗性或耐性(Taylor 等,2000; Vanstone 等,2008)。因此,大麦可与小麦轮作以减轻 *P. thornei* 为害。与大麦相比,豌豆和扁豆是更不适合的寄主,它们能够有效减少这两种病原体的数量,适合在大麦之后的轮作。

- **翻耕与作物残茬处理**(Tillage and residue management)

在所有土传大麦病害中,翻耕对立枯丝核菌和根腐病影响最显著。与没有翻耕相比,翻耕能显著减轻 *R. solani* AG-8 为害(MacNish,1985; Rovira,1986; Pumphrey 等,1987)。翻耕可能破坏真菌的菌丝网络,或抑制微生物活力,进而抑制 *Rhizoctonia*。Schroeder 和 Paulitz(2006)发现翻耕停止两年后,*Rhizoctonia* 才会在第三、第四年成为严重的危害。Bailey 等(2000)研究发现,普通根腐病和全蚀病的病菌在传统耕作下危害比较严重。翻耕对作物残茬也有一定的影响,在少翻耕或者没有翻耕的情况下,土壤上留下很多作物残茬。另一方面,在春季,翻耕田土壤完全暴露在光照下,土壤能吸收红外光的辐射;与之相比,少翻耕或者没有翻耕条件下,作物残茬使得土壤蒸发受阻,造成土壤变得更湿冷。这种更湿冷环境比较适合 *R. solani* AG-8,它能在 12℃甚至更低的温度下造成危害(Mazzola 等,1996)。同样,腐霉菌比较适合在湿冷的环境下生长。例如,*P. ultimum* 和 *P. irregulare* 分别在土壤温度 10℃和 5℃时非常活跃(Ingram 和 Cook,1990)。一些种植者用烧、割或耙并结合茎秆撒布器一块使用,剩余的作物残茬为菌源生长提供了场所,并造成更多疾病的发展,比如镰刀霉冠腐病(Summerell 等,1989; Smiley 等,1996)。然而,对于生活在根系上的病原菌来说,作物残茬处理可能没有什么显著效果。例如,无翻耕轮作下,燃烧和机械清理茎杆并没有减少 *R. solani* AG-8 的数量(Paulitz 等,2009)。

- **绿桥管理**(Greenbrige management)

栽培措施中减少很多土传大麦病原体的最有效方法之一是绿桥管理。大多数的病原体能够在受体作物和禾本科杂草的活体根系上成活并繁殖。例如,大麦常常和小麦轮作种植。在很多地区,受体作物和杂草能够过冬。在春季农民常常在种植之前使用非特异性的除草剂如草甘膦。然而,当植物死于除草剂时,死体营养型病原体如 *Rhizoctonia* 和 *Pythium* 能迅速侵入到将死的组织中,产生更多的真菌生物量和侵染源(Smiley 等,1992; Paulitz 等,2002)。这现象在使用草甘膦时更为明显,因为草甘膦妨碍植物体内的防御系统相关芳香族氨基酸合成,这被称为"草甘膦协同作用"(Lévesque 和 Rahe,1992)。当农民在这些垂死的杂草中种植作物时,聚集的侵染源能危害新的作物。因此推荐农民在使用除草剂两周之后再种植作物,为减少侵染源数量腾出时间。最近在春大麦的研究表明,根据播种前植物的反应铲除绿桥的最佳时间是 2～4 周,更长的时间对植物生长没有帮助(Paulitz，未发表数据)。在秋季实施绿桥管理能显著降低春大麦的丝核菌(Paulitz 和 Reinertsen,2005)(图 11.23)。

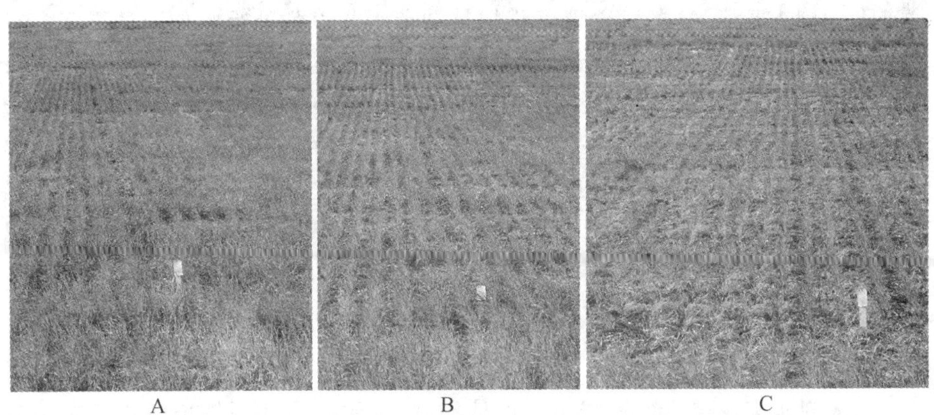

图 11.23 绿桥管理对大麦丝核菌根腐病的作用。三个小区的春大麦都在同一时间直播到同一块大田中。A:在秋季之前用除草剂草甘膦除去杂草和受体作物;B:播种前三周用草甘膦喷洒杂草和受体作物;C:播种前三天用草甘膦喷洒杂草和受体作物

- **休耕(Fallow)**

在没有寄主植物的情况下,能否减少生长季大麦的土传病原体?休耕常常用来控制杂草,通过机械耕作或除草剂,或者在少雨的地区用来在土壤中储存和汇集雨水。如轮作一样,这种方法的有效性取决于病原体在土壤中的生存能力。在没有寄主的情况下,病原体的营养耗尽,土壤微生物和微型动物将侵袭和降解病原繁殖体。在澳大利亚一个直播系统中,休耕 3～6 周时间能降低丝核菌疾病的发生(Roget 等,1987)。减少耕地的机械休耕或化学休耕能降低下一年的 *R. solani* AG-8 的活力,但对于 *R. oryzae* 没有影响,可能由于 *R. oryzae* 产生的微菌核能够在休耕时成活下来(Paulitz，未发表数据)。

休耕的方法也适合绿桥管理即播种前 2～3 周时期没有杂草,病原体自然降解数量减少。一个冬季禾谷类作物和一个春季禾谷类作物轮作,或春禾季谷类作物之间的轮作,能有 6 个月的温和气候的休耕时期,与冬季禾谷类作物之间的轮作相比较,这种方法可能减少疾病的数量。

休耕能否影响病原体形成病菌卵孢子?实时定量 PCR 检测休耕及其他耕作系统中的 9 种不同的 *Pythium* spp,结果显示,休耕处理显著降低大部分 *Pythium* 种的数量至不能被检测到(几乎被完全铲除)。例外的是 *P. abappressorium*和 *P. irregulare* 家族 IV,它们在休耕处理时减少但并没有被完全铲除(K. L. Schroeder,未发表数据)。

- **植物营养(Plant nutrition)**

植物营养对绝大多数植物疾病具有重要作用。如土传病原体能抑制根系生长期降低根系生物量，特别是吸收根系，从而影响植物靠根系吸收养份的能力，尤其是土壤移动性较差的营养元素(如磷)的吸收。农民常常于播种前在种子下面或旁边施入基肥，这些营养能够很快被幼苗吸收以弥补吸收能力的下降。在澳大利亚的缺锌土壤中施锌肥，能够降低丝核菌的为害(Thongbai 等，1993；MacNish 和 Neate，1996)。但在美国 PNW 不缺 Zn 的土壤上采用相似的施 Zn 肥措施却没有作用(Cook 等，2002a)。在缺锰土壤中施锰能降低全蚀病为害(Wilhelm 等，1988)。病原体也会受到所施氮肥形态的影响，例如，全蚀病在碱性土壤中更加严重；氨态 N 肥能降低土壤 pH 值和减少病菌数量，而硝态 N 肥却提高土壤 pH 值和其中的病菌数量(Colbach 等，1997)。

4. 结论

大麦对很多土传真菌和线虫病原体敏感，其中许多病原体也侵染小麦和其他禾本科作物。由于缺乏可以明显鉴别症状的方法，以及缺少经济有效的能在相对利润较低作物如大麦上应用的土壤杀菌剂或杀线虫剂，这些病原体难以控制；同时也缺少对具有广谱寄主范围的根腐病病原体的耐/抗性基因。因此，生产者必须依靠一系列栽培措施控制这些病害，尤其是当大麦—小麦进行轮作时。然而，对许多病原体而容大麦比小麦更具抗性，因此在小麦生产中大麦是比较适宜的轮作作物。

参考文献

Abbott, D. C., A. H. D. Brown, and J. J. Burdon. 1992. Genes for scald resistance from wild barley (*HorcLteurn vulgare* ssp. *spontaneurn*) and their linkage to isozyme markers. Euphytica 61: 225－232.

Alizadeh, A., V. Benetti, A. Sarrafi, G. Barrault, and L. Albertini. 1994. Genetic analysis for partial resistance to an Iranian strain of bacterial leaf streak (*X. campestris* pv. *Hordei*) in barley. Plant Breed. 113: 323－326.

Allan, R. E. and D. E. Roberts. 1991. Inheritance of reaction to strawbreaker foot rot in two wheat populations. Crop Sci. 31: 943－947.

Almgren, I., M. Gustafsson, A. Falt, H. Lindgren, and E. Liljeroth. 1999. Interaction between root and leaf disease development in barley cultivars after inoculation with different isolates of *Bipolaris sorokiniana*. J. Phytopathol. 147: 331－337.

Arabi, M. I. E. 2005. Inheritance of partial resistance to spot blotch in barley. Plant Breed. 124: 605－607.

Arabi, M. I. E., B. Al-Safadi, and T. Charbaji. 2003. Pathogenic variation among isolates of *Pyrenophora teres*, the causal agent of barley net blotch. J. Phytopathol. 151: 376－382.

Arabi, M. I., A. Al-Daoude, and M. Jawhar. 2006. Interrelationship between spot blotch and common root rot in barley. Australas. Plant Pathol. 35: 477—479.

Bailey, K. L., B. D. Gossen, D. A. Derksen, and P. R. Watson. 2000. Impact of agronomic practices and environment on diseases of wheat and lentil in southeastern Saskatchewan. Can. J. Plant Sci. 80: 917—927.

Bailey, K. L., B. D. Gossen, G. P. Lafond, P. R. Watson, and D. A. Derksen. 2001. Effect of tillage and crop rotation on root and foliar diseases of wheat and pea in Saskatchewan from 1991 to 1998: univariate and multivariate analyses. Can. J. Plant Sci. 81: 789—803.

Bailey, K. L., B. D. Gossen, R. K. Gugel, and R. A. A. Morrall (eds.). 2003. Diseases of Field Crops in Canada. Canadian Phytopathological Society, Saskatchewan, Canada.

Beattie, A. D., G. J. Scoles, and B. G. Rossnagel. 2007. Identification of molecular markers linked to a *Pyrenophora teres* avirulence gene. Phytopathology 97: 842—849.

Bilgic, H., B. J. Steffenson, and P. M. Hayes. 2005. Comprehensive genetic analyses reveal differential expression of spot blotch resistance in four populations of barley. Theor. Appl. Genet. 111: 1238—1250.

Bilgic, H., B. J. Steffenson, and P. M. Hayes. 2006. Molecular mapping of loci conferring resistance to different pathotypes of the spot blotch pathogen in barley. Phytopathology 96: 699—708.

Bockelman, H., E. Sharp, M. M. Harrabi, and M. Cherif. 1988. Registration of net blotch resistant barley composite cross XLV germplasm. Crop Sci. 28: 199.

Bockus, W. W., R. L. Bowden, R. M. Hunger, W. L. Morrill, T. D. Murray, and R. W. Smiley. 2010. Compendium of Wheat Diseases and Pests, 3rd ed. American Phytopathological Society, St. Paul, MN.

Bonman, J. M., H. E. Bockelman, L. F. Jackson, and B. J. Steffenson. 2005. Disease and insect resistance in cutivated barley accessions from the USDA National Small Grains Collection. Crop Sci. 45: 1271—1280.

Bouajila, A., M. M. Abang, S. Haouas, S. Udupa, S. Rezgui, M. Baum, and A. Yahyaoui. 2007. Genetic diversity of *Rhynchosporiurn secalis* in Tunisia as revealed by pathotype, AFLP, and microsatellite analyses. Mycopathologia 163: 281—294.

Bragard, C., E. Singer, A. Alizadeh, L. Vauterin, H. Maraite, and J. Swings. 1997. *Xanthornonas transtucens* from small grains: diversity and phytopathological relevance. Phytopathology 87: 1111—1117.

Braun, U., R. T. A. Cook, A. J. Inman, and H.-D. Shin. 2002. The taxonomy of the powdery mildew fungi, pp. 13—55. *In* R. R. Bélanger, W. R. Bushnell, A. J. Dik, and T. L. W. Carver (eds.). The Powdery Mildews: a Comprehensive Treatise. American Phytopathological Society, St. Paul, MN.

Brodny, U. and M. Rivadeneira. 1996. Physiologic specialization of *Puccinia hordei* in Israel and Ecuador, 1992-1994. Can. J. Plant Pathol. 18: 375—378.

Brown, J. K. 1994. Chance and selection in the evolution of barley mildew. Trends Microbiol. 2: 470—475.

Brown, J. K. M. 2002. Comparative genetics of avirulence and fungicide resistance in the powdery mildew fungi, pp. 56—65. *In* R. R. Belanger, W. R. Bushnell, A. J. Dik, and T. L. W. Carver (eds.). The Powdery Mildews: a Comprehensive Treatise. American Phytopathological Society, St. Paul, MN.

Brown, A. H. D., D. F. Garvin, J. J. Burdon, D. C. Abbott, and B. J. Read. 1996. The effect of combining scald resistance genes on disease levels, yield and quality traits in barley. Theor. Appl. Genet. 93: 361—366.

Brown, M. P., B. J. Steffenson, and R. K. Webster. 1993. Host range of *Pyrenophora teres* f. *teres* isolates from California. Plant Dis. 77: 942—947.

Brown, W. M., Jr., J. P. Hill, and V. R. Velasco. 2001. Barley yellow rust in North America. Annu. Rev. Phytopathol. 39: 367—384.

Bruehl, G. W., T. D. Murray, and R. E. Allan. 1986. Resistance of winter wheats to Cephalosporium stripe in the field. Plant Dis. 70: 314—316.

Burnett, P. A., A. Comeau, and C. O. Qualset. 1995. Host plant tolerance or resistance for control of barley yellow dwarf, pp. 321—343. *In* C. J. D'Arcy and P. A. Burnett (eds.). Barley Yellow Dwarf: 40 Years of Progress. American Phytopathological Society, St. Paul, MN.

Burton, R. J., J. R. Coley-Smith, and P. W. Wareing. 1988. *Rlzizoctonia oryzae* and *R. solarii* associated with barley stunt disease in the United Kingdom. Trans. Br. Mycol. Soc. 91: 409—417.

Cakir, M., S. Gupta, G. Platz, G. Ablett, R. Loughman, L. Emebiri, D. Poulsen, C. Li, R. C. Lance, N. Galwey, M. G. K. Jones, and R. Appels. 2003. Mapping and validation of the genes for resistance to *Pyrenophora teres* f. *teres* in barley (*Hordeurn vulgare* L.). Aust. J. Agric. Res. 54: 1369—1377.

Campbell, G. F. and P. W. Crous. 2002. Fungicide sensitivity of South African net-and spot-type isolates of *Pyrenophora teres* to ergosterol biosynthesis inhibitors. Australas. Plant Pathol. 31: 151—155.

Campbell, G. F., J. A. Lucas, and P. W. Crous. 2002. Evidence of recombination between net-and spot-type populations of *Pyrenophora teres* as determined by RAPD analysis. Mycol. Res. 106: 602—608.

Castro, A. J., X. Chen, A. Corey, T. Filichkina, P. M. Hayes, C. Mundt, K. Richardson, S. Sandoval-Islas, and H. Vivar. 2003. Pyramiding and validation of quantitative trait locus (QTL) alleles determining resistance to barley stripe rust: effects on adult plant resistance. Crop Sci. 43: 2234—2239.

Chen, X. and R. F. Line. 1999. Recessive genes for resistance to *Puccinia striiformis* f. sp. *hordei* in barley. Phytopathology 89: 226—232.

Chen, X. M. and R. F. Line. 2003. Identification of genes for resistance to *Puccinia striifornis* f. sp. *hordei* in 18 barley genotypes. Euphytica 129: 127—145.

Chen, X., R. F. Line, and H. Leung. 1995. Virulence and polymorphic DNA relationships of *Puccznza striiformis* f. sp. *hordei* to other rusts. Phytopathology 85：1335—1342.

Cheong，J.，K. Williams，and H. Wallwork. 2006. The identification of QTLs for adult plant resistance to leaf scald in barley. Aust. J. Agric. Res. 57：961—965.

Choo，T. M. 2009. Fusarium head blight of barley in China. Can. J. Plant Pathol. 31：3—15.

Clifford，B. C. 1985. Barley leaf rust，pp. 173—205. *In* A. P. Roelfs and W. R. Bushnell (eds.). The Cereal Rusts：Diseases，Distribution，Epidemiology，and Control，Vol. 2. Academic Press，New York.

Colbach，N.，P. Lucas，and J. M. Meynard. 1997. Influence of crop management on take-all development and disease cycles on winter wheat. Phytopathology 87：26—32.

Collins，N. C.，A. Sadanandom，and P. Schulze-Lefert. 2002. Genes and molecular mechanisms controlling powdery mildew resistance in barley，pp. 134—145. *In* R. R. Bélanger，W. R. Bushnell，A. J. Dik，and T. L. W. Carver (eds.). The Powdery Mildews：a Comprehensive Treatise. American Phytopathological Society，St. Paul，MN.

Conner，R. L.，L. J. Duczek，G. C. Kozub，and A. D. Kuzyk. 1996. Influence of crop rotation on common root rot of wheat and barley. Can. J. Plant Pathol. 18：247—254.

Cook，R. J.，J. W. Sitton，and J. T. Waldher. 1980. Evidence for *Pythiurn* as a pathogen of direct-drilled wheat in the Pacific Northwest. Plant Dis. 64：1061—1066.

Cook，R. J.，J. W. Sitton，and W. A. Haglund. 1987. Influence of soil treatments on growth and yield of wheat and implications for control of Pythium root rot. Phytopathology 77：1192—1198.

Cook，R. J.，W. F. Schillinger，and N. W. Christensen. 2002a. Rhizoctonia root rot and take-all of wheat in diverse direct-seed spring cropping systems. Can. J. Plant Pathol. 24：349—358.

Cook，R. J.，D. M. Weller，A. Y. El-Banna，D. Vakoch，and H. Zhang. 2002b. Yield responses of direct-seed wheat to fungicide and rhizobacteria treatments. Plant Dis. 87：780—784.

Cotterill，P. J.，R. G. Rees，G. J. Platz，and R. Dill-Macky. 1992. Effects of leaf rust on selected Australian barleys. Aust. J. Exp. Agric. 32：747—751.

Cromey，M. G. and S. L. H. Viljanen Rollinson. 1995. Virulence of *Puccinia hordei* on barley in New Zealand from 1990-1993. N. Z. J. Crop Hortic. Sci. 23：115-119.

Cunfer，B. M. 2000. *Stagonospora* and *Septoria* diseases of barley，oat，and rye. Can. J. Plant Pathol. 22：332—348.

Dahleen，L. S.，P. A. Okubara，and A. E. Blechl. 2001. Transgenic approaches to combat fusarium head blight in wheat and barley. Crop Sci. 41：628—637.

D'Arcy，C. J. 1995. Symptomatology and host range of barley yellow dwarf，pp. 9—28. *In* C. J. D'Arcy and P. A. Burnett (eds.). Barley Yellow Dwarf：40 Years of Progress. American Phytopathological Society，St. Paul，MN.

D'Arcy，C. J. and P. A. Burnett. 1995. Barley Yellow Dwarf：40 Years of Progress.

American Phytopathological Society, St. Paul, MN.

Das, M. K., C. A. Griffey, R. E. Baldwin, C. M. Waldenmaier, M. E. Vaughn, A. M. Price, and W. S. Brooks. 2007. Host resistance and fungicide control of leaf rust (*Puccinia hordei*) in barley (*Hordeum vulgare*) and effects on grain yield and yield components. Crop Prot. 26: 1422—1430.

Dill-Macky, R. and R. K. Jones. 2000. The effect of previous crop residues and tillage on Fusarium head blight of wheat. Plant Dis. 84: 71—76.

Dill-Macky, R., R. G. Rees, and G. J. Platz. 1991. Inoculum pressure and the development of stem rust epidemics in barley. Aust. J. Agric. Res. 42: 769—777.

Dodds, P., G. Lawrence, and J. Ellis. 2001. Six amino acid changes confined to the leucine-rich repeat beta-strand/beta-turn motif determine the difference between the P and P2 rust resistance specificities in flax. Plant Cell 13: 163—178.

Dreiseitl, A. 1990. Overcoming the resistance of barley conferred by gene *Pa*3 against leaf rust (*Puccinia hordei* Otth). Genet. Sel. 26: 159—160.

Dreiseitl, A. and A. Dinoor. 2004. Phenotypic diversity of barley powdery mildew resistance sources. Genet. Resour. Crop Evol. 51: 251—257.

Dubin, H. J. and R. W. Stubbs. 1986. Epidemic spread of barley stripe rust in South America. Plant Dis. 70: 141—144.

Duczek, L. J., K. A. Sutherland, S. L. Reed, K. L. Bailey, and G. P. Lafond. 1999. Survival of leaf spot pathogens on crop residues of wheat and barley in Saskatchewan. Can. J. Plant Pathol. 21: 165—173.

Duveiller, E., L. Fucikovsky, and K. Rudolph. 1997. The Bacterial Diseases of Wheat: Concepts and Methods of Disease Management. CIMMYT, Mexico, DF, Mexico.

Edwards, M. C., T. G. J. Fetch, P. B. Schwarz, and B. J. Steffenson. 2001. Effect of *barley yellow dwarf virus* infection on yield and malting quality of barley. Plant Dis. 85: 202—207.

ElAttari, H., A. Rebai, P. M. Hayes, G. Barrault, G. Dechamp-Guillaume, and A. Sarrafi. 1998. Potential of doubled-haploid lines and localization of quantitative trait loci (QTL) for partial resistance to bacterial leaf streak (*Xanthomonas campestris* pv. *hordei*) in barley. Theor. Appl. Genet. 96: 95—100.

Emebiri, L. C., G. Platz, and D. B. Moody. 2005. Disease resistance genes in a doubled haploid population of two-rowed barley segregating for malting quality attributes. Aust. J. Agric. Res. 56: 49—56.

Farr, D. F., G. F. Bills, G. P. Chamuris, and A. Y. Rossman. 1989. Fungi on Plants and Plant Products in the United States. American Phytopathological Society, St. Paul, MN.

Fetch, T. G. and B. J. Steffenson. 1994. Identification of *Cochliobolus sativus* isolates expressing differential virulence on two-row barley genotypes from North Dakota. Can. J. Plant Pathol. 16: 202—206.

Fetch, T. G. and B. J. Steffenson. 1999. Rating scales for assessing infection responses of barley infected with *Cochliobolus sativus*. Plant Dis. 83：213—217.

Fetch，T. G.，Jr.，B. J. Steffenson，and E. Nevo. 2003. Diversity and sources of multiple disease resistance in *Hordeum spontaneurn*. Plant Dis. 87：1439—1448.

Fetch，T. G.，Jr.，B. J. Steffenson，H. E. Bockelman，and D. M. Wesenberg. 2008. Spring barley accessions with dual spot blotch and net blotch resistance. Can. J. Plant Pathol. 30：534—542.

Franckowiak，J. D.，Y. Jin，and B. J. Steffenson. 1996. Recommended allele symbols for leaf rust resistance genes in barley. Barley Genet. Newsl. 27：36—44.

Frei，P. and D. Gindrat. 2000. The fungus *Ramularia collocygni* induces a type of "sun scorch" on leaves of winter barley and gramineaceous weeds. Rev. Suisse Agric. 32：229—233.

Frei，P.，K. Gindro，H. Richter，and S. Schurch. 2007. Direct-PCR detection and epidemiology of *Ramularia collo-cygni* associated with barley necrotic leaf spots. J. Phytopathol. 155：281—288.

Fukui，R.，G. S. Campbell，and R. J. Cook. 1994. Factors influencing the incidence of embryo infection by *Pythiurn* spp. during germination of wheat seeds in soils. Phytopathology 84：695—702.

Gacek，E. and J. Nadziak. 2000. The use of cultivar mixtures for improving disease resistance and yield in spring barley. Biul. Inst. Hodow. Aklimat. Rosl. 214：143—158.

Garvin，D. F.，A. H. D. Brown，and J. J. Burdon. 1997. Inheritance and chromosome locations of scald-resistance genes derived from Iranian and Turkish wild barleys. Theor. Appl. Genet. 94：1086—1091.

Gaudet，D. A. 1994. Progress towards understanding interactions between cold hardiness and snow mold resistance and development of resistant cultivars. Can. J. Plant Pathol. 16：241—246.

Ghazvini，H. and A. Tekauz. 2007. Virulence diversity in the population of *Bipolaris sorokiniana*. Plant Dis. 91：814—821.

Ghazvini，H. and A. Tekauz. 2008. Host-pathogen interactions among barley genotypes and *Bipolaris sorokiniana* isolates. Plant Dis. 92：225—233.

Gilchrist，S. L.，F. H. Vivar，C. F. Gonzalez，and C. Velazquez. 1995. Selecting sources of resistance to *Cochliobolus sativus* under subtropical conditions and preliminary loss assessment. Rachis 14：35—39.

Goodwin，S. B. and V. L. Zismann. 2001. Phylogenetic analyses of the ITS region of ribosomal DNA reveal that *Septoria passerinii* from barley is closely related to the wheat pathogen *Mycosphaerella graminicola*. Mycologia 93：934—946.

Goswami，R. S. and H. C. Kistler. 2004. Heading for disaster：*Fusarium graminearum* on cereal crops. Mol. Plant Pathol. 5：515—525.

Green，G. J. and J. G. Dickson. 1957. Pathological histology and varietal reactions in septoria leaf blotch of barley. Phytopathology 47：73—79.

Green, G. J. and V. M. Bendelow. 1961. Effect of speckled leaf blotch, *Septoria passerini* Sacc., on the yield and malting quality of barley. Can. J. Plant Sci. 41: 431—435.

Grewal, T. S., B. G. Rossnagel, C. J. Pozniak, and G. J. Scoles. 2008. Mapping quantitative trait loci associated with barley net blotch resistance. Theor. Appl. Genet. 116: 529—539.

Gustafsson, M. 1993. Barley infected by *Bipolaris sorokiniana*-a model system for studies of host-parasite interactions. Vaxtskyddsnotiser 57: 108—113.

Harder, D. E. and W. G. Legge. 2000. Effectiveness of different sources of stem rust resistance in barley. Crop Sci. 40: 826—833.

Harvey, I. C. 2002. Epidemiology and control of leaf and awn spot of barley caused by *Ramularia collo-cygni*. N. Z. Plant Prot. 55: 331—335.

Havis, N. D., S. J. P. Oxley, S. R. Piper, and S. R. H. Langrell. 2006. Rapid nested PCR-based detection of *Ramularia collo-cygni* direct from barley. FEMS Microbiol. Lett. 256: 217—223.

Heiser, I., E. Sachs, and B. Liebermann. 2003. Photodynamic oxygen activation by rubellin D, a phytotoxin produced by *Ramularia collo-cygni* (Sutton et Waller). Physiol. Mol. Plant Pathol. 62: 29—36.

Heiser, I., M. Hess, K. U. Schmidtke, U. Vogler, S. Miethbauer, and B. Liebermann. 2004. Fatty acid peroxidation by rubellin B, C and D, phytotoxins produced by *Ramularia collo-cygni* (Sutton et Waller). Physiol. Mo1. Plant Pathol. 64: 135—143.

Higginbotham, R. W., T. C. Paulitz, and K. K. Kidwell. 2004a. Virulence of *Pythium* species isolated from wheat fields in eastern Washington. Plant Dis. 88: 1021—1026.

Higginbotham, R. W., T. C. Paulitz, K. G. Campbell, and K. K. Kidwell. 2004b. Evaluation of adapted wheat cultivars for tolerance to Pythium root rot. Plant Dis. 88: 1027—1032.

Hollaway, C. J., S. P. Taylor, R. F. Eastwood, and C. H. Hunt. 2000. Effect of field crops on density of *Pratylenchus* in eastern Australia; Part 2: *P. thornei*. J. Nematol. 32: 600—608.

Horsley, R. D., J. D. Pederson, P. B. Schwarz, K. McKay, M. R. Hochhalter, and M. P. McMullen. 2006a. Integrated use of tebuconazole and fusarium head blight-resistant barley genotypes. Agron. J. 98: 194—197.

Horsley, R. D., D. Schmierer, C. Maier, D. Kudrna, C. A. Urrea, B. J. Steffenson, P. B. Schwarz, J. D. Franckowiak, M. J. Green, B. Zhang, and A. Kleinhofs. 2006b. Identification of QTLs associated with fusarium head blight resistance in barley accession Clho 4196. Crop Sci. 46: 145—156.

Howles, P., G. Lawrence, J. Finnegan, H. McFadden, M. Ayliffe, P. Dodds, and J. Ellis. 2005. Autoactive alleles of the flax L6 rust resistance gene induce non-race-specific rust resistance associated with the hypersensitive response. Mol. Plant Microbe Interact. 18: 570—582.

Huss, H. 2004. The biology of *Ramularia collo-cygni*. Meeting the challenges of barley blights, pp. 321—328. Proceedings of the Second International Workshop on Barley Leaf Blights, Aleppo, Syria, ICARDA, April 2002.

Ingram, D. M. and R. J. Cook. 1990. Pathogenicity of four *Pythium* species to wheat, barley, peas, and lentils. Plant Pathol. (London) 39: 110—117.

Jackson, L. F. and R. K. Webster. 1976. Race differentiation, distribution, and frequency of *Rhynchosporiurn secalis* in California. Phytopathology 60: 233—236.

Jayasena, K. W., R. Loughman, and J. Majewski. 2002. Evaluation of fungicides in control of spot-type net blotch on barley. Crop Prot. 21: 63—69.

Jensen, J., G. Backes, H. Skinnes, and H. Giese. 2002. Quantitative trait loci for scald resistance in barley localized by a non-interval mapping procedure. Plant Breed. 121: 124—128.

Jin, Y. and B. J. Steffenson. 1994. Inheritance of resistance to *Puccinia hordei* in cultivated and wild barley. J. Hered. 85: 451—454.

Jin, Y. and B. J. Steffenson. 1999. *Puccinia coronata* var. *hordei* var. nov.: morphology and pathogenicity. Mycologia 91: 877—884.

Jin, Y., B. J. Steffenson, and T. G. Fetch, Jr. 1994. Sources of resistance to pathotype QCC of *Puccinia grarninis* f. sp. *tritici* in barley. Crop Sci. 34: 285—288.

Jin, Y., L. Szabo, M. Rouse, T. J. Fetch, Z. A. Pretorius, R. Wanyera, and P. Njau. 2009. Detection of virulence to resistance gene *Sr*36 within race TTKS lineage of *Puccinia grarninis* f. sp. *tritici*. Plant Dis. 93: 367—370.

Jin, Y., L. J. Szabo, and M. Carson. 2010. Century-old mystery of *Puccinia striiformis* life history solved with the identification of Berberis as an alternate host. Phyto-pathology. 100: 432—435.

Joffe, A. Z. 1986. Fusarium Species: Their Biology and Toxicology. John Wiley & Sons, New York.

Jones, R. K. 2000. Assessments of Fusarium head blight of wheat and barley in response to fungicide treatment. Plant Dis. 84: 1021—1030.

Jordan, V. W. L. 1981. Aetiology of barley net blotch caused by *Pyrenophora teres* and some effects on yield. Plant Pathol. 30: 77—87.

Jordan, V. W. L. and E. C. Allen. 1984. Barley net blotch: influence of straw disposal and cultivation methods on inoculum potential, and on incidence and severity of autumn disease. Plant Pathol. 33: 547—559.

Jorgensen, J. H. 1994. Genetics of powdery mildew resistance in barley. Crit. Rev. Plant Sci. 13: 97—119.

Keon, J. P. R. and J. A. Hargreaves. 1983. A cytological study of the net blotch disease of barley caused by *Pyrenophora teres*. Physiol. Mol. Plant Pathol. 22: 321—329.

Khasanov, B. A., Z. A. Shavarina, A. A. Vypritskaya, and L. A. Glukhova. 1993. Host plant range of *Drechslera teres* (Sacc.) Shoem. during artificial inoculation of cereals in natural conditions. Mikol. Fitopatol. 27：54—58.

Kiesling，R. L. 1985. The diseases of barley，pp. 269-312. *In* D. C. Rasmusson（ed.）. Barley. American Society of Agronomy，Madison，WI.

Kleinhofs，A.，R. Brueggeman，J. Nirmala，L. Zhang，A. Mirlohi，A. Druka，N. Rostoks，and B. J. Steffenson. 2009. Barley stem rust resistance genes：structure and function. Plant Genome 2：109—120.

Koizumi，S.，H. Kato，R. Yoshino，N. Hayashi，and M. Ichinoe. 1991. Distribution of causal *Fusaria* of wheat and barley scab in Japan. Ann. Phytopathol. Soc. Japan 57：165—173.

Kretschmer，J. M.，K. J. Chalmers，S. Manning，A. Karakousis，A. R. Barr，A. K. M. R. Islam，S. J. Logue，Y. W. Choe，S. J. Barker，R. C. M. Lance，and P. Langridge. 1997. RFLP mapping of the Ha2 cereal cyst nematode resistance gene in barley. Theor. Appl. Genetics 94：1060—1064.

Krupinsky，J. M. and B. J. Steffenson. 1999. *Septoria/Stagonospora* leaf spot diseases on barley in North Dakota，USA，pp. 37-38. *In* M. van Ginkel，A. McNab and J. Krupinsky（eds.）. *Septoria* and *Stagonospora* Diseases of Cereals：a Compilation of Global Research. CIMMYT，Mexico，DF，Mexico.

Krupinsky，J. M.，D. L. Tanaka，M. T. Lares，and S. D. Merrill. 2004. Leaf spot diseases of barley and spring wheat as influenced by preceding crops. Agron. J. 96：259—266.

Kumar，J.，P. Schafer，R. Huckelhoven，G. Langen，H. Baltruschat，E. Stein，S. Nagarajan，and K. H. Kogel. 2002. *Bipolaris sorokiniana*，a cereal pathogen of global concern：cytological and molecular approaches towards' better control. Mol. Plant Pathol. 3：185—195.

Lai，Z. B.，J. D. Faris，J. J. Weiland，B. J. Steffenson，and T. L. Friesen. 2007. Genetic mapping of *Pyrenophora teres* f. *teres* genes conferring avirulence on barley. Fungal Genet. Biol. 44：323—329.

Leiner，R. H. and D. E. Carling. 1994. Characterization of *Waitea circinata*（*Rhizoctonia*）isolated from agriculture soils in Alaska. Plant Dis. 78：385—388.

Lee，S. H. and S. M. Neate. 2007a. Sequence tagged site markers to *Rsp*1，*Rsp*2，and *Rsp*3 genes for resistance to Septoria speckled leaf blotch in barley. Phytopathology 97：162—169.

Lee，S. H. and S. M. Neate. 2007b. Population genetic structure of *Septoria passerinii* in northern Great Plains barley. Phytopathology 97：938—944.

Lee，H. K.，J. P. Tewari，and T. K. Turkington. 2001. Symptomless infection of barley seed by *Rhynchosporium secalis*. Can. J. Plant Pathol. 23：315—317.

Legge，W. G.，D. R. Metcalfe，A. W. Chiko，J. W. Martens，and A. Tekauz. 1996. Reaction of Turkish barley accessions to Canadian barley pathogens. Can. J. Plant Sci. 76：927—931.

Lehmensiek，A.，G. Platz，E. Mace，D. Poulsen，and M. W. Sutherland. 2007. Mapping of adult plant resistance to net form of net blotch in three Australian barley populations. Aust. J. Agric. Res. 58: 1191—1197.

Leistrumaite, A. and Z. Liatukas. 2006. Resistance of spring barley cultivars to the new disease Rarnularia leaf spot, caused by Rarnularia *collo-cygni*. Agron. Res. 4: 251—255.

Leonard, K. J. and W. R. Bushnell. 2003. Fusarium Head Blight of Wheat and Barley. American Phytopathological Society, St. Paul, MN.

Leonard, K. J. and L. J. Szabo. 2005. Stem rust of small grains and grasses caused by *Puccznza graminis*. Mol. Plant Pathol. 6: 99—111.

Levesque, C. A. and W. A. M. de Cock. 2004. Molecular phylogeny and taxonomy of the genus *Pythium*. Mycol. Res. 108: 1363-1383.

Levesque, C. A. and J. Rahe. 1992. Herbicide interactions with fungal root pathogens, with special reference to glyphosate. Annu. Rev. Phytopathol. 30: 579—602.

Lewandowski, S. M., W. R. Bushnell, and C. K. Evans. 2006. Distribution of mycelial colonies and lesions in field grown barley inoculated with *Fusariurn graminearurn*. Phytopathology 96: 567—581.

Linde, C. C., M. Zala, S. Ceccarelli, and B. A. McDonald. 2003. Further evidence for sexual reproduction in *Rhynchosporium secalis* based on distribution and frequency of mating-type alleles. Fungal Genet. Biol. 40: 115—125.

Line, R. F. 2002. Stripe rust of wheat and barley in North America: a retrospective historical review. Annu. Rev. Phytopathol. 40: 75—118.

Lister, R. M. and R. Ranieri. 1995. Distribution and economic importance of barley yellow dwarf, pp. 9—28. *In* C. J. D'Arcy and P. A. Burnett (eds.). Barley Yellow Dwarf: 40 Years of Progress. American Phytopathological Society, St. Paul, MN.

Locke, T. and T. N. Phillips. 1995. The occurrence of carbendazim resistance in *Rhynchosporium secalis* on winter barley in England and Wales in 1992 and 1993. Plant Pathol. 44: 294—300.

Luig, N. H. 1985. Epidemiology in Australia and New Zealand, pp. 301—328. *In* A. P. Roelfs and W. R. Bushnell (eds.). The Cereal Rusts: Diseases, Distribution, Epidemiology, and Control, Vol. 2. Academic Press, New York.

Ma, Z., B. J. Steffenson, L. K. Prom, and N. L. V. Lapitan. 2000. Mapping of quantitative trait loci for fusarium head blight resistance in barley. Phytopathology 90:1079—1088.

MacNish, G. C. 1985. Methods of reducing thizoctonia patch of cereals in Western Australia. Plant Pathol. 34:175—181.

MacNish, G. C. and S. M. Neate. 1996. Rhizoctonia bare patch of cereals. Plant Dis. 80: 965—971.

Manisterski, J. 1989. Physiologic specialization of *Puccinia hordei* in Israel from 1983 to 1985. Plant Dis. 73: 48—52.

Manninen, O., M. Jalli, R. Kalendar, A. Schulman, O. Afanasenko, and J. Robinson. 2006. Mapping of major spot-type and net-type net-blotch resistance genes in the Ethiopian barley line CI 9819. Genome 49：1564—1571.

Manninger，K.，T. Matrai，and I. Muranyi. 2008. Survey of winter barley fields for leaf spot diseases：epidemic spread of Ramularia leaf spot in Hungary in 2008，pp. 123—124. Abwehrstrategien gegen biotische Schaderreger Zuchtung von Hackfruchten und Sonderkulturen Tagungsband der 59. Jahrestagung der ereinigung der Pflanzenzuchter und Saatgutkaufleute Osterreichs，Raumberg-Gumpenstein，Austria，November 25—27，2008.

Marcel，T. C.，B. Gorguet，M. Truong，Z. Kohutova，A. Vels，and R. E. Niks. 2008. Isolate specificity of quantitative trait loci for partial resistance of barley to *Puccinia hordei* confirmed in mapping populations and near-isogenic lines. New Phytol. 177：743—755.

Marshall，D. and R. L. Sutton. 1995. Epidemiology of stripe rust，virulence of *Puccinia striiformis* f. sp. *hordei*，and yield loss in barley. Plant Dis. 79：732—737.

Mathre，D. E. 1997. Compendium of Barley Diseases. American Phytopathological Society，St. Paul，MN.

Mazzola，M.，O. T. Wong，and R. J. Cook. 1996. Virulence of *Rhizoctonia oryzae* and *R. solani* AG-8 on wheat and detection of *R. oryzae* in plant tissue by PCR. Phytopathology 86：354—360.

McCallum，B. D.，P. G. Pearse，T. J. Fetch，D. Gaudet，A. Tekauz，P. SetoGoh，K. Xi，and T. K. Turkington. 2007. Stripe rust of wheat and barley in Manitoba，Saskatchewan and Alberta in 2006. Can. Plant. Dis. Surv. 87：66.

McGrath，P. F.，J. R. Vincent，C. H. Lei，W. P. Pawlowski，K. A. Torbert，W. Gu，H. F. Kaeppler，Y. Wan，P. G. Lemaux，H. R. Rines，D. A. Somers，B. A. Larkins，and R. M. Lister. 1997. Coat protein-mediated resistance to isolates of barley yellow dwarf in oats and barley. Eur. J. Plant Pathol. 103：695—710.

McLean，M. S.，B. J. Howlett，and G. J. Hollaway. 2009. Epidemiology and control of spot form of net blotch (*Pyrenophora teres* f. *maculata*) of barley：a review. Crop Pasture Sci. 60：499.

Miethbauer，S.，I. Heiser，and B. Liebermann. 2003. The phytopathogenic fungus *Ramularia collo-cygni* produces biologically active rubellins on infected barley leaves. J. Phytopathol. 151：665—668.

Mihuta-Grimm，L. and R. L. Forster. 1989. Scab of wheat and barley in southern Idaho and evaluation of seed treatments for eradication of *Fusariurn* spp. Plant Dis. 73：769—771.

Milus，E. A.，K. Kristensen，and M. S. Hovmoller. 2009. Evidence for increased aggressiveness in a recent wide-spread strain of *Pucci-nict strizforniis* f. sp. *tritici* causing stripe rust of wheat. Phytopathology 99：89—94.

Muehlbauer，G. J. and W. R. Bushnell. 2003. Transgenic approaches to Fusarium head blight resistance，pp. 318—362. *In* K. J. Leonard and W. R. Bushnell (eds.). Fusarium Head Blight of Wheat and Barley. American Phytopathological Society，St. Paul，MN.

Mundt，C.，P. M. Hayes，and C. C. Schon. 1994. Influence of barley variety mixtures on severity of scald and net blotch and on yield. Plant Pathol. 43：356—361.

Nakajima, T., M. Yoshida, and K. Tomimura. 2008. Effect of lodging on the level of mycotoxins in wheat, barley, and rice infected with the *Fusarium graminearum* species complex. J. Gen. Plant Pathol. 74: 289—295.

Nazari, K., M. Mafi, A. Yahyaoui, R. P. Singh, and R. F. Park. 2009. Detection of wheat stem rust *Puccinia gramiinis* f. sp. *tritici*) race TTKSK (Ug99) in Iran. Plant Dis. 93: 317.

van Niekerk, B. D., Z. A. Pretorius, and W. H. P. Boshoff. 2001. Occurrence and pathogenicity of *Puccinia hordei* on barley in South Africa. Plant Dis. 85: 713—717.

Ochoa, J. and J. E. Parlevliet. 2007. Effect of partial resistance to barley leaf rust, *Puccinia hordei*, on the yield of three barley cultivars. Euphytica 153: 309—312.

Ogoshi, A., R. J. Cook, and E. N. Bassett. 1990. *Rhizoctonia* species and anastomosis groups causing root rot of wheat and barley in the Pacific Northwest. Phytopathology 80: 784—788.

Okubara, P. A., K. L. Schroeder, and T. C. Paulitz. 2008. Identification and quantification of *Rhizoctonia solani* and *R. oryzae* using real-time polymerase chain reaction. Phytopathology 98: 837—847.

Okubara, P. A., C. M. Steber, V. L. DeMacon, N. L. Walter, T. C. Paulitz, and K. K. Kidwell. 2009. Scarlet-RzI, an EMS-generated hexaploid wheat with tolerance to the soilborne necrotrophic pathogens *Rhizoctonia solani* AG-8 and *R. oryzae*. Theoret. Appl. Genet. 119: 293—303.

Ophel-Keller, K., A. McKay, A. Hartley, D. Herdina, and J. Curran. 2008. Development of a routine DNA-based testing service for soilborne diseases in Australia. Australas. Plant Pathol. 37: 243—253.

Park, R. F. 2003. Pathogenic specialization and pathotype distribution of *Puccinia hordei* in Australia, 1992 t0 2001. Plant Dis. 87: 1311—1316.

Park, R. F. and A. Karakousis. 2002. Characterization and mapping of gene *Rph*19 conferring resistance to *Puccinia hordei* in the cultivar "Reka 1" and several Australian barleys. Plant Breed. 121: 232—236.

Parlevliet, J. E. 1976. Partial resistance of barley to leaf rust, *Puccinia hordei*. III. The inheritance of the host plant effect on latent period in four cultivars. Euphytica 25: 21—248.

Parry, D. W., P. Jenkinson, and L. McLeod. 1995. Fusarium ear blight (scab) in small grain cereals—a review. Plant Pathol. 44: 207—238.

Paulitz, T. C. 2002. First report of *Rhizoctonia oryzae* on pea. Plant Dis. 86: 442.

Paulitz, T. C. and K. Adams. 2003. Composition and distribution of *Pythium* communities from wheat fields in eastern Washington State. Phytopathology 93: 867—873.

Paulitz, T. C. and S. Reinertsen. 2005. Effects of in-furrow nitrogen, tillage and seed treatment with Dynasty for control of thizoctonia root rot in spring barley, 2004. Fungicide Nematicide Reports 60, CF029.

Paulitz, T. C. and K. L. Schroeder. 2005. A new method for the quantification of *Rhizoctonia solani* and *R. oryzae* from soil. Plant Dis. 89: 767—772.

Paulitz, T. C. and R. Scott. 2006. Effect of seed treatments for control of rhizoctonia root rot in winter wheat, 2003-2004. Fungicide Nematicide Reports 61, ST014.

Paulitz, T. C., R. Smiley, and R. J. Cook. 2002a. Insights into the prevalence and management of soilborne cereal pathogens under direct seeding in the Pacific Northwest, U. S. A. Can. J. Plant Pathol. 24: 416—428.

Paulitz, T. C., J. Smith, and K. Kidwell. 2002b. Virulence of *Rhizoctonia oryzae* on wheat and barley cultivars from the Pacific Northwest. Plant Dis. 87: 51—55.

Paulitz, T. C., K. Adams, and M. Mazzola. 2003. *Pythium abappressorium*—a new species from eastern Washington. Mycologia 95: 80—86.

Paulitz, T. C., K. L. Schroeder, and W. F. Schillinger. 2010. Root diseases of cereals in an irrigated cropping system: effects of tillage, residue management and crop rotation. Plant Dis. 94: 61—68.

de la Pena, R. C., K. P. Smith, F. Capettini, G. J. Muehlbauer, M. Gallo-Meagher, R. Dill-Macky, D. A. Somers, and D. C. Rasmusson. 1999. Quantitative trait loci associated with resistance to fusarium head blight and. kernel discoloration in barley. Theor. Appl. Genet. 99: 561—569.

Perkowski, J., I. Kiecana, and J. Chelkowski. 1995. Susceptibility of barley cultivars and lines to *Fusarium* infection and mycotoxinaccumulation in kernels. J. Phytopathol. 143: 547—551.

Peterson, P. D. 2001. Stem Rust of Wheat: from Ancient Enemy to Modern Foe. American Phytopathological Society, St. Paul, MN.

Pickering, R. A. 1992. Monosomic and double monosomic substitutions of *Horateurn bulbosurn* L. chromosomes into *H. vulgare* L. Theor. Appl. Genet. 84: 466—472.

Pickering, R. A., B. J. Steffenson, A. M. Hill, and I. Borovkova. 1998. Association of leaf rust and powdery mildew resistance in a recombinant derived from a *Hordeurn vulgare* × *Hordeurn bulbosum* hybrid. Plant Breed. 117: 83—84.

Piening, L. J. and D. Orr. 1988. Effects of crop rotation on common root rot of barley. Can. J. Plant Pathol. 10: 61—65.

Pinnschmidt, H. O. and M. S. Hovmøller. 2004. Ramularia-bladplet på byg (Ramularia-leaf spot on barley). Grøn Viden (Green Knowledge), Markbrug nr. 290, 6p, ISSN 1397—985X.

Pinnschmidt, H. O. and L. N. Jorgensen. 2009. Yield effects of Ramularia leaf spot on spring barley, pp. 57—66. Aspects of applied biology 92, the 2nd European Ramularia workshop-a new disease and challenge in barley production, Edinburgh, Scotland, April 7—8, 2009. Warwick, UK: Association of Applied Biologists.

Pinnschmidt, H. O. and S. A. Sindberg. 2009. Assessing Ramularia leaf spot resistance of spring barley cultivars in the presence of other diseases, pp. 71—80. Aspects of applied biology 92：2nd European Ramularia workshop-a new disease and challenge in barley production，Edinburgh，Scotland，April 7—8，2009. Warwick，UK：Association of Applied Biologists.

Power，A. G. and S. M. Gray. 1995. Aphid transmission of barley yellow dwarf viruses：interactions between viruses，vectors，and host plants，pp. 259—289. *In* C. J. D'Arcy and P. A. Burnett (eds.). Barley Yellow Dwarf：40 Years of Progress. American Phytopathological Society，St. Paul，MN.

Pumphrey，F. V.，D. E. Wilkins，D. C. Hane，and R. W. Smiley. 1987. Influence of tillage and nitrogen fertilizer on Rhizoctonia root rot (bare patch) of winter wheat. Plant Dis. 71：125—127.

Qi，X.，R. E. Niks，P. Stam，and P. Lindhout. 1998. Identification of QTLs for partial resistance to leaf rust (*Puccinia hordei*) in barley. Theor. Appl. Genet. 96：1205—1215.

Rasmusson，D. C. and W. E. Rogers. 1963. Inheritance of resistance to *Septoria* in barley. Crop Sci. 3：161—162.

Rau，D.，G. Attene，A. H. D. Brown，L. Nanni，F. J. Maier，V. Balmas，E. Saba，W. Schafer，and R. Papa. 2007. Phylogeny and evolution of mating-type genes from *Pyrenophora teres*，the causal agent of barley "net blotch" disease. Curr. Genet. 51：377—392.

Richardson，K. L.，M. I. Vales，J. G. Kling，C. C. Mundt，and P. M. Hayes. 2006. Pyramiding and dissecting disease resistance QTL to barley stripe rust. Theor. Appl. Genet. 113：485—495.

Roelfs，A. P. 1985. Wheat and rye stem rust，pp. 3—27. In A. P. Roelfs and W. R. Bushnell (eds.). The Cereal Rusts：Diseases，Distribution，Epidemiology，and Control，Vol. 2. Academic Press，New York.

Roelfs，A. P.，J. Huerta-Espino，and D. Marshall. 1992a. Barley stripe rust in Texas. Plant Dis. 76：538.

Roelfs，A. P.，R. Singh，and E. E. Saari. 1992b. Rust Diseases of Wheat：Concepts and Methods of Disease Management. CIMMYT，Mexico，DF，Mexico.

Roget，D. K.，N. R. Venn，and A. D. Rovira. 1987. Reduction of thizoctonia root rot of direct-drilled wheat by short-term chemical fallow. Aust. J. Exp. Agric. 27：425—430.

Rovira，A. D. 1986. Influence of crop rotation and tillage on Rhizoctonia bare patch of wheat. Phytopathology 76：669—673.

Sachs，E.，D. Amelung，and K. Klappach. 1998. The symptoms of net blotch on barley，caused by *Drechslera teres*，and risks for diagnostic mistakes. Nachrichtenbl. Deutsch. Pflanzenschutzd. 50：58—63.

Salamati，S. and L. Reitan. 2006. *Ramularia collo-cygni* on spring barley，an overview of its biology and epidemiology. First European Ramularia Workshop，Georg-August University Göttingen，Germany，March 2006.

Salas，B.，B. J. Steffenson，H. H. Casper，B. Tacke，L. K. Prom，T. G. Fetch，Jr.，and

P. B. Schwarz. 1999. *Fusarium* species pathogenic to barley and their associated mycotoxins. Plant Dis. 83：667—674.

Sarpeleh，A.，H. Wallwork，D. E. Catcheside，M. E. Tate，and A. J. Able. 2007. Proteinaceous metabolites from *Pyrenophora teres* contribute to symptom development of barley net blotch. Phytopathology 97：907—915.

Schroeder，K. L. and T. C. Paulitz. 2006. Root diseases of wheat and barley during the transition from conventional tillage to direct seeding. Plant Dis. 90：1247—1253.

Schroeder，K. L.，P. A. Okubara，J. T. Tambong，C. A. Levesque，and T. C. Paulitz. 2006. Identification and quantification of pathogenic *Pyrhium* spp. from soils in eastern Washington using real-time polymerase chain reaction. Phytopathology 96：637—647.

Schiitzendubel，A.，M. Stadler，D. Wallner，and A. Tiedemann. 2008. A hypothesis on physiological alterations during plant ontogenesis governing susceptibility of winter barley to ramularia leaf spot. Plant Pathol. 57：518—526.

Schwarz，P. B. 2003. Impact of Fusarium head blight on malting and brewing quality of barley，pp. 395—419. *In* K. J. Leonard and W. R. Bushnell (eds.). Fusarium Head Blight of Wheat and Barley. American Phytopathological Society，St. Paul，MN.

Shane，W. W.，J. S. Baumer，and P. S. Teng. 1987. Crop losses caused by *Xanthoynonas* streak on spring wheat and barley. Plant Dis. 71：927—930.

Shaner，G. E. 2003. Epidemiology of Fusarium head blight of small grain cereals in North America. 84—119. *In* K. J. Leonard and W. R. Bushnell (eds.). Fusarium Head Blight of Wheat and Barley. American Phytopathological Society，St. Paul，MN.

Shipton，W. A.，W. J. R. Boyd，and S. M. Ali. 1974. Scald of barley. Rev. Plant Pathol. 53：839—861.

Shipton，W.，T. Khan，and W. J. R. Boyd. 1973. Net blotch of barley. Rev. Plant Pathol. 52：269—290.

Singh，R. P.，D. P. Hodson，J. Huerta-Espino，Y. Jin，P. Njau，R. Wanyera，S. A. Herrata-Foessel，and R. W. Ward. 2008. Will stem rust destroy the world's wheat crop? Adv. Agron. 98：271—309.

Skadsen，R. W. and T. M. Hohn. 2004. Use of *Fusarium graminearum* transformed with gfp to follow infection patterns in barley and Arabidopsis. Physiol. Mol. Plant Pathol. 64：45—53.

Smedegård-Petersen，V. 1976. Pathogenensis and Genetics of Net-Spot Blotch and Leaf Stripe of Barley Caused by *Pyrenophora teres and Pyrenophora graminea*. DRS Forlaug，Copenhagen.

Smiley，R. W.，D. E. Wilkins，and S. E. Case. 1990a. Barley yields as related to use of seed treatments in eastern Oregon. J. Prod. Agric. 4：400—407.

Smiley，R. W.，D. E. Wilkins，and E. L. Klepper. 1990b. Impact of fungicidal seed treatments on Rhizoctonia root rot，take-all，eyespot，and growth of winter wheat. Plant Dis. 74：782—787.

Smiley, R. W., A. G. Ogg, and R. J. Cook. 1992. Influence of glyphosate on Rhizoctonia root rot, growth, and yield of barley. Plant Dis. 76: 937—942.

Smiley, R. W., H. P. Collins, and P. E. Rasmussen. 1996. Diseases of wheat in long-term agronomic experiments at Pendleton, Oregon. Plant Dis. 80: 813—820.

Smiley, R. W., K. Merrifield, L. M. Patterson, R. G. Whittaker, J. A. Gourlie, and S. A. Easley. 2004. Nematodes in dryland field crops in the semiarid Pacific Northwest United States. J. Nematol. 36: 54—68.

Smiley, R. W., J. A. Gourlie, S. A. Easley, L. M. Patterson, and R. G. Whittaker. 2005a. Crop damage estimates for crown rot of wheat and barley in the Pacific Northwest. Plant Dis. 89: 595—604.

Smiley, R. W., R. G. Whittaker, J. A. Gourlie, and S. A. Easley. 2005b. *Pratylenchus thornei* associated with reduced wheat yield in Oregon. J. Nematol. 37: 45—54.

Smiley, R. W., R. G. Whittaker, J. A. Gourlie, and S. A. Easley. 2005c. Suppression of wheat growth and yield by *Pratylenchus neglectus* in the Pacific Northwest. Plant Dis. 89: 958—968.

Smiley, R. W., G. P. Yan, and Z. A. Handoo. 2008. First record of the cyst nematode *Heterodera filipjevi* on wheat in Oregon. Plant Dis. 92: 1136.

Smith, J. D., K. K. Kidwell, M. A. Evans, R. J. Cook, and R. W. Smiley. 2002a. Evaluation of spring cereal grains and wild *Triticum* relatives for resistance to *Rhizoctonia solani* AG 8. Crop Sci. 43: 701—709.

Smith, J. D., K. K. Kidwell, M. A. Evans, R. J. Cook, and R. W. Smiley. 2002b. Assessment of spring wheat genotypes for disease reaction to *Rhizoctonia solani* AG-8 in controlled environment and direct-seeded field evaluations. Crop Sci. 43: 694—700.

St. Pierre, S., C. Gustus, B. Steffenson, R. Dill-Macky, and K. P. Smith. 2010. Mapping net form net blotch and Septoria speckled leaf blotch resistance loci in barley. Phytopathology 100: 80—84.

Stabentheiner, E., T. Minihofer, and H. Huss. 2009. Infection of barley by *Ramularia collo-cygni*: scanning electron microscopic investigations. Mycopathologia 168: 135—143.

Steffenson, B. J. 1988. Investigations of *Pyrenophora teres* f. *teres*, the cause of net blotch of barley: pathotypes, host resistance, yield loss, and comparative epidemiology to *Rhynchosporiurn secalis* by time series analysis. PhD dissertation, University of California, Davis.

Steffenson, B. J. 1992. Analysis of durable resistance to stem rust in barley. Euphytica 63: 153—167.

Steffenson, B. J. 1998. Fusarium head blight of barley: epidemics, impact, and breeding for resistance. MBAA Tech. Quart. 35: 177—184.

Steffenson, B. J. 2003. Fusarium head blight ofbarley: impact, epidemics, management, and strategies for identifying and utilizing genetic resistance, pp. 241—295. *In* K. J. Leonard and W. R. Bushnell (eds.). Fusarium Head Blight of Wheat and Barley. American

Phytopathological Society, St. Paul, MN.

Steffenson, B. J. and S. Dahl. 2004. Assessment of disease spread in barley spikes after single floret inoculation with *Fusarium graminearum*, pp. 179—182. In S. M. Canty, T. Boring, J. Wardwell, and R. W. Ward (eds.). Proceedings of the International Symposium on Fusarium Head Blight, Incorporating the 8th European Fusarium Seminar. Michigan State University, East Lansing, MI.

Steffenson, B. J. and K. P. Smith. 2006. Breeding barley for multiple disease resistance in the Upper Midwest region of the USA. Czech J. Genet. Plant Breed. 42: 79—85.

Steffenson, B. J. and R. K. Webster. 1992. Pathotype diversity of *Pyrenophora teres* f. *teres* on barley. Phytopathology 82: 170—177.

Steffenson, B. J., Y. Jin, and C. A. Griffey. 1993. Pathotypes of *Puccinia hordei* with virulence for the barley leaf rust resistance gene *Rph7* in the United States. Plant Dis. 77: 867—869.

Steffenson, B., P. M. Hayes, and A. Kleinhofs. 1996. Genetics of seedling and adult plant resistance to net blotch (*Pyrenophora teres* f. *teres*) and spot blotch (*Cochliobotus sativus*) in barley. Theor. Appl. Genet. 92: 552—558.

Steffenson, B. J., P. Olivera, J. K. Roy, Y. Jin, K. P. Smith, and G. J. Muehlbauer. 2007. A walk on the wild side: mining wild wheat and barley collections for rust resistance genes. Aust. J. Agric. Res. 58: 532—544.

Steffenson, B. J., Y. Jin, R. S. Brueggeman, A. Kleinhofs, and Y. Sun. 2009. Resistance to stem rust race TTKSK maps to the *rpg4*/*Rpg5* complex of chromosome 5H of barley. Phytopathology 99: 1135—1141.

Stromberg, K. D., L. L. Kinkel, and K. J. Leonard. 2000. Interactions between *Xanthornonas translucens* pv. *translucens*, the causal agent of bacterial leaf streak of wheat, and bacterial epiphytes in the wheat phyllosphere. Biol. Contr. 17: 61—72.

Stubbs, R. W. 1985. Stripe rust, pp. 61—101. *In* A. P. Roelfs and W. R. Bushnell (eds.). The Cereal Rusts: Diseases, Distribution, Epidemiology, and Control, Vol. 2. Academic Press, New York.

Summerell, B. A., L. W. Burgess, and T. A. Klein. 1989. The impact of stubble management practices on the incidence of crown rot of wheat. Aust. J. Exp. Agric. 29: 91—98.

Sutton, B. C. and J. M. Waller. 1988. Taxonomy of *Ophiocladium hordei*, causing leaf lesions on triticale and other Gramineae. Trans. Brit. Mycol. Soc. 90: 55—61.

Takeda, K. and R. Kanatani. 1991. Host-pathogen relationship in barley scab. Jpn. J. Breed. 41: 641—650.

Taylor, S. P., G. J. Hollaway, and C. H. Hunt. 2000. Effect of field crops on population densities of *Pratylenchus neglectus* and *P. thornei* in southeastern Australia: part 1: *P. neglectus*. J. Nematol. 32: 600—608.

Tekauz, A., B. McCallum, and J. Gilbert. 2000. Review: fusarium head blight of barley in western Canada. Can. J. Plant Pathol. 22：9—16.

Thompson, J. P. 2008. Resistance to root-lesion nematodes (*Pratytenclzus thornei* and *P. neglectus*) in synthetic hexaploid wheats and their durum and Aegilops tauschii parents. Aust. J. Agric. Res. 59：432—446.

Thongbai, P., R. D. Graham, S. M. Neate, and M. J. Webb. 1993. Interaction between zinc nutritional status of cereals and thizoctonia root rot severity. 2. Effect of Zn on disease severity of wheat under controlled conditions. Plant Soil. 153：215—222.

Tinline, R. D. 1988. *Cochliobolus sativus*, a pathogen of wide host range, pp. 113—122. *In* G. S. Sidhu (ed.). Advances in Plant Pathology：Genetics of Plant Pathogenic Fungi, Vol. 6. Academic Press, New York.

Toubia-Rahme, H. and B. J. Steffenson. 1999. Sources of resistance to *Septoria passerinii* in *Hordeurn vulgare* and *H. vulgare* subsp. *spontaneum*, pp. 156—158. *In* M. van Ginkel, A. McNab and J. Krupinsky (eds.). *Septoria* and *Stagonospora* Diseases of Cereals：a Compilation of Global Research. CIMMYT, Mexico, DF, Mexico.

Toubia-Rahme, H. and B. J. Steffenson. 2004. Sources of resistance to septoria speckled leaf blotch caused by *Septoria passerinii* in barley. Can. J. Plant Pathol. 26：358—364.

Toubia-Rahme, H., P. A. Johnston, R. A. Pickering, and B. J. Steffenson. 2003. Inheritance and chromosomal location of Septoria *passerinii* resistance introgressed from *Hordeurn bulbosum* into *Hordeurn vulgare*. Plant Breed. 122：405—409.

Turkington, T. K., K. Xi, G. W. Clayton, P. A. Burnett, H. W. Klein-Gebbinck, N. Z. Lupwayi, K. N. Harker, and J. T. O'Donovan. 2006. Impact of crop management on leaf diseases in Alberta barley fields, 1995—1997. Can. J. Plant Pathol. 28：441—449.

Valjavec-Gratian, M. and B. J. Steffenson. 1997. Genetics of virulence in *Cochliobolus sativus* and resistance in barley. Phytopathology 87：1140—1143.

Vanstone, V. A., G. J. Hollaway, and G. R. Stirling. 2008. Managing nematode pests in the southern and western regions of the Australian cereal industry：continuing progress in a challenging environment. Australas. Plant Pathol. 37：220—234.

Vauterin, L., B. Hoste, K. Kersters, and J. Swings. 1995. Reclassification of *Xanthomonas*. Int. J. Syst. Bacteriol. 45：472—489.

Wallwork, H. 1992. Cereal Leaf and Stem Diseases. Grains Research & Development Corporation, Barton, Australian Capital Territory, Australia.

Wallwork, H., P. Preece, and P. J. Cotterill. 1992. *Puccinia hordei* on barley and *Ornithogalum umbellatum* in South Australia. Australas. Plant Pathol. 21：95—97.

Walters, D. R., N. D. Havis, and S. J. P. Oxley. 2008. *Ramularia collo-cygni*：the biology of an emerging pathogen of barley. FEMS Microbiol. Lett. 279：1—7.

Ware, S. B., E. C. P. Verstappen, J. Breeden, J. R. Cavaletto, S. B. Goodwin, C. Waalwijk, P. W. Crous, and G. H. J. Kema. 2007. Discovery of a functional *Mycosphaerella teleomorph* in the presumed asexual barley pathogen *Septoria passerinii*. Fungal Genet. Biol. 44：389—397.

Weiland, J. , B. Steffenson, R. D. Cartwright, and R. K. Webster. 1999. Identification of molecular genetic markers in *prenophora teres* f. *teres* associated with low virulence on "Harbin" barley. Phytopathology 89: 176—181.

Weller, D. M. , R. J. Cook, G. E. MacNish, N. Bassett, R. L. Powelson, and R. R. Petersen. 1986. Rhizoctonia root rot of small grains favored by reduced tillage in the Pacific Northwest. Plant Dis. 70: 70—73.

Weller, D. M. , J. M. Raaijmakers, B. B. McSpadden Gardener, and L. S. Thomashow. 2002. Microbial populations responsible for specific soil suppressiveness to plant pathogens. Annu. Rev. Phytopathol. 40: 309—348.

Wellings, C. R. , J. J. Burdon, R. A. Mclntosh, H. Wallwork, . Raman, and G. M. Murray. 2000. A new variant of *puccinia striiformis* causing stripe rust on barley and wild *Hordeurn* species in Australia. Plant Pathol. 49: 803.

Wilhelm, N. S. , R. D. Graham, and A. D. Rovira. 1988. pplication of different sources of manganese sulfate ecreases take-all (*Caeumannomyces graminis* var. *tritci*) of heat grown in manganese deficient soil. Aust. J. Agric. es. 39: 1—10.

Williams, K. J. , C. Smyl, A. Lichon, K. Y. Wong, and H. allwork. 2001. Development and use of an assay based on the polymerase chain reaction that differentiates the pathogens causing spot form and net form of net blotch of barley. Australas. Plant Pathol. 30: 37—44.

Windels, C. E. 2000. Economic and socialimpacts of Fusarium head blight: changing farms and rural communities in the northern Great Plains. Phytopathology 90: 17—21.

Woldeab, G. , C. Fininsa, H. Singh, and J. Yuen. 2006. Virulence spectrum of *Puccinia hordei* in barley production systems in Ethiopia. Plant Pathol. 55: 351—357.

Wolfe, M. S. andj. A/L. McDermott. 1994. Population genetics of plant pathogen interactions: the example of the *Erysiphe graminis-Hordeum vulgare* pathosystem. Annu. Rev.

Wu, H. , B. Steffenson, Y. Li, A. E. Oleson, and S. Zhong. 2003. Genetic variation for virulence and RFLP markers in *Pyrenopjrzora teres*. Can. J. Plant Pathol. 25: 82—90.

Wu, Y. C. , D. von Wettstein, C. G. Kannangara, J. Nimala, and R. J. Cook. 2006. Growth inhibition of the cereal root pathogens *Rhizoctonia solani* AG8, *R. oryzae* and *Gaeumannomyces graminis* var. *tritici* by a recombinant 42-kDa endochitinase from *Trichoderma harzianum*. Biocontrol Sci. Technol. 16: 631—646.

Xi, K. , T. Turkington, J. Meadus, J. Helm, and-J. Tewari. 2003. Dynamics of *Rhynchosporium secalis* pathotypes in relation to barley cultivar resistance. Mycol. Res. 107: 1485—1492.

Xue, A. G. , H. KehMing, G. Butler, BJ. Vigier, and C. Babcock. 2006. Pathogenicity of *Fusarium* species causing head blight in barley. Phytoprotection 87: 55—61.

Yan, G. and X. Chen. 2008. Identification of a quantitative trait locus for high-temperature adult-plant resistance against *Puccinia striiformis* f. sp. *hordei* in "Bancroft" barley.

Phytopathology 98：120—127.

Yoshida，M.，N. Kawada，and T. Tohnooka. 2005. Effect of row type，flowering type and several other spike characters on resistance to fusarium head blight in barley. Euphytica 141：217—227.

Yun，S. J.，L. Gyenis，P. M. Hayes，I. Matus，K. P. Smith，B. J. Steffenson，and G. J. Muehlbauer. 2005. Quantitative trait loci for multiple disease resistance in wild barley. Crop Sci. 45：2563—2572.

Zaffarano，P. L.，B. A. McDonald，M. Zala，and C. C. Linde. 2006. Global hierarchical gene diversity analysis suggests the Fertile Crescent is not the center of origin of the barley scald pathogen *Rhynchosporium secalis*. Phytopathology 96：941—950.

Zhan，J.，B. D. L. Fitt，H. O. Pinnschmidt，S. J. P. Oxley，and A. C. Newton. 2008. Resistance，epidemiology and sustainable management of *Rhynchosporium secalis* populations on barley. Plant Pathol. 57：1—14.

Zhong，S. B. and B. J. Steffenson. 2007. Molecular karyotyping and chromosome length polymorphism in *Cochliobolus sativus*. Mycol. Res. 111：78—86.

Zhong，S.，H. Toubia-Rahme，B. J. Steffenson，and K. P. Smith. 2006. Molecular mapping and marker-assisted selection of genes for Septoria speckled leaf blotch resistance in barley. Phytopathology 96：993—999.

Zhu，H.，L. Gilchrist，P. Hayes，A. Kleinhofs，D. Kudrna，Z. Liu，L. Prom，B. Steffenson，T. Toojinda，and H. Vivar. 1999. Does function follow form? Principal QTLs for fusarium head blight (FHB) resistance are coincident with QTLs for inflorescence traits and plant height in a doubled-haploid population of barley. Theor. Appl. Genet. 99：1221—1232.

Zwart，R. S.，J. P. Thompson，J. G. Sheedy，and J. C. Nelson. 2006. Mapping quantitative trait loci for resistance to *Pratylenchus thornei* from synthetic hexaploid wheat in the International Triticeae Mapping Initiative (ITMI) population. Aust. J. Agric. Res. 57：525—530.

12

大麦生物胁迫:害虫及其防治

Dolores W. Mornhinweg

约有100多种节肢类害虫危害大麦,其中大多为偶发性害虫,如地老虎、粘虫、线虫、蚱蜢及其他咀嚼类昆虫,这些害虫取食植物组织,并且在气候及栽培条件适宜昆虫滋生的年份易猖獗成灾,从而造成严重的经济损失(Starks 和 Webster,1985)。螨类,如小麦瘤瘿螨(*Aceria tosichella* Keifer),在为害的同时还会传播大麦病毒,影响大麦产量。然而危害大麦最常见的害虫是蚜虫(Starks 和 Burton,1977b)。蚜虫为刺吸式口器的害虫,在大麦整个生育期都能发生为害,常群集于大麦叶片、茎秆及穗部,刺吸汁液,影响作物生长发育;更为严重的是,有的蚜虫能传播多种病毒病如大麦黄矮病和大麦黄花叶病,造成更大损失。通常在禾谷类作物中蚜虫更喜食大麦(Starks 和 Webster,1985),许多蚜虫如禾谷缢管蚜(*Rhopalosiphum padis* Fitch)、麦长管蚜(*Sitobion avenae* Fabricius)、水稻根际蚜虫红腹缢管蚜(*Rhopalosiphum rufiabdominalis* Sasaki)和麦无网长管蚜(*Metopolophium dirhodum* Walker)都是偶发性害虫,主要通过传播病毒为害大麦。

世界范围内有五种最主要的大麦害虫,俄罗斯小麦蚜虫(*Diuraphis noxia* Kurdjumov)、麦二叉蚜(*Schizaphi graminum* Rondani)和禾谷缢管蚜(*Rhopalosiphum padi* L.)就是其中的三种。除了吸食韧皮部汁液,俄罗斯小麦蚜虫和麦二叉蚜还直接注入毒素危害植物,影响产量,严重时引起枝叶枯萎甚至整株死亡。俄罗斯小麦蚜虫对植物的危害主要表现为抑制植株生长,使叶片皱缩、畸形,麦穗枯白,不能结实,造成空穗和秕穗。麦二叉蚜主要在作物苗期为害,被害部形成枯斑。禾谷缢管蚜吸食韧皮部汁液影响作物生长,其危害不仅引起产量和品质降低,而且还传播大麦黄矮病毒(BYDV)。PAV 是最具毁灭性和分布广泛的血清型 BYDV(Lister 和 Ranieri,1995),BYDV-PAV 株系是由麦长管蚜和禾谷缢管蚜以持久性方式传播,不同 PAV 分离物的症状差异很大。BYDV-PAV 很少通过麦二叉蚜和俄罗斯小麦蚜虫传播。蚜虫极易产生新的生物型，导致作物品种丧失抗性(Puterka 和 Burton，1991)。研究表明蚜科存在许多生物型(Wilbert，1980)，蚜虫快速的无性或有性繁殖能力及其庞大的寄主范围导致其具有广泛的生物型选择，如麦二叉蚜和俄罗斯小麦蚜虫有生物型的发展历史。

另外两个世界范围内主要的大麦害虫是黑森瘿蚊(*Mayetiola destructor* Say)和谷物叶甲虫黑角负泥虫(*Oulema melanopus* L.)。黑森瘿蚊是一种刺吸式口器取食汁液的昆虫，单株植物上仅有的一种黑森瘿蚊幼虫就会对作物产量产生严重影响(Staeks 和 Webster，1985)。谷物叶甲虫是咀嚼类害虫。Brook 和 Dewar(1977)报道幼虫危害导致落叶减产可达 50%。《植物保护智能系统利用进展报告》显示，2005 年 1 月至 2006 年 3 月，俄罗斯小麦蚜虫、麦二叉蚜、禾谷缢管蚜、黑森瘿蚊和谷物叶甲虫分别是世界上 23%、24%、35%、26%和 13%国家的大麦害虫(见图 12.1—图 12.5)，该项目由国际干旱地区农业研究中心(ICARDA)、国际半干旱热带地区作物研究所(ICRISTAT)、农业专家系统中心实验室(CLAES)和国际水稻研究所(IRRI)合作开展。美国农业部(USDA)国家谷类作物种质库、ICARDA 和国际小麦玉米改良中心(CIMMYT)分别收藏了 30,000、22,000 和 9,000 份大麦种质，这些都是防治大麦害虫非常重要的种质资源 (Starks 和 Burton，1977b)。

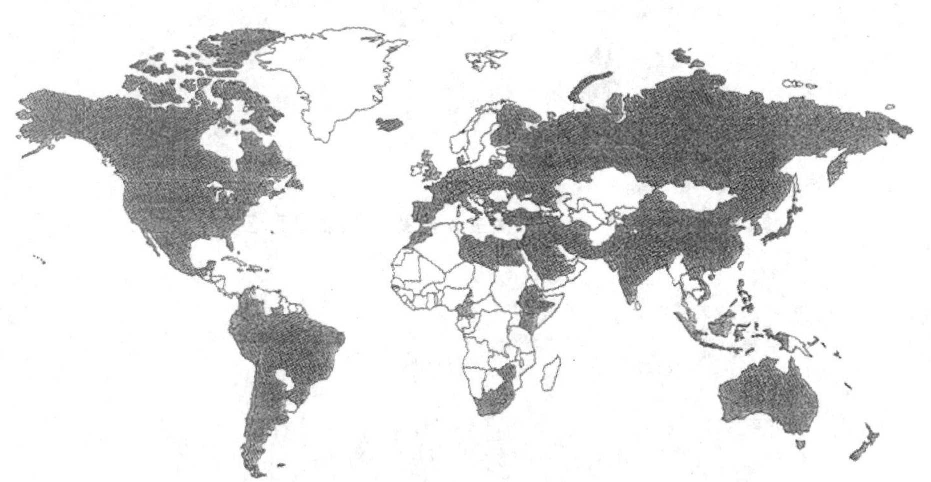

图 12.1　大麦五大主要害虫分布：禾谷缢管蚜

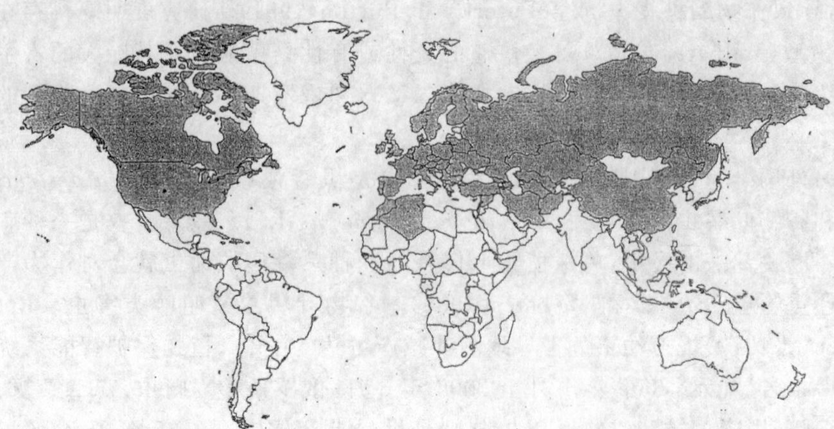

图 12.2　大麦五大主要害虫分布:谷物叶甲虫

图 12.3　大麦五大主要害虫分布:麦二叉蚜

图 12.4　大麦五大主要害虫分布:黑森瘿蚊

图 12.5　大麦五大主要害虫分布:俄罗斯小麦蚜虫

1. 俄罗斯小麦蚜虫

俄罗斯小麦蚜虫(RWA)是亚洲东部与苏联南部国家、地中海边缘国家以及阿富汗和伊朗的本土蚜虫(Walters 等,1980),尽管在这些地区不是持久性害虫,但是发生过短期暴发(Basky 等,2000)。1959 年俄罗斯小麦蚜虫在土耳其首次报道(Duran 和 Koyuncu,1974);1962 年在 Konya 省流行,造成产量损失 25%～60%(Duran 和 Koyuncu,1974;Altinayar,1981)。1978 年在南非发现了俄罗斯小麦蚜虫(Walters 等,1980),并且迅速发展为包括大麦在内的谷类作物的主要害虫,1980 和 1981 年在墨西哥也发现了俄罗斯小麦蚜虫(Gilchrist 等,1984)。在美国,1986 年南部地区发现俄罗斯小麦蚜虫,1988 年发展到北部及加拿大。(Pike 和 Allison,1991;Stern 和 Orloff,1991),并且俄罗斯小麦蚜虫已经取代麦二叉蚜成了美国的优势蚜种。有报道显示,俄罗斯小麦蚜虫同时也向欧洲扩散传播:1989 年在南斯拉夫 (Starý,1999)、1989 年在匈牙利 (Basky 和 Eastop,1991)、1990 年在塞尔维亚、1993 年在捷克共和国 (Starý,1999)、1998 年在波兰(Shliephake 等,1998)发现了俄罗斯小麦蚜虫。中国东北和澳大利亚是世界上仅有的尚未发现俄罗斯小麦蚜虫的主要的禾谷类作物生产区(Barta 和 Cagáò,2007)。在澳大利亚南部,谷类作物生产主要分布在温带地区,这里降雨量少,夏天温暖,冬天较温和,是俄罗斯小麦蚜虫理想的栖息地(Jones 等,1989;Starý,1999),因此,RWA 的入侵也许只是个时间问题。

俄罗斯小麦蚜虫除了吸食韧皮部汁液,还直接注入毒素危害禾谷类作物,严重时引起枝叶枯萎甚至整株死亡(Fouché 等,1984)。俄罗斯小麦蚜虫侵染早期,吸食叶片、茎秆的汁液,造成叶片枯黄卷曲,植株生长不良;作物成熟期甚至侵食麦穗(发育的种子、穗轴和芒等生殖器官),为害后麦穗被卷在卷曲的叶子里,麦穗不能结实,造成空穗和秕穗,同时由于侵害后叶子卷曲,俄罗斯小麦蚜虫"藏于"卷曲的叶子中继续取食,给药剂防治带来了困难。因此,用内吸性杀虫剂防治俄罗斯小麦蚜虫需要多次反复施用,由此增加了经济投入及环境污染风险。

对蚜虫而言,韧皮部汁液含必需氨基酸或其他可利用态氮相对较低(Slansky 和 Scriber,1985),并非优质食源。俄罗斯小麦蚜虫唾液的某些物质能够引起诸如植株衰老(叶片褪绿黄褐斑)等症状反应(Al-Mousawi 等,1983;Fouché 等,1984;Fereres 等,1986),以有效利用由于衰老等引起的叶片蛋白质分解产物如氨基酸(Dorschner 等,1987)。通常,蚜虫胞内共生菌如蚜虫巴克纳氏菌(*Buchnera aphidicolia*)能为寄主蚜虫提供必需氨基酸和维生素,并对寄主具有一些非营养功能,如促进蚜虫传播循环性病毒等。俄罗斯小麦蚜虫取食后,韧皮部汁液的最大变化是必需氨基酸含量显著增加(约 4 倍),从而减少其对胞内共生菌(*Buchnera*)的依赖性(Sandström 等,2000)。

俄罗斯小麦蚜虫为害敏感型大麦,显著降低光合叶面积、光系统 II 原初光化学反应效率,导致叶绿素含量下降 48%(Burd 和 Elliott,1996)。通常,俄罗斯小麦蚜虫喜欢相对干旱的环境及贫瘠或荒地,尤其是缺肥或干旱条件下作物生长较差的宽广的田地(Starý,1999),如在干旱胁迫大麦田里俄罗斯小麦蚜虫密度相对较高(Oswald 和 Brewer 1997)。干旱胁迫加剧俄罗斯小麦蚜虫为害损失,导致生产商损失惨重(Stern 和 Orloff,1991)。有报道显示,即使在根际湿度正常的情况下,俄罗斯小麦蚜虫为害后,大麦叶片也会出现干旱症状(Riedell,1989a)。众所周知,纵向的叶子卷曲是谷类作物的干旱胁迫反应(Esau,1977)。俄罗斯小麦蚜虫为害破坏大麦叶绿体功能,显著降低干旱胁迫下叶片甜菜碱和脯氨酸的积累(Riedell,1989a),抑制大麦对干旱的适应能力。干旱胁迫条件下,大麦相对水势降低,导致细胞(组织)膨压亏损、萎蔫、气孔关闭(Bradford 和 Hsiao,1982)和叶片失水。在干旱条件下,敏感大麦品种,受俄罗斯小麦蚜虫为害的大麦叶片相对含水量下降更快更严重,并且叶片迅速失水;相反没有俄罗斯小麦蚜虫为害的大麦叶片相对含水量在开始几天内相对稳定,数天后才稍有下降,并且叶片失水也相对较缓慢(Riedell,1989a)。同样,俄罗斯小麦蚜虫滋生的冬小麦,受冻害胁迫下敏感品种的存活率显著降低(Bravo 等,1997)。

俄罗斯小麦蚜虫为害敏感大麦品种,导致产量降低(Stern 和 Orloff,1991;Robinson,1994;Mornhinweg 等,2006b)、穗数减少(Calhoun 等,1991a;Robinson,1993;Oswald 和 Brewer,1997;Mornhinweg 等,2006b),同时降低粒重(Stern 和 Orloff,1991;Robinson,1993;Bregitzer 等,2003;Mornhinweg 等,2006b)、主茎、根系和分蘖干重(Robinson,1993;Stern 和 Orloff,1991)及籽粒品质(Stern 和 Orloff,1991;Bregitzer 等,2003),并且影响牲畜放牧(Stern 和

Orloff,1991)。有报道显示,由俄罗斯小麦蚜虫为害导致的大麦产量损失,美国大麦生产区高达70%(Meyerdirk,1989)、埃塞俄比亚41%～85%(Miller和Haile,1988;Adisu和Tadessc,1999)、墨西哥59%、土耳其25%～60%(Duran和Koyuncu,1974; Altinayar,1981)。

据报道在摩洛哥和非洲南部,俄罗斯小麦蚜虫携带BYDV传播感染小麦(Araya,1990),在美国分别传播感染大麦和小麦。俄罗斯小麦蚜虫是美国西部大平原地区大小麦的严重害虫,美国西部(Porter等,1999)和加拿大阿尔伯达南部(Aung,1991)的许多大麦生产区由其造成的损失常年都会发生。在美国,1991年大麦为害面积达300万公顷,约占当年全国大麦种植面积的58%(Aung,1991);从1986到1999年,俄罗斯小麦蚜虫为害对谷类作物生产造成的直接和间接经济损失超过10亿美元(Vandenberg,1996;Porter等,1999;Bregizer等,2003);在科罗拉多州、内布拉斯加州西部、堪萨斯州西部、怀俄明州东部和新墨西哥州,尤其是干热年份,俄罗斯小麦蚜虫严重为害大麦早期生长,甚至导致欠收。Adisu等(2003)报道,在埃塞俄比亚,俄罗斯小麦蚜虫严重为害年份(特别是在春季)也曾导致大麦欠收。

提高寄主植株的抗性是有效控制俄罗斯小麦蚜虫最经济又环境友好的策略。温室苗期筛选试验显示,所有美国大麦栽培品种对俄罗斯小麦蚜虫表现敏感(Webster等,1991)。1990—1993年,昆虫学家Jim Webster分析评估了美国农业部农业科学研究院收集的23,070份大麦种质苗期对俄罗斯小麦蚜虫的抗性,温室抗性试验表明,依据Webster的1—9级评价标准(1—3,抗;4—6,中抗至中度敏感;7—9,敏感;Pike和Allison,1991),其中109份种质具有不同程度的耐/抗性。现有试验表明,幼苗抗性级别可以准确地预测田间抗性表现(Maria Luz Salas等,1991; Robinson,1992; Brewer等,1998; Bregitzer等,2003; Mornhinweg等,2006b)。自1991年以来,在最新收集的大麦资源中筛选到7份抗性种质。Mornhinweg等(1995b;1999)报道,USDA-ARS在1993年和1995年分别鉴定到2个抗俄罗斯小麦蚜虫六棱春大麦种质资源:STARS-9301B和STARS-9577B,根据Webster的评定标准,分别列2级和3级。USDA-ARS开展了一项前育种计划:将抗虫性从野生种质材料导入美国不同类型的栽培大麦品种如冬大麦、春大麦、饲用大麦、麦芽大麦,二棱大麦和六棱大麦等。Mornhinweg等(2006a)报道,2005年鉴定到抗俄罗斯小麦蚜虫的六棱冬性饲用大麦种质(株系)STARS-0501B—STARS-0507B,具7种不同的抗性资源。2006年鉴定到43个抗俄罗斯小麦蚜虫的株系(见表12.1),六棱春大麦STARS-0601B—STARS-0619B,在4份六棱啤用大麦中有1份拥有19个不同的抗性资源(Mornhinweg等,2007a)。二棱春大麦STARS-0620B—STARS-0636B,在4份二棱啤用大麦中有1份拥有17个不同的抗性资源(Mornhinweg等,2007b)。

二棱春大麦 STARS-0637—STARS-0643B，在 4 份二棱饲用大麦中有 1 份拥有 7 个不同的耐性资源（Mornhinweg 等，2008）。在这 50 份样本中共有 36 个抗性种质（见表 12.1）。

表 12.1 USDA-ARS 发布的抗 RWA 大麦种质资源

Line	Pedigree	Source Accession	Seedling RWA Rating[a]	Row Type	Growth Habit
STARS 9301B	R027	Pl 366450	2	6	Spring
STARS 9577B	R006	Clho 4165	3	6	Spring
STARS 0501B	"Schuyler" * 4/R011	Clho 10687	2	6	Winter
STARS 0502B	"Schuyler" * 4/R001	Clho 1412	2	6	Winter
STARS 0503B	"Schuyler" * 4/R035	Clho 6347	3	6	Winter
STARS 0504B	"Schuyler" * 4/R037	Clho 10684	3	6	Winter
STARS 0505B	"Schuyler" * 4/R017	Clho 10721	2	6	Winter
STARS 0506B	"Schuyler" * 4/R049	Clho 9990	3	6	Winter
STARS 0507B	"Schuyler" * 4/R009	Clho 6925	2	6	Winter
STARS 0601B	"Excel" * 4/STARS 9577B	Clho 4165	3	6	Spring
STARS 0602B	"Excel" * 4/R010	Clho 10679	2	6	Spring
STARS 0603 B	"Excel" * 4/MR055	Pl 564601	4	6	Spring
STARS 0604 B	"Morex" * 4/R001	Clho 1412	2	6	Spring
STARS 0605 B	"Morex" * 4/R007	Clho 4166	3	6	Spring
STARS 0606 B	"Morex" * 4/R009	Clho 6925	2	6	Spring
STARS 0607 B	"Morex" * 4/R011	Clho 10687	2	6	Spring
STARS 0608 B	"Morex" * 4/R016	Clho 10712	2	6	Spring
STARS 0609B	"Morex" * 4/R018	Clho 12258	3	6	Spring
STARS 0610B	"Morex" * 4/R019	Clho 13134	2	6	Spring
STARS 0611B	"Morex" * 4/R001	Pl 366453	2	6	Spring
STARS 0612B	"Morex" * 4/R001	Clho 6316	3	6	Spring
STARS 0613B	"Morex" * 4/R001	Pl 556966	3	6	Spring
STARS 0614B	"Morex" * 4/R001	Clho 6349	3	6	Spring
STARS 0615B	"Morex" * 4/R001	Clho 13695	3	6	Spring

续表

Line	Pedigree	Source Accession	Seedling RWA Rating[a]	Row Type	Growth Habit
STARS 0616B	“Morex” * 4/R001	Clho 14242	3	6	Spring
STARS 0617B	“Robust” * 4/R026	Pl 366499	3	6	Spring
STARS 0618B	“Robust” * 4/R029	Pl 366454	3	6	Spring
STARS 0619B	“Stander” * 4/STARS 9301B	Pl 366450	2	6	Spring
STARS 0620B	“B1202” * 4/STARS 9301B	Pl 366450	2	2	Spring
STARS 0621B	“B1202” * 4/STARS 9577B	Clho 4165	3	2	Spring
STARS 0622B	“B1202” * 4/R034	Clho 6322	3	2	Spring
STARS 0623B	“B1202” * 4/R040	Clho 14679	3	2	Spring
STARS 0624B	“B1202” * 4/SR044	Pl 564608	3	2	Spring
STARS 0625B	“Crest” * 4/R021	Pl 328692	3	2	Spring
STARS 0626B	“Crest” * 4/R004	Clho 4125	3	2	Spring
STARS 0627B	“Crest” * 4/R009	Clho 6925	2	2	Spring
STARS 0628B	“Crest” * 4/R023	Pl 366444	2	2	Spring
STARS 0629B	“Crest” * 4/MR001	Clho 3694	4	2	Spring
STARS 0630B	“Crest” * 4/MR009	Clho 10587	4	2	Spring
STARS 0631B	“Crest” * 4/MR013	Clho 11958	4	2	Spring
STARS 0632B	“Crest” * 4/MR022	Clho 14259	4	2	Spring
STARS 0633B	“Harrington” * 4/R002	Clho 2432	3	2	Spring
STARS 0634B	“Harrington” * 4/R003	Clho 2436	3	2	Spring
STARS 0635B	“Harrington” * 4/R029	Pl 366454	2	2	Spring
STARS 0636B	“Harrington” * 4/R043	Pl 556966	3	2	Spring
STARS 0637B	“Bowman” * 4/STARS 9557B	Clho 4165	3	2	Spring
STARS 0638B	“Bowman” * 4/R041	Clho 14806	3	2	Spring
STARS 0639B	“Bowman” * 4/R043	Pl 566966	3	2	Spring
STARS 0640B	“Hector” * 4/STARS9301B	Pl 366450	2	2	Spring
STARS 0641B	“Hector” * 4/R003	Clho 2436	3	2	Spring
STARS 0642B	“Otis” * 4/STARS 9577B	Clho 4165	3	2	Spring
STARS 0643B	“Otis” * 4/STARS 9301B	Pl 366450	2	2	Spring

[a] 依据 Webster 的 1—9 级评价标准：1—3，抗；4—6，中抗至中度敏感；7—9，敏感

在美国,2003 年培育应用了第一个抗俄罗斯小麦蚜虫的二棱饲用春大麦品种 Burton(Bregitzer 等,2005),其抗性来自 STARS-9301B;2003 年,Stoneham 和 Sidney 培育了抗俄罗斯小麦蚜虫且耐旱的二棱饲用春大麦,其抗虫性来自 STARS-9577B 和 STARS-9301B;2007 年培育了二棱饲用春大麦 RWA1758,其抗虫性来自 STARS-9577B(Bregitzer 等,2008)。

自 1993 以来,国际小麦玉米改良中心开展了抗俄罗斯小麦蚜虫大麦品种的田间筛选,鉴定 3 个抗性株系:S8、S12(Gloria/Come)和 S13(ASE2CMB. 7. 6. B. B.)(Calhoun 等,1991a;1991b;Robinson 等,1991;Robinson,1992)。其中 S8 对俄罗斯小麦蚜虫的排驱性和抗生性最强;S13 最耐(具抗生性);S12 也表现出耐性和抗生性但较 S13 差(Robinson 等,1991)。多地试验表明,S13 是高产、多抗(同时兼抗多种病害)饲用春大麦。在伊朗,分析鉴定了 76 份大麦基因型,筛定 17 个抗性株系(Castro 等,1998),其中 Shz. B-106 和 Shz. B-108 抗性最强。

在野生大麦种质中也进行了对俄罗斯小麦蚜虫抗性的筛选(Butts,1989;Kindler 和 Springer,1991;Gianoli 和 Niemeyer,1998;Porter 等,1999)。Clement 和 Lester(1991)、Clement 等(1997)报道,*Hordeum chilense*、*Hordeum bogdanii*、*Hordeum brevisubulatum* subsp. *Violaceum* 和 *Hordeum bulbosum* 对俄罗斯小麦蚜虫具有抗性。β-葡糖苷是谷类作物中的异羟肟酸(hydroxamic acid),当植株受病虫为害时就会通过酶催反应转化为糖苷配基(aglycone;Virtanen 和 Hietala,1960),苯并噁唑嗪酮化合物,如 2,4-dihydroxy-7-methoxy-1,4-benzoxazin-3-one,DIMBOA 和 2,4-dihydroxy-1,4 -benzoxazin-3-one,DIBOA,是谷类作物最主要的糖苷配基。苯并噁唑嗪酮化合物是禾本科作物中一类重要的植物次生代谢物,具有抗菌、抗虫、化感等重要生物活性,此类化合物的研究一直是近几年的热点。苯并噁唑嗪酮在植物中的含量与植株上蚜虫的数量成反比,用不同浓度的苯并噁唑嗪酮滴到不含该物质的大麦叶片上,表现出同样的相关性。不同种的蚜虫对 DIMBOA 的敏感性也不同。用苯并噁唑嗪酮处理蚜虫后,蚜虫表现出蚜蜜减少,体重下降,食量减小。苯并噁唑嗪酮含量高的小麦植株上蚜虫取食危害也减少,这就降低了以蚜虫作为传毒介体的大麦黄矮病毒在田间的传播和危害。其对俄罗斯小麦蚜虫具抗性,有报道表明,含不同水平 DIMBOA 的小麦,俄罗斯小麦蚜虫危害植株时到达韧皮部显著减慢,并且只有少部分蚜虫能够到达韧皮部吸食汁液。然而,DIMBOA 含量和韧皮部取食时间之间无显著相关性(Mayoral 等,1996)。现有研究显示,DIMBOA 只是禾谷类作物对 RWA 防御的其中一个方面,在栽培大麦中没有检测到 DIMBOA 和 DIBOA。但有报道表明,野生大麦种如 *H. brevisubulatum* subsp. *Violaceum*、*H. ulbosum*、*H. chilenese* 检测到 DIBOA,*H. brevisubulatum* subsp. *Violaceum* 和 *H. bulbosum* 富含 DIBOA,含量与俄罗斯小麦蚜虫种群大小呈负相关(Gianoli

和 Niemeyer,1998)。内生真菌可以增强宿主植物对生物胁迫和非生物胁迫的抗性。关于内生真菌对禾本科植物抗逆性影响的研究,目前集中在对生物胁迫的抗性方面,其中包括食草动物和食阜昆虫的取食、线虫和病原菌的危害以及其他植物的竞争等(Clement 和 Lester,1991; Kindler 和 Springer,1991)。内生菌介导的抗性是植物与真菌相互作用的结果,这种抗性产生代谢物如生物碱可以阻止植食性昆虫取食(Porter,1994)。Clement 等(1997)发现内生菌介导的抗性是由于其抗生性或使昆虫饥饿而死,建植内生真菌感染 98%的野生大麦 *H. brevisubulatum* subsp. *Violaceum* 和 62%的 *H. bogdanii*。植物种间和品种间以及类内生真菌 *Neotyphodium* 种间存在显著的抗性差异,通常*H. vulgare*与野生种存在杂交不亲和性(Burd 等,1993),但是*H. vulgare* subsp. *spontaneum* 与 *H. vulgare* subsp. *vulgare* 成功杂交,因此,近缘野生二棱大麦 *H. vulgare* subsp. *spontaneum* 可能是野生大麦与栽培大麦杂交的有效中间体(Burd 等,1993)。

俄罗斯小麦蚜虫具有生物多样性。俄罗斯小麦蚜虫分全周期生活史和非全周期生活史的繁殖方式(Kiriac 等,1990;Puterka 等,1992)。非全周期是持续的单性生殖方式,可快速繁殖现有的蚜虫基因型(Puterka 等,1993),而全周期是单性生殖被每年的有性繁殖所间断,有再产生新的基因型的可能性(Blackman,1985)。有性生殖被认为是生物型发展的一个因素(Briggs,1965; Puterka 和 Peters,1989;1990)。有记载表明俄罗斯小麦蚜虫存在生物型变异(Puterka 等,1992;Basky,2002;Smith 等,2004)。基于侵染小麦和大麦的叶片缺绿病,Puterka 等(1991)在 8 份分离株系中鉴定到 7 个特异生物型:其中 2 个来自法国,2 个来自苏联,另外 4 个分别来自美国、土耳其、叙利亚共和国和约旦。来自土耳其和叙利亚的生物型没有显著差异。USSR1 为吉尔吉斯斯坦生物型,其毒性最强,与来自美国和德国的最相像。大麦 PI366450 表现最强的抗性,仅受 USSR1 危害。随机扩增多态性 DNA 扩增聚合酶链式反应(RAPD-PCR)聚类分析表明,来自美国、南非、墨西哥、法国和土耳其的生物型具有明显的相似性(Puterka 等,1993)。来自匈牙利的生物型明显不同于来自南非的(Basky 和 Jordaan,1997)。1986—2003 年的数据分析显示,俄罗斯小麦蚜虫在美国和南非是非全周期繁殖,在俄罗斯小麦蚜虫侵入后 26 年内没有发现新的生物型。2003 年在美国分离鉴定到新的生物型 RWA2,在科罗拉多州甚至危害原来抗虫的小麦(Haley 等,2004);2007 年在南非也发现了 1 个新的俄罗斯小麦蚜虫生物型(Tolmay 等,2007),暗示在美国和南非俄罗斯小麦蚜虫可能是全周期繁殖,自此全周期繁殖在美国得到佐证认同(G. P uterka,pers. Comm.)。Burd 等(2006)报道了另外 3 个生物型,同时在美国提出了一个对生物型的命名系统,此方法将最早引入的俄罗斯小麦蚜虫命名为 RWA1,能够危害 Dn4 抗性小麦的科罗拉多州生物型命名为 RWA2，德克萨斯州小麦田发现了新的生物型 RWA3 和 RWA4，在怀俄明州大麦田鉴定到新的生物型 RWA5。2005 年采集的俄罗斯小麦蚜虫只鉴定到了 RWA1 和 RWA2，这些样本分别采自俄克拉荷马州落基山脉的东部、德克萨斯州、新墨西哥州、科罗拉多州、内布拉斯加州和怀俄明州等地区 98 个大麦和小麦田。在所有州中除了新墨西哥州之外，RWA2 是最主要的生物型，而在新墨西哥州 RWA1 却占 78%（Puterka 等，2007）。Weiland 等（2008）鉴别了 3 个新的生物型 RWA6、RWA7 和 RWA8，美国科罗拉多州小麦田从收集的样本中分离出了 RWA6，在小麦田约 4 米以内休耕草地上采集的样本中分离出了 RWA7 和 RWA8。在谷类作物收获和种植间，休耕草地作为俄罗斯小麦蚜虫交替性寄主，增加了新生物型发生的潜在可能性（Weiland 等，2008）。表 12.2 概括了美国大麦和小麦对最近鉴定到的俄罗斯小麦蚜虫生物型的反应。

表 12.2 大麦和小麦对俄罗斯小麦蚜虫的反应

	俄罗斯小麦蚜虫生物型							
抗性来源	RWA 1[a]	RWA 2[b]	RWA 3[a]	RWA 4[a]	RWA 5[a]	RWA 6[c]	RWA 7[c]	RWA 8[c]
Dn1	S	S	S	S	S	MR	S	MR
Dn2	R	S	S	S	S	MR	MR	MR
Dn3	R	S	S	S	S	S	S	MR
Dn4	R	S	S	R	R	R	MR	MR
Dn5	R	S	S	S	R	MR	MR	R
Dn6	R	S	S	R	R	R	R	R
Dn7	R	R	S	S	R	R	R	R
Dn8	S	MR	S	S	S	S	S	MR
Dn9	S	S	S	S	S	S	S	MR
Yuma	S	S	S	S	S	S	S	S
Custer	S	S	S	S	S	S	S	S
TAM 105/107	S	S	S	S	S	S	S	S
STARS 93018[d]	R[e]	R[e]	R[e]	R[e]	R[e]	R	R	R
STARS 95778[d]	R[e]	R[e]	R[e]	R[e]	R[e]	R	R	R

注：[a] Burd 等(2006)；[b] Haley 等(2004)；[c] Weiland 等(2008)；[d] Barley；[e] Puterka 等(2006)；R，抗；MR，中抗至中度敏感；S，敏感

大麦株系 STARS-9301B、STARS-9577B、STARS-0501B-STARS-0507B 和 STARS-0601B-STARS-0643B 对俄罗斯小麦蚜虫 RWA 的抗性相对较持久，对 RWA1 都表现抗性，同时对 RWA2-RWA5 也具抗性（Puterka 等，2006；2007）。

只有 STARS-9301B 和 STARS-9577B 对 RWA6-RWA8 具有抗性。STARS-9301B 和 STARS-9577B 对 RWA6-RWA8 表现抗性。STARS-9301B 对世界上大多数生物型有抗性。

Robinson 等(1992)报道了 1 个单一的控制 S13 抗 RWA 性。传统遗传学研究表明 STARS-9301B 抗性由不完全显性基因 *Rdn*1 和具上位性效应的显性基因 *Rdn*2 控制，当 *Rdn*2 是隐性纯合型时 *Rdn*1 以显性基因表达，但当 *Rdn*1 隐性时 *Rdn*2 没有效应(Mornhinweg 等，1995a)。从 STARS-9301B 中定位到 2 个抗俄罗斯小麦蚜虫的主效基因位点(QTLs)，解释了总表型变异的 54%(Mittal 等，2008)，其中 1 个主效 QTL 定位在 1H 染色体的短臂上，解释了总变异的 26%，另外 1 个定位在 3H 染色体上，解释了 26%的变异。在 2H 染色体上还检测到 1 个较小的 QTL，解释了 6%的表型变异。综合分析结果表明，QTL 定位解释了 STARS-9301B 抗俄罗斯小麦蚜虫 59%的表型变异。与 QTL 相关的标记之间缺乏显著的互作，没有上位性效应。在 1H 上的 QTL 是显性的，或许是基因 *Rdn*2，而在 3H 上的 QTL 有加性效应，可能是 *Rdn*1。

传统遗传学研究表明显性等位基因在 2 个位点控制 STARS-9577B 对俄罗斯小麦蚜虫的抗性，其中 1 个表现显性高抗，1 个表现间歇性抗性，只有当隐性等位基因在另 1 个位点出现时才表现抗性(Mornhinweg 等，2002)。分析表明，有 2 个 QTL 控制 STARS-9577B 对俄罗斯小麦蚜虫的抗性(Mittal 等 2009)，其中 1 个定位在 1H 上，有加性效应，解释了俄罗斯小麦蚜虫 19%的表型变异，而另 1 个 QTL 定位在 3H 长臂上，表现部分显性，解释了 47%的表型变异。在 1H 和 3H 染色体上定位到的 QTL 与 STARS-9301B 具有相同的分子标记，在 3H 位点上的基因功能类型 2 个株系间相似，表明 2 个株系携带基因 Rdn1；在 1H 位点上基因功能不同，表明 STARS-9577B 和 STARS-9301B 有不同的等位基因。其他不同点还有，STARS-9577B 在 2H 染色体上未检测到 QTL。

Gutsche 等(2008)应用 Affymetrix 基因芯片分析比较了耐性品种 Sidney (“Otis” * 4/STARS-9301B)和敏感品种 Otis 基因表达谱，检测到 4086 个差异表达基因；其中 909 个基因在 Sidney 特异表达，大多为与植物防御和活性氧自由基清除系统(ROS)相关基因。与氧化胁迫、光合作用、信号转导、防御、非生物胁迫、细胞维持、细胞壁防御和植物生长发育相关的基因分别有 14、27、37、63、24、60、12 和 17 个。在耐性品种 Sidney 植株中过氧化物酶基因上调或下调表达，表明过氧化物酶在耐性过程中起着重要的作用。研究结果显示，蚜虫严重为害条件下，随着植株体内代谢的改变，维持较高水平 ROS-清除酶活性有利于提高抗/耐性(Gutsche 等，2008)。

俄罗斯小麦蚜虫为害早期，敏感和抗性大麦品种植株上都会出现黄萎斑，为害后，其颚针刺吸边缘出现叶肉和叶鞘细胞束崩溃(凋亡)，症状与典型的微生物病毒危害引起的超敏感细胞死亡的抗性反应十分相似。抗性大麦 STARS-9301B 比敏感型 Morex 能够产生更多自发萤光细胞凋亡(CACs)(Belefant-Miller 等,1994),侵染后 1 天即可观察到 CACs。

Calhoun 等 (1991a) 和 Robinson (1993) 观察到俄罗斯小麦蚜虫为害甚至导致耐/抗性大麦基因型籽粒产量和穗粒数降低,但影响显著低于敏感型品种。然而,Mornhinweg 等(2006b)报道,甚至受俄罗斯小麦蚜虫流行性种群为害,耐性种质也没有出现类似敏感品种的叶片卷曲或黄斑纹及产量的显著降低。Mornhinweg 等(2006b)也报道,侵染后强抗性大麦基因型的产量构成因素和籽粒产量(增加 5%)保持或增加,而敏感品种大幅度降低(降低 56%);中度抗性基因型居抗性和敏感品种间,籽粒产量平均下降 20%。Bregitzer 等 (2003) 报道,俄罗斯小麦蚜虫在大麦生长早期为害,严重降低敏感型大麦的籽粒产量和制麦芽品质;在灌浆期前后侵染使大麦籽粒产量减少 10%,这仍然是大麦生产者不能接受的。抗性株系 STARS-9301B,甚至在俄罗斯小麦蚜虫严重发生时,仍然保持其原有的农艺和麦芽品质;具 STARS-9301B 抗性的改良品系同时具有 STARS-9301B 抗性及其敏感型轮回亲本的优良农艺性状和麦芽品质。

美国大麦品种多不抗俄罗斯小麦蚜虫,因此主要依赖化学防治。几乎所有应用于控制蚜虫的杀虫剂对俄罗斯小麦蚜虫都有毒性,但因为在田间俄罗斯小麦蚜虫可以被卷曲的叶子保护免受接触性杀虫剂的伤害,只有内吸杀虫剂才有效(González 等,1992)。内吸性杀虫剂吡虫啉种子处理(Gaucho)能有效控制播种后 27~85 天俄罗斯小麦蚜虫为害,籽粒产量显著高于种子没有吡虫啉处理的侵染大麦(Pike 等 1993)。尽管吡虫啉种子处理能有效控制大麦生长早期俄罗斯小麦蚜虫(种子处理后大麦生长的早期对俄罗斯小麦蚜虫毒杀效果佳;Pike 等,1993),但是单季仍需要施用杀虫剂 2~3 次 (Stern 和 Orloff,1991)。Peairs,(1990)在施用杀虫剂 6 次的小麦田获得了最高产量。与其他广谱性喷洒杀虫剂或沟施粒状杀虫剂相比,吡虫啉种子处理对哺乳动物毒性低(Elbert 等,1990;Fluckiger 等,1992)、对天敌无毒害(除非寄主大量死亡)(Fluckiger 等,1992;Mizell 和 Sconyers,1992;Baldson 等,1993),控制俄罗斯小麦蚜虫具有环境优势(Pike 等,1993),不过多次使用增加经济投入。但是,长期使用化学杀虫剂会损害自然天敌,促进俄罗斯小麦蚜虫或其他害虫对杀虫剂产生抗药性,短期后果是可能会导致次生害虫的再生猖獗,长期后果是导致土壤和水污染及野生资源破坏,内吸性杀虫剂施用还增加大麦最终产品中农药残留的风险,影响人畜健康、食品安全和环境质量。同时化学农药会改变生物群落、生物种群组成、降低生物群落的多样性,而可持续农业的一个主要策略就是改造和恢复农田生物多样性。可见,化学药剂的应用不利于农业的可持续发展,并且导致生态系统的稳定性下降、平衡失调。而生物防治符合农业可持续发展的协调共存境界。

美国西部本地的天敌和拟寄生物不能有效地控制俄罗斯小麦蚜虫(Feng 等,1992;González 等,1992)。俄罗斯小麦蚜虫流行的中亚,主要通过自然天敌使其得到有效控制(González 等,1992)。在美国为了控制俄罗斯小麦蚜虫已经实施了一个国际合作项目,其中生物防治包括建立在国际性、联邦和州政府合作为基础的研究探索、检疫、生产、释放和回收恢复(Hopper 等,1998;Prokrym 等,1998)。本地自然天敌已经适应寄生在俄罗斯小麦蚜虫(Kindler 和 Springer,1989),并且引入、释放和恢复了外来天敌(Michels 和 Whitaker-Deerberg,1993)。在 16 个西方国家释放了 9 个拟寄生物种,其中 *Diaeretiella rapae McIntosh*(引进的也是本地原产的株系)(Brewer 等,1999)以及引进的苜蓿斑蚜蚜小蜂 *Aphelinus asychis* 和 *Aphelinus albipodus* Hayat 与 Fatima(Michels 和 Whitaker-Deerberg,1993;Brewer 等,1999)已释放传播到各生产区(Brewer 等,2001),*A. albipodus* 正在快速成为谷类作物的主导种(Brewer 等,2001)。天敌和拟寄生物对控制蚜虫的发生起着重要作用,然而,拟寄生物控制俄罗斯小麦蚜虫的作用是有限的(Feng 等,1992;Adisu 等,2003)。寄主植物抗性结合生物防治可以有效替代化学防治(González 等,1992)。

一旦有了抗性品种,即出现植株抗性对生物防治影响的问题:植物是否会对蚜虫取食有反应?蚜虫对寄主植物的反应是否会影响拟寄生物利用俄罗斯小麦蚜虫的能力(Reed 等,1991;Bernal 等,1994)?Brewer 等(1998)观察到与抗性大麦 STARS-9301B 平整叶子上具有较低密度蚜虫相比,*D. rapae*(1 个主要拟寄生物)能更有效地寄生利用敏感大麦卷曲叶子上具有较高密度的俄罗斯小麦蚜虫;一个次要拟寄生物 *A. albipodus*,在敏感和耐性大麦上有着同样的寄生能力。*D. rapae* 和 *A. albipodus* 的寄生状态与俄罗斯小麦蚜虫发生的季节性相关,并且其与俄罗斯小麦蚜虫量的相关性在敏感和抗性大麦品种上表现一致趋势(Brewer 等,1999)。植株抗性和生物防治是可以合理结合并存的(Brewer 等,1998;1999)。

有资料显示,蚜虫虫霉菌是俄罗斯小麦蚜虫的自然天敌(Feng 等,1991;Wraight 等,1993)。俄罗斯小麦蚜虫对几种分离菌株高度敏感,如球孢白僵菌 *Beauveria bassiana* (Balsamo) Vuillemin (Feng 等,1990a) 和玫烟色拟青霉 *Paecilomyces fumosoroseus* (Wize) Brown 和 Smith(Mesquita 等,1996)表现敏感。这些自然发生的昆虫病原真菌(包括俄罗斯小麦蚜虫),可应用于防治田间的蚜虫等害虫(Feng 等,1990b;Humber,1992)。在匈牙利,俄罗斯小麦蚜虫很少达到虫害的标准,高湿高温浓密的作物田最有利于真菌类生长(Hunkar Zemankovics,1991),新蚜虫疠霉(*Pandora neoaphidis*)可能是俄罗斯小麦蚜虫在匈牙利生长的一个重要的限制因子(Basky 和 Hopper,2000)。在斯洛伐克,新蚜虫疠霉是占主导地位的俄罗斯小麦蚜虫的寄生真菌,但是它不能有效控制当地俄罗斯小麦蚜虫种群发展，因为它们侵染和繁殖能力较低(Barta 和 Cagán，2007)。结合苜蓿斑蚜蚜小蜂 *Aphelinus asychis* 和丝状菌类玫烟色拟青霉 *P. fumosoroseus*引起的生物防治试验表明，真菌对拟寄生物没有有害影响。尽管从有效控制来说还没有完全达标，黄蜂和真菌有联合利用于整合控制的潜力(Mesquita 等，1997)。

丰富的交替性(越夏)寄主给俄罗斯小麦蚜虫的治理带来了困难(Peairs，1990)。许多本地的和引进的禾本科植物种，包括狗牙根(*Cynodon dactylon* L.)、草地雀麦(*Bromus diandrus* Roth)、狗尾草(*Bromus catharticus* Vahl)和谷子(*Hordeum jubatum* L.)有利于俄罗斯小麦蚜虫种群发展(Stern 和 Orloff 1991)。虽然野生杂草对俄罗斯小麦蚜虫和自然天敌来说扮演了交替寄主的角色，但是它们在蚜虫生物型的发展方面或许起着更为重要的作用。

2. 麦二叉蚜

麦二叉蚜是世界上最具毁灭性的谷类作物害虫之一(Morgham 等，1994)。自 1882 年以来麦二叉蚜是北美最主要的谷类作物害虫(Wadley，1931；Starks 和 Burton，1977b)，1986 年前在俄罗斯小麦蚜虫引入前麦二叉蚜是美国最严重的大麦害虫(Porter 等，1999)。在美国，麦二叉蚜主要发生在中部、西北部、东南部(Starks 和 Burton 1977b)，是南部平原地区和太平洋西北部长期性的虫害，在猖獗年份甚至危害到加拿大南部(Starks 和 Webster，1985)。在加拿大首次报道麦二叉蚜是在 1949 年(Starks 和 Burton，1977b)，阿根廷是在 1977 年(Starks 和 Burton，1977a)。在美国当温和的冬季接着凉爽潮湿的夏季时极易诱使麦二叉蚜暴发(Starks 和 Webster，1985)。

麦二叉蚜寄主广且易产生新的生物型，由此给防治带来困难(Puterka 和 Burton，1991)。寄主植物主要为大麦、普通小麦、燕麦、黑麦、雀麦、高粱、稻、粟、狗牙根、狗尾草、画眉草和莎草等禾本科和莎草科植物。有记载显示，不同生物型麦二叉蚜对不同寄主有不同的为害和繁殖能力，对杀虫剂的抗性也不同(Beregovoy 和 Starks，1986；Hesler 等，2005)。新的生物型主要表现对原抗性寄主的为害能力(Puterka 等，1988)。1958 年美国鉴定到第一个新的麦二叉蚜生物型 Biotype-B(Wood，1961)，所有 1958 年之前的麦二叉蚜都被称为 A 型(Inayatullah 等，1987a；Burd 和 Porter，2006)。B 型对抗麦二叉蚜小麦 DS 28A 是致命性的，是南部大平原地区主要生物型(Tyler 等，1985)。1958 年发现了能为害高粱和小谷类作物的 C 型生物型(Harvey 和 Hackerott，1969)。Teetes 等(1975)报道了抗杀虫剂的生物型 D(Beregovoy 和 Starks，1986)。1979 年发现了生物型 E(Porter 等，1982)。生物型 B、C 和 E 在形态学上截然不同(Inayatullah 等，1987b)。基于附肢测量的多元分析结果，与 E 型相比，B 型和 C

型较接近。E 型体内具有较广泛的多样性，表明可以从 E 型进化新的生物型(Fargo 等，1986；Inayatullah 等，1987b)。Kindler 和 Spomer(1986)报道了生物型 F，F 较其他小谷粒作物更喜食高粱，然而 E 型更喜食小谷类作物(Puterka 等，1988)。生物型 G 和 H，它们的寄主植物和以前所描述的生物型不一致，缺乏 B、C 和 E 背部中央深绿色条纹，具有类似 F 的表型(Puterka 等，1988)。直到 1986 年，生物型 A 和 D 在田间好几年没有发现(Fargo 等，1986)。Harvey 等(1991)和 Beregovoy 和 Peters(1994a)分别报道了生物型 I 和 J。据报道生物型 J 比 E 对大麦的为害性更大，而生物型 E 对小麦和燕麦较大麦有更大的破坏性(Beregovoy 和 Peters，1994b)。生物型 J 可以为害之前的抗性大麦(Beregovoy 和 Peters，1994a)。Harvey 等(1997)报道了生物型 K。

分子进化分析揭示了生物型 A-K 以及 A(NY)存在三个分枝，其中新生物型 A(NY)分别采自披碱草、加拿大一枝黄花 *Elymus Canadensis*(CWR)及德国的一个株系(EUR)。第一个是在小粒谷类作物和高粱中发现的包含农业生物型 C、E、I、K 和 J，第二个包括 F、G 和 NY，第三个包括 B、CWR 和很少在作物中找到的 EUR。H 不在这三种进化枝中。Shufran 等(2000)推测，麦二叉蚜生物型是这三种进化枝的一种混合生物类型，并且可能通过对野生杂草寄主适应性产生新的适应性生物型。

Michels(1986) 研究指出，美国北部 44 个属中的 70 个禾本科种可以作为麦二叉蚜的寄主。野生杂草和自然落粒生长的小麦对保持大多数麦二叉蚜是至关重要的，特别是在夏季，它们是小麦收获和秋季种植下一年作物的间歇寄主(Daniels，1960)。许多麦二叉蚜的寄主是禾本科的近缘草种，主要包含小麦属、大麦属和高粱属。这些禾草早在栽培谷类作物前就生长在大平原并作为寄主(Anstead 等，2002)。非栽培禾草中麦二叉蚜具有更广泛的生物多样性，由此佐证了非栽培禾草为麦二叉蚜遗传和生物型多样性的“寄主库”(Anstead 等 2002，2003)。2002 年，内布拉斯加州、堪萨斯州、俄克拉荷马州和德克萨斯州四个州的栽培小麦、高粱及其田地边缘非栽培禾本科植物中采集了 112 个麦二叉蚜种，检测到了 B、D、E、G、H 和 I，而生物型 A、C、F 和 J 没有检测到。生物型 E 和 I 在四个州中是最普遍(Burd 和 Porter，2006)，检测到 16 个特异的克隆，其中 11 个来自非栽培禾本科植物，3 个来自栽培小麦，2 个来自栽培高粱。鉴定到 13 个新的生物型。大麦 Post90 和 PI426756 对以前报道的 12 个生物型中的 11 个有抗性。Post90 对新的 13 个生物型中的 10 个是敏感的，PI426756 对新的 13 个生物型中的 6 个是敏感的。最剧毒的新的生物型是在非栽培种中收集的。然而，新生物型不是广泛分布的也不是在多于一种非栽培寄主植株上收集到的。生物型 E 和 I 的广泛分布与为害可能归因于其广谱的非栽培寄主和对小麦和高粱的为害能力。表 12.3 概述了美国栽培小麦和大麦对最近鉴别麦二叉蚜生物型的

不同反应。

表 12.3　大麦和小麦对普通麦二叉蚜生物型和收集于堪萨斯州(KS)、俄克拉荷马州(OK)和德克萨斯州(TX) 麦二叉蚜的不同反应

Cereal Selection (R Gene)	麦二叉蚜生物型																								
	A	B	C	E	F	G	H	I	J	K	CWR	WWG	NY	KS 1	TX1	TX2	TX3	TX4 TX5	KS2 TX6	TX7	TX8	KS 3	OK1	OK2 TX9	TX10	OK3
Custer	S	S	S	S	S	S	S	S	R	S	S	S	S	S	S	S	S	S	S	S	S	S	S	S	R	S
DS 28 A (Gb1)	R	S	S	S	R	S	S	S	R	S	S	S	R	R	R	R	R	R	R	R	S	S	S	S	R	S
Amigo (Gb2)	—	R	R	S	S	S	S	S	R	S	R	S	R	R	S	S	S	S	S	S	S	S	R	S	R	S
Cl 17882 (Gb5)	—	S	R	R	S	S	S	R	R	R	S	R	S	S	S	S	S	R	R	R	S	R	S	S	R	S
Cl 17959 (Gb4)	—	S	R	R	S	S	S	R	R	R	S	R	S	S	S	S	S	R	R	R	S	R	S	S	R	R
Largo (Gb3)	—	S	R	R	S	S	R	R	R	R	S	S	S	S	S	S	S	R	R	R	S	R	S	S	R	R
GRS 1201 (Gb6)	—	R	R	R	S	R	S	R	R	R	S	R	S	S	R	R	R	R	R	R	R	R	R	S	R	S
Elbon	—	S	S	S	S	S	S	S	R	S	S	S	S	S	S	S	S	S	S	S	S	S	S	S	R	S
Insave (Gb2)	—	R	R	R	S	R	S	R	R	R	R	R	R	R	R	R	R	R	R	R	R	R	R	S	R	S
Wintermalt	—	S	S	S	S	R	S	S	R	S	S	S	S	S	S	S	S	S	S	S	S	S	S	S	S	S
Post 90 (Rsg1)	—	R	R	R	R	R	S	R	R	R	R	R	R	R	S	S	S	S	S	S	S	R	R	S	S	S
Pl 426756 (Rsg2)	—	R	R		R	R	S	R	R	R	R	R	R	R	R	R	R	R	R	R	S	S	S	S	S	S
TX 7000	—	—	S	S	—	S	—	S	—	S	S	—	S	R	S	S	S	S	S	S	S	S	S	R	R	S
TX2737	—	—	R	S	—	S	—	S	—	S	R	—	S	R	S	R	S	S	S	S	R	S	S	S	R	S
TX 2783	—	S	R	R	S	S	—	S	—	S	S	—	S	S	S	S	S	S	R	S	S	R	S	S	R	S
Pl 550607	—	R	R	R	S	R	R	R	—	S	R	—	R	R	S	R	R	S	R	R	R	R	R	R	R	R

注：Wintermalt、Post 90 (Rsg1)和 Pl 426756 (Rsg2) 是大麦。R,抗；S,敏感；"—",未得到数据。CWR、NY 和 WWC,分别收集于加拿大新麦草、纽约分离种、蓝茎冰草的麦二叉蚜生物型(Burd 等,2006)

麦二叉蚜为害导致幼苗死亡或产量降低,这依赖于对敏感品种侵染的程度(Giménez 等 1997)。麦二叉蚜吸取植株汁液并在取食过程中注入毒素(Starks 和 Burton 1977a,b),相对较少的麦二叉蚜就可以造成比其他大量的蚜虫更大的危害。麦二叉蚜常在麦类叶片正、反两面或基部叶鞘内外吸食汁液,致麦苗黄枯或不能拔节,严重的不能正常抽穗,直接影响产量,此外还可传带小麦黄矮病。

麦二叉蚜为害降低小麦和大麦总叶绿素含量、碳同化速率、呼吸速率和气孔导度等(Gerloff 和 Ortman 1971;Ryan 等 1987),如小麦韧皮部蔗糖转运降低了50%,但是根与地上部碳水化合物的分配比例没有变化;麦二叉蚜取食导致成熟小麦叶子中大量累积游离氨基酸(Dorschner 等 1987)。Riedell(1989b)报道,麦二叉蚜为害大麦第一叶片使得所有叶片的游离氨基酸增加。麦二叉蚜为害导致总根系生物量和根毛密度减少(Gerloff 和 Ortman 1971;Castro 等 1991)。麦二叉蚜唾液包含果胶酶、纤维素、脂肪酶和蛋白水解酶,损坏叶绿体和线粒体结构最终降解细胞中所有的细胞溶质(Al-Mousawi 等 1983)。通常,蚜虫胞内共生菌如蚜虫巴克纳氏菌(*Buchnera aphidicolia*)能为寄主蚜虫提供必需氨基酸和维生素,并对寄主具有一些非营养功能,如促进蚜虫传播循环性病毒等。麦二叉蚜取食后,导致韧皮部汁液游离氨基酸含量显著增加,改善敏感植株作为其食物来源的质量(Morgham 等 1994;Sandström 等 2000),从而减少对胞内共生菌(*Buchnera*)的依赖性(Sandström 等 2000)

1886 年美国发生麦二叉蚜周期性暴发导致数百万美元损失(Hayes 等 1999)。1942 年德克萨斯州和俄克拉荷马州由于麦二叉蚜损害谷类作物导致 3800 万美元损失,1976 年在俄克拉荷马州损失达 8000 万美元(Starks 和 Burton 1977b)。大麦单株上的 100 只麦二叉蚜将导致穗数、粒数和粒重减少 50%以上(Keickhefer 和 Kantack 1986),苗期单株 20～30 只麦二叉蚜导致显著减产(Keickhefer 和 Kantack 1986)。有报道指出,麦二叉蚜为害造成谷类作物减产 35%～60%(Riedell 等 2007)。在美国大平原地区蚜虫取食和蚜虫携带病毒感染(BYDV)经常导致作物减产(Hoffman 和 Kolb 1997)。麦二叉蚜可以传播 SGV、RMV 和 PAV 病毒。在南美洲(Araya 1990)和美国,麦二叉蚜是重要的病毒传播载体;但是在欧洲(von Wechmar 1984)或英国(Signoret 1990)并非是重要的病毒传播载体。

Atkins 和 Dahms(1945)在美国首先观察到大麦对麦二叉蚜的抗性。在德克萨斯州和俄克拉荷马州大麦田,来自中国和朝鲜的大麦株系一次偶然的侵染诱发对来自亚洲的 577 个种质的筛选。194 份材料,包括朝鲜地方种 Omugi (CI5144)和 Dobaku (CI5238),表现对麦二叉蚜一定程度的抗性(Dahms 等, 1955)。遗传分析表明,Omugi 抗性由一个显性基因控制,这个基因起初被命名为 *Grb*(Gardenhire 和 Chada,1961),后来被命名为 Rsg1a(Merkle 等 1987),最近被命名为 *Rsg*1(Porter 等,2007)。*Rsg*1 位于 T1(7H)-6(H)的置换的 1 号染色体(7H)着丝点轴的部位(Gardenhire 等,1973)。抗麦二叉蚜育种培育了许多抗性品种,包括 Kearney、Kerr、Will 和最近发放的 Post90(Mornhinweg 等, 2004),所有这些都包含有抗性基因 *Rsg*1。Webster 和 Starks(1984)报道了 1 个来自巴基斯坦的新的抗性资源 PI426756,其抗性由 1 个独立的显性基因 *Rsg2b* 控制,它和 *Rsg*1 不是等位基因(Merkle 等,1987)。*Rsg2b* 后来被命名为 *Rsg*2 (Porter 等,2007)。但迄今仍未有携带 *Rsg*2 抗性的品种。Puterka 等(1988)和 Ogecha 等(1992)报道,大麦 *Wintermalt*(Jensen 等,1982)对麦二叉蚜生物型 G 有抗性,但对其余生物型较敏感。后来发现 *Wintermalt* 对生物型 J 也有抗性。这些差别来源于 *Rsg*1 和 *Rsg*2 基因,并且在 *Wintermalt* 存在不同的抗性基因,这些对培育抗麦二叉蚜大麦品种具一定利用价值(Porter 和 Mornhinweg, 2004)。*Rsg*1 和 *Rsg*2 基因能有效防御主要的麦二叉蚜生物型的为害,它们对 13 个新的生物型有不同的反应(Burd 和 Porter,2006),其中 *Rsg*2 比 *Rsg*1 具有更广谱的抗性(见表12.2)。

杀虫剂可以减少或消除麦二叉蚜对小粒谷类作物的伤害。恶劣的天气条件比如暴雨和土壤短期吹蚀可以从植株中带走麦二叉蚜(Starks 和 Webster,1985)。在美国北部大平原地区冬季放牧能有效减少麦二叉蚜种群数量;覆灭自播谷粒和野生禾本科植物也能有效减少麦二叉蚜数量(Starks 和 Burton,1977b)。麦二叉蚜有许多天然天敌,如瓢虫、寄生蜂和草蜻蛉,然而,这些生物控制经常滞后于麦二叉蚜发生期,不能有效减少经济损失(Starks 和 Burton,1977a;b;Starks 和 Webster,1985)。低剂量有机磷酸酯杀虫剂能有效控制麦二叉蚜,但这些杀虫剂的使用会同时杀死益虫(Starks 和 Webster,1985)。麦二叉蚜对杀虫剂的长期使用会产生抗药性,如高粱上的生物型 D(Starks 和 Burton,1977a),同时麦二叉蚜可以在较低温度下繁殖而低温下杀虫剂效果欠佳(Starks 和 Webster,1985)。由于杀虫剂使用带来的高经济投入及环境污染,最经济有效的控制麦二叉蚜的途径是培育抗麦二叉蚜品种和开发简单遗传抗性基因(Hayes 等,1999)。然而,对植物育种家来说,要在麦二叉蚜抗性育种上保持在同型小种改变之前是一个很大的挑战。

3. 禾谷缢管蚜

禾谷缢管蚜对作物的严重危害常常与其携带传播大麦黄矮病毒(BYDV)相偶联,但即使在没有 BYDV 条件下,由禾谷缢管蚜危害带来的直接产量损失也能高达50%(Stern,1971;Leather 等,1989;Porter 等,1999;Riedell 等,1999)。禾谷缢管蚜是北美(Porter,1999)和欧洲(Aspinall,1961;Kolbe,1969;1970;Dewar 等,1984;Weibull,1987;Porter 等,1999)最严重的谷类作物害虫,是新西兰最流行的谷类作物蚜虫(Farrell 和 Stufkens,1989);早在1855年北美就发现了禾谷缢管蚜(Simon 和 Hebert,1995)。在英国禾谷缢管蚜主要是由于它具有携带传播 BYDV 的能力而视为害虫,但在斯堪的纳维亚、波兰和捷克共和国禾谷缢管蚜本身就是一种害虫(Leather 等,1989)。与其他谷类作物相比,禾谷缢管蚜更喜食大麦(Leather 等,1989;Starý,1996)。

禾谷缢管蚜取食韧皮部和非韧皮部组织如叶肉软组织(Casaretto 和 Corcuera,1998)。因为禾谷缢管蚜取食危害后,植株为害部分并无危害症状(没有明显的叶片损伤症状)(Webster 等,1987;Züst 等,2008),人们认为这种蚜虫在取食时没有注入毒素唾液等物质(Riedell 等,2007)。禾谷缢管蚜群袭大麦可以导致直接的取食伤害同时传播 BYDV(Hsu 和 Robinson,1962;Mallott 和 Davy,1978)。禾谷缢管蚜猖獗为害时,其中大麦受影响的程度高于在田间同时生长的其他谷类作物。禾谷缢管蚜为害降低植株叶片数、分蘖数、绿叶面积、干重和生长速率,同时也影响根系生长,导致大麦生长受到抑制(Mallott 和 Davy,

1978；Ni 和 Quisenberry，2006；Mallott 和 Davy，1978）。

BYDV 是世界上最主要的谷类作物病毒病（Henry 和 Dedryver，1991），属黄症病毒属；它是一种复杂病毒，在许多方面，包括蚜虫的传播特性等，存在差异（von Wechmar，1984）。BYDV 能被超过 25 种蚜虫（种）传播（Smyrnioudis 等，2001），其禾本科寄主多达 100 多种（Starks 和 Webster，1985）。BYDV 由蚜虫以持久性非增殖的方式传播。麦禾谷缢管蚜是最有效的携带传播 BYDV 的蚜虫（Starks 和 Webster，1985）。禾谷缢管蚜为害时，下颚口针进入植株韧皮部获得黄矮病毒（Scheller 和 Shukle，1986），一旦从已感染的植株中获得 BYDV，它们能携带并传播病毒（Rochow，1959）。病毒的发展、流行与否依赖于许多因素，其中包括蚜虫传播特性、传播病毒载体的数量及其携带病毒个体的比例等（Halbert 等，1992）。蚜虫刺探吸食时间、寄主植株的生育期和病毒感染程度是影响蚜传 BYDV 的主要因素（Gray 等，1991）。Gray 等（1991）报道，尽管 2.5% 的禾谷缢管蚜在病叶上刺探吸食 15 分钟即可获得 BYDV-PAV，50% 的禾谷缢管蚜需要 1～2 小时和 2～3 小时的刺探吸食时间才会分别获得 BYDV-PAV 和 BYDV-RPV。不同 BYDV 株系的传播速率受不同因素的影响，包括蚜虫种类、吸食时间和病叶组织的生理年龄等（Gray 等，1991）。病毒价（病毒滴度）也会影响蚜虫获得和传播病毒的效率，病毒价受病源组织年龄及感染期的影响。病毒通过后肠薄膜传播的速度也是蚜虫获得病毒的一个限制因子。但是，与病叶中的病毒数量相比，蚜虫获得病毒的效率或许更依赖于蚜虫的韧皮部吸食时间。因此，控制 BYDV 病的更为有效的策略可能是减少和抑制蚜虫在韧皮部的吸食与吸食的时间（Gray 等，1991）。通常，低温有利于降低病毒的传播效率（Guo 和 Moreau，1996；Lowles 等，1996）。

抗虫育种先驱 Painter 经过多年研究，认为植物具有抗虫性，且主要通过 3 个方面（3 种抗虫机制）实现（Painter，1958）：①非嗜性，或排拒作用，植物由于具有某种形态学特征或者是某种化学特性，使得昆虫不再选择该植物作为取食对象、栖息地或产卵地，表现非嗜性。②抗生性，抗性机制中抗生性是最主要的方面，作物抗生性是由于抗虫品种中缺乏某些物质因子，从而抑制了昆虫在其上的取食、存活、发育和繁殖行为，甚至导致昆虫最终死亡。主要表现为害虫在抗虫品种上的取食量下降、死亡率上升、体重减轻、发育延缓、寿命缩短、产卵量下降、孵化率降低等特点。③耐虫性、耐害性表示感虫品种在受到害虫的严重为害下，由于其具有强大的生长和繁殖能力，可以减少害虫带来的为害，即植物可以在害虫群体下“正常”生长和繁殖。多年温室试验分析鉴定了来自加拿大的 474 份大麦遗传资源对禾谷缢管蚜的抗性，其中对表现较好抗性的株系进行了进一步的大田鉴定试验。通过分析评估植株对蚜虫的抗耐性，结果表明，参试材料中没有非嗜性表现，43 个材料在温室和田间试验中都表现抗生性和耐性，因此，这 43

份材料被认为是抗性育种的材料(Hsu 和 Robinson,1962;1963)。有关筛选获得的 43 份抗性材料的抗性资源能否成功转移到目标品种中有待进一步探讨。

由于受禾谷缢管蚜危害的大麦没有明显受害症状,因此,很难通过传统的幼苗危害率进行种质筛选。但是,Mornhinweg(2008)报道了禾谷缢管蚜温室筛选技术和幼苗危害级别。尽管在幼苗敏感和耐性差异方面的检测有例证,但有关幼苗危害级别及其与大田产量相关性有待进一步佐证。

禾谷缢管蚜对大麦的侵染率与大麦叶片表面蜡质含量成显著负相关(Tsumuki 等,1989)。敏感和抗性品种间的蜡质组成上存在明显的质和量的差异(Tsumuki 等,1987)。

有报道显示,人造食物中吲哚生物碱对蚜虫有有害影响(Corcuera,1984)。Zúñiga 等(1988)报道,在人工饲喂条件下,大麦中唯一的吲哚生物碱——禾草碱能有效调控禾谷缢管蚜的吸食行为:增加唾液分泌和刺针数量,缩短吸食时间(Zúñiga 等,1988;Kawada 和 Lohar,1989)。抗性大麦叶片表皮和薄壁细胞中分离鉴定到了禾草碱(Argandoña 等,1987),但未在维管束中鉴定到;禾谷缢管蚜吸食叶肉薄壁组织在韧皮部。因此,禾草碱的防御功能来自于本身对蚜虫的毒性与对蚜虫取食的抑制效应、在植物中存在的位置和浓度及蚜虫汲食特性。现有研究显示,禾草碱在一些大麦品种中是其抗蚜虫性的主要因素(Zúñiga 等,1988;Kawada 和 Lohar,1989;Rustamani 等,1992)。

蛋白酶抑制剂同昆虫消化道内的蛋白消化酶形成复合物,阻断或削弱蛋白酶的水解形成复合物,阻断或削弱蛋白酶的水解作用,使昆虫厌食或消化不良致死,从而达到抗虫目的。在植物种子、胚、根和叶片中检测到蛋白酶抑制剂(Weiel 和 Hapner,1976)。这些蛋白是侵害诱导产生的,并能有效地降低咀嚼类昆虫对叶片的为害(Pearce 等,1991;Suh 等,1991)。已有文献指出,在大麦中存在蛋白酶抑制剂(Mikola 和 Suolinna,1969;Boisen,1983)。这些蛋白酶抑制剂常表现为对胰岛素、胰蛋白酶和一些微生物蛋白酶具有抑制作用(Boisen 等,1981)。人工饲喂试验表明,禾谷缢管蚜侵染大麦导致胰蛋白酶的积累,从而降低禾谷缢管蚜存活率(Casaretto 和 Corcuera,1998)。但是,大麦叶子中蛋白酶抑制剂对禾谷缢管蚜的抗性仍需进一步探讨。

禾谷缢管蚜危害大麦叶片后诱导产生了几丁质酶和 B-1,3-葡聚糖酶(由真菌病原体诱导的发病机理相关蛋白(PR)的两个家族成员)(Forslund 等,2000)。这一诱导效应在抗性大麦中较强,表明其在防御禾谷缢管蚜上可能的作用。诱导作用可能不仅仅来自于害虫吸食损伤的伤口。有关几丁质酶和 B-1,3-葡聚糖酶在防御蚜虫上的机制迄今仍未阐明,但 B-1,3-葡聚糖酶一个可能的作用是从植株细胞壁上释放寡糖,由此引发植物中其他防御反应。

现有报道显示,野生大麦种中存在高抗禾谷缢管蚜的资源(Weibull,1987)。

近缘野生二棱大麦(*H. vulgare* subsp. *spontaneum*)抗性在F2代表现持续分离，表明其抗性受多效基因控制同时可能存在加性效应(Weibull，1994)。对大麦属中27个种及其种间杂种抗性筛选试验表明，对禾谷缢管蚜的抗性存在广泛的种间变异，野生大麦蚜虫数量相对较少(Weibull，1987)。Clement和Lester(1991)报道*H. chilense*(智利大麦)抗禾谷缢管蚜。野生大麦种中鉴定到抗性最强的种质，并且该野生种与栽培大麦亲缘关系相对较远，且存在杂交不亲和性(Weibull，1988)。野生大麦中也检测到了DIBOA，并且其浓度和禾谷缢管蚜的繁殖力呈负相关(Barria等，1992；Gianoli和Niemeyer，1998)。DIMBOA是一种异羟肟酸，在小麦和玉米对蚜虫的抗性上扮演重要角色；DIMBOA有毒，它与蚜虫生长和蚜虫种群发展呈负相关，并改变蚜虫对植物和人造食品的取食特性(Barria等，1992)。栽培大麦中未发现异羟肟酸(Zuniga等，1988)，但是野生大麦中检测到DIBOA。在人工饲喂试验中，DIBOA对禾谷缢管蚜有毒，并且野生大麦种中DIBOA的浓度和禾谷缢管蚜的为害呈负相关。

Weibull(1988)报道，野生大麦的抗性和韧皮部中的营养物质与游离氨基酸浓度相关。野生种间存在的蚜虫抗性差异的55%～85%可以从来自蚜虫螯针取食的韧皮部中个别氨基酸组成得以解释，抗性植物中含有更多的谷氨酸和天冬氨酸，相对较少的精氨酸、苯基丙氨酸、异亮氨酸、亮氨酸和赖氨酸。同样，叶片或叶柄分泌液中的游离氨基酸与来自蚜虫螯针取食的纯的体液样品相一致，表明这种取样方法可以提高抗性植株选择的速度。

在美国仍未成功培育抗禾谷缢管蚜的大麦品种。育种目标主要集中在抗BYDV，通常可以获得耐性，但是耐性并不稳定，因为BYDV有许多病毒株系组成(Zwiener等，2005)。因此，环境和经济代价高的化学控制是美国大麦生产者的唯一的选择。禾谷缢管蚜可以在秋季和冬季取食冬大麦。因为不带病毒的禾谷缢管蚜取食后植株取食部位没有明显的症状，秋季严重侵染后在冬季才表现为植株和根系生长显著抑制，经常不能被辨认出来。所以禾谷缢管蚜常常不会被控制，除非蚜传BYDV危害作物。用化学药品容易控制禾谷缢管蚜，但是经济损失的阈值和化学药剂的管理措施在不同国家和地区间存在差异。内吸性杀虫剂吡虫啉种子处理能有效控制播种后蚜虫为害，籽粒产量显著高于种子没有吡虫啉处理的侵染大麦(Gourmet等，1994；Gray等，1996)。在肯尼亚，由于禾谷缢管蚜和BYDV造成的产量损失是巨大的，单独施用吡虫啉，大麦产量增加了36%～43%，BYDV的发生率从喷雾后的60%～70%和处理时的80%降低到了25%(Wangai等，2000)。

化学信息素在禾谷缢管蚜行为生态学方法起着重要的作用(Ninkovic等，2003)。干扰寄主植物选择过程和取食行为的拒食素被认为是有控制蚜虫作用的。拒食素如印苦楝子素三萜系化合物，局部的和系统的处理大麦幼苗，有效降低禾谷缢管蚜取食能力(West 和 Mordue (Luntz),1992),同时可能有利于减少植物病毒的蔓延。化学信息素如甲基水杨酸盐,田间施用后显著延缓蚜虫群体形成,侵染率较没有处理对照减少 25%~50%(Ninkovic 等,2003)。

禾谷缢管蚜有不同的寄生物、天敌和昆虫病原真菌,其作为生物控制剂在保持低蚜虫种群上起着重要作用。Smyrnioudis 等(2001)实验室试验表明,大麦接种拟寄生物 *Aphidius rhoplosiphi*、放养天敌七星瓢虫有利于减少受 BYDV 侵染率,其中拟寄生物 *Aphidius rhoplosiphi* 接种较放养天敌七星瓢虫更有效。生物控制禾谷缢管蚜在田间控制病毒传播的效果还需进一步研究。在瑞典,自然天敌减少了禾谷缢管蚜为害,增加了 10 个商业性农场 23%的大麦产量,相当于来自使用杀虫剂而增加的产量(Quiroz 等,1997)。

栽培措施对禾谷缢管蚜为害也有影响。过去的 20 年里美国有实行保护性耕作的倾向。禾谷缢管蚜主要侵染谷类作物的茎(Wiktelius,1987),保护性耕作易造成更多的春季谷类作物被侵染,因为田间残茬的增加为禾谷缢管蚜提供了相对较好的微环境(Hesler 和 Berg,2003)。

4. 黑森瘿蚊

黑森瘿蚊在欧洲已有数个世纪的历史,并广泛分布在欧洲、非洲北部、亚洲、新西兰和北美洲的谷类作物生长地区(见图 12.4)。黑森瘿蚊是高加索南部和亚洲西南部地区的流行性害虫(Harlan 和 Zohary,1966),同时也传播到北非和欧洲地区(Ratcliffe 和 Hatchett,1997)。在美国,最早在 1779 年长岛和纽约发现黑森瘿蚊,普遍认为是在美国之革命战争期间通过用于黑森士兵做被褥的稻草引进到美国。另一可能的引入途径是欧洲人在北美的殖民地,尤其是在加利福尼亚的西班牙殖民者(Johnson 等,2004)。据报道到 1871 年黑森瘿蚊已传播到远至堪萨斯州。在美国主要的禾谷类作物生长地区都出现过黑森瘿蚊,并周期性地发生局部的猖獗流行,就小麦生产来说几乎每年都导致相当数量的作物损失(Ratcliffe,2007)。

在北美大麦受黑森瘿蚊为害,但是为害的范围和程度较小麦轻(Starks 和 Webster,1985)。1989—1990 年大麦生长季节,乔治亚州黑森瘿蚊猖獗流行导致减产,产量的降低主要是由于每穗小穗数的减少(Buntin 和 Raymer,1992)。据报道对大麦最广泛的为害是在北非(Olembo 等,1966)。在新西兰,大麦品种和育成的品系对产卵的雌虫的吸引力较小麦弱,但是所有的大麦像小麦一样是黑森瘿蚊幼虫的良好寄主并支持幼虫存活和生长(Harris 等,1996)。小麦是黑森瘿蚊的最喜欢的寄主,但是大麦、黑麦和小黑麦也周期性被侵染。雌性黑森瘿蚊喜欢谷类作物作为产卵位置的原因可以解释为其叶子含许多数量不等的活跃的化学物质(Foster 和 Harris,1992)。野生杂草可以作为寄主当谷类作物不可获得时(Jones,1936;Hill 等,1952;Harris 等,1996)。鉴定到 15 个美国本地野生大麦种能作黑森瘿蚊的寄主。在美国谷类作物生产区广泛分布的对黑森瘿蚊敏感的小大麦 *Hordeum pusillum*,与小麦有相似的习性,作为黑森瘿蚊寄主随后将侵染秋季谷类(Jones,1936)。

黑森瘿蚊生物型的形成是很普遍的。单基因抗黑森瘿蚊小麦品种的培育,诱导产生新的生物型,对抗性小麦产生抗性(Gallun 等,1961;Gallun 和 Kush,1980)。20 世纪七八十年代,采用黑森瘿蚊对小麦抗性基因 H3,H6,H7 和 H8 的不同的反应,在美国鉴别了 16 种黑森瘿蚊生物型:"GP"(Great Plains)和"A"-"O"生物型(Ratcliffe 等,1994)。从对抗性品种的抗性及其对抗性基因毒性的选择而言,GP 被认为是优势生物型。最具毒性的 U. S. 生物型"L"在美国中西部和东部的优势生物型(Ratcliffe,2007)。最近采用黑森瘿蚊对小麦所有现有的抗性基因(H3-H32)的不同反应评价生物型分布,在堪萨斯州、俄克拉荷马州和德克萨斯州发现了抗每个耐性基因的生物型(Chen 等,2009)。另据报道,叙利亚黑森瘿蚊生物型是世界上最具毒性的(El Bouhssini 等,2008)。

秋季在已受侵染的前作残茬或自然生长的小谷粒植物中出现了成虫。虽然大多数黑森瘿蚊迁徙较短,如植株间从一个植株到另一个,但是经一系列的短迁徙后能从一地迁移到另一地(Harris 等,2003)或者被风携带传播 3～8 千米(McCollch,1923)。黑森瘿蚊雌虫在幼叶表面上产 200～300 个卵后几天内即死亡。卵孵化约 3～10 天,通常只有一龄幼虫能迁移,如果植株不适合,幼虫不能移动到另一植株。在美国北部谷类作物生产区,每年会有两代黑森瘿蚊发生,分别在春季和秋季;在南部,在主要的秋季或春季产虫季节前后会有更多繁殖;在堪萨斯州 12 个月内最多有过 5 次孵卵(Starks 和 Webster,1985)。许多生物和非生物因素会影响黑森瘿蚊的种群数和危害性。

取食危害主要由黑森瘿蚊幼虫所致。单株仅 1 头黑森瘿蚊即会对作物产量产生严重的负面影响(Starks 和 Webster,1985)。幼虫取食植株基部幼叶的叶鞘下方。在敏感植株上幼虫的繁殖为害影响到植株生长发育的许多方面,包括增加叶鞘细胞渗透性(Shukle 等,1992)、害虫吸食点周围"类营养组织"的形成(Harris 等,2003)、植物发育迟缓(Cartwright 等,1959)等。黑森瘿蚊唾腺是寄主注射蛋白合成的专用组织(Chen 等,2008)。黑森瘿蚊通过下颚向植物注入唾液流(Hatchett 等,1990)。这些分泌物被认为含有抑制植物生长和增加细胞壁渗透性的酶类,使幼虫从植物体内吸取液汁。有研究显示,黑森瘿蚊幼虫或许利用小麦防御蛋白 Hfr-2 获取离子和水分,并可能导致植物细胞裂解并涌流所有细胞液,使黑森瘿蚊可以发育为幼虫(Puthoof 等,2005)。黑森瘿蚊汲食降低植株分蘖数和叶片数的同时,减少了叶子和根系重量(Ratcliffe,2007)。被侵染的叶子比没有侵染的叶子更短而竖立。秋季栽培的冬大麦上,幼虫能够摧毁分蘖和幼小植株或者严重阻碍其生长(Starks 和 Webster,1985)。当侵染严重时,幼苗发育迟缓甚至死亡;侵染较轻时,幼苗会长出新的分蘖继续生长,尽管会有主茎损失(Ratcliffe,2007)。幼虫秋季为害冬大麦影响大麦耐冬性(Starks 和 Webster,1985)。在春季,当植株拔节时,幼虫仅仅取食叶鞘和茎之间的节间部分。一方面,取食伤害阻止节间正常伸长和营养物质向发育的穗子的转运,降低粒数和品质;另一方面,侵染易使茎杆变脆,如果收获前茎杆折断,会导致更严重的减产。

小麦对黑森瘿蚊抗性表现为幼虫抗生性,主要有一个或两个位点的主效基因控制;而黑森瘿蚊的毒性表现为幼虫能够在植株生存并且使植株发育迟缓,受一个基因对基因关系单一基因位点上的隐性等位基因控制(Hatchett 和 Gallun,1970; Gallun,1978;Formusoh 等,1996;Zantoko 和 Shukle,1997)。抗性小麦能有效阻止无毒幼虫取食时对植物组织渗透性的改变(Shukle 等,1992)。无毒幼虫使用植株吸食部位产生区域化细胞坏疽类似于超敏感型植株感病症状。如果此超敏感型症状是抗黑森瘿蚊的表现型,那么这个昆虫—植株相互作用中的抗性基因当被重视,在含有抗性基因的小麦品种中,昆虫无毒性位点的 DNA 重组将会关联到从无毒性到有毒性生物型转变(Shukle 等,1992)。小麦 Hfr-3 基因编码的蛋白在黑森瘿蚊抗性作用是锚定幼虫中肠围食膜并导致无毒性的幼虫由于饥饿而死亡(Giovanni 等,2007)。抗性机制有可能是诱导反应的一个网络,在害虫—植株相互作用早期由 R 基因传导的幼虫唾液释放至植株的识别(Giovanni 等,2007)。

在 1916 年最早鉴定 2 个抗黑森瘿蚊大麦品种 *Tennessee Winter* 和 *Michigan Winter*(McColloch 和 Salmon,1918)。与小麦品种相比,这 2 个品种上产生较少的黑森瘿蚊卵,但是蛹壳在两者上都有产生。1945—1950 年对美国小粒谷类作物收集中心拥有的 5,000 多份大麦资源进行了黑森瘿蚊抗性筛选(Hill 等,1952)。结果显示,抗性种质 7 份,中度抗性 26 份;几乎所有的抗性品种均来自北非,大多数来自埃及。对 3 个抗性最强的品种 *Delta*、*Nile* 和 *Abusir* 的遗传分析表明,大麦中控制黑森瘿蚊抗性来自 2 个独立的显性基因 *Hf*1 和 *Hf*2(Olembo 等,1966)。当时这 3 个品种被证明是对 4 种黑森瘿蚊生物型都具有抗性。虽然培育了具有这一抗性的品种(Buntin 和 Raymer,1992),但是因为同时含不良农艺性状而没有在大麦生产中推广应用(Starks 和 Webster,1985)。产卵不选择性可能在大麦"Anson" 抗黑森瘿蚊性起着重要作用(Buntin 和 Raymer,1992)。有报道显示,饲用春大麦"Baronesse"分蘖期,产卵率低、幼虫种群非常低甚至没有(Clement 等 2003),但这一抗性的遗传基础还不明白。对分别来自"1997 西部春大麦苗圃"、"1997 密西西比河流域大麦苗圃"和"USDA-ARS1977 优质二棱大麦产量试验田"总 128 份大麦进行了抗黑森瘿蚊 GP 生物型的筛选。10个株系包括*Baronesse*有100%抗性，表明在这些选择到的株系中存在一个或多个抗黑森瘿蚊基因(*R. H. Ratcliffe*, pers. *Comm.*)。据报道，3个新西兰大麦品种"*Gwylan*"、"WBPS 316/80"和"Fleet"对生物型L和不同种类摩洛哥黑森瘿蚊种群表现抗性。抗性多表现抗生性，导致第一龄幼虫死亡；但是仍有少量的幼虫在抗性品种上正常生长，表明可能也包含耐性机制(Lhaloui等1996)。

野生大麦*H. brevisublatum* subsp. *violaceum*和*H. bogdanii*中真菌内生真菌*Neotyphodium*(clavicipataceae: Balansieae)表现抗黑森瘿蚊性(Clement等，2005)。但由于种子中该真菌的存在会产生与积累对人或牲畜有毒的代谢物质，也由于现代禾谷类作物品种和自然或通过遗传改良过的内生真菌间存在的不亲和性，其抗性在栽培禾谷类作物中的应用潜力十分有限(Clement等，1994)。

因为经济为患取决于许多不可预测的因素，预防措施如抗性品种、冬季作物延期到无虫害后播种和摧毁休耕地杂草等是黑森瘿蚊控制的良好选择。内吸性杀虫剂有计划系统使用能发挥一定的控制作用。内吸性粒状杀虫剂在敏感小麦播种犁沟时使用能有效控制秋季黑森瘿蚊侵染(Brown，1960；Buntin，1990)。在犁沟时用微管注射系统注射液体杀虫剂更加环保并对防止秋季侵染更有效(Buntin，1992)。杀虫剂对春季侵染几乎是无效的(Buntin和Chapin，1990；Wilde等，2001)。尽管如此，只有当可能有严重虫害时才能考虑施用以环境和生态耗费为代价的杀虫剂。

早在1817年就有黑森瘿蚊的膜翅类拟寄生物文献报道(Gahan，1933)，并且长期以来拟寄生物被推荐作为调控黑森瘿蚊种群的一种潜在方式(Packard，1928)。黑森瘿蚊幼虫引诱的来自寄主植物的间接的防御反应(挥发性的)，或许可以解释为什么在田间通常依赖于被诱导的挥发性气味的自然天敌不会对黑森瘿蚊种群造成严重死亡(Tooker和de Moraes，2007)。在北美洲自然天敌似乎不是该地带黑森瘿蚊死亡的主要原因(Tooker和de Moraes，2007)。因为拟寄生物通常是在作物生长季节终结时期出现，拟寄生物会使后面季节的种群减少，但是对当季作物没有保护作用(Ratcliffe，2007)。

5. 橙足负泥虫(黑角负泥虫)

橙足负泥虫(*O. melanopus* L.)大多起源于欧亚大陆，是一种遍布欧洲、亚洲、北美(加拿大和美国)的小粒谷物的叶甲类害虫(见图12.2)。橙足负泥虫仅以禾谷类作物及其相关杂草为食，其中春大麦、燕麦和小麦是最喜欢的寄主(Herbert等，2007)。春大麦、春小麦和冬小麦是橙足负泥虫优质寄主(Hennecke，1987)。猖獗的种群也会发生在早春秋季种植的冬小麦、大麦和燕麦田。在美国第一次发现橙足负泥虫是在1962年在密歇根州西南部的Berrien县，到20世纪90年代中叶已成为密西西比河东部大部分大麦生产区的潜在害虫。1984年，密西西比河西部的犹他州的灌溉春大麦田首次发现橙足负泥虫(Starks和Webster,1985)。自1989年以来，橙足负泥虫已是蒙大纳的常见害虫(Tharp等,2000)，并在爱达荷州、华盛顿和怀俄明州也被报道(Herbert等,2007)。在加拿大，1965年橙足负泥虫首次在安大略湖地区发现，于1994年传播到了爱德华王子岛(LeSage等,2007)。

橙足负泥虫每年发生一代，在小粒谷物麦茬里以成虫形式越冬，沿着麦行方向，在直立的叶鞘和叶耳里，还有的在疏松的树皮下。在春季(美国东部是3月到4月中旬，西部是4月到6月)暖和天气里(10℃)成虫会变得活跃起来并可在草地上和冬季谷粒中发现它们。冬大麦春季植物生长旺盛，通常可以避免严重危害(Webster和Smith,1983)。橙足负泥虫在成虫阶段会自然传播，因为甲虫翼能飞行。橙足负泥虫在取食和交配后，在春季小粒谷物上生活、产卵、繁殖。卵孵化5d左右，在适宜温度条件下经10～12天发育成幼虫。幼虫猖獗种群达到最高峰时间，美国东部地区在4月中旬到5月份，西部是在6月份。幼虫通常会被一滴黏液株或排泄物覆盖住。在第四龄末，幼虫会在深2～5厘米的土壤细胞和粘液类物质中化蛹，20～25天后蛹变为成虫，在东部夏季成虫出现在4月下旬和6月，西部是在7月。新出现的甲虫取食当地杂草、玉米和迟播的春播禾谷物类作物，大约3周后，它们会寻找越冬场所。

幼虫通过取食叶子表皮对大麦造成最严重危害。成虫和幼虫在叶脉间纵向取食叶肉组织，留下下表皮膜层，使有效光合面积大量缺损；当寄主植株受到危害时表现为叶子变白，好象经受过霜害一样(Herbert等,2007)。在美国东部幼虫取食高峰出现在四月和五月，而在西部出现在五月底到六月。小的幼虫食量较小，但是大的幼虫有贪婪的食欲，当幼虫长大且温度暖和时，仅5天就会出现严重的危害现象。叶片被橙足负泥虫汲食为害后，生殖生长受阻，降低植株光合、呼吸能力和灌浆能力，特别是当上部叶片被损坏时受影响更严重，有造成重大危害的可能。如在匈牙利(1891年)、罗马利亚(1931年)、西班牙(1938—1939年)的危害。1891年匈牙利因橙足负泥虫危害，损失约120万磅；据估计1931年罗马尼亚一些地方因严重被害不得不将作物翻耕舍弃。1938年西班牙某地小麦被害绝收。1939年又有一些地方谷物绝收。在美国东部地区产量损失10%～20%是常见的(Herbert等,2007)，同样也有报道在美国东部和西部春大麦损失分别为38%～56%(Webster和Smith,1979)和50%(Brook和Dewar,1977)。

1963年对172个大麦品种进行了抗橙足负泥虫成虫和幼虫筛选，仅有6%的表现出抗性(Hsu和Robinson,1962)。美国国家小粒作物收藏中心(NSGC)

8634 个大麦材料的筛选结果显示，只有 1%抗幼虫取食损害(Gallun 等，1964)。有报道表明大麦品种 CI6469 和 CI6671 对橙足负泥虫有抗性(Schillinger，1966)。据报道这些抗性大麦资源的抗虫性基于隐性性状和复杂性状(Hahn，1968；Lee，1970)。抗性机制是非偏好产卵和幼虫取食(Hahn，1968)。Lee(1970)报道在春大麦上非偏好产卵是橙足负泥虫抗性的一个组分。CI6469 和 CI6671 杂交后发现了超亲分离现象，表明获得较高水平抗性植株是可能的(Hahn，1968)。以上这些资源不适合美国大麦生产，因此被作为亲本(育种材料)用于培育优质六棱抗橙足负泥虫的春大麦品种，CI15820 和 CI15821 有适宜的农艺性状(Smith 等，1984)。这些种质资源由 USDA-ARS 和密歇根州农业试验站于 1984 年联合发布，与敏感大麦品种相比，其产卵和幼虫数更少且幼虫危害率也较低。但是，对生产者来说目前仍没有抗橙足负泥虫的谷类品种(Porter 等，1999)。

在美国，贯穿许多东部地区，从欧洲引进了一个“集成体”：由 3 头幼虫拟寄生物(*Tetrastichus julis*，*Diaparsis temporalis*，和 *Lemophagus curtus*)和 1 个卵拟寄生物(*Anaphes flavipes*)(Dysart 等，1973)组成；并在 1973 年被证实(Haynes 和 Gage，1981)能有效控制橙足负泥虫。在西部、东南部和大西洋中部州的某些地区，寄生物没有成功构建或传统措施不支持寄生物生存的地区，橙足负泥虫依然发现。高产的良好的农艺措施或许会通过增强寄生物生存，有助于减少橙足负泥虫为害。在美国西部，橙足负泥虫孵卵阶段高强度降雨和喷灌能减少幼虫种群甚至不需要进一步防治(Herbert 等，2007)；迟播、薄播田春季更易吸引橙足负泥虫产卵。因此，采用良好的农艺措施可能有利于减少橙足负泥虫对谷类作物产量的影响。

及时并单独应用注册的可用于谷类作物的杀虫剂能有效防治橙足负泥虫，最有效的对策是恰逢同时出现卵和小幼虫时施用(一般那时在成熟植株的单张旗叶上可以观察到 1 个幼虫或同时在发育较差的植株上有 3 个卵或幼虫)(Starks 和 Webster，1985)。有报道显示，春大麦吡虫啉种子处理能有效防治橙足负泥虫(橙足负泥虫死亡率达 40%)；叶面喷洒吡虫啉防治效果更佳(死亡率大于 90%)(Tharp 等 2000)。

6. 致谢

作者感谢 Rayma Cox，Michelle Jones；Scott Storey 和 Toni Pryor 在准备本章时给予的支持和帮助。

参考文献

Adisu, B. and G. Tadesse. 1990. Evaluation of barley land races for resistance to the Russian wheat aphid, *Diuraphis noxia* (Mordvilko) (Homoptera: Apididae), under field condition. J. Aphidol. 13: 1—8.

Adisu, B., B. Freier, and C. Buttner. 2003. Effectiveness of predators and parasitoids for the natural control of *Diuraphis noxia* (homoptera: aphididae) on barley in central Ethiopia. Commun. Agric. Appl. Biol. Sci. 68(4a): 179—188.

Al-Mousawi, A. H., P. E. Richardson, and R. L. Burton. 1983. Ultrastructural studies of greenbug (Hemiptera: Aphididae) feeding damage to susceptible and resistant wheat cultivars. Ann. Entomol. Soc. Am. 76: 964—971.

Altinayar, G. 1981. Ota Anadolu Bölgesi tahll tarlalarindaki böcek faunaslmln saptanmasl üzerlnde çalişmala. Bitki koruma Bülteni 21: 153—189.

Anstead, J. A., J. D. Burd, and K. A. Shufran. 2002. Mitochondrial DNA sequence divergence among *Schizaphis graminum* (Hemiptera: Aphididae) clones from cultivated and non-cultivated hosts: haplotype and host associations. Bull. Entomol. Res. 92: 17—24.

Anstead, J. A., J. D. Burd, and K. A. Shufran, 2003. Oversummering and biotypic diversity of *Schizaphis graminum* (Homopera: Aphididae) populations on noncultivated grass hosts. Environ. Entomol. 32(3): 622—667.

Araya, I. R 1990. A review of barley yellow dwarf virus in the southern cone countries of South America, pp. 29—33. *In* P. A. Burnett (ed). Whorld Perspectives on Barley Yellow Dwarf. CIMMYT, Mexico, DF, Mexico.

Argandoña, V. H., G. E. Zúñiga, and L. J. Corcuera. 1987. Distribution of gramine and hydroxamic acids in barley and wheat leaves. Phytochemistry 26: 1917—1918.

Aspinall, D. 1961. The control of tillering in the barley plant. I. The pattern of tilling and its relation to nutrient supply. Aust. J. Biol. Sci. 14: 49505.

Atkins, I. M. and R. G. Dahms. 1945. Reaction of small-grain varieties to greenburg attack. USDA Technical Bulletin 901.

Aung, T. 1991. Intergeneric hybrids between *Hordeum vulgare* and *Elymus trachycaulus* resistant to Russion wheat aphid. Genome 34: 954—960.

Baldson, J. A., S. K. Braman, A. F. Pendley, and K, E. Espelie. 1993. Potential for integraction of chemical and natural enemy suppression of azalea lace bug (Heteroptera: Tingidae). J. Environ. Hortic. 11: 153—156.

Barria, B. N., S. V. Copajia, and H. M. Niemeyer. 1992. Occurrence of DIBOA in wild *Hordeum* species and its relation to aphid resistance. Phytochemijstry 31(1): 89—91.

Barta, M. and L. Cagán. 2007. Natural control of *Diuraphis noxia* and *Rhopalosiphum maidis* (Aphidoidea) by parastitc Entonophthorales (Zygomycota) in Slovakia. Cereal Res.

Commun. 35(1)：89—97.

Basky，Z. 2002. Biotypic variation in Russion wheat aphid（*Diuraphis noxia* Kurdjumov，Homoptera：Aphididae）between Hungary and south Africa. Cereal Res. Commun, 30：133—139.

Basky，Z. and V. F. Eastop. 1991. *Diuraphis noxia* in Hungary. Newsl. Barley Yellow Dwarf 4：34.

Basky，Z. and J. Jordaan. 1997. Comparison of the development and fecundity of Russian wheat aphid（Homoptera：Aphididae）in South Africa and Hungary. J. Econ. Entomol. 90(2)：623—627.

Basky，Z. and K. P. Hopper. 2000. Impact of plant density and natural enemy excolsure on abundance of *Diuraphis noxia*（Kurdjumov）and *Rhopalosiphum padi*（L.）（Hom.，Aphididae）in Hungary. J. Appl. Entomol. 124：99—103.

Basky，Z.，K. P Hopper，J. Jordaan，and T. Saasyman. 2000. Biotypic differences in Russian wheat aphid（*Diuraphis noxia*）between South African and Hungarian agroecosystems. Agric. Ecosyst. Environ. 83：121—128.

Belefant-Miller，H.，D. R. Porter，M. L.，Pierce，and A. J. Mort. 1994. An early indicator of resistance in barley to Russian wheat aphid. Plant Physiol. 105：1289—1294.

Beregovoy，V. H. and D. C. peters. 1994a. Biotype J，a unique greenbug（Homoptera：Aphididae）distinguished by plant damage characteristics. J. Kans. Entomol. Soc. 67(3)：248—252.

Beregovoy，V. H. and D. C. Peters. 1994b. Comparison of two greenbug（Homoptera：Aphididae）clones by numerical increase and virulence procedures on eight small grains. Environ. Entomol. 23(1)：108—114.

Beregovoy，V. H. and K. J. Starks. 1986. Enzyme patterns in biotypes of the greeebug，*Schizaphis graminum*（Rondani）（Homoptera：Aphididae）. J. Kans. Entomol. Soc. 59 (3)：517—523.

Bernal，J. S.，T. S. Bellows，Jr.，and D. Gonzalez. 1994. Functional response of *Diaeretiella rapae*（McIntosh）（Hym.，Aphididae）to *Diuraphis noxia*（Mordivilko）（Hom.：Aphididae）hosts. J. Appl. Entomol. 118：300—309.

Blackman，R. L. 1985. Aphid cytology and genetics，pp 171—237. *In* H. Szelegiewicz (ed.). Evolution and Biosystematics of Aphids. Proceedings of the International Aphid Symposium，Jabolona，Poland. Wydawnictowa Polska Akademia Nauk，Warsaw，Poland.

Biosen，S. 1983. Protease inhibitors in cereals：occurrence，properties，physiological role and nutritional influence. Acta Agric. Scand. 83：369—381.

Boisen，S.，C. Y. Andersen，and J. Hejgaard. 1981. Inhibitors of chymotrypsin and microbial serine proteases in barley grains：isolation，partial characterization and immunochemical relationships of multiple molecular forms. Physiol. Plant. 52(2)：167—176.

Bradford，K. J. and T. C. Hsiao. 1982. Physiological responses to moderate drought stress， pp. 264—324. *In* O. L. Lange, P. S. Nobel, C. B. Osmond, and H. Ziegler (eds.). Encyclopedia of Plant Physiology, New Series, Vol. 12B. Springer-Verlag, Berlin.

Bravo, L. A., G. E. Zuniga, L. J. Corcuera, and V. H. Argandona. 1997. Freezing tolerance of barley seedlings infested by aphids. J. Plant Physiol. 150: 611—614.

Bregitzer, P., D. W. Mornhinweg, and B. L. Jones. 2003. Resistance to Russian wheat aphid damage derived form STARS-9301B protects agronomic performance and malting quality when transferred to adapted barley germplasm. Crop Sci. 43: 2050—2057.

Bregitzer, P., D. W. Mornhinweg, R. Hammon, M, Stack, D. D. Baltensperger, G. L. Hein, M. K. O'Neill, J. C. Whitmore, and D. J. Fiedler. 2005. Registration of "Burton" barley. Crop Sci. 45: 1166—1167.

Bregitzer, P., D. W. Mornhinweg, D. E. Obert, and J. Windes. 2008. Registration of "RWA 1758" Russian wheat aphid resistant spring barley. J. Plang Reg. 2 (1): 5—9.

Brewer, M. J., J. M. Struttmann, and D. W. Mornhinweg. 1998. *Aphelinus albipodus* (Hymenoptera: Aphelinidae) and *Diaeretiella rapae* (Hymenoptera: Braconidae) parasitism on *Diuraphis noxia* (Homoptera: Aphididae) infesting barley plants differing in plant resistance to aphids. Biol. Control 11: 255—261.

Brewer, M. J., D. W. Mornhinweg, and S. Huzurbazar. 1999. Conpatibility of insect management strategies: *Diuraphis noxia* abundance on susceptible and resistant barley in the presence of parasitoids. Biocontrol 43: 479—491.

Brewer, M. J., J. D. Donahue, and J. D. Burd. 2000. Season abundance of Russian wheat aphid (Homoptera: Aphididae) on noncultivated perennial grasses. J. Kans. Entomol. Soc. 73(2): 84—94.

Brewer, M. J., D. J. Nelson, R. G. Ahern, J. D. Donahue, and D. R. Prokrym. 2001. Recovery and range expansion of parasitoids (Hymenoptera: Aphelindidae and Braconidae) released for biological control of *Diuraphis noxia* (Homoptera: Aphididae) in Wyoming. Environ. Entomol. 30(3): 578—588.

Briggs, J. B. 1965. The distribution, abundance, and genetic relationships of four strains of the rubus aphid (*Amphorophora rubi* Kalt.) in relation to raspberry breeding. J. Hortic. Sci. 40: 109-117.

Brook, J. A. and A. M. Dewar. 1977. Evaluation of different screening techniques for testing resistance in barley to cereal aphids, pp. 31—35. Report of the International Organization Biological Control, Noxious Animals Plants 1.

Brown, H. E. 1960. Insecticidal control of the Hessian fly. J. Econ. Entomol. 53: 502—503.

Buntin, G. D. 1990. Hessian fly (Diptera: Cecidomyiidae) management in winter wheat using systemic insecticides at plating. J. Agric. Entomol. 7: 321—331.

Buntin, G. D. 1992. Assessment of a microtube injection system for applying systemic insecticides at planting for Hessian fly control in winter wheat. Crop Prot. 11: 366—370.

Buntin, G. D. and J. W. Chapin. 1990. Biology of Hessian fly (Dipera: Cecidomyiidae) in the southeastern United States: geographic variation and temperature-dependent phenology. J. Econ. Entomol. 83(3): 1015—1024.

Buntin, G. D. and P. L. Raymer. 1992. Response of winter barley yield and yield components to spring infestations of the Hessian fly (Diptera: Cecidomyiidae). J. Econ. Entomol. 85 (6): 2447—2451.

Burd, J. D. 2002. Physiological modification of the host feeding site by cereal aphids (Homoptera: Aphididae). J. Econ. Entomol. 95(2): 463—468.

Burd, J. D. and N. C. Elliott. 1996. Changes in chlorophyll a fluorescence induction kinetics in cereals infested with Russian wheat aphid (Homoptera, Aphididae). J. Econ. Entomol. 89(5): 1332—1337.

Burd, J. D. and D. R. Porter. 2006. Biotypic diversity in greenbug (Hemiptera: Aphididae): characterizing new virulence and host associations. J. Econ. Entomol. 99(3): 959—965.

Burd, J. D., R. L. Burton, and J. A. Webster. 1993. Evaluation of Russian wheat aphid (Homoptera: Aphididae) damage on resistant and susceptible hosts with comparisons of damage ratings to quantitative plant measurements. J. Econ. Entomol. 86: 974—980.

Burd, J. D., D. R. Porter, G. J. Puterka, S. D. Haley, and F. B. Peairs. 2006. Biotypic variation among North American Russian wheat aphid (Homoptera: Aphididae) populations. J. Econ. Entomol. 99(5): 1862—1866.

Butts, R. A. 1989. Factors influencing the overwintering ability of Russian wheat aphid in western Canada, pp. 148—150. Proc. Third Russian Wheat Aphid Conference, Albuquerque, New Mexico, October 25—27.

Byers, R. A. and R. L. Gallun. 1972. Ability of Hessian fly to stunt winter wheat. 1. Effect of larval feeding on elongation of leaves. J. Econ. Entomol. 65: 955—958.

Calhoun, D. S., P. A. Burnett, J. Robinson, and H. E. Vivar. 1991a. Field resistance to Russian wheat aphid in barley: Ⅰ. Symptom expression. Crop Sci. 31: 1464—1467.

Calhoun, D. S., P. A. Burnett, J. Robinson, H. E. Vivar, and L. Gilchrist. 1991b. Field resistance to Russian wheat aphid in barley: Ⅱ. Yield assessment. Crop Sci. 31: 1468—1472.

Cartwright, W. B., R. M. Caldwell, and L. E. Compton. 1959. Responses of resistant and susceptible wheats to Hessian fly attack. Agron. J. 51: 529—531.

Casaretto, J. A. and L. J. Corcuera. 1998. Proteinase inhibitor accumulation in aphid-infected barley leaves. Phytochemistry 49(8): 2279—2286.

Castro, A. M. and C. P. Rumi. 1987. Greenbug damage on the aerial vegetative growth of two barley cultivars. Environ. Exp. Bot. 27(3): 263—271.

Castro, A. M., C. P. Rumi, and H. O. Arriaga. 1988. Influence of greenbug on root growth of resistant and susceptible barley genotypes. Environ. Exp. Bot. 28 (1): 61—72.

Castro, A. M., C. P. Rumi, and H. O. Arriage. 1991. Sorghum root growth affected by greenbug infestation. Turrialba 41: 245—252.

Castro, A. M., A. Vasicek, S. Ramos, A. Martin, L. M. Martin, and A. F. G. Dixon,

1998. Resistance against greenbug, *Schizaphis graminum* Rond., and Russian wheat aphid, *Diuraphis noxia* Mordvilko, in tritordeum amphiploids. Plant Breed. 117: 515—522.

Chatters, R. M. and A. M. Schlehuber. 1951. Mechanics of feeding the greenbug (*Toxoptera graminum* Rond.) on *Hordeum*, *Avena*, and *Triticum*. Okla. Agric. Exp. Stn. Tech. Bull. T-40.

Chen, E. E., R. J. Whitworth, H. Wang, P. E. Sloderbeck, A. Knutson, K. L. Giles, and T. A. Royer. 2009. Virulence analysis of Hessian fly (*Mayetiola destructor*) populations from Texas, Oklahoma, and Kansaa. J. Econ. Entomol. 102 (4): 1663—1672.

Chen, M.-S., H.-X. Zhao, Y. C. Zhu, B. Scheffler, X, Liu, X. Liu, S. Hulbert, and J. J. Stuart. 2008. Analysis of transcripts and proteins expressed in the salivary glands of Hessian fly (*Mayetiola destructor*) larvae. J. Insect Physiol. 54 (1): 1—16.

Clement, S. L. and D. G. Lester. 1991. Screening wild *Hordeum* species for resistance to Russian wheat aphid. Gereal Res. Commun. 18: 173-177.

Clement, S. L., W. J. Kaiser, and H. Eichenseer. 1994. *Acernonium* endophytes in germplams of major grasses and their utilization for insect resistance, pp. 185—199. *In* C. W. Bacon and J. F. White, Jr. (eds.). Biotechnology of Endophytic Fungi of Grasses. CRC Press, Boca Raton, FL.

Clement, S. L., A. D. Wilson, D. G. Lester, and C. M. Davitt. 1997. Fungal endophytes of wild barley and their effects on *Diuraphis noxia* population development. Entomol. Exp. Appl. 82(3): 275—281.

Clement, S. L., L. R. Elberson, F. L. Young, J. R. Alldredge, R. H. Ratcliffe, and C. Hennings. 2003. Variable Hessian fly (Diptera: Cecidomyiidae) populations in cereal production systems in eastern Washington. J. Kans. Entomol. Soc. 76 (4): 567—577.

Clement, S. L., L. R. Elberson, N. A. Bosque-Perez, and D. J. Schotzko. 2005. Detrimental and neutral effect of wild barley-*Netyphodium* fungal endophyte associations on insect survival. Neth. Entomol. Soc. Entomol. Exp. Appl. 114(2): 119—125.

Corcuera, L. J. 1984. Effects of indole alkaloids form gramineae on aphids. Phytochemistry 23: 539—541.

Dahms, R. G., T. H. Johnston, A. M. Schlehuber, and E. A. Wood, Jr. 1955. Reaction of small-grain varieties and hybrids to greenbug attack. Okla. Agric. Exp. Stn. Tech. Bull., T-55, Oklahoma State University, Stillwater, Oklahoma.

Daniels, N. E. 1960. Evidence of the oversummering of the greenbug in the Texas panhandle. J. Econ. Entomol. 53: 454—455.

Dewar, A. M., G. M. Tatchell, and L. A. D. Turl. 1984. A comparison cereal-aphid migrations over Britain in the summers of 1979 and 1982. Crop Prot. 3(3): 379—389.

Dorschner, K. W., J. D. Ryan, R. C. Johnson, and R. D. Eikenbary. 1987. Modification of host nitrogen levels by the greenbug (Homoptera: Aphididae): its role in resistance of winter wheat to aphids. Environ. Entomol. 16: 1007—1011.

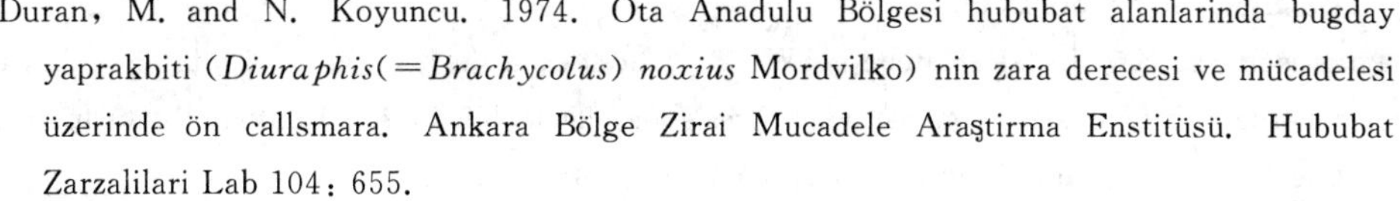
Duran, M. and N. Koyuncu. 1974. Ota Anadulu Bölgesi hububat alanlarinda bugday yaprakbiti (*Diuraphis*(=*Brachycolus*) *noxius* Mordvilko) nin zara derecesi ve mücadelesi üzerinde ön callsmara. Ankara Bölge Zirai Mucadele Araştirma Enstitüsü. Hububat Zarzalilari Lab 104: 655.

Dysart, R. J., H. L. Maltby, and M. H. Brunson. 1973. Larval parasites of *Oulema melanopus* in Europe and their colonization in the Unite States. Entomophaga 18: 133—167.

Elbert, A., H. Overbeck, K. Iwaya, and S. Tsuboi. 1990. Imidacloprid, a novel systemic nitromethylene analogue insecticide for crop protection, pp. 21—28; Proc. Brighton Crop Prot. Conf.

El Bouhssini, M., M. M. Nachit, J. Valkoun, O. Abdalla, and F. Rihawi. 2008. Sources of resistance to Hessian fly (Diptera: Cecidomyiidae) in Syria identified among *Aegilops* species and synthetic derived bread wheat lines. Genet. Resour. Crop Evol. 55(8): 1215—1219.

Esau, K. 1977. Anatomy of seed plants, pp. 361-363. John Wiley and Sons, New York.

Fargo, W. S., C. Inayatullah, J. A. Webster, and D. Holbert. 1986. Morphometric variation within apterous females of *Schizaphis graminum* biotypes. Res. Popul. Ecol. 28: 163—172.

Farrell, J. A. and M. W. Stufkens. 1989. Flight activity and cereal host relationships of *Rhopalosiphum spp*. (Homoptera: Aphididae) in Canterbury, N. Z. J. Crop Hortic. Sci 17: 1—7.

Feng, M.-G., J. B. Johnson, and L. P. Kish. 1990a. Survey of entomopathogenic fungi naturally infecting cereal aphids (Homoptera: aphididae) of irrigated grain crops in southwestern Idaho. Environ. Entomol. 19: 1534—1542.

Feng, M.-G., J. B. Johnson, and L. P. Kish. 1990b. Virulence of *Verticilliun lecanii* and an aphidderived isolate of *Beauveria bassiana* (Fungi: Hyphomycetes) for six species of cerea-infesting aphids (Homoptera: Aphididae). Environ. Entomol. 19: 815—820.

Feng, M.-G., J. B. Johnson, and S. E. Halbert. 1991. Natural control of cereal aphids (Homoptera: Aphididae) by entomopathogenic fungi (Zygomycetes: Entomophthorales) and parasitoids (Hymenoptera: Braconidae and Encyrtidae) on irrigated spring wheat in southwestern Idaho. Environ. Entomol. 20: 1699—1710.

Feng, M.-G., J. B. Johnson, and S. E. Halbert, 1992. Parasitoids (Hymenoptera: Aphidiidae and Aphelinidae) and their effect on aphid (Homoptera: Aphididae) populations in irrigated grain in southwesteren Idaho. Environ. Entomol. 21(6): 1433—1440.

Fereres, A., J. E. Araya, and J. E. Foster. 1986. The Russian wheat aphid: a new pest on cereal crops in the United States and a potential threat to soft red winter wheat. Purdue University Agric. Exp. Stn. Bull. 510.

Fluckiger, C. R., H. Kristinsson, R. Senn, A. Rindlisbancher, H. Buholzer, and G. Voss. 1992. CGA 215944-a novel agent to control aphids and white flies, pp. 43—50. Proc.

Brighton Crop Prot. Conf.

Formusoh, E. S., J. H. Hatchett, W. C. Black, and J. J. Stuart. 1996. Sex-linked inheritance of virulence against wheat resistance gene H9 in the Hessian fly (Diptera: Cecidonyiidae). Ann. Entomol. Soc. Am. 89: 428—434.

Forslund, K., J. Pettersson, T. Bryngelsson, and L. Jonsson. 2000. Aphid infestation induces PR-proteins differently in barley susceptible or resistant to the bird cherry-oat aphid (*Rhupalosiphum padi*). Physiol. Plantarum 110: 496—502.

Forster, S. P. and M. O. Harris. 1992. Foliar chemicals of wheat and related grasses influencing oviposition by Hessian fly, *Mayetiola destructor* (Say) (Diptera: Cecidomyiidae). J. Chem. Ecol. 18(11): 1965—1980.

Fouché, A., R. L. Verhoeven, P. H. Hewitt, M. C. Walter, C. F. Kriel, and J. Dejager. 1984. Russian aphid (*Diuraphis noxia*) feeding damage on wheat, related cereals and a *Bromus* grass species. *In* Progress in Russian Wheat Aphid (*Diuraphis noxia* Mordvilko) Research in the Republic of South Africa. Tech. Comm. Dept. Agric. Repub. S. Afr. 191: 22—23.

Gahan, A. B. 1933. The serphoid and chalcidoid parasites of the Hessian fly. USDA Misc. Pub. 174, Washington, DC.

Gallun, R. L. 1978. Genetics of biotypes B and C of the Hessian fly. Ann. Entomol. Soc. Am, 71: 481—486.

Gallun, R. L. and G. S. Kush. 1980. Genetic factors affecting expression and stability of resistance, pp. 63—85. *In* F. G. Maxwell and P. R. Jennings (eds.). Breeding Plants Resistant to Insects. Wiley, New York.

Gallun, R. L., H. O. Deay, and W. B. Cartwright. 1961. Four races of Hessian fly selected and developed from an Indiana population. Purdue Univ. Agric. Exp. Stn. Bull. 732.

Gallun, P. L., E. H. Everson, R. F. Ruppel, and J. C. Craddock. 1964. Cereal leaf beetle resistance studies (1963—1964). Special Report W-200, Entomol. Res. Div., USDA, ARS.

Gardienhire, J. H. and H. L. Chada. 1961. Inheritance of greenbug resistance in barley. Crop SCi. 1: 349—352.

Gardenhire, J. H., N. A. Tuleen, and K. W. Stewart. 1973. Trisomic analysis of greenbug resistance in barley *Hordeum vulgare* L. Crop Sci. 13: 684—685.

Gerloff, E. D. and E. E. Ortman. 1971. Physiological changes in barley induced by greenbug feeding stress. Crop Sci. 11: 174—176.

Gianolli, E. and H. M. Niemeyer. 1998. DIBOA in wild Poaceae: sources of resistance to the Russian wheat aphid (*Diuraphis noxia*) and the greenbug (*Schizaphis graminum*). Euphytica 102: 317—321.

Gilchrist, L. I., R. Rodriguez, and P. A. Burnett, 1984. The extent of freestate streak and *Diuraphis noxia* in Mexico, pp. 157—163. *In* P. A. Burnett and E. Cuellar (eds.). Barely Yellow Dwarf, Proceedings of the Workshop. CIMMYT, Mexico DF, Mexico.

Gimenez, D. O. , A. M. Castro, C. P. Rumi, G. N. Brocchi, L. B. Almaraz, and H. O. Arriage. 1997. Greenbug systemic effect on barely phosphate influx. Environ. Exp. Bot. 38: 109—116.

Giovanni, M. P. , K. D. Saltzman, D. P. Puthoff, M. Gonzalo, H. W. Ohm, and C. E. Williams. 2007. A novel wheat gene encoding a putative chitin-binding lectin is associated with resistance against Hessian fly. Mol: Plant Pathol. 8(1): 69—82.

Girma, M. , G. Wilde, and J. C. Reese. 1992. Russian wheat aphid (Homoptera: Aphididae) feeding behavior on host and nonhost plants. J. Econ. Entomol. 85: 395—401.

González, D. , C. G. Summers, and C. O. Qualset. 1992. Russian wheat aphid: natural enemies, resistant wheat offer potential control. Calif. Agric. 46(1): 32—34.

Gourmet, C. , A. D. Hewings, F. L. Kolb, and C. A. Smyth. 1994. Effect of imidacloprid on nonflight movement of *Rhopalosiphum padi* and the subsequent spread of barley yellow dwarf virus. Plant Dis. 78(11): 1098—1101.

Gray, S. M. , A. G. Power, D. M. Smith, A. J. Seaman, and N. S. Alman. 1991. Aphid transmission of barely yellow dwarf virus: acquisition access periods and virus concentration requirements. Phytopathology 81 (5): 539—545.

Gray, S. M. , G. C. Bergstrom, R. Vaughan, D. M. Smith, and D. W. Kalb. 1996. Insecticidal control of cereal aphids and its impact on the epidemiology of the barley yellow dwarf luteoviruses. Crop Prot. 15 (8): 687—697.

Guo, J. -Q. and J. -P. Moreau. 1996. Variability among aphid clones of *Rhopalosiphum padi* L. and *Sitobion avenae* Fabr. (Homoptera: Aphididae) in transmission of three Pav isolates of barley yellow dwarf viruses. Can. Entomol. 128: 209—217.

Gutsche, A. , T. Heng-Moss, G. Sarath, P. Twigg, Y. Xia, G. Lu, and D. W. Mornhinweg. 2008. Gene expression profiling of tolerant barley in response to *Diuraphis noxia* (Hemiptera: Aphididae) feeding. Bull. Entomol. Res. doi: 10. 1017/s0007485308336184.

Hahn, S. K. 1968. Resistance of barley (*Hordeum vulgare* L. Ement. Lam.) to cereal leaf beetle (*Oulema melanopus* L.). Crop Sci. 8 (4): 461—464.

Halbert, S. E. , B. J. Connelly, G. W. Bishop, and J. L. Blackmer, 1992. Transmission of barley yellow dwarf virus by field collected aphids (Homoptera: Aphididae) and their relative importance in barley yellow dwarf epidemiology in southwestern Idaho. Ann. Appl. Biol. 121: 105—121.

Haley, S. D. , F. B. Peairs, C. B. Waller, J. B. Rudolph, and T. L. Randloph. 2004. Occurrence of a new Russian wheat aphid biotype in Colorado. Crop Sci. 44: 1589—1592.

Harlan, J. R. and D. Zohary. 1966. Distribution of wild wheats and barley. Science (Wash. DC) 153: 1074—1080.

Harris, M. O. , J. L. Dando, W. Griffin, and C. Madie. 1996. Susceptibility of cereal and non-cereal grasses to attack by Hessian fly (*Mayetiola destructor* (Say)). N. Z. J. Crop

Hortic. Sci. 24: 229—238.

Harris, M. O., J. J. Struart, M. Mohan, S. Nair, R. J. Lamb, and O. Rohfritsch. 2003. Grasses and gall midges: plant defense an insect adaptation. Ann, Rev. Entomol. 48: 549—577.

Harris, M. O., T. P. Freeman, O. Rohfritsch, K. G. Anderson, S. A. Payne, and J. A. Moore. 2006. Virulent Hessian fly (Diptera: Cecidomyiidae) larvae induce a nutritive tissue during compatible interactions with wheat Ann. Entomol. Soc. Am. 99(2): 305—316.

Harvey, T. L. and H. L. Hackerott. 1969. Recognition of a greenbug biotype injurious to sorghum. J. Econ. Entomol. 62: 776—779.

Harvey, T. L., H. D. Kofoid, T. J. Martin, and P. E. Sloderbeck. 1991. A new greenbug virulent to E-biotype resistant sorghum. Crop Sci. 31: 1689—1691.

Harvey, T. L., G. E. Wilde, and K. D. Kofoid. 1997. Designation of a new greenbug, biotype K, injurious to resistant sorghum. Crop Sci. 37(3): 989—991.

Hatchett, J. H. and R. L. Gallun. 1970. Genetics of the ability of the Hessian fly, *Mayetivla destructor*, to survive on wheat having different genes for resistance. Ann. Entomol. Soc. Am. 63(5): 1400—1407.

Hatchett, J. H., G. L. Kreitner, and R. J. Elzinga. 1990. Larval mouthparts and feeding mechanisms of the Hessian fly (Diptera: Cecidomyiidae). Ann. Entomol. Soc. Am. 83 (6): 1137—1147.

Hayes, D. B., D. R. Porter, J. A. Webster, and B. F. Carver. 1999. Feeding behavior of biotypes E and H greenbug (Homoptera: Aphididae) on previously infested nearisolines of barley. J. Econ. Entomol. 92 (5): 1223—1229.

Haynes, D. L. and S. H. Gage. 1981. The cereal leaf beetle in North America. Ann. Rev. Entomol. 26: 259—287.

Hennecke, V. V. 1987. Leaf area consumed by larvae of the cereal leaf beetle *Oulema lichenis* (Voet.) on barley and wheat plants. J. Appl. Entomol. 103: 477—483.

Henry, M. and C. A. Dedryver. 1991. Occurrence of barley yellow dwarf virus in pastures of western France. Plant Pathol. 40: 93—99.

Herbert D. A., Jr., J. W. V. Duyn, M. D. Bryan, and J. B. Karren. 2007. Cereal leaf beetle, pp. 50—52. *In* G. D. Buntin, K. S. Pike, M. J. Weiss, and J. A. Webster (eds.). Handbook of Small Grain Insects. Am. Phytopath. Soc., St. Paul. MN.

Hesler, L. S. and R. K. Berg. 2003. Tillage impacts cereaaphid (Homoptera: Aphididae) infestations in spring small grains. J. Econ. Entomol. 96(6): 1792: 1797.

Hesler, L. S., W. E. Riedell, M. A. C. Langham, and S. L. Osbourne. 2005. Insect infestations, incidence of viral plant diseases, and yield of winter wheat in relation to planting date in the northern Great Plains. J. Econ. Entomol. 98 (6): 2020—2027.

Hill, C. C., W. B. Cartwright, and G. A. Wiebe. 1952. Barley varieties resistant to the Hessian fly. Agron. J. 44(1): 4—5.

Hoffman, T. K. and F. L. Kolb. 1997. Effects of barley yellow dwarf virus on root and shoot growth of winter wheat seedling grown in aeroponic culture. Plant Dis. 81: 497—500.

Hopper, K. P., D. Coutinot, K. Chen, D. J. Kazmer, G. Mercadier, S. E. Halbert, R. H. Miller, K. S. Pike, and L. K. Tangoshi. 1998. Exploration for natural enemies to control *Diuraphis noxia* (Homoptera: Aphididae) in the United States, pp. 166—182. *In* S. S. Quisenberry and F. B. Peairs (eds.). Proceedings Thomas Say Publications in Entomology: Response Model for an Introduced Pest-The Russian Wheat Aphid. Entomol. Soc. Am., Lanham, MD.

Hsu, S.-J. and A. G. Robinson. 1962. Resistance of barley varieties to the aphid *Rhopalosiphum padi* (L). Can. J. Plant Sci. 42: 247—251.

Hsu, S.-J. and A. G. Robinson. 1963. Further studies on resistance of barley varieties to the *aphid Rhopalosiphum padi* (L). Can. J. Plant Sci. 43: 343—348.

Humber, R. A. 1992. Collection of Entomopathogenic Fungal Cultures: Catalog of Strains. USDA-ARS Publication 110, Ithaca, NY.

Hunkar Zemankovics, M. 1991. Simulation model of *Oulema melanopus* in the winter-wheat ecosystem. Bull. OEPP./EPPO Bull. 21: 539—548.

Inayatullah, C., J. A. Webster, and W. S. Fargo. 1987a. Morphometric variation in the alates of greenbug (Homoptera: Aphididae) biotypes. Ann. Entomol. Soc. Am. 80: 306—311.

Inayatullah, C., W. S. Fargo, and J. A. Webster. 1987b. Use of multivariate models in differentiating greenbug (Homoptera: Aphididae) biotypes and morphs. Forum: Environ. Entomol. 16: 839—846.

Jensen, N. F., L. H. Edwards, E. L. Smith, and M. E. Sorrells. 1982. Registration of Wintermalt barley. Crop. Sci. 22(1): 157.

Johnson, A. J., B. J. Schemerhorn, and R. H. Shukle. 2004. A first assessment of mitochondrial DNA variation and geographic distribution of haplotypes in Hessian fly (Diptera: Cecidomyiidae). Ann. Entomol. Soc. Am. 97(5): 940—948.

Jones, E. T. 1936. Hordeum grasses as hosts of the Hessian fly. J. Econ. Entomol. 29(4): 704—710.

Jones, J. W., J. R. Byers, R. A. Butts, and J. L., Harris. 1989. A new pest in Canada: Russian wheat aphid, *Diuraphis noxia* (Mordvilko) (Homoptera: Aphididae). Can, Entomol. 121: 623—624.

Kawada, K. and M. K. Lohar. 1989. Effect of gramine on the fecundity, longevity and probing behavior of the greenbug, *Schizaphis graninum* (Rondani). Ber. Ohara Inst. Landw. Biol. 19: 199—204.

Keickhefer, R. W. and B. H. Kantack. 1986. Yield losses in spring barley caused by cereal aphids (Homoptera: Aphididae) in South Dakota. J. Econ. Entomol. 79: 749—752.

Kindler, S. D. and S. M. Spomer. 1986. Biotype status of six greenbug (Homoptera: Aphididae) isolates. Environ. Entomol. 15: 567—572.

Kindler, S. D. and T. L. Springer. 1989. Alternate hosts of the Russian wheat aphid (Homoptera: Aphididae). J. Econ. Entomol. 82: 1358—1362.

Kindler, S. D. and T. L. Springer. 1991. Resistance to Russian wheat aphid in wild *Hordeum* Species. Crop Sci. 31: 94—97.

Kindler, S. D. and D. B. Hayes. 1999. Susceptibility of coolseason grasses to greenbug biotypes. J. Agric. Urban Entomol. 16 (4): 235—243.

Kiriac, I., F. Gruber, T. Poprawski, S. Halbert, and L. Elberson. 1990. Occurrence of sexual morphs of Russian wheat aphid, *Diuraphis noxia* (Homoptera: Aphididae), in several locations in the Soviet Union and the northwestern United States. Rroc. Entomol. Soc. Wash. 92: 544—547.

Kolbe, W. 1969. Studies on the occurrence of different aphid species as the cause of cereal yield and quality losses. Pflanzenschutz-Nachrichten Bayer 22: 171.

Kolbe, W. 1970. Further studies on the reduction of cereal yields by aphid infestation. Pflanzenschutz-Nachrichetn Bayer 23(2): 144—162.

Leather, S. R., K. F. A. Walters, and A. F. G. Dixon. 1989. Factors determining the pest status of the bird cherry-oat aphid, *Rhopalosiphum padi* (L.) (Hemiptera: Aphididae), in Europe: a study and review. Bull. Entomol. Res. 79: 345—360.

Lee, C. 1970. The inheritance and mechanisms of resistance of barley to cereal leaf beetle, *Oulema melanopus* (L.). PhD thesis, Michigan State University.

LeSage, L., E. J. Dobesberger, and C. G. Majka. 2007. Introduced leaf beetles of the Maritime Provincves, 2: the cereal leaf beetle *Oulema melanopus* (Linnaeus) (Coleoptera: Chrysomelidad). Proc. Entomol. Soc. Wash. 109(2): 286—294.

Lhaloui, S., J. H. Hatchett, and G. E. Wilde. 1996. Evaluation of New Zealand Barleys for resistance to *Mayetiola destructor* and *M. Hordei* (Diptera: Cecidomyiidae) and the effect of temperature on resistance expression to Hessian fly. J. Econ. Entomol. 89 (2): 562: 567.

Lister, R. M. and R. Ranier. 1995. Distribution and importance of barley yellow dwarf. pp. 29-53. *In* C. J. D'Arcy and P. A. Burnett (eds.). Barley Yellow Dwarf: 40 Years of Process. APS Press, St. Paul, MN.

Lowles, A. J., G. M. Tatchell, R. Harrington, and S. J. Clark. 1996. The effect of temperature and inoculation access period on the transmission of barley yellow dwarf virus by *Rhopalosiphum padi* (L.) and *Sitobion avenae* (F.). Ann. Appl. BIol. 128: 45—53.

Mallott, P. G. and A. J. Davy. 1978. Analysis of effects of the bird cherry-oat-aphid on the growth of barley: unrestricted infestation. New Phytol. 80(1): 209—218.

Maria Luz. Salas, G., C. V. Argandona, and P. L. Corcuera. 1991. Feeding behavior of the Russian wheat aphid, *Diuraphis noxia* (Mordvilko) and the bird cherry-oat aphid, *Rhopalosiphum padi* L. (Homoptera: Agric. Aphididoe) and the effect of gramine content in barley. Tecnica (Chile) 51: 356—361.

Mayoral, A. M., W. F. Tjallingii, and P. Castanera. 1996. Probing behavior of *Diuraphis noxia* on five cereal species with different hydromaxic acid levels. Entomol. Exp. Appl. 78：341—348.

McColloch，J. W. 1923. The Hessian fly in Kansas. Kans. Agric. Exp. Stn. Tech. Bull. 11，Manhattan，Kansas.

McColloch，J. W. and S. C. Salmon，1918. Relation of kinds and varieties of grain to Hessian-fly injury. J. Agric. Res. 12：519—527.

Merkle，O. G.，J. A. Webster，and G. H. Morgan. 1987. Inheritance of a second sources of greenbug resistance in barley. Crop Sci. 27：241—243.

Mesquita，A. L. M.，L. A. Lacey，G. Mercadier，and F. Leclant. 1996. Entomopathogenic activity of a whitefly derived isolate of *Paecilomyces fumosoroscus* against the Russian wheat aphid，*Diuraphis noxia*，with the description of an effective bioassay method. Eur. J. Entomol. 93：69—75.

Mesquita，A. L. M.，L. A. Lacey，and F. Leclant. 1997. Individual and combined effects of the fungus，*Paecilomyces fumosoroseus* and parasitoid，*Aphelinus asychis* Walker（Hym.，Aphelinidae）on confined populations of Russian wheat aphid，*Diuraphis noxia*（Mordvilko）（Hom.，Aphididae）under field conditions. J. Appl. Entomol. 121：155—163.

Meyerdirk，D. E. 1989. A report to the National association of the State Department of Agriculture，March 1989，pp. 1—15. NRWA-TAG final meeting，January，1989，Nashville，TN.

Michels G. J.，Jr. 1986. Graminaceous North American host plants of the greenbug with notes on biotypes. Southwest. Entomol. 11：55—66.

Michels G. J.，Jr.，and R. L. Whitaker-Deerberg. 1993. Recovery of *Aphelnus asychis*，an imported parasitoid of Russian wheat aphid，in the Texas Panhandle. Southwest Entomol. 18：11—17.

Mikola，J. and E. M. Suolinna. 1969. Purification and properties of a trypsin inhibitor from barley. Eur. J. Biochem. 9(4)：555—560.

Miles，P. W. 1990. Aphid salivary secretions and their involvement in plant toxicoses，pp. 131—147. *In* R. K. Campbell and R. D. Eikenbary（eds.）. Aphid-Plant Genotype Interactions. Elsevier Science，Amsterdam.

Miller，R. H. and A. Haile. 1988. Russian wheat aphid on barley in Ethiopia. Rachis 7：51—52.

Miller，H. L. and D. R. Porter. 1997. A technique to quantitatively measure the leaf streaking symptom of Russian wheat aphid infestation. Crop Sci. 37 (1)：278—280.

Mittal，S.，L. S. Dahleen，and D. W. Mornhinweg. 2008. Locations of quantitative trait loci（QTL）conferring Russian wheat aphid resistance in barley germplasm STARS-9301B. Crop Sci. 48(4)：1452—1458.

Mittal，S.，L. S. Dahleen，and D. W. Mornhinweg. 2009. Barley germplasm STARS-9577B lacks a RWA quantitative trait locus present in STARS-9301B. Crop Sci. 49：1—6.

Mizell, R. F. and M. C. Sconyers. 1992. Toxicity of imidacloprid to selected arthropod predators in the laboratory. Fla. Entomol. 75: 277—280.

Mokrzhetsky, K. A. 1901. Animal and plant pests of Crimea in 1900. Simferopol (cited in Kobaley , O. V., Poprawski, T. J., Stekolshchikov, A. V., Vereshchagina, B., Gandrabur, S. A., 1991). *Diuraphis Aizenberg* (Hom.: Aphididae) key to apterous females, and review of Russian language literature on the natural history of *Diuraphis noxia* (Kurdjumov, 1913). J. Appl. Entomol. 112: 425—436.

Morgham, A. T., P. E., Richardson, R. K. Campbell, J. D. Burd, R. D. Eikenbary ,and L. C. Sumner. 1994. Ultrastructural responses of resistant and susceptible wheat to infestation by greenbug biotype E (Homoptera: Aphididae). Ann. Entomol. Soc. Am. 87 (6): 908—917.

Mornhinweg, D. W. 2008. Germplasm cnhancement for RWA resistance. Barley Newsl. 51: 5.

Mornhinweg, D. W., D. R. Porter, and J. A. Webster. 1995a, Inheritance of Russian wheat aphid in resistance in spring barley. Crop Sci. 35(5): 1368—1371.

Mornhinweg, D. W., D. R. Porter, and J. A. Webster. 1995b. Registration of STARS-9301B barley germplasm resistant to Russian wheat aphid. Crop Sci. 35(2): 602.

Mornhinweg, D. W., D. R. Porter, and J. A. Webster. 1999. Registration of STARS-9577B Russian wheat aphid resistant barley germplasm. Crop Sci. 39(3): 882—883.

Mornhinweg, D. W., D. R. Porter, and J. A. Webster. 2002. Inheritance of Russian wheat aphid resistance in spring barly germplasm line STARS-9577B. Crop Sci. 42: 1891—1893.

Mornhinweg, D. W., L. H. Edwards, E. L. Simth, G. H. Moran, J. A. Webster, D. R. Porter, and B. F. Carver. 2004. Registration of "Post 90" barley. Crop Sci. 44: 2263.

Mornhinweg, D. W., D. F. Obert, D. M. Wesenbert, C. A. Erichson, and D. R. Porter. 2006a. Regisgration of seven winter feed barley germplasms resistant to Russian wheat aphid. Crop Sci. 46 (4): 1826—1827.

Mornhinweg, D. W., M. J. Brewer, and D. R. Porter. 2006b. Effect of Russian wheat aphid on yield and yield components of field grown susceptible and resistant sprint barley. Crop Sci. 46: 36—42.

Mornhinweg, D. W., P. P. Bregitzer, and D. R. Porter. 2007a. Registration of nineteen spring six-rowed barley germplasm lines resistant to Russian wheat aphid. J. Plant Registrations 1(2): 137—138.

Mornhinweg, D. W., P. P. Bregitzer, and D. R. Porter. 2007b. Registration of seventeen spring two-rowed barley germplasm lines resistant to Russian wheat aphid. J. Plant Registrations 1(2): 135—136.

Mornhinweg, D. W., P. P. Bregitzer, and D. R. Porter. 2008. Registration of seven spring two-rowed barley germplasm lines resistant to Russian wheat aphid. J. Plant Registrations 2(3): 1—5.

Ni, X. and S. S. Quisenberry. 2006. *Diuraphis noxia* and *Rhopalosiphum padi* (Hemiptera:

Aphididae) interactions and their injury on resistant and suspceptible cereal seedlings. J. Econ. Entomol. 99(2): 551—558.

Ninkovic, V., E. Ahmed, R. Glinwood, and J. Pettersson. 2003. Effects of two types of semiochemical on population development of the bird cherry-oat aphid *rhopalosiphumn padi* in a barley crop. Agric. Forest Entomol. 5: 27—33.

Ogecha, J., J. A. Webster, and D. C. Peters. 1992. Feeding behavior and development of biotypes E, G, and H of *Schizaphis graminum* (Homoptera: Aphididae) on "Wintermalt" and "Post" barley. J. Econ. Entomol. 85: 1522—1526.

Olembo, J. R., F. L. Patterson, and R. L. Gallun. 1966. Genetic analyses of the resistance to *Mayetiola destructor* (Say) in *Hordeum vulgare* L. Crop Sci. 6(6): 563—566.

Ortega, J. and M. A. Delfino. 1994. *Duraphis noxia* (Mordvilko) (Homoptera: Aphididae) in Argentina. Rev. Fac. Agron. 70: 51—55.

Oswald, C. J., II. and M. J. Brewer. 1997. Aphid-barley interactions mediated by water stress and barley resistance to Russian wheat aphid (Homoptera: Aphididae). Environ. Entomol. 26(3): 591—602.

Packard, C. M. 1928. The Hessian fly in California. USDA Technical Bull. 81.

Painter, R. H. 1958. Resistance of plants to insects. Ann. Rev. Entomol. 3: 267—290.

Peairs, F. B. 1900. Russian wheat aphid management, pp. 133-141. *In* D. C. Peters. J. A. Webster, and C. S. Chlouber (eds.). Proc. Aphid Plant Interactions: Populations to Molecules. Oklahoma Agricultural Experiment Stations, Stillwater, OK.

Pearce, G., D. Strydom, S. Johnson, and C. A. Ryan. 1991. A polypeptide from tomato leaves induces woundinducible proteinase inhibitor proteins. Science 253: 895—898.

Pike, K. S. and D. Allison. 1991. Russian wheat aphid biology, damage, and management. Pacific Northwest Coop. Ext. Bull PNW371.

Pike, K. S., G. L. Reed, G. T. Graft, and D. Allison. 1993. Compatibility of imidacloprid with fungicides as a seed treatment control of Russian wheat aphid (Homoptera: Aphididae) and effect on germination, growth, and yield of wheat and barley. J. Econ. Entomol. 86 (2): 586—593.

Porter, J. K. 1994. Chemical constituents of grass endophytes, pp. 103—123. *In* C. W. Bacon and J. F. White (eds.). Biotechnology of Endophytic Fungi of Grasses. CRC Press, Boca Raton, FL.

Porter, D. R. and D. W. Mornhinweg. 2004. New sources of resistance to greenbug in barely. Crop Sci. 44(4): 1245—1247.

Porter, K. B., G. L. Peterson, and O. Vise. 1982. A new greenbug biotype. Crop Sci. 22: 847—850.

Porter, D. R., D. W. Mornhinweg, and J. A. Webster. 1999. Insect resistance in barley germplasm, pp. 51—61. *In* S. L. Clement and S. S. Quisenberry (eds.). Global Plant Genetic Resources for Insect-Resistant Crops. CRC Press, Boca Raton, FL.

Porter, D. R., J. D. Burd, and D. W. Mornhinweg. 2007. Differentiating greenbug resistance genes in barley. Euphytica 153(1): 11－14.

Prokrym, D. R., K. S. Pike, and D. J. Nelson. 1998. Biological control of *Diuraphis noxia* (Homoptera: Aphididae): implementation and evaluation of natural enemies, pp. 183－208. *In* S. S. Quisenberry and F. B. Peairs (eds.). Response Model for An Introduced Pest-The Russian Wheat Aphid. Thomas Say Publications in Entomology: Proc. Entomol. Soc. Am., Lanham, MD.

Puterka, G. J. and D. C. Burton. 1991. Aphid genetics in relation to hose plant resistance, pp. 59－69. *In* D. C. Peters, J. A. Webster, and C. S. Chlouber (eds.). Proc. Aphid Plant Interactions: Populations to Molecules. Oklahoma Agricultural Experiment Station, Stillwater, OK.

Puterka, G. J. and D. C. Peters. 1989. Inheritance of greenbug *Schizaphis graminum* (Rondani) virulence to *Gb*1 and *Gb*3 resistance genes in wheat. Genome 32: 109－114.

Peterak, G. J. and D. C. Peters. 1990. Sexual reproduction and inheritance of virulence in the greenbug, *Schizaphis graminum* (Rhondani), pp. 289－318. *In* R. K. Campbell and R. D. Eikenbary (eds.). Aphid-Plant Genotype Interactions. Elsevier Science Publishers, Amsterdam.

Puterka, G. J., D. C. Peters, D. L. Kerns, J. E. Slosser, L. Bush, D. W. Worrall, and R. W. McNew. 1988. Designation of two new greenbug (Homoptera: Aphididae) biotypes G and H. J. Econ. Entomol. 81 (6): 1745－1759.

Puterka, G. J., J. D. Burd, and R. L. Burton. 1992. Biotypic variation in a worldwide collection of Russian wheat aphid (Homoptera: Aphididae). J. Econ. Entomol. 85(4): 1497－1506.

Puterak, G. J., W. C. Black, IV, W. M. Steiner, and R. L. Burton. 1993. Genetic variation and phylogenetic relationships among worldwide collections of the Russian wheat aphid, *Diuraphis noxia* (Mordvilko), inferred from allozyme and RAPD-PCR markers. Heredity 70: 604－618.

Puterka, G. J., J. D. Burd, D. W. Mornhinweg, S. D. Haley, and F. B. Peairs. 2006. Response of resistant and susceptible barley to infestations of five *Duraphis noxia* (Homoptera: Aphididae) biotypes. J. Econ. Entomol. 99 (6): 2151－2155.

Puterka, G. J., J. D. Burd, D. R. Porter, K. A. Shufran, C. A. Baker, B. Bowling, and C. Patrick. 2007. Distribution and diversity of Russian wheat aphid (Hemiptera: Aphididae) biotypes in North America. J. Econ. Entomol. 100(5): 1679－1684.

Puthoof, D. P., N. Sardesai, S. Subramanyam, J. A. Nemacheck, and C. E. Williams. 2005. *Hfr-2*, a wheat cytolytic-toxin-like gene, is up-regulated by virulent Hessian fly larval feeding. Mol. Plant Pathol. 6(4): 411－423.

Quiroz, A., J. Pettersson, J. A. Pickett, L. Wadhams, and H. M. Neimeyer. 1997. Key compounds in spacing pheromone in the bird cherry-oat aphid, *Rhopalosiphum padi* (L.) (Hemiptera: Aphididae). J. Chem Ecol. 23: 2599－2607.

Quisenberry, S. S. and X. Ni. 2007. Feeding injury in aphids as crop pests, pp. 311－352.

In H. F. van Emden and R. Harrington (eds.). Aphidsas Crop Pests. CAB International, Oxford, UK.

Ratcliffe, R. H. 2007. Hessian fly, pp. 58—62. *In* G. D. Buntin, K. S. Pike, M. J. Weiss and J. A. Webster (eds.). Handbook of Small Grain Insects. American Phytopathological Society Press, St. Paul, MN.

Ratcliffe, R. H. and J. H. Hatchett. 1997. Biology and genetics of the Hessian fly and resistance in wheat, pp. 47—56. *In* K. Bondai (ed.). New developments in Entomology. Research Signpost, Scvientificv Information Guild Trivandrum, India.

Ratcliffe, R. H., G. G. Safranski, F. L. Patterson, H. W. Ohm, and P. L. Taylor. 1994. Biotype status of Hessian fly (Diptera: Cecidonyiidae) populations from the eastern United States and their response to 14 Hessian fly resistance genes. J. Econ. Entomol. 87(4): 1113—1121.

Ratcliffe, R. H., S. E. Cambron, K. L. Flanders, N. A. BosquePerez, S. L. Clement, and H. W. Ohm. 2000. Biotype composition of Hessian fly (Diptera: Cecidomyiidae) populations from the southeastern, midwestern, and northwestern United States and virulence to resistance genes in wheat. J. Ecvon. Entomol. 93(4): 1319—1328.

Reed, D. K., J. A. Webster, B. G. Jones, and J. D. Burd. 1991. Tritrophic relationships of Russian wheat aphid (Homoptera: Aphididae), a hymenopterous parasitoid (*Diaeretiella rapae* McIntosh), and resistant and susceptible small grains. Bio. Cont. 1(1): 35—41.

Rhoades, D. F. 1985. Offensive-defensive interactions between berbivores and plants: their relevance in herbivore population dynamics and ecological theory. Am. Nat. 125: 205—238.

Riedell, W. E. 1989a. Effects of Russian wheat aphid infestation on barley plant response to drought stress. Physiol. Plantarum 77: 587—592.

Riedell, W. E. 1989b. The influence of nitrogen nutrition on plant response to greenbug infestation. J. Plant Nutr. 12(3): 317—325.

Riedell, W. E., R. W. Kieckhefer, S. D. Haley, M. A. C. Langham, and P. D. Evenson, 1999. Winter wheat responses to bird cherry-oat aphids and barley yellow dwarf virus infection. Crop Sci. 39(1): 158—163.

Riedell, W. E., S. L. Osbourne, and A. A. Jaradat. 2007. Crop mineral nutrient ant yield responses to aphids or barley yellow dwarf virus in spring wheat and oat. Crop Sci. 47: 1553—1560.

Robinson, J. 1992. Assessment of Russian wheat aphid (Homoptera: Aphididae) resistance in barley seedlings in Mexcico. J. Econ. Entomol. 85(5): 1954—1962.

Robinson, J. 1993. Productivity of barley infested with Russian Wheat aphid [*Diuraphis noxia* (Kurdjumov)]. J. Agron. Crop Sci. 171: 168-175.

Robinson, J. 1994. Identification and characterization of resistance to Russian wheat aphid in small grain cereals: investigations at CIMMYT, 1990—92. CIMMYT Research Report No. 3. CIMMYT. Mexico. DF.

Robibnson, R. J., B. S. Miller,, H. L. Miller, H. C. Mussman, J. A. Johnson, and E. T. Jones. 1960. Chloroplast number in leaves of normal wheat plants and those infected with Hessian fly or treated with maleic hdyrazide. J. Econ. Entomol. 53(4): 560—562.

Robinson, J. ,H. E. Vivar, P. A. Bunett, and D. S. Calhoun. 1991. Resistance to Russian wheat aphid (Homoptera: Aphididae) in barley genotypes. J. Econ. Enomol. 84(2): 674—679.

Robinson, J. ,F. Delgado, H. E. Vivar, and P. A. Burnett. 1992. Inheritance of resistance to Russian wheat aphid in barley. Euphytica, 62: 213—217.

Rochow, W. f. 1959. Transmission of strains of barley yellow dwarf virus by two aphid species. Phytopathology 49: 744—748.

Rogler, G. A. and R. L. Lorenz., 1983. Crested wheatgrass-an early history in United States. J. Range Manag. 36: 91—93.

Rustamani, M. A., K. Kanehisa, H. Tsumuki, and T. Shirage. 1992. Additional observations on aphid densities and gramine contents in barley lines. Appl. Entomol. Zool. 27(1): 151—153.

Ryan, J. D. , R. C. Johnson, R. D. Eikenbary, and K. W. Dorschner. 1987. Drought/greenbug interactions: photosynthesis of greenbug resistant and susceptible wheat. Crop Sci. 27: 283—288.

Sandstrom, J., A. Teland, and N. A. Moran. 2000. Nutritional enhancement of host plants by aphids-a comparison of three aphid species on grasses. J. Insect Physiol. 46: 33—40.

Saxena, P. N. and H. L. Chada. 1971. The greenbug, *Schizaphis graminum*. I. Mouthparts and feeding habits. Ann. Entomol. Soc. Am. 64: 897—904.

Scheller, H. V. and R. H. Shukle. 1986. Feeding behavior and transmission of barley yellow dwarf virus by *Sitobion avenae* on oats. Entomol. Exp. Appl. 40: 189—195.

Schillinger, J. A. 1966. Larval growth as a method of screening *Triticum* sp. for resistance to cereal leaf beetle. J. Econ. Entomol. 59: 1164—1166.

Shliephake, E., S. Basky, M. Hulle, and M. Ruszkowska. 1998. Das Gregenwartige Vorkommen der Russischen Weizenblattlaus *Diuraphis noxia* in Europa. *In* W. Laux (ed.). Mitt. Biol. Bundesanst. Land-Und Forstw. Berlin-Dahlem 51. Deutche Pflanzenschultztagung in Halle/Saale October 5—8, 1998. Deutsche Pflanzenschultztagung 296.

Shufran, K. A., J. D. Burd, J. A. Anstead, and G. Lushai. 2000. Mitochondrial DNA sequence divergence among greenbug (Homoptera: Aphididae) biotypes: evidence for host-adapted races. Insect Mol. Biol. 9(2): 179—184.

Shukle, R. H., P. B. Grover, Jr., and C. Mocelin. 1992. Responses of susceptible and resistant wheat associated with Hessian fly (Diptera: Cecidomyiidae) infestation. Environ. Entomol. 21(4): 847—853.

Signoret, P. A. 1990. The barley yellow dwarf virus situation in western Europe, pp. 42—44. *In* P. A. Burnett (ed.). World Perspectives on Barley Yellow Dwarf. CIMMYT,

Mexico DF. Mexico.

Simon, J.-G. and P. D. N. Hebert. 1995. Patterns of genetic variation among Canadian populations of the bird cherry-oat aphid, *Rhopalosiphum padi* L. (Homoptera: APhididae). Heredity 74: 346—353.

Slansky, F. and J. M. Scriber. 1985. Foodconsumption and utilization, pp. 87—163. *In* G. A. Kerkut and L. I. Gilbert (eds.). Comprehensive Insect Physiology, Biochemistry and Pharmacology, Vol. 4. Pergamon Press, Oxford, New York.

Smith, D. H., Jr., J. A. Webster, and J. E. Grafius. 1984. Registration of two cereal leaf beetle resistant barley germplasms. Grop Sci. 24: 828.

Smith, C. M., T. Belay, C. Stauffer, P. Stary, I. Kubeckova, and S. Starey. 2004. Identification of Russian wheat aphid (Homoptera: Aphididae) populations virulent to *Dn*4 resistance gene. J. Econ. Entomol. 97: 1112—1117.

Smyrnioudis, I. N., R. Harrington, S. J. Clark, and N. Katis. 2001. The effect of natural ememies on the spread of barley yellow dwarf virus (BYDV) by *Rhopalosiphum padi* (Hemiptera: Aphididae). Bull. Entomol. Res. 91: 301—306.

Starks, K. J. and R. L. Burton. 1977a. Greenbugs: Determining biotypes, culturing, and screening for plant resistance: with notes on rearing parasitoids. U. S. Dep. Agric., Agric. Res. Serv. Tech. Bull. 1556.

Starks, K. J. and R. L. Burton. 1977b. Preventing greenbug outbreaks. U. S. Dept. Agric., Agric. Res. Serv. Leaflet 309.

Starks, K,J. and J. A. Webster. 1985. Insects and releated pests, pp. 335—365. In D. C. Rasmussen (ed.). Barley. Agron. Monogr. 26. American Society of Agronomy, Madison, WI.

Stary, P. 1996. Occurrence of anholocylic strains of pest aphids on winter barley and wheat in South Moravia, Czech Republic. Anz. Schadlingskude, Pflanzenschutz, Umweltschutz. J. Pest Sci. 69 (7): 149—152.

Stary, P. 1999. Distribution and ecology of the Russian wheat aphid, *Diuraphis noxia* (Kurdj.), expanded to Central Europe (Hom: Aphididae). Anz. Schadlingskude/J. Pest Sci. 72(2): 25—30.

Stern, V. M. 1971. Crop loss assessment methods: F. A. O. manual on the evaluation and prevention of losses by pests, diseases and weeds, p. 74. *In* L. Chiarappa (ed.). FAO of the United Nations and by Commonwealth Agricultural Bureau. Farnham Royal England, Aldia Press, Oxford, England.

Stern, V. M. and S. B. Orloff. 1991. Controlling Russian wheat aphid in California. Calif. Agric. 45 (1): 6—8.

Suh, S.-G., W. J. Stiekema, and D. J. Hannapel. 1991. Proteinase-inhibitor activity and wound-inducible gene expression of the 22-kDa potato-tuber proteins. Planta 184(4): 423—430.

Teetes, G. L., C. A. Schaefe, Jr., R. Gipson, R. C. McIntyre, and E. E. Latharn. 1975.

Greenbug resistance to organophosphorus insecticides on the Texas High Plains. J. Econ., Entomol. 68(2): 214—216.

Tharp, C., S. L. Blodgett, and G. D. Johnson. 2000. Efficacy on Imidacloprid for control of cereal leaf beetle (Coleptera: Chrysomelidae) in barley. J. Econ. Entomol. 93(1): 38—42.

Tolmay, V. L., R. C. Lindeque, and G. J. Prinsloo. 2007. Preliminary evidence of a resistance-breaking biotype of the Russian wheat aphid, *Diruaphis noxia* (Kurdjumov) (Homoptera: Aphididae), in south Africa. Afr. Entomol. 15 (1): 228—230.

Tooker, J. F. and C. M. de Moraes. 2007. Feeding by Hessian fly (*Mayetiola destructor* (Say)) larvae does not induce plant indirect defense. Ecol. Entomol. 32: 153—161.

Tsumuki, H., K. Kanehisa, K. Kawada, and T. Shiraga. 1987. Characters of barley resistance to cereal aphids: (2) Nutritional differences with the barley strain. Nogaku Kenkyu 61: 149—159.

Tsumuku, H., K. Kanehisa, and K. Kawada. 1989. Leaf surface wax as a possible resistance of barley to cereal aphids. Appl. Entomal. Zool. 24: 295—301.

Tyler, J. M., J. A. Webster, and E. L. Smith. 1985. Biotype E greenbug resistance in wheat streak mosaic virus-resistant wheat germplasm lines. Crop Sci. 25: 686—688.

Vandenberg, J. D. 1996. Standardized bioassay and screening of *Beauveria bassiana* and *Paecilomyces fumosoroseus* against the Russian wheat aphid (Homoptera: Aphididae). J. Econ. Entomol. 89 (6): 1418—1423.

Virtanen, A. I. and P. K. Hietala. 1960. Precursors of benzoxa-zolinone in rye plants. J. Precursor II. The aglucone. Acta Chem. Scand. 14: 499—502.

Wadley, F. M. 1931. Ecology of *Toxoptera graminum*, especially as to factors affecting importance in the northern United States. Ann. Entomol. Soc. Am. 24: 325—395.

Walters, M. C., F. Penn, F. du Toit, T. C. Botha, K. Aalbersberg, P. H. Hewitt, and S. W. Broodryk. 1980. The Russian wheat aphid. Farming in So. Africa Leafl. Ser., Wheat. G. 3: 1—6.

Wangai, A. W., R. T. Plumb, and H. F. van Emden. 2000. Effects of sowing date and insecticides on cereal aphid populations and barley yellow dwarf virus on barley in Kenya. J. Phytopathol. 148: 33—37.

Webster, J. A. and D. H. Smith, Jr. 1979. Yield losses and host selection of cereal leaf beetles in resistant and susceptible spring barely. Crop Sci. 19: 901—904.

Webster, J. A. and D. H. Smith, Jr. 1983. Cereal leaf beetle (*Oulema melanopus* (L.)). Population densities and winter wheat yield. Crop Prot. 2 (4): 431—436.

Webster, J. A. and K. J. Starks. 1984., Sources of resistance in barley to two biotypes of greenbug, *Schizaphis graminum* (Rondani), Homoptera: Aphididae. Prot. Ecol. 6: 51—55.

Webster, J. A., K. J. Starks, and R. L. Burton. 1987. Plant resistance studies with *Diuraphis noxia* (Homoptera: Aphididae), a new United States wheat pest. J. Econ.

Entomol. 80: 944—949.

Webster, J. A., C. A. Baker, and D. R. Porter. 1991. Detection and mechanisms of Russian wheat aphid (*Homoptera: Aphididae*) resistance in barley. J. Econ. Entomol. 84: 669—673.

Von Wechmar, M. B. 1984. Russian aphid spreads Gramineae viruses, pp. 38—41. *In* M. C. Walters (ed.). *In* progress in Russian Wheat Aphid (*Diuraphis noxia Mordv.*) Research in the Republic of South Afria., Vol. 191. Republic of South Africa Department Agric. Tech. Commun. Dept. Agric. Repub. So. Afr. 191: 38—41.

Weibull, J. 1987. Screening for resistance against *Rhopalosiphum padi* (L.). 2. *Hordeum* species and interspecific hybrids. Euphytica 36 (2): 571—576.

Weibull, J. 1988. Breeding for resistance against the bird cherry -oat alohid-is it possible? Nordisk Jorbrugs Forskning 70 (4): 514—515.

Weibull, J. 1994. Resistance to *Rhopalosiphum padi* (Homoptera: Aphididae) in *Hordeum vulgare* subsp. *spontaneum* and in hybrids with *H. vulgare* subsp. *vulgare*. Euphytica. 78: 97—101.

Weiel, J. and K. D. Hapner. 1976. Barley proteinase inhibitors: a possible role in grasshopper control? Phytochemistry 15(12): 1855—1887.

Weiland, A. A., F. B. Peairs, T. L. Randolph, J. B. Rudolph, S. D. Hayley, and G. J. Puterka. 2008. Biotypic diversity in Colorado Russian wheat aphid (Hemiptera: Aphididae) pupulations. J. Econ. Entomol. 101(2): 569—574.

West, A. J. and A. J. Mordue (Luntz). 1992. The influence of azadirachtin on feeding behavior of cereal aphids and slugs. Entomol. Exp. Appl. 62: 75—79.

Wiktelius, S. 1987. Distribution of *Rhopalosiphum padi* (Homoptera: Aphididae) on spring barley plants. Ann. Appl. Biol. 110: 1—7.

Wilbert, V. H. 1980. Effect of resistant plants on pest population dynamice. Z. Agnew. Entomol. 89: 298—314.

Wilde, G. E., R. J. Whitworth, M. Classen, and R. A. Shufran. 2001. Seed treatment for control of wheat insects and its effect on yield. J. Agric. Urban Entomol. 18(1): 1—11.

Wood, E. A., Jr. 1961. Biological stidies of a new greenbug biotype. J. Econ. Entomol. 54: 1171—1173.

Wraight, S. P., T. J. Poprawski, W. L. Meyer, and F. B. Perias. 1993. Natural enemiesw of Russian wheat aphid (Homoptera: Aphididae) and associated cereal aphid species in spring-planted wheat and barley in Colorado. Environ. Entomol. 22: 1383—1391.

Zantoka, L. and R. H. Shukle. 1997. Genetice of virulence in the Hessian fly to resistance gene *H*13 in wheat. J. Hered. 88: 120—123.

Zúñiga, G. E., E. M. Varanda, and L. J. Corcuera. 1988. Effects of gramine on the feeding behavior of the aphids *Schizaphis graminum* and *Rhopalosiphum padi*. Entomol. Exp. Appl. 47: 161—165.

Züst, T., S. A. Harri, and C. B. Muller. 2008. Endophytic fungi decrease available resources for the aphid *Rhopalosiphum padi* and impair their ability to induce defenses against predators. Ecolog. Entomol. 33：80－85.

Zwiener，C. M.，S. P. Conley，W. C. Bailey，and L. E. Sweets. 2005. Influence of aphid species and barely yellow dwarf virus on soft red winter wheat yield. J. Econ. Entomol. 98 (6)：2013－2019.

13

大麦籽粒的发育、结构和组成

1. 引言

联合国粮农组织（FAO）统计资料显示，2007 年全世界大麦（*Hordeum vulgare* subsp. *Vulgare* L.）种植面积约 5,660 万公顷，总产超过 1.36 亿吨，平均单产 2.4 吨/公顷（http://faostat.fao.org/default.aspx）。世界谷类作物中，大麦的种植总面积和总产量仅次于小麦、水稻、玉米，居第四位。大麦是许多国家的主粮作物之一，同时广泛应用于饲料、麦芽制造和酿酒，在一些国家还用于大麦蒸馏酒生产。

籽粒的三种主要最终用途分别为粮食、饲料和加工原料，主要由成熟籽粒的结构和组成决定。因此，很多大麦研究针对成熟籽粒，主要是决定最终用途的籽粒成分：淀粉、蛋白和细胞壁多糖。然而，要明确籽粒的成分和性质以及进一步的改良，还必须了解其结构与发育。

发达国家的传统大麦育种主要关注饲用和酿造两个最终用途，这两个用途对籽粒的要求存在很大差异。这些在本卷的其他章节已进行较详尽论述，因此本章主要阐述“典型”大麦籽粒的发育、结构和组成。

2. 发育与结构

(1) 受精前发育

大麦籽粒是干的无开裂的籽实（颖果），是含单粒真正种子的果实。成熟期种子最外层的种皮与果皮黏合，因此大麦的果实是颖果。成熟颖果由外稃和内稃紧密包裹，这是大麦的繁殖体（von Bothmer 等，1991）。

受精前后发生的变化决定了成熟大麦籽粒的结构和外观。一些基本的形态特征在胚和胚乳形成前就已成形。然而，发育的种子仍然在不断的发生变化，且对这个动态过程的任何描述只能在已知的环境中进行才有效。本部分将讨论从始花至籽粒成熟、组织的发生与死亡、特有功能的获得与停止、物质的累积与消耗以及生长的适应与衰退等内容。

• **花序**

大麦不定花序是穗状花序，穗轴各节着生 3 个无柄小穗（三联小穗），每小穗小花 1 朵（Bonnett，1966）。三联小穗的中间小穗可育，两侧小穗可育或不育（von Bothmer 等，1991）。侧小穗不育者，其花序扁平呈二棱，为二棱大麦；侧小穗能育者，其花序柱状多棱，常为多棱大麦（四棱大麦或六棱大麦）。

大麦小花由 1 枚外稃、1 枚内稃、2 枚浆片、3 枚雄蕊和 1 枚雌蕊组成（Heslop-Harrison 和 Heslop-Harrison，1980）。雄蕊分花丝和花药两部分，雌蕊分子房、花柱和柱头三部分。在雌蕊的子房壁内着生胚珠。珠被包裹珠心。浆片是花被的退化（Guedes 和 Dupuy，1976），禾本科中 B 族花基因参与浆片的发育（Erbar，2007；Rancelis 和 Vaitkuniene，2007）。每个小花由两片颖片即上面的内稃和下面的外稃紧密包裹，颖片的附着受 *Nudnud* 基因控制；根据成熟籽粒内外稃附着与否将大麦种子分两类：裸粒和带稃。裸粒种子其颖果与内外稃相分离；带稃的种子，其稃壳与颖果相黏连（Taketa 等，2004）。大麦外稃的最上部分发育成芒。影响突变体外稃发育的基因包括 *Hooded* 和 *leafy lemma*（Roig 等，2004）。单子叶与真双子叶植物的内外稃与叶（Pozzi 等，2000）、苞片（Whipple 和 Schmidt，2006）和花被（Erbar，2007）的同源性还未知（Kellogg，2001；Zanis，2007）。

小穗包含 1 朵小花和 2 枚颖片。在二棱大麦中，一个同源基因（*vrs*1）的活性导致 2 个侧小穗的不育和退化（Komatsuda 等，2007）。大麦花序是典型的由小穗直接附着在花轴上的穗，小穗也可以看做是分支末端的花。一种对禾本科植物花序和小花形成的可供参考的解释，它将小穗作为形态学上收缩的花的分枝，呈现出与花的相似性，却又具有进化上的独特性（Malcomber 等，2006）。Forster 等（2007）利用大麦突变体的形态变异的描述，提出了改良的“植物体节（植物繁殖单位）”phytomer 模型：营养器官和生殖结构的发生可以通过一个单一的重复 phytomer 单位解释；大麦植株器官分为单个或成对两组，配对的结构往往融合在一起，产生特定的器官。

(2)穗与小穗的发育

在幼穗中部最早发生的苞原基发育速度减慢时，在苞原基的上方首先出现二次棱状突起即小穗原基突起（比较叶原基的发育参见 Dannenhoffer 和 Evert，1994），这时在幼穗上可同时见到苞原基和小穗原基两个叠在一起的棱状体，故称二棱期。穗分化发育的时间取决于基因型和环境，但是多发生在植株具 6～10 片叶子时（Hay 和 Ellis，1998）。*Apetala fruitful* 型基因参与了花器分化并控制禾本科植物的小穗分生组织（Preston 和 Kellogg,2007）。较上部的小穗棱分化成 3 个小穗：中部 1 个和侧小穗 2 个，而基部的小穗棱则通常在发育早期受到抑制(Pizzolato,1997)。颖片、外稃、内稃、雄蕊和雌蕊原基的分化是连续的。子房内雌蕊原基生长，内有一子房室，着生一倒生胚珠，渐分化形成花柱和柱头。在原基达到最大时，穗的生长速度加快，穗轴快速伸长(Kirby,1977;Cottrell 等,1985)，这伴随着维管与小穗原基连接的建立(Kirby 和 Rymer,1974)。穗抽出后，内外稃开始从基部生长并最后将小花包围住。Bonnett(1966)详细描述了可育花的分化发育过程，而大麦穗和雌蕊的发育模型则由 Waddington 等(1983)建立。

穗的维管系统在三联小穗分化期开始发育，并伴随着小穗原基 6～10 的原形成层的发生；从这里开始有向上和向下两个方向分化，以后到达上部和下部，将穗轴连接起来，并与茎维管系统相连。如前所述，在穗伸长初期，原形成层产生了连接小穗和穗轴之间的维管束(Kirby 和 Rymer,1974)。原形成层颖片向基部生长并与穗轴融合，从而将小穗与穗轴连接起来(Pizzolato,1997)。

- **穗和籽粒发育的关键因素**

温度和长日照对于大麦花芽分化至关重要。冬大麦品种和大麦野生祖先(*H. vulgare* subsp. *spontaneum*)需要春化处理(低温处理)，并常常需要长日照条件；春大麦则不需要春化，且对长日照的需求品种间差异显著(Tuener 等,2005)。Hemming 等 (2008) 利用加倍二倍体 DH 群体研究了一些互作基因(*HvVRN*1-1,*HvVRN*2,*Photoperiod-H*1)的作用。Cockram 等 (2007)综述了控制大麦成花的基因。

穗及籽粒大小是由早期决定的。二棱期小穗原基宽度与最后的籽粒重成正相关。开花期心皮干重的不同主要由发育阶段决定(Scott 等,1983)。穗中部的小穗发育优于穗基部，其次是顶部(Bonnett,1966)。近穗基部的小穗原基会比顶部的宽 2 倍，且它们生长的时间更长(Cottrell 和 Dale,1984)。

如上所述，穗维管束发育开始于第 6～10 小穗(Kirby 和 Rymer,1974)。Pizzolato(1997)观察到，两端的小穗倾向于与穗轴的侧维管系统相联，而近端的小穗则倾向于与中间维管系统相联。穗发育早期到抽穗之间足够的光照对于大麦籽粒最终的大小至关重要(Bingham 等,2007)，但是孕穗和抽穗期间高温会降低粒重(Ugarte 等,2007)。Barnabas 等(2008)综述了干旱和高温胁迫对禾谷类作物生殖生长的影响。遮光试验结果表明发育早期转运到穗部的同化产物的数量影响可育花的数量(Arisnabarreta 和 Miralles,2008a)。Arisnabarreta 和 Miralles (2008a)研究显示，六棱大麦决定籽粒数量的关键时间是抽穗前 30d。Coventry 等(2003)综述了开花前后影响籽粒重量的因素。

- **雌蕊发育**

①胚珠发育。禾本科的雌蕊通常含有 1 个单心皮的胚珠(Rudall 等,2005)，

但是雌蕊的形态特征尚未十分清楚(Philipson,1985)。只存在一个单一的雌蕊原基,2～3种形态和维管系统组织说明可能存在三心皮结构。大麦雌蕊具有一个较小的侧维管束。此外,存在1～2个筛元素进入背侧的果皮,并向上达到第三个胚珠(见图13.1A和D)。胚珠在一个没有明显界线的胎座—合点区域(Shamrov,1998)(见图13.1B(3和4),图13.2A)。合点下面的不平衡生长使胚珠在胚囊发育早期(Kraußβ,1933;Savchenko和Petrova,1963;Korchagina,2002)从原来的垂直位置转约90°(Göbel,1923;Klaus,1966),在配子体四核期旋转130°。外珠被和内珠被都由两层细胞组成,产生于胎座—合点区域的两侧。当完全长成后,珠被只剩下珠孔和连接区域(见图13.1A)。主要的维管束在近轴的果皮内与连接区平行,说明这个区域对于运输的重要性。与大孢子囊同源的珠心从胚珠原基中生长分化(Bouman,1984;Rudall,1997;Shamrov,1998;Nikitcheva,2002),受精后会在大麦中留存数天(DAF)。孢子细胞位于皮下层并行大孢子母细胞功能。珠心的分类取决于孢子的位置和发育、珠心形态或其他特点(Bouman,1984;Shamrov,1998;Nikitcheva,2002)。这些导致大麦胚珠是多层珠心(Luxová,1967)、于块状和粉状珠心中间 (Norstog,1974)、开花期的薄珠心(Engell,1989)、薄珠心(Bennétt等,1973)或作为中层珠心和多层珠心(Shamrov,1998)。一个发育成熟的胚珠,由珠心、珠被、珠柄和合点等几部分组成。

②大孢子发生。在雌性的减数分裂中,珠被并不覆盖珠心顶(Savchenko和Petrova,1963;Klaus,1966;Bennett,1973;Mouritzen和Holm,1995)。胚囊母细胞壁被一层厚厚的胼胝质包围((1-3)-β-D-葡聚糖)。在20℃时,雌性减数分裂持续大约40小时,与雄性减数分裂同步(Bennett等,1973)。大孢子发生导致一个线性或者T-型的四分染色体(Bennett等,1973),但是发育过程是单孢子的且只有合点大孢子存活。大多数质粒和细胞核位于这个细胞的上部,下部是空泡(Mouritzen和Holm,1995)。有功能的大孢子进行三次有丝分裂。

• **胚囊发育**

禾本科的雌配子体发育按照*Polygonum*型,但常存在更多的反足细胞(反足细胞群)(Anton和Cocucci,1984)。根据Bennett等(1973)报道,胼胝质在有丝分裂时形成,导致有功能的大孢子产生 (见大孢子发生部分);由此,Cass等(1985)报道了剩余的胼胝质在雌配子体双核期消失。在四核期可见更大的中央和合点的维管。在八核期成形的细胞壁建立有2个极核、1个卵细胞、2个助细胞核和3个反足细胞的中央细胞 (Cass等,1985)。胚发生中的雌配子细胞化包含了非姐妹细胞核间非常规细胞质分化(Otegui和Staehelin,2000b;Brown和Lemmon,2001b)。

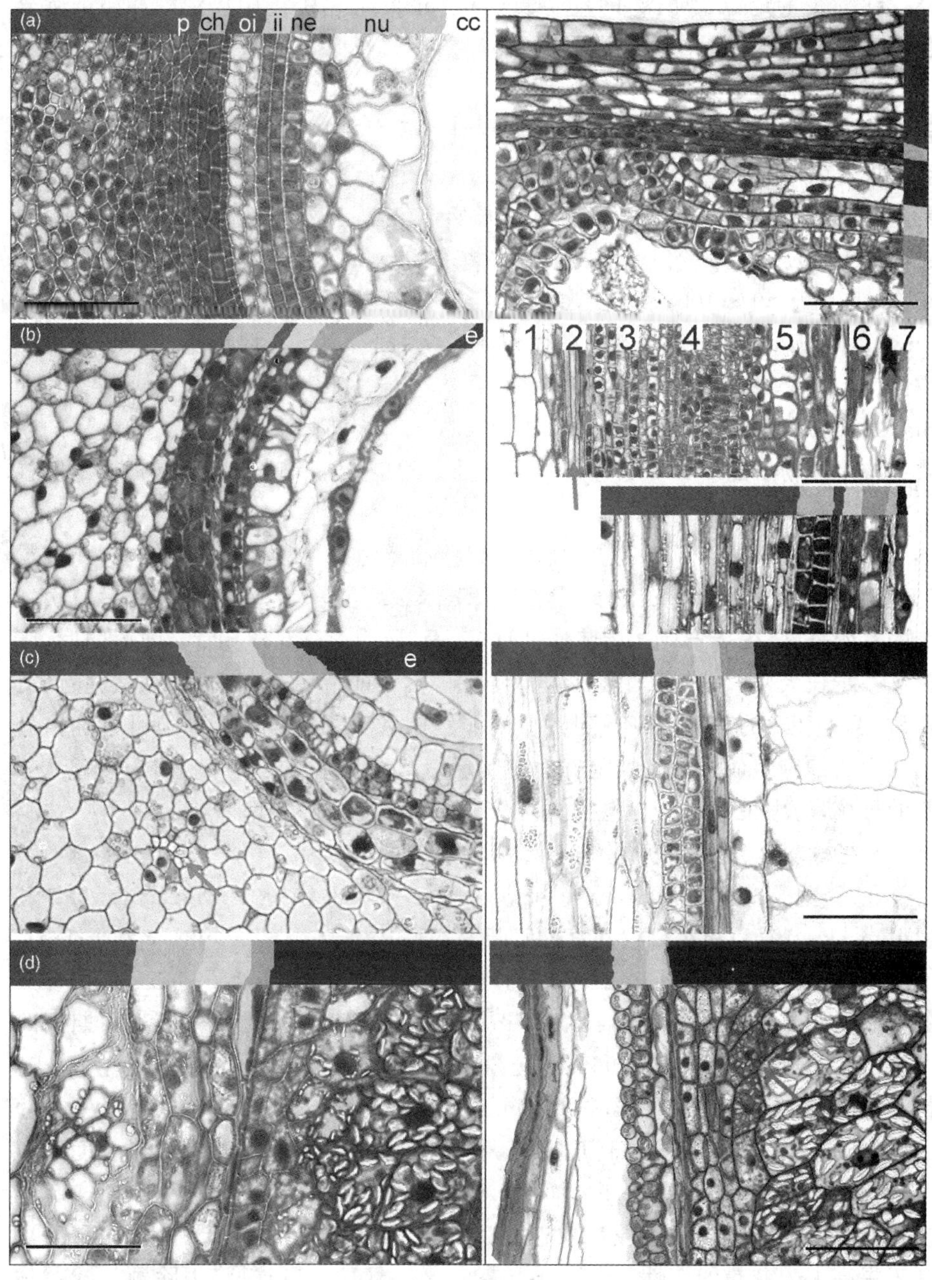

图 13.1 大麦颖果的发育

维管控制的中央细胞可能起源自早期大孢子体内的液泡的扩张(Cass 等，1985)。中央细胞的细胞质被压迫到胚囊的壁上(Bennett 等，1975)，包围住对着中央细胞的反足细胞壁部分，包住卵器官的合点部分。两个相邻的极核(见图

13.2f)紧密的定位于卵器官旁边(Cass和Jensen,1970)。中央细胞和卵细胞合点间的壁在卵器官成熟期间消失(Zhukova,2002)。

三个原始反足细胞的有丝分裂(Mogensen,1982)形成了一组占了胚囊显著部分的细胞(Bennett等,1975)。禾本科的反足细胞(和细胞核)生命延长已经有报道(Holloway和Friedman,2008)。反足细胞开始在胚囊的合点区域,但是随着胚珠和孢子的长大,反足细胞开始与胚囊上部的胎盘区域相邻(见图13.2A、D)(Engell,1994)。细胞数在开花前几天达到最大,报道的平均数量是25,最大值为50～100,种间有差异(Cass和Jensen,1970;Bennett等,1975;Engell,1989;1994)。反足细胞的体积在受精后增大,但是单细胞保持单核。平均而言,细胞核可以达到它们的两倍体积(Engell,1994;Shestopal和Blankovska,2006)。Pushkina等(1989)综述了大麦反足细胞内多线染色体的超微结构。授粉后的1到2天进行Pulse-chase实验显示,RNA的合成是在极核中发生(Bosnes和Olsen,1992)。

卵细胞位于珠心单膜表皮的后侧,卵核靠近中央,细胞质内具有液泡和淀粉(见图13.1A和图13.2E)。具功能大孢子体积增大,然后其细胞核通过三次连续的有丝分裂,先后形成二核胚囊、四核胚囊,最后形成八核胚囊。与此同时,胚珠进一步长大,内、外珠被最终将珠心包围,仅在前端留下一珠孔。成熟胚囊时期,在倒生胚珠的珠孔端可看到明显的卵细胞和助细胞。在合点端可看到由若干较大的细胞组成的反足细胞群。在反足细胞群和卵细胞之间有两个紧靠在一起的极核,为中央细胞的细胞核。

- **花粉发育、授粉和开花**

①小孢子发生和花粉特征。大麦的花药结构(Mlodzianowski和Idzikowska,1978)和花粉粒发育类似于禾本科其他种类(Charzynska和Lenart,1989)。大麦品种*Sultan*在20℃时的减数分裂细线期到小孢子从四分体中释放的时间大约是48小时(Bennett和Finch,1971)。小穗中减数分裂不同期同时发生(Ekberg和Eriksson,1965)。花粉粒大多数是粗糙的外膜的圆形轮廓。花粉和空隙的大小受倍性的影响(Rajendra等,1978)。禾本科花粉的生活力很短(Hammer,1977),从几分钟到几小时。大麦花粉在24℃,50%～53%湿度下可存活5～10分钟(Kison,1979),而Pande等(1972)报道可以存活3小时。自花授粉的大麦花粉可以在开花后快速到达柱头。相对低温和50%的相对湿度更利于提高大麦花粉的育性。Ceccarelli和Catena(1973)通过将去除颖片的授体穗经30%～40%乙醇处理,诱发供体穗花丝伸长和开花,结实率达到70%。茉莉酸能抑制花粉散发,喷洒茉莉酸可抑制来自花粉的基因传播(Honda等,2006)。影响花粉发育的环境因素包括热、微量元素缺乏、盐胁迫。这些因素可能导致花粉败育。无效空瘪花粉粒、无细胞质的花粉以及缺少淀粉的花粉可以

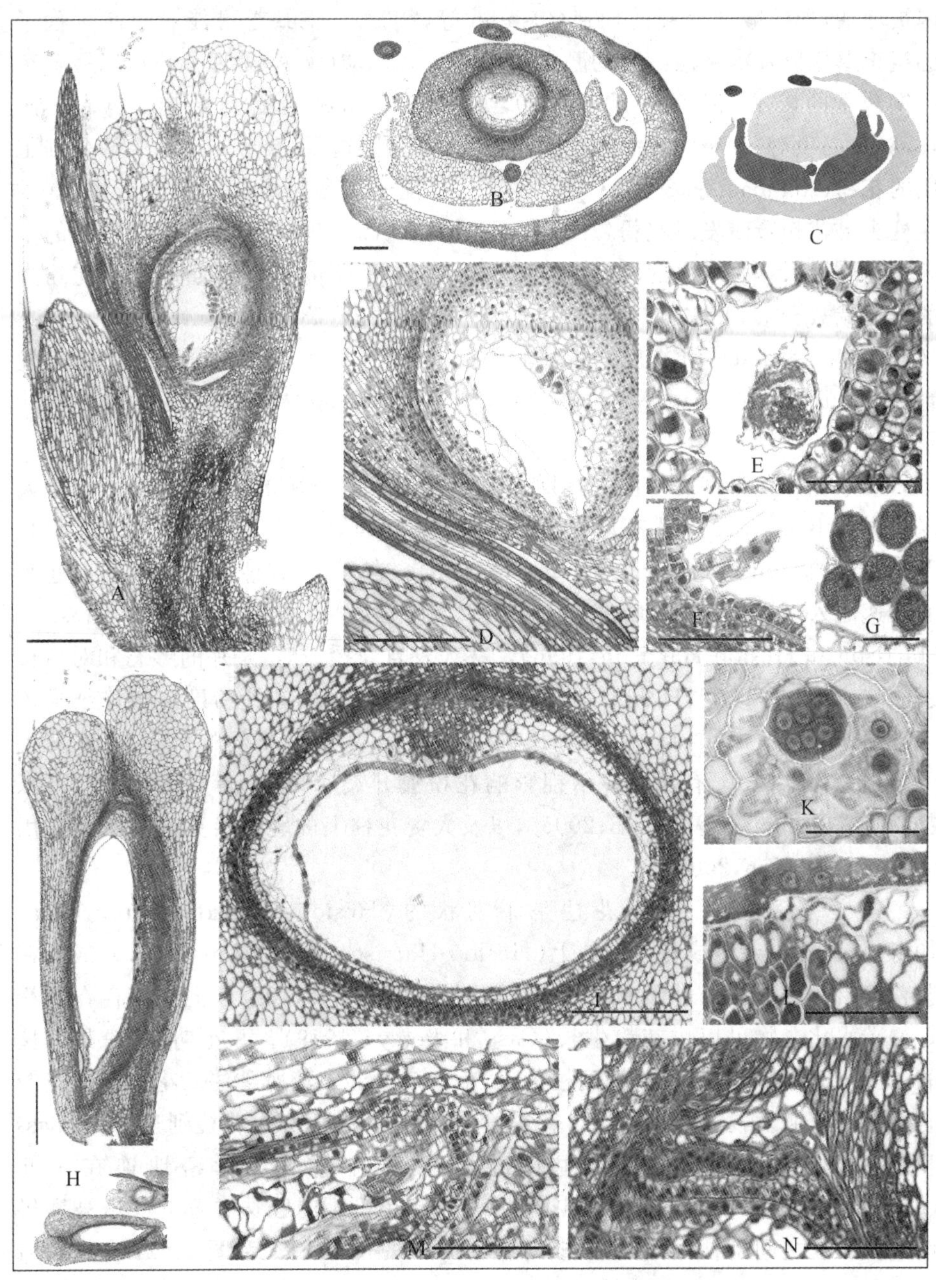

图 13.2 大麦品种 Optic 籽粒发育早期

在小孢子发生时温度胁迫后 5 天时发现。受损的范围取决于发育阶段，其中最敏感的时期是花粉母细胞的减数分裂前期（Sakata 等，2000）。高温胁迫影响一些典型基因的转录（Abiko 等，2005）。但与胁迫相关基因会上调，一些关键的基因被激活，导致减速分裂的加速(Oshino 等,2007)。铜缺乏可能导致产生孢子的组织退化以及绒毡层细胞的融合。用吲哚-3-乙酸(IAA)处理花粉可以缓解部分铜缺乏的影响，但不是所有铜缺乏植株的花粉都会受到影响(Jewell 等,1988)。一项对 39 个大麦品种的研究显示，在盐胁迫下，会形成败育的缺少细胞质的花粉(Rehman 等,2004)。在大麦中，雄配子体参与耐盐基因的选择，常常在柱头上花粉管萌发时花粉粒间有竞争时发生(Koval,2000)。大麦花粉囊的基因表达分析显示有大量的转录本被上调(Druka 等,2006)。类似地，小麦花粉囊的早期减数分裂时期，有 1,350 个转录本被暂时地调控(Crismani 等,2006)。Maraschin 等(2006)用芯片分析比较了正常合子发育与胁迫诱导的小孢子发育，而 Munoz-Amatrian 等(2006)则分析了大麦花粉囊在甘露醇处理后的转录组。

②小花开花与钾的作用。花期大麦小花通常是开颖的，但是开花受精对大麦来说并不是必需的，因为大麦自花授粉(Honda 等,2005)。栽培大麦通常是近交获得的(von Bothmer 和 Jacobsen,1985)。在开花期，钾作为渗压剂引起水的快速流入，从而使浆片膨胀。它使禾本科植物小花的膜向外推出(Heslop-Harrison 和 Heslop-Harrison,1996)。在大麦自花授粉时，浆片的形态和对生长素的响应受到了改变(Honda 等,2005)。基因控制的闭花授粉已经被详细描述(Turuspekov 等,2004)。小花的开花与花粉囊裂开和花丝的伸长同时发生(Honda 等,2005)。有报道显示钾影响花粉囊开裂(Matsui 等,2005a;2005b)、花粉吸入(Rehman 等,2004b;2005)，以及大麦花柱上的乳头状突起的水合作用(Rehman 和 Yun,2006)。

③花粉管通道。大麦花柱是干羽状的(Heslop-Harrison 和 Shivanna,1977)。在柱头毛中或花柱分枝上(Heslop-Harrison 和 Shivanna,1977)，或者在花粉管沿子房壁伸长过程中，没有检测到淀粉(Luxova,1967)，但是储存在花粉管的碳水化合物可以供花粉生长(Cass 和 Peteya,1979)。开花期，花粉是三核的(见图 13.2G)，并且一接触到柱头毛，就被表面的黏液所黏住。花粉通过花粉萌发孔迅速萌发，花粉粒萌发后，花粉管伸长进入柱头，穿过花柱到达子房(Cass 和 Peteya, 1979)。在花粉管生长过程中，两个精细胞紧密地连在一起(Mogensen 和 Wagner,1987)。这个过程诱导花粉管向胚珠脊背的外珠被和果皮的内果皮之间生长(如沿着果核内壁生长)(见图 13.1A 和图 13.2A)，授粉后 20～60 分钟到达珠孔进入胚囊(Luxová, 1967; 1968; Bennett 等, 1975; Mogensen,1982; Engell,1989)。

为什么花粉管总能准确地伸向胚珠和胚囊呢？目前有研究认为花柱道、子房内壁、胎座、珠孔道和助细胞等，能分泌某些化学物质(如钙、硼)，诱导花粉管的定向生长(Cass 和 Jensen,1970; Mogensen,1982; Engell,1989)。在玉米卵细胞和助细胞中表达的 *mays egg apparatus* 1 基因，参与了花粉管的诱导(Márton 等，2005)，且发现了大麦中与此相关的基因（McCormick 和 Yang，2005)。助细胞合成前 2 天也有类似特征，但是助细胞降解是在授粉前决定的(Cass，1981)。Engell(1989)也报道了助细胞降解独立于授粉阶段。雌配子发育过程中由于细胞壁变形，助细胞和卵细胞之间、卵细胞和中央细胞之间的膜连接可能发生（Cass 等，1986；Engell，1989)。Engell(1989)观察到，助细胞能存在 1 天，残余物质在授粉后 50 小时仍能找到。但根据 Mogensen 研究，2 个助细胞都有可能降解(Mogensen，1984)。

④双受精作用。花粉管内含物被排放到卵细胞上(Engell，1989)，位于中央细胞、卵细胞和降解助细胞之间的空间(Mogensen，1982)。这个区域也被认为是胚囊非原生质体的一部分（Yang，2001)。一个精细胞与卵细胞相连，核进入卵细胞质，然后核融合。卵细胞中钙离子的产生可能是受精的信号（Fan 等，2008)。与此同时，精细胞质发生分离，使其遗传母体细胞质（Mogensen，1988)。大多数父本线粒体 DNA 在花粉发育过程中被排除（Sodmergen 等，2002)。

膜连接后第二个雄细胞核进入中央细胞，到达单一（Luxová，1967；Engell，1989）或者已经部分地融入接近卵细胞的胞质极核（Batygina 和 Bragina，2006)。然后细胞核迁移到反足细胞，并经过三重融合生成初级胚乳核。授粉和受精整个过程历经时间显著不同，这可能是受到环境和基因型的影响（Luxová，1968；Cass 和 Jesen，1970；Mogensen，1982；Engell，1989)。Engell(1989)研究发现在授粉后的 2.25 小时后极核和精子迁移到反足细胞，在 13.5 小时后发生三重融合。Erdelska(1967)报道，没有受精时，在开花后的 3～5 天，一半囊胚中(25/50)极核迁移到反足细胞。

(2)受精后发育

在发育和生化指示剂的基础上，大麦种子的发育大致可以分为三个连续阶段：形态建成和细胞分裂期、贮藏物的累积（通常称为灌浆）以及脱水或成熟期(Wobus 等，2005)。在谷物发育的时间、空间维度上，不同地区的个体可能会有所不同。如下面讨论的 Chandra 等（1999)的报道，胚乳组织在发育过程甚至成熟时并非必需完全一样的（DeMason，1997)。

胚乳和胚发育是受精后的基本步骤。同时，子房和胚珠组织建立并维持有效的养分流动，以支持幼胚组织的生长和贮藏物的积累。同时也会产生保护层以保护种子休眠和萌芽时的颖果发育。

• **胚乳发育**

Bosnes 等（1992）和 Olsen 等（1992）定义了大麦胚乳发育的 4 个时期，即多核期、细胞形成期、分化期和成熟期。有关谷物胚乳发育的观察可参见 Brown

和 Lemmon (2007) 发表的统计报告。

①多核胚乳。初生胚乳核多次分裂,且都不生产细胞壁,在中央细胞壁和中央液泡直接形成多核胚乳(Olsen 等,1999)。在一个对 17 个大麦品种的研究中,胚乳几乎分裂成了 32 核的多核胚乳(Forster 和 Dale,1983)。虽然这些胚乳是由三倍体胚乳核分裂进行发育,而不是由一系列细胞融合而发育,但它也被称为合胞体 (Dumas 和 Rogowsky,2008)。合胞体层在反足细胞及珠心的腹侧比中央细胞的背侧要厚(见图 13.1B 和图 13.2H、I、L) (Bosnes 等,1992)。在自由核分裂时,有丝分裂装置是典型的植物细胞分裂,但成膜体仅存在很短的时间,所以不能形成细胞壁(Brown 等,1994)。当最终的核数量达到后,大麦的有丝分裂可以长达 2 天(Brown 等,1994)。Bennett 等(1975) 发现在细胞化最明显时,每天平均有约 2,300 个胚乳核形成。脉冲标记实验表明,在多核体时期 RNA 也合成,并且合成活性增加了 6 倍左右(Bosnes 和 Olsen,1992);而对胚乳 cDNA 的原位杂交实验表明,在多核体中 RNA 具有不对称表达特性(Doan 等,1996;Drea 等,2005)。

②细胞化过程。胚乳合胞体向胚乳细胞转变时,首先在胚囊周边形成一层胚乳细胞。该层细胞与胚囊壁垂直的细胞壁首先形成,称为初始垂周壁(Otegui 和 Staehelin,2002a;2002b;Otegui 等,2001; Otegui,2007)。核基放射微管使细胞核和它周围的细胞质形成相对独立的结构和功能单位——核质域(nuclear cytoplasm domains, NCDs),对调节胚乳细胞壁产生的位置和产生过程起重要作用(Brown 等,1994),这个过程发生在细胞壁沉积之前;这些主要的变化导致胞质发生变化,同时细胞核靠近中央液泡。这些区域由中央液泡及他们之间的胞质小桥分割开。同步偏振波接下来由靠近珠心的区域开始分散,沿两面同时进行,最后蔓延到背侧 (Brown 等,1996)。Brown 等利用免疫荧光标记技术研究大麦胚乳细胞壁形成过程时发现,由于核基放射微管的存在使胚乳游离核与周围的细胞质形成 NCDs,相邻的 NCDs 之间最先产生细胞壁,但是这种细胞壁与纺锤体、成膜体无关。这种细胞壁最初不与中央细胞壁相连,生长一段时间后才能与中央细胞壁相接,并认为这就是以前文献上所称的自由生长壁(Brown 等,1994;1996;Olsen 等,1995; Brown 和 Lemmon,2007)。细胞核锚定在中央细胞壁,与其他细胞核同步,最终由功能性的成膜体形成平周壁。一个新的气泡建立在相应的核和胞质周围,细胞化过程进一步到了中央细胞液泡之间(Olsen,2004)。Brown 等发现禾谷类植物(小麦、大麦、水稻)的胚乳在细胞化时 NCDs 有一个极化过程。首先是 NCDs 之间的胚乳细胞质中聚集许多小液泡,小液泡不断融合,使 NCDs 在垂直于胚囊壁的方向上伸长,同时 NCDs 内的胚乳游离核也在同一个方向上由球形伸长成椭球形,核基放射微管也重新排列,集中到核的两端呈放射状排列。因为最初的细胞壁在这种极化了的 NCDs 之间产生,作者

认为NCDs的极化预示了细胞壁的产生位置。利用对大麦胚乳细胞壁对应的单克隆抗体研究结果显示，细胞化开始后的头两天内，胼胝质（(1→3)-β-D-葡聚糖）和纤维素（(1→4)-β-D葡聚糖）出现在中央细胞壁中(Brown等，1994；Wilson等，2006)。细胞化过程同上面描述同步分裂的过程相似（Bosnes等，1992)。

③分化。胚乳分化为细胞包围胚(见图13.3C、F)、淀粉胚乳(见图13.1C、D和图13.3A、B)和外周细胞(见图13.1C、D (tr)和图13.3O)。外周胚乳细胞包括覆盖在淀粉胚乳表面的糊粉层(Royo等，2007)，糊粉层是胚乳的一部分，包裹在胚乳的周围，一般具有由非纤维素多糖组成的厚壁。成熟时为细胞器所充满，通常最多的细胞器是蛋白贮藏液泡(protein storage vacuoles，PSV)。PSV贮藏了大量的蛋白质和少量非淀粉碳水化合物以及以植酸盐形式存在的金属离子，其周围还围绕着大量的油质体。种子萌发时，许多小的PSV逐渐融合形成大的中央液泡，其内部的pH值会逐渐下降；与此同时，细胞壁逐渐变薄并消失。种子萌发到一定时间大液泡破裂，细胞开始出现皱缩并死亡。在此期间，糊粉层细胞不断向胚乳分泌各种水解酶类以降解贮藏物质，同时厚壁在逐步降解最后消失。定位信号似乎参与禾谷类物物胚乳的细胞定位（Becraft和Asuncion-Crabb，2000；Olsen，2001)。自由胚乳核定位在多核胞浆中珠心表达END1，一个在转移细胞和腹侧淀粉胚乳细胞化后存在的转录本(Doan等，1996)。

• **胚附近区域(ESR)**

Engell (1989)、Forster和Dale (1983)发现胚乳细胞形成比合子和胚早得多。该区域的细胞与典型的幼小淀粉胚乳细胞不一样(见图13.2K和图13.3C、F)。在小麦和大麦中，发育胚附近修饰化的胚乳已被阐述(Smart和O'brien，1983)，且可能同玉米的ESR及拟南芥的珠孔端胚乳(MCE)具有相似特点(Cosségal等，2007)。

• **淀粉胚乳**

随着细胞化进展，处于两端的细胞相遇，并在短时间内汇合，细胞壁在该区域形成一个可见的轮廓。进一步的细胞分裂更倾向随机（Brown等，1994)，从侧边的中心开始形成不规则的细胞（图13.3B)，而靠近珠心的分生细胞形成柱状细胞（Bosnes等，1992)。对一个大麦突变的研究支持了这一观点，该突变建立了侧边中的胚乳细胞，但是缺少由珠心区域延伸的柱状细胞。一系列的突变(Felker等，1985；Bosnes等，1987；Djarot和Peterson，1991；Schulman等，1994)可能有助于建立大麦胚乳细胞谱系(Olsen等，1992)。

淀粉胚乳的细胞发育成表皮微管但没有前期层（Brown等，1994)。胚乳继续分化，直到最后一批细胞分化完成。淀粉胚乳中的细胞大幅度膨胀，而细胞壁中低含量的纤维素使得这个过程顺利进行(Otegui，2007)。环境因素也会影响

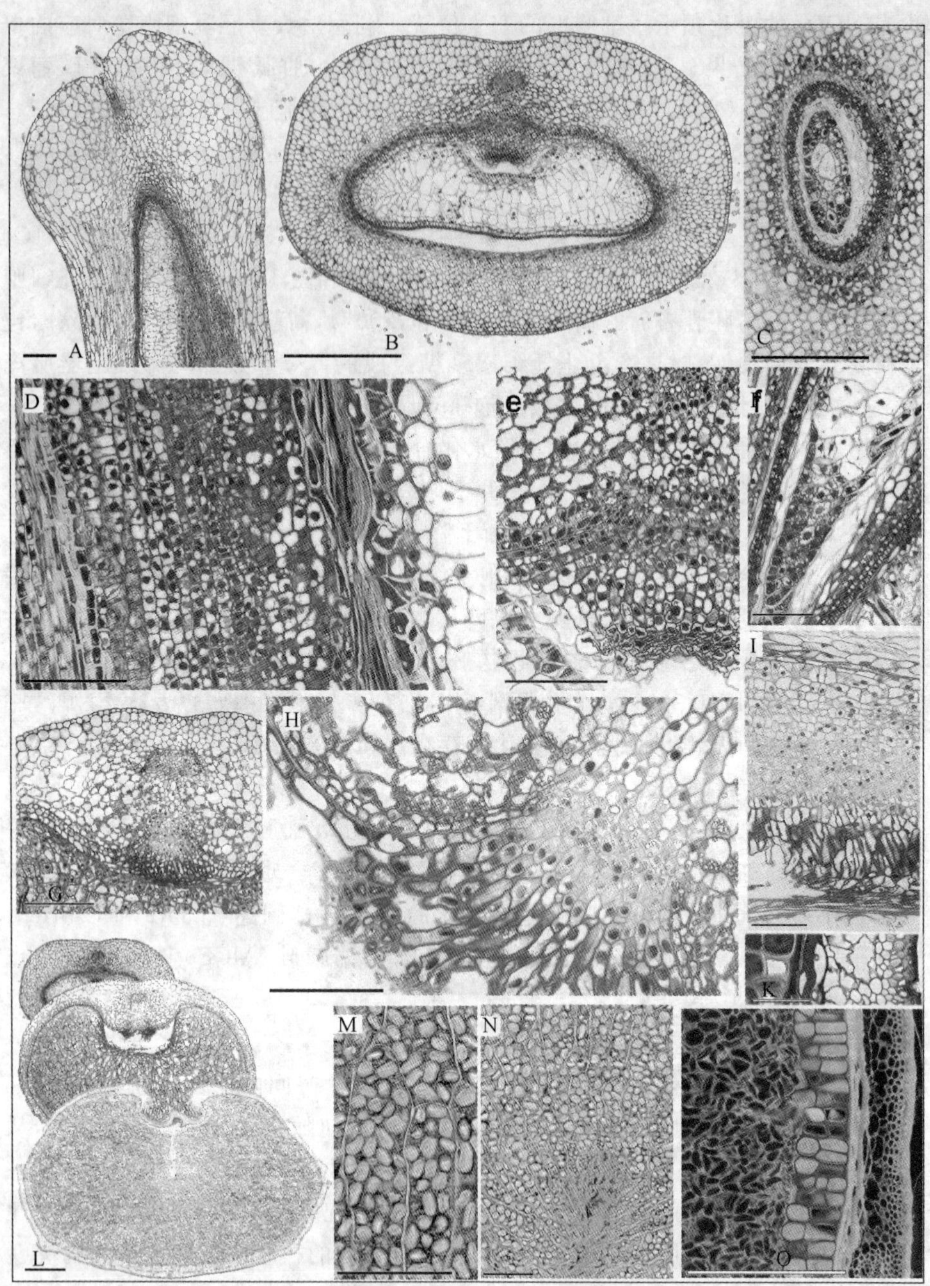

图 13.3 胚乳分化后期大麦籽粒发育

胚乳细胞壁的组分和形态（Lazaridou 等，2008）。

与玉米相同，中心胚乳细胞的细胞核发生核内复制，这对于高细胞中转录水平是必需的，或者有利于维持整个细胞与细胞核的体积平衡（Larkins 等，

2001)。在玉米中,当细胞开始快速膨胀时,核内复制也开始进行 (DeMason, 1997)。Nguyen 等(2007) 综述了有关禾谷类(玉米)胚乳核内复制的研究进展。射线自显迹法显示大麦(*cv. Bomi*)淀粉胚乳细胞持续其 DNA 的合成直至开花后 25 天。在开花后 5～25 天整个谷粒的 DNA 水平增长了 10 倍 (Giese, 1991)。

进入细胞期的细胞分裂一般是由里向外进行,即胚乳组织的增生是依靠外层细胞的不断分裂和生长。当胚乳细胞充满整个胚囊时,或者说其生长受到子房壁的限制时,分裂便停止。在外层胚乳细胞分裂的同时,处于内部的胚乳细胞便相继开始积累淀粉与蛋白质,这些贮藏物质的积累是由内向外推进,而由母体运来的灌浆物质却是由外向内输送。由于灌浆物质中并非都是合成淀粉和蛋白质的原料,其中的一些矿质、脂类等物质就积累在胚乳外层细胞中,胚乳外层细胞因被积聚矿质、脂类以及蛋白质等物质而转化成糊粉层细胞(Cameron Mills 和 von Wettstein,1980; Miflin 等,1981)。这两条积累途径在小麦中被细致的描述 (Rubin 等,2002; Loussert 等,2008; Tosi 等,2009)。

籽粒的大小和重量受胚乳细胞产生的数量以及灌浆的持续时间和速率影响(Renwick 和 Duffus,1987) (Coventry 等,2003)。大麦品种 Bomi 和来自 Riso 突变体的研究发现,胚乳中细胞核的总数和谷粒重量呈正相关 (Klemsdal 等, 1986)。细胞分裂的持续时间和最终细胞的数量品种间存在显著差异(Cochrane 和 Duffus,1981;1983; Evers 等,1981)。

- **糊粉层**

大麦颖果通常有三层糊粉细胞组成的糊粉层 (见图 13.1D 和图 13.3O),在谷粒的成熟过程中这些细胞始终处于活细胞状态,其细胞壁厚约 10～30 微米,由初生壁和次生壁构成,两层壁之间有一薄层 (Pomeranz,1972)。糊粉细胞间或者糊粉细胞与淀粉胚乳细胞之间由胞间连丝连接 (Gram,1982)。这些细胞富含糊粉粒(也叫蛋白质贮存泡或者蛋白质体,直径约 1～5 微米),还含有一些圆球体。糊粉粒的主要成分是蛋白质、植酸钙镁、磷酯和碳水化合物(Jones, 1969)。在主要由 8S 贮存球蛋白 (在贮存球蛋白部分介绍) (Yupsanis 等, 1990; Bethke 等,1998)构成的蛋白软糊状基体中,糊粉粒包含植酸和蛋白糖类晶体 (Buttrose,1971;Jacobsen 等,1971)。在胚乳细胞的细胞质中,液泡和圆球体中球蛋白的生长与细胞膜相关 (Gautam 等,1993)。Lonsdale 等(1999)应用高压冷冻结合后续的冰冻置换技术成功地改善了结构的保存。

Becraft(2007)综述了糊粉细胞的发生。大约在花后 10 天,在密集的细胞质和细胞的液泡化中,可以观察到糊粉分化信号(Bosnes 等,1992)。分化的调节取决于相对于其他籽粒组织的位置 (Royo 等,2007)。在缺乏棱镜胚乳细胞的大麦突变体观察到,这些细胞以珠心为原点呈扇面辐射展开。这种突变体形成了仅仅在胚乳的两个裂片上的糊粉细胞，这表明糊粉层的分化取决于胚乳(Bosnes 等，1992)，而不是细胞在谷粒中的位置。编码油质蛋白和一种休眠相关蛋白的转录本可以用作糊粉层分化的标记，这两种蛋白也在胚中表达（Aalen 等，1994）。

在拟南芥和水稻中，Dek1、Cr4 和 Sall 基因调控糊粉层的特性，其同源基因在大麦中也被发现。大麦的 defecctive seed5(des5)突变导致糊粉细胞减少，并且使糊粉层的背斜壁发生改变。胚的发展也受影响，而且芯片分析显示 *HuCr4* (H. *vulgare crinkly4*)，表示下调(Olsen 等 2008)。

糊粉细胞继续分化为比含淀粉的胚乳细胞更长的细胞（Kvaale 和 Olsen，1986)，发展成为环状皮质微管和组织发生的前期前带（Brown 和 Lemmon，2001a)。大麦糊粉转录本的后转录调控机制在突变体中发生较晚，并参与 mRNA 去稳作用（Aalen 等，2001)。

Jestin 等(2008)利用糊粉层厚度和数量不同的两品系的后代，分析研究了糊粉层厚度和数量的遗传，结果发现它们显著相关。与淀粉胚乳细胞不同，糊粉细胞仅经过一个循环的核内复制（Keown 等，1977)。基于 20 DAF 的冻干颖果扫描电镜分析，Adler(1990)提出糊粉层中的细胞分裂将一直持续到种子发育的最后阶段。

• **胚芽糊粉**

大麦中的单层胚芽糊粉细胞含有少量的植酸钙镁或蛋白质沉积物(Cochrane，1994a)。这些细胞的细胞壁很薄，并且比正常的糊粉细胞小，形状不规则，有一个大的细胞核和深色的细胞质。然而，它们与覆盖淀粉胚乳的糊粉细胞有着一些共同特征（Pogson 等，1989)，如细胞壁中含有酚酸(由自发荧光实验得到)。成熟的糊粉层中酚酸和过氧化物酶在萌发期间和发芽后可能起到抗氧化的保护功能（Cochrane，1994b)。

(3)成熟

淀粉胚乳的成熟涉及大量的贮藏物质、淀粉(见图 13.31N)，以及大麦醇溶蛋白的积累；而糊粉细胞中则积累了一些油、8S 球蛋白和矿物质(包括植酸钙镁)。在成熟期，细胞遭受程序性细胞凋亡（PCD)，说明了核 DNA 典型的退化模式（Yong 和 Gallie，2000；Fath 等，2000)。小麦两侧的成熟胚乳细胞长约 70～140μm，宽约 70～120μm（Evers 和 Millar，2002)。

• **胚的发育**

成熟期，草类种子的胚高度分化，表现出根和芽分生组织以及一些叶的原始体。盾片是草本植物唯一的一种变态的“吸器器官”(Malcomber 等，2006)，可能是变态的子叶（Guignard 和 Metre，1970；Rudall 等，2005)。然而，其胚结构与其他类植物器官的同源性一起富有争议（Brown，1960；1965；MacLeod 和

Palmer,1966; Natesh 和 Rau,1984)。

大麦胚培养,培养基中添加细胞分裂素,结果盾片和胚芽鞘长出一些毛并合成叶绿素,佐证了盾片是一种变态的子叶或真叶观点(Natesh 和 Rau,1984; Chandler,2008)。胚还可以由来自未成熟的角质鳞片所形成的愈伤组织诱导生成(Oka 等,1995)。

MacLeod 和 Palmer(1966)观察到胚的四个明显部分:由胚根鞘包裹的胚根和附属根,由圆柱形的胚芽鞘、茎尖和叶原基构成的胚芽,在胚根和胚芽之间的胚轴,盾片。

大麦(*H. vulgare*)的受精卵比卵细胞稍大,据 Engell(1989)报道其大小约为 80μm×38μm,细胞分裂中期包含 14 条染色体,原胚核细胞含量为 4C(Bennett 和 Smith,1976; Mogensen 和 Holm,1995)。在作为新生胚的胚柄的珠孔末端受精卵与珠心细胞接触。当胚生长到 20 个细胞时,这时游离于胚乳中(Norstog,1972)。

起初胚并不长大,因为受精卵的第一次分裂将分裂成更小的细胞(Engell,1989)。直到受精以后的第三天才会产生 10～15 个细胞(见图 13.2K,M)(Merry,1941; Engell,1989; Kunert,1990),约 6 天后形成未分化胚(Merry,1941)。Engell(1989)和 Norstog(1972)对早期的胚的发育进行了详细描述。作者将胚发育归于 Onagrad 型 Poa 变异。Batygina(1969)在小麦属植物中基于倾斜的分裂水平、四细胞胚的 T 形形式、早期盾片分化,腹背对称等原理定义了一个禾本型的胚发育。

最早可见的分化大约在花后 7 天,在胚上部第三层最外面细胞层的一个小的突起,源自于亚原始真皮层的平周分裂。之后茎分生组织分化产生三个叶原基(Merry,1941; Klaus,1966)。发育中的胚芽鞘最初在茎分生组织呈现出脊状,最后包围生长,覆盖于芽尖和叶原基。草中最初的根原基是内生的(Natesh 和 Rau,1984)。大麦初生根发育始于约 10DAF,成熟胚的种子初生根长约 850μm。萌发时,主根穿透胚根鞘,形成新生植物的第一条根。一些成对的次生根原基在胚发育三周后可见(Luxová,1986)。胚长度继续增长直到 20DAF(Kunert,1990)。

盾片最初在幼胚的顶端区域,并向上伸展,长度生长要远大于厚度增加,形成一个典型的盾形结构。盾片快速的生长和伸长使得胚的顶尖分生组织到了侧面(Norstog,1969)。在成熟未萌发的籽粒中,盾片的腹面覆盖着胚乳分化的一个带小伸长细胞的上皮组织,长大约 30～40 微米,宽 5～8 微米(MacLeod 和 Palmer,1966;Gram,1982),在吸收活跃期长 80 微米(Negbi 1984)。上皮和薄壁的细胞富含液体贮藏物和蛋白质体,而淀粉存在于盾片基部的第三层(Smart 和 O'Brien,1979a)。在大麦的角质鳞片中,阿魏酸作为主要的酚类化合物存在,导致它自发荧光（Smart 和 O'Brien，1979b）。草类作物种子中的糊粉层和盾片细胞表现出很相似的组织学特性以及对激素的应答及表达谱（Aalen 等，1994）。

早期胚营养供应可能是由 ESR（Cosségal 等，2007）或胚柄提供或是被其影响，胚柄与其他胚细胞的区别在于其具有较多的细胞质液泡。超微结构显示胚在早期从珠心组织分离出来（Norstog，1972）。胚乳发育早期的细胞增加存在明显差异（Raghavan，2006），但是 Norstog（1972）并没有发现胚细胞与胚乳细胞之间的胞间连丝。放射性图谱解析从绿色果皮层通过合点和珠孔到达胚（Patric 等，1991）。

通过体外细胞培养研究发现，大麦胚能通过主动转运蓄积蔗糖，并且胚乳层的消亡接近于盾片（内中间层），显示胚乳为胚发育晚期提供营养（Cameron-Mills 和 Duffus，1979）。随着碳水化合物及蛋白的快速积累，大麦胚的生化性质发生着改变（蛋白、糖、DNA、RNA）（Duffus 和 Rosie，1975）。

成熟草类植物的胚相对于胚乳显得较小，胚位于籽粒背面基部（Natesh 和 Rau，1984），存在于中间层（包含退化的胚乳细胞，约 30 微米）与芽糊粉层之间（MacLeod 和 Palmer，1966）。在大麦胚发育的最后一个时期自然脱水和停止发育（Bartels 等，1988）。

• 胚和胚乳发育的协调

虽然其他被子植物的研究显示，来源于受精卵的信号会影响胚乳的发育（Berger 等，2006；Nowack 等，2006），但是有关胚与胚乳发育的协调迄今仍所知甚少（Nowack 等，2006；Dumas 和 Rogowsky，2008）。大麦 *des*5 的突变会影响胚乳细胞形成、糊粉层及胚的发育（Olsen 等，2008）。为维持合子及胚乳的生长，也需要体外受精培养细胞或胚珠的共培养（Kranz 和 Scholten，2008），这显示某些因子在这些组织生长过程中是必要的。另外，Arabidopsis 基因家族的 *Retarded growth of embryo* 1 基因控制胚心期的发育，并且它是在胚乳中表达（Kondou 等，2008）。Ungru 等（2008）提出一个模型——在胚和胚乳之间存在 4 种不同的信号传导途径。

大麦胚乳的发育先于胚的发育（Engell，1989）。这意味着胚细胞的循环时间（10.8 小时）大约是胚乳中细胞核循环时间的 3 倍（3.5 小时）。这也意味着 17 种胚的突变体循环时间为 9.2～12.9 小时，并且在胚的发育速度与胚乳细胞的数目之间存在某种联系（Forster 和 Dale，1983）。这种在多核细胞中对生物合成活性（如细胞壁的生物合成）的较低要求也是导致循环时间差异的原因之一。

胚、胚乳及其他不同组织发育存在的同步性，由此进行颖果发育过程中外部特征与内在变化的相关性关联。在花后 33DAF 内，建立了胚、胚乳发育期与颖果、外稃大小的 13 个时间点的相关性（Xi 和 Ye，1997）。

• 籽粒发育过程中营养与水的供应

大麦籽粒发育期对水及营养物质的高效转运包含一些特殊组织的协同参

与。穗与小穗的维管系统，承担从源组织如叶、茎(Daniels 等，1982；Bonnett 和 Incoll，1992)、分蘖(Lauer 和 Dimmons，1988)和芒(Jiang 等，2006)向子房输送同化产物。发育早期，其他可能的营养来源，源于退化的珠心、反足细胞(Engell，1994)、果皮细胞里的淀粉，以及绿色果皮细胞的同化产物(Morrison，1976；Nutbeam 和 Duffus，1978；Tambussi 等，2007)。

①维管组织。开花前，在雌蕊与颖壳之间形成了维管连接(Pizzolato，1998)。在穗从叶鞘伸出之前的 2～3 天，穗轴与茎的交叉处(穗颈)形成 4～6 个维管束，呈椭圆形排列。2 个主要的侧束及 4 个外侧束参与小穗的形成过程(Pizzolato，1997)。在颖壳下面的分支区域的束不再明显，并且在该非连接区域的细胞开始显示出转运细胞的特性，这与 Zee 和 O'Brien 等(1970)对小麦穗的描述相吻合，它们可能参与控制物质的吸收及营养的再摄取(Patrick 和 Offler，2001)。支持侧小穗、颖、外稃、穗轴、浆片、雄蕊的维管束分支，在维管束最终到达子房前分布在小穗轴的不同位置，其余的维管束最终到达子房并分成近轴和远轴链(Kirby 和 Rymer，1975)。开花期靠近穗轴节片处新形成的维管束呈扇形分布，远离穗轴节片处呈椭圆形及其他形状分布。有筛管的侧束会延伸进入柱头分枝。前束向上延伸到外稃。随着穗的发育，原穗轴中的部分维管束与穗轴节片处新形成的维管束延伸至颖壳和小穗轴，尔后向上分支延伸至小花的外稃、浆片、内稃。筛管和木质部的数目在基部最多，越靠近子房顶部越少(见图 13.1)(Lingle 和 Chevalier，1985)。

②转移细胞。转移细胞在植物中普遍存在，是在共质体-质外体交替运输过程中起转运过渡作用的特化细胞；它的细胞壁及质膜内突生长，形成许多折叠片层，扩大了质膜的表面积，从而增加溶质内外转运的面积，有效地促进囊泡的吞并，加速物质的分泌或吸收(Gunning 和 Pate，1969；Offler 等，2002)，存在于包括大麦在内的作物的籽粒灌浆中。转运细胞常分布于组织边缘及质外体和共质体交界处(Offler 等，2002)。在大麦中，它们存在于胚乳腔的两侧，是珠心突起的外围细胞，在幼胚，胚乳转运层的细胞表现出大量的细胞壁内突生长。Wang 等(1994)描述小麦转移细胞的特殊结构。转运细胞的质膜伴随着细胞壁的内突生长，并导致了表面的明显扩增(Pate 和 Gunning，1972)。

③从维管组织到胚乳的途径。溶质和水从子房腹侧维管组织的韧皮部卸出。籽粒发育中蔗糖转运进入胚乳是胚乳中淀粉形成的基础(Lingle 和 Chevalier，1984)。除了同化物，韧皮部汁液还含有蛋白质(其中可能包括蔗糖转运异构体)和 mRNAs (Gaupels 等，2008)。共质体的后韧皮部途径(Zhang 等，2007)通过薄壁组织细胞，在胚珠和胚珠壁形成一个不含珠被的连接区域(常称之为合点和合点区)，并且继续向珠心突起形成内胚乳腔(见图 13.3D、E、G)。在小麦中，丰富的胞间连丝将薄壁组织细胞连接到合点区域的细胞(Wang 等，

1995a)。在母体和幼胚间,珠心细胞释放物质到质外体空间。胚乳的转运细胞调控营养元素的吸收以及进一步通过共质体途径运输进入淀粉胚乳(Wang 等,1994b;1995b)。胚乳中的活动呈放射状发生,且实验表明存在共质体途径,没有发现同化产物的纵向运输现象(Patrick 等,1991)。韧皮部对同化产物的吸收一般沿粒长方向进行(Sakri 和 Shannon,1975)。荧光染料一直被用作质外体和共质体途径的追踪物,来研究小麦(Wang 和 Fisher,1994;Wang 等,1994b)和大麦(Cook 和 Oparka,1983)同化产物的运输途径,这已被解剖学研究证明。大麦 *seg*1 突变体由于没有正常的同化产物供给,颗粒变小,产量下降(Felker 等,1983)。在这个突变体中,合点的早降解干扰了正常同化产物运输到子代组织中,这可能是由于细胞质中高浓度的单宁和珠心突起的消失(Felker 等,1984)。

④珠心突起。珠心突起在合点(最初的珠被之间区域)和内胚乳腔之间生长。它是一个动态结构,伴随着其自身位置以及发育阶段的改变,而具有不同的突起细胞外表(见图 13.2I 和图 13.3D、E、H)。在形成珠心突起的组织中,任何改变都会影响其功能。花后 10～15 天,珠心突起核心处的细胞是薄壁等径的,并具有大的细胞核和少量液泡。具有运输细胞特性的厚壁细胞和胚乳腔相毗邻,而那些在珠心突起基部的细胞很少分化。核心处突起细胞在发育过程中不断延长,珠心突起逐渐分为几叶(见图 13.3E、L)。进一步分化,运输细胞更多地集中在珠心突起中心,以及靠近内胚乳腔退化处的细胞(Cochrane 和 Duffus,1980)。Linnestad 等(1998)比较研究了四个发育阶段中的珠心突起以及突起细胞区域的结构。Wang 等(1994a)界定了小麦中珠心突起细胞的四个形态阶段,其分化程度和细胞壁生长速度不断增长。他估计在这一过程中质膜表面区域增加了 22 倍,以提供足够的蔗糖转运能力。原位杂交 (Sturato 等,1998)以及对离体突起组织的转录本分析 (Thiel 等,2008)证明了伸展蛋白及细胞壁蛋白的存在 (Wei 和 Shirsat,2006),他们可能参与细胞防卫或壁的稳定性。应用免疫组学和组织化学技术,在突起细胞中分离到胼胝质((1→3)-β-葡聚糖),在 10～20DAA 尤为显著(Asthir 等,2001)。

⑤内胚乳转移细胞层。细胞化后,特异转移细胞(糊粉体)在胚乳表面面向胚乳腔和珠心突起的一侧进行分化[见图 13.3D、E 转运细胞(tr)]。大麦中这种协同的发育调控可能参与可溶物的运输,正如其他系统所显示的那样(Offler 等,2002)。这些细胞有利于提高同化产物运输到淀粉胚乳的能力(Wang 等 1994a;1995a),并且由此提高了库强。转化酶、己糖转运子和蔗糖转运子在大麦胚乳转运细胞中表达并调控已糖和蔗糖转运到胚乳(Weschke 等,2000,2003),氨基酸通透酶的上调,表明其参与来自胚乳腔的氨基酸的吸收(Thiel 等,2008)。约 32 个转运细胞特异转录本在小麦中表达,包括转化酵素、胶质甲基酯酶抑制剂以及参与细胞壁合成的蛋白质 (Drea 等,2005)。亲水性的蛋白可能与植物的

防御有关，可以防止病原体从合点处侵入(Royo 等，2007)。水稻中转移细胞特异的启动子在大麦中成功得到验证，这可能为修饰大麦相关基因表达提供了可能性(Li 等，2008)。

⑥运输组织中的发育变化。褶皱区域的形态变化，包括细胞壁的修饰以及细胞中色素次生物的积累。维管组织、合点区域及珠心突出物发育的改变，可能会减少甚至终止籽粒灌浆(Zee 和 O'Brien，1970b；Lingle 和 Chevalier，1985)。合点的细胞壁在发育早期并没有加厚，但是随着发育的进展，细胞液泡内会积累大量丹宁类物质 (Cochrane 1983)。花后约 12～14 天，这些物质以小颗粒的形式存在(见图 13.3G～I)，随后形成大环状填充整个细胞 (Cochrane 和 Duffus，1980)。灌浆结束后，可见珠心细胞液泡中丹宁的释放及细胞质的降解现象。Cochrane 等(2000)认为上述现象可能会引发籽粒发育过程中的脱水阶段，木质部及薄壁组织中产生突出物的细胞可能参与上述过程 (Cochrane 等，2000)。合点细胞壁木质化，且在次生壁上产生一层木栓质，此过程在 cv. *Halcyon* 品种中，始于花后 18 天(Cochrane 等，2000)。木质化及木栓质的沉积不断隔离非原质体和共质体，导致了非原质体通过合点的通路被堵断，但是这种堵塞会对籽粒中水的内容物产生多大的影响目前还不能确定 (Cochrane 等，2000)。尽管如此，在藻浆中期的小麦籽粒中发现，色素链对非原质体转移具有高抵抗力(见图 13.3H)(Wang 等，1994b)。木质化和木栓质的沉积涉及过氧化酶，在 10DAF 和 40DAF 的大麦提取物中发现过氧化物酶的活性达到最大值(Astrir 等，2002)。而在合点细胞中同样发现了二氨氧化酶的活性很高，这可能是过氧化氢酶所需的过氧化氢的来源。类似的二级修饰同样发生在合点附近的珠心突起细胞。从大麦合点和珠心突起提取的丹宁的主要成分为花翠素和花青素。丹宁在液泡内，而液泡随成熟会不断变大(Felker 等，1984)。Thiel 等(2008)利用激光解剖，分离 8DAF 珠心突起细胞，并确定了转录组水平的表达情况，佐证了与运输、氨基酸代谢及植物次生代谢相关的基因表达上调。尽管胚原基从原始细胞开始到灌浆结束过程中，穗和籽粒在大小和组成都快速地发生着变化，但在整个过程中运输都在有效进行着。韧皮部细胞和合点的最后消失是在灌浆后(Lingle 和 Chevalier，1985；Cochrane 等，2000)。

• **籽粒保护层的发育**

成熟大麦籽粒的保护层包括持久性层及过渡期组织的余留物。最外面一层是壳，包括内稃和外稃，通过液体黏合物与果皮黏附在一起 (Gaines 等，2000)。栽培裸大麦的颖壳会在脱粒时脱落(Taketa 等，2004)。颖壳下面是加厚的果皮的表皮，主要有外面的角质层、皮下组织残留物及软组织细胞的细胞壁(见图 13.3K、O)。大麦籽粒横细胞，源自于籽粒纵向线垂直角度，果皮的内表皮是两至三层含叶绿素的细胞层的残留物(见图 13.1)，但是筛管细胞来自于果皮的内表皮(见图 13.1A)(Krauβ,1933; Tharp,1935)。

种皮(果皮)是包围在胚和胚乳外部的保护组织。种皮分内外两层,内种皮由内珠被发育而来,外种皮则由外珠被发育而来,种皮是一些无原生质的死细胞,细胞间有许多孔隙,使种皮形成多孔结构。种皮外表的蜡质、角质、表皮毛等结构加强了种皮的保护功能。果皮则是由子房壁发育而来,分内、中、外三层,颖果的果皮与种皮难以分离(Werker,1997)。在大麦中,角质层分布于内珠被的里外两层(Kraup,1933)。在大麦和小麦中,内角质层起源于珠心表皮,随后紧紧地跟种壳的内侧贴在一起(Morrison,1975; Cochrane 和 Duffus,1979; Freeman 和 Palmer,1984; Duffus 和 Cochrane,1993)。

珠心的表皮在糊粉层分化时开始萎缩(见图 13.1D),仅剩下破碎的细胞壁,这些细胞壁进一步形成透明层,而透明层又是构成成熟籽粒胚乳保护层的一部分(Duffus 和 Cochrane,1993)。

花期,内外珠被各包含两个细胞层,构成胚珠的外边界。这两个珠被主要区别在于他们的起源和细胞结构(见图 13.1A)。外珠被的辐射状细胞相对较薄,其在珠心大规模扩张时逐步减小,并在授粉数天后彻底消失。与外珠被不同,内珠被则显示出对珠心生长的适应性,在早期它可以通过细胞分裂来适应珠心的生长,在后期它通过细胞伸长来适应珠心的生长(Kraup,1933; Tharp,1935)。

内珠被的内层细胞能在液泡中积累原花色素(见图 13.1D 和图 13.3H 的箭头所示)。这些酚类化合物可能与其抗性有关,同时维持细胞的密闭性(Freeman 和 Palmer,1984; Quinde-Axtell 和 Baik,2006)。应用芯片技术分析野生型和花青甙/原花色素突变体种皮的转录本,发现了与原花色素合成相关的转录本(Pang 等,2004)。

拟南芥胚乳和种皮协同构成了胚乳和珠被的大小。当胚乳的生长调节种皮细胞伸长时,种皮细胞生长的受阻限制了胚乳的生长,从而影响了胚乳的大小(Garcia 等,2005; Ingouff 等,2006)。在超表达 KNAT1 基因的转基因拟南芥中,在外珠被中额外的细胞分裂被更小的细胞所抵消,又一次体现了这个调节机制(Truernit 和 Haseloff,2008)。MoÏse 等 (2005)研究了拟南芥种皮细胞的基因表达。

在大麦中,已成功克隆种皮特异性的启动子,这为表达抗真菌物质和修饰细胞壁化合物及其结构提供了可能(Wu 等,2000)。籽粒保护层的防水性主要取决于种皮、珠心表皮及其角质层,而这一切都是色素带、果皮、种皮的作用(Briggs 和 MacDonald,1983)。

• 籽粒发育期的细胞死亡

在颖果发育的过程中,各种各样的细胞和组织不断降解消失(见图 13.1),如珠心、反足细胞、外珠被、果皮的内表皮、果皮的薄壁组织、内珠被的外层、珠心表皮、淀粉胚乳珠心突起和合点。在大孢子发生时,三种减数分裂产物会被清除;在授粉时,助细胞也必须被降解。

在植物中,细胞程序性死亡(PCD)是一种很常见的现象,存在于植物生长发育的各个阶段,并伴随着各种各样的机制(Beligni 等,2002)。包括参与类细胞凋亡的凋亡型细胞,DNA 断裂生成核小体组蛋白,释放线粒体蛋白(Reape 和 McCabe,2008)。半胱氨酸蛋白酶(Solomon 等,1999)和天冬氨酸蛋白酶,如 nucellin 蛋白和 phytepsin 蛋白(Simoes 和 Faro,2004)也参与了植物细胞死亡形式。Jones(2000)认为植物的 PCD 可分为程序性坏死、自体吞噬的细胞死亡、自溶作用和细胞凋亡 4 种类型。而 Fukuda(2000)认为植物的 PCD 可以分为以超敏反应为代表的类似凋亡的细胞死亡、类似叶片衰老的细胞死亡和以输导组织分化为代表的液泡起关键作用的细胞死亡等 3 种。

在谷物中,PCD 发生在淀粉胚乳和糊粉层中(Young 和 Gallie,2000),但是在不同时间和不同方式下发生 PCD(Fath 等,2000)。在大麦淀粉胚乳随机分布的细胞中,于 9DAF 检测到类 capsase 蛋白水解酶活性,且于 20DAF 在整个胚乳中都能检测到。该酶活性与自噬体共定位。在 19～25DAF,在淀粉胚乳细胞未检测到 DNA 碎片(Borén 等,2006)。细胞死亡开始于小麦籽粒发育过程中受精后的中后期,在 30DAF 整个淀粉胚乳都受到影响(Yong 和 Gallie,1999)。

禾谷类种子胚乳发育过程中的程序性细胞死亡主要发生在种子成熟期的后期,并伴随着生物合成的停止和自然脱水。到胚乳发育的最后阶段,仅外围糊粉层细胞保持活性,其余的富含淀粉的贮藏组织全部死亡,乙烯和活性氧促进胚乳发育中的 PCD,而 ABA 起负调节作用。种子萌发过程中糊粉层降解的 PCD 被 GA、Ca^{2+} 和活性氧促进,被 ABA 和抗氧化剂抑制。大麦发芽后糊粉细胞死亡受赤霉烯酸(GA)和脱落酸(ABA)的调控,并导致自溶(Cejudo 等,2002;Dominguez 等,2004;Bethke 等,2008)。该过程还伴随着活性氧的产生,H_2O_2 能使 GA 处理的糊粉层细胞死亡加快,一氧化氮(NO)延缓糊粉层细胞死亡,起到抗氧化剂的作用(Beligni 等,2002)。

珠心细胞降解始于受精前,并且持续数天(Engell,1994;Norstog,1974)。Engell (1994)报道珠心溶解产物靠近反细胞(见图 13.2H)。一种天冬氨酸蛋白酶 Nucellin 可能与珠心细胞降解有关,且于 3～4DAF 在所有大麦珠心细胞中大量表达。受精前,Nucellin 活性仅限于合点附近(珠心降解开始的区块)的一组细胞(Chen 和 Foolad,1997)。在水稻和大麦中表达时,大麦 *nucellin* 的水稻直系同源位于珠心和胚(Bi 等,2005)。Gubatz 等(2007)报道了 *nucellin* 在大麦花期的三维表达模型(详见:http://3d-barley. ipk-gatersleben. de)。4DAA 可以开始检测到大麦珠心 DNA 断裂片断(Borén 等,2006)。Nucellain(液泡加工蛋白)在自溶珠心、珠心表皮和小麦珠心突起被免疫定位(Linnestad 等,

2006)，这和大麦中的结构相似。

电子显微镜观察得到典型细胞死亡的特征，但不是典型（动物）细胞凋亡通路（Domínguez 等，2001）。Radchuk 等(2006)报道了珠心突起的一个转录本编码与细胞死亡或分化相关的小蛋白。Lindholm 等(2000)报道，天冬氨酸蛋白酶 Phytepsin（液泡蛋白酶）与大麦发芽期盾片的 DNA 断裂相关。珠心和反足细胞降解、果皮消耗与幼胚组织在各个发育阶段的营养供应变化相关。

细胞活力染色试验结果显示，细胞死亡在 4DAA 果皮中发生，5DAA 可以开始检测到内核小体蛋白断裂(Domínguez 等，2001)。基因表达分析表明在茉莉酸和乙烯调控下，组织中包含一类特异的蛋白酶(Sreenivasulu 等，2006)。

3. 成熟籽粒的组成

(1)大麦成熟籽粒贮藏物质组成与分布

• **糊粉层**

胚乳的外层与种皮相接之一层或少数几层为“糊粉层”，含多量蛋白质颗粒和结晶。大麦成熟籽粒的糊粉层包含两到三层富含脂质、蛋白质和矿质元素的厚壁细胞。脂质为油体颗粒，籽粒发育过程中油体蛋白的 oleosin 转录产物（Aalen 等，1994；Aalen，1995)，表明了可能像其他种子一样由外周 oleosin 油质和磷脂层维持该成分的稳定性（Napier 等，2001)。

糊粉层还包含“糊粉粒”，即包含球蛋白和晶状蛋白的储藏物质（Buttrose，1971；Jacobsen 等，1971)。球蛋白包括植酸钙镁，晶状蛋白由蛋白质和碳水化合物组成。晶状蛋白主要由 8S 球状贮藏蛋白组成，但是该组分参与碳水化合物反应的本质尚未被鉴定。8S 球蛋白已经从富含糊粉粒的细胞中纯化和鉴定（Yupsanis 等，1990；Banciu 等，2007)，并通过对细胞组织印迹技术（Wiley 等，2007)和蛋白质组学分析（Laubin 等，2008）证实其存在于小麦糊粉层。但是，淀粉在糊粉层中很少甚至不能检测到。

• **胚**

大麦胚芽贮藏物质组成及分配尚未分析详尽。尽管如此，已经知道胚芽富含脂质，约占其干重的 20%（Bhatty，1982)。约 90%的脂质为三酰甘油（Bhatty，1982)，主要以油体形式存在于盾片。胚发育过程中 oleosin 转录表达表明了该油体周围包围着 oleosin。大麦胚与其他禾谷类植物（Kriz，1999）一样，包含 8S 储藏球蛋白（Heck 等，1993)。

虽然胚发育过程中可检测到淀粉（Duffus 和 Cochrane，1993)，但之后被消化，因而在成熟籽粒中含量甚微或没有。

• **淀粉胚乳**

虽然淀粉胚乳常被认为是由富含淀粉的细胞组成的同形组织，但事实并非如此。用光学显微镜观察成熟籽粒显示，细胞大小和组成从亚糊粉到胚乳中心部分呈坡度变化，并通过特异染色、抗体和籽粒片段分析的方法获得更详尽的信息。

对亚糊粉层尚未有明确定义，但是可以确定的是糊粉层下面(内部)两到三层细胞。这些细胞富含蛋白质，该蛋白质组成一个连续的、几乎不含淀粉粒的矩阵(见图 13.1D，箭头所指)。亚糊粉层细胞层下方为典型的"淀粉胚乳"，由淀粉粒和少量蛋白质所包围（见图 13.1D 和图 13.3M）。

除了蛋白质含量外，其蛋白质组成也呈现变化趋势，该结论已经通过精确的组织免疫细胞化学标记(Millet 等，1991；Shewry 等，1996)和籽粒片段分析证实（Darlington 等，2000；Tesci 等，2000）。研究表明，亚糊粉细胞富含"富-S"和"S-稀缺"的 B、C 和 γ-醇溶蛋白，而不含 D-醇溶蛋白。相反，淀粉胚乳的中心细胞富含 D-醇溶蛋白。

对大麦、小麦籽粒发育的研究表明，成熟大麦籽粒的淀粉胚乳中也可能存在细胞壁组分变化(Philippe 等，2006；Wilson 等，2006；Toole 等，2007)，但尚未进行研究。

(2)碳水化合物

现有报道显示，大麦成熟籽粒中碳水化合物占 78%～83%（MacGregor 和 Fincher，1993)，淀粉占 50%～70%（见表 13.1，Henry(1988))。大多数碳水化合物为细胞壁多聚糖，包括 β-葡聚糖、纤维素和阿拉伯糖基木聚糖（AX)，只有小部分(2%～35%)为蔗糖或其他种类的糖。

表 13.1 大麦籽粒碳水化合物组成 （Henry ，1988）

Carbohydrate	Fraction	% of Dry Weight
Monosaccharides	Glucose	0.03～0.6
Disaccharides	Fructose	0.03～0.16
Oligosaccharides	Sucrose	0.006～0.14
	Maltose	0.019～0.97
	Fructans	0.14～0.83
Polysaccharides	Raffinose	51.5～72.1
B-D-glucans	Starch	4.4～7.8
	Pentosan	3.64～6.11
	(arabinoxylan)	1.44～5.0
	β-glucans	
Total carbohydrate	Cellulose	78.0～83.9

• **淀粉**

虽然禾谷类籽粒发育过程中，淀粉在果皮和胚乳中合成，但是其存在非常短暂，除了作为淀粉胚乳的主要成分，成熟籽粒其他部分几乎不含淀粉。关于禾谷类植物中淀粉合成已经由 Tomlinson 和 Denyer (2003)进行了详细综述，在此不再讨论。同样，大麦淀粉的许多特征也和其他禾谷类作物和所有植物相同，故在此也不作详细说明。

• **淀粉组成**

和所有植物一样，大麦淀粉是由直链淀粉和支链淀粉组成的混合物，它们都由单糖组成。直链淀粉是 D-葡萄糖基以 α-(1→4)糖苷键连接的多糖链和少量 α-(1→6) 糖苷键连接的支链，导致很少支链。虽然直链淀粉的分子大小不尽相同，MacGregor 和 Fincher (1993) 计算出了 1800 个分子大小多态性 (DP) 的平均水平(如每分子所含单糖的数量)。它们同时还指出其支链水平类似于小麦直链淀粉，即每分子淀粉含 5 条支链(Takeda 等，1984；1987)。其他禾谷类作物直链淀粉中支链长度含 4 到 100 以上的单糖变化范围(Takeda 等，1984；1990)。

与此相反，支链淀粉是一个富含支链的分子，除大多数的葡萄糖基以 α-(1→4) 糖苷键连接外，还有 5%的 α-(1→6) 糖苷键连接的支链。其平均相对分子质量为(3.6～4.1)×10^8(MacGregor 和 Fincher，1993)，且包含数千个单糖元。支链淀粉是“常规”大麦淀粉的组成成分，据报道约占 65%～77% (MacGregor 和 Fincher，1993)。尽管如此，两种类型的大麦突变体中直链淀粉和支链淀粉的比例有所变化。

首先，典型的“糯”品系含有 90%～98%的支链淀粉(MacGregor 和 Fincher，1993)，“糯”品系是由合成支链淀粉的 GBSS-I 酶突变体产生的(Patron 等，2002)。尽管如此，Ishikawa 等(1995)报道，两种叠氮化钠处理，由一个非糯无壳后代得到的无皮“糯”突变体不含直链淀粉。Bhatty 和 Rossnagel (1997) 从糯/糯杂交后代获得了不含支链淀粉无壳大麦品系。其他大多数禾谷类植物中都有 waxy 显型(如玉米和水稻)，在食品加工中具有特殊作用。第二，由影响支链淀粉合成的突变体产生的长支链淀粉(通常称支链淀粉延长体)。Banks 等(1973)报道了 2 个大麦品种 Glacier CI9676 和 Glacier AC38，分别含 28%和 45%的直链淀粉，但是 Morell 等(2003)报道了甲基磺酸乙酯 EMS 诱导的大麦 cv. Himalaya 的 2 个突变体品系 M342 和 M292，分别含 62.5%和 70%的直链淀粉。之后的分析表明 M292 和 M342 含有编码淀粉Ⅱa 酶(该酶催化支链淀粉合成)的基因突变体(Morell 等，2003)。该突变体还会导致支链淀粉的链长下降，并对淀粉生物合成途径中的许多其他种类酶产生多种影响。因此，它对淀粉组分和特性的影响比直链淀粉/支链淀粉比率的单一变化更加复杂。Burton 等(2002)也报道了 2 个大麦突变体 Riso17 和 Notch2，对异淀粉酶基因产生损伤，从而导致植物糖原—可溶性(1→4：1→6)→α-葡聚糖在籽粒中的累积。

高直链淀粉不能被胃肠道消化，因此对健康有益(Nugent，2005)。这种有益效应已通过饲喂老鼠、猪试验和人类进食 Himalaya 突变体 M292 研究得到证实(Topping 等，2003；Bird 等，2004a；2004b；2008)。

• **淀粉粒**

所有植物中的淀粉粒具有相似的结构，通常具有清楚的核心及层纹。这些同心环层纹的单个直链或支链淀粉分子的构成尚未完全研究清楚，但认为其结构是基于支链淀粉的平行分子结构组成的，包含了晶状层和非晶状层。更详细的内容请见 Tomlinson 和 Denyer (2003)，Kossmann 和 Lloyd (2000)以及 Gallant 等(1997)的综述。大麦胚乳中的淀粉并不是以纯的多糖存在，常有蛋白质包围而呈淀粉粒，淀粉粒中还结合有微量的脂、金属离子等。一般呈椭圆形，少数呈不规则形或圆球形，长约 30μm，宽约 8～27μm。每一胚乳细胞含大量淀粉粒。依大小而定，淀粉粒分两种：大的 A 型颗粒，直径约为 15～25μm；小的 B 型颗粒，直径约为 10μm。虽然 B 颗粒数量多于 A 型颗粒，约占总量的 80%～90%，但是它们只占淀粉总质量的 10%～15%。双值的分配可以通过扫描电子显微镜对分离的细胞进行观察(见图 13.4)，从小颗粒发生的两个时期观察结果得出，籽粒发育过程中 B 型颗粒的产生和积累在 A 型颗粒之后(McDonald 等，1991)。大的淀粉粒为晶状，而小颗粒形状不规则(见图 13.4)。部分研究报道 B 型颗粒支链淀粉含量比 A 型淀粉少(MacGregor 和 Balance，1980；MacGregor 和 Morgan，1984；Stark 和 Yin，1986)，约占 3%～4%，但 Evers 等(1973)报道此差异不显著。

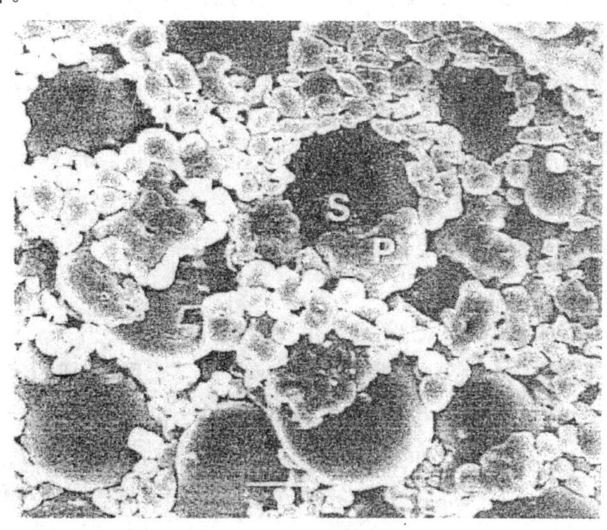

图 13.4 扫描电子显微镜对 Chariot 的分离的细胞成像(Brennan 等，1996)

直链淀粉和支链淀粉合成时间的差异导致在籽粒发育过程中直链淀粉在A型和B型颗粒中的比率上升(McDonald 等,1991)。尽管如此,小颗粒的形态、结构可能会受到淀粉粒合成中产生的突变体的影响(Burgess 等,1982;Tomlinson 和 Denyer,2003)。因此,异淀粉酶基因中的 Notch 2 突变体导致淀粉粒变小、不规则(Burgess 等,1982;Tomlinson 和 Denyer,2003),而高赖氨酸突变体 Riso 1508 中的 *lys3a* 基因导致总淀粉颗粒和小淀粉颗粒数目的下降(Burgess 等,1982)。Himalaya 诱变产生的高直链淀粉突变体 M292 和 M342,与其野生亲本相比,淀粉粒变小而不规则,这与支链淀粉在构成淀粉粒结构中的作用一致。

(3)细胞壁的组成

细胞壁多聚糖是籽粒中仅次于淀粉粒的重要的碳水化合物。它们由多种聚合物组成,其在组织中的特征和分配不同(见表 13.2)。籽粒中两种主要的细胞壁聚合物和其组成是(1→3,1→4)-β-D-葡聚糖(也叫 β-葡聚糖)和阿拉伯半乳聚糖-(1→4)-β-D-木聚糖(AX,异性葡聚糖,戊聚糖),但是不同组织中它们的比例不同。胚芽的糊粉层细胞中,主要成分为 AX(占 71%)和少量的 β-葡聚糖(26%)(Basic 和 Stone,1981a;1981b)。相反,淀粉胚乳细胞的细胞壁包含 75% β-葡聚糖和 20%AX (Fincher,1975;1976; Balance 和 Manners,1978)。少数成分为纤维素((1→4)-β-D-葡聚糖)和葡甘露聚糖(约 30%的 β-吡喃型葡糖糖和70%β-D-(1→4)-β-D-吡喃甘露糖的葡甘露聚糖聚合物),约占所有组织中总细胞壁多糖的1%~2%(Henry 1988)。类似,纤维素(1→3)-β-D-葡聚糖约占淀粉胚乳总细胞壁多糖的 1%,并主要分布在亚糊粉层(Basic 和 Stone,1981a; Stone 和 Clarke,1993)。最后,淀粉胚乳细胞的细胞壁还包含了一个阿拉伯半乳聚糖多肽(AGP),其在大麦中的质量虽未算得,但在小麦中约占小麦粉干重的0.2%~0.3%。

由于没有一种合适的方法获得足够的分析数量,大麦成熟籽粒的果皮和种皮的化学成分还未搞清。但研究表明,小麦成熟籽粒外层富含葡糖醛酸阿拉伯木聚糖(GAX)(包含葡萄糖醛酸和半乳糖)(40%~50%) 和纤维素(>30%)(Saulnier 等,2007)。

大麦胚乳细胞壁中的 β-葡聚糖含量比其他谷物要高得多,这是大麦的一大特点。Henry(1986)比较了种在澳大利亚 3 个不同地区的 17 个大麦品种发现,大麦成熟籽粒中 β-葡聚糖占干重比例为 3.44%~5.68%,戊聚糖占 4.38%~7.79%。戊聚糖与 β-葡聚糖的比例为 2.26~1.05,两者之和占籽粒干重的8.5%~11.8%。Henry(1985)也报道了在澳大利亚两个地区 2 年的试验结果,13 个品种和 12 个品系中总 β-葡聚糖占 4.03%~5.26%。

表 13.2 大麦籽粒细胞壁聚合物

	Starchy Endosperm	Aleurone	Outer Layers
Arabinoxylan	20	71	—
β-Glucan	75	26	—
Callose	1	—	—
Cellulose	1～2	1～2	30[a]
Glucomannan	1～2	1～2	—
GAX	—	—	40～50[a]
AGP	0.02～0.03[b]		—

[a] Based on values for wheat.

[b] Assuming total cell walls are 100% of dry weight of grain. —indicates not determined or absent

(4)β-葡聚糖

(1→3,1→4)-β-D-葡聚糖是β-D-葡糖糖基之间以β-键直线连接而成的无分枝多聚糖，葡糖糖通过β-(1→3)和β-(1→4)键连接，是一类分子大小不同、结构不同的混合键物质，它表现为具有不同溶解度和黏度的溶液。总体上，其中(1→4)键数量约为(1→3)键的两倍。大麦胚乳β-葡聚糖长链结构中，在一定距离的长片段内由单个的β-(1→3)键和2～3个的β-(1→4)键相间连接而成，而在间隔一定长片段后则会出现一段由多于5个连续β-(1→4)键连成的小片段，据报道这些小片段与β-葡聚糖的生理特性有关。MacGregor和Fincher(1993)对大麦β-葡聚糖片段做了大量研究，指出这些片段在40～65℃溶解。在40℃溶解的片段包含了相对更高比例的(1→4)键(72%比69%)，这表现在大量的包括3个或3个以上相邻(1→4)键的模块。

Stone(1996)指出，虽然淀粉胚乳细胞壁中的β-葡聚糖在40℃水中溶解，但需要采用稀碱性溶液才能从糊粉层细胞壁中分离得到β-葡聚糖。Rimsten等(2003)报道，从裸大麦品种分离得到的β-葡聚糖的平均分子量(D)为164×10^4(热水分离)、173×10^4(氢氧化钠分离)、162×10^4(碳酸钠分离)；但是Andersson等(2008)报道，从种植在Hungarian相同区域的10个种大麦品系中热水分离得到的β-葡聚糖平均分子量变幅为154×10^4到184×10^4。

β-葡聚糖在溶液中呈“蛇形”构造，(1→3)键阻碍(1→4)键像纤维素似地延长(Stone,1996)。这些溶液黏度很高，据报道在水溶液中达18～24.7分升/克(Aastrup,1979)。

混合型β-糖苷键是膳食纤维的一个重要的来源，大麦和燕麦中的β-葡聚糖对人体餐后血糖降低和胰岛素调节起到良好作用，这些作用及包含大麦β-葡聚糖的产品功效已被美国食品及药物管理局FDA认可(Anonymous,2008)。许多文章也对β-葡聚糖的这些作用及其生理机制做了相关探讨(Lazaridou 和 Biliaderis,2007;Topping,2007;Wood,2007;Baik 和 Ullrich,2008)。

β-葡聚糖具有这些功效的原因之一是其在溶液中的黏度(Wood,2007)。但是,由于β-葡聚糖的水溶液黏性高,若在啤酒酿造的糖化过程有大量的β-葡聚糖释放和分解,将导致麦汁或啤酒过滤速度缓慢,大大降低生产效率。并且β-葡聚糖含量过高的啤酒也影响其非生物稳定性,使啤酒易发生浑浊。尽管如此,这可能会使啤酒品尝起来有更好的口感。MazGregor 和 Fincher(1993)详尽介绍了β-葡聚糖对麦芽制造和酿造过程的影响。

(5)AXs

阿拉伯木聚糖 (AXs)包含了一个由(1→4)-糖苷键链接的β-D-吡喃木糖残基和部分带有 L-阿拉伯呋喃糖的木糖残基组成的长链。这些阿拉伯糖残基通常连接在 O-3 位置,极少连接在 O-2 位置,或两者均有。在籽粒外壳片段中,AX 聚合物也会被吡喃葡萄糖基残基取代,该残基含有 4%总糖。这些 GAXs 占外壳细胞壁的 40%~50%(见表 13.2),但在糊粉层和淀粉胚乳的细胞壁中却没有(MacGregor 和 Fincher,1993)。阿拉伯糖和木糖的比率显著不同,在外壳中为 1∶9,但在淀粉胚乳中更低。

在胚乳、糊粉层和种皮中酚酸也与 AX 链接,阿魏酸为主要的成分,其次是 p-香豆酸。据报道酚酸占淀粉胚乳细胞壁的 0.05%和糊粉层的 1.2%(MacGregor 和 Fincher,1993)。尽管如此,最近有报道指出酚酸的分配在不同种中有差异。Andersson 等(2008)研究了 10 个大麦品种中绑定酚酸(多与细胞壁相关)的数量和成分。总量达 133~523 毫克,其中阿魏酸和 p-香豆酸分别占总量的 54%~81%和 2%~24%。大麦阿魏酸中还含有少量的同质异构体。这主要表现为 AX 分子间交叉结合,或者在籽粒外层与木质素交叉结合。这些交叉结合主要是产生于阿魏酸邻近 AX 分子而被氧化,或者还可以作为氧化物或过氧化物被酶还原。Hernanz 等(2001)通过机器剥离得到一系列不同大麦品种籽粒片段,详细分析羟基桂皮酸(咖啡酸、阿魏酸和 p-香豆酸)和阿魏酸盐对羟基二聚物的品种间差异。11 个品种中 p-香豆酸和阿魏酸含量分别为 79~260 微克/克和 359~624 微克/克。阿魏酸对羟基二聚物总量为 135~233 微克/克。对籽粒外层、胚乳和"中间片段"的分析表明,籽粒外层(占籽粒 47.5%)包含了 78%的 p-香豆酸和阿魏酸,81%的阿魏酸对羟基二聚物。

AX 聚合物的黏度不同,可能是由 A 与 X 的比率和不同的酚酸交联造成的。Andersson 等(2008)估算了 10 个大麦品种"麸皮"和"面粉"中水溶性 Xs 与总 AXs 的比率,尽管面粉和麸皮产量分别为 18%~36%和 3%~63%,麸皮片段中 AXs 总量和水溶性 AXs 分别占干重的 5.81%~9.03%和 0.15%~0.35%,而面粉片段中相应值分别为 1.40%~2.24%和 0.15%~0.38%。虽然对

AXs的营养特性的研究兴趣不及β-葡聚糖，但是仍可能具有一些健康功效(Topping，2007)。

(6)阿拉伯半乳聚糖多肽(AGP)

对小麦面粉的早期研究得到了一种水溶性成分，该成分分子半径约为22,000，且包含了92%的多糖，其中半乳糖：阿拉伯糖为1.5：1 (Fincher和Stone，1974；Fincher等，1974)。该AGP质量为22,700，且包含15种氨基酸残基(包括三种羟基脯氨酸(糖基化位点))(van den Bulck等，2002)。它在精白面粉和磨面粉中分别占0.24%～0.33%和0.29%～0.38%(Loosveld等，1997，1998)。

Van den Bulck等(2005)在大麦面粉中鉴定到一个相关的成分，其质量为24,700，包含16种氨基酸(包含三种小麦AGP中的守恒羟基脯氨酸)。产量很低，只有0.01%，但是作者指出纯化中损失甚微。因此有可能大麦中AGP数量与小麦相似。

(7)其他糖类

除了Henry (1988)和MacGregor和Fincher (1993)的早期相关报道，近几年少有对大麦中其他糖类的研究。其中最大多数的三种糖为蔗糖、棉子糖和果聚糖，MacGregor和Fincher (1993)指出它们分别占干重的0.74%～1.95%、0.16%～0.56%和0.35%～0.78%。大麦果聚糖是由含10个果糖单元的果糖基残基组成(MacLeod，1953)。小麦中果聚糖含量变化更大(占干重的0.7%～2.9%)(Huynh等，2008)，其主要分布在麸皮和短片中(从磨粉得到的富含麸皮的片段)，且含有19个以上的果聚糖元(Haska等，2008)。果聚糖因在结肠中发酵会促进矿质元素的吸收而引起广泛关注(Gregor，1999；Niness，1999；Coudray等，2006)。

(8)蛋白质

蛋白质约占成熟大麦籽粒总干重的8%～15%，其总量主要取决于有效态氮含量，其次是基因差异。对大麦籽粒蛋白质已经研究了200多年(Einhof，1806)并已取得大量的相关理论。Shewry(1993)对早期研究结果已进行过综述，所以接下来主要围绕近年来取得的研究进展展开。

- **大麦籽粒中有多少蛋白质?**

通过Affymetrix Barley1基因芯片分析表明21,439个基因中的13,782个(约64%)在5DAA颖果中表达，11,453个在16DAA颖果中表达，10,345个在22DAA胚乳中表达(Druka等，2006)。尽管如此，首先，该研究得到的基因表达数量可能只是基因芯片所得的估计值，未完全涵盖大麦基因组。其次，这些基因编码的许多蛋白质还可能较少量或者很短暂，而成熟的干大麦籽粒中总的蛋白组成尚未知。然而，现如今蛋白质组学研究很可能能够分离得到上千个而不只数百个的蛋白质。例如，Ostergaard (2004)通过一种灵敏的银染色方法，从大麦籽粒中分离得到的水溶性蛋白质双向电泳中观察到 1,200 个表达位点，但通过较不灵敏的考马斯亮蓝染色只观察到 600 个蛋白点。Finnie 和 Svensson(2003)通过相同的银染色方法从整个籽粒得到的液态分离物观察到 850 个蛋白点，同时，从淀粉胚乳、糊粉层和胚片段分别观察到 575、850 和 1,000 个点。三个片段图谱得到蛋白点总和比总的籽粒分离物上升了 15%。Finnie 等(2006)报道指出，分析双向电泳得到的 450 个点鉴定出 260 种不同的蛋白质。

Borén 等(2004)对淀粉粒蛋白质进行了更详尽的图谱分析。成熟籽粒的淀粉粒双向电泳图谱得到了 150 个蛋白点，其中 74 个点由质谱方法得到鉴定。分析得到其中 49 个点相应合成 GBSSI，而其他的表达点相应表达醇溶谷蛋白储藏蛋白(大麦醇溶蛋白)，据推测该醇溶蛋白分布在淀粉粒的外周。

和其他禾谷类植物的籽粒一样，大麦籽粒蛋白传统上是基于一系列溶剂的分离物来分类的(Osborne(1895;1924)首创的概念)。这些“Osborne fraction，奥斯本分数”包括水溶蛋白(清蛋白)、稀释的盐溶液(球蛋白)、醇溶(醇溶谷蛋白)和稀酸或碱(谷蛋白)。这种分类方法经证明非常好，虽然仍做了大量修改，但它可以将水溶乙醇(醇溶谷蛋白)和其他籽粒蛋白区分开来。后者包含了其他类型的储藏蛋白，一系列的酶抑制剂和酶(主要为清蛋白和球蛋白片段)以及在细胞结构和细胞壁结构中的结构蛋白(主要是谷蛋白)。

要对籽粒中所有蛋白质进行讨论是不可能的，因此，我们将主要对成熟籽粒中那些影响整体组成和特性的蛋白质进行探讨。图 13.5 列出了这些蛋白，它是依据其功能进行“奥斯本分数”(基于溶解度差异)。

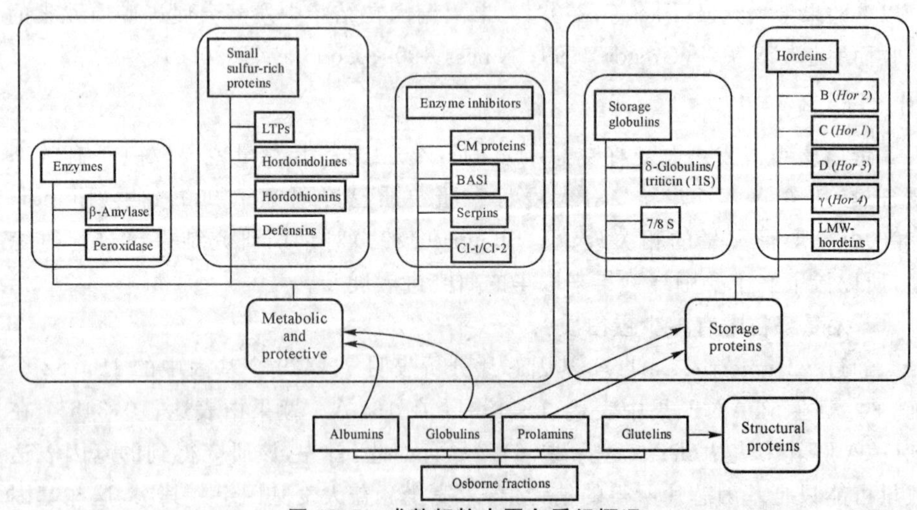

图 13.5　成熟籽粒中蛋白质组概况

- **贮藏蛋白**

①醇溶蛋白 。醇溶蛋白是大麦籽粒中主要的贮藏蛋白，主要分布在淀粉胚

乳细胞中，形成分离的蛋白体。大麦醇溶蛋白大约占了籽粒总氮量的35%～50%，因为籽粒蛋白质含量主要是根据其对植物提供的可利用氮含量来确定的（见图13.6）（Kirkman等，1982）。

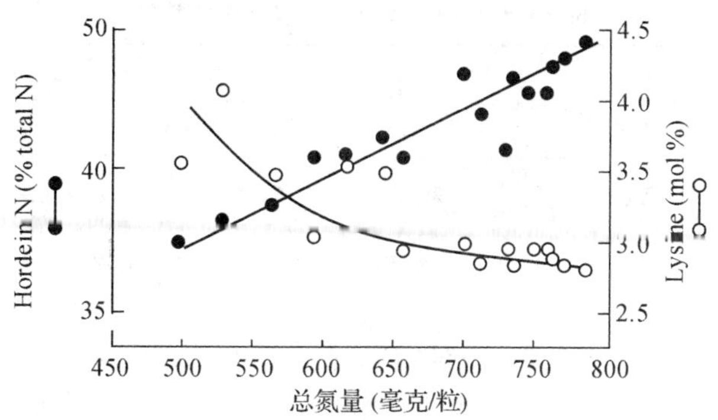

图13.6　籽粒总氮、醇溶蛋白比例和赖氨酸含量的关系（Kirkman等，1982）

用含有还原剂（二硫苏糖醇，2-巯基乙醇）的酒精溶液提取磨碎的籽粒可以得到纯的总大麦醇溶蛋白，2-巯基乙醇用来还原稳定聚合结构的双硫键（shewry等1986）。通过十二烷基硫酸钠聚丙烯酰胺凝胶电泳（SDS-PAGE）分离大麦醇溶蛋白显示，一些成分的分子量明显不同，在100,000到35,000之间。不同的基因型表现出不同的形态，这通常用于确定不同的品种和样本。下面是一个典型的例子，图13.7显示了20世纪80年代的6个大麦品种的籽粒醇溶蛋白的分

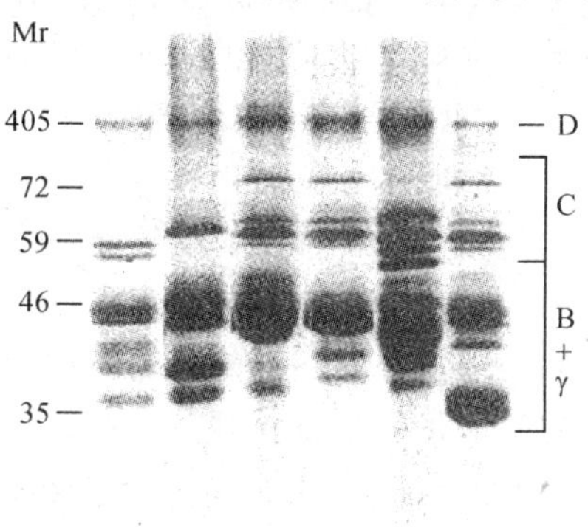

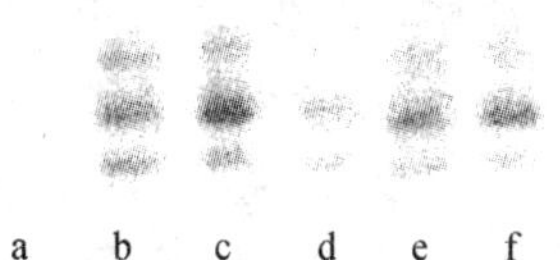

图13.7　六个大麦品种总醇溶蛋白的SDS凝胶电泳成像，分为B、C、D和γ-醇溶蛋白（Bruce等，1986）

数。从图 13.7 可见，大麦醇溶蛋白可以分为四类，分别由大麦染色体 1H(5)上的不同基因位点编码（见表 13.3）。主要的两类是 B 和 C 大麦醇溶蛋白，分别由 Hor2 和 Hor1 基因位点编码，分别占总量的 70%～80%和 10%～20%。

表 13.3 B、C、D 和 γ-醇溶蛋白的特性

Group	Amount (% Total Fraction)	Form Polymers?	Loci	Partial Amino Acid Composition (mol%)								Repeat Motifs
				Gln	Pro	Phe	Gly	Cys	Lys	Met	Thr	
B	70－80	Yes	Hor2 (Hor4)	35	30	5	3	2.5	0.5	0.6	2.0	PQQPX(XXX)
C	10－20	No	Hor1	40	30	8	0.3	0	0.2	0.2	1.5	PQQPFPQQ
D	2－4	Yes	Hor3	30	12	6	16	1.5	1	0.5	8.0	PG or HQGQQ GYYPSXTSPQQ TTVS
γ	<5	Some	Hor5	30	20	6	3	3	1.5	1	3.0	PQQPFPQQ

Based on data from various sources (see Shewry 1993; Shewry and Tatham 1997; Shewry and Darlington 2002). Standar single-and three-letter abbreviations are used for animo acids: Cys/C, cysteine; Gln/Q, glutamine; Gly/G, glicine; His/H, histidine; Lys/k, lysine; Met/M, methionine; Phe/F, phenylalanie; Pro/P, praline; Serline; Thr/t, threonine; Tyr/Y, tyrosine; Val/V, valine; X, other amino acids.

大麦籽粒中 γ-醇溶蛋白是相对较少的组分(小于 5%)，在 SDS-PAGE 上与 B 大麦醇溶蛋白有相似的迁移率。它最早是在变异株 Riso56 中发现的，该株系中的 *Hor*2 基因座被敲除，使得 γ-醇溶蛋白可以被纯化和鉴定（Shewry 等，1985）。对这个变异株的分析也说明了 γ-醇溶蛋白和 B 醇溶蛋白由不同的基因编码，按顺序称它为 *Hor*5(也叫 *HrdF*)（Shewry 和 Parmar，1987）。一个编码 B 大麦醇溶蛋白的较小的基因被 Shewry 命名为 *Hor*4。此外，D 大麦醇溶蛋白由 *Hor*3 编码。

借助开放数据库 EST 数据库，可获得更多的醇溶蛋白序列。因此，这里仅作简单介绍。所有种类的醇溶蛋白都富含谷氨酰胺，它们占所有氨基酸残基的 30%～40%(见表 13.3)。B、C 和 γ-醇溶蛋白包含了 20%～30%的脯氨酸，但在 D 醇溶蛋白中却很少。D 醇溶蛋白包含了高比例的甘氨酸(16mol%)和苏氨酸(8mol%)，而 C 醇溶蛋白则包含了高比例的苯丙氨酸(8mol%)。赖氨酸和半胱氨酸在所有大麦醇溶蛋白中都相对较少，后者甚至在 C 蛋白中不存在。这种典型的氨基酸组成是因为所有的大麦醇溶蛋白都包含了扩展域，这些扩展域包含了基于短肽结构的重复序列。大麦醇溶蛋白的重复序列也许能形成规则的超螺旋二级结构。Shewry 和 Tatham(1995)以及 Shewry(2003)对大麦中的 C 大麦醇溶蛋白和小麦的高分子量麦谷蛋白二级单位(D 大麦醇溶蛋白同系物)的结构做了详细的综述。

大麦醇溶蛋白中天冬氨酸残基的数量和分布的不同显著影响蛋白形成聚合物的能力，这些聚合物是由交叉的双硫键来稳定的。C 大麦醇溶蛋白缺乏天冬氨酸残基，因此只以单体的形式存在。与小麦和黑麦中对应的蛋白质相比，B 大麦醇溶蛋白在保守序列有 6 个天冬氨酸残基，因此形成了 3 个链内双硫键（参见 Shewry 和 Tatham，1997；Shewry 等，1999）。另外，B 大麦醇溶蛋白中含有一个或更多的"未修复"的天冬氨酸，它们可能构成链内双硫键，并导致了聚合复杂结构的产生。相似的，γ-大麦醇溶蛋白含有和小麦中的 γ-大麦醇溶蛋白一样的由 8 个保守天冬氨酸形成的 4 个双硫键。但是，有些蛋白质包含了另外的天冬氨酸（见图 13.8），这导致了单体结构和聚合结构的同时存在。前者有时被称为 γ_3-醇溶蛋白，后者称为 γ_1-醇溶蛋白和 γ_2-醇溶蛋白（Rechinger 等，1993；Pistón 等，2004）。B 醇溶蛋白和 γ_1/γ_2 醇溶蛋白与 D 醇溶蛋白形成混合物，后者包含了一些天冬氨酸残基（Gu 等，2003；Pistón 等，2007），并只以聚合物形式存在。

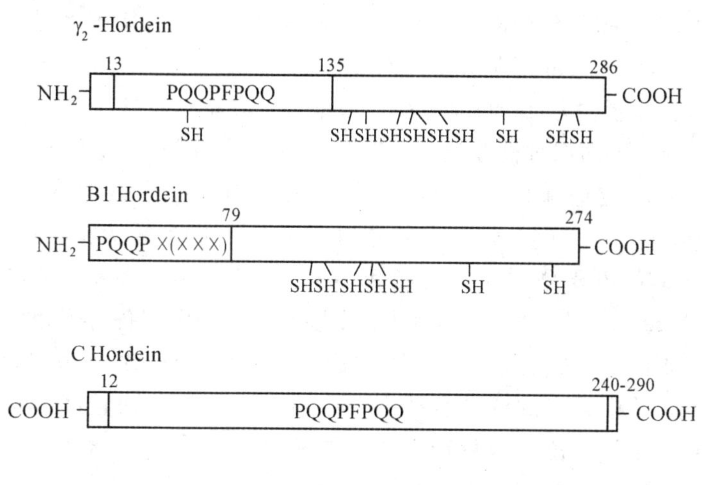

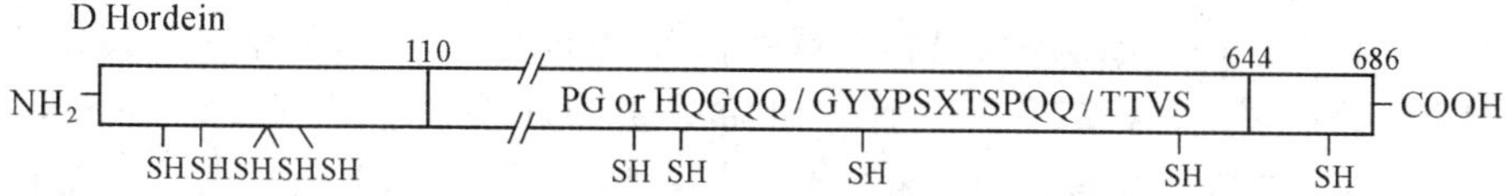

图 13.8　典型醇溶蛋白氨基酸序列中重复二级结构和半胱氨酸残基位置(SH)的比较

通过用 SDS 溶液搅拌磨碎的籽粒并离心，可以将由 B、D、γ_1/γ_2 大麦醇溶蛋白形成的聚合物作为"胶蛋白"碎片分离出来（Smith 和 Lister，1983；Brannan，1998）。这个碎片在结构上与小麦中对应蛋白的结构很相似。如 Smith 和 Lister 报道的那样，这些胶蛋白也许在大麦籽粒发芽过程中限制了外形的改变。

大麦醇溶蛋白中低含量的赖氨酸导致了整个种子缺乏赖氨酸，所以当大麦用于人类和单胃家畜的粮食时，赖氨酸成了第一个限制氨基酸（Shewry，2007）。比如，整个大麦籽粒中每 100 克蛋白质含有 3.5 克赖氨酸，而 FAO 推荐的成人的标准是每100克蛋白质含4.5克赖氨酸(人体营养结构中的蛋白质和氨基酸需求,2007)。另外,如果大麦种植在高有效态氮的地区,赖氨酸的缺乏会更加严重,因为大麦醇溶蛋白比例上升一个单位就会导致赖氨酸的摩尔含量从4mol%降低到不足3mol%(见图13.6)(Kirman等,1982)。

②低分子量(LMW)大麦醇溶蛋白(Avenin-lik蛋白)。Avenin-like蛋白是一类新型的储藏蛋白。这一族α-淀粉酶和胰蛋白酶抑制剂最初根据Aragoncillo(1982)等人的理论被定义为氯仿甲醇(CM)蛋白质。他们报道了用氯仿:甲醇(2:1)提取的大麦籽粒蛋白包含了除CM蛋白质外的另一类蛋白(胰蛋白酶/α-淀粉酶抑制剂)。两种蛋白质分子量分别约为16,500和22,000,含高含量的谷氨酸盐(超过25%)少于10%脯氨酸和低含量的正电荷氨基酸。因其在氨基酸组成上的相似性,它们被称为低分子量(LMW)大麦醇溶蛋白,并且随着对小麦中同系物的详细研究证明了这种关系。这些蛋白质与主要的大麦醇溶贮存蛋白有关系,并被归类到醇溶谷蛋白大类(见图13.5)。因其在序列上的相似性,它们也被命名为Avenin-like蛋白(Kan等2006)。

③储藏性球蛋白。球蛋白Osborne片段之一,根据其在稀盐溶液中的溶解度而对其定义。许多种子中的储藏性球蛋白的沉淀系数($S_{20.w}$)为7~8和11~12,且通常分别称之为似豌豆球蛋白和豆球蛋白(Shewry和Casey,1999)。Quensel(1942)报道,大麦籽粒包含了一种γ-球蛋白(沉淀系数为8.15),Danielsson(1949)指出这主要分布在大麦胚和小麦麸皮片段中。Burgess和Shewry(1986)以及Yupsanis(1990)等分别从大麦胚和糊粉层中制备得到相似的(可能相同)7S/8S球蛋白片段。这些球蛋白片段包含了分子半径约为40,000和50,000的主要亚基,其中最小的亚基半径为25,000和20,000,而且部分氨基酸序列显示了与棉花和豆科植物豌豆球蛋白的同源性(Yupsanis等,1990)。近期的研究报道了糊粉蛋白质的生化和生物物理特性(Banciu等,2007)。Heck等(1993)鉴定了一个编码大麦胚乳球蛋白globulin1的cDNA克隆及其相应的基因*Beg*1。该序列编码了一个与糊粉球蛋白相应的蛋白质(Yupsanis等,1990),但是其最初的转录产物是一个分子直径为72,000,含由转录后期蛋白质水解差异产生的更小的亚基(类似于其他7S-8S储藏球蛋白)。之后,该研究指出了第二个编码相关蛋白质的基因。这些基因,*Beg*1和*Beg*2,都在胚和糊粉层中表达,其中,*Beg*1在糊粉层中的表达为胚中的25%,而*Beg*2相应为6%。大麦胚和糊粉层中的8S储藏球蛋白组成了部分胚/糊粉层特异球蛋白家族,其特性在玉米中做了详细研究(Kriz,1999)。

Quensel(1942)也证明了大麦中存在12S δ-球蛋白,其分子量约为300,000;此蛋白迄今尚未明确鉴定,但是其功能相当于小麦胚乳中的麦豆球蛋白(Singh和Shepherd,1985;1987;Singh等,1988)。

• **酶**

①β-淀粉酶。与α-淀粉酶不同，β-淀粉酶((1→4)-α-D-葡聚糖-麦芽水解酶)是在籽粒发育过程中形成的，并贮藏在成熟的胚乳中，以备发芽过程消化提供能量。大多数大麦品种每千克干重含有1mg的β-淀粉酶（约占种子总蛋白的1%），而在高赖氨酸品种中的数量更多，它包括了更多的丝氨酸蛋白酶抑制剂（最初称Z蛋白）和糜蛋白酶抑制剂CI-1和CI-2（Hejaard和Boisen，1980）。β-淀粉酶还可在高含量可利用氮的条件下作为储藏蛋白（Giese和Hejgaard，1984）。籽粒中的β-淀粉酶由自由和交联两种形式（Hejgaard，1978）。其自由形态是由水溶盐溶液分离得到的，以包含聚合物和其他蛋白质-丝氨酸蛋白酶抑制剂混合物的形式存在。相反，交联形态是由一种还原剂或者木瓜蛋白酶处理分离得到。尽管如此，自由和交联形态包含相同的β-淀粉酶同源异构体（Shewry等，1988a）。比较β-淀粉酶蛋白质序列和cDNAs编码序列显示，β-淀粉酶的合成不需要信号肽（Kreis等，1987），这与细胞定位结果一致（Nishimura等，1987）。尽管如此，Hara-Nishimura等（1986）指出在种子干燥脱水过程中，β-淀粉酶与淀粉粒外周相关，表明了这可能造成交联形态的比例增加，这种现象在籽粒发育过程中也有发生。β-葡聚糖的替代形式在大多数大麦组织中存在（Shewry等，1988a），且基因位点在染色体4HL和2HL（Kreis等，1988）。这些遗传基因座包括三个基因，即*Bmy*1和*Bmy*3位于4HL，*Bmy*2位于染色体2HL（Li等，2002）。虽然大麦和麦芽中的β-葡聚糖有多种形式，但是它们都是在*Bmy*1基因转录后产生，同时还包括在发芽过程中从蛋白质C-末端除去一个质量为4,000的片段（Lundgar和Svensson，1986，1987；Evans等，1997）。通过电泳分析来鉴定两种由*Bmy*1编码的β-葡聚糖等位模式，指定为*Bmy*1-Sd1和*Bmy*1-Sd2（Evans等 1997）。深入研究表明，根据热稳定性区分，*Bmy*1-Sd2等位基因包括两种形式：*Bmy*1-Sd2L（低稳定性）、*Bmy*1-Sd2H（高稳定性）。*Bmy*1-Sd1热稳定性水平中等，但是从*Hordeum spontaneum*鉴定得到的第四个等位基因（*Bmy*1-Sd3）具有高热稳定性（Eglinton等，1998）。Erkkila等（1998）的相似研究也从大麦品种和野生大麦*Hordeum spontaneum*中分别鉴定得到了两个*Bmy*1等位基因和第三个等位基因。Ma等（2002）比较了*Bmy*1-Sd1和*Bmy*1-Sd2的氨基酸序列，鉴定了五种氨基酸差异。尽管如此，定位点突变技术显示只有其中的一种，即精氨酸115与半胱氨酸的交换产物，可以将*Bmy*1-Sd2形式转化为*Bmy*1-Sd1（Ma等，2002）。Ma等（2002）还指出，发芽过程中产生的蛋白质水解形式Sd1和Sd2精氨酸具有更强的热稳定性和底物吸附力，而且当4个富含甘氨酸的区块从重组蛋白质的C-末端去除的时候，该现象也存在。

②过氧化物酶。过氧化物酶利用过氧化氢氧化一系列底物，且因其在珍珠麦脱色、面粉、食物加工和大麦黑点病中的重要作用而引起广泛关注。

Rasmussen 等(1991,1997)研究了 BP1 的特性,BP1 是大麦籽粒中重要的过氧化物酶,且已分离得到相应的 cDNA(Johannson 等 1992)。该蛋白质质量约为 37,000,且仅在短期内(15DAA,通过一个 C-末端前肽,直至液泡)在淀粉胚乳中合成。其三维结构由晶体学 X-射线获得(Henriksen 等 1998)。March 等(2007)利用蛋白质组学分析来鉴定与大麦黑点病相关的蛋白质,结果显示 BP1 在大麦黑点病期间升高。Laugesen 等(2007)对大麦过氧化物酶的蛋白质组学特性进行了详细报道。他们鉴定了过氧化物酶的 13 个作用位点,只有两种是 BP1 形式,其他的依据资料库序列注释为种子活力过氧化物酶(BSSP1)和大麦过氧化物酶同族体。虽然之前 BSSP1 的蛋白水平尚未鉴定,但其在大麦品种中的数量远超 BP1。对 16 个大麦品种进行更深入的比较研究,基于它们是否只含有 BP1,只含 BSSP1 或都含有将他们分组;对籽粒发育的研究显示 BP1 在 BSSP1 之前先合成;假定的大麦过氧化物酶和小麦的过氧化物酶有很高的序列同源性;在 16 个大麦品种淀粉胚乳中存在这种现象,但也在其他组织中存在。这两个蛋白的相应位点在大麦籽粒发育中也表现不同,这反映其在蛋白质水解中的作用。

• **酶抑制剂**

大麦籽粒,和其他禾谷类植物种子一样,有许多水解酶的蛋白抑制剂,大多数由外源蔗糖抑制 α-淀粉酶和蛋白酶(如昆虫和病原体内)而非内源酶。因此,认为它们主要的保护性导致了相对低水平,但是更宽的抵御昆虫和病原体的广谱防御系统(Shewry 和 Lucas,1997)。

①CM 蛋白。这一类 α-淀粉酶和胰蛋白酶的抑制剂最初是根据它们在氯仿甲醇混合物(Salcedo 等,1980)中的可溶性被定义的,现在认识到它们是植物中“醇溶性谷蛋白超级家族”中的成员(jerkens 等,2005; Finn 等,2006)。接下来的研究主要是由 Garcia-Olmedo 和他的同事进行的(Carbonero 和 Garcia-Olmedo 的综述,1999),研究显示大麦中 7 种中主要的亚单位分子量大约在 12,000~16,000。这些亚单位以 8 种单体,二聚物或四聚物的结构呈现,单体结构对胰蛋白酶(BT1-CMe)和 α-淀粉酶(BMAI-1)都有活性,二聚和四聚结构只对 α-淀粉酶有活性。没有一种蛋白质能抑制内源性的大麦酶,这些单体、二聚、四聚结构对不同器官产生的 α-淀粉酶也显示出不同的活性(Carbonero 和 Garcia-Olmedo,1999)。这些亚单位的特性、名称和结构基因位置见表 13.4。

表 13.4 大麦籽粒中的 CM 蛋白(Caronero 和 Garcia-Olmedo,1999)

Inhibitory Activity	Aggregation State	Subunit	Gene	Chromosome
Trypsin	Monomeric	BTI-CMe	*Itr* 1	3HS
	Monomeric	BTI-CMc	*Itr* 2	7HS
α-Amylase	Homodimeric	BMAI-1	*Iam* 1	2H
α-Amylase	Tetrameric	BDAI-1	*Iad* 1	6H
α-Amylase	Subunit 1	BTAI-CMa	*Iat* 1	7HS
	Subunit 2	BTAI-CMb	*Iat* 2	4HL
	Subunit 2 (two copies)	BTAI-CMc	*Iat* 3	4HL

②凝乳胰蛋白酶抑制剂 CI-1 和 CI-2。凝乳胰蛋白酶抑制剂 CI-1 和 CI-2 (chymotrypsin inhibitor, CI)均属于广泛存在的植物蛋白抑制剂中的马铃薯蛋白抑制剂家族(Konaroev 等,2004),但它们缺少二硫键,这与大多数其他蛋白抑制酶不同,包括来自其他物种的相关抑制酶。CI-1 和 CI-2 最初被定义为大麦中"赖氨酸丰富"蛋白质,因为它们含有大量的高赖氨酸链(Hejgaard 和 Boisen, 1980)。CI-1 和 CI-2 在序列上有 40%的相似性,两者都至少存在两种结构,分子量约 9KD(Shewry,1993)。CI-2 的三维结构(见图 13.9)展示了一个楔形的盘状结构,由一个单个的 α-螺旋结构,其中一个是左旋的 4 个 β-薄片和一个包含反

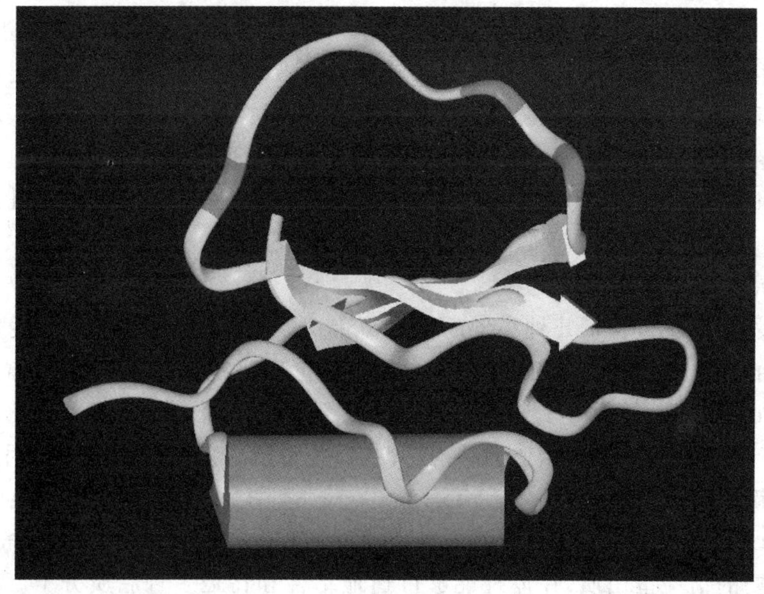

图 13.9 大麦凝乳胰蛋白酶抑制剂 CL-2 的三维结构显示单个 α-螺旋结构(圆柱)和 β-薄片(箭头)和包含三个赖氨酸残基的反应区域(网状片段)

应位的环状区域。自CI-2被发现就成为一种被广泛研究的植物蛋白。因为它的体积小而且缺少二硫键，使它成为体外研究蛋白结构的非常好的模型。这个蛋白还被用作向反应区域嵌入新序列的框架，转基因植物中营养加强蛋白的设计和表达也以此为基础。Campbell(1990)和Shewry(2009)探讨了这些应用。

③丝氨酸蛋白酶抑制剂。丝蛋白酶抑制剂的相对分子质量约为43,000，包括哺乳动物血浆蛋白抗凝血蛋白酶和α1-抗胰蛋白酶。这些和其他大多数的丝蛋白酶抑制剂都具有抑制内源性的丝氨酸蛋白酶的功能(Whisstock等,1998)。与之相反，禾谷类作物中的丝氨酸蛋白抑制物不抑制内源性酶，它们更倾向于防御性的生物功能，抑制来自昆虫和病菌的类似凝血胰蛋白酶的酶(Roberts等,2003)。两种类型的丝氨酸蛋白酶抑制剂，BS24和BS27，它们在大麦籽粒发育中表达，出现在淀粉胚乳中，更准确地说是在糊粉层中表达。

大麦丝氨酸蛋白酶抑制剂最初被认为是啤酒中主要的过敏原（Z蛋白）(Hejgaard,1984)，在高赖氨酸系Hiproly中也大量出现(Hejgaard和Boisen,1980)。

④大麦淀粉酶/枯草杆菌蛋白酶抑制剂(BASI)。麦类作物中含有一种蛋白，可抑制α-淀粉酶活性，称为α-淀粉酶抑制蛋白。这种抑制蛋白按其分子量和作用对象分为三类，其中一类蛋白可同时抑制α-淀粉酶和枯草杆菌蛋白酶，称之为具有双功能的α-淀粉酶/枯草杆菌蛋白酶抑制蛋白(α-Amylase/Subtilisin Inhibitor，简称ASI)。BASI是一种来自大麦的α-淀粉酶—胰蛋白酶双功能抑制剂，分子量约20,000(Richardson,1991)。它是一种具双功能抑制剂蛋白，同时抑制枯草杆菌蛋白酶和内源性的α-淀粉酶-2(AMY2)酶，这是糊粉层发芽合成的主要产物(Bonsager,2005)。合成主要被限制在生长期的淀粉胚乳和发芽期的糊粉层中(Lean和Muddy,1989)。因此，BASI也许在生长期、成熟期和种子发芽期淀粉降解中扮演了调节者的角色，包括未熟发芽（穗发芽）阻止淀粉降解。

• **其他小型富硫蛋白质**

大麦籽粒还包含了几种小型的富含硫蛋白质，也许它们加强了大麦对昆虫和病菌的抵抗力。其中的CM蛋白（上面已讨论）、非特殊脂质转移蛋白(LTPs)和hordoindolines同属于大麦醇溶蛋白贮存蛋白的大类。第四组，hordthionins不属于这一类，但与之有相似的结构特性（折叠紧密，富含α-螺旋结构，因具有多个双硫键而很稳定）。

①LTPs。脂质转移蛋白(lipid transfer proteins, LTPs)是植物生命活动中一类重要的活性蛋白质，在体外能够可逆地结合和转运多种脂质分子。目前已从多种植物中分离到LTPs基因。随着研究的深入，其不同水平的转录本在不同植物的不同发育阶段和生理条件下的不同组织中被发现，但LTPs体内确切

的生理、生化功能和作用机制尚不明确。许多植物物种和组织中含非特异性LTPs。LTPs最初被命名是因为它们在体外有将磷脂从脂质体转运到生物膜的能力。但是，这种活性缺乏专一性(无论对磷脂还是膜)，所以仍不认为这是它们的生物功能。他们也曾被认为是用于加强防御作用的，因为它们在体外和在转基因植物中能抵御真菌(Gorjanovic 等，2005)，且它们的合成往往是由于被感染和伤害引起的。因此它们也被认为是病理相关(PR)的蛋白质组14(Van Loon 和 Van strien，1999)。此外，也有人认为LTPs将角质和木质脂转运到上皮细胞中的角质合成位置(Douliez 等，2000)。与其他许多植物一样，大麦籽粒包含了两种LTP:LTP1和LTP2，分子量分别约为9,000和7,000。它们都仅限制在糊粉层细胞(Skriver 等，1992；Kaller 等，1994)。然而，这两种蛋白质除了存在一个典型的包含8个残基的半胱氨酸骨架:C-C-CC-CXC-C-C外，几乎没有表现出序列上的一致性。而且这两种类型的LTP的半胱氨酸的链接方式也不同。两种蛋白都有典型的"4α-螺旋折叠"结构，这是醇溶谷蛋白族的特性(Douliez 等，2000；Marion 等，2004)。它们都能与脂类结合，并且它们的三维结构和与脂类结合的特性都被详细地研究过(Heinemann 等，1996；Lerche 等，1997；Lerche 和 Poulsen 等，1998)。Lindorff-Larsen 等(2004)的研究显示大多数籽粒中的LTP1被天冬氨酸残基和一种类脂化合物通过酯化作用修饰了。许多LTP2是潜在的食物过敏原(Marion 等，2004)，如大麦LTP因其对热和蛋白酶的高稳定性而作为过敏原应用于啤酒中(Gorjanovic 等，2005；Perrocheau 等，2006)。向啤酒中添加小麦LTP会减少脂类引起的泡沫不稳定(Clarke 和 Wilde，1994)。内源性大麦LTP1也存在于啤酒泡沫碎片中，但是隔离蛋白质对泡沫势和半衰期的影响很小(Sorensen 等，1993)。然而啤酒泡沫也包含了一种被修饰的大麦LTP1结构：LTPb，它的含量减少并与糖类反应，对促进泡沫的形成更加有效(Bech 等，1995；Jegou 等，2000)。

②Hordoindolines。在谷类作物中，*Pin*a 基因和 *Pin*b 基因的同源性分别超过85%和90%，它们不含内含子，所编码的蛋白统称为Indolines，是一类对脂类物质具有较高亲和力的类脂膜蛋白，其分子量大约为13,000，含有5个二硫键，并含有信号肽，其类脂结合区域是一个富含色氨酸的结构域。Blochet 等人(1993)发现了两种相关的小麦蛋白，因为 *puros* 是希腊语中的小麦，故将它们命名为puroindoline，并且它们存在着典型的富色氨酸序列谱。它曾被认为在决定籽粒质构方面起了重要作用(Morris，2002)，大麦中也存在着和它相关的蛋白质，命名为 Hordoindolines。和小麦中一样，大麦中存在着两种Hordoindolines，分别是Hordoindoline a 和 b；它们由位于染色体5H上的基因编码，相当于小麦染色体5D上的 *Hardness*(*Ha*)基因座(Caldwel 等，2004；Chantret 等，2005)。因此，大麦中该基因座(位点)被称为 *Ha*。面包小麦的 *Ha*

基因座上 *Pin*a 和 *Pin*b 是单拷贝的(Chantret 等,2005),而大麦中的 *Ha* 基因座则包含了两个 *Hinb* 基因和一个 *Hina* 基因(Darlington 等 2001;Cardwell 2004)。此外,比较 *Hinb*-1,*Hinb*-2(也有研究者称它们 *Hal-b*1 或 *HvIDa* 和 *Hal-b*2 或 *HvIDb*)和 ESTs 的基因序列可以发现两种 *Hinb* 基因都能转录(Darlington 等,2001)。Hordoindolines (Hin)a 和 b 蛋白分别与 Pin a 和 Pin b 非常相似,氨基酸序列的相似性达到了 85%。它们的相对分子质量也与 Pins 相似,大约为 13,000,但尚未精确测定(Douliez 等,2000)。Hin a 和 b 都有典型的"色氨酸 motif",分别包含 3 个和 5 个色氨酸残基,它们被认为是小麦脂类连接位置(Kooijman 等,1997)。同时,等位基因序列也发生了变化, Beecher 等人(2001)报道了仅在 8 个品种中就有 2 个 Hina 和 3 个 Hinb 的序列发生了变化。与小麦相比,大麦籽粒质构的基因控制和机理尚不清楚,但似乎是淀粉颗粒和蛋白质网交界面蛋白质和淀粉的黏合决定了籽粒结构(和小麦中一样)(Brennan 等,1996)。也有证据显示 Hordoindolines 存在于这一交界面,因此促成了大麦具有像小麦一样的"无黏性"特性(Darlington 等,2000)。Beecher 等(2002)和 Fox 等(2007)报道了造成大麦硬度 20%的 QTLs 位于横断面图谱或接近 Ha 基因位点。然而与小麦不同的是,籽粒结构和 *Hins* 序列上等位基因差异并无关系(Beecher 等,2001;Darlington 等,2001)。Lee 等(2006)报道在大麦核发育后期 Hins 主要在糊粉层细胞中表达。这与小麦中 *Pins* 基因和燕麦中 *tryptophanins* 基因的细节研究是矛盾的,后者只在淀粉胚乳细胞中表达。

③Hordthionins。植物硫堇蛋白(Thionins)主要指从禾谷类作物胚乳及叶片等器官中分离得到的一类分子量为 5KD 的含硫蛋白。Thionins 在 20 世纪 40 年代第一次在小麦中发现,接着 Redman 和 Fisher(1969)在大麦中发现了与之接近的化合物。富含半胱氨酸和基本的氨基酸残基,一般显碱性,含 6~8 个 Cys,通过 3~4 个二硫键(Florack 和 Stiekema,1994)。小麦和大麦中 Thionins 的早期文献已有详细的综述(Carcia-Olmedo 等,1992;Shewry,1993;Carcia-Olmedo,1999),这里仅做简要讨论。大麦籽粒中有两种 Thionins,称为 α-hordthionins 和 β-hordthionins,包含了具有 4 个双硫键的 45 个氨基酸残基。它们都是由含 19 个残基的单肽合成,碳端扩增 64 个残基,可推断它们是在蛋白水解过程中被移除的。α-hordthionins 和 β-hordthionins 对一些组培细胞是有毒的,并能阻止胞外蛋白的合成(Shewry,1993)。当其在体外(Terres 等,1993)或转基因植物(Carmona 等,1993)中表达时,它们单独作用或与其他植物蛋白协同作用,抑制疾病真菌和细菌的生长。因此认为它们具有防御作用(Carcia-Olmedo,1999)。

除 α-hordthionins 和 β-hordthionins,大麦籽粒还包含两种低分子量富硫蛋白,最初将其被定义为 γ-hordthionins 和 ω-hordthionins(Mendez 等,1990;

1996)。尽管这些蛋白大小(分别含 47 和 48 个残基)和双硫键(都含 4 个二硫键)与 hordthionins 很相似,但在序列上它们与防御素更接近。防御素是一类广泛存在的抗真菌蛋白质组,包括高粱 S2α1 α-淀粉酶抑制剂(Osborn 和 Brockaert,1999)。硫堇蛋白及细胞防御素是一类广泛存在于植物细胞中并对细菌、真菌等病原微生物具有抑制或杀灭作用的小分子量多肽抗生素。两者在相对分子质量、空间结构及某些化学性质上具有相似性,近年来在植物抗病性育种中得以应用。

(9)矿物质

禾谷类是人类饮食和家畜饲料的主要矿物质来源。表 13.5 列出了籽粒、面粉和碾磨加工成整珠形大麦米中的大量元素(P、K、Mg、Ca)和重要微量元素(Fe、Zn、Mn、Cu)含量。Liu 等(2007)对这些分析和类似的碾磨研究显示,所有矿物质都集中在籽粒外层,尤其在胚和糊粉层中(Stewart 等,1988;Ockenden 等,2004)。Duffus 和 Roise(1976)也报道,约 15%～20%的 Fe 位于成熟大麦籽粒的果皮上,而 70%和 7%～8%的 Fe 分别位于胚乳(包括糊粉层)和胚中。

表 13.5 大麦籽粒和碾磨加工成整珠形大麦米的矿物质组成

样本	P (mg/kg)	K (mg/kg)	Mg (mg/kg)	Ca (mg/kg)	Fe (mg/kg)	Zn (mg/kg)	Mn (mg/kg)	Cu (mg/kg)	参考文献
Grain	3160	4570	1360	259	26.1	20.1	14.9	4.15	Liu 等(1975)[b]
Grain	3160 (2300)[a]	nd	nd	510	66	21	nd	3.8	Pederen 和 Eggum (1983)[c]
Flour, 85% extraction	3000 (1700)[a]	nd	nd	310	24	17	Nd	3.0	Pederen 和 Eggum (1983)[c]
Flour, 69% extraction	1600 (<100)[a]	nd	nd	230	11	10	Nd	2.4	Pederen 和 Eggum (1983)[c]
Grain		5600	910	500	60	33	17	4.0	Holland 等(1988)[d]
Pearled barly	nd	2700	650	200	30	21	13	3.0	Holland 等(1988)[d]

[a] Amount present in phytates.

[b] Malting barley cv. Klages grown in Aberdeen, Idaho.

[c] Sring barley cv. Arkil grown in Denmark and milled by abrasive milling (pearling).

[d] Based on literature sources.

[e] Based on two commercial samples and literature sources.

nd, not determined.

籽粒中的大多数磷和其他矿物质都以植酸盐的形式存在。在一篇关于植酸盐的详尽综述中,Lott 等(2000)报道了植物中 0.38%的磷和 1.02%的植酸存在于籽粒中。表 13.5 的数据显示,籽粒中 64%的磷以植酸盐的形式存在,但碾磨去除外层后，只剩下 6%或更少的磷。

Phytate 是植酸盐的混合物（myo-inositol-1，2，3，4，5，6，-hexakis phosphate）。六种磷酸离子呈负电荷，能与金属阳离子形成盐，主要是 K^+、Mg^+，但也有 Ca^{2+}、Mn^{2+}、Zn^{2+}、Ba^{2+} 和 Fe^{3+}（Lott 等 2000）。能结合几个阳离子与电荷有关，每个分子有 12 个单价阳离子如 K^+ 或 6 个二价阳离子如 Mg^{2+}。显然植酸盐的作用是保存种子中的矿物质，在糊粉层细胞中与蛋白质形成球状夹杂物(参见前面糊粉细胞组成的部分)。

人们对植酸盐最感兴趣的是其对矿物质生物利用的影响。当矿物质以植酸盐的形式存在时几乎不能被单胃动物吸收(包括人类)，导致了禾谷类籽粒(人类饮食营养的重要来源)中铁、锌、镁、钙的利用效率低下。同样，在家畜中也存在该问题，并且还造成了环境污染，包括由于成年动物排放未消化的植酸盐而造成的水富营养化。

增加矿物质利用率并减少环境污染的方法之一是通过选择低植酸盐突变株或通过基因工程使植酸酶在籽粒中表达。Rayboy 在 1990 年率先通过人工诱变筛选低植酸盐突变体，先后在玉米、大麦、小麦和水稻上尝试(Rayboy 等，2001；Rayboy，2006)。Rayboy 和 Rasmussen 及其同事们筛选得到了大麦突变体群体(Larson 等，1998；Rasmussen 和 Hatzack，1998；Hatzack 等，2000)。至少 4 个类型的大麦突变体被鉴定，其中 3 个植酸合成途径中包含了 *lpa* 基因。种子植酸盐减少量的范围包括中等水平(25%～50% *lpa*-1 和 *lpa*-2)，大量(66%～80%，*lpa*-3)和极大量(＞90% M995 未知基因)。突变籽粒中的磷和其他矿物质的含量都相似或略高于对照组，只有 *lpa*-1 型的磷含量仅为对照组的 77%。动物实验也提高了磷、锌、铁、镁和钙的生物利用率(老鼠，Poulsen 等，2001；发育期和成熟期的猪，Veum 等，2002，Tracker 等，2003)。

Brinch-Pedersen 和他的同事们在小麦而非大麦中采用了第二种方法。Brinch-Pedersen(2006b)在发育期的小麦籽粒中表达出了热稳定性的真菌植酸酶，该方法可使酶在加工过程中保持活性。以下的几篇综述可帮助读者了解更多关于植酸盐的细节和其在矿物质生物有效性中的作用(Maga，1982；Lott 等，2000；Brinch-Pedersen 等，2002；2006ab；2007)。

(10)植物化学素

禾谷类（包括大麦）是一系列维生素和植物化学素的主要饮食来源。然而这些对健康有益的物质大多集中在籽粒外层和胚，只有少量在胚乳中。例如，Adom(2005)报道了小麦籽粒中 83%的酚类和 79%的黄酮类物质存在于麸皮和胚芽碎片中（Ward，2008 也有相同结论）。

- **酚类化合物**

酚类化合物也许是大麦籽粒中最多最复杂的一类次级产物，大量存在的有三类，分别是酚酸、黄酮类和烷基间苯二酚，含量按顺序依次减少。

①烷基间苯二酚。烷基间苯二酚是位于种皮外层和果皮内层的一些酚酯(Landberg 等，2008)。它们在小麦和黑麦中尤其丰富，经常被用作是追踪全籽粒产品摄入的生物标记。烷基间苯二酚也许还有其他有益的生理作用，但仍不确定(Ross 等，2004)；它在大麦籽粒中含量很低，大约每 1 克籽粒干重含 30～200 微克，而在小麦和黑麦中的含量分别达到了 1,000 和 3,000 微克/克 DW (Ross，2004)。烷基间苯二酚在脂链上长度不同，从 C17：0 到 C25：0 都有，其比例在不同的基因型中也不一样(Anderssen，2008)。

②黄酮类。黄酮类是基于常规 15 碳环结构基础上，种类繁多、含量丰富的酚类化合物(Jende-Strid，1993)。植物中的 5,000 多种黄酮种类已经确定，并分成了若干类。大麦中黄酮的成分包含了黄烷醇(包含单体和多体结构的原花青素和花青素)。由于方法和实验材料的不同，通过现有的数据很难比较黄酮类的含量。Griffith 和 Welth(1982)报道了在他们收集的 2 批共 116 个基因型的大麦中，黄酮类的含量从 800～1,700 微克/克不等。也许这很令人吃惊，但其实这两个批次的差别不是那么大，英国大麦品系中为 1,200～1,700 微克/克，差异性更大的品系为 800～1500 微克/克。单体儿茶酚是大麦中一类相对少的成分，大约 20～80 微克/克。主要的黄酮类成分是原花青素，尤其是二聚体原花青素、原花翠素和四个 3 聚体结构(Jende-Strid 和 Moller，1981)。这些成分都分布在种皮上 (Aastrup 等，1984)。原花青素影响啤酒混浊形成 (Jende-Strid 1993)，也因为最近人们发现它有强的抗毒性，可能对健康有益(Beecher，1994)。因此人们进行了大量的化学诱变，得到了大约 700 种不含原花青素的突变体 (Jende-Strid，1993)。这些突变体不含原花青素 (Jende-Strid，1993；Øverland 等，1994)，但是可能存在少量(少于 10 微克/克)的邻苯二酚(Quinde-Axtell 和 Baik，2004)。最近一项关于大麦品种的调查也显示，脱原花青素品种的产品比普通的品种更加亮白(Quinde-Axtell 和 Baik，2006)。同样的基因诱变工程也鉴别了 75 种有花青素合成的突变体(Jende-Strid，1993)。大麦中花青素含量和其他酚类比起来相对较少。然而它们确实存在于果皮和糊粉层的色素沉积层。Abdel-Aal 等(2006)报道了一个青紫色大麦品系中含有 35 微克/克的总花青素。Siebenhandl 等 (2007)报道了两株黑色大麦品系的麸皮中分别含总花青素 15.87 微克/克和 8.85 微克/克，而面粉中的含量仅约为 1 微克/克。

③酚酸。大麦和其他禾谷类中的酚酸可分为两类，分别衍生于羟基苯甲酸或对羟基桂皮酸。两种酚酸都以三种形式存在，它们能被提取并分析。游离的酚酸相对较少，大多数都以可溶共轭物(糖酯化或其他低分子量 LMW 成分)或不溶性结合态存在；不溶性结合态通常与细胞壁酯化成 AX(前面已讨论)。Andersson 等(2008)分析比较了 10 个不同类型大麦品种籽粒中三种形式酚酸

含量(见表 13.6),游离酚酸只占了约 3%或更少,可溶性共轭物约占 25%;品种间存在显著差异,尤其是酚酸化合物,品种间差异超过了 3 倍。表 13.6 中的数据和其他报道中用相似方法得出的结论是一致的,如 9 个品系中游离酚酸含量 8.1～17.5 微克/克(Goupy 等,1999);16 个品系中结合态酚酸 604～1,346 微克/克(Holtekjonlen 等,2006);11 个品系中总酚酸 357～604 微克/克(Quinde-Axtell 和 Baik,2006)。

表 13.6 不同大麦品种籽粒中游离酚酸、共轭酚酸和结合态酚酸三种形式酚酸的含量

Genotype	Hulled	Rows	Type	Starch	Phenolic Acids (微克/克,干重)			
					Free	Conjugated	Bound	Total
Diktoo	Yes	6	W	Normal	13.8	197.7	463.8	657.3
Plaisant	Yes	6	W	Normal	23.0	113.1	375.9	512.0
Igri	Yes	2	W	Normal	8.1	115.0	272.1	385.2
Rastik	Yes	6	W	Normal	4.6	87.6	212.0	304.2
CFl93-149	Yes	2	S	High amylase	5.4	101.1	442.5	549.0
CFl93-149	Yes	2	S	Waxy	7.0	94.6	276.2	377.9
CFl93-149	Yes	2	S	Waxy	7.6	113.0	132.9	253.5
Erhard-Frederichen	Yes	2	S	Normal	13.0	96.1	313.7	422.8
Borzymwicki	Yes	2	S	Normal	10.6	86.4	423.2	520.1
Morex	Yes	6	S	Normal	5.6	92.8	522.8	621.2

摘自 Andersson 等(2008)。S, 春; W, 夏

Anderson 等(2008)报道了 10 个品系中游离酚酸、共轭酚酸和结合态酚酸的组成情况。尽管存在显著的品系间差异,但游离酚酸都富含阿魏酸、香草醛、丁香酸、2,4-对羟基苯甲酸;共轭酚酸都富含阿魏酸、4-羟基苯甲酸、香草醛、芥子酸、2,4-对羟基苯甲酸;结合酚酸富含阿魏酸和 p-香豆酸。这些分析结果也与其他报道一致(Jende-Strid, 1985; Mattila 等, 2005; Holtekjønlen 等, 2006; Quinde-Axtell 和 Baik,2006)。

酚酸具有强抗氧化性,最近的一些研究着眼于抗氧化性与酚酸成分的关系(Zieliński 和 Kozlowska,2000; Bonoli 等,2004; Kim,2007; Liu 和 Yao,2007; Madhujith 和 Shadidi,2006;2007; Zhao 等,2006;2008; Dvořáková 等,2008)。

• **萜类化合物**

甾醇类,母育酚(包括维生素 E)和类胡萝卜素都是萜类化合物,被认为有降胆固醇(甾醇类)和抗氧化作用(母生育酚和类胡萝卜素)。

大麦中的总甾醇在 800～1,150 微克/克之间，主要形式是谷甾醇和菜油甾醇，只有 1%～2%是甾烷醇(饱和结构)(Piironen 等，2002；Andersen 等，2008)。母生育酚比甾醇少，据报道其含量在 30～70 微克/克。Cavallero 等(2004)报道带壳大麦比裸大麦有更高水平的母生育酚，但 Andersen 等 (2008) 并未发现这种差异。大约 70%～80%的生育酚是生育三烯酚类(含不饱和侧链)，主要形式是 α-生育三烯酚(Panifili 等，2003；Cavallero 等，2004；Andersen，2008)。

与甾醇类和母生育酚类相比，类胡萝卜素在大麦中的含量很低。Goupy 等 (1999) 报道大麦籽粒包含了 174～850 微克/克的类胡萝卜素，其中叶黄素占了约 90%，此外还有玉米黄质存在。Siebenhandl 等 (2007) 的研究显示，胚芽碎片中的叶黄素和玉米黄质比麸皮和面粉中略多。但由于含量太低(少于 2 微克/克)不能将两者分离。叶黄素和玉米黄质都含有羟基，因此归为叶黄素而非胡萝卜素。

- **叶酸**

叶酸 (维他命 B_9) 是研究最广泛的植物维生素，其在发育胎儿的神经发育中起了很重要的作用，它还可能利于减少若干种疾病(Molloy 2002)。叶酸是一些维生素的混合物，据报道其在大麦中的含量为 200～800 纳克/克 DW(Gerna 和 Kas，1983；Hegdüs 等，1985；Gusjska 和 Kuncewicz，2005；Han 等，2005；Andersson 等，2008)。

4. 结论

成熟大麦籽粒是一个包含各种组织、器官和细胞类型的高度复杂的系统，它们的结构、组成、特性，包括加工和营养成分存在显著差异。本综述主要集中在成熟籽粒，描述发育过程如何影响籽粒的最终结构，并讨论了决定籽粒组成和使用特性的主要成分。我们的知识离完整仍有距离，同时由于时间和篇幅的限制，很多内容依然未包括进去。尽管如此，我们仍然希望它为普通读者提供一个好的总揽，为专业人士了解更多详细信息提供渠道。

参考文献

Aalen, R. B. 1995. The transcripts encoding two oleosin isoforms are both present in the aleurone and in the embryo of barly (*Hordeum vulgare* L.) seeds. Plant Mol. Biol. 28: 583－588.

Aalen, R. B., H.-G. Opsahi-Ferstad, C. Linnestad, and O.-A. Olsen. 1994. Transcripts encoding an oleosin and a dormancy-related protein are present in both the aleurone layer and the embryo of developing barly (*Hordeum vulgare* L.) seeds. Plant J. 5: 385－396.

Aalen, R. B., Z. Salehian, and T. M. Steinum. 2001. Stability of barly aleurone transcripts: dependance on protein synthesis, influence of the starchy endosperm and destabilization by GA_3. Physiol. Plantarum 112: 403—413.

Aastrup, S. 1979. The relationship between the viscosity of an acid flour extract of barly and its β-glucan content. Carlsberg Res. Commun. 44: 289—304.

Aastrup, S., H. Outtrup, and K. Erdal. 1984. Location of the proanthocyanidins in the barley grain. Carlsberg Res. Commun. 49: 105—109.

Abdel-Aal, E.-S.-M., C. Young, and I. Rabalski. 2006. Anthocyanin composition in black, blue, pink, purple and red cereal grains. J. Agric. Food Chem. 54: 4696—4704.

Abiko, M., K. Akibayashi, T. Sakata, M. Kimura, E. Asamizu, S. Sato, H. Takahashi, and A. Higashitani. 2005. High-temperature induction of male sterility during barley (*Hordeum vulgare* L.) anther development is mediated by transcriptional inhibition. Sex. Plant Reprod. 18: 91—100.

Adler, K. 1990. The meristematic character of aleurone cells in barley endosperm as reflected in scanning electron micrographs. J. Electron Microsc. 39: 417—420.

Adom, K. K., M. Sorrells, and R. H. Liu. 2005. Phytochemicals and antioxidant activity of milled fractions of different wheat varieties. J. Agric. Food Chem. 53: 2297—2306.

Amarowicz, R., Z. Zegarska, R. B. Pegg, M. Karama ć, and A. Kosin ń ska. 2007. Antioxidant and radical scavenging activities of a barley crude extract and its fractions. Czech J. Food Sci. 25: 73—80.

An, L.-H. and R.-L. You. 2004. Studies on nuclear degeneration during programmed cell death of synergid and antipodal cells in *Triticum aestivum*. Sex. Plant Reprod. 17: 195—201.

Anderson, O. D., C. C. Hsia, A. E. Adalsteins, E. J. L. Lew, and D. Kasarda. 2001. Idntification of several new classes of low-molecular-weight wheat gliadin-related proteins and genes. Theor. Appl. Genet. 103: 307—315.

Andersson, A. A. M., A-M. lampi, L. Nystrom, V. Piironen, L. Li, J. L. Ward, K. Gebruers, C. M. Courtin, J. A. Delcour, D. Boros, A. Fras, W. Dyknowska, M. Rakszegi, Z. Bedo, P. R. Shewry, and P. Aman. 2008. Phytochemical and dietary fiber components in barley varieties in the HEALTHGRAIN diversity screen. J. Agric. Food Chem. 56: 9758—9766.

Anonymous. 2008. Final rule on soluble fiber from certain foods and risk of coronary heart disease (73FR47828). US FDA.

Anton, A. M. and A. E. Cocucci. 1984. The grass megagame-tophyte and its possible phylogenetic implications. Plant Syst. Evol. 146: 117—121.

Aragoncillo, C., R. Sanchez-Monge, and G. Salcedo. 1981. Two groups of low molecular weight hydrophobic proteins from barley endosperm. J. Exp. Bot. 32: 1279—1286.

Arisnabarreta, S. and D. J. Miralles. 2008a. Critical period for grain number establishment of near isogenic lines of two and six-rowed barley. Field Crops Res. 107: 196—202.

Arisnabarreta, S. and D. J. Miralles. 2008b. Radiation effects on potential number of grains per spike and biomass partitioning in two-and sex-rowed near isogenic barley lines. Field Crops Res. 107: 203—210.

Asthir, B., C. M. Duffus, R. C. Smith, and W. Spoor. 2002. Diamine oxidase is involved in H_2O_2 production in the chalazal cells during barley grain filling. J. Exp. Bot. 53: 677—682.

Asthir, B., W. Spoor. C. Duffus, and R. M. Parton. 2001. The location of (1-3)-β-glucan in the nucellar projection and in the vascular tissue of the crease in developing barley grain using a (1-3)-β-glucan-specific monoclonal antibody. Planta 211: 85—88.

Bacic, A. and B. A. Stone. 1981a. Chemistry and organisation of aleurone cell wall components from wheat and barley. Aust. J. Plant Physiol. 8: 475—495.

Bacic, A. and B. A. Stone. 1981b. Isolation and ultrastructure of aleurone cell walls from wheat and barley. Aust. J. Plant Physiol. 8: 453—474.

Baik, B.-K. and S. E. Ullrich. 2008. Barley for food: characteristics, improvement, and renewed interest. J. Cereal Sci. 48: 233—242.

Balance, G. M. and D. J. Manners. 1978. Structural analysis and enzymic solubilization of barley endosperm cell walls. Carbohyd. Res. 61: 107—118.

Banciu, H., F. Olaru, V. Hengst, M. Banciu, I. Petruscu, A. Mocanu, C. Tarba, T. Yupsanis, and M. Tomoaia-Cotisel. 2007. Partial biochemical characterization of storage protein from aleurone cells of barley (*Hordeum vulgare* L.). Stud. Univ. Babes-Bolyai Biol. 52: 37—45.

Banks, W., C. T. Greenwood, and D. D. Muir. 1973. Studies on the biosynthesis of starch granules. Part 6. Properties of the starch granules of normal barley and barley with starch of high amylose-content during growth. Stärke 25: 225—230.

Barnabás, B., K. Jäger, and A. Fehér. 2008. The effect of drought and heat stress on reproductive processes in cereals. Plant Cell Environ. 31: 11—38.

Bartels, D., M. Singh, and F. Salamini. 1998. Onset of desiccation tolerance during development of the barley embryo. Planta 175: 485—492.

Batygina, T. B. 1969. On the possibility of separation of a new type of embryogenesis in Angiospermae. Rev. Cytol. Biol. Veg. Botaniste. 32: 335—341.

Batygina, T. B. and E. A. Bragina. 2006. Triple fusion, pp. 77—82. *In* T. B. Batygina (ed.). Embryology of flowering plants. Terminology and Concepts. Vol. 2: Seed. Science Publishers, Enfield, NH.

Bech, L. M., P. Vaage, B. Heinemann, and K. Breddam. 1995. Throughout the brewing process barley lipid transfer protein 1 (LTP1) is transformed into a more foam-promoting form. Proc. Eur. Brew. Conv., pp. 561—568.

Becraft, P. W. 2007. Aleurone cell development, pp. 45—56. *In* O.-A. Olsen (ed.). Endosperm: Development and Molecular Biology. Plant cell Monographs 8. Springer-Verlag, Berlin.

Becraft, P. W. and Y. Asuncion-Crabb. 2000. Positional cues specify and maintain aleurone cell fate in maize endosperm development. Development 127: 4039—4048.

Beecher, G. 2004. Proanthocyanidins: biological activities associated with human health. Pharmaceut. Biol. 42: 2—20.

Beecher, B., J. Bowman, J. M. Martin, A. D. Bettge, C. F. Morris, T. K. Blake, and M. J. Giroux. 2002. Hordoindolines are associated with a major endosperm-texture QTL in barley (*Hordeum vulgare*). Genome 45: 584—591.

Beecher, B., E. D. Smidansky, D. See, T. K. Blake, and M. J. Giroux. 2001. Mapping and sequence analysis of barley hordoindolines. Theor. Appl. Genet. 102: 833—840.

Beligni, M. V., A. Fath, P. C. Bethke, L. Lamattina, and R. L. Jones. 2002. Nitric oxide acts as an antioxidant and delays programmed cell death in barley aleurone layers. Plant Physiol. 129: 1642—1650.

Bennett, M. D. and R. A. Finch. 1971. Duration of meiosis in barley. Genet. Res. Cambridge 17: 209—214.

Bennett, M. D., R. A. Finch, J. B. Smith, and M. K. Rao. 1973. The time and duration of female meiosis in wheat, rye and barley. Proc. R. Soc. Lond. B Biol. Sci. 183: 301—319.

Bennett, M. D. and J. B. Smith. 1976. The nuclear DNA content of the egg, the zygote and young proembryo cells in *Hordeum*. Caryologia 29: 435—446.

Bennett, M. D., J. B. Smith, and I. Barclay. 1975. Early seed development in the Triticeae. Philos. Trans. R. Soc. Lond. B Biol. Sci. 272: 199—227.

Berger, F., P. E. Grini, and A. Schnittger. 2006. Endosperm: an integrator of seed growth and development. Curr. Opin. Plant Biol. 9: 664—670.

Bethke, P. C., J. E. Lonsdale, A. Fath, and R. L. Jones. 2008. Hormonally regulated programmed cell death in barley aleurone cells. Plant Cell 11: 1033—1045.

Bethke, P., S. J. Swanson, S. Hillmer, and R. L. Jones. 1998. From storage compartment to lytic organelle: the metamorphosis of the aleurone protein storage vacuole. Ann. Bot. 82: 399—412.

Bhatty, R. S. 1982. Distribution of lipids in embryo and bran-endosperm fractions of Ric 1508 and Hiproly barley grains. Cereal Chem. 59: 154—156.

Bhatty, R. S. and B. G. Rossnagel. 1997. Zero amylase lines of hull-less barley. Cereal Chem 74: 190—191.

Bhave, M. and C. F. Morris. 2008a. Molecular genetics of puroindolines and related genes: allelic diversity in wheat and other grasses. Plant Mol. Biol. 66: 205—219.

Bhave, M. and C. F. Morris. 2008b. Molecular genetics of puroindolines and related genes: regulation of expression, membrane binding properties and applications. Plant Mol. Biol. 66: 221—231.

Bingham, I. J., J. Black, M. J. Foulkes, and J. Spink. 2007. Is barley yield in the UK sink limited? II. Factors affecting potential grain size. Field Crops Res. 101: 212—220.

Bird, A. R., C. Flory, D. A. Davies, S. Usher, and D. L. Topping. 2004a. A novel barley cultivar (Himalaya 292) with a specific gene mutation in starch synthase 11a raises large bowel starch and short-chain fatty acids in rats. J. Nutr. 134: 831—835.

Bird, A. R., M. Jackson, M. S. Vuaran, R. A. King, D. A. Davies, S. Usher, and D. L. Topping. 2004b. A novel high-amylose barley cultivar (*Hordeum vulgare var.* Himalaya 292) lowers plasma cholesterol and alters indices of large-bowel fer-mentation in pigs. Br. J. Nutr. 92: 607—615.

Bird, A. R., M. S. Vuaran, R. A. King, M. Noakes, J. Keogh, M. K. Morell, and D. L. Topping. 2008. Wholegrain foods made from a novel high-amylose barley variety (Himalaya 292) improve indices of bowel health in human subjects. Br. J. Nutr. 99: 1032—1040.

Biscoe, P. V., J. N. Gallagher, E. J. Littleton, J. L. Monteith, and R. K. Scott. 1975. Barley and its environment IV. Sources of assimilates for the grain. J. Appl. Ecol. 12: 295—318.

Blochet, J.-E., C. Chevalier, E. Forest, E. Pebay-payroula, M.-F. Gautier, P. Joudrier, M. Pezolet, and D. Marion. 1993. Complete amino acid sequence of puroindoline, a new basic and cysteine-rich protein with a unique tryptophan-rich domain, isolated from wheat endosperm by Triton X-114 phase partitioning. FEBS Lett. 329: 336—340.

Bonnett, O. T. 1966. Development of the barley spike. Inflorescences of maize, wheat, rye barley, and oats: their initiation and development. University of Illinois Agricultural Experiment Station. Bulletin 721, pp. 59—77.

Bonnett, G. D. and L. D. Incoll. 1992. The potential pre-anthesis and post-anthesis contributions of stem inter-nodes to grain yield in crops of winter barley. Ann. Bot. 69: 219—225.

Bonoli, M., V. Verado, E. Marconi, and M. F. Caboni. 2004. Antioxidant phenols in barley (*Hordeum vulgare* L.) Flour: comparative spectrophotometric study among extraction methods of free and bound phenolic compounds. J. Agric. Food Chem. 52: 5195—5200.

Bonsager, B. C., P. K. Nielsen, M. A. Hachem, K. Fukuda, M. Praetorius-Ibba, and B. Svensson. 2005. Mutational analysis of target enzyme recognition of the β-trefoil fold barley α-amylase/subtilisin inhibitor. J. Biol. Chem. 280: 14855—14864.

Boren, M., A.-S. Hoglund, P. Bozhkov, and C. Jansson. 2006. Development regulation of a VEIDase caspase-like proteolytic activity in barley caryopsis. J. Exp. Bot. 57: 3747—3753.

Boren, M., H. Larsson, A. Falk, and C. Jansson. 2004. The barley starch granule proteome-internalised granule polypeptides of the mature endosperm. Plant Sci. 166: 617—626.

Bosnes, M., E. Harris, L. Aigeltinger, and O.-A. Olsen. 1987. Morphology and ultrastructure of 11 barley shrunken endosperm mutants. Theor. Appl. Genet . 74:

177—187.

Bosnes，M. and O.-A. Olsen. 1992. The rate of nuclear gene transcription in barley endosperm syncytia increases sixfold before cell-wall formation. Planta 186：376—383.

Bosnes，M.，F. Weideman，and O.-A. Olsen. 1992. endosperm differentiation in barley wild-type and *sex* mutants. Plant J. 2：661—674.

Bouman，F. 1984. The ovule，pp. 123—157. *In* B. M. Johri（ed.）. Embryology of Angiosperms. Springer-Verlag，Berlin.

Brennan，C. S.，N. Harris，D. Smith，and P. R. Shewry. 1996. Structural differences in mature endosperms of good and poor malting barley cultivars. J. Cereal Sci. 24：171—177.

Brennan，C. S.，D. B. Smith，N. Harris，and P. R. Shewry. 1998. The production and characterisation of Hor 3 null lines of barley provides new information on the relation-ship of D hordein to malting performance. J. Cereal Sci. 28：291—299.

Briggs，D. E. and J. MacDonald. 1983. The permeability of the surface-layers of cereal-grains，and implications for tests of abrasion in barley. J. Inst. Brew. 89：324—332.

Brinch-Pedersen，H.，S. Borg，B. Tauris，and P. B. Holm. 2007. Molecular genetic approaches to increasing mineral availability and vitamin content of cereals. J. Cereal Sci. 46：308—326.

Brinch-Pedersen，H.，G. Dionisio，and P. B. Holm. 2006a. Seeds for improved phosphate and mineral bio-availability，pp. 321—337. *In* P. K. Jaiwal（ed.）. Plant Genetic Engineering，Vol.7. Studium Press，Houston，TX.

Brinch-Pedersen，H.，F. Hatzack，E. Stoger，E. Arcalis，K. Pontopidan，and P. B. Holm. 2006b. Heat-stable phytases in transgenic wheat（*Triticum aestivum* L.）：deposition pattern，thermostability and phytate hydrolysis. J. Agric. Food Chem. 54：4624—4632.

Brinch-Pedersen，H.，L. D. Sorensen，and P. B. Holm. 2002. Engineering crop plants：getting a handle on phosphate. Trends Plant Sci. 7：118—125.

Brown，W. V. 1960. The morphology of the grass embryo. Phytomorphology 10：215—223.

Brown，W. V. 1965. The grass embryo-a rebuttal. Phytomorphology 15：274—284.

Brown，R. C. and B. E. Lemmon. 2001a. The cytoskeleton and spatial control of cytokinesis in the plant life cycle. Protoplasma 215：35—49.

Brown，R. C. and B. E. Lemmon. 2001b. Phragmoplasts in the absence of nuclear division. J. Plant Growth Regul. 20：151—161.

Brown，R. C. and B. E. Lemmon. 2007. The developmental biology of cereal endosperm，pp. 1—20. *In* O.-A. Olsen（ed.）. Endosperm，Developmental and Molecular Biology. Plant Cell Monographs 8. Springer-Verlag，Berlin.

Brown，R. C.，B. E. Lemmon，and O.-A. Olsen. 1994. Endosperm development in barley：microtubule involvement in the morphogenetic pathway. Plant Cell 6：1241—1252.

Brown，R. C.，B. E. Lemmon，and O.-A. Olsen. 1996. Polarization predicts the pattern of cellularization in cereal endosperm. Protoplasma 192：168—177.

Bunce, N. A. C., B. G. Forde, M. Kreis, and P. R. Shewry. 1986. DNA restriction fragment length polymorphism at hordein loci: application to identifying and fingerprinting barley cultivars. Seed Sci. Technol. 14: 419—429.

Burgess, S. R. and P. R. Shewry. 1986. Identification of homologous globulins from embryos of wheat, barley, rye and oats. J. Exp. Bot. 37: 1863—1871.

Burgess. S. R., R. H. Turner, P. R. Shewry, and B. J. Miflin. 1982. The structure of normal and high-lysine barley grains. J. Exp. Bot. 33: 1—11.

Burton, R. A., H. Jenner, L. Carrangis, B. Fahy. G. B. Fincher, C. Hylton, D. A. Laurie, M. Parker, D. Waite, S. van Wegen, T. Verhoeven, and K. Denyer. 2002. Starch granule initiation and growth are altered in barley mutants that lack isoamylase activity. Plant J. 31: 97—112.

Buttrose, M. S. 1971. Ultrastructure of barley aleurone cells as showen by freeze-etching. Planta 96: 13—26.

Cald well, K. S., P. Langridge, and W. Powell. 2004. Comparative sequence analysis of the region harboring the hardness locus in barley and its colinear region in rice. Plant Physiol. 136: 3177—3190.

Cameron-Mills, V. and C. M. Duffus. 1979. Sucrose transport in isolated immature barley embryos. Ann. Bot. 43: 559—569.

Cameron-Mills, V. and D. von Wettstein. 1980. Endosperm morphology and protein body formation in developing barley grain. Carlsberg Res. Commun . 45: 577—594.

Campbell. , A. F. 1992. Protein engineering of the barley chymotrypsin inhibitor 2, pp. 257—268. In P. R. Shewry and S. Gutteridge (eds.). Plant Protein Engineering. Cambridge University Press, Cambridge, UK.

Carbonero, P. and F. Garcia-Olmedo. 1999. A multigene family of trypsin-amylase inhibitors from cereals, pp. 617—633. *In* P. R. Shewry and R. Casey (eds.). Seed Proteins. Kluwer Academic Publishers, Dordrecht.

Carmona, M. J., A. Molina, J. A. Fernandez, J. J. Lopez-Fando, and F. Garcia-Olmedo. 1993. Expression of the α-thionin gene from barley in tobacco confers enhanced resistance to bacterial pathogens. Plant J. 3: 457—462.

Cass, D. D. 1981. Structural relationships among central cell and egg apparatus cells of barley as related to transmission of male gametes. Acta Soc. Bot. Pol. 50: 177—180.

Cass, D. D. and W. A. Jensen. 1970. Fertilization in barley. Am. J. Bot. 57: 62—70.

Cass, D. D. and D. J. Peteya. 1979. Growth of barley pollen tubes *in vivo*. I. Ultrastructural aspects of early tube growth in the stigmatic hair. Can. J. Bot. 57: 386—396.

Cass, D. D. and D. J. Peteya, and . B. L. Robertson. 1985. Megagametophyte development in *Hordeum vulgare*. 1. Early megagametogenesis and the nature of cell wall formation. Can. J. Bot. 63: 2164—2171.

Cass, D. D. and D. J. Peteya, and B. L. Robertson. 1986. Megagametophyte development in *Hordeum vulgare*. 2. Later stages of wall development and morphological aspects of megagametophyte cell differentiation. Can. J. Bot. 64：2327－2336.

Cavallero，A.，A. Gianinetti，F. Finocchiaro，G. Delogu，and A. M. Stanca. 2004. Tocols in hull-less and hulled barley genotypes grown in constrasting environments. J. Cereal Sci. 39：175－180.

Ceccarelli，S. and Q. Catena. 1973. Breeding barley. Technique of crossing. (II miglioramento genetic. dell' orzo da granella. II Tecnica di esecuzione degli incroci). Rivista di Agronomia 7：197－200.

Cejudo，F. J.，M. C. Gonzalez，A. J. Serrato，R. Sanchez，J. M. Perez-Ruiz，M. Alcaide，and F. Dominguez. 2002. Programmed cell death in developing and germinating cereal grains. Curr. Topics Plant Biol. 3：167－173.

Cerna，J. and J. kas. 1983. Folacin in cereals and cereal products. Dev. Food Sci. 5：501－506.

Chandler，J. W. 2008. Cotyledon organogenesis. J. Exp. Bot. 59：2917－2931.

Chandra，G. S.，M. O. Proudlove，and E. D. Baxter. 1999. The structure of barley endosperm-an important determinant of malt modification. J. Sci. Food Agric. 79：37－46.

Chantret，N.，J. Salse，F. Sabot，S. Rahman，A. Bellec，B. Laubin，I. Dubois，C. Dossant，P. Sourdille，P. Joudrier，M.-F. Gautier，L. Cattolico，M. Beckert，S. Aubourg，J. Weissenbach，M. Caboche，M. Bernard，P. Leroy，and B. Chalhoub. 2005. Molecular basis of evolutionary events that shaped the *Hardness* locus in diploid and polyploidy wheat species (*Triticum* and *Aegilops*). Plant Cell 17：1033－1045.

Charzyriska，M. and N. Lenart. 1989. Pollen grain of barley (*Hordeum vulgare* L.)-pattern of development. Acta Soc. Bot. Pol. 58：313－320.

Chen，F. Q. and M. R. Foolad. 1997. Molecular organization of a gene in barley which encodes a protein similar to aspartic protease and its specific expression in nucellar cells during degeneration. Plant Mol. Biol. 35：821－831.

Clarke，B. C.，T. Phongkham，M. C. Gianibelli，H. Beasley，and F. Bekes. 2003. The characterization and mapping of a family of LMW-gliadin genes：effects on dough properties and bread volume. Theor. Appl. Genet. 106：629－635.

Clarke，D. C. and P. J. Wilde. 1994. The protection of beer foam against lipid-induced destabilization. J. Inst. Brew. 100：23－25.

Cochrane，M. P. 1983. Morphology of the crease region in relation to assimilate uptake and water-loss during caryopsis development in barley and wheat. Aust. J. Plant Physiol. 10：473－491.

Cochrane，M. P. 1994a. Observation on the germ aleurone of barley. Morphology and Histochemistry. Ann. Bot. 73：113－119.

Cochrane，M. P. 1994b. Observations on the germ aleurone of barley. Phenol oxidase and peroxidase activity. Ann. Bot. 73：121－128.

Cochrane，M. P. and C. M. Duffus. 1979. Morphology and ultrastructure of immature cereal grains in relation to transport. Ann. Bot. 44: 67—72.

Cochrane, M. P. and C. M. Duffus. 1980. The nucellar projection and modified aleurone in the crease region of developing caryopses of barley (*Hordeum vulgare* L. var. *distichum*). Protoplasma 103: 361—375.

Cochrane, M. P. and C. M. Duffus. 1981. Endosperm cell number in barley. Nature 289: 399—401.

Cochrane, M. P. and C. Duffus. 1983. Endosperm cell number in cultivars of barley differing in grain weight. Ann. Appl. Biol. 102: 177—181.

Cochrane, M. P., L. Paterson, and E. Gould. 2000. Changes in the chalazal cell walls and in the peroxidase enzymes of the crease region during grain development in barley. J. Exp. Bot. 51: 507—520.

Cockram, J., H. Jones, F. J. Leigh, D. O'Sullivan, W. Powell, D. A. Laurie, and A. J. Greenland. 2007. Control of flowering time in temperate cereals: genes, domestication, and sustainable productivity. J. Exp. Bot. 58: 1231—1244.

Cook, H. and K. J. Oparka. 1983. Movement of fluorescein into isolated caryopses of wheat and barley. Plant Cell Environ. 6: 239—242.

Cosségal, M., V. Vernoud, N. Depege, and P. M. Rogowsky. 2007. The embryo surrounding region, pp. 57—71. *In* O.-A. Olsen (ed.). Endosperm. Developmental and Molecular Biology. Plant Cell Monographs 8. Springer-Verlag, Berlin.

Cottrell, J. E. and J. E. Dale. 1984. Variation in size and development of spikelets within the ear of barley. New Phytol. 97: 565—573.

Cottrell, J. E., J. E. Dale, and B. Jeffcoat. 1985. Early growth of the developing ear of spring barley. Ann. Bot. 55: 827—833.

Coudray, C., C. Feillet-Coudray, E. Gueux, A. Mazur, and Y. Rayssiguier. 2006. Dietary inulin intake and age can affect intestinal absorption of zinc and copper in rats. J. Nutr. 136: 117—122.

Coventry, S. J., A. R. Barr, J. K. Eglinton, and G. K. McDonald. 2003. The determinants and genome locations influencing grain weight and size in barley (*Hordeum vulgare* L.). Aust. J. Agric. Res. 54: 1103—1115.

Crismani, W., U. Baumann, T. Sutton, N. Shirley, T. Webster, G. Spangenberg, P. Langridge, and J. A. Able. 2006. Microarray expression analysis of meiosis and microsporogenesis in hexaploid bread wheat. BMC Genomics 7: 267. Available at http://www.biomedcentral.com/1471-2164/7/267.

Daniels, R. W., M. B. Alcock, and D. H. Scarisbrick. 1982. A reappraisal of stem reserve contribution to grain yield in spring barley (*Hordeum vulgare* L.). J. Agric. Sci. 98: 347—355.

Danielsson, C. E. 1949. Seed globulins of the Gramineae and Leguminosae. Biochem. J. 44: 387—400.

Dannenhoffer, J. M. and R. F. Evert. 1994. Development of the vascular system in the leaf of barley (*Hordeum vulgare* L.). Int. J. Plant Sci. 155: 143—157.

Darlington, H. F., J. Rouster, L. Hoffmann, N. G. Halford, P. R. Shewry, and D. J. Simpson. 2001. Identification and molecular characterisation of hordoindolines from barley grain. Plant Mol. Biol. 47: 785—794.

Darlington, H. F., L. Tecsi, N. Harris, D. L. Griggs, I. C. Cantrell, and P. R. Shewry. 2000. Starch granule associated proteins in barley and wheat. J. Cereal Sci. 32: 21—29.

DeMason D. A. 1997. Endosperm Structure and Development, pp. 73—115. *In* B. A. Larkins and I. K. Vasil (eds.). Cellular and Molecular Biology of Plant Seed Development. Kluwer Academic Publishers, Dordrecht.

Djarot, I. N. and D. M. Peterson. 1991. Seed development in a shrunken endosperm barley mutant. Ann. Bot. 68: 495—499.

Doan, D. N. P., C. Linnested, and O.-A. Olsen. 1996. Isolation of molecular markers from the barely endosperm coeno-cyte and the surrounding nucellus cell layers. Plant Mol. Biol. 31: 877—886.

Dominguez, F., J. Moreno, and F. J. Cejudo. 2001. The nucellus degenerates by a process of programmed cell death during the early stages of wheat grain development. Planta 213: 352—360.

Dominguez, F., J. Moreno, and F. J. Cejudo. 2004. A gibberellins-induced nuclease is localized in the nucleus of wheat aleurone cells undergoing programmed cell death. J. Biol. Chem. 279: 11530—11536.

Douliez, J.-P., T. Michon, K. Elmorjani, and D. Marion. 2000. Structure, biological and technological function of lipid transfer proteins and indolines, the major lipid binding proteins from cereal kernels. J. Cereal Sci. 32: 1—20.

Douleiz, J.-P. C. Pato, H. Rabesona, D. Molle, and D. Marion. 2001. Disulfide bond assignment, lipid transfer activity and secondary structure of a 7-kDa plant lipid transfer protein, LTP2. Eur. J. Biochem. 268: 1400—1403.

Drea, S., D. J. Leader, B. C. Arnold, P. Shaw, L. Dolan, and J. H. Doonan. 2005. Systematic spatial analysis of gene expression during wheat caryopsis development. Plant cell 17: 2172—2185.

Druka, A. G. Muehlbauer, I. Druka, R. Caldo, U. Baumann, N. Rostoks, A. Schreiber, R. Wise, T. Close, A. Kleinhofs, A. Graner, A. Schulman, P. Langridge, K. Sato, P. Hayes, J. McNicol, D. Marshall, and R. Waugh. 2006. An atlas of gene expression from seed to seed through barley development. Funct. Integr. Genomics 6: 202—211.

Duffus, C. M. and M. P. Cochrane. 1993. Formation of the barley grain-morphology, Physiology, and biochemistry, pp. 31—72. *In* A. W. MacGregor and R. S. Bhatty (eds.). Barley: Chemistery and Technology. AACC, St Paul, MN.

Duffus, C. M. and R. Rosie. 1975. Biochemical changes during embryogeny in *Hordeum distichum*. Phytochemistry 14: 319—323.

Duffus, C. M. and R. Rosie. 1976. Changes in trace element composition of developing barley grain. J. Agric. Sci. Cambridge 87: 75—79.

Dumas, C. and P. Rogowsky. 2008. Fertilization and early seed formation. C. R. Biol. 331: 715—725.

Dvořáková, M., L. F. Guido, P. Dostalek, Z. Skulilova, M. M. Moreira, and A. A. Barros. 2008. Antioxidants properties of free, soluble ester and insoluble-bound phenolic compounds in different barley varieties and corresponding malts. J. Inst. Brew. 114: 27—33.

Eglinton, J. K., P. Langridge, and D. E. Evans. 1998. Thermostability variation in alleles of barley β-amylase. J. Cereal Sci. 28: 301—309.

Ehrenbergerová, J., N. Belcredinova, J. Pryma, K. Vaculova, and C. W. Newman. 2006. Effect of cultivar, year grown, and cropping system on the content of tocopherols and tocotrienols in grains of hulled and hulless barley. Plant Foods Hum. Nutr. 61: 145—150.

Einhof, H. 1806. Chemische Analyse der kleinen Gerste (*Hordeum vulgare*). Neues allgemeines Journal der Chemie 6: 62—98.

Ekberg, I. and G. Eriksson. 1965. Demonstration of meiosis and pollen mitosis by photomicrograps and distribution of meiotic stages in barley spikes. Hereditas 53: 127—136.

Engell, K. 1989. Embryology of barley: time course and analysis of controlled fertilization and early embryo formation based on serial sections. Nord. J. Bot. 9: 265—280.

Engell, K. 1994. Embryology of barley. IV. Ultrastructure of the antipodal cells of *Hordeum vulgare* L. Cv. Bomi before and after fertilization of the egg cells. Sex. Plant Reprod. 7: 333—346.

Erbar, C. 2007. Current opinions in flower development and the evo-devo approach in plant phylogeny. Plant Syst. Evol. 269: 107—132.

Erdelska, O. 1967. Polar nuclei in unfertilized barley embryo sacs. Ann. Bot. 31: 367—369.

Erkkila, M. J., R. Leah, H. Ahokas, and V. Cameron-Milles. 1998. Allele-dependent barley grain α-amylase activity. Plant Physiol. 117: 679—685.

Evans, D. E., L. C. MacLeod, J. K. Eglinton, C. E. Gibson, X. Zhang, W. Wallace, J. H. Skerritt, and R. C. M. Lance. 1997. Measurement of β-amylase in malting barley (*Hordeum vulgare* L.). I. Development of a quantitative ELISA for β-amylase. J. Cereal Sci. 26: 229—239.

Evers, A. D., M. P. Cochrane, and C. Duffus. 1981. Endosperm cell number in barley-Cochrane and Duffus reply. Nature 293: 682.

Evers, A. D., C. T. Greenwood, D. D. Muir, and C. Venables 1973. Studies on the biosynthesis of starch granules. Starke 26: 42—46.

Evers, T. And S. Millar. 2002. Cereal grain structure and development: some implications for quality. J. Cereal Sci. 36: 261—284.

Fan, Y.-F., L. Jiang, H.-Q. Gong, and C.-M. Liu. 2008. Sexual reproduction in higher plants I; fertilization and the initiation of zygotic program. J. Integr. Plant Biol. 50: 860—

867.

Fath, A., P. C. Bethke, M. V. Belligni, Y. N. Spiegel, and R. L. Jones. 2001 Signalling in the cereal alleurone: hormones, reactive oxygen and cell death. New Phytol. 151: 99－107.

Fath, A., P. Bethke, J. Lonsdale, R. Meza-Romero, and R. Jones. 2000. Programmed cell death in cereal aleurone. Plant Mol. Biol. 44: 225－266.

Felker, F. C., D. M. Peterson, and O. E. Nelson. 1983. Growth characteristics, grain filling, and assimilate transport in a shrunken endosperm mutant of barley. Plant Physiol. 72: 679－684.

Felker, F. C., D. M. Peterson, and O. E. Nelson. 1984. Development of tannin vacuoles in chalaza and seed coat of barley in relation to early chalazal necrosis in the *seg* 1 mutant. Planta 161: 540－549.

Felker, F. C., D. M. Peterson, and O. E. Nelson. 1985. Anatomy of immature grains of eight maternal effect shrunken endosperm barley mutants. Am J. Bot. 72: 248－256.

Festenstein, G. N., F. C. Hay, and P. R. Shewry. 1987. Immunochemical relationships of the prolamin storage proteins of barley, wheat, rye and oats. Biochim. Biophys. Acta 912: 371－383.

Fincher, G. B. 1975. Morphology and chemical composition of barley endosperm cell walls. J. Inst. Brew. 81: 116－122.

Fincher, G. B. 1976. Ferulic acid in barley cell walls: a fluorescence study. J. Inst. Brew. 82: 347－349.

Fincher, G. B., W. H. Sawyer, and B. A. Stone. 1974. Chemical and Physical properties of an arabinogalactan-peptide from wheat endosperm. Biochem. J. 139: 535－545.

Fincher, G. B. and B. A. Stone. 1974. A water-soluble arabinogalactan-peptide from wheat endosperm. Aust. J. Biol. Sci. 27: 117－132.

Finn, R. D., J. Mistry, B. Schuster-Böckler, S. Griffiths-Jones, V. Hollich, T. Lassmann, S. Moxon, M. Marshall, A. Khanna, R. Durbin, S. R. Eddy, E. L. L. Sonnhammer, and A. Bateman. 2006. Pfam: clans, web tools and services Nucleic Acids Res. 34: 247－251.

Finnie, C., K. S. Bak-Jensen, S. Laugesen, P. Roepstorff, and B. Svensson. 2006. Differential appearance of isoforms and cultivar variationsin protein temporal profiles revealed in the maturing barley grain proteome. Plant Sci. 170: 808－821.

Finnie, C. and B. Svensson. 2003. Feasibility study of a tissue-specific approach to barley proteome analysis: aleurone layer, endosperm, embryo and single seeds. J. Cereal Sci. 38: 217－227.

Florack, D. E. A. and W. J. Stiekema. 1994. Thionins: properties, Possible biological rolesand mechanisms of action. Plant Mol. Biol. 26: 25－37.

Forster, B. P. and J. E. Dale. 1983. A comparative study of early seed development in genotypes of barley and rye. Ann. Bot. 52: 603－612.

Forster, B. P., J. D. Franckowiak, U. Lundqvist, J. Lyon, I. Pitkethly, and W. T. B. Thomas. 2007. The barley phytomer. Ann. Bot. 100: 725—733.

Fox, G. P., B. Osborne, J. Bowman, A. Kelly, M. Cakir, D. Poulsen, A. Inkerman, and R. Henry. 2007. Measurement of genetic and environmental variation in barley (*Hordeum vulgare*) grain hardness. J. Cereal Sci. 46: 82—92.

Freeman, P. L. and G. H. Palmer. 1984. The structure of the pericarp and testa of barley. J. Inst. Brew. 90: 88—94.

Gaines, R. L. D. B. Bechtel, and Y. Pomeranz. 1985. A microscopic study on the development of a layer in barley that causes hull-caryopsis adherence. Cereal Chem. 62: 35—40.

Gallant, D. J., B. bouchet, and P. M. Baldin. 1997. Microscopy of starch: evidence of a new level of granue organisation. Carbohydr. Polym. 32: 177—191.

Garcia, D., J. N. Fitz, and F. Berger. 2005. Maternal control of integument cell elongation and zygotic control of endosperm growth are coordinated to determine seed size in Arabidopsis. Plant Cell 17: 52—60.

Garcia-Olmedo, F. 1999. Thionins, pp. 709—726. *In* P. R. Shewry and R. Casey (eds.). Seed Proteins. Kluwer Academic Publishers, Dordrecht.

Garcia-Olmedo, F., G. Salcedo, R. Sanchez-Monge, C. Hernandez-Lucas, M. J. Carmona, J. J. Lopez-Fando, J. A. Fernandez, L. Gomez, J. Royo, F. Carcia-Maroto, A. Castagnaro, and. P. Carbonero. 1992. Trypsin/α-amylase inhibitors and thionins: possible defence proteins from barley, pp. 335-350. *In* P. R. Shewry (ed.). Barley: Genetics, Biochemistry, Molecular Biology and Biote-chnology. CABI, Wallingford, Oxon.

Gaupels, F., A. Buhtz, T. Knauer, S. Deshmuk, F. Waller, and A. J. E. van Bel. 2008. Adaptation of aphid stylectomy for analysis of proteins and mRNAs in barley phloem sap. J. Exp. Bot. 59: 3297—3306.

Gautam, M., N. Prakash, and S. L. Mehta. 1993. Aleurone in barley endosperm at early stages of development. Indian J. Plant Physiol. 36: 200—201.

Giese, H. 1991. Replication of DNA during barley endosperm development. Can. J. Bot. 70: 313—318.

Giese, H. and J. Hejgaard. 1984. Synthesis of salt-soluble proteins in barley. Pulse-labeling study of grain filling in liquid-cultured detached spikes. Planta 161: 172—177.

Göbel, K. 1923. Lage der Samenanlagen. Organographic der Pflanzen. Insbesondere der Archegonisten und Samenpflanzen. Zweite umgearbeitete Auflage. Heft3. Gustav Fischer, Jena, pp. 1730—1731.

Gorjanovic, S., E. Spillner, M. V. Beljanski, R. Gorganovic, M. Pavlovic, and G. Gojgic-Cvijanovic. 2005. Malting barley grain non-specific lipid-transfer protein (ns-LTP): importance for grain protection. J. Inst. Brew. 111: 99—104.

Goupy, P., M. Hugues, P. Boivin, and M.-J. Amiot. 1999. Antioxidant composition and activity of barley (*Hordeum vulgare*) and malt extracts and of isolated phenolic compounds. J. Sci. Food. Agric. 79: 1625—1634.

Gram, N. H. 1982. The ultrastructure of germinating barley seeds. I. Changes in the scutellum and the aleurone layer in Nordal barley. Carlsberg Res. Commun. 47: 143—162.

Gregor, J. L. 1999. Nondigestible carbohydrates and mineral bioavailability. J. Nutr. 129: 1434—1435.

Griffiths, D. W. and R. W. Welch. 1982. Genotypic and environmental variation in the total phenol and flavanol contents of barley grain. J. Sci. Food Agric. 33: 521—527.

Gu, Y. Q., O. D. Anderson, C. F. Londeore, X. C. R. N. Kong, and G. R. Lazo. 2003. Structural organisation of the barley D-hordein locus in comparison with its orthologous regions of wheat genomes. Genome 46: 1084—1097.

Gubatz, S. V. J. Dercksen, C. Brüss, W. Weschke, and U. Wobus. 2007. Analysis of barley (*Hrdeum vulgare*) grain development using three-dimensional digital models. Plant J. 52: 779—790.

Guédès, M. and P. Dupuy. 1976. Comparative morphology of lodicules in grasses. Bot. J. Linn. Soc. 73: 317—331.

Guignard, J.-L. and J.-C. Mestre. 1970. L'embryon des graminees. phytomorphology 20: 190—197.

Gunning, B. E. S. and J. S. Pate. 1969. "Transfer cells" Plant cells with wall ingrowths, specialized in relation to short distance transport of solutes-their occurrence, structure, and development. Protoplasma 68: 107—133.

Gusjska, E. and A. Kuncewicz. 2005. Determination of folate in some cereals and commercial cereal-grain products consumed in Poland using trienzyme extraction and high-performance liquid chromatography methods. Eur. J. Food Res. 221: 208—213.

Hammer, K. 1977. Problems of the suitability of barley (*Hordeum vulgare* L. S. 1.) pollen for anemophily Kulturpflanze 23: 13—24.

Han, Y., M. Yon and T. Hyon. 2005. Folate intake estimated with an updated database and its association to blood folate and homocysteine in Korean college students. Eur. J. Clin. Nutr. 59: 246—254.

Hara-Nishimura, I., M. Nishimura, and J. Daussant. 1986. Conversion of free β-amylase on starch granules in the barley endosperm during desiccation phase of seed development. Protoplasma 134: 149—153.

Haska, L., M. Nyman, and R. Andersson. 2008. Distribution and characterization of fructan in wheat milling fractions. J. Cereal Sci. 48: 768—774.

Hatzack, F., K. S. Johansen, and S. K. Rasmussen. 2000. Nutritionally relevant parameters in low-phytate barley (*Hordeum vulgare* L.) grain mutants. J. Agric. Food Chem. 48: 6074—6080.

Hay, R. K. M. and R. P. Ellis. 1998. The control of flowering in wheat and barley: what recent advances in molecular genetics can reveal. Ann. Bot. 82: 541—554.

Heck, G. R. , A. K. Chamberlain, and T. H. D. Ho 1993. Barley embryo globulin 1 gene, *Beg*1: characterisation of cDNA, chromosome mapping and regulation of expression. Mol. Gen. Genet. 239: 209—218.

Hegedüs, M. , B. Pedersen, and B. O. Eggum. 1985. The influence of milling on the nutritive value of flour from cereal grains. 7. Vitamins and tryptophan. Qual. Plant Pl. Foods Hum. Nutr. 35: 175—180.

Heinemann, B. , K. V. Andersen, P. R. Nielsen, L. M. Bech, and F. M. Poulsen. 1996. Structure in solution of a four-helix lipid binding protein. Protein Sci. 5: 13—23.

Hojgaard, J. 1978 "Free" and "bound" β-amylases during malting of barley. Characterisation of two-dimensional immunoclectrophoresis. J. Inst. Brew. 84: 43—46.

Hejgaard, J. 1984. Gene products of barley chromosomes 4 and 7 are precursors of the major antigenetic beer protein. J. Inst. Brew. 90: 75—87.

Hejgaard, J. and S. Boisen. 1980. High lysine proteins in Hiproly barley breeding: identification, nutritional significance and new screening methods. Hereditas 93: 311—320.

Hemming, M. N. , W. J. Peacock, E. S. Denis, and B. Trevaskis. 2008. Low-temperature and daylenght cues are integrated to regulate *FLOWERING LOCUST* in barley. Plant Physiol. 147: 355—366.

Henriksen, A. , K. G. Welinder, and M. Gajhede. 1998. Structure of barley grain peroxidase refined at 1. 9-Å resolution. J. , Biol. Chem. 273: 2241—2248.

Henry, R. J. 1985. A comparative study of the total β-glucan contents of some Australian barleys. Aust. J. Exp. Agric. 25: 424—427.

Henry, R. J. 1986. Genetic and environmental variation in the pentosan and β-glucan contents barleys, and their relation to malting quality. J. Cereal Sci. 4: 269—277.

Henry, R. J. 1988. The carbohydrates of barley grain: a review. J. Inst. Brew. 94: 71—78.

Hernanz, D. , V, Nunez, A. I. , Sancho, C. B. Faulds, G. Williamson, B. Bartolome, and C. Gomez-Cordoves. 2001. Hydroxycinnamic acids and ferulic acid dehydrodimers in barley and processed barley. J. Agric. Food Chem. 49: 4884—4888.

Heslop-Harrison, J. and Y. Heslop-Harrison. 1980. The pollen-stigma interaction in the grasses. I. Fine structure and cytochemistry of the stigmas of Hordeum and Secale. Acta Bot. Neerl. 29: 261—276.

Heslop-Harrison, J. and Y. Heslop-Harrison. 1996. Lodicule function and filament extension in the grasses: potassium ion movement and tissue specialization. Ann. Bot. 77: 573—582.

Heslop-Harrison, J. and Y. Heslop-Harrison. 1977. The receptive surface of the angiospermstigma. Ann. Bot. 41: 1233—1258.

Holland, B. , I. D. Unwin, and D. H. Buss. 1988. Cereals and Cereal Products. The Third Supplement to McCance and Widdowson's The Composition of Foods, 4th ed. Royal Society of Chemistry, Ministry of Agriculture Fisheries and Fodd, Cambridge.

Holloway, S. J. and and W. E. Friedman, 2008. Embryological features of Toficldia glutinasa and their bearing on the early diversification of monocotyledonous plants. Ann. Bot. 102: 167—182.

Holtckjolen, A. K. , C. Kinitz, and S. H. Knutsen. 2006. Flavonol and bound phenolic acid contents in different barley varieties. J. Agric. Food Chem. 54: 2253—2260.

Honda, I. , H. Seto, Y. Turuspekov, Y. Watanable, and S. Yoshida. 2006. Inhibitory effects of jasmonic acid and its analogues on barley (*Hordeum vularis* L.) anther extrusion. Plant Growth Regul. 48: 201—206.

Honda, I. , Y. Turuspekov, T. Komatsuda, and Y. Watanable. 2005. Morphological and physiological analysis of cleistogamy in barley (*Hordeum vularis* L.). Physiol. Plantarum 124: 524—531.

Huynh, B.-L. , L. Palmer, D. E. Mather, H. Wallwork, R. D. Graham, R. M. Welch, and J. C. R. Stanguoulis. 2008. Genotypic variation in wheat grain fructan content revealed by a simplified HPLC method. J. Cereal Sci. 48: 369—378.

Ingouff, M. , P. E. Jullien, and F. Berger. 2006. The female gametophyte and the endosperm control cell proliferation and differentiation of the seed coat in Arabidopsis. Plant Cell 18: 3491—3501.

Ishikawa, N. , J. Ishihara, and M. Itoh. 1995. Artificial induction and characterization of amylase-free mutants of barley. Barley Genet. Newsl. 24: 49—53.

Jacobsen, J. V. , R. B. Knox, and N. A. Pyliotis. 1971. The structure and composition of aleurone grains in the barley aleurone layer. Planta 101: 189—209.

Jang, D. A. , J. G. Fadel, K. C. Klasing, A. J. Mireles Jr. , R. A. Ernst, K. A. Young, A. Cook, and V. Raboy. 2003. Evaluation of low-phytate corn and barley on broiler chick performance. Poultry Sci. 82: 1914—1924.

Jégou, S. , J,-P. Douliez, D. Molle, P. Boivin, and D. Marion. 2000. Purification and characterization of LTP1 polypeptides from beer. J. Agric. Food Chem. 48: 5023—5029.

Jende-Strid, B. 1985. Phenolic acids in grains of wild-type barley and proanthocyanidin-free mutants. Calsberg Res. Commun. 50: 1—14.

Jende-Strid, B. 1993. Genetic control of flavoniod biosynthesis in barley. Hereditas 119: 187—204.

Jende-Strid, B. and B. Moller. 1981. Analysis of proanthocyanidin in wild-type and mutants barley (*Hordeum vulgare* L.). Calsberg Res. Commun. 46: 53—64.

Jenkins, J. A. , S. Griffiths-jones, P. R. Shewry, H. Breiteneder, and E. N. C. Mills. 2005. Structural relatedness of plant food allergens with specific reference to cross-reactive allergens: an in silico analysis. J. Allergy Clin. Immun. 115: 163—170.

Jestin, L. , C. Ravel, S. Auroy, B. Laubin, M.-R. Perretant, C. Pont, and G. Charmet. 2008. Inheritance of the number and thickness of cell layers in barley aleurone tissue (*Hordeum vulgare* L.): an approach using F2-F3 progeny. Theor. Appl. Genet. 116: 991—1002.

Jewell, A. W., B. G. Murray, and B. J. Alloway. 1988. Light and selection microscope studies on pollen development in barley (*Hordeum vulgare* L.) grown under copper-sufficient and deficient conditions. Plant Cell Environ. 11: 273—281.

Jiang, Q. Z., D. Roche, S. Durham, and D. Hole. 2006. Awn contribution to gas exchanges of barley ears. Photosynthetica 44: 536—541.

Johannson, A., S. K. Rasmussen, J. E. Harthill, and K. G. Welinder. 1992. cDNA, amino acid and carbohydrate of sequence of barley seed specific peroxidise BP 1. Plant Mol. Biol. 18: 1151—1161.

Jones, R. L. 1969. The fine structure of barley aleurone cells. Planta 85: 359—375.

Kalla, R., K. Shimamoto, R. Potter, P. S. Nielsen, C. Linnestad, and O.-A. Olsen. 1994. The promoter of aleurone-specific gene encoding a putative 7 kDa lipid transfer protein confers aleurone cell-specific expression in transgenic rice. Plant J. 6: 849—860.

Kan, Y. C., Y. F. Kan, F. Beaudoin, D. J. Leader, K. Edwards, R. Poole, D. W. Wang, R. A. Mitchell, and P. R. Shewry. 2006. Transcriptome analysis reveals differentially expressed storage protein transcripts in seeds of Aegilops and wheat. J. Cereal Sci. 44: 75—85.

Kellogg E. A. 2001. Evolutionary history of the grasses. Plant Physiol 125: 1198—1205.

Keown A. C., L. Taiz, R. L. Jones 1977. Nuclear-DNA content of developing barley aleurone cells. Am. J. Bot. 64: 1248—1253.

Kim M.-J., Hyun J.-N., J.-A. Kim, J.-C. Park, M.-Y. Kim, J.-G. Kim, S.-J. Lee, S.-C. Chun, I.-M. Chung. 2007. Relationship between phenolic compounds, anthocyanins content and antioxidant activity in colored barley germplasm. J. Agr. Food Chem. 55: 4802—4809.

Kirby, E. J. M. 1977. The growth of shoot apex and the apical dome of barley during ear initiation. Ann. Bot. 41: 1297—1308.

Kirby, E. J. M. and J. L Rymer. 1974. Development of vascular system in ear of barley. Ann. Bot. 38: 565—573.

Kirby, E. J. M. and J. L Rymer. 1975. The vascular anatomy of barley spikelet. Ann. Bot. 39: 205—211.

Kirkman M. A., Shewry P. R., B. J. Miflin 1982. The effect of nitrogen nutrition on the lysine content and protein-composition of barley-seeds. J. Sci. Food Agrc. 33: 115-127.

Kison, H.-U. 1979. Viability of cereal pollen and consequebces for crossing practice. Dauer der Lebensfahigkeit von. Getreidepollen und Konsequenzen für die Durchführung von Kreuzungen. Tag.-Ber., Akad. Landwirtsch-Wiss. DDR, Berlin 175: 87—95.

Klaus, H. 1996. Ontogenetische und histogenetische Untersuchungen an der Gerste (*Hordeum disitchon* L.). Bot. Jahrb. Syst. Tag.-Ber., Akad. Landwirtsch-Wiss. 85: 45—79.

Klemsdal, S. S., A. Kvaale, and O.-A. Olsen. 1986. Effects of the barley mutants Riso 1508 and 527 high lysine genes on the cellular development of the endosperm. Physiol.

Plantarum 67：453－459.

Komatsuda，T.，M. Pourkheirandish，C. He，P. Azhaguvel，H. Kanamori，D. Perovic，N. Stein，A. Graner，T. Wicker，A. Tagiri，U. Lundqvist，T. Fujimura，M. Matsuoka，T. Matsumoto，and M. Yano. 2007. Six-rowed barley originated from a mutation in a homeodomain-leucine zipper I-class homeobox gene. Proc. Natl. Acad. Sci. U. S. A. 104：1424－1429.

Konarev，A. V.，J. Griffin，G. Y. Konechnaya，and P. R. Shewry. 2004. The distribution of serine proteinase inhibitors in seeds of the Asteridae. Phytochemistry 65：3003－3020.

Kondou，Y.，M. Nakawashima，T. Ichikawa，T. Yoshizumu，K. Suszuki，A. Ishikawa，T. Koshi，R. Matsui，S. Muto，and M. Matsui. 2008. Retarded growth of embryol，a new basic helix-loop-helix protein，expresses in endosperm to control embryo growth. Plant Physiol. 147：1924－1935.

Kooijman，M.，R. Orsel，M. Hessing，R. J. Hamer，and A. C. A. P. A. Bekkers. 1997. Spectroscopic characterisation of the lipid-binding properties of wheat puroindolines. J. Cereal Sci. 26：145－159.

Korchagina，I. A. 2002. Ovule，pp. 93-99. *In* T. B. Batygina（ed.）. Embryology of flowering plants. Terminology and concepts. Vol. 1：Generative Organs of flowers. Science Publisher，Enfield.

Kossmann，J. and J. Lloyd. 2000. Understanding and influencing starch biochemistry. Crit. Rev. Plant Sci. 19：171－226.

Koval，V. S. 2000. Male and female gametophyte selection of barley tolerance. Hereditas 132：1－5.

Kranz，E. and S. Scholten. 2008. *In vitro* fertilization：analysis of early post fertilization development using cytological and molecular techniques. Plant Reprod. 21：67－77.

Krauβ，L. 1933. Entwicklungsgeechichte der Früchte von Hordeum，Triticum，Bromus und Poa mit besonderer Berücksichtigung ihrer Samenschalen. Jahrbücher für wis-senschaftliche Botanik 77：733－808.

Kreis，M.，M. S. Williamson，B. Buxton，J. Pywell，J. Hejgaard，and I. Svendsen. 1987. Primary structure and differential expression of β-amylase in normal and mutant barleys. Eur. J. Biochem. 169：517－525.

Kreis，M.，M. S. Williamson，P. R. Shewry，P. Sharp，and M. Gale. 1988. Identification of a second locus encoding β-amylase on chromosome 2 of barley. Genet. Res. Cambridge 51：13－16.

Kritz，A. L. 1999. 7S globulins of cereals，pp. 477－498. *In* P. R. Shewry and R. Casey（eds.）. Seed Proteins. Kluwer Academic Publishers，Dordrecht.

Kunert，J. and R. Kunert. 1990. Vergleich der Samenentwicklung bei Gerste（*Hordeum vulgare* L.）*in vivu* und *in vitro*. Biol. Zentralbl. 109：279－289.

Kvaale，A. and O. A. Olsen. 1986. Rates of cell division in developming barley endosperms. Ann. Bot. 57：829－833.

Landberg, R., A. Kamal-Eldin, M. Salmenkallio-Marttila, and P. Aman. 2008. Localization of alkylresorcinols in wheat, rye and barley kernels. J. Cereal Sci. 48: 401—406.

Larkins, B. A., B. P. Dilkes, R. A. Dante, C. M. Coelho, Y.-M. Woo, and Y. Liu. 2001. Investigating the hows and whys of DNA endoreduplication. J. Exp. Bot. 52: 183—192.

Larson, S. R., K. A. Young, A. Cook, T. K. Blake, and V. Raboy. 1998. Linkage mapping two mutations that reduce phytic acid content of barley grain. Theor. Appl. Genet. 97: 141—146.

Laubin, B., V. Lullien-Pellerin, I. Nadaud, B. Gaillard-Martinie, C. Chambon, and G. Branlard. 2008. Isolation of the wheat aleurone layer for 2D electrophoresis and proteomics analysis. J. Cereal Sci. 48: 709—714.

Lauer, J. G. and S. R. Simmons. 1988. Phoassimilate partioning by tiller leaves in field-grown spring barley. Crop Sci. 28: 279—282.

Laugesen, S., K. S. Bak-jensen, P. Hägglund, A. Henriksen, C. Finnie, B. Svensson, and P. Roepstorff. 2007. Barley peroxidase isoenzymes. Expression and post-translational modification in mature seeds as identified by two-dimensional gel electrophoresis and mass spectrometry. Int. J. Mass Spectron. 268: 244—253.

Lazaridou, A. and C. G. Biliaderis. 2007. Molecular aspects of cereal β-glucan functionality: Physical properties, technological applications and physiological effects. J. Cereal Sci. 46: 101—118.

Lazaridou, A., T. Chornick, and M. S. Izydorczyk. 2008. Variation in morphology and composition of barley endosperm cell walls. J. Sci. Food Agric. 88: 2388—2399.

Leah, R. and J. Mundy. 1989. The bifunctional α-amylase/subtilisin inhibitor of barley: nucleotide sequence and patterns of seed-specific expression. Plant Mol. Biol. 12: 673—682.

Lee, M. S., C. S. Jang, S. S. Lee, J. K. Kim, B. M. Lee, R. C. Seong, and Y. W. Seo. 2006. Hordoindolines are predominantly expressed in the aleurone layer in later kernel development in barley. Breed. Sci. 56: 63—68.

Lerche, M. H., B. B. Kragelund, L. M. Bech, and F. M. Poulsen. 1997. Barley lipid-transfer protein complexed with palmitoyl CoA: the structure reveals a hydrophobic binding site that can expand to fit both large and small lipid-like ligands. Structure 5: 291—306.

Lerche, M. H. and F. M. Poulsen. 1998. Solution structure of barley lipid transfer protein complexed with palmitate. Two different binding modes of palmitate in the homologous maize and barley nonspecific lipid transfer proteins. Protein Sci. 7: 2490—2498.

Li, C.-C., P. Langridge, Z.-Q. Zhang, P. E. Eckstein, B. G. Rossnagel, R. C. M. Lance, E. B. Lefol, M.-Y. Lu, B. L. Harvey, and G. J. Scoles. 2002. Mapping of barley (*Hordeum vulgare* L.) β-amylase alleles in which an amino acid substitution determines β-amylase isoenzyme type and the level of free β-amylase. J. Cereal Sci. 35: 39—50.

Li, Y. C., D. R. Ledoux, T. L. Veum, V. Raboy, and K. Zyla. 2001. Low phytic acid barley improves performance, bone mineralization and phosphorus retention in turkey poults. J. Appl. Poultry Res. 10: 178−185.

Li, M., R. Singh, N. Bazanova, A. S. Milligan, N. Shirley, P. Langridge, and S. Lopato. 2008. Spatial and temporal expression of endosperm transfer cell-specific promoters in transgenic rice and barley. Plant Biotech. J. 6: 465−476.

Lindholm, P., T. Kuittinen, O. Sorri, D. Guo, A. Meritis, K. Törmäkangas, and P. Runeberg-Roos. 2000. Glycosylation of phytepsin and expression of *dad*1, *dad*2, and ost1 during onset of cell death in germinating barley scutella. Mech. Dev. 93: 169−173.

Lindorff-Larsen, K., M. H. Lerche, F. M. Poulsen, P. Roepstorff, and J. R. Winther. 2001. Barley lipid transfer protein, LTP1, contains a new type lipid-like post-translational modification. J. Biol. Chem. 276: 33547−33553.

Lingle, S. E. and P. Chevalier. 1984. Movement and metabolism of sucrose in developing barley kernels. Crop Sci. 24: 315−319.

Lingle, S. E. and P. Chevalier. 1985. Development of the vascular tissue of the wheat and barley caryopsis as related to the rate and duration of grain filling. Crop Sci. 25: 123−128.

Linnestad, C., D. N. P. Doan, R. C. Brown, B. E. Lemmon, D. J. Meyer, R. Jung, and O.-A. Olsen. 1998. Nucellain, a barley homolog of the dicot vacuolar-processing protease, is localized in nucellar cell walls. Plant Physiol. 118: 1169−1180.

Liu, K. S., K. L. Peterson, and V. Raboy. 2007. Comparison of the phosphorus and mineral concentrations in bran and abraded kernel fractions of a normal barley (*Hordeum vulgare*) cultivar versus four low phytic acid isolines. J. Agric. Food Chem. 55: 4453−4460.

Liu, D. J., Y. Pomeranz, and G. S. Robbins. 1975. Mineral content of developing and malted barley. Cereal Chem. 52: 678−686.

Liu, Q. and H. Yao. 2007. Antioxidant activities of barley seeds extracts. Food Chem. 102: 732−737.

Lonsdale, J. E., K. L. Mcdonald, and R. L. Jones. 1999. High pressure freezing and freeze substitution reveal new aspects of fine structure and maintain protein antigenicity in barley aleurone cells. Plant J. 17: 221−229.

Loosveld, A.-M. A., P. J. Grobet, and J. A. Delcour. 1997. Contents and structural features of water-extractable arabinogalactan in wheat flour fractions. J. Agric. Food Chem. 45: 1998−2002.

Loosveld, A.-M. A., C. Maes, W. H. M. van Casteren, H. A. Schols, P. J. Grobet, and J. A. Delcour. 1998. Structural variation and levels of water-extractable arabinogalactan peptide in European wheat flours. Cereal Chem. 75: 815−819.

Lott, J. N. A., I. Ockenden, V. Raboy, and G. D. Batten. 2000. Phytic acid and phosphorus in crop seeds and fruits: a global estimate. Seed Sci. Res. 10: 11−33.

Loussert, C., Y. Popineau, and C. Mangavel. 2008. Protein bodies ontogeny and localization of prolamin components in the developing endosperm of wheat caryopses. J.

Cereal Sci. 47: 445—456.

Lundgard, R. and B. Svensson. 1986. Limited proteolysis in the carboxy-terminal region of barley β-amylase. Carlsberg Res. Commum. 51: 487—491.

Lundgard, R. and B. Svensson. 1987. The four major forms of barley β-amylase. Purification, characterization and structural relationship. Carlsberg Res. Commum. 52: 313—326.

Luxová, M. 1967. Fertilization of barley (*Hordeum distichum* L.). Biol. Plantarum 9: 301—307.

Luxová, M. 1968. The temporal course of fertilization and localization of starch in the barley pistil. Biol. Plantarum 10: 10—14.

Luxová, M. 1986. The seminal root primosdia in barley and the participation of their non-meristematic cells in root construction. Biol. Plantarum 28: 161—167.

Ma, Y. F., J. K. Eglinton, D. E. Evans, S. J. Logue, and P. Langridge. 2000. Removal of the four C-terminal glycine-rich repeats enhances the thermostability and substrate binding affinity of barley β-amylase. Biochemistry 39: 13350—13355.

Ma, Y. F., P. Langridge, S. J. Logue, and D. E. Evans. 2002. A single amino acid substitution that determines IEF band pattern of barley β-amylase. J. Cereal Sci. 35: 79—84.

MacGregor, A. W. and D. L. Balance. 1980. Hydrolysis of large and small starch granules from normal and waxy barley cultivars by alpha-amylases from barley malt. Cereal Chem, 57: 397—402.

MacGregor, A. W. and G. B. Fincher. 1993. Carbohydrates of the barley grain, pp. 73—130. *In* A. W. MacGregor and R. S. Bhatty (eds.). Barley Chemistry and Technology. AACC, St Paul, MN.

MacGregor, A. W. and J. E. Morgan. 1984. Structure of amylopectins isolated from large and small starch granules of normal and waxy barley. Cereal Chem. 61: 222—228.

MacLeod, A. M. 1953. Studies on the free sugars of the barley grain. IV. Low-molecular fructosans. J. Inst. Brew. 59: 462—469.

MacLeod, A. M. and G. M. Palmer. 1966. The embryo of barley in relation to modification of the endosperm. J. Inst. Brew. 72: 580—589.

Madhujith, T. and F. Shadidi. 2006. Optimization of the extraction of antioxidative constituents of six barley cultivars and their antioxidant properties. J. Agric. Food Chem. 54: 8048—8057.

Madhujith, T. and F. Shadidi. 2007. Antioxidative and antiproliferative properties of selected barley (*Hordeum vulgare* L.) cultivars and their potential for inhibition of low-density lipoprotein (LDL) cholesterol oxidation. J. Agric. Food Chem. 55: 5018—5024.

Maga, J. A. 1982. Phytate: its chemistry, occurrence, food interactions, nutritional significance and method of analysis. J. Agric. Food Chem. 30: 1—9.

Malcomber, S. T., J. C. Preston, R. Reinheimer, J. Kossuth, and E. A. Kellog. 2006.

Developmental gene evolution and the origin of grass inflorescence diversity, pp. 425—481. *In* D. E. Soltis, J. H. Leebens-Mack, and P. S. Soltis (eds.). Advances in Botanical Research, Vol. 44. Elsevier, Amsterdam.

Maraşchin, S. D. F, M. C. , E. Potokina, F. Wülfert, A. Graner, H. P. Spaink, and M. Wang. 2006. cDNA array analysis of stress-induced gene expression in barley androgenesis. Physiol. Plant. 127: 535—550.

March, T. J. , J. A. Able, C. J. Schultz, and A. J. Able. 2007. A noble late embryogenesis abundant protein and peroxidase associated with black point in barley grains. Proteomics 20: 3800—3808.

Marion, D. , J.-P, Douliez, M.-F. Gautier, and K, Elmorjani. 2004. Plant lipid transfer proteins: relationshionship between allergenicity and structural, biological and technological properties, pp. 57—69. *In* E. N. C. Mills and P. R. Shewry (eds.). Plant Food Allergens. Blackwell Science, Oxford.

Márton, M. L. , S. Cordts, J. Broadhvest, and T. Dressehaus. 2005. Micropylar pollen tube guidance by Egg Apparatus 1 of maize, Science 307: 573—576.

Matsui, T. , K. Omasa, and T. Horie. 2001a. Mechanism of septum opening in anthers of two-rowed barley (*Hordeum vulgare* L.). Ann. Bot. 86: 5.

Matsui, T. , K. Omasa, and T. Horie. 2001b. Rapid swelling of pollen grains in the dehiscing anther of two-rowed barley (*Hordeum distichum* L. emend. LAM.). Ann. Bot. 85: 6.

Mattila, P. , J.-M. Pihlava, and J. Hellstrom. 2005. Contents of phenolic acids, alkyl-and alkenylresorcinols, and avenanthramides in commercial grain products. J. Agric. Food Chem. 53: 8290—8295.

McCormick, S. and H. Yang. 2005. Is there more than one way to attract a pollen tube? Trends Plant Sci. 10: 260—263. McDonald, A. M. L. , J. R. Stark, W. R. Morrison, and R. P. Ellis. 1991. The composition of starch granules from developing barley genotypes. J. Cereal Sci. 13: 93—112.

Mendez, E. , A. Moreno, F. Colilla, F. Pelaez, G. G. Limas, R. Mendez, F. Soriano, M. Salinas, and C. de Haro. 1990. Primary structure and inhibition of protein synthesis in eukaryotic cell-free system of a novel thionin, γ-hordothionin, from barley endosperm. Eur. J. Biochem. 194: 533—539.

Mendez, E. , A. Rocher, M. Calero, T. Girbés, L. Gitores, and F. Soriano. 1996. Primary structure of γ-hordothionin, a member of novel family of thionins from barley endosperm, and its inhibition of protein synthesis in eukaryotic and prokaryotic cell-free systems. Eur. J. Biochem. 239: 67—73.

Merry, J. 1941. Studies on the embryo of *Hordeum sativum*-I. The development of the embryo. Bull. Torr. Bot. Club. 68: 585—598.

Miflin, B. J. , S. R. Burgess, and P. R. Shewry. 1981. The development of protein bodies in the storage tissues of seeds. J. Exp. Bot. 32: 119—129.

Millet, M. O. , A. Montembault, and J. C. Autran. 1991. Hordein composition differences in various anatomical regions of the kernel between two different barley types. Sci. Aliment. 11: 155—161.

Mlodziannowski, F. and K. Idzikowska. 1978. The ultrastructure of anther wall and pollen of *Hordeum vulgare* at the microspore stage. Acta Soc. Bot. Pol. 47: 219—224.

Mogensen, H. L. 1982. Double fertilization in barley and the cytological explanation for haploid embryo formation, embryoless caryopses, and ovule abortion. Calsberg Res. Commun. 47: 313—354.

Mogensen, H. L. 1984. Quantitative observations on the pattern of synergid degeneration in barley. Am. J. Bot. 71: 1448—1451.

Mogensen, H. L. 1988. Exclussion of male mitochondria and plastids during syngamy in barley as a basis for maternal inheritance. Proc. Natl. Acad. Sci. U. S. A. 85: 2594—2597.

Mogensen, H. L. and P. B. Holm. 1995. Dynamics of nuclear DNA quantities during zygote development in barley. Plant Cell 7: 487—494.

Mogensen, H. L. and V. T. Wagner. 1987. Associations among components of the male germ unit following *in vivo* pollination in barley. Protoplasma 138: 161—172.

Mohammadi, M., M. A. Zaidi, A. Ochalski, M. Tanchak, and I. Altosaar. 2007. Immunodetection and immunolocalization of tryptophanins in oat (*Avena sativa* L.) seeds. Plant Sci. 172: 579—587.

Moïse, J. A., S. Han, L. Gudynaite-Savitch, D. A. Johnson, and B. L. A. Miki. 2005. Seed coats: structure, development, composition, and biotechnology. Vitro Cell. Dev. Biol. Plant. 41: 620—644.

Molinà, A. and F. Garcia-olmedo. 1997. Enhanced tolerance to bacterial pathogens caused by the transgenic expression of barley lipid transfer protein LTP 2. Plant J. 12: 669—675.

Molloy, A. M. 2002. Folate bioavailability and health. Int. J. Vit. Nutr. Res. 72: 46—52.

Morell, M. K., B. Kosar-Hashemi, M. Cmiel, M. S. Samuel, P. Chandler, S. Rahama, A. Bulcon, I. L. Batey, and Z. Li. 2003. Barley *sex*6 mutants lack starch synthase IIa activity and contain a starch with novel properties. Plant J. 34: 173—185.

Morris, C. F. 2002. Puroindolines: the molecular genetic basis of wheat grain hardness. Plant Mol. Biol. 48: 633—647.

Morrison, I. N. 1975. Ultrastructure of the cuticular membranes of the developing wheat grain. Can. J. Bot. 53: 11.

Morrison, I. N. 1976. Structure of chlorophyll-containing cross cells and tube cells of inner pericarp of wheat during grain development. Bot. Gaz. 137: 85—93.

Mouritzen, P. and P. B. Holm. 1995. Isolation and culture of barley megasporocyte protoplasts. Sex. Plant Reprod. 8: 321—325.

Muñoz-Amatrían, M., J. T. Svensson, A.-M. Castillo, L. Cistué, T. J. Close, and M.-P. Vallés. 2006. Transcriptome analysis of barley anthers: effect of mannitol treatment on microspore embryogenesis. Physiol. Plant 127: 551—560.

Napier, J. A., F. Beaudoin, A. S. Tatham, L. G. Alexander, and P. R. Shewry. 2001. The seed oleosins: structure, properties and biological role, pp. 111－138. *In* J. A. Callow (ed.). Advances in Botanical Research, Vol. 35. Academic Press, London.

Natesh, S. and M. A. Rau. 1984. The embryo, pp. 377－443. *In* B. M. Johri (ed.). Embryology of Angiosperms. Sprinter-Verlag, Berlin.

Negbi, M. 1984. The structure and function of scutellum in the Graminae. Bot. J. Linn. Soc. 88: 205－222.

Nguyen, H. N., P. A. Sabelli, and B. A. Larkins. 2007. Endoreduplication and programmed cell death in the cereal endosperm, pp. 21－43. *In* O.-A. Olsen (ed.). Endosperm. Development and Molecular Biology. Plant Cell Monographs 8. Sprinter-Verlag, Berlin.

Nikitcheva, Z. I. 2002. Nucellus, pp. 103－108. *In* T. B. Batygina (ed.). Embryology of Flowering Plants. Terminology and concepts: Vol. 1: Generative Organs of Flowers. Science Publishers, Enfield.

Niness, K. R. 1999. Inulin and oligofructose: what are they? J. Nutr. 129: 1402－1406.

Nishimura, M., I. Hara-Nishimura, D. Bureau, and J. Dausant. 1987. Subcellular distribution of β-amylase in developing barley endosperm. Plant Sci. 49: 117－122.

Norstog, K. 1969. Morphology of coleoptiles and scutellum in relation to tissue culture responses. Phytomorphology 19: 235－241.

Norstog, K. 1972. Early development of the barley embryo fine structure. AM. J. Bot. 59: 123－132.

Norstog, K. 1974. Nucellus during early embryogeny in barley: fine structure. Bot. Gaz. 135: 97－103.

Nowack, M. K., P. E. Grini, M. J. Jakoby, M. Lafos, C. Konez, and A. Schnitter. 2006. A positive signal from the fertilization of the egg cell sets off endosperm proliferation in angiosperm embryogenesis. Nat. Genet. 38: 63－67.

Nugent, A. P. 2005. Health properties of resistant starch. Nutr. Bull. 30: 27－54.

Nutbeam, A. R. and C. M. Duffus. 1978. Oxygen exchange in pericarp green layer of immature cereal grains. Plant Physiol. 62: 360－362.

Ockenden, I., J. A. Dorsch, M. M. Reid, L. Lin, L. K. Grant, V. Roboy, and J. N. A. Lott. 2004. Characterization of the storage of phosphorus, inositol phosphate and cations in grain tissues of four barley (*Hordeum vulgare* L.) low phytic acid genotypes. Plant Sci. 167: 1131－1142.

Offlcer, C. E., D. W. McCurdy, J. W. Patrick, and M. J. Talbot. 2002. Transfer cells: cells specialized for a special purpose. Annu. Rev. Plant Biol. 54: 431－454.

Oka, S., N. Saito, and H. Kawaguchi. 1995. Histological observations on ignition and morphogenesis in immature and mature embryo derived callus of barley (*Hordeum vulgare* L.). Ann. Bot. 76: 487－492.

Olsen, O.-A. 2001. Endosperm development: cellularization and cell fate specification. Annu. Rev. Plant Biol. Plant Mol. Biol. 52: 233－267.

Olsen, O.-A. 2004. Nuclear endosperm development in cereals and *Arabidopsis thaliana*. Plant Cell 16: S214—S227.

Olsen, O.-A. R. C. Brown, and B. E. Lemmon. 1995. Pattern and process of wall formation in developing endosperm. BioEssays 17: 803—812.

Olsen, L. T., H. H. Divon, R. Al, K. Fosnes, S. E. Lid, and H.-G. Opsahi-Sorteberg. 2008. The *defected seed*5 (*des*5) mutant: effect on barley seed development and HvDek1, HvCr4, and HvSall gene regulation. J. Exp. Bot. 59: 3753—3765.

Olsen, O.-A., C. Linnestad, and S. E. Nichols. 1999. Developmental biology of the cereal endosperm. Trends Plant Sci. 4: 253—257.

Olsen, O.-A. R. H. Potter, and R. Kalla. 1992. Histo-differentiation and molecular biology of developing cereal endosperm. Seed Sci. Res. 2: 117—131.

Osborn, R. W. and W. F. Broekaert. 1999. Antifungal proteins, pp. 727—751. *In* P. R. Shewry and R. Casey (eds.). Seed Proteins. Kluwer Academic Publishers, Dordrecht.

Osborne, T. B. 1895. The proteins of barley. J. Am. Chem. Soc. 17: 539—567.

Osborne, T. B. 1924. The Vegetable Proteins. Longsman Green, London.

Oshino, T., M. Abiko, R. Saito, E. Ichiishi, M. Endo, M. Kawagishi-Kobayashi, and A. Higashitani. 2007. Premature progression of anther early developmental programs accompanied by comprehensive alterations in transcription during high-temperature injury in barley plants. Mol. Genet. Genomics 278: 31—42.

Ostergaard, O., C. Finnie, S. Laugesen, P. Roepstorff, and B. Svensson. 2004. Proteome analysis of barley seeds: identification of major proteins from two-dimensional gels. Proteomics 4: 2437—2447.

Otegui, M. S. 2007. Endosperm cell walls: formation, composition, functions, pp. 159—177. *In* O.-A. Olsen (eds.). Endosperm: Developmental and Molecular Biology. Plant Cell Monographs 8. Springer-Verlag, Berlin.

Otegui, M. S., D. N. Mastronarde, B.-H. Kang, S. Y. Bednarck, and L. A. Staehelin. 2001. Three-dimensional analysis of syncytial-type cell plates during endosperm cellularization visualized by high resolution electron tomography. Plant Cell 13: 2033—2051.

Otegui, M. and L. A. Stachelin. 2000a. Syncytial-type cell plates: a novel kind of cell plate involved in endosperm cellularization of *Arabidopsis*. Plant Cell 12: 933—947.

Otegui, M. and L. A. Stachelin. 2000b. Cytokinesis in flowering plants: more than one way to devide a cell. Curr. Opin. Plant Biol. 3: 493—502.

Overland, M., K. B. Heintzman, C. W. Newman, R. K. Newman, and S. E. Ullrich. 1994. Chemical composition and physical characteristics of proanthocyanidin-free and normal barley isotypes. J. Cereal Sci. 20: 85—91.

Overturf, K., V. Raboy, Z. J Cheng, and R. W. Hardy. 2003. Mineral availability from barley low phytic acid grains in rainbow trout (*Oncorhynchus mykiss*) diets. Aquac. Nutr. 9: 239—246.

Pande, G. K. , R. Prakash, and M. A. Hassan. 1972. Floral biology of barley (*Hordeum vulgare* L.). *Indian* J. *Agric Sci.* 42: 697—701.

Pang, J. -S. , M. -Y. He, and B. Liu. 2004. Construction of the seed coat cDNA microarray and screening of differentially expressed genes in barley. Acta Biochim. Biophy. Sin. 36: 695—700.

Panifili, G. . A. Fratianni, and M. Irano. 2003. Normal phase high-performance liquid chromatography method for the determination of tocopherols and tocotrienls in cereals. J. Agric. Food chem. 51: 3940—3944.

Pate, J. S. and B. E. S. Gunning. 1972. Transfer cells. Ann. Rev. Plant physiol. 23: 173—196.

Patrick, J. W. and C. E. Offler. 2001. Compartmentation of transport and transfer events in developing seed. J. Exp. Bot. 52: 551—564.

Patrick, J. W. , C. E. Offler. , H. L. wang, X. -D. Wang, S. g-P. Jin, W. -C. Zhang, T. D. Ugalde, C. F. Jenner, N. Wang, D. B. Fisher F. C. Felker, P. A. Thomas, and C. G. Crawford. 1991. Assimilate transport in developing cereal grain, pp. 233—243. *In* J. L. Bonnemian, S. Delrot, W. J. Lucas, and J. Dainty (eds.). Recent Advances in Phloem Transport and Assimilate Compartmentation. Quest Edition Presses Académiques, Nantes, France.

Patron, N. J. , A. M. Smith, B. F. Fahy, C. M. Hylton, M. J. Naldrett, B. G. Rossanagel, and K. Denyer. 2002. The altered pattern of amylase accumulation in the endosperm of low-amylose barley cultivars is attributable to single mutant allele of granule-bound starch synthase I with a deletion in the 5'-non coding region. Plant Phys. 130: 190—198.

Pedersen, B. and B. O. Eggum. 1983. The influence of milling on the nutritive value of flour from cereal grains. 3. Barley. Qual. Plant Pl. Foods Hum. Nutr. 33: 99—112.

Perrocheau, L. , B. Baken, P. Boivin, and D. Marion. 2006. Stability of barley and malt lipid transfer protein 1 (LTP1) toward heating and reducing agents: relationships with the brewing process. J. Agric. Food Chem. 54: 3108—3113.

Philippe, S. , L. Saulnier, and F. Guillon. 2006. Arabinoxylan and (1→3), (1→4)-β-glucan deposition in cell walls during wheat endosperm development, planta 224: 449—461.

Philipson, W. R. 1985. Is the grass gynoecium monocarpellary? Am. J. Bot. 72: 1954—1961.

Piironen, V. , J. Toivo, and A. -M. Lampi. 2002. Plant sterols in cereal and cereal products. Cereal Chem. 79: 148—154.

Pistón, F. , G. Dorado, A. Martin, and F. Barro. 2004. Cloning and characterization of a gamma-3 hordein mRNA (cDNA) from *Hordeum chilense* (Roem. ct Schult.) Theor. Appl. Genet. 108: 1359—1265.

Pistón, F. , P. R. Shewry, and F. Barro. 2007. D hordeins of *Hordeum chilense*: a novel source of variation for improvement of wheat. Theor. Appl. Genet. 115: 77—86.

Pizzolato, T. D. 1997. Procambial initiation for the vascular system in the spike of wheat.

Int. J. plant sci. 158: 121—131.

Pizzolato, T. D. 1998. Procambial initiation for the vascular system in the spikelet of wheat. Int. J. plant sci. 159: 46—56.

Pogson, B. J., A. E. Ashford, and F. Gubler. 1989. Immunofluorescence localization of α-amylase in the scutellum, germ aleurone and "normal" aleurone of germinated barley grains. Protoplasma 151: 128—136.

Pomeranz, Y. 1992. Determining the structure of the barley kernel by Scanning Electron Microscopy. Cereal Chem. 49: 1—4.

Pope, M. N. 1946. The course of the pollen tube in cultivated barley. J. Am. Soc. Agron. 38: 432—440.

Poulsen, H. D., K. S. Johansen, F. Hatzack, S. Boisen, and S. K. Passmussen. 2001. Nutritional value of low-phylate barley evaluated in rats. Acta Agric. Scand. (A-An.) 51: 53—58.

Pozzi, C., P. Faccioli, V. Terzi, A. M. Stanca, S. Cerioli, P. Castiglioni, R. Fink, R. Capone, K. J. Müller, G. Bossinger, W. Rohbe, and F. Salamini. 2000. Genetics of mutations affecting the development of a barley floral bract. Genetics 154: 1335—1346.

Preston, J. C. and E. A. Kellogg. 2007. Conservation and divergence of *APETALAI/FRUITFULL*-like gene function in grasses: evidence from gene expression analyses. Plant J. 52: 69—81.

Protein and Amino Acid Requirements in Human Nutrition. 2007. WHO Technical Report Series 935, United Nations, World Health Organization, Geneva.

Prýma, J., J. Ehrenbergerová N. Belcredinová, and K. Vaculová. 2007. Tocol content in barley. Acta Chim. Slov. 54: 102—105.

Pushkina, N. N., E. V. Ananiev, V. E. Barsky, and E. Y. Yakoleva. 1989. Light and electron microscope in investigation of the structure and regularities of formation of polytene chromosomes in antipodal cells of *Hordeum vulgare*. Tsitologiia 31: 1029—1033.

Quensel, O. 1942. Untersuchungen über die Gerstenglobuline. Dissertation in Physical Chemistry, Uppsala University, Almqvist and Wiksell, Uppsala, Sweden.

Quinde-Axtell, Z. and B.-K. Baik. 2006. Phenolic compounds of barley grain and their implicationin food product discoloration. J. Agric Food Chem. 54: 9978—9984.

Radchuk, V., L. Borisjuk, R. Radchuk, H.-H. Steinbiss, H. Rolletschek, S. Broeders, and U Wobus. 2006. *Jekyll* encodes a novel protein involved in the sexul reproduction of barley. Plant cell 18: 1652—1666.

Raghavan, V. 2006. Physiological considerations of embryogenesis. Embryo nutrition, pp. 47—48. *In* V. Raghavan, Double Fertilization. Springer Verlag, Berlin.

Rajendra, B. R., A. S. Tomb, K. A. Mujeeb, and L. S. Bates. 1978. Pollen morphology of selected Tririceae and two intergeneric hybrids. Pollen Spores 20: 145—156.

Rancělis, V. and V. Vaitkūniene. 2007. Comparative analysis of genes affecting lodicule development in grasses. Biologija 53: 11—18.

Rao, G. and P. R. Shewry. 2009. Engineering proteins for improved nutritional value, pp. 79－99. *In* H. Krishnan (ed.). Modification of Seed Protein to Promote Health and Nutrition. American Society of Agronomy, Madison, WI.

Rasmussen, S. K. and F. Hatzack. 1998. Identification of two low-phylate barley (*Hordeum vulgare* L.) grain mutants by TLC and genetic analysis. Hereditas 129: 107－112.

Rasmussen, C. B., A. Hendriksen, A. K. Abelskov, R. B. Jensen, S. K. Rasmussen, J. Hejgaard, and K. G. Welinder. 1997. Purification, characterization and stability of barley grain peroxide BP 1, a new type of plant peroxidase. Physiol. Plantarum 100: 102－110.

Rasmussen, S. K., K. G. Welinder, and J. Hejgaard. 1991. cDNA cloning, Characterzation and expression of an endossprem-specific barley peroxide. Plant Mol. Biol. 16: 317－327.

Rayboy, V. 2006. Seed Phosphorus and the developmentof low phyate crops, pp. 111－122. *In* B. L. Turner, A. E. Richardson and E. J. Mullaney (eds.). Inositol Phosphorus: Linking Agriculture and Environment. C. A. B. Intern'l, Wallingford, UK.

Rayboy, V., K. A. Young, J. A. Dorsch, and A. Cook. 2001. Genetics and breeding of seed phosphorus and phytic acid. J. Plant Physiol. 158: 489－497.

Reape, T. J. and P. F. McCabe. 2008. Apoptotic-like programmed cell death in plants. New phytol. 180: 13－26.

Rechinger, K. B., D. J. Simpson, I. Svendsen, and V. Cameron-Mills. 1993. A role for γ3 hordein in the transport and targeting of prolamin polypeptide to the vacuole of developing barley endosperm. Plant J. 4: 841－853.

Redman, D. G. and N. Fisher. 1969. Purothionin analogues from barley flour. J. Sci. Food. Agric. 20: 427－432.

Rehman, S., H.-S. Kook, J.-H. Lim, M.-R. Park. J.-C. Ko, K.-G. Park, J.-S. Choi, T.-J. Park, J. G. Kim, K.-S. Lee, Y. W. Seo, J.-K. Kim, K.-G. Choi, and S. J. Yun. 2004a. Varietal responses of pollen development to salt stress in barley. Koren J. Crop Sci. 49: 407－409.

Rehman, S., E. S. Rha. M. Ashraf, K. J. Lee, S. J. Yun, Y. G. Kwak, N. H. Yoo, and J. K. Kim. 2004b. Does barley (*Hordeum Vulgare* L.) pollen swell in fractions of a second? Plant Sci. 167: 137－142.

Rehman, S., N. H. Yoo, M. R. Park, and S. J. Yun. 2005. Confocal potassium imaging: giving new insight into potassium concentrated at the aperture area of barley (*Hordeum vulgare* L.) pollen. Plant Sci. 169: 457－459.

Rehman, S. and S. J. Yun. 2006. Developmental regulation of K accumulation in pollen, anthers, and papillae: are anther dehiscence, papillae hydration, and pollen swelling leading to pollination and fertilization in barley (*Hordeum vulgare* L.) regulated by changes in K concentration? J. Exp. Bot. 57: 1315－1321.

Renwick, F. and C. M. Duffus. 1987. Factors affecting dry weight accumulation in developing barley endosperm. Physiol. Plantarum 69 : 141-146.

Richardson, M. 1991. Seed storage proteins: the enzyme inhibitors, pp. 259－305. *In* L. J.

Rogers (ed.). Methods in plant Biotechnology: Amino Acids, Proteins and Nucleic Acids, Vol. 5. Academic press, London.

Rimsten, L., T. Stenberg, R. Andersson, and P. Aman. 2003. Determination of β-glucan molecular weight using SEC with Calcoflour detection in cereal extracts. Cereal Chem. 80: 485—490.

Roberts, T. H., S. Marttila, S. K. Rasmussen, and J. Hejgaard. 2003. Differential gene expression for suicide-substrate serine proteinase inhibitors (serpins) in vegetative and grain tissues of barley. J. Exp. Bot. 54: 2251-2263.

Rogers, H. J. 2005. Cell death and organ development in plants. Curr. Top. Dev. Biol. 71: 225—261.

Roig, C., C. Pozzi, L. Santi, J. Müller, Y. Wang, M. R. Stile, L. Rossini, M. Stanca, and F. Salamini. 2004. Genetics of barley *Hooded* suppression. Genetics 167: 439—448.

Ross, A. B., A. Kamal-Eldin, and P. Åman. 2004. Dietary alkylresorcinols: absorption, bioactivities and possible use as biomarkers of whole grainwheat and rye rice foods. Nutr. Rev. 62: 81—95.

Ross, A. B., M. J. Shepherd, M. Schüpphaus, V. Sinclair, B. Alfaro, A. Kamal-Eldin, and P. Åman. 2003. Alkylresorcinols in cereals and cereal products. J. Agric. Food chem. 51: 4111—4118.

Royo, J., E. Gómez, and G. Hueros. 2007. Transfer cells, pp. 73—89. *In* O.-A. Olsan (ed.). Endosperm: Developmental and Molecular biology. Plant cell Monographs 8. Springer-Verlag, Berlin.

Rubin, R., H. Levanony, and G. Galili. 1992. Evidence for the presence of two different types of protein bodies in wheat endosperm. Plant Physiol. 99: 718—724.

Rudall, P. J. 1997. The nucleus and chalaza in monocotyledons: structure snd systematic. Bot. Rev. 63: 140—181.

Rudall, P. J., W. Stuppy, J. Cunniff, E. A. Kcllogg, and B. G. Briggs. 2005. Evolution of reproductive structures in grasses (Poaceae) inferred by sister-group comparison with their putative closest living relatives, Ecdeiocoleaceae. Am. J. Bot. 92: 1432—1443.

Sakata, T., H. Takahashi, I. Nishiyama, and A. Higashitani. 2000. Effects of high temperature on the development of pollen mother cells and microspores in barley *Hordeum vulgare* L. J. Plant Res. 113: 395—402.

Sakri, F. A. K. and J. C. Shannon. 1975. Movement of 14C-labeled sugars into kernels of wheat (*Tririchum aestivum* L.). Plant Physiol. 55: 881—889.

Salcedo, G., R. Sanchez-Monge, A. Argamenteria, and C. Aragoncillo. 1980. The A-hordeins as a group of salt-soluble hydrophobic proteins. Plant Sci. Lett. 19: 109—119.

Salcedo, G., R. Sanchez-Monge, A. Argamenteria, and C. Aragoncillo. 1982. Low molecular weight prolamins: puri-fication of a component from barley endosperm. J. Agric. Food Chem. 30: 1155—1157.

Saulnier, L., P.-E. Sado, G. Granlard, G. Charmet, and F. Guillon. 2007. Wheat arabinoxylans: exploiting variation in amount and composition to develop enhanced varieties. J. Cereal Sci. 46: 261—281.

Savchenko, M. I. and L. R. Petrova. 1963. Morphology of barley (*Hordeum vulgare* L.) ovule and some characteristic features of its development. Botanicheskii Zhurnal (St. Petersburg) 48: 1623—1638.

Schulman, A. H., R. F. Tester, H. Ahokas, and W. R. Morrison. 1994. The effect of the shrunken endosperm mutation shx on starch granule development in barley seeds. J. Cereal Sci. 19: 49—55.

Scott, W. R., M. Appleyard, G. Fellowes, and E. J. M. Kirby. 1983. Effect of genotype and position in the ear on carpel and grain growth and mature grain weight of spring barley. J. Agric. Sci. Camb. 100: 383—391.

Shamrov, I. I. 1998. Ovule classification in flowering plants-new approaches and concepts. Bot. Jahrb. Syst. 120: 377—407.

Shestopal, O. L. and B. T. Blankovs'ka. 2006. Construction of antipodal complex of varieties and hybrids of barley under different plant growing conditions. Cytol. Genet. 40: 96—100.

Shewry, P. R. 1993. Barley seed proteins, pp. 131—197. *In* A. W. MacGregor and R. S. Bhatty (eds.). Barley: Chemistry and Technology. AACC. St. Paul, MN.

Shewry, P. R. 2007. Improving the protein content and composition of cereal grain. J. Cereal Sci. 46: 239—250.

Shewry, P. R., C. Brennan, A. S. Tatham, T. Warburton, R. Fido, D. Smith, D. Griggs, I. Cantrell, and N. Harris. 1996. The development, structure and composition of the barley grain in relation to its end use properties. Cereals '96 -Proceedings of the 46th Australian Cereal Chemistry Conference, Sydney, September 1996, pp. 158—162.

Shewry, P. R. and R. Casey. 1999. Seed proteins, pp. 1—10. *In* P. R. Shewry and R. Casey (eds.). Seed Proteins. Kluwer Academic Publishers, Dordrecht.

Shewry, P. R. and H. Darlington. 2002. The proteins of the mature barley grain and their role in determining malting performance, pp. 503—521. *In* G. A. Slafer, J. L. Molina-Cano, R. Savin, J. L. Araus, and I. Romagosa (eds.). Barley Science. Recent Advances from Molecular Biology to Agronomy of Yield and Quality. Haworth press, NewYork.

Shewry, P. R., N. G. Halford, and A. S. Tatham. 2003. The high molecular weight subunits of wheat glutenin and their role in determining wheat processing properties, pp. 219—302. *In* S. L. Taylor (ed.). Advances in Food and Nutrition Research, Vol. 45. Academic Press, London.

Shewry, P. R., M. Kreis, S. Parmar, E. J.-L. Lew, and D. D. Kasarda. 1985. Identification of γ-type hordeins in barley. FEBS Lett. 190: 61—64.

Shewry, P. R., and J. A. Lucas. 1997. Plant proteins that confer resistance to pests and pathogens, pp. 135—192. *In* J. Callow (ed.). Advances in Botanical Research, Vol. 26. Academic Press, London.

Shewry, P. R., R. D'Ovidio, D. Lafiandra, J. A. Jenkins, E. N. C. Mills, and F. Békés. 2009. Wheat grain proteins, pp. 223—298. *In* K. Khan and P. R. Shewry (eds.). Wheat: Chemistry and Technology. AACC, St Paul, MN.

Shewry, P. R. and S. Parmar. 1987. The *HrdF* locus encodes γ-type hordeins. Barley Genet. Newsl. 17: 32—34.

Shewry, P. R., S. Parmar, B. Buxton, M. D. Gale, C. J. Liu, J. Hejgaard, and M. Kreis. 1988a. Multiple Molecular forms of β-amylase in seeds and vegetative tissues of barley. Planta 176: 127—134.

Shewry, P. R., S. Parmar, J. Franklin, and R. White. 1988b. Mapping and biochemical analysis of *Hor4* (*HrdG*), a second locus encoding B Hordein seed proteins in barley (*Hordeum vulgare* L.). Genet. Res. 51: 5—12.

Shewry, P. R. and A. S. Tatham. 1997. Disulphide bonds in wheat gluten proteins. J. Cereal Sci. 25: 207—227.

Shewry, P. R., A. S. Tatham, J. Forde, M. Kreis, and B. J. Miflin. 1986. The classification and nomenclature of wheat gluten proteins: a reassessment. J. Cereal Sci. 4: 97—106.

Shewry, P. R., A. S. Tatham, and N. G. Halford. 1999. The prolamins of Triticeae, pp. 35—78. *In* P. R. Shewry and R. Casey (ed.). Seed Proteins. Kluwer Academic Publishers, Dordrecht.

Siebenhandl, S., H. Grausgruber, N. Pellegrini, D. Del Rio, V. Fogliano, R. Pernice, and E. Berghofer. 2007. Phytochemical profile of main antioxidants in different fractions of purple and blue wheat and black barley. J. Agric. Food Chem. 55: 8541—8547.

Simões, I. and C. Faro. 2004. Structure and function of plant aspartic proteinases. Eur. J. Biochem. 271: 2067—2075.

Singh, N. K. and K. W. Shepherd. 1985. The structure and genetic control of a new class of disulphide-linked proteins in wheat endosperm. Theor. Appl. Genet. 71: 79—92.

Singh, N. K. and K. W. Shepherd. 1987. Solubility behaviour, synthesis, degradation and sub cellular location of a new class of disulfide-linked proteins in wheat endosperm. Aust. J. Plant. physiol 14: 245—252.

Singh, N. K., K. W. Shepherd, P. Langridge, L. C. Gruen, J. H. Skerritt, and C. W. Wrigley. 1988. Identification of legumin-like proteins in wheat. Plant Mol. Boil. 11: 633—639.

Skriver, K., R. Leah, F. Müller-Uri, F.-L. Olsen, and J. Mundy. 1992. Structure and expression of the barley lipid transfer protein gene *Ltpl*. Plant Mol. Biol. 18: 585—589.

Smart, M. G. and T. P. O'Brien. 1979a. Observations on the scutellum. I. Overall development during germination in four grasses. Aust. J. Bot. 27: 391—401.

Smart, M. G. and T. P. O'Brien. 1979b. Observations on the scutellum. II. Histochemistry and autofluoresence of the cell wall in mature grain and during germination of wheat, barley, oats and ryegrass. Aust. J. Bot. 27: 403—411.

Smith, D. B. and P. R. Lister. 1983. Gel-forming proteins in barley grain and their relationship with malting quality. J. Cereal Sci. 1: 229—339.

Sodmergen, Q., Y. Zhang, W. Sakamoto, and T. Kuroiwa. 2002. Reduction in amounts of mitochondrial DNA in the sperm cells as a mechanism for maternal inheritance in *Hordeum vulgare*. Planta. 216: 235—244.

Solomon, M., B. Belenghi, M. Delledonne, E. Menachem, and A. Levine. 1999. The involvement of cysteine proteases and protease inhibitor genes in the regulation of programmed cell death in plants. Plant Cell 11: 431—443.

Sorensen, S. B., L. M. Bech, M. Muldbjerg, T. Beenfeldt, and K. Breddam. 1993. Barley lipid transfer protein 1 is involved in beer foam formation. MBAA Tech. Q. 30: 136—145.

Sreenivasulu, N., V. Radchuk, M. Strickert, O. Miersch, W. Weschke, and U. Wobus. 2006. Gene expression patterns reveal tissue-specific signalling networks controlling programmed cell death and ABA-regulated maturation in developing barley seeds. Plant J. 47: 310—327.

Stark, J. R. and X. S. Yin. 1986. The effect of physical damage on large and barley starch granules. Stärk 38: 369—374.

Stewart, A., H. Nield, and J, N. A. Lott. 1998. An investigation of the mineral content of barley grains and seedlings. Plant Physiol. 86: 93—97.

Stone, B. A. 1996. Cereal grain carbohydrates, pp. 250—288. *In* R. J. Henry and P. S. Kettlewell (eds.). Cereal GrainQuality. Chapman and Hall, London.

Stone, B. A. and A. E Clarke. 1993. The Chemistry and Biology of (1→3)-β-D Glucans. La Trove University Press, Melbourne.

Sturaro, M., C. Linnestad, A. Kleinhofs, O.-A. Olsen, and D. N. P. Doan. 1998. Charactarization of a cDNA encoding a putative extensin from developing barley grain (*Hordeum vulgare* L.). J. Exp. Bot. 49: 1935—1944.

Takeda, Y., S. Hizukuri, C. Takeda, and A. Suzuki. 1987. Structures of branched molecules of amyloses of various origins, and molar fractions of branched and unbranched molecules. Carbohyd. Res. 165: 139—145.

Takeda, Y., K. Shirasaka, and S. Hizukuri. 1984. Examination of the purity and structure of amylose by gel-permeation chromatography. Carbohyd. Res. 132: 83—92.

Takeda, Y., T. Shitaozono, and S. Hizukuri. 1990. Structures of sub-fractions of corn amylose. Carbohyd. Res. 199: 207—214.

Taketa, S., S. Amano, Y. Tsujino, T. Sato, D. Saisho, K. Kakeda, M. Nomura, T. Suzuki, T. Matsumoto, K. Sato, H. Kanamori, S. Kawasaki, and K. Takeda. 2008. Barley grain with adhering hulls is controlled by an ERF family transcription factor gene regulating a lipid bio-synthesis pathway. Proc. Natl. Acad. Sci. U. S. A. 105: 4062—4067.

Taketa, S., S. Kikuchi, T. Awayama, S. Yamamoto, M. Ichii, and S. Kawasaki. 2004.

Monophyletic origin of naked barley inferred from molecular analyses of a marker closely linked to the naked caryposis gene (*nud*). Theor. Appl. Genet. 108: 1236—1242.

Tambussi, E. A., J. Bort, J. J. Guiamet, S. Nogues, and J. L. Araus. 2007. The Photosynthetic role of ears in C-3 cereals: metabolism, water use efficiency and contribution to grain yield. Crit. Rev. Plant Sci. 26: 1—16.

Tatham, A. S. and P. R. Shewary. 1995. The S-poor prolamins of wheat, barley and rye. J. Cereal Sci. 22: 1—16.

Terras, F. R. G., H. M. E. Schoofs, K. Thevissen, R. W. Osborn, J. Vanderleyden, B. P. A. Cammue, and W. F. Broekaert. 1993. Synergistic enhancement of the antifungal activity of wheat and barley thionins by radish and oilseed rape 2S albumins and by berley trypsin inhibitors. Plant Physiol. 103: 1311—1319.

Tesci, L. I., H. F. Darlington, N. Harris, and P. R. Shewry. 2000. Patterns of protein deposition and distribution in developing and mature barley grain, pp. 266—268. *In* S. Longue (ed.). Barley Genetics Ⅷ proceedings of 8th International Barley Genetics Symposium, Adelaide, October 22—27, 2000. Contributed Papers, Vol. 2. Adelaide University, Glen Osmond, South Australia.

Thacker, P. A., B. G. Rossnagel, and V. Raboy. 2003. Phosphorus digestibility in low-phytate barley fed to finishing pigs. Can. J. Anim. Sci. 83: 101—104.

Tharp, W. H. 1935. Developmental anatomy and relative permeability of barley seed coats. Bot. Gaz. 97: 240—271.

Thiel, J., D. Weier, N. Sreenivasulu, M. Strickert, N. Weichert, M. Melzer, T. Czauderna, U. Wobus, H. Weber, and W. Weschke. 2008. Different hormonal regulation and function in nucellar projection and endosperm transfer cells: a microdissection-based transcriptiome study of young barley grains. Plant Physiol. 148: 1436—1452.

Tomlinson, K. and K. Denyer. 2003. Starch synthesis in cereal grains, pp. 1—61. *In* J. A. Callow (ed.). Advances in Botanical Research, Vol. 40. Academic Press, London.

Toole, G. A., R. H. Wilson, M. L. Parker, N. K. Wellner, T. R. Wheeler, P. R. Shewry, and E. N. C. Mills. 2007. The effect of environment on endosperm cell-wall development in *Triticum aestivum* during grain filling: an infrared spectroscopic imaging study. Planta 225: 1393—1403.

Topping, D. L. 2007. Cereal complex carbohydrates and their contribution to human health. J. Cereal Sci. 46: 220—229.

Topping, D. L., M. K. Morell, R. A. King, Z. Li, A. R. Bird, and M. Noakes. 2003. Resistant starch and health-Himalaya 292, a novel barley cultivar to deliver benefits to consumers. Stark 55: 539—545.

Tosi, P., M. Parker, C. S. Gritsch, R. Carzaniga, B. Martin, and P. R. Shewry. 2009. Trafficking of storage proteins in developing grain of wheat. J. Exp. Bot. 60: 979—991.

Truernit, E. and J. Haseloff. 2008. *Arabidopsis thaliana* outer ovule integument morphogenesis: ectopic expression of *KNATI* reveals a compensation mechanism. BMC

Plant Biol. 8：35. Available at http://www.biomedcentral.com/1471-2229/8/35.

Turner，A.，J. Beales，S. Faure，R. P. Dunford，and D. A. Laurie. 2005. The pseudo-response regulator Ppd-H1 provides adaption to photoperiod in barley. Science 310：1031—1034.

Turuspekov，Y.，Y. Mano，I. Honda，N. Kawada，Y. Watanabe，and T. Komatsuda. 2004. Identification and mapping of cleistogamy genes in barley. Theor. Appl. Genet. 109：480—487.

Ugarte，C.，D. F. Calderini，and G. A. Slafer. 2007. Grainweight and grain number responsiveness to pre-anthesis temperature in wheat，barley and triticale. Field Crops Res. 100：240—248.

Ungru，A.，M. K. Nowack，M. Reymond，R. Shirzadi，M. Kumar，S. Biewrs，P. E. Grini，and A. Schnittger. 2008. Natural variation in the degree of autonomous endosperm formation reveals independence and constraints of embryo growth during seed development in *Arabidopsis thaliana*. Genetics 179：829—841.

van den Bulck，K.，A.-M. A. Loosveld，C. M. Courtin，P. Proost，J. van Damme，J. Robben，A. Mort，and J. A. Delcour. 2002. Amino acid sequence of wheat flour arabinogalactan-peptide，identical to part of grain softness protein GSP-1，leads to improved structural model. Cereal Chem. 79：329—331.

van den Bulck，K.，K. Swennen，A.-M. A. Loosveld，C. M. Courtin，K. Brijs，P. Proost，J. van Damme，S. van Campenhout，A. Mort，and J. A. Delcour. 2005. Isolation of cereal arabinogalactan-peptides and structural comparison of their carbohydrate and peptide moieties. J. Cereal Sci. 41：59—67.

van Loon，L. C. and E. A. van Strien. 1999. The families of pathogenesis-related proteins，their activies and comparative analysis of PR-1 type proteins. Physiol. Mol. Plant Pathol. 55：85—97.

Veum，T. L.，D. R. Ledoux，V. Raboy，and D. S. Ertl. 2002. Low-phytic acid corn improves nutrient utilization for growing pigs. J. Anim. Sci. 79：2873—2880.

von Bothmer，R. and N. Jacobsen. 1985. Origin，taxonomy，and related species，pp. 19—56. *In* D. C. Rasmusson (ed.). Barley. Agronomy No. 26. American society of Agronomy，Madison，WI.

von Bothmer，R.，N. Jacobsen，C. Baden，R. B. Jorgensen，and I. Linde-Laursen. 1991. An Ecogeographical Study of theGenus Hordeum. International Board for Plant GeneticResources (IBPGR)，Rome.

Waddington，S. R.，P. M. Cartwright，and P. C. Wall. 1983. A quantitative scale of spike initial and pistil development in barley and wheat. Ann. Bot. 51：119—130.

Wang，N. and D. B. Fisher. 1994. The use of fluorescent tracers to characterize the post-phloem transport pathway in maternal tissues of developing wheat grains. Plant Physiol. 104：17—27.

Wang，H. L.，C. E. Offler，and J. W. Patrick. 1994a. Nucellar projection transfer cells in the developing wheat grain. Protoplasma 182: 39—52.

Wang, H. L., C. E. Offler, and J. W. Patrick. 1995a. The cellular pathway of photosynthate transfer in the developing wheat grain. II. A structural analysis and histochemical studies of the pathway from the crease phloem to the endoeprm cavity. Plant Cell Environ. 18: 373—388.

Wang, H. L., C. E. Offler, and J. W. Patrick, and T. D. Ugalde. 1994b. The cellular pathway of photosynthate transfer in the developing wheat-grain. 1. Delineation of a potential transfer pathway using fluorescent dyes. Plant Cell Environ. 17: 257—266.

Wang, H. L., J. W. Patrick, C. E. Offler, and X. -D. Wang. 1995b. The cellular pathway of photosynthate transfer in the developing wheat grain. III. A structural analysis and physiological studies of the pathway from the endospermcavity to the starchy endosperm. Plant Cell Environ. 18: 389—407.

Ward, J., K. Poutanen, K. Gebruers, V. Piironen, A-M. Lampi, L. Nyström, A. A. M. Anderson, P. Aman, D. Boros, M. Rakszegi, Z. Bedo, and P. R. Shewry. 2008. The HEALTHGRAIN cereal diversity screen: concept, results and prospects. J. Agric. Food Chem. 56: 9699—9709.

Wei, G. and A. H. Shirsat. 2006. Extensin over-expression in *Arabidopsis* limits pathogen invasiveness. Mol. Plant Pathol. 7: 579—592.

Werker, E. 1997. Seed coat, pp. 85—97. *In* S. Carlquist, D. F. Cutler, S. Fink, P. Ozenda, I. Roth and H. Ziegler (eds.). Seed Anatomy (Encyclopedia of Plant Anatomy), Vol. 10, Part 3. Borntraeger, Berlin.

Weschke, W., R. Panitz, S. Gubatz, Q. Wang, R. Radchuk, H. Weber, and U. Wobus. 2003. The role of invertases and hexose transporters in controlling sugar ratios in maternal and filial tissues of barley caryopses during early development. Plant J. 33: 395—411.

Weschke, W., R. Panitz, N. Sauer, Q. Wang, B. Neubohn, H. Weber, and U. Wobus. 2000. Sucrose transport into barley seeds: molecular characterization of two transporters and implications for seed development and starch accumulation. Plant J. 21: 455—467.

Whipple, C. J. and R. J. Schmidt. 2006. Genetics of grass flower development, pp. 385—424. *In* D. E. Soltis, J. H. Leebens-Mack, and P. S. Soltis (eds.). Advances in Botanical Research, Vol. 44. Elsevier, Amsterdam.

Whisstock, J., R. Skinner, and A. M. Lesk. 1998. An atlas of Serpin conformations. TIBS 23: 63—67.

Wiley, P. R., P. Tosi, A. Evrard, A. Lovegrove, H. D. Jones, and P. R. Shewry. 2007. Promotor analysis and immunolocalisation show that puroindoline genes are exclusively expressed in starch endosperm cells of wheat grain. Plant Mol. Boil. 64: 125—136.

Wilson, S. M., R. A. Burton, M. S. Doblin, B. A. Stone, E. J. Newbigin, G. B. Fincher, and A. Bacic. 2006. Temporal and spatial appearance of wall polysaccharides during cellularization of barley (*Hordeum vulgare*) endosperm. Planta 224: 655—667.

Wobus, U., N. Sreenivasulu, L. Borisjuk, H. Rolletschek, R. Panitz, S. Gubatz, and W.

Weschke. 2005. Molecular physiology and genomics of developing barley grains, pp. 1—29. *In* S. G. Pandalai (ed.). Recent Research Developments in Plant Molecular Biology, Vol. 2. Research Signpost, Kerela.

Wood, P. J. 2007. Cereal β-glucans in diet and health. J. CerealSci. 46: 230—238.

Wu, S., A. Druka, H. Horvath, A. Kleinhofs, C. G. Kannangara, and D. von Wettstein. 2000. Functional characterization of seed coat-specific members of the barley germin gene family. Plant Physiol. Biochem. 38: 685—698.

Xi, X.-Y. and B.-X. Ye. 1997. Relationship between embryo and endosperm development and accumulation of storage reserves in barley. Acta Bot. Sin. 39: 905—913.

Yang, H. Y. 2001. Apoplastic system of the gynoecium and embryo sac in relation to function. Acta Biol. Cracov. 43: 7—14.

Young, T. E. and D. R. Gallie. 1999. Analysis of programmed cell death in wheat endosperm reveals differences in endosperm development between cereals. Plant Mol. Biol. 39: 915—926.

Young, T. E. and D. R. Gallie. 2000. Programmed cell death during endosperm development. Plant Mol. Biol. 44: 283—301.

Yupsanis, T., S. R. Burgess, P. J. Jackson and P. R. Shewry. 1990. Characterization of the major protein component from aleurone cells of barley (*Hordeum Vulgare* L.). J. Exp. Bot. 41: 385—392.

Zanis, M. J. 2007. Grass spikelet genetics and duplicate gene comparisons. Int. J. Plant Sci. 168: 93—110.

Zarnowski, R. and Y. Suzuki. 2004. 5-n-alkylresocinols from grains of winter barley (*Hordeum vulgare* L.). Z. Naturforsch. 59: 315—317.

Zarnowski, R., Y. Suzuki, I. Yamaguchi, and S. J. Pietr. 2002. Alkylresorcinols in barley (*Hordeum vulgare* L. *distichon*) grains. Z. Naturforsch. 57: 57—62.

Zee, S. Y. and T. P. O'Brien. 1970a. A special type of tracheary element associated with "xylem discontinuity" in the floral axis of wheat. Aust. J. Biol. Sci. 23: 783—791.

Zee, S. Y. and T. P. O'Brien. 1970b. Studies on the ontogeny of the pigment strand in the caryopsis of wheat. Aust. J. Plant physiol. 23: 1153—1171.

Zhang, W.-H., Y. Zhou, K. E. Dibley, S. D. Tyerman, R. T. Furbank, and J. W. Patric. 2007. Nutrient loading of developing seeds. Funct. Plant Biol. 34: 314—331.

Zhao, H., J. Dong, J. Lu, J. Chen, Y. Li, L. Shan, Y. Lin, W. Fan, and G. Gu. 2006. Effects of extraction solvent mixtures on antioxidant activity evaluation and their extraction capacity for selectivity for free phenolic compounds in barley (*Hordeum vulgare* L.). J. Agric. Food Chem. 54: 7277—7286.

Zhao, H., W. Fan, J. Dong, J. Lu, J. Chen, L. Shan, Y. Lin, and W. Kong. 2008. Evaluation of antioxidant activities and total phenolic contents of typical malting barley varieties. Food Chem. 107: 296—304.

Zhukova, G. Y. 2002. Egg cell, PP. 149—152. *In* T. B. Batygina (ed.). Embryology of

Flowering Plants. Terminology and Concepts: Generative Organs of Flowers, Vol. 1. Science Publishers, Enfield.

Zielinski, H. and H. Kozlowska. 2000. Antioxidant activity and total phenolics in selected cereal grains and their different morphological fractions. J. Agric. Food Chem. 48: 2008–2016.

14

萌发大麦籽粒胚乳动员的生理生化与遗传学

Geoftrey B. Fincher

1. 引　言

萌发的大麦籽粒用作模型系统研究生物化学和生理学已超过 40 年。20 世纪 70 年代，大麦的游离糊粉层广泛用于植物激素对植物基因表达和细胞水解酶分泌的影响的研究(Chrispeels 和 Varner，1967；Taiz 和 Jones，1970；Jacobsen 和 Higgins，1982)。大麦游离糊粉层经赤霉素处理后能分泌参与萌发籽粒中胚乳动员相关的关键酶，其活性在糊粉层周围的介质中亦被检测出。这些关键酶包括 α-淀粉酶、氨基肽酶和羧基肽酶、一系列内肽酶以及多种与胚乳细胞壁多糖解聚有关的酶。后来，研究人员从萌发大麦籽粒提取物中纯化并详细研究了许多此类酶。在 20 世纪 80 年代分子生物学发展的初期，科学家们应用大麦籽粒中纯化的酶的氨基酸序列信息设计核苷酸探针，分离 cDNA 和编码这些酶的基因；根据 cDNA 和基因的核苷酸序列数据，预测推断这些酶的全氨基酸序列，从而为定义大麦 α-淀粉酶和 β-淀粉酶以及(1,3;1,4)-β-葡聚糖内切水解酶和外切水解酶高分辨率的三维结构奠定了基础。萌发大麦籽粒中酶的特性及相关基因与 cDNA 的研究结果显示，这些酶大多受多基因控制。

尽管游离的大麦糊粉层可提供研究参与萌发籽粒胚乳贮藏物质动员的相关酶的理想的生理学体系，但是对该体系的研究和应用更是由于大麦萌发在麦芽和啤酒酿造业中的重要性，因为这些工业是大麦的主要终端用户。例如，麦芽浸出率对于麦芽制造商和啤酒酿造商来说十分重要，一般来说，浸出率在一定程度上代表萌发大麦种子中淀粉胚乳的动员程度。更具体地说，在萌发的籽粒中，细胞壁延迟降解会减缓胚乳中淀粉、蛋白质和其他组分的溶解，从而降低浸出率。因此，籽粒中主要细胞壁多糖酶较低和水解多糖酶较高的大麦，一般认为非常适合麦芽制造和啤酒酿造。广泛用于测定萌发大麦浸出物中淀粉水解酶的糖化力和最终提取物的酵素力(发酵能力),很大程度上依赖大麦种子萌发过程中的α-淀粉酶和β-淀粉酶、淀粉脱支酶、α-D-葡萄糖苷酶和细胞壁多糖水解酶的水平。库尔巴哈值是另一个重要的麦芽品质参数,取决于在籽粒萌发过程中产生的蛋白酶的组成。

另外,值得一提的是,正是由于这些水解酶在麦芽制造和啤酒酿造业中很重要,大麦育种家注意选择萌发后大麦籽粒快速且一致的改性,以便快速合成上述关键水解酶。最新引入的大麦育种技术,如20世纪90年代出现的数量性状遗传位点(QTL)分析,很快应用于大麦品质性状检测和各种酶含量适宜的品系的选择。大麦成为麦类遗传研究的模式植物,不仅因为大麦已有籽粒萌发和相关酶研究的背景信息,而且因为大麦是遗传资源丰富的二倍体物种(Fincher 和 Langridge,2004)。事实上,目前一个国际联合组织已在全套大麦基因组的物理图谱构建和 DNA 序列信息研究上取得了巨大进展,这必将阐明大麦的全基因组序列。

长期以来,对大麦籽粒萌发相关的生理学、生物化学、酶学、分子生物学和遗传学受到广泛关注,研究人员已发表了大量综述(Briggs,1978;Fincher,1989;Bamforth,1999;Briggs,2002;Kuntz 和 Bamforth,2007)。本章的主要目的是总结最新的相关文献,提供最新的大麦萌发的生物化学、生理学和遗传学信息。我们将重点围绕种子萌发后籽粒的变化,特别是阐明萌发开始后糊粉层的细胞活动和胚乳变化过程中细胞壁的降解、淀粉水解、储藏蛋白的动员以及其他关键环节。本章还将介绍新技术的潜在利用和大麦萌发在功能基因组学及其相关高通量技术的新见解。

2. 大麦籽粒的结构与组分

在探讨大麦萌发的生理、生化和遗传机理时,至少从广义上说,必须考虑大麦成熟籽粒的结构和组成。本节讨论的重点是糊粉层和盾片状上皮的作用。糊粉层和盾片状上皮是水解酶的主要来源,水解酶动员淀粉胚乳储藏物质,转运蔗糖、氨基酸和其他小分子化合物至胚供幼苗生长。大麦籽粒的结构和组成的更详尽的信息参见其他文献(Fincher,1989;Duffus 和 Cochrane,1993)。

(1)籽粒发育

一定程度上,大麦萌发后胚乳的组成成分取决于成熟但未萌发籽粒中的组成成分。大麦授粉后很快进入发育过程:单个卵细胞核或卵孢子和一个雄配子核融合形成二倍体合子;二倍体合子分裂形成一个能最终发育成胚芽的顶足细胞和一个基细胞(Duffus 和 Cochrane,1993);一个雄配子核和两个极核融合形成三倍体胚乳核(Bewley 和 Black,1983),它随后分裂产生多核体,在中央大液泡周围细胞质层形成大量的自由核。约 3 天后,产生大约 2,000 个胚乳核(Duffus 和 Cochrane,1993),与此同时,细胞壁开始从中央细胞周围向心生长,最终包裹住各个细胞核,形成独立的胚乳细胞。大约在授粉后 6 天(DAP),胚乳完全多细胞化 (Brown 等,1994;Wilson 等,2006)。中心胚乳细胞中的淀粉和蛋白大致在那时沉积。胚乳中细胞继续分裂直到籽粒灌浆完成一半为止,此后细胞增大并持续一段时间(Cochrane 和 Duffus,1981;Berger,1999)。授粉后约 9~10 天,糊粉层分化发生,即糊粉层和亚糊粉层可见于圆周胚乳细胞分裂之前。15 天后,糊粉层清晰可见(Cochrane 和 Duffus,1981),它由细胞壁较厚的小等径细胞组成。在成熟籽粒中,糊粉层细胞壁有较薄的内层和厚的外层(Bacic 和 Stone,1981)。相反,淀粉胚乳的细胞壁较糊粉细胞薄。

Wilson 等(2006)利用光学显微镜和电子显微镜以及免疫细胞学技术,在发育的大麦中胚乳细胞壁中检测到主要多糖的沉积。占成熟淀粉胚乳细胞壁高达 70%的(1,3;1,4)-β-葡聚糖的沉积(Fincher,1975)大约始于授粉后 5 天,比大麦籽粒胚乳中另一种主要细胞壁多糖阿拉伯木聚糖的沉积要早。细胞化完成后淀粉开始累积时,阿拉伯木聚糖开始沉积。授粉后 9 天,阿拉伯木聚糖被均匀地分配到淀粉胚乳组织(Wilson 等,2006)。因此,成熟大麦籽粒中,胚乳由功能和形态各异的糊粉层和淀粉胚乳组成,虽然它们最初都是三倍体,但是它们在籽粒发育、休眠和萌发后的作用却大相径庭(Fincher 和 Stone,2004)。无生命的大麦淀粉胚乳细胞的功能是储存淀粉和蛋白质,在籽粒萌发后为幼苗生长提供能量和营养。但是,成熟籽粒中糊粉层细胞是有生命的,并且富含蛋白颗粒、碳水化合物、脂类小滴和其他储藏分子,用于提供能量并保证萌发后淀粉胚乳动员的水解酶的合成和分泌必需的蛋白合成体发育(Fulcher 等,1972;Fincher,1989)。大麦籽粒糊粉层有一至数个细胞的厚度。

成熟大麦籽粒有一个二倍体胚,它由与胚乳毗邻的盾片和其他萌发后形成幼小营养器官的新生组织组成,包括具有胚芽鞘的胚叶和保护胚根鞘的根基。胚组织可能产生主要植物激素,用于萌发后诱导糊粉层和盾片的功能。盾片具有可辨别的与胚乳直接接触的上皮层,由很多外观、组分和功能特征上类似的糊粉层细胞组成。

成熟大麦籽粒胚及胚乳周围的组织和器官大多无生物活性,其主要由来自母体组织包括果皮和种皮的残余细胞壁组成。它们在籽粒抵抗病原体入侵、籽粒的不透水性和籽粒整体硬度与防护强度中起重要作用。最后,重要的是,在籽粒成熟后期,有着广泛基础的防御体系会启动,以保护籽粒免受病原细菌和真菌的侵袭(Fincher,1989)。

(2)成熟大麦籽粒的组成成分

成熟大麦籽粒中,淀粉和其他多糖分别占总重的 65%和 15%,蛋白质占籽粒重的 10%~12%(见表 14.1;Finnie 等,2006)。非淀粉细胞壁多糖,通常不到籽粒重的 10%,但却是种子品质的重要决定因子。

表 14.1 成熟大麦籽粒的组成成分

组成成分	干重(%)
糖类(合计)	78~83
淀粉	63~65
蔗糖	1~2
非葡糖糖	1
非淀粉多糖	9~11
纤维素	4~5
蛋白质(合计)	10~12
清蛋白和球蛋白	3~4
大麦醇溶蛋白	3~4
谷蛋白	3~4
脂质	2~3
核酸	0.2~0.3
矿质元素	2
其他	5~6

数据来源:MacGregor 和 Fincher(1993)

成熟大麦糊粉层内富含特定的蛋白颗粒,包括糊粉颗粒、脂类小滴、线粒体和其他细胞器(Bacic 和 Stone,1981;Fincher,1989)。在糊粉层颗粒内,由肌醇六磷酸及尼克酸分子的钾盐和镁盐组成的植酸钙镁体被嵌入蛋白质基质内。糊粉层的细胞壁主要由阿拉伯木聚糖(占总重的 65%~67%)和(1,3;1,4)-β-葡聚糖(占总重的 26%~29%)组成,纤维素含量低但含有酚醛酸(Bacic 和 Stone,1981)。细胞壁的特点是有一个厚的外层和一个薄的内层组成,前者在籽粒萌发后迅速分解,而后者基本完好无损(Taize 和 Jones,1973;Bacic 和 Stone,1981)。

成熟大麦籽粒的淀粉胚乳细胞由薄细胞壁包围,薄细胞壁中阿拉伯木聚糖和(1,3;1,4)-β-葡聚糖各占 70%和 20%(Fincher,1975)。同样,其纤维素含量低,含有酚醛酸特别是阿魏酸(Fincher,1976)。淀粉胚乳和糊粉细胞壁中纤维素含量较低,部分是由于籽粒萌发后淀粉胚乳的细胞壁被迅速分解,而纤维素难以被酶解。籽粒在很大程度上是由果皮和种皮组织支撑,胚乳细胞壁不起承载和结构作用。表 14.2 比较了糊粉层和淀粉胚乳细胞壁的组成成分(Fincher,1975;Bacic 和 Stone,1981)。淀粉胚乳细胞内富含直径为 15～25 微米的扁豆状淀粉颗粒和直径不足 10 微米的形状不规则的小淀粉颗粒(MacGregor 和 Fincher,1993)。淀粉颗粒镶嵌在储存蛋白的基质内。

表 14.2 成熟大麦籽粒中细胞壁的组成成分

组成成分	糊粉层(% DW)	淀粉胚乳(% DW)
异木聚糖	71	20
(1,3;1,4)-β-D-葡聚糖	26	75
纤维素	2	2
葡甘露聚糖	2	2
蛋白质	6	5

数据来源:Fincher(1975)、Bacic 和 Stone(1981)

盾片的上皮层由形态上与糊粉层相似的细胞组成(Fincher,1989)。相似的蛋白颗粒和脂类小滴也可在细胞中观察到,其细胞壁也有明显的两层(Fincher,1989)。值得一提的是,大麦和禾本科植物细胞壁的诸多突出特征在种子萌发后变得更加重要,并且在大麦和其他谷物的非淀粉多糖作为有益于人类健康的成分的方面发挥了主要作用。首先,与双子叶植物的细胞壁相比,禾本科植物细胞壁的果胶多糖和木葡聚糖含量相对较低(Farrokhi 等,2006)。虽然,异葡聚糖广泛分布在高等植物的细胞壁中,但大麦籽粒细胞壁的其他主要成分——(1,3;1,4)-β-葡聚糖只存在于单子叶禾本科植物(禾谷和草本植物属于这一类)和禾本目的相关科中(Trethewey 等,2005)。成熟大麦籽粒中(1,3;1,4)-β-葡聚糖的含量,因基因型、籽粒在穗上的位置和环境因子如籽粒发育过程中土壤的有效氮和气候状况的不同而异(Fincher 和 Stone,2004)。大麦籽粒的(1,3;1,4)-β-葡聚糖含量很高,占总重的 2%到 10%(Fincher 和 Stone,1986)(见表 14.2)。

3. 大麦籽粒萌发的激素调节

非休眠籽粒的萌发从吸水开始,绝大多数水分渗透到未被破坏的种子珠孔附近。如果物理伤害发生在种皮、果皮或外种皮的珠心的角质层上,水分同样可以在损伤处渗透(Briggs,2002)。水分通过籽粒的扩散速率取决于各个区域的组成成分。一旦籽粒开始萌发,一系列水解酶就在糊粉层和盾片上皮层合成,这些酶会分泌到淀粉胚乳中,分解细胞壁与储藏的淀粉和蛋白质。在籽粒成熟过程中,一些水解酶如 β-淀粉酶会沉积在淀粉胚乳细胞中,因此,这些细胞中的水解酶在种子开始萌发前已经存在(Fincher,1989)。从淀粉和储藏蛋白中释放出的降解产物,沿着由这些产物主动运输到盾片上皮层产生的浓度梯度扩散。因而,盾片上皮层在籽粒萌发中扮演着双重角色:其一,它参与将水解酶分泌(McFadden 等,1988)到淀粉胚乳中;其二,它将淀粉胚乳中淀粉和蛋白降解产生的小分子主动运输到盾片。一旦胚乳动员分解的产物转运到盾片上皮,这些产物会由新生的维管系统转运,并为发育中的幼苗提供养分。

萌发大麦籽粒的糊粉层激活后,细胞内膜体系开始重建、线粒体增殖、细胞脂质和蛋白质储备被调动以及赤霉素诱导的基因开始表达。赤霉素基因表达的重要产物是水解酶,它调动淀粉胚乳中的储藏物质。但是,糊粉层和盾片上皮细胞的细胞壁是酶分泌过程的物理屏障,很多酶因为分子量太大而不能穿过细胞壁。已有研究表明,α-淀粉酶和潜在的其他酶通过糊粉层细胞壁上的通道而释放。在水解酶分泌的过程中,糊粉细胞较厚的外层被降解,但较薄的内层仍然完好无损,可能是保持糊粉层细胞在酶分泌中的完整性(Taiz 和 Jones,1970)。外层细胞壁被糊粉层细胞自身分泌的多糖水解酶降解,但是组成成分不同的内层糊粉细胞壁无法被完全降解(Fincher,1989)。有关糊粉层细胞壁中哪种组分抗酶解以及水解酶如何穿透部分酶解的细胞壁,目前尚不甚清楚。最后,随着糊粉层内储藏物质的耗尽,糊粉层细胞出现程序性死亡(Fath 等,2000)。

(1)植物激素的作用

已有充足的证据表明,互相拮抗的两种植物激素:赤霉素(GA)和脱落酸(ABA),在调控休眠的启动和解除、激活编码糊粉分泌酶的基因转录以及启动储藏物质耗尽时糊粉层细胞的程序性死亡有着复杂的互作。总体上,高含量的 ABA 和低含量的 GA 与休眠有关,同时,低含量的 ABA 和高浓度的 GA 导致种子萌发和编码水解酶的基因的表达。但是,科学家对植物 GA 和 ABA 信号的识别和传导过程还不甚了解。有迹象表明,GA 与可溶性的核 GA 不敏感矮生 1(GID1)受体结合,以 GA 依赖性的方式与 DELLA 蛋白互作,从而促使 DELLA 蛋白降解(Schwechheimer,2008)。GA 和 ABA 受体蛋白可能位于很多植物的细胞核内(Razem 等,2006),然而也有实验表明,GA 在糊粉层细胞质膜上被识别(Lovegrove 和 Hoolev,2000)。因此,可能存在着可溶性、与膜结合的 GA 受体(Ueguchi-Tanaka 等,2007)。无论激素信号传导的机理如何,萌发后大麦糊粉层保留着对 ABA 的敏感性,因为外加 ABA 抑制 GA 诱导的基因表达(Mundy 等,1985; Koehler 和 Ho,1990b)。这可以使籽粒在不利条件下,如部分脱水,暂时停止胚乳养分的流动(Fincher,1989)。

(2)休眠和糊粉层的激活

尽管大麦育种家已经选育出抗种子休眠的品种,它们的籽粒可在野外及啤酒酿造等工业流程中均匀且快速地萌发(Simpson,1990),但是,休眠在某些驯化品种和育种程序中应用的野生大麦中仍一定程度上存在。弱休眠的优质大麦品种的主要缺点是籽粒易于穗发芽(Baskin 和 Baskin,1998; Gubler 等,2005),即籽粒成熟后期和收获前,潮湿的环境会导致籽粒在植物体上发芽。因此,穗发芽是籽粒收获前弱休眠的结果,它不但取决于基因型,而且依赖于环境条件(Rodriguez 等,2001; Mares 等,2005)。

休眠受物理、激素和环境因子的调控(Finkelstein 等,2008)。氧气通过谷壳扩散的速率和可被胚利用的氧气量影响大麦籽粒的萌发(Bradford 等,2008)。植物激素 ABA 是公认为参与诱导和维持大麦和其他谷物休眠的物质,其浓度与 GA 相关,GA 很重要的作用是分泌水解酶以提高糊粉层活性(Jacobsen 等,2002; Feurtabo 和 Kermode,2007)。如上所述,这两种激素经常在调控植物生长上起拮抗作用(Gomez-Cadenas 等,2001),并且大麦籽粒的 ABA 可以通过阻止 GA 的合成从而抑制种子萌发(Seo 等,2006)。大麦的休眠最终受环境条件的影响,如温度、光强和光质、氧浓度和养分有效性等,并且又与 ABA 含量和信号传导有关(Simpson,1990; Jacobsen 等,2002; Millar 等,2006; Gubler 等,2008)。休眠的复杂性及其解除已在多个大麦作图群体的数量性状位点(QTL)定位分析中得到证实。Hori 等(2007)报道了 38 个控制休眠的 QTL,这些 QTL 分散在除 2H 之外的所有染色体的 11 个区域,并在其他群体中也发现了诱导和解除休眠的大量 QTL(Gao 等,2003; Prada 等,2004; Prada 等,2005)。无独有偶,Ullrich 等(2008)表明,在一个六棱 Steptoe/Morex 杂交组合中,尽管一些 QTL 对穗发芽的效应要大于对休眠的效应,但是多个与穗发芽有关的 QTL 和已知休眠的 QTL 相吻合。Li 等(2003)用二棱 *Chebec*/*Harrington* 和 *Stirling*/*Harrington* 杂交组合为材料,得到了类似的结果。有证据显示,鉴别出的休眠和穗发芽 QTL 具有基因多效性、基因连锁和上位性。

(3)糊粉层内基因表达的调控

糊粉层内在这一时期转录了许多基因用于编码水解酶,这些酶由淀粉胚乳中糊粉细胞、中间细胞壁、淀粉和解聚的储藏蛋白所分泌。胚芽中合成的 GA 会在籽粒中从胚芽扩散到籽粒的另一端,它逐步激活糊粉层内细胞基因的表达。基于扩散运输的数学模型,Bruggeman 等(2001)推测,GA 在糊粉层的质外体区域扩散速度远远快于 ABA。

最近,有关大麦糊粉层中基因表达的调控,有过不少报道。虽然这些复杂调控间的互作还不是很清楚,但是基因启动子中的顺式调控元件和反式作用因子正在被鉴定。Gubler 等(1995)发现 GA 调控大麦糊粉层 *myb* 转录因子基因的表达,这个转录因子已被命名为 GAMYB,用于反式激活 α-淀粉酶基因启动子、(1,3;1,4)-β-D-葡聚糖启动子和类似组织蛋白酶 B 类的蛋白酶启动子(Gubler

等，1999)。而转录因子 GAMYB 受蛋白激酶的负调控(Woodger 等，2003；Moreno-Risueno 等，2007)。大麦 α-淀粉酶基因 *Amy32b* 的转录受蛋白复合体中的激活子 HvGAMYB 和 SAD 蛋白或抑制子 HvWRKY38 和 BPBF 蛋白的影响(Zou 等，2008)。类似地，依赖 ABA 的抑制糊粉层基因表达的调控，涉及转录因子 HvDOF19，其活动受蛋白激酶和蛋白磷酸化酶的调节(Shen 等，2001；Moreno-Risueno 等，2007)。现已有几个用于解释 GA 和 ABA 对基因的调控以及这两种植物激素拮抗作用的模型(Shen 等，2001；Moreno-Risueno 等，2007)。

(4)糊粉层的程序性细胞死亡

成熟籽粒中大麦糊粉层细胞是有生命的，但是 GA 的识别启动了一系列程序最终导致细胞死亡。该过程发生在糊粉储备物用于合成水解酶和细胞变得高度液泡化之后(Fath 等，2000)。随着核酸酶和蛋白酶含量的增加，细胞膜迅速降解，细胞器消失，但类似动物细胞的明显细胞凋亡特征在死的大麦糊粉细胞中并未出现(Fath 等，2000)。尽管 GA 触发大麦糊粉层细胞的程序性死亡(Bethke 等，1999)，但它的拮抗剂 ABA 抑制其诱导的程序性死亡(Guo 和 David Ho，2008)。据 Fath 等(2000)的报道，经 ABA 处理的大麦糊粉原生质体几个月后仍然存活，但是经 GA 处理后 5～8 天就会死亡。有研究表明，活性氧(ROS)是激素调控大麦糊粉细胞程序性死亡的重要组分，因为 GA 处理比 ABA 处理的糊粉原生质体不耐过氧化氢(H_2O_2)胁迫(Bethke 和 Jones，2001；Palma 和 Kermode，2003)。

Caspers 等(2001)进一步提出，糊粉层的程序性细胞死亡可能代表了一种生物策略，它促使(1，4)-β-木聚糖酶和限制性糊精酶等延迟释放，可以保护糊粉细胞壁不被(1，4)-β-木聚糖酶降解或与限制性糊精酶有关的淀粉限制性糊精中葡萄糖的延迟释放。

(5)盾片的作用

萌发大麦籽粒盾片上皮细胞的变化和糊粉层细胞中所观察到的变化相似(Fincher，1989)。盾片上皮细胞内质网(ER)和高尔基体的迅速发育，蛋白颗粒及其植酸钙镁内涵体消失，脂质体被利用，同时细胞更为液泡化。所以可以预计，激素调控的这些过程与糊粉层相似，但盾片与糊粉层还是存在有很多大的差异。盾片上皮细胞至少会瞬时积累淀粉(Fincher，1989)，表达多肽和其他运载体的基因(West 等，1998；Potokina 等，2002)，这和它们将淀粉胚乳的降解产物分配到发育中的幼苗和通过横向断开上皮细胞的方式增加吸收表面积所起的作用是一致的(Fincher，1989)。因而，盾片上皮细胞的平均活动周期远远长于糊粉层细胞，但盾片上皮细胞是否会发生程序性细胞死亡还不得而知。

4. 淀粉胚乳贮藏物质的动员

与胚乳中GA合成的位点以及随后在籽粒内的扩散一致，大麦胚乳的解体始于毗邻盾片的区域，随后延伸到籽粒的另一端。胚乳动员的“前沿”从盾片延伸到籽粒的远端，这反映为沿着粒长方向从盾片(Gibbons,1981;McFadden等,1988)到糊粉层(Fincher,1989)逐步分泌水解酶。在淀粉胚乳解体的过程中，细胞壁、淀粉、储藏蛋白和残余核酸被大量内切式和外切式水解酶水解。有证据显示，糊粉层按顺序分泌几组酶，将物理障碍细胞壁首先清除，使α-淀粉酶和可能分泌稍慢于α-淀粉酶的多肽酶能进入起初被包裹在淀粉胚乳细胞内的基质(见图14.1)(Fincher,1989)。细胞壁、淀粉和蛋白内酶解聚过程将在此后简要介绍。

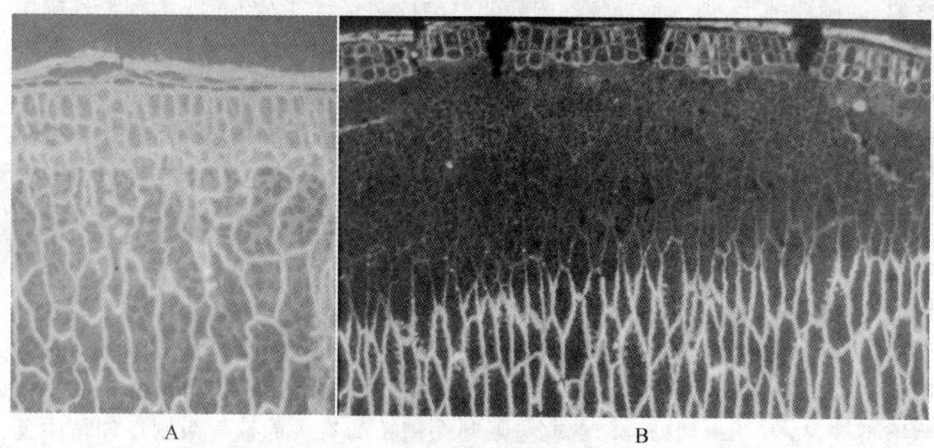

图14.1 萌发大麦籽粒淀粉胚乳中细胞壁降解的早期。A:未萌发大麦籽粒的一部分，Calcofluor White荧光增白剂染色后低倍显微镜观察的结果，胚乳细胞壁和淀粉胚乳细胞的淀粉颗粒清晰可见;B:细胞壁的降解逐步从糊粉层到达淀粉胚乳的中心，这种降解方式将细胞壁降解酶从糊粉层扩散到籽粒的中央(Meredith Wallwork提供)

(1)萌发大麦籽粒中细胞壁的降解

非纤维素多糖，特别是阿拉伯木聚糖和(1,3;1,4)-β-D-葡聚糖，占大麦籽粒糊粉层和淀粉胚乳细胞壁的大部分(见表14.2)。细胞壁的纤维素含量低且不含木质素，这无疑有利于酶穿过细胞壁，从而满足籽粒萌发后快速解聚细胞壁组分的要求。下面我们讨论的重点就是萌发的大麦籽粒淀粉胚乳细胞壁中阿拉伯木聚糖和(1,3;1,4)-β-D-葡聚糖的解聚。

- **阿拉伯木聚糖的水解**

大麦胚乳细胞壁的阿拉伯木聚糖由一个α-L-呋喃阿拉伯糖单元取代(1,4)-

β-D-木聚糖骨架，主要在木糖基单元 C(O)3 或 C(O)2 上(见图 14.2)。在某些情况下，α-L-呋喃阿拉伯糖取代在 C(O)3 和 C(O)2 同时发生(Fincher 1975)。在大麦中，淀粉胚乳细胞壁水溶性阿拉伯木聚糖中木糖与阿拉伯糖中的比例在 1.1～1.3：1，而在糊粉层细胞中，其比例大约是 1.9：1(Fincher 和 Stone，1986)。大麦阿拉伯木聚糖中有一定比例的 α-L-呋喃阿拉伯糖单元被酯化为阿魏酸和少量的 p-香豆酸(Fincher，1976)。这些羟基肉桂酸甲酯存在于 α-L-呋喃阿拉伯糖单元与 Xylp 单元的 C(O)3 相连的 C(O)5 中，阿魏酰残留物大约只占大麦淀粉胚乳细胞壁中的 0.05%(Fincher，1976)。

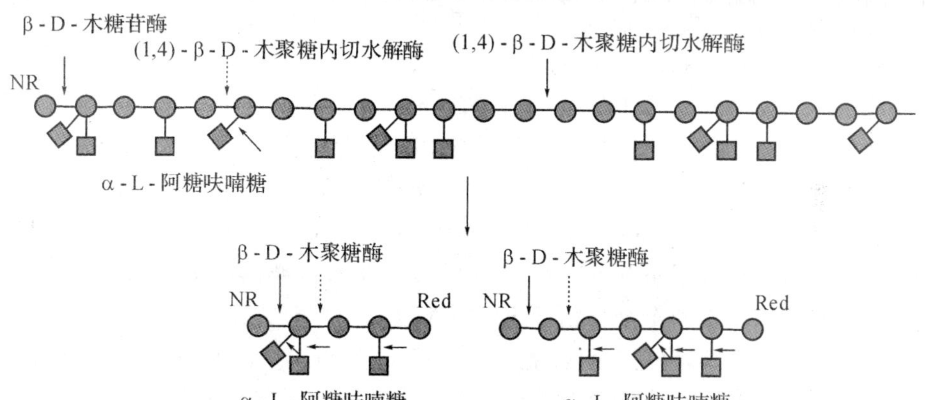

图 14.2 大麦籽粒细胞壁中阿拉伯木聚糖的结构改编于 Viëtor 等(1994)

注：○代表(1,4)-β-D-木聚糖主链的(1,4)-β-D-木糖基残基；□主要以 C(O)3 存在或以 C(O)2 木糖基单元形式存在的单个 α-L-阿糖呋喃糖基，某些情况下，α-L-阿糖呋喃糖基团以 C(O)3 和 C(O)2 的形式同时存在(Fincher，1975)

阿拉伯木聚糖的主链延伸，且阿拉伯糖基团在空间上阻碍(1，4)-β-D-葡聚糖线性骨架的分离，因此使分子量相对较高的多糖仍然不溶于水介质。正如(1，3；1，4)-β-D-葡聚糖，阿拉伯木聚糖的不对称性以及它的高聚合度(DP)，形成了高黏性溶液(Andrewartha 等，1979)。阿拉伯木聚糖能在细胞壁纤维素微纤维中形成一个胶状基质，具有类似理化特性的阿拉伯木聚糖对许多(1，3；1，4)-β-D-葡聚糖在工业流程和人类健康和营养上的作用(Brennan 和 Cleary，2005)，可能有一定的贡献。

所有这些结构(见图 14.2)清楚地显示，萌发籽粒中大麦阿拉伯木聚糖的完全解聚可能需要(1，4)-β-D-木聚糖内切水解酶(Slade 等，1989；Caspers 等，2001)、阿拉伯木聚糖阿糖呋喃糖酶(Ferre 等，2000；Lee 等，2001)、α-L-阿糖呋喃糖酶和 β-D-木糖苷酶(Taiz 和 Honigman，1976；Lee 等，2003)等一系列酶的协同作用。图 14.2 中显示了每一种酶的底物特异性，关于这些酶更详细的特性将在此后介绍。阿拉伯木聚糖的 α-L-阿糖呋喃糖酶的残基和阿魏酸酯键的水解需要阿魏酸酯酶，从木聚糖骨架去除 α-葡糖醛酸残基可能需要 α-葡萄糖醛酸酶，然而这些酶还未被纯化和定性，所以这里不再进一步讨论。

• **内切(1,4)-β-D-木聚糖水解酶**

内切(1,4)-β-D-木聚糖水解酶(EC 3.2.1.8)催化阿拉伯木聚糖的木聚糖主链的(1,4)-β-D-木糖苷键的水解(见图 14.2)。在萌发大麦中，木聚糖酶活性比(1,3;1,4)-β-D-葡聚糖酶活性要早好几天检测到(Slade 等，1989)，这与观察到的木聚糖内切酶基因的转录晚于(1,3;1,4)-β-D-葡聚糖酶基因是一致的(Banik 等，1997)。早期研究在游离糊粉层细胞周围检测出(1,4)-β-D-木聚糖内切水解酶活性，证实它在某种程度上要晚于其他水解酶(Taiz 和 Honigman，1976；Ashford 和 Gubler，1984；Caspers 等，2001)。

大麦(1,4)-β-D-木聚糖内切水解酶激活型的大小还不明确(Simpson 等。2003)。从游离大麦糊粉层周围的介质中能部分纯化和检测出分子量约为 29,000和 34,000 的(1,4)-β-D-木聚糖内切水解酶(Dashek 和 Chrispeels，1977；Benjavongkulchai 和 Spencer，1986)。然而，用萌发大麦籽粒的提取物作为酶的来源时，可以发现分子量为 41,000 的(1,4)-β-D-木聚糖内切水解酶(Slade 等，1989)。科学家根据两个全长相近的 cDNA 以及相应的基因，推导出大麦(1,4)-β-D-木聚糖内切水解酶完整的氨基酸序列，但是预测成熟活性酶的 N-端残基还比较困难(Banik 等，1996；1997)。

为了试图解释大麦(1,4)-β-D-木聚糖内切水解酶在分子大小上的显著差异，Simpson 等(2003)运用计算机对源于细胞质的酶的前 70 个氨基酸残基进行预测分析。正如一些实验室所报道的，如果这些酶在糊粉层的细胞质中，则它们在籽粒的可溶性提取物中只有在萌发时才能检测到(Fincher，1989；Slade 等，1989；Simpson 等，2003；Kuntz 和 Bamforth，2007)。如果糊粉细胞壁相对较薄的内层主要由阿拉伯木聚糖组成(Fincher 和 Stone，2004)，那么(1,4)-β-D-木聚糖内切水解酶在细胞质就可以保护糊粉内层细胞壁不被降解。为了确保淀粉和蛋白质降解酶顺利通过糊粉细胞壁且与淀粉胚乳细胞中的底物结合，(1,3;1,4)-β-D-葡聚糖内切水解酶以及其他酶能降解糊粉细胞壁较厚的外层和大部分淀粉胚乳细胞壁(Simpson 等，2003)。随着糊粉细胞储藏物的耗尽，细胞程序性死亡(Kuo 等，1996)会导致糊粉层细胞的破裂和包括(1,4)-β-D-木聚糖内切水解酶在内的细胞内容物的释放(Caspers 等，2001；Simpson 等，2003)。如果释放的这些酶为 61,000，那么淀粉胚乳中的内多肽酶可能去除该酶 N-端和 C-端区域，产生能在萌发籽粒和游离糊粉层细胞周围的介质中检测到的 41,000 和30,000。推迟极限糊精酶从大麦糊粉细胞中释放可能具有相似的机制(Burton 等，1999)。

为了更进一步研究这些可能性，Van Campenhout 等(2007)根据在异源体系中 cDNA 的表达检测了(1,4)-β-D-木聚糖内切水解酶的活性,克隆了编码分子量为 34,000、41,000 和 61,500 的 cDNA。该科研小组揭示,可溶性片段中分子量为 61,500 的成份对阿拉伯木聚糖和较短的低聚木糖起作用(Van Campenhout 等,2007)。

大麦(1,4)-β-D-木聚糖内切水解酶是糖苷水解酶 GH10 家族的成员(Banik 等,1996;Coutinho 和 Henrissat,1999;Simpson 等,2003)。大麦中存在 3 个或更多的编码(1,4)-β-D-木聚糖内切水解酶的基因,这些基因集中在染色体 5H 的长臂区(Banik 等,1997)。

小麦籽粒中木聚糖酶抑制剂已有报道,并有详细研究。小麦中已发现包括小麦木聚糖酶抑制剂(TAXI)、类奇异果甜蛋白的木聚糖酶抑制剂(TLXI)和木聚糖酶抑制蛋白(XIP)等不同种类的抑制剂(Goesaert 等,2004;Fierens 等,2007;2008)。这些抑制剂不仅抑制微生物(1,4)-β-D-木聚糖内切水解酶(Juge 等,2004;Fierens 等,2007;2008),而且也抑制大麦 α-淀粉酶(Sancho 等,2003)。萌发大麦籽粒中也能合成内木聚糖酶抑制剂(Goesaert 等,2004;Beaugrand 等,2007),这些抑制剂的意外出现,使对此前籽粒提取物的(1,4)-β-D-木聚糖内切水解酶活性的解释变得更加扑朔迷离。

- **呋喃阿拉伯木聚糖水解酶**

用于催化小麦胚乳阿拉伯木聚糖释放 L-阿拉伯糖的酶类,已从大麦幼苗以及与幼苗尚长在一起的籽粒中纯化出来(Ferre 等,2000;Lee 等,2001)。这些酶是 GH51 家族的成员,并被命名为阿拉伯木聚糖阿拉伯呋喃糖水解酶或 AXAH。该酶优先水解连接到(1,4)-β-D-木聚糖骨架上 C(O)3 的 α-L-阿糖呋喃糖残基,但是 α-L-阿糖呋喃糖残基会被双重替代的木糖基残基移除(见图 14.2)。大麦 AXAH-I 的完整氨基酸序列已从一个几乎全长的 cDNA 中得到:编码另一个大麦 AXAH,命名为 AXAH-II 的 cDNA 亦已有报道(Lee 等,2001)。科学家已从具有 α-L-阿糖呋喃糖酶和 β-D-木聚糖酶活性的双功能家族 GH3 糖苷水解酶中,分离出重要的大麦 AXAH 蛋白(Lee 等,2003)。GH3 家族 α-L-阿糖呋喃糖酶水解阿拉伯木聚糖的速度非常慢,而且 GH3 和 GH51 的酶都能水解 4-硝基苯-α-L-阿糖呋喃糖(Lee 等,2001)。

大麦 AXAHs 是否参与萌发籽粒细胞壁阿拉伯木聚糖解聚尚有待于证实。如前所述,这些酶是从萌发的籽粒和幼嫩的营养组织等材料中纯化的(Lee 等,2001)。AXAHs 参与阿拉伯木聚糖细微结构的修饰,包括萌发籽粒中胚芽鞘细胞壁的沉积、成熟或延伸(Gibeaut 等,2005),或细胞壁运动和阿拉伯木聚糖的水解(Ferre 等,2000;Lee 等,2001)。AXAH 酶是否在萌发大麦籽粒的阿拉伯木聚糖水解中起作用,尚需要更多的证据才能下结论。

- **α-L-阿糖呋喃糖酶和 β-D-木聚糖酶**

已从发芽 5 天的大麦幼苗中纯化到 α-L-阿糖呋喃糖酶和 β-D-木聚糖酶纯

化，并进行了定性(Lee 等，2003)。这些酶分别被命名为 ARA-Ⅰ 和 XYL，是糖苷水解酶 GH3 家族的成员(Coutinho 和 Henrissat，1999)。ARA-Ⅰ 是一个具有双重功能的 α-L-阿糖呋喃糖酶/β-D-木聚糖酶，可能对两种底物具有相似的催化作用。但是，XYL 酶优先水解 4-硝基苯 β-D-木糖苷，对 4-硝基苯-α-L-阿糖呋喃糖的作用较弱(Lee 等，2003)。

这些酶在任何情况下都不会显著水解小麦面粉中的阿拉伯木聚糖，但能水解(1,4)-β-D-木聚糖内切水解酶水解阿拉伯木聚糖产生的寡糖(见图 14.2)。因此，这两种酶均可以水解(1,4)-β-D-戊木聚糖，并且 ARA-Ⅰ 也能水解(1,5)-α-L 阿拉伯己糖(Lee 等，2003)，不过这两种酶都不能水解被替代的多糖。

从 cDNAs 中推断出的 ARA-Ⅰ 和 XYL 的完整氨基酸序列，显示出原始翻译产物的 C-端大约有 130 个氨基酸残基被去除(Lee 等，2003)。编码 ARA-Ⅰ 和 XYL 的基因分别被定位在 2H 和 6H 染色体(Lee 等，2003)。

在游离糊粉层中，α-L-阿糖呋喃糖酶和 β-D-木聚糖酶的分泌远远早于(1,4)-β-D-木聚糖内切水解酶(Banik 等，1997)，这个实验体系至少清楚地表明，内切水解酶的分泌与 α-L-阿糖呋喃糖酶和 β-D-木聚糖酶的分泌不是同时发生的。Lee 等(2003)在萌发籽粒糊粉层内几乎未检测到编码 ARA-Ⅰ 的 mRNA。总之，我们可以断言，这两个家族的 GH3 酶在萌发大麦籽粒细胞壁降解过程中起到了重要作用。有一点尚未明确，即这一结果是否可以解释为这些酶由多基因家族调控或者其酶活性可能与 GH3 家族的 ARA-Ⅰ 或 XYL 酶无关，而是由其他家族的糖苷酶所决定。尽管如此，ARA-Ⅰ 和 XYL 酶可能参与萌发大麦籽粒中由(1,4)-β-D-木聚糖内切水解酶释放的寡糖的水解(Lee 等，2003)。

- **(1,3;1,4)-β-D-葡聚糖的水解**

仅存在于禾本科细胞壁上的(1,3;1,4)-β-D-葡聚糖，是一种多糖。在萌发籽粒细胞壁降解过程中，(1,3;1,4)-β-D-葡聚糖分解释放的糖类在供应幼苗生长所需的总能量中占重要地位。据估计，在大麦中有高达 18.5%的用于幼苗生长的碳水化合物来源于细胞壁多糖分解产物，包括主要储藏多糖和淀粉的水解(Morrall 和 Briggs，1978)，含有直链 β-D-吡喃葡萄糖单体的(1,3;1,4)-β-D-葡聚糖通过(1,3)和(1,4)键聚合而成的。(1,4)和(1,3)键的结合比例在 2.2 至 2.6 之间(Fincher 和 Stone 2004)。大麦胚乳细胞壁的水溶性(1,3;1,4)-β-D-葡聚糖主要由两至三个相邻(1,4)键结合的 β-D-葡糖残基组成，这些 β-D-葡糖残基被单个(1,3)键结合的 β-D-葡糖残基隔开。总长超过 10 个残基、占分子总重的 10%的相邻(1,4)键结合的 β-D-葡糖残基长链的一小部分(Woodward 等，1983a)，同样存在于大麦籽粒淀粉胚乳的(1,3;1,4)-β-D-葡聚糖中。大麦籽粒的(1,3;1,4)-β-D-葡聚糖含有多于 1000 个葡糖残基组成的高聚体(Woodward 等，1983b)。

大麦水溶性(1,3;1,4)-β-D-葡聚糖有扩展结构，其长短轴比约为100(Woodward等，1983b)。大麦(1,3;1,4)-β-D-葡聚糖的不对称结构以及高聚合度使它在细胞壁上形成胶状物质，保证细胞壁坚固性、有弹性、柔韧性，并且其多孔性有利于水分和其他小分子自由进出细胞壁。同样，大麦(1,3;1,4)-β-D-葡聚糖的不对称结构，使其溶于水易产生高的黏性，虽然该不良特性不利于麦芽制造和啤酒酿造，但是产生了益于人类健康和营养的(1,3;1,4)-β-D-葡聚糖(Brennan和Cleary,2005)。因此，水溶性(1,3;1,4)-β-D-葡聚糖的高黏性是麦芽制造和啤酒酿造品质的重要因子，制麦芽过程中(1,3;1,4)-β-D-葡聚糖在人工控制的萌发环境下仍然不完全水解，会增加麦芽汁和啤酒的黏度，导致麦芽汁分离和啤酒过滤出现问题。籽粒萌发期间能快速合成含量高的解聚(1,3;1,4)-β-D-葡聚糖的酶，是高档啤用大麦的一项优良品质特征(Wang等，2004)。

在萌发大麦籽粒中，(1,3;1,4)-β-D-葡聚糖降解为葡萄糖，需要多种糖苷内切水解酶和外切水解酶，包括GH17家族的(1,3;1,4)-β-D-葡聚糖内切水解酶(EC 3.2.1.73)和来自糖苷水解酶家族GH1和GH3的β-D-葡聚糖苷水解酶(Hrmova和Fincher,2002)。许多相关的酶已从萌发籽粒或大麦幼苗中纯化到，且酶的动力学、底物特性和3D结构已被阐明。

- **(1,3;1,4)-β-D-葡聚糖内切水解酶**

(1,3;1,4)-β-D-葡聚糖内切水解酶(EC 3.1.2.73)可能是萌发大麦籽粒胚乳细胞壁中(1,3;1,4)-β-D-葡聚糖的迅速溶解和完全降解的最重要的酶。它们只水解位于(1,3)-β-D-葡糖残基的还原末端(1,4)-β-糖苷键，如下：

```
        ↓       ↓          ↓
4 G 4 G 3 G 4 G 4 G 3G 4G 4G 4 G 4 G 3 G 4 G 4 ... red
```

其中，G代表一个β-D-葡糖残基，3和4分别是(1,3)-和(1,4)-键，red代表还原末端(Anderson和Stone,1975;Woodward和Fincher,1982)。因此，这些酶需要(1,3)-和(1,4)-β-D-葡糖残基。产生的反应产物主要是(1,3;1,4)-β-D三糖和四糖($G4G3G_{red}$和$G4G4G3G_{red}$)，但是也产生较多的寡糖，只含有(1,3)-β-D-葡萄糖残基的还原性末端和多达10个或更多的(1,4)-β-D-葡萄糖残基(如$G4G4G4G4G4G4G3G_{red}$)。这些较长寡糖来自大约占大麦(1,3;1,4)-β-D-葡聚糖总重10%的毗邻的(1,4)键较长区域(Woodward等，1983a)。

萌发大麦籽粒中(1,3;1,4)-β-D-葡聚糖内切水解酶有两个同工酶。(1,3;1,4)-β-D-葡聚糖内切水解酶同工酶EI在萌发前后盾片的上皮随后在糊粉层和盾片上都有表达(McFadden等，1998;Slakeski和Fincher,1992)。相反，(1,3;1,4)-β-D-葡聚糖内水解同工酶EII几乎只在萌发籽粒的糊粉层表达，该编码基因的mRNA水平较高(Slakeski和Fincher,1992)。两个基因编码(1,3;1,4)-β-

D-葡聚糖内切水解酶同工酶 HvGlb1 和 HvGlb2，已被测序和分别定位在大麦染色体的 1H 和 7H 上（见图 14.3）。与 GA 诱导相关的核酸序列已经在它们的启动子上被鉴定出（Litts 等，1990；Slakeski 等，1990），如前所述，大麦糊粉层 *myb* 转录因子 GAMYB 转录激活（1,3;1,4）-β-D-葡聚糖内切水解酶同工酶 EII 启动子（Gubler 等，1999）。A 到 G 是（1,3;1,4）-β-D-葡聚糖含量 QTLs 的大概位置，建立在 Clipper×Sahara 和其他遗传群体图谱相比对基础上的结果。A 和 B 由 Han 等（1995）报道的基于定位于 Steptoe×Morex 群体的统计学上显著性检测统计值（LOD）。字母 C、D 和 E 是 Molina-Cano 等（2007）在 Beka×Logan 群体中检测到的 QTLs 的大致位点；F 代表的是 Lgartua 等（2002）报道的 Derkado×B83-12/21/5 群体中定位的 QTL 统计峰值的大致位点；G 一个标记近似的位点由 Kim 等（2004）在 Yonezawa Mochi×Neulssalbori 群体中检测出的标记与性状的关联。HvCslH1 基因也被大致定位（未发表数据）。以其他群体中定位为基础，HvGlb1 和 HvGlb2 基因的大致位置也被标出。

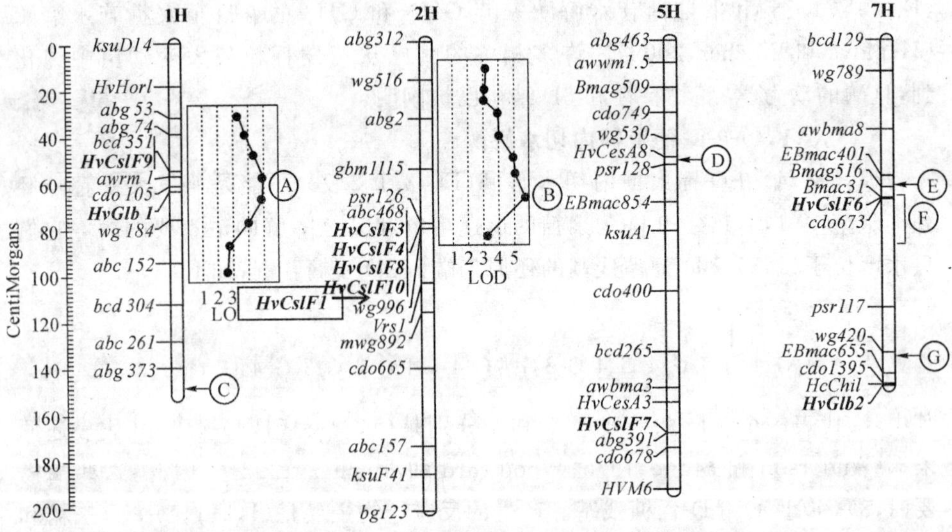

图 14.3 大麦 HvCslF 基因在 Clipper×Sahara 群体中被定位到 1H、2H、5H 和 7H 染色体上的遗传图谱。(Burton 等，2008)

内切（1,3;1,4）-β-D-葡聚糖水解同工酶 EⅡ 的三维（3-D）结构已通过 X-射线晶体学分析得以明确（Varghese 等，1994）。这个酶是 GH17 家族的一个糖苷水解酶（Henrissat，1998），有一个 $(\beta/\alpha)_8$ 的 TIM 桶状结构。一个深的底物结合凹陷贯穿酶的表面，该凹陷可以容纳 6～8 个糖苷结合的亚位点（Varghese 等 1994）。从本质上讲，开放的凹陷使得酶能够结合（1,3;1,4）-β-D-葡聚糖底物的任意位点，从而能够水解内部的糖苷键。这一点解释了酶的内部作用的特征。（1,3;1,4）-β-D-葡聚糖内切水解酶的三维结构已经运用于定点突变，合理地重新设计酶以提高酶在类似麦芽制造和啤酒酿造环境下的热稳定性(Stewart 等，2001)。

• (1,4)-β-D-葡聚糖苷水解酶

大麦幼苗提取物中的 GH1 家族的(1,4)-β-D-葡聚糖苷水解酶可以水解上述(1,3;1,4)-β-D-葡聚糖内切水解酶作用于细胞壁(1,3;1,4)-β-D-葡聚糖所产生的 β-D-寡聚葡萄糖苷(Simos 等,1994)。然而,研究未明确地证明该酶在活体中的作用,因为幼苗中(1,4)-β-D-葡聚糖苷水解酶的确切位置还不知道,可能是从幼苗营养器官而不是在萌发大麦籽粒中纯化的。纯化的(1,4)-β-D-葡聚糖苷水解酶的首选底物是(1,4)-β-D-寡聚葡萄糖苷;而(1,3)-β-D-寡聚葡萄糖苷水解速度很慢(Hrmova 等,1996;1998)。(1,3;1,4)-β-D-葡聚糖内切水解酶释放的 $G4G3G_{red}$ 和 $G4G4G3G_{red}$ 寡糖,在其非还原端有一个(1,4)-β-D-葡萄糖残基,在还原端有一个(1,3)-β-D-葡萄糖残基。因此,大麦(1,4)-β-D-葡聚糖苷水解酶可以水解为 $G4G4G4G3G_{red}$ 一类的寡糖(Hrmova 等,1996),从其缓慢水解昆布二糖的能力上看,(1,3;1,4)-β-D-寡聚葡萄糖苷能够被这类酶完全水解(Hrmova 和 Fincher 2002)。

• β-D-葡聚糖外切水解酶

虽然外切 β-D-葡聚糖水解酶的首选底物是(1,3)-β-D-葡聚糖,但是具有广泛特异性的大麦 GH3 酶族可以快速水解诸如昆布二糖和(1,3;1,4)-β-D-葡聚糖等聚合 β-D-葡聚糖的糖苷键(Kotake 等,1997;Hrmova 和 Fincher,1998)。此外,它能水解含有(1,2)-,(1,3)-,(1,4)-或(1,6)-键的 β-D-寡聚葡萄糖苷,芳基 β-D-葡萄糖苷如 4-硝基苯 β-D-葡萄糖苷(4NPGlc)和一些 β-D-低聚寡葡萄糖苷(Hrmova 和 Fincher,1998;Kim 等,2000)。葡萄糖是从这些底物的非还原端释放的(Hrmova 等,1996)。

大麦 β-D-葡聚糖外切水解酶同工酶 Exo Ⅰ 的三维结构业已明确(Varghese 等,1999)。这两个酶的特异域通过一个含 16 个氨基酸的类螺旋结构的交联肽结合。第一个域是具有 357 个氨基酸残基的 $(\beta/\alpha)_8$ 桶。第二个域折叠形成一个“β-三明治”结构,它由一个被三个 α-螺旋分隔在两侧的各六股 β 片组成(Varghese 等,1999)。这个酶的活性中心在这两个域连接处的一个较浅区域。大麦酶广泛的底物特异性可以用晶体结构的数据解释(Hrmova 等,2002)。结合在亚位点－1 底物的葡萄糖残基,通过活性中心区底部大量与氨基酸残基结合的氢键进行固定(Hrmova 等,2002)。然而,亚位点＋1 处的葡萄糖残基在区域入口处被夹在两个色氨酸残基中间。在亚位点＋1 处两个色氨酸残基之间结合的相对柔韧性,加之剩余的结合底物突起远离酶表面,表明短的酶活性中心可以容纳一系列的二糖成分(Hrmova 等,2002)。

被命名为同工酶 Exo I 和 Exo II 的 GH3 家族中 β-D-葡聚糖外切水解酶的

两个异构体，已从大麦幼苗的提取物中纯化到(Hrmova 和 Fincher，1998)。这个家族基因的总数还未确定。与 GH1 家族(1，4)-β-D-葡聚糖苷水解酶相类似，科学家还未弄清这两个酶是位于萌发籽粒的淀粉胚乳还是在幼苗的营养组织。然而，GH3 家族的酶在多糖水平上可能水解(1，3；1，4)-β-D-葡聚糖，并且也能水解内切水解酶从(1，3；1，4)-β-D-葡聚糖中释放的(1，3；1，4)-β-D-寡聚葡萄糖苷(Hrmova 等，2002)。

(2)萌发大麦籽粒中淀粉的降解

在大麦籽粒的淀粉胚乳细胞中，淀粉颗粒大约占籽粒干重的 64%，它由 75%的支链淀粉和 25%的直链淀粉组成(MacGregor 和 Fincher，1993)。在籽粒萌发之后，这些多糖在 α-淀粉酶、β-淀粉酶、淀粉脱支酶和 α-葡萄糖苷酶的共同作用下解聚。以下逐一介绍各组酶在萌发大麦籽粒淀粉降解过程中的作用。

- **α-淀粉酶**

在支链和直链淀粉中，大麦 α-淀粉酶以内切方式催化(1，4)-α-D-糖苷键水解。根据它们的等电点(pI)，这些酶划分为两组。在大麦中，低 pI 的(AMY1)组由 4 个基因编码，而高 pI 的(AMY2)组由 6 个基因编码(Huang 等，1992；Henrissat 和 Bairoch，1996)。AMY1 和 AMY2 组的同工酶大约有 70%的氨基酸序列有同源性，但是在各组酶内部有高达 95%的序列同源性(Bak-Jensen 等，2007)。翻译后修饰，特别是 C 端剪切，增加了大麦组织中 α-淀粉酶结构的复杂性，并导致两个多基因家族成员的结构多样性(Sogaard 等，1991)。

长期以来，人们一直认为大麦萌发籽粒胚乳中 AMY2 的含量比 AMY1 含量高几倍(MacGregor 等，1984)。最近，Bak-Jensen 等(2007)通过观察大麦萌发后 α-淀粉酶的不同时空结构，并且用双向凝胶电泳、蛋白印迹分析和质谱技术，鉴定到很多亚型及其降解产物。这些酶可能是在 GA 激活相关的基因后从糊粉层和盾片中分泌(Gibbons，1981)。分泌进入淀粉胚乳的 α-淀粉酶是一个 *AMY*1 基因和两个 *AMY*2 基因的产物。虽然该基因家族的其他成员在萌发大麦籽粒中表达水平不高(Jensen 等 2007)，但可能参与淀粉在不同光合器官叶绿体中的周转。萌发大麦籽粒中表达的这些酶受淀粉胚乳中蛋白质降解的特征模式控制，但是这些模式与大麦品种的制麦芽品质并不相关(Bak-Jensen 等，2007)。

高等植物的 α-淀粉酶活性受特定的抑制剂调控。大麦 AMY2 酶被特定的大麦 α-淀粉酶/枯草杆菌抑制剂(BASI)所抑制；而 AMY1 同工酶不受 BASI 的抑制(Mundy 等，1983；Svendsen 等，1986)。在籽粒发育期间，BASI 在淀粉胚乳中积累，而 *AMY*2 酶在萌发后重新合成。在促使过早萌发或发芽的条件下，BASI 控制 AMY2 的活动。在这种情况下，BASI 可以降低或延迟早熟萌发。此外，BASI 能够抑制蛋白酶的活性，可能抑制潜在病原体和害虫的丝氨酸蛋白酶活性(Jones 和 Jacobsen，1991)。

X-射线晶体学已用于详细阐明大麦 AMY2 酶和 BASI 相互作用的研究(见图 14.4)(Vallee 等,1994;Rodenburg 等,2000)。活性中心抑制剂结合的分子基础已经建立,且定点突变技术用于增加 BASI 和 AMY1 相互作用的亲和性,该亲和性一般不会被抑制(Rodenburg 等,2000)。有关大麦 AMY2/BASI 结合的详细 3D 结构信息,可为改造任何一个组分从而改变抑制动力学提供了诸多机会。类似地,BASI 蛋白和细菌枯草杆菌蛋白酶形成复合物的 3D 结构已经解决,同时微生物蛋白酶抑制的分子基础已经阐明(Micheelsen 等,2008)。

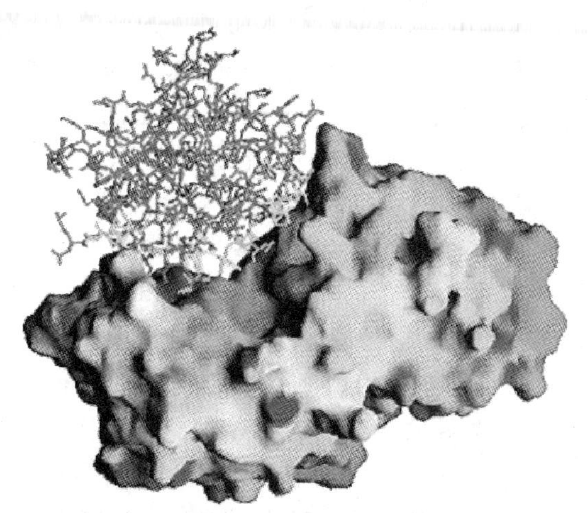

图 14.4　AMY2-BASI 的三维结构(Vallé 等,1994)

• **β-淀粉酶**

β-淀粉酶是一个(1,4)-α-葡聚糖麦芽水解酶(EC 3.2.1.2),(1,4)-α-葡聚糖麦芽水解酶水解支链淀粉和直链淀粉非还原端的倒数第二个键释放麦芽糖。该酶几乎可以完全水解直链淀粉产生麦芽糖,但是在支链淀粉中不能绕过(1,6)-分支点。这个酶在大麦籽粒发育的胚乳中积累,在籽粒成熟时,其量可达总蛋白含量的 1%(Kreis 等,1987)。在籽粒干燥期间,淀粉周缘的一些 β-淀粉酶会与蛋白质结合。因此,在成熟大麦籽粒中,β-淀粉酶有两种形态,一种是活跃的自由形态,另一种是通过半胱氨酸残基与 C-端相邻结合其他籽粒蛋白如 Z 蛋白、活性较低的形态(Hejgaard,1978)。

蛋白酶介导籽粒萌发束缚态 β-淀粉酶的释放,该过程有 β-淀粉酶异构体伴随出现(Guerin 等,1992)。这些蛋白酶可能由多肽 C-末端的限制性蛋白质水解而产生(Lundgard 和 Svensson 1987)。释放出的活性 β-淀粉酶对不溶性淀粉颗粒只有很小或几乎没有作用,但是一旦出现由糊粉层产生的 α-淀粉酶,淀粉降解就会进行。

大麦 β-淀粉酶对麦芽制造和啤酒酿造十分重要,因此这些过程中快速产生的高浓度β-淀粉酶是重要的品质性状。β-淀粉酶的活性在温度高于55℃时迅速降低，淀粉糊化温度为65℃，淀粉糊化程度对淀粉快速降解很重要（Ma 等，2000）。β-淀粉酶热稳定性高的啤用大麦具有更高的发酵值（Eglinton 等，1998）。大麦β-淀粉酶的晶体结构已经用于推断其热稳定的形态（Mikami 等，1999）。Ma 等（2000）发现，去除大麦β-淀粉酶上4个富含甘氨酸重复的C-末端，β-淀粉酶的热稳定性和底物亲和力大大提高。

• **脱支酶**

根据底物特异性和作用模式，淀粉脱支酶可分为两类：①支链淀粉酶（支链淀粉6-葡聚糖苷水解酶；EC 3.2.1.41）作为内切水解酶，用于水解支链淀粉，一种由(1,6)-α-键连接麦芽三糖残基所组成的多糖。②异淀粉酶（糖原6-葡聚糖苷水解酶；EC 3.2.1.68）也是内切水解酶，它是水解糖原和支链淀粉而不是普兰多糖中的(1,6)-α-葡糖键。脱支酶在淀粉合成中可能也起一定作用，支链淀粉的合成可能需要在分支酶和脱支酶之间适当的平衡（James 等，1995；Martin 和 Smith，1995；Ball 等，1996；Nakamura 等，1996；Rahman 等，1998）。

在萌发大麦籽粒中，脱支酶催化水解支链淀粉中(1,6)-α-糖苷键或者由α-淀粉酶释放的(1,4;1,6)-α-寡聚糖苷（MacGregor 和 Fincher，1993）。这些寡聚多糖又被称作限制性糊精，其中的(1,6)-α-糖苷键不会被β-淀粉酶和α-淀粉酶水解。因此，脱支酶在淀粉变为葡萄糖的完全解聚过程中起着关键作用。脱支的寡聚多糖易于被淀粉酶和α-葡萄糖苷酶进一步水解（Lee 等，1971）。大麦脱支酶也被称作R-酶，明显倾向于水解寡糖而不是多糖中的(1,6)-α-糖苷键，因而被归类为限制性糊精酶（Lee 等，1971；Burton 等，1999）。

Burton 等（1999）和 Kristensen 等（1998）从大麦中分离出一个编码限制性糊精酶的基因和 cDNA。成熟酶有将近900个氨基酸残基，分子质量大约为97,000。大麦限制性糊精酶 mRNA 大量存在于 GA-处理的糊粉层和萌发大麦籽粒（Burton 等，1999）。然而该 mRNA 在未成熟籽粒的发育胚乳中含量较低，所以其中的酶可能参与淀粉的合成（Burton 等，1999）。大麦限制性糊精酶 cDNA 编码一个典型的转运肽的前序列，它控制新生多肽产生淀粉体。这很难与糊粉细胞释放成熟酶进入萌发大麦淀粉胚乳相协调。所以，糊粉细胞可能在细胞程序性死亡时才会释放这种酶。

成熟大麦籽粒中存在大麦限制性糊精酶的特异性抑制物，但会在萌发开始后几天内消失（MacGregor，2004）。通过加入半胱氨酸或谷氨酸到限制性糊精酶巯基组，可经后翻译修饰这一抑制物。这个抑制物与大麦限制性糊精酶的活性中心有特异性互作（MacGregor，2004）。Stahl 等（2004）运用基因沉默技术表明，限制性糊精酶及其抑制物可能参与淀粉合成和降解。

此外，大麦有一种类似异淀粉酶的分支酶。Sun 等（1999）分离到一个大麦异淀粉酶的基因，并且监测了该基因在萌发籽粒、发育中的胚乳和营养器官中的表达。结果表明，异淀粉酶参与大麦淀粉的合成。类似地，Burton 等(2002)推断，大麦异淀粉酶参与淀粉的合成，这个酶是淀粉颗粒的数量和形状的重要决定因子。

• **α-葡萄糖苷酶**

能完全水解淀粉的酶能水解麦芽糖和其他小的麦芽糊精为葡萄糖。研究人员在大麦麦芽和 GA 处理的大麦糊粉层的周围介质中检测到 α-葡萄糖苷酶的活性(Tibbot 等,1998)。随后，通过相应 cDNA 的异源体(Naested 等,2006)从萌发大麦籽粒的提取物中(Frandsen 等,2000)纯化并详细研究了这种酶。这种酶的分子量为 90,000～100,000，大麦籽粒萌发开始后即能检测到 101,000 和 95,000两种形态的酶(Tibbot 等,1998)。同样，大麦 α-葡萄糖苷酶的热稳定性对于淀粉快速转化为可发酵糖相当重要，人们已利用定点突变技术显著增强大麦酶的热稳定性(Muslin 等,2002;Clark 等,2004)。

(3)萌发大麦籽粒中储藏蛋白的降解

萌发大麦淀粉胚乳中储藏蛋白的流动需要内肽酶和外肽酶发挥作用。氨基酸和 2～5 个氨基酸残基的小肽被释放，并沿着浓度梯度扩散到盾片上皮层细胞，随后被转运进入正在发育的胚。

• **羧肽酶**

在大麦中，丝氨酸羧肽酶对水解储藏蛋白显得特别重要。在萌发大麦籽粒的淀粉胚乳中，至少检测到 6 个丝氨酸羧肽酶的异构体(Dal Degan 等,1994)。一种羧肽酶异构体在籽粒发育过程中会沉积，因此，此异构体在萌发开始时已经存在于籽粒中；一旦籽粒开始萌发，无论是在盾片或在糊粉层，这 6 种异构体均会被重新合成，并且一些会被分泌入淀粉胚乳(Dal Degan 等,1994;Potokina 等,2002)。经 GA 处理的游离大麦糊粉层也会释放羧肽酶(Hammerton 和 Ho,1986)。大多数羧肽酶作为单链前体被合成，以酶原的形式被分泌。它们紧接着会通过移除蛋白中心部分大约 50 个氨基酸残基的方式被激活(Doan 和 Fincher,1988;Dal Degan 等,1994)，这会导致由二硫键连接的两个多肽链所组成的活化酶的形成。萌发籽粒中一系列的羧肽酶会迅速解聚高分子量的储藏蛋白，但是对二肽和三肽的作用较小。

萌发后大麦籽粒利用羧肽酶的重要性，带动了相关基因转录模式的研究。Potokina 等(2006)详细研究了羧肽同工酶 I 基因的转录，并将这个基因的 eQTL 定位于染色体 3H 上，这与一个"糖化力"的次要 QTL 的位置重合，同时也确定了该基因的单体型多样性。有结果表明，此基因受顺式作用元件调控，并且它的表达水平与基因内独特的 SNP 单体型相关(Potokina 等,2006)。

• **肽链内切酶**

在大麦中,几类肽链内切酶参与萌发籽粒淀粉胚乳储藏蛋白的流动。在游离糊粉层中,已检测到半胱氨酸肽链内切酶的合成和降解受GA和ABA的调控(Roger等,1985;Hammerton和Ho,1986;Koehler和Ho,1999a;Martinez等,2003)。半胱氨酸肽链内切酶EPA和EPB主要在萌发大麦籽粒的盾片上皮细胞层和糊粉细胞层表达(Koehler和Ho,1988;1990a;b;Mikkonen等,1996)。研究人员描述了参与半胱氨酸肽链内切酶基因表达的转录因子(Isabel-LaMoneda等,2003)。

在萌发大麦籽粒中能检测出丝氨酸肽链内切酶(Zhang和Jones,1995;Terp等,2000;Fontanini和Jones,2002)。该酶存在于未萌发的成熟籽粒,其活力可被大麦α-淀粉酶/枯草杆菌抑制剂(BASI)所抑制(Nielsen等,2004)。萌发后丝氨酸肽链内切酶的活性在胚而不是淀粉胚乳中增加,但是此酶在储藏蛋白降解中的作用还不清楚。

• **肽转运进入盾片**

如前所述,萌发大麦籽粒淀粉胚乳中外肽酶和内肽酶的共同作用导致氨基酸和短肽的形成。短肽可迅速转运至盾片(Sopanen等,1977;Walker-Smith和Payne,1983),随后在转运至幼苗前被分解为氨基酸(Enari和Mikola,1977)。短肽的吸收受分布在盾片细胞膜上的转运蛋白的调控(Waterworth等,2000;Tsay等,2007)。转运高度依赖pH值,所以是质子耦合的(Hardy和Payne,1992)。显然二肽和三肽被优先转运,但是四肽和五肽也可以被转运(Hardy和Payne,1992)。肽的转运发生在这个过程的早期,吸涨6~12小时后能检测到短肽转运,接着转运迅速增加,大约在吸涨开始后24小时达到最大值(West等,1998;Potokina等,2002)。

(4)萌发大麦籽粒中硫氧还蛋白的潜在功能

多年的证据表明,硫氧还蛋白在萌发大麦籽粒中有很重要的作用(Baumann和Juttner,2002)。通过位于一个保守CXXC活性中心基序上的两个半胱氨酸残基,硫氧还蛋白参与了巯基二硫键反应(Jacquot等,1997)。植物中有很多硫氧还蛋白基因,硫氧还蛋白h组的成员在萌发大麦籽粒中表达,并且其对氧化还原调节的过程为胚乳的流动所必需。硫氧还蛋白体系能调控α-淀粉酶和胰蛋白酶抑制剂的活性(Kobrehel等,1991),从而提高了限制性糊精酶的活性(Cho等,1999),并且硫氧还蛋白体系可以还原储藏蛋白,利于储藏蛋白的解聚(Kobrehel等,1992)。硫氧还蛋白体系还能激活thiocalsin(籽粒特异的丝氨酸蛋白酶)(Besse等,1996),还能提高GA的合成(Wong等,2002)。两个大麦硫氧还h蛋白已经在异源体系中进行表达和定性研究(Shahpiri等,2008)。

5. 大麦中淀粉胚乳动员的遗传学和功能基因组学

对于麦芽、啤酒和酿酒厂来说，萌发的大麦籽粒是重要原料。为此，大麦育种家已经通过筛选找到了许多影响萌发后淀粉胚乳动员的速度和程度相关的性状。分子标记技术已用于定位大麦基因组中麦芽品质性状的相关基因位点，并用来加快选择与萌发过程相关的优良性状。因此，已有大量品质性状的QTL图谱用于特殊品质性状相关主要基因的图位克隆。分析萌发大麦籽粒品质性状表型时，应了解这些性状可能既受萌发后的条件影响，也可能受籽粒发育期间的一些因素的影响。例如，从事高品位啤用大麦育种的育种家一般选取(1,3;1,4)-β-D-葡聚糖含量低的麦芽，因为多糖会引起酿造过程中的过滤问题，并导致最终产物中形成不良的混浊(Bamforth，1999)。然而，麦芽中(1,3;1,4)-β-D-葡聚糖的浓度不仅是萌发后(1,3;1,4)-β-D-葡聚糖内切水解酶和外切水解酶活性及含量，而且是细胞壁中多糖的起始浓度以及细胞壁的厚度和多糖的精细结构等综合作用的结果。因而，发育籽粒中基因型对(1,3;1,4)-β-D-葡聚糖的效应也会影响麦芽中多糖的残余量。研究人员在这方面将注意力集中在选育低(1,3;1,4)-β-D-葡聚糖含量的品系和/或选择籽粒萌发后迅速产生大量(1,3;1,4)-β-D-葡聚糖酶的大麦品种(Wang 等，2004)。此外，所选择的大多数麦芽品质性状受基因型和环境的影响。同样，种子发育期间的环境因素是成熟大麦籽粒中(1,3;1,4)-β-D-葡聚糖含量的重要决定因子(Zhang 等，2001)，在籽粒成熟的最后阶段，高温显著增加(1,3;1,4)-β-D-葡聚糖的含量(Coles，1979)。

高通量功能基因组学技术的出现正为发现和描述大麦萌发及此后胚乳动员中重要的基因提供了新的机遇(Finnie 等，2004；Potokina 等，2004；2008)。这些研究还处于初级阶段，下面将以实例说明功能基因组学对丰富大麦萌发后籽粒营养动员的生物化学、生理学以及遗传学知识的作用。

(1)(1,3;1,4)-β-D-葡聚糖降解的遗传学

QTL 定位已经鉴定出控制大麦(1,3;1,4)-β-D-葡聚糖浓度的基因在基因组中的区域，并已被绘制在高密度遗传图谱上(Han 等，1995；Burton 等，2008)。在未萌发的大麦籽粒中，(1,3;1,4)-β-D-葡聚糖含量的多基因控制与定位到染色体 1H、2H(Han 等，1995)和 7H 上的 QTL 是一致的(见图 14.3)(Igartua 等，2002；Molina-Cano 等，2007)。大麦 *HvCslF* 基因编码(1,3;1,4)-β-D-葡聚糖合成酶或其他对(1,3;1,4)-β-D-葡聚糖合成至关重要的酶(Burton 等，2006)，这些基因与已知的在染色体 1H、2H 和 7H 上的 QTL 位置相同(Burton 等，2008；见图 14.3)。麦芽中(1,3;1,4)-β-D-葡聚糖的浓度可能受更为复杂的遗传控制，因为它们既受发育籽粒中控制其合成的遗传因素影响，还受萌发籽粒中降解酶合

成的速度和含量影响。因此，麦芽提取物中被定位在大麦 1H、3H、4H、5H 和 7H 染色体上的 QTL 所控制的(1,3;1,4)-β-D-葡聚糖含量(Burton 等,2008)，可能与图 14.3 中被称为 HvGlb1 和 HvGlb2 的两个(1,3;1,4)-β-D-葡聚糖细胞内切水解酶的浓度有关，这两个酶降解萌发籽粒中的多糖。许多编码参与(1,3;1,4)-β-D-葡聚糖降解的酶的基因，包括(1,3;1,4)-β-D-葡聚糖细胞外切水解酶和β-D-葡萄糖苷酶，尚未克隆和定位，并且还不清楚这些基因是否有相关的 QTL。

(2)麦芽品质的遗传学

QTL 定位已广泛应用于为育种家提供特定性状的自然变异程度以及影响该性状的基因所在基因组位置的信息。这样，育种家就有遵循和选择有利于重要品质性状的基因的目标(Hayes 等,1993;Mather 等,1997;Marquez-Cedillo 等,2000;见图 14.5)。例如，在 Steptoe/Morex 双单倍体(DH)群体中，麦芽品质性状的复杂 QTL，名为 QTL2 被定位于大麦 4H 染色体上。QTL2 复合体影响麦芽性状，如麦芽浸出物、α-淀粉酶活力、糖化力、麦芽(1,3;1,4)-β-D-葡聚糖含量和种子休眠(Gao 等,2004)。精细作图使该复合体分解为 6 个 QTLs，其中两个影响麦芽提取物和 α-淀粉酶活力，其他影响糖化力和(1,3;1,4)-β-D-葡聚糖(Gao 等,2004)。

6. 前景与展望

如前所述，在麦芽和啤酒酿造业中，大麦籽粒品质受萌发及籽粒发育过程的影响。因此，这两个过程是提高大麦最终品质的合适目标。例如，大麦胚乳细胞壁的主要多糖组分中，包括在商业上非常重要的(1,3;1,4)-β-D-葡聚糖的生物合成，涉及到很多不同类型的酶和辅助蛋白，它们可能整合为生物合成的复合体。该复合体可能对某些发育因素比较敏感，包括激素水平、温湿度以及遗传组成对各品种或品系的内在控制。类似的因素也控制籽粒发育期间淀粉和储藏蛋白的合成，它们在籽粒发育初期可作为操控成熟籽粒麦芽品质性状的良好选择目标。但是，在理性地尝试操纵籽粒品质改良前，我们需要更多地了解这一时期活跃的酶和蛋白质。与籽粒发育的启动和调控有关的一些重要转录因子，对于进一步阐明籽粒发育可能具有重要意义。

同样有效的目标可能集中在参与种子萌发或制麦芽工艺中大麦籽粒各组分水解的一系列酶，它们可能参与细胞壁降解、淀粉解聚、或胚乳储藏物质动员。在所有情况下，近期鉴定出的直接涉及淀粉胚乳各组分动员过程的基因，以及正在兴起的鉴定转录因子和其他重要蛋白的技术，可能为理解种子萌发的生物学以及麦芽品质的改良开辟新的途径。运用 Affymetrix 阵列杂交技术已经鉴定了 16,000 个大麦基因(Potokina 等,2004;2008)，eQTL 的全基因组分析可能是未来鉴定麦芽品质候选基因的强大工具。由强有力的生物信息学软件支持的关联遗传学、高分辨的QTL定位和比较基因组学，对快速简单地定位克隆大麦淀粉胚乳动员和籽粒品质上起重要作用的基因将提供新的机遇。

7. 致谢

本章内容得到澳大利亚学术研究理事会和谷物研究与开发局(GRDC)的大力支持。感谢 Maria Hrmova，Rachel Burton，Andrew Harvey 和 Jessica Smith 对本章内容上所做的工作。

参考文献

Anderson，M. A. and B. A. Stone. 1975. New substrate for investigating specificity of beta-glucan hydolases. FEBSLett. 52：202－207.

Andrewartha，K. A.，D. R. Phillips，and B. A. Stone. 1979. Solution properties of wheat-flour arabinoxylans and enzymatically modified arabinoxylans. Carbohydr. Res. 77：191.

Ashford，A. E. and F. Gubler. 1984. Mobilization of polysaccharide reserves from endosperm，pp. 117－162. *In* D. R. Murray (ed.). Seed Physiology. 2：Germination and Reserve Mobilization. Academic Press，Sydney.

Bacic，A. and B. A. Stone. 1981. Chemistry and organization of aleurone cell wall components from wheat and barley. Aust. J. Plant Physiol. 8：475－495.

Bak-Jensen，K. S.，S. Laugesen，O. Ostergaard，C. Finnie，P. Roepstorff，and B. Svensson. 2007. Spatio-temporal profiling and degradation of alpha-amylase isozymes during barley seed germination，FEBS J. 274：2552－2565.

Ball，S.，H.-P. Guan，M. James，A. Myers，P. Keeling，G.. Mouille，A. Buleon，P. Colonna，and J. Preiss. 1996. From glycogen to amylopectin：a model for the biogenesis of the plant starch granule. Cell 86：349－352.

Bamforth，C. W. 1999. Beer haze. J. Am. Soc. Brew. Chem. 57：81－90.

Banik，M.，T. P. J. Garrett，and G. B. Fincher. 1996. Molecular cloning of cDNAs encoding (1→4)-β-xylan endohydrolases from the aleurone layer of germinated barley (*Hordeum vulgare*). Plant Mol. Biol. 31：1163－1172.

Banik，M.，C. D. Li，P. Langridge，and G. B. Fincher. 1997. Structure，hormonal regulation and chromosomal location of genes encoding barley (1→4)-β-xylan endohydrolases. Mol. Gen. Genet. 253：599－608.

Baskin，C. C. and J. M. Baskin. 1998. Seeds：Ecology; Biogeography，and Evolution of Dormancy and Germination. Academic Press，San Diego，CA.

Baumann，U. and J. Juttner. 2002. Plant thioredoxins：the multiplicity conundrum. Cell. Mol. Life Sci. 59：1042－1057.

Beaugrand，J.，K. Gebruers，C. Ververken，E. Fierens，E. Dornez，B. M. Goddeeris，J. A.

Delcour, and C. M. Courtin. 2007. Indirect enzyme-antibody sandwich enzyme-linked immunosorbent assay for quantification of TAXI and XIP type xylanase inhibitors in wheat and other cereals. J. Agric. Food Chem. 55: 7682—7688.

Benjavongkulchai, E. and M. S. Spencer. 1986. Purification and characterization of barley aleurone xylanase. Planta 169: 415—419.

Berger, F. 1999. Endosperm development. Curr. Opin. Plant Biol. 2: 28—32.

Besse, I., J. H. Wong, K. Kobrehel, and B. B. Buchanan. 1996. Thiocalsin: a thioredoxin-linked, substrate-specific protease dependent on calcium. Proc. Natl. Acad. Sci. U. S. A. 93: 3169—3175.

Bethke, P. C. and R. L. Jones. 2001. Cell death of barley aleurone protoplasts is mediated by reactive oxygen species. Plant J. 25: 19—29.

Bethke, P. C., J. E. Lonsdale, A. Fath, and R. L. Jones. 1999. Hormonally regulated programmed cell death in barley aleurone cells. Plant Cell 11: 1033—1046.

Bewley, J. D. and M. Black. 1983. Physiology and Biochemistry of Seeds in Relation to Germination, Vol. I. Springer, Berlin.

Bradford, K. J., R. L Benech-Arnold, D. Côme, and F. Corbineau. 2008. Quantifying the sensitivity of barley seed germination to oxygen, abscisic acid, and gibberellin using a population-based threshold model. J. Exp. Bot. 59: 335—347.

Brennan, C. S. and L. J. Cleary. 2005. The potential use of (1→3, 1→4)-β-D-glucans as functional food ingredients. J. Cereal Sci. 42: 1—13.

Briggs, D. E. 1978. Barley. Chapman and Hall, London.

Briggs, D. E. 2002. Malts and Malting, 1st ed. Aspen Publishers, London, UK.

Brown, R. C., B. E. Lemmon, and O. A. Olsen. 1994. Endosperm development in barley-microtubule involvement in the morphogenetic pathway. Plant Cell 6: 1241—1252.

Bruggeman, F. J., K. R. Libbenga, and B. Van Duijn. 2001. The diffusive transport of gibberellins and abscisic acid through the aleurone layer of germinating barley grain: a mathematical model. Planta 214: 89—96.

Burton, R. A., X. Q:. Zhang, M. Hrmova, and G. B. Fincher. 1999. A single limit dextrinase gene is expressed both in the developing endosperm and in germinated grains of barley. Plant Physiol. 119: 859—871.

Burton, R. A., P. E. Johnson, D. M. Beckles, G. B. Fincher, H. L. Jenner, M. J. Naldrett, and K. Denyer. 2002. Characterization of the genes encoding the cytosolic and plastidial forms of ADP-glucose pyrophosphorylase in wheat endosperm. Plant Physiol. 130: 1464—1475.

Burton, R. A., S. M. Wilson, M. Hrmova, A. J. Harvey, N. J. Shirley, A. Medhurst, B. A. Stone, E. J. Newbigin, A. Bacic, and G. B. Fincher. 2006. Cellulose synthase-like CslF genes mediate the synthesis of ceil cell (1, 3; 1, 4)-β-D-glucans. Science 311: 1940—1942.

Burton, R. A., S. A. Jobling, A. J. Harvey, N. J. Shirley, D. E. Mather, A. Bacic, and G.

B. Fincher. 2008. The genetics and transcriptional profiles of the cellulose synthase-like HvCslF gene family in barley. Plant Physiol. 146：1821－1833.

Caspers，M. P.，F. Lok，K. M. Sinjorgo，MJ. van Zeijl，K. A. Nielsen，and V. Cameron-Mills. 2001. Synthesis，processing and export of cytoplasmic endo-beta-1，4-xylanase from barley aleurone during germination. Plant J. 26：191－204.

Cho，M. J.，J. H. Wong，C. Marx，W. Jiang，P. G. Lemaux，and B. B. Buchanan. 1999. Overexpression of thioredoxin h leads to enhanced activity of starch debranching enzyme (pullulanase) in barley grain. Proc. Natl. Acad. Sci. U. S. A. 96：14641－14646.

Chrispeels，M. J. and J. E. Varner. 1967. Gibberellic acid-enhanced synthesis and release of alpha-amylase and ribonuclease by isolated barley and aleurone layers. Plant Physiol. 42：398－406.

Clark，S. E.，E. H. Muslin，and C. A. Henson. 2004. Effect of adding and removing N-glycosylation recognition sites on the thermostability of barley alpha-glucosidase. Protein Eng. Des. Sel. 17：245－249.

Cochrane，M. P. and C. M. Duffus. 1981. Endosperm cell number in barley. Nature 289：399－401.

Coles，G. 1979. Relationship of mixed link beta-glucan accumulation to accumulation of free sugars and other glucans in the developing barley endosperm. Carlsberg Res. Commun. 44：439－453.

Coutinho，P. M. and Henrissat，B. 1999. Carbohydrate-active enzymes：an integrated database approach，pp. 3－12. *In* H. J. Gilbert，G. Davies，B. Henrissat and B. Svensson(eds). Recent Advances in Carbohydrate Bioengineering. The Royal Society of Chemistry，Cambridge.

Dal Degan，F.，A. Rocher，V. Cameron-Mills，and D. von Wettstein. 1994. The expression of serine carboxypeptidases during maturation and germination of the barley grain. Proc. Natl. Acad. Sci. U. S. A. 91：8209－8213.

Dashek，W. V. and M. J. Chrispeels. 1977. Gibberellic-acid-induced and release of cell-wall-degrading endoxylanase by isolated aleurone layers of barley. Planta 134：251－256.

Doan，N. P. and G. B. Fincher. 1988. The A-and B-chains of carboxypeptidase I from germinated barley originate from a single precursor polypeptide. J. Biol. Chem. 263：11106－11110.

Duffus，C. M. and M. P. Cochrane. 1993. Formation of the barley grain-morphology，physiology，and biochemistry，pp. 31－72. *In* A. W. MacGregor and R. S. Bhatty (eds.). Barley：Chemistry and Technology. American Association of Cereal Chemists，St. Paul，MN.

Eglinton，J. K.，P. Langridge，and D. E. Evans. 1998. Thermostability variation in alleles of barley beta-amylase. J. Cereal Sci. 28：301－309.

Enari，T. M. and J. Mikola. 1977. Peptidases in germinating barley grain：properties，localization and possible functions. Ciba Found. Symp. 50：335－352.

Farrokhi, N., R. A. Burton, L. Brownfield, M. Hrmova, S. M. Wilson, A. Bacic, and G. B. Fincher. 2006. Plant cell wall biosynthesis: genetic, biochemical and functional genomics approaches to the identification of key genes. Plant Biotechnol. J. 4: 145—167.

Fath, A., P. Bethke, J. Lonsdale, R. Meza-Romero, and R. Jones. 2000. Programmed cell death in cereal aleurone. Plant Mol. Biol. 44: 255—266.

Ferre, H., A. Broberg, J. O. Duus, and K. K. Thomsen. 2000. A novel type of arabinoxylan arabinofuranohydrolase isolated from germinated barley analysis of substrate preference and specificity by nano-probe NMR. Eur. J. Biochem. 267: 6633—6641.

Feurtado, J. A. and A. R. Kermode. 2007. A merging of paths: abscisic acid and hormonal cross-talk in the control of seed dormancy maintenance and alleviation, pp. 176—223. *In* K. Bradford and H. Nonogaki (eds.). Seed Development, Dormancy and Germination. Annual Plant Reviews, Vol. 27. Blackwell Publishing, Oxford.

Fierens, E., S. Rombouts, K. Gebruers, H. Goesaert, K. Brijs, J. Beaugrand, G. Volckaert, S. Van Campenhout, P. Proost, C. M. Courtin, and J. A. Delcour. 2007. TLXI, a novel type of xylanase inhibitor from wheat (*Triticum aestivum*) belonging to the thaumatin family. Biochem. J. 403: 583—591.

Fierens, E., K. Gebruers, C. M. Courtin, and J. A. Delcour. 2008. Xylanase inhibitors bind to nonstarch polysaccharides. J. Agric. Food Chem. 56: 564—570.

Fincher, G. B. 1975. Morphology and chemical composition of barley endosperm cell walls. J. Inst. Brew. 81: 116—122.

Fincher, G. B. 1976. Ferulic acid in barley cell walls: a fluorescence study. J. Inst. Brew. 82: 347—349.

Fincher, G. B. 1989. Molecular and cellular biology associated with endosperm mobilization in germinating cereal-grains. Annu. Rev. Plant Physiol. Plant Mol. Biol. 40: 305—346.

Fincher, G. B. and P. Langridge. 2004. Genomics, pp. 16—24. *In* C. Wrigley, H. Corke, and C. E. Walker (eds.). Encyclopedia of Grain Science, Vol. 2. Elsevier Academic Press, Oxford, UK.

Fincher, G. B. and B. A. Stone. 1986. Cell walls and their components in cereal grain technology, p. 364. *In* Y. Pomeranz (ed.). Advances in Cereal Science and Technology, Vol. VIII. American Association of Cereal Chemists, St. Paul, MN.

Fincher, G. B. and B. A. Stone. 2004. Chemistry of nonstarch polysaccharides, pp. 206—223. *In* C. Wrigley, H. Corkc, and C. E. Walker (eds.). Encyclopedia of Grain Science. Elsevier, Oxford.

Finkelstein, R., W. Reeves, T. Ariizumi, and C. Steber. 2008. Molecular aspects of seed dormancy. Annu. Rev. Plant Biol. 59: 387—415.

Finnie, C., K. Maeda, O. OStergaard, K. S. Bak-Jensen, J. Lalsen, and B. Svensson. 2004. Aspects of the barley seed proteome during development and germination. Biochcm. Soc. Trans. 32 (Pt 3): 517—519.

Finnie, C., K. S. Bak-Jensen, S. Laugesen, P. Roepstorff, and B. Svensson. 2006.

Differential appearance of isoforms and cultivar variation in protein temporal profiles revealed in the maturing barley grain proteome. Plant Sci. 170：808—821.

Fontanini, D. and B.. L. Jones. 2002. SEP-1-a subtilisin-likeserine endopeptidase from germinated seeds of *Hordeum vulgate* L. cv. Morex. Planta 215：885—893.

Frandsen, T. P. , F. Lok, E. Mirgorodskaya, P. Roepstorff, and B. Svensson. 2000. Purification, enzymatic characterization, and nucleotide sequence of a high-isoelectric-point alpha-glucosidase from barley malt. Plant Physiol. 123：275—286.

Fulcher, R. , T. O'Brien, and D. Simmonds. 1972. Localization of arginine-rich protein in mature seeds of some members of Gramineae. Aust. J. Biol. Sci. 25, 487

Gao, W. , J. A. Clancy, F. Han, D. Prada, A. Kleinhofs, and S. E. Ullrich. 2003. Molecular dissection of a dormancy QTL region near the chromosome 7 (5H) L telomere in barley. Theor. Appl. Genet. 107：552—529.

Gao, W. , J. A. Clancy, F. Han, B. L. Jones, A. Budde, D. M. Wesenberg, A. Kleinhofs, S. E. Ullrich, and North American Barley Genome Project. 2004. Fine mapping of a malting-quality QTL complex near the chromosome 4HS telomere in barley. Theor. Appl. Genet. 109：750—760.

Gibbons, G. C. 1981. On the relative role of the scutellum and aleurone in the production of hydrolases during germination of barley. Carlsberg Res. Commun. 46：215—225.

Gibeaut, D. M. , M. Pauly, A. Bacic, and G. B. Fincher. 2005. Changes in cell wall polysaccharides in developing barley (*Hordeum vulgare*) coleoptiles. Planta 221：729—738.

Goesaert, H. , G. Elliott, P. A. Kroon, K. Gebruers, C. M. Courtin, J. Robben, J. A. Delcour, and N. Juge. 2004. Occurrence of proteinaceous endoxylanase inhibitors in cereals. Biochim. Biophys. Acta 1696：193—202.

Gómez-Cadenas, A. , R. Zentella, M. K. Walker-Simmons, and T. H. Ho. 2001. Gibberellin/abscisic acid antagonism in barley aleurone cells：site of action of the protein kinase PKABA1 in relation to gibberellin signaling molecules. Plant Cell 13：667—679.

Gubler, F. , R. Kalla, J. K. Roberts, and J. V. Jacobsen. 1995. Gibberellin-regulated expression of an myb gene in barley aleurone cells：evidence for Myb transactivation of a high-pI alpha-amylase gene promoter. Plant Cell 7：1879—1891.

Gubler, F. , D. Raventos, M. Keys, R. Watts, J. Mundy, and J. V. Jacobsen. 1999. Target genes and regulatory domains of the GAMYB transcriptional activator in cereal aleurone. Plant J. 17：1—9.

Gubler, F. , A. A. Millar, and J. V. Jacobsen. 2005. Dormancy release, ABA and preharvest sprouting. Curt. Opin. Plant Biol. 8：183—187.

Gubler, F. , T. Hughes, P. Waterhouse, and J. Jacobsen. 2008. Regulation of dormancy in barley by blue light and after-ripening：effects on abscisic acid and gibberellin metabolism. Plant Physiol. 147：886—896.

Guerin, J. R. , R. C. M. Lance, and W. Wallace. 1992. Release and activation of barley β-amylase by malt endopeptidases. J. Cereal Sci. 15: 5—14.

Guo, W. J. and T. H. David Ho. 2008. An abscisic acid-induced protein, HVA22, inhibits gibberellin-mediated programmed cell death in cereal aleurone cells. Plant Physiol. 147: 1710—1722.

Hanamerton, R. W. and T. H. Ho. 1986. Hormonal regulation of the development of protease and carboxypeptidase activities in barley aleurone layers. Plant Physiol. 80: 692—697.

Han, F., S. Ullrich, S. Chirat, S. Menteur, L. Jestin, A. Sarrafi, P. Hayes, B. Jones, T. Blake, D. Wesenberg, A. Kleinhofs, and A. Kilian. 1995. Mapping of beta-glucan content and betaglucanase activity loci in barley grain and malt. Theor. Appl. Genet. 91: 921—927.

Hardy, D. J. and J. W. Payne. 1992. Amino acid and peptide transport in higher plants. Plant Physiol. 11: 59—73.

Hayes, P. M., B. H. Liu, S. J. Knapp, F. Chen, B. Jones, T. Blake, J. Franckowiak, D. Rasmusson, M. Sorrells, S. E. Ullrich, D. Wesenberg, and A. Kleinhofs. 1993. Quantitative trait locus effects and environmental interaction in a sample of North American barley germplasm. Theor. Appl. Genet. 87: 392—401.

Hejgaard, J. 1978. "Free" and "bound"-amylases during malting of barley: characterization by two-dimensional immunoelectrophoresis. J. Inst. Brew. 84: 43—46.

Henrissat, B. 1998. Glycosidase families. Biochem. Soc. Trans. 26: 153—156.

Henrissat, B. and A. Bairoch. 1996. Updating the sequence-based classification of glycosyl hydrolases. Biochem. J. 316: 695—696.

Hori, K., K. Sato, and K. Takeda. 2007. Detection of seed dormancy QTL in multiple mapping populations derived from crosses involving novel barley germplasm. Theor. Appl. Genet. 115: 869—876.

Hrmova, M. and G. B. Fincher. 1998. Barley beta-D-glucaia exohydrolases. Substrate specificity and kinetic properties. Carbohydr. Res. 305: 209—221.

Hrmova, M. and G. B. Fincher. 2002. Enzymlc hydrolysis of cereal (1→3,1→4)-β-glucans, pp. 943—960. *In* J. R. Whitaker, A. G. J. Voragen, and D. W. S. Wong (eds.). Handbook of Food Enzymology. CRC Press, Boca Raton, FL.

Hrmova, M., AJ. Harvey, J. Wang, N. J. Shirley, G. P. Jones, B. A. Stone, P. B. Hoj, and G. B. Fincher. 1996. Barley beta-D-glucan exohydrolases with beta-D-glucosidase activity-purification, characterization, and determination of primary structure from a cDNA clone. J. Biol. Chem. 271: 5277—5286.

Hrmova, M., E. A. MacGregor, P. Biely, R. J. Stewart, and G. B. Fincher. 1998. Substrate binding and catalytic mechanism of a barley β-D-glucosidase/(1,4)-β-D-glucan exohydrolase. J. Biol. Chem. 273: 11134—11143.

Hrmova, M., R. De Gori, B. J. Smitla, J. K. Fairweather, H. Driguez, J. N. Varghese, and G. B. Fincher. 2002. Structural basis for broad substrate specificity in higher plant beta-D-glucan glucohydrolases. Plant Cell 14: 1033—1052.

Huang, N., G. L. Stebbins, and R. L. Rodriguez, 1992. Classification and evolution of α-amylase genes in plants. Proc. Natl. Acad. Sci. U. S. A. 89: 7526—7530.

Igartua, E., P. M. Hayes, W. T. B. Thomas, R. Meyer, and D. E. Mather. 2002. Genetic control of quantitative grain and malt quality traits in barley. J. Crop Prod. 5: 131—164.

Isabel-LaMoneda, I., I. Diaz, M. Martinez, M. Mena, and P. Carbonero. 2003. SAD: a new DOF protein from barley that activates transcription of a cathepsin B-like thiol protease gene in the aleurone of germinating seeds. Plant J. 33: 329—340.

Jacobsen, J. V. and T. J. Higgins. 1982. Characterization of the alpha-amylases synthesized by aleurone layers of Himalaya barley in response to gibberellic acid. Plant Physiol. 70: 1647—1653.

Jacobsen, J. V., D. W. Pearce, A. T. Poole, R. P. Pharis, and L. N. Mander. 2002. Abscisic acid, phaseic acid and gibberellin contents associated with dormancy and germination in barley. Physiol. Plant. 115: 428—441.

Jacquot, J. P., J. M. Laneelin, and Y. Meym: 1997. Thioredoxins: structure and function in plant cells. New Phytol. 136: 543—570.

James, M. G., D. S. Robertson, and A. M. Myers. 1995. Characterization of the maize gene sugaryl, a determinant of starch composition in kernels. Plant Cell 7: 417—429.

Jones, R. L. and J. V. Jacobsen. 1991. Regulation of synthesis and transport of secreted proteins in cereal aleurone. Int. Rev. Cytol. 126: 49—88.

Juge, N., F. Payan, and G. Williamson. 2004. XIP-I, a xylanase inhibitor protein from wheat: a novel protein function. Biochim. Biophys. Acta 1696: 203—211.

Kim, J. B., A. T. Olek, and N. C. Carpita. 2000. Cell wall and membrane-associated exo-β-D-glucanases from developing maize seedlings. Plant Physiol. 123: 471—485.

Kim, H. S., K. G. Park, S. B. Baek, Y. G. Son, C. W. Lee, J. C. Kim, J. G. Kim, and J. H. Nam. 2004. Inheritance of (1-3) (1-4)-beta-D-glucan content in barley (*Hordeum vulgare* L.), pp. 543—548. Proc. 9th Int. Barley Genet. Symp., Brno, Czech Republic, June 20—26, 2004.

Kobrehel, K., B. C. Yee, and B. B. Buchanan. 1991. Role of the NADP/thioredoxin system in the reduction of alpha-amylase and trypsin inhibitor proteins. J. Biol. Chem. 266: 161.35—16140.

Kobrehel, K., J. H. Wong, A. Balogh, F. Kiss, B. C. Yee, and B. B. Buchanan. 1992. Specific reduction of wheat storage proteins by thioredoxin h. Plant Physiol. 99: 919—924.

Koehler, S. M. and T. H. D. Ho. 1988. Purification and characterization of gibberellic acid-induced cysteine endoproteases in barley aleurone layers. Plant Physiol. 87: 95—103.

Koehler, S. M. and T. H. D. Ho. 1990a. Hormonal regulation, processing, and secretion of cysteine proteinases in barley aleurone layers. Plant Cell 2: 769—783.

Koehler, S. M. and T. H. D. Ho. 1990b. A major gibberellic acid-induced barley cysteine proteinase which digests hordein. Plant Physiol. 94：251—258.

Kotake，T.，N. Nakagawa，K. Takeda，and N. Sakurai. 1997. Purification and characterization of wall-bound exo-1，3-β-D-glucanase from barley（*Hordeum vulgare* L.）seedlings. Plant Cell Physiol. 38：194—200.

Kreis，M.，M. Williamson，B. Buxton，J. Pywell，J. Hejgaard，and I. Svendsen. 1987. Primary structure and differential expression of α-amylase in normal and mutant barleys. Eur. J. Biochem. 169：517—525.

Kristensen，M.，V. Planchot，J. I. Abe，and B. Svensson. 1998. Large-scale purification and characterization of barley limit dextrinase，a member of the α-amylase structural family. Cereal Chem. 75：473—479.

Kuntz，R. J. and C. W. Bamforth. 2007. Time course for the development of enzymes in barley. J. Inst. Brew. 113：196—205.

Kuo，A. L.，S. Cappelluti，M. CervantesCervantes，M. Rodriguez，and D. S. Bush. 1996. Okadaic acid，a protein phosphatase inhibitor，blocks calcium changes，gene expression，and cell death induced by gibberellin in wheat aleurone cells. Plant Cell 8：259—269.

Lee，E. Y.，J. J. Marshall，and W. J. Whelan. 1971. The substrate specificity of amylopectin-debranching enzymes from sweet corn. Arch. Biochem. Biophys. 143：365—374.

Lee，R. C.，R. A. Burton，M. Hrmova，and G. B. Fincher. 2001. Barley arabinoxylan arabinofuranohydrolases：purification；characterization and determination of primary structures from cDNA clones. Biochem. J：356：181—189.

Lee，R. C.，M. Hrmova，R. A. Burton，J. Lahnstein，and G. B. Fincher. 2003. Bifunctional family 3 glycoside hydrolases from barley with α-l-arabinofuranosidase and β-d-xylosidase activity. Characterization，primary structures，and COOH-terminal processing. J. Biol. Chem. 278：5377—5387.

Li，C. D.，A. Tarr，R. C. M. Lance，S. Harasymow，J. Uhlmann，S. Westcot，K. J. Young，C. R. Grime，M. Cakir，S. Broughton，and R. Appels. 2003. A major QTL controlling seed dormancy and pre-harvest sprouting/grain α-amylase in two-rowed barley *Hordeum vulgare* L.）. Aust. J. Agric. Res. 54：1303—1313.

Litts，J. C.，C. R. Simmons，E. E. Karrer，N. Huang，and R. L. Rodrigucz. 1990. The isolation and characterization of a barley 1，3-1，4-beta-glucanase gene. Eur. J. Biochem. 194：831—838.

Lovegrove，A. and R. Hooley. 2000. Gibberellin and abscisic acid signalling in aleurone. Trends. Plant Sci. 5：102—110.

Lundgard，R. and B. Svensson. 1987. The four major forms of barley α-amylase：purification，characterization and structural relationship. Carlsberg Res. Commun. 52：313—326.

Ma，Y. F.，J. K. Eglinton，D. E. Evans，S. J. Logue，and P. Langridge. 2000. Removal of the four C-terminal glycine-rich repeats enhances the thermostabilitv and substrate binding affinity of barley beta-amylase. Biochemistry, 39: 13350—13355.

MacGregor, E. A. 2004. The proteinaceous inhibitor of limit dextrinase in barley and malt. Biochim. Biophys. Acta 1696: 165—170.

MacGregor, A. W. and G. B. Fincher. 1993. Carbohydrates of the barley grain, pp. 73—130. *In* A. W. MacGregor and R. S. Bhatty (eds.). Barley: Chemistry and Technology. Americala Association of Cereal Chemists, St. Paul, MN.

MacGregor, A. W. , F. H. MacDougall, C. Mayer, and J. Daussant. 1984. Changes in levels of alpha-amylase components in barley tissues during germination and early seedling growth. Plant Physiol. 75: 203—206.

Mares, D. , K. Mrva, J. Cheong, K. Williams, B. Watson, E. Storlie, M. Sutherland, and Y. Zou. 2005. A QTL located on chromsome 4A associated with dormancy in while-and red-grained wheats of diverse origin. Theor. Appl. Genet. 111: 1357—1364.

Marquez-Cedillo, L. A. , P. M. Hayes, B. L. Jcmcs. . A. Kleinhofs, W. G. Legge, B. G. Rossnagel, K. Sato, S. E. Ullrich, D. M. Wescnberg, and the NABGP. 2000 QTL analysis of malting quality in barley based on the doubled haploid progeny of two elite North American varieties representing different germplasm groups. Theor. Appl. Genet. 101: 173—184.

Martin, C. and A. M. Smith. 1995. Starch synthesis. Plant Cell 7: 971—985.

Martínez, M. , I. Rubio-Somoza, P. Carbonero, and I. Díaz. 2003. A cathepsin B-like cysteine protease gene from *Hordeum vulgare* (gene CatB) induced by GA in aleurone cells is under circadian control in leaves. J. Exp. Bot. 54: 951—959.

Mather, D. E. , N. A. Tinker, D. E. LaBerge, M. Edney, B. L. lones, B. G Rossnagel, W. G. Legge, K. G. Briggs, R. B. Irvine, D. E. Falk, and K. J. Kasha. 1997. Regions of the genome that affect grain and malt quality in a North American two-row barley cross. Crop Sci. 37: 544—554.

McFadden, G. I. , B. Ahluwalia, A. E. Glarke, and G. B. Fincher. 1988. Expression sites and developmental regulation of genes encoding (1-3, 1-4)-beta-glucanases in germinated barley. Planta 173: 500—508.

Micheelsen, P. O. , J. Vévodová, L. Dc Maria, P. R. Ostergaard, E. P. Friis, K. Wilson, and M. Skjot. 2008. Structural and mutational analyses of the interaction between the barley alpha-amylase/subtilisin inhibitor and the subtilisin savinase reveal a novel mode of inhibition. J. Mol. Biol. 380: 681—690.

Mikami, B. , H. J. Yoon, and N. Yoshigi. 1999. The crystal structure of the sevenfold mutant of barley beta-amylase with increased thermostabilitv at 2. 5Å resolution. J. Mol. Biol. 285: 1235—1243.

Mikkonen, A. , I. Porali, M. Cercós, and T. H. D. Ho. 1996. A major cysteine proteinase, EPB, in germinating barley seeds: structure of two intronless genes and regulation of expression. Plant Mol. Biol. 31: 239—254.

Millar, A. A. , J. V. Jacobsen, J. J. Ross, C. A. Helliwell, A. T. Poole, G. Scofield, J. B.

Reid, and F. G. Gubler. 2006. Seed dormancy and ABA metabolism in Arabidopsis and barley: the role of ABA 8′-hydroxvlase. Plant J. 45: 942—954.

Molina-Cano, J. L., M. Morhlejo, M. Elia, P. Munoz, J. R. Russell, A. M. Perez Vendrell, F. Ciudad, and J. S. Swanston. 2007. QTL analysis of a cross between European and North American malting barleys reveals a putative candidate gene for beta-glucan content on chromosome 1H. Mol. Breed. 19: 275—284.

Moreno-Risueno, M. A., I. Diaz, L. Carrillo, R. Fuentes, and P. Carbonero. 2007. The HvDOF19 transcription factor mediates the abscisic acid-dependent repression of hydrolase genes in gernainating barley aleurone. Plant J. 51: 352—365.

Morrall, P. and D. E. Briggs. 1978. Changes in cell-wall polysaccharides of germinating grains. Phytochemistry 17: 1495—1502.

Mundy, J., I. Svendsen, and J. Hejgaard. 1983. Barley α-amylase/subtilisin inhibitor. I. Isolation and characterization. Carlsberg Res. Commun. 48: 81—91.

Mundy, J., A. Brandt, and G. B. Fincher. 1985. Messenger RNAs from the scutellum and aleurone of germinating barley encode (1→3, 1→4)→β-D-glucanase, α-amylase and carboxypeptidase. Plant Physiol. 79: 867—871.

Muslin, E. H., S. E. Clark, and C. A. Henson. 2002. The effect of profile insertions on the thermostability of a barley alpha-glucosidase. Protein Eng. 15: 29—33.

Naested, H., B. Kramhoft, F. Lok, K. Bojsen, S. Yu, and B. Svcnsson. 2006. Production of enzymatically active recombinant full-length barley high pI alpha-glucosidase of glycoside family 31 by high cell-density fermentation of *pichia pastoris* and affinity purification. Protein Expr. Purif. 46: 56—63.

Nakamura, Y., T. Umemoto, N. Ogata, Y. Kubold, M. Yano, and T. Sasaki. 1996. Starch debranching enzyme (R-enzyme or pullulanase) from developing rice endosperm: purification, cDNA and chromosomal localization of the gene. Planta 199: 209—218.

Nielsen, P. K., B. C. Bonsager, K. Fukuda, and B. Svensson. 2004. Barley alpha-amylase/subtilisin inhibitor: structure, biophysics and protein engineering. Biochim. Biophys. Acta 1696: 157—164.

Palma, K. and A. R. Kermode. 2003. Metabolism of hydrogen peroxide during reserve mobilization and programmed cell death of barley (*Hordeum vulgare* L.) aleurone layer cells. Free Radic. Biol. Med. 35: 1261—1270.

Potokina, E., N. Sreenivasulu, L. Altschmied, W. Michalek, and A. Graner. 2002. Differential gene expression during seed germination in barley (*Hordeum vulgare* L.). Funct. Integr. Genomics. 2: 28—39.

Potokina, E., M. Caspers, M. Prasad, R. Kota, H. Zhang, N. Sreenivasulu, M. Wang, and A. Graner. 2004. Functional association between malting quality trait components and cDNA array based expression patterns in barley (*Hordeum vulgare* L.). Mol. Breed. 14: 153—170.

Potokina, E., M. Prasad, L. Malysheva, M. S. Rŏder, and A. Graner. 2006. Expression genetics and haplotype analysis reveal cis regulation of serine carboxypeptidase I (Cxpl), a candidate gene for malting quality in barley ((*Hordeum vulgare* L.). Funct. Integr. Genomics 6: 25—35.

Potokina, E., A. Druka, Z. Luo, R. Wise, R. Waugh, and M. Kearsey. 2008. Gene expression quantitative trait locus analysis of 16000 barley genes reveals a complex pattern of genome-wide transcriptional regulation. Plant J. 53: 90—101.

Prada, D., S. E. Ullrich, J. L. Molina-Cano, L. Cistué, J. A. Clancy, and I. Romagosa. 2004. Genetic control of dormancy in a Triumph/Morex cross in barley. Theor. Appl. Genet. 109: 62—70.

Prada, D., I. Romagosa, S. E. Ullrich, and J. L. Molina-Cano. 2005. A centromeric region on chromosome 6(6H) affects dormancy in an induced mutant in barley. J. Exp. Bet. 56: 47—54.

Rahman, A., K. Wong, J. Jane, A. M. Myers, and M. G. James. 1998. Characterization of SUI isoamylase, a determinant of storage starch structure in maize. Plant Physiol. 117: 425—435.

Razem, F. A., K. Baron, and R. D. Hill. 2006. Turning on gibberellin and abscisic acid signaling. Curt. Opin. Plant Biol. 9: 454—459.

Rodenburg, K. W., F. Vallée, N. Juge, N. Aghajari, X. Guo, R. Haser, and B. Svensson. 2000. Specific inhibition of barley alpha-amylase 2 by barley alpha-amylase/subtilisin inhibitor depends on charge interactions and can be conferred to isozyme 1 by mutation. Eur. J. Biochem. 267: 1019—1029.

Rodríguez, M. V., M. Margineda, J. F. González-Martín, P. Insausti, and R. L. Benech-Arnold. 2001. Predicting preharvest sprouting susceptibility in barley. Agron. J. 93: 1071—1079.

Rogers, J. C., D. Dean, and G. R. Heck. 1985. Aleurain: a barley thiol protease closely related to mammalian cathepsin H. Proc. Natl. Acad. Sci. U. S. A. 82: 6512—6516.

Sancho, A. I., C. B. Faulds, B. Svensson, B. Bartolomé, G. Williamson, and N. Jugc. 2003. Cross-inhibitory activity of cereal protein inhibitors against alpha-amylases and xylanases. Biochim. Biophys. Acta 1650: 136—144.

Schwechheimer, C. 2008. Understanding gibberellic acid signaling are we there yet? Curr. Opin. Plant Biol. 11: 9—15.

See, M., A. Hanada, A. Kuwahara, A. Endo, M. Okamoto, Y. Yamauchi, H. North, A. Marion-Poll, T. Sun, T. Koshiba, Y. Kamiya, S. Yamaguchi, and E. Nambara. 2006. Regulation of hormone metabolism in Arabidopsis seeds: phytochrome regulation of abscisic acid metabolism and abscisic acid regulation of gibberellin metabolism. Plant J. 48: 354—366.

Shahpiri, A., B. Svensson, and C. Finnie. 2008. The NADPH-dependent thioredoxin reductase/thioredoxin system in germinating barley seeds: gene expression, protein profiles, and interactions between isoforms of thioredoxin h and thioredoxin reductase.

Plant Physiol. 146：789－799.

Shen，Q.，A. Gomez-Cadenas，P. Zhang，M. K. Walker Simmons，J. Sheen，and T. H. Ho. 2001. Dissection of abscisic acid signal transduction pathways in barley aleurone layers. Plant Mol. Biol 47：437－448.

Simos，G.，C. A. Panagiotidis，A. Skoumbas，D. Choli，C. Ouzounis，and J . G. Georgatsos. 1994. Barley β-glucosidase-expression during seed germination and maturation and partial amino acid sequences. Biochim. Biophys. Acta 1199：52－58.

Simpson，G. M. 1990. Seed Dormancy in Grasses. Cambridge University Press，Cambridge，UK.

Simpson，D. J.，G. B. Fincher，A. H. C. Huang，and V. Cameron-Mills. 2003. Structure and function of cereal and related higher plant (1→4)-β-xylan endohydrolases. J. Cereal Sci. 37：111－127.

Slade，A.，P. B. Hoj，N. Morrice，and G. G. Fincher. 1989. Purification and characterization of three (1→4)-β-xylan endohydrolases from gmminating barley. Eur. J. Biochem. 185：533－539.

Slakeski，N. and G. B. Fincher. 1992. Developmental regulation of (1,3;1,4)-β-glucanase gene expression in barley. Tissue-specific expression of individual isoenzymes. Plant Physiol. 99：1226－1231.

Slakeski，N.，D. C. Baulcombe，K. M. Devos，B. Ahluwalia，D. N. P. Doan，and G. B. Fincher. 1990. Structure and tissue-specifc regulation of genes encoding barley (1-3,1-4)-beta-glucan endohydrolases. Mol. Gen. Genet. 224：437－449.

Sogaard，M.，F. L. Olsen，and B. Svensson. 1991. C-terminal processing of barley α-amylase 1 in malt，aleurone protoplasts，and yeast. Proc. Natl. Acad. Sci. U. S. A. 88：8140－8144.

Sopanen，T.，D. Burston，and D. M. Matthews. 1977. Uptake of small peptides by the scutellum of germinating barley. FEBS Lett. 79：4－7.

Stahl，Y.，S. Coates，J. H. Bryce，and P. C. Morris. 2004. Antisense downregulation of the barley limit dextrinase inhibitor modulates starch granule size distribution，starch composition and amylopectin structure. Plant J. 39：599－611.

Stewart，R. J.，J. N. Varghese，T. P. J. Garrett，P. B. Hoj，and G. B. Fincher. 2001 Mutant barley (1, 3; 1, 4)-beta-glucanendohydrolases with enhanced thermostability. Protein Eng. 14：245－253.

Sun，C.，P. Sathish，S. Ahlandsberg，and C.Jansson.. 1999. Analyses of isoamylase gene activity，in wild-type barley indicate its involvement in starch Synthesis. Plant Mol. Biol. 40：431－443.

Svendsen，I.，J. Hejgaard，and J. Mundy. 1986. Complete amino acid sequence of the α-amylase/subtilisin inhibitor from barley. Carlsberg Res. Commun. 51：141－157.

Taiz，L. and W. A. Honigman. 1976. Production of cell wall hydrolysing enzymes by barley aleurone layers in response to gibberellic acid. Plant Physiol. 58：380－386.

Taiz, L. and R. L. Jones. 1970. Gibberellic acid, beta-1,3-glucanase and cell wals of barley aleurone layers. Planta 92: 73.

Taiz, L. and R. L. Jones. 1973. Plasmodesmata and an associated cell wall component in barley aleurone tissue. Am. J. Bot. 60: 67—75.

Terp, N., K. K. Thomsen, I. Svendsen, A. Davy, and D. J. Simpson. 2000. Purification and characterization of hordolisin, a subtilisin-like serine endoprotease from barley. J. Plant Physiol. 156: 468—476.

Tibbot, B. K., C. A. Henson, and R. W. Skadsen. 1998. Expression of enzymatically active, recombinant barley alpha glucosidase in yeast and immunological detection of alpha-glucosidase from seed tissue. Plant Mol. Biol. 38: 379—391.

Trethewey, J. A. K., L. M. Campbell, and P. J. HaMs. 2005. (1→3),(1→4)-β-Glucans in the cell walls of the Poales (sensu lato): an immunogold labeling study using a monoclonal antibody. Am. J. Bot. 92: 1669—1683.

Tsay, Y. F., C. C. Chiu, C. B. Tsai, C. H. Ho, and P. K. Hsu. 2007. Nitrate transporters and peptide transporters. FEBS Lett. 581: 2290—2300.

Ueguchi-Tanaka, M., M. Nakajima, A. Motoyuki, and M. Matsuoka. 2007. Gibberellin receptor and its role in gibberellin signaling in plants. Annu. Rev. Plant Biol. 58: 183—198.

Ullrich, S. E., J. A. Clancy, I. A. del Blanco, H. Lee, V. A. Jitkov, F. Han, A. Kleinhofs, and K. Matsui. 2008. Genetic analysis of preharvest sprouting in a six-row barley cross. Mol. Breed. 21: 249—259.

Vallée, F., A. Kadziola, Y. Bourne, J. Abe, B. Svensson, and R. Haser. 1994. Characterization, crystallization and preliminary X-ray crystallographic analysis of the complex between barley alpha-amylase and the bifunctional alpha-amylase/subtilisin inhibitor from barley seeds. J. Mol. Biol. 236: 368—371.

Van Campenhout, S., A. Poller, T. M. Bourgois, S. Rombouts, J. Beaugrand, K. Gebruers, E. De Backer, C. M. Courtin, J. A. Delcour, and G. Volckaert. 2007. Unprocessed barley aleurone endo-beta-1,4-xylanase X-I is an active enzyme. Biochem. Biophys. Res. Commun. 356: 799—804.

Varghese, J. N., T. P. J. Garrett, P. M. Colman, L. Chen, P. B. Hoj, and G. B. Fincher. 1994. Three-dimensional structures of two plant beta-glucan endohydrolases with distinct substrate specificities. Proc. Natl. Acad. Sci. U. S. A. 91: 2785—2789.

Varghese, J. N., M. Hrmova, and G. B. Fincher. 1999. Three-dimensional structure of a barley beta-D-glucan exohydrolase, a family 3 glycosyl hydrolase. Structure 7: 179—190.

Viëtor, R. J., R. A. Hoffmann, S. A. Angelino, A. G. Voragen, J. P. Kamerling, and J. F. Vliegenthart. 1994. Structures of small oligomers liberated from barley arabinoxylans by endoxylanase from *Aspergillus mamori*. Carbohydr. Res. 254: 245—255.

Walker-Smith, D. J. and J. W. Payne. 1983. Characterization of a dithiol-dependent peptide-transport protein in the scutellum of germinating barley. Biochem. Soc. Trans. 11: 800

—803.

Wang, J. M., G. P. Zhang, J. X. Chen, and F. B. Wu. 2004. The changes of beta-glucan content and beta-glucanase activity in barley before and after malting and their relationships to malt qualities. Food Chem. 86: 223—228.

Waterworth, W. M., C. E. West, and C. M. Bray. 2000. The barley scutellar peptide transporter: biochemical characterization and localization to the plasma membrane. J. Exp. Bot. 51: 1201—1209.

West, C. E., W. M. Waterworth, S. M. Stephens, C. P. Smith, and C. M. Bray. 1998. Cloning and functional characterisation of a peptide transporter expressed in the scutellum of barley grain during the early stages of germination. Plant J. 15: 221—229.

Wilson, S. M., R. A. Burton, M. S. Doblin, B. A. Stone, E. Newbigin, G. B. Fincher, and A. Bacic. 2006. Temporal and spatial appearance of wall polysaccharides during cellularization of barley (*Hordeum vulgare*) endosperm. Planta 224: 655—667.

Wong, J. H., Y. B. Kim, P. H. Ren, N. Cai, M. J. Cho, P. Hedden, P. G. Lemaux, and B. B. Buchanan. 2002. Transgenic barley grain overexpressing thioredoxin shows evidence that the starchy endosperm communicates with the embryo and the aleurone. Proc. Natl. Acad. Sci. USA. 99: 16325-16330.

Woodger, F. J., F. Gubler, B. J. Pogson, and J. V. Jacobsen. 2003. A Mak-like kinase is a repressor of GAMYB in barley aleurone. Plant J. 33: 707—717.

Woodward, J. R. and G. B. Fincher. 1982. Purification and chemical properties of two 1,3:1,4-β-glucan endohydrolases from germinating barley. Eur: J. Biochem. 121: 663—669.

Woodward, J. R., D. R. Phillips, and G. B. Fincher. 1983a. Water-soluble (1→3),(1→4)-β-D-glucans from barley (*Hordeurn vulgare*) endosperm. I. Physicochemical properties. Carbohydr. Polym. 3: 143—156.

Woodward, J. R., G. B. Fincher, and B. A. Stone. 1983b. Water-soluble (1→3),(1→4)-β-D-glucans from barley (*Hordeum vulgare*) endosperm. II. Fine structure. Carbohydr. Polym. 3: 207—225.

Zhang, N. and B. L. Jones. 1995. Development of proteolytic activities during barley malting and their localization in the green malt kernel. J. Cereal Sci. 22: 147—155.

Zhang, G., J. Chen, J. Wang, and S. Ding. 2001. Cultivar and environmental effects on (1,3;1,4)-beta-D-glucan and protein content in malting barley. J. Cereal Sci. 34: 295—301.

Zou, X., D. Neuman, and QJ. Shen. 2008. Interactions of two transcriptional repressors and two transcriptional activators in modulating gibberellin signaling in aleurone cells. Plant Physiol. 148: 176—186.

15

大麦的制麦与酿造用途

Paul Schwarz, Yin Li

1. 前言

大麦增值最大的用途是生产麦芽，后者则主要用于生产啤酒。制麦是一个受控下发芽、继而进行干燥的过程。表面上似乎任何一种谷物都可用来制麦，但全球范围内绝大多数麦芽为大麦麦芽。实际上，大多数情况下麦芽这一术语专指大麦麦芽。在生产多种特色口味、传统口味的啤酒和蒸馏酒精饮料中，也可加入少量非大麦或非谷类麦芽(多数情况下非洲为高粱、玉米和粟，而欧洲加入小麦芽)。烘烤、谷物加工、糖果和蒸馏酒精工业也会用到少量麦芽或麦芽粉，以改善口味，增加芳香，以及改变淀粉酶活性。

本章旨在介绍啤用大麦的功能与利用上的一些背景知识，并讨论与大麦和麦芽品质有关的若干问题。本章的读者对象应是从事大麦品种改良、生产的研究者和支持这些领域研究和技术的人。在制麦和酿造的科学技术方面，已有大量文献，如果读者需要更多信息，可查阅以下资料(Briggs，1998；Kunze，1999；EBC，2000；Briggs 等，2004；Priest 和 Stewart，2006)。

2. 制麦与酿造

(1)麦芽的功能

酿造啤酒时，除水以外，麦芽是最主要的配料，其特性和品质在很大程度上影响着酿造过程和最终的啤酒质量。制麦过程是必需的，因为期间显著提高水解酶的活性，胚乳细胞壁和蛋白质部分降解，籽粒组织的结构发生变化，从而使淀粉和蛋白质更易提取。啤用大麦中一般含有 60%～65%的淀粉，10.5%～13.5%的蛋白质。在酿造时的糊化阶段，这些成分被降解、溶解，成为麦芽浸出物。一般，麦芽的 79%～82%可在实验室条件下提取。淀粉降解成发酵性糖和非发酵性糊精的混合物，这些碳水化合物便是麦芽浸出物的主要成分。在制麦过程中，蛋白质被降解和溶解，最终形成可溶性蛋白、肽及氨基酸的混合物。以可溶性蛋白质计，可溶性含氮化合物占麦芽的 4%～6%。

因此，在基本层面上，麦芽最主要的作用是提供酿酒中所需的可溶性物质。可发酵性碳水化合物，即麦芽浸出物的主要成分，是酒精发酵过程中酵母所必需的。麦芽提供淀粉底物及其转换所需的淀粉酶。在现代酿酒工艺中，时常加入少量的玉米、水稻或甘蔗等富含淀粉的物质，但是这些谷物辅料不含酿造所需的酶，因此麦芽仍是必需的。酵母生长需要特定的氨基酸、维生素和矿物质，它们部分亦有麦芽提供。传统的辅料很少甚至不含可溶性含氮化合物。

麦芽对啤酒的感官性状影响巨大，它决定着啤酒的颜色和风味。麦芽中的一些化学成分，包括糖类、氨基酸、脂质类、酚类，都是啤酒的颜色、口味、异味的前体化合物。特定的加工条件决定了这些化合物的形成或保留。啤酒的口感或本体决定于来自麦芽的化合物，包括非发酵性糊精和细胞壁多糖。啤酒泡沫很大程度上取决于麦芽中的一些特定蛋白质。从负面效应上看，麦芽中也含一些恶化品质的物质，如使啤酒喷涌或酵母提前凝结。

大麦的外壳(外稃和内稃)在制麦和酿造过程中非常重要。制麦时，它可保护正在生长的胚芽鞘。此外，在传统过滤方法中，它还能起到过滤作用，从难溶废料谷物中分离到浸出物。实际上，收获脱粒后仍保留着外壳，这是大麦比小麦更适合制麦的一个原因。

最后，还要考虑所有配料，包括麦芽、辅料、啤酒花、水、酵母等之间存在着复杂的关系，会显著影响工艺性能和啤酒质量。麦芽、酵母以及源于酒花的香味与苦味比等平衡，实质性地影响着啤酒的品质和口味。啤酒花组分与麦芽中泡沫蛋白之间的互作决定着啤酒泡沫的稳定性。水和麦芽中的矿物质，以及麦芽中的维生素、氨基酸都是酵母生长所必需的。矿质元素的组成、酿造用水的 pH 值影响化学和酶反应的速率、溶解度、浸出度以及口味等。

(2)制麦与酿造工序

制麦和酿酒可能是一种最古老的生物技术，利用萌发的谷物酿造啤酒类饮料这一技术可以至少追溯到 6,000 年前(Briggs,1998)。而麦芽生产和销售活动可以追溯至中世纪，那时生产规模小，操作技术落后。进入 19 世纪中后期，伴随着大型商业酿酒厂的出现，麦芽生产实现了工业化，生产规模也开始扩大。

在大多的文字记载中，制麦和酿造都被定义为一系列严格的操作工序。在现代制作工艺中，这些工序在独立的工厂中进行，即麦芽制造厂与酿造厂常常在不同地方。虽然一些酿造厂仍保留自己的麦芽制造厂，但大部分麦芽还是有独立的制麦厂提供。然而，将这两个过程完全分开的观点正在受到质疑，因为至少在酿造初期，可以视为是制麦的延续。当麦芽与水混合时，萌发开始后的一些物理和生化反应在糖化时仍在继续。当烘干麦芽使内部水分降低后，这些过程才会暂时停止。

3. 制麦

为便于讨论，我们将制麦过程分成5个阶段，分别为谷粒精选和分级、浸麦、萌发、烘干、麦芽清洗和混合。收到大麦材料后，应立刻清选、分级并储存。籽粒完整是制麦的基本要求，且所有操作都应以此为指导原则。各个品种要分开贮存、制麦。一些特殊品种还应根据蛋白质含量、生产位置等因素进一步分开贮藏。

(1)精选和分级

精选即除去那些非大麦物质，包括种子、石子、金属物质、灰尘。碎粒大麦也要清除。在此过程中，要依次使用多种机器，Briggs(1998)和Kunze(1999)对此曾有过报道。

分级是依据谷粒体积用分级筒或平面筛完成。在制麦过程中，颖果的体积影响水分的上升和改性，因此分级非常有必要。将不同体积的大麦分开制麦，可以得到粒度非常匀称的麦芽。筛孔从2.0～2.6毫米不等，根据筛孔大小，可将麦粒分成3～4部分。最饱满的部分是用2.5毫米筛过筛得到的，第二或第三级分别是用2.5毫米和2.6毫米筛过筛的，余下的依次通过更小的筛。最后通过最小筛孔的物质即为筛渣，如2.2毫米筛的过筛物。比较饱满的这些大麦酿造厂用来制麦，较小的那些用来普通制麦或蒸馏厂制麦。最瘪的或筛渣可作为饲料销售。是否需要分级，应根据瘪大麦的比例和饱满大麦的均匀度决定。一般而言，六棱大麦非常有必要进行分级，因为其麦粒均匀度差。二棱大麦籽粒较饱满，籽粒较为均匀一致。

(2)浸麦

浸麦的目的是使麦谷粒的水分含量从大约12%提高到42%再到48%，并维持种子活力。当湿度达到大约35%时，籽粒就会发芽；但是，要使酶在胚乳中扩散一致，从而使胚乳组分改性均匀，则需要更高的浸麦水分含量。

浸麦可在圆锥形的容器或平底的容器，也可在结合两者的容器中进行(见图15.1)。圆锥形容器最大容量为50吨，因为在大且深的锥体容器中，有很高的静水压。新式平底容器的容量可超过300吨，因为底床深度一致，方便调控静水压(Briggs，1998；EBC，2000)。在两者结合的容器中，操作步骤基本相似。一般情况下，温度在14℃～16℃时加水，刚开始水分吸收速率非常快，但几乎无代谢活动(Kunze，1999)。因此，第一步可作为清洗过程，一般持续4～6小时。在此期间，容器的水面可能会溢出，可除去漂浮在表面的籽粒和灰尘。包括酚类物质在内的一些不宜成分，此时会从麦粒上溶出。这些物质影响啤酒的风味和泡沫。在首次浸麦的水中，也可加入一些碱性溶剂或石灰，以增加酚类的溶解度(EBC，2000)。受污染的大麦中，可加入双氧水或偏亚硫酸氢钠等杀菌剂，但其实际应用并不普遍。

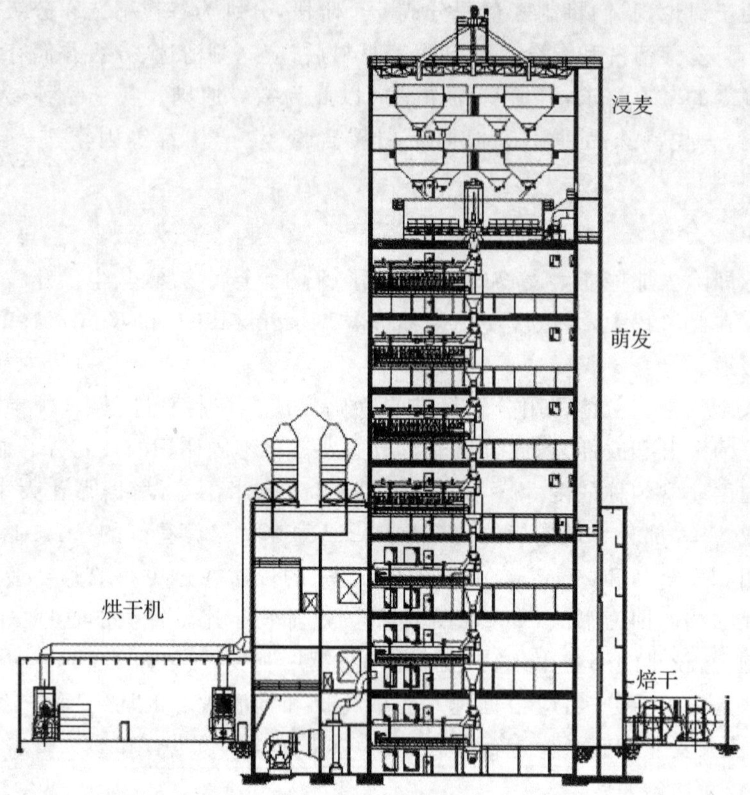

图 15.1　塔式制麦车间示意图。Rahr Malting Co.，Shakopee，MN. 授权

随着浸种进行，水分的吸吸速率减缓，但麦粒的代谢速率及相关微生物活动显著增强。溶解在水中的氧气急剧减少，这些为维持萌发的活力和效率，需要供应氧气，并排除积累的 CO_2：间歇性浸麦和循环通气。通气期间水分减少，CO_2 利用风扇排除。在通风阶段，麦粒会继续吸收表面水分，但麦粒暴露于压缩空气中。在浸水阶段，压缩空气通入浸麦的水中，补充溶解氧。

初次浸麦后，排尽水分，控制通风。此后须有 2～3 个通气与浸麦循环。浸麦和通气的时间因酿造厂、品种、收获年份的不同而异，但一般认为，较短的浸麦时间(4～12 小时)和较频繁的通气(4～7 小时)有利于克服诸如水敏性大麦的萌发问题。高活力种子可能仅需两个浸麦周期(EBC，2000)。

浸麦的实际时间是由达到满意水分含量的水分吸收速率决定的。而水分吸收速率又受籽粒饱满度、千粒重、蛋白质含量和其他环境因素的决定。一般而言，浸麦至少需要24小时，整个过程要在48小时内完成。浸麦后，麦物在视觉上的主要变化是出现了胚根鞘或根鞘。麦芽师把胚根鞘视为根渣，因此浸麦后要去根。

在平底浸麦器中，大麦平摊在一个表面占有24%～32%孔的不锈钢平板上(Kunze,1999)。用一个由拨板组成的辐射状耙摊平大麦。平板下的喷嘴用于大麦通气。尽管浸麦时间可能较短些，但它与通气循环过程和在锥形容器中进行的一样(EBC,2000)。在一些工序中，首次浸麦在圆锥形容器中进行，然后转移到平底容器中(预萌发车间，见图15.1)。

浸麦要消耗大量的水(5～7立方米/吨麦芽)，因此应关心耗水和废水处理的成本(Kunze,1999)。从后面较晚几步浸麦出来的水还可在初次浸麦中使用。然而，初次浸麦的水不能重复使用，因为内含大量泥土和可溶性物质。喷淋法浸麦至少可以减少70%的用水量(Briggs,1998)。操作过程中，首先应采用传统浸麦法以增加麦粒湿度，然后把水喷洒在麦粒表面。喷洒的水渗透到麦床底部使之吸收。从麦床底漏下的水可循环使用。除节约水以外，喷淋法对活力弱的样品，如穗发芽的麦粒，有一定的优势。但喷淋法有水合作用和胚乳改性不规则的缺点(EBC,2000)。

(3)萌发

萌发过程的目的是形成或激活酶，改性胚乳细胞结构，并使呼吸消耗最小。从简单的层面上看，整个萌发单元由单个萌发室组成，萌发室有空调装置，它形成潮湿凉爽的空气，通过风扇使空气通过萌发的麦粒。萌发室的主要特征是有一个穿孔的不锈钢底板和一个翻转的机器。以往的萌发室呈长方形，围绕底部的是加固的混泥土墙。这一设计即是萨拉丁发芽箱，是19世纪法国工程师(The Western Brewer,1903)J. A. Saladin设计的。翻转机器依靠围墙顶部的栏杆沿萌发隔室的长轴移动实现的。现代工艺中，圆形的萌发室主要为塔式制麦车间(图15.1)。这种情况下，翻转机器则在一个中心轴上移动。

浸麦完毕，将麦粒转移到萌发室，萌发4～6天，在潮湿或干燥的状态下转移均可。传统上，萨拉丁发芽箱中萌发时，常用糖化室转移器。在塔式麦芽厂中，浸种箱直接在萌发室上方，麦粒可借重力落下。转运完后，利用翻转机器的螺丝或螺杆摊平麦粒。谷床深度一般不超过1.5米。大麦萌发时的呼吸作用会产生二氧化碳和热量。过度的呼吸作用会导致胚乳成分大量损失，进而降低麦芽产量和浸出量。当然，麦粒还需通风、排热。

将外面的空气吸入至空调室，使之到一个可使空气冷却(加热)，并能喷水使其潮湿的车间内。然后，空气再穿过谷床。因设计方式不同，气流从上而下，或从下而上穿过谷床。气流控制在300～700立方米/吨萌发大麦/小时(Kunze,

1999)。萌发温度控制在14℃～18℃，因为低温可减少呼吸消耗。萌发期末，萌发室内的空气可循环使用，因为富含二氧化碳的空气可以减少呼吸损耗，此时胚乳改性的溶解会独立于萌发而仍在进行。

萌发时，潮湿的空气可减少水的损失 。然而，萌发时还需加入一定量的水，这由位于翻转机上的喷嘴完成。一些麦芽厂偶尔还会在水中加入赤霉酸。萌发早期需两天翻转一次，后期需一天一次。萌发时需将生长出的根分离，以保持发芽床中气流和萌发条件一致。

萌发后，视觉上麦粒的最主要变化是出现了小根和逐渐伸长的胚芽鞘(图15.2)。制麦者把胚芽鞘看作幼芽，将萌发的大麦看作绿麦芽。在外壳中生长的幼芽不容易见到，除非去壳。麦芽制造者采用一种老规则判断萌发是否结束，这就是幼芽的平均长度是否达到了籽粒长度的75%。

图15.2 萌发4天后的大麦

(4)焙干

焙干的目的是使麦粒的含水量控制在4%～5%左右，以保持酶的活性，并改进或稳定麦芽的颜色和气味，同时去除麦芽异味。焙干室的外形和萌发室相似，为圆形或长方形。焙干车间也由单个焙干室组成，内有一个间接加热的加热线圈，这是用于回收热量的热交换机，另外还有改变风向的挡板(在循环或耗尽)和送气风扇(见图15.1)。双甲板烘干机(Kunze，1999)的焙干过程在两个平面上分两个阶段完成，这在萨拉丁设计中最为常见。新的塔式糖化室大多采用单甲板圆形烘干机(图15.1)。谷物床的深度要比萌发时的浅，这样烘干机底部要大些。

焙干是一个耗能的过程，在现代糖化室厂设计中，能量转化和再利用特别受到重视(EBC，2000)。常用天然气和燃油作为燃料(Kunze，1999)，燃气在热盘管中(热交换机)中加热空气，然后穿过谷床。这种间接加热法可以避免富含一氧化氮的燃气与麦粒接触，从而减少致癌物如亚硝酸胺的形成。在焙干的起始阶段，有时也会通过燃烧硫元素而导入SO_2气体(Kramer，2006)，这可以起到漂白、改善外观、降低麦汁pH从而提高蛋白质可溶性及减少亚硝胺形成的作用。

干燥受许多因素的影响，包括进出谷床的空气温度、相对湿度、气流体积、谷床表面积、谷床厚度、小根总数/谷物收缩度、水蒸气压力、谷物湿度等。焙干进行的精确方式应视麦芽种类和设备形式而定。然而，麦芽师利用温度、气流、空气循环等控制干燥。焙干时温度应逐渐增加，气流体积应逐渐减少。这个过程常可分为 2～3 个差异明显的阶段(EBC,2000)。从干燥阶段上看,自由干燥期将烘湿度从起初的 45%降到 12%,然后在下降或缓慢干燥期,使之从 12%降到 4%。有时在介绍中亦包括中间阶段(Kramer,2006)。从化学反应阶段上看,整个过程可分为萌发/酶(萎蔫)阶段和化学(烘烤)阶段(Kunze,1999)。

在萌发末期,翻转机器可卸出萌发室,才将绿麦芽转运或坠落至烘干室。转运后,翻转机摊平谷床,此后谷物则再无需翻转。起初需通入热空气,以加热谷物与烘箱,并稳定气流。随着烘箱内水分的流失,通入谷床的空气温度调整到 50℃～60℃(EBC,2000)。实际上谷床内的温度要比通入的空气温度低,因为蒸发会带走一部分热量。有一点非常重要,即酶在高湿高温条件下非常容易变性。在自由干燥期,蒸发以稳定的速率进行,麦粒中排出的水分不受限制。通入的气流非常高(4300～5000 立方米空气/吨麦芽/小时)(Kunze,1999),因此要进行调节,使之谷床排出的空气相对湿度在 90%～95%。只要温度低于 50℃,湿度高于 40%,萌发仍会继续。酶活性会持续较长。随着自由干燥过程的继续,水分散失逐渐变得困难。当谷床排出的空气温度急剧上升,并伴随湿度下降时,说明干燥已进入第二阶段。此时麦粒湿度大约为 20%(Kramer,2006)。

进入第二阶段后,水分散失会更慢,而且需要较长时间建立麦粒与空气之间的水分平衡。为了加快水分散失,需要将温度升至 70℃,同时限制气流。随着麦粒湿度降至大约 10%～12%的水平,剩余的水分为紧密束缚,水分散失会更慢。

当温度再次升高(升至 80℃～90℃,使麦芽变白),谷床排出的气流常循环使用,因为干燥效率显著降低。在这一阶段的 2～3 个小时内,水分含量从 12%降到 4%～5%。此时,化学反应已完全占主导地位,包括蛋白黑素、焦糖、氧化酚的形成。这些化合物都是产生麦芽口味、风味、颜色的主要成分。

总体上,因焙干机式样的不同,焙干需时从 16～40 小时。焙干完成后,冷却、取出麦芽、除去小根并储存。一般麦芽储存几周后,才装船运到酿造厂,装船前也可将麦芽混合。

4. 酿造

酿造啤酒的设备和程序多种多样,但总的来说,可把酿造程序分为糖化、发酵、贮藏、包装四步。低度啤酒或淡啤是全球最广泛的一种啤酒,这部分将围绕其制造程序和辅料使用进行讨论。

(1)糖化

糖化室可能是酿造厂中消费者最熟悉的部分,因为它通常是一些光亮的铜制酿造容器。然而,在现代工艺中,糖化仪常常由不锈钢制成。糖化最主要的目标是把麦芽和辅料转化为糖以及加入酒花后能发酵的浸出物。糖化室的主要部件为粉碎器、酿造器，通常包括粉碎桶、过滤器和酿造器。用玉米粉或水稻等谷物作辅料的酿造厂还要建造糊化锅。糖化锅大小视目标生产量而定，从不到2千升到超过6万升的都有。整个糖化车间的设备式样因酿造厂而异。

糖化室的第一步工序为粉碎麦芽，如有必要，辅料也应粉碎。磨碎后要立即酿造，以防止氧化。磨粉细可使麦芽浸出量和糖化量达到最大。然而，碎粒大以及完整外壳比例高容易过滤，而且可减少酚类、非淀粉多聚糖、异味产物的溶解度和浸提。碾磨、湿磨、锤磨是麦芽磨碎的三种方法，具体选哪种应视采用的分离过程而定(Kunze，1999)。碾磨，即干磨，是最普通、最传统的方法。麦芽在一对滚轮间碾磨，其目的是保持麦芽外壳的完整，同时减少胚乳颗粒的体积。根据碾轮的数目和它们的排布，碾压磨分为2、4、5、6轮碾磨。2轮磨只在小型的酿造厂使用。4到6轮磨多在中型或大型酿造厂使用。应用湿磨法可大大减少外壳的破坏，并使胚乳颗粒最小化(Lewis和Young，1995)。湿磨法需要预湿或微加热，从而使外壳变硬。锤磨法只有在滤筒被糖化醪滤器替代时才应用，因为这对分离而言，外壳是否完整已不再重要。

粉碎后，麦芽转至糖化桶，并加水，至此就进入糊化阶段了。糊化的主要目标是提取麦芽浸出物，并把淀粉转化为可发酵的糖。传统糊化系统形式多样，目前最普遍应用的是两重糊化、上注式系统(Leiper和Miedl，2006)。糊化罐的高度和直径比通常为1∶1(Dougherty，1988)。这种容器上，有一个混合用的低速剪切搅拌机和一个排糊化物的出口。较小的糊化锅，在设计上可以与此相似，也装有一个用于混和的搅拌机。糖化桶和糊化锅通常通过蒸汽绝热罩进行加热，并且它们有多种样式。

实际操作中，先加入辅料糊化物。辅料和水第一次需加热到约70℃，然后煮沸使淀粉成胶状。可加入少量麦芽或微生物酶，以减少辅料的黏度。另外，可加入一些已成胶体的辅料如玉米片至糖化桶，或直接在酿造桶里加入液体辅料，如甘蔗或玉米汁等。

谷物辅料糊化后，水和麦芽在糖化桶中搅拌均匀。根据设备和啤酒风味，水和粉碎麦芽的比例一般在300～500升/千克。传统糊化温度一般在40℃～50℃，使蛋白质水解，但是对于现代改性良好的麦芽，糊化温度可适当提高。把煮沸过的糊化物转至剩余的大部分麦芽中，升高温度，使整个糊化物达到60℃～65℃，此时即会形成麦芽糖。糊化过程中，可利用温度上升和不变有很大变异这一特性，控制浸出物的组成和发酵。糊化完成后，一次性升高温度(78℃)使酶活性停止，结束糊化。整个糊化过程可能要持续几个小时。

糊化完成后，将糊化物转至滤桶，分离出澄清的浸出物，它们即是从非可溶性废料中分离到的麦芽汁。滤桶呈圆柱形，圆顶，顶部开有通气口。直径大，但没有糊化锅高，底部平坦，其 10%～20% 的面积有孔（Leiper 和 Miedl，2006）。开孔的底部过滤麦芽汁，或把麦芽汁从废料中分离出来。位于滤桶内部中央枢轴上的一个辐射耙装置，可分散糊状物以维持底床的孔隙度并去除废料。加入糊化物之前，需先加入 75℃ 的水全淹没开孔的底部。加入糊化物并使之分散在滤桶底部，厚度约为 0.5 米。麦芽汁需循环过滤，直到得到满意、清澈的麦汁。循环过滤会形成一个滤垫，使起初未过滤出的小碎粒沉积在其上部。当麦芽汁变得清澈时，停止过滤，收集麦芽汁。在过滤后期，向滤桶内喷洒热水，增加谷床上残渣中浸出物的回收率。辐射状臂耙上的刀片能穿过谷床面，以维持谷床的孔隙度和麦汁的流动性。过滤完成后（3～4 小时），通过货港输出废料，它们可用作饲料。

使用麦芽汁过滤器可加快过滤。麦芽汁过滤器和板框式压滤机相似，因为它们由凹陷的过滤框架分割而成的许多过滤筛组成。糊状物通过压力泵至各过滤框，并在压力作用下，麦芽汁经滤网而过滤出来。

麦芽汁在酿造器中煮沸 1～2 小时。传统的高效酿造器为圆柱形、圆顶，顶部开有通气口。底部凹陷，这样中间要比四周深。这种设计方式可以增加煮沸和蒸发过程中麦芽汁的流体动力和蒸发速度。麦芽汁通过蒸汽套或外燃锅炉加热。麦芽汁煮沸的目的很多，包括灭菌、浓缩、沉淀蛋白—多酚复合物、着色、酸化、形成还原性物质、减少二甲基硫化物等异味复合物的形成以及浸出与转移最终酒花复合物等（Kunze，1999）。从能量利用率和啤酒质量上考虑，对酿造器进行了很大的改进，以减少煮沸时间。另外，在现代工艺上一种非常普遍的高重力酿造中，要求水分蒸发少，因此使用高度浓缩的麦芽糊。发酵完后对啤酒进行稀释。

加入酒花（雌花，称作球果 *humulus lupulus*）后可赋予啤酒苦味和芳香。酒花的加入量要依据目标啤酒的苦度、酒花的形式、设备样式和煮沸时间而定。苦味是由水溶性异-α 酸造成的，它是由煮沸时相应的酒花 α 酸异构化形成的（Peacock，1998）。随着煮沸时间的延长，异构化的范围和效率都会提升，因此一般在煮沸初期就加入酒花。酒花中富含的油类化合物是产生酒花香味和口味的缘由。因为这些酒花易分解，香型啤酒花要在煮沸末期时加入。酒花能以酒花果的形式磨碎/压成丸、液体浸出物和异构化物浸出物等多种形式加入到啤酒中。北美淡啤的酒花加入量为 130 克/百升麦芽汁（Grant，1988）。煮沸完后，用旋转器清除麦芽汁中的酒花残渣和蛋白凝结物。

(2)发酵

麦芽汁煮沸后，利用平板热交换机使其降温至发酵时的温度。麦芽汁被氧化，加入酵母（用酵母接种），浓度大约为 2～3 千万个/百升（Kunze，1999）。现代发酵桶通常为圆锥形设计（Briggs 等，2004）。这些密闭容器的本体为圆柱形，底部圆锥形，可在发酵末期用于收集和去除酵母。大型的传统发酵（底层发酵）一般在 7℃～14℃下进行，并且发酵罐外有绝热套以便降温。发酵罐容量从 2 千升～6 万升不等。多重发酵可能需要发酵桶装置。

在发酵的起初阶段，酵母同化氧，合成代谢酶类和细胞生长所需的甾醇（Munroe，2006a）。随着氧气减少，发酵进入指数增长阶段，细胞群体数目不断增加直至甾醇不足。然后进入酒精发酵，此时葡萄糖首先被同化，随后为麦芽糖和麦芽三糖。随着糖的浓度降低，发酵进入稳定期，当最后可发酵糖类被同化后，酵母呈絮状或悬浮状。随着糖分的消耗，麦芽汁的比重不断降低，麦芽汁 pH 也会因酵母分泌有机酸而下降。贮藏啤酒的发酵需要 1 周左右。高温下发酵的传统浓啤酒（上部发酵）需时较短。

发酵中最主要的反应是将糖转化为乙醇和二氧化碳，另外还产生一些影响啤酒风味和芳香的副产品。这些副产品包括乙醛、高级醇、酯类、硫化物等。这些副产品的产生与酵母基因、初始细胞数量和健康度、酵母生长方式等无关，但受环境因素，如麦芽汁化学组成以及浓度、温度、氧气和压力等影响。合成氨基酸时的副产物双乙酰是生啤风味/口味的重要组分（Kunze，1999）。在高浓度下，双乙酰有黄油气味，在淡啤中并不需要。随后酵母会重新吸收双乙酰并把它还原成丁二醇，进而改善啤酒口味。这就是啤酒成熟后还要保留酵母的原因。目前采用的办法是，在碳水化合物发酵完后，短暂地提高温度以促进双乙酰转变为丁二醇。

（3）贮藏

初主发酵完成后，所得到的啤酒还远远不适宜饮用，因为这种生啤的气味与芳香不纯正，啤酒内还悬浮着酵母和及其他胶状物。贮藏就是生啤在－1℃～4℃条件下冷藏几周，以使其气味纯正。反应中主要是双乙酰减少。除此外，这一期间还要完成纯化、碳酸化、非生物混浊物稳固以及及标准化/混匀等工序（Munroe，2006b）。其中绝大多数工序，传统上都要在窖室或洞穴中的贮藏器中完成。成熟过程需时较长，因为这不仅仅要使啤酒气味纯正，还要让酵母及其他悬浮胶体通过重力沉淀下来。在成熟期，一般需要充入二氧化碳后发酵。在现代工艺中，生啤常放在一个圆锥形容器中使其成熟。圆锥形容器外有一绝热套，与初主发酵时用的一样得到。在实际生产中，初主发酵和成熟过程可使用同一容器（Unitank 设计，Briggs 等，2004）。成熟过程中要逐步、渐渐地降温，这一过程的完成至少需要 2 周。沉淀下的酵母要一到多次才能清除干净。

加入硅石或聚乙稀聚吡咯烷酮（PVPP），可使蛋白—多酚复合物变得稳定。硅石可吸附蛋白，而 PVPP 可吸附多酚。采用离心和过滤法可使啤酒清澈。一般首先使用离心法除去酵母。较小的颗粒可用硅藻土或滤筛除去。

(4)包装

包装前,需先调整啤酒内的二氧化碳浓度。可通过注入或由发酵本身产生的二氧化碳使啤酒碳酸化(Munroe,2006b),然后包装成桶、罐、瓶等。瓶装和灌装啤酒需要用巴氏灭菌法除去酸败微生物。

5. 制麦与糖化的生化反应

在生化水平上,制麦与糖化程序都可视为是一个受控的胚乳活化过程。这些过程始于浸麦,终于水分尽失的焙干。在糖化过程中,当麦芽和水混合后,有些反应会重新开始。

(1)改性

胚乳改性涉及大麦制麦过程中的大多数物理/生化反应(Lewis 和 Young,1995)。正如前面提到的,制麦最主要的目的是改性胚乳。胚乳改性较好的麦芽柔软易碎,而改性较差的麦芽坚硬。这些物理变化主要由胚乳细胞壁和相关蛋白的降解引起的。在简单的层面上,成熟大麦的胚乳细胞可看作是嵌入在蛋白质基质中大小不等的淀粉颗粒。胚乳细胞被一层主要由β-葡聚糖和少量阿拉伯木聚糖组成的薄壁包围。类似于建筑,大麦中的蛋白质基质可看作是固定淀粉类物质的水泥,使质地变硬。蛋白质基质的降解软化胚乳,使其易于压碎。大麦和麦芽的胚乳电子显微图见图 15.3。

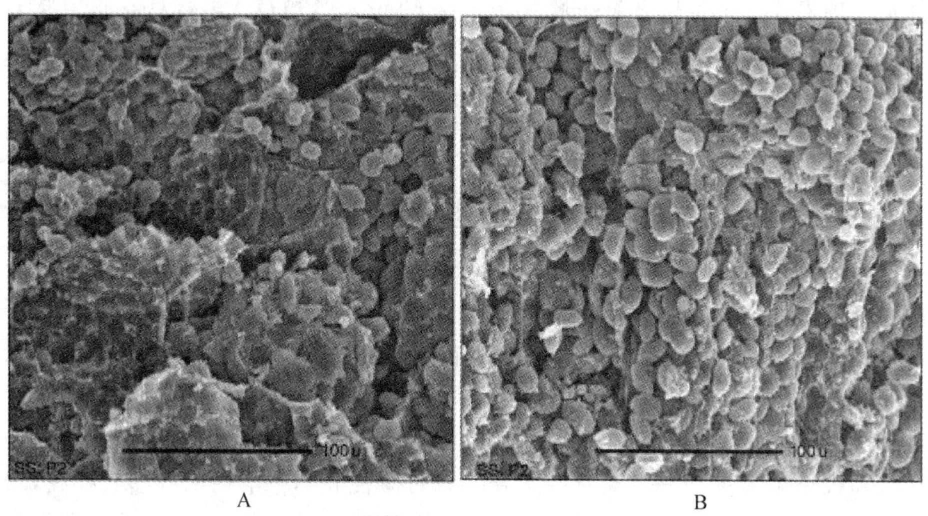

图 15.3　全大麦(A)及萌发 4 天后麦芽(B)的胚乳近端组织的电镜图

胚乳改性的整体方式对麦芽制造商和啤酒生产商非常重要(Bamforth,2002),因为细胞壁和蛋白的降解能使淀粉更易抵达淀粉酶,进而在酿造过程中更易浸出和降解。胚乳改性不完全限制浸出物的有效性。另一方面，改性过度也会减少麦芽和麦芽浸出物，因为较多的淀粉被降解，而且呼吸作用也会消耗葡聚糖。

浸麦时籽粒吸收水分后开始萌发。水分首先进入胚，然后扩散至胚乳。正如第 14 章中描述的，胚中赤霉酸(GA)的合成以及随后在谷粒中的扩散，会启动包括 α-淀粉酶、蛋白水解酶、细胞壁降解酶在内的水解酶的合成与分泌。胚乳中以束缚态存在的其他酶类(如 β-淀粉酶)被激活。胚乳改性从最接近盾片的的区域开始，然后随着相关酶的合成和分泌，进入糊粉层。这种方式的技术意义是，最后胚乳末端的少量区域常常未改性或仅部分改性(Lewis 和 Young，1995)。为使这一区域完全改性，需要延长萌发时间，但这会导致盾片端区域的淀粉过度降解。

时间、温度、水分等都是众所周知影响改性的因素。时间的影响很直接，制麦时萌发的 4～5 天，许多水解酶的活性水平仍然在上升。延长这段时间，可激活大量的相关酶类，还会增加酶的扩散以及与基质互作的时间。浸麦和萌发时将湿度从 42%提高到 45%～48%，一般有利于胚乳改性(Smart 等，1995)。其原因可能是，它促进了较多的酶更均匀地向胚乳扩散。温度从 12℃升高到 15℃再到 20℃，不仅促进籽粒萌发，还增加其呼吸强度。

麦芽改性的范围和效率必须与呼吸作用和幼根损失量保持平衡。这一般通过降低萌发温度并循环通入萌发末期排出的富含 CO_2 的空气来实现。据观测，酿造厂的麦芽其干重损失量一般为 10.5%(Kunze，1999)或略高些。这意味着 100 千克干燥无杂质的大麦只能生产出干重为 89.5 千克的麦芽。损失的部分主要为呼吸作用以及去除幼根和浸麦造成的。

胚乳改性可一直持续到焙干初期(萌发和酶激活阶段)，但酶活性因水分降低导致的酶—基质互作弱化以及一些热失活酶而钝化。焙干的麦芽中，酶活的总量是由酶的种类和焙烘干方式决定的。再者，低温下除去水分可以防止酶变性。

(2)细胞壁降解

制麦和酿造过程中 β-葡聚糖((1,3;1,4)-β-D-葡聚糖)和阿拉伯木聚糖的作用，Jin 等(2004)和 Egi 等(2004)曾有过报道。它们的组成、结构和水解酶的关系已在 14 章作过介绍。

阿拉伯木聚糖和 β-葡聚糖在大麦中以可溶性和非可溶性两种形式存在，其溶解和降解都发生在制麦与糖化阶段。β-葡聚糖已受到广泛关注，因为它是胚乳细胞壁的主要多糖。然而，越来越多的迹象表明，阿拉伯木聚糖也不应忽视，对小麦麦芽尤其如此。两种多糖都是分散性的，酿造中它们对构成大分子量的片段和麦芽汁黏度都有重要作用。β-葡聚糖降解不充分可导致麦芽浸出物减少，并增加过滤困难。

许多历史和现代的六棱品种，β-葡聚糖含量大约在3.5%～5.0%（Schwarz和Horsley,1995）。相应地，麦芽中的含量为0.5%～1.5%，而当湿度和制麦损失等因素考虑在内的话，则只有大约65%～80%的β-葡聚糖在制麦时被降解。萌发时产生的β-葡聚糖内切酶((1,3;1,4)-β-D-葡聚糖水解内切酶)和β-葡聚糖的降解关系紧密。这些酶对温度较为敏感，在焙干过程时大约有40%～70%的活性丧失。

只有一小部分β-葡聚糖的水解发生在糖化阶段。β-葡聚糖内切酶在40℃～45℃时活性最高，当温度高于50℃很容易失活（Jin等，2004）。剩余的β-葡聚糖水解作用则在低于糖化的温度下完成，但这样有时会引起蛋白质过度水解。因此，在麦芽厂中β-葡聚糖的降解非常重要。

据报道，大麦中阿拉伯木聚糖的含量为4%～10%（Egiet等，2004）。这一数字有点误导，因为阿拉伯木聚糖主要存在于大麦外壳，而啤酒制造者只关心胚乳和糊粉层中的阿拉伯木聚糖含量。与β-葡聚糖相比，大麦中阿拉伯木聚糖只有少量是水溶性的。制麦中有80%以上的β-葡聚糖被降解，但阿拉伯木聚糖只有一小部分(一20%)被降解。阿拉伯木聚糖降解涉及的多种酶在第14章已有介绍，因此本节仅讨论木聚糖内切酶((1,4)-β-D-木聚糖水解内切酶)。木聚糖内切酶在萌发时合成，但其活性增加没有β-葡聚糖内切酶明显。木聚糖内切酶对热反应较稳定，据报道，在麦芽焙干时其活性只失去5%。剩余阿拉伯木聚糖的溶解和降解发生在糖化阶段。当糖化物中含有小麦时，木聚糖抑制剂的存在会降低木聚糖内切酶的活性。

(3)蛋白质降解

制麦与糖化过程中，蛋白降解较为复杂，至今仍知之甚少。这方面最近Jones作了相关评述(2005)。大麦内含有大量水解酶和内源抑制剂。大麦中蛋白质内切水解酶的活性比较低，但在萌发时显著增加。萌发时，低温高湿环境下更适合蛋白质改性（Smart,1995）。焙干时，少量蛋白内切水解酶会丧失活性（Jones,2005）。然而，焙干稳定后，糖化温度从50℃上升到72℃时，其活性又迅速丧失。研究单个蛋白质内切酶表明，制麦与糖化过程中半胱氨酸蛋白酶最为重要。金属蛋白酶在糖化过程中也较为重要。

据报道，北美比尔森啤酒(25%辅料)的麦芽汁含225毫克/升氨基酸，225毫克/升肽，192毫克/升蛋白质（Meilgaard,1999）。麦芽汁煮沸时会有一定量的高分子蛋白物沉淀。麦芽汁中含有来自麦芽的17种氨基酸，根据酵母的同化速率，可把它们分成4组（Jones和Pierce,1964）。这些氨基酸中脯氨酸占绝大多数，但酵母并不利用。

关于酵母降解蛋白质是发生在制麦阶段还是糖化阶段，一直存在着很大的争议。Jones(2005)做了一个简单的实验，表明可溶性蛋白(N×6.25)的32%存在于麦粒，46%形成于制麦阶段，而22%形成于糖化过程。同样，他还证实，自由氨基氮，麦粒中有15%，而制麦与糖化阶段分别形成58%与26%。

传统的糖化过程起始温度为蛋白质启动温度，即45℃～50℃。此时，蛋白启动可完成蛋白质改性，温度上还要考虑那些对热不稳定的水解酶。对当前改性良好的麦芽，启动并无必要。低温启动时，由于肽酶的作用可能会产生额外的氨基酸(Kunze，1999)。然而，蛋白质启动确实对泡沫有负面影响。蛋白质的重要性将在下面的质量检测一节中深入讨论。

(4)淀粉降解

萌发的大麦内含α-淀粉酶、β-淀粉酶、脱支酶(一般为极限糊精酶)、α-葡萄糖苷酶，理论上这些酶的共同作用可把直链淀粉和支链淀粉降解成葡萄糖。制麦过程对于这些酶的合成或激活非常重要，但实际上仅有少量(－12%)的淀粉是浅色麦芽产生过程中降解的(Kunze，1999)。淀粉的过度降解会造成麦芽产量和麦芽浸出物的损失。

焙干过程中会有少量的α-淀粉酶失活，而萌发大麦中约40%的β-淀粉酶会失活(Kunze，1999)。在焙干和糖化阶段，极限糊精酶和α-葡萄糖苷酶对热均不稳定。Sisson等(1995)根据日常使用状况，认为24%到85%的极限糊精酶在焙干中失去活性。

糖化最主要的目的是把淀粉转变为可发酵性糖，另外当麦芽和水混合后，淀粉降解酶又会重新激活。α-淀粉酶催化直链淀粉和支链淀粉分子内(1，4)-α-键水解，生成直链和支链(1，6：1，4-α-键)糊精。α-淀粉酶的作用非常重要，因为它能很大程度上降低淀粉的分子量和糊化黏度。它还能为β-淀粉酶提供底物，从而使β-淀粉酶催化非还原性末端水解(1，4)-α-糖苷键而释放出麦芽糖。β-淀粉酶可水解直链淀粉生成麦芽糖和少量麦芽三糖，但它不能绕开支链淀粉的(1，6)糖苷键。极限糊精酶可催化支链糊精中的(1，6)-α-键水解生成直链糊精。α-葡聚苷酶的主要作用是水解麦芽糖和麦芽糊精中非还原性末端的(1，4)-α-糖苷键而释放葡萄糖。

α-和β-淀粉酶最受酿酒师的关心，另外糖化时温度变化对麦芽汁组分的影响极为显著。酶在糊化物中要比在稀释后的缓冲剂中更具热稳定性(Lewis和Young，1995)，因为糊化物中的胶体成分对酶有保护作用。因此，酶的热稳定性在较粘稠的糊化物中较强。焙干时，β-淀粉酶对高温较为敏感，它在55℃～60℃时活性最强，而α-淀粉酶则可耐高达75℃的温度。随着温度上升到70℃，淀粉的可溶性和浸出率也相应增加。但当温度超过65℃时，麦芽汁的发酵力开始降低，β-淀粉酶也快速激活。Lewis和Young(1995)计算了酿酒师可采用的平衡浸出率与发酵力的温度范围。这一范围或“酿酒师的窗口”视麦芽的改性程度而定。酿酒师希望有最大的发酵力，延长60℃～62℃的启动时间。当糖化结束时，温度升高到76℃左右，即可终止酶的活性。

据报道，北美毕尔森麦芽汁中的可发酵糖，即葡萄糖、麦芽糖、麦芽三糖分别占碳水化合物总量的46%、9%、14%(Meilgaard，1988)。大米和玉米等辅料的使用不会明显改变它们的比例，因为这些谷物的淀粉组成和大麦的相似。然而，大量使用辅料会降低可发酵糖的比例，因为它限制麦芽酶的活性。

剩余的碳水化合物大多为支链(1,6∶1,4-α-键)糊精。这些物质大多由4～多于11个的糖苷组成，它们由糖化时那些(1,6)键没有降解的支链淀粉构成。糊精只占碳水化合物总量的20%～30%(Meilgaard，1988；Moll，1991)，说明极限糊精酶在糖化时的作用有限。酿酒师一般认为，这与该酶热稳定性差有关，但也可能涉及其他因素(见14章)。

糊精是啤酒中热量的重要来源，而且它还会影响啤酒的口感(Schwarz和Gordon，2002)。美国很受欢迎的正统毕尔森啤酒，每335毫升含有0.14～0.15千卡。而目前美国啤酒市场上主要是低热量/低碳水化合物型。大多低热量的啤酒是通过降低糊精的量而生产的。糖化温度超过糖化启动温度(－60℃)或用高淀粉分解活性的麦芽为原料，均可使热量降低至0.11千卡。但要进一步降低热量(到0.09千卡)，通常需要加微生物淀粉葡糖苷酶。这种酶可促进(1,4)-和(1,6)-α-糖苷键水解，从而使糊精转变为葡萄糖。另一种方法是用高发酵的玉米汁代替部分麦芽。

(5)脂质降解

大麦籽粒中约含有2%～3%的脂类，主要以甘油三酯形式存在于胚乳中(Kunze，1999)。脂肪酶催化甘油三酯水解生成游离脂肪酸(FFA)(Schwara等，2002)。据报道，萌发7天后脂肪酸酶的活性可增加40～80倍。早期释放的脂肪酸酶是经β-氧化的代谢生成的，该代谢是能量来源的一条重要途径。相应地，脂氧化酶(LOX)途径还会生成一些亚油酸。这条途径在技术层面非常重要，因为其代谢产物会影响啤酒口味的稳定性。脂氧化酶(LOX)途径在以下的非标准测试/口味稳定性一节中作详细介绍。

(6)口味与颜色

赋予啤酒气味和颜色的最主要的反应是梅拉德反应，该反应使糖类焦糖化，使脂质和酚类降解(Hughes，2009)。焙干阶段气味、颜色的形成和绿色异味麦芽的去除都很重要，因此温度一般较高。

梅拉德反应非常重要，它涉及氨基酸和还原性糖合成葡基胺(Belitz和Grosch，1987)反应。葡基胺不太稳定，可重组形成酮胺。酮胺可进一步重组生成还原酮、短链水解裂变产物和棕色蛋白聚合物(蛋白黑素)。这一反应在高温低湿条件下进行(水活性水平为0.6～0.7)。麦芽的颜色是由蛋白黑素聚合物造成的(Coghe 等,2006)。在灰麦芽中,低分子量的蛋白黑素占绝大多数,而黑麦芽中主要为高分子量的蛋白黑素。高分子量蛋白黑素是在高温焙干下形成的(157℃～166℃)。

梅拉德反应中的杂环化合物是麦芽气味和颜色的重要来源(Seaton,1993)。如呋喃、太妃糖的含氧杂环化合物赋予麦芽的焦糖味,而吡素等含氮化合物则赋予其咖啡坚果味。斯特雷可醛是由氨基酸与二酮或还原性酮加热生成的。由亮氨酸产生的异戊醛具有强烈的麦芽味。

脂肪酸,这是气味的来源,包括醛、醇、内酯、反式-2-已烯醇、反顺-2-壬二烯醛等,它们赋予绿麦芽的芳草气味。

癸二酸二甲酯(DMS)是灰麦芽中一种重要的气味化合物,它的存在与啤酒的白菜或蔬菜类气味有关,因此一般不希望有这一物质(Kunze,1999)。DMS产生气味的临界值约为50～60微克/升。甲硫基丁氨酸(SMM)是麦芽中DMS的主要前体(Yang 等,1998)。大麦中SMM的含量可忽略不计,它由萌发时的S-腺苷-L-蛋氨酸与蛋氨酸反应生成的。此反应由L-蛋氨酸-S-转甲基酶(SMM合成酶)催化。高温下焙干麦芽和煮沸麦芽汁时,SMM可降解为DMS。DMS不稳定,暴露在空气中会转化,因此它的存在与否与反应条件有关。麦芽中SMM的含量受大麦品种、萌发条件、制麦程序参数等的影响。适宜麦芽蛋白改性的条件也较适宜SMM的生成。升高焙干温度与延长麦芽汁煮沸时间,都可减少麦芽中的SSM和啤酒中DMS含量。

灰麦芽的气味主要由DMS、斯特雷可醛、氧化杂环造成(Steaton,1993)。绿麦芽中源于脂质的芳草气味,在焙干过程中大多会挥发掉。尽管DMS为异味物质,但通过焙干却很难除去。灰麦芽一般在低温下改性良好,并经焙干。因此,制麦结束的麦芽中仍含有SMM。在酿酒厂,SMM不能转化为DMS。煮沸阶段DMS的不完全转化和挥发,意味着麦芽汁冷却过程中DMS仍会形成。因此一直到制成啤酒后,DMS可能仍然存在。鉴于能量的利用率,需要缩短煮沸时间。

在生产高黑麦芽时,高温下制造黑麦芽可完全消除脂质类气味复合物,并在很大程度上可减少SMM和DMS的含量。黑麦芽中的气味物质主要是为含氮和含氧杂环化合物,以及一些斯特雷可醛。

6. 麦芽类型和用途

(1)麦芽类型

全球生产的大多数麦芽为灰麦芽或啤酒麦芽,这里我们重点讨论啤酒麦芽。这种类型的麦芽一般总浸出率、可发酵浸出物和酶活都最高,在焙干温度显著升高前,去除绿麦芽中的大量水分,因此使用的焙干相对较低(<95℃)。然而,最

适的改性和较低的焙干温度可使麦芽色泽明亮(见图 15.4)。麦芽颜色系按欧啤协法(实验室)测定的麦芽汁颜色。北美啤酒麦芽的欧啤协法麦芽汁颜色低于3SRM(标准参考法)。SRM 为美国酿造化学协会使用的颜色分级标准(ASBC 2004)。啤用麦芽的颜色从浅黄至金黄不等,淡啤或比尔森啤酒的颜色常低于5SRM(Papazian,2006)。

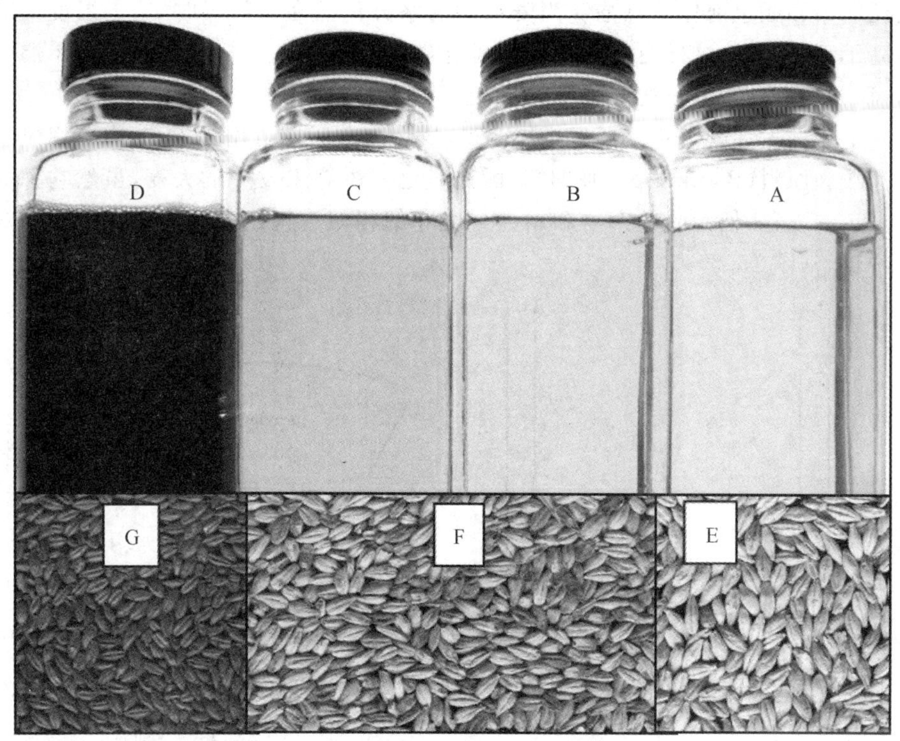

图 15.4　由 100%啤酒麦芽制成的欧啤协法麦芽汁(A);由 5%(B)和 10%(C)焦糖-60 制成的欧啤协法麦芽汁,由 5%黑麦芽(D)制成的欧啤协法麦芽汁。酿造麦芽、焦糖-60 和黑麦芽分别为 E-G

增加其他的颜色、麦芽气味、芳香需要使用特定的麦芽。特定的麦芽一般是在该领域对制麦颇有研究的麦芽师们生产的,当然这还需要有艺术思想。可使用的产品品种类繁多,且不同的麦芽制造厂生产出的同类或相似类项的麦芽其名称也不尽相同。然而,Blenkinsop(1991)使用的的最基本的分类级系统在描述特色麦芽的总体类型是有用的。这一分类系统将麦芽分为经传统焙干和烘焙获得的两种类型。由于原始材料不同,这一系统进一步把麦芽分成含水量为40%~45%的绿麦芽、湿度为 4%~5%的烘干麦芽、未发芽的大麦或谷物。

通过常规焙干方法生产的特色麦芽可制造麦酒、慕尼黑和维也纳啤酒。欧啤协法麦芽汁生产的这些酒呈深色,颜色等级可能高达 20SRM。由于烘干温度较高，其α-淀粉酶活性和糖化力要比相同大麦酿制的啤酒麦芽要低。即便如此，其淀粉分解酶的活性仍很充足，它仍可作为公式中的基本麦芽使用。这些麦芽具有完全不同的气味，呈琥珀色，可用来生产深色啤酒、慕尼黑啤酒和一些麦芽酒。通过许多改性过程，包括使用较高蛋白质含量的大麦，可生产其他颜色的啤酒(Kunze,1999)。较高的浸出湿度和萌发温度有利于胚乳改性，并可形成更多的还原糖和颜色前体氨基酸。当麦粒中的水分仍然在－20%时，焙干温度可升至高于正常温度，这样更有利于产生其他糖类和氨基酸。最后，较高的焙干温度(－105℃)有利于梅拉德反应进行。

更深的麦芽颜色也可通过烘烤获得，烘烤麦芽时即可用绿麦芽，也可用烘干麦芽作为原料(Blenkinsop,1991)。酿造时也需烘烤未发芽的大麦，虽然它并非是真正的麦芽，但是它的产物和用途与麦芽的相似。特色麦芽一般在鼓式烘烤机中烘焙(图 15.5)。

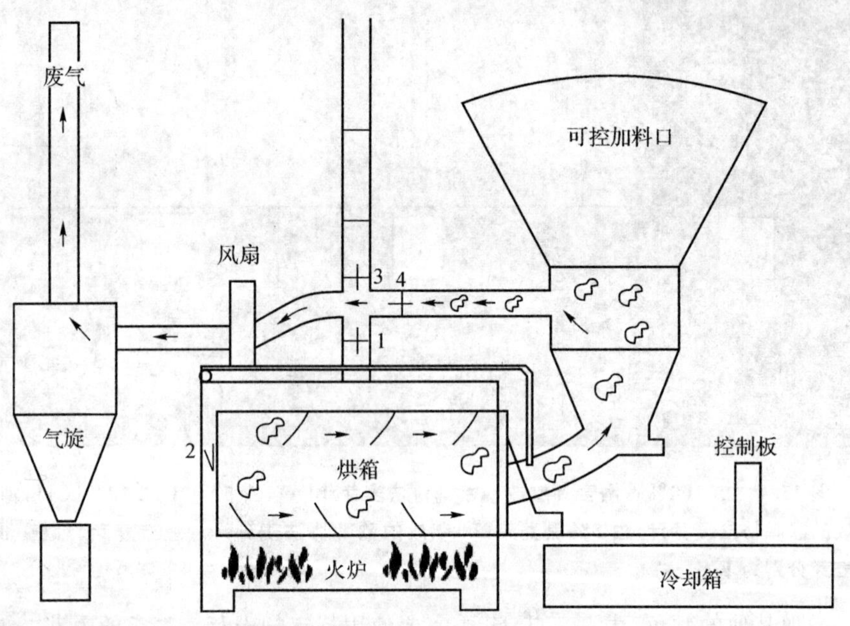

图 15.5　生产特色麦芽的鼓式烘烤箱示意图。箭头为气流方向(Briess of Malting Company,Chiton WI 授权使用)

烘焙箱由一个混泥土(钢外套)包围的旋转式鼓组成。通过谷物的气流加热至各种温度，它们抑或直接通过谷物，抑或间接加热鼓箱。烘焙一般以小规模进行，鼓箱的容量为 2 吨或更小(Briggs,1998)。

焦糖(也叫水晶糖)麦芽是由绿麦芽烘焙而成的最普通的特色麦芽。制造焦糖麦芽时，将绿麦芽放入鼓箱内，密封(Blenkinsop,1991;EBC,2000)。第一步即焖炖阶段，热空气(－350℃)在鼓箱周围流动，直至谷物温度达到 65℃。高温高湿使淀粉和蛋白质快速降解。有时，胚乳会液化。第二步即烘焙阶段，热空气(350℃)直接通过谷物内部，直到谷物温度达到120℃～160℃。梅拉德反应也在此阶段快速发生，当颜色/气味达到所需的程度时，将谷物冷却到25℃。不同炉子中烘焙出的麦芽可以混合，以得到所需的特性。焦糖麦芽的颜色等级很广，从10～100SRM不等(图15.4)。颜色是由焖和焙的程度决定的。大多烘焙干法生产的特色麦芽无酶活，或仅对发酵浸出有一定作用的少量酶活。也可低水平地利用焦糖-10麦芽，对比尔森啤酒和琥珀风味啤酒赋予特定的颜色和甜味(Briess Malt,2007)。它只有一点焦糖味，但由焦糖-80麦芽生产出的啤酒则有明显的焦糖味和葡萄干味。少量的焦糖-80即可赋予烈性啤酒、波打酒、黑啤酒的颜色和气味。这些啤酒的颜色等级从10～40SRM不等(Papazian,2006)。

烘干后的啤酒麦芽也可用于生产特色麦芽。这种类型最常见的麦芽可能是巧克力麦芽和黑麦芽。生产时，湿度为4%～5%的麦芽放入鼓箱内，通热空气(－200℃)，时间少于3h。麦芽的颜色会很快改变，其最终的特性也决定于时间和温度。当谷物接近燃烧温度时，注入水终止整个过程。典型的巧克力麦芽生产的麦芽汁颜色在350SRM内，而黑麦芽颜色较暗(500SRM)。巧克力麦芽具有焦咖啡香味，而黑麦芽具有很强的苦味(Briess Malt,2007)。在波特啤酒和烈性啤酒中，这两种麦芽的用量都小于10%。有时会使用少量的巧克力麦芽，以调整颜色。烘焙大麦(黑大麦)，其制造时温度稍高(－230℃)，但方法和生产黑麦芽的相似，它常在制造烈性啤酒时使用。

这里最后介绍的特色麦芽是由非大麦麦芽为材料生产的(Briggs,1988)。大多数情况下，它们的制造方法和啤酒麦芽相似。小麦麦芽较广泛且已大量用于生产小麦啤酒(EBC,2000)。与大麦麦芽相比，其浸出率和酶活较高。因为小麦无外壳，这样大量使用时，传统的方法过滤麦芽汁较为困难。少数特色啤酒或几种蒸馏酒精饮料中也使用黑麦麦芽和燕麦麦芽(Blenkinsop,1991;Jacques等,1999;Briess Malt,2007)。用高粱以及荞麦、藜等非谷物制造的麦芽，也越来越受到关注，它们可以生产对腹泻病患者有利的无谷蛋白啤酒。高粱麦芽在非洲的传统发酵型饮料中已应用很久。

(2)麦芽用量的计算

基本上，生产特定数量啤酒所需的麦芽量视生产的啤酒风味、麦芽和辅料浸出水平以及选用的设备及工序而定。就啤酒类型和麦芽使用量而言，应考虑麦芽汁最初浓度(OG)、辅料使用量和所需啤酒/麦芽汁的颜色等因素。这里，我们先讨论麦芽汁最初浓度(OG)，颜色和辅料的使用下面再依次讨论。OG值用来测量发酵前的麦芽汁浓度，以%Plato表示(%P＝g浸出物/100g麦芽汁)(DeClerck,1958b)。%Plato值以19世纪Karl balling和Fritz Plato制作的表格为基础，他们把特定温度下蔗糖溶液(克/百克溶液)的比重和密度联系起来。增

加麦芽汁的 OG，可增加麦芽汁的蔗糖浓度，从而增加最终啤酒中潜在的酒精量。全球中大多比尔森啤酒和淡系啤酒的 OGs 一般在 10%～11%P。然而，必须记住的是，啤酒生产者多用高重力酿造，即利用大于 13.5%P 的麦芽汁生产，这些发酵啤酒在包装前要稀释至适宜的浓度。

一旦所需麦芽汁的 OGs 确定下来，接下来的第一步是计算出所需麦芽汁的量，从而确定所需的麦芽使用量。这可用以下 Lincoln 方程计算（Weissler，1995）：

$$\text{浸出物(kg/hl)}=0.9974\left[\frac{1}{1\frac{1}{P}-0.00382}\right] \tag{15.1}$$

生产 100 升浓度为 11%P 的麦汁，需 11.45 千克的浸出物。为了把它转化为实际需要的麦芽量，则需要考虑麦芽浸出率和酿造车间的效率。二棱大麦的实验室浸出率或理论浸出率一般为 81%，因此 11.45 除以 0.81 即为所需的麦芽量为 14.14 千克。然而，麦芽车间的实际浸出率要比实验室条件下低。酿造车间的效率是实际生产的浸出率占理论浸出率的比例（Weissler，1995）。这一数据因不同的制造者采用的浸出程序和设备而异。假如车间效率为 78%，则 14.14 除以 0.78 得 18.12 千克，这才是生产 100 升浓度为 11%P 的麦芽汁所需的二棱大麦总量。

对酿造者而言，浸出率是影响经济收益的主要因素，并且提高麦芽浸出率对所需麦芽总量需求的影响见表 15.1。由表可知，麦芽浸出率每增加 0.5 个百分点，所需麦芽量可减少 120 克/百升，这不到总量的 1%。但这对大型啤酒酿造厂来说，无疑有重大的经济效应，而对小规模经营者则不怎么重要。

表 15.1　麦芽浸出率

麦芽浸出率(%)	麦芽质量(千克)/麦芽汁体积(百升)
82.0	17.90
81.5	18.01
81.0	18.12
80.5	18.24
80.0	18.35
79.5	18.46
79.0	18.58
78.5	18.70
78.0	18.82
77.5	18.94
77.0	19.06
76.5	19.19
76.0	19.32
75.5	19.44
75.0	19.57

不同时生产 100 升浓度为 11%P 的麦芽汁所需的麦芽量（千克）。

第一个例子中仅仅考虑了单一麦芽，应该记住的是，啤酒一般由多种麦芽和/或辅料酿造而成。此时所需总浸出量仍然可用 Lincoln 方程计算，但是总浸出量要按比例分配到各种麦芽或辅料中。表 15.2 为由 100%的麦芽或 20/80 玉米与麦芽的混合物为原料酿造 100 百升、浓度为 9 和 11%P 的麦芽汁所需的总量。从这个表中可以清楚的看出，降低 OG 和使用辅料可显著减少麦芽总量。玉米、大米等辅料的使用总量不会超过全部谷物总量的 45%(Boyce，1986)，因为它们减少酶和游离氨基氮(FAN)。谷物辅料的使用量若超过这一水平，则由于麦芽糖化力(DP)的限制，会降低淀粉转化力，并且由于麦芽的 FAN 水平不能为酵母提供适宜的营养，从而导致差的发酵。与二棱大麦麦芽相比，六棱大麦麦芽则能较多地被替代(Schwarz 和 Horsley，1995)。这是因为六棱大麦麦芽的 DP 和可溶性氮水平都较高。当然也可用玉米汁代替大量麦芽，因为玉米汁中的淀粉已被转化，麦芽酶也就不再那么重要了。

表 15.2　生产 100 升浓度为 11%和 9%的麦芽汁用两个不同公式得到的所需谷物量

起始浓度 (% Linldn)	公式(来自麦芽或玉米片浸出的%)	浸出物需求量[a] (千克/百升)	谷物量需求量 (千克/百升)
11	100%	11.45	18.12
9	100%	9.30	14.72
11	80%	9.16	14.50
	20%	2.29	3.91
9	80%	7.74	11.76
	20%	1.86	3.18

注：[a] 总浸出物需求量由 Lincoln 方程计算而得(Weissler，1995)。谷物需求量是由浸出物需求量除以[(谷物浸出率/100) ×(酿造厂效率/100)]

(3)特色麦芽的使用

特色麦芽在制酒时一般用量很少，它主要用来产生额外的颜色、气味和芳香。经过高温烘烤和烘焙的麦芽酶活性小甚至没有，所以它对发酵浸出物的贡献有限。但它们对总浸出物的贡献仍然要考虑，并且它们的用量对颜色也有重要作用。预测麦芽汁和啤酒的颜色较为复杂，大型商业酿造商用批试结果进行预测(Holle，2003)。然而，家庭酿造和小型酿造厂一般可用公式 15.2 计算特色麦芽用量对颜色的影响。

麦芽汁颜色(SRM)＝[(麦芽 1 磅重×麦芽 1 颜色)＋(麦芽 2 磅重×麦芽 2 颜色)＋(麦芽 3 磅重×麦芽 3 颜色)]/麦芽汁加仑量 (15.2)

表 15.2 中，用 80%的麦芽和 20%的玉米生产的 11%P 的麦芽汁，利用以上方程计算得到其颜色为 2.4SRM，其中麦芽和玉米的颜色分别为 1.8 和 0.8。酿

造商会使用少量的特色麦芽以加深啤酒颜色。假如制造商欲将啤酒颜色增至10SRM,从式15.2可知,需另加256克巧克力麦芽(350SRM)或1120克焦糖-80。所增加量只分别占总量的1.4%和5.7%。

(4)全球麦芽生产和利用

全球麦芽和啤酒产量见表15.3。全球制麦和酿造工业的格局在20世纪末和21世纪初发生了很大变化,少数公司通过兼并与购买其他公司生产了世界上的大部分麦芽和啤酒。当今,大型公司对多个地区具有所有权或有浓厚兴趣,以及一些酿造商合作经营等现象,已不再鲜见。

最近几年啤酒的消费量也发生了相当大的变化。啤酒消费量在西欧和北美已发生停滞并下降,但是在其他一些区域却表现巨大增长。最引人注目的是金砖四国,即巴西、俄罗斯、印度和中国(加拿大饮料协会,Beer Booming in BRIC Countries,Beer,2007)。这四个国家的总消费量从2002—2007年增加了近50%,相应的制麦大麦和麦芽产量也有所增加。2002年中国超过美国成为最大的啤酒生产国,最近又成为最大麦芽生产国(表15.3)。

表15.3 世界各地区[a]啤酒及麦芽生产量

	产量	
	啤酒(百万升)[b]	麦芽(百万吨)[c]
欧盟27国	408,884	8,900
东欧	159,835	2,350
北美(包括中美洲和加勒比)	349,746	3,800
南美	172,334	1,600
亚洲(不包括中国)	156,522	550
中国	351,515	4,070
澳大利亚(大洋洲)	21,959	86
非洲	78,807	400
总计	1,699,602	22,530

注:[a]数据由西萨塞克斯州RM International公司的Roger Martin提供;[b]2006年数据[c];[c]2007年数据

单位啤酒的麦芽需求量因国家不同而异,据估计9千克/百升~19千克/百升(Wesolowski,1995)。这不但受酿造传统、产量、生产技术的影响,还受全球大麦供需量的影响。西欧那些酗酒严重的国家单位麦芽量最高,而那些新兴国家则最低。同一国家中,不同酿造厂麦芽使用量也不同。在北美,小作坊生产的传统啤酒使用100%的麦芽,每公升需求量很可能比那些大型主流酿造厂要多。

在美国,单位啤酒的平均麦芽需求量从19世纪早期开始下降。1934年麦芽需求量为14.7千克/百升(USBF,1960),1959年降低到11.1千克/百升,2006年为8.6千克/百升(Brewers Almanac,2007)。导致单位啤酒麦芽需求量减少的因素很多,但最主要的是低OG和较少麦芽生产的淡啤或低热量/碳水化合物的啤酒受市场亲睐。微生物酶和玉米汁的使用也减少了麦芽的需求量。麦芽质量、酿造厂设备和效率的提高也是原因之一。

全球平均麦芽使用量最多的国家是中国,2008年7.0~75千克/百升(Xu,2009)。但与1990年的14.6千克/百升(由1吨麦芽生产10.5吨啤酒计算而得)相比,已有显著降低(Fung,2007)。中国的酿造厂已显著增加了辅料的使用,这在啤用大麦供应量短缺而且价格较高的时候尤其明显。此外,酿造厂降低了啤酒OG以及供应问题和消费者饮酒喜好改变也是主要原因。现在,OG为6%或7%的啤酒已十分普遍。

7. 麦芽的其他用途

(1)酒精饮料和燃料酒精

大麦和麦芽可用来生产酒精饮料和燃料/工业酒精。它涉及的工序与酿造啤酒一样,既简单又复杂。这节我们仅简要地说明大麦和麦芽在这些方面的用途。读者如要了解更多有关生产过程和特性的情况,可参阅Russell等(2003)和Jacques等(1999)的专论。

不论终产物为哪种,酒精饮料和酒精燃料的生产都包括很多步骤(Lyons,1999a)。第一步是以富含淀粉的谷物或土豆为原材料,煮或糖化为胶状物,然后水解为可发酵的糖和糊精。淀粉水解是在加入麦芽或微生物酶的条件下完成的。如是糖含量充足的原料,如龙舌兰、糖浆、甘蔗以及甜菜等,则不必进行糖化。在啤酒生产过程中,糖分发酵为酒精、二氧化碳和其他各种副产物。以往,酒精浓度仅为10%,而现在可以获得高于20%的酒精。利用蒸馏法可进一步浓缩酒精。有些酒精饮料需要在橡胶桶中进行一个成熟过程。

大麦麦芽是威士忌的传统配料之一,但用量很少(占谷物总量的−10%~15%),它是作为糖化过程中淀粉水解酶的供源(Morrison,1999;Ralph,1999)。其余主要原料,即可发酵糖的最主要来源,是玉米、小麦和黑麦等非发酵谷物。由于大量使用非发酵谷物,因此蒸馏麦芽具有较高的DP和α-淀粉酶活性(Briggs,1998)。麦芽的浸出率并不重要,可通过发酵蛋白质含量较高的瘪大麦而获得较高的酶活性。也用赤霉酸以增加酶活性,但苏格兰威士忌生产上严格禁止其使用。降低烘干温度可减少酶活的损失。现代工艺中,许多酿造者也会利用微生物酶。这些酶包括烧煮时加入的热稳定性 α-淀粉酶以及萌发时常加入的淀粉葡糖苷酶(Kelsall 和 Lyons,1999)。

苏格兰麦芽威士忌只用麦芽制造,而苏格兰谷物威士忌则可由麦芽和高达90%的小麦或玉米等其他辅料制成(Lyons,1999a)。不允许加外源酶,因为麦芽是苏格兰麦芽威士忌的唯一原料,因此浸出率很重要,而且总蛋白和总酶的水平要比蒸馏麦芽的低。有些制造苏格兰威士忌的麦芽可用泥炭烟熏干,如此制造出的威士忌会有一股明显的泥炭味。由于烟熏麦芽会降低发酵,所以它常与非烟熏麦芽混合使用(Briggs,1998)。

爱尔兰威士忌也由麦芽大麦等谷物制造。然而,它不像苏格兰威士忌,水解酶可取自微生物,也可来自麦芽,但不使用烟熏大麦。

亚洲的许多酒精饮料以大麦为原材料。如烧酒(shochu)是日本的一种由大麦、大米或甘薯酿造的酒精饮料,这种酒朝鲜也有生产。煮熟的谷物首先作为培养基或酒曲培养真菌(白曲霉)(Fukuda 等,2001)。酶在谷物培养基中降解淀粉,酒精发酵时需加入酵母。然后,蒸馏烧酒至酒精浓度为 25%～30%(Iwami 等,2006)。

饮料蒸馏的目标一般是生产具有特定感官特性的饮料,其性质上大多非常传统,而工业酒精生产的目的获得最大的酒精产量和成本效益(Kelsall 和 Lyons,1999)。燃料酒精的制造涉及一系列步骤,但从过程效率上看,大多产品均往连续操作的方向发展。富含淀粉的原材料经微生物 α-淀粉酶和淀粉葡聚酶的作用,转变为可发酵糖。获得高产酒精的关键是要在发酵时控制压力。当酵母发酵糖时,控制温度也很重要。在发酵罐中使用淀粉葡聚酶,以减慢向酵母输运葡聚糖。糖分的起始浓度过高,会升高发酵罐压力,并降低酵母性能。

制作燃料酒精产品时,原料的选取要依据很多因素,如有效性、成本、操作的经济性、谷物质量和酒精产量。以酒精产品最多的国家或地区为例,巴西主要用甘蔗,美国主要用玉米,欧洲主要用谷类和甜菜(Lyons,1999a)。大麦也可用于生产工业酒精,但在北美使用不广泛。大麦的淀粉含量比玉米少,因此酒精产量也比玉米低(Kelsall 和 Lyons,1999)。此外,高含量的 β-葡聚糖也会引起一些工序问题,谷壳对相关设备有磨损,且蒸馏过的干谷不能用作单胃动物的饲料(Hicks 等,2005)。对生产燃料酒精而言,裸大麦品种与皮大麦品种相比,有很多优点。

用木质素材料生产酒精的兴趣不断增强,因为这些材料通常被认为是废料,它们的再利用对食物和饲料供应不会产生影响。这些材料的利用还有很大的挑战,包括去除木质素,以及来自非淀粉多聚糖的糖的水解和发酵。(Katzen 等,1999)。大麦壳(Palmarola Adrados 等,2005)和秸秆(Pahkala 等,2007)等木质素材料已用于生产酒精。

(2)风味麦芽饮料

风味麦芽饮料(FMBs)最初是19世纪后期美国酿酒厂生产的一种产品(DeBlauwe,1991)。尽管它仍是由麦芽和其他谷物制成的一种啤酒,但它与传统的啤酒有所不同,即没有或仅稍有一点啤酒的特性,口味主要由加入的物质产生。FMBs的酒精含量与啤酒接近(单位体积为4%~6%)。FMBs的目标消费群体是那些不喜欢啤酒的人们,FMBs的引进可看作是啤酒消费量下滑时啤酒厂为扩大销售量的一种尝试。风味酒精饮料(FABs)可由酒或白酒制造而成。

尽管FMBs是由麦芽厂生产,但其生产方法和啤酒有很大不同。实际制造方法很难得到,但其基础啤酒毫无疑问是通过酿造而成,并且使颜色、气味最小,然后加入调味剂、甜味剂、色素、防腐剂、蒸馏酒精和其他添加剂。柑橘味和柠檬味较为普遍。在美国,这一饮料中还另外加入酒精,FMBs的酒精含量少于6%(体积),其中来自调料和其他非饮料原料的酒精不超过49%(ATTB,2005)。

美国的一个无色风味麦芽饮料专利指出,其基质在发酵后用活性碳脱色(Word等,1994)。脱色后的基质中加入甜味剂(玉米汁)、防沫剂、酒石酸、缓冲剂(柠檬酸钠)和调味剂。基质中也会加入酶,以减少非发酵性糖的总量。

(3)食用用途

大麦的食用价值将在17章详细介绍。在食品工业中,麦芽大麦及其制作的产品广泛用于各种生产,但麦芽以烘焙工业使用最多。烘焙的麦芽产品可以多种形式使用,包括麦粉、麦芽浸出物、麦芽糖浆和干麦芽糖浆等(Pyler,1988)。糖浆和浸出物是酿造时从麦芽中提取得到的。提取物可进一步浓缩成糖汁或用喷雾干燥法制成粉末物。依据是否含有活性酶,麦芽面包产品可进一步分为糖化和非糖化两类。

麦芽粉一般在制面包时加入0.2%~0.4%的量,其最主要的用途是提供α-淀粉酶。α-淀粉酶作用破损的淀粉粒,为β-淀粉酶提供基质。这两种酶联合作用可使含有少量糖的生面团产生糖类,并且能显著增加面包体积。麦芽浆和浸出物的糖化和非糖化两种形式都可使用。麦芽浆和浸出物都可作为相关酶的供体,但它们由于含糖分较高,因此可用于对各种烘焙食品赋予甜味或麦芽味。麦芽浆有时也可加入到煮硬面包圈的水中。

麦芽醋是由轻度烘焙的麦芽所制成的啤酒经醋化而成(Briggs,1998;Grierson,2009)。冷却、未煮沸的麦芽汁中接种酵母,采用可使碳水化合物利用和酒精产量最大化的发酵条件。发酵后完成,去酵母,然后把啤酒转移到醋化罐中。醋酸菌(*Acetobacter* sp.)氧化乙醇生成醋酸,麦芽醋里含有4%~8%的醋酸。

8. 大麦和麦芽品质检测

(1)检测标准

现代制麦和酿造工业的检测标准可追溯到19世纪后期或20世纪早期(Schwarz 等,2007b),几个专业组织评估并颁布了官方检测标准,它们包括美国广泛应用的由美国酿造化学协会制定的分析方法(ASBC 2004),欧洲和世界其他家广泛应用的由欧洲酿造协会制定的 Analytica-EBC 法(EBC 1998),欧洲德语国家和捷克共和国应用的 MEBAK(Mitteleuropaische Brautechnische Analysenkommision)法(MEBAK,2006)。日本酿造协会也颁布了日本酿造协会分析方法(BCOJ)(BCOJ,1998)。酿造协会(IOB)认同分析法在英国曾一度广泛应用,其最后一次颁布在1993年,但此后被 EBC 制定的方法所替代。

总之,以上机构在颁布标准前,都要经过多年试验,以确保实验室内和实验室间结果的准确性。EBC、ASBC 和 BCOJ 在2006年达成协议,同意制定3家共同接受的国际分析方法(IM)。

尽管以上方法在制麦和酿造实验室已被广泛使用,但从生产者手中购买大麦时这些方法并未普遍应用。如在检查当地仓库谷物时,加拿大谷物协会和美国农业部谷物检测、批发与畜牧管理局等政府机构颁布的谷物品质标准和检测方法就更为重要。这些机构也颁布取样方法,这对保证待测样品的代表性非常重要。在收购大麦时,也可应用一些非官方或非标准的测定方法。这可能包括某些品质因素的买方特定条款,而这些因素不是在各个收获年份都能检测到(例如绿色颖果,亮度等)。此外,近红外反射测定蛋白质含量也是一种常用的非官方方法,这在 GIPSA 印刷的手册上有所介绍。

(2)品质检测目标

就品质监管和商品贸易而言,对制麦大麦和麦芽进行标准检测是非常必要的。有关检测方面的讨论,不仅要包括某些特定检测的细节和检测结果的意义,还要考虑从生产商到酿造商这一大麦供应链上不同点的检测目标。由于供应链不同点的检测目标不同,因此利用这些测定数据得出的结论也不同。

必须指出的是,大多品质检测本质上都是一种预测。品质检测从绝对意义上讲,都需要进行制麦和酿造试验。然而,假设特定的啤用品种选育出来后,制麦厂与酿造厂就应该测试蛋白质含量和籽粒饱满度等因素,预测这一品种在以后工序中是否表现良好。除了预测方法外,最主要的品质检测内容是筛查有害因素,包括污染物和影响大麦或麦芽用途的有害物质。

在环境和经营上都具有经济竞争力时,生产者才会种植大麦。大麦品质测试可确保满足合同或市场责任,进而决定出售价格。大麦收购者需要检测,以确定大麦的品质是否适宜制麦。由于在输送时要经常检测品质，所以检测方法必须简单快速，而且结果应有很强的预测性（如蛋白质含量和籽粒饱满度）。筛选法检测有害因素非常简单（萌发、碎粒、虫害），因此也可用此法去除不适宜的样品。

麦芽厂需要依据票据检测到货大麦，以确保送达的大麦与采购说明相符，进而决定装运货箱。再次检测这些大麦的品质时，必须快速并有很强的预测性。实物检测麦芽品质参数，是工艺调整过程中的一种内部质量监控方法，运用实物检测方法可决定混合需求，进而最终满足酿造厂要求的规格。酿造厂依靠收据评估麦芽质量，以确保麦芽符合采购详单，并决定分级，最终确定是否需要工艺调整。

9. 标准大麦检验

(1)籽粒大小和重量

麦芽制造商和啤酒商很早就认识到大麦籽粒大小及重量和麦芽浸出率存在正相关，因此这些因素可预测麦芽的潜在品质。如 Edney 及其同事们用品种 AC Metcalfe 的商品试样，研究了千粒重和饱满度间的关系。与中度饱满（2.0～2.4 毫米）和较饱满（>2.4 毫米）的籽粒相比，整体上籽粒较饱满的大麦最终麦芽品质较好。饱满籽粒的蛋白质总量和可溶性蛋白量都较低，麦芽浸出率高。低籽粒蛋白质含量和低谷壳胚乳比都可提高浸出率。饱满试样的千粒重大约在 40～50 克，它与麦芽浸出率的相关系数（r^2）为 0.7。籽粒均匀度对浸麦时的吸水率、发芽均匀度以及酿造时的磨粉效果，都有重要的作用（Kramer，2006）。

千粒重是去除碎粒和杂质后每 1000 粒种子的重量。计算时通常用数粒仪，理想的结果应不含水分，因为水分会增加这一数值。测定千粒重较为费时，且时常要对籽粒进行分类（饱满度）。在美国，大麦（100 克）用矩形开孔为 19.0×2.8、2.4 和 2.0 毫米的 3 种筛子进行机械分类。筛选为 4 部分：仍留在 2.8 与 2.4 毫米的筛上的大麦为饱满（%）。过 2.0 毫米的部分为瘪粒。欧洲使用的筛孔略为 2.8、2.5 和 2.2 毫米（Kunze，1999）。具有代表性的千粒重和饱满度值见表 15.4。

表 15.4　北美、欧洲大麦和麦芽[a] 的质量性状标准值

	北美二棱大麦[a]	北美六棱大麦[b]	欧洲二棱大麦[c]
大麦			
千粒重（克）	40～45	35～40	41～45
籽粒丰满度（%）	80～90+	75～80+	>85
蛋白（%）	11.0～12.0	12.0～13.5	<11.5

续表

	北美二棱大麦[a]	北美六棱大麦[b]	欧洲二棱大麦[c]
麦芽			
浸出率(% 粉碎佳)	80.0～81.0	78.5～79.5	79～82
可溶性蛋白(麦芽的%,干燥时)	5.0～5.4	5.5～6.0	
库尔巴哈值(%)	42～47	42～47	35～41+
游离氨基氮(豪克/升)	200～220	210～230	
β-葡聚糖(豪克/升)	100～130	110～160	
α-淀粉酶(DU)	50～65	45～60	
糖化力(°ASBC)	120～130	150～160	70～80

注:[a]大麦和麦芽质量性状参数为范围值,欧洲采用的萌发时间一般比北美长一天;[b]数据参考 Schwarz 和 Horsley(1995);[c]数据参考 Kunze(1999)。

容重是一种密度测定值,是指充满体积为 1 标准温切斯特蒲式耳(即 2,150.42英寸^3)所需的特定大麦的重量(ASBC,2004),以 lbs/bu 或 kg/hL 表示。在加拿大和美国,容重是大麦官方分级方法的指标之一。如在美国,六棱和二棱大麦第一级最小的容重分别为 47 和 50 lb/bu。容重大小常用于分级,但麦芽厂与酿造厂以此用于预测相关品质并不广泛(Kunze,1999)。试样的容重受很多因素影响,包括品种、生产期环境条件、样品清洁度、是否有芒、谷物干燥度等。为方便贸易,大多数谷物在交易时以蒲式耳为单位(标准含水量)。在美国,1 标准蒲式耳的啤用大麦为 34lb(Heyse,1981)。

(2)萌发和休眠

制麦是一受控的萌发过程,因此啤用大麦必须表现出较高的萌发水平。一般而言,样品中应有大于 95%的籽粒能在制麦条件下萌发(Kunze,1999)。不能萌发的籽粒不能产生全套酶,也无胚乳改性过程。因此,不能正常萌发的籽粒越多,麦芽浸出率越低。因为非萌发籽粒的细胞壁不能很好地降解,因此不能形成与麦汁黏度和过滤问题相关的大分子可溶性物质。

大麦储藏一段时间后,休眠会被解除。因此,新收获的大麦在制麦前一般要储藏一段时间。现有的啤用品种休眠已不再是一个问题(Kramer,2006),新收获大麦的水敏性问题受到了更多的关注。

水敏性,即种子在水分过多的条件下不能萌发,这可能是休眠的一种特殊形式(Briggs 等,1981)。它不仅是由于水的直接作用,还可能是由于氧气的有效性降低抑制了种子萌发(缺氧)(Hosendl 和 Honsova,2002)。与休眠不同,水敏性因储藏时间的延长而降低或升高,均有可能发生(Briggs 等,1981)。由于浸麦时，籽粒一般要在水中淹没很长一段时间，所以水敏性极具危害。应调整浸麦中中的一些参数，以克服水敏性而使萌发均匀一致(Holmberg 等，2002)。

根据测试目标的不同，可将发芽试验分为发芽势、发芽力和水敏性测试等。发芽力是种子在最佳的条件下萌发的能力。一般在湿润墨纸或滤纸上进行，24、48、72 小时后计数发芽籽粒，发芽力为特定时间内萌发的百分率。这一测试会受到休眠的影响。

发芽势是指在未来日期内籽粒潜在的萌发能力，此时休眠不再是影响因素。在 ASBC 法(ASBC，2004)中，测试种子用 0.75%的 H_2O_2 处理以解除休眠。计算样品 72 小时后的发芽百分率。水敏性用 4 毫升和 8 毫升水发芽，计算它们的发芽力(%)差值，即为结果。可以认为，在 8 毫升的水中，籽粒被水的表面膜所覆盖。差异小于 10%的大麦视为无水敏性，差异在 11%～25%则为有轻度水敏性，差异大于 45%(Kunze 1999)则水敏性很强。

(3)籽粒亮度(颜色)

麦芽师和酿造师一般依据籽粒外观筛除有问题的样品，但这一凭经验的方法必然会淘汰一些好的样品。绿粒意味着这些籽粒没有完全成熟，这可能是由于一级分蘖和二级分蘖的成熟不一致或收获太早引起的。颜色不一致会引起萌发上的差异或不一致。变色可看成受到雨害或微生物的危害。许多问题都与以上现象有关，但最常见的还是萌发差和水敏性。

一般而言，大麦外观呈淡黄色或亮色的最佳。大麦颜色或实际亮度一般用色度计测定(ASBC，2004)，如用三色色标测得的 L-值(Shellhammer，2009)。

(4)蛋白质

蛋白质含量是大麦和麦芽品质的一个重要指标，因此在种植者和麦芽厂签订的收购合同中，这一参数都非常重要。具有一定代表性的啤用大麦的蛋白质含量见表 15.4。蛋白质含量在许多方面均显示出其十分重要，很多问题是蛋白质含量过高引起的，而不是过低的问题。

如同前述，蛋白质与淀粉含量呈负相关，因此，蛋白质含量高会导致发酵浸出率低(DeClerck，1958a；Briggs，1998；Kunze，1999)。蛋白质含量较高的大麦浸麦时吸水慢，这样会引起改性是否均匀的问题，这在为了达到合同要求而将蛋白质含量高与低的大麦混合时更是如此。蛋白质高的大麦在萌发时会产生更多的酶类，如果麦芽厂没有适当控制，则会造成麦芽改性过度。同样，在糖化时，它会导致转化过快。

总氮量较高的大麦一般麦芽汁中的可溶性氮含量也高，这会引起许多问题。氨基酸和低分子量含氮化合物大量进入到梅拉德反应(Bathgate，1973)，较多的可溶性氮使麦芽和啤酒的颜色过度。过量的氨基酸会影响酵母的生长和发酵方式。大麦中蛋白质与啤酒中可溶性氮含量较高都会引起啤酒冷却浑浊或永久性浑浊(Leiper 和 Miedl,2009)。这类浑浊主要由富含脯氨酸的蛋白质与多酚交叉结合而成(Siebert 和 Lynn,1998)。

低蛋白质含量较低并不是一个常见的问题,但确实也会发生。主要问题是氨基酸含量低会限制酵母生长,并降低泡沫(DeClerck,1958a)。包括蛋白质 Z 和脂类转运蛋白(LTP1)在内的多类蛋白,已被确认定对啤酒泡沫具有重要的作用(Evans 和 Bamforth,2009)。

大麦蛋白质总量以往一般用凯氏定氮法测得的氮总量×6.25 进行计算,这是根据蛋白质的含氮量为 16%(DeClerck,1958b)。这种方法已不再受欢迎,因为它费时,且要使用酸碱危险品。现在,一般常用燃烧分析法或近红外(NIR)光谱分析法测定氮素总量。简单地讲,燃烧分析,即在有氧环境下高温加热样品,致使样品完全燃烧(Foster,1989)。氮氧化物被催化还原成氮气,然后用热导检测仪测定。最后氮素总量×6.25,即可估算出大麦蛋白质含量。目前,也可用样品自动分析仪测定蛋白质含量。

在大麦籽粒贸易中,用近红外光谱法测定蛋白质含量非常普遍。样品的近红外光谱由 CH、OH、NH 化学键重叠吸收引起的宽波段组成(Osborne,2006)。实践上,利用多变量数学模型对光谱进行标准样品校正后,测定水、蛋白质、脂肪和碳水化合物等化学组成的浓度。大麦蛋白质和其他成分的校正一般由仪器生产商提供。NIR 分析快速且不需进行样品预处理,不需粉碎麦粒即可分析。然而,测定结果的质量非常依赖校正模型的稳定性。

(5)有害因素

有害因素范围很广,包括对样品会造成不宜使用的有害物质或污染物。一般由逆境、植物病害、收获工艺不佳、储藏、转运等引起。农药和微生物毒素的使用,使食物的安全性受到威胁。由于这些因素只是偶尔在特定条件下发生,所以只有需要时才进行检验。

(6)碎粒

碎粒是由许多操作或环境因素引起的。一般而言,碎粒(如物理破损、热害或霜害)会降低萌发率或减少种子活力,进而降低麦芽浸出率。碎粒还会产生异味,降低工艺性能。各种破损种子类型的鉴定,可用美国谷物标准和加拿大谷物委员会官方谷物分级指南。有关的大麦外壳和碎粒,在大多购买合同中都会详细说明,它们也是美国和加拿大的官方分级指标。大麦外壳受损对制麦工艺会有很大的影响。外壳在萌发时可保护胚芽鞘,如无它的保护(图 14.2),胚芽鞘有可能被折断,这样结束胚乳改性。外壳还能调控籽粒水分,部分外壳受损使籽粒改性不均匀,最终造成样品发芽整齐度等问题。碎粒使改性不一致,因为无胚籽粒不会发芽。在储藏和制麦时，外壳受损和籽粒破碎的大麦容易受真菌的侵害。

(7)穗发芽

穗发芽，即麦粒还在田间生长时就萌发的现象。它常常发生在谷物生理成熟期后以及阴雨或长时间潮湿的环境中，成熟后凉爽和潮湿的环境会引起外观不易识别的穗发芽(Hough，1990)。α-淀粉酶常视为穗发芽的标志，它可诱发多种穗发芽途径。(Flitham 和 Gale，1988)。

大麦穗发芽对制造工艺和经济效益都有很大的影响，因为它相对加快大麦生沽力的损耗(Carn，1982)。当再次萌发时，大麦的发芽势在储藏时就已降到很低水平。发芽的大麦水敏性较高，这就要求修订浸麦方案。发芽的大麦在浸麦时吸收较多的水分，从而引起一系列问题，导致麦芽品质下降(Sole，1994)。估测穗发芽的方法很多，但北美最常用的是脱壳直观测评和快速黏度分析仪(RVA)测定降落数值(Schwarz 等，2004)。

(8)霉菌与真菌毒素

真菌是谷物微生物菌落中普遍存在的菌种，它们大多数不会在加工中引起问题或造成安全隐患。然而，一些特定有机物的存在可能会产生异味，降低萌发率，引起加工上的一些反常现象，还会产生真菌毒素或造成啤酒喷涌(Schwarz，2003)等。因此，麦芽师和酿造师早已选择了可显示霉菌直观症状的试样。然而，一些研究表明，外观表现，如红粒，并非由真菌引起，如镰刀菌毒素或喷涌。因此，需要有更特异的测试方法，充满信心地清除有问题的样品。

在不少国家的谷物质量标准中，对麦角碱含量有严格的限制(Schwarz 等，2007a)，而且对食物或饲料中的真菌毒素的可接受量也有越来越多的规定。许多真菌属的不同种可产生真菌毒素，然后在田间或储藏时它们又进一步演化。真菌毒素是影响食品安全性最重要，也是消费者对酿造工业最关注的问题之一。商业啤酒、麦芽和原始辅料中都发现有大量真菌毒素(Scott，1996)。然而在全球范围内，以镰刀菌产生的单端孢霉烯毒素最为普遍。近期研究大多关注束缚毒素。束缚毒素是指那些没有被察觉或在常规分析法中不能被提取的毒素(Zhou 等，2007)。这类毒素很重要是因为它们在加工和消化时释放出来。它们可通过共价或非共价键的形式，与谷物的其他组分结合。据报道，麦芽和啤酒中还存在有脱氧雪腐镰刀菌-3-葡萄糖甙(Kostelanska 等，2009)。

包装啤酒打开后发生喷涌或过度泡沫化，这是与镰刀菌种有关的另一个普遍存在的问题。然而，据报道，啤酒喷涌还与曲霉菌、青霉、根霉、交链孢霉、黑孢子菌及木霉属有关(Gabe 等，2009)。由真菌产生的肽类，尤其是疏水蛋白，已被确认为是造成啤酒喷涌的物质。啤酒的喷涌需要高浓度的疏水蛋白。另外，由

100%麦芽制成的啤酒，比较容易发生喷涌。在临界水平以下使用一些辅料可稀释喷涌物质。德国镰刀赤霉素病较常见，因此，需要经常对小麦和大麦进行喷涌分析。

10. 标准麦芽检测

(1)易碎性

易碎性是ASBC和EBC中的标准测试内容，这是对麦芽改性进行直接测试。此方法从20世纪70年代后期发展而来，测试需要一个专利仪器——碎度仪(Friabilimeter)。这一方法的原理是，改性良好的麦芽胚乳较易破碎，改性差的麦芽胚乳坚硬。麦芽师与酿造师早已认识到这一点，即粉质(相对应为玻璃质)一般可用刀片切大麦籽粒进行测定(ASBC 2004)。在碎度仪中，50g麦芽被旋转筛包裹的橡胶辊筒碾碎。改性好的籽粒容易碾碎，然后大部分胚乳通过旋转筛。易碎度是用100%减去未过旋转筛的样品百分比计算而得。对浅色二棱麦芽而言，易碎度在81%以上认为样品较好，低于75%则认为样品欠佳(Kunze，1999)。还可用碎度仪测定未经改性的麦芽(仅为部分籽粒改性)。留在旋转筛中的麦芽可用2.2×23mm的筛进一步分类。仍留在旋转筛顶部的样品百分比，即为未改性的样品率。未改性的样品一般为无活力籽粒或胚乳末端未改性的籽粒。

(2)生长计算

如同前述，麦芽师在萌发期间要时常测量幼根长度，以检测麦芽改性状况和萌发整齐度。这也是标准实验室的检测内容，在销售合同中也常有描述。在实验室，挑选100g籽粒，测定幼根相对于籽粒的长度。切开籽粒，剥掉籽粒皮或煮，即可看到幼根(ASBC，2004)。幼根长度以0～0.25为增量分成5类，最大的是长度超过1/1(生长过度)。一般认为，酿造厂的麦芽幼根平均长度应在0.75左右(Kunze，1999)。然而，这可能低估了美国的一些酿造厂所使用的改性很好的麦芽。幼根长度的分布受人关注，因为它能说明萌发的整齐度和改性修饰等不少问题。

(3)浸出量

实验室糖化测定麦芽浸出率是最古老的麦芽标准检测方法(Schwarz等，2007a)。这一主导方法可以追溯到19世纪后期的欧啤协糖化法，由德国化学协会麦芽分析委员会制定。ASBC和EBC的浸出方法与此相似，把50g的细(或粗糙)麦芽粉依以下方式浸在200mL水中：45℃下30min，然后以1℃/min的速度升温至70℃，再在70℃下放1h。当温度达到70℃时，加入100mL水，冷却后将糖化物调整到450g。热水提取法在英国使用很广，通常利用等温糖化物

(65℃)测定麦芽的实验室浸出量(EBC,1998)。

浸出率是其相对于干燥麦芽的百分比,对淡啤麦芽而言,一般在79%~82%的范围(见表15.4)。六棱大麦与二棱大麦相比,浸出率较低,蛋白质与浸出率呈负相关,籽粒大小、重量和浸出率呈正相关已在前面有过讨论。细粒麦芽粉和粗糙麦芽粉均可测定浸出率,它们之间的差异则用于测定麦芽的改性。浸出率在粗麦芽粉中要低一点,因为大颗粒的表面积小,所以会降低其溶解和酶促反应速率。如果麦芽改性较差,两者之间的差异就较大。细、粗麦芽粉之间的浸出率差异若低于1.8%,在欧洲则认为麦芽品质良好(Kunze,1999),而北美标准要稍低些。此外,可溶性蛋白是其相对于干燥麦芽的百分比,因此可用总浸出量减去可溶性蛋白质量来估算碳水化合物浸出量。

实验室测定浸出率的方法从一开始就受到质疑(Schwarz 等,2007b)。主要是麦芽汁 OG 值(水∶碎谷)和使用的温度曲线不能体现商业实践,更没有反映酿造车间的性能。实验室的麦芽汁浓度一般在8%P~9%P。欧协糖化法的转化温度较高(70℃),因为浸出率会随着温度的升高而增加,尽管发酵能力会降低(Lewis 和 Young,1995)。相反,利用等温热水提取法会降低浸出率,但会增加可发酵糖的含量。

应该记住,欧协糖化法的最初意图是要估算出最大理论浸出率,这在公式计算时需要,也是麦芽贸易的依据。随着欧协糖糊化法的不断发展,已很少或可不用其他实验室的麦芽汁测试法了。然而,目前,欧协糖化法为麦芽汁提供了许多测试法,包括FAN、β-葡聚糖、可溶性蛋白、黏度和颜色。最近有项研究估测了碎粒度、OG值(水∶碎谷)以及温度对实验室浸出率和麦芽汁品质量的影响(Schwarz 等,2007b)。该实验中使用了多种改性程度不同修饰程度的麦芽。结果表明,糖化参数的不同确实明显地改变了测试样品的质量,大多数情况下,这些变化不会改变样品的整体实际类别的。温度对β-葡聚糖和可发酵性糖的影响极为罕见,这些我们将在下面分别进行讨论。

欧协糖化法得到的细粒浸出值在业界已广泛认可,改变这种方法似乎不太可能,尤其是不同酿造厂的设备、计算公式、工序等存在很大差异的情况下。通过改变分析方法,如过滤方法,可使预测结果与实际酿造性能更为接近。这在非标准检测一节已作过简单讨论。相反,如果分析的意图仅仅是强调样品间的差异,如大麦育种工程,应该用粗粒分析并略作修订,而不是用细粒。Schmitt 等(2006)最近报道了一种制备＜200mg 粗粒麦芽的方法。育种时样品总量常有限制,因此其制备方法也可能不同。

(4)可溶性蛋白

可溶性蛋白是最常用的一个麦芽品质参数,它决定着麦芽蛋白质水平的可接受度。不过表述多少有点误称,因为它实际上是麦芽汁中所有含氮化合物的总量。这些化合物中有30%为氨基酸,30%为多肽,还有超过30%为氨基酸单元(Meilgaard,1977)。可溶性蛋白质含量可由总氮×6.25而得,以相对于干燥麦芽的百分比表示。它代表制麦与实验室糖化过程中释放出的化合物总量。可溶性蛋白质含量随麦芽改性程度的提高而增加,但是必须记住,大麦本身也含有一定量可溶性蛋白质(Schwarz 等,2007b)。典型的含量见表15.4。

正如在大麦蛋白质这一节所述,麦芽必须提供一定水平的可溶性蛋白质,以满足酵母生长所需。但是,其量过多也会引起一些问题。合适的可溶性蛋白质含量因酿造厂或啤酒类型不同而异。利用较高比例谷物辅料酿制的啤酒需要较高的麦芽可溶性蛋白质,因为其辅料实际上无可溶性氮。

可溶性蛋白质含量长期来由开氏(Kjeldahl)法测定。现在一般用燃烧法或紫外光谱法测定。光谱法是以稀释后的麦芽汁在225和215nm处的吸光率的差异为依据(ASBC 2004)。可溶性蛋白质含量最后从标准曲线上计算而得,该标准曲线是用已知可溶性蛋白质含量的标准麦芽绘制的。

(5)库尔巴哈值

库尔巴哈值是可溶性氮与总氮的比值(S/T),是直接测定蛋白质改性的方法。它以麦芽汁可溶性氮与麦芽总氮的比值×100表示。库尔巴哈值一般随着萌发时间和麦芽改性程度的增加而升高。典型的一些见表15.4。低于35%认为改性欠佳,35%~41%认为改性较好,超过41%认为改性很好(Kunze,1999)。北美麦芽一般都改性很好。

计算库尔巴哈值时也会用大麦的蛋白质含量,因为以总氮×6.25计,大麦与麦芽中的总蛋白质差异很小。尽管蛋白质可能被降解为多肽和氨基酸,但只有很少部分氮素会因去麦芽根而损失。

(6)游离氨基氮

因为可溶性蛋白不能提供麦芽汁组分的任何信息,因此麦芽制造商和酿造商也要测定游离氨基氮(FAN)。游离氨基氮法(ASBC,2004)可用于麦芽汁中可同化游离氨基氮总量的估测。此方法以茚三酮和游离α-氨基氮为依据,最后在440nm下与标准溶液比较,测定蓝色产物的吸光值。

含有游离α-氨基氮的物质包括氨基酸、氨、末端氨基肽。肽和氨基酸都仅含有一个游离氨基/游离氨基分子,从而使该方法对氨基酸非常敏感。此外,不会检测出亚氨基脯氨酸含量,使同化氮总量的估测更为精确,因为酵母在发酵时不利用脯氨酸(Jones 和 Pierce,1964)。适宜酵母健康生长的最低游离氨基氮含量为150mg/L(Pierce,1966)。超过这一值,会引起生物性浑浊,并产生大量二乙酰(Owades 等,1959)。典型的一些值见表15.4.

(7)麦芽汁颜色

麦芽汁颜色以前是通过与化学或有色标准玻璃仪进行对比而测定的

(Shellhammer,2009)。此方法很大程度上已被分光光度计测定波长法(430nm)取代。据ASBC报道,麦芽汁颜色以°SRM为单位,这与以°Lovibond为单位是十分吻合的。EBC报道,麦芽汁颜色用EBC单位(EBC 1998)。°SRM形式乘以1.97,可以转化为EBC单位。利用这一方法可检测市场上主导的淡黄色或金黄色啤酒。深色或红色啤酒不能用。这些啤酒的测定用三色法,可以获得更多的信息。

麦芽汁颜色很大程度上是由梅拉德反应产生的,梅拉德反应的前体随改性的增强而增加。另外,可产生颜色的反应有裂解反应、焦糖化、多酚氧化反应等。

(8)β-葡聚糖

Jin等(2004)对β-葡聚糖在制麦和酿造中的作用曾作过综述。他们提出,β-葡聚糖有增加麦芽汁和啤酒黏度、延缓过滤和堵塞滤膜等作用,且对分子量(MW)或体积及构造有影响。尽管β-葡聚糖在制麦时被大量降解,不管是大麦还是麦芽中的β-葡聚糖含量,都不能很好地预测酿造性能。但是,增加β-葡聚糖的浓度和分子量可显著增加麦芽汁黏度,降低啤酒过滤速率。因此,一般要决定麦芽汁的水平。

尽管已有多种测定麦芽汁β-葡聚糖含量的方法,ASBC(2004)和EBC(1998)法都以β-葡聚糖和荧光增白剂的反应为依据。两种分析方法都可用流动注射分析(FIA),使之自动运行。在这两种方法中,卡尔科弗卢尔荧光剂与麦芽汁样品混合。此染色剂和高分子量β-葡聚糖结合并发出荧光。虽然FIA-荧光法测得的分子量范围与洗脱液的离子强度有关(Manzanares等,1993),但荧光强度与浓度成一定比例。麦芽汁的β-葡聚糖极其分散,很有可能是那些高分子量组分造成了问题。改性好的麦芽汁中,β-葡聚糖的平均分子量一般小于200,000(Sadosky,2007)。大于500,000的不足β-葡聚糖总量的1%,而50,000到500,000的达10%~20%。

麦芽汁β-葡聚糖含量的差异可能也与分析的样品不同有关。实验室的欧协法麦芽汁,其β-葡聚糖含量要比相应由酿造厂生产的低。这主要是由于酿造厂生产时糖化温度较高,正如Schwarz等(2007b)研究认为,酿造厂糖化温度在65℃时,其β-葡聚糖含量要比欧协糖化法的高约40%。当烘烤和糖化温度超过60℃时,β-葡聚糖酶难以存活,当欧协糖化温度为45℃时,β-葡聚糖酶就会发生很明显的降解。

(9)糖化力

糖化力(DP)是指麦芽中淀粉转化为可发酵糖的能力,因此极为重要。ASBC和EBC法都是根据麦芽和可溶性淀粉培养后测定还原性糖的含量进行的。ASBC(2004)法是在20℃时水提取后用碱性铁氰化钾测定还原性糖含量,而 EBC(1998)法是在 40℃时提取后用碘测定还原性糖含量。ASBC 法中糖化力是以°ASBC 为单位，而 EBC 法以 Windisch-Kolbach(WK)为单位。WK 单位除以(WK＋16)3.5 可转化成°Lintner(与°ASBC 接近)(DeClerck，1958b)。最初的两种官方测定方法是利用吸管和滴定管的湿化学分析法进行的，而现在大多实验室都用流动注射分析法。

理论上，还原性糖可由任何麦芽水解酶作用于淀粉或非淀粉多糖而形成。但是，由于试验中过量使用淀粉培养基，因此大多数还原性糖都是由淀粉产生的。又之，一般认为 DP 值很大程度上反映了 β-淀粉酶的活性，它的转化数(K_{cat})比其他淀粉降解酶要高。因此，β-淀粉酶催化淀粉的 α-1，4 键水解，释放麦芽糖的速率要比相应由 α-淀粉酶、极限糊精酶或 α-葡萄糖苷酶催化的反应速率要快。

一些典型的糖化力参考值见表 15.4. 因为 β-淀粉酶在烘干烤时会失活，浅色麦芽的糖化力比有色麦芽的要高很多。六棱麦芽的高糖化力可使其酿造时加入较多的谷物辅料。大量的试验表明，糖化力和籽粒蛋白质含量呈正相关(Hayter 和 Riggs，1978)。

(10)α-淀粉酶

α-淀粉酶用于衡量麦芽糊精化的能力，单位为 DU。由于 α-淀粉酶是内切酶，它最主要的作用是降低淀粉或大分子糊精的分子量或体积。这样，它可以降低黏度，并为 β-淀粉酶提供新的反应底物。

测定麦芽中 α-淀粉酶的 EBC 与 ASBC 两种方法都以 Sandstedt 等(1939)发表的文献为依据，此文又以其更早的一种理论为基础。反应中所需的 β-极限糊精(BLD)，是通过 β-淀粉酶反复消化一种特殊的淀粉所制备的。其假设是，处理后只有 α-淀粉酶能作用于 BLD。当反应物与稀释的碘溶液混合后，碘分子与 BLD 的侧向螺旋链形成复合物而呈现蓝色。由于 α-淀粉酶把 BLD 降解为支链或支链糊精，这样它与碘的结合能力逐渐消失。当降解后的底物与碘混合后，可产生多种红褐色物质。该试验要把麦芽和底物混合在一起，在不同的时间段取等量混合物，加入碘。混合反应后的颜色与标准玻璃色盘的颜色进行对比(固定端点检测)。当反应后混合物的颜色与比色盘的颜色吻合时，则认为反应已完成。可用公式计算活性。目前，颜色比较法在试验中已不太应用，一般用流动注射设备，采用固定时间法分析。

但是，这种方法据称只能测定 α-淀粉酶，也许 BLD 内 A 链与 B 链的断裂可为 β-淀粉酶提供附加作用点。然而，这种潜在干扰的范围还不太清楚。一些实验室采用先升温使 β-淀粉酶变性，后用铁氰化钾还原性糖或含有巯基酶的抑制剂，进行 α-淀粉酶活性测定。

啤酒麦芽的 α-淀粉酶活性在 30～60DU 范围内(Kunze，1999)。使用辅料

的酿造商对 α-淀粉酶的要求更高，但 α-淀粉酶并不是对所有的麦芽酿造商都很重要。典型的一些值见表 15.4。酿酒麦芽的 α-淀粉酶含量为 70～90DU。

11. 有害因素

曾讨论过的几个有害因素同样适用于麦芽，它们包括农药或微生物毒素。一般只有在需要时才进行检测。然而，麦芽中还特别含有制麦过程中产生的对食物安全有风险的有害物质。

(1) 亚硝胺

已证实，氮的氧化物和氨基化合物相互作用可产生致癌性亚硝胺物质，N-亚硝基二甲胺(NDMA)(Briggs 等，1981)。氮的氧化物出现在烘干后的炉气中。在 19 世纪 70 年代，这很受关注。但是采用间接加热法，即炉气不与麦芽直接接触，这一问题得到明显的缓解。另外，正如制麦部分中所介绍的，烘干时通入二氧化硫可限制 NDMA 的产生。一般用 GC-TEA(气相色谱—热能分析仪)检测 NDMA(ASBC，2004)，它在麦芽中的含量一般≤2.5 微克/千克(Kunze，1999)。

(2) 丙烯酰胺

2002 年，瑞典国家食品管理局发现，面包和土豆的加工过程中会产生大量丙烯酰胺(Hoenicke 等，2004)，这敲响了食品工业的警钟，因为丙烯酰胺是一种具有遗传毒性和潜在致癌的物质。在加热诸如谷物和土豆等淀粉类食品时，会产生丙烯酰胺(INFOSAN，2005)。梅拉德反应中最主要的途径是游离氨基酸的降解及其与还原性糖的相互作用。Mikulikova 和 Sabotova(2007)报道，麦芽中的丙烯酰胺含量从烘干温度为 80℃时的＜400 微克/千克增加到烘干温度为 160℃时的＞1,200 微克/千克。据报道，有些麦芽中的丙烯酰胺含量可高达 3,080微克/千克，但应该记住，这些特殊麦芽的用量很少，因而酿造时可被稀释至很低的浓度。薯条、面包皮、咖啡及咖啡替代品中，丙烯酰胺更具危害性(Hoenicke 等，2004)。酿造工艺中对此有害物质目前已不再担忧，也不会时常检测。

12. 标准检测的局限性

啤用大麦与麦芽和其他大田作物相比，需要有更多的品质检测，尽管如此，仍然担忧许多标准检测不能全面地反映整个工艺性能。对制麦商或酿造商而言，这些忧虑是可以理解的，因为制麦商把大麦加工成麦芽后是以获利为目的，任何影响它们经济收益的因素都极其重要。这些因素除休眠和水敏性外，还包括制麦的需时(麦芽力)和麦芽产量等。能量损耗是关键。对酿造商而言，麦芽品质必须达到产品和工艺需求的标准。发酵浸出物的经济产量、良好的啤酒气味，可接受的保质期、胶体稳定性都非常重要。麦芽必须在这些工艺进程中表现良好(如变化最小)。麦芽加工工艺中需要考虑麦芽混合、辅料使用问题、糖化的转换时间以及麦芽汁分离时间、酵母性能与发酵性、过滤性等。这些品质属性有很多不会在标准检测中直接表明。

另外值得关注的是，许多标准测试都不能直接反映所测样品的同质性和一致性。在同质性方面，酿造商要求样品间差异很小或没有，换句话说，就是每个大麦(籽粒)一样大小。一致性是指大麦批内或批间变异很小。这些因素对较大的酿造商而言非常重要，因为操作上往往涉及多条线且连续生产。在这种情况下，要调整工艺过程则耗时又费力，因此需要改变原材料规格。蛋白质浓度的差异就是由同质性引起的。标准蛋白质测试只提供批量样品分析的平均值。但是，同一田块中确实也会发生自然变异，高蛋白与低蛋白样品相互混合会加重这种差异(不一致)。β-葡聚糖浓度是同质性可能会产生问题的又一个例子。荧光法虽能测定β-葡聚糖含量，但它对非降解的高分子量β-葡聚糖类型的少量增加不敏感这一类型可能来自是无活力或改性不良的籽粒。

由于这些忧虑，已提出了要更改标准方法或增加其他因素如过滤能力的新方法。然而，这些方法要标准化或广泛采用似乎困难，因为酿造商在应用方式、设备和工艺参数上有很大的差异。

13. 非标准化麦芽品质检测

在过去的几年间，已提出了多种新的检测或测试修订方法，对这些方法的讨论不属于本章范围。然而，有关酵母性能、啤酒过滤性/过滤性能以及气味稳定性等问题经常发生。下面简要讨论这些因素以及与麦芽的关系。

14. 酵母性能

(1)可发酵性

尽管浸出物一度是麦芽品质的重要标准，但现在可发酵性却显得日益重要。可发酵性是指有效且能被酵母利用的浸出物的总量。发酵性能由表观或真实衰减限度法测试(AAL或RAL)，也可采用表观或真实发酵度法(ADF和RDF)。AAL是指发酵中能被利用的初始浸出物的百分比。应注意这样的事实，发酵浸出物中的酒精降低了比重。RAL测试时要除去酒精，需要先校正其是否存在或校正因CO_2损失的重量。一般AAL值在75%～85%(Carey和Grossman，2006)。酿造工艺参数包括糊化温度、酵母菌株、麦芽汁氧化作用、发酵温度、发酵桶设计方式和压力，它们对发酵都有显著影响，但都可控。由于在约60℃时淀粉会凝聚，超过 65℃时 β-淀粉酶又会迅速失活，因此酿造商将糊化温度控制在 60℃～65℃，从而使发酵最大化。

发酵与麦芽有关，是一个复杂的过程，受多种因素的影响，包括麦芽酶、发酵性糖、游离氨基酸、矿物质和维生素等。麦芽改性对发酵有重要影响，因为改性程度决定了淀粉的溶解速率和效率。但是，最近的研究把可发酵性的差异归因于黏度水平和糊化期间的淀粉降解速率，β-葡聚糖降解后的葡聚糖供应水平和游离氨基酸水平等因子（Edney 等，2007）。蛋白改性好可确保麦芽汁中酵母生长所需的足量游离氨基氮。另一方面，Bathgate 等（1978）报道，过度改性的麦芽可发酵性减弱，因为其可发酵性糖含量降低。

酿造商已习惯用糖化力估测或确定可发酵性。Kaneko 等（2000）提出，可通过增加 β-淀粉酶的热稳定性提高麦芽汁的可发酵性。大麦品种间可发酵性的差异是由于 β-淀粉酶热稳定性不同引起的（Gunkel 等，2002）。Evans 等（2005）发现 α-淀粉酶含量、极限糊精酶、β-淀粉酶活性和 β-淀粉酶热稳定性、库尔巴哈值等，都能解释所观察的样品间 AAL 的差异。他们建议，以酶活性测定和麦芽改性水平检测取代常规的糖化力评估。

可发酵性（AAL 或 ADF）可在特定条件下加入过量酵母测定发酵期间浸出物含量的变化而进行估测（快速酵母测试法，ASBC 2004）。然而，这种测试法费时费力，而且在大麦育种过程中测定大量样品不易进行。麦芽汁中的可发酵性糖可用高效液体色谱仪（HPLC）测定，但要记住，并不是只有麦芽因素影响可发酵性。Fox 等（2001）用相关方程以及麦芽中可发酵和非发酵性糖含量进行可发酵性预测。Sjoholm 等（1996）报道，改进的近红外光谱法可用来测定可发酵性。总的来说，认为测定可发酵性或可发酵性糖时，欧协法麦芽汁并不是理想的选择，因为在 70℃时大量 β-淀粉酶会失活，还会降低可发酵性糖的含量（Evans 等，2005；Schwarz 等，2007b）。进一步研究表明，在商业操作中，影响可发酵性的一个主要因素是辅料的使用。小规模发酵中，使用全麦芽汁不会引起巨大变化，这样在商业酿造中并不会检测到品种间的差异，当 100％使用全麦芽时，就会有淀粉酶和游离氨基氮等因素存在。

(2)酵母未成熟絮凝（PYF）

酵母未成熟絮凝被认为是酿造中的一个问题，因为糖分浓度较高的发酵液在发酵期间，酵母未成熟絮凝通常会降低麦芽汁产量（Fujii 和 Horie，1975）。发酵过程中 PYF 最主要的负面影响是减少悬浮的酵母细胞数量并由此引起的一系列与啤酒质量相关的问题，包括异味（Stewart 和 Russell，1981）、高浓度二乙酰（Nakamura 等，1997）、低酒精含量、微生物感染（van Nierop 等，2004）。

由于 PYF 在酿造车间只是偶尔发生，因此对它的研究已断断续续地持续了 40 多年。PYF 问题首先需要解决的是明确酵母絮凝的原理。研究表明，絮凝受

4个因素影响。第一是絮凝基因(FLO)及其调控元件的表达(Verstrepen等,2003)。第二是麦芽汁的营养成分,包括发酵性糖、游离氨基氮和二价阳离子(Sampermans等,2005)。第三是环境因素,包括发酵温度、乙醇含量、pH、渗透压和剪切力(Jin和Speers,2000)。第四是酵母细胞的生理特性,包括细胞表面疏水性、活力、细胞膜完整性和饥饿(Smart,1995)。

尽管PYF的机理并不完全清楚,但最易接受的一个假说是,它与源于麦芽的多聚糖相关(Fujii和Horie,1975;Fujino和Yoshida,1976)。这个假说的依据是酵母细胞表面存在可与多聚糖结合的类似凝集素的样蛋白质,它可与多糖结合,从而导致在发酵后半阶段形成的环境条件下引起酵母未成熟絮凝(Herrera和Axcell,1989)。大多研究者认为影响麦芽PYF的因素为一种高分子量的多糖组分,后者含有包括阿拉伯糖、半乳糖和木糖在内的多聚糖(Koizumi等,2008)。影响这些PYF的因素已被局限在大麦外壳中了(van Nierop等,2004)。

已提出过多种评估麦芽PYF潜力的方法。应用最广泛的为Helm测验法,此方法是在硫酸钙缓冲剂中测定分散的酵母沉降特征(Bendiak等,1996;D'Hautcourt和Smart,1999)。研究者最近致力于开发快速、可靠、小型的PYF评估方法。Koizumi和Ogawa(2005)报道过一种无需糖化和发酵即可快速、灵敏测试的方法。酵母与麦芽缓冲浸出物混合,用分光光度计(600纳米)检测仍然悬浮的酵母细胞。整个分析过程需要3h,它和发酵测试有很好的相关性。Jibiki等(2006)和Lake等(2008)最近报道了一种小规模发酵法。

15. 过滤性

过滤性这一术语有时易被混淆,因为它是指与麦芽汁分离和啤酒过滤有关的问题。在这种情况下,大麦细胞壁多聚糖常被认为是问题的根源,常见的批评是认为标准质量检测不能预测以上两种情况。

麦芽汁过滤性与麦芽汁黏度有一定关系,它主要由麦芽改性程度和麦芽成分决定。淀粉降解、非淀粉多聚糖、蛋白质水解、黏度、晃动、过滤技术等许多因素对其有影响。有关麦芽汁和啤酒过滤性的工作,主要集中在对β-葡聚糖和阿拉伯木聚糖的研究(Egi等,2004;Lu和Li,2006)。

麦芽汁分离性能一般用糖化和过滤的改良技术进行预测,这与标准欧协糖化法制成的稀释麦芽汁重力过滤法不同。Brown等(1990)提出了一种以65℃下等温糖化为基础的稠麦芽过滤测试方法。后来,芬兰科学家对Brown法进行了改进,形成Buchner过滤测试法,该方法可以明确常规麦芽分析法不能检测到的麦芽汁过滤性的差异(Stenholm等,1994;1996)。Tepral糊化法是使用粘稠状糖化物,并在75℃下加压过滤(Moll等,1989)。

与麦芽有关的啤酒过滤性能,可用薄膜滤器经压力过滤测其过滤速度

(Vmax)而测定。Vmax 的计算是，先进行过滤收集量(g)与时间(s)的比例对时间的回归，然后求其斜率的倒数而得。Stewart 等(1998)发现，啤酒的黏度和膜过滤性与阿拉伯木聚糖含量有关，而 β-葡聚糖含量仅与黏度相关。Sodosky 等(2002)和 Lu 等(2005)此后证实，阿拉伯木聚糖和 β-葡聚糖的分子量对啤酒过滤性具有重要意义。

16. 啤酒口味稳定性

啤酒风味的稳定性一直并将继续是酿造商的一大挑战(Bamforth 和 Lentini,2009)。气味的稳定性决定啤酒的保质期，因此它是一个非常重要的经济因素。在麦芽和啤酒风味领域上，研究最广泛的是啤酒的老化问题。啤酒老化常指啤酒还在保质期内但尝起来味同嚼醋，这种味同嚼醋的口味主要与反式-2-壬烯醛有关。但是，啤酒老化也可能与强的后苦和涩味等异味相关。虽然啤酒老化的机理非常复杂，并尚在争议之中，但人们已广泛认识到，最有可能的是麦芽汁或啤酒中的氧化复合物引起啤酒异味。

在麦芽口味的稳定性方面，脂肪氧化和 LOX 途径已有过大量研究。脂肪氧化酶(LOX)是一组含铁酶，它催化不饱和脂肪酸脱氧形成过氧化氢物或过氧化氢物为主的产物(Morrison,1993)。大麦中最主要的酶反应底物是亚油酸，其主要以甘油三酸酯形式存在。在萌发过程中，游离脂肪酸通过脂肪酶的作用释放出来(Schwarz 等,2002)。由 LOX 生成的过氧化氢物进一步被脱水酶(过氧化氢异构酶前体)和过氧化氢裂合酶催化生成反式-2-壬烯醛等各种羰基化合物(Bamforth 和 Lentini,2009)。脂肪酸氧化也可由酶促反应催化发生。

大麦中脂肪氧化酶有两种同工酶，LOX-1 在休眠的和萌发的大麦中均有存在，而 LOX-2 仅存在于萌发大麦中(Wu 等,1997)。这两种同工酶的遗传性差异已经清楚，降低 LOX 是减少麦芽老化的方法之一。LOX-1 的主要产物是 9-亚油酸过氧化氢物，它可继续降解产生反式-2-壬烯醛。大麦 LOX-2 途径仅催化产生 13-过氧化氢物。因此，LOX-1 的浓度对啤酒风味稳定性极其重要。

消除或降低大麦和麦芽中的 LOX 活性，被认为是一种提高风味稳定性的策略，目前已在选育无或含少量 LOX 的突变体。札幌的酿造商与冈山大学合作，选育出含低 LOX-1 的品种(Hirota 等,2006)。无 LOX-1 突变体大麦制造的麦芽，在酿造试验中色香味均表现良好。

大麦或麦芽浸出物中 LOX 的活性，可用分光光度计在 234nm 下检测过氧化氢物，或通过测定氧电极中氧气的消耗量进行测定。但这两种方法都很复杂，且在育种上很不适合使用 LOX 高通量筛选技术。最近，提出了用铁氧化二甲酚橙测定过氧化物的 LOX 高通量筛选技术(Li 和 Schwarz,2008)。

电子自旋共振(ESR)光谱技术已成为酿造工艺中估测氧化作用和风味稳定

性的一项普遍技术。这些特殊检测技术还包括铁离子和自由基的测定(Kaneda等,1988;1992),以及二苯基苦基肼基(DPPH)清除活性测定等(Franz 和 Back,2001)。Takoi 等(2003)已采用 ESR 技术进行麦芽分析。

17. 展望

在过去的 100 年间,人们对制麦和酿造过程中的生化反应的认识已有了很大的进步,但对一些重要过程仍不甚清楚。借助现代生物技术与基因组技术可使我们对其有更深入的了解。如操控特色大麦中的酶活性和稳定性的技术,可有效地提高相关产品的品质、一致性和生产效率。

经济、环境、政治都有可能影响大麦供应、麦芽使用以及品质观点。几个主要生产国的大麦种植面积都有所减少,其原因是多方面的,如政治压力或者授权种植生物燃料作物,从而导致大麦面积减少。种植面积在减少,而新兴啤酒市场的麦芽需求量在增加,从而造成最近全球啤用大麦供需紧张。制麦与酿造厂对此的反应是提高啤用大麦价格,降低啤用大麦品质收购标准或降低麦芽使用量。两个主要啤酒生产国,美国和中国,麦芽使用量在减少。酿造商,尤其是在根深蒂固习俗少的地区,似乎更愿意在酿造中使用非麦芽源淀粉和外源酶。但是,扭转啤用大麦产量降低的另一个途径是加强农艺研究,研究生产体系使生产者愿意种植啤用大麦,即使其成为更诱人的机会。

制麦是个耗能过程,烘干阶段会消耗大量的煤气和电(Davies,2009)。环境和经济问题对制麦与酿造工艺产生了的影响,迫使需要对碳消耗量进行审核。在建造新的制麦厂时,能量利用率和回收率以及水的使用量都是需要考虑主要的因素。烘干中麦芽含水量从 4%提高到 5%,可显著减少碳排放量和能量消耗。至于选育与利用可快速制麦的啤用大麦品种,也是另一种选择。

最后,全球制麦和酿造业的最近兼并也可能产生了一定影响。由于少数几家企业控制了全球绝大多数麦芽的生产和销售,因此有理由推论,即便是目前支持采用标准化方法的一些组织,有关麦芽品质的观点和品质检测将会发生变化。

参考文献

ASBC (American Society of Brewing Chemists). 2004. Methods of Analysis, 9th ed. The Society, St. Paul, MN.

ATTB (Alcohol and Tobacco Tax and Trade Bureau, Treasury). 2005. Flavored malt beverage and related regulatory amendments (2002R-044P). Fed. Regist. 70(1): 192-237.

Bamforth, C. W. 2002. The great modification mystery. Brewers. Guard. 131(9): 30-32.

Bamforth, C. W. and A. Lentini. 2009. The flavor instability of beer, pp. 85-109. *In* C.

Bamforth, I. Russell, and G. Stewart (eds.). Beer: A Quality Perspectivc. Academic Press, New York.

Bathgate, G. N. 1973. Biochemistry of malt kilning. Brewers. Dig. 48: 60—65.

Bathgate, G. N., J. Martinez-Frais, and J. R Stark. 1978. Factors controlling the fermentable extract in distillers malt. J. Inst. Brew. 84: 22—29.

BCOJ (Brewery Convention of Japan). 1998. Methods of Analysis of the BCOJ. The Brewers Association of Japan, Tokyo.

Belitz, H.-D. and W. Grosch. 1987. Food Chemistry. Springer-Verlag, New York.

Bendiak, D., P. vanderAar, F. Barbero, P. Benzing, R. Berndt, K. Carrick, C. Dull, S. DunnDufault, M. Eto, M. Gonzalez, N. Hayashi, D. Lawrence, J. Miller, K. Phare, T. Pugh, L. Rashel, K. Rossmoore, K. Smart, J. Sobczak, A. Speers, and G. Casey. 1996. Yeast flocculation by absor bance method. J. Am. Soc. Brew. Chem. 54(4): 245—248.

Blenkinsop, P. 1991. The manufacture, characteristics and uses of speciality malts. MBAA Tech. Q. 28(4):145—149.

Boyce, C. O. L. (ed.). 1986. Brewing with barley, pp. 31—35. *In* C. O. L. Boyce (ed.), Novo's Handbook of Practical Biotechnology. Novo Industries A/S. Bagsvaerd, Denmark.

Brewers Almanac. 2007. The Beer Institute. Available at http://www. beerinstitute. org, accessed April 13, 2009.

Briess Malt Product Guide. Briess Malt and Ingredients Co., Chilton WI. http://www. brewing with briess. com/ Products/Default. htm, accessed September 10, 2010.

Briggs, D. E. 1998. Malts and Malting. Blackie Academic and Professional, New York.

Briggs, D. E., J. S. Hough, R. Stevens, and T. W. Young. 1981. Malting and Brewing Science. Volume l. Malt and Sweet Wort. Chapman and Hall, London.

Briggs, D. E., C. A. Boulton, P. A. Brookes, and R. Stevens. 2004. Brewing: Science and Practice. CRC Press, New York.

Brown, A. T., R. Keay, and P. L. Freeman. 1990. The use of alternative laboratory mashing techniques in malt quality control. Paper read at Proceedings of the third Aviemore Conference on malting, brewing and distilling, Aviemore.

Carey, D. and K. Grossman. 2006. Fermentation and cellar operations, pp. 1—134. *In* K. Ockert (ed.). MBAA Practical Handbook for the Specialty Brewer. Vol. 2. Fermentation, Cellaring, and Packaging Operations. Master Brewers Association of the Americas, Madison, WI.

Carn, J. D. 1982. Alpha-amylase indicates problems with malting of stored barley. Food Technol. Aust. 34(2): 82—83.

Coghe, S., B. Gheeraert, A. Michiels, and F. R. Delvaux. 2006. Development of Maillard reaction related characteristics during malt roasting. J. Inst. Brew. 112(2): 148—156.

Davies, N. 2009. Carbon emissions in malting. Paper read at World Barley, Malt and Beer Conference, March 25—27, Berlin.

DeBlauwe, J. J. 1991. Coolers, pp. 429－484. *In* M. Moll (ed.). Beers and Coolers: Definition, Manufacture, Consumption. Intercept, Anover, UK.

DeClerck, J. 1958a. A Textbook of Brewing, Vol. 1. Chapman and Hall, London.

DeClerck, J. 1958b. A Textbook of Brewing, Vol. 2. Chapman and Hall, London.

D'Hautcourt, O. and K. A. Smart. 1999. Measurement of brewing yeast flocculation. J. Am. Soc. Brew. Chem. 57(4): 123－128.

Dougherty, J. 1988. Wort production, pp. 62－98. *In* H. M. Broderick (ed.). The Practical Brewer. 8th Printing. Master Brewers Association of the Americas, Madison, WI.

EBC (European Brewery Convention). 1998. Analytica-EBC. Verlag Hans Carl Getranke Fachverlag, Nurnberg, Germany.

EBC (European Brewery Convention). 2000. Malting Technology. Fachverlag Hans Carl, Nurnburg, Germany.

Edney, M. J., J. K. Eglinton, H. M. Collins, A. R. Barr, W. G. Legge, and B. G. Rossnagel. 2007. Importance of endosperm modification for malt wort fermentability. J. Inst. Brew. 113(2): 228－238.

Egi, A., R. A. Speers, and P. B. Schwarz. 2004. Arabinoxylans and their behavior during malting and brewing. MBAA Tech. Q 41: 248－267.

Evans, D. E. and C. W. Bamforth. 2009. Beer foam: achieving a suitable head, pp. 1－60. *In* C. Bamforth, I. Russell, and G. Stewart (eds.). Beer: A Quality Perspective. Academic Press, New York.

Evans, D. E., H. Collins, J. Eglinton, and A. Wilhelmson. 2005. Assessing the impact of the level of diastatic power enzymes and their thermostability on the hydrolysis of starch during wort production to predict malt fermentability. J. Am. Soc. Brew. Chem. 63(4): 18:185－198.

Flintham, J. E. and M. D. Gale. 1988. Generics of preharvest sprouting and associated traits in wheat: review. Plant Var. Seeds 1: 87－97.

Foster, A. 1989. Alternative method for analysis of total protein using a nitrogen determinator. J. Am. Soc. Brew. Chem. 4 7(2): 42－43.

Fox, R. L., S. J. Logue, and J. K. Eglinton. 2001. Fermentable sugar profile as an alternative to apparent attenuation limit for selection in barley breeding. Paper read at Proceedings of the 10th Australian Barley Technical Symposium, September 16－20, Canberra, Australia.

Franz, O. and W. Back. 2001. DPPH-scavcnging activity of beer and polyphenols measured by ESR. Proc. Congr. Eur. Brew. Conv. 28: 221－230.

Fujii, T. and Y. Horic. 1975. Some substarlces in matcrial inducing early flocculation of yeast. II. Furher invcstigation on a substance isolated from wort components. Report of the Research Laboratorics of Kirin Brewery Co. Ltd. 18: 75－85.

Fujino, S. and T. Yoshida. 1976. Premature flocculation of yeast induced by some wort constitents. Report of the Research Laboratories of Kirin Brcwer,Co. Ltd. 19: 45－53.

Fukuda, H., Y. Kizaki, T. Tsukihashi, and S. Wakabayashi. 2001. Shochu brewing characteristics and properties of a trichothecin-resistant shochu yeast mutant. Biotcchnol. Lett. 23 (24): 2009—2013.

Fung, J. 2007. The beer markets and malt production in China. Paper read at Proceedings of the World Barley, Malt and Beer Conference, March, 28—30, Budapest.

Gabe, L.-A., P. Schwarz, and A. Ehmer. 2009. Beer gushing, pp. 185 — 212. *In* C. Bamforth, I. Russell, and G. Stewart (eds.). Beer: A Quality Perspective. Academic Press, New York.

Georg-Kraemer, J. E., E. Caierao, E. Minella, J. F. Barbosa Neto, and S. S. Cavalli. 2004. The (1-3, 1-4)-beta-glucanases in malting barley: enzyme survival and genetic and environmental effects. J. Inst. Brew. 110(4): 303—308.

Grant, H. L. 1988. Hops, pp. 128—146. *In* H. M. Broderick (ed.). The Practical Brewer. 8th Printing. Master Brewers Association of the Americas, Madison, WI.

Grierson, B. 2009. Malt and distilled malt vinegar , pp. 135 — 144. *In* L. Solieri and P. Giudici (eds.). Vinegars of the World. Springer (Italia), Milan.

Gunkel, J., M. Voetz, and F. Rath. 2002. Effect of the malting barley variety (*Hordeum vulgare* L.) on fermentability. J. Inst. Brew. 108(3): 355—361.

Hayter, A. M. and T. J. Riggs. 1978. The inheritance of diastatic power and alpha-amylase contents in spring barley. Theor. Appl. Genet. 52: 251—256.

Herrera, V. E. and B. D. Axcell. 1989. The influence of barley lectins on yeast flocculation. J. Am. Soc. Brew. Chem. 47: 29—34.

Heyse, K.-U. 1981. A Practical Dictionary of Brewing and Bottling. Bauwelt-Verlag, Nurnberg.

Hicks, K. B., R. A. Flores, F. Taylor, W. S. McAloon, R. A. Moreau, D. Johnston. G. E. Senske, W. S. Brooks, and C. A. Griffey. 2005. Barley: a potential feedstock for fuelcthanol in the U. S. Paper read at Proceedings of the 4th International Starch Conference, June 5—8, University of Illinois, Urbana, IL.

Hirota, N., H. Kuroda, K. Takoi, H. Kaneko, H. Kaneda, I. Yoshida, M. Takashio, K. Ito, and K. Takeda. 2006. Brewing performance of malted lipoxygenase-l null barley and effect on the flavor stability of beer. Cereal Chem. 83(3): 250—254.

Hoenicke, K., R. Gatermann, W. Harder, and L. Hartig. 2004. Analysis of acrylamide in different foodstuffs using liquid chromatography-tandem mass spectrometry and gas chromatograph-Tandem mass spectrometry. Anal. Chim. Acta 520(1—2): 207—215.

Holle, S. R. 2003. Malt, pp. 1 — 11. *In* S. R. Holle (ed.) A Handbook of Basic Brewing Calculations. Master Brewers Association of the Americas, St. Paul, MN.

Holmberg, J. E., J. J. Hamalainen, P. Reinikainen, and j. Olkku. 2002. A model for predicting the effects of a steeping program on the germination of balley with different water sensitivities. J. Inst. Brew: 108(4): 416—423.

Hosnedl, V. and H. Honsova. 2002. Barley seed sensitivity to water stress at germination stage. Rostlinna Vyroba 48(7): 293—297.

Hough, M. 1990. Weather patterns and cereal quality. Aspects Appl. Biol. 25: 143—148.

Hughes, P. 2009. Beer flavor, pp. 61—83. *In* C. Bamforth, I. Russcll, and G. Stewart (eds.). Beer: A Quality Perspective. Academic Press, New York.

INFOSAN (lnterrational Food Safety Authorities Network). 2005. Acrylamide in food is a potential health hazard. INFOSAN Information Note 2/2005. March l, 2005. World Health Organization, Geneva.

Iwami, A., Y. Kajiwara, H. Takashita: N. Okazaki, and T. Omori. 2006. Factor analysis of the fermentation process in barley Shochu production. J. Inst. Brew. 112(1): 50—56.

Jacques, K. A., T. P. Lyons, and D. R. Kelsall. 1999. The Alcohol Textbook, 3rd ed. Nottingham University Press, Nottingham, UK.

Jibiki, M., K. Sasaki, N. Kagami, and K. Kawatsura. 2006. Application of a newly developed method for estimating tlhe premature yeast flocculation potential of malt samples. J. Am. Soc. Brew. Chem. 64(2): 79—85.

Jin, Y. L. and R. A. Speers. 2000. Effect of environmental conditions on the flocculation of *Sacclzarornyces cerevisiae*. J. Am. Soc. Brew. Chem. 58(3): 108—116.

Jin, Y.-L., R. A. Speers, A. T. Paulson, and R. J. Stewart. 2004. Barley β-glucans and their degradation during malting and brewing. MBAA Tech. Q. 41(3): 231∸240.

Jones, B. L. 2005. Endoproteases of barley and malt. J. Cereal Sci. 42(2): 139—156.

Jones, M. and J. S. Pierce. 1964. Some factors influencing the individual amino acids composition of wort. Proc. Am. Soc. Brew. Chcm. 22: 130—136.

Kaneda, H., Y. Kario, T. Osawa, N. Ramarathnam, S. Kawakishi: and K. Kamada. 1988. Detection of free radi-cals in beer oxidation. J. Food Sci. 53: 885—888.

Kanecla, H., Y. K. S. Kano, and H. Ohya-Nishiguchi. 1992. Behavior and role of iron ions in beer deterioration. J. Agric. Food Chem. 40: 2102—2107.

Kaneko, T., M. Kihara, and K. Ito. 2000. Genetic analysis of beta-amylase thermostability to develop a DNA marker for malt fermentability improvement in barley, *Hordeum*, *vulgare*. Plant Breed. 119(3): 197—201.

Katzen, R., P. W. Madson, D. A. Monceaux, and K. Bevernitz 1999. Lignocellulosic feedstocks for ethanol production, the ultimate renewable energy source, pp. 107—135. *In* K. A. Jacques, T. P. Lyons, and D. R. Kelsall (eds.). The Alcohol Textbook, 3rd ed. Nottingham University Press Nottingham, UK.

Kelsall, D. R. and T. P. Lyons. 1999. Grain dry milling and cooking for alcohol production: designing for 23% et-hano and maximum yield, pp. 7—24. *In* K. A. Jacques, T. Lyons and D. R. Kelsall (eds.). The Alcohol Textboo , 3rd ed. Nottingham University press, Nottingham, UK.

Koizumi, H. and T. Ogawa. 2005. Rapid and sensitivc method to me premature yeast flocculation activity in malt. J. Am. Soc. Brew. Chem. 63(4): 147—150.

Koizumi, H., Y. Kato, and T. Ogawa. 2008. Barley malt polysaccharides inducing premature yeast flocculation and their possible mechanism. J. Am. Soc. Brew. Chem. 66 (3): 137—142.

Kostclanska, M. ,J. Hajslova, M. Zachariasova, A. Malachova, K. Kalachova, J. Poustka, J. Fiala, P. M. Scott, F. Berthiller, and R. Krska. 2009. Occurrence of deoxynivalenol and its major conjugate, deoxynivalenol-3-glucoside, in beer and some brewing intermediates. J. Agric. Food Chcm. 57(8): 3187—3194.

Kramer, P. 2006. Barley, malt and, malting, pp. 15—54. *In* K. Ockert (ed.). MBAA Practical Handbook for the Specialty Brewer. Vol. 1: Raw Materials and Brewhouse Operations. Master Brewers Association of the Americas, St. Paul, MN.

Kunze, W. 1999. Technology Brewing and Malting; 2nd ed. VLB, Berlin.

Lake, J. C. , R. A. Speers, A. V. Porter, and T. A. Gill. 2008. Miniaturizing the fermentation assay: Effects of fermentor size and fermentation kinetics on detection of premature yeast flocculation. J. Am. Soc. Brew. Chem. 66(2): 94—102.

Leiper, K. A. and M. Mjedl. 2006. Brewhouse technology pp. 383—445. *In* F. G. Priest and G. G. SteMrart (eds.). Handbook of Brewing, 2nd ed. CRC Press, New York.

Leiper, K. A. and M. Miedel. 2009. The flavor instability of beer, pp. 111—161. *In* C. Bamforth, I. Russell, and G. Stewart (eds.). Beer: A Quality Perspective. Academic Press, New York.

Lewis, M. J. and T. W. Young. 1995. Brewing. Chapman& Hall, London, UK.

Li, Y. an. d P. B. Schwarz. 2008. A new high-throughput scrceening method for measuring lipoxygenase in barley seed. Paper read at North American Barley Researchers Workshop, October, 26—29, Madison, WI.

Lu, J. and Y. Li. 2006. Effects of arabinoxylan solubilization on wort viscosity and filtration when mashing with grist containing wheat and wheat malt. Food Chem. 98(1): 164—170.

Lu, J. , Y. Li, G. X. Gu, and Z. G. Mao. 2005. Effects of molecular weight and concentration of arabinoxylans on the membrane plugging. J. Agric. Food Chem. 53(12): 4996—5002.

Lyons, T. P. 1999a. Prod-uction of Scotch and Irish whiskies: their history and evolution, pp. 137—168. *In* K. A. Jacques, T. P. Lyons, and D. R. Kelsall (eds.). The Alcohol Textbook, 3rd ed. Nottingham University Press, Nottingham, UK.

Lyons, T. P. 1999b. Thinking outside the box. Ethanol production in the next millennium: processors of raw materials, not just ethanol, pp. 1—6. *In* K. A. Jacques, T. Lyons, and D. R. Kelsall (eds.). The Alcohol Textbook, 3rd ed. Nottingham Univelsity Press, Nottingham, UK.

Manzanares, P. , A. Navarro, J. M. Sendra, and J. V. Carbonell. 1993. Determination of the average molecular-weight of barley beta-glucan within the range . 30-l00k by the calcofluor FIA method. J. Cereal Sci. 18(3): 211—223.

MEBAK (Mitteleuropaische Brautechnische Analysenkom mission). 2006. Rohstoffe. Freising, Germany.

Meilgaard, M. 1977. Wort composition, pp. 99－116. *In* H. M. Broderick (ed.). The Practical Brewer. Master Brewers Association of the Americas, Madison, WI.

Meilgaard, M. 1988. Wort composition, pp. 99－116. *In* H. M. Broderick (ed.). The Practical Brewer. 8th Printing. Master Brewers Association of the Americas, Madison, WI.

Meilgaard, M. C. 1999. The future of sensory evaluation of beer and brewing products. Brewer 85(4): 170－177.

Mikulikova, R. and K. Sobotova. 2007. Determination of acrylamide in malt with GC/MS. Acta Chim. Slov. 54(1): 98－101.

Moll, M. 1991. Composition and properties of beer, pp. 270－411. *In* M. Moll (ed.). Beers and Coolers: Definition, Manufacture and Composition. Intercept, Andover, UK.

Moll, M., M. Lenoel, R. Flayeux, S. J. aperche, D. Leclerc, and G. Baluais. 1989. The new tepral method for malt extract determination. J. Am. Soc. Brew. Chem. 47: 14－17.

Morrison, J. A. 1999. Production of Canadian rye whisky: the whiskey of the prairies, pp. 169－194. *In* K. A. Jacques, T. Lyons, and D. R. Kelsall (eds.). The Alcohol Textbook, 3rd ed. Nottingham University Press, Nottingham, UK.

Morrison, W. R. 1993. Barley lipid, pp. 199－246. *In* A. W. MacGregor and R. S. Bhatty (eds.). Barley Chemistry and Technology. American Association of Cereal Chemists, St. Paul, MN.

Munroe, J. H. 2006a. Fermentation, pp. 487－524. *In* F. G. Priest and G. G. Stewart (eds.). Handbook of Brewing, 2nd ed. CRC Press, New York.

Munroe, J. H. 2006b. Aging and finishing, pp. 525－550. *In* F. G. Priest and G. G. Stewart (eds.). Handbook of Brewing, 2nd ed. CRC Press, New York.

Nakamura, T., K. Chiba, Y. Asahara, and S. Tada. 1997. Prediction of barley which causes premature yeast flocculation. Proc. Congr. Eur. Brew. Conv. 26: 53－60.

Van Nierop, S. N. E., A. Cameron-Clarkc, and B. C. Axcell. 2004. Enzymatic generation of factors from malt responsible for premature yeast flocculation. J. Am. Soc. Brew. Chem. 62(3): 108－116.

Osborne, B. 2006. Near-infrared spectroscopy in food analysis, pp. 1－14. *In* R. A. Meyers (ed.). Encyclopedia of Analytical Chemistry. John Wiley & Sons, Chichester, UK.

Owades, J. L., L. Maresca, and G. Rubin. 1959. Nitrogen metabolism during fermentation in the brewing process. II. Mechanism of diacetyl formation. Paper read at Proceedings of the American Society of Brewing Chemists.

Pahkala, K., M. Kontturi, A. Kallionen, O. Myllmaki, J. Uusitalo, M. Siika-anho, and N. von Weymarn. 2007. Production of bioethanol from barley straw and reed canary grass: A raw material study. Paper read at Proceedings of the 15th European Biomass Conference and Exhibition, May 7－11, Berlin, Germany.

Palmarola-Adrados, B., M. Galbe, and G. Zacchi. 2005. Pretreatment of barley husk for bioethanol production. J. Chem. Technol. Biotechnol. 80(1): 85－91.

Papazian, C. 2006. Beer styles: their origins and classification, pp. 39—75. *In* F. G. Priest and G. G. Stewart (eds.). Handbook of Brewing, 2nd ed. CRC Press, New York.

Peacock, V. 1998. Fundamentals of hop chemistry. MBAA Tech. Q. 35(1): 4—8.

Pierce, J. S. 1966. Amino acids in nialting and brewing. MBAA Tech. Q. 3: 231—236.

Priest, F. G. and G. G. Stewart. 2006. Handbook of Brewing. CRC Press, New York.

Pyler, E. J. 1988. Baking Science and Technology, Vol. 1, 3rd ed. Sosland Publishing, Merriam, KS.

Ralph, R. 1999. Production of American whiskies: bourbon, corn, rye and Tennessee, pp. 221— 224. *In* K. A. Jacques, T. Lyons, and D. R. Kelsall (eds.). The Alcohol Textbook, 3rd ed. Nottingham University Press, Nottingham, UK.

Russell, I. , C. Bamforth, and G. Stewart. 2003. Handbook of Alcoholic Beverages: Whisky: Technology, Production and Marketing. Elsevier, New York.

Sadosky, P. 2007. Malting and mashing effects on arabinoxylan and beta-glucan molecular weight. PhD dissertation, North Dakota State University, Fargo.

Sadosky, P. , P. B. Schwarz, and R. D. Horsley. 2002. Effect of arabinoxylans, beta-glucans, and dextrins on the viscosity and membrane filtcrability of a beer model solution. J. Am. Soc. Brew. Chem . 60(4): 153—162.

Sampermans, S. , J. Mortier, and E. V. Soares. 2005. Flocculation onset in *Saccharomyces cerevisiae*: the role of nutrients. J. Appl. Microbiol. 98(2): 525—531.

Sandstedt, R. M. , E. Kneen, and M. J. Blish. 1939. A standardized Wohlgemuth method for alpha-amylase activity. Cereal Chem. 16: 712—729.

Schmitt, M. R. , A. D. Budde, and L. A. Marinac. 2006. Research mash: a simple procedure for conducting congress mashes using reduced quantities of malt. J. Am. Soc. Brew. Chem. 64(4): 181—186.

Schwarz, P. and D. Gordon. 2002. Carbohyclrates in beer. New BreMyer. 21. (2): 36—44.

Schwarz, P. , P. Stanley, and ,S. Solberg. 2002. Activity of lipase during mashing. J. Am. Soc. Brew. Chem. 60(3): 107—109.

Schwarz, P. , C. Henson, R. Horsley, and H. McNamara. 2004. Preharvest sprouting in the 2002 Midwestern barley crop: occurrence and assessment of methodology. J. Am. Soc. Brew. Chem. 62(4): 147—154.

Schwarz, P . B. 2003. Impact of head blight on the malting and brewing quality of barley, pp. 395—419. *In* K. J. Leonard and W. R. Bushnell(eds). Fusarium Head Blight of Wheat and Barley. American Phytopaological Society Press, St. Paul, MN.

Schwarz, P. B. and R. D. Horsley. 1995. Malt quality improvement in North American 6-rowed barley cultivars since 1910. J. Am. Soc. Brew. Chem. 53(1): 14—18.

Schwarz, P. B. , N. S. Hill, and G. E. Rortinghaus. 2007a. Fate of ergot (*Claviceps purpurea*) alkaloicls during malting and brewing. J. Am. Soc. Brew. Chem. 65(1): 1—8.

Schwarz, P. B. , Y. Li, J. Barr, and R. A. Horsley. 2007b. Effect of operational the determination of laboratory extract and associated wort quality factors. J. Am. Soc Brew.

Chem. 65(4): 219－228.

Scot, P. M. 1996. Mycotoxins transmitted into beer from contaminatccl grains during brewing. J. AOAC Int. 79(4): 875－882.

Seaton, J. C. 1993. Special malt types and beer quality. Paper read at Proceedings of the International Symposium-Malting and Brewing Technology: Progress Through Increased Knowledge, March, 29－30, Brussels, Belgium.

Shellhammer, T. H. 2009. Beer color, pp. 213－227. *In* C. Bamforth, I. Russell, and G. Stewart (eds.). Beer: A Quality Perspective. Academic Press, New York.

Siebert, K. J. and P. Y. Lynn. 1998. Comparison of polyphenol interactions with polyvinylPolypyrrolidone and haze active protein. J. Am. Soc. Brew. Chem. 56(1): 24－31.

Sissons, M., M. Taylor, and M. Proudlove. 1995. Barley malt limit dextrinase-its extraction, heat-stability, and activity during malting and mashing. J. Am. Soc. Brew. Chem. 53(3): 104－110.

Sjoholm, K., J. Tenhunen, J. Tammisola, K. Pietila, and S. Home. 1996. Determination of the fermentability and extract content of industrial worts by NIR. J. Am. Soc. Brew. Chem. 54(3): 135－140.

Smart, J. G. 1995. The effect of process temperature and moisture on malt quality. Paper read at 6lst Annual Meeting of the American Society of Brewing Chemists, April, 8－12, San Diego, CA.

Smart, K. A., C. A. Boulton, E. Hinchliffe, and S. Molzahn. 1995. Effect of physiological stress on the surfaceproperties of brewing yeasts. J. Am. Soc. Brew. Chem. 53 (1): 33-38.

Sole, S. M. 1994. Effects of pregermination on germination properties of barley and resultant malt quality. J. Am. Soc. Brew. Chem. 52(2): 76－83.

Stenholm, K., K. Pietila, S. Home, R. Aarts, N. Jaalkkola, and E. Leino. 1994. Evaluation of lautering performance of malt. Monatsschr. Brauwiss. 47: 165－171.

Stenholm, K., S. Home, K. Pietilä, N. Jaakkola, and E. Leino. 1996. Are the days of Congress mashing over? pp. 149－163. In V. Falls (ed.). Proc. Barley Malt Symp. Inst. Brew. (Cent. South. Afr. Sect.). Institute of Brewing, London.

Stewart, D. C., D. Hawthorne, and D. E. Evans. 1998. Cold sterile filtration: a small-scale filtration test and investigation of membrane plugging. J. Inst. Brew. 104(6): 321－326.

Stewart, G. G. and I. Russell. 1981. Yeast flocculation, pp. 61－69. *In* J. R. A. Pollock (ed.). Brewing Science, VOL. 2. Academic Press, New York.

Takoi, K., H. Kaneda, T. Kikuchi, J. Watari, M. Takashio, J. Yoshimura, N. Nishita, H. Yamazaki, and J. Yana. 2003. Application of compact high-performance electron spin resonance for malt quality estimation. J. Am. Soc. Brew. Chem. 61(3): 146－151.

USBF (United States Brewers Foundation). 1960. The Brewing Industry in the United States. Brewers Almanac 1960. USBF, New York.

Verstrepen, K. J., G. Derdelinckx, H. Verachtert, and F. R. Delvaux. 2003. Yeast flocculation: what brewers should know. Appl. Vticrobiol. Biotechnol. 61(3): 197－205.

Weissler, H. E. 1995. Brewing calculations, pp. 643－705. *In* W. A. Hardwick (ed.). Handbook of Brewing. Marcel Dekker, New York.

Wesolowski, R. J. 1995. Malt import market characteristics. M. S. thesis, North Dakota State University.

Word, K. M., R. L. Pflugfelder, J. A. Neu, G. P. Head, and H. Patino. 1994. Colorless malt beverage and method of making. WO Patent 018304.

Wu, Y., P. B. Schwarz, D. C. Doehlert, L. S. Dahleen, and R. D. Horsley. 1997. Rapid separation and genotypic variability of barley (*Hordeum vnlgare* L.) lipoxygenase isoenzymes. J. Cereal Sci. 25(1): 49－56.

Xu, J. 2009. Barley, malt and beer in China. Paper read at Proceedings of the World Barley, Malt and Beer Conference, March, 25－27, Berlin

Yang, B., P. Schwarz, and R. Horsley. 1998. Factors involved in the formation of two precursors of dimethylsulfide during malting. J. Am. Soc. Brew. Chem. 56(3): 85－92.

Zhou, B., Y. Li, J. Gillespie, G. Q. He, R. Horsley, and P. Schwarz. 2007. Doehlert matrix design for optimization of the determination of bound deoxynivalenol in barley grain with trifluoroacetic acid (TFA). J. Agric. Food Chem. 55(25): 10141－10149.

16

大麦饲用与品质改良

1. 前言

大麦(*Hordeum vulgare* ssp. *vulgare*)是具有多种用途的农作物。人类培育了许多大麦品种:用作一年生牧草,大麦籽粒作为牲畜饲料,高可溶性膳食纤维的籽粒供人类食用,以及用于制麦芽。但是在美国,大麦作为饲料与玉米(*Zea mays*)和高粱(*Sorghum bicolor*)相比处于劣势。美国国家研究协会(NRC 1996)发布的"肉牛营养需求"精确地提出,玉米能比大麦提供给肉牛高出近10%的饲用价值。我们将在本章就此结论进行批判性的比较与阐述。

2003—2007年,欧盟的大麦产量大约占全世界的41%,即生产了全球142百万吨中的58百万吨。德国、法国、西班牙和英国分别占世界大麦产量的第三、第四、第五和第九位。俄罗斯联邦的产量约占世界的12%,加拿大约占8.5%,土耳其和乌克兰各占6%,澳大利亚约占5%,美国约占4%(FAO,2009)。世界上用于制麦芽的大麦不到20%,供人类食用的不到5%。另外,可再生能源需求的日益增长促进了适度利用大麦籽粒提取燃料乙醇,然而大麦的最大用途仍然是用于动物饲料。在过去的10年中,几个科研团队对大麦多样性性状的研究,为增进动物的健康和产量作出了一定的贡献。

大麦被用作反刍和非反刍牲畜、家禽和鱼的食物,通常作为生长于温带环境下牲畜的饲料。大麦是肉牛、奶牛、绵羊、山羊、猪和家禽的传统饲料,通常将大麦烘干轧制磨碎后用于饲喂肉牛。喂养优质牲畜要先将大麦浸泡12小时后再轧制。在日本,大麦经常是先蒸汽轧制,然后再混入饲料。在家禽饲养体系中,通常要磨碎大麦,添加β-葡聚糖酶和植酸酶后再混入饲料(Kellems和Church,2002)。Bregitzer等(2007)发现了一些大麦品种特别适合用作商业养鱼的饵料。大麦是一种用途广、品质高的饲料。在未来的几十年里,大麦作为食品和饲料资源,将日益提高其价值,我们应竭尽全力确保在各个应用领域有最佳的大麦。

大麦一般是近交的二倍体(2n=2×=14),这一特性很容易表现为基因突变对大麦表型有很大的影响。研究从全球收集的大麦地方品种表明,农民在很久以前就认识到大麦有多种用途。一些影响形态的基因突变为当今大麦市场用途的分类确定了基调。饲用大麦通常是被4H染色体上的*Kap*基因控制的,该基因使易导致牲畜颚部感染的外稃芒结构转变为带有类叶凸起的畸形小花(Muller等,1995)。大麦7H染色体上的*nud*基因能产生不附着的外稃和内稃,该特征使大麦籽粒更易于用作人类食品、家禽和猪的饲料(Taketa等,2008)。这两种性状在地方大麦种质库中容易被早期的农民发现和利用。*Int-c*(Komatsuda和Mano,2002)和*vrsl*(Komatsuda等,2007)突变导致六棱大麦产生较大的可育侧小花。六棱麦穗被北非的大麦种植者视为饲用大麦的标志,而在北美,六棱大麦则用于制麦芽。北非的本地和改良六棱品种具有较强耐旱性,这与它们的饲用价值同样受到重视。因为在水资源不足、土壤贫瘠和种植季节短的地区,种植大麦这一温带作物对牲畜饲养来说是最佳的选择。世界上的许多温带地区,包括环境条件不佳的亚洲中部平原和半干旱的北美北部平原,大麦是优势明显的作物。我们将在本章中讨论大麦作为肉牛、奶牛、家禽、绵羊、鱼和猪等动物的高质量饲料的价值和潜力。

在北美,饲喂牲畜的大部分大麦都是未达到制麦芽标准的大麦。土壤水分含量不足,使大麦籽粒的淀粉含量减少,蛋白质含量增加,从而导致麦芽浸出率降低。相反,收获时水分过多会导致籽粒提前发芽,会感染黄曲霉病。选育符合制麦芽和酿造工业标准的啤用大麦新品种具有挑战性,另外工业测试程序往往使整个育种程序延长好几年。选育高产和广适应性的品种可加速农艺性状快速和可预测的改良。目前,虽然饲用大麦品种的单产超过啤用大麦,但在许多国家,啤用大麦的价格远高于饲用大麦。在美国的蒙大拿州,2000—2008年,从国际市场进口的啤用大麦均价为185.74美元/吨,饲用大麦则为125.20美元/吨(原始数据:http://wbc.agr.mt.gov/Producers/pricing_historical_mt.html)。

大麦的生产优势是在于其水分利用率高,生长期短,因此适应性广。所以,大麦是比较适合降雨量少的温带地区的作物。在发达国家,决定农民选择作物和品种的最重要因素是经济和环境。对大麦而言,这些因素包括最佳饲用大麦和啤用大麦的相对产量、价格差异、生产者在市场销售啤用大麦的可能性、大麦存储和运输费用以及生产饲用大麦和啤用大麦的相对成本。工业上认定啤用大麦品种是否符合制麦芽和酿造的标准,主要取决于籽粒蛋白质含量和饱满度、是否受到脱粒、病虫害和气候的影响以及市场上高质量啤用大麦是否充足等。在加拿大,用于制麦芽的大麦通常占20%~40%(用于制麦芽的大麦占所有大麦总产量的百分比)(http://www1.agric.gov.ab.ca/$department/deptdocs.

nsf/all/fcd7409)。最高产的饲用大麦和最高产的啤用大麦的产量差异在10%～20%。美国、加拿大、澳大利亚和欧洲种植啤用大麦大多是由于啤用大麦比饲用大麦的价格高(图 16.1)。2007 年,由于全球饲料短缺,这种价格差减小,种植超高产的饲用品种而不考虑麦芽质量的农民,获利较多。尽管如此,大多数年份,农民种啤用大麦的收益要高于种饲用大麦。美国国家研究协会(NRC 1996)公布的结果显示,饲用大麦营养价值低于啤用大麦,所以导致两者价格上的差异。如果能改良饲用大麦使其达到或超过玉米的品质,那么饲用大麦的价值和种植面积将会大幅度增加(图 16.2)。

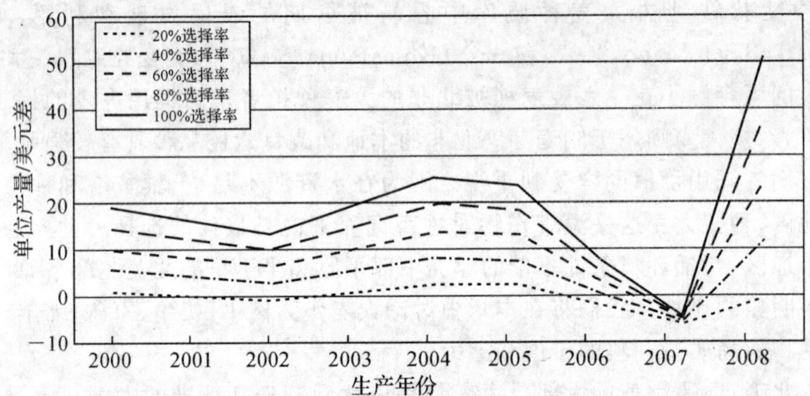

图 16.1　种植啤用大麦与饲用大麦的相对利润。假定饲用大麦比啤用大麦产量高 10%且选择率在 20%～100%。图 16.1 和 16.2 的价格数据由蒙大拿州小麦和大麦协会提供(http://wbc.agr.mt.gov/Producers/pricing_historical_mt.html)

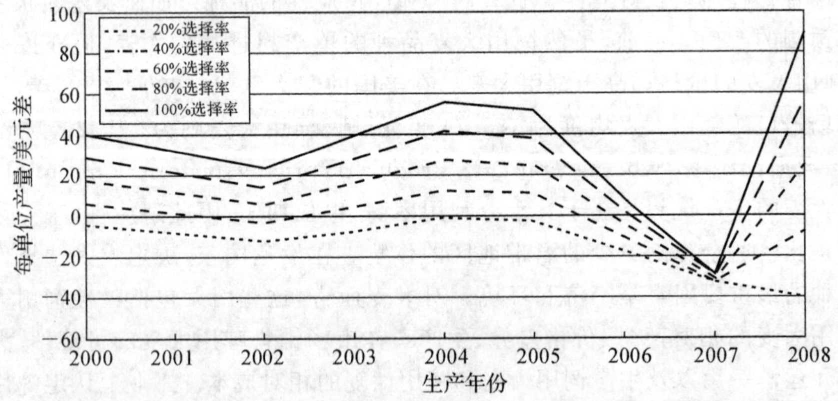

图 16.2　种植啤用大麦与饲用大麦的相对利润。假定饲用大麦比啤用大麦产量高 10%,且去除美国国家研究协会(NRC)标准的限制,饲用大麦比玉米的价值高 10%,选择率在 20%～100%

假设最好的饲用大麦品种比啤用大麦品种产量高 10%，则农民在 5 年中只要有一年生产的大麦达到制麦芽标准，不论是种植啤用大麦或饲用大麦，都能获得与啤用大麦一样的市场价值。若国家研究协会修订建议，提高饲用大麦的价值，则农民在 40%的选择率下，就会种与啤用大麦相当的饲用大麦；20%的选择率下种饲用大麦，每英亩就可多赚 14 美元。改变对饲用大麦价值的认识，会极大地影响世界大麦的种植面积和改变大麦市场的组成等级。

2. 饲用品质

谷物对动物生长的促进因牲畜的种类和饲料用途而异。牛能有效地吸收磷和植酸盐中的矿物质，家禽、猪和鱼则不行（Sugiura 等，1999；Veum 等，1999；Yi 等，2001）。反刍动物依靠体内的微生物群落可以合成必需氨基酸，但非反刍动物需要含有足量必需氨基酸的饲料。大麦和其他谷物一样，是依靠淀粉提供牲畜能量的饲料。增加淀粉蛋白质比，可提升大麦的市场价值，使之与玉米相当。当饲喂大量大麦时，大型反刍动物会患肠道炎、酸中毒和蹄叶炎。在牛的瘤胃里，轧制或蒸汽轧制的大麦降解要比预期的快，然而小的反刍动物和非反刍动物能靠这些易消化的饲料健康成长。大麦遗传种质资源丰富，对影响籽粒组成的突变有高的耐性，使其成为研发和选育满足不同动物特殊食用需求饲用大麦新品种的最佳谷物。以下是大麦科学家试图提高大麦籽粒品质、从而改良饲用大麦的 5 种方法：减少植酸含量，提高蛋白质质量，减少单胃动物饲用大麦的 β-葡聚糖含量，降低瘤胃中大麦的发酵率，增加籽粒淀粉含量。

(1)提高籽粒有效磷的含量

植物在种子中储存有很多磷，如肌醇六磷酸，通常称为植酸。每年大约有 35 百万吨植酸储存在植物种子和水果中（Sharpley 等，2003）。植酸中的磷很容易被反刍动物利用，但是单胃动物缺少将无机磷从植酸中释放的植酸酶。非反刍动物的饲料中含有大量无法吸收的植酸，大部分被排泄，因此饲料中通常需要添加无机磷。猪和家禽饲养业排出的废物中的植酸，被环境降解后产生的磷会污染土地和地表水，造成河流及其流域的富营养化（Sharpley 等，2003）。

植酸是二价阳离子的强螯合剂，能减少铁、钙、镁和锌的生物有效性。在过去的 20 年里，Raboy 博士的实验室在籽粒低植酸含量大麦突变体的选育上做了一些引领性的工作（Bregitzer 和 Raboy，2006）。他们利用比色法鉴定种子中无机磷含量的增加，然后对纸电泳或薄层析色谱的粗选产物进行重新评估（Larson 等，1998；Rasmussen 和 Hatzack，1998）。这些简单的方法已用来鉴定低植酸的玉米、水稻（*Oryza sativa*）、大豆（*Glycine max*）、小麦（*Triticum aestivum*）和大麦突变体（Cichy 和 Raboy，2009）。

至少已有6个大麦突变体被发现能降低籽粒中的植酸含量，从而增加无机磷和二价阳离子的利用率。事实证明，这些大麦能增加火鸡、鸡、猪和鳟鱼的骨质矿化度和磷利用率(Sugiura 等，1999；Veum 等，1999；Yi 等，2001；Overturf 等，2003；Linares 等，2007)。粪便中磷减少是由于牲畜减少用无机磷作为添加饲料的需求。这一发现促进了低植酸大麦品种的发展(Bregitzer 等，2007；2008)。在为牲畜提供优良饲料的同时，低植酸品种减少对地表和地下水的污染。玉米和大豆的 *lpa* 突变体也早已被发现，预期将很快被牲畜饲养业采用。添加含植酸的谷物饲料能缓解牲畜对补充磷的需求。另外，转基因试验已培育出能分泌唾液植酸酶的转基因动物和猪(Golovan 等，2001a；2001b)。

有不少途径可以减少猪、家禽和鱼饲养设施的河流及其流域的磷污染。其中最直接的方法是使用低植酸谷物。大麦及其他谷物中的 *lpa* 突变体，已有过较深入的研究，故易于利用。

(2)优质蛋白大麦

大麦、小麦和玉米中的氮以贮藏蛋白的形式储藏。这些贮藏蛋白均缺乏重要氨基酸，尤其是赖氨酸、苏氨酸和色氨酸，以及甲硫氨酸类的半胱氨酸和蛋氨酸。自从发现玉米突变体 *opaque*-2(Mertz 等，1964)可以增加籽粒赖氨酸的含量以后，科学家们一直在尝试通过诱变来改善谷物的营养价值。*opaque*-2 是一个转录因子，用于调控玉米中编码主要贮藏蛋白的醇溶蛋白基因 zein 的表达(Presanna 等，2001)。因为醇溶蛋白含很少的赖氨酸且几乎没有蛋氨酸，减少醇溶蛋白则可以提高必需氨基酸占总蛋白的百分比。最初从大麦中筛选到的高赖氨酸突变体与玉米突变体 *opaque* 和 *floury* 非常相似。来自 Risø 的赖氨酸突变体 *lys* 是通过影响胚乳组成、减少种子贮藏蛋白含量以及影响淀粉积累而实现高赖氨酸含量的品质。*lys 3a* 突变导致 Risø1508 种子表型的巨大变化，是由于其在胚乳发育时无法将 B-和 C-醇溶蛋白启动子上的 CpG 岛去甲基化，从而减少了该基因的转录和翻译(Sørensen，2002)。但是，这些突变体农艺性状差、产量潜力低，未能在商业上成功地应用。迄今为止，在谷物中唯一获得商业成功的高赖氨酸突变体是玉米的 *opaque*2，这是全世界玉米育种家和遗传学家40年努力合作的成果。

最近，一系列转基因研究通过控制一类基因编码主要氨基酸、且不受其产物反馈抑制的生物合成酶，以阻止胚乳中必需氨基酸的分解代谢，从而促进赖氨酸、蛋氨酸和色氨酸的合成(Shewry，2007)。二氢甲基吡啶酸合酶(DHDPS，EC 4.2.1.52)是改进籽粒中赖氨酸合成的最常用的标靶合成酶。它受游离赖氨酸的反馈抑制，在细菌中缺乏反馈抑制的这种酶已分离到，相关的基因也经适当修饰后转到玉米种子中。在一个巧妙的单基因转化研究中，Frizzi 等(2007)在玉米中转入了一个基因，它包含胚乳专属的启动子和无反馈抑制的 DHDPS 内含子中的一个 siRNA 编码序列，使赖氨酸降解关键酶，赖氨酸酮戊二酸还原酶/酵母氨酸脱氢酶(LKR/SDH)的表达下调。该研究报道，转基因种子中游离赖氨酸的含量增加了近 40 倍。一些研究团队致力于提高小籽粒谷物中贮藏蛋白的营养价值。大麦的 hordothionin 和糜蛋白酶抑制剂 1、2 是转基因作物中三种高赖氨酸贮藏蛋白。如要将大麦培育成真正含优质蛋白的作物，则要保证其含有大量的游离必需氨基酸以及贮藏蛋白中有相应氨基酸的积累。

蛋白质的质量对于包括人类在内的非反刍动物都是极其重要的。大麦是高海拔和短生长季地区，特别是安第斯和喜马拉雅山区的一种主要粮食作物，但是富含优质蛋白的大麦最有潜力的市场是作为家禽、猪和鱼的饲料。坦白地说，人类营养学家、动物营养学家、大麦分子遗传学家和大麦育种家需要通力合作，才能发挥大麦作为非反刍动物优质蛋白质饲料的潜力。

(3)探寻籽粒 β-葡聚糖的最适水平

大麦胚乳细胞壁中含有大量 β-葡聚糖。这种高度枝状的葡萄糖聚合物有一些有趣的特性。大麦 β-葡聚糖是 β-1-3 葡聚糖和 β-1-4 葡聚糖相连的聚合物。支链点随机分布，使这些聚合物具有吸湿性，能在有水的环境下形成凝胶体。Fincher 博士的实验室(Waite Institute，阿德莱德，南澳，澳大利亚)在过去的 20 年里对大麦 β-葡聚糖的合成、结构和降解进行了系统的研究。利用比较基因组学，Burton 等(2006)预测出一个编码类似水稻纤维素合成酶的基因簇，并定位在大麦 2H 染色体上 β-葡聚糖 QTL 的同源区段，它与 β-葡聚糖的合成相关。他们将其中一个基因转到拟南芥中，使拟南芥也能合成 β-葡聚糖。很显然，支链 β-葡聚糖是由与纤维素合成酶相关的酶产生的。

大麦 β-葡聚糖对人类健康非常重要，它能降低血液中的胆固醇和葡萄糖，因而有助于减少结肠癌和肥胖的发病率。可是，饲用大麦中高水平的 β-葡聚糖导致家禽和猪的出产率较低。幸运的是，嘉士伯实验室的科学家们发现了新的方法，以缓解高 β-葡聚糖含量对猪和家禽生长速率造成的负面影响(Wettstein，2007)。饲喂大麦的猪和家禽由于 β-葡聚糖在消化道中形成凝胶体使流动性减少，导致其进食量减少、新陈代谢机能出现障碍。Wettstein 等(2000)培育出了表达耐高温和高 pH 的 β-葡聚糖酶转基因大麦，它能有效地将家禽和猪消化道中的 β-葡聚糖降解为葡萄糖低聚物，从而减少对牲畜平均日增重(ADG)的负面影响。

(4)减少大麦在瘤胃中的发酵率

大麦是牲畜的主要能量来源，其提供的蛋白质要超过牲畜达到最佳生长的需要量。虽然大麦的品种间差异极大，但整体上说，大麦的化学组成与其他的谷类差别不大。与玉米和高粱相比，大麦含有较多的蛋白质和粗纤维，但淀粉和油脂含量较低(Kellems 和 Church，2002)。大麦在瘤胃中迅速发酵，会造成牲畜酸中毒。如果不进行检查，将会导致牲畜浮肿、肝损伤、蹄叶炎，甚至死亡。

销往肉牛饲育场的大麦通常按体积密度确定价格。分量重、体积密度高及容重大的大麦要比分量轻、体积密度低及容重小的大麦价格高。据 Hinman (1978)报道，饲喂蒸汽轧制大麦的牛，其平均日增重与大麦体积密度的增加呈正相关。Grimson 等(1987)、McDonnell 等(2003)和 Boss 等(2004)发现，用北美最普通的饲料制备方法将大麦风干轧制后喂牛，大麦的体积密度对牛的平均日增重没有负面影响。因此，以肉牛场确定为大麦饲用价格指标的主要性状(容重)，在预测牛的生长速率上是没有意义的。

Owens 等(1997)总结并重新分析了 1974—1997 年发表的饲育场的研究结果。这些研究利用各种谷物及加工技术，但所有代谢数据均来自对 1 岁的牲畜的研究。这些研究中的玉米、高粱和小麦的代谢能(ME)结果与美国国家研究协会(NRC 1996)提供的数据非常相近，但是 NRC 对大麦的代谢能低估了 24%。Owens 总结和分析的这些研究的数据来自 22,000 多头牲畜。

由 Jan Bowman 领导的蒙大拿国立大学反刍动物营养实验室分析和总结了 1993—1999 年在爱达荷大学和蒙大拿国立大学的 18 项牛的大麦饲育研究。该实验采用 56 种含饲用大麦的各种饲料，重点分析和鉴定了大麦对不同动物生长的效应(Surber 等，2000)。研究表明，平均日增重、饲料转化率、维持净能(NE_m)和增重净能(NE_g)与原位干物质消化能力(ISDMD)呈负相关，而维持净能和增重净能与大麦中淀粉百分比呈正相关。多元回归分析显示，大麦的维持净能可以由籽粒的三个特征预测：籽粒淀粉含量(正相关因子)、轧制后的粒度(正相关因子)以及原位干物质消化能力(负相关因子)($r^2=0.87$，$p<0.001$)。平均日增重可以根据耐酸性洗涤纤维百分比(ADF)(负相关因子)、淀粉百分率和轧制后的颗粒大小(正相关因子)进行预测($r^2=0.75$，$p<0.001$)。如将谷物在瘤胃中的降解率降至可以接受的水平，那么根据耐酸性洗涤纤维百分比、籽粒淀粉百分比、原位干物质消化能力以及轧制后的粒度，选育和改良大麦品种作为牛饲料具有很大的可行性。

这些发现激发了选育在牛瘤胃中降解缓慢、高淀粉百分比、低耐酸性洗涤纤维百分比和风干轧制后粒度大的饲用大麦新品系的研究。科学家以粒度、原位干物质消化能力和淀粉百分比为标准，对现有大麦种质资源进行筛选和研究，育成了大麦新品种 Valier(Blake 等，2002)。

大麦在瘤胃中发酵过快是一个明显可以改进的性状。Bowman 等(2001)评价了美国农业部(USDA)大麦核心种质库的 1480 个品种，旨在明确栽培大麦和地方大麦品种在瘤胃发酵率上的差异。瘤胃发酵率在地方品种中差异很大，但在现代栽培种中却很小。已在地方品种中鉴定出比标准栽培品种发酵率低的品系(图 16.1)。

大多数在瘤胃中消化能力弱的品种是因为有较高的耐酸性洗涤纤维百分比。但是,由于淀粉含量高于53%,有6个品系在3小时的瘤胃测试中消化很不完全。其中一个是来自苏格兰的六棱地方品系PI370970,其耐酸性洗涤纤维含量较低(2.2%,Valier为5.0%),淀粉含量较高(53%,Valier为50.1%),消化速率慢(2h在瘤胃中消化9.5%,Valier为33.4%),而且风干轧制后粒度较小(Valier和PI370970的平均粒度均为1.4 mm)。育种家将PI370970和许多当地品种,包括Valier、'Baronesse'和'Tradition'进行杂交。如同预期的那样,大多数品种的耐酸性洗涤纤维百分比变化与*Nud*/*nud*等位基因的分离相关。由于裸大麦相对于皮大麦而言,减去了10%的纯纤维重量,这一性状同样会影响蛋白和淀粉的百分比。大麦品种的原位干物质消化能力由控制穗型的*Vrsl*基因或与*Vrsl*紧密连锁的基因控制(Abdel和Haleem,2004)。

增加籽粒硬度使轧制后的粒度变大。小麦Puroindoline(*Pin*)基因和它的等位基因已得到深入研究,但迄今在大麦上相关研究较少。蒙大拿国立大学Giroux博士的实验室系统在调查大量全球大麦种质品系的籽粒硬度、瘤胃消化率、淀粉含量和粒度的基础上,对3个与小麦Puroindoline基因类似的大麦hordoindoline(*Hin*)等位基因进行测序(Turuspekov等,2008)。鉴定结果表明,*Hina*和*Hinb*等位基因的状况明显与粒度有关。

(5)提高籽粒淀粉百分比

早在20世纪60年代,Klages选用特异亲本,将尼泊尔的大麦地方品种Everest和埃及的地方品种Good Delta进行杂交,F_1代与当时广泛种植的六棱啤用大麦品种Traill进行顶交,随后再用Traill进行两次回交,最终选育出Karl品种。由于Karl茎秆脆弱,产量潜力不大,未能推广成为商业品种。但是,到20世纪80年代,Karl仍是美国西北部籽粒蛋白质含量最低的大麦品种。

Chee等(2001)在Joppa等(1997)研究之后,在6B染色体上定位了影响硬粒小麦(*Triticum durum*)蛋白百分比的基因。随后,See等(2002)在大麦6H染色体的相近位置上定位了影响蛋白百分率的基因。小麦和大麦中这种等位基因在影响籽粒蛋白表型上具有相似性。大麦中高蛋白百分率等位基因最为常见,低蛋白百分率等位基因在小麦中也已被定位。两组等位基因似乎都是由NAC家族转录因子基因的突变造成的(Uauy等,2006)。大麦籽粒低蛋白百分比的等位基因是由尼泊尔的亲本Everest通过品种Karl带入现代大麦品种中的。高蛋白百分比的等位基因是从*Triticum dicoccoides*转入硬粒小麦和六倍体小麦中的。

大麦中来自Karl的低籽粒蛋白等位基因降低平均蛋白质含量,同时淀粉含量相应增加。这个转录因子主要影响植物衰老,低籽粒蛋白等位基因使大麦的衰老延缓4天左右。

大麦和小麦中的这些基因以及等位基因的变化，似乎是同源系列中最明显的一个瓦维洛夫法则例证（Vavilov，1922）。如是这样，这一转录因子从功能到非功能的突变在大麦和小麦上应有相似的效应。

3. 结语

我们已经知道如何改良供给养牛场的饲用大麦。我们需要利用 PI370970 品种中的 *vrsl* 等位基因以降低原位干物质消化能力，用 *Hina2*/ *Hinb2* 单体型增加谷粒硬度和粒度，利用 *nud* 基因降低耐酸性洗涤纤维，另外还需增加籽粒淀粉含量。无壳、低纤维和高淀粉含量可提高山羊、猪和家禽的平均日增重。采用美国华盛顿州立大学 Wettstein 的耐高温、高 pH 的β-葡聚糖酶技术，应该对家禽和猪的饲养体系有所帮助。

从事改良大麦的科研工作者与研究其他作物的科学家相比更具优势，因为大麦的遗传资源丰富。在未来的数十年中，谷物资源将日益减少，所以我们应该共同确定重大的育种目标，从而缓解由人口增长和环境变化带来的挑战。改良饲用品质是这些育种目标之一，而大麦又特别适用于品质改良。

表 16.1　美国农业部大麦核心种质库中与牲畜饲用品质相关的品种的籽粒特性（图表来自 Bowman 等，2001）

	淀粉含量（%）	耐酸性洗涤纤维百分率（%）	颗粒大小（毫米）	原位干物质消化能力（%），瘤胃中 3 小时
低干物质消化能力品种	平均：50.1 范围：38.7～57.7	平均：5.7 范围：1.6～9.6	平均：1.27 范围：1.12～1.57	平均：33.3 范围：18.7～46.7
高干物质消化能力品种	平均：53.9 范围：43.4～59.3	平均：5.0 范围：1.5～8.6	平均：1.19 范围：1.12～1.29	平均：42.2 范围：31.4～51.0
栽培品种	平均：55.1 范围：51.8～57.0	平均：4.6 范围：2.2～6.5	平均：1.17 范围：1.14～1.20	平均：44.8 范围：38.5～51.7

注：ADF，耐酸性洗涤纤维百分率；DMD，干物质消化能力；ISDMD，原位干物质消化能力

参考文献

Abdel-Haleem，H. A. 2004. Genetics and mapping of quantitative trait loci of feed quality related traits in barley (*Hordeum vulgare*). PhD dissertation，Montana State University.

Blake，T.，J. G. P. Bowman，P. Hcnsleigh ，G. Kushnak ，G. Carlson，L. Welty，J. Eckhoff ，K. Kephart，D. Wichman，and P. M. Hayes. 2002. Registration of Valier barley. Crop Sci. 42：1748－1749.

Boss，D. L.，J. G. P. Bowman，L. M. M. Surber，D. G. Sattoriva，and T. K. Blake. 2004.

Effects of barley processing and bulk density when fed to backgrounding calves. Proceedings, Western Section, American Society of Animal Science Vol. 54.

Bowman, J. G. P. , T. K. Blake, L. M. M. Surber, and H. Bockleman. 2001. Feed quality variation in the world barley core collection. Crop Sci. 41(3): 863—870.

Bregitzer, P. and V. Raboy. 2006. Effects of four independent low-phytate mutations in barley (*Hordcum vulgare* L.) on seed phosphorus characteristics and malting quality. Cereal Chem. 83: 460—464.

Bregitzer, P. , V. Raboy, D. E. Obert, J. M. Windes, and J. C. Whitmore. 2007. Registration of Herald barley. Crop Sci. 47: 441—442.

Bregitzer, P. , V. Raboy, D. E. Obert, J. Windes, and J. C. Whitmore. 2008. Registration of Clearwater low-phytate hulless spring barley. J. Plant Reg. 2: 1—4.

Burton, R. A. , S. M. Wilson, M. Hemova, A. J. Harvey, N. J. Shirley, A. Medhurst, B. A. Stone, E. J. Newbigin, A. Bacic, and G. B. Fincher. 2006. Cellulose synthase-like CslF genes mediate the synthesis of cell wall (1,3;1,4)-*b*-D-glucans. Science 311: 1940—1942.

Chee, P. W. , E . M. Elias, J. A. Anderson, and S. F. Kianian. 2001. Evaluation of a high grain protein QTL from *Triticum turgidum* in an adapted durum Wheat background. Crop Sci. 41: 295—301.

Cichy, K. and V. Raboy. 2009. Evaluation and development of low phytate crops. *In* Modification of seed composition to promote health and nutrition. Agronomy Monograph 51, American Society of Agronomy, Crop Science Society of America, Soil Science Society of Amcrica, WI.

Food and Agricuture Organization (FAO) of the United Nations. 2009. Crop production website. Available at http://faostat. fao. org/site/567.

Frizzi, A. , S. Huang, L. A. Gilbertson, T. A. Armstrong, M. H. Leuthy, and T. M. Malvar. 2007. Modifying lysine biosynthesis and catabolism in corn with a single bifunctional expression/silencing transgene cassette. Plant Biotechnol. J. 6: 13—21.

Golovan, S. P. , M. A. Hayes, J. P. Phillips, and C. W. Forsberg. 200la. Transgenic mice expressing bacterial phytase as a model for phosphorus control. Nat. Biotechnol. 19: 429—433.

Golovan, S. P. , R. G. Meidinger, A. Ajakaiyc, M. Cottrill, M. Z. Wiederkehr, D. J. Barney, C. Plante, J. W. Pollard, M. Z. Fan, M. A. Hayes, J. Laursen, J. P. Hjorth, R. R. Hacker, J. P. Phillips, and C. W. Forsberg. 200lb. Pigs expressing salivary phytase produce low-phosphorus manure. Nat. Biotechnol. 19: 741—745.

Grimson, R. E. , R. D. Weissenburger, J. A. Basarab, and R. P. Stilborn. 1987. Effects of barley volume-weight and processing method on feedlot performance of finishing steers. Can. J. Anim. Sci. 67: 45—53.

Hinman, D. D. 1978. Influence of barley bushel weight on beef cattle performance. Proc. West. Sec. Am. Soc. Anim. Sci. 29: 390—391.

Joppa, L. R., C. Du, G. E. Hart, and G. A. Hareland. 1997. Mapping genes for grain protein in tetraploid wheat (*T. turgiclum L.*) using a population of recombinant inbred chromosome lines. Crop Sci. 37: 1586—1589.

Kellems, R. O. and D. C. Church. 2002. Livestock Feeds and Feeding, 5th ed. Prentice Hall, Upper Saddle River, NJ.

Komatsuda, T. and Y. Mano. 2002. Molecular mapping of the intermedium spike-c (int-c) and non-brittle rachis 1(btr1) loci in barley (*Honieum vulgare L.*). Theor. Appl. Genet. 105: 85—90.

Komatsuda, T., M. Pourkheirandish, C. He, P. Azhaguvel, H. Kanamori, D. Perovic, N. Stein, A. Graner, T. Wicker, A. Tagiri, U. Lundqvist, T. Fujimura, M. Matsuoka, T. Matsumoto, and M. Yano. 2007. Six-rowed barley originated from a mutation in a homeodomain-leucine zipper I class homeobox gene. Proc. Natl. Acad. Sci. U. S. A. 104: 1424—1429.

Larson, S. R., K. A. Young, A. Cook, T. K. Blake, and V. Raboy. 1998. Linkage mapping of two mutations that reduce phytic acid content of barley grain. Theor. Appl. Genet. 97: 141—146.

Linares, L. B., J. N. Broomhead, E. A. Guaiume, D. R. Ledoux, T. L. Veum, and V. Raboy. 2007. Effects of low phytate barley on zinc utilization in young broiler chicks. Poult. Sci. 86: 299—308.

McDonnell, M. F., J. G. P. Bowman, L. M. M. Surber, J. J. Kinchloe, M. A. Thompson, K. A. Anderson, and T. K. Blake. 2003. Effects of barley processing, bulk density and oil type on feedlot performance and carcass characteristics of finishing beef steers. Proc. West. Sec. Am. Soc. Anim. Sci. 54: 49—52.

Mertz, E. T., L. S. Bates, and O. E. Nelson. 1964. Mutant gene that changes protein composition and increases lysine content of maize endosperm. Science 145: 279—280.

Muller, K. J., N. Romano, O. Gerstner, T. Garcih-Marotot, C. Pozzi, F. Salamini, and W. Rohde. 1995. The barley Hooded mutation caused by a duplication in a homeobox gene caused by a duplication. Nature 374: 727—730.

NRC. 1996. Nutrient Requirements of Beef Cattle, 6th rev. ed. National Academy Press, Washington, DC.

Overturf, K., V. Raboy, Z. Cheng, and R. Harcly. 2003. Mineral availability from barley low phytic acid grains in rainbow trout (*Oncorhynchus mykiss*) diets. Aquacult. Nutr. 9: 239—246.

Owens, F. N., D. S. Secrist, W. J. Hill, and D. R. Gill. 1997. The effect of grain source and grain processing on performance of feedlot cattle: a review. J. Anim. Sci. 75: 868—879.

Presanna, B. M., S. K. Vasal, B. Kassahun, and L. N. N. Singh. 2001. Quality protein maize. Curr. Sci. 81(10): 1308—1319.

Rasmussen, S. K. and F. Hatzack. 1998. Identification of two low-phytate barley grain mutants by TLC and genetic analysis. Hereditas 129: 107—112.

See, D., V. Kanazin, K. Kephart, and T. Blakc. 2002. Mapping the genes controlling variation in barley grain protein content. Crop Sci. 42: 680—685.

Sharpley, A. N., T. Daniel, J. Sims, T. Lemunyon, R. Stevens, and R. Parry. 2003. Agricultural Phosphorus and Eutrophication, 2nd ed. Publication ARS-149. USDA-ARS, University Park, PA.

Shewry, P. R. 2007. Improving the protein content and composition of cereal grain. J. Cereal Sci. 46: 239—250.

Sorensen, M. B. 2002. Methylation of B-hordein genes in barley endosperm is inversely correlated with gene activity and affected by the regulatory gene *Lys*3. Proc. Natl. Acad. Sci. U. S. A. 89: 4119—4123.

Sugiura, S. H., V. Raboy, K. A. Young, F. M. Dong, and R. W. Hardy. 1999. Availability of phosphorus and trace elements in low-phytate varieties of barley and corn for rainbow trout (*Oncorhyrnchus mykiss*). Aquaculture 170: 285—296.

Surber, L. M. M., J. G. P. Bowman, T. K. Blake, D. D. Hinman, D. L. Boss, and T. C. Blackhurst. 2000. Prediction of barley feed quality for beef cattle from laboratory analyses. Proc. West. Sec. Am. Soc. Anim. Sci. 51: 454—457.

Taketa, S., S. Amano, Y. Tsujino, T. Sato, S. Daisuke, K. Kakeda, M. Nomura, T. Suzuki, T. Matsumoto, K. Sato, H. Kanamori, S. Kawasaki, and K. Takeda. 2008. Barley grain with adhering hulls is controlled by an ERF family transcription factor gene regulating a lipid biosynthesis pathway. Proc. Natl. Acad. Sci. U. S. A. 105: 4062—4067.

Turuspekov, Y., B. Beecher, Y. Darlington, J. Bowman, Y. Blake, and M. Giroux. 2008. The variation of hardness locus and endosperm texture in spring cultivars of barley (*Hordeum vulgare L.*). Crop Sci. 48: 1007—1119.

Uauy, C., A. Distelfeld, T. Fahima, A. Blechl, and J. Dubcovsky. 2006. A NAC gene regulating senescence improves grain protein, zinc, and iron content in wheat. Science 314: 1298—1301.

Vavilov, N. I. 1922. The law of homologous series in variation. J. Genet. 12(1): 47—89.

Veum, T. L., D. R. Ledoux, and V. Raboy. 1999. Low phytic acid barley for growing pigs: pig performance and bone strength, p. 287. Proceedings of the 50th Annual Meeting of the European Association for Animal Production, Zurich, Switzerland.

Wettstein, D. 2007. From analysis of mutants to genetic engineering. Annu. Rev. Plant Biol. 58: 1—19.

Wettstein, D., G. Mikhaylenko, J. A. Froseth, and C. G. Kannangara. 2000. Improvcd barley broiler feed with transgenic malt containing heat-stable (1,3-1,4) ~ β-glucanase. Proc. Natl. Acad. Sci. U. S. A. 97: 13512—13517.

Yi, Y. C., R. Ledoux, T. L. Vcum, V. Raboy, K. Zyla, and A. Wikiera 2001: Bioavailability of phosphorus in low phytic acid barley. J. Appl. Poult. Res. 10: 86—91.

17

大麦的食品用途

1. 引言

作为一种谷类粮食，大麦可能是人们最缺乏了解的小杂粮，而且也被大多数谷物公司和消费者所忽视，尽管它有着许多令人期待的特性。该谷物可以不同的添加比例成功地掺入至其他食品。在很多例子中，大麦的添加使得产品的质地、风味、香气和营养价值都有所增加。排除该食品本身的吸引力，它的接受程度通常与消费群体的文化和社会地位紧密相关。粥搭配不同类型的面包和油酥，长期来作为谷物的主要用途。与燕麦、水稻和黑麦一样，大麦无法像面包小麦一样提供富含面筋的面粉以制作蓬松的白面包。多年来，随着各个国家逐渐繁荣，人们对制面包的谷物选择发生了变迁，即从大麦至黑麦然后到小麦(Taylor,1918)。同样，另一个改变也十分明显，即黑麦和燕麦的广泛应用，尤其是后者应用于粥和热早餐谷物。随着即食型早餐食物的出现，这个市场由小麦和玉米占据变成了与水稻、黑麦、燕麦共享，然而大麦却被排除出局。在知道裸大麦和千粒重的差异之前，一直到 20 世纪后半期，北美地区在大麦品质改善方面进展十分缓慢。直到最近，意识到健康餐饮应包含低卡路里、高膳食纤维、低脂肪，特别是饱和脂肪酸和反式脂肪酸，且富含抗氧化剂和其他保护成分，才促使大麦因符合这些标准而作为自然、廉价、可利用的食物资源再度出现。

大约 20 年前，一个强有力的研究证据表明：大麦有益健康且适合添加至食物(Newman 和 Newman,1991)。从那时起，大麦作为粮食谷物的使用稍有增加，这主要是谷物科学家、营养学家以及越来越多的支持组织的努力和认识提高的结果。在 2006 年，FDA 颁布了一份健康声明认为，大麦和燕麦可以减少患心血管疾病的几率(FDA 2006)。这份健康声明的成功发表，很大程度上归功于国际大麦评委会小组、国际大麦改善委员会小组的努力。这份对于大麦和燕麦而言的健康声明，是基于两者在其细胞壁中含有相对较高的可溶性纤维为基础的。

在大麦和燕麦中发现的可溶性纤维，已证明能减少心血管疾病，人们定期少量但足量服用可以减少血清中的胆固醇。

因品种和栽培环境的不同，大麦和燕麦中可溶性纤维含量有很大的变异。目前，已育成并鉴定出可溶性纤维含量比市场上常规燕麦高 2～4 倍的大麦品种。食用大麦食物能够控制糖尿病这一现象，在忽略了几百年后重新完全浮出水面。大麦的这项作用比控制胆固醇可能要重要的多，因为糖尿病是现在包括美国在内的发达国家所普遍流行的疾病。在写食物如大麦籽粒的营养成分时，最经常忘记的是，这些成分最初就认为是维持植物的生命周期而不是养活其他生物的。因此，其他的生物系统仅仅只是利用“好东西”之便而已。这点在大麦上尤是如此，人们总是期望补充维生素 A、D、K、C 以及维生素 B12 和矿物质钙。大麦籽粒富含其他营养成分，可用于维持人类生命。大麦的一些特殊成分含量提升，可在控制心血管疾病和糖尿病上发挥作用。另外，大麦籽粒中防御微生物入侵的一些保护性成份，目前已确实对人类同样有防御各种疾病（包括癌症）的保护作用。

本章涵盖了大麦食物的简史、结构和食用的重要营养成分、研究进程以及最近不同的大麦食物制品，还有大麦的这些应用上的挑战。还讨论了与食品加工和产品质量直接相关的谷物物理性质和组成成分，这些为食用大麦的品种改良和发展指出了方向。

2. 大麦的食用历史

人类古代文明的生活方式和历史的考古学研究，清楚地证明野生大麦和栽培大麦与斯卑尔脱小麦、栽培二粒小麦、栽培一粒小麦一样，都是当时重要的食物。一般认为，现代栽培大麦起源于野生大麦，两者都是大麦种的亚种（Zohary 和 Hopf，1988；Nevo，1992）。大麦种野生亚种生长在新月沃土（西南亚地区）、北非以及那些栽培大麦最初被驯化的地方。最近有两篇文章确认，在加利利海西南海岸的以色列迄今已有 22000～23000 年的史前遗址中，发现了野生大麦和小麦的种子（Nadel 等，2004；Piperno 等，2004）。该发现之前，亚洲、北非和欧洲等地的考古发现，10000 年前已有文字记载，在古文明时期大麦就在食物和饮料中广泛应用（Harlan，978；Molina-Cano 和 Conde，1980；Xu，1982；Zohary 和 Hopf，1988；Diamond，1997）。值得特别注意的是，在亚洲的西藏等高海拔地区或山区，大麦作为食物食用一直延续至今，几百年甚至几千年至今一直以大致相同的方式食用（Shelton，1921；Tashi，2005）。

早在公元前 3000 年左右，在欧洲，特别是在不列颠诸岛和斯堪的纳维亚，大麦作为主食应用，是制作不同类型的面包和蛋糕（Mikelsen，1979）。著名的苏格兰薄饼和英式司康最早可能完全是用大麦制作的（Gauldie，1981）。Theobald 等人于 2006 年研究了 *Bere* 大麦的营养特性，*Bere* 大麦是一个欧亚地方品种，据传

是在公元8世纪由北欧侵略者带入奥克尼群岛(Jarman,1996)。*Bere* 大麦可能是最早而且迄今仍然保留的大麦品种名称。*Bere* 大麦的组成成分与现代大麦并无显著差别,而且期望的β-葡聚糖含量在现有报道值的下端(Theobald 等,2006)。尽管 *Bere* 大麦是皮大麦,其β-葡聚糖含量较低,但它很可能还是作为食用大麦应用。在大不列颠诸岛,大麦和豌豆、燕麦目前仍作为主食配料掺在粥中,而在斯堪的纳维亚,直至20世纪初,粥和菜谱中大麦是唯一的谷类配料。面包小麦的发展是从大麦面包、大麦糕点的衰退开始的,大麦扁面包、薄饼、英式司康在斯堪的纳维亚、北苏格兰部分地区,特别是在奥克尼群岛仍然可见。

尽管 Stix (2008)和其他一些科学家为人类从欧亚大陆迁徙到西伯利亚-阿拉斯加大陆架进而跨越至美洲大陆,提供了强有力的证据,但没有证据显示,无论是野生还是栽培大麦是跟随着这些迁徙人们来到这个新的地方的。历史记录显示,美洲的大麦引入来自两个独立的地方,这比第一次人类从北边路线入侵这些大陆的时间要迟的多。

是西班牙人最早把大麦引进北美大陆,并由此进入新墨西哥,一个世纪后,英国、德国和荷兰的殖民者把大麦引入北美地区的东海岸和东北海岸(Weaver,1950; Wiebe,1978; Capettini,2005; Philbrick,2006)。第一次把大麦引至一个全新的地方,应归功于加伦比亚人在1493年的第二次航程,尽管有文字记载,少量大麦于1494年的春天被播种,但没有文字记载这次的播种最终是否有收获(Thacher,1903)。后来西班牙殖民者在墨西哥种植大麦相对较为成功。引入的大麦品系适应南欧和北非的地中海气候,因此能在墨西哥、亚利桑那州以及加利福尼亚南部(Hendry,1931;1934; Harlan,1978)成功地生长。最有可能的是,大麦从墨西哥传入美国的中部和南部,而在这些大陆的高海拔地区,大麦是主食资源。在厄瓜多尔的山区和乡村地区,现在大麦仍然是一种重要的食物(Villacres 和 Rivadeneira,2005)。迁徙者来到现在属于美国和加拿大的一些地方,除墨西哥北部疆域外,他们来自西欧和北欧,带着当时对当地已适应的大麦种子(Weaver,1950; Wiebe,1978)。随着人口迁徙至内陆的北美大陆中部,大麦生产也就集中在人口聚集中心地,主要为不可避免的酿酒和喂养牲畜提供谷物。在大陆的发现和定居过程中,大麦成为啤酒生产的必备配料,为携带式饮料提供了原料,而大部分水认为已受污染。在欧洲探险者行驶在汪洋大海的帆船上,啤酒是一种十分重要的饮料。很多时候,啤酒供应决定着航行时间的长短,因此是确定定居位置的一个因素(Philbrick,2006)。

单纯从哲学角度上看,在阅读大麦食品和饮料的漫长历史时,很容易发现这一谷物在全球人类食品中具有如此之多的功能!从有文字记载开始(毫无疑问会更早),大麦就一直因其能广泛地为大众提供食物而倍受赞誉。但是在收成较好,有大量小麦、水稻、燕麦等种植时,大麦在食物方面就显得不那么受欢迎,不过在饮料方面仍然受欢迎。在日子较为艰难时，大麦则是“安全线”的基础。相对最近的一个著名例子发生在韩国20世纪60和70年代后期，那时，政府通过全民运动和委托大麦公司将大麦作为大米替代物，加至校园午餐盒和餐馆餐饮中，以应对当时的稻米短缺。政府和私人企业进行相关研究，旨在改善品种，以扩大其作为水稻的替代品或在不同食品包括面条、面包、糕点和小吃上的应用。引进了蒸煮、精磨和脱壳裂片等方法，以改善蒸煮大麦的外观和感官特性，缩短蒸煮时间，从而使大麦和大米能混匀并一起蒸煮。但是，确定适合食用的大麦品质特性以及培育专门适于食用的大麦品种的同步研究基本缺乏。随后很快地，在20世纪80年代农业生产力提高和经济繁荣，水稻供应充足的情况下，韩国的大麦消费急剧下降，相应地，对大麦食品化的关注亦烟消云散了。

3. 大麦籽粒的解剖结构和组成

大麦食品的营养价值和健康促进潜力首先取决于籽粒的组成，其次取决于籽粒加工为食品的工序。在加工过程中，由于籽粒不同部位的解剖和组成有着显著差异，所以将籽粒机械分离会改变最终产品的组成成分。

(1)解剖结构

成熟的籽粒包括麸壳、小穗轴和颖果。大麦籽粒的这些组成部分所含有的营养成分并不相同，且不相似。因此，对于大麦加工者而言，很有兴趣了解这些不同点，以提高产品的品质和营养价值。Reid 和 Wiebe (1978) 以及 Reid (1985)简要地介绍过大麦籽粒的解剖特性。读者欲详细了解大麦的形态和解剖特点，可参阅这些文章。

在小花和籽粒发育过程中，子房和雄蕊被两个颖片包裹。这些结构中，外稃和内稃在后期发育成麸壳，成为成熟籽粒最外层的组分。这些麸壳主要由木质化的纤维和硅组成，后者对恶劣天气和细菌真菌侵袭提供保护。在皮大麦的成熟籽粒中，麸壳很坚硬保护着果皮，而在裸大麦中，麸壳不粘合或松散地粘合。

颖果由果皮、珠心层、种皮、胚乳和胚组成。成熟时，果皮和珠心层都是由麸壳包被在外的薄层组织。种皮是一层不溶的纤维膜，它位于果皮和珠心层的下方、糊粉层的上方，有避免微生物和水分进入的作用。种皮几乎完全包围着大麦颗粒，有效地将籽粒的外界与内部分隔开来。

胚乳是籽粒中最大的一部分，由糊粉、亚糊粉和淀粉胚乳组成。胚乳包含圆形、椭圆形或球形细胞的网络，从糊粉最外层伸展至淀粉胚乳的中间。细胞壁是由非淀粉多糖组成的复杂矩阵，非淀粉多糖含量在以上三个组织中各不相同。胚乳是新植株萌发成长过程中营养元素和各类酶的仓库。

胚可能是籽粒中最为复杂的组织，虽然它仅占总重量的很小一部分。它位于叶轴底部连接颖果的背部位置。胚和胚乳通过盾片这个扁平的组织相连接。新植株生长所需的必要遗传物质位于胚以及大量的亚细胞结构中。亚细胞组成包括线粒体、蛋白体、圆球体、高尔基体、粗糙内质网、核以及胞质线穿越的薄细胞壁。

成熟的大麦籽粒平均含有13%麸壳、2%果皮和外种皮、5%糊粉层、76%淀粉胚乳和亚糊粉、3%胚和盾片的干物质重。

(2)营养成分

营养水平受基因型、生长环境因素以及这两个变量互作的影响。大部分情况下,大麦籽粒营养成分的控制为数量性状,它由很多基因以及等位基因所控制,尽管有个别等位基因对一些性状的影响很大。影响大麦营养成分的环境因素包括在特定生长期的有效水分、气温、土温、土壤肥力和栽培措施。栽培措施又包括整地、杂草和病虫害控制、播期和栽培密度等。植株籽粒内淀粉、蛋白质和脂质的积累受湿度和氮肥的影响最大(假设其他因素均在适宜范围内)。受干旱胁迫的植株,淀粉积累降低,导致蛋白质和纤维比例增加。正常的大麦籽粒中,淀粉颗粒填充多且重,而受干旱胁迫的植株,籽粒瘦且轻。同样,籽粒的饱满度和重量在一定程度上也受棱型、品种、播期、籽粒灌浆期的气候(如霜)等影响。在干旱条件下,胚乳组织的细胞壁厚度和纤维含量显著增加。成熟大麦籽粒的主要化学营养成分包括碳水化合物(淀粉、糖类和纤维)、蛋白质(氨基酸)、脂质(脂肪酸)和灰分(矿物质),而它们的平均含量据报道差异悬殊(表17.1)。去麸壳对纤维类型和含量有很大影响,但对其他营养成分的影响相对较小。一些特殊的大麦突变体已被开发并商业化,其碳水化合物(淀粉和纤维)种类和含量、蛋白质和氨基酸的含量都与已往报道的有很大不同。在一些报道中,突变体大麦通常有低含量(<20%~30%)的淀粉和高含量(25%~35%)的纤维(Eslick,1981; Hofer,1985; Åman和Newman,1986; Munck,1992; Morell等,2003; Topping等,2003)。尽管如此,表17.1中所列的平均含量,普遍用于介绍大麦的营养价值。

表17.1　皮大麦和裸大麦两种类型的主要成分(干物质计[a])

项目	皮大麦		裸大麦	
	平均[b]	范围	平均	范围
蛋白质[c]	13.7	12.5~15.4	14.1	12.1~16.6
淀粉	58.2	57.1~58.5	63.4	60.5~65.2
糖类[d]	3.0	2.8~3.3	2.9	2.0~4.2
脂类	2.2	1.9~2.4	3.1	2.7~3.9
纤维	20.2	18.8~22.6	13.8	12.6~15.6
灰分	2.7	2.3~3.0	2.8	2.3~3.5

[a]:来源:Åman和Newman(1986);[b]:$n=3$;[c]:$N\times6.25$;[d]:葡萄糖、果糖、蔗糖和果聚糖。

• **碳水化合物:淀粉和糖类**

大麦中占营养成分最大的淀粉,主要由两种高分子量的多糖——直链淀粉和支链淀粉组成。直链淀粉是由 α-1→4 键将葡萄糖连接而成,呈不分枝的螺旋结构。支链淀粉由 24～30 个通过 α-1→4 键连接葡萄糖而成的主链以及 α-1→6 键连接葡萄糖而成的分枝组成。支链淀粉与直链淀粉螺旋结构不同,呈簇状或树枝形结构。正常的大麦淀粉含大约 77%的支链淀粉和 23%的直链淀粉。支链淀粉与直链淀粉的正常比例,很大程度上受位于一号染色体(7H)的隐性糯性基因(*waxwax*)控制。*waxwax* 基因的表达会产生 95%～100%的支链淀粉。大麦含高比例支链淀粉称为糯性(waxy)。而"waxy"这个词并不是指真正存在蜡质成分,仅指高支链淀粉含量,而且也不局限于大麦,糯性玉米、小麦、高粱和水稻中也存在。加拿大的一个裸大麦育种计划培育了一个无直链淀粉的糯性大麦(Bhatty 和 Rossnagel,1997),同样,日本也人工诱变了这样的材料(Ishikawa 等,1995; Ajithkumar 等,2005)。

另一方面,已将 *amo*1 基因定位在一个六棱大麦 Glacier 突变体的 5 号染色体(1H)上;Himalaya 突变体中,*sex*6 基因定位在 1 号染色体(7H)上,该基因可使大麦的直链淀粉含量达到 40%～70%(Merritt,1967; Walker 和 Merritt,1969; Morell 等,2003)。Morell 等还认为,淀粉合成 *IIa* 基因(*sIIa*)是改变 Himalaya-292 突变体支链淀粉合成减少 20%、直链淀粉合成相应增加的原因。这些淀粉和大麦都相应地称之为"高直链淀粉"。

传统意义上,糯性大麦的总淀粉含量要比正常淀粉型大麦的少,但是淀粉含量减少通常会伴随单糖、蔗糖、葡萄糖和果糖的少量增加,以及细胞壁中总膳食纤维(TDF)的显著增加。增加的 TDF 组分主要是葡萄糖残基混合连接的多聚体,一般为 β-葡聚糖(Ullrich 等,1986; Xue 等,1997)。高直链淀粉大麦同样含有较低的淀粉和较高的 β-葡聚糖(Newman 和 McGuire,1985; Bird 等,2008)。β-葡聚糖含量的高低与淀粉类型之间的关系,迄今尚不明确,但很可能是一种数量遗传效应。β-葡聚糖含量的增加,会部分地而不是完全造成胚乳和糊粉组织的细胞壁增厚。这在正常淀粉类型大麦(Aastrup,1983)以及淀粉类型改变的大麦上,得到了证实。正常大麦、糯性大麦和高直链淀粉大麦的碳水化合物组成见表 17.2。

表 17.2 糯性和非糯性大麦基因型的碳水化合物和提取物黏度(cp)[a](干物质计)[b]

项目[c]	非糯性		糯性	
	皮大麦	裸大麦	皮大麦	裸大麦
淀粉	55.9	61.3	51.5	58.5
糖类[d]	2.3	2.9	5.0	5.5
纤维				
总膳食纤维	17.0	13.2	19.6	13.8
可溶性膳食纤维	4.4	4.9	5.9	6.3
阿拉伯木聚糖	6.2	4.4	6.7	4.6
纤维素	3.8	2.1	4.4	1.9
木质素	2.0	0.9	1.8	0.9
总 β-葡聚糖	4.4	4.7	5.3	6.3
可溶性 β-葡聚糖	2.6	2.6	3.2	3.4
提取物黏度	2.8	3.1	3.3	4.9

[a]:厘泊单位;[b]:来源:Xue 等(1997);[c]:皮大麦 $n=6$;裸大麦 $n=12$;[d]:葡萄糖、果糖、蔗糖、麦芽糖和果聚糖。

- **碳水化合物:纤维**

有关食物中纤维的定义已争议多年,但大部分专家认为,纤维由碳水化合物组成,不能被哺乳动物的酶所消化。尽管不是碳水化合物,木质素(不要与木脂素混淆)被认为是纤维的单体,因其与许多植物纤维如纤维素相连结。大麦籽粒中纤维主要由木质素、三个大分子量的非淀粉多糖(NSPs)、纤维素、β-葡聚糖以及阿拉伯木聚糖组成,它们是不同组织中细胞壁的结构成分。

纤维素是线性 NSP,葡糖糖残基通过 β-(1→4)键连接成长带状结构,在种皮和麸壳中大量存在,同时少量存于胚、糊粉层和淀粉胚乳中。在大麦麸壳中,大部分的木质素与纤维素相联结。

此处以及上面提到的 β-葡聚糖,是 β-(1→3) 和(1→4)混合连接的葡萄糖基聚合体,单 β-(1→3)键将 2 个、3 个或者更多相邻的 β-(1→4)糖苷键隔开(Parrish 等,1960; MacGregor 和 Fincher,1993)。β-(1→3)键不规则的插入打破了纤维素类带状结构,在分子结构中创造了 90°弦。超过 90%的 40℃水溶性 β-葡聚糖可视为纤维三糖和纤维四糖经单 β-(1→3)键连接的共聚体(MacGregor 和 Fincher,1993)。近 10%的非可溶性 β-葡聚糖有高达 14 个相邻的 β-(1→4)糖苷键组成,其内部结构更似纤维素(Woodward 等,1983; Edney 等,1991; Wood 等,1994)。据推测,这些更长的 β-(1→4)糖苷键可能增加分子的空间延展性

(Buliga 和 Brant，1982)，使分子的回转半径和分子体积增加(Robinson 等，1982)。β-葡聚糖的水溶性是由于 β-(1→3)糖苷键产生的分子内部结构和 β-(1→4)糖苷键的长跨度使体积变大的结果。有人认为，在大麦 β-葡聚糖中，经 β-(1→3)连接葡萄糖基的结构并不存在，或者它们只占很少量的总 β-葡聚糖。

阿拉伯木聚糖是大麦籽粒中第三类结构性非纤维素多糖，它主要由戊糖、阿拉伯糖和木糖组成。大麦中的阿拉伯木聚糖是 β-(1→4)吡喃木糖骨架上携带 α-L-阿拉伯呋喃糖残基组成的。石碳酸、阿魏酸和 ρ-香豆酸与阿拉伯木聚糖共价结合，组成淀粉胚乳中约 0.05%的细胞壁(Viëtor 等，1993)和糊粉层中约 1.2%细胞壁(Bacic 和 Stone，1981)。

纤维组成主要由遗传控制，但受环境生长条件的影响很大。尽管如此，一般认为，遗传背景在这两个控制因素中要重要得多(MacGregor 和 Fincher，1993)。但是，不像纤维素含量的遗传控制(*nudnud* 基因控制麸壳)，大麦籽粒 β-葡聚糖含量的遗传很复杂，目前尚未完全明确(Ullrich，2002)。通过改变 β-葡聚糖和阿拉伯木聚糖的含量，糊粉胚乳细胞壁的厚度可以进行遗传操纵。MolinaCano 和 Conde(1980)以及 Aastrup(1983)和鉴定到控制低 β-葡聚糖突变体大麦的一个简单遗传因子。Powell 等(1989)也介绍过控制 β-葡聚糖含量由 3～5 个因子组成的遗传体系，但它们尚未进行染色体定位。利用 Steptoe/Morex 进行杂交定位研究中，Han 等(1995)报道，2 号染色体上(2H)有 3 个数量性状位点(QTLs)，5 号染色体(1H)上有 1 个 QTL，可解释该体总 β-葡聚糖含量的 34%变异。有关大麦阿拉伯木聚糖含量的遗传控制，人们知之甚少，但是一致意见的是，它与细胞壁厚度在一定程度上是相关的。Henry(1986)认为，阿拉伯木聚糖含量和木糖/阿拉伯糖的比例，一定程度上受基因型控制，但更多地受环境因子的影响。受遗传或干旱条件影响的小胚乳小籽粒，有较高含量的阿拉伯木聚糖，因为该纤维成分集中在外部组织如糊粉层中。

- **蛋白质**

蛋白质归类为真蛋白质(即由不同的 L-氨基酸化合物组成)或粗蛋白(即基于总氮含量所计算的值)。分析真蛋白质的方法十分困难，耗时费本，但氮含量的测定相对简单、快速和便宜。因为大部分蛋白质或蛋白质混合物约含 16%的氮，所以蛋白质含量基本上通过氮的含量乘以 6.25 (100/16=6.25)估算。由于不是所有的蛋白质都含 16%的氮，所以在估算中显然会产生误差；不过，大麦主要组分的蛋白质混合物一般含约 16%的氮。在过去的 20 年内，测定大麦和其他生物材料的氨基酸的分析仪器和方法可操作性增强，可提供更多的信息以及能更精确地估量真蛋白质的含量。因此，如需要精确地估算蛋白质，可以应用氨基酸的分析方法。

单从营养角度上考虑，淀粉(能量)是谷物中主要的营养成分，尽管谷物中的蛋白质(氨基酸)可为人类和其他动物提供了很多的能量和氮需求。如不考虑氮的需求,蛋白质的代谢能与淀粉是相同的。在大麦中,总蛋白与淀粉含量呈负相关;因此,淀粉含量较高的大麦饱满籽粒通常蛋白质含量相对较低。膳食蛋白质的数量和质量同等重要,且两者大麦均优于玉米和高粱,可能与小麦、黑麦、黑小麦和燕麦中的总蛋白质含量相等甚至超过。大麦的总蛋白含量通常要高于糙米和精米,但糙米的蛋白质品质与大麦类似甚至更佳,特别是对总蛋白质含量高于12%的大麦而言。

优质蛋白质可以简单地定义为含9、10或11个必须氨基酸(取决于种类和年龄)的蛋白质,以满足不同个体人类或动物的需求。必需氨基酸是指那些动物或人在代谢中不能合成或合成量不足而必须从食物中摄入的氨基酸。谷类蛋白质,包括大麦的蛋白质,赖氨酸、甲硫氨酸、苏氨酸和色氨酸等必需氨基酸含量有限(不足量)。在这些氨基酸中,赖氨酸含量最受限制,其他3个氨基酸的含量变异取决于谷类籽粒和个体(人类或动物)的需求。在发达国家,其他来源的蛋白质,如肉类、牛奶和豆类等充足,所以对蛋白质品质的要求远远低于那些主要从谷物中摄取蛋白的国家。对于后者,高品质蛋白质可使儿童生长曲线以及整个群体健康和幸福发生很大的差异。

利用QTL分析发现,所有7条染色体上都存在着一定程度上控制着大麦籽粒蛋白质含量的区域(Zale等,2000;Ullrich,2002)。因此,大麦籽粒的蛋白质含量属数量性状,且十分复杂。Shewry(1993)报道,所有醇溶蛋白(贮藏蛋白)是由位于5号染色体(1H)上的结构基因控制的。即使还不知道具体涉及的基因,但容易证明,大麦籽粒中总蛋白质在适当的湿度和环境温度下,以及施用氮肥后显著上升。遗憾的是,这种环境下蛋白质的增加主要是醇溶蛋白的增加,而醇溶蛋白在各种氨基酸的生物平衡上较差,表现赖氨酸、甲硫氨酸、苏氨酸、色氨酸含量低。表17.3显示了大麦总蛋白含量对氨基酸含量的影响(Newman和McGuire,1985)。随着籽粒总蛋白质含量的升高,所有氨基酸量都有所增加,除胱氨酸外,它在蛋白质含量高于12.7%后就不再增加了(以占籽粒百分数计)。如以占蛋白量的百分比表示,氨基酸含量随总蛋白量增加而趋于下降。赖氨酸表现的最为明显,从低蛋白含量到高蛋白含量,降了几乎24%。因此,与蛋白质含量不同的其他谷物和大麦品种进行比较,是不能可靠地得到确切的最佳蛋白质品质的。因为麸壳中蛋白含量很低,等含量的裸大麦相对于皮大麦而言,总蛋白含量要略高些。大麦籽粒各部位的蛋白质和氨基酸含量并非相同。特别是,糊粉层和胚含有较多的必需氨基酸,而胚乳含有较多的非必需氨基酸。尽管醇溶蛋白对人类和其他单胃动物的营养有限,但这些事实令人惊奇,即大麦具有内在增加这一巨大存储量的能力。Ed Mertz博士鉴定到控制玉米高赖氨酸的*Opaque*-2基因(Mertz等,1964),以后这称为蛋白优玉米(Bressani,1994),且开

表 17.3 大麦的氨基酸组成。分别以占籽粒百分比和籽粒中总蛋白百分比为单位表示(干物质计)[a]

占籽粒(%)	占蛋白质(%)				蛋白质含量(%)			
	9.7	12.7	14.3	16.5	9.7	12.7	14.3	16.5
氨基酸								
丙氨酸	0.39	0.45	0.53	0.59	3.98	3.62	3.74	3.58
精氨酸[b]	0.50	0.65	0.70	0.79	5.12	5.27	4.89	4.80
天冬氨酸	0.62	0.72	0.81	0.90	6.40	5.79	5.66	5.46
胱氨酸	0.25	0.33	0.32	0.32	2.56	2.67	2.21	1.95
谷氨酸	2.39	3.24	3.9	4.50	24.60	26.18	27.28	27.30
甘氨酸	0.36	0.44	0.47	0.55	3.70	3.52	3.26	3.34
组氨酸[b]	0.23	0.30	0.32	0.38	2.42	2.38	2.30	2.28
异亮氨酸[b]	0.36	0.16	0.53	0.59	3.70	3.72	3.74	3.58
亮氨酸[b]	0.68	0.87	1.00	1.13	7.11	7.03	7.01	6.84
赖氨酸[b]	0.41	0.44	0.49	0.54	4.27	3.52	3.45	3.26
甲硫氨酸[b]	0.18	0.21	0.23	0.28	1.85	1.76	1.63	1.71
苯丙氨酸[b]	0.48	0.63	0.75	0.90	4.98	5.07	5.37	5.46
脯氨酸	1.05	1.42	1.69	2.08	10.81	11.48	11.81	12.62
丝氨酸	0.47	0.55	0.64	0.76	4.84	4.45	4.51	4.72
苏氨酸[b]	0.36	0.45	0.49	0.58	3.70	3.62	3.45	3.50
色氨酸[b]	0.19	0.24	0.27	0.32	1.99	1.96	1.92	1.95
酪氨酸	0.29	0.37	0.41	0.48	2.99	3.00	2.88	2.93
缬氨酸[b]	0.48	0.62	0.70	0.77	4.98	4.96	4.89	4.72

[a]:同年同点不同氮肥处理下的 4 个样品(2 个二棱大麦(品种 Compana 和 CI 5438)和 2 个六棱大麦(品种 Unitan 和 CI 10421))的均值。来源:Newman 和 McGuire(1985);

[b]:视为成人的必需氨基酸,但在某些情况下可省略或可由其他氨基酸部分替代,如胱氨酸替代甲硫氨酸、酪氨酸替代苯丙氨酸

启了大麦蛋白质的品质改善工作。同样,在大麦中也有十分类似的发现,Lars Munck 及其同事在瑞典 Svalöv 植物育种中心发现了源于埃塞尔比亚的 Hiproly (*lys*1),具有高蛋白(17%～18%)、高赖氨酸(4.5g 赖氨酸/16g N)的特点(Munck 等,1970)。当时,罗斯基勒 Risø 国家实验室、皇家兽医与农业大学、哥本哈根嘉士伯研究实验室等的许多丹麦科学家参与了开发、检测、比较高赖氨酸突变体大麦的工作。其中较为成功的一个突变体是 Bomi Risø1508 (*lys3a*),含

5.5g 赖氨酸/16g N (Ingversen 等,1973)。不过,在高赖氨酸籽粒研究初期,它的主要缺点是由于淀粉合成和籽粒灌浆不适,籽粒大小和重量减少导致胚乳皱缩,严重降低产量。后来,玉米(Bressani,1994)和大麦(Munck,1992)上的专门研究,解决了这一问题。从丹麦的高产啤用大麦品种中发现,正常大麦的蛋白质遗传基础约为≤3.5g 赖氨酸/16g N,将 Bomi Risø1508 (*lys3a*)突变体引入 Triumph 和 Nordal 品种,再经过大量选择,获得了一个相对高产和高赖氨酸含量的大麦品种——CA700202,它含 6.5g 赖氨酸/16 N (Bang-Olsen 等,1987; Munck,1992)。当该大麦推出后,它几乎是大麦籽粒测定和品种产量的一个对照。尽管高赖氨酸玉米在商业上获得了成功,但高赖氨酸特性在商业大麦中并未大量应用。

• **脂类**

脂类是一类提供密集能量(比可溶性碳水化合物大 2.5 倍)的营养物质,能量主要在代谢作用中储存或消耗。脂类在整个大麦籽粒中都存在,胚中有 18%,最大的一部分存在于糊粉层和胚乳中。Åman 等(1985)报道,115 个大麦籽粒的总脂类提取率为干物质的 2.1%~3.7%,平均为 3.0%。大麦三酰甘油中主要脂肪酸为:23%棕榈酸(16∶0)、13%油酸(18∶1)、56%亚油酸(18∶2)以及 8%亚麻酸(18∶3)(Anness,1984;Morrison,1993)。非极性脂类主要是三酰甘油以及自由脂肪酸,约占籽粒总脂类的 75%,其他 25%大致上可以分为极性脂类、糖脂以及磷脂(Briggs,1978)。

有关增加大麦籽粒总脂类的遗传选择和育种,少有成功的报道。Risø1508 这一高赖氨酸品种,据报道其脂类含量(3.5%~5.3%)要比普通品种高很多(Bhatty 和 Rossnagel,1979;Newman 等,1990b;Munck,1992),但这可能与其胚乳有轻度皱缩有关(Morrison,1993)。但值得注意的是,源于 Risø1508 的高赖氨酸品种 CA 700202 (Bang-Olsen 等,1987)籽粒饱满,且淀粉含量要比突变体亲本高,但总脂类还是维持在较高的含量(≥5.0%)(Newman 等,1990b; Munck,1992)。

• **维生素**

在这么多化学成分中,维持人类和其他动物正常的新陈代谢所必需的物质是水溶(B 族)和脂溶(A、D、E、K)的维生素。维生素最初的概念是指人体或动物不能正常合成、必须靠食物摄入的物质。全颗粒谷物一般是 B 族维生素的良好来源,但维生素 B12 除外,它在高等植物中没有发现。大麦也不例外,这些维生素主要存在于颖果的外层和胚中。烟酸在大麦中的含量要比玉米、燕麦和黑麦中高 4~5 倍。但在所有未加工的大麦籽粒中,85%~90%的烟酸与蛋白质紧密结合,不能被生物利用。如同制作墨西哥薄饼的前处理,碱溶液处理可打破烟酸与多糖和糖肽类的结合,使之对生物有效。包括加热等程序,会破坏一些不耐热的B族维生素。从5个已发表的数据来源上看,B族维生素的平均含量为(以毫克/千克计):硫胺(维生素B1)5.2,核黄素(维生素B2)1.8,烟酸63.2,泛酸5.1,生物素0.14,叶酸0.43,吡哆酸(维生素B6)3.5,胆碱1290(Newman和Newman,2008)。胆碱1290不是真正意义上的维生素,人体和动物代谢途径可少量合成。

大麦中不含维生素C(抗坏血酸)以及脂溶维生素A、D、K,但含高含量的维生素E,这是由生育酚和生育三烯酚的四个同分异构体(α、β、γ及δ)组成的化合物。α-生育酚(8.7mg/kg)和α-生育三烯酚(32.3mg/kg),是最易辨认的同分异构体,它们在哺乳动物的代谢系统中有很强的抗氧化能力。从7份已报道的材料上看,大麦总母育酚(生育酚+生育三烯酚)含量的平均值为63.0mg/kg(Newman和Newman,2008)。

• **灰分**

大麦灰分或矿物质含量约为2.0%~3.0%,裸大麦处于下限,而皮大麦处于上限。皮大麦灰分含量偏高主要是由于有尚未确定为营养元素的硅。人体全身均有矿物质,它提供结构支持,是代谢系统如代谢反应中能量转移、酸碱平衡、流体平衡的组成成分,也是激素和维生素等复杂系统的成分。根据大部分食物的含量和生物系统所需的量,可将矿物质分为两类,大量元素和微量元素。大麦中大量元素的平均量(克/百克)为:钙0.05、磷0.35、钾0.47、镁0.14、钠0.05、氯化物0.14、硫0.20、硅0.33。微量元素(毫克/千克)为:铜6.25、铁45.7、锰27.2、锌34.4、硒0.4、钴0.07。这些值是8个研究报告的平均值(Newman和Newman,2008)。高水平(0.33克/百克)的硅是皮大麦的标志。

钙是大麦中人类需求最受限制的矿质元素。为满足营养需求,大麦中磷元素也是限制因子。但在制作面包或饼干的生面团中加入酵母,产生的一种酶(植酸酶)可使束缚态的植酸释放出磷。阿伯丁USDA实验室的一个育种项目已开发出一个大麦品系,其植酸低且同时有较高水平的自由和营养有效磷(Raboy和Cook,1999;Raboy等,2001)。

• 植物营养素与籽粒颜色

大麦籽粒失色主要是由于籽粒发育过程中潮湿的条件促使细菌和真菌生长,从而在麦粒表面覆盖黑粉和烟灰所致。Li等(2003)认为,大麦因天气原因而失色的耐性问题可以得到解决。大麦品种籽粒失色耐性的遗传变异已有不少研究(Miles等,1987;Young,1997;Edney等,2002)。Li等(2003)定位了籽粒失色耐性力的QTL,在不同的群体中发现1~3个QTLs,它们控制籽粒明亮度,各个QTL控制5%~31%的表型变异。

大麦中已鉴定到导致籽粒形成各种颜色的很多化合物和元素,它们最初被认为在结构或代谢反应中不起作用。现在认为,它们主要是起防御昆虫、细菌和真菌的作用。许多这些成分被认为是生物抗氧化剂，在利用上，可能有缓解某些疾病痛苦的保护作用，包括癌、心血管疾病和退化性疾病如关节炎等。因此，这些成分被冠以非特定植物化学物质或植物营养素的名称。总的来说，这些有机物质大部分比较集中在籽粒的外层组织。这些物质基本上为原花色素（黄酮醇）、ρ-香豆酸和阿魏酸（Zupfer 等，1998）。Holtekjølen 等（2006）曾报道，在 16 个大麦品种中，阿魏酸与酚酸结合最多，占总酚类成分的 52%～69%。尽管大部分植物营养素都无结构，但阿魏酸可能在糊粉层中酯化为细胞壁中的阿拉伯木聚糖和木质素（Bunzel 等，2004）。关于原花色素与黄酮醇的提纯也已有过详细研究（Holtekjølen 等，2006），发现大部分黄酮醇为儿茶素、原花青素 B3 和原花翠素 B3。Mazza 和 Gao（2005）报道了大麦花青素和其他酚类成分的遗传和特性。

大麦籽粒除正常的黄色外，还有蓝色、红色、紫色和紫罗兰色等，这可能是由于花青素与酚类成分的互作引起的。大麦的纯黑色素是籽粒有黑色素类物质的存在之故（Choo 等，2005）。尽管只有浅黄和浅蓝的籽粒广泛种植，但黑色或暗紫色的大麦也因其新奇而种植，并因其颜色而用于新的食谱（Abdel-Aal 等，2006）。

经过蒸煮、脱壳或者碾磨后，大部分的大麦产品都会形成灰色、灰蓝或其他不太悦人的暗色调（Knuckles 等，1997；Başman 和 Köksel，1999；Marconi 等，2000；Quinde 等，2004；Izydorczyk 等，2005；Ereifej 等，2006；Erkan 等，2006；Lagassé 等，2006）。很多食品制造商都在考虑蒸煮后大麦产品色调暗化的问题，而这一问题也是大麦作为标准食物广泛应用的主要障碍。虽然营养价值不受影响，但色调暗化影响消费者的兴趣。

颜色可能是受酶促反应或非酶促反应的影响，抑或受两者共同的影响。非酶促变色可能是由于内源酚类物质的聚合以及美拉德反应。酶促褐变主要是多酚氧化酶（PPO）活性引起，它氧化酚类物质成 *o*-醌类，接着浓缩与其他酚类物质或氨基酸反应，导致颜色暗化。有关大麦籽粒及其食品颜色暗化的原因，已有一些详细研究（Quinde 等，2004；Quinde-Axtell 等，2005；Quinde-Axtell 和 Baik，2006；Baik 等，2008）。大麦不同基因型在颜色暗化的潜能或抗性有很大的差异，主要与多酚氧化酶活性和总多酚含量，特别是与原花色素含量有关。无原花色素类型的去壳籽粒或麦粉，长时间蒸煮后要比含原花色素类型的亮白。

如同预料，导致颜色变化的成分受遗传控制。有关原花色素的遗传控制，与其他成分相比研究较为详细，这与其对啤酒清澈度有负面影响有关。大麦中这些成分的遗传控制和一些控制基因的染色体定位，可详细参阅《大麦遗传通讯》（1996）。在今后的研究中，更多的重点可能会放在这些成分上，因为它们可能对健康的促进作用。这是一个令人着迷而又处于成长阶段的研究领域，它将为全大麦粒的消费提供强有力的支持(Marquart 等,2007)。

4. 大麦籽粒的物理属性

(1)皮大麦与裸大麦

Nud(有壳)/*nud*(无壳)基因已定位于1号染色体(7H)(Franckowiak 和 Konishi,1997)。这是一个简单的遗传性状,可在所有不同类型的大麦(可忽略其遗传背景)中表达。皮大麦在开花约16天后,外稃与内稃(麸壳)与果皮粘合,颖果分泌类胶质物质(Harlan,1920)。麸壳紧密附着在籽粒灌浆期,一直至籽粒达到最大的前10天,麸壳的附着并不完全。麸壳完全围绕籽粒,但与胚不黏合(Gaines 等,1985)。裸大麦不分泌类胶质物质,收获时干燥的麸壳从麦粒上脱落。这里,对收获裸大麦时脱壳的介绍可能过于简单,因为事实上,约有15%的麸壳仍然附在麦粒上,除非使用机械的方法将其去除。在此情况下,破碎的麦粒和胚成为麸壳的一部分,造成不可避免的损失。为获得最多的裸粒大麦,收获机器的设置不能与收获皮大麦的相同。因此,谷粒加工设备必须有清理设备,用于仔细地除去始终与裸大麦附着的麸壳,并得到完整不破裂的裸大麦(仅仅除去麸壳)。现在,"全麦粒"在谷类科学家和营养学家中是一个十分流行的术语,但应用到大麦时,必要认识到这对于裸大麦而言并不精确。皮大麦必须经抛光或以一定的加工方式除去麸壳,才能用于生产食品。以抛光的方式除去麸壳的同时,会除去胚和一定量的颖果,这与抛光程度有关。

(2)谷粒硬度

在小麦的品种选择程序中,麦粒胚乳坚硬或柔软被视为主要品质标准之一(Pomeranz 和 Williams,1990)。小麦和/或大麦的籽粒硬度可用各种方式测定,包括籽粒大小、籽粒大小指数、Perten 单粒性状系统®(SKCS)(Fox 等,2007)、抛光系数、碾磨时间、碾磨耗能、淀粉损耗、破碎粒、近红外分析(Halverson 和 Zeleny,1988;Osborne,2006)以及制粉耗能(Fox 等,2003)等。尽管在小麦和大麦的各个品系中,籽粒胚乳硬度客观上存在着变异,但对大麦的了解要比小麦少的多。不过,在大麦制麦过程中,较软的籽粒质地较好(Allison 等,1976;Fox 等,2007)。

在小麦中,脂蛋白是胚乳特有的蛋白质,它控制着大部分胚乳质地的变异。这些成分有时被特指为 friabilin 蛋白,因为小麦的淀粉颗粒蛋白有很多组分(Morris 等,1994)。Jagtap 等(1993)报道,在大麦中发现有小麦 friabilin 蛋白的类拟物,称为 hordoindolines 蛋白,但其量要比小麦的 friabilin 蛋白少。在坚硬和柔软的大麦胚乳淀粉颗粒中,都能发现 hordoindolines 蛋白的存在,且在成熟的大麦胚乳中,同时有 hordoindolines *a* 和 *b* 蛋白,这意味着这些成分在大麦胚乳中所起的作用与小麦中类似(Darlington,等 2000)。但 Darlington 等(2000)没有明确 hordoindolines 蛋白与麦粒质地之间的关系。

通过 QTL 分析,已在 Steptoe×Morex 群体中将 Hordoindolines 蛋白定位,发现基因组中某些区域与麦粒硬度相关。最大贡献值的 QTL 定位在 7 号染色体(5H)短臂的 *HinA*/*HinB*/*Gsp* 区域,在该群体中可解释 22%的变异(Beecher 等,2002)。通过测序单核苷酸多态性,Fox 等(2007)发现,在 3 个 Hordoindoline 基因中,每个基因仅有 2 个单体型,它们与籽粒硬度的关系不明确。因此,尽管观察到不同大麦基因型在籽粒硬度上有很大的变异,但 Hordoindoline 基因序列的差异与大麦籽粒硬度之间并无或很少有关联。大麦胚乳柔软或坚硬也受除 Hordoindoline 蛋白以外的物质和糊粉层及胚乳细胞壁结构特性的影响。在澳大利亚的一项研究中,表明主要细胞壁组分 β-葡聚糖和阿拉伯木聚糖的浓缩与籽粒硬度和吸水力有显著的关联(Gamlath 等,2008)。而蛋白质含量对此无影响。

(3)谷粒大小、重量、容量与形状

这些性状如同前面所讨论的性状一样,都受基因型、环境以及两者互作的影响。测量这些性状的官方方法都以皮大麦为基础,因此此前并不适用裸大麦,直到最近这些方法有所改进。这些性状值可用于确定大麦是否适合加工,而且在一定程度上可以知道营养水平,如蛋白质和淀粉。这两个性状呈高度负相关,因此淀粉含量高的籽粒总是蛋白含量低,反之亦然(Åman 和 Newman,1986)。高淀粉含量与大胚乳相关;因此,麦粒其他部分的营养浓缩在一定程度上会降低麦粒大小几个百分比。控制棱形和麸壳特性的那些等位基因,是控制麦粒物理特性的主要因素,而且也最容易观察。在二棱大麦中,只有中间的小花可育,两侧的小花败育,每个节位只有一粒种子,使穗呈扁平状。在六棱大麦中,三杂小花均可育,有三粒种子,使穗呈圆形或管状。二棱麦粒的中间棱相互对称,主要区别在于大小上,穗中部的种子较基部和顶部的要大。在六棱大麦中,约 1/3 的麦粒与二棱大麦一样,是匀称的(中间粒),而其余麦粒不对称(侧小穗),且穗基部与顶部的种子扭曲程度要比中部的小。六棱大麦中间对称的麦粒,在基部附近轻度收缩,所以这一位置较宽。棱形受两个基因控制,*Vrsl* 和 *Int-c*,它们分别定位在 2 号染色体(2H)和 4 号染色体(4H)(Nilan,1964;Kleinhofs 和 Han,2002)。在商用大麦中,二棱大麦的基因型为 *VrslVrsl int-cint-c*,而六棱大麦的基因型为 *vrslvrsl Int-cInt-c*。

麦粒大小或饱满度的测量,在美国根据联邦谷物检验局(FGIS)对啤用大麦的说明,用特制的筛子进行。饱满的啤用大麦是留在 6/64th×3/4in 圆孔形筛上方的麦粒。瘦小的啤用大麦是从 5/64th×3/4in 圆孔形筛上落下的麦粒,但二棱大麦用 5 1/2/64th×3/4in 圆孔形筛。瘦小的非啤用大麦或裸大麦则按二棱大麦处理或过5/64th×3/4in圆孔形筛。一个好的饱满度值应为90%～95%的饱满麦粒、10%或更少的瘦小麦粒。饱满麦粒与瘦小麦粒相比，淀粉显著较多、蛋白质和总纤维素较少。

千粒重(TKW)是衡量籽粒平均重量的指标，单粒以mg表示，千粒以g表示。该指标可通过测量1000粒麦粒的重量而易于获得。千粒重补充说明谷粒大小或饱满度，因为两者呈高度正相关。重粒较轻粒含有较多的淀粉、较少的蛋白质。最近有一个育种项目获得了很好的千粒重测量数据。42个二棱大麦品种的千粒重为43～50克(平均为46克)，而25个六棱大麦的千粒重为36～43克(平均为39克)(Dr. Dale Clark，WestBred LLC，蒙大拿州博兹曼，私人通讯)。裸大麦与皮大麦相比，千粒重要低15%～20%。

容重，普遍称为试验重，在国际公制化系统中称为百升重。现在随着实验设备的标准化，容重测量以千克/百升表示。过去在美国容重以磅/蒲式耳表示。皮大麦的标准容重是62千克/百升(481磅/蒲式耳)，变异范围为52～72千克/百升。裸大麦的容重可高达80千克/百升(Ullrich，2002)。

现代工业中所用的大部分大麦以及美国和加拿大的标准大麦，麦粒形状呈椭圆形，细长、中部较宽，腹部有皱褶。瘦小麦粒显得长些、饱满麦粒显得圆些。相同基因型，麦粒长度较宽度和厚度较为稳定，因环境和栽培措施而异。在美国和加拿大，商用大麦的长度为7～12毫米。全球大麦中，麦粒最短的达4毫米，最长的达15毫米。据Eslick介绍，大麦麦粒几乎呈球形(1979)。二棱和六棱大麦基因对麦粒形状的影响前已述及。

5. 大麦食品的健康益处

在古代，大麦食物有强身健体美誉；然而，如前所述，用于制作面包和烘烤其他食物的小麦作为主食，取代了大麦的地位。最近几年，人们已认识到大麦对人类健康的显著益处：降低胆固醇、控制血糖和有益于结肠健康(Newman和Newman，2008)。

(1)大麦可溶性纤维和血清胆固醇

对于心血管疾病而言，血液中胆固醇含量提高是一个主要的危险因素(美国疾病控制中心(CDC) 2007)，很多研究已确认，可溶性膳食纤维，尤其是从燕麦和大麦中提取的β-葡聚糖，与心脏疾病的预防相关(Rimm等，1996)。DeGroot等(1963)率先报道了燕麦有降低胆固醇的作用，此后被很多有关燕麦和燕麦制品的研究所确认，这对燕麦食品创造了巨大的市场，特别是即食型的早餐谷物。大麦含有与燕麦相同甚至更多的β-葡聚糖，而且很多临床实验也证明大麦作为降低血胆固醇的食物，与燕麦一样甚至有更高的价值(Newman等，1989；

McIntosh 等,1991; Ikegami 等,1996; Behall 等,2004)。这些研究声称,大麦食品与燕麦食品一样,能降低冠状动脉心脏病几率,从而有益于健康(FDA 2006)。用适宜的大麦为原料制作的食物,每份应含有 0.75g β-葡聚糖(可溶性纤维)。已规定的适宜大麦原料是全粒大麦、大麦米、大麦麸皮、大麦碎片、大麦粉、大麦粗磨粉、全或过筛大麦粉。已规定这些制品所含最低总的和可溶性膳食纤维量。最初的规定并不包括通过湿磨加工生产的大麦 β-葡聚糖提取物,但在以后这种产品将会标准化(Brennan 和 Cleary,2005)。如上所述,燕麦和大麦中的 β-葡聚糖,认为有降低胆固醇的作用。小肠中黏度增加能减缓食用油脂的吸收,另外,β-葡聚糖能与胆汁酸结合,并将其排泄,最终使体内胆固醇分解并取而代之。摄入燕麦或大麦种子中提取的纯 β-葡聚糖,可以降低血液中胆固醇的含量,特别是降低低密度脂蛋白(LDL)含量(Tietyen 等,1990; Kahlon 等,1993)。燕麦中 β-葡聚糖主要集中在籽粒的外层,而大麦中 β-葡聚糖主要集中在糊粉层、亚糊粉层和淀粉胚乳。Wood(2007)对 β-葡聚糖在饮食和健康方面的作用曾作过极好的综述。

(2)大麦母育酚和血清胆固醇

生育三烯酚和生育酚在降胆固醇方面的作用,已在鸡(Qureshi 等,1991)、猪(Qureshi 等,1991)和人类(Lupton 等,1994)上作过研究。曾观察到,以上两种成分明显降低血清的胆固醇含量,但这一研究没有持续进行。大麦和燕麦的母育酚含量高于其他谷物,尽管发现大麦品种之间存在着很大的差异(Ehrenbergerová 等,2006)。提取的大麦油和酿酒后的大麦废料,它们的母育酚含量要比整麦粒要高,而且也被推荐作为母育酚的来源用于添加食品。另外,滚磨和打磨生产富含油和母育酚的碎片,它们是这些化合物的潜在资源(Wang,1992)。

(3)大麦碳水化合物和糖尿病

Ajgaonker(1972)介绍过大约 2400 年前印度医生用于稳定类型 2 糖尿病的有效方法。这个治疗方法十分简单,与现代给糖尿病人的建议(如减肥、改善饮食、增加锻炼)并无太大差别。在改善饮食方面,建议中主要的改变是减少卡路里的摄入和食用大麦取代白米饭进食。最近,Sato 等人(1990)和 Rendell 等人(2005)进一步研究证明,大麦食品的摄入对人类糖代谢有正面作用。近期,对大麦降低血糖方面的研究主要集中在以下两个方面:β-葡聚糖作为一种粘性纤维,直链淀粉和支链淀粉比例。含 β-葡聚糖的食物通过影响肠道黏度而减缓碳水化合物的吸收,这样,相应的血糖峰低而平坦,而其他不少碳水化合物食物,如白米饭或白面包的摄入会使血糖快速升高、峰陡。因为摄入白面包后,血糖的峰快速出现且其值高,故以此作为一种参照标准。含可溶性纤维的食物,如大麦常称为含有“缓慢因子”或延缓碳水化合物释放的因子。当血糖含量升高时，特别是出现峰值时，胰腺会快速分泌胰岛素以降低血糖含量使之达到正常。而高糖食物过量摄入，会形成胰岛素抗性，这是代谢综合征的一个特征，会导致类型 2 糖尿病的发病。血糖对食物的反应是升糖指数（GI）的基础，指的是以白面包为基准，根据食物摄入后血糖的快速反应情况，从而评价食物的系统。升糖指数在选择食品方面有一定的应用，但因其结果与其他的一些研究相矛盾（Jones，2007）而备受争议。

不同的直链淀粉/支链淀粉比会显著影响血糖含量，从而产生不同的胰岛素反应，而这些反应可经麦粒热处理而使之放大。蒸煮时，亦即在蒸汽和加热环境下，直链淀粉分子通过氢键结合而趋于形成胶质或不可溶的沉淀。抗性淀粉是指那些具有抗消化酶作用、进入健康人类的大肠中仍保持未受损的大分子聚合物状的淀粉组分（Asp，1992）。用大麦品种 Glacier 的基因型系列制作的直链淀粉含量从 25%～40%的大麦粉，进行体外消化实验发现，随着直链淀粉含量增加，抗性淀粉含量也随之增加（Björck 等，1990）。Åkerberg 等（1998）用 Glacier 大麦系列制作了面包，证明添加有 2%～10%糯大麦的高直链淀粉，大麦面包中的抗性淀粉含量与血糖含量降低反应表现一致。不仅已证实大麦可以缓和血糖峰值，而且其作用能延长至下一餐。Nilsson 等（2006）用大麦做晚餐，证实可以减缓血糖升高，而且在第二天进入正常早餐后，这一作用仍能发挥。这些作者认为，这种效果是由 β-葡聚糖和抗性淀粉的发酵特性所致，因为它们可以减缓消化和吸收。

(4)大麦与肠功能

β-葡聚糖和抗性淀粉在大肠中发酵生成短链脂肪酸（SCFA），特别是丁酸盐和丙酸盐。这些脂肪酸对肠的作用便是为上皮细胞提供了能量来源，形成健康的结肠粘膜（Topping 等，2003）。Bird 等（2008）比较了含高直链淀粉大麦（Himalaya 292）和小麦制成的食物在健康方面的作用，发现肠道健康的生物指标（粪便重量、丁酸浓度、短链脂肪酸排泄、粪便 p-甲酚浓度）在两组食物间都有明显差异，食用大麦的测试人员肠胃完整性有所改善。这些益处归功于抗性淀粉的发酵特性。

心脏病、糖尿病、代谢综合征和癌症已成为公众健康的挑战。这些疾病并不是仅发生在老年群体，在年轻群体中有所上升。临床试验证明，包括选食在内的生活方式，对预防或控制这些疾病的危害有深刻的影响。大量证据显示，大麦对血胆固醇和血糖的控制以及结肠完整性有积极作用。这些例证的实施，扩大大麦的消费，依赖于消费者的教育水平和更大地促进食品工业发展新产品，如开发易并入日常饮食的即食型早餐谷物。

6. 大麦食品

如前所述,大麦中有保健作用的主要成分是β-葡聚糖。但是,这对食品制造产生了一个困境,因为β-葡聚糖对烘烤食物有很多负面影响,如体积变小、保水量增加和密度变大。同时,有益于健康的酚醛成分使食品形成不应有的暗色。另外,大麦不含小麦具有的面筋蛋白,因此不能形成小麦面包所有的膨松结构。大麦在食品方面的应用将在下节介绍,图 17.1 展示了全部或部分用大麦制作的一些商用食品。

图 17.1 大麦食品:大麦 bob(大麦和大米混合制作,左上图),大麦馒头(右上图),糯性大麦核桃饼(左下图),糯性大麦薄饼(右下图)。制作馒头需得到 bobo's jeju(jeju. com)公司(首尔,韩国)的授权;大麦核桃饼和糯性大麦小豆薄饼的制作需得到 Mac 公司(安养,韩国)的授权

(1)发酵面包中的大麦

用大麦粉取代部分小麦粉进行烘烤发酵面包的不少研究,此前已有综述(Newman 和 Newman,2008)。添加大麦粉的最高限制一般认为是 30%,主要原因是在客观测验和感官测验中相对易被接受。加大麦后,最明显的功能不足是体积和密度。如上所述，掺入大麦后，烘烤的面包通常颜色发暗。已经应用了多种磨粉仪器，包括制作富含纤维的组分，可少量添加至小麦粉。Izydorczyk 等人(2000)比较了不同大麦品种、混合比例、各种添加剂以及改性过程的效果，结果迥然不同。当前的技术创新显示，制作出符合现代消费者可接受口感的含大麦的面包是可能的。

一个重要的突破是由一项澳大利亚的研究取得的，他们测试了包括 Himalaya 292(高直链淀粉和高 β-葡聚糖大麦)在内的三种大麦(Mann 等 2005)。在这项研究中，也测试了不同的小麦粉，以期得到适于生产高质量的小麦-大麦混合面包。有两个质量参数，即基础小麦粉的面筋与蛋白含量之比和质地检测仪测定的生面团延伸性，反映混合面粉的烘烤质量是否适宜。Andersson 等(2004)探讨了用裸大麦粉制作的生面团以及面包中 β-葡聚糖的分子量和结构基团，发现随着混合和发酵时间的增加，β-葡聚糖的平均分子量降低。因为已知 β-葡聚糖分子量的保持对面包降低胆固醇的作用是十分重要的，所以可以得出，混合和发酵的时间越短越好。Jacobs 等证明，两次发酵法(sponge-and-dough)可以改善高纤维大麦制作的发酵面包质量。Cleary 等(2006)进一步深入研究了面包中 β-葡聚糖的分子量，他们发现，面包中高分子量或低分子量的 β-葡聚糖在体外消化时会降低糖的释放，并报道，低分子量的 β-葡聚糖在烘烤过程中不容易被破坏。

Gill 等(2002)用预煮的大麦粉，这有助于提高面包品质。该研究比较了两种大麦，即 CDC Candle(糯性淀粉)和 CDC Phoenix(正常淀粉)，结果证明，淀粉类型对面包的质量有深远的影响，大麦淀粉预处理对提高面包品质有作用。Izydorczyk 等(2001)比较了不同直链淀粉含量的四种加拿大小麦和四种加拿大大麦，研究表明，面筋强度和大麦淀粉的互作可克服大麦稀释小麦面筋的负面影响。Jacobs 等(2008)比较了不同烘烤方法对添加有高纤维大麦组分的强筋小麦粉制作发酵面包的适用性，结果为方法是两次发酵法技术，即将纤维组分预浸泡后添至已发酵的生面团中。Symons 和 Brennan (2004)发现，有大麦组分制作的面包能在体外降低糖的释放，这意味着人类消化过程中也能降低血糖反应。

一个多中心的研究项目在欧洲成立，命名为“大麦 β-葡聚糖和小麦阿拉伯木聚糖可溶性纤维——促进健康的面包产品”(Trogh 等，2005)。这项计划包括从小麦中提取阿拉伯木聚糖，并将其区分为水可提取和水不可提取组分。水可提取组分形成粘性溶液，它可提高面包品质，而水不可提取组分却是不利的(Courtin 等，2001)。内源木聚糖酶分解水不可提取型阿拉伯木聚糖，降低其水分束缚能力，从而增加黏度，使其在面包生面团中发挥作用。在这项研究中，强筋小麦粉和裸大麦粉以 60∶40 的比例混合，并添加木聚糖酶制作了小麦-大麦面包。已经制作出对大麦 β-葡聚糖没有影响的高品质面包。这项计划的成果对于进一步研发特性优良、有益健康的大麦产品，展示了良好的前景。

(2)大麦面饼

面饼是世界上最古老的面包，而且在世界上很多地方仍是传统食物。由于面饼在性质上并不依赖生面团的发酵和体积大小，因此非常适于添加大麦粉。事实上，在很多大麦种植区，面饼都是当地所固有的，这意味着大麦可能是用于制作现代面包的最初谷物。现代的研究报告反映了面饼的地区多样性。Başman 和 Köksel(1999,2001)曾报道过两种用大麦和小麦粉混合制作的土耳其面饼—bazlama 和 yufka。起源于印度的未发酵的面饼—印度薄饼，是用部分的大麦粉制作的(Anjum 等，1991；Sood 等，1992；Gujral 和 Pathak 等，2002)。大麦面包，通常叫做皮塔饼或口袋饼，在印度和东地中海地区经常食用。Ereifej 等(2006)成功地制作了含大麦的墨西哥面饼(Tortillas)。墨西哥面饼产于墨西哥和中美洲，最初仅仅用玉米粉制作，但现在小麦粉也经常使用。已经有研究用100%的裸大麦粉制作墨西哥面饼(Ames 等，2006)。也曾对很多大麦品种进行过评价，以期得到最合适的基因型。为制作优质的墨西哥面饼，大麦筛选上的一个主要因素是达到最佳面团一致性和避免面团滚压过程中过硬所需要的水量。从这一研究中，加拿大的一个糯性裸大麦品种 CDC Candle，其淀粉酶含量低而β-葡聚糖含量高，由此制作出了最高分的墨西哥面饼。

(3)大麦松饼、意大利面和面条

大麦能够简易且成功地添加至化学发酵烘烤产品，比如松饼、速制面包以及饼干，甚至达到100%的大麦粉含量。然而，大麦的基因型在很多品质方面有很大的影响(McGuire，1987；Newman 等，1990a；Berglund 等，1992；Hudson 等，1992；Newman 等，1998；Klamczynski 和 Czuchajowska，1999；Ragaee 和 Abdel-Aal 等，2006)。在松饼中显现的颜色，可以用其他的配料如焦糖、巧克力或浆果来掩盖。大麦意大利面和面条的不愉颜色可以通过一些食物颜色(如绿色)加以解决，而这些颜色在小麦意大利面和面条中目前非常流行。

意大利面条食物形式多种多样，在很多地方是食物不可或缺的组分，而且近年来越来越流行。现在，开发新的意大利面食的注意力已投向利用全小麦粉或全大麦粉。用高β-葡聚糖含量大麦组分制作的意大利面，除颜色比纯小麦产品要暗一些以外，其他特性都是可以接受的(Knuckles 等，1997；Marconi 等，2000)。Dexter 等(2005)比较了不同直链淀粉含量的大麦加入意大利面生面团的效果，结果发现，用20%大麦粉，效果最好；但无直链淀粉大麦外，因为它降低坚实性。Cleary 和 Brennan (2006)的研究进一步提高了意大利面的品质，他们在小麦粉中添加高β-葡聚糖含量大麦组分，而不是添加大麦粉。结果表明，这种高纤维组分的使用对于开发有益健康且其他感官特性均能接受的食品，具有重要作用。

面条在亚洲消费者中是饮食主食，而且现在其他一些地方也逐渐流行。在白面（日本型）和黄碱面条（中国型）中添加大麦的研究，已经有很多报道（Kim等，1973；Change和Lee，1974；Han，1996）。Baik和Czuchajowska（1997）曾全面地研究了在盐渍白面条面团中添加10%～30%糯性和非糯性裸大麦粉的作用，对面条的理化特性进行了详细的评价。与100%纯小麦粉制作的面条相比，加有糯性大麦粉的面条要柔软得多，而添加有正常直链淀粉含量大麦粉制作出的面条与小麦面条的质地相仿。由于淀粉具有糊化作用和保水性，所有的大麦面条表面呈微气孔开放网络。Hatcher等（2005）用8种不同淀粉类型的裸大麦制作了黄碱面，他们将大麦脱壳和滚磨成粉后以20%和40%的比例添加至面条面团中。这些大麦的淀粉类型和β-葡聚糖含量差异很大。正常和高直链淀粉含量的大麦能增加坚实性和咀嚼性，而这些特性对意大利面条是有益的。同样，加拿大的一些研究小组（Izydorczyk等，2005；Lagassé等，2006）进一步研究了这些亚洲面条，同时用富含纤维的大麦组分和普通的大麦粉。离体消化实验表明，大麦面条能减少葡萄糖释放，这意味着血糖指数值低，对于预防和饮食控制糖尿病是有益的。

(4)大麦米和水稻混合物

对于现代消费者而言，大麦米是大麦最普通熟悉的形式，一般在汤中应用。大麦米-糙米和预煮的大麦米-白米能混合，一起用于制作传统的肉或蔬菜汤，而不必分别蒸煮。在很多以大米作为淀粉主食的亚洲国家中，用大麦作为大米的取代物，已有很长的历史了，尤其是在大米供应短缺的时候。在韩文中，bob是指蒸煮的大米，而大麦和大米的混合物成为barley bob。在日常饮食中增加可溶性纤维，对健康有益。Ikegami等（1991，1996）进一步将大麦和大米进行混合，以降低胆固醇和控制血糖。Hinata等（2007）报道，日本男性囚犯以大麦-大米混合物为食，取代白米，糖尿病代谢控制得到显著改善。如上所述，大米和大麦的混合食品概念已经几乎在所有家庭中得到应用，他们将糙米和大麦米煮相同的时间，或者将白米同“速食大麦”（伊利诺伊州芝加哥桂格燕麦公司的预煮产品）一起混合。同样在这两种形式中，可溶性纤维都能加入饮食中，而且十分美味。关于食品用大麦米的品质，Edney等（2002）重点探讨了洁白度，Klamczynski等（1998）研究了淀粉糊化和蒸煮特性。Bulgur是用小麦制作的碎粒产品，但Köksel等（1999）用三种土耳其大麦基因型制作了大麦Bulgur，这一产品颇受欢迎。

7. 食用大麦的加工

(1)整粒加工

大部分麦粒需要通过加工后,才能更好地被消费者应用于各种各样的食品中。与其他食用谷类相同,加工的第一步是用各种不同的仪器清洗以除去杂质和破碎粒。对于大部分加工预处理,基本上都是按照清洗、湿度控制或调制的步骤进行(Kent 和 Evers,1994)。正常的大麦加工包括碾皮/或者一种或多种形式的干磨使之成为预食品。有关现代的大麦加工,Newman 和 Newman 曾有过详尽综述(2008)。几种加工原料大麦的形式见图 17.2。

图 17.2　全颗粒、脱壳、精磨和磨片大麦。来源:磨片大麦来自 http://www.sakthifoundation.org/kitchen_breakfast.htm

• **脱壳与碾皮**

脱壳与碾皮是指通过碾磨与冲刷工序除去谷粒外层组织。脱壳，有时也称去皮，它仅仅是为了除去占大麦谷粒10%～13%干重的麸壳。由于麸壳与颖果牢牢结合，且籽粒大小不一，所以选择性地仅去除麸壳十分困难。大麦脱壳时，通常会将一部分的外部组织和胚连同麸壳一起除去。在清理后，皮大麦通常通过碾皮脱壳，而碾皮不仅只除去麸壳，同时还会除去部分的外层组织，包括外种皮、糊粉层、亚糊粉层以及还可能有大量的胚乳。被除去的产品通常称为碾皮粉或简单地称为碾皮，但有时也被称为"糠"。这种糠的材料与小麦糠或燕麦糠，无论在物理还是化学上都不相同。从这一角度上看，麦粒可能会进一步通过滚压、压片或碾磨成粉。而裸大麦则会直接被滚压、压片或碾磨成粉。但在特定的食品或市场上，裸大麦也经常会被碾皮，以改善最终的明亮度。碾皮会改变最终产品的营养组成与比例，这与麦粒组织的营养成分有关。碾皮程序通常会进行3次或更多，较少考虑外部或胚组织的维持。碾皮率指的是在加工过程中籽粒被去除部分的比例。同一品种在碾皮性状上的不同，可能与环境因素影响谷粒大小与硬度有关。

连续的碾皮试验显示，当碾皮除去高于30%籽粒时，可溶性膳食纤维与β-葡聚糖的含量增加，而当碾皮率达80%时，淀粉含量持续上升(Bach Knudsen 和 Eggum，1984)。在另一项的研究中，Pedersen 等(1989)发现，麸壳和种皮在第一道碾皮组分中(占总成分11%)，胚与糊粉在第二道碾皮组分中(11%～25%)，剩下的第三道组分中主要为胚乳。有关糯性与非糯性、裸大麦与皮大麦的碾皮特性，已经有不少研究(Bhatty 和 Rossnagel，1998；Marconi 等，2000；Zheng 等，2000；Yeung 和 Vasanthan，2001)。在亚洲，大麦米是一种重要的水稻补充消费品，Edney 等(2002)曾介绍过市场对大麦的品质要求。很多消费者，特别是亚洲国家，要求大麦米对称，且与水稻在大小、颜色和蒸煮时间上具有相似性。为达到规范化，大麦通常要碾皮、筛分、再次碾皮(或抛光)。这些加工要求大麦有特定的质地、大小和颜色，从事这项研究的作者们，为基于碾皮品质和外表的籽粒整体满意度研发了一个评分系统。

• **粗磨**

粗磨是一种制作全麦粉或全麦食品的干磨形式，加工的全麦粉会进一步分成各个组分。古代最早的粗磨是用磨石碾磨的，现在这种石磨仅用在特产或历史陈列品中，如苏格兰奥克尼群岛上的水力男爵石磨(http://www.birsay.org.uk/baronymill.htm)。现在，棒磨机和悬辊磨机可能是最为普遍的粗磨装备(Kent 和 Evers，1994)。大麦米最适合用这些类型磨机加工，因为它们几乎不会除去麸壳从而使出粉率下降。

• **精磨**

精磨最初用于将小麦精制为白面以供烘烤，也能通过调节滚轮、筛具、筛网用于加工大麦。加工大麦米，可生产最洁净的粉，没有任何麸壳。精磨的目标基本上有以下三点：分离胚乳与麦糠（谷粒的最外部分）和胚，最大限度地降低胚乳成粉的细度，使出粉率最大。产出麦粉的数量与麦粒原重之比即为出粉量或出粉率，全世界小麦的出粉率在72%～80%。大麦与小麦相比，由于缺少磨粉品质方面的育种研究，使不同品种间出粉率有很大的差异。精磨有两个步骤，破碎系统破碎谷粒除去外层组织，还原系统通过组合转轮和筛具减小麦粒部分的颗粒大小。副产品为一些次粉和糠，包括从皮大麦上脱下的麸壳。

大麦的精磨技术，相对于小麦而言比较年轻。大麦与小麦与有很大的不同，但而今碾磨大麦的技术已得到发展。一个主要差异是小麦的麸皮可大片剥落，而大麦的麸壳易碎，在碾磨时易粉碎。细碎的大麦麸皮混于大麦粉中，影响大麦粉和烘烤产品的色泽（Jadhav 等，1998）。另外，不同基因型大麦的性状有很大的变异，从而使开发大麦标准精磨方法复杂化。在 20 世纪 90 年代，作为大麦精磨加工先驱者的加拿大 Ron Bhatty 教授，进行不少详尽的研究（Bhatty 1993，1997）。近年来，有关大麦精磨方面，又有一些新的创新性研究（Kiryluk 等，2000；Andersson 等，2003；Izydorczyk 等，2003；Ames 等，2006）。改变调制湿度，可以利用小麦精磨设备生产优质的大麦制品。不同淀粉和β-葡聚糖含量的大麦要求不同的碾磨流动节奏和精磨前不同程度的脱壳。已用裸大麦加工了高纤维的面粉、粗粉和麸皮，它们的组成有很大的差异，佐证了基因型之间的显著不同。β-葡聚糖和淀粉类型在生产标准直磨粉上造成了难度。次粉和麸皮等副产品为一系列以谷物为基础的食物或其他食品（如香肠）提供了优质纤维。

- **磨片**

磨片或压片在大麦和燕麦中是十分流行的加工类型。谷粒通过清理、筛选以及调制，然后加热使不需要的酶失活，如在储存过程中产生异味的脂酶。高温、潮湿的籽粒通过磨片机形成厚度不一的麦片（Kent 和 Evers，1994）。大麦片与去壳燕麦所制的燕麦片十分相似。用裸大麦直接生产全大麦片是可行的，但更常见的是用脱壳或碾皮后的大麦制作。通过磨片可以生产蒸煮时间短粥类质地的优质食品，它适合与曲奇饼、松饼、面包/饼干等食物搭配，广泛用于格拉诺拉麦片和餐吧等。

（2）二次加工

- **挤压膨化**

膨化技术是将硬实结构的谷粒转变成轻质的、膨化的或松脆食物，如即食（RTE）早餐饼和点心的加工过程。基本过程是在高温下快速蒸煮，然后将食物在桶中螺杆挤压。高温高压同时作用，导致食品分子结构重排。与其他加工方法一样，β-葡聚糖和淀粉的易于变化，给大麦提出了独一无二的挑战。但是，膨化为生产强化健康食品、满足高标准要求提供了潜力（Berglund 等，1994；

Gaosong 和 Vasanthan,2000;Huth 等,2000;Vasanthan 等,2002)。

• **红外加工**

红外加工是另一种加热技术,称为热辐射。大麦籽粒通过红外加热使淀粉颗粒膨胀凝胶,通过碾皮、磨粉或磨片后的麦粒可以不经过普通调制和湿度调节步骤而直接进行红外加工(Skjöldebrand 和 Andersson,1987)。另外,红外加热处理可使过氧化物酶失活,同时可能会改善碾磨过程中的大麦组分,使组分中β-葡聚糖含量提高。Ames 等(2006)曾报道过裸大麦在红外处理中适于精磨的大麦基因型。这一加工过程特别适合薄形产品的加工,如薯片、墨西可面饼,因为这些薄片面团在加工过程中能迅速干燥,可用于深加工如油煎或烘烤。用微粉化面粉所制的墨西哥薄饼,货架稳定性和色泽得到改善。

(3)分离技术

• **空气分级**

空气分级是将干麦粒粉分离成不同颗粒大小的技术。该程序主要利用有限空间中的气流将异质混合物分成精细和粗糙两种组分。大麦必须为裸大麦,或经过脱壳、碾皮后再碾磨成全麦粉后,才能进行空气分级。对于特定的组分如淀粉、蛋白质或β-葡聚糖的富集浓缩,也可以通过空气分级来完成(Vasanthan 和 Bhatty,1995;Andersson 等,2000)。

• **筛分**

筛分是空气分级之外的另一种筛选所需组分的方法。筛分是指利用不同尺寸的筛子分离碾磨粉,然后将上层材料除去。将空气分级和筛分两者联用,要比单独使用其中一种工序更为有效。Jadhav 等(1998)曾对应用不同谷物加工获得特定产品作过相关综述。

近年来,有关从大麦中将重要营养成分如酚类成分、油脂、生育三烯酚及特殊的β-葡聚糖分开或分离的方法,已有一些研究(Wang 等,1993;Knuckles 和 Chiu,1995;Andersson 等,2000;Lampi 等,2004;Moreau 等,2007;Zhang 等,2007)。谷物的初步分离可以得到所需成分富集的组分,但经常会利用更进一步的分离技术或溶剂提取等方法。已逐步认识到,大麦籽粒具有保健作用和有价值的成分,这为食品业发展提供了广阔的前景。可以通过标准碾皮、精磨、空气分级、筛分等工序提高β-葡聚糖、总膳食纤维、脂质、母育酚、酚类和其他成分的含量。

(4)产品与真实需求

随着对饮食在增进健康和长寿上作用的深入了解,人们进行了大量研究以寻找更完美的食物。这样的食物可能并不存在于某个配料中,但大麦作为谷物满足了低卡路里、高纤维、富含抗氧化剂和益生菌物质的饮食需求。这些知识使大麦作为天然、廉价和健康食物的来源而研究剧增。因为大麦β-葡聚糖已被科学证实能降低血液胆固醇含量和减缓血糖含量，所以人们对β-葡聚糖特别关注。大麦中阿拉伯木聚糖是另一种平衡纤维。据报道，减轻体重和加强免疫力是大麦的另一些益处。

可以确定的是，有关大麦食品组成与健康益处的科学文献已十分丰富。然而，在营养组成和健康价值之外，如何生产出更易获得和更具吸引力的大麦食品，有更明确的需求。我们注意到一些大学和私人企业在大麦产品开发上所投入的现行研发。我们并不想无视这些努力，也不想忽略迄今开发的产品的成功。但是，确实存在着这样的情况，一些私人企业开发的优良产品尚未上超市货架。

8. 结语

大麦，与其他谷物如小麦、水稻一样，在栽培和消费上都有着悠久的历史。大麦栽培的普遍性可能缘于其基因型多样性和对不同气候的广泛适应性。大麦在全球各地都有，且与其他谷物相比较为廉价，目前在饲料和酿酒、蒸馏上的应用逐步加强，但在食品方面的应用减弱。

与燕麦、水稻和小麦相比，在饮食文化习惯和爱好上大麦的地位随着时间而在下降。其原因可能是：棘手的纤维化麸皮（因其与颖果紧密结合），对裸大麦知之甚少（尽管全球很多地方都有），缺乏类似小麦的面筋，糊粉层和胚乳中有高含量纤维（β-葡聚糖和阿拉伯木聚糖），暗化食品色泽等。随着大麦食品对人类有保健作用的认识加强，以及通过食品和作物科学家、大麦产业和与食品加工者的宣传，目前对大麦已有更多的尝试。大麦的健康益处在于，能降低血脂和控制糖尿症，即便是低纤维大麦也十分突出。降低肥胖率和改善肠道健康的可能原因，是食用大麦后能促进消化道中正常微生物的繁殖。另外，丰富的母育酚和酚类物质也被认为可能是益生菌成分。

作为食品原料，皮大麦通过脱壳或碾皮去除最外部的纤维层，然后脱壳的大麦可能会被精磨、压片或碾磨成粉。大麦粉可以通过空气分级，得到多种不同成分如淀粉、蛋白质或纤维素浓缩的组分，也可分级出不同组分以提取β-葡聚糖、淀粉和蛋白质。脱壳大麦和大麦米作为稻米的补充，经常用于汤和肉饭中。磨片后的大麦可以简单地添加至曲奇饼、压缩干粮、饼干、司康和面包中，也可代替燕麦或玉米用于冷式和热式早餐。大麦粉可以简单地加至很多以小麦为基础的烘烤或非烘烤食品中，如曲奇饼、面包、扁面包、墨西哥面饼、泡芙、面条、意大利面。

食用大麦众所周知的健康益处，使人们在食品规划中对使用和加工大麦日益关注。大麦不同性状遗传控制方面的知识，对食品加工和品质改善上，培育新品种以期将大麦持续增加应用于食品，是十分必要的。我们对大麦籽粒的物理和组成性状、不同品种间的变异已有较好的了解。但我们尚未充分了解在食品加工、新产品开发、产品品质改善过程中如何更好地应用这些性状。根据确定的加工需求，利用大麦开发出传统的食品和其他创新型用途是可行的。在产品开发过程中，重要的物理性状有容重、大小、性状、褶皱深度、坚硬度和裸粒特性等。在产品开发过程中，重要的化学成分包括淀粉、蛋白质、矿物质、β-葡聚糖、阿拉伯木聚糖、母育酚、酚类组分、多酚氧化酶。然而，有关这些性状与大麦加工和品质的关系，尚需进行深入研究，迄今所积累的知识均能有效地应用于选择、加工和整合大麦食品的准则形成。

如欲了解食用大麦组成和物理化学性状的详细情况，请参阅综述“食用大麦：特性、改善和兴趣更新”（Baik 和 Ullrich，2008）和专著《食用与保健大麦：科学、技术与产品》（Newman 和 Newman，2008）。

参考文献

Aastrup, S. 1983. Selection and characterization of low β-glucan mutants from barley. Carlsberg Res. Commun. 48: 307－316.

Abdel-Aal, E. M., J. C. Young, and I. Rabalski. 2006. Anthocyanin composition in black, blue, pink, purple, and red cereal grains. J. Agric. Food Chem. 54: 4696－4704.

Ajgaonker, S. S. 1972. Diabetes mellitus as seen in the ancient Ayurvedic medicine, pp. 13－20. *In* J. S. Bajaj (ed.). Insulin and Metabolism. Association of India, Bombay, India.

Ajithkumar, A., R. Andersson, T. Christerson, and P. Åman. 2005. Amylose and β-glucan content of new waxy barleys. Starch/Stärke 57: 235－239.

Åkerberg, A., H. Liljeberg, and I. Björck. 1998. Effects of amylose/amylopectin ratio and baking conditions on resistant starch foprmation and glycaemic indices. J. Cereal Sci. 20: 71－80.

Allison, M. J., I. Cowe, and R. McHale. 1976. A rapid test for the prediction of malting quality in barley. J. Inst. Brew. 82: 166－167.

Åman, P. and C. W. Newman. 1986. Chemical composition of some different types of barley grains in Montana, USA. J. Cereal Sci. 4: 133－141.

Åman, P., K. Hesselman, and A.-C. Tilly. 1985. Variation in the composition of Swedish barleys. J. Cereal Sci. 3: 73－77.

Ames, N., C. Rymer, B. Rossnagel, M. Therrien, D. Ryland, S. Dua, and K. Ross. 2006. Utilization of diverse hulless barley properties to maximize food product quality. Cereal Foods World 51: 23－28.

Andersson, A. A., M. E. Armö, E. Granger, H. Fredriksson, R. Andersson, and P. Åman. 2004. Molecular weight and structure units of (1-3), (1-4)-β-D-glucans in dough and bread made from hull-less barley milling fractions. J. Cereal Sci. 40: 195－204.

Andersson, A. A. M., R. Andersson, and P. Åman. 2000. Air classification of barley flours. Cereal Chem. 73：463—467.

Andersson，A. A. M.，C. M. Courtin，J. A. Delcour，H. Fredriksson，M. D. Schofield，I. Trogh，A. A. Tsiami，and P. Åman. 2003. Milling performance of North European hull-less barleys and characterization of resultant millstreams. Cereal Chem. 80：667—673.

Anjum，F. M.，A. Alt，and N. M. Chaudhry. 1991. Fatty acids，mineral composition and functional (bread and chapatti) properties of high protein and high lysine barley lines. J. Sci. Food Agric. 55：511—519.

Anness，B. J. 1984. Lipids of barley，malt，and adjuncts. J. Inst. Brew. 99：315—318.

Asp，N.-G. 1992. Resistant starch. Proceedings from the second plenary meeting of EURESTA：European FLAIR. Concerted Action No. ll on physiological implications of the consumption of resistant starch in man (preface). Eur. J. Clin. Nutr. 46 (Suppl. 2)：S1k.

Bach Knudsen，K. E. and B. O. Eggum. 1984. The nutritive value of botanically defined mill fractions of barley：3. The protein and energy value of pericarp，testa，germ，alcurone and endosperm rich decortication fractions of the variety. Bomi. Z. Tierphysiol. Tierernaehr. Futtermittelkd. 51：130—148.

Bacic，A. and B. A. Stone. 1981. Isolation and ultrastructure of aleurone cell walls from wheat and barley，Aust. J. Plant Physiol. 8：475—495.

Baik，B.-K. and Z. Czuchajowska. 1997. Barley in udon noodles. Food Sci. Technol. Int. 3：1—12.

Baik，B.-K. and S. E. Ullrich. 2008. Barley for food：characteristics，improvement，and renewed interest. J. Cereal Sci. 48：233—242.

Baik，B.-K.，S. E. Ullrich，and Z. Quinde-AxteLI. 2008. Polyphenols，polyphenol oxidase and discoloration of barley-based food products，pp. 388—414. *In* C. A. Culver and R. E. Wrolstad (eds.). Color Quality of Fresh and Processed Foods. American ChemicaI Society，Washington，DC.

Bang-Olsen，K.，B. Stilling，and L. Munck. 1987. Breeding for yield in high-lysine barley，pp. 865—870. *In* S. Yasuda and T. Konishi (eds.). Barley Genetics V：Proc. 5th International Barley Genetics Syposium，Okayama，Japan.

Barley Genetics Newsletter. 1996. Available at http://wheat. pw. usda. gov/ggpages/bgn/26/.

Başman，A. and H. Köksel. 1999. Properties and composition of Turkish flat bread (bazlama) supplemented with barley flour and wheat bran. Cereal Chem：76：506—511.

Başman，A. and H. Köksel. 2001. Effects of barley flour and wheat bran supplementation on the properties and composition of Turkish flat bread，yufka. Eur. Food Res. Technol. 212：198—202.

Beecher，B.，J. Bowman，J. M. Martin，A. D. Bettge，C. F. Morris，T. K. Blake，and M. J. Giroux. 2002. Hordoindolines are associated with a major endosperm-texture QTL in barley (*Hordeum vulgare*). Genome 45：584—591.

Behall, K. M., D. J. Scholfield, and J. Hallfrisch. 2004. Diets containing barley significantly reduce lipids in mildly hypercholesterolemic menal and women. Am. J. Clin. Nutr. 80: 1185—1193.

Berglund, P. T., C. E. Fastnaught, and E. T. Holm. 1992. Food uses of waxy hull-less barley. Cereal Foods World 37: 707—715.

Berglund, P. T., C. E. Fastnaught, and E. T. Holm. 1994. Physicochemical and sensory evaluation of extruded high fiber barley cereals. Cereal Chem. 71: 91—95.

Bhatty, R. S. 1993. Physiochemical properties of roller-milled barley bran and flour. Cereal Chem. 70, 397—402.

Bhatty, R. S. 1997. Milling of regular and waxy starch hullless barley for the production of bran and flour. Cereal Chem. 74: 693—699.

Bhatty, R. S. and B. G. Rossnagel. 1979. Oil content of Risø 1508 barley. Cereal Chem. 56: 586.

Bhatty, R. S. and B. G. Rossnagel. 1997. Zero amylose lines of hulless barley. Cereal Chem. 74: 190—191.

Bhatty, R. S. and B. G. Rossnagel. 1998. Comparison of pearled and unpearled Canadian and Japanese barleys. Cereal Chem. 75: 15—21.

Bird, A. R., M. S. Vuaran, R. A. King, M. Noakes, J. Keogh, M. K. Morell, and D. L. Topping. 2008. Wholegrain foods from a high-amylose barley variety (Himalaya 292) improve indices of bowel health in human subjects. Brit. J. Nutr. 99: 1032—1040.

Björck, I., A.-C. Eliasson, A. Drews, M. Gudmundsson, and R. Karlsson. 1990. Some nutritional properties of starch and dietary fiber in barley genotypes containing different levels of amylose. Cereal Chem. 67: 327—333.

Brennan, C. S. and L. J. Cleary. 2005. The potential use of cereal (1→3, 1→4)-β-D-glucans as functional food ingredients. J. Cereal Sci. 42: 1—13.

Bressani, R. 1994. *Opaque*-2 corn in human nutrition and utilization, pp. 41—63. *In* Quality Protein Maize: 1964—1994. Proc. of the International Symposium on Quality Protein Maize. EMBRAPA/ CNPMS, Sete Lagoas, MG, Brazil.

Briggs, D. E. 1978. Barley. Chapman & Hall, London.

Buliga, G. S. and D. A. Brant. 1982. The sequence statistics and solution conformation of barley (1→3)(1→4)-β-D-glucans. Carbohydr. Res. 157: 139—156.

Bunzel, M., J. Ralph, F. Lu, R. D. Hatfield, and H. Steinhart. 2004. Lignins and ferulate-coniferyl alcohol cross-coupling products in cereal grains. J. Agric. Food Chem. 52: 6496—6502.

Capettini, F. 2005. Barley in Latin America, pp. 121—126 *In* S. G. Grando and H. G. Macpherson (eds.). Food Barley Importance, Uses and Local Knowledge: Proc. International Workshop on Food Barley Improvement. ICARDA, Aleppo, Syria.

CDC. (U. S. Centers for Disease Control and Prevention). 2007. Online at http://. www. cdc. gov/DataStatistics.

Change, K. J. and S. R. Lee. 1974. Development of composite flours and their products utilizing domestic raw materials: IV. Textural characteristics of noodles made of composite flours based on barley and sweet potatoes. Korean J. Food Sci. Technol. 6: 65—66.

Choo, T. M., B. Vigier, K. M. Ho, S. Ceccarelli, S. Grando, and J. D. Franckowiak. 2005. Comparison of black, purple, and yellow barleys. Genet. Res. Crop Evol. 52: 121—126.

Cleary, L. and C. Brennan. 2006. The influence of a (1-3)(l-4)-β-D-glucan rich fraction from barley on the physicochemical properties and in vitro reducing sugars release of durum wheat pasta. Int. J. Food Sci. Technol. 41: 910—918.

Cleary, L. J., R. Andersson, and C. S. Brennan. 2006. The behaviour and susceptibility to degradation of high and low molecular weight barley β-glucan in wheat bread during baking and in vitro digestion. Food Chem. 102: 889—897.

Courtin, C. M., G. G. Gelders, and J. A. Delcour. 2001. Use of two endoxylanases with different substrate selectivity for understanding arabinoxylan functionality in wheat flour bread making. Cereal Chem. 78: 564—571.

Darlington, H. F., L. Tesci, N. Harris, D. L. Griggs, I. C. Cantrell, and P. R. Shewry. 2000. Starch granule associated proteins in barley and wheat. J. Cereal Sci. 34: 21—29.

DeGroot, A. P., R. Luyken, and N. A. Pikaar. 1963. Cholesterol-lowering effect of rolled oats. Lancet 2: 303—304.

Dexter, J. E., M. S. Izydorczyk, B. A. Marchylo, and L. M. Schlichting. 2005. Texture and colour of pasta containing mill fractions from hull-less barley genotypes with variable content of amylose and fibre, pp. 488—493. *In* S. P. Cauvain, S. S. Salmon, and L. S. Young (eds.). Using Cereal Science and Technology for the Benefit of Consumer: Proc. 12th International ICC Cereal and Bread Congress. Woodhead Publishing, Cambridge, UK; CRC Press, Boca Raton, Florida.

Diamond, J. 1997. Guns, Germs, and Steel: The Fates of Human Societies, pp. 146—147. W. W. Norton & Co., New York.

Edney, M. J., B. A. Marchylo, and A. W. MacGregor. 1991. Structure of total barley beta-glucan. J. Inst. Brew. 97: 39—44.

Edney, M. J., B. G. Rossnagel, Y. Endo, S. Ozawa, and M. Brophy. 2002. Pearling quality of Canadian barley varieties and their potential use as rice extenders. J. Cereal Sci. 36: 295—305.

Ehrenbergerová, J., N. Belcrediová, J. Pryma, K. Vaculová, and C. W. Newman. 2006. Effect of cultivar, year grown, and cropping system on the content of tocopherols and tocotrienols in grains of hulled and hulless barley. Plant Foods Hum. Nutr. 61: 145—150.

Ereifej, L. I., M. A. Al-Mahasneh, and T. M. Rababah. 2006. Effect of barley flour on quality of balady bread. Int. J. Food Prop. 9: 39—49.

Erkan, H., S. Celik, B. Bilgi, and H. Köksel. 2006. A new approach for the utilization of barley in food products: barley tarhana. Food Chem. 97: 12—18.

Eslick, R. F. 1979. Barley breeding for quality at Montana State University, pp. 2—25. *In* Proc. Joint Barley Utilization Seminar. Korea Science and Engineering Foundation, Suweon, Korea.

Eslick, R. F. 1981. Mutation and characterization of unusual genes associated with the (barley) seed, pp. 864—867. In R. N. H. Whitehouse (ed.). Barley Genetics IV, Proc. of the 4th International Barley Genetics Symposium. Edinburgh University Press, Edinburgh, Scotland.

FDA. 2006. Food labeling: health claims; soluble dietary fiber from certain foods and coronary heart disease. Fed. Regist 71(98): 29248—29250.

Fox, G. P., J. F. Panozzo, C. D. Li, R. C. M. Lance, P. A. Inkerman, and R. J. Henry. 2003. Molecular basis of barley quality. Aust. J. Agric. Res. 54: 1081—1101.

Fox, G. P., L. Nguyen, J. Bowman, D. Poulsen, A. Inkerman, and R. J. Henry. 2007. Relationship between hardness genes and quality in barley. J. Inst. Brew. 113: 87—95.

Franckowiak, J. D. and T. Konishi. 1997. Stock number: BGS 7; Locus name: Naked caryopsis 1; Locus symbol: *nud*1. Barley Genetics Newsletter 26: 51—52.

Gaines, R. L., D. B. Bechtel, and Y. Pomeranz. 1985. A microscopic study on the development of a layer in barley that causes hull-caryopsis adherence. Cereal Chem. 62: 35-40.

Gamlath, J., G. P. Aldred, and J. F. Panozzo. 2008. Barley (1, 3; 1, 4)-β-glucan and arabinoxylan content are related to kernel hardness and water uptake. J. Cereal Sci. 47: 365—271.

Gaosong, J. and T. Vasanthan. 2000. Effect of extrusion cooking on the primary structure and water solubility of β-glucan from regular and waxy barley. Cereal Chem. 77: 396—400.

Gauldie, E. 1981. Diet: the product of the mill, pp. 1—21. *In* F. Gauldie, The Scottish Country Miller 1700—1900: A History of Water-Powered Meal Milling in Scotland. John Donald Publishers, London.

Gill, S., T. Vasanthan, B. Ooraikul, and B. Rossnagel. 2002. Wheat bread quality as influenced by the substitution of waxy and regular barley flours in their native and cooked forms. J. Cereal Sci. 36: 239—251.

Gujral, H. S. and A. Pathak. 2002. Effect of composite flours and additives on the texture of chapati. J. Food Eng. 55: 173—179.

Halverson, J. and L. W. Zeleny. 1988. Criteria of wheat quality, pp. 51—45. *In* Y. Pomeranz (ed.). Wheat: Chemistry and Technology, Vol. 1. American Association of Cereal Chemistry, St. Paul, MN.

Han, X. 1996. Noodle-making quality from Australian Standard White Wheat and Montana barleys. MS thesis, Montana State University, Bozeman, Montana.

Han, F., S. E. Ullrich, S. Chriat, S. Menteur, L. Jestin, A. Sarrafi, P. M. Hayes, B. S. Jones, T. K. Blake, D. M. Wesenberg, A. Kleinhofs, and A. Kilian. 1995. Mapping of β-glucanase activity loci in barley grain and malt. Theor. Appl. Genet. 91: 921—927.

Harlan, H. V. 1920. Daily development of kernels of Hannchen barley from flowering to maturity at Aberdeen, Idaho. J. Agri. Res. 19(9): 394—429.

Harlan, J. R. 1978. On the origin of barley, pp. 10 — 36. *In* Barley: Origin, Botany, Culture, Winter-Hardiness, Genetics, Utilization, Pests. Agriculture Handbook 338. U. S. Department of Agriculture, Washington, DC.

Hatcher, D. W., S. Lagassé, J. E. Dexter, B. Rossnagel, and M. S. Izydorczyk. 2005. Quality characteristics of yellow alkaline noodles enriched with hull-less barley flour. Cereal Chem. 82: 60—69.

Hendry, G. W. 1931. The adobe brick as a historical source. Agric. Hist. 5: 110—126.

Hendry, G. W. 1934. The source literature of early plant introduction into Spanish America. Agric. Hist. 8: 64—71.

Henry, R. J. 1986. Genetic and environmental variation in the pentosan and [3-glucan contents of barley, and their relation to malting quality. J. Cereal Sci. 4: 269—227.

Hinata, M., M. Ono, S. Midoikawa, and K. Nakanishi. 2007. Metabolic improvement of male prisoners with type 2 diabetes in Fukushima Prison, Japan. Diabetes Res. Clin. Pract. 77: 327—332.

Hofer, P. J. 1985. The composition and nutritional value of a high-lysine, high sugar barley (*Hordeum vulgare*). MS thesis, Montana State University, Bozeman, MT.

Holtekjølen, A. K., C. Kinitz, and S. H. Knutsen. 2006. Flavanol and bound phenolic acid contents in different barley varieties. J. Agric. Food Chem. 54: 2253—2260.

Hudson, C. A., M. M. Chiu, and B. E. Knucklcs. 1992. Development and characteristics of high-fiber muffins with oat bran, rice bran, or barley fiber fractions. Cereal Foods World. 37: 373—378.

Huth, M., G. Dongowski, E. Gebhardt, and W. Flamme. 2000. Functional properties of dictary fiber enriched extrudates from barley. J. Cereal Sci. 32: 115—128.

Ikegami, S., F. Tsuchihashi, K. Nakamura, and S. Innami. 1991. Effect of bar-ley on developmenr of experimental diabetes in rats. J. Jpn. Soc. Nutr. Food Sci. 44: 447—454.

Ikegami, S., M. Tomita, S. Honda, M. Yamaguchi, R. Mizukawa, Y. Suzuki, K. Ishii, S. Ohsawa, N. Kiyooka, M. Higuchi, and S. Kobayashi. 1996. Effect of boiled barley-rice-feeding in hypercholesterolemic and normolipemic subjects. Plant Foods Hum. Nutr. 49: 317—328.

Ingversen, J., B. Køie, and H. Doll. 1973. Induced seed protein content of barley endosperm. Experientia 29: 1151—1152.

Ishikawa, N., J. Ishihara, and J. Masamitsu. 1995. Artificial induction and characterization of amylose-free mutants of barley. Barley Genet. News. 24: 49—53.

Izydorczyk, M. S., J. Storsley, D. Labossiere, A. W. MacGregor, and B. G. Rossnagel. 2000. Variation in total and soluble β-glucan content in hull-less barley: effects of thermal, physical and enzymic treatment. J. Agric. Food Chem. 48: 982—989.

Izydorczyk, M. S., A. Hussain, and A. W. MacGregor. 2001. Effect of barley and barley components on theological properties of wheat dough. J. Cereal Sci. 34: 251—260.

Izydorczyk, M. S., J. E. Dexter, R. G. Desjardin, B. G. Rossnagel, S. L. Lagassé, and D. W. Hatcher. 2003. Roller milling of Canadian hull-less barley: optimization of roller milling conditions and composition of mill streams. Cereal Chem. 80: 637—644.

Izydorczyk, M. S., S. L. Lagassé, J. E. Hatcher, and B. G. Rossnagel. 2005. The enrichment of Asian noodles with fiber-rich fractions derived from roller milling of hull-less barley. J. Sci. Food Agric. 85: 2094—2104.

Jacobs, M. S., M. S. Izydorczyk, K. R. Preston, and J. E. Dexter. 2008. Evaluation of baking procedures for incorporation of barley roller milling fractions containing high levels of dietary fibre into bread. J. Sci. Food Agric. 88: 558—568.

Jadhav, S. J., S. E. Lutz, V. M. Ghorpade, and D. K. Salunkhe. 1998. Barley: chemistry and value-added processing. Crit. Rev. Food Sci. 38: 123—171.

Jagtap, S. S., J. M. S. Beardsley, J. M. S. Forrest, and R. P. Ellis. 1993. Protein composition and grain quality in barley. Aspects Appl. Biol. Cereal Qual. Ⅲ. 36: 51—60.

Jarman, R. J. 1996. Bere barley: a living link with the 8th century. Plant Var. Seeds. 9: 191—196 (cited by Theobad et al. 2006).

Jones, J. M. 2007. The AACC International glycemic response definitions. Cereal Foods World 52: 54—55.

Kahlon, T. S., F. Chow, B. E. Knuckles, and M. M. Chiu. 1993. Cholestetol-Iowering effects in hamsters of glucan-enriched barley fractions, dehulled whole barley, rice bran, and oat bran and their combinations. Cereal Chem. 70: 435—439.

Kent, N. L. and A. D. Evers. 1994. Kent's Technology of Cereals, 4th ed. Elsevier Science, Oxford, UK.

Kim, Y. S., S. B. Ahm, K. Lee, and S. R. Lee. 1973. Development of composite flours and their products utilizing domestic raw materials: Ⅲ. Noodle-making and cookie-making tests with composite flours. Korean J. Food Sci. Technol. 5: 25—32.

Kiryluk, J., A. Kawka, A. Gasiorowski, A. Chalcarz, and J. Aniola. 2000. Milling of barley to obtain β-glucan enriched products. Nahrung 44: 238—241.

Klamczynski, A. and Z. Czuchajowska. 1999. Quality of flours from waxy and nonwaxy barley for production of baked products. Cereal Chem. 76: 530—535.

Klamczynski, A., B.-K. Baik, and Z. Czuchajowska. 1998. Composition, microstructure, water imbibition, and thermal properties of abraded barley. Cereal Chem. 75: 677—685.

Kleinhofs, A. and F. Han. 2002. Molecular mapping of the barley genome, pp. 31—45. *In* G. A. Slafer, J. L. Molini Cano, R. Savin, J. L. Araus, and I. Romagosa (eds.). Barley Science: Recent Advances from Molecular Biology to Agronomy of Yield and Quality. Food Products Press, New York.

Knuckles, B. E. and M. M. Chiu. 1995. β-glucan enrichment of barley fractions by air classification and sieving. J. Food Sci. 60: 1070—1074.

Knuckles, B. E., C. A. Hudson, M. M. Chiu, and R. N. Sayre. 1997. Effect of β-glucan barley fractions in high-fiber bread and pasta. Cereal Foods World 42: 94—99.

Köksel, H., M. J. Edney, and B. Özkaya. 1999. Barley bulgur: effect of processing and cooking on chemical composition. J. Cereal Sci. 29: 185—190.

Lagassé, S. L., D. W. Hatcher, J. E. Dexter, B. G. Rossnagel, and M. S. Izydorczyk. 2006. Quality characteristics of fresh and dried white salted noodles enriched with flour from hull-less barley genotypes of diverse amylose content. Cereal Chem. 83: 202—210.

Lampi, A.-M., R. A. Moreau, V. Pironen, and K. Hicks. 2004. Pearling barley and rye to produce phytosterol-rich fractions. Lipids 39: 783-787.

Li, C. D., R. C. M. Lance, H. M. Collins, A. Tarr, S. Roumeliotis, S. Harasymow, M. Cakir, G. P. Fox, C. R. Grime, S. Broughton, K. J. Young, H. Raman, A. R. Barr, D. B. Moody, and B. J. Read. 2003. Quantitative trait loci controlling kernel discolouration in barley (*Hordeum vulgare* L.). Aust. J. Agric. Res. 54: 1251—1259.

Lupton, J. R., M. C. Robinson, and J. L. Morin. 1994. Cholesterol-lowering effect of barley bran flour and oil. J. Am. Diet. Assoc. 94: 65—70.

MacGregor, A. W. and G. F. Fincher. 1993. Carbohydrates of the barley grain, pp. 73—130. *In* A. W. MacGregar and R. S. Bhatty (eds.). Barley: Chemistry and Technology. American Association of Cereal Chemistry, St. Paul, MN.

Mann, G., E. Leyne, Z. Li, and M. K. Morell. 2005. Effects of a novel barley, Himalaya 292 on rheological and bread making properties of wheat and barley doughs. Cerea Chem. 82: 626—632.

Marconi, E., M. Graziano, and R. Cubadde. 2000. Composition and utilization of barley pearling by-products for making functional pastas rich in dietary fiber and β-glucans. Cereal Chem. 77: 133—139.

Marquart, L., J. Faubion, R. H. Liu, V. Smail, G. Fulchcr, and M. Scheideman. 2007. Moving whole grains forward: the case for a whole grain collaborativc. Cereal Foods World 52: 196—200.

Mazza, G. and L. Gao. 2005. Blue and purple grains, pp. 313—350. *In* E. Abdel-Aal and P. Wood (eds.). Specialty Grains for Food and Fecd. American Association of C. ereal Chemists, St. Paul, MN.

McGuire, C. F. 1984. Barley flour quality as estimated by soft wheat testing procedure. Cereal Res. Commun. 12: 53—58.

Mclntosh, G. H., J. Whyte, R. McArthur, and P. Nestel. 1991. Barley and wheat foods: influence on plasma cholesterol concentration in hypercholesterolemic men. Am. J. Clin. Nutr. 53: 1205—1209.

Merritt, N. R. 1967. A new strain of barley with starch of high amylose content. J. Inst. Brew. (Lond.) 73: 583-585.

Mertz, E. T., L. S. Bates, and E. E. Nelson. 1964. Mutant gene that changes protein composition and increases lysine content of mutant endosperm. Science 145: 279—280.

Mikelsen, E. 1979. Korn er liv. Statens Kornforretning, Oslo, Norway.

Miles, M. R., R. D. Wilcoxson, D. C. Rasmusson, J. Wiersma, and D. Warnes. 1987. Influence of genotype and environment on kernel discoloration of Midwestern maltingbarley. Plant Dis. 71: 500—504.

Molina-Cano, J. L. and J. Conde. 1980. *Hordeum Sponianeum* C. Koch em. Bacht. collected in southern Morocco. Barley Genet. Newsl. 10: 44—47.

Moreau, R. A., R. A. Flores, and K. B. Hicks. 2007. Composition of functional lipids in hulled and hulless barley in fractions obtained by scarification and barley oil. Cereal Chem. 84: 1—5.

Morell, M. K., B. Kosar-Hashemi, M. S. Samuel, P. Chandler, S. Rahman, A. Bueleon, I. L. Batey, and Z. Y. Li. 2003. Barley *sex6* mutants lack starch synthase IIa activity and contain a starch with novel properties. Plant J. 34: 173—185.

Morris, C. F., G. A. Greenblatt, A. D. Bettge, and H. I. Malkawi. 1994. Isolation and characterization of multiple forms of friabilin. J. Cereal Sci. 20: 167—174.

Morrison, W. R. 1993. Barley lipids, pp. 199—246. *In* A. W. MacGregor and R. S. Bhatty (eds.). Barley: Chemistry and an Association of Cereal Chemists, St. Technology. American Association of Creal Chemists, St. Paul, MN.

Munck, L. 1977. Barley as a food in old Scandinavia especially in Denmark, pp. 386—393. *In* Proc. 4th Regional Winter Cereal VVorkshop: Barley, vol. Ⅱ, Amman, Jordan.

Munck, L. 1992. The case of high-lysine barley breeding, pp. 573—601. *In* P. R. Shewry (ed.). Barley: Genetics, Biochemistry, Molecular Biology, and Biotechnology. C. A. B. International, Wallingford, UK.

Munck, L., K. D. Karlson, A. Hagberg, and B. O. Eggum. 1970. Gene for improved nutritional value in barley seed protein. Science 168: 985—987.

Nadel, D., E. Weiss, O. Simchoni, A. Tsatskin, A. Damn, and M. Kislev. 2004. Stone age hut in Israel yields world's oldest evidence of bedding. Proc. Natl. Acad. Sci. U. S. A. 101: 6821—6826.

Nevo, E. 1992. Origin, evolution, population genetics, and resources for breeding of wild barley, *Hordeum spontaneum*, in the fertile crescent, pp. 19—43. *In* P. R. Shewry (ed.). Barley: Genetics, Biochemistry, Molecular Biology, and Biotechnology. C. A. B. International, Wallingford, UK.

Newman, C. W. and C. F. McGuire. 1985. Nutritional quality of barley, pp. 403—556. *In* D. C. Rasmusson (ed.). Barley. Agron. Momogr. 26. American Society of Agronomy, Crop Science Society of America, and Soil Science Society of America. ASA, CSSA, and SSSA, Madison, WI.

Newman, R. K. and C. W. Newman. 1991. Barley as a food grain. Cereal Foods World 36: 800—805.

Newman, R. K. and C. W. Newman. 2008. Barley for Food and Health: Science, Technology and Products. Wiley Publishers, New York.

Newman, R. K., S. E. Lewis, C. W. Newman, R. J. Boik, and R. T. Ramage. 1989:

Hypocholesterolemic effect of barley food and healthy men. Nutr. Rep. Int. 39: 749—760.

Newman, R. K., C. F. McGuire, and C. W. Newman. 1990a. Composition and muffin baking characteristics of flours from four barley cultivars. Cereal Foods World 35: 563—566.

Newman, C. W., M. Øverland, R. K. Newman, K. Bang-Olson, and B. Pedersen. 1990b. Protein quality of a new high-lysine barley derived from Risø 1508. Can. J. Anim. Sci. 70: 279—285.

Newman, R. K., K. C. Ore, J. Abbott, and C. W. Newman. 1998. Fiber enrichment of baked products with a barley milling fraction. Cereal Foods World 43: 23—25.

Nilan, R. A. 1964. The Cytology of Barley, 1951—1962 Monogr., Suppl. 3, Res. Stud. Vol. 32, No. 1, Washington State University Press, Pullman, WA.

Nilsson, A., Y. Granfeldt, E. Östman, T. Preston, and I. Björck. 2006. Effects of GI and content of indigestible carbohydrates of cereal-based evening meals on glucose tolerance at a subsequent standardized, breakfast. Eur. J. Clin. Nutr. 60: 1092—1099.

Osborne, B. G. 2006. Applications of near infrared spectroscopy in quality screening of early generation material in cereal breeding programmes. J. Near Infrared Spectrosc. 14: 93—101.

Parrish, F. W., A. S. Perlin, and E. T. Reese. 1960. Selective enzymolysis of poly-β-D-glucans, and the structure of the polymers. Can. J. Chem. 38: 2094—2104.

Pedersen, B., K. E. Bach, and B. O. Eggum. 1989. Nutritive value of cereal products with emphasis on the effect of milling, pp. 1—91. *In*. G. H. Bourne (ed.). World Review of Cereal Products, Beans and Starches: World Review of Nutrition and Dietetics. S. Karger, Basel, Switzerland.

Philbrick, N. 2006. Mayflower, pp. 102—117. *In* N. Philbrick, Mayflower. Penguin Books, London.

Piperno, D. R., E. Weiss, I. Holst, and D. Natal. 2004. Processing of wild cereal grains in the upper Paleolithic revealed by starch grain analysis. Nature 430: 670—673.

Pomeranz, Y. and P. C. Williams. 1990. Wheat hardness: its genetic, structural and biochemical background, measurement and significance, pp. 471—548. *In* Y. Pomeranz (ed.). Advances in Cereal Science and Technology, Vol. 10. American Association of Cereal Chemistry, St. Paul, MN.

Powell, W., P. D. S. Caligari, J. S. Swanston, and J. L. Jinks. 1989. Genetic investigations into beta-glucan content in barley. Theor. Appl. Genet. 71: 461—466.

Quinde, Z., S. E. Ullrich, and B.-K. Baik. 2004. Genotypic variation in color and discoloration potential of barley-based food products. Cereal Chem. 81: 752—758.

Quinde-Axtell, Z. and B.-K. Baik. 2006. Phenolic compounds of barley grain and their implication in food product discoloration. J. Agric. Food Chem. 54: 9978—9984.

Quinde-Axtell, Z., S. E. Ullrich, and B.-K. Baik. 2005. Genotypic and environmental effects on color and discoloration potential of barley in food products. Cereal Chem. 82: 711—716.

Qureshi, A. A., V. Chaudhary, F. Weber, E. Chicoye, and N. Qureshi. 1991. Effects of brewer's grain and other cereals on lipid metabolism in chickens. Nutr. Res. 11: 159—168.

Raboy, V. and A. Cook. 1999. An update on ARS barley low phytic acid research. Barley Genet. News. 29: 33—35. Published online at http://www.wheat.pw.usda.gov/pages/bgn/.

Raboy, V., K. A. Young, J. A. Dorsch, and A. Cook. 2001. Genetics and breeding of seed phosphorus and phytic acid. J. Plant Physiol. 158: 489—487.

Ragaee, S. and E. M. Abdel-Aal. 2006. Pasting properties of starch and protein in selected cereals and quality of their food products. Food Chem. 95: 9—18.

Reid, D. A. 1985. Morphology and anatomy of the barley plant, pp. 73—125. *In* D. C. Rasmusson (ed.). Barley. Agron. Monogr. 26. American Society of Agronomy, Crop Science Society of America, and Soil Science Society of America. ASA, CSSA, and SSSA, Madison, WI.

Reid, D. A. and G. A. Wiebe. 1978. Taxonomy, botany, classification, and world collection, pp. 78—104. *In* Barley: Origin, Botany, Culture, Winter-Hardiness, Genetics, Utilization, Pests. Agriculture Handbook 338. U. S. Department of Agriculture, Washington, DC.

Rendell, M., J. Vanderhoof, M. Venn, M. A. Shehas, E. Arndt, C. S. Rao, G. Gill, R. K. Newman, and C. W. Newman. 2005. Effect of a barley breakfast cereal on blood glucose and insulin response in normal and diabetic patients. Plant Foods Hum. Nutr. 60: 63—67.

Rimm, E. B., A. Ascherio, F. Giovannucci, D. Speigelman, M. J. Stampfer, and W. Willett. 1996. Vegetable, fruit and cereal fiber intake and risk of coronary heart disease among men. J. Am Med. Assoc. 275: 447—451.

Robinson, G., S. B. Ross-Murphy, and E. R. Morris. 1982. Viscosity-molecular weight relationships, intrinsic chain flexibility, and dynamic solution properties of guar galactomannan. Carbohydr. Res. 107: 17—32.

Sato, J., L. Osawa, Y. Hattori, and Y. Sato. 1990. Effects of dietary fiber on carbohydrate metabolism: a study in healthy subjects and diabetic patients. Nagoya J. Health Phys. Fitness Sports 13: 75—78.

Shelton, A. L. 1921. Life among the people of eastern Tibet. Natl. Geogr. 295—326.

Shewry, P. R. 1993. Barley seed proteins, pp. 131—197. *In* A. W. MacGregor and R. S. Bhatty (eds.). Barley: Chemistry and Technology. American Association of Cereal Chemists, St. Paul, MN.

Skjöldebrand, C. and C. G. Andersson. 1987. Baking using short wave infrared radiation, pp. 364—376. *In* I. D. Morton (ed.). Proceedings from Cereals in A European Context.

1st European Conference on Food Science and Technology. VCH, New York.

Sood, K., Y. S. Dhaliwas, M. Kalia, and H. R. Sharma. 1992. Utilization of hulless barley in chapati making. J. Foocl Sci. Technol. 29: 316—317.

Stix, G. 2008. Human origins: traces of a distant past. Sci. Am. 299: 56—63.

Symons, L. J. and C. S. Brennan. 2004. The influerice of (1-3)-(1-4)-β-D-glucan-rich fractions from barley on the physiochemical properties and in vitro reducing sugar release of white wheat breads. J. Food Sci. 69: 463—467.

Tashi, N. 2005. Food preparation of food from hull-less barley in Tibet, pp. 115—120. *In*. S. Grando and H. G. Macpherson (eds.). Food Barley Uses and. Local Knowledge: Proc. International Workshop on Food-Barley Improvement. Jan. 2002. ICARDA, Aleppo, Syria.

Taylor, A. 1918. Wheat needs of the world. J. Home Econ. 10: 1—4.

Thacher, J. B. 1903. Christopher Columbus: His Life, His Work, His Remains, Vol. 2. G. P. Putnam's Sons, New York.

Theobald, H. E., J. E. Wishart, P. J. Martin, J. L. Buttriss, and J. H. French. 2006. The nutritional properties of flours derived from Orkney grown Bere barley (*Hordeum vulgare* L.). Brit. Nutr. Found. Nutr. Bull. 31: 8—14.

Tietyen, J. L., D. J. Nevins, and B. O. Schneeman. 1990. Characterization of the hypocholesterolemic potential of oat bran. FASEB J. 4: A527.

Topping, D. L., M. K. Morell, R. A. King, L. Zhongyi, A. R. Bird, and M. Noakes. 2003. Resistant starch and health: Himalaya 292, a novel barley cultivar to deliver benefits to consumers. Starch/Stärke 55: 539—545.

Trogh, I., C. M. Courtin, H. Goesaert, J. S. Delcour, A. A. M. Andersson, P. Åman, H. Fredriksson, D. L. Pyle, and J. F. Sørensen. 2005. From hull-less barley and wheat to soluble dietary fiber-enriched bread. Cereal Foods World 50: 253—260.

Ullrich, S. E. 2002. Genetics and breeding of barley feed quality, pp. 115—142. In G. A. Slafer, J. L: Molina-Cano, R. Savin, J. L. Araus, and I. Romagosa (eds.). Barley Science: Recent Advances from Molecular Biology to Agronomy of Yield and Quality. Haworth Press, Bingharuton, NY.

Ullrich, S. E., J. A. Clancy, R. F. Eslick, and R. C. M. Lance. 1986. Beta glucan content and viscosity of waxy barley. J. Cereal Sci. 4: 279—285.

Vasanthan, T. and R. S. Bhatty. 1995. Starch purification after pin-milling and air classification of waxy, normal and high-amylose barleys. Cereal Chem. 72: 379—384.

Vasanthan, T., J. Gaosong, J. Yeung, and J. Li. 2002. Dietary fiber profile of barley flour as affected by extrusion cooking. Food Chcm. 77: 35—40.

Viëtor, R. J., S. A. G. F. Angelino, and A. G. J. Voragen. 1993. Structural features of arabinoxylans from barley and malt cell wall material. J. Cereal Sci. 15: 213—222.

Villacres, E. and M. Rivadencira. 2005. Barley in Ecuador: production, grain quality for consumption and perspectives for improvement, pp. 127—137. *In*. S. Grando and H. G.

MacPherson (eds.). Food Barley-Importance, Uses and Local Knowledge: Proc. International Workshop on Food Barley Improvement, Jan. 2002. ICARDA, Aleppo, Syria.

Walker, J. J. and N. R. Mcrritt. 1969. Genetic control of abnormal starch granules and high amylose content in a mutant of Glacier barley. Nature 221: 482—483.

Wang, L. 1992. Influences of oil and soluble fiber of barley grain on plasma cholesterol concentrations in chicks and hamsters. PhD thesis, Montana State University, Bozeman, Montana.

Wang, L., Q. Xue, R. K. Newman, and C. W. Newman. 1993. Enrichment of tocopherols, tocotrienols, and oil in barley fractions by milling and pearling. Cereal Chem. 70: 499—501.

Weaver, J. C. 1950. American Barley Production. Burgess Publishing, Minneapolis, MN.

Wiebe, G. A. 1978. Introduction of barley into the new world, pp. 2—9. *In* Barley: Origin, Botany, Culture, Winter-Hardiness, Genetics, Utilization, Pests. Agricultural Handbook 338. U. S. Department of Agriculture, Washington, DC.

Wood, P. J. 2007. Cereal β-glucans in diet and health. J. Cereal Sci. 46: 230—238.

Wood, P. J., J. Weisz, and B. A. Blackwell. 1994. Structural studies of (1→3)(1→4)-β-D-glucans by $C1^3$-NMR and by rapid analysis of cellulose-like regions using high-performance anion-exchange chromatography of oligosaccharides released by lichenase. Cereal Chem. 71: 301—307.

Woodward, J. R., D. R. Phillips, and G. B. Fincher. 1983. Water-soluble (1→3)(1→4)-β-D-glucans from barley (*Hordeum vulgare*) endosperm. 1. Physico-chemical properties. Carbohydr. Polym. 3: 143—156.

Xu, T. W. 1982. Origin and evolution in China. Acta Genet. Sci. 9: 440—446.

Xue, Q_., L. Wang, R. K. Newman, C. W. Newman, and H. Graham. 1997. Influence of the waxy starch, and short-awn genes oil the composition of barleys. J. Cereal Sci. 26: 251—257.

Yeung, J and T. Vasanthan. 2001. Pearling of hull-less barley: product composition and gel color of pearled barley flours as affected by the degree of pearling. J. Agric. Food Chem. 49: 331—335.

Young, K. J. 1997. Weather staining of barley in Western Australia, pp. 211—219. *In* Proc. 8th Australian Balley, Tech. Symp., Gold Coast, Australia.

18

以自组织的观点审视禾谷类作物和人类社会适应气候和经济的变化

1. 引　言

预计到 2050 年，世界人口与食品饲料的需求将增长 50%，谷物年产量达到 30～35 亿吨，以支撑 90～110 亿群体的生存。这些变化将对地球环境带来极大压力，特别是对气候与水资源利用。谷作物育种家、农艺师和农业需要对这一变化进行长期而又实际的预测。本章以大麦为例，阐述提高未来谷类作物在食品、饲料和非食品上的综合利用的效率。在 2007—2008 年，谷物首次直接与化石能源发生燃料上的竞争关系，结果导致国际市场粮食价格的快速上涨，但是 2008—2009 年的经济衰退，使价格于 2009 年回落至正常水平。毋庸置疑的是，在不久的将来，由于自然资源日趋减少、世界人口日益增长，食品和能源的价格将继续上涨，价格上涨将会促进商家对品质分级与投入的兴趣，并增加农民收入、加速农业发展，而这正是增加农业生产所迫切需要的。但是，这也会严重影响生存条件，特别是对生活在快速发展的城市中的贫苦大众，因为他们在日益增大消耗源于农村的资源。

在产业化农业中，以廉价化石燃料为基础的产业化，打断了生物生产链，副产品如麦秆作为废物焚烧，但是这样的时代在人类历史上很快就要终结了。在本章的最后部分，我们将探讨改善作物与人类社会关系的一个充满活力的体系，以此实现节约能源和防治污染。

当前，在快速变更的全球化后工业时代，科学与日益发达的电子媒体关注简单的因果关系以解释和解决复杂的问题。但是，有限的策略必然导致严重的环境问题，而环境问题会通过大自然反作用于人类生活。因为生物圈循环将其各组成部分整合为一个自生性网络，而人类的干预活动会产生负面效应，如环境问题。同样,在分子水平上业已证明,将具有某特定功能的基因导入植物,一般会有负面效应,如对产量的影响。然而,通过育种使转化的基因能适应一定的遗传背景,则仍然可以利用,并从整体上改良植物性状。

为了理解联网的作用,我们引入了由诺贝尔获得者 Ilya Prigogine(1997,2003)提出的物理数学概念"自组织"。自组织的理论揭示,当前以有限的因果关系建立的科学方法存在着许多限制与不足。自然需要引进图型识别技术或化学计量学(Martens 和 Martens,2000;Smilde 等,2004;Munck 等,2010),它们能阐明细胞、植物冠层或生物圈的物理状态和化学状态。由于分子生物学的飞速发展,使人们积累了海量的细胞与植物知识,这对于遗传育种特别具有价值。然而,单一的分子生物学方法在理论以及实践上都显得不足。在分析植物整体表现型与环境互作时,必须考虑基因表达的效应。因此,本章在阐述细胞、植物和生物圈的光谱学和其他仪器观点时,重点介绍由此形成的新概念、新方法和新信息。科学正处在发展新方法的初级阶段,需要发展新方法去处理在自然自组织网络中的因果限制与可能性。

2. 微观和宏观世界联系的需要

将亚原子微观世界视为潜在观察物的源泉这一科学视点上,不确定性和可能性已经确立了,它们在量子物理学上是有统计特性的。然而,在人类感官的宏观世界中,自然界的观测物数量巨大,通常是混乱无序的。当前,决定论(如一特异 DNA 序列或日出)与不确定性(混沌理论,如生命长度或天气)以复杂、令人费解的方式共存。

(1)复杂应急系统建模中数学不可积性限制

数学使科学思维更加清晰。微观理论物理学家对数学在自然科学中的作用很感兴趣。数学调节保守和变化的关系。经典物理学家利用数学公式阐明假设测验中的微观世界,关注理想"可积系统",在这一系统中,时间可以逆转,内部作用力例如粒子间碰撞可以被消除,这样就可以建立方程式。早在 100 年前,伟大的数学家与物理学家 Henri Poincare 已经构想出一个定理,它是三体问题的延伸(Prigogine,1997),"自由度之间的共振使动态系统为不可积性"。今天,我们可以将 Poincare 的定理视为关联原因与结果时处理环境难题的数学公式。试想台球中一杆引发的一连串多球撞击,根据 Poincarè 定理,此类的因果发展难以用数学来预测,因为相互间的多球碰撞事件会引发二级碰撞环境,其中对各个球的影响不可能用数学模型预测。但是,通过摄影机对台球桌拍摄,击球的过程可用数学模拟加以描述。

自然系统中的复杂现象需要用动态的观点进行分析。这些动态的非线性发展系统是自生性的(Kauffmann,1995;Penrose,1997;Lucas,2008),这意味着整个系统不能仅以其组成部分单独进行描述。不可积性也启示了不可约性和不可计算的。例如,对细胞的分子分析所得到的数据,不能在计算机上对细胞的整体表现进行动力学模拟(Penrose,1997)。Kauffmann(1995, 第23页)认为:"我们应该退后一点,以窥全景。"因此,要利用全面的分析方法确定组织、结构和熵的水平,犹如热力学上应用的那样(Penrose,1997)。然而,现实中有这样的方法吗?其程度又是如何?我们将会回答这些问题。

在类似的分离混沌数学王国中,存在大量不可计算的平行世界,它们不同于Prigogine的量子物理学及其在化学与生物学上的应用,后者均建立在新兴算法之上,如随机布尔网络(Kauffmann,1995)、细胞自动机(Wolfram,2002)和分形(Kirilyuk,2005)。这些算法的动态输出结果,可以用可视化的错综复杂的精巧图型表现,而这些图型既不能用数学详细预测,也不能精确分析。

(2)如同"网络外科手术",利用经典统计学、生物化学和分子生物学分析宏观世界

J. Pearl在他的专著《因果论》(Pearl,2000)中,将因果论思维与数学建模的数据压缩定义为网络外科手术。因果论是人为干涉,它只关注网络中极有限的一部分,往往忽视"某原因"对整个网络产生的二级效应。因果论认为,一个先验的人为通路模型或者假说需与网络整体分开。

Pearson和Fisher的经典统计学,在配子体水平上研究了质量性状的孟德尔分离,这些性状是可观测的,例如大麦小穗毛性状。在自然界,这些基因的重组是随机的,符合统计学模型。但是,当经典统计学用于数量性状位点(QTL)模型去分析表现型(合子)水平的基因表达时,模型中自由变量的假设忽视了基因互作引起的协变量(Munck,2007;2009)。因此,Nadeau和Frankel(2000)认为,与QTL相比,突变发生是研究复杂的生长发育与生理过程更加有效的方式,因为QTL随着基因表达的复杂化而逐渐失效。随后,产生了化学计量学图型识别模型,它适用于多因素分析(Bjørnstad等,2004),而且,如上数据检验对数据的破坏较轻,可使结果更一致和可信。

在2008年亚历山大举行的第10届国际大麦遗传学大会上,报道了无数据压缩的计算机数据可视化方法。大麦群体基因库的DNA数据可直接与采集地点和环境效应相关联,即"关联基因组学"。

J. D. Watson的《基因的分子生物学》(1965)发起了"分子运动",它主张用分子技术"下→上"分解基因表达网络,从终极原因——基因DNA序列开始。从此以后,由经典科学家如拉马克和达尔文,以及植物育种家、植物学家和细胞遗传学家等提出的观测表型方法,对基因表达模式认识的解释性"上→下"技术不再关注,代之而起的是"下→上"的因果分析。基因测序、分子技术以及牛顿

物理学时代的微分方程建模等加速了这一模式的转变（Omholt，2006）。但是，在新兴的生物系统建模中，破坏性分析的数学方法的限制总是被忽视，QTL 便是如此。

当前，分子生物学的兴起低估了观测表型数据进行整体分析的必要性。过去 80 年建立起来的表型鉴定方法，在研究大麦突变体基因库时，正逐渐被忽视与遗忘。

(3)需要了解自组织独特结果的方法

在表型的遗传建模中，我们可以将主要问题归因为"难点在于找到适合的参数与统计模型对整个表型进行正确的质量性状与数量性状描述"。

早在 1926 年，伟大的遗传学家 S. S. Chetverikov 写道："基因多效性的概念是每个基因不仅影响相关的特定表型，而且还影响其他许多表型；……基因多效性的概念，使基因组学从某一基因对应某一特定功能的框架中摆脱出来，例如增强子、弱化子或修饰子等，大部分都作了归类。"显然，Chetverikov 的基因多效性的整体论观点引入了不确定性的问题，解释了内部的"基因环境"的原因与结果是如何影响表型的。

经典发育遗传学家 C. H. Waddington(1970)，在细胞发育与分化上提出了渐成论，强调内部物理环境可引起遗传的不确定性。他认为：

> 在表现型与基因型的关联中，存在一种基本的不确定性；只有在不考虑环境效应时，关联才是确定的。这种不确定性导致了一种有趣的逻辑状态，即它不能由简单的数学方法表达，这正是 Haldane 与 Fisher 所尝试，需要用类似博弈论的数学方法。

当今，数学混沌理论学家（Kauffmann，1995；Wolfram，2002；Lucas，2008）和物理学家（Penrose，1997）已认识到新兴系统的数学模型中非计算性的含义。Prigogine(1997)强调总结自构组织结果的科学必要性，但是并无一个完整的实验模型。分析这种总结表明，以没有特定因果的假设去探索未知的信息，应该先分析后假设。在当前的系统生物学中（Allen，2001；Abel 和 Trevors，2006；Mustacchi 等，2006；Wolkenhauer 和 Ullah，2007），归纳数据进行探索性调查，并不符合因果假设演绎模型——这是哲学家 Karl Propper 提出的，他认为归纳法并不可行。光谱数据可以解释某些信息，根据分子生物学数据，这些数据在新兴网络中是不能被预测和推论的，因此出现了"下→上"的精确型分子生物学数据与"上→下"的粗放型观点（Munck 等，1998；2010）的结合，最终，因果建模中出现了"模式转变"。

3. 一个自构组织的实验模型简介——以化学计量学解释基于近红外光谱(NIRS)的大麦胚乳突变体模型

科学是保守的，数学和物理学的因果关系与自构组织的联系，在其他学科中，诸如系统生物学，只是缓慢地被认识到。许多学科缺乏对该系统的必要总结，但地球科学的卫星监测除外。大麦胚乳突变体模型的近红外光谱(NIR)首次尝试用实验证实生物学中的自构组织理论。此处，我们旨在说明，当数学理论不能按预期一样建立数学模型时，怎样用物理学、化学与遗传学知识，并结合高重复性仪器方法与视觉工具，去鉴定突变体基因的表达。为了合理解释 Poincare 有关自构组织理论，我们必须详细介绍模型的化学与遗传学解释(第三部分)，包括必要的可视化数据表现工具，这对于读者可能是陌生的。然后，我们用自构组织的综合方法探讨气候问题和谷类作物与人类社会的互利关系。

(1)探索式策略的可行性

在图 18.1a 中，大麦胚乳突变体的近红外光谱独特地解释了 DNA 突变的原因，即种子合成的新兴物理化学模型。在控制的纯合、近等基因背景中，提供突变的种子表型(约 80%胚乳)，这样在相同的遗传背景下不同突变体和其亲本具有可比性。近红外光谱法，作为产业与植物育种中的“万金油”，具有广泛的化学关联，作为一种在表型化学键水平上粗放型的生理化学总结，可充分满足这一方法的表征。

现在，可直接用视觉检视评估的光谱数据或者化学计量模型主成分分析(PCA)的评分表作假设，用自建模方法寻找主成分(PCs)，如同 Prigogine(1997，2003)有关自构组织的数学模型一样。主要的探索式逻辑程序作为“选择回路”，在以下 3 个独立的数据设置之间运行：①NIRS 数据组；②化学数据组，部分数据可由光谱数据推导；③早期获得的基因、环境与分子数据。

大麦胚乳突变体的 NIR 光谱并未用于检测事先预测的特定组分。1400 个波长的大小和高度复杂性以及来自 NIR 大麦种子光谱的复变量多元散色校正(MSC)数据 log1/R 1100～2500nm(图 18.1a)，当样品用编码形式表示时，在非监管的分析中难以对特定的性状进行先期假设。虽然，初始谱评价没有偏差，但是存在仪器的测定噪音以及数学线性模型自身的限制，在选择已知与未知样品时都会有误差。这里仅仅需要一个初始假设，即近红外光谱可以反映大麦籽粒样品的遗传与环境变异。通过光谱总结与化学计量学可得到可靠指纹的“多元优势”(Munck 等，1998)，通过与可能性很大的参数进行比较，验证模型的真伪性。受 Francis Galton 的启发(Pearl，2000)，Scotland Yard 引进了指纹，目前在生物计算机行业已推广应用。

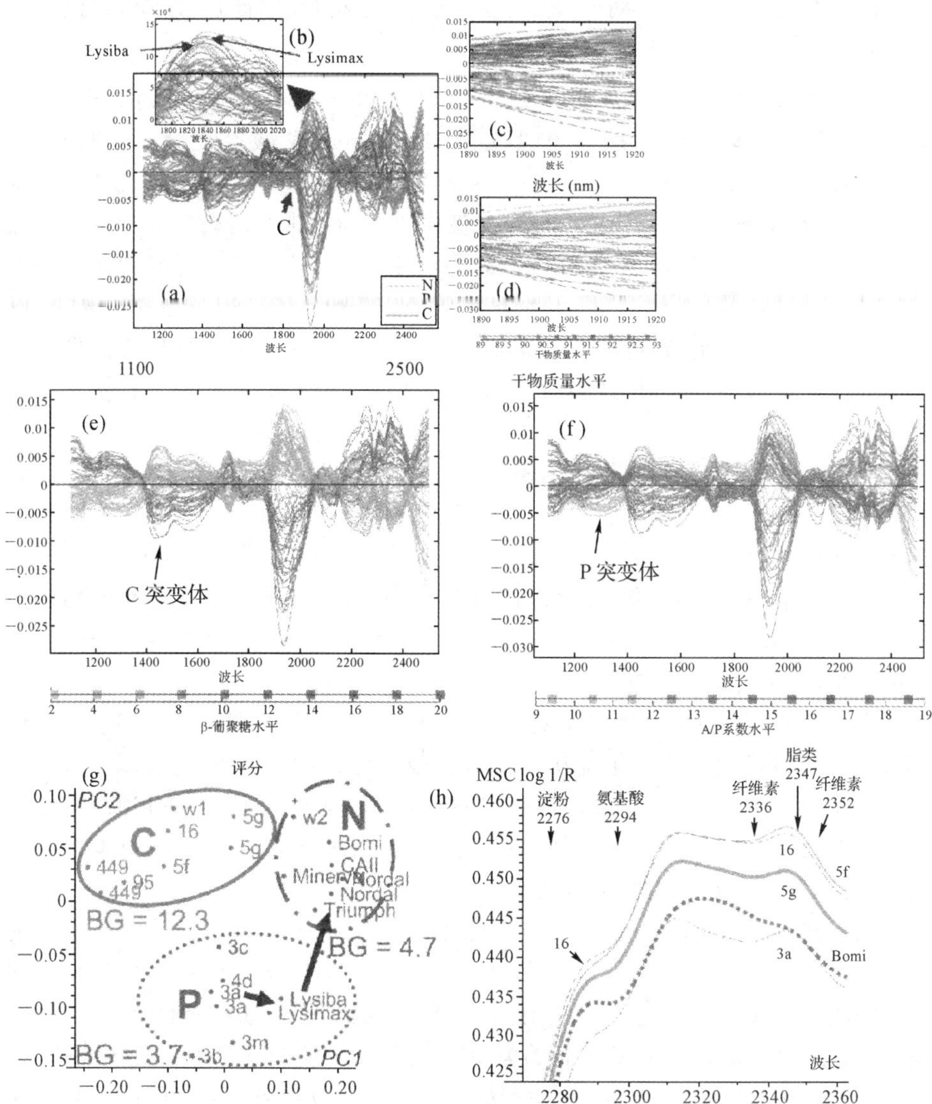

图 18.1 (a)92 个大麦籽粒样品的在 1100～2500nm 的 log 1/R 光谱。绿色，正常大麦(N)；蓝色，蛋白突变体大麦(高赖氨酸，P)；红色，碳水化合物突变体大麦(C)。(b)在 1935nm 处的峰的放大；P 中的异常值 Lysimax 与 Lysiba。(c)图(a)中的 1890～1920nm 区间。(d)根据干物质量 89%～93%对图(c)的光谱进行色标。(e)根据 β-葡聚糖含量(2%～20%)对图(a)中的光谱进行着色。(f)根据蛋白/酰胺系数(A/P 系数)对图(a)中的光谱进行着色。(g)23个田间大麦的近红外光谱(1100～2500nm)的 PCA 分类，正常大麦(N)、蛋白突变体大麦(P)与碳水化合物突变体大麦(C)。(h)温室的 Bomi(N)及其 C 突变体 lys3a、P 突变体 lys5f、lys5g 与 16 号突变体的近红外光谱(2270～2360nm)。图(a-d)和(g-h)(Munck，2007)得到 Wiley 和 Sons 公司的授权

(2)利用化学验证与早期的遗传学知识对自构组织精调光谱进行探索性解析

样品组(Munck 等,2004)由 92 个大麦品种构成,部分样品经过分子鉴定。总共 12 个突变体,其中 10 个经鉴定为 Riso 高赖氨酸突变体(Doll,1983;Munck,1992; Munck 和 Moller Jespersen,2009a),其他 2 个未知的突变体经推定为糯性(高支链淀粉)突变体。原始突变体以及与正常大麦杂交的一些组合品系和 14 个普通大麦分别在大田(n=23)与温室(n=69)种植。每份大麦经磨粉与近红外光谱检测,得到 92 个 1100~2500 纳米波长的 MSC log 1/R 光谱(图 18.1a)。MSC 是光谱预处理(Martens 和 Nas,2001),能有效降低因样品颗粒大小不同而产生的随机分散,颗粒大小与籽粒硬度有很大的相关性。各波长下均产生 92×700 的数据组。

我们先不管光谱与大田记录,仅仅基于 92 个均值近红外光谱(图 18.1a)对编码的样品进行 PCA 分类。之后,再查看编码样品的大田数据。研究发现,根据大田与温室数据,原初的 1,100~2,500 纳米光谱 PCA 评分表(未显示)可将样品分成 3 个簇。因此,我们对大田(图 18.1g)与温室(图 18.3d)数据分别作光谱 PCA 评分表,使 3 个簇得以完全分离(Munck 等,2004)。首先鉴定到野生型大麦的簇,在图 18.1g 中标记为 N(绿)。

奇怪的是,10 个高赖氨酸大麦突变体分为 2 个不同的簇(图 18.1g)。P 簇(蓝)表示“蛋白”,因为它由调节的高赖氨酸等位基因突变体 *lys3.a*、*lys3.b*、*lys3.c* 和 *lys3.m* 组成。Sorenson 等(1996)发现,*lys3.a*(Risø M-1508)突变体基因负向调节,降低大麦醇溶蛋白基因的 DNA 去甲基化。Risø 突变体 *lys4.d* 属于 P 组,因此它是假定的调节突变体。

第 2 突变体簇(图 18.1g)称为碳水化合物 C(红),因为它包含降低淀粉合成的两个位点突变结构基因的 3 个突变体(Rudi 等,2006),即 *lys5.f*、*lys5.g* 和 *Risø* 16 号突变体(尚未定位在染色体上)。它们包含二磷酸腺苷(ADP)-葡萄糖等位酶跨质膜转运子和缺失胞质的 ADP-葡萄糖-焦磷酸化酶。16 号突变体已完成测序。95 号和 449 号突变体是原来鉴定为高赖氨酸的材料,它们现在被归类为 C 簇突变体。

本研究小组比较了 *lys3.a* 和 *lys5.f* 突变体种子(图 18.1h)的近红外模型和发育期模型(Fast Seefeldt,2008;Munck 等,2010),在开花后 16~20 天,无论是突变体之间,还是突变体与其对照之间,都表现出明显的区别。在这个时期,突变体特异的近红外模型已经形成,均呈现其成熟期的特性。

未知的两个突变体,w1(1201)和 w2(841878),经鉴定为糯性性状(高直链淀粉含量),它们分别从属于 C 簇与 N 簇(图 18.1g)。

(3)葡聚糖合成的一条新的调节通路

我们对 β-葡聚糖(BG)的分析,鉴定到 C(碳水化合物)簇所有的基因型均为

图 18.1g 中 β-葡聚糖补偿淀粉的突变体，这令人惊奇。这虽然有点幸运，但是，经验丰富的光谱学家通过光谱检验，在 2,200～2,500 纳米区域可直接分析 β-葡聚糖含量。一个极端的突变体 *lys*5. *f* 与其亲本 Bomi 相比，淀粉含量降低了 61%，β-葡聚糖含量增加了 296%。一种突变体同工酶在 α-葡聚糖（淀粉）合成上的部分破坏，导致 β-葡聚糖过量合成。早在 20 世纪 80 年代，淀粉生物化学家就已获得了大麦淀粉胚乳突变体（Rudi 等，2006），但并不知道 β-葡聚糖的补偿机制，这种机制直到 Munck 等（2004）才发现。C 簇中假定的糯性突变体 w1 是淀粉 β 葡聚糖突变体，经验证发现它并不是糯性的，因为其支链淀粉含量属于正常水平。与这一分类相一致的另一个假定的糯性突变体 w2，它是 N 簇的一个特例，具有正常的淀粉与 β-葡聚糖含量，但经鉴定是糯性的（Munck 等，2004）。

（4）光谱精调的遗传与化学鉴定

根据图 18.1g 中 PCA 评分表的分类，对图 18.1a 的均值 MSC 校正 log 1/R 1100～2500nm 光谱进行着色标记，绿色代表正常（N）光谱，蓝色代表蛋白质（P）光谱，红色代表碳水化合物（C）光谱。图 18.1a（$n=92$）中野生型与突变体的精调光谱都具有各自簇群的特性。环境（大田或温室）虽会影响基线的偏移，却较少影响光谱的框架（Munck 等，2001）。图 18.1h 为 2,280～2,360 纳米的大田光谱及其化学值。2,347 纳米的波峰表示 16 号突变体、*lys*5. *f*、*lys*5. *g* 和 *lys*3. *a* 油脂（脂肪）增加，这通过化学方法分析得到确认（表 18.1）。此外，还有位于 2,276 纳米的淀粉，2,294 纳米的氨基酸，2,336 纳米和 2,352 纳米的纤维素（Munck 等，2004）。等位基因突变体 *lys*5. *g*（β-葡聚糖含量约为 8.9%）与 *lys*5. *f*（β-葡聚糖含量约为 16.5%）的框架相似；但是，β-葡聚糖含量的巨大差异导致 MSC 处理光谱的响应基线的差异。尽管存在 β-葡聚糖含量的差异，且在分子水平上有不同的响应机制，但是 16 号突变体（β-葡聚糖含量约为 8.9%）的光谱和 C 簇的 *lys*5. *f*（β-葡聚糖含量约为 16.5%）在 2,280～2,360 纳米区域的表现几乎相同。可以通过检测两个突变体在不同环境下生长的光谱，在 2,150～2,210 纳米区域应该可以发现存在稳定的遗传变异。

图 18.1a 中 C 簇的 1,890～1,920 纳米光谱区域，经鉴定是与结合水有关的波段，图 18.1c 为此区域的放大图片。图中靠下部分为 C（红）光谱，与靠上部分的 P（蓝）和 N（绿）光谱没有重叠。在图 18.1d 中，根据 89.5%～93.0%梯度的干物质量（DM），用数据检验软件（http://www.Latentix.com）对同样的光谱进行着色。C 簇光谱的样品 DM 含量较低。直接通过检测 MSC 处理的光谱测定水分，表 18.1 中反映的 C 簇与 P+N 簇之间 1.4%DM 的差异，证实了近红外光谱在水分检测上具有 0.5%～2.0%水平的灵敏度。在表 18.1 的化学成分中，通过对 1,100～2,500 纳米区域着色，图 18.1e 中进一步证实 C 簇基因型具有高 β-葡聚糖含量（2%～20%），图 18.1f 中 P 簇基因型具有低酰胺/蛋白质（A/P）系数（9～19 单位）。

(5)光谱相关曲线的化学精调验证

令人惊奇的是,在单波长与表 18.1 的化学分析之间可以找到简单的关联,在图 18.2 中 MSC 处理的光谱 1,680～1,810 纳米区域,对于每种化学物质分析都可得到特异的精调化学相关曲线。通过查阅文献可以知道,波长的化学含义在 x 轴上表示。酰胺的主要相关峰在 1,690 纳米和 1,740 纳米,油脂的主要相关峰在 1,724 纳米和 1,762 纳米,这与现有的报道一致。Fast Seefeldt (2008) 在籽粒发育的实验中,再次证实 C、P 和 N 基因型成熟种子的 β-葡聚糖特异化学精调光谱在 1,100～2,500 纳米波长范围。

表 18.1　大麦突变体籽粒(经图 18.2 近红外光谱分析)的化学组成(%干物质量)

		干物质	蛋白质	氨基酸	A/P 系数	β-葡聚糖	脂类	淀粉
总和	样品数	92	84	81	81	88	20	35
	均值	90.66±0.97	16.08±2.22	0.4±0.2	15.19±2.22	8.06±4.79	2.48±0.76	45.18±8.78
	最大值	93.02	9.7	0.2	9.46	2.2	1.66	27.3
	最小值	88.91	22.28	0.6	18.58	20	3.77	60.4
C	样品数	29	26	25	25	29	9	7
	均值	91.62±0.75	16.98±2.13	0.42±0.06	15.32±0.81	14.21±2.9	2.71±0.76	32.1±5.8
P	样品数	23	23	18	18	23	3	15
	均值	90.18±0.49	15.77±2.33	0.29±0.05	11.67±1.54	3.79±1.36	3.5±0.6	44.75±4.81
N	样品数	40	40	37	37	40	9	14
	均值	90.22±0.79	15.64±2.09	0.42±0.07	16.77±0.78	5.72±0.99	1.91±0.16	52.16±4.25

C,碳水化合物突变体;N,正常大麦;P,蛋白质突变体(Moller Jespersen 和 Munck,2009;Elsevier 科学出版授权)

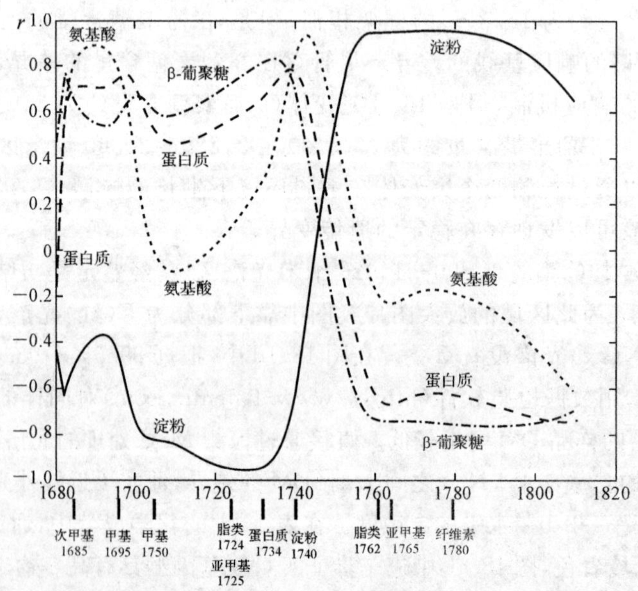

图 18.2　化学精调。对于表 18.1 中材料的波长与化学组分的相关系数(r)。引自:AP/Elsevier 科学出版社(Moller Jespersen 和 Munck,2009)

(6)主成分分析(PCA)将数量化学变量转化为数量遗传与食品功能模型

在主成分分析中，可以用化学计量法整合数量化学分析，合成基因型特异的定性模型。在图 18.3a 中，温室种植的 28 个大麦基因型($n=6$)(表 18.1)表现为正常的“化学光谱”，在图 18.3b 中用主成分分析双标图进行评价。化学光谱对基因型的分类——C 簇、N 簇和 P 簇，在图 18.3d 中相应的 NIR 光谱(图 18.3c)的主成分分析分类得到验证。

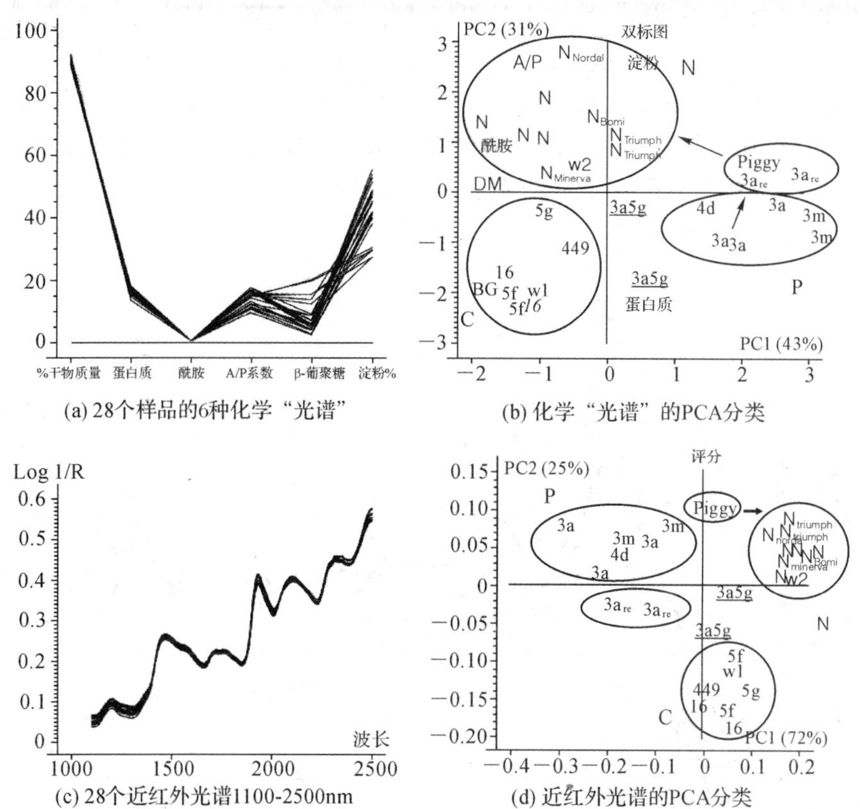

(a) 28个样品的6种化学“光谱”

(b) 化学“光谱”的PCA分类

(c) 28个近红外光谱1100-2500nm

(d) 近红外光谱的PCA分类

图 18.3　从图(a)定量的化学光谱数据向图(b)定性的遗传信息的 PCA 双标图的转化；参数设有干物质量(DM)、蛋白质、酰胺、A/P 系数、淀粉和 β-葡聚糖。与化学方法对比的图(c)与图(d)中的近红外光谱法(1,100～2,500 纳米)；图(c)中的光谱在图(d)的 PCA 中进行分类。材料来自于表 18.1 中种植在温室的 28 个基因型。N，正常大麦；C，碳水化合物突变体大麦；P，蛋白突变体大麦

在图 18.3b 中，化学变量被定位于主成分分析双标图。N 簇的淀粉、酰胺和 A/P 系数标记，C 簇的 β-葡聚糖标记，C 簇与 P 簇的蛋白质标记都表明，在这些标记附近均有高含量的对应成份。在图 18.3a、d 的主成分分析评分表中，两个双隐性 3a5g(*lys*3. *a*、*lys*5. *g*)基因型(不在图 18.1 与表 18.1 中)表现介于 P 簇与 C 簇之间。图 18.3c、d 的近红外光谱展示了这 28 个样品的另一种独立概念，而图 18.3a、b 中化学数据组建立了类似的遗传变异分类模型。

(7)表型组与基因多效性(基因互作)的光谱学定义

以上结果证明近红外光谱代表了生理化学信息的模型,这种生理化学信息就是一种特异的突变体或基因型对应的表型组(Munck 等,2004)。近红外光谱反映在等基因背景下胚乳合成过程中胚乳突变体的随机和基因多效性的生理化学作用。通过对突变体光谱减去近等基因系亲本的光谱,可以呈现 Chetverikov (1926)对基因多效性的整体观(Munck,2007;Munck 等,2010)。图 18.4 为亲本 Bomi 与突变体 P 等位基因系 *lys*3. *a*、*lys*3. *b* 和 *lys*3. *c* 之间的 2,260～2,500 纳米差异光谱。每条差异光谱代表了突变基因生理化学表达的总的基因多效性。从图 18.4 的两条 *lys*3. *a* 的光谱线的标记Ⅰ～Ⅴ位置可以反映出光谱方法

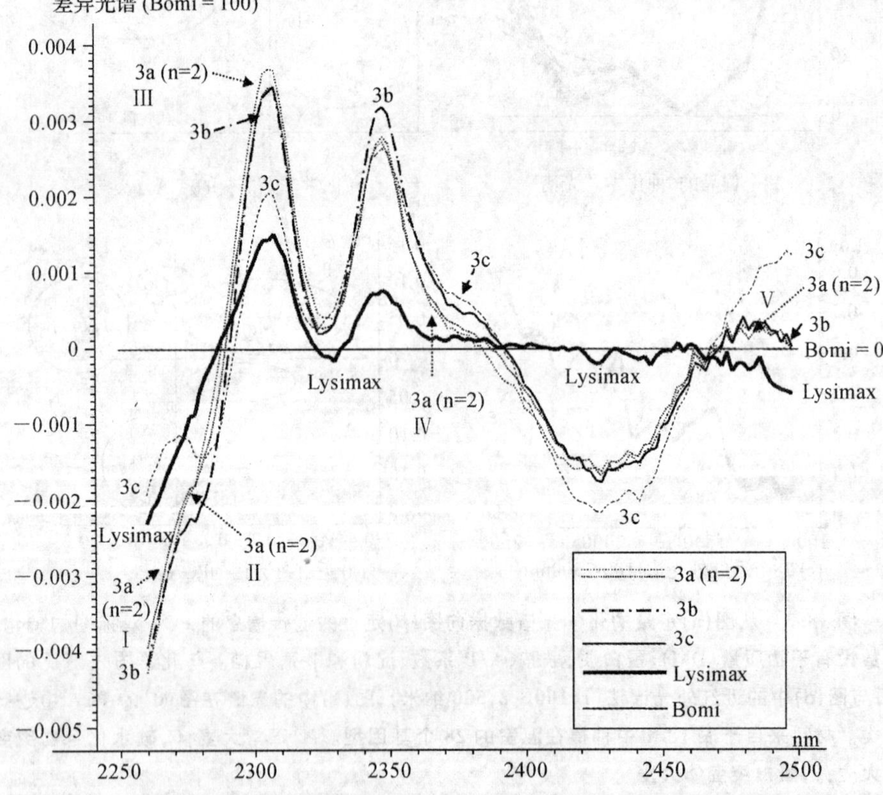

图 18.4　*lys*3. *a*(n=2)、*lys*3. *b* 和 *lys*3. *c* 等位基因的多效性,*lys*3. *a* 重组体 Lysimax 的背景改变效果的表现。与 Bomi(0 基线)在 2,200～2,500 纳米处的差异光谱。标记Ⅰ～Ⅴ表现了两条 *lys*3. *a* 光谱线的重复性。温室条件下种植

的精确性，Bomi 与两 *lys3.a* 的差异光谱表现出高的可重复性，尽管它们已经分离繁殖了 20 余年。尽管 3 个 *lys3* 等位基因系光谱相似，但仍然存在显著的差异。与 *lys3.a*(β-葡聚糖含量 4.7%)和 *lys3.b*(β-葡聚糖含量 3.1%)相比，*lys3.c* 突变体(β-葡聚糖含量 6.1%)的 β-葡聚糖含量较高，这可从 *lys3.c* 突变体在 2,500纳米波长(代表 β-葡聚糖)处有较高水平的光谱吸收值得到佐证。

(8)用光谱学审视最优化的基因背景对突变体的生化效应

在 1973—1989 年的卡尔斯贝格，通过回交改进了 *lys3.a* 的籽粒饱满度、淀粉含量(增加约 10%)和产量，分别得到了品种 Lysimax、Lysiba 和 Piggy (Munck,1992)。图 18.1g 与图 18.3d 的光谱主成分分析，显示了改良品种的光谱线从 *lys3.a* 的位置向正常 N 簇位置移动，如图中箭头所指的方向。这种移动表示化学组成的改变，即淀粉含量增加，这可从图 18.3b 中主成分分析双标图的"淀粉"标志的位置得到验证。图 18.4 中，在 Bomi 与改良大麦基因型 Lysimax 的差异光谱精调上，可以看出基因背景转变的作用。Lysimax 差异光谱逐渐变平，使其向 Bomi 的平直线靠近。这种变化反映了 16 年回交使遗传背景改变后生理化学上的响应，包括改良的淀粉含量和籽粒饱满度，同时保持高赖氨酸含量，此外还有其他变量如降低的纤维素含量。

(9)近红外光谱法显示食品与养分的遗传与功能特性模型的"数据育种"和品质的规模化单粒分类

淀粉含量改良后的 *lys3.a* 突变体 Piggy，在光谱主成分分析(图 18.1g 和图 18.3d)中表现出从 P 簇向 C 簇移动，这说明了近红外光谱法与主成分分析分类可直接作为一种探索式的选择途径而用于品质育种，称为数据育种(Møller Jespersen 和 Munck,2009;Munck,2009)。这需要生长于相同环境下的阳性对照(高淀粉含量的 Triumph,属于 N 簇)与阴性对照(突变体亲本 *lys3.a*)。在主成分分析评分表中接近阳性对照的重组型被选择出来，用化学方法进行分析鉴定。现在，不仅对于需要昂贵校准物的特殊品质性状，可以用近红外光谱法去预测(Helm 等,2008)，而且可以以最低的花费对复杂的烘焙品质和麦芽品质，用近红外光谱在主成分分析评分表中对基因型进行分类(Moller Jespersen 和 Munck,2009)。光谱学还可以扩展应用于大豆突变体或人类癌症突变体的研究(Munck,2007)。

基于近红外光谱法的小麦烘焙品质的选择已经应用于 Bomill TriQ 试验级单粒分类机，如图 18.5。将单粒置于指定的圆形容器，用近红外纤维光学扫描。各籽粒的光谱模型经过电脑分析，将信号传递至气动系统，该系统将种子分至低、中、高品质的三个容器。通过近红外光谱法，对种植在某一地点的一批小麦，进行了单粒烘焙品质选择，取得了显著效果。表 18.2 中的分析得到验证，如

17.4%与27.6%的面筋含量是具有差异的。现在,可以通过模型认知分类发现因环境引起的巨大的化学组分变异。单籽粒分类能直接用于回交群体的复杂品质性状的选择。现在已经有产业化的单籽粒分类机,每小时可以对10吨小麦或大麦进行分类。

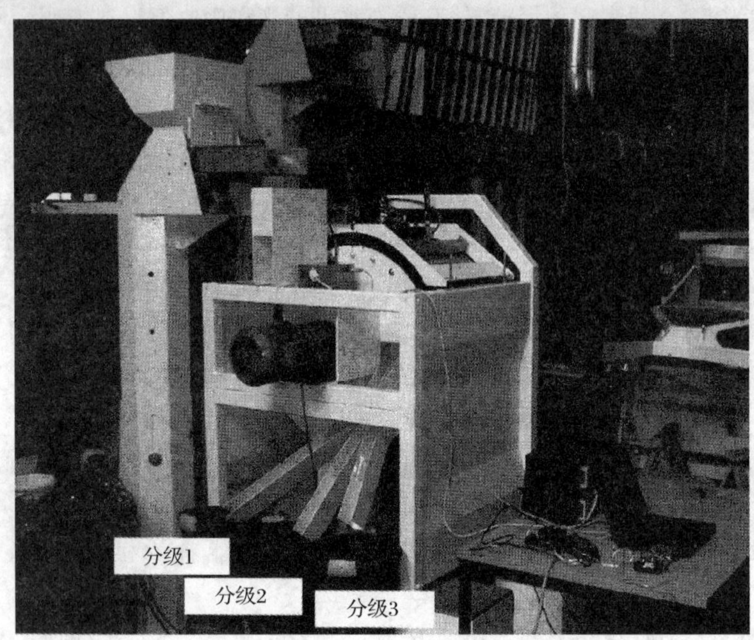

图 18.5　适用于大小麦的 BoMill TriQ 单籽粒近红外分类机。见表 18.2。来源:瑞典莱德 BoMill AB

表 18.2　用 TriQ pilot BoMill 单籽粒近红外分类机
(图 18.5,瑞典莱德 BoMill AB 授权)对一小麦样品(同一品种,同一田地)的分类

		分级		
		1	2	3
		饲料	面包Ⅰ	面包Ⅱ
	产量%	35	45	20
淀粉测定记录仪	面团稳定时间	1.7	5.5	8.4
	吸水量%	53.1	56.7	59.7
面团伸缩性测定仪	面团最大伸缩	100	129	146
	面筋含量%	17.4	22.7	27.6

4. 近红外光谱概念的化学与遗传理论明确数学评价自发系统数据数学的限制

(1) 自构组织理论对可能性这一概念的解释

理解生物学中物理、化学的自构组织所至关重要的，是要认识到有序的、不可逆的、持续的、化学反应的存在，这是基于非分配性的可能性概念的基础（Prigogine，1997；2003）。在牛顿动力学和量子化学中，与在相对简单的化学实验中短暂的互作的可能性相比，持续的反应是不同的。正如Prigogine(1997)的解释："持续的互作代表我们不能将系统分成几部分来单独考虑。过去与将来的全球人口完整性被打破，科学能反映时间的流逝。这解决了长期存在的难题，确实在宏观物理学中，不可逆性与可能性是最见怪不怪的特性。"

值得一提的是，在自生性的不可逆系统中（Munck 等，2010）中，Prigogine（1997，2003）无需通过直接试验，只要利用自生组织的理论模型，即可成功地搭建微观层面与宏观层面的桥梁。正如经典物理学家，他们融合了量子物理学修饰后的牛顿力学与热力学：验证自生组织存在的关键问题，寻找一种试验方法，以提供"全面的"概述，解释可能性，并且在网络中建立持续的化学反应，而且不能在当地建模。这样一个粗粒的实验性总结，在化学键水平上是可行的，正如本文所述的NIRS大麦胚乳突变体模型。

持续反应的非分布性概率存在于自生组织中，即"确定性与随机性之间的狭窄通道"（Prigogine，1997）。当起始反应条件改变时（例如DNA突变），分级的、非线性的、持续的反应增加了出现复杂结构的可能性（在复杂系统生物学中，用数学术语称为吸引子）。Prigogine(2003)将自生组织的力视为相关性与模型的起源。现在，统计随机、具普遍分布性的概率，例如，用于气候学与人口遗传学中的理论，在自生组织中获得了新的非分布性定义。在特定自定义条件下的突变体胚乳模型中，这将会对个体变量的预测产生很大的限制，即使可以将它作为一个整体系统的结果，可用近红外光谱法观测与描述。这个观点完全符合Chetverikov利用细胞的遗传环境（内环境）中基因表达对基因多效性的整体定义。

在一个动态系统中，不仅对于数学的原因，还有对于热力学的原因（Prigogine，1997），都需要全面地了解以明确熵的发育与结构的组织构建。

(2) 解释自生组织系统中作为内置的"生物计算机"输出的精调光谱的不可约性

因为成熟种子（图18.4和18.7中，*lys3.a* 相似的两条光谱线）和发育中大麦胚乳突变体（Fast Seefeldt，2008；Munck 等，2010）在复杂的NIR光谱上具有良好的遗传再现性，因此，可以把细胞或组织视为一台生物计算机（Kancko，2006；Munck，2006）。通过生物计算机的软件、硬件和计算输出，用化学亲和势在初级化学键生物结构上进行整合，其现象以一种粗粒的生理化学形式存在，可用近红外光谱法检测。

在可控的环境下，用近红外光谱法测定正确取样的种子，有多个重复，“胚乳计算机”的精调输出的精度达到约 10-4-10-5MSC log 1/R 吸收单位（Munck，2007），图 18.7 的曲线恰好佐证了这一点。但是，在图 18.1g 与图 18.3d 的近红外光谱主成分分析中，评分表上不同基因型间的差异不能正确地反映精调光谱，因为线性数据的压缩破坏了数据结构，犹如对网络进行了分解（手术）。

在稳定环境下，“细胞计算机”光谱散色校正输出，尽管在微观水平上它是基于由化学亲和势产生的概率性反应，但是在宏观水平上其稳定似乎是确定的。用近红外光谱法观测到的自生组织，反映了对自生性系统数据进行数学方法评价是有缺点与限制的。当数据不能还原数学模型时，对未还原的现象组图型的数据检验和非数学方法的主观评价成为了不二选择。未还原的“数据曲线”（这里的 MSC 校正光谱）是最全面的化学信息与遗传信息的唯一根据，例如，细胞自动机模拟的非计算性数学结果可视化输出（Wolfram，2002）。直接由细胞和组织中读取的现象组的高可重复性光谱图型，具有定性意义，在特定的化学、分子与遗传的控制下，是可以被解析的。数据检验，在一个低水平数据压缩条件下，亦即去除随机变异后，使用新的数据处理程序会更方便快捷，例如图 18.1a～f 中的 Latentix 软件。

(3)解释在近红外光谱法的胚乳突变体模型中的“下→上”路径建模的不确定性

现在，对自生组织的结果利用近红外光谱法进行全面概述是可行的，我们能够更好地理解数学方法在基因序列的“下→上”的扩展通路建模中的限制。在图 18.6 中，在传统的分子生物化学中进行通路建模，去探索碳水化合物 C 突变体 *lys*5. *f* 的代谢活动的变化。突变(1)降低 55%淀粉含量；(2)由于 ADP-葡萄糖在质膜(1)上转运同工酶的损伤。从图 18.6 的代谢途径中，我们可以推论出，损伤可能导致 ADP-葡萄糖和葡萄糖-1-磷酸的累积，从而促使蔗糖-果糖合成转变为二磷酸尿苷葡萄糖的合成，最终合成 β-葡聚糖(3)。

迄今为止，都是运用传统的生物化学方法与分子方法解释这条途径是如何调控的。但是，*lys*. *f*5 突变导致大量 β-葡聚糖的合成(3)，从对照的 5%DM 增加到突变体的 20%DM，作为淀粉合成减少的补偿。从结晶淀粉到非结晶的 β-葡聚糖的转化，会影响水分活度，因为在种子发育过程中，大概从开花后 16～20 天开始，与对照相比，*lys*. 5*f* 突变体的水分含量稳定增加。在开花后 39 天，突变体水分含量比对照有 10%的相对增长（4%～5%的绝对增长）（Fast

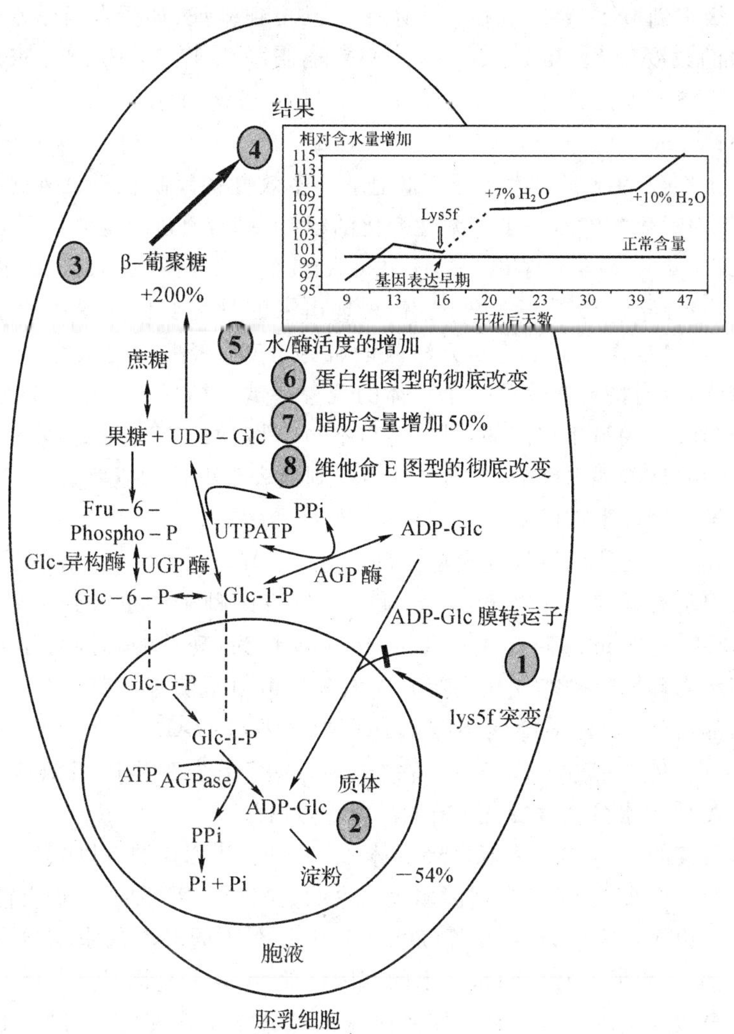

图 18.6　以与其亲本对比的 *lys5. f* 突变体的代谢活动为例子的通路建模的不确定性。水分代谢活动，Fast Seefeldt，2008 授权。见文中讨论部分

Seefeldt，2008；Munck 等，2010）。

β-葡聚糖合成的增加偏离了通路建模（Munck，2007），符合 *lys*. 5*f* 突变体因 DNA 损伤而发生的代谢活动变化，因为胚乳中水分含量的增加，可能以一种先验的、不可预测的方式改变了某些酶的活性，而这些酶在开花后约 20 天的胚乳发育过程中是有活性的。植物细胞的渗透压在 7～10 atm 之间变化（Cho，2004），使水分活度进一步增加。

lys. 5*f* 突变引起基因表达的整个内环境发生变化，这种变化在 Chetverikov（1926）看来，在通道网络模型中具有不确定性。它为 *lys*5. *f* 胚乳中次生代谢反

应的多效级联创造了条件，这在各个水平上已得到验证，如蛋白组学水平（6：水溶性蛋白的改变模型；Jacobsen 等，2005），油脂类水平（7：＋50％：Munck 等，2004），维生素 E 组分水平（8：α-生育酚＋60％，α-三烯甘油酯-19％，γ-三烯甘油酯＋53％；Munck 等，2010）。

*lys*5.*f* 突变的已有和大量可能未记录的多效性都反映在近红外光谱中（图 18.1h），作为对化学键水平上多效性变化的粗粒模型，通过特定波长下近红外吸收值（MSC log 1/R）与化学组分的简单关联已经得到验证（图 18.2）。扣除亲本 Bomi 光谱的特异 *lys*5.*f* 近红外光谱，表现出来的是突变体受损伤的原因。光谱图型，可在一定程度上用化学方法验证（例如，β-葡聚糖），但是它在细节上是不可还原的，应当将它看成是一个整体的现象。试验结果与讨论已充分验证了 Prigogine（1997）的自生组织的特性：在与不稳定物（如 DNA 突变）关联时，无论是宏观水平还是微观水平上，自然界的新法则能表现事件的概率，但是不能完全预见性地推论这一事件的结果。

大麦胚乳突变体的近红外模型在自生组织（Munck，2007）的结果上，得到了极其简单但很有代表性的粗粒概念，随后在发育的种子中也得到了验证（Fast Seefeldt，2008；Munck 等，2010）。Chetverikov 认为，现有的直接的分子方法可以测定细胞内环境的动态变化。荧光成像分析可以观测单个荧光分子，它们作为细胞内部信号，对许多细胞功能都有影响。钙与 NADPH 波在活细胞中以 0.1～10μm/s 传播（Weijer，2003），在"遗传环境"中表现出随机效应，如同在 *lys*5.*f* 突变体中水分活度变化一样（图 18.4，过程 4）。

这里研究的 C 与 P 大麦胚乳突变体，是对种子新陈代谢有剧烈反应的主要突变体。在基因表达上，具有基因多效性少的突变体是需要的，它们可能处在代谢过程中的边缘。因此，Frank 等（2009）对生长在不同环境的水稻与大豆植酸突变体，研究了它们在代谢组水平上的基因多效性，这些基因是参与磷与植酸代谢的主效与微效基因。数百种亲脂和亲水的低分子量代谢物，可以用毛细管气相色谱进行分析。主成分分析评分表验证了对各种组分的基因型聚类。但是，只有通过数据检验，才鉴定到 4～6 种组分，在不同环境下野生型与突变体之间存在着显著差异，均来自植酸生物合成途径。这些发现基本证明：为了得到可重复的遗传图型，原则上大麦模型的结果需要进行数据检验。

模型稳定性的评判需要一个着色的数据检验程序，如图 18.1a～f 的光谱数据。图 18.1g 与 18.3d 对应的主成分分析，因为存在数据压缩，降低了精调可重复 MSC log 1/R 光谱的精度，这一光谱反映了在特定环境下生物计算机的生化输出。数据压缩后的主成分分析评分表，对于初步明确数据组是有用的；但是，数据检验在高重复性的模型中是必需的。

(4)在细胞与组织的排列试验中，互补的“上→下”与“下→上”的数据建模是基因表达模型全面权衡的结果

我们必须将复杂生物系统建模不确定性的双面性作为一个整体进行考虑，即“上→下”概述的不可还原性与“下→上”的通路建模的不确定性。一些分子生物学家，如 Allen(2001)、Abel 和 Trevors(2006)、Mustacchi 等(2006)、Omholt(2006)、Palsson(2006)与 Wolkenhauer 和 Ullah(2007)似乎没有意识到基因表达预测中存在这两个限制。他们没有分析现象组学，而现象组学可以由光谱学进行预测。可为一个基因“设计”一个 DNA 序列，但是原则上不可能在生物体水平上进行设计。大自然通过自生组织的内置生物计算机，验证着基因在特定遗传环境下总表达的基因多效性。通过回交使目的基因适应理想的遗传背景从而达到最终目的。

近红外光谱不仅可反映化学组分的分布，还能反映特定遗传背景与环境下潜在的分子发育的高度可重复性。对细胞网络中某一功能分子描述，具有高特异性与高分辨率的特点，如近红外光谱下精细的粗粒胚乳生理化学描述。正如 Mustacchi 等(2006)在酵母系统生物学上的研究，“设计高级细胞工厂，生产燃料、化学物质、食品添加剂与药物”。然而，如果这样的策略成功，也不是因为科学家的“设计”技术，结果可能早已通过“生物计算机”计算出来(Munck 等，2010)，并可以通过高通量的仪器仔细检测去记录它的输出。

我们能最接近进入生物学的复杂系统模型，以建立基因表达的实验数据库，用于预测“上→下”的光谱与“下→上”的分子与遗传信息之间的对话(Munck，2007;Munck 等，2010)。对于突变或环境变化(如加入植物激素)的干扰，可以通过访问生物计算机予以解决。对一些特殊问题的研究，可以在纯合背景下，如在特定遗传背景下的大麦和酵母中，定位诱导基因组局部损伤或者通过内标记进行内切核苷酸的突变分析，以获得特定突变体或复杂的基因组合文库。对于“下→上”的信息有以下获取渠道：基因组的剪切标记的高通量技术，转录组的 affymetrix 基因芯片，蛋白组的时间飞行质谱，以及代谢组的核磁共振(HNMR)或者气相质谱。

我们可以发现一系列的基因或基因组合，因为基因多效性而表现出差异。存在的一种极端情况是，一个基因是严格的、确定的、永久表达的，它的基因多效性是微弱的(但是仍然有些不确定性)，例如水稻植酸突变体(Frank 等，2009)。相反，有些基因有广泛的基因多效性，将生化通路模型的“确定”的变化与细胞“内环境”的巨大随机效应结合起来，例如，水分活度，它不能通过“下→上”来建模。

尽管许多基因及其功能在不同真核生物中是类似的，但是使用生物计算机(如大麦和酵母)的基因表达数据库，去预测或者完成“设计”的任务是艰巨的。

因为基因多效性或基因环境互作的存在造成了许多不确定性。无从知道某一基因的背景对于特定突变体的"吸引"反应的敏感程度，例如 lys5. f 中 α-葡聚糖被 β-葡聚糖所代替，会引起巨大的基因多效性。

《分子生物学的哲学》一书强调，用精准的"下→上"的因果通路知识，代替传统育种家用探索式模型识别植株的整体表现。然而，在当前，育种家的策略就是用近红外光谱法在化学键水平获得新进展，作为分子数据的补充(Munck 等，2009)。正如复杂系统生物学家 Kaneko 所说的，"不幸的……对于某些研究领域，观测微观现象能力的提高并不一定是有益的……但是，没有必要去研究清楚每一种分子进程。相反，去除了非显著细节的粗放描述，可能更为重要。事实上，我们的途径是通过调查对系统进行粗放描述，寻求事物的本质特点"。

在过去 10 年中，分子标记在谷类作物育种上已经取得了一定进展，并在简单的品质性状已有成功应用，如抗病性。但是，难以用于复杂品质性状的研究。图型识别得到了扩展应用，包括主成分分析光谱模型与光谱检验的数据育种应用于化学组分的分析。

总而言之，粗放的近红外光谱法主成分分析模型，对于谷类作物品种的生产与育种是有用的。谷类作物是人类重要的消费粮食，目前每年生产达 20 亿吨。

(5)从光谱概念评价细胞和植株的质量、数量和物理结构

我们扩展粗放光谱表型的视野，探讨 1680～1810nm 的近红外光谱如何与 *lys3. a* 基因表达的宏观与微观结构全景相关联。*lys3. a*(P)突变体中，突变导致籽粒体积收缩(图 18.7 右上部分)，胚芽与盾片伸长。这些变化使含油量升高，如图下方的 *lys3. a* 光谱中两个重复显示的那样。在图中间部分的突变体，与其亲本 Bomi 的胚乳显微图对比，可见有巨大变化(Munck 和 Wettstein，1974)。在 Bomi 中，是平滑、浅灰色的蛋白结构，而在突变体中，却是表面粗糙、有许多深色的小球形蛋白结构，这些反映了蛋白组水平上的巨大变化，即由疏水的醇溶蛋白向亲水的水溶蛋白转变(Jacobsen 等，2005)。*lys3. a* 重组体 Lysimax 的籽粒，在淀粉含量上有变化(图 18.7 上方的中间)，在光谱上反映出光谱向 N 簇方向靠近。在油脂波峰左方，光谱吸收值降低反映了胚乳和盾片缩小，但保留了高赖氨酸性状。

如图 18.7 这样的各个基因型的近红外光谱，已逐渐被淘汰，现在可以用高级近红外与拉曼扫描显微镜对胚乳细胞进行二维成像扫描，每个像素都包含数以百计的波长(Thygesen 等，2003；Mills 等，2005)。由于波长过长，FT-近红外的分辨率大约是 10 微米，拉曼显微镜的分辨率大约是 1 微米。由于对是否需要研究自生组织尚存争议，只是获得整个细胞的光谱，这样，分辨率的限制就不再显得很重要。成像分析与显微测谱术的结合，使分化组织的熵与热力学在显微镜下就可以进行分析。在组织培养中，可以通过类似胚乳突变体近红外模型的

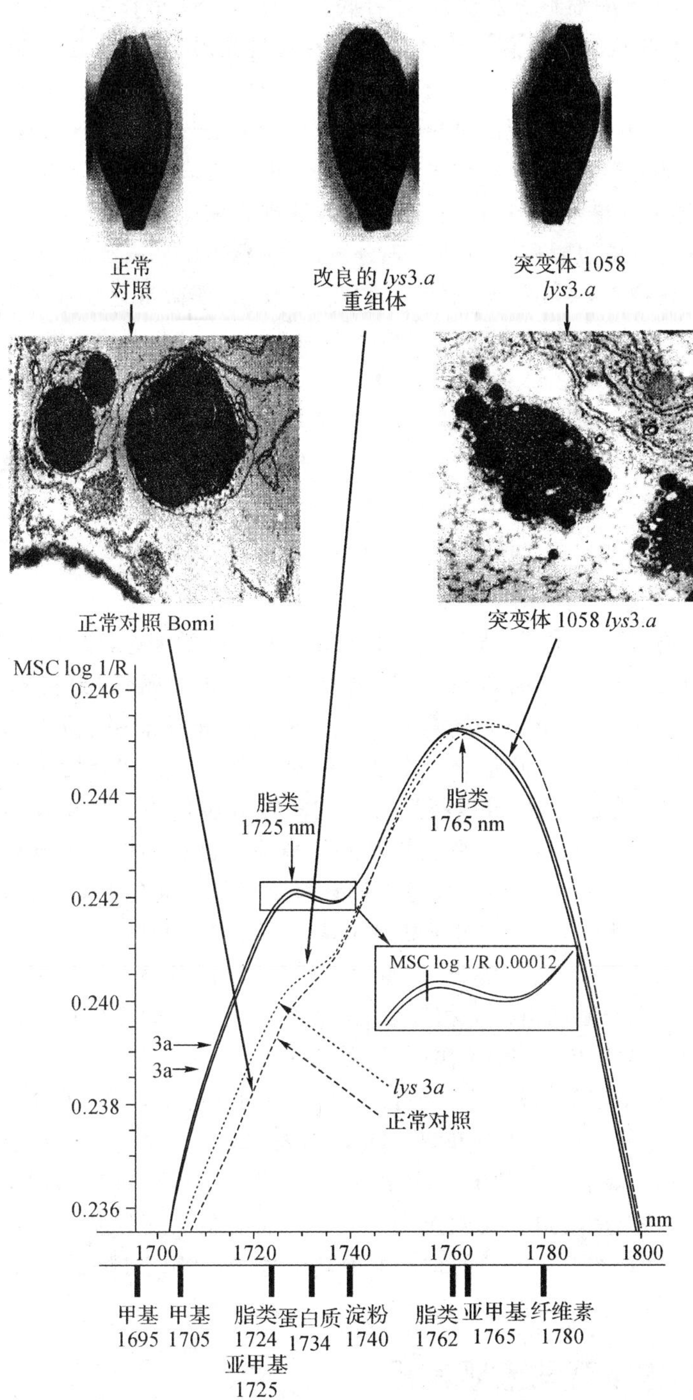

图 18.7 在 *lys*3.*a* 突变体(n=2)、正常对照大麦 Bomi 与 *lys*3.*a* 重组体大麦 Lysimax 中,从籽粒表观与亚显微结构到近红外光谱表现

全细胞光谱,去预测细胞激素成分、信号底物与药理分子的作用。在活细胞中,高水分含量会影响近红外光谱的分辨率,但是在拉曼光谱中这一问题得到了克服。

在光学显微镜,包括荧光显微镜,有大量的标记技术(Stephens 和 Allan,2003;见本书第五章),以观测染色体与细胞特异的信号机制(Weijer,2003;Mills 等,2005)的动力学。现在,在纳米结构水平上的基因表达,可以以自生组织的新视角,将普通的光谱概念与特异信号染色方法整合在一起。

植物结构可以以繁殖单位的宏观分级建立(Forster 等,2007)。图像分析技术与显微测谱技术,使用了新的特异的"描绘"技术,使微量化学水平与宏观结构水平相结合,从而使我们能更深入地研究器官分化(Stephens 和 Allan,2003;Weijer,2003;以及本书第五章)。在这些研究中,典型的大麦形态突变体(Lundqvist,2009),能显著地直接控制繁殖单位发育。分形数学模型促进了植物对称形态的研究,着重于对发育过程中分化力作用的研究,分化力就是使植物细胞产生"裂缝"的巨大内部作用力(Cho,2004)。

(6)用光谱学概念建立植物-环境互作的生化模型,鉴定非生物与生物胁迫耐性

利用作物扫描系统,并结合自生组织概念的光谱学理论,通过评价整个大麦植株冠层的发育以预测品质与产量,解释非生物胁迫耐性,这是很有潜力的(Hansen 等,2002)。Langridge 等(2008)认为,整个植株冠层水平生理状态的光谱学描述,是对于非生物胁迫分子水平分析的必要补充。在分类学中,在图 18.4 中对表型组的遗传影响,可以将环境组的环境效应作为一个整体表现为差异光谱,即在冠层水平与种子水平上与对照环境下光谱相比的差异光谱。在冠层水平,由于气候、土壤与植物管理等不同环境组变量引起的变异,可以通过粗放的生理化学差异光谱,在主成分分析评分表进行聚类分析校准,进而用分子分析与结构分析去解释(如气孔功能)。通过关联基因组学,可以将环境对表型分离影响的光谱信息与基因组标记相关联,用数据检验与标记程序保存可重复的信息,这些信息在数据的数学压缩中会丢失。

高产、品质稳定的品种,即便生长于在极端的环境下,在种子分类中也可能呈现窄的、一致的单粒品质分布(图 18.5 和表 18.2)。种子分类在新品种的早期鉴定与挖掘中具有巨大的潜在作用,种子分类机可以评价某品种忍耐恶劣环境的能力,包括温度胁迫和真菌感染。对于某特定的突变体基因或者重组基因型,复杂品质性状的单粒分类的精确度不甚清楚,但是用小规模的单粒分类机去分类这些基因型是可行的。

5. 自生性的微观与宏观前沿

划定自生性开放系统界限,从细胞到生物圈均存在相当大的问题。生物学

家可以在特定条件下，获取细胞(组织)在初始条件(DNA)下的数据，进而获取某表型相对应的精细的(分子的)基因表达与粗放的光谱概念，这一表型可以用数学与统计学去解释，也可以由光谱学、化学和遗传学的成熟知识去阐述。

Berzelius 早在 1837 年引入了化学亲和势与催化作用的概念，已经用量子力学理论去解释(Clary，2008)。Prigogine(1997，2003)在他的自生组织的理论工作中，修订了微观世界量子物理学与热力学，以适用于宏观世界，在统一模型中引入了微观与宏观的关联。在科学中，我们通常通过网络手术，用因果关系解释自生性系统(Pearl，2000)。传统上，都选择高能粒子物理学、遗传学和分子生物学中的还原论，而不是寻找必需的、补充的、粗放的、全面的概念，这些都是我们这里所尝试的。在这些科学中，存在着对许多因素的不明之处，而这些因素在自然界是真实存在的。因而，在有关物理弦理论的一书中，Green(2005，第 5 页)写道："通往真理之路，是人类经验经常误导真实的自然存在……代物理说服了我，用每天的经验去生活，就像透过空可乐瓶观赏梵高一般。"借这里已经报道的证据，近红外光谱法能代替"通过空可乐瓶进入生活的透镜"。因为，如 Prigogine(2003，第 64 页)所说的，"生命的结构都是以低能量构建的，夸克对低能量系统的影响是微乎其微的"。

量子物理学的模型解释了许多事件(Green，2005)，包括短暂的化学反应(Clary，2008)。但是，科学学科之间的保守与交流不能忽视。在传统量子物理学中，著名的 Young 的狭缝电子实验(Leggett，2005)说明，在测定电子通过哪个狭缝时，观测仪器是必需的。这个物理模型是从量子网络分离出来的，它本应该属于细胞的宏观世界。然后，这里的生物学试验说明，如果 Young 的模型转移至量子网络，堆叠的、宏观的不同状态之间的电子选择，不能由局部决定，而应该由自组织网络(生物计算机)的整体决定，它作为内部的"观测器"，能引导电子走上"介于确定与巧合之间的狭道"(Prigogine，1997；Munck 等，2010)。因此，量子世界的良好的可能性韧性是自组织与生命的先决条件，在量子与分子水平上开始"自然选择"，如亲和势与催化作用(Munck 等，2010)。自组织在化学键水平上以电子形式参与，但是受到整个系统定向、非局部的影响。相似地，重力可以被认为是宇宙中子系统的自组织的自生性的球体性质，而不是一种粒子——引力子(Green，2005)。哥本哈根玻尔实验室的物理学家 Jan Ambjorn 基于自组织理论取得了以上发现。

6. 光谱学与图像分析对生物圈自组织的检测——预测气候与植物生长条件的基础

先前提及的数学建模限制经常会被科学家忽视，通常也会被气候学家或媒体低估。在地球上，海平面以上的可利用土地面积有 33 亿公顷，11.3%的耕地，

26.3%的草地，29.3%的森林，31.5%的沙漠、冰川与山地，1.6%的城市/居住地(http://geodata.grid.unep.ch/)。在光谱学与化学计量学模式建模的谷物自生性系统研究背景下，基于文献和2008年6月举行的2009联合国气候峰会的预备会议(http://www.copenhagenclimatecouncil.com)，我们与加利福尼亚伯克利的CITRIS气候导航仪(2008)中心(http://www.citris-uc.org)协作，提出并探讨了气候问题。

(1)巨浪的例子和概念的重要性

人们早就知道(见Google:巨浪)，每个星期在七大洋都会有大型船舶消失得无影无踪。气象学家计算得出，高于15米的波浪的可能性微乎其微，因而由于经济原因，造船者会建造合适的船舶。但是，卫星记录到了局部波浪可以达到30米，这正解释了频繁事故的原因，因为火山运动导致海啸不断发生。巨浪极可能是海域混乱的波浪系统自组织的概率性现象。现在，通过远程卫星遥感，这些局部的巨浪能被记录下来，用于警告附近的船舶。从长远角度出发，我们能发现地图上有巨浪倾向的"热点"，例如挪威海。

大海中的波浪，与天气和气候一样，是自组织中混乱的极端例子，反而在生物体、组织或细胞的自组织表现是确定性的，似乎它们是由"内部计算机"引导的一样。用于绘制地图的现代轨道光谱成像卫星的成像分辨率有1m(Collins UK Staff,2006)。它们可以估计大面积范围的植物生物量，预测农田的作物产量与虫害。处于静止状态的气象卫星装备，有从紫外波长到近红外波长的各种探头，用于监测气象条件，例如云、潮流、雪、冰雹和局部地表、海面的温度。气象卫星的"上→下"的信息帮助验证"下→上"的地面数据，使我们能更好地理解大气自组织系统的性质。今天，气象预报(May,2004)依靠卫星数据与纳维叶-斯托克斯(N-S)水文平衡方程。由于混沌动力学的原因，即使不考虑计算机的计算能力，也不可能有效预测10～20天以外的天气。N-S方程是混沌解决方法，它与计算机模拟完全不同，计算机模拟看起来是混沌的，却不能解决问题(May,2004)。

(2)人类对气候变化的影响

我们遇到了摇摆不定的冰洋气团、上升的局部温度、日渐不稳定的气候条件，包括暴风、洪涝与干旱，它们严重影响粮食生产，包括谷物生产。一方面，当人类的影响很小或者不存在时，冰川层与树木年轮的气候记录表现过去一段时间急剧的短期的气候变化。这些变化已经被解释为太阳活动的变化，或者宇宙超新星爆炸放射能到达大气层，继而影响热平衡与云的形成(Svensmark和Calder,2006)。

另一方面，全球化与新兴的卫星技术(Collins UK Staff,2006)使我们逐渐意识到，毫无疑问的是，人类活动正加重对逐渐减少的自然资源的负担，包括人类生活用水与农业用水。每年燃烧的约 70 亿吨有机碳物质，释放并进入大气与植物光合作用的二氧化碳循环中。在过去的 100 年中，大气中的二氧化碳含量从 290ppm 增加到约 370ppm，二氧化碳的增加引起全球变暖。甲烷，一种更强效的温室效应气体，在过去的 200 年中增加了一倍。反刍类牲口、水稻田、融化的永冻层增加等，是空气中甲烷与二氧化碳含量增加的主要原因。

全球变暖，引起局部地区温度与降水发生变化，促使育种家和农艺学家改良新品种与改进生长条件，使作物即使在极端环境下还能获得高产与优质（见本书第九章）。2008 年，在阿拉斯加举行的国际大麦遗传学研讨会上，J. Spunar 作了关于麦芽品质报告（Blumel 等，2008），探讨了由于全球变暖影响，为了稳定高产并且避开夏季的高温，应将冬大麦作为春大麦的后备。

（3）天气预报

在 20 世纪 90 年代初，气象学数学建模家预测温室气体对温度变化的影响，他们计算出在 35 年后全球平均气温将升高 0.7℃。受联合国资助的国际气候变化专家组（IPCC 2007）在 2007 年获得了诺贝尔和平奖，专家组在同年的第四份报告中发表声明，“气候系统的预警是有意义的”，“可能是由于人为造成的温室效应的增加。世界温度将升高 1.1～6.4℃，其置信水平达到高于 90%，这将会导致频繁的暖流、热浪与强降水。干旱、热带风暴与极端涨潮也将会增加，但其置信水平低于 66%”。

在 1997 年东京举行的气候峰会上，人们深入详细地讨论了如何通过二氧化碳排放权来控制工业排放，以减少二氧化碳排放量。先不管 IPCC 的预测，即使报告有欧洲、喜马拉雅山脉与北极区域局部地区升温，但是截至 2008 年全球平均温度并没有升高（http://www.cgfi.org）。但是，北极圈在 1918 年产生的强暖流于 1960 年后逐渐减弱。在预测计算机模型中，基于“独立于网络的参数”（Pearl，2000）的数学，粗略地估计有严重的缺点与不足（Lindzen，2008）。模型，如由主成分分析评分表定义的模型，对于随机变化的说明，远远优于使用某个单因素变量。正如 Lucio 等（2007）研究所指出的，主成分分析的温度模型优于局部气候建模的模拟。值得商榷的是，鉴于混沌系统的惊人能力，关注于某个参数对全球年度均值的影响是否具有意义。

在一个开放的自组织中，生物圈暴露于太阳能射线与宇宙辐射下，长期的天气或气候是生物圈的一个自生性物质。气候会受到宇宙中剧烈变化的影响，并被地质层与冰川层记录下来。显著的二氧化碳峰可被检测到，由于腐殖质的微生物分解，通常大约在 100 年后，温暖期才会来临（Svensmark 和 Calder，2006）。当前，人为制造的二氧化碳释放主要由化石燃料与树木的燃烧造成的，包括热带雨林的清理，因食物、能源与牲口饲养需要而日渐增长的油棕。这些活动超过工业二氧化碳释放的20%。在亚特兰大与西欧的大部分地区,尽管它们处于相对靠北的纬度,但是温暖的海湾流造就了其温暖的气候。热盐环流带着高密度的盐水从冰岛回到萨拉加,从沉积物的记录上看,冰川世纪受到短期的暖期阻碍。由于全球变暖而融化的冰层将会稀释深海的盐浓度,削弱海湾流中具有功能的热盐环流。但是,近期的一项研究表明,海湾环流变得混乱了,而不是停滞了(Schiermeier,2007)。工业活动、森林燃烧与火山运动中产生的颗粒与烟灰吸收了太阳辐射能,致使30%的冰层与冰川融化。

与短波长的太阳光相比,大气层能更有效地吸收长波长的太阳光。温室气体将能量从太阳光转至长波辐射,进而产生"温室效应"。与二氧化碳、氧气、臭氧、甲烷和一氧化二氮相比,水蒸气对于近红外波长光有较强的吸收。这些数据都来自于重复测定,可以在实验室中得到验证。水蒸气分子也作为一种温室气体而携带热量,而大气中宏观结构的水却有冷却作用,因此使大气水对温度影响的建模复杂化(Svensmark 和 Calder,2006)。在当前气候条件下,使用较多的一些气候模型(Trefil,1996)进行比较,对云层覆盖的预测存在100%的差异,对降水存在50%的差异,而温度变化存在30%的差异。

IPCC的报告低估了水蒸气与云的形成(Svensmark 和 Calder,2006)对全球变暖预测的影响。在欧洲、喜马拉雅山脉与北极区域,与温室气体包括二氧化碳相比,燃烧产生的颗粒似乎对温度的升高有更大的影响。如果日益增加的二氧化碳释放不是全球变暖的最主要因素,那么大气中高含量的二氧化碳在育种家的眼中是有利的,因为它可增加植物的光合效率与产量。在2009年哥本哈根举行的联合国气候峰会的前一年中,我们重点关注二氧化碳与温室气体作为气候变化的主要起因,现在已经广泛地被业界与媒体所认可。综上可述,任何尝试用一种主导因素去解释当前气候变化是不科学的。

(4)淡水:维持植物与人类共存的限制因子

《脆弱的地球》(Collins UK Staff,2006)从卫星的角度阐述了正在变化的星球以及人类对自然的影响,包括扩张的城市、污染、森林砍伐、火灾、洪灾、旱灾、荒漠化、萎缩的湖泊、消失的河流与农田的盐碱化。2007年,城市人口占世界总人口的一半,使用了2%的陆地面积,但使用了2/3的资源。在热带雨林,森林砍伐是主要问题,例如在巴西和印度尼西亚,每年砍伐相当于爱尔兰面积的森林。中国的森林面积仅仅相当于巴西每年砍伐的量。储水的森林与植物的大量覆盖是当地丰富雨水的前提,是农业用水与人类生活用水的储备。当冰川与覆雪逐渐消失时,山区的森林与植被是保证降水所必需的。对于中国大陆当前的变化来说,储水变得愈发重要,农业用水与城市用水存在竞争关系。北京周围,很大一部分以前用于农业的地表水,现在用于供应首都。现在有计划从远至800km的长江调水至北京,而从较近的距北京250km的黄河调水已经变得不切实际，因为黄河水已经被过度开采用于农业与工业，导致黄河每年有250天处于干涸状态（Collins UK Staff，2006）。中国近期的巨大的三峡大坝工程，造就了一个面积为632km^{2}的湖泊，它减轻了长江水域季节性洪涝灾害，人人提高了农业水资源利用效率，正如1970年建造的埃及阿斯旺大坝一样。而阿斯旺大坝给了我们经验教训，土壤中盐含量的升高会带来许多严重危险，如果灌溉管理不当，会严重限制农业的发展（Collins UK Staff，2006）。

第三届联合国世界水资源开发报告会（2009）关注水资源的储存，这是食品生产与人类生活的限制因子。全球每天约有200万的废水排放。预期的天气变化会增加20%的水资源短缺。11亿人缺乏饮用水，其中大多数人只有少量的饮用水。在1998年的发展中国家中，灌溉土地生产的谷物占全部谷物的3/5。

淡水是维持植物生存与光合作用的必要资源，进而维持着地球上高等生物的生存。淡水也是一种极易被浪费的资源，然而使用恰当的话（如滴灌）能大大节约。水的基本功能是维持生命、食品生产与人类健康，却完全被二氧化碳问题与全球变暖话题所掩盖了。我们认为，人为的二氧化碳排放似乎是主要因素，却忽视了造成全球变暖的其他因素。

将二氧化碳污染、森林砍伐、水资源再分布与城市化对人类的影响在生物圈的自组织"计算机"中合计起来，结合地球、太阳与宇宙的输入，构建全球或局部的气候。我们可以观察到这种"计算"的总结果，即气候在不停地变化，由于自生性系统的性质导致这种变化不能由单一或部分因素决定。尽管如此，需要认真看待地面与卫星观测到的对人类的影响。简单地说，解决气候危机（Lindzen，2008）需要这么一种新策略：采集真实的数据，通过模式识别的基本准则评估这些数据，解释其在自然界中的自组织表现。

7. 加强谷类作物与人类社会的共存关系

益于人类健康与增加生存机会，非素食饮食莫属。

——艾伯特·爱因斯坦

(1)改进食品与饲料生产与利用的前景

谷物是"生命的起源"，作为人类食物的来源，如果人类能维持环境适于植物生长与食物生产，它将继续保持"生命的起源"的功能。

过去200年的工业化，已经完全改变了日渐增长的人口的基本生存条件，从1800年的8亿人，到1900年的15亿人，到2000年的60亿人。在20世纪，如果没有哈伯-伯施合成氮肥使产量大大增加，那么就不可能满足这么多人口的粮食需求。在20世纪20年代，引入了农业氮肥，固定大气氮与氢结合生成氨。在2006年，世界谷物年产量超过了20亿吨（表18.3）；在2004年，肉类产量达到了

表 18.3 谷作物和木质部纤维的世界产量

(FAOSTAT 2006; http://faostat.fao.orgsite567/default.aspx)

	百万吨
谷作物	2,160
大麦	138
谷类秸秆[a]	2,400
谷类秸秆的节间[a]	1,300
谷类秸秆的叶粉[a]	1,100
麦秆[a]	150
麦秆的节间[a]	75
麦秆的叶粉[a]	75
造纸原材料(代替纸浆)	
树木	300
麦秆和稻科植物	15

[a] 由籽粒产量估计得到的数值

2.58 亿吨。在经济飞速发展的中国与印度,自 1970 年以来,肉类消费翻倍,并以每年超过 5%的速率快速增长。根据 FAO 的统计,在 2008 年的前四个月中,增长的肉类食品需求,与高昂的化石能源价格,促使了谷物价格增加了 53%。这可能是短期的反应,但是已显露出食物价格的昂贵使越来越多的人不能得到充足的食物供应。生产 1 千克的生肉至少需要 6~16 千克的谷物或大豆。第三届联合国世界水资源开发报告会(2009)声称,每千克谷物生产需要 1.5 立方米的水,而每千克鲜牛肉生产却需要高于 15 倍的水量。在澳大利亚,因肉类生产而产生的温室气体量,已超过电力消费或者机动车排放而产生的温室气体量。(http://www.greenhouse.gov.au/)。

理论上,按每人每天消费 400 克谷物计,当前的谷物生产能养活 147 亿的人口。回顾过去,在中国与印度的古文化中,我们终于能理解素食主义是怎样形成并且维持着高密度人口的生存。维持增长的人口的需求,减少污染,节约水资源,改变饮食习惯是唯一的、最有效的方式。因此,育种家选育诱人的高效能食用植物以及对食品的改良,对于未来发展是需要的。当然,传统的食物也应当被记载下来继续使用,大麦是一种耐寒的传统食物(见本书第 17 章),现已部分用于制麦芽(见第 15 章),但绝大多数用于饲料(见第 16 章)。

植物育种家不仅需要增加植物产量,而且需要改良营养功能以及减少污染。增加可利用的必需氨基酸高赖氨酸突变体大麦(Munck,1992),作为饲料用于饲喂猪能降低 20%的氮肥污染，且增加 20%的蛋白利用效率。同样，使用低植酸的大麦与玉米突变体饲料能使磷污染降低 50%，而磷利用效率增加 50%(Raboy,2009)。因此，从新陈代谢效率的角度出发，超喂与饲养不良都是有害的，这也适用于人类生理学。

在 2000 年的 60 亿人口中，20 亿人有严重的食物健康问题，其中一半为营养过剩，而另一半则是食物不足。*Lys5.f* 突变体大麦是突变育种(Munck 和 Moller Jespersen,2009b)改善食物的一个例子，它的 β-葡聚糖含量高 20%，从而降低了 40%的热量与升糖指数，使高品质的膳食纤维增加了 150%。为了在实践中使用低产的 *Lys5.f* 突变体大麦，可以通过数据育种改变其遗传背景，进而改良其品质与产量，使其符合成本效益。

因为将低品质的破损籽粒作为能源使用，可以得到较高的回报，所以针对面包品质与麦芽品质进行单粒分类，其价值是吸引人的。因此，使用单粒分类分离，将不能作为食物与饲料的霉菌感染的籽粒作为能源，是可以接受的。在将来，对于大规模的单粒品质分布引进产业化的种子分类，对于品质标准本身或者总经济效益都是重要的。

复杂的产量性状不是中性的品质。因为对于植物干物质产量而言，与淀粉合成相比，蛋白质与油脂的合成分别需要 2.1 和 2.5 倍的葡萄糖(能量)消耗，可以通过选择高淀粉含量而低蛋白质和油脂含量组成的籽粒间接选择产量。结果，可以通过近红外光谱法选择淀粉含量高而蛋白质与油脂含量低的种子提高产量。据此，在育种中进行产量评估的成本效益，可以通过减少相对昂贵的产量试验的重复数而得到提高(见本书第 8 章)。

(2)作物作为粮食和非粮食用途的整体利用

100 年前，制造业使用相对较多的谷类作物为原材料。例如，淀粉广泛地使用于纺织业，秸秆主要用于制造纸浆。此后，矿物油和树木等其他材料的使用，逐渐减少了谷类作物的非食粮用途。在自给自足的农业中，作物如大麦与高粱的所有部分都被利用(Munck,1993;1995)。在 20 世纪 50 年代，欧洲和北美大规模引进了廉价的化石能驱动的收割机，而将秸秆作为废料烧掉。在将来，化石能驱动技术打断的生物链，将在新技术的推动下得到部分重建，这种新技术关注整个植株，包括种子与稻草或麦秆(Bjorn Petersen 和 Munck,1993;Munck,1993;1995;2004)。在表 18.3 中，谷物总产量达到 46 亿吨，其中包括 22 亿吨的种子和 24 亿吨的木质纤维素。世界上生产的纸来自 3 亿吨树木和 1500 万吨秸秆，由此可见，谷物木质纤维素具有巨大的潜能。

从 2009 年到 2010 年，美国 1/3 的玉米用于制造生物乙醇。在不久的将来，健全的谷物种子大量用于非食物用途将被证明是不合理的。在 2008 年，全球原油年产量达到 50 亿吨。全球原油燃烧产生热量，相当于 45 亿吨作物总热量的

2.5 倍。换句话说，在工业国家，谷物木质纤维素大部分被浪费了，它们原本可以二次利用于生产生物乙醇。在丹麦，秸秆集中供大型热-电-温水发电机组的燃烧使用。在 2006 年，丹麦 12% 的能源由生物质燃烧制造，其中 1/3 来自秸秆。

20 世纪 70 年代的第一次能源危机促进了欧盟与美国对生物质的非食物利用(Pomeranz 和 Munck，1981；Munck，1990；1993；1995；2004；Bjorn Petersen 和 Munck，1993)。这项研究起源于第二次世界大战时期，是由伊利诺斯州皮奥里亚的美国国家农业部(USDA)实验室发起的。在欧盟，每年 50 亿吨的谷物淀粉传统地用于纺织业与造纸业。淀粉(图 18.8)可以通过简单的化学修饰转变为阳离子淀粉与阴离子淀粉，用于纸的填料，也可以被制成可降解塑料用于包装。淀粉与糖的发酵，有制造出当前一系列从化石材料中生产的化学物质的潜能，这取决于石油的价格。

当前，秸秆主要用于饲喂牲口。在秸秆中加入氢氧化钠或氨水后，磨碎或加热可使饲料能量价值增加 50%(图 18.8)。秸秆或秸秆提取物(多酚)对池塘(包括商业鱼塘)，可有效地控制海藻的生长。在木头造纸技术引入之前，传统上秸秆用于造纸。现今，在森林资源匮乏的国家，如西班牙、埃及、巴基斯坦等国家，秸秆与牧草还是用于造纸。根据图 18.8 中的增值分类原则，用于纸浆制造的秸秆的效用将大大被提升。将秸秆研磨和过筛，获得由节间与节组成的粗样，其中

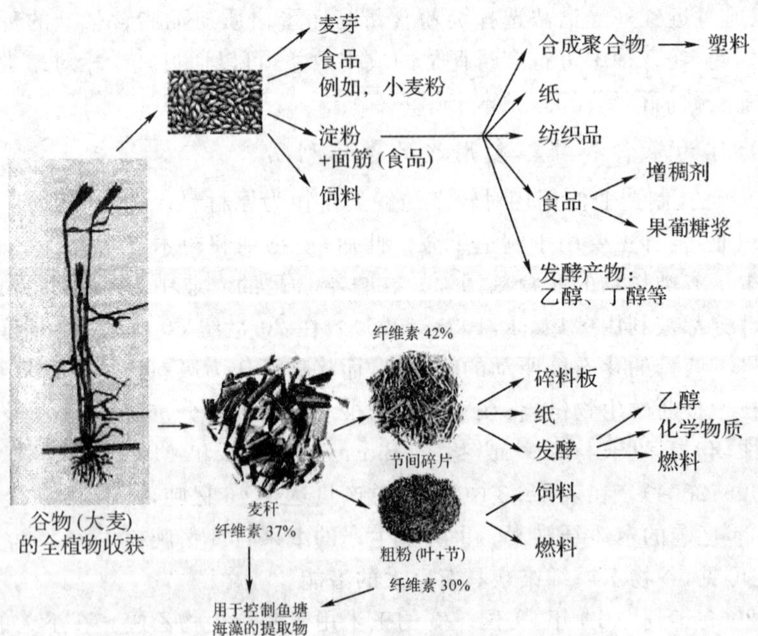

图 18.8　谷作物的全植物利用(见图 18.10)

含有与木头(43%)相似的42%的纤维束,还有29%未分离的秸秆。节间碎片是纤维板与纸浆的理想材料。另一方面,与可分离的秸秆相比,叶碎片有相对较高的饲料价值,因为它比节间碎片有双倍的蛋白含量、更高的消化率(叶碎片消化率51%;节间碎片消化率41%)。

秸秆中含有的硅是纸浆制造的一大问题,因为在加工过程中它是处于融化状态的,在去除木质部后的黑液中,它阻碍碱的回收。从表18.4中我们看到,通过研磨与分离得到的节间碎片中,硅含量相对低了好几倍。在未来的植物育种中,我们需要考虑增加谷物节间的纤维的长度与粗糙度。表18.5反映了丹麦的谷类作物的纤维参数的自然变异(Bjorn Petersen 和 Munck,1993)。在大麦品种黄金希望中,纤维品质有显著变异,与品种胜利相比,它增加了9%纤维素和19%纤维长度。总之,谷物木质纤维素是一种有价值的资源,特别是在增值分类之后。秸秆的节间/节和叶能用作饲料和非食物使用,例如纤维板、纸浆、生物乙醇和能量,因此不会与食物生产形成直接的竞争关系。

表18.4 麦秆/玉米茎秆的组分分析

(引自 Bjorn Petersen 和 Munck,1993; AACC, St Paul, MN 授权)

		麦秆/玉米茎秆重量百分比%			组分均值(%干物质量)			
		均值	最大值	最小值	α-纤维素	蛋白质	灰分	硅
春大麦	节间	50.4	55.1	44.7	38.3	2.0	4.5	0.5
	叶	41.6	48.4	33.9	28.2	3.9	6.3	1.4
	节	5.4	4.0	1.0				
冬大麦	节间	55.0	63.0	49.8	42.2	3.0	4.6	1.0
	叶	38.7	44.2	31.6	29.3	5.2	8.4	2.3
	节	4.8	7.0	3.4				
冬黑麦	节间	67.7	68.7	66.7	41.3	3.0	3.7	0.5
	叶	23.9	25.4	20.7	29.8	5.9	5.7	1.2
	节	5.2	6.5	2.8				
春燕麦	节间	50.4	53.4	47.3	39.2	2.6	4.6	0.2
	叶	42.1	45.5	38.7	30.3	3.5	7.4	1.9
	节	4.4	5.1	3.7				
玉米	节间	46.6	52.0	40.4	39.5	3.7	6.3	0.2
	叶	42.1	46.4	34.3		8.3	7.9	1.4
	节	11.9	16.6	8.7				

表 18.5 用于纸浆制造的小麦、黑麦、燕麦和大麦的节间的 α-纤维素含量、平均纤维长度和粗度
(引自 Bjorn Petersen 和 Munck,1993; AACC, St Paul, MN 授权)

品种	α-纤维素(%)	平均纤维长度(mm)[a]	粗度(mg/g)
小麦(Kraka)			
节间	42.2	0.77	0.082
叶	29.3	0.63	0.112
黑麦(Petcus)			
节间	41.3	0.83	0.081
叶	29.8	0.74	0.085
燕麦(Riso)			
节间	39.2	0.91	0.103
叶	30.3	0.63	0.118
大麦(Triumph)			
节间	38.3	0.74	0.091
叶	28.2	0.53	0.114
Golf	40.1	0.83	0.160
Corgi	38.5	0.85	0.086
Golden Promise	42.7	1.02	0.092

[a] 长度加权的平均纤维长度

(3)生物精炼:植物整体利用与人类需求的结合,打破生产周期与自然之间的平衡

在 20 世纪 60 年代的前 5 年,恶劣的气候危机席卷了南斯堪的纳维亚,寒冷且潮湿,严重影响谷物的储存与品质。在丹麦,由于食用霉菌感染的谷物,约 30%的猪患了严重的肾病,假如人患此病的话,就需要做永久的血液透析。在如此艰苦的环境下,"全作物收获"和"生物精炼预加工"(Munck,1990;Rexen,1990)的概念,作为一种系统方法在瑞典与丹麦应运而生,目的是为了增加作物可靠性、生产效率和当地农场群体的相互协作(Munck,2004)。在 20 世纪 60 年代,大型滚筒式烘燥器是由廉价的油驱动的,原先用于生产苜蓿(Medicago satava)颗粒饲料,随后才用于烘燥田间切割机收获的谷物。在全程筛选实验中,全作物安全收获和烘燥储存可以增加植物畜牧的机动性。在斯堪的纳维亚,长耕作期作物如玉米与蚕豆首次得到稳定收获。在 1973 年,第一次能源危机中上涨的石油价格使传统不经济的大型滚筒式烘燥器与苜蓿脱粒产业逐渐消失。

在 20 世纪 70 年代,能源价格的上涨使社会与科学关注可再生资源,正如美

国谷物化学师协会(AACC)一书《谷物:一种可再生资源》(Pomeranz 和 Munck,1981)中所记录的。然而,在20世纪80年代,能源价格并没有高到使农产品的非食物使用减少的地步。在图18.9中,陈列了1965—2008年玉米、原油和松纸浆的世界市场价格,自1998年起,原油价格急剧上涨。从树木中提取木质部纤维能源消耗高,而在纸浆、玉米与原油的稳定高昂的价格中得到体现。作为纸的原材料的麦秆节间碎片,在生物精炼系统中更加节能,因此与木材存在高度竞争关系。自2005年起,玉米的价格紧随原油之后(图18.9)上涨。在20世纪70年代之前,极低的燃料价格使农林业中能源消费设备大量投入使用,这样降低了能源利用效率。因而,在1986年,EC-12-谷物收获需要价值30亿欧元的50万台复合收获机,每年使用不超过100～200小时(Rexen,1990)。在1986年,欧盟委员会(Sargeant,1990)开发了农工业发展项目(http://www.ienica.net/),刺激全作物收获与生物精炼上的创新(Munck 和 Rexen,1990),在20世纪90年代启动了FAIR EU项目。在丹麦的博恩霍尔姆岛,基于先前产业中的设备——饲料加工单元、滚筒式烘燥器与纤维板制造器,开展了受欧盟委员会资助的"Bioraf"示范项目(Rexen,1990)。适于籽粒和麦秆的研磨与分离的实验工厂,以及油菜油提取工厂,纷纷建立起来。人们已经意识到,全植物滚筒式烘燥器程序中消耗的能源,可以通过使用1/3的麦秆实现自给自足,如若使用叶碎片则可以更方便地直接加到锅炉中。

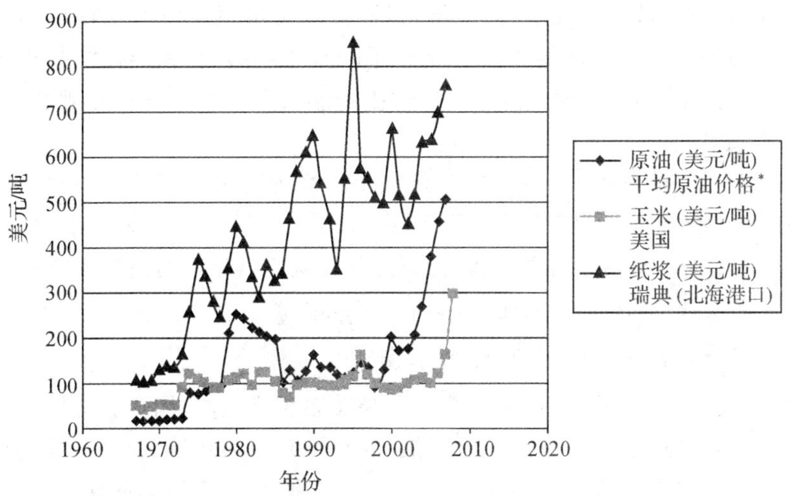

图 18.9 原油、玉米和松木纸浆的市场价格(IMF 1996, 2006)

图18.10a陈列了农业生物精炼的概念。生物精炼单元是当地结合干燥与预加工设备和饲料工厂/粮仓的收获站,适用于2000公顷的农田工作。生物燃气单元利用动物与人类的排泄物制造燃气,剩余的部分作为农田肥料回收。计划上,此单

元有自给自足的可再生能源,并为大工厂提供生产种子、秸秆节间与饲料产品。

基础设施网的模式转变是罕见的和昂贵的。完善生物精炼概念的难点在于社会已经投资了早期基础设施,大量的生物精炼需要得到大规模的完善,需要将数以百计的单元统一成一个整体网络,这会引起对农工业的基础设施的巨大改变。因为收获与烘燥可以防止气候变化对作物的危害,在整个作物生长期内,能生产作物以适应市场需求,改善作物病害控制。这样,机器每年就可以使用 8～10 个月,而不是几个星期;当地的生物精炼单元整年都可以运行,从而免受能源价格的影响。

在 2008 年,原油价格暴跌,丹麦国家燃气与能源公司 Dong 声称,由木质部纤维制造生物乙醇的一个实验厂,每年可以用 30000 吨的麦秆与饲料谷物,生产 13500 吨的乙醇、10000 吨的生物燃料、9500 吨干重的饲料糖浆,并使二氧化碳减少 40000 吨。支撑工程的研究部分由欧盟委员会资助,可以看做是生物精炼的城市版本的第一步(图 18.10b),它使用的是来自发电站的低品位能源。

纤维束热解后(图 18.10b),继而被水解,葡萄糖发酵成酒精。木质素部分作为能源燃烧。最新的想法是,发电站产生的低品位热能用于生物乙醇蒸馏步骤,这步骤在麦秆与生活废物的纤维素水解进而经酵母发酵。在生产作为牲口饲料的高品质糖浆中,避开了半纤维素发酵这个最难的步骤。

发酵产生的纯二氧化碳是一种有价值的原材料,它能与氢气结合生成甲烷(图 18.10b),作为燃料或者化工原材料,而氢气可由风能发电站输出的电能水解产生。打断城市与郊区的生物生产链(图 18.10a,b),将人类排泄物集中于化粪池,而不是浪费在污水管道系统,通过生物燃气单元制造燃料和肥料,在农业中得以重新利用。

在生物加工步骤的每一步中,都有先进技术,使浪费的社会向再循环利用的社会转变。现在的问题是,如何将自组织社会与市场统一成为一个整体,去选择、结合与优化在高效网络中的所有选件,从而提高网络的可持续发展能力。

(4)一体化:稳定混乱的自生性全球社会的基础结构,达到自组织在自然与人类活动及创新之间的平衡

从 20 世纪 70 年代起,西方社会对因果关系更为关注,因为它能提高短期利益。在 1970 年前,公司着重于长远发展,在经济衰退期获得更高的经济耐力,对社会网络富含社会责任感。自 1978 年起,为了股东与管理者的短期利益,产业只关注于自己的领域。失调的市场间竞争被认为是保证效率。社会的基础服务,如水电供应,都私有化了,导致供应与价格的问题,因为时间的利益效率不允许长期投入,没有足够的资源去维护与更新。建立永久结构对于增加自生性社会网络的适应性是需要的,而对于现实生活中短暂的能源与资源的分解代谢则表现妥协了(图 18.11)。

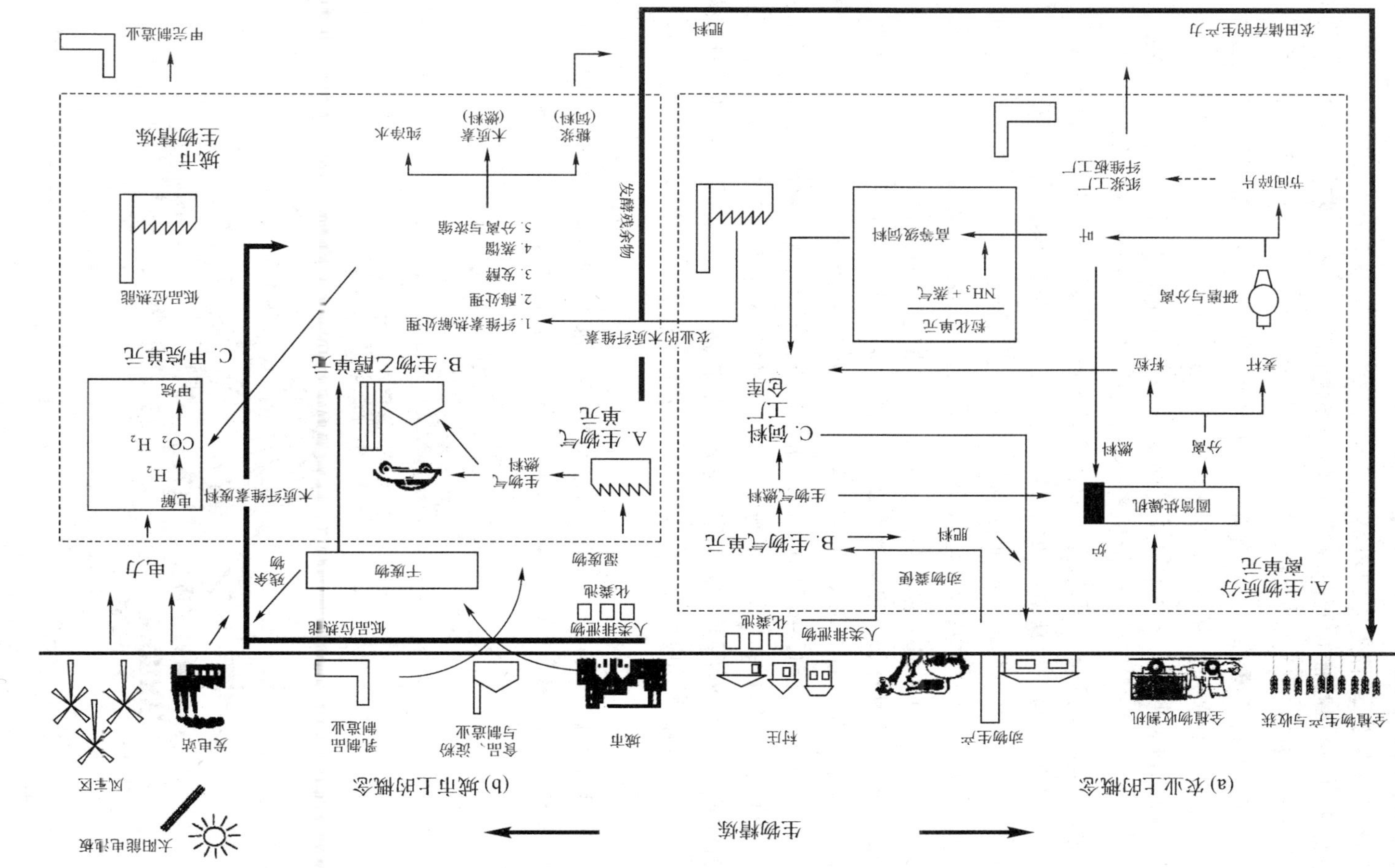

图 18.10 农业与城市的生物精炼

图 18.11　在硅片(计算机)内的真相:虚拟现实计算机建模旅程的参与者向地球上的居民挥手告别。不能参与这种旅程的而期待完美体系的那些人将何去何从?谁能生存?© T. Newlin/L. Munck

长远的学科交叉方法,在比较基础设施的政府控制与市场控制的(自组织)系统科学分析上是需要的。对基础设施进行多因素改进的大型示范工程,例如"生物精炼"的概念,需要优先考虑。我们从不缺乏科学的具有良好动机的"方案"去改进基础设施。但是,仅仅依靠政府或者自由市场,并没有能力去选择合适的方案,没有经过实用测试,而对基础设施进行最优化改善。另一方面,市场倾向于挣消费者短期的钱,而提高基础设施供应效率最近才逐渐被关注。即使"全球变暖"已经摆在议程上,2008 年春季的原油价格也达到 150 美元/桶,美国汽车制造业还不接受混合动力汽车,这种车结合了电池充电与转换系统,经济又实用(Lemoine 等,2008)。但是,当 2009 年春季石油价格回落至 40～50 美元/桶时,可以不冒风险又能快速挣钱时,谁还会以长远的眼光看待基础设施呢?

当前,股票市场的目光短浅,反映在它对能源制造公司的极低贡献。看来政府的投入是必需基础设施长远发展的最后一抹希望。

在 2008 年 6 月哥本哈根举行的气候预备会议上,来自加利福尼亚伯克利 CITRIS 中心的科学家、丹麦的公司以及经济学家们,抛开了原先各自的目标策略,在上面提及的长远的生物精炼网络投入上达成了一致的意见(图 18.10)。

CITRIS(Kammen,2007)与产业代表接纳了 IPCC(2007)的全球变暖概念,包括二氧化碳与温室气体。在 2008 年,一家主要的国际石油公司声明,它将停止资助拒绝承认气候变化的团体。当前对二氧化碳的关注应该作为一种病症——超出界限的人类活动。但是,稀缺的不稳定的水资源的正确利用是拯救变暖气候的限制因素，而二氧化碳是另一个因素。人类与谷物乃至整个生态系统的共存，需要优先考虑。如果我们将全部注意力投入减少全球二氧化碳的项目，而忽视紧迫的水资源储存与发展问题，这将会是一个巨大的灾难。最终，全球二氧化碳"税"虽然不能阻止我们对水的误用，但是让我们明白了一个道理，挣到的钱是否足够用于水资源保护，以改善气候与农业。

8. 结论：人类作为选择者——投掷"自然选择"的达尔文回旋镖

我们生存在俄罗斯方块般堆砌起来的生物圈，动态的自生性的自组织网络围绕着我们，正如图 18.12 所描述的(Munck，1991)。60 亿多的人类同胞用虚拟实体"金钱"为自己去选择资源、植物、环境和未来。与生物圈的气候与股票市场的价格之类不稳定的自组织系统相比，生物体自组织的高再现性与稳定性使生物学家印象深刻。

图 18.12 人类作为选择者，被因果关系所吸引，投掷发展的达尔文回旋镖，而环境的回旋镖却击中他的背部。查尔斯·达尔文害怕地看着他的"自然选择"

人类大脑是一台自组织计算机，它的能力超过了数字计算机。从感官上，例如视觉，比较两个或更多的指纹，大脑每秒钟能接受与评价数兆字节的信息。大脑的不足之处是只能用语言和文本这样的狭隘的途径进行交流活动。大脑长期的记忆能被动地储存 100,000 个，主动地储存 10,000 个单词。短期的记忆仅仅每秒处理 20 个字母。这就是为什么人类通过语言与数字的交流在科学上存在巨大的交流问题，而数学模型能提高精确度并且使有复杂结果的逻辑运算自动化。但是,原因与结果之间的联系是引人入胜的,使我们对网络进行“手术”(Pearl,2000),比如环境问题。

数学的自组织建模存在不足,这在我们的大麦胚乳突变体试验中得到了验证。由此可以总结,当数学建模与评价对数据不能计算或具有破坏性时,人的肉眼的直接检验或者仪器方法的间接检验是最终的方法。Martens 等(2007)研究发现,评价 Delta-Notch 细胞自动机模型输出的最好方法,是经培训的感官测试专家的视觉检验。

多数人会觉得,感官测试专家可能会忽视 50～100 的视觉、味觉、嗅觉与口感的差异,而产生少量百分比的误差,例如对于啤酒。成功的前提是在训练一个专家时,对于参与者之间对品质的语言定义需要获得一致性,比如说用星星图案或者 PCA 评分表去表达(Martens 和 Martens,2000)。光谱学和化学计量学的模式识别通过评价光谱与评分表,而不是通过统计学的数字,发挥了人类大脑视觉感官的巨大能力。

相反,在传统哲学上,逻辑与因果思维是基于单词概念的,例如演绎法和归纳法(Popper,1995),因而存在对单词的理解限制而产生的“语言困境”(Munck,2007,第 442 页)。伟大的美国化学家与哲学家 Charles Sanders Pierce,是解释信号意义(Hoffmeyer 和 Emmeche,1991)的符号语言学之父,早在 100 多年前他就为模型建立了一种新的探索性的多元逻辑学。Pierce 引进了术语“诱导推断”,用于解释自然界的信号。他声称,脱离了信号,人类就无法思考。我们运用诱导推断去解释光谱信号与主成分分析评分模型(图 18.1 和 18.4)。现在可以引入光谱学与化学计量学,作为研究符号语言学与生物学必需的实验方法,提供改进的推断科学策略,用来解释自然界的信号与模式。

此前在统计学中被忽视的因果论,现已被广泛研究(Aalen 和 Frigessi,2006),因为自生性系统的因果关系评价存在数学限制,而这种数学限制在统计学上并没有完全被考虑。受随机变异(Martens 和 Nas,2001;Smilde 等,2004)去除限制的化学计量学指纹识别,在分类分析的起始阶段 是必需的,它检测获得热点,继而对热点进行数据检验评价。但是,化学计量学模型仅仅给出了精细的近红外光谱的粗略理念。无论数学模型与“自组织计算机”的建模是否一致,而在 Pearl(2000)看来,都是对网络进行“手术”,这对于科学和数学建模者都是不能接受的。

现在,科学致力于用还原论解释自组织,仅仅因为“许多因素受困于协方差的牢笼——一个无尽的黑洞,吞噬了科学家的努力,却没有反馈任何信息”(Munck,1992,第 592 页)。虽然模拟模型能给出有价值的启发,但是因果关系的“下→上”的局部生物学建模不能被非线性动力学解释(Palsson,2006)。这不是由建模者决定的,而是是由整个自生性系统决定的,反映在一个时窗中的系统状态上。自组织的现象组学概念，结合先进的分子数据，通过“上→下”与“下→上”的建模方法，实现生物学意义。科学与社会必须认识到自然界的因果关系是建立于整个网络之上的(Munck,2007;Munck 等,2010)。

当今的科学社会在很大程度上忽视了数据检验这个基本需要，数据检验是用来保护自生性系统的精调信息的。太多的数据组仅仅由数学模型去调查，去除了随机变异的数据压缩，破坏了自组织的精调信息。在解释数据检验后的可重复的自生性系统时，缺乏模式识别思维。与数学建模的技巧相比，我们更加需要拓扑意义的模式与物理/化学/生物经验，包括特定遗传背景的对照样品。

语言是最狭隘的人类交流手段，问题在于宝贵的单词人主体适度有限资源选择(Munck,1993)我们提出了两个概念“素食主义”和“创造不确定性”，后者揭示了每个人都是创造事件的参与者。所有的创造活动都是因为物质的自组织性质而自生性的，始于 140 亿年前，现在仍在进行。

我们能设想自组织不同形式背后的主要法则。自然选择从分子水平到生物体水平引进了创造性，创造了独立个体与气候事件。气候事件在某种程度上可以被解释，但是不能完全被预测。在人类层面解释宇宙本质的不确定性中的因果关系的限制，需要考虑并且理性对待。基于大学教育的对科学与社会的自组织的认知，认可和接受创造不确定性，这将会是科学基础研究对社会贡献的最好论证。

令人欣慰的是，使用新的可行的技术，对自然与社会的动态系统的连续调查的图型识别决策，能基本消除不确定性。与基于网络手术的单因素因果关系和模拟(Lindzen,2008)相比，在自生性系统中由调查数据得到的图型(如大麦胚乳突变体近红外光谱模型)，具有更高的诊断价值(Pearl,2000)。

素食主义是一种新的消费模式。在美国，降低 10% 的肉食消费能促进健康，并且能多养活 10 亿人口。减少肉食消费，增加植物食品，向素食主义靠近，并且推广素食主义使其国际化，能产生 10～50 倍因子的的环境效益。当二氧化碳成为病症，素食主义代表了正确导向效果的模式。改善人类健康，缓解每单位食物消耗的土地资源与水资源，都需要减少温室气体的排放，如二氧化碳和甲烷。

要找到简单的因果关系的解决方案，是政客与媒体施加于科学技术的前所未有的巨大压力(Lindzen,2008)。存在语言带宽限制的人类的规范设计解决方案，在虚拟网络世界的帮助下得到了改善(图 18.11)。问题在于全球社会怎样才能在思维与行动上更加切合实际。人类经验证明了自然的确如人们感觉的那样是可理解的。植物与动物育种中的人类选择，令人深刻的经验主义成果，可以看成是达尔文的自生性概念：“自然选择”。但是，在全球化的时代，远离自然生活着的数十亿的人类个体成为了“选择者”(Munck,1991;1993)。他们只关注因果关系，造成了自生性网络的环境问题(图 18.12)。现在正值科学、技术和社会模式转变，自组织中"自然的创造不确定性"作为一种信号，作为"新的可能性法则"已经完全被接受与认可(Prigogine，1997，第 155 页)，能为我们未来生活指明新的方向。来自自然的信号，作为变量的真实模式，应该被开发与保存，而不应在破坏性的数学模型中丢失。因为自然的不确定性是创造性的，科学需要通过实践与自然对话，从而改进非基本法则理论，使其成为基础设施的持续投入与社会生存的基础。

9. 致谢

感谢瑞典隆德 Bomill AB 公司的 Bo Lofqvist 提供关于单粒分类的图 18.5 和表 18.2，丹麦 Biosystemer aps Alsgarde 的 Borge Holm Christensen 对生物乙醇技术的深度见解。感谢研究组的同事 Soren Balling Engelsen、Lars Norgaard、Rasmus Bro、Asmund Rinnan、Helene Fast Seefeldt 和 Frans van den Berg 对本工作的帮助。研究自生性系统的数学建模的灵感与资料来自 Harald Martens 和 Pal Brekke(挪威)，Chris Lucas(英国)和 Dalibor Stys(捷克)。

参考文献

Aalen, O. O. and A. Frigessi. 2006. What can statistics contribute to a causal understanding. Scand. J. Stat. 34: 155－168.

Abel, D. L. and J. T. Trevors. 2006. Self-organization vs. self-ordering events in life-origin models. Phys. Life Rev. 3: 211－228.

Allen, J. F. 2001. Bioinformatics and discovery induction beckons again. BioEssays 23: 104－107.

Bjørn Petersen, P. and L. Munck. 1993. Whole-crop utilization of barley including potential new uses, pp. 419－474. *In* A. W. Macgregor and R. S. Bhatty (eds.). Barley Chemistry and Technology. AACC, St Paul, MN.

Bjornstad, Å., F. Westad, and H. Martens. 2004. Analysis of genetic marker-phenotype relationships by jacked-knifed partial least squares regression (PLSR). Hereditas 141: 149－165.

Blom-Sørensen, M. M., J. Muller, J. Skerritt, and D. Simpson. 1996. Hordein promotor demethylation and transcriptional activity in wild type and mutant barley endosperm. Mol. Genet. 250: 750－760.

Blumel, H., J. Fouquin, and J. Spunar. 2008. Global warming impact: Winter Barlet as a reserve crop for brewing industry in the traditional European countries declaring exclusive and dominant spring barley malting utilization. *In* S. Ceccarelli (ed.). Proc. 10th Int'l. Barley Genet. Symp., Alexandria, Egypt, April 5-10, 2008. ICARDA, Aleppo, Syria.

Available at http://www. icarda. org/10thibgs/.

Chetverikov, S. S. 1926. On certain aspects of the evolutionary process (in Russian). Proc. Am. Philos. Soc. 1961, 105: 167—195.

Cho, A. 2004. Life's patterns: no need to spell it out. Science 303: 782—783.

CITRIS Climate Navigator. 2008. Berkeley Institute of Environment. Available at http://www. citris-uc. org/ climatenaviagator.

Clary, D. C. 2008. Quantum dynamics of chemical reactions. Science 321: 789—791.

Collins UK Staff. 2006. Fragile Earth: Views of a Changing World. Collins Publishers, London.

Doll, H. 1983. Barley seed proteins and possibilities for their improvement, pp. 205—223. *In* W. Gottschalk and H. P. Muller (eds.). Seed Proteins. Martinus Nijhoff/W Junk, The Hague.

Fast Seefeldt, H. 2008. Phenomic study of β-glucan synthesis in developing barley endosperm mutant seeds. PhD Thesis, University of Copenhagen and University of Aarhus. Available at http://www. models. life. ku. dk.

Forster, B. P., J. D. Franckowiak, U. Lundquist, J. Lyon, I. Pitkethly, and T. B. Thomas. 2007. The barley phytomer. Ann. Bot. 100: 725—733.

Frank, T., F. Yuan, Q. Y. Shu, and K. H. Engel. 2009. Metabolite profiling of induced mutants of rice and soybean, pp. 403—406. *In* Q. Y. Shu (ed.). Proc. FAO/IAEA Symposium, Induced Plant Mutation in the Genomics Era. Vienna, 2008. FAO, Rome.

Green, B. 2005. The Fabric of Cosmos. Penguin Books, London.

Hansen, P. M., J. R. Jørgensen, and A. Thomsen. 2002. Predicting grain yield and protein content in winter wheat and spring barley using repeated canopy reflectance measurements and partial least squares regression. J. Agric. Sci. 139: 307—318.

Helm, J. H., L. Oatway, and P. Juskiw. 2008. Breeding barley for end-use quality. *In* S. Ceccarelli (ed.). Proc. 10th Int'l Barley Genet. Symp., Alexandria, Egypt, April 5—10, 2008. ICARDA, Aleppo, Syria. Available at http:// www. icarda. org/10thibgs/.

Hoffmeyer, J. and C. Emmeche. 1991. Code-duality and the semiotics of nature, pp. 117—166. *In* M. Andersson and F. Merrell (eds.). On Semiotic Modeling. Mouton de Gruyter, New York.

IMF. 1996. International Financial Statistics Yearbook. International Monetary Fund, Washington, DC.

IMF. 2006. International Financial Statistics Yearbook. International Monetary Fund, Washington, DC.

IPCC. 2007. Intergovernmental panel on climate change. Available at http://www. ipcc. ch/pub/pub. htm.

Jacobsen, S., I. Søndergaard, B. Møller, T. Desler, and L. Munck. 2005. A chemometric evaluation of the underlying physical and chemical patterns that support near infrared spectroscopy of barley seeds as a tool for explorative classification of endosperm genes and gene combinations. J. Cereal Sci. 42(3): 281—299.

Kammen, D. M. 2007. Hearing on opportunities for green-house gas emission reductions. US House of Representatives. Available at http://socrates. berkely. edu/ kammen.

Kaneko, K. 2006. Life: an Introduction to Complex Systems Biology. Springer, Berlin, Heidelberg, New York.

Kauffmann, S. A. 1995. At Home in the Universe. Oxford University Press, New York.

Kirilyuk, A. P. 2005. Complex-dynamical extension of the fractal paradigm and its applications in life sciences, pp. 233 — 244. *In* G. A. Losa, D. Merlini, T. F. Nonnenmacher, and E. R. Wiebel (eds.). Fractals in Biology and Medicine. Birchauser Publisher, Basel.

Langridge, P., N. Partridge, and G. Fincher. 2008. Functional genomics approaches to tackling a biotic stress tolerance. *In* S. Ceccarelli (ed.). Proc. Barley Genetics Symposium X, Alexandria, Egypt, April 5—10, 2008. ICARDA, Aleppo, Syria.

Leggett, A. J. 2005. The quantum measurement problem. Science 307: 871—872.

Lemoine, D. M., D. M. Kammen, and E. A. Farell. 2008. An innovation and policy agenda for commercially competitive plug-in hybrid electric vehicles. Environ. Res. Lett. 3: 014003.

Lindzen, R. S. 2008. Climate Science: Is It Currently Designed to Answer Questions? MIT, Boston, MA. Available at http://arxiv. org/pdf/0809. 3762.

Lucas, C. 2008. Self-organized systems FAQ. Available at http://www. calresco. org/sos/sosfaq. htm.

Lucio, P. S., F. C. Conde, and A. M. Ramos. 2007. Spatial pattern recognition of extreme temperature climatology assessing HaDCM3 simulations via NCPE reanalyzes over Europe. Rev. Bras. Meterol. 22(2): 204.

Lundqvist, U. 2009. Eighty years of Scandinavian barley mutation research and breeding, pp. 39—43. *In* Q. Y. Shu (ed.). Proc. FAO/IAEA Symposium, Induced Plant Mutation in the Genomics Era. Vienna, 2008. FAO, Rome.

Martens, H. and M. Martens. 2000. Multivariate Analysis of Quality. J. Wiley & Sons, Chichester, UK.

Martens, H. and T. Nas. 2001. Multivariate calibration by data compression, pp. 59—100. *In* P. Williams and K. Norris (eds.). Near Infrared Technology in the Agricultural and Food Industries. American Association of Cereal Chemists, St. Paul, MN.

Martens, H., M. Martens, S. R. Veflingstad, E. Plathe, D. Bertrand, and S. W. Omholt. 2007. Multivariate exploration of a high dimensional model in systems biology-the Delta-Notch non-linear dynamic model for cell differentiation. Poster PLS-07 Symposium, Matforsk, Ås Norway.

May, R. M. 2004. Uses and abuses of mathematics in biology. Science 303: 790—793.

Mills, E. N. C., M. L. Parker, N. Wellner, G. Toole, K. Feeney, and P. R. Shewry. 2005. Chemical Imaging: the distribution of ions and molecules in developing and mature wheat grain. J. Cereal Sci. 41: 193—201.

Møller Jespersen, B. and L. Munck. 2009. Cereals and cereal products, pp. 275—319. *In* D. W. Sun (ed.). IR Spectroscopy in Foods. Academic Press/Elsevier Science Publishers, San Diego, CA.

Munck, L. 1990. From biotechnology to agriculture from biorefineries to agro-industry—an outline of options for cooperation, pp. 1—29. *In* L. Munck and F. Rexen (eds.). Agricultural Refineries—a Bridge from Farm to Industry. Report EUR 11583EN. Commission of the European Communities, Luxembourg.

Munck, L. 1991. Man as selector a Darwinian boomerang striking through natural selection, pp. 211—227. *In* J. A. Hansen (ed.). Environmental Concerns. Elsevier, London.

Munck, L. 1992. The case of high lysine barley breeding, pp. 573—602. *In* P. R. Shewry (ed.). Barley: Genetics, Biochemistry, Molecular Biology and Biotechnology. C. A. B International, Wallingford, UK.

Munck, L. 1993. On the utilization of renewable resources, pp. 500—522. *In* M. D. Hayward, N. O. Bosemark, and I. Romagosa (eds.). Plant Breeding—Principles and Prospects. Chapman & Hall, London.

Munck, L. 1995. Whole plant utilization, pp. 223—282. *In* D. A. V. Dendy (ed.). Sorghum and Millets. AACC, St. Paul, MN.

Munck, L. 2004. Whole plant utilization, pp. 459—466. *In* Encyclopedia of Grain Science. Elsevier, Amsterdam.

Munck, L. 2006. Conceptual validation of self-organization studied by spectroscopy in an endosperm gene model as a data driven logistic strategy in chemometrics. Chemometr. Intell. Lab. Syst. 84: 26—32.

Munck, L. 2007. A new holistic exploratory approach to systems biology by near infrared spectroscopy evaluated by chemometrics and data inspection. J. Chemometr. 21: 406-426.

Munck, L. 2009. Breeding for quality traits in cereals—a revised outlook on old and new tools for integrated breeding, pp. 332—366. *In* M. J. Carena (ed.). Cereals. Springer Publishing, New York.

Munck, L. and F. Rexen (eds.). 1990. Agricultural Refineries—A Bridge from Farm to Industry. Commission of the European Communities, Luxembourg.

Munck, L. and D. V. Wettstein. 1974. Effects of genes that change the amino acid composition of barley endosperm, pp. 71—82. *In* Proceedings on a workshop "Genetic improvement of seed proteins," Washington, DC, March 18—20, 1974. National Academy of Sciences, Washington, DC.

Munck, L., B. Møller, S. Jacobsen, and I. Sondergaard. 2004. Near infrared spectra indicate specific mutant endosperm genes and reveal a new mechanism for substituting starch with (l-3,1-4)-β-glucan in barley. J. Cereal Sci. 40: 213—222.

Munck, L. and B. Møller Jespersen. 2009a. From discovery of high lysine barley endosperm mutants in the 1960-70s to new holistic spectral models of the phenome and of pleiotropy in 2008, pp. 419—422. *In* Q. Y. Shu (ed.). Proc. FAO/IAEA Symposium, Induced Plant Mutation in the Genomics Era. Vienna, 2008. FAO, Rome.

Munck, L. and B. Møller Jespersen. 2009b. The multiple uses of barley endosperm mutants in plant breeding for quality and for revealing functionality in nutrition and food technology, pp. 182 — 186. *In* Q. Y. Shu (ed.). Proc. FAO/IAEA Symposium, Induced Plant Mutation in the Genomics Era. Vienna, 2008. FAO, Rome.

Munck, L., B. Møller jespersen, Å. Rinnan, H. Fast Seefeldt., M. Moller Engelsen, and S. Balling Engelsen. 2010. A physiochemical theory on the applicability of soft mathematical models—experimentally interpreted. J. Chemometrics 24: 481—495.

Munck, L., J. P. Nielsen, B. Møller, S. Jacobsen, I. Sondergaard, S. B. Engelsen, L. Nørgaard, and R. Bro. 2001. Exploring the phenotypic expression of a regulatory proteome-altering gene by spectroscopy and chemometrics. Anal. Chim. Acta 446: 171—186.

Munck, L., L. Nørgaard, S. B. Engelsen, R. Bro, and C. A. Anderson. 1998. Chemometrics in food science—a demonstration of the feasibility of a highly exploratory, inductive evaluation strategy of fundamental scientific significance. J. Chemometr. Intell. Lab. Syst. 44: 31—60.

Mustacchi, R., S. Hohmann, and J. Nielsen. 2006. Yeast systems biology to unravel the network of life. Yeast 23: 227—228.

Nadeau, J. H. and W. N. Frankel. 2000. The roads from phenotypic variation to gene discovery: mutagenesis versus QTLs. Nat. Genet. 25: 381—384.

Omholt, S. W. 2006. From bean bag genetics to feed back genetics, pp. 131—153. *In* R. A. Veita (ed.). The Biology of Genetic Dominance. Landes Bioscience Georgetown, Georgetown, TX.

Palsson, B. 2006. Systems Biology—Properties of Reconstructed Networks. Cambridge University Press, New York.

Pearl, J. 2000. Causality-Models, Reasoning and Inference. Cambridge University Press, Cambridge, UK.

Penrose, R. 1997. The Large, the Small and the Human Mind. Cambridge University Press, Cambridge, UK.

Pomeranz, Y. and L. Munck. 1981. Cereals: a Renewable Resource. AACC, St. Paul, MN.

Popper, K. R. 1995. Objective Knowledge—an Evolutionary Approach. Clarendon Press, Oxford, UK.

Prigogine, I. 1997. The End of Certainty—Time, Chaos and the New Laws of Nature. The Free Press, New York.

Prigogine, I. 2003. Is Future Given? World Scientific, Singapore.

Raboy, V. 2009. Induced mutation—facilitated genetic studies on seed phosphorous, pp. 157

—161. *In* Q. Y. Shu (ed.). Proc. FAO/IAEA Symposium, Induced Plant Mutation in the Genomics Era. Vienna, 2008. FAO, Rome.

Rexen, F. 1990. A new project in Denmark-the biorefinery project at Bornholm, pp. 100—107. *In* L. Munck and F. Rexen (eds.). Agricultural Refineries-a Bridge from Farm to Industry. Report EUR 11583EN. Commission of the European Communities, Luxembourg.

Rudi, H., A. K. Uhlen, O. M. Harstad, and L. Munck. 2006. Genetic variability in cereal carbohydrate compositions and potentials for improving nutritional value. Anim. Feed Sci. Technol. 130(1—2): 55—65.

Sargeant, K. 1990. A proposed EEC programme for agro-industrial development, pp. 1—29. *In* L. Munck and F. Rexen (eds.). Agricultural Refineries—a Bridge from Farm to Industry. Report EUR 11583EN. Commission of the European Communities, Luxembourg.

Schiermeier, Q. 2007. Ocean circulation noisy, not stalling. Nature 448(7156): 844—845.

Smilde, A., R. Bro, and P. Geladi. 2004. Multi Way Analysis—Applications in Chemical Sciences. John Wiley & Sons, Chichester, UK.

Stephens, D. J. and V. J. Allan. 2003. Light microscopy techniques for live cell imaging. Science 300: 82—86.

Svensmark, H. and N. Calder. 2006. The Chilling Stars. Icon Books Ltd., Cambridge, UK.

The 3rd United Nations World Water Development Report: Water in a Changing World. 2009. Available at http://www.unesco.org/water/wwap/wwdr/wwdr3/index.shtml.

Thygesen, L. G., M. M. Lokke, E. Micklander, and S. B. Engelsen. 2003. Vibrational micro spectroscopy of food. Raman vs. FT-IR. Trends Food Technol. 14: 50—57.

Trefil, J. 1996. The Edge of the Unknown. Houghton Mifflin, New York.

Waddington, C. F. 1970. The theory of evolution today, pp. 375—395. *In* A. Koestler and S. Smythies (eds.). Beyond Reductionism. Hutchinson and Co., London, UK.

Weijer, C. J. 2003. Visualizing signals moving in cells. Science 300: 96—100.

Wolfram, S. 2002. A New Kind of Science. Wolfram Media, Champaign, IL.

Wolkenhauer, O. and M. Ullah. 2007. All models are wrong—some more that others, pp. 163—179. *In* F. C. Boogerd, F. J. Bruggeman, J.-H. S. Hofmeyr and H. V. Westerhoff (eds.). Systems Biology—Philosophical Foundations. Elsevier, Amsterdam.